Jearl Walker

Der fliegende Zirkus der Physik

Weitere empfehlenswerte Titel

Können Hunde rechnen?
Norbert Herrmann, 2021
ISBN 978-3-11-073836-0, e-ISBN 978-3-11-073395-2

Mathematik mit Humor
Wie sich mathematische Alltagsprobleme lösen lassen
Georg Glaeser, Markus Roskar, 2019
ISBN 978-3-11-066240-5

Mathematik
Wo Sie sie nicht erwarten
Norbert Herrmann, 2016
ISBN 978-3-11-044196-3, e-ISBN 978-3-11-044197-0

Jearl Walker

Der fliegende Zirkus der Physik

Fragen und Antworten

10. Auflage

DE GRUYTER
OLDENBOURG

Autor

Jearl Walker, geboren 1945, wurde durch sein in elf Sprachen übersetztes Buch „Der fliegende Zirkus der Physik" international bekannt. Er lehrt Physik an der Cleveland State University, Ohio, USA, wo er durch seine anschaulichen, berühmt-berüchtigten Physikdemonstrationen zu einem der beliebtesten Professoren wurde.

Jearl Walker tourte 16 Jahre lang mit seinem „Fliegenden Zirkus" durch die USA und Kanada und zeigte unzähligen Physiklehrern physikalische Kunststücke wie das Liegen auf einem Nagel-Bett oder das Gehen über heiße Kohlen. Walker bekam aufgrund dieser Vorführungen schließlich seine eigene Fernsehsendung „Kinetic Karnival", die jahrelang auf PBS lief und ihm sogar einen Emmy auf lokaler Ebene bescherte. Unvergessen sind auch seine 20 Minuten in der „Tonight Show" bei Johnny Carson, wo er seine Finger in geschmolzenes Blei steckte, ohne einen einzigen zu verlieren.

13 Jahre lang schrieb Walker zudem für den „Scientific American" und veröffentlichte dort über 150 Artikel in der Sparte „Der Amateurwissenschaftler", die ebenfalls in mehrere Sprachen übersetzt wurden. Seine Themen erstreckten sich dabei von der Physik des Judos bis hin zur Physik der Sauce Béarnaise oder des Zitronenbaisers und können großteils im „Fliegenden Zirkus der Physik" nachgelesen werden.

Autorisierte Übersetzung der englischsprachigen Ausgabe, die bei John Wiley and Sons unter dem Titel „The Flying Circus of Physics, 2nd ed." erschienen ist.

Übersetzt von Dr. Karen Lippert und Micaela Krieger-Hauwede

ISBN 978-3-11-076055-2
e-ISBN (PDF) 978-3-11-076063-7
e-ISBN (EPUB) 978-3-11-076066-8

Library of Congress Control Number: 2021944865

Bibliografische Information der Deutschen Nationalbibliothek
Die Deutsche Nationalbibliothek verzeichnet diese Publikation in der Deutschen Nationalbibliografie; detaillierte bibliografische Daten sind im Internet über
http://dnb.dnb.de abrufbar.

Coverabbildung: ma_rish/iStock/Getty Images Plus
Satz: VTeX UAB, Lithuania
Druck und Bindung: CPI books GmbH, Leck

www.degruyter.com

Vorwort

Die Idee für den *Fliegenden Zirkus der Physik* entstand in einer dunklen, trostlosen Nacht, als ich Doktorand an der Universität von Maryland war. Mag sein, dass für die meisten Doktoranden fast alle Nächte dunkel und trostlos sind, aber für diese ganz spezielle Nacht traf dies in ganz besonderem Maße zu. Ich hatte damals eine Vollzeitstelle als Vorlesungsassistent, und vor ein paar Stunden hatte ich Sharon, einer meiner Studentinnen, einen Multiple-Choice-Test vorgelegt. Sie hatte große Schwierigkeiten damit gehabt, und zum Schluss konfrontierte sie mich mit der Frage: „Und was hat das alles mit meinem Leben zu tun?"

Ohne zu zögern antwortete ich: „Sharon, das ist Physik! Alles in unserem Leben hat mit Physik zu tun!"

Sie trat etwas näher an mich heran und sagte mit ernstem Gesicht und fester Stimme: *„Nennen Sie mir ein paar Beispiele."*

Ich grübelte und grübelte, aber mir fiel nicht ein einziges ein. Ich hatte sechs Jahre mit dem Studium der Physik zugebracht, doch ich konnte ihr nicht ein überzeugendes Beispiel geben.

In dieser Nacht wurde mir klar, dass das Problem mit Sharon im Grunde mein ureigenstes Problem war: Das, was man Physik nennt, war etwas, womit sich Physiker in ihren Labors und an ihren Schreibtischen beschäftigten, und nichts, was in Verbindung mit der realen Welt von Sharon (oder mir) stand. Deshalb fasste ich den Entschluss, für Sharon Beispiele für physikalische Phänomene in der realen Welt zu sammeln. Und damit das Ganze nicht nach langweiliger Physik klingt, nannte ich die Aufgabensammlung *Der fliegende Zirkus der Physik*. Nach und nach wuchs die Sammlung.

Bald schon fragten andere Leute nach Kopien vom *Fliegenden Zirkus*, zuerst Kommilitonen aus Sharons Kurs, dann andere Doktoranden und schließlich auch einige Angestellte der Fakultät. Nachdem die Materialsammlung vom Department für Physik der Universität von Maryland als „technischer Report" gedruckt worden war, bot mir der Verlag John Wiley & Sons einen Vertrag über ein Buch an.

Das Buch erschien 1975, ein paar Jahre, nachdem ich eine Professur an der Cleveland State University erhalten hatte. 1977 erschien eine überarbeitete Fassung. Seitdem ist das Buch in elf Sprachen übersetzt worden. Die vorliegende zweite Auflage wurde völlig neu geschrieben und illustriert.

Als ich mit der Arbeit am *Fliegenden Zirkus* begann, durchforstete ich lediglich ein paar Dutzend Fachzeitschriften und entdeckte dabei nur einige wenige Artikel, die für meine Zwecke brauchbar waren. Tatsächlich hatte ich die Metapher im Kopf, dass mein Projekt darin bestand, in einer ziemlich öden Berglandschaft nach Gold zu graben – es gab nur sehr wenige Gold-Nuggets, und die waren schwer zu finden.

Mittlerweile ist die Situation eine andere: Heute erscheinen jedes Jahr Hunderte von Aufsätzen, deren Inhalt Stoff für den *Fliegenden Zirkus* bietet. Um bei meiner früheren Metapher zu bleiben: Heute finde ich riesige Goldadern. Allerdings genügt es nun nicht mehr, dass ich mich durch ein paar Dutzend Zeitschriften arbeite. Heute sind es schätzungsweise 400 Zeitschriften, die ich direkt durchsehe. Dazu kommen einige Hundert weitere, die ich mithilfe von Suchmaschinen beobachte. An vielen Tagen fliegen meine Finger nur so über die Tastatur meines Computers. Dann wünsche ich mir, Sharon würde über meine Schulter gucken

https://doi.org/10.1515/9783110760637-201

und all die merkwürdigen und spannenden Dinge sehen, die ich gefunden habe. Dieses Buch bietet Ihnen die Chance: Kommen Sie, und schauen Sie mir über die Schulter. Sie werden sehen, dass irgendwie alles in Ihrem täglichen Leben mit Physik zu tun hat.

Die Website zum Buch

Unter der Adresse **www.flyingcircusofphysics.com** finden Sie die zu diesem Buch gehörende Internetpräsenz. Sie umfasst:

- Über 10 000 Quellenangaben. Dazu gehören neben naturwissenschaftlichen Fachzeitschriften und Fachbüchern auch solche aus dem Ingenieurwesen, der Mathematik, der Medizin und dem Rechtswesen. Die Quellenangaben sind den einzelnen Fragestellungen zugeordnet und enthalten einen Vermerk über ihren Schwierigkeitsgrad.
- Zusätzliche Aufgabenstellungen.
- Berichtigungen, Aktualisierungen und zusätzliche Kommentare.
- Einen erweiterten Index.

Wie der Name des Buches entstand

Die Idee für den Namen meiner Aufgabensammlung hat ihren Ursprung in den frühen Flugshows, wo tollkühne Piloten Stunts zeigten, bei denen einem des Blut in den Adern gefror. Ich dachte damals, dass die Bezeichnung *fliegender Zirkus* der generische Name für eine solche Flugshow sei, und hoffte, dass die Assoziation mit tollkühnen Piloten vielleicht ein paar Leute locken könnte, meine Ausführungen zu lesen.

Seitdem habe ich gelernt, dass der Begriff ursprünglich einen Wanderzirkus bezeichnete und später für eine Fliegerstaffel der deutschen Luftwaffe verwendet wurde. In diesem Kontext war der Begriff eng assoziiert mit dem deutschen Piloten Manfred von Richthofen (genannt „Der Rote Baron"), der im Ersten Weltkrieg sein Flugzeug blutrot streichen ließ, um die gegnerischen Piloten zu beeindrucken.

Etwa ein Jahr, nachdem ich für mein Projekt den Namen *Flying Circus* gewählt hatte, wurde der Begriff in England durch die Serie „Monty Python's Flying Circus" der berühmten Komikergruppe sehr populär. Er muss damals auf beiden Seiten des Atlantiks in der Luft gelegen haben. (Der Sketch mit dem toten Papageien ist allerdings ausschließlich eine Idee von Monty Python.)

Bibliografie

Sämtliche Quellen sind auf der Website zum *Fliegenden Zirkus* genannt. Sie sind den einzelnen Fragestellungen des Buches zugeordnet und enthaltenen einen Hinweis zu ihrem Schwierigkeitsgrad. Insgesamt umfasst die Quellensammlung mehr als 10 000 Angaben.

Wenn Sie mir Material zukommen lassen wollen

Ich freue mich immer über Berichtigungen, Kommentare, neue Ideen und Literaturhinweise. Im Falle von Literaturhinweisen wäre ich dankbar, wenn Sie mir die vollständige Quellenangabe ohne Abkürzungen und mit korrekten Seitenangaben zusenden würden. Sollte dies aus irgendeinem Grund nicht möglich sein, freue ich mich natürlich auch über unvollständige Angaben. Ideal wäre es, wenn sie mir eine Fotokopie von einem interessanten Aufsatz und Links von interessanten Websites schicken würden.

Prinzipiell nehme ich bei meinen Quellenangaben und Literaturhinweisen keine Weblinks auf, weil ich nicht die Zeit habe, in angemessenen Zeitabständen zu prüfen, ob diese aktiv sind.

Die Zeit, die ich dem *Fliegenden Zirkus der Physik* widmen kann, ist aufgrund meiner vielfältigen anderen Verpflichtungen beschränkt. Haben Sie deshalb bitte Verständnis dafür, dass ich nicht auf jeden Brief und jede E-Mail antworten kann.

Cleveland State University

Wenn Sie sich an einer soliden, mittelgroßen Universität einschreiben wollen, dann kommen Sie an die Cleveland State University (www.csuohio.edu) in Cleveland, Ohio. Dort lehre ich seit mehr als 30 Jahren und ich habe nicht die Absicht damit aufzuhören (ich habe allerdings davon gehört, dass die Natur mich irgendwann bremsen wird). Ich bin der Mann, der in einem kleinen Büro von Stapeln von Fachzeitschriften umgeben ist und dessen Finger über die Tastatur fliegen in dem verzweifelten Versuch, irgendeinen Endtermin für eine Manuskriptabgabe zu halten.

Danksagung

Es gibt viele Leute, bei denen ich mich bedanken möchte, weil Sie mich ermutigten, wenn ich wieder einmal dachte: „Es ist alles hoffnungslos!“ Doch das ist nur ein Grund. Viele Leute ertrugen es auch geduldig, wenn ich vollkommen bessesen war und dachte: „Ich muss arbeiten, als gäbe es kein Morgen!“

Mein Dank gilt: Jearl und Martha Walker (meinen Eltern, die sich in meiner Teenager-Zeit sicher viele schlaflose Nächte darum sorgten, ob ich schließlich erfolgeich sein würde oder es mit mir ein schlimmes Ende nehmen würde), Bob Phillips (meinem Mathematik- und Physik-Lehrer auf der High-School, der mir neue Welten eröffnete), Phil DiLavore (der mir das Lehren beibrachte), Joe Reddish (der maßgeblich daran beteiligt war, dass die ursprüngliche Sammlung des *Fliegenden Zirkus der Physik* vom Department für Physik der Universität von Maryland als „technischer Report“ veröffentlicht wurde), Phil Morrison (der mich als Erster dazu ermunterte, den technischen Report als Buch zu veröffentlichen, und der anschließend eine gute Rezension über das Buch in der Zeitschrift *Scientific American* schrieb, was mir vermutlich den mir seit nunmehr 13 Jahren obligenden Job einbrachte, den Abschnitt „Amateur Scientist“ dieser Zeitschrift zu verfassen), Dennis Flanagan (dem Herausgeber von *Scientific American*, der mich warb und anschließend Jahre anleitete), Donald Deneck (dem Physik-Lektor bei John Wiley & Sons in den frühen 1970er Jahren, der mir den ersten Vertrag für den *Fliegenden Zirkus der Physik* anbot), Karl Casper und Bernard Hammermesh (denen das Buch Anlass genug war, mich als Assistant Professor an die Cleveland State Univer-sity zu holen), David Halliday und Robert Resnick (die mir 1990 die Aufgabe übertrugen, ihr Lehrbuch *Physik* weiter zu bearbeiten), Ed Millman (der mir beibrachte, wie man Lehrbücher schreibt), Mary

Jane Saunders (der Dekanin des naturwissenschaftlichen Fachbereichs der Cleveland State University, die eine so positive Atmosphäre schaffte, dass der *Fliegende Zirkus der Physik* erscheinen konnte, und die viele Manuskriptseiten durchsah), Stuart Johnson (dem Physik-Lektor bei John Wiley & Sons, der mich bei der Erstellung des Buches und den nachfolgenden Auflagen des *Fliegenden Zirkus der Physik* begleitete), Carol Seitzer (die das Manuskript dieses Buches durchsah und dabei viele wesentliche Änderungen vornahm), Madelyn Lesure (der Layouterin dieses Buches), Elizabeth Swain (der Lektorin bei John Wiley & Sons, die die Herstellung dieses Buches leitete), Chris Walker, Heather Walker und Claire Walker (meinen erwachsenen Kindern, die meine Besessenheit beim Schreiben und Lehren ihr ganzes Leben ertrugen), Patrick Walker (meinem heranwachsenden Kind – er ertrug nicht nur die vielen Jahre, die ich mit der Arbeit am Gerüst des Buches verbrachte, sondern er brachte mir auch bei, wie man den Überhang an der Kletterwand überwindet) und (vor allem) Mary Golrick (meiner Frau, die viele Ideen zu dieser Auflage lieferte und mich jedes Mal zum Weitermachen bewegte, wenn ich verzweifelt ausrief „Es ist alles hoffnungslos!").

Physik für …

- **ein erstes Rendezvous:** 1.57, 1.75, 1.122, 1.124, 2.51, 2.90, 4.78, 5.17, 5.19, 6.98, 6.122, 7.15, 7.16, 7.50
- **die Kneipe:** 1.110, 1.122, 1.149, 2.10, 2.24, 2.25, 2.51, 2.76–2.78, 2.87–2.91, 2.96, 2.108, 2.120, 3.27, 3.40, 4.24, 4.42, 4.60, 4.78, 6.98, 6.113, 6.130, 6.136, 6.138
- **einen Flug:** 1.17, 1.18, 4.53, 4.69, 5.34, 5.35, 6.10, 6.34, 6.35, 6.37, 6.44, 6.63, 6.91, 6.100, 6.105, 6.129
- **das Bad und die Toilette:** 1.93, 1.193, 2.21, 2.23, 2.41, 2.60, 2.150, 3.67, 4.65, 4.66, 6.88, 6.99, 6.110
- **den Garten:** 1.132, 2.11, 2.80, 2.93, 2.94, 2.99, 3.25, 4.29, 4.57, 4.84, 5.32, 6.84, 6.92, 6.115, 6.118, 6.120, 6.121, 6.126, 7.38

Ich lade Sie ein, sich auch selbst andere Gruppierungen für bestimmte Gelegenheiten und Orte einfallen zu lassen!

Jearl Walker

Department of Physics
College of Science
Cleveland State University
2121 Euclid Avenue
Cleveland, Ohio USA 44115
Fax: USA 216.687.2424

Inhaltsverzeichnis

1 Dynamik: Wie ein Physiker durch den Regen läuft

1.1 Soll man im Regen besser rennen oder gehen?

Sollten Sie besser rennen oder gehen, wenn Sie im Regen ohne Schirm eine Straße überqueren? Wenn Sie rennen, dann sind Sie natürlich dem Regen kürzer ausgesetzt; Sie könnten dadurch aber auch mehr Regentropfen abbekommen. Hängt die richtige Antwort davon ab, ob der Wind die Tropfen auf Sie zu oder von Ihnen wegweht?

Wie schnell sollten Sie mit dem Auto durch den Regen fahren, damit so wenig Tropfen wie möglich Ihre Frontscheibe treffen und Sie weiterhin gut sehen können?

Antwort

Unabhängig davon, ob nun der Regen in Bindfäden vom Himmel fällt oder Ihnen ins Gesicht weht, sollten Sie so schnell wie möglich rennen. Obwohl Sie genau in den Regen laufen, werden Sie wegen der kürzeren Zeit weniger nass, als wenn Sie langsamer laufen würden. Um in so wenige Tropfen wie möglich hineinzulaufen, sollten Sie die Angriffsfläche für den Regen minimieren, indem Sie sich während des Laufens nach vorn beugen. Damit Sie schnell vorankommen und sich gleichzeitig gut nach vorn beugen können, empfehlen Wissenschaftler, auf einem Skateboard durch den Regen zu fahren. Dies wird jedoch zweifellos Aufmerksamkeit erregen. Außerdem ist es umständlicher, ein Skateboard mit sich herumzutragen als einen Schirm.

Falls der Wind von hinten kommt, ist es am besten, wenn Sie Ihre Geschwindigkeit der Horizontalgeschwindigkeit der fallenden Tropfen anpassen. So werden Sie zwar auf dem Kopf und auf den Schultern immer noch nass, aber Sie bekommen weder von vorn noch von hinten Tropfen ab. Diese Strategie geht allerdings nicht auf, wenn ein Gegenstand durch den Regen transportiert werden soll, dessen horizontaler Querschnitt wesentlich größer ist als Ihrer. Ein solcher Gegenstand wird auch dann noch eine beträchtliche Wassermenge auf seiner Oberfläche aufsammeln, wenn seine Geschwindigkeit mit der Horizontalgeschwindigkeit der Regentropfen übereinstimmt. Damit der Gegenstand möglichst trocken bleibt, sollte er so schnell wie möglich transportiert werden.

Wenn Sie im Regen Auto fahren, geht es Ihnen eher darum, weiterhin Sicht zu haben. Unabhängig davon, ob die Tropfen in Bindfäden vom Himmel fallen oder Ihnen entgegenwehen, sollten Sie langsam fahren. Falls die Tropfen in Fahrtrichtung geweht werden, sollten Sie idealerweise Ihre Fahrgeschwindigkeit der Horizontalgeschwindigkeit der Regentropfen anpassen, was jedoch nicht immer realisierbar sein dürfte.

Abb. 1.1

https://doi.org/10.1515/9783110760637-001

1.2 Staus und Kolonnen

Wie sollten die Ampelphasen an Kreuzungen eingestellt sein, damit auch starker Verkehr ohne Stau fließen kann? Sollten die Ampelphasen im Berufsverkehr verändert werden? Weshalb versagt das Modell zuweilen, wie in einem Schneesturm, bei dem sich die Fahrzeuge stauen und der Verkehr tatsächlich auf der Stelle zum Erliegen kommt?

Antwort

Angenommen, eine Fahrzeugkolonne hält an einer roten Ampel an der Kreuzung 1 an. Wenn die Ampel auf grün schaltet, beschleunigt das erste Fahrzeug und bewegt sich anschließend mit einer bestimmten Reisegeschwindigkeit. Bevor die Kolonne an Kreuzung 2 ankommt, sollte die Ampel dort auf grün schalten, damit die Fahrzeuge nicht zum Abbremsen gezwungen sind. Wenn Ihnen die Entfernung zwischen den beiden Kreuzungen bekannt ist und Sie die typische Beschleunigung des ersten Fahrzeuges sowie die Reisegeschwindigkeit kennen, können Sie ausrechnen, wann die Ampel an Kreuzung 2 auf grün schalten muss.

Die Bewegung der Fahrzeuge im übrigen Teil der Kolonne ist gegenüber dem Beginn der Grünphase verzögert, da sich die *Anfahrwelle* erst zu ihnen ausbreiten muss (die Fahrer treten nicht gleichzeitig aufs Gas). Es können jeweils ein paar Zehntelsekunden vergehen. Wenn die hinteren Fahrzeuge der Kolonne mit zu großer Verzögerung anfahren, werden sie durch die nächste Rotphase an Kreuzung 2 gestoppt. Angenommen, die nächste Kolonne ist genauso lang oder länger als die vorhergehende. Dann erhöht sich die Anzahl der Fahrzeuge, die durch die nächste Rotphase an Kreuzung 2 gestoppt werden.

Die Situation verschlechtert sich, wenn die Kolonnen lang bleiben. Die Schlange der Fahrzeuge, die an Kreuzung 2 gestoppt werden, könnte so lang werden, dass sie sich bis zur Kreuzung 1 erstreckt und so den dortigen Kreuzungsverkehr lahmlegt. Der Stau beginnt. Um das Problem zu lösen, müssen die Ampelphasen der Kreuzungen 1 und 2 vertauscht werden: Die Ampel an Kreuzung 2 muss nun *vor* der Ampel an Kreuzung 1 auf grün schalten, so dass die an Kreuzung 2 gestoppten Fahrzeuge die Kreuzung verlassen haben, wenn die nächste Kolonne ankommt. Die Änderung der Ampelschaltung kann manuell oder durch einen Computer erfolgen, der die Zahl der Fahrzeuge verfolgt, die an Kreuzung 2 gestoppt werden.

Kolonnen bilden sich auch im Tunnelverkehr (insbesondere bei einem Überholverbot) und auf zweispurigen Landstraßen. In beiden Fällen bildet sich eine Kolonne, wenn sich schnellere Fahrzeuge hinter einem langsameren Fahrzeug stauen, beispielsweise hinter einem Laster. Auf der Landstraße löst sich die Kolonne auf, wenn es Fahrern gelingt, das langsame Fahrzeug zu überholen.

1.3 Schockwellen auf der Autobahn

Wenn die Verkehrsdichte auf einer Autobahn oder einer Bundesstraße zunimmt, bilden sich mitunter „Wellen“ heraus, in denen die Fahrer abbremsen und beschleunigen. Wie entstehen solche Wellen? Manchmal bilden sie sich, wenn ein Unfall oder ein liegen gebliebenes Fahrzeug eine Fahrspur blockiert. Oft sind aber auch sogenannte *Phantomunfälle* die Ursache, bei denen sich der Verkehr wegen einer Nichtigkeit verlangsamt, etwa wegen eines Fahrzeugs, das die Spur wechselt. Breiten sich die Wellen in Bewegungsrichtung der Fahrzeuge oder in die entgegengesetzte Richtung aus? Weshalb kann sich eine Welle noch lange, nachdem der Unfall oder das liegen gebliebene Fahrzeug beseitigt wurde, halten?

Antwort
Wenn die Fahrzeugdichte gering ist, hat das Verhalten eines Fahrers wenig Auswirkungen auf andere Fahrer, insbesondere dann, wenn man überholen darf. Wenn die Dichte etwas größer ist, interagieren die Fahrer insofern, als sie sich gegenseitig bremsen. Dies geschieht zum Teil aus Sicherheitsgründen, aber auch deshalb, weil man nicht mehr so gut überholen kann. Angenommen, Sie bewegen sich in einem solchen Verkehr. Wenn der Fahrer vor Ihnen abbremst oder beschleunigt, verhalten Sie sich nach einer Reaktionszeit von etwa einer Sekunde genauso. Der Fahrer hinter Ihnen tut nach einer weiteren Reaktionszeit von einer Sekunde dasselbe, usw. Dieses Beschleunigen setzt sich durch die Fahrzeugschlange wie eine Welle fort. Eine solche Welle ist vermutlich für einen Beobachter am Straßenrand unsichtbar, weil die Geschwindigkeitsanpassungen gewöhnlich geringfügig sind.

Stellen Sie sich nun vor, dass der Fahrer vor Ihnen eine Vollbremsung macht. Sie und die Fahrer hinter Ihnen werden ebenfalls abrupt bremsen, wobei jeder etwa eine Sekunde Reaktionszeit benötigt. Das plötzliche Bremsen breitet sich ebenfalls wellenartig über die Fahrzeugschlange aus, doch in diesem Fall ist der Vorgang für einen Beobachter am Straßenrand sichtbar. Eine solche Welle wird als *Schockwelle* bezeichnet. In Abhängigkeit von der Fahrzeugdichte vor und nach dem Durchlauf der Welle kann sich die Welle in Fahrtrichtung (stromabwärts) oder in die entgegengesetzte Richtung (stromaufwärts) bewegen. Sie kann auch stationär sein.

Angenommen, es bildet sich aufgrund eines liegen gebliebenen Fahrzeugs eine Schockwelle in einem mäßig starken Verkehr. Der Fahrer braucht 15 Minuten, um sein Fahrzeug von der Straße zu schieben. Da die Fahrzeuge anschließend wieder auf Normalgeschwindigkeit beschleunigen, breitet sich eine Relaxationswelle über die lange Schlange wartender Fahrzeuge aus. Es kann ziemlich lange dauern, bis die Relaxationswelle die Schockwelle eingeholt hat, die sich immer noch durch den Verkehr nach hinten ausbreitet. Erst dann fließt der Verkehr wieder normal.

1.4 Mindestabstand beim Abschleppen

Angenommen, ein Auto wird von einem anderen abgeschleppt. Wie groß ist der minimale Abstand, der es dem abgeschleppten Auto ermöglicht anzuhalten, ohne auf das abschleppende Auto aufzufahren, falls sein Fahrer plötzlich eine Vollbremsung macht? Eine Faustregel besagt, dass mindestens eine Autolänge je 16 km/h gefahrener Geschwindigkeit zwischen den Autos liegen muss. Ist diese Faustregel vernünftig?

Antwort
Die Faustregel ist nicht vernünftig, weil sie sich auf zwei vage Annahmen stützt. Die eine ist, dass die Reaktionszeiten der Fahrer gleich groß sind. Falls der Fahrer des abgeschleppten Auto langsamer reagiert als der des abschleppenden Autos, braucht man einen größeren Abstand. Die andere, subtilere Annahme ist, dass die beiden Autos gleich stark abbremsen. Wenn sie nicht vollständig gleiten, ist die Annahme wahrscheinlich falsch. Gefährlicher ist es natürlich, wenn das abschleppende Auto besser bremst als das abgeschleppte.

Angenommen, die beiden Verzögerungen unterscheiden sich nur geringfügig. Gibt es eine einfache Regel zur Berechnung des minimalen Abstands, durch den ein Auffahren vermieden wird? Nun ja, der minimale Abstand hängt vom Quadrat der Geschwindigkeit ab. Unter Stress ist es vielleicht nicht ganz einfach, das Quadrat im Kopf zu berechnen. Wenn Sie also hinter einem Auto schnell fahren, sollten Sie besser einen größeren Abstand halten, als in der Faustregel aus der Aufgabenstellung angegeben.

1.5 Eine gelbe Ampel überfahren

Sie sind mit einem Mietwagen in Amerika unterwegs. Angenommen, die Ampel einer Kreuzung schaltet kurz bevor Sie an der Kreuzung ankommen auf gelb. Sollten Sie anhalten, mit Ihrer gegenwärtigen Geschwindigkeit weiterfahren oder beschleunigen? Sie könnten anhand Ihrer Erfahrung eine Entscheidung treffen, indem Sie Ihre Geschwindigkeit, die Entfernung zur Kreuzung, die Breite der Kreuzung und die Dauer der Gelbphase abschätzen. Kann es passieren, dass Sie durch eine der Entscheidungen die Straßenverkehrsordnung verletzen, auch wenn Sie die zulässige Höchstgeschwindigkeit nicht überschreiten?

Antwort
Die richtige Entscheidung hängt von lokalen Regelungen ab, weil Sie in einigen amerikanischen Bundesstaaten bereits eine Ordnungswidrigkeit begehen, wenn Sie sich noch auf der Kreuzung befinden, wenn die Ampel auf rot schaltet. Anderswo ist alles in Ordnung, solange Sie die Kreuzung befahren haben, bevor die Ampel auf rot geschaltet hat. Im ersten Fall könnten Sie unausweichlich in die Lage eines Verlierers geraten, weil Sie weder rechtzeitig bremsen noch ausreichend beschleunigen können (ohne die zulässige Höchstgeschwindigkeit zu überschreiten), um die Kreuzung zu räumen. In dieser Situation gibt es einen Entfernungsbereich, in dem Sie mit keiner Strategie eine Ordnungswidrigkeit vermeiden können. Das Problem verschärft sich, wenn die Gelbphase kurz und die zulässige Geschwindigkeit niedrig ist. Die Gefahr eines Zusammenstoßes verringert sich, wenn die Ampel des kreuzenden Verkehrs erst ein oder zwei Sekunden, nachdem Ihre Ampel auf rot geschaltet hat, auf grün schaltet.

1.6 Ausbrechen bei einer Vollbremsung

Manche Autos ohne ABS brechen bei einer Vollbremsung aus, fangen an sich zu drehen und können sogar rückwärts auf die Gegenfahrbahn rutschen (siehe Abbildung 1.2a). Was ist die Ursache für dieses Verhalten und warum tritt es nicht bei allen Autos auf? Mit welcher Strategie können Sie am besten die Kontrolle über Ihr Fahrzeug zurückgewinnen, wenn Ihr Auto auszubrechen droht? Sollten Sie die Vorderräder in die Gleitrichtung oder in die von Ihnen gewünschte Fahrtrichtung stellen?

Antwort
Zum Ausbrechen kommt es üblicherweise bei Autos mit Vorderradantrieb, weil bei diesen ein größeres Gewicht auf den Vorderrädern lastet als auf den Hinterrädern. Das bedeutet, dass die Hinterräder wahrscheinlich eher blockieren und zu gleiten beginnen als die Vorderräder. Dann wird das Auto bei der ersten Fahrbahnunebenheit ausbrechen.

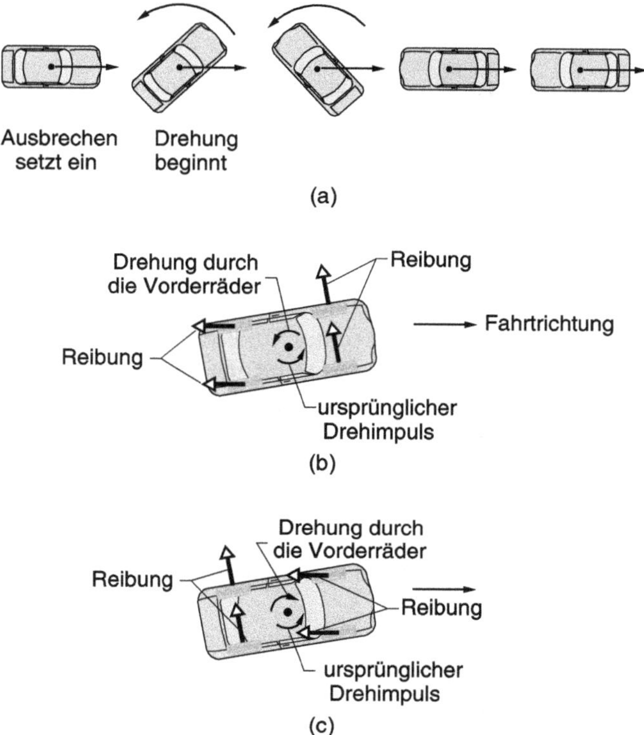

Abb. 1.2: (a) Ausbrechen eines Autos bei einer Vollbremsung. Reibungskräfte auf den Reifen bei Fahrzeugen mit (b) Vorderradantrieb und (c) Hinterradantrieb.

Um das Ausbrechen zu verstehen, betrachtet man die an den Reifen des Autos wirkende Reibung, während dieses nach links auszubrechen beginnt (siehe Abbildung 1.2b). An den gleitenden Hinterrädern wirken Reibungskräfte, die genau in Richtung Heck zeigen. An den sich weiterhin drehenden Vorderrädern wirkt die Reibung parallel zur Vorderachse, d. h. die Reibungskraft hat eine zum Hinterrad zeigende Komponente. Die Summe der Kräfte führt zu einem Drehmoment, das eine horizontale Drehung des Autos um seinen Schwerpunkt bewirkt. Das Drehmoment, das sich aus der Reibung an den Vorderrädern ergibt, dominiert, weil es eine Drehbewegung in dieselbe Richtung auslöst, in die sich das Auto bereits dreht. Daher wird das Ausbrechen begünstigt und das Auto herumgedreht.

Bei einem Auto mit Heckantrieb sind die Rollen der Reibungskräfte an den Vorder- und Hinterrädern vertauscht. Die Drehmomente der Hinterräder dominieren – sie wirken der ursprünglichen Drehung entgegen (siehe Abbildung 1.2c).

Nach allgemeiner Empfehlung sollten Sie Ihre Vorderräder in die gewünschte Fahrtrichtung stellen, wenn Ihr Auto auszubrechen droht, denn dadurch erzeugen Sie an den Vorderrädern ein Drehmoment, das dem Ausbrechen entgegenwirkt. Einem unerfahrenen Fahrer kann es allerdings passieren, dass er zu stark einschlägt und sich das Auto anschließend in die entgegengesetzte Richtung dreht.

1.7 Gleiten oder Nichtgleiten

Angenommen, Sie fahren in einem Auto ohne Antiblockiersystem die Straße entlang. Plötzlich springt ein Elch in einiger Entfernung vor Ihnen auf die Fahrbahn. Sollten Sie die Räder blockieren, indem Sie so stark bremsen wie irgend möglich, oder nur so stark bremsen, dass die Räder gerade noch nicht blockieren? Weshalb endet Ihre Fahrt abrupt, wenn Ihr Auto vollständig ins Gleiten gerät?

Antwort

In Lehrbüchern wird traditionell die zweite Variante empfohlen. Dabei wird zu Recht darauf hingewiesen, dass die Reibung an den Reifen zum Anhalten des Autos führt. Bei rollenden Reifen kann die Reibung durch einen angemessenen Bremsdruck bis zu einem Maximalwert erhöht werden. Sobald Sie noch stärker bremsen, blockieren die Räder und die Reifen gleiten. Die Reibung ist dann geringer und der Bremsweg folglich länger.

Also wäre die beste Variante, so stark zu bremsen, dass die Räder kurz vor dem Zustand des Gleitens sind, denn dann müsste der Bremsweg am kürzesten sein. Aber stimmt das? In Wirklichkeit kann es sich ganz anders verhalten – diese Variante kann zu einem Bremsweg führen, der um 25 % länger ist als der Weg, den Sie mit blockierten Rädern im vollkommenen Gleitzustand erreichen.

Die Lehrbuchempfehlung kann in Gefahrensituationen aus zweierlei Gründen untauglich sein. Zum einen werden Sie kaum Zeit haben, mit den Bremsen zu experimentieren. Zum anderen sind die Drehmomente zu berücksichtigen, die durch die Reibungskräfte an den Reifen auf das Auto wirken: Diese Drehmomente bewirken, dass das Auto nach vorn „geworfen“ wird, weil Sie versuchen, das Auto um eine horizontale Achse durch seinen Schwerpunkt zu drehen (siehe Abbildung 1.3). Dadurch wird die Last auf den Hinterrädern verringert und die Last auf den Vorderrädern erhöht.

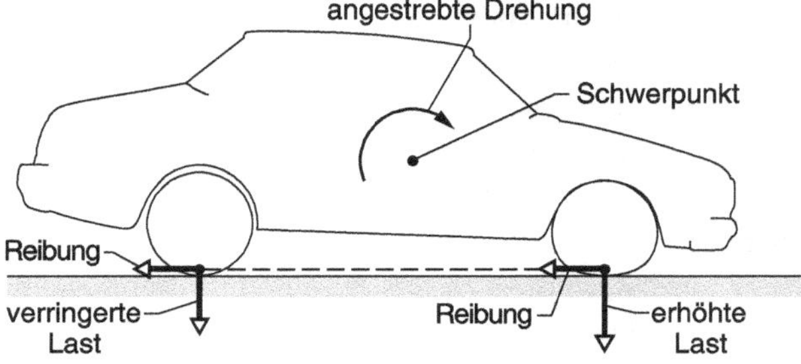

Abb. 1.3: Ein Auto wird beim Bremsen nach vorn gedrückt.

Angenommen, Sie bremsen gerade so stark, dass das Auto beinahe gleitet. Da sich immer noch alle Räder drehen und die Last auf den Hinterrädern verringert ist, sind es eben die Hinterräder (und nicht die Vorderräder mit ihrer zusätzlichen Last), die kurz davor sind, zu gleiten. Daher ist die Reibung an den Hinterrädern gering. Falls die vorderen und hinteren Bremsen identisch sind, ist die Reibung an den Vorderrädern genauso klein wie an den Hinterrädern, so dass die Gesamtreibung am Auto gering und der Halteweg des Autos groß ist.

Nehmen Sie nun an, dass Sie so stark bremsen, dass die Räder blockieren und Ihr Auto vollständig gleitet. Bei gleitenden Rädern hängt die an ihnen wirkende Reibung von der auf ihnen sitzenden Last ab. Da die Last auf den Vorderrädern erhöht ist, wirkt an ihnen eine starke Reibung. Selbst wenn die Reibung an den Hinterrädern klein ist, führt die erhöhte Reibung an den Vorderrädern dazu, dass die Gesamtreibung am Auto nun größer ist als zuvor. Folglich ist der Bremsweg in dieser Situation kürzer. Trotzdem ist das Blockieren der Räder nicht wünschenswert, da Sie dadurch die Kontrolle über Ihr Auto verlieren; es kann leicht passieren, dass das Auto ausbricht (siehe Fragestellung 1.6) und mit anderen Autos in Ihrer oder der gegenüberliegenden Fahrspur zusammenstößt.

Das abrupte Ende der Gleitfahrt ist auf einen plötzlichen Anstieg der Reibung an den Reifen zurückzuführen. Beim Gleiten ist der Kontaktbereich zwischen den Reifen und der Straße durch geschmolzenen Teer und Gummi geschmiert (siehe Fragestellung 1.8). Wenn das Auto langsamer wird, schmilzt jedoch weniger Material, so dass der Schmierfilm dünner wird und schließlich verschwindet, was die Reibung abrupt erhöht.

1.8 Rutschen bis zum Stillstand

Wenn die Räder eines Autos durch eine Notbremsung blockiert sind, rutschen die Reifen über den Straßenbelag und hinterlassen Bremsspuren. Angenommen, ein Auto kommt rutschend zum Stehen. Wirkt sich das Gewicht des Autos auf die Länge der Bremsspuren aus? Wie verhält es sich mit dem Lauf-flächenprofil und der Breite des Reifens? Was passiert, wenn der Reifen glatt ist?

Weshalb ist es schwieriger, ein Auto auf leicht nasser Fahrbahn zum Stehen zu bringen als auf einer mit fließendem Wasser bedeckten Straße?

Antwort

Bei einer Notbremsung erhöht sich die Reibung an den Reifen zunächst bis zu einem Maximalwert. Anschließend fällt sie stark ab, wenn die Räder blockieren und die Reifen rutschen. Der Schlupf reißt kleine Reifenstücke heraus und erwärmt Reifen und Straße. Der Reifen und unter Umständen auch der Straßenbelag kann schmelzen. Durch das Schmelzen entsteht ein Fluid, das die Gleitfläche schmiert und so die Reibung weiter verringert.

Das geschmolzene Material verfestigt sich schnell wieder, doch die Bremsspur bleibt möglicherweise monatelang erhalten. Sie weist oft Streifen auf, die sich über ihre gesamte Länge ziehen. Sie sind auf die Riffelung eines Reifens oder auf losen Schotter zurückzuführen, der auf der Straße liegt. Auf betonierten Oberflächen sind Bremsstreifen seltener und nahezu unsichtbar. Sie bestehen dann vorrangig aus den geschmolzenen oder herausgerissenen Reifenstückchen.

Wenn ein Auto ohne Kollision rutschend zum Stehen kommt, kann ein Gutachter anhand der Länge der Bremsspuren die Geschwindigkeit des Autos vor dem Rutschen abschätzen. Jedoch ist die Zahl der beteiligten Variablen so groß, dass die Berechnung nur eine Schätzung sein kann. Zu den Variablen gehört die Masse (oder das Gewicht) des Autos – ein schwereres Auto hat einen etwas längeren Bremsweg als ein leichteres Auto. Das ist in erster Linie auf den dickeren Schmierfilm zurückzuführen, der durch das höhere Gewicht entsteht. (Von Verkehrsgerichten und in vielen Physiklehrbüchern wird dieser Effekt im Allgemeinen vernachlässigt.)

Die Länge der Bremsspur hängt auch vom Zustand der Fahrbahn ab – die Spuren sind üblicherweise kürzer, wenn die Straßenoberfläche rau ist, und länger, wenn sie durch Abnutzung glatt ist. Die Reifenbreite hat keinen Einfluss auf den Bremsweg, weil die Reibung an einem Reifen im Allgemeinen nur vom Gewicht, das auf den Reifen nach unten drückt, den Oberflächen- und Bindungseigenschaften des Reifens sowie der Straßenoberfläche abhängt.

Wenn die Straße trocken ist, wirkt sich das Reifenprofil nur geringfügig auf den Bremsweg aus. Bei nasser Straße kann es jedoch ausschlaggebend sein. Falls es eine beträchtliche Wassermenge gibt, etwa während eines heftigen Wolkenbruchs, sind die Reifen dafür anfällig, auf einem dünnen Wasserfilm zu schwimmen (*Aquaplaning*), der nahezu keine Reibung mehr liefert. Das bedeutet, dass der Reifen die Fahrbahn nicht berührt, weil das Wasser nicht aus dem Weg oder unter dem Reifen wegfließen kann. Die Gefahr von Aquaplaning nimmt zu, wenn die Straße schmutzig ist und der Regen gerade eingesetzt hat, weil sich das Wasser mit dem Schmutz zu einem sehr viskosen Gleitmittel mischt. Daher fällt die Reibung zwischen Reifen und Straße signifikant ab, was viele überraschte Fahrer zu einer Notbremsung zwingen kann, weil sie beim Einsetzen des Regens glauben, dass die Straße noch nicht so nass ist, dass Aquaplaning auftreten könnte. Nachdem der Regen die Straße gesäubert hat und sie getrocknet ist, ist die Reibung zwischen Reifen und Straße höher als zuvor, weil die Verunreinigungen entfernt wurden. Reifen, die die Gefahr von Aquaplaning minimieren sollen, haben ein Reifenprofil, das Wasser unter dem Reifen zu einer Seite leitet oder drückt.

Auch wenn die Wassermenge zum Auftreten von Aquaplaning noch nicht ausreicht, kann sie doch die Reibung an den Reifen signifikant reduzieren. Ein Reifen greift auf einer trockenen Fahrbahnoberfläche, weil das auf ihm lastende Gewicht die Unterseite des Reifens auf die Oberfläche drückt. Durch diesen Druck kann der Reifen in die unregelmäßige Oberfläche eingreifen, wobei er in die kleinen Mulden eingepresst wird und an den leicht hervorstehenden Nasen haften bleibt. Dieses Haften des Reifens an der unregelmäßige Straßenoberfläche liefert einen Großteil der Reibung, die der Reifen bei einer Vollbremsung benötigt. Bei glatter Straßenoberfläche sind diese Mulden aber mit Wasser gefüllt. Wenn dann der Reifen vorübergehend auf die Straße gedrückt wird, schließt er das Wasser in diesen Mulden ein, was die Straßenoberfläche relativ glatt macht und die Haftwirkung der hervorstehenden Nasen effektiv ausschaltet.

Falls das Fahrzeug bei einer Vollbremsung auszubrechen beginnt, sind die auf der Straße hinterlassenen Bremsspuren gekrümmt. Zum Ausbrechen kann es kommen, wenn die Hinterräder vor den Vorderrädern blockieren oder die Straße zu den Rändern hin abfällt. (Häufig ist die Krone der Fahrbahn höher als ihre Ränder, damit das Regenwasser abfließen kann.)

Falls ein Rad während des Ausbrechens noch rollt, kratzt es seitlich über die Fahrbahn und hinterlässt eine *Schleifspur* ohne die für eine Bremsspur charakteristischen Streifen. Beide Spurentypen können unterbrochen sein, wenn das Auto durch starke Unebenheiten der

Straße springt oder das Bremsen nicht gleichmäßig erfolgt. Kürzere Lücken in der Spur sind gewöhnlich auf ein Springen zurückzuführen, während längere Lücken darauf hindeuten können, dass der Fahrer eine Intervallbremsung durchgeführt hat.

1.9 Kurzgeschichte: Einige Bremsspurrekorde

Den Bremsspurrekord auf einer öffentlichen Straße hat vermutlich der Fahrer eines Jaguars im Jahr 1960 auf der M1 in England aufgestellt: Die Spuren hatten eine Länge von 290 Metern. Vor Gericht wurde der Fahrer beschuldigt, mit einer Geschwindigkeit von mehr als 160 Kilometer pro Stunde gefahren zu sein, als die Reifen blockierten. Wenn wir annehmen, dass der Reibungskoeffizient zwischen Reifen und Fahrbahn 0,7 betrug, können wir berechnen, dass die Geschwindigkeit des Autos etwa 225 Kilometer pro Stunde gewesen sein muss.

Die Bremsspuren des Jaguars waren eindrucksvoll, doch sie verblassen gegenüber denen, die Craig Breedlove im Oktober 1964 bei den Bonneville Salt Flats in Utah hinterließ. Bei dem Versuch, einen neuen Geschwindigkeitsrekord für Landfahrzeuge aufzustellen und die „magische Grenze“ von 500 Meilen pro Stunde (805 Kilometer pro Stunde) zu durchbrechen, steuerte Breedlove seinen Raketen-getriebenen *Spirit of America* über eine abgesteckte Meile zunächst in die eine und anschließend in die andere Richtung, so dass die Windeinflüsse herausgemittelt werden konnten. Als er die Meile das zweite Mal absolvierte, fuhr er mit einer Geschwindigkeit von etwa 865 Kilometern pro Stunde.

Um Geschwindigkeit zu verlieren, öffnete er einen Fallschirm, doch die Leine riss unter der Last; der zweite Fallschirm versagte ebenfalls. Anschließend betätigte er seine Bremsen, wobei er das Pedal durchdrückte. Doch sie bewirkten nur wenig mehr als Bremsspuren, die fast sechs Meilen lang waren, bevor sie abbrachen. Das Gefährt bewegte sich dann mit etwa 800 Kilometern pro Stunde, als es ohne Zusammenstoß zwischen zwei Reihen von Telefonmasten hindurchfuhr. Es wurde schließlich gestoppt, als es eine Böschung hinauffuhr und anschließend mit einer Geschwindigkeit von etwa 250 Kilometern pro Stunde kopfüber in ein Salzwasserbecken fiel, das 5 Meter tief war. Da Breedlove förmlich in seinen Sitz gepresst wurde, wäre er beinahe in dem untergegangenen Chassis ertrunken. Doch Breedlove stellte einen Geschwindigkeitsrekord auf und durchbrach die „500-Meilen-Grenze“ mit einer mittleren Geschwindigkeit von 845 Kilometern pro Stunde.

1.10 Spechte, Dickhornschafe und die Gehirnerschütterung

Ein Specht hämmert seinen Schnabel in die Rinde eines Baumes, um nach Insekten zu suchen, um eine Nisthöhle zu zimmern oder um vernehmlich um einen Geschlechtspartner zu werben. Beim Aufprall beträgt die Verzögerung, die auf den Kopf wirkt, etwa 1 000 g (also das 1 000fache der Fallbeschleunigung). Eine solche Verzögerung wäre für den Menschen tödlich oder würde zumindest etliche Schäden am Gehirn verursachen und ihn mit einer Gehirnerschütterung zurücklassen. Weshalb fällt ein Specht nicht jedes Mal tot oder ohnmächtig vom Baum, wenn er mit seinem Schnabel an den Baum schlägt?

Um zur Paarungszeit ihre Rangordnung festzulegen, gehen amerikanische Dickhornschafe aufeinander los. Dabei schlagen sie ihre Hörner mit einem gewaltigen Aufprall gegeneinander. Doch auch sie fallen nicht ohnmächtig zu Boden (denn es dürfte schwierig werden, ein Weibchen abzubekommen, wenn man ausgestreckt und besinnungslos auf dem Boden liegt). Bei bestimmten behornten Dinosauriern (wie beispielsweise den *Triceratops*) könnte es ähnliche Zusammenstöße gegeben haben. Weshalb wird das Schaf durch den Aufprall nicht verletzt?

Antwort

Weshalb ein Specht die riesige Verzögerung aushalten kann, die auftritt, wenn er gegen die Baumrinde hämmert, ist noch nicht ausreichend geklärt. Es gibt aber zwei wesentliche Gründe dafür: (1) Die Bewegung des Spechts ist nahezu geradlinig. Einige Wissenschaftler glauben, dass es bei Menschen und Tieren zu einer Gehirnerschütterung kommt, wenn der Kopf schnell um den Nacken (und den Hirnstamm) gedreht wird, die aber weniger wahrscheinlich auftritt, wenn die Bewegung geradlinig erfolgt. (2) Das Gehirn des Spechts ist so gut mit dem Schädel verbunden, dass es unmittelbar nach dem Aufprall eine kleine Restbewegung oder Oszillation des Gehirns gibt, so dass das Gewebe, welches den Schädel mit dem Gehirn verbindet, nicht reißen kann.

Schafe, die ihre Köpfe zusammenschlagen, sind üblicherweise durch drei Körpermerkmale geschützt: (1) Ihre Hörner sind so gebogen, dass die Dauer des Aufpralls verlängert und dabei die Kraft des Aufpralls verringert wird. (2) Die Schädelknochen verschieben oder drehen sich auch gegenüber ihrer Verbindungsnaht wie eine Feder oder ein Gelenk, um den Stoß an den Kopf zu dämpfen. (3) Der überwiegende Teil der Energie eines Stoßes wird von den starken Nackenmuskeln der Tiere abgefangen. Obwohl der Zusammenstoß unglaublich heftig wirkt, haben sich die Muskeln und die Hörner der Tiere so entwickelt, dass das Brechen eines Horns oder eine Verletzung des Gehirns unwahrscheinlich ist. Die *Triceratops* profitierten vermutlich ebenfalls von einem ausgedehnten Sinussystem, das den Gehirnkasten umgab und das als Stoßdämpfer gedient haben könnte.

1.11 Kurzgeschichte: Das Spiel mit den „g"s

Im Juli 1977 stellte Kitty O'Neil in El Mirage Dry Lake, Kalifornien, zwei Beschleunigungsrekorde bei einem 400 m-Rennen (für „Dragster") auf. Aus dem Stand erreichte sie die höchste *Endgeschwindigkeit* (Geschwindigkeit am Ende des Rennens), die jemals aufgezeichnet wurde, und brach auch den Rekord der niedrigsten Laufzeit mit ihrer Marke von 3,72 Sekunden. Ihre Geschwindigkeit betrug erstaunliche 632 Kilometer pro Stunde. Ihre mittlere Beschleunigung während des Laufs war 41,1 Meter pro Quadratsekunde, was der 4,81fachen Erdbeschleunigung, also kurz 4,81 g entspricht.

Im Dezember 1954 wurde Dr. John Stapp, ein Oberst der Air Force, an der Holloman Air Force Base in New Mexiko im Sitz eines Beschleunigungsschlittens mit 10 Raketen festgeschnallt. Nach dem Feuern wurde Stapp mit dem Schlitten 5 Sekunden lang auf einer Schiene vorwärtsgetrieben, wobei er eine Geschwindigkeit von etwa 1 018 Kilometern pro Stunde erreichte. Seine Beschleunigung betrug während des Antriebs ungefähr 56,4 Meter pro Qudratsekunde oder 5,76 g. Die Zahlen sind zweifellos eindrucksvoll, doch der wirkliche Test für Oberst Stapp war, durch Wasserbremsen anzuhalten. Das dauerte lediglich 1,4 Sekunden – er verlangsamte (entschleunigte) mit 20,6 g.

Im Mai 1958 erreichte Eli L. Beeding Jr. in einem ähnlichen Schlitten eine Geschwindigkeit von etwa 117 Kilometern pro Stunde. Die Geschwindigkeit scheint kaum der Rede wert, weil sie auf Autobahnen üblich ist, doch sie verdient Respekt, wenn man die Zeit für die Beschleunigung erwähnt. Die Zeit betrug 0,04 Sekunden, was weniger als ein Augenzwinkern ist. Beedings Beschleunigung von 82,6 g ist bis heute der Rekord unter kontrollierten Bedingungen.

Im Juli 1977 verunglückte der Rennwagen von David Purley in Northhamptonshire in England. Seine Geschwindigkeit verringerte sich von 174 Kilometer pro Stunde auf null, während er lediglich eine Entfernung von 0,66 Metern zurücklegte. Seine Verzögerung hatte den eigentlich tödlichen Wert von 179,8 g. Obwohl er 29 Knochenbrüche und drei Auskugelungen erlitt und sechs Mal Herzstillstand eintrat, überlebte Purley.

1.12 Frontale Autozusammenstöße

In einem einspurigen Tunnel stellen Sie plötzlich fest, dass Ihnen ein Auto direkt entgegenkommt. Was sollten Sie tun, um Ihr Risiko im bevorstehenden Unfall zu minimieren? Sollten Sie Ihre Geschwindigkeit der des entgegenkommenden Autos anpassen, noch schneller fahren oder anhalten?

Ein frontaler Zusammenstoß ist die gefährlichste Art eines Autounfalls. Überraschenderweise legen die über frontale Zusammenstöße gesammelten Daten die Vermutung nahe, dass das Risiko (oder die Wahrscheinlichkeit) für den Tod eines Fahrers geringer ist, wenn dieser Fahrer einen Beifahrer hat. Weshalb ist das so?

Antwort

Der beste Rat ist anzuhalten und, falls möglich, den Rückwärtsgang einzulegen. Sie können sich ein Maß für die Härte des Aufpralls verschaffen, wenn Sie die kinetische Gesamtenergie oder den Gesamtimpuls der Autos vor dem Zusammenstoß berechnen. Wenn Sie Ihre Geschwindigkeit nicht verringern, haben beide Größen einen hohen Wert und der Zusammenstoß wird heftig sein.

Es verhält sich hier anders als beim American Football, wo sich ein Spieler dafür entscheiden kann, zu beschleunigen, wenn er frontal gegen einen anderen Spieler läuft. Der Unterschied besteht darin, dass es der Spieler vielleicht gerade darauf anlegen will, dass der Zusammenstoß heftig wird. Indem er seinen Körper richtig ausrichtet, kann er den Aufprall auf die verwundbaren Körperteile seines Gegners richten oder bewirken, dass sein Gegner das Gleichgewicht verliert und auf das Feld stürzt.

Die über frontale Autozusammenstöße gesammelten Daten deuten darauf hin, dass ein Beifahrer in Ihrem Auto Ihr Todesrisiko verringert. Dieses Risiko hängt von der Änderung Ihrer Geschwindigkeit während des Zusammenstoßes ab: Eine große Veränderung bedeutet, dass Sie durch eine starke Kraft einer starken Verzögerung ausgesetzt sind. Wenn Ihr Auto beispielsweise eine kleine Masse und das andere Auto eine große Masse besitzt, kann es sogar passieren, dass Sie schließlich rückwärts fahren. Eine zusätzliche Masse in Ihrem Auto, ob sie nun von einem weiteren Fahrgast oder von einem Sandsack im Kofferraum stammt, kann die Änderung Ihrer Geschwindigkeit verringern und damit auch Ihr Risiko. Hier ist ein Zahlenbeispiel: Angenommen, Ihr Auto und das andere Auto sind identisch und Ihre Masse und die Masse des anderen Fahrers ebenso. Ihr Todesrisiko wird um etwa 9 % reduziert, wenn Sie einen Beifahrer in Ihrem Auto haben, der 80 Kilogramm wiegt.

1.13 Kurzgeschichte: Mit der Eisenbahn spielen

Waco in Texas am 15. September 1896: William Crush von der Missouri, Kansas & Texas Eisenbahngesellschaft dachte sich ein todsicheres Konzept für eine Show aus. Er hatte vor, zwei ausrangierte Lokomotiven an den gegenüberliegenden Enden eines 4 Meilen langen Gleises aufzustellen. Die eine wurde rot, die andere grün angestrichen. Das Konzept bestand darin, die beiden Lokomotiven mit voller Geschwindigkeit ineinanderfahren zu lassen.

Nichts verkauft sich so gut wie die schiere Gewalt. Also bezahlten 50 000 Schaulustige, um den Zusammenstoß zu sehen. Nachdem die Maschinen mit Brennstoff versorgt waren und ihre Drosselklappen im offenen Zustand befestigt waren, rasten die Lokomotiven aufeinander zu. Als sie zusammenprallten, hatten sie beide eine Geschwindigkeit von 145 Kilometern pro Stunde.

Etliche Schaulustige wurden von den umherfliegenden Trümmerteilen getötet und Hunderte wurden verletzt. Der übrige Teil der Menge kam vermutlich auf seine Kosten. In der Nähe des Zusammenstoßes gewesen zu sein, bei dem die kinetische Energie der Züge in die kinetische Energie der umherfliegenden Trümmer umgewandelt wurde, war so, wie bei einer mittelgroßen Explosion dabei gewesen zu sein.

1.14 Auffahrunfall und Schleudertrauma

Bei einem Auffahrunfall wird ein Auto von einem anderen Auto von hinten angefahren. Jahrzehntelang versuchten Ingenieure und Mediziner zu erklären, weshalb die Halswirbelsäule eines Insassen des vorderen Autos bei einem derartigen Zusammenstoß Schaden nimmt. In den 1970er Jahren kamen sie zu dem Schluss, dass der Schaden darauf zurückzuführen sei, dass der Kopf des Insassen beim Auffahren des anderen Autos nach hinten über die Oberkante des Sitzes geschleudert wird. Daher die umgangssprachliche Bezeichnung „Schleudertrauma“. Der Nacken wurde offensichtlich durch die Bewegung des Kopfes zu stark gedehnt. Aufgrund dieser Feststellung wurden Autos mit Kopfstützen ausgestattet, doch Verletzungen der Halswirbelsäule traten bei Auffahrunfällen immer noch auf.

Antwort

In erster Linie kommt es zu einem Schleudertrauma, weil die nach vorn gerichtete Beschleunigung des Kopfes gegenüber der des Rumpfes verzögert einsetzt. Daher hat der Rumpf bereits eine erhebliche Vorwärtsgeschwindigkeit, wenn sich der Kopf nach vorn zu bewegen beginnt. Diese unterschiedliche Vorwärtsbewegung belastet die Halswirbelsäule so stark, dass sie verletzt wird. Das Zurückschleudern des Kopfes beim Aufprall erfolgt erst später und kann, insbesondere bei fehlender Kopfstütze, die Verletzung verstärken.

1.15 Kurven beim Autorennen

Hochgeschwindigkeitsrennen werden oft durch das Kurvenverhalten des Rennwagens und des Fahrers entschieden, also genau dort, wo die Geschwindigkeit am geringsten ist. Sehen wir uns eine 90 °-Kurve auf einer ebenen Strecke an, wie beispielsweise bei Formel-1-Rennen. Natürlich hängt die beste Art, die Kurve zu nehmen, von den Fahreigenschaften des Rennwagens, den Fähigkeiten und der Erfahrung des Fahrers und den Bedingungen auf der Strecke ab. Kann man aber allgemein sagen, dass der Fahrer die Kurve am besten auf einer Kreisbahn nehmen sollte? Dies garantiert üblicherweise die kürzeste Verweilzeit in der Kurve. Weshalb könnte diese Variante dennoch nicht die beste Wahl sein?

Weshalb ist es für Fahrer, die die ebenen Formel-1-Kurse gewöhnt sind, schwierig, zu Indy-Car-Rennen zu wechseln, bei denen die Kurven gewöhnlich überhöht sind? Genauer: Weshalb passiert es einem solchen Fahrer, dass sein Fahrzeug ausbricht, wenn er in die Kurve fährt?

Antwort

Ein Fahranfänger nimmt eine Kurve auf einer Kreisbahn. Ein erfahrener Fahrer bremst zunächst, wobei er etwas einlenkt; anschließend lenkt er scharf ein, um auf einer weniger stark gekrümmten Bahn aus der Kurve heraus zu beschleunigen. Bei dieser Strategie verbringt der Wagen zwar mehr Zeit in der Kurve, doch sie erlaubt es dem erfahrenen Fahrer, in die gerade Strecke mit einer höheren Geschwindigkeit einzufahren als der Fahranfänger. Diese höhere Geschwindigkeit auf der Geraden macht dann die in der Kurve verlorene Zeit mehr als wett.

Eine derartige Strategie hat einen weiteren Vorteil: Wenn man die Kurve zu schnell nimmt, wird die Grenze der Reibungskräfte an den Reifen überschritten und das Fahrzeug gleitet und gerät außer Kontrolle. Um die Reibung aufrechtzuerhalten, bremst der erfahrene Fahrer zunächst und lenkt erst dann scharf ein. Da der Fahrer den übrigen Teil der Kurve nur auf einer leicht gekrümmten Bahn nimmt, kann er beschleunigen, ohne die Reibung zu verlieren.

Ein erfahrener Formel-1-Fahrer hat eine intuitive Wahrnehmung für die Sinneseindrücke durch die Kräfte und die Bewegung in einer flachen Kurve entwickelt. Die Sinneseindrücke sind in einer überhöhten Kurve ganz anders, weshalb ein Formel-1-Fahrer vermutlich zu spät einlenkt.

1.16 Sprintstrecken

Weshalb ist ein Rennen auf einer geraden Strecke im Allgemeinen schneller als eines auf einer Kurvenstrecke gleicher Länge? Angenommen, die Strecke ist eben und oval. Weshalb hat dann ein Läufer auf der Außenbahn generell einen Vorteil gegenüber dem auf der Innenbahn, auch wenn die Streckenlänge auf beiden Bahnen gleich ist? Weshalb hängt die Geschwindigkeit eines Rennens auf einer solchen Strecke von der Form des Ovals ab?

Antwort

Am Beginn einer Kurve bremst ein Läufer ab; beim Verlassen der Kurve beschleunigt er wieder auf seine Geschwindigkeit auf der Geraden. In jeder Kurve tritt eine Zentripetalkraft in Richtung des Kurvenmittelpunkts auf. Hier wird die Zentripetalkraft durch die Reibung an den Schuhsohlen des Läufers vermittelt. Während an den Schuhen des Läufers eine nach innen gerichtete Kraft wirkt, neigt sich der Körper des Läufers aus der Kurve heraus, so als würde er nach außen geworfen. Um die Balance zu halten, verringert der Läufer seine Geschwindigkeit und lehnt sich nach innen, um die Tendenz seines Körper, sich nach außen zu neigen, zu kompensieren. Je schärfer die Kurve ist, umso stärker muss der Läufer abbremsen und sich nach innen lehnen. Daher hat ein Läufer auf der Außenbahn (deren Krümmung geringer ist) generell einen Vorteil gegenüber einem Läufer auf der Innenbahn (deren Krümmung höher ist).

Bei einer ebenen und ovalen Strecke bestimmt unter anderem der Anteil der gekrümmten Strecke die Geschwindigkeit des Rennens. Im Allgemeinen sind die Rennen auf einem weiten Oval schneller als auf einem engen Oval, weil die Krümmung der Kurven eines weiten Ovals kleiner ist als die der scharfen Kurven bei einem engen Oval. Am günstigsten ist (abgesehen von einer Geraden) ein Kreis, weil dieser die minimalste Krümmung hat.

1.17 Sinnestäuschungen beim Start

Ein Düsenflugzeug, das von einem Flugzeugträger aus startet, wird von seinen kraftvollen Maschinen angetrieben, während es gleichzeitig durch einen auf dem Deck des Trägers installierten Katapultmechanismus nach vorn beschleunigt wird. Durch die sich daraus ergebende hohe Gesamtbeschleunigung kann das Flugzeug auf der kurzen Strecke auf dem Deck die Startgeschwindigkeit erreichen. Doch diese hohe Beschleunigung suggeriert dem Piloten auch, das Flugzeug mit der Nase steil nach unten steuern zu müssen, wenn er das Deck verlässt. Die Piloten sind darauf trainiert, dieses Gefühl zu ignorieren, doch gelegentlich wurde ein Flugzeug direkt ins Meer geflogen. Was ist für dieses Gefühl verantwortlich?

Antwort

Der Gleichgewichtssinn, insbesondere die Orientierung eines Menschen in Richtung der Vertikalen, hängt von visuellen Anhaltspunkten und vom *Vestibularsystem* ab. Dies ist das Gleichgewichtsorgan, das sich im Innenohr befindet. Dieses Organ enthält winzige Haarzellen, die von einer Flüssigkeit, der *Endolymphe*, umgeben sind. Wenn Sie Ihren Kopf aufrecht halten, sind die Härchen senkrecht in Richtung der auf Sie wirkenden Schwerkraft ausgerichtet, so dass das Organ Ihrem Gehirn mitteilt, dass Ihr Kopf aufrecht ist. Wenn Sie Ihren Kopf nach hinten neigen, krümmen sich die Härchen und das Organ informiert Ihr Gehirn über die Bewegung. Die Härchen krümmen sich auch, wenn Sie durch eine äußere horizontal wirkende Kraft in Vorwärtsrichtung beschleunigt werden. Das in Ihr Gehirn vom Gleichgewichtsorgan weitergeleitete Signal gibt dann fälschlicherweise an, dass Ihr Kopf nach hinten geneigt ist. Jedoch wird dieses falsche Signal ignoriert, wenn visuelle Anhaltspunkte zeigen, dass Sie Ihren Kopf nicht nach hinten geneigt haben. Das ist beispielsweise der Fall, wenn Sie in Ihrem Auto beschleunigt werden.

Ein Pilot, der mit seiner Maschine nachts vom Deck eines Flugzeugträgers geschleudert wird, hat nahezu keine visuellen Anhaltspunkte. Die Illusion, nach hinten geneigt zu sein, ist stark und sehr überzeugend, so dass der Pilot den Eindruck gewinnt, als würde das Flugzeug das Deck mit steil nach oben gerichteter Nase verlassen. Ohne ein entsprechendes Training wird der Pilot versuchen, das Flugzeug in die Waagerechte zu bringen, indem er seine Nase scharf nach unten steuert, wodurch das Flugzeug dann ins Meer stürzt.

1.18 Kurzgeschichte: Air-Canada-Flug 143

Am 23. Juli 1983 wurde der Air-Canada-Flug 143 gerade für seine lange Reise von Montreal nach Edmonton startklar gemacht, als das Flugpersonal das Bodenpersonal bat, die bereits an Bord befindliche Treibstoffmenge zu bestimmen. Das Flugpersonal wusste, dass für den Flug 22 300 kg Treibstoff notwendig waren. Dem Flugpersonal war die Menge in Kilogramm bekannt, weil Kanada damals gerade das metrische System übernommen hatte; zuvor war die Treibstoffmenge immer in Pfund angegeben worden. Das Bodenpersonal konnte die sich bereits an Bord befindliche Treibstoffmenge nur in Litern messen und gab das Ergebnis von 7 682 Litern weiter. Um daraus zu bestimmen, wie viel Treibstoff bereits an Bord war und wie viel nachgetankt werden musste, bat das Flugpersonal das Bodenpersonal um den Umrechnungsfaktor von Litern in Kilogramm. Der Faktor wurde mit 1,77 angegeben (1 Liter Treibstoff wiegt 1,77 Kilogramm), so dass das Flugpersonal daraus berechnete, dass bereits 13 597 Kilogramm Treibstoff an Bord seien und noch 4 917 Liter nachgetankt werden müssten.

Leider bezog sich die Antwort des Bodenpersonals auf das alte angloamerikanische Maßsystem, die 1,77 war nicht der Umrechnungsfaktor von Litern in Kilogramm, sondern vielmehr in *Pfund* Treibstoff (1,77 Pfund entsprechen einem Liter). In Wirklichkeit waren nur 6 172 kg Treibstoff an Bord, und es hätten 20 075 Liter nachgetankt werden müssen. Als Flug 143 von Montreal startete, waren also nur 45 % der eigentlich für den Flug benötigten Treibstoffmenge an Bord.

Auf dem Weg nach Edmonton ging dem Flugzeug in einer Flughöhe von 7,9 Kilometern der Treibstoff aus und es begann zu sinken. Obwohl das Flugzeug ohne Antrieb war, gelang es dem Piloten, das Flugzeug in einen Gleitflug zu bringen. Da der nächste Flughafen zu weit entfernt war, um ihn im Gleitflug erreichen zu können, steuerte er einen alten, nicht mehr genutzten Flugplatz aus.

Leider war die Start- und Landebahn dieses Flugplatzes in einen Kurs für Autorennen umgewandelt und eine Stahlbarriere drum herum gebaut worden. Zum Glück brach jedoch das vordere Fahrwerk zusammen, als das Flugzeug auf der Landebahn aufkam, so dass die Nase des Flugzeuges auf die Landebahn aufkam. Das Rutschen bremste das Flugzeug so, dass es kurz vor der Stahlbarriere zum Stehen kam. Die Augen der fassungslosen Rennfahrer und Fans ruhten auf ihm. Alle an Bord befindlichen Personen kamen wohlbehalten heraus. Die Botschaft ist in diesem Fall folgende: Mengen ohne richtige Einheiten sind bedeutungslose Zahlen.

1.19 Nervenkitzel auf dem Rummel

Was ist für den Nervenkitzel bei einer Achterbahnfahrt verantwortlich? Sicherlich spielen die Höhe, die Geschwindigkeit und die Illusion des Fallens eine Rolle. Doch diese Sinneswahrnehmungen könnte man auch in einem schnellen, verglasten Außenfahrstuhl haben. Aber niemand bezahlt für eine Fahrstuhlfahrt und stellt sich danach an.

Wie verhält es sich mit den Fahrten, bei denen Sie herumgeschleudert werden? Weshalb klammern Sie sich während der Fahrt fest und schreien vielleicht sogar?

Achterbahnen sind dazu gedacht, die Illusion der Gefahr zu erwecken (das gehört zum Vergnügen, das sie bereiten), doch in Wirklichkeit tun Ingenieure alles nur Erdenkliche, um sie für die Passagiere äußerst sicher zu machen. Trotz dieser Bemühungen für die Sicherheit der Passagiere endet die Fahrt für ein paar Unglückliche der Millionen von Menschen, die jedes Jahr Achterbahn fahren, mit einem Leiden, das als *Achterbahnkopfschmerzen* bezeichnet wird. Zu den Symptomen, die manchmal erst nach einigen Tagen auftreten, zählen Schwindelgefühl und Kopfschmerzen, die so schwerwiegend sein können, dass sie medizinisch behandelt werden müssen. Was verursacht die Achterbahnkopfschmerzen?

Antwort

Der Reiz vieler Fahrgeschäfte beruht auf ihren Höhen, großen Geschwindigkeiten oder starken Beschleunigungen (bei einer Achterbahn bis zu 4 g). Auch schnelle Kreisbewegungen können aufgrund der damit verbundenen Zentrifugalkraft vergnügliche Empfindungen hervorrufen. Die aufregendsten Fahrgeschäfte sind jedoch diejenigen, bei denen schnell wechselnde und unerwartete Kräfte auf Sie wirken. Wenn Sie eine konstante Kraft spüren oder konstant beschleunigt werden, scheint alles unter Kontrolle zu sein. Wenn sich der Betrag oder die Richtung der Kraft aber plötzlich ändern und Sie unerwartet beschleunigt werden, spüren Sie unbewusst Gefahr. Das Element der Überraschung auf einer unbewussten Ebene führt zu einem existenziellen Flirt mit dem Tod.

Gewöhnliche Achterbahn: Spannend sind die Höhen und die hohen Geschwindigkeiten sowie das Gerassel bei einer alten Holzachterbahn. Wenn Sie schnell durch ein Tal fahren, presst Sie die auf Sie wirkende Zentrifugalkraft scheinbar in den Sitz; wenn Sie über einen kurzen, aber steilen Berg fahren, scheint Sie die Kraft aus dem Sitz zu schleudern. Wenn Sie über die Schwelle des ersten und höchsten Berges fahren, haben Sie das deutliche Gefühl zu fallen. Die Illusion funktioniert am besten, wenn Sie im ersten Wagen sitzen, so dass sich nur ein geringer Teil der Bahn vor Ihnen befindet. Ich glaube aber, dass es sogar noch aufregender ist, im letzten Wagen zu sitzen. Wenn Sie die Schwelle erreichen und ein immer größerer Teil der Bahn nach unten fährt, entsteht die Kraft auf Ihren Rücken zunächst allmählich und dann immer schneller (der Anstieg ist exponentiell), und in dem Augenblick, in dem Sie die Schwelle erreichen, verschwindet die Kraft. Sie fühlen sich, als würde Sie eine teuflische Kraft wie irrsinnig an die Schwelle schubsen und Sie dann in den freien Fall stürzen.

Wilde Maus: Die Wagen werden einzeln in die Spur geschickt. Der Wagen, in dem Sie sitzen, ist drehbar auf einem rädrigen Gestell gelagert, das der Spur folgt. Die Drehachse befindet sich in der Nähe des Hecks. In einer scharfen Kurve folgt das Fahrgestell treu der gekrümmten Spur, doch der Wagen bewegt sich erst noch einen Moment lang weiter vorwärts, bevor er abbiegt. In diesem Moment haben Sie die Illusion, dass der Wagen aus der Spur fliegt.

Moderne Achterbahnen: Loopings und Spiralen erzeugen Sinneswahrnehmungen von Zentrifugalkräften, deren Betrag und Richtung sich schnell ändern. Außerdem werden Sie auf den

Kopf gestellt. Beide Faktoren erzeugen Angst. Wenn Sie in einem Looping aufsteigen, sollte sich die Zentrifugalkraft verringern, während Sie langsamer werden. Da aber die Krümmung der Spur stark zunimmt, bleibt diese scheinbare Kraft erhalten. Bei manchen Achterbahnen können Sie den Kurs rückwärts absolvieren, so dass Sie die Änderungen der Kraft, der Geschwindigkeit oder der Beschleunigung nicht vorhersehen können. Eine Achterbahnfahrt in der Dunkelheit schaltet die Voraussicht ebenfalls aus und steigert die Angst.

Rotor: Wenn Sie an der Innenwand des großen rotierenden Zylinders stehen, haben Sie das Gefühl, von einer starken Zentrifugalkraft an die Wand genagelt zu werden (siehe Abbildung 1.4). Die Kraft kann Ihre Wahrnehmung für die Abwärtsrichtung verändern und die Illusion erzeugen, dass Sie nach hinten gekippt werden. Wenn die Kraft hinreichend groß ist, kann der Boden nach unten gefahren werden, während Sie aufgrund der Reibung zwischen Ihnen und der Wand oben haften bleiben. Obwohl die Vorstellung einer nach außen gerichteten Kraft dann ziemlich überzeugend sein mag, ist die Kraft, die Sie fesselt, in Wirklichkeit nach innen gerichtet – die Wand schiebt Sie in Richtung des Zentrums des Zylinders, dadurch rutschen Sie nicht an der Wand herab. Weil Sie nicht an der Wand herunterrutschen, muss die an Ihnen wirkende Reibungskraft aufwärts gerichtet sein und ihre Gewichtskraft ausgleichen.

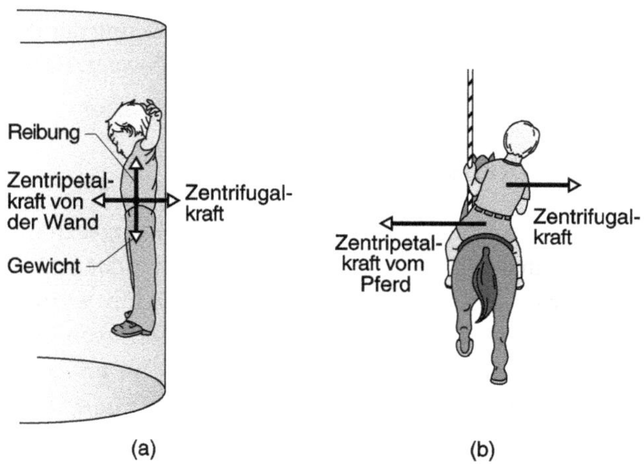

Abb. 1.4: Die bei einem Rotor (a) und einem Karussell (b) wirkenden Kräfte.

Riesenrad, Kinderkarussell und Kettenkarussell: Bei diesen Fahrgeschäften spüren Sie die Zentrifugalkraft auf weniger dramatische Weise. Wenn Ihre Gondel bei einem Riesenrad den höchsten Punkt des Rades passiert, haben Sie das Gefühl, durch die Kraft hochgehoben zu werden. Am tiefsten Punkt des Kreises fühlen Sie sich nach unten in den Sitz gedrückt. Bei einem Karussell scheint Sie die Zentrifugalkraft nach außen zu werfen (siehe Abbildung 1.4b), insbesondere, wenn Sie auf einem äußeren Pferd fahren, das sich schneller um den Kreismittelpunkt bewegt als ein Pferd, das sich mehr in der Mitte befindet. Wenn Sie mit einem Kettenkarussell fahren, das sich um eine zentrale Drehscheibe bewegt, steigen die Ketten vertikal auf, so als würde Sie eine Zentrifugalkraft nach außen treiben. Doch gibt es bei diesen drei Fahrgeschäften tatsächlich keine Zentrifugalkraft. Vielmehr wirkt die Zentripetalkraft (des Riesenrades, des Pferdes auf einem Kinderkarussell und der Ketten beim Kettenkarussell). Es ist diese Kraft, die Sie auf der Kreisbahn hält.

Fahrgeschäfte mit sich drehenden Armen: Bei diesen sitzen Sie in einer Gondel, diese befindet sich am Ende eines Arms. Dieser Arm dreht sich selbst um das Ende eines vom Zentrum ausgehenden weiteren Armes. Wenn die Arme in derselben Richtung um ihre Drehachsen rotieren, spüren Sie die größte Zentrifugalkraft und haben die höchste Geschwindigkeit, wenn Sie den am weitesten vom Zentrum entfernten Punkt passieren. Sind die Drehrichtungen entgegengesetzt, ist Ihre Geschwindigkeit aufgrund der entgegengesetzten Rotation am geringsten, wenn Sie am weitesten vom Zentrum entfernt sind. Die jedoch auf Sie wirkende Kraft verändert sich dort am stärksten, weil Sie sich dann entlang einer stark gekrümmten Kurve bewegen.

Freifallturm: Hier sitzen Sie auf einem Träger, der sich in einer Höhe von ungefähr 40 Metern befindet, plötzlich losgelassen wird und dann nahezu frei fällt. Sie spüren ein Gefühl der Schwerelosigkeit, weil Sie mit nahezu derselben Geschwindigkeit fallen wie der Sitz unter Ihnen, so dass Sie nicht mehr vom Sitz getragen werden. Es soll Menschen geben, denen diese Gefühle Vergnügen bereiten.

Achterbahnkopfschmerzen können durch jedes Fahrgeschäft eines Vergnügungsparks hervorgerufen werden, bei dem die Beschleunigung groß ist und deren Richtung sich schnell ändert. Die große Beschleunigung belastet das Gehirn und jede abrupte Veränderung der Belastungsrichtung kann dazu führen, dass sich das Gehirn relativ zum Schädel bewegt. Dabei können Adern reißen, die das Gehirn mit dem Schädel verbinden.

1.20 Kurzgeschichte: Loopings im Zirkus

Die modernen Vergnügungsparks mögen noch so voller Nervenkitzel sein, ihre Fahrgeschäfte verblassen im Vergleich zu einigen Zirkuskunststücken mit Fahrrädern, die zwischen 1900 und 1912 vorgeführt wurden. Da ein Zirkus den anderen zu übertrumpfen versuchte, wurden gewagte Kunststücke ersonnen und vorgeführt. Manche sogar mehr als ein Mal, wenn die Artisten einer Verletzung entkamen. Einer der ersten Stunts wurde im Jahre 1901 im *Adam Forepaugh & Sells Brothers* Zirkus vorgeführt. Ein Mann mit dem Künstlernamen „*Starr*“ fuhr mit einem Fahrrad von einer 18 Meter langen Rampe mit einer Neigung von 52°. Dies mag sich nicht allzu schwierig anhören, aber die Rampe bestand aus drei Abschnitten aus Ausziehleitern, was bedeutet, dass die Fahrt ziemlich hart war, insbesondere am Ende in der Nähe des Bodens.

Ein Jahr später führte *Diavolo* von *Forepaugh & Sells* im New Yorker *Madison Square Garden* ein Fahrrad-Looping-Kunststück ein. In Anwesenheit eines Krankenwagens begann Diavolo seine Fahrt von einer Rampe unmittelbar unter den hell strahlenden Deckenscheinwerfern und fuhr anschließend durch eine vertikale Schleife mit einem Durchmesser von 11 Metern in Netze, die die Fahrt beendeten. Im Jahre 1904 präsentierte derselbe Zirkus den „*Ungeheuren Porthos*“ mit einem weiteren Fahrradkunststück. Die Rampe war ähnlich, doch war das oberste Stück der Schleife ausgespart, so dass Porthos 15 Meter kopfüber durch die Luft fliegen musste, um den zweiten Teil der Schleife zu erreichen.

Das vielleicht waghalsigste Fahrradkunststück wurde im Jahre 1905 vorgeführt, als der Zirkus *Barnum & Bailey* am Madison Square Garden gastierte. Das Kunststück begann damit, dass sich die Brüder Ugo und Ferdinand Ancillotti auf Fahrrädern sitzend auf zwei Rampen gegenüber standen. Die Rampe von Ferdinand war etwas höher als die von Ugo. Auf ein Zeichen begannen die Brüder ihre Abfahrt. Nachdem Ugo das steil nach oben gekrümmte Ende seiner Rampe erreicht hatte, wurde er 14 Meter weit katapultiert, bis er auf einer weiteren Rampe landete. Anschließend wiederholte er das Kunststück über eine zweite Aussparung von 9 Metern. Währenddessen wurde Ferdinand von dem unteren Teil seiner Rampe so emporgeworfen, dass er kopfüber und nur ein paar Dutzend Zentimeter unter Ugo hinwegflog, der gerade seine erste Lücke überwand (siehe Abb. 1.5). Die Gefahr war bei diesem Kunststück ziemlich real – als das Kunststück in der Abendshow wiederholt werden sollte, stürzte Ferdinand beim Überfliegen der Lücke schwer, und das Kunststück wurde daraufhin eingestellt.

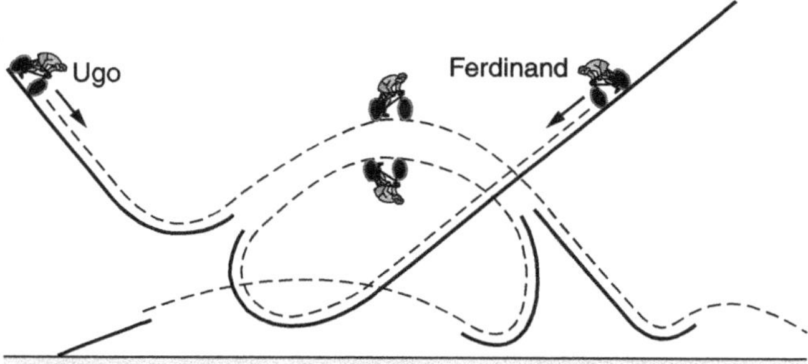

Abb. 1.5: Das Fahrradkunststück von Ugo und Ferdinand Ancillotti.

Etwas später begannen die Zirkusse dann, auf „Automobile" umzusteigen, die zu der damaligen Zeit eine Novität waren. Ein oder zwei Insassen fuhren ein Auto eine Rampe hinunter und überschlugen sich in der Luft, bevor sie eine zweite Rampe erreichten. Jedoch flaute das Interesse an dieser Art von Zirkuskunststücken nach 1912 ab, vermutlich weil sich das Publikum an die Gefahr gewöhnt hatte. Die zugehörige Physik erhielt lange keine weiteren Anregungen durch die Aufführung von Kunststücken. Dies änderte sich erst später wieder, als Evel Knievel, sein Sohn Robbie und andere Stuntmen mit dem Motorrad eine Rampe hinab- oder hinauffuhren und über Autos und Lastwagen sprangen.

1.21 Einen geschlagenen Ball fangen (Baseball)

Woher weiß ein Spieler auf dem Feld, wo er den Ball fangen soll, wenn ein Ball ins *Outfield* geschlagen wird? Der Außenspieler könnte zur richtigen Stelle laufen und auf den Ball warten. Er könnte aber auch mit einer bestimmten Geschwindigkeit laufen und an der richtigen Stelle genau zum gleichen Zeitpunkt ankommen wie der Ball. In beiden Fällen hilft Spielerfahrung sicher weiter, doch gibt es Anhaltspunkte in der Bewegung des Balls, die den Außenspieler leiten können?

Als ein Beispiel für die Fähigkeiten eines Außenspielers erzählt Robert Weinstock vom Oberlin College, wie Babe Ruth einst einen hochgeschlagenen Ball von Jimmy Foxx von den *Philadelphia Athletics* fing. Ruth wartete weit im linken Feld. Er erwartete von Foxx einen lang geschlagenen Ball, doch Foxx traf den Ball schief und er geriet hoch und kurz. Als Ruth der Schall des Schlages erreicht hatte, lief er sofort zu einer bestimmten Stelle auf dem Feld, wartete dort und fing den Ball.

Antwort

Obwohl ein Außenspieler viele Anhaltspunkte ausnutzt, um einen geschlagenen Ball zu fangen, scheinen zwei Winkel wichtig zu sein. Einer ist der vertikale Winkel α, in dem sich der Ball aus Sicht des Spielers zum Outfield bewegt (siehe Abbildung 1.6). Wenn sich der Spieler bereits an der richtigen Stelle befindet, um den Ball fangen zu können, verringert sich dieser Winkel, dies aber mit abnehmender Geschwindigkeit (zunächst verringert sie sich schnell und anschließend immer langsamer). Befindet sich der Spieler zu nah am geschlagenen Ball (und muss zurückweichen), nimmt der vertikale Winkel mit zunehmender Geschwindigkeit zu; befindet sich der Spieler zu weit entfernt (und muss nach vorn rennen), erhöht sich der vertikale Winkel zunächst, um anschließend allmählich wieder abzunehmen. Der Spieler weiß aus Erfahrung, dass er sich bewegen muss, bis sich in der letzten Flugphase des Balls dessen vertikaler Winkel mit genau der richtigen abnehmenden Rate erhöht.

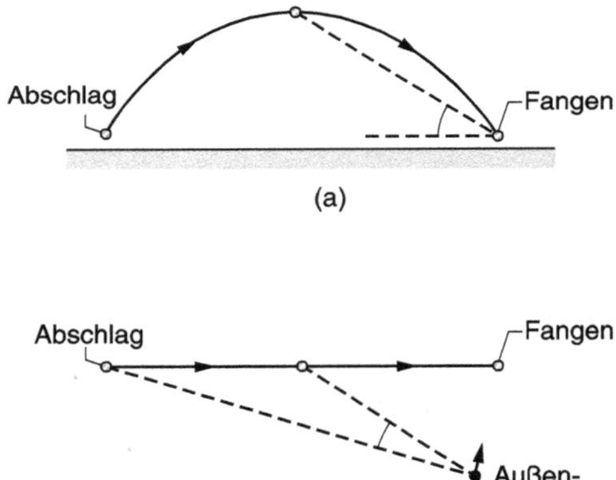

Abb. 1.6: (a) Seitenansicht der Wurfbahn eines geschlagenen Balls. (b) Aufsicht der Wurfbahn.

Der zweite wichtige Winkel spielt eine Rolle, wenn der Ball aus Sicht des Spielers nach links oder rechts abgeschlagen wurde. Während sich der Ball in Richtung Outfield bewegt, bewegt er sich gleichzeitig horizontal in einem Winkel θ durch das Sichtfeld des Spielers (siehe Abbildung 1.6b). Der Spieler läuft so, dass sich dieser Winkel mit einer konstanten Rate verringert. Dadurch kann der Spieler mit einer ziemlich gleichmäßigen Geschwindigkeit zur richtigen Fangstelle laufen, anstatt in der letzten Sekunde noch einen Sprint hinlegen zu müssen. Um dies gut umsetzen zu können, braucht es Erfahrung, die Fähigkeit scheint aber auch angeboren zu sein. Denn Hunde, die eine geworfenen Frisbeescheibe mit ihrem Maul fangen, verwenden dieselbe Methode wie Aufnahmen von Videokameras zeigen, die man ihnen um den Hals gehängt hatte.

1.22 Kurzgeschichte: Hohe Bälle

Im August 1938 versuchten Frankie Pytlak und Hank Helf, zwei Fänger der *Cleveland Indians*, den Weltrekord für das Fangen des von größter Höhe fallen gelassenen Baseballs zu erobern. Während sie auf der Straße neben dem *Terminal Tower* in Cleveland warteten, bereitete sich Ken Keltner, der *Third Baseman*,[1] darauf vor, die Bälle vom Dach des etwa 215 Meter hohen Gebäudes zu werfen. Der damals gültige Rekord von etwa 170 Metern war 1908 von zwei Fängern eines anderen Teams aufgestellt worden. Damals wurden die Bälle vom *Washington Monument* in Washington, D. C. geworfen.

Keltner konnte seine Mannschaftskameraden nicht sehen, so dass er die Bälle blind abwarf. Pytlak und Helf trugen Stahlhelme, um sich vor Verletzungen durch die Bälle zu schützen, die schätzungsweise Geschwindigkeiten von nahezu 225 Kilometern pro Stunde erreichten. Helf fing zuerst, wobei er mit einem Grinsen bemerkte, es sei nichts dabei gewesen, doch die nächsten fünf Bälle für Pytlak gingen daneben. Einer sprang nach nach dem ersten Auftreffen auf dem Boden bis zur 13. Etage und wurde erst nach dem dritten Auftreffen von einem Polizisten ins Feld geworfen. Beim sechsten Versuch fing auch Pytlak, der sich somit den Rekord mit Helf teilen konnte.

Im darauffolgenden Jahr versuchte Joe Sprinz vom *San Francisco Baseball Club* einen Baseball zu fangen, der von einem Luftschiff aus einer Höhe von etwa 245 Metern fallen gelassen wurde. (Einigen Berichten zufolge soll der Ball sogar von einer noch größeren Höhe fallen gelassen worden sein.) Bei seinem fünften Versuch bekam Sprinz den Ball in seinen Handschuh, doch durch den Aufprall schlug seine Hand nebst Handschuh und Ball in sein Gesicht. Dabei brach sein Oberkiefer an 12 Stellen, fünf Zähne wurden ihm ausgeschlagen und Sprinz fiel bewusstlos zu Boden, wobei er den Ball fallen ließ.

Noch aberwitziger endete ein Versuch im Jahre 1916, bei dem ein Baseball gefangen werden sollte, der von einem Kleinflugzeug aus abgeworfen wurde. Wilbert Robinson, der Manager der *Brooklyn Dodgers* und ein früherer Fänger, überredete den Trainer der Dodgers, Frank Kelly, den Ball in einer Höhe von etwa 120 Metern aus einem Flugzeug zu werfen. Doch heimlich ersetzte Kelly den Ball durch eine rote Grapefruit. Als die Frucht durch den Aufprall zerplatzte, durchtränkte ihr roter Inhalt Robinson, der schrie: „Es hat mich zerfetzt! Ich bin voller Blut!"

1.23 Einen Baseball treffen

Weshalb halten Sie als Rechtshänder einen Baseballschläger so, dass Ihre rechte Hand den Schläger weiter oben umfasst als Ihre linke, und wenden Ihre linke Seite dem Werfer zu? Wie lange braucht ein Baseball, um zu seinem Ausgangspunkt (*Home Plate*) zurückzukehren? Wie viel Zeit haben Sie für einen Schwung? Wie stark dürfen Sie sich bei Ihrem Schwung höchstens vertun, um noch den Ball zu treffen?

Einige *Home-Run*-Schlagmänner bevorzugen schwere Schläger, weil sie behaupten, dass das zusätzliche Gewicht während des Stoßes zu einem längeren Schlag führt. Andere Spieler

1 Der *Third Baseman* ist der Innenspieler, der die dritte Base besetzt und somit am weitesten vom *First Baseman* entfernt ist. Spieler in dieser Position besitzen für gewöhnlich eine gute Reaktionszeit und einen starken und präzisen Wurf.

wählen mit einer vergleichbaren Begründung einen leichten oder mittelschweren Schläger. (Wenn ein Holzschläger genommen wird, dann bauen Spieler manchmal sogar illegal einen Korkkern ein, um das Gewicht des Schlägers zu verringern.) Was ist an dem Argument bezüglich des Gewichts dran? Sollte sich ein Spieler mit einem Standardschläger warmschwingen, über dessen Ende ein *Donut* aus Blei geschoben wird, oder sollte er einen Schläger benutzen, der wesentlich leichter oder wesentlich schwerer ist als der Schläger, der im Spiel zum Einsatz kommt?

Wo sollte der Ball auf den Schläger treffen, damit er die maximale Geschwindigkeit erreicht? Weshalb brennt der Schläger beim Schlag mitunter in Ihren Händen und versucht sich Ihrem Griff zu entreißen?

Werfer fürchteten die Kraft des legendären Schlagmanns Babe Ruth so sehr, dass sie ihm manchmal einen langsamen Ball anstelle eines schnellen zuwarfen. Sie dachten sich, dass, wenn der Ball den Schläger mit einer geringeren Geschwindigkeit traf, der Ball auch mit einer geringeren Geschwindigkeit vom Schläger abprallen und nicht so weit fliegen würde. War ihre Annahme richtig?

Antwort

Als Rechtshänder benutzen Sie für Aufgaben, die hohe Anforderungen an die Feinmotorik stellen, (wie beispielsweise zum Schreiben), in der Regel die rechte Hand. Das Schwingen des Schlägers ist eine solche Aufgabe, weil Sie den Schläger möglichst fehlerfrei führen müssen, um den Ball zu treffen. Wenn Sie schwingen, müssen Sie den Schläger mit Ihrer rechten Hand und Ihrem rechten Arm antreiben, während Sie mit der linken Hand und dem linken Arm daran ziehen. Die linke Seite verrichtet den größten Teil der Arbeit; die rechte Seite übernimmt den größten Teil der Führung. Sie können den Schläger besser führen, wenn sich die rechte Hand oben befindet, und Sie können besser daran ziehen, wenn sich die linke Hand weiter unten befindet. Bei der konventionellen Technik, bei der Sie Ihre linke Seite dem Werfer zuwenden, können Sie mit Ihrer Führungshand hinter dem Schläger in den Wurf hineingehen. Die Führungshand kann dabei die Bewegung des Schlägers leichter führen.

Selbst ein langsamer Ball braucht weniger als eine Sekunde, um den Ausgangsstandpunkt (*Home Plate*) zu erreichen. Ein schneller Ball braucht vielleicht nur 0,4 Sekunden. (Eine Rekordmarke für die Geschwindigkeit eines schnellen Balls, 162,3 Kilometer pro Stunde, wurde am 20. August 1974 von Nolan Ryan gesetzt, der damals für die *California Angels* spielte.) In Wirklichkeit haben Sie zum Ausholen weniger als 0,4 Sekunden Zeit, weil Sie zunächst den Wurf einschätzen müssen und die Flugbahn des Balls über die *Home Plate* in Gedanken extrapolieren müssen. Professionellen Spielern gelingt es, in etwa 0,28 Sekunden auszuholen, einige der talentiertesten Spieler schaffen es in nur 0,23 Sekunden. Das schnellere Ausholen gibt einem Spieler den Vorteil, die Flugbahn des Balls unmittelbar davor ein klein wenig länger einschätzen zu können.

Um den Ball aus dem Feldes heraus zu schlagen, müssen Sie den Schläger auf ein paar Millimeter genau führen. Falls der Schläger etwas zu niedrig gehalten wird, springt der Ball auf. Wird er etwas zu hoch gehalten, trifft der Ball nach kurzem Flug den Boden. Zusätzlich muss Ihr Timing auf ein paar Millisekunden genau stimmen. Die Aufgabe wird dadurch noch schwieriger, dass Sie den Ball auf den letzten Metern seiner Flugbahn nicht sehen können, während er sich dem Schläger nähert, weil ihn Ihr Sehapparat auf den letzten Metern seines Fluges nicht mehr verfolgen kann. Es ist ein Wunder, dass manche Spieler dennoch zuverlässig den Ball treffen.

Experimente haben gezeigt, dass sich die Geschwindigkeit eines geschlagenen Balls mit zunehmend schwererem Schläger verbessert, bis dessen Masse etwa 35 bis 40 Unzen (das sind 992 bis 1133 g) überschreitet. Ein Schläger mit mittlerer Masse (etwa 900 g) ist aus mindestens drei Gründen einem schwereren Schläger vorzuziehen. Zwei davon sind den meisten Spielern klar: Man kann den mittelschweren Schläger leichter schwingen und leichter führen als einen schweren Schläger. Beide Faktoren sind auf das kleinere Trägheitsmoment des Schlägers zurückzuführen – also auf dessen Massenverteilung in Bezug auf den Punkt (oder die Punkte), um die der Schläger während des Schlags gedreht wird. Der dritte Grund hängt mit der Energieübertragung während des Stoßes zwischen Schläger und Ball zusammen. In der Regel wird die Energie während eines Stoßes umso besser übertragen, je näher die Massen (oder Gewichte) der beteiligten Objekte beieinanderliegen. Daher wird beim Stoß zwischen Schläger und Ball mehr Energie von einem mittelschweren Schläger auf den Ball übertragen als von einem schweren Schläger.

Weshalb bevorzugen dann einige Schlagmänner trotzdem einen schweren Schläger? Dies könnte mit der Länge des Schlägers zusammenhängen. Ein leichter Schläger ist kurz, so dass der Spieler in der Nähe der *Home Plate* stehen muss. Wenn sich der Ball durch den engen Teil der *Strike Zone* bewegt, kann es sein, dass der Spieler den Ball mit dem Teil des Schlägers treffen muss, der sich in der Nähe seiner Hand befindet. Wie bereits erläutert, verringert dies die Wahrscheinlichkeit für einen guten Schlag. Um das Problem zu umgehen, kann sich ein Spieler für einen schwereren und damit längeren Schläger entscheiden. Das macht es möglich, dass der Spieler weiter entfernt von der *Home Plate* stehen und der Stoß an einem günstigeren Bereich des Schlägers stattfinden kann.

Experimente belegen, dass ein Spieler den Schläger mit einer *geringeren* Geschwindigkeit schwingt, wenn er sich zunächst mit einem schwereren oder leichteren Schläger aufwärmt oder aber mit einem gleich schweren Schläger, der an seinem Ende mit einem Bleiring beschwert ist. Der Grund dafür könnte sein, dass das Aufwärmen mit einem Schläger bei einem Spieler ein bestimmtes mentales Programm (das Spiel der Muskeln) für das Schwingen des

Schlägers festlegt. Falls sich der Schläger zum Aufwärmen wesentlich von dem tatsächlich während des Spiels eingesetzten unterscheidet, dann ist das mentale Programm nicht genau an den Schläger angepasst und der während des Spiels eingesetzte Schläger wird nicht optimal geschwungen.

Die Kräfte, die Sie während des Stoßes zwischen Schläger und Ball spüren, hängen davon ab, wo der Ball die Flanke des Schlägers trifft. Der Stoß schiebt und dreht gewöhnlich den Griff, es sei denn, der Ball trifft den *Sweetspot* (soviel wie *optimaler Punkt* oder den *optimalen Bereich*), der auch als *Center of Percussion* (COP) bezeichnet wird. Findet der Stoß zwischen dem Schwerpunkt und dem COP statt, wird der Griff in Wurfrichtung geschoben. Findet er außerhalb des COP statt, wird der Griff in Richtung des Werfers gestoßen.

Ein anderer *Sweetspot* hängt mit den Schwingungen zusammen, die ein Stoß im Schläger anregen kann. Diese Schwingungen können ein Stechen in Ihren Händen hervorrufen. Meistens treten zwei Schwingungstypen über dem Schläger auf. Beim einfachsten Typ, der als *Grundschwingung* bezeichnet wird, schwingt das freie Ende des Schlägers mit maximaler Amplitude. Sie werden diese Schwingung aufgrund ihrer niedrigen Frequenz wahrscheinlich nicht bemerken.

Die andere Schwingung wird als *erste Oberschwingung* bezeichnet, sie ist deutlich spürbar und kann sogar Ihre Hände leicht verletzen. Dabei schwingt das freie Ende des Schlägers stark. In einem anderen Punkt, dem *Knoten*, der etwas näher an Ihren Händen liegt, bewegt sich der Schläger überhaupt nicht. Der Knoten wird ebenfalls als *Sweetspot* bezeichnet: Falls der Ball an dieser Stelle auftrifft, wird keine erste Oberschwingung angeregt, so dass es keine wahrnehmbare Schwingung an Ihren Händen gibt.

Sie finden den Knoten an einem Schläger, indem Sie ihn aus den Fingern baumeln lassen und auf seine Flanke trommeln. Falls Sie den Knoten treffen, werden Sie nur wenig oder gar keine Schwingungen bemerken. An anderen Stellen, insbesondere in der Nähe des Schlägerschwerpunkts, können Sie die Schwingungen sowohl fühlen als auch hören.

Um den Ball auf maximale Geschwindigkeit zu bringen, sollten Sie ihn möglichst an einer Stelle treffen, die zwischen den Sweetspots und dem Schwerpunkt liegt. Die genaue Stelle hängt von der Anfangsgeschwindigkeit des Balls sowie dem Verhältnis der Massen von Schläger und Ball ab. Je schneller der Ball oder je leichter der Schläger ist, umso näher muss der Auftreffpunkt des Balls auf dem Schläger an Ihren Händen liegen.

Ich kann mir vorstellen, dass Ruth zu grinsen anfing, wenn er einen langsamen Ball auf sich zukommen sah. Denn ob es gelingt, einen Ball aus dem Stadion zu schlagen, hängt in erster Linie von der Führung des Schlägers während des Schwungs ab, sowie davon, ob es gelingt, richtig einzuschätzen, wo der Ball über die *Home Plate* fliegen wird. Ein langsamer Ball erlaubte Ruth ausgiebige Studien und gab ihm die Möglichkeit, seinen Schwung gut einzurichten und zu timen.

1.24 Zulässige Pässe beim Rugby

Beim Rugby darf ein Spieler einen Ball nur dann zu einem Teamkameraden werfen, wenn dieser sich nicht vor ihm befindet. Welche Wurfrichtung ist erlaubt, wenn der Spieler mit dem Ball auf das gegnerische Tor zuläuft? Kann ein von ihm aus gesehen nach hinten geführter Wurf trotzdem unzulässig nach vorn gespielt sein?

Antwort
Das Problem hat etwas mit der Laufgeschwindigkeit des Spielers zu tun. Wenn er den Ball nach hinten spielt, kann es trotzdem sein, dass der auf das Spielfeld bezogene resultierende Geschwindigkeitsvektor tatsächlich nach vorn gerichtet ist. In Abbildung 1.7a zeigt der Geschwindigkeitsvektor des Balls beispielsweise nach hinten. Doch wenn man zur Wurfgeschwindigkeit die Laufgeschwindigkeit des Spielers addiert, zeigt der Geschwindigkeitsvektor des Balls nach vorn (siehe Abbildung 1.7b).

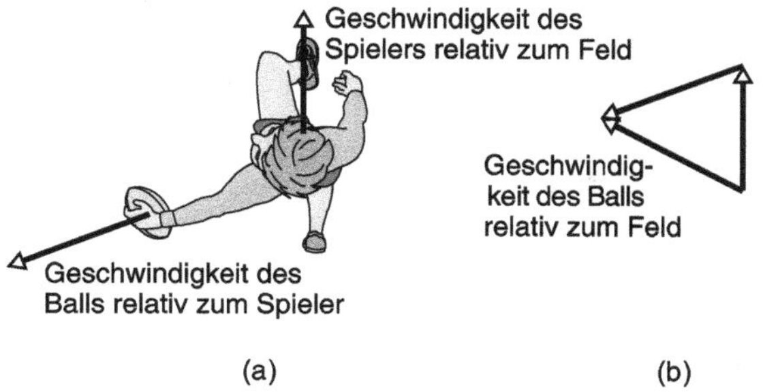

Abb. 1.7: Ein Rugbywurf nach hinten links kann aus Sicht des Spielers (a) zulässig erscheinen, aber dennoch bezüglich des Spielfeldes nach vorn gerichtet sein (b).

Wenn der Schiedsrichter ebenfalls läuft, während er den Pass beobachtet, wird er den Geschwindigkeitsvektor des Balls aufgrund seiner eigenen Geschwindigkeit noch einmal ganz anders wahrnehmen. Nur die stationären Beobachter werden genau erkennen, ob der Ball unzulässig nach vorn gespielt wurde oder nicht.

1.25 Jonglieren

Der Weltrekord im Jonglieren von Ringen liegt derzeit bei 11 Ringen; bei Rekorden mit anderen Gegenständen ist die Zahl kleiner. Offenkundig erfordert das Jonglieren eine gute Koordination zwischen Auge und Hand sowie eine gewisse Übung beim Fangen und Werfen. Gibt es noch einen weiteren Faktor, der die Zahl der Gegenstände begrenzt, die gleichzeitig jongliert werden können?

Antwort
Natürlich schränkt die Schwerkraft die Zahl der Gegenstände ein. Wenn Sie die Zahl der gleichzeitig jonglierten Gegenstände erhöhen wollen, müssen Sie die Gegenstände höher werfen, damit Sie Zeit für die zusätzlichen Gegenstände gewinnen. Doch ist der Zeitgewinn stets klein. Wenn Sie einen Gegenstand doppelt so hoch wie zuvor werfen, dann gewinnen Sie nur etwa 40 % Flugzeit. Außerdem müssen Sie den Gegenstand mit 40 % höherer Geschwindigkeit werfen, so dass der Wurf mit größerer Wahrscheinlichkeit nicht genau genug ist.

1.26 Stabhochsprung

Glasfasern revolutionierten den Stabhochsprung Anfang der 1960er Jahre. Als sich die Sportart entwickelte, bestanden die Stäbe aus Bambus. In den 1950er Jahren setzten sich Stäbe aus Stahl und Aluminium durch. Doch keiner dieser Stäbe konnte mit den Stäben aus Glasfasern konkurrieren. Nachdem sie eingeführt worden waren, kletterte der Rekord im Stabhochsprung schnell von 4,8 Metern auf über 5,8 Meter. Inzwischen liegt der Weltrekord deutlich über 6,0 Metern. Worauf beruht diese Überlegenheit der Glasfaserstäbe?

Antwort
Der Glasfaserstab ist wesentlich flexibler als die zuvor benutzten Stäbe aus Bambus, Stahl oder Aluminium. Diese Flexibilität hat für den Stabhochspringer zwei Vorteile. Der Athlet kann die kinetische Energie aus dem Anlauf besser in elastische potenzielle Energie des Stabes umwandeln, wenn dieser sich biegt. (Diese gespeicherte Energie entstammt dem Anlauf, nicht etwa einer Muskelarbeit des Athleten, die dieser zum Biegen des Stabes aufwenden würde.)

Dies scheint soweit begreiflich zu sein. Ein subtilerer Effekt ist allerdings der, dass die Flexibilität des Stabes die Rückwandlung der elastischen potenziellen Energie in kinetische Energie des aufsteigenden Athleten verzögert. Diese Verzögerung erlaubt es dem Athleten, seinen Körper so auszurichten, dass der Energiegewinn aus der Streckung des Stabes für die Aufwärtsbewegung anstatt für die Vorwärtsbewegung genutzt wird.

Für einen guten Sprung muss der Athlet nicht nur schnell anlaufen, damit reichlich kinetische Energie zur Umwandlung vorhanden ist, sondern er muss auch seinen Anlauf so bemessen, dass er das Ende des Stabes richtig in den *Einstichkasten* auf dem Boden platziert. Wenn der Stab im Einstichkasten steckt, muss der Athlet so nach vorn springen, dass die Vorwärtsbewegung erhalten bleibt und sich der Stab richtig biegt. Durch das Biegen speichert der Stab einen Teil der ursprünglichen kinetischen Energie des Athleten. Während dieses Biegens und der anschließenden Entspannung zieht der Athlet die Beine an und lehnt sich zurück, um die Beine und den Körper in eine vertikale Kopfunter-Position zu bringen. Um die Entspannung des Stabes zu unterstützen und dadurch mehr Energie zurückzugewinnen sowie um die Rückdrehung des Körpers zu unterstützen, drückt sich der Athlet mit der oberen Hand ab, während er sich mit der unteren Hand zurückzieht. Wenn alles richtig abläuft, gibt der Stab seine gespeicherte Energie wieder ab, so dass er den Athleten nach oben über die Latte bringt.

1.27 Was haben eine Speerschleuder und eine Krötenzunge gemeinsam?

Verschiedene sehr alte Kulturen, wie beispielsweise die Azteken und die Stämme im hohen Norden von Nordamerika, entwickelten eine Wurfeinrichtung, bei der ein Speer (oder Pfeil) mithilfe eines Holzstabs beschleunigt wird, indem dieser schnell nach vorn bewegt wird bis der Speer sich vom Holzstab löst und wegfliegt (siehe Abbildung 1.8). Weshalb verleiht die Wurfeinrichtung (als *Atlatl* bezeichnet) dem Speer eine höhere Geschwindigkeit, als wenn der Speer einfach nach vorn geworfen wird? Die Geschwindigkeit war so hoch, dass der Speer etwa 100 Meter weit fliegen konnte, um danach den Harnisch eines spanischen Eroberers zu zerfetzen. Weshalb war oft ein Stein an der Wurfeinrichtung angebracht?

Wie schafft es eine Kröte, ihre Zunge mit erstaunlich hoher Geschwindigkeit und über eine große Entfernung aus ihrem Maul herausschnellen zu lassen, um eine Fliege zu fangen?

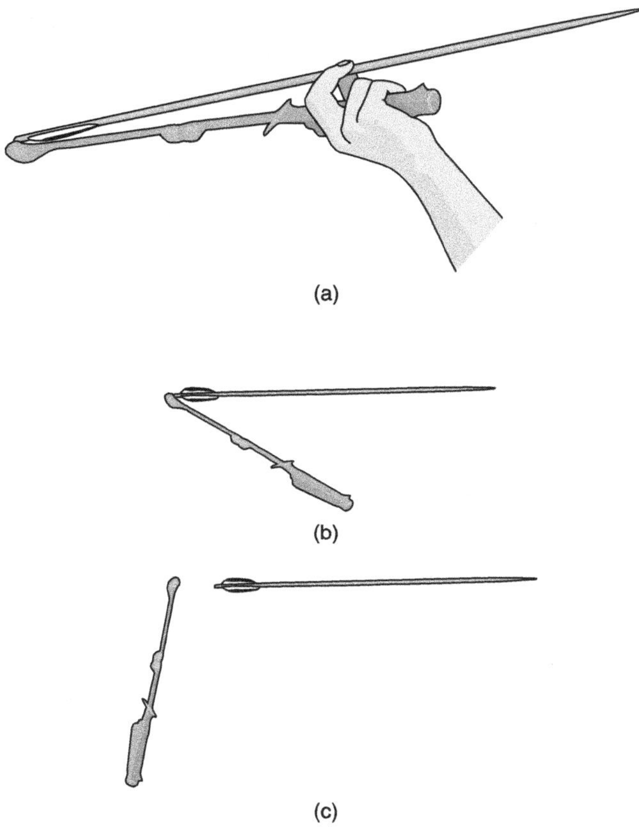

Abb. 1.8: Abwurf eines Speers mit einer Speerschleuder.

Antwort

Bei einem normalen Speerabwurf stellen Sie die kinetische Energie durch die Arbeit bereit, die Ihre Hand bei der Vorwärtsbewegung des Speers über einen gewissen Weg verrichtet. Die von den alten Kulturen verwendete Wurfeinrichtung vergrößerte den Weg, über den der Speer beschleunigt wird und somit auch die übertragene Energie. Warum es vorteilhaft ist, einen Stein an der Wurfeinrichtung anzubringen, ist noch ungeklärt. Experimente deuten darauf hin, dass die zusätzliche Masse zu einer etwas geringeren Abwurfgeschwindigkeit des Speers führt.

Eine Kröte scheint ihre Beute mit der Zunge durch einen Mechanismus zu fangen, der dem eines Atlatls ähnelt. Wenn sie eine Beute erspäht, lässt die Kröte ihre Zunge in Richtung Beute schnellen, wobei der weiche vordere Teil der Zunge an dem (nun versteiften) übrigen Teil der Zunge eingerollt bleibt. Wenn sich die Zunge der Beute nähert, wird der vordere Teil plötzlich nach vorn entrollt und klatscht auf die Beute. Durch dieses Entrollen wird der vordere Teil vorwärts gebracht, während sich der übrige Teil der Zunge nach vorn bewegt. Dies verleiht dem vorderen Teil der Zunge zusätzliche kinetische Energie. Diese zusätzliche Energie erhöht die Wahrscheinlichkeit, dass die Beute auch dann am vorderen Teil der Zunge kleben bleibt, wenn die Beute auf einer Oberfläche liegt (beispielsweise auf einem Blatt), die beim Treffen der Beute nachgibt. Wenn die Beute festklebt, zieht die Kröte ihre Zunge mit der Beute schnell in ihr Maul zurück.

1.28 Steinschleudern

Jemand, der einigermaßen mit einer Schleuder vertraut ist, kann einen 24 Gramm schweren Stein auf eine Geschwindigkeit von 100 Kilometern pro Stunde bringen, um damit ein Ziel zu treffen, das sich in einer Entfernung von 200 Metern oder mehr befindet. Wodurch erhält der Stein eine derart hohe Geschwindigkeit, oder genauer gesagt, einen so hohen Impuls? Bei einigen historischen Schlachten erwies sich die Waffe als wirkungsvoller als ein Pfeil, da auch dann, wenn der feindliche Soldat einen ledernen Harnisch trug, der Stoß des Steins zu tödlichen inneren Verletzungen führen konnte, während ein Pfeil daran einfach abprallte. Falls der Soldat gar keinen Harnisch trug, konnte es sein, dass der Stein den Körper einfach durchdrang. Außerdem traf man mit einer Schleuder genauer als mit einem Pfeil, und oft flog der Stein auch weiter. Aus diesem Grund standen die Schleuderwerfer häufig hinter den Bogenschützen, die näher beim Feind stehen mussten, um effektiv zu sein.

Die berühmteste Schlacht, an der eine Schleuder beteiligt war, war natürlich die kurze Schlacht zwischen David und Goliath. 40 Tage lang hatte Goliath, der riesige Krieger der Philister, die Israeliten zum Kampf herausgefordert, doch keiner hatte es vor David gewagt, den Kampf aufzunehmen. Dieser suchte sich fünf glatte Steine aus einem Bach und ging bis auf Wurfreichweite auf Goliath zu. Da Goliaths Schwert bei einer so großen Entfernung nutzlos war, befand sich David in Sicherheit. Er holte den ersten Stein aus seinem Beutel und schleuderte ihn dem Riesen entgegen. Der Stein traf mit einem so großen Impuls, dass er sich in die Stirn des Riesen grub.

Antwort

Der Stein, bei dem es sich um einen echten Stein oder ein Geschoss handeln kann, das aus Lehm oder Metall besteht, wird in eine flexible Tasche gelegt, an der zwei Riemen angebracht sind. Die beiden Enden der Riemen werden in die Hand genommen (bei einem Rechtshänder die rechte Hand). Einer der Riemen wird um ein paar Finger gebunden, während der andere mit einem Knoten befestigt wird, der zwischen Daumen und Zeigefinger liegt.

Die Riemen werden mit der linken Hand gespannt, indem das Ganze über den Kopf des Werfers noch oben gehoben wird. Von dort lässt die linke Hand los und die rechte Hand verrichtet Arbeit am Stein, indem sie die Tasche nach hinten zieht, anschließend nach unten und wieder nach vorn. Diese Bewegung wird nicht mit dem ganzen Arm, sondern hauptsächlich aus dem Handgelenk heraus ausgeführt. Der Stein wird dann drei- oder viermal auf einer vertikalen Kreisbahn herumgeschleudert, um kinetische Energie aufzubauen. In dem Moment, in dem sich der Stein im Tiefpunkt der letzten Umdrehung befindet, wird das verknotete Ende losgelassen, wodurch sich der Stein aus der Tasche löst und auf das Ziel zufliegt.

Der Vorteil dieser Waffe besteht darin, dass die Arbeit am Stein entlang eines größeren Weges und über längere Zeit verrichtet werden kann, als wenn der Stein wie ein Baseball nach vorn geworfen wird. Auch der Radius des Kreises spielt eine Rolle. Je größer er ist, umso höher wird die Wurfgeschwindigkeit des Steins und umso größer ist schließlich auch seine

Reichweite. Früher trugen einige Soldaten verschiedene Schleudern mit unterschiedlichen Trägerlängen mit sich herum, um Steine unterschiedlich weit werfen zu können.

1.29 Tomahawks

Jemand, der die scharfe Kante eines Tomahawks in ein Ziel versenken kann, mag einfach nur erfahren sein. Gibt es aber eine wissenschaftliche Grundlage, auf der diese Fertigkeit beruht? Könnten Sie mit deren Kenntnis beim ersten Versuch ein Ziel treffen?

Antwort

Um einen Tomahawk zu werfen, müssen Sie den Tomahawk rechtwinklig zu ihrem Unterarm halten, Ihren Arm über Ihren Kopf zurückziehen und anschließend Unterarm und Tomahawk um den Ellenbogen kreisen lassen. Sie müssen den Tomahawk so loslassen, dass dessen Geschwindigkeit horizontal und vorwärts gerichtet ist. Die Waffe rotiert dann während des Fluges um ihren Schwerpunkt, der in der Nähe des schweren Kopfes liegt.

Falls Sie nicht schon einige Erfahrung mit dem Werfen eines Tomahawks besitzen, wird er wahrscheinlich anfangs bei jedem Wurf eine andere Wurfgeschwindigkeit und eine andere Rotationsgeschwindigkeit haben. Das bedeutet scheinbar, dass das Treffen eines Zieles in einer bestimmten Entfernung mit einer Portion Glück verbunden ist. Jedoch weist der Wurf das erstaunliche Merkmal auf, dass das Verhältnis der Wurfgeschwindigkeit zur Rotationsgeschwindigkeit unabhängig davon ist, wie schnell Sie Ihren Arm nach vorn bringen. Diese Unabhängigkeit bedeutet, dass sich der Tomahawk, egal wie Sie ihn werfen, dreht und eine Lage einnimmt, in der er beim Auftreffen auf ein Hindernis in einer bestimmten Entfernung von Ihnen eine starke Wirkung hat. Um also ein Ziel zu treffen, müssen Sie sich lediglich in einem dieser bestimmten Abstände zum Ziel befinden, die Sie durch Beobachtung oder durch Berechnung bestimmt haben, und den Tomahawk werfen. Vermutlich schaffen Sie dies bereits beim ersten Versuch.

Als Tomahawks in der frühen Geschichte der Vereinigten Staaten tatsächlich noch als Waffe eingesetzt wurden, konnte es sich ein Kämpfer natürlich nicht erlauben, vor dem Wurf seines Tomahawks seine Entfernung zum Ziel anzupassen. Stattdessen musste er schnell den Abstand zwischen seiner Hand und dem Kopf der Waffe regulieren. Dieser Abstand zwischen Hand und Kopf bestimmt die Werte der Zielentfernungen, in denen die Waffe so ausgerichtet ist, dass sie ihre größte Wirkung hat. Um diese Einstellung während eines Kampfes für jede Zielentfernung vornehmen zu können, muss der Griff des Tomahawks lang sein; und tatsächlich wurden Tomahawks früher mit langen Griffen angefertigt.

1.30 Bolas

Eine Bola besteht aus drei schweren Bällen, die durch Seile gleicher Länge an einem Punkt verbunden sind (siehe Abbildung 1.9a). Um diese Waffe südamerikanischer Jäger zu werfen, muss man einen der Bälle über dem Kopf halten und dann die Hand aus dem Handgelenk heraus so drehen, dass sich die beiden anderen Bälle auf einer horizontalen Bahn um die Hand drehen. Wenn eine ausreichende Rotationsgeschwindigkeit erreicht ist, gibt man die Waffe in Richtung Ziel frei. Während des Fluges erhöht sich die Rotationsgeschwindigkeit der

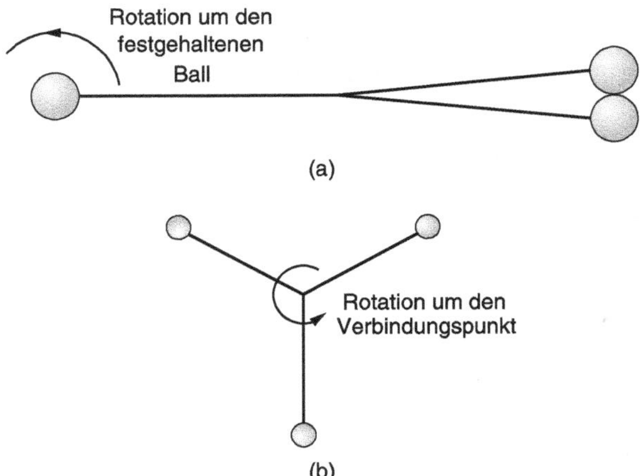

Abb. 1.9: Eine Bola während des Abwurfs (a) und während sie durch die Luft fliegt (b).

Waffe. Beim Erreichen des Zieles schlingt sich das Seil schnell darum herum, bis die Bälle auf das Ziel schlagen. Weshalb erhöht sich die Rotationsgeschwindigkeit während des Fluges?

Antwort

Sei L die Seillänge der drei einzelnen Seile. Damit ist dies auch der Abstand jedes Balls vom gemeinsamen Verbindungspunkt. Wenn Sie die Bola um Ihre Hand kreisen lassen, während Sie einen Ball festhalten, bewegen sich die beiden anderen Bälle (zusammen) auf einer Kreisbahn mit dem Radius $2L$ um den festgehaltenen Ball. Wenn Sie die Bola aber losgelassen haben und sie frei durch die Luft fliegt, ist die Konfiguration der beiden Bälle, die um den anderen Ball kreisen, instabil, so dass die Bola bald um den gemeinsamen Verbindungspunkt der drei Seile rotiert. Der Abstand eines Balls von der Rotationsachse beträgt dann L, wobei die drei Bälle symmetrisch um den Verbindungspunkt angeordnet sind (siehe Abbildung 1.9b). Diese Konfigurationsänderung reduziert das Trägheitsmoment der Bola. Da die Bola frei fliegt, kann sich ihr Drehimpuls nicht ändern (Drehimpulserhaltung). Deshalb muss sich aufgrund des geringeren Trägheitsmoments die Rotationsgeschwindigkeit erhöhen. Die Situation ist mit der eines Eiskunstläufers vergleichbar, der sich auf der Stelle dreht, indem er seine Arme an den Körper zieht, was sein Trägheitsmoment reduziert und folglich aufgrund der Drehimpulserhaltung seine Rotationsgeschwindigkeit erhöht.

1.31 Belagerungsmaschinen

Stellen Sie sich vor, Sie nehmen an einer mittelalterlichen Belagerung einer stark befestigten Burg teil. Sie wollen der Burg nicht zu nahe kommen, weil auf der Festungsmauer Bogenschützen stehen. Wie könnten Sie die Mauern aus der Entfernung angreifen?

Antwort

Es wurden zwei verschiedene Belagerungsmaschinen eingesetzt, um Festungsmauern anzugreifen: das Katapult und das Trébuchet. Das Katapult bestand letztlich aus einem Bügel, der einen Pfeil oder einen Stein (von etwa 25 kg) herausschleuderte. Die Maschine war wesentlich größer als der Bogen eines Bogenschützen, der Pfeil konnte bis zu 2 Meter lang sein und das

Seil- oder Sehnenbündel wurde zurückgekurbelt, so dass weitaus mehr Energie gespeichert und beim Wurf auf den Pfeil übertragen werden konnte. Dennoch konnten die Pfeile nur wenig gegen eine Steinmauer ausrichten, weil sowohl die Energie als auch der Impuls des Pfeils nicht groß waren.

Das Trébuchet hatte eine weitaus größere Zerstörungskraft. Einige Modelle konnten Steine umherschleudern, die 1300 Kilogramm wogen. Sie konnten auch tote Pferde oder sogar Bündel menschlicher Körper schleudern. Von Letzterem machte man Gebrauch, wenn eine angreifende Armee von der Pest dahingerafft wurde und die Angreifer diese Krankheit in die Festung bringen wollten, um die Verteidiger damit zu infizieren. Bei spaßigeren Gelegenheiten wurden moderne Trébuchets dazu benutzt, Klaviere oder sogar kleine Autos zu schleudern.

Abbildung 1.10 gibt den prinzipiellen Aufbau eines Trébuchets wieder. Ein Projektil liegt in einem Wurfbeutel, der mit dem Ende A eines langen Holzbalkens verbunden ist. Ruckartig wird eine starke, abwärts gerichtete Kraft auf das Ende B angewandt, so dass sich der Balken um eine Achse dreht und der Wurfbeutel nach vorn und über die Maschine gebracht wird. Wenn der Beutel und das Projektil über die Maschine fliegen, löst sich das Band am Balken rasch vom Haken, und anschließend fliegt das Projektil durch die Luft. Die auf das Projektil übertragene Energie stammt von der Arbeit, die von der Kraft am Ende B verrichtet wurde.

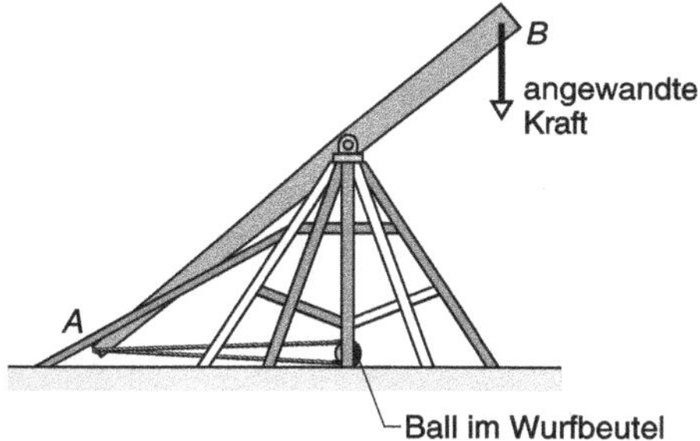

Abb. 1.10: Trébuchet.

Diese Kraft kann einfach das koordinierte Herabziehen des Balkens durch einige Männer sein. Bei den Trébuchets, die große Objekte über signifikante Entfernungen werfen konnten, kamen allerdings schwere Gegengewichte an B zum Einsatz. Die angewandte Kraft stammte dann von der Schwerkraft, die am Gegengewicht angreift. Das Gegengewicht wurde zunächst mithilfe eines Zahnrades durch Menschenhand allmählich nach oben gezogen. Anschließend wurde das Gegengewicht fallen gelassen, so dass ein Teil der durch das Heraufziehen gespeicherten potentiellen Energie in kinetische Energie des Projektils umgewandelt werden konnte. Die kinetische Energie und der Impuls des Projektils waren sehr groß. Wenn es sich bei dem Projektil um einen Stein handelte, konnte er ein Loch in die Festungsmauer schlagen. Mit der Verbreitung der Trébuchets wurden die Mauern von Burgen so umgebaut, dass sie dem Aufprall von Steinen besser widerstehen konnten. Beispielsweise waren manche Wände nicht ganz senkrecht, sondern geneigt, so dass das Projektil zunächst etwas an der Wand entlangglitt, anstatt sofort einzudringen.

1.32 Menschliche Kanonenkugeln

Die Zirkusnummer, bei der ein Mensch aus einer Kanone oder einem ähnlichen Gerät dieser Art durch die Luft gewirbelt wurde, kam Anfang der 1870er Jahre in Mode, als eine „menschliche Kanonenkugel" eine kurze Entfernung nach oben geschossen und von einem Assistenten auf einem Trapezbalken aufgefangen wurde. Als der Zirkus Zacchini im Jahre 1922 die Nummer aufführte, wurden waghalsigere Flüge gezeigt, bei denen die Akrobaten durch die Luft flogen und in einem Netz landeten. Die ersten Kanonen beruhten auf Federn, die den Akrobaten durch die Luft wirbelten, doch ab 1927 benutzte man Druckluft.

Weiterhin bestrebt, die Spannung bei der Zirkusnummer zu erhöhen, begann die Familie, ihre Akrobaten über Riesenräder fliegen zu lassen. Anfangs war es nur ein Riesenrad, aber in den 1939er oder 1940er Jahren überschritten sie die Grenzen jeglicher Vernunft, als Emanuel Zacchini über drei Riesenräder flog und damit eine Entfernung von 70 Metern überwandt.

Die Zirkusnummer der „menschlichen Kanonenkugel" ist vermutlich eine der eindrucksvollsten Kunststücke, die mit der Bewegung von Projektilen arbeiten, weil damit offensichtlich die Möglichkeit verbunden ist, dass der Akrobat das Netz verfehlt. Sind noch weitere, raffinierte Gefahren damit verbunden?

Antwort
Um sich für den Abschuss fertig zu machen, schlüpfte der Akrobat mit den Beinen in eine „metallene Hose" auf dem Kolben im Inneren des Kanonenlaufs. Die Hosen waren genau an die Form der Beine angepasst und mussten Halt geben, wenn der Kolben plötzlich nach oben schnellte. Dieser Schub war nicht ungefährlich, weil die für einen langen Flug notwendige Beschleunigung so heftig war, dass der Akrobat kurzzeitig ohnmächtig werden konnte. Bestandteil des Trainings eines Akrobaten war, während des Fluges das Bewusstsein zurückzugewinnen, um auf dem Netz gesteuert abrollen zu können. Bei einer ungesteuerten Landung hätte er sich leicht die Glieder oder das Genick brechen können. Den Angaben Zacchinis zufolge betrug die Geschwindigkeit eines Akrobaten beachtliche 600 Kilometer pro Stunde, doch scheint eine Geschwindigkeit von unter 160 Kilometern pro Stunde glaubhafter zu sein.

Eine weitere tückische Gefahr liegt im Luftwiderstand, dem der Akrobat ausgesetzt ist. Wie stark der Luftwiderstand ist, hängt von der Orientierung des Körpers während des Fluges durch die Luft ab: Er ist kleiner, wenn der Körper in Bewegungsrichtung orientiert ist, und größer, wenn der Körper senkrecht zu dieser Richtung orientiert ist (was beim Abstieg passieren kann). Ein kleinerer Luftwiderstand erhöht die Reichweite des Schusses; ein höherer Luftwiderstand reduziert sie. Da die Orientierung des Akrobaten von einem Schuss zum anderen variierte, musste jemand ungefähr berechnen (oder schätzen), wie weit der Akrobat fliegen würde. Die Größe des Netzes musste angepasst werden, um diesen durch den Luftwiderstand bedingten Variationen Rechnung zu tragen.

1.33 Basketballwürfe

Gewiss ist Basketball ein Spiel, bei dem sowohl Können als auch etwas Glück eine Rolle spielen. Gibt es eine optimale Wurftechnik, mit der man die Wahrscheinlichkeit, einen Korb zu erzielen, erhöhen kann? Sollte man den Ball beispielsweise besser in einem hohen Winkel oder entlang einer flachen Trajektorie werfen? In welchen Situationen ist ein Drehimpuls vorteilhaft, und wann ist er unerwünscht?

Bei einem *Freiwurf* (bei dem der Spieler die Möglichkeit zu einem ungehinderten Wurf auf den Korb aus etwa 4,3 Meter Entfernung erhält), kann ein Spieler den *Overhand push shot* ausführen, bei dem der Ball etwa aus Schulterhöhe gestoßen wird. Er kann sich aber auch für einen *Underhand loop shot* entscheiden, bei dem der Ball etwa aus Höhe der Gürtellinie nach oben gebracht wird. Professionelle Spieler entscheiden sich vorwiegend für die erste Technik, doch der legendäre Rick Barry stellte den Freiwurfrekord mit der Unterhandtechnik auf. Bietet eine der Techniken tatsächlich eine höhere Trefferwahrscheinlichkeit?

Antwort

Aus jeder Position auf dem Spielfeld gibt es einen großen Bereich von Winkeln, aus denen Sie den Ball abspielen können, um ihn in den Korb zu werfen, vorausgesetzt, Sie versehen den Ball mit der richtigen Geschwindigkeit. Dabei erlaubt die Tatsache, dass der Ball einen kleineren Durchmesser als der Korb besitzt, eine gewisse Fehlerspanne in der Abspielgeschwindigkeit. Falls Sie sich für einen spitzen Winkel entscheiden, ist die Fehlerspanne gering, und Sie müssen sehr genau zielen. Sie müssen dem Ball außerdem höhere Geschwindigkeit mitgeben, was Ihnen mehr Kraft abverlangt und gegen die Genauigkeit arbeitet. Wenn Sie sich für einen mittleren Winkel entscheiden, ist die Fehlerspanne für die Geschwindigkeit größer, die Geschwindigkeit und Kraft sind geringer. Daher ist die Wahrscheinlichkeit, einen Treffer zu landen, größer. Bei noch größeren Winkeln ist die Fehlerspanne ungefähr gleich, doch die erforderliche Geschwindigkeit und damit die Kraft sind größer, was größere Winkel weniger geeignet macht.

Spielanfänger spielen den Ball gewöhnlich zu flach, doch erfahrene Spieler lernen durch Übung, den Ball in den Korb zu zirkeln. Je höher der Wurf angesetzt ist, umso langsamer muss der erforderliche Wurf sein, was einem größeren Spieler einen Vorteil verschafft. Der Größenvorteil ist so stark, dass sich einige Spieler dafür entscheiden, den Ball auch dann im Sprung abzuwerfen, wenn sie nicht durch einen Gegner bedrängt werden. Wenn Sie dem Ball einen Rückwärtsdrall verleihen und anstelle des Korbes die Rückwand treffen, erzeugt der Drehimpuls Reibung, durch die der Ball möglicherweise so abprallt, dass er in den Korb fällt. Wenn der Wurf von der Seite ausgeführt wird, kann auch ein Seitendrall hilfreich sein.

Beim unterhändigen Freiwurf ist die Erfolgswahrscheinlichkeit größer. Die Gründe dafür sind aber immer noch unklar. Die größere Erfolgsquote könnte damit zusammenhängen, dass sich der unterhändige Freihandwurf leichter ausführen lässt. Ein größerer Vorteil scheint jedoch in der Tatsache zu liegen, dass der Spieler dem Ball bei diesem Wurf einen größeren Rückwärtsdrall verleihen kann, der einen fehlerhaften Wurf an die Rückwand dennoch in einen Treffer verwandeln kann.

1.34 Kurzgeschichte: Freiwurfrekorde

Im Jahre 1977 stellte Ted St. Martin den Weltrekord für aufeinanderfolgende Körbe auf, die er von der Freiwurflinie ausführte – er traf 2 036 Mal. Im nächsten Jahr stellte Fred L. Newman einen noch eindrucksvolleren Rekord auf. Mit verbundenen Augen traf er von der Freiwurflinie 88 Mal hintereinander. Einige Jahre später schaffte es Newman, innerhalb von 24 Stunden mit offenen Augen bei 13 116 Versuchen 12 874 Treffer zu erzielen.

1.35 Schweben beim Basketball und beim Ballett

Einige erfahrene Basketballspieler scheinen während eines Sprungs am Korb geradezu in der Luft zu hängen, was ihnen mehr Zeit gibt, den Ball von einer Hand in die andere und dann in den Korb zu bringen. Genauso scheinen manche Ballett-tänzer während eines Sprunges, dem *Grand jeté*, über die Bühne zu schweben. Natürlich kann niemand während eines Sprunges die Schwerkraft aufheben. Was also ist für diese beiden Beispiele scheinbaren Schwebens verantwortlich?

Antwort

Sowohl im Fall des Basketballspielers als auch im Fall des Ballett-tänzers ist das Schweben eine Illusion. Beim Basketball beruht die Illusion in erster Linie auf der Fähigkeit des Spielers, während des Sprungs viele Aktionen gleichzeitig auszuführen. Beim *Grand jeté* im Ballett entsteht die Illusion durch die Bewegung, die die Tänzerin während des Sprunges mit ihren Armen und Beinen ausführt: Sie hebt ihre Arme und streckt ihre Beine, sobald ihre Füße die Bühne verlassen. Dadurch verschiebt sich ihr Schwerpunkt durch ihren Körper (siehe Abbildung 1.11). Obwohl der Schwerpunkt nach dem Gravitationsgesetz einer gekrümmten Bahn (Parabel) über die Bühne folgt, verringert seine Bewegung relativ zum Körper die Höhe, die Kopf und Körper bei einem gewöhnlichen Sprung erreicht hätten. Das Ergebnis dessen ist, dass Kopf und Körper in der Mitte des Sprungs einer nahezu horizontalen Trajektorie folgen. Diese Erscheinung ist dem Publikum fremd, das aus seiner gewöhnlichen Erfahrung eine Parabel als Trajektorie erwarten würde, selbst wenn dem Einzelnen nicht einmal der Begriff geläufig sein mag.

Abb. 1.11: Die Trajektorie des Schwerpunkts während eines Grand jeté.

Ein Basketballspieler kann die Trajektorie seines Kopfes bei einem Sprung in ähnlicher Weise abflachen, wenn er seine Beine anzieht und Arme und Ball hebt. Jedoch bin ich der Ansicht, dass dies im Allgemeinen nicht von den Spielern geplant ist. Während ein Spieler Arme und Ball beim Sprung in Richtung Korb hebt, zieht er selten die Beine an, und die leichte Abflachung der Trajektorie des Kopfes dürfte einen neben dem werfenden Spieler springenden Gegenspieler kaum irritieren.

1.36 Golf spielen

Wie müssen Sie einen Golfschläger führen, damit Sie den Golfball beim Schlag bestmöglich treffen? Ist es sinnvoll, mit maximaler Kraft zu schlagen, so als würden Sie mit einem Gegner kämpfen wollen? Falls dem nicht so ist und Sie den Schlag mal stärker und mal schwächer führen, spielt dann die Flexibilität des Schaftes des Golfschlägers bei der veränderten Schlagführung eine Rolle?

Weshalb ist das Schlagen eines *Putts* von einem Meter Länge erheblich schwieriger als das eines Putts von einem halben Meter Länge? Ist ein 3,5 Meter langer Putt wesentlich schwerer zu schlagen als ein 3 Meter langer Putt? Wieso ist es möglich, dass der Ball direkt auf das Loch zurollt und dennoch nicht hineinfällt?

Antwort

Wenn Sie den Golfschläger bei einem Schlag nach unten führen wollen, beginnen Sie den Schlag mit nach oben gerichteten Handgelenken, so dass der Schläger mit Ihren Armen etwa einen Winkel von 90 ° bildet. Wenn Sie den Schläger wie in einem Kampf führen, lassen Sie es automatisch zu, dass sich Ihre Handgelenke während des Schlages strecken. Tatsächlich wird der Kopf des Schlägers jedoch beim Auftreffen auf den Ball eine viel höhere Geschwindigkeit haben, wenn Sie diesem Strecken der Handgelenke widerstehen, indem Sie das Drehmoment, das Sie auf den Schläger ausüben, an irgendeiner Stelle des Schlages reduzieren. Wann genau dieses Strecken der Handgelenke erfolgen sollte, lernt man durch Erfahrung. Sind die Handgelenke gestreckt, schwingt der Schläger um die Handgelenke wie sie um die Schultern schwingen, was zur erhöhten Geschwindigkeit des Schlägerkopfes führt.

Viele Spieler glauben, dass die Flexibilität des Schlägerschaftes den Flug des Balls beeinflusst, da sie den Winkel bestimmt, in dem der Kopf des Schlägers den Ball trifft. Gelegentlich wurde behauptet, dass sich ein flexiblerer Schaft zunächst während des Schlages zurückbiegt und dann kurz vor dem Zusammenstoß mit dem Ball stärker nach vorn schnellt, als es ein steiferer Schaft tun würde, und daher dem Ball mehr Energie verleiht. Jedoch zeigen Untersuchungen, dass die Flexibilität des Schaftes nur geringe Auswirkungen auf den Flug des Balls hat – tatsächlich könnte eine höhere Flexibilität zu einer Verringerung der an den Ball übertragenen Energie führen, weil der Stoß den Schläger in Schwingungen versetzt. Folglich ist ein steiferer Schläger vorteilhafter, da er eine stärkere Führung beim direkten Schlagen des Balls gibt.

Ein Maß für die Schwierigkeit eines Putts ist der Streuwinkel, den das Loch vom Standpunkt des Balls aus gesehen ausfüllt. Wenn Sie die Entfernung des Balls vom Loch erhöhen, verringert sich der Winkel anfangs schnell. Das bedeutet, dass ein Putt schnell schwieriger wird. Wenn die Entfernung mehr als einen Meter beträgt, verringert sich der Winkel allmählich immer langsamer. Demnach erhöht sich die Schwierigkeit des Schlages nur noch langsam. Natürlich vernachlässigt diese einfache Analyse andere Schwierigkeiten bei einem langen Putt, beispielsweise die zunehmende Zahl der Ungleichmäßigkeiten in der Beschaffenheit des Grases und im Anstieg des Bodens auf dem Weg zum Loch.

Auch wenn ein Ball direkt auf das Loch zurollt, kann es sein, dass der Ball trotzdem nicht einlocht. Das passiert, wenn seine Geschwindigkeit beim Überschreiten der Lochkante einen kritischen Wert übersteigt.

1.37 Kurzgeschichte: Der Todesvorhang bei einem Meteoriteneinschlag

Jedes Mal, wenn ein metallhaltiger Asteroid den Boden erreicht (anstatt in der Atmosphäre zu verglühen), entsteht ein Krater, da durch den Aufprall Gestein in die Luft gesprengt wird. Doch bewegt sich das sogenannte *Auswurfmaterial* nicht regellos. Vielmehr wird das sich schneller bewegende Gestein in steileren Winkeln auf den Boden geworfen. Wenn Sie Zeuge wären, wie dieses Auswurfmaterial auf Sie zu fliegt, könnten Sie sehen, dass dieses Material zu jedem Zeitpunkt einen dünnen, gekrümmten Vorhang bildet (siehe Abbildung 1.12). Gesteinsbrocken, die sich im Vorhang in größerer Höhe befinden, werden mit höheren Geschwindigkeiten und in größerem Winkel herausgeschleudert als Gesteinsbrocken, die sich im Vorhang in geringerer Höhe befinden. Die langsameren Gesteinsbrocken treffen den Boden eher als die höher fliegenden; folglich nehmen Sie ein gleichmäßiges Grollen und Beben des Bodens wahr, während der Vorhang auf Sie zukommt.

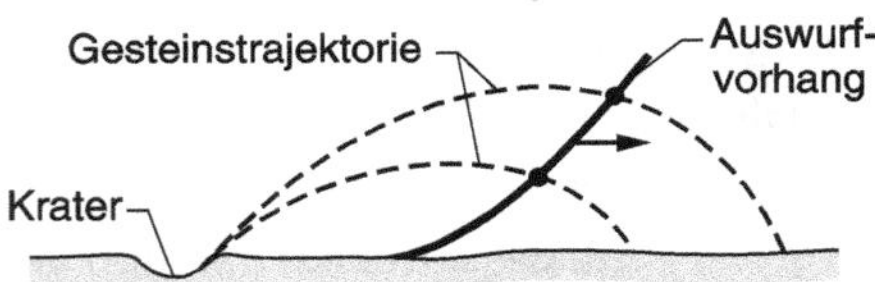

Abb. 1.12: Das durch einen Meteoriteneinschlag aufgewirbelte Gestein.

1.38 Hochsprung und Weitsprung

Ein Anfänger im Hochsprung könnte versuchen, die Latte zu nehmen, indem er ein Bein darüber wirft und das andere Bein nachzieht, während er sich dann vornüber beugt. Einen erfolgreicheren Sprung kann man mit einem *Wälzer* absolvieren, bei dem der Springer die Latte im Wesentlichen in Bauchlage überquert. Die Längsachse des Körpers verläuft dabei parallel zur Latte.

Als Dick Fosbury den Hochsprungwettbewerb im Jahre 1968 bei den Olympischen Spielen in Mexiko-Stadt gewann, führte er eine Sprungtechnik ein, die zunächst recht bizarr erschien. Die Technik wird als *Fosbury-Flop* (oder einfach als *Flop*) bezeichnet und wird mittlerweile von nahezu allen Hochspringern benutzt. Beim Flop läuft der Springer mit einer bestimmten Geschwindigkeit auf die Latte zu und dreht sich im letzten Moment so, dass er die Latte rücklings mit dem Gesicht nach oben überquert. Welche Vorteile hat diese Technik? Weshalb erfolgt der Anlauf mit einer genau festgelegten Geschwindigkeit? Immerhin würde eine höhere Geschwindigkeit dem Athleten mehr Energie verleihen, die ihm zu einem höheren Sprung verhelfen könnte.

Eines der verblüffendsten Ereignisse in der Geschichte der Leichtathletik spielte sich ebenfalls während der Olympischen Spiele in Mexiko-Stadt ab. Am Nachmittag des 18. Oktober bereitete sich Bob Beamon auf den ersten von drei zulässigen Versuchen im Weitsprung vor, indem er die Schritte für seinen Anlauf abmaß. Anschließend drehte er sich um, nahm Anlauf, traf den Absprungbalken und erhob sich in die Luft. Er sprang so weit, dass die optischen Geräte zur Messung der Sprunglänge nicht eingesetzt werden konnten und ein Maßband angelegt werden musste. Ein Schiedsrichter äußerte seine Bewunderung für den dann benommen auf einer Seite sitzenden Beamon, indem er „Fantastisch, fantastisch!" ausrief. Die Weite des Sprungs betrug erstaunliche 8,90 Meter, was den bis dahin gültigen Rekord von 8,10 Metern um Längen übertraf.

Mit Sicherheit profitierte Beamon vom Rückenwind, der gerade noch unter der zulässigen Obergrenze von 2,0 Metern pro Sekunde lag. Profitierte er auch von der Höhenlage und der niedrigen geografischen Breite von Mexiko-Stadt und der damit verbundenen geringeren Luftdichte und auf niedrigeren Breiten geringeren Schwerkraft?

Die Weite eines Sprungs wird bis an die Stelle gemessen, an der die Fersen des Athleten während der Landung Sand ausgegraben haben, es sei denn, das Gesäß des Athleten kommt auf dem Sand auf und verwischt die Schuhspuren. Falls die Schuhspuren verwischt werden, wird die Weite des Sprunges nur durch den Abstand zwischen dem Sprungbrett und der Kante des Loches bestimmt, das das Gesäß hinterlassen hat. Daher ist beim Weitsprung die richtige Landung sehr wichtig.

Wenn ein Weitspringer mit dem letzten Schritt vom Sprungbrett abspringt, befindet sich sein Körper in einer nahezu senkrechten Position. Das Sprungbein befindet sich hinter dem Körper, das andere Bein ist nach vorn gestreckt. Bei der Landung des Weitspringers sollten die Beine geschlossen und in einem solchen Winkel nach vorn gestreckt sein, dass die Fersen den Sand in größtmöglicher Entfernung markieren, aber das Verwischen der Spuren durch das Aufkommen des Gesäßes vermieden wird. Wie gelangt der Athlet während des Sprungs aus der Absprung- in die Landehaltung?

Bei den Olympischen Spielen der Antike gab es Standweitsprung. Weshalb zogen es einige Athleten vor, den Sprung mit in den Händen gehaltenen Gewichten, den sogenannten *Schwingkörpern*, auszuführen, die einige Kilogramm schwer waren?

Antwort

Bei der Höhe, die beim Hochsprung gemessen wird, handelt es sich natürlich um die Höhe der überquerten Latte, und nicht etwa um die maximale Höhe des Kopfes oder eines anderen Körperteils des Athleten. Angenommen, der Athlet kann seinen Schwerpunkt auf die Höhe L bringen. Versucht der Athlet die Latte im Schersprung zu überqueren, muss die Latte wesentlich tiefer als L liegen, damit sein Körper sie nicht berührt. Die Sprunghöhe ist also kleiner (Abbildung 1.13a). Bei einem Wälzer ist der Körper horizontal ausgestreckt und kann die

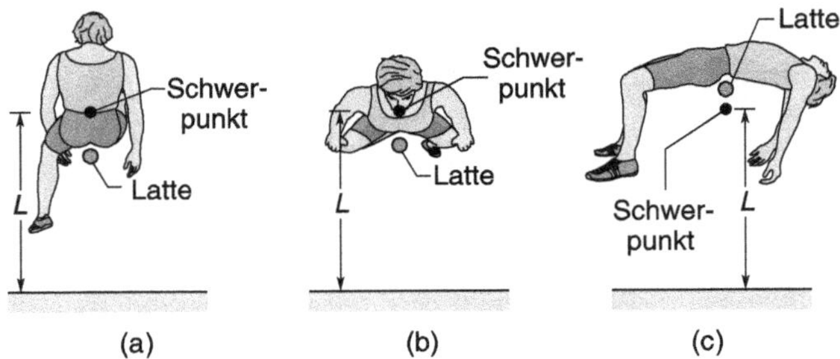

Abb. 1.13: Unterschiedliche Hochsprungtechniken: (a) Schersprung, (b) Wälzer und (c) Flop.

Latte somit auch dann überqueren, wenn der Schwerpunkt näher an der Latte liegt, so dass die Latte höher liegen kann (siehe Abbildung 1.13b). Bei einem Flop liegt der Schwerpunkt während des Herumschmiegens des Körpers um die Latte unterhalb des Körpers, so dass der Athlet mit dieser Sprungtechnik eine noch höher liegende Latte überspringen kann als mit einem Wälzer (siehe Abbildung 1.13c). Außerdem verleihen die Drehung des Körpers und der Rückwärtssprung bei einem Flop einen stärkeren Impuls.

Der Anlauf zu einem Sprung ist im Vergleich zu einem Sprint eher langsam, da der Schlüssel zum Erfolg eine fehlerfreie Technik ist, und es daher auf das Timing ankommt. Am Ende des Anlaufs setzt der Athlet den Sprungfuß ein ganzes Stück vor dem Schwerpunkt des Körpers auf. Anschließend wird der Körper um diesen Fuß gedreht, während sich das Sprungbein beugt. Durch diese Technik kann ein Teil der kinetischen Energie aus dem Lauf in dem sich beugenden Bein gespeichert werden. Wenn das Bein dann gegen den Boden drückt, treibt es den Athleten nach oben, wobei ein Teil der gespeicherten Energie sowie zusätzliche Energie durch die Arbeit der Muskeln auf den Flug des Athleten übertragen wird.

Beamons weiter Sprung war nur geringfügig durch den Wind und die geografische Lage bedingt. Mexiko-Stadt befindet sich auf einer Höhe von 2 300 Metern über dem Meeresspiegel, was weit über der Höhe vieler anderer Austragungsorte der Olympischen Spiele ist. Die große Höhe bedeutete eine geringe Luftdichte. Daher war der Luftdruck, der den Sprung bremste, kleiner, als wenn der Sprung in einer geringeren Höhe absolviert worden wäre. Die große Höhe zog außerdem eine etwas geringere Fallbeschleunigung nach sich. Daher war die Schwerkraft, die Beamons Absprung beschränkte und ihn schließlich wieder auf den Boden brachte, etwas geringer. Die Beschleunigung und die Schwerkraft wurden außerdem durch auf Beamon wirkende *effektive* Zentrifugalkraft weiter reduziert, die durch die Erdrotation entsteht. Die effektive Kraft ist in niedrigeren Breiten größer, da sich solche Orte bei der Rotation schneller bewegen.

Doch all diese Faktoren spielten bei dem Sprung nur eine unwesentliche Rolle. Weshalb also sprang Beamon so weit? Der Hauptgrund ist, dass er den Absprungbalken im schnellen Lauf erreichte. Die meisten Athleten kommen deutlich langsamer an, um zu vermeiden, dass sie ihren letzten Schritt hinter den Balken setzen, was den Sprung ungültig machen würde. Außerdem versuchen sie zu vermeiden, dass sie vor dem Sprungbrett abspringen und so den festen Halt nicht nutzen können, den ihnen der Absprungbalken bietet. Zudem würden sie dadurch an Weite verlieren, weil die Weite des Sprungs erst vom Absprungbalken aus gemessen wird. Da dieser Balken nur 20 Zentimeter breit ist, muss also der letzte Schritt gut geplant sein.

Beamon, der für ungültige Sprünge bekannt war, hatte sich offenbar dafür entschieden, seinen ersten Versuch riskant zu gestalten und auf das Sprungbrett loszusprinten. Er traf den Balken optimal, sein letzter Schritt auf das Brett hätte beinahe dazu geführt, dass der Sprung ungültig gewertet worden wäre. Wäre er über den Balken getreten, hätte er vermutlich seine beiden übrigen Sprünge mit mehr Aufmerksamkeit für den Absprungbalken und geringerer Geschwindigkeit absolviert.

Keiner sprang in den folgenden 23 Jahren so weit wie Beamon, nicht einmal Beamon selbst. Dann sprang Mike Powell im Jahre 1991 bei der Leichtathletik-WM schließlich 8,95 Meter – also fünf Zentimeter weiter als Beamon. Er tat dies in Tokio und daher ohne den Vorteil einer Höhenlage. Auch wehte nur ein sanfter Rückenwind mit einer Geschwindigkeit von 0,3 Metern pro Sekunde. Powell demonstrierte in eindrucksvoller Weise, dass Höhenlage und Wind gegenüber athletischem Können zweitrangig sind.

Wenden wir uns nun der Lageveränderung eines Weitspringers während des Fluges zu. Dazu nehmen wir an, dass der Sprung aus Ihrer Sicht nach rechts erfolgt. Während des Absprungs vom Brett führt die vom Sprungbrett auf den Sprungfuß wirkende Kraft zu einer Drehung des Körpers im Uhrzeigersinn, die den Rumpf nach vorn und das vordere Bein nach hinten bringt. Diese Tendenz, eine im Uhrzeigersinn gerichtete Drehung hervorzurufen, verstärkt sich, wenn das nachgezogene Bein zur Landung nach vorn gebracht wird. Der Grund dafür ist, dass der Athlet dann keinen Bodenkontakt besitzt und daher der Drehimpuls des Körpers konstant bleiben muss. Wird also das nachgezogene Bein zur Landung entgegen dem Uhrzeigersinn nach vorn bewegt, muss sich der übrige Teil des Körpers im Uhrzeigersinn drehen.

Um der Drehung im Uhrzeigersinn so entgegenzuwirken, dass sich der Athlet in der richtigen Lage zur Landung befindet, schwingt er die Arme entgegen dem Uhrzeigersinn schnell um die Schultern. Zusätzlich können die Beine wie beim Laufen weiterbewegt werden, wobei das im Uhrzeigersinn nach hinten geschwenkte Bein ausgestreckt und angezogen wird, wenn es entgegen dem Uhrzeigersinn nach vorn geführt wird. (Keine dieser Bewegungen ändert etwas daran, wie weit der Sprung gerät; sie ändern nur die Orientierung des Körpers.) Anfängern gelingt es oft nicht, die Arme ausreichend zu schwingen, oder – was noch schlimmer ist – sie schwingen einen oder beide Arme in die falsche Richtung. Rumpf und Beine befinden sich dann nicht in der optimalen Lage. Der Sprung gerät kurz, weil die Fußabdrücke zu weit hinten sind oder das Gesäß die Fußabdrücke verwischt.

Die Schwingkörper, die bei den antiken Olympischen Spielen von den Athleten benutzt wurden, konnten tatsächlich die Weite des Sprungs erhöhen. Der Athlet schwang die Gewichte in seinen Händen vor und zurück, um sich auf den Sprung vorzubereiten, er führte sie während der Anfangsphase des Sprungs nach vorn und zur Vorbereitung auf die Landung wieder zurück. Bei richtiger Anwendung konnte diese Technik die Weite des Sprung um 10 oder 20 Zentimeter erhöhen. Dafür gibt es zwei Gründe: (1) Während sich der Schwerpunkt des Systems aus Athlet und Schwingkörpern durch die Luft bewegt, kommt es durch den letzten Rückwärtsschwung zu einer Verschiebung der Schwingkörper im Bezug auf den Schwerpunkt nach hinten und daher zu einer Vorwärtsbewegung des Athleten in Bezug auf den Schwerpunkt des Gesamtsystems. (2) Während des Absprungs erhöht der Vorwärtsschwung der Schwingkörper die auf das Sprungbrett wirkende Kraft, wodurch der Athlet eine größere Sprungkraft erhält. (Tatsächlich konnte der Athlet beim Absprung dann neben den Beinmuskeln auch seine Schulter- und Armmuskeln benutzen.) Die Weite eines Sprungs hätte noch gesteigert werden können, wenn der Athlet während der letzten Phase des Fluges die Schwingkörper zurückgeschleudert hätte, wodurch sein Körper wirksam nach vorn katapultiert worden wäre. Das Schwerpunktsystem aus Athlet und Schwingkörpern landet auch dann an der gleichen Stelle, aber der Athlet befindet sich nun etwas vor diesem Punkt.

1.39 Springbohnen

Kann ein Mädchen, das auf einer Decke sitzt, die vier Ecken der Decke nehmen, sehr stark daran ziehen und sich selbst hochheben? Natürlich nicht, obwohl ich ein Mädchen kenne, das es immer wieder mit ganzer Kraft probierte. Wie kommt es dann, dass Springbohnen wie von selbst in die Luft springen?

Antwort

Eine Springbohne beherbergt einen kleinen Wurm, der sich zunächst in der Bohne von unten abstößt und dann mit der oberen Hülle zusammenstößt, wodurch die Bohne nach oben beschleunigt wird. Die äußere Kraft (die Kraft außerhalb des Wurm-Bohne-Systems), die für die Bewegung verantwortlich ist, ist die am Wurm aufwärts wirkende Kraft, wenn er den Sprung beginnt.

1.40 Salto eines Schnellkäfers, Angriff eines Fangschreckenkrebses

Wenn Sie einen Schnellkäfer reizen, während er auf dem Rücken liegt, schnellt er aus eigener Kraft bis zu 25 Zentimeter in die Luft, wobei er ein hörbares Klickgeräusch produziert. Während des Sprungs kann er sich herumdrehen, so dass er richtig herum landet. Beim Sprung wirken Beschleunigungen von bis zu 400 g (also das 400fache der Erdbeschleunigung). Dazu muss eine Leistung aufgebracht werden, die dem 100fachen der möglichen Leistung jedes einzelnen Muskels im Käfer entspricht. Wie erzeugt der Käfer eine so enorme Leistung. Immerhin kann sie nicht von seinen Beinen ausgehen, da er auf dem Rücken liegt. Ein Schlüssel zum Verständnis ist das Klickgeräusch und ein weiterer ist die Tatsache, dass der Käfer seinen Sprung nicht sofort wiederholen kann.

Der Clown-Fangschreckenkrebs (*Odontodactylus scyllarus*) greift seine Beute an, indem er einen Fangfortsatz auf sie zuschnellen lässt. Mit diesem Fortsatz trifft er die Beute nicht direkt, sondern er produziert Luftblasen, die beim plötzlichen Platzen zerstörerische Schallwellen erzeugen. Die Beschleunigung an der äußersten Spitze des Fortsatzes kann bis zu 10 000 g betragen. Wie kann ein Krebs eine derart hohe Beschleunigung erreichen?

Antwort
Der Sprung des Käfers ähnelt in gewisser Weise dem Zuschnappen einer Mausefalle, bei der beide Klappmesser aufwärts gerichtet sind. Im Käfer zieht sich ein Muskel im vorderen Teil des Körpers langsam zusammen und bewegt einen dornähnlichen Abschnitt über dem *Mesothorax* (mittleres Segment des Brustbereichs) so lange, bis eine Kerbe im Dorn (der Dornhalter) in die Lippe des Mesothorax einrastet, was den Käfer rücklings spannt (siehe Abbildung 1.14a). Nachdem sich die Spannung im Muskel aufgebaut hat, löst sich der Dorn plötzlich aus der Verankerung und rutscht in eine Vertiefung. Das plötzliche Gleiten führt dazu, dass der Kopf des Käfers nach oben klappt und das Hinterteil auf den Boden gedrückt wird (siehe Abbildung 1.14b). Der Druck schleudert den Käfer nach oben. Die durch das Abrutschen des Dorns eingeleitete Drehung ermöglicht es dem Käfer, sich in der Luft um seinen Schwerpunkt weiter zu drehen. Er kann sich so stark drehen, dass er auf seinen Beinen landet. Das vom Käfer ausgehende Klickgeräusch entsteht entweder durch das Gleiten des Dornhalters über die Lippe oder das Einrasten des Dorns in der Vertiefung.

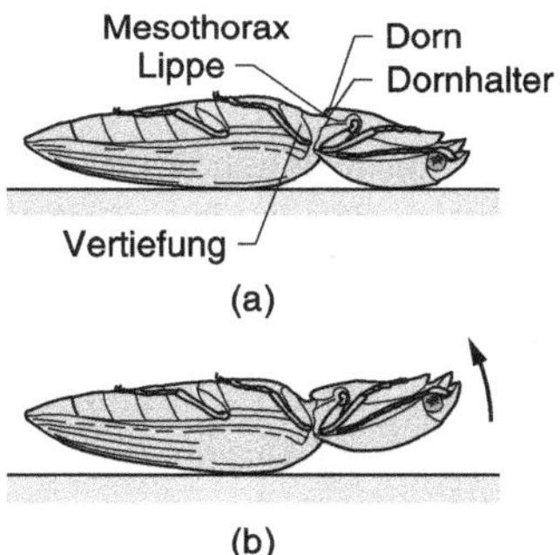

Abb. 1.14: (a) Auf dem Rücken liegender Schnellkäfer mit eingerastetem Dorn und gespannten Muskeln. (b) Der Dorn ist über die Kerbe gerutscht und der Käfer klappt nach oben.

Durch das anfängliche langsame Zusammenziehen des Muskels kann der Käfer Energie sammeln. Das plötzliche Freisetzen dieser Energie ist für die hohe Leistung des Sprungs verantwortlich. Bevor der Sprung wiederholt werden kann, muss erneut Energie gesammelt werden, was etwas Zeit braucht. Diese Art von Energiespeicher und das plötzliche Freisetzen wird von vielen Tieren für abrupte Bewegungen benutzt, mit denen sie sich Nahrung verschaffen oder verhindern, selbst gefressen zu werden.

Auf einen ähnlichen Mechanismus greift auch der Fangschreckenkrebs zurück. Der bei einem Angriff eingesetzte Fortsatz wird eng am Körper gehalten, während ein sattelförmiges Organ langsam gespannt wird, ähnlich einer zusammengedrückten Feder. Der Fortsatz wird durch einen Riegel gehalten. Wenn das sattelförmige Organ maximal gespannt ist, wird der Riegel gelöst, und das Organ treibt das Herausschnellen des Fortsatzes an.

1.41 Kurzgeschichte: Einige Rekorde im Stemmen von Gewichten

Die Rekorde beim Gewichtheben werden oft gebrochen, doch der Rekord für die größte Hebung überhaupt wurde bereits 1957 von Paul Anderson aufgestellt. Er stemmte das Gewicht mit seinem Rücken, indem er unter eine verstärkte Holzplattform kroch, die von festen Stützböcken getragen wurde. Vor ihm befand sich ein kleiner Schemel, durch den er sich sowohl stabilisieren als auch nach unten drücken konnte. Auf der Plattform befanden sich Autoteile und ein mit Blei gefüllter Safe. Mit unglaublicher Kraftanstrengung in Armen und Beinen stemmte er die Plattform – das Gesamtgewicht betrug 6 270 britische Pfund (2 844 Kilogramm)!

Ähnlich beeindruckend war vielleicht das von Mrs. Maxwell Rogers aus Tampa in Florida im Jahre 1960 gestemmte Gewicht. Nachdem sie bemerkt hatte, dass ein Auto von einem Wagenheber auf ihren Sohn gefallen war, der unter dem Auto arbeitete, hob sie eine Seite des Autos an, so dass ihr Sohn von einem Nachbarn gerettet werden konnte. Das Auto wog 1 630 Kilogramm, von denen sie schätzungsweise mindestens 25 % stemmte. Sie trug etliche gebrochene Rückenwirbel davon. (Über Ereignisse dieser Art wird gelegentlich in Zeitungen berichtet. In einer Extremsituation kann ein untrainierter Mensch einen Gegenstand heben, dessen Gewicht sein Körpergewicht weit übersteigt und den er unter normalen Umständen nicht hätte anheben können.)

1.42 Kettenstöße

Angenommen, eine Kugel bewegt sich auf eine ruhende Kugel zu. Unter welchen Bedingungen ist die auf die zweite Kugel übertragene Energie maximal? Gelten die gleichen Bedingungen, wenn die zweite Kugel die maximale Geschwindigkeit erreichen soll? Wie lauten die Antworten, wenn die Kugel auf eine Kette ruhender Kugeln trifft?

Nehmen wir zunächst an, dass es sich um eine große Kugel handelt, die auf eine kleinere ruhende Kugel zuläuft. Können Sie die auf die kleinere Kugel übertragene Energie erhöhen, indem Sie zwischen beide Kugeln weitere Kugeln bringen? Falls diese Möglichkeit besteht: wie groß sollten dann die Massen der zwischengeschalteten Kugeln sein?

Angenommen, ein Golfball fliegt auf Ihren Kopf zu. Sinnvollerweise sollten Sie die Energie verringern, die auf Ihren Kopf übertragen wird. Bringt es etwas, den Kopf mit der Hand schützen, sodass Ihre Hand gegen Ihren Kopf schlägt?

Ein populäres Spielzeug besteht aus einer Menge aneinandergereihter Kugeln, die jeweils wie ein Pendel schwingen können (siehe Abbildung 1.15a). Die Kugeln sind elastisch, es wird also nur wenig Energie verschwendet, wenn sie mit anderen Gegenständen zusammenstoßen. Sie ziehen eine Kugel an einem Ende zurück und lassen sie anschließend los, so dass sie an die nachfolgende Kugel stößt. Weshalb bewegt sich nur die äußerste Kugel am anderen Ende der Kette?

Ordnen Sie die Kugeln nun so an, dass es zwischen ihnen kleine Abstände gibt. Lenken Sie die Kugel ein wenig aus und lassen Sie sie gegen die zweite Kugel prallen. Obwohl die ersten Stöße schräg sind, verschwindet die Verschiebung allmählich, wenn sich der Stoß über die Kette ausbreitet. Wenn Sie jedoch den Abstand zwischen den Kugeln ausreichend erhöhen und das Experiment wiederholen, verstärkt sich die Verschiebung mit jedem Stoß. Der Stoßvorgang kann sogar unterbrochen werden, wenn eine Kugel so stark verschoben wird, dass sie die nächste Kugel nicht mehr trifft. Weshalb hängt das Verhalten von Ausrichtung und Verschiebung vom Abstand der Kugeln ab?

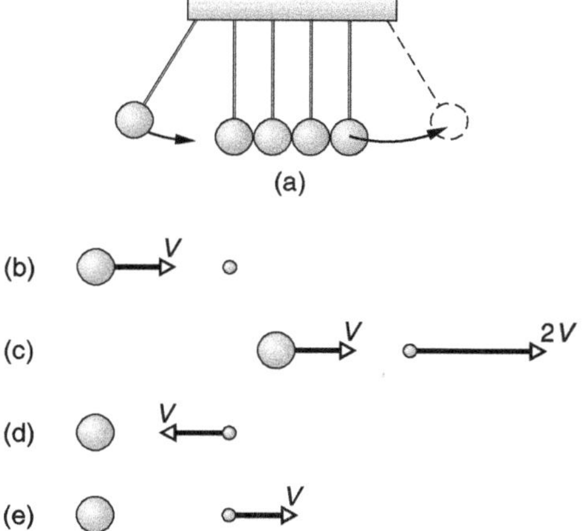

Abb. 1.15: (a) Die erste Kugel wird losgelassen, die letzte Kugel wird weggestoßen. (b) Vor und (c) nach dem Stoß einer sehr großen Kugel mit einer sehr kleinen Kugel. (d) Die Verhältnisse vor und (e) nach dem Stoß, im Inertialsystem der großen Kugel betrachtet.

Antwort

Die zweite Kugel erhält dann die meiste Energie, wenn ihre Masse genauso groß ist wie die der ersten Kugel. Wenn die Kugeln sehr elastisch sind, wird nahezu die gesamte Energie übertragen. In diesem Fall ist die Endgeschwindigkeit der zweiten Kugel fast genauso groß wie die Anfangsgeschwindigkeit der ersten Kugel, wobei die erste Kugel nach dem Stoß liegen bleibt.

Die zweite Kugel bekommt die höchste Geschwindigkeit, wenn ihre Masse viel geringer als die Masse der ersten Kugel ist. Sei V die Geschwindigkeit der ersten Kugel (siehe Abbildung 1.15b). Falls das Massenverhältnis sehr groß ist und der Stoß sehr elastisch erfolgt, kann die zweite Kugel eine Geschwindigkeit von $2V$ erhalten (siehe Abbildung 1.15c). Dies erscheint zunächst nicht plausibel, doch betrachten Sie den Vorgang im Bezugssystem der Kugel. Die zweite Kugel kommt dort scheinbar mit der Geschwindigkeit V auf Sie zu (siehe Abbildung 1.15d), prallt elastisch ab und entfernt sich von Ihnen mit der Geschwindigkeit V (siehe Abbildung 1.15e). Kehren Sie nun in das ursprüngliche Bezugssystem zurück. Die zweite Kugel entfernt sich von der ersten mit einer Relativgeschwindigkeit V. Was passiert mit der ersten Kugel? Da die zweite Kugel eine so geringe Masse besitzt, ändert der Stoß die Geschwindigkeit der ersten Kugel nicht merklich, doch sie ist immer noch ungefähr V. Daher muss die Geschwindigkeit der zweiten Kugel $V + V = 2V$ sein. Wenn es eine Kette von Stößen dieser Art gibt, dann wird bei jedem Stoß die übertragene Geschwindigkeit gegenüber der Geschwindigkeit beim vorhergehenden Stoß (nahezu) verdoppelt.

Wenn Sie bei bereits festgelegten Endkugeln die Energieübertragung auf die kleinere Kugel verbessern wollen, müssen Sie dazwischen Kugeln so einfügen, dass die Masse jeder Kugel das geometrische Mittel der Massen ihrer benachbarten Kugeln ist. (Das geometrische Mittel der Massen ist die Quadratwurzel des Produktes der beiden Massen.) Andere Massenfestlegungen für die eingefügten Kugeln verbessern die Energieübertragung ebenfalls, jedoch nicht in diesem Maße.

Diese Schlussfolgerung ist nun auch auf die Frage mit dem Golfball anwendbar. Wenn Sie Ihren Kopf mit einer Hand schützen, kann es sein, dass Sie dadurch die Energieübertragung auf Ihren Kopf erhöhen, da die Masse Ihrer Hand zwischen der des Golfballs und der Ihres Kopfes liegt. Dennoch ist das „Zwischenschalten“ einer Hand sinnvoll, da sie eine gewisse Fläche besitzt und somit die auf Ihren Kopf wirkende Kraft verteilt.

Das Zusammenspiel einer Reihe pendelartig aufgehängter Kugeln wird gewöhnlich mit Hilfe des Impulses und der kinetischen Energie der sich anfangs bewegenden Kugel erklärt. Die einzige Möglichkeit, dass diese Größen erhalten bleiben, wenn sie über die Reihe weitergegeben werden, besteht darin, dass die letzte Kugel schließlich den gesamten Impuls und die gesamte kinetische Energie erhält. Daher bewegt sich am Ende nur diese allein. Allerdings ist diese Erklärung etwas zu einfach, weil das tatsächliche Verhalten der Zwischenkugeln ziemlich komplex sein kann, wenn sie sich anfangs berühren.

Wenn die erste Kugel unter einem schiefen Winkel auf die zweite trifft, ist das Verhältnis des Abstands D zwischen den Kugeln zu ihrem Radius R von Bedeutung. Falls D/R kleiner als 4 ist, verringert sich die Verschiebung von Stoß zu Stoß, weil die Stöße allmählich zentraler werden. Falls das Verhältnis größer als 4 ist, verstärkt sich die Verschiebung, weil die Stöße immer exzentrischer werden.

1.43 Gestapelte Bälle

Halten Sie einen Baseball in geringem Abstand unmittelbar über einen Basketball und lassen Sie die Bälle etwa aus Bauchhöhe fallen (siehe Abbildung 1.16a). Während keiner der beiden Bälle von sich aus besonders gut springt, führt das Zusammenspiel aus beiden Bällen zu einem überraschenden Ergebnis: Der Basketball bleibt fast bewegungslos auf dem Boden liegen, während der Baseball bis zur Decke springen kann (siehe Abbildung 1.16b). Die vom Baseball erreichte Höhe übersteigt die Summe der Höhen, die die Bälle einzeln springen würden. (Sehen Sie sich vor! Falls die Bälle nicht exakt übereinander gehalten werden, schießt der Baseball mit einer solchen Geschwindigkeit zur Seite, dass er Sie oder einen neben Ihnen stehenden Beobachter verletzen kann.) Wenn Sie das Experiment wiederholen, jedoch einen kleinen elastischen Ball auf den Stapel hinzufügen, startet der dritte Ball wie eine Rakete und kann noch höher aufsteigen als der Baseball, obwohl auf ihn weniger Energie übertragen wird.

Theoretisch kann in diesem Experiment der obere Ball bei zwei Bällen eine Höhe erreichen, die dem Neunfachen der Höhe entspricht, aus der der Stapel fallen gelassen wurde. Bei drei Bällen kann der obere Ball unter idealen Bedingungen das 49fache der ursprünglichen Fallhöhe erreichen.

Vielleicht haben Sie Lust, mit verschiedenen Bällen zu experimentieren, wie beispielsweise einem Tischtennisball, einem Gummiball oder einem Tennisball. Wie sollte man die Bälle auswählen, damit der oberste Ball möglichst weit nach oben springt? Weshalb springt er so hoch?

Antwort

Lässt man einen Stapel aus Bällen fallen, dann springt der unterste Ball vom Boden ab und stößt anschließend auf den noch fallenden zweiten Ball. Bei dem Stoß wird Energie auf den

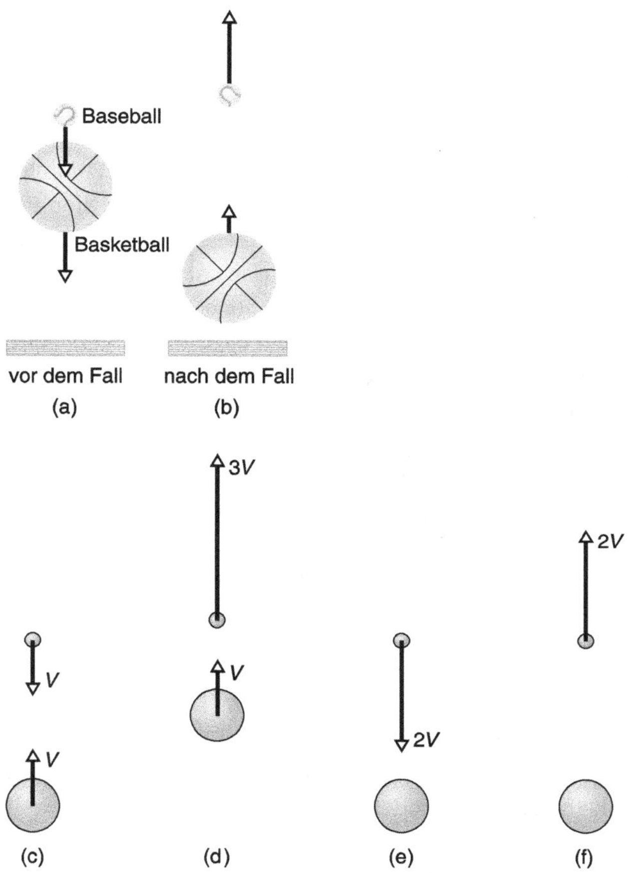

Abb. 1.16: (a) Bevor und (b) nachdem ein Baseball und ein Basketball zusammen auf einen harten Boden fallen gelassen werden. (c) Vor und (d) nach dem Stoß eines sehr großen Balls mit einem sehr kleinen Ball. (e) Vor und (f) nach dem Stoß im Bezugssystem des großen Balls.

oberen Ball übertragen, die ihm eine nach oben gerichtete Geschwindigkeit verleiht. Angenommen, Sie wollen die übertragene Energie so maximieren, dass der untere Ball liegen bleibt. Bei elastischen Bällen ist die Energieübertragung maximal, wenn der unterste Ball drei- oder viermal so schwer ist wie der oberste Ball, was bei einem Basketball und einem Baseball der Fall ist.

Falls Sie dagegen erreichen wollen, dass der oberste Ball so hoch wie möglich springt, sollten Sie den obersten Ball so wählen, dass dieser wesentlich leichter als der untere Ball ist. Die vom oberen Ball erreichte Höhe hängt vom Quadrat der Geschwindigkeit ab, die er durch den Stoß erhält. Falls die Masse des oberen Balls wesentlich geringer ist als die Masse des unteren Balls, erhält der obere Ball eine hohe Geschwindigkeit, so dass auch deren Quadrat groß ist. Der Ball kann das Neunfache der Fallhöhe erreichen.

Um sich von dem Ergebnis zu überzeugen, berechnen Sie zunächst die Geschwindigkeiten der Bälle unmittelbar vor ihrem Stoß. Der obere Ball fällt mit der Geschwindigkeit V, während der untere Ball mit derselben Geschwindigkeit V nach oben springt (siehe Abbildung 1.16c). Falls der Stoß sehr elastisch ist, kann der zweite Ball sogar eine Geschwindigkeit von $3V$ erreichen (siehe Abbildung 1.16d). Auf den ersten Blick scheint dies unmöglich zu sein, doch begeben wir uns einen Moment lang in das Bezugssystem des ersten Balls. Der zweite Ball erreicht Sie dort scheinbar mit der Geschwindigkeit $2V$ (siehe Abbildung 1.16e), springt elastisch zurück und entfernt sich anschließend mit der Geschwindigkeit $2V$ von Ihnen (siehe Abbildung 1.16f). Betrachten Sie den Vorgang nun wieder im ursprünglichen Bezugssystem. Der zweite Ball entfernt sich vom ersten Ball mit einer Relativgeschwindigkeit $2V$. Wie verhält sich der erste Ball? Da der zweite Ball eine so geringe Masse hat, ändert der Stoß die Geschwindigkeit des ersten Balls nicht merklich, so dass er immer noch (ungefähr) die Geschwindigkeit V besitzt. Daher muss die Geschwindigkeit des zweiten Balls $V + 2V = 3V$ sein.

Wenn Sie mit einem größeren Ballstapel experimentieren, müssen Sie die Bälle so anordnen, dass ihre Masse im Stapel nach oben hin abnimmt. Springt der untere Ball zurück, trifft er den zweiten Ball und überträgt an ihn einen Teil seiner Energie. Nachdem der zweite Ball seine Bewegungsrichtung geändert hat, stößt er auf den dritten, noch im Fallen begriffenen Ball, und überträgt auf ihn einen Teil seiner Energie. Der dritte Ball ändert dadurch seine Bewegungsrichtung und trifft nun auf den vierten Ball usw. Bei einem hinreichend großen Stapel könnten Sie den obersten Ball theoretisch in einen Orbit schießen.

1.44 Kurzgeschichte: Eine zerschmetternde Vorführung

Während seiner Studienzeit in den 1970er Jahren experimentierte John McBryde aus Houston mit zwei anderen Studenten zur Physik von fallenden Bällen, indem er einen Softball und einen Basketball von einem Treppenabsatz fallen ließ, der zwei Schlafsäle im dritten Stockwerk verband. Immer wieder blieb der Basketball auf dem Boden liegen, während der Softball weit über die Köpfe der Studenten sprang, mindestens 10 Meter über dem Boden. Das Kunststück machte großen Spaß, bis beim letzten Versuch die Bälle nicht genau übereinander ausgerichtet waren und der Softball durch das Fenster des Hausmeisterzimmers flog und die Scheibe zerschlug. Die Reparaturkosten beliefen sich auf 250 Dollar.

1.45 Karate

Betrachten Sie einen Vorwärtsschlag, bei dem die geschlossene Faust mit der Handfläche nach oben aus Gürtelhöhe geführt, dann nach vorn gestoßen und mit der Handfläche nach unten gekehrt wird. Dieser Schlag wird mit zwei Verhaltensregeln gelehrt: Führen Sie den Schlag bis zu einer vollen Armlänge, jedoch nicht weiter (lehnen Sie sich nicht vor) und richten Sie es so ein, dass Sie Ihren Gegner berühren, wenn die Faust etwa 90 % des Schlagweges zurückgelegt hat (womit Sie erzielen, dass etwa 10 % des Schlagweges in den Körper des Gegners führt). Welchen tieferen Sinn haben diese Regeln? Weshalb werden Hüften und Torso während der ersten Phase des Schlages geschwenkt?

Weshalb werden ein Schlag, ein Haken, ein Kick und andere Manöver gewöhnlich mit einer kleinen Berührungsfläche geführt? Wie schnell kann ein Profi Faust oder Fuß bewegen? Welche Kraft und welche Energie kann dabei übertragen werden? Weshalb bricht der Knochen eines Profis nicht ebenfalls, wenn er durch seine Aktionen einen Knochen des Gegners bricht? Bei Karatevorführungen werden mitunter Gegenstände wie Holzplatten zerbrochen.

Weshalb werden diese Gegenstände mit Trennvorrichtungen, wie beispielsweise Stiften, aufgestellt?

Ich habe im Karateunterricht nie Bretter zerschlagen. Doch als ich zu unterrichten begann, glaubte ich, dass das Zerschlagen von Brettern eine anschauliche Demonstration der Kräfte liefern würde, die an einem Stoß beteiligt sind. Als ich also eines Tages zu einer Vorlesung hetzte, griff ich mir hastig zwei Bretter aus Kiefernholz, die ich im Labor fand. In der Vorlesung suchte ich mir einen kräftigen Studenten, der die Bretter senkrecht halten sollte. Ich traf sie mit den ersten beiden Fingerknöcheln an meiner rechten Faust. Leider wich der Student zurück, als ich die Bretter traf, und sie zerbrachen nicht. Ich schlug immer wieder zu, doch ohne Erfolg. Nachdem das oberste Brett teilweise mit Blut bedeckt war und meine ersten beiden Fingerknöchel etliche Millimeter angeschwollen waren, gab ich auf und schleppte mich aus dem Hörsaal. Inzwischen benutze ich eine „*Patiobrücke*", die auf beiden Seiten auf einer festen Unterlage steht. Ich treffe den Block mit der Unterseite meiner geballten Faust. Weshalb ist diese neue Strategie erfolgreicher?

Antwort

Es gibt mindestens zwei Gründe, weshalb Sie sich bei einem Schlag nicht nach vorn lehnen sollten: Erstens wollen Sie möglichst Ihr Gleichgewicht behalten, um sofort einen weiteren Schlag ausführen zu können, und zweitens wollen Sie die richtige Stellung einnehmen, so dass die auf Sie wirkende Kraft nicht etwa einen Ihrer Knochen bricht. Karate-Profis können ein Trommelfeuer aus Schlägen abgeben, die so schnell aufeinanderfolgen, dass sie nicht mehr deutlich voneinander zu unterscheiden sind. Ron McNair, einer der Astronauten, der bei der Explosion des *Challenger*-Space-Shuttles ums Leben kam, war ein solcher Profi. Er konnte eine Vielzahl von Schlägen mit Händen, Füßen, Knien und Ellbogen so schnell austeilen, dass sie ein um seinen Gegner fließendes Fluid zu sein schienen.

Bei einen Karatekampf wollen Sie Ihren Gegner möglichst dann treffen, wenn sich Ihre Faust am schnellsten bewegt, weil sie dann den größten Impuls besitzt und Sie die größte Kraft und die meiste Energie übertragen. Dieser optimale Punkt befindet sich an der Stelle, an der Ihre Faust 90 % ihres Schlagweges zurückgelegt hat. Daher setzen Sie den Schlag mental so, dass Ihr Arm die volle Streckung erreicht, nachdem er 10 % des Schlagweges im Körper des Gegners zurückgelegt hat. Wenn Sie den Körperkontakt zu früh oder zu spät herstellen, sind Kraft und Energie des Schlages geringer.

Sie sollten mit einem kleinen Teil Ihres Körpers treffen, so dass die pro Flächeneinheit auf Ihren Gegner wirkende Kraft am größten ist und Sie nur auf einen kleinen Teil des gegnerischen Körpers Energie übertragen. Dann kann der Schlag einen Knochen des Gegners biegen und brechen. Diese Methode dient auch Ihrem Schutz. Wenn Sie Ihren Gegner richtig treffen, wie beispielsweise mit den ersten beiden Fingerknöcheln, der Kante einer geöffneten und festen Hand oder der Kante des Fußes, und sich auch richtig gegenüber Ihrem Gegner positionieren, bricht die Kraft beim Stoß keinen Ihrer eigenen Knochen.

Die Tatsache, dass es beim Zerbrechen eines Gegenstandes auf das Biegen ankommt, offenbart sich, wenn ein Karateprofi ein Brett oder einen Betonblock zerschlägt, der an zwei Stellen gestützt wird. Jede Stütze wird an einer Seite des Gegenstandes angebracht, so dass die Kraft beim Ausführen des Schlages auf die Mitte des Gegenstandes an jedem Stützpunkt ein großes Drehmoment ausübt. Die Drehmomente sind bestrebt, die linken und rechten Hälften des Gegenstandes um die Stützpunkte rotieren zu lassen. Daher biegt sich der Gegenstand nach unten durch. Wenn er sich ausreichend biegt, bildet sich an der Unterseite des Gegenstandes ein Riss, der sich nach oben fortpflanzt, und der Gegenstand bricht.

Wenn ein Stapel aus einzelnen Gegenständen zerschlagen wird, zerschlägt der Karateprofi den ersten Gegenstand. Dessen Bruchstücke zerbrechen den zweiten Gegenstand usw. Diese Bruchwelle breitet sich schneller durch den Stapel aus als die Hand des Profis. Trockene Bretter aus Weymouthskiefer und Gasbetonplatten sind typische Requisiten bei Karatevorführungen. Die Kiefer wird so geschnitten und gespannt, dass die Faser über die kurze Seite läuft. So lässt sich das Brett leichter durchschlagen, als wenn die Faser längs verläuft. Die Betonblöcke werden zuvor im Ofen getrocknet, so dass im Inneren kein Wasser mehr vorhanden ist, weil eventuell noch vorhandenes Wasser zur Festigkeit des Blocks beitragen kann.

Die Stöße mit Brett oder Block dauern gewöhnlich 0,005 Sekunden an. Die Geschwindigkeit einer Faust kann bei einem Vorwärtsschlag bis zu 10 Meter pro Sekunde betragen. Kicks und Abwärtsschläge können sogar noch schneller sein. Beim Zerbrechen eines typischen Bretts durch einen Faustschlag kann eine Kraft von bis zu 4000 Newton übertragen werden. Die Kraft ist größer, wenn das Brett nicht zerbricht, weil dann die Hand nicht mit einem Restimpuls zwischen den Bruchstücken hindurchgleitet. Die Hand muss anhalten oder prallt sogar zurück. In beiden Fällen ist es so, dass die Kraft beim Stoß größer als beim zerbrechenden Brett ist.

Durch sein Zurückweichen ließ mein Student zu, dass sich die Bretter in seine Richtung bewegten, wodurch sich die Dauer des Stoßes erhöhte. Weil aber die Kraft beim Stoß umgekehrt proportional zu dessen Dauer ist, verringerte sich gleichzeitig meine Kraft, so dass sie nicht mehr ausreichte, um die Bretter zu zerschlagen. Die Vorführung mit einem Ziegel ist effektvoller und auch zuverlässiger, weil der Ziegel fest angebracht und die Dauer des Stoßes kurz ist. Zudem ist die Vorführung sicherer, weil man anstatt mit den Fingerknöcheln mit dem fleischigen unteren Teil der Faust trifft. Und Fingerknöchel sind ziemlich empfindlich, wie jeder weiß, der schon einmal einem Gegner mit bloßer Hand einen Kinnhaken verpasste.

1.46 Boxen

Weshalb machen Boxhandschuhe das Boxen sicherer? Weshalb führt der Sport trotz dieser Maßnahme immer noch zu Langzeitverletzungen des Gehirns und gelegentlich sogar zu tödlichen Verletzungen?

Antwort

Als Boxer noch mit bloßen Händen kämpften, waren Verletzungen und Todesfälle wahrscheinlicher. Ein Handschuh dient dazu, die Kraft auf eine größere Fläche zu verteilen, was

Verletzungen für beide Boxer unwahrscheinlicher macht. Außerdem dämpft der Handschuh den Schlag, weil sein Material während des Aufpralls zusammengedrückt wird. Dieser Vorgang erhöht die Dauer des Stoßes und verringert daher die Kraft beim Stoß. Dennoch kann die von einem Leistungssportler, insbesondere einem Schwergewichtsboxer, übertragene Kraft immens und sogar tödlich sein.

Jeder Boxer weiß, wie er mit einem Schlag *mitgehen* muss, der auf seinen Kopf gerichtet ist. Damit ist gemeint, dass er seinen Kopf zurückbewegt. Würde er seinen Kopf festhalten oder, noch schlimmer, in den Schlag bewegen, wäre die Kraft beim Stoß größer. Die gefährlichsten Phasen eines Kampfes sind die letzten Runden, wenn beide Gegner müde und außerstande sind, einen Schlag vorherzusehen und darauf zu reagieren, indem sie sich zurückbewegen.

Am gefährlichsten ist ein Schlag auf das Kinn oder die Stirn. Das gilt besonders dann, wenn der Schlag schräg trifft. Der Kopf wird durch einen solchen Schlag nach hinten geworfen, wobei das Stammhirn zusammengedrückt wird und Scherkräfte auf das Gehirn wirken. Selbst wenn ein Boxer nicht durch einen Schlag k. o. geschlagen wurde, nimmt das Gehirn durch einen Schlag unvermeidlich Schaden, weil der Schädel auf das Gehirn drückt, wenn die Rückwärtsbewegung eingeleitet wird. Der Stoß unterbricht den Blutfluss im getroffenen Gebiet, und der Schädel scheuert an der Oberfläche des Gehirns. Die bei der Rückwärtsbewegung wirkenden Scherkräfte schädigen das Innere des Gehirns. Auch auf der dem Schlag gegenüberliegenden Seite des Gehirns können Verletzungen auftreten. Durch die abrupte Bewegung des Kopfes wird der Schädel vom Gehirn weggezogen, wodurch der Flüssigkeitsdruck im Zwischenraum zwischen Schädel und Gehirn abnimmt. Dies kann dazu führen, dass Kapillargefäße reißen.

Bei wiederholten Verletzungen nehmen die Denk-, Merk- und Sprachfähigkeiten des Boxers ab. Er leidet dann irreversibel unter dem *Punch-Drunk-Syndrom*, das unter anderem auch als Boxer-Syndrom bezeichnet wird.

1.47 Einsturz eines Skywalks

17. Juli 1981 in Kansas City: Das neu eröffnete Hyatt Regency war voller Menschen, die tanzten und einer Band zuhörten, die Hits aus den 1940er Jahren spielte. Viele Leute hatten sich auf den *Skywalks* versammelt, die wie Brücken über die weite Vorhalle des Hotels hingen. Plötzlich stürzten zwei der Skywalks auf die Feiernden im Erdgeschoss herab. Dabei wurden 114 Personen getötet und fast 200 weitere verletzt.

Wodurch wurde der Einsturz verursacht? Zweifellos spielte das Gewicht der Menschenmassen eine Rolle. Gab es aber auch einen Konstruktionsfehler im Entwurf der Brücken? Nach einigen Tagen der Spekulation erschien in der Tageszeitung von Kansas City eine Meldung, wonach während der Konstruktion ein Detail am ursprünglichen Entwurf geändert worden war. Ursprünglich sollten die Skywalks an einem einzigen, von der Decke herabhängenden Eisenträger aufgehängt werden. Eine Scheibe und eine unmittelbar unter dem jeweiligen Skywalk auf den Träger geschraubte Mutter sollten das Gewicht eines Skywalks tragen (siehe Abbildung 1.17a).

Offenbar war der für die Konstruktion Verantwortliche zu dem Schluss gekommen, dass es nahezu unmöglich sei, einen solchen Aufhängemechanismus zu bauen. Deshalb wurden

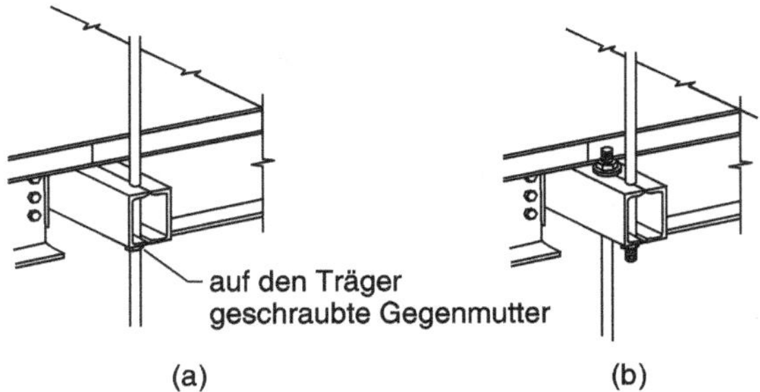

Abb. 1.17: (a) Der ursprüngliche Entwurf und (b) die tatsächlich eingesetzte, veränderte Konstruktion.

anstatt des einzelnen Trägers, der durch einen Skywalk laufen sollte, zwei Träger verwandt, die von einem Skywalk ausgingen (siehe Abbildung 1.17b). Wie konnte eine so einfache und scheinbar vernünftige Veränderung zu diesem tragischen Unfall führen?

Antwort

Sehen wir uns einmal genauer an, wie das Gewicht am Ende des obersten Skywalks getragen wurde. Im ursprünglichen Entwurf wurde das Gewicht eines Skywalks und der sich darauf befindenden Menschen durch die Mutter getragen, die an diesem Skywalk auf den Träger geschraubt war. Wie verhält es sich bei dem veränderten Entwurf, bei dem zwei Muttern verwendet wurden? Am obersten Skywalk musste die Mutter auf dem von oben herabhängenden Träger das Gewicht der beiden unteren Träger und der sich darauf befindenden Menschen tragen. Noch gefährlicher war, dass die Mutter auf dem nach unten führenden Träger das Gewicht aller drei Skywalks und der sich darauf befindenden Menschen tragen musste. Als sich die Skywalks füllten, riss oder brach offenbar eine dieser Muttern, woraufhin die gesamte Konstruktion zusammenbrach. Eine einfache Veränderung machte also den tragischen Unterschied aus.

1.48 Der Einsturz des World Trade Centers

Was war die physikalische Ursache für den Einsturz der Zwillingstürme des *World Trade Centers*, nachdem sie am 11. September 2001 von Flugzeugen getroffen wurden?

Antwort

Es gab im Wesentlichen zwei Erklärungen für den Einsturz der Zwillingstürme.

(1) Der Aufprall des Flugzeugs und die Entzündung des Flugzeugkraftstoffs führten zu einem Feuer, dessen Temperatur 800 ° überstieg. Da durch den Zusammenstoß die Isolierung der senkrechten Stahlträger entfernt worden war, führte die hohe Temperatur zur Schwächung der Träger, die sich daraufhin unter dem Gewicht der über der Einschlagstelle liegenden Etagen durchbogen. Schließlich versagten eine ganze Reihe dieser senkrechten Träger, und der obere Teil des Gebäudes stürzte auf die unteren Etagen. Obwohl die Träger der unteren Etagen nicht erwärmt worden waren, führte dieser plötzliche und gewaltige Stoß zum Einknicken der Träger der unteren Etagen. Deshalb sackten die Etagen nach unten durch.

(2) Der Aufprall des Flugzeugs und die Entzündung des Kraftstoffs führten zu einem Feuer, doch die Temperatur reichte nicht aus, um die senkrechten Träger durchzubiegen. Nach der Argumentation einiger Wissenschaftler hatten die durch die Flugzeuge beschädigten Etagen keine ausreichende Luftzufuhr für ein großes Feuer. Der aus dem durch das Flugzeug geschlagenen Loch austretende Rauch deutete also nicht unbedingt auf ein großes Feuer hin. Stattdessen führte das Feuer dazu, dass sich bei einer oder mehreren Etagen die waagerecht verlaufenden Träger ausdehnten. Da diese Etagen und die waagerechten Träger fest eingebaut waren, konnten sie sich nur durch Biegen ausdehnen, was dann dazu führte, dass die senkrechten Träger nach innen gezogen wurden. Dieser nach innen gerichtete Sog könnte sich verstärkt haben, als die senkrechten und waagerechten Träger durch das Feuer geschwächt wurden. Nachdem die senkrechten Träger nach innen gezogen worden waren, konnten sie den oberen Teil des Gebäudes nicht mehr tragen, der schließlich zusammenbrach.

1.49 Rekordstürze

Februar 1955: Ein Fallschirmjäger fiel aus einer Höhe von 370 Metern aus einer C-119-Maschine, ohne seinen Fallschirm öffnen zu können. Er landete auf dem Rücken im Schnee, wo er einen Krater von einem Meter Tiefe hinterließ. Die Luftrettung brachte ihn ins Krankenhaus. Dort stellte man fest, dass er nur einige leichte Knochenbrüche und ein paar Prellungen erlitten hatte.

März 1944: Der Flight Sergeant Nicholas Alkemade, ein Unteroffizier der Royal Air Force an Bord eines *Lancaster Bombers* bemerkte bei einem Bombenangriff auf Deutschland, dass sein Flugzeug brannte und er seinen Fallschirm nicht erreichten konnte. Nachdem er aus einer Höhe von 5,5 Kilometern gesprungen war, landet er zunächst auf einen Baum und anschließend im Schnee. Er kam mit Schrammen und Prellungen davon.

Zweiter Weltkrieg: I. M. Chissov, ein Leutnant der sowjetischen Luftwaffe, entschloss sich, sein Flugzeug zu verlassen, als er von einem Dutzend Messerschmitts angegriffen wurde. Da er für die deutschen Piloten keine leichte Beute sein wollte, entschloss er sich, die Entfaltung seines Fallschirms so lange hinauszuzögern, bis er weit unter ihnen war. Leider verlor er während des 7 Kilometer langen Fluges das Bewusstsein. Glücklicherweise fiel er in eine verschneite Schlucht. Obwohl er durch den Aufprall schwer verletzt wurde, kehrte er in weniger als vier Monaten in den Militärdienst zurück.

Vielleicht noch spektakulärer ist das Kunststück, das lange von Henri LaMothe vorgeführt wurde. Er sprang aus 12 Metern Höhe mit einem Bauchklatscher in einen Pool, dessen Wasser nur 30 Zentimeter tief war. Er kam mit einer Kraft auf, die etwa dem 70fachen seines Körpergewichts entsprach. (Dieses Kunststück ist ziemlich riskant und sollte nicht nachgeahmt werden. Ich habe von einem törichten jungen Mann gehört, der dies versuchte und schließlich vom Hals abwärts gelähmt war.)

Die Boulevardmedien bringen häufig Geschichten über Überlebende hoher Stürze (und eine Menge Geschichten über Nichtüberlebende). Weshalb kamen diese Leute mit ihrem Leben davon?

Antwort

Der tödliche Faktor bei einem Sturz ist natürlich die Kraft, die das Opfer beim Aufprall auf dem Boden (oder einer anderen festen Oberfläche) erfährt. Die Kraft ist proportional zum Impuls des Opfers unmittelbar vor dem Aufprall und umgekehrt proportional zur Dauer des Aufpralls. Der Impuls hängt von der Geschwindigkeit und der Masse des Opfers ab. Erfolgt der Absturz von großer Höhe, erreicht das Opfer manchmal während des Falls eine *Grenzgeschwindigkeit*. Obwohl die Schwerkraft zweifellos weiterhin wirkt, wird die dadurch bewirkte Beschleunigung des Opfers schließlich durch den Luftwiderstand aufgehoben; die Reibungskraft und die Schwerkraft halten sich dann die Waage. Der Wert dieser Grenzgeschwindigkeit richtet sich nach der Orientierung des Opfers: Bei ausgestreckten Gliedern ist der Luftwiderstand größer als bei senkrechter Orientierung, und dies führt zu einer kleineren Grenzgeschwindigkeit. Doch ist es kaum vorteilhaft, nach einem langen Absturz mit weit von sich gestreckten Gliedern zu landen.

Die Zeitspanne, in der der Aufprall abläuft, ist ein wesentlicherer Faktor. Ein „harter" Aufprall dauert zwischen 0,001 bis 0,01 Sekunden, und die dabei auf das Opfer wirkende Kraft ist mit Sicherheit tödlich. Wenn der Aufprall aber „weicher" ist (und das Opfer langsamer abgebremst wird), ist die Kraft geringer und das Opfer hat Überlebenschancen. Ein Sturz in tiefen Schnee kann den Aufprall hinreichend ausdehnen um die Kraft auf ein für das Überleben notwendiges Maß zu reduzieren. Offenbar reichte die 30 Zentimeter dicke Wasserschicht aus, um La Mothe seine Bauchklatscher überleben zu lassen.

Ein kopfüber aufprallendes Opfer wird mit größerer Wahrscheinlichkeit getötet als jemand in irgendeiner anderen Haltung, was auf das größere Verletzungsrisiko des Rückgrats, des Stammhirns und der übrigen Hirnteile in dieser Haltung zurückzuführen ist.

1.50 Eine spektakuläre Fallschirmrettung

Im April 1987 bemerkte der Fallschirmspringer Gregory Robertson, dass seine Kameradin Debbie Williams durch den Zusammenstoß mit einem dritten Fallschirmspringer bewusstlos geworden war und ihren Fallschirm nicht öffnen konnte. Robertson, der sich zu diesem Zeitpunkt ein ganzes Stück über Williams befand und seinen Fallschirm auf dem vier Kilometer langen Fall noch nicht geöffnet hatte, schaffte es, zu Williams aufzuschließen und sie zu fassen, nachdem er ihre Geschwindigkeit erreicht hatte. Er öffnete ihren Fallschirm und anschließend, nachdem er sie wieder losgelassen hatte, seinen eigenen, wobei bis zum Aufprall nur noch kümmerliche 10 Sekunden übrig geblieben waren. Williams erlitt aufgrund ihrer fehlenden Kontrolle bei der Landung erhebliche innere Verletzungen, doch sie überlebte. Wie aber schaffte es Robertson, Williams einzuholen?

Antwort

Robertson konnte Williams retten, indem er den Luftwiderstand während des Fluges manipulierte. Wenn ein Fallschirmspringer zu fallen beginnt und die Fallgeschwindigkeit zunimmt, baut sich eine der Schwerkraft entgegenwirkende Kraft auf, bis der Luftwiderstand genauso groß ist wie die Schwerkraft. Ist diese Schwelle erreicht, fällt der Fallschirmspringer mit einer konstanten Geschwindigkeit, die als *Grenzgeschwindigkeit* bezeichnet wird. Der Betrag der

Grenzgeschwindigkeit hängt vom Querschnitt des Fallschirmspringers ab, den dieser der vorbeiströmenden Luft entgegensetzt. Ein Fallschirmspringer hat einen geringeren Querschnitt und eine größere Endgeschwindigkeit, wenn er senkrecht fällt, als wenn er dabei alle Gliedmaßen horizontal von sich streckt.

Als Robertson die Gefahr für Williams bemerkte, streckte er seinen Körper und sprang kopfüber, um den sich an seinem Körper aufbauenden Luftwiderstand zu minimieren und eine größere Fallgeschwindigkeit zu erreichen. Williams, die unkontrolliert gegen einen größeren Luftwiderstand fiel, hatte eine Grenzgeschwindigkeit von etwa 190 Kilometern pro Stunde erreicht. Robertson erreichte mit seiner stromlinienförmigen Haltung schätzungsweise eine Geschwindigkeit von 300 Kilometern pro Stunde. Er schloss zu Williams auf und ging zu einer waagerecht ausgebreiteten Haltung über, als er sich ihr näherte, um den auf ihn wirkenden Luftwiderstand zu erhöhen und seine Geschwindigkeit an Wiliams Geschwindigkeit anzupassen.

1.51 Rekordabstürze von Katzen

Menschen überleben Stürze aus großer Höhe selten, doch Katzen haben dabei offenbar mehr Glück. Eine im Jahr 1987 veröffentlichte Studie beschäftigte sich mit 132 aus Höhen von 6 bis 98 Metern, also aus der zweiten bis 32. Etage, gestürzten Katzen. Die meisten von ihnen landeten auf Beton. Etwa 90 % überlebten; rund 60 % kamen sogar ohne Verletzungen davon. Seltsamerweise nahm die Schwere der Verletzungen (wie beispielsweise die Zahl der gebrochenen Knochen) sowie die Todeswahrscheinlichkeit mit der Höhe ab, wenn die Katzen aus Höhen von mehr als sieben oder acht Etagen fielen. (Die Katze, die aus der 32. Etage fiel, hatte nur geringfügige Schäden am Brustkorb und an einem Zahn und wurde nach einer 48-stündigen Beobachtungszeit entlassen.) Was könnte der Grund dafür sein, dass Katzen bei einem Sturz aus größerer Höhe eine bessere Überlebenschance besitzen? (Das Überleben ist keineswegs garantiert. Wenn Sie also in einem Hochhaus wohnen, sollten Sie Ihre Katze von offenen Fenstern fernhalten.)

Antwort

Wenn eine unaufmerksame Katze versehentlich aus einem Fenster stürzt, richtet sie sich schnell und instinktiv so aus, dass sich ihre Beine unter dem Körper befinden. Die Katze nutzt dann die Flexibilität ihrer Beine, um den Aufprall bei der Landung abzufedern: Diese Flexibilität verlängert die Zeit des Aufkommens und reduziert dabei die auf die Katze wirkende Kraft.

Während eine Katze fällt, nimmt der Luftwiderstand zu, der auf die Katze entgegen der Schwerkraft wirkt. Wenn sie von der Fensterbank auf den Fußboden fällt, ist der Luftwiderstand nicht besonders groß. Wenn aber der Sturz aus größerer Höhe erfolgt, kann der Luftwiderstand so sehr zunehmen, dass er die nach unten gerichtete Beschleunigung der Katze verringert. Tatsächlich kann bei einem Sturz aus einer Höhe von mehr als sechs Etagen der Luftwiderstand so groß werden, dass er genauso groß wie die auf die Katze wirkende Schwerkraft ist. Die Katze fällt dann unbeschleunigt und mit konstanter Geschwindigkeit, die als *Grenzgeschwindigkeit* bezeichnet wird.

Bis zum Erreichen der Grenzgeschwindigkeit ist die Katze durch die Beschleunigung verängstigt und hält ihre Beine zur Landung bereit unter ihrem Körper. (Auch Ihr Körper ist gegenüber Beschleunigungen empfindlicher als gegenüber Geschwindigkeiten.) Ist aber die Grenzgeschwindigkeit erreicht, verschwindet die Beschleunigung, und die Katze entspannt ihre Beine etwas, wobei sie sie instinktiv etwas nach außen streckt (um den Luftwiderstand zu erhöhen), bis sie sich schließlich auf die Landung vorbereiten muss.

Wenn sich die Katze ausstreckt, nimmt der Luftwiderstand zu, was die Geschwindigkeit der Katze reduziert. Je länger der Sturz dauert, umso stärker wird die Geschwindigkeit reduziert, bis sich eine neue und geringere Grenzgeschwindigkeit von etwa 200 Kilometer pro Stunde einstellt. Daher wird eine Katze, die aus der 10. Etage fällt, mit einer geringeren Geschwindigkeit landen, als eine Katze, die aus der 5. Etage fällt. Sie wird daher bessere Chancen haben, ohne ernsthafte Verletzungen davon zu kommen.

1.52 Lianenspringen und Bungeejumping

Auf *Pentecost Island* (Neue Hebriden) besteht ein Männlichkeitsritual darin, einen Hechtsprung von einer hohen Plattform in Richtung Boden zu machen. Dabei muss der Springer darauf vertrauen, dass eine um seinen Knöchel geschlungene und an der Plattform befestigte Lianenranke seinen Sturz abfängt, bevor er den Boden erreicht hat. Im Mai 1982 wagte ein junger Mann einen solchen Sprung aus einer Höhe von mehr als 24 Metern. Unmittelbar bevor er von der Lianenranke abgefangen wurde, betrug seine Geschwindigkeit etwa 55 Kilometer pro Stunde. Die Verzögerung (Entschleunigung), der er während des Abfangens ausgesetzt war, wurde auf das 110fache der Fallbeschleunigung geschätzt. Es gibt keine Berichte darüber, wie gut er danach noch laufen konnte.

Eine abgeschwächte Version dieses Lianensprung, die aber gelegentlich immer noch zu Verletzungen und zum Tode führt, ist Bungeejumping. Dabei springt man von einer hohen Plattform, mit der man durch ein an den Beinen befestigtes elastisches Gummiband verbunden ist. Dieser Extremsport wurde (natürlich) am 1. April 1979 ins Leben gerufen, als Mitglieder des *Dangerous Sports Clubs* der *Oxford University* von einer Brücke in Bristol (England) sprangen. An welcher Stelle erfährt man die größte Kraft und die höchste Beschleunigung? Sind die größte Kraft und die höchste Beschleunigung nur halb so groß, wenn Sie aus Angst das Bungeeseil nur halb so lang machen?

Antwort

Sie spüren die stärkste Kraft und erfahren die höchste Beschleunigung, wenn Sie den tiefsten Punkt erreichen. Dort kehrt das Bungeeseil Ihre Bewegung um und Sie kommen für einen Moment zum Stillstand. Wenn wir das Seil als ideale Feder betrachten, hängen die Beträge der stärksten Kraft und der höchsten Beschleunigung von der Länge des Seils und daher auch von der Fallstrecke ab. Bei einem kürzeren freien Fall erreichen Sie zwar eine geringere Geschwindigkeit, doch ist das von Ihnen benutzte, entsprechend kürzere Seil steifer (wie eine kürzere und daher steifere Feder), sodass Ihre geringere Geschwindigkeit mit derselben Verzögerung auf null gebracht wird, wie dies ein weniger steifes Seil tut.

Die Verzögerung, durch die der Springende gebremst wird, ist mitunter so groß, dass er dabei Verletzungen erleidet. Besonder gefährdet sind die Augen: Während Sie kopfüber fallend abgebremst werden, erhöht sich in den Augen der Blutdruck. Dadurch können Gefäße reißen, sodass es zu Blutungen kommen kann.

1.53 Gefangen in einem frei fallenden Fahrstuhl

Plötzlich passiert es: Sie befinden sich in einem alten Fahrstuhl ohne Sicherheitssystem. Das Seil reißt und die Fahrstuhlkabine rauscht im freien Fall nach unten. Wie sollten Sie sich verhalten, um Ihre Überlebenschancen zu optimieren, so gering sie auch sein mögen? Wäre es vielleicht sinnvoll, unmittelbar bevor der Kabinenboden auf dem Schachtboden aufprallt, hochzuspringen?

Antwort

Am besten ist vermutlich, sich hinzulegen. Möglicherweise halten Sie dies für unmöglich, da sich sowohl Sie als auch der Kabinenboden im freien Fall befinden, doch es gibt einen gewissen Reibungswiderstand durch die Führungsschienen im Schacht, an denen der Fahrstuhl gleitet, und einen Luftwiderstand durch die Luft, durch die der Fahrstuhl fällt. Daher können Sie sich auf den Boden fallen lassen. Dort sollten Sie alle Gliedmaßen von sich strecken und sich möglichst auf dem Rücken legen. Das Ziel besteht darin, die auf Sie wirkende Kraft auf eine möglichst große Oberfläche zu verteilen.

Stehen zu bleiben, wäre ein schlechter Tipp, weil die Kraft dann auf einer kleineren Fläche verteilt wird, wie beispielsweise dem Querschnitt Ihrer Fußknöchel. Bei einem schweren Aufprall werden Ihre Knöchel brechen und Ihr Körper wird auf den Boden schlagen.

Im letzten Moment hochzuspringen, ist das Schlechteste, was Sie tun können (abgesehen davon, dass es in der geschlossenen Kabine ohnehin schwer möglich ist, abzuschätzen, wann dieser letzte Moment gekommen ist). Wenn Sie irgendwann während des freien Falls hochspringen, werden Sie vermutlich nur Ihre Fallgeschwindigkeit reduzieren. Angenommen, die Kabine prallt vom Schachtboden wieder ab. Dann bewegen Sie sich gerade abwärts, wenn der Kabinenboden bereits wieder auf dem Weg nach oben ist. Und kurze Zeit später... darüber brauchen wir wohl kein Wort verlieren.

1.54 Kurzgeschichte: Kampf-flieger-Crash ins Empire State Building

Am Samstag, den 28. Juli 1945, um 9.45 Uhr, prallte ein B-25-Bomber der US-Army im dichten Nebel in die 78. und 79. Etage des *Empire State Building* in New York. Die dreiköpfige Besatzung des Flugzeugs und zehn Arbeiter, die innerhalb des Gebäudes zu tun hatten, wurden getötet, 26 weitere wurden verletzt. Wäre es ein gewöhnlicher Arbeitstag gewesen, hätte die Zahl der Opfer auch höher ausfallen können.

Der Aufprall zerriss die Flügel des Flugzeuges und schob den Flugzeugrumpf und die beiden Motoren in das Innere des Gebäudes. Dort ging der Treibstoff dann in Flammen auf, die so hell waren, dass Schaulustige auf der Straße sie trotz des Nebels sehen konnten. Ein Motor schoss ganz durch das Gebäude und auf der anderen Seite wieder hinaus, von wo er auf das Dach eines 12-stöckigen Hauses fiel. Dort entfachte er ein weiteres Feuer.

Als das Flugzeug in das Empire State Building raste, traf es einen der Träger im Fahrstuhlbereich, wodurch dieser und einige Fahrstuhlkabel beschädigt wurden. Eine Fahrstuhlführerin, die gerade ihre Tür in der 75. Etage geöffnet hatte, wurde durch die Explosion des Flugzeuges aus dem Fahrstuhl herausgeworfen und dann von den Flammen des brennenden Treibstoffs erfasst, der durch den Schacht getrieben worden war. Ihre Flammen wurden von zwei nebenstehenden Büroangestellten gelöscht. Nachdem sie ihr erste Hilfe geleistet hatten, begleiteten sie sie zu einem anderen Fahrstuhl, in dem sich eine Kollegin bereiterklärte, sie in die erste Etage zu bringen, wo sie medizinisch weiter versorgt werden würde. Gleich nachdem sich die Fahrstuhltür geschlossen hatte, konnte man vernehmen, wie die Seile am Fahrstuhl mit dem Knall eines Gewehrschusses zerrissen. Anschließend stürzte der Fahrstuhl ins Kellergeschoß des Gebäudes hinunter.

Die Rettungsmänner, die kurz darauf im Kellergeschoß eintrafen, waren darauf gefasst, beide Kabineninsassinnen tot vorzufinden. Doch nachdem sie ein Loch in die Kellerwand geschlagen hatten, um die Kabine erreichen zu können, fanden sie beide Frauen lebend vor, wenn auch stark verletzt. Sie waren mehr als 75 Etagen tief gefallen, doch die Sicherheitseinrichtungen am Fahrstuhl hatten den Sturz offenbar ausreichend gebremst. Niemand weiß, was die Frauen während des Sturzes taten, doch vermutlich sind sie bei all der Angst und der Aufregung nicht stehengeblieben.

1.55 Fallübungen von Kampfsportlern und bei Fallschirmspringern

Wie muss man landen, wenn man beim Judo oder beim Aikido zu Boden geworfen wird, um die Verletzungswahrscheinlichkeit zu minimieren? Wie schaffen es Wrestler, unverletzt zu bleiben, wenn sie sich selbst oder gegenseitig im Ring auf die Matte werfen? Bei jeder dieser Sportarten ist die Wahrscheinlichkeit hoch, sich die Knochen zu brechen oder innere Verletzungen zu erleiden, wenn man nicht richtig fällt.

Wie muss ein Fallschirmspringer landen, um seine Verletzungsgefahr zu verringern? Obwohl der Fallschirm die Fallgeschwindigkeit stark reduziert, ist die Geschwindigkeit immer noch mit derjenigen vergleichbar, die man beim Sprung aus einem Fenster im zweiten Stock erreicht.

Antwort

Sie sollten grundsätzlich so landen, dass der Kontaktbereich mit dem Boden so groß wie möglich wird. Dadurch reduziert sich die Kraft pro Flächeneinheit auf den Teil des Körpers, der den Boden trifft, und somit sinkt die Wahrscheinlichkeit, dass ein Knochen bricht oder ein inneres Organ bis zum Platzen beansprucht wird. Wenn Sie beim Judo oder Aikido zu Boden geworfen werden, sollten Sie mit ihrer Hand auf die Matte klatschen, wenn sie mit Ihrem Rumpf aufkommen. Dabei kommt der Arm zur Kontaktfläche hinzu. Außerdem hilft der Schlag dabei, den Körper anzuheben und die Stoßkraft auf den Brustkorb zu verringern. Wrestler sind gewöhnlich körperlich gut trainiert und können Stürze aus großer Höhe aushalten (wenn sie zum Beispiel von den Ringseilen auf einen Gegner springen, der auf der Matte liegt). Sie kämpfen außerdem auf einem Boden, der sehr flexibel ist. Wenn die Wrestler darauf landen, wird die Dauer des Stoßes durch die Federbewegung des Bodes verlängert und dadurch die auf den Gestürzten wirkende Kraft verringert.

Ein Fallschirmspringer ist darauf trainiert, sich zusammensacken zu lassen und abzurollen. Er stellt den ersten Bodenkontakt mit seinen Fußballen her, beugt anschließend die Knie und dreht sich so, dass er auf der Seite seines Beines und schließlich auf der Rückseite seines Körpers aufkommt. Diese Technik bringt zwei Vorteile mit sich: Sie verlängert die Landung (und verteilt dabei die auf den Fallschirmspringer wirkende Kraft auf eine größere Zeitdauer).

Außerdem wird durch das Abrollen die Kraft des Stoßes beim Aufkommen über eine größere Fläche verteilt. Würde der Fallschirmspringer aufrecht landen, dann würde er sich durch den Landungsdruck wahrscheinlich die Knöchel brechen.

1.56 Nagelbretter

Ich habe die Demonstration eines Nagelbrettes in meine Physikvorlesungen aufgenommen, nachdem ich sie als Teil einer künstlerischen Karatevorführung gesehen hatte. Meine Version besteht aus zwei Teilen: Im ersten Teil liege ich mit freiem Oberkörper zwischen zwei Nagelbretter geklemmt, während ein oder zwei Leute auf dem oben liegenden Nagelbrett stehen. Die Nägel verursachen zwar erhebliche Schmerzen, doch werde ich von ihnen nur selten gestochen. Wodurch wird das Verletzungsrisiko verringert?

Im zweiten Teil befinde ich mich wieder zwischen den beiden Nagelbrettern. Diesmal legt ein Assistent einen Gasbetonblock auf das oberste Brett und zerschlägt diesen dann mit einem langen, schweren Vorschlaghammer. Dieser Teil ist aus mehreren Gründen nicht ungefährlich. Zum Beispiel können die Trümmer Augen und Zähne treffen. (Als ich einmal die „Flying Circus Show“ mit der Nagelbrett-Vorführung als Finale aufführte, stand mein normalerweise dafür vorgesehener Assistent nicht zur Verfügung. Ich nahm deshalb die Hilfe des Professors in Anspruch, der mich eingeladen hatte. Er schwang den Vorschlaghammer heftig, traf den Block aber in einem solchen Winkel, dass die meisten Bruchstücke in mein Gesicht geschleudert wurden. Eines der Bruchstücke schnitt sich tief in mein Kinn. Als ich schwankend aufstand, um meine Abschlussbemerkungen loszuwerden, floss das Blut reichlich über meinen Körper, meine Hosen und Schuhe. Nie wieder gab es bei einer Vorlesung ein so dramatisches Ende und auch nie wieder eine solche Zuschauerreaktion.) Weshalb ist es etwas sicherer, einen großen Block zu verwenden, anstatt einen kleinen?

Antwort

Wenn Menschen auf mir stehen, wird ihr Gewicht auf ausreichend viele Nägel im oberen Brett verteilt, so dass die Kraft jedes einzelnen Nagels gewöhnlich nicht ausreicht, um meine Haut zu durchbohren. Die Kraft der Nägel auf meinen Rücken ist größer, weil diese Nägel zusätzlich mein eigenes Gewicht tragen müssen. Durch Experimentieren fand ich heraus, welches Gewicht die auf mir stehenden Leute haben dürfen, damit meine Haut nicht durchbohrt wird. (Aber glauben Sie nicht, dass ich ohne Schmerzen davonkomme. Die Vorführung tut durchaus weh.)

Der große Block, der zertrümmert wird, verleiht der Vorführung nicht nur ein theatralisches Flair, sondern erhöht auch auf raffinierte Weise die Sicherheit, wobei drei Faktoren eine Rolle spielen. (1) Um stark gequetscht zu werden, müssen der Block und das obere Brett schnell nach unten beschleunigt werden; bei einem größeren Block ist die Beschleunigung aufgrund seiner höheren Masse reduziert. (2) Ein großer Teil der Energie des Vorschlaghammers wird zur Zertrümmerung des Blocks aufgewandt und nicht zur Bewegung des Brettes. (3) Die Tatsache, dass der Block zerfällt, bedeutet, dass der Stoß länger dauert als ohne Block, und daher ist auch die Kraft während des Stoßes kleiner. Als ich die Nagelbrettvorführung das erste Mal veranstaltete, benutzte ich anstelle eines großen Blocks einen kleinen Ziegel. Nach dem Aufprall des von meinem Assistenten geführten Vorschlaghammers blieb ich etliche Minuten benommen am Boden liegen.

1.57 Ein Löffeltrick

Reinigen Sie einen leichten Löffel und die Haut an Ihrer Nase, hauchen Sie leicht auf die Innenwölbung des Löffels und halten Sie ihn so, dass die Oberfläche an Ihrer Nase liegt. Testen Sie die Haftfähigkeit, indem Sie den Löffel neu positionieren und vorsichtig loslassen. Wenn Sie das Gefühl haben, dass er hält, lassen Sie ihn los. Nun haben Sie, was sie schon immer wollten: Ein Löffel baumelt von Ihrer Nase. Wer kann Ihnen nun noch widerstehen?

Weshalb bleibt der Löffel hängen? Wieso ist es hilfreich, ihn anzuhauchen? Können Sie Löffel auch von anderen Teilen Ihres Gesichtes oder Ihres Körpers herabhängen lassen?

Wie lange kann der Löffel an Ihrer Nase hängen bleiben? Ich habe lange behauptet, mein Rekord läge bei 1 Stunde und 15 Minuten, aufgestellt in einem französischen Restaurant in Toronto. In Wirklichkeit spielte sich die Geschichte jedoch an einem Autobahnrastplatz in Youngstown (Ohio) ab, wo ein stämmiges Mitglied einer Motorradgang behauptete, dass der Löffel besser hängen würde, wenn er meine Nase umformen würde.

Antwort

Wenn der Löffel und Ihre Nase fettfrei sind, kann es ausreichend Reibung zwischen dem Löffel und der Haut geben, um den Löffel an Ort und Stelle zu halten. Der Löffel ist stabil, wenn sich sein Schwerpunkt auf einer senkrechten Linie befindet, die durch den an Ihrer Nase klebenden Bereich verläuft. Anderenfalls dreht die Schwerkraft den Löffel, wenn Sie ihn loslassen, und die Bewegung kann dazu führen, dass sich der Löffel löst. Die Kondensation Ihres feuchten Atems hilft dabei, den Löffel an Ihre Nase zu kleben. Während eine Wasserschicht wie ein Schmiermittel wirkt, wenn sie relativ dick ist, wirkt eine dünne Schicht aufgrund der elektrostatischen Anziehung zwischen den Wassermolekülen und den nahe beieinanderliegenden Oberflächen von Löffel und Haut wie ein Klebstoff.

1.58 Wandernde Steine

Steine in ausgetrockneten Flussbetten, die Kalifornien und Nevada durchziehen, hinterlassen lange Spuren, die sich durch den fest getrockneten Wüstenboden ziehen. Die Spuren können einige Dutzend Meter lang sein, und die Masse der Steine kann bis zu 300 Kilogramm betragen. Wie entstehen diese Spuren? Wollen die Steine in die Spielhöllen von Las Vegas eindringen? Schiebt sie irgendein Spinner herum? Was auch immer die Ursache dafür sein mag, es muss schwer sein, diese Spuren zu ziehen, weil die Reibung zwischen einem Stein und dem Wüstenboden gewiss groß ist.

Antwort

Es gibt viele Theorien, die zu erklären versuchen, wie die Steine die Spuren hinterlassen. Eine basiert auf dem seltenen Gefrieren von Regenwasser. An Steinen, die von einer dünnen Eisdecke umhüllt sind, können Windstöße Schleifspuren im darunterliegenden Wüstenboden erzeugen, vorausgesetzt, die Stärke der Böen reicht dazu aus, um die Steine und die Eisdecke zu bewegen.

Eine andere Theorie besagt, dass ein Stein eine Spur hinterlässt, wenn er durch den Wind bei einem der seltenen Regenstürme in der Region umhergeschoben wird. Hat das Wasser den Boden erst einmal geschmiert, kann der Wind während des Sturms einen Stein so über den Boden schieben oder rollen, dass er eine Spur hinterlässt. Die Reibung zwischen dem Stein und dem Boden ist am geringsten, wenn das Wasser eine dünne Schlammschicht bildet, die auf einer noch festen Bodenschicht liegt. Durch einen Windstoß kann ein Stein plötzlich aus seiner Ruheposition geschoben werden. Hat sich der Stein einmal in Bewegung gesetzt, erfordert es weniger Kraft, ihn in Bewegung zu halten.

1.59 Knoten

Der in Abbildung 1.18a illustrierte *Webeleinsteck* hat ein freies Ende und eines, das sich unter Last befindet. Kann sich der Knoten lockern, wenn die Last zunimmt? Kann also das freie Ende so durch den Knoten gezogen werden, dass sich der Knoten löst? Oder ist der Knoten selbstfestigend?

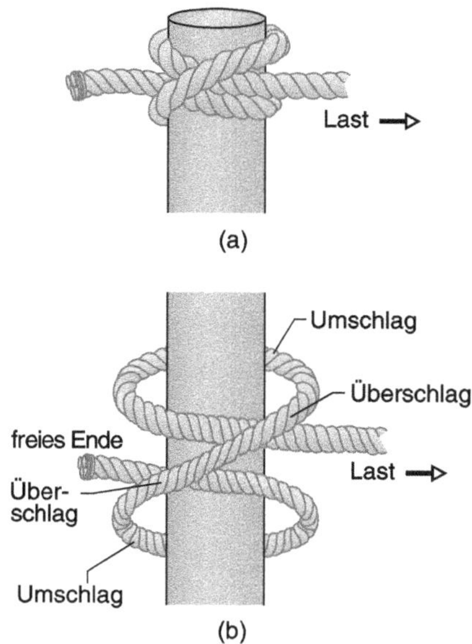

Abb. 1.18: (a) Webeleinsteck. (b) Die Elemente eines Webeleinstecks.

Antwort

Um herauszufinden, ob der Knoten unter einer beliebig großen Last hält oder irgendwann versagt, kann man eine mathematische Analyse der Reibungskräfte und der Zugspannung im Knoten durchführen. Hier wollen wir nur eine vereinfachte Analyse durchführen, bei der wir vom freien Ende ausgehen, auf das keine Zugspannung wirkt (siehe Abbildung 1.18b). Das Seil läuft unter einem anderen Seilabschnitt in einem *Überschlag* hindurch – das obere Seilstück drückt auf das untere Seilstück. Wenn das freie Ende nicht durch den Überschlag rutschen soll, darf die durch den Druck erzeugte Reibung nicht kleiner als die Zugspannung sein, die versucht, das freie Ende durch den Überschlag zu ziehen.

Anschließend schlingt sich das Seil im Knoten in zwei *Umschlägen* um den Mast. Das Ende dieses gewundenen Abschnitts, das sich in der Nähe des freien Endes befindet, erfährt eine kleine Zugspannung, während auf das andere Ende dieses Abschnitts eine größere Zugspannung wirkt. Wenn dieser Abschnitt fest sein soll, muss die Reibung zwischen dem Seil und dem Mast so groß sein, dass sie der Differenz zwischen den Zugspannungen an den beiden Enden standhält.

Schließlich läuft das Seil unter einem weiteren Überschlag hindurch. Auf der anderen Seite befindet sich das Seil unter der Zugspannung, die durch die Last aufgebaut wird. Wenn der obere Abschnitt des Überschlages ausreichend stark auf den unteren Teil drückt, ist der Überschlag stabil.

Es gibt also drei Bedingungen für die Reibung an Punkten entlang des Seils im Webeleinsteck. Wenn sowohl die Überschläge als auch die Umschläge sehr straff sind, hält der Knoten unter jeder Last. Ist aber eines von beiden locker, löst sich der Knoten bei einer zu großen Last. Andere Knotentypen versagen sogar dann unter einer großen Last, wenn sowohl die Überschläge als auch die Umschläge straff sind. Wieder andere Knoten festigen sich automatisch so, dass sie jede Last tragen können. Ein solcher Knoten versagt nur dann, wenn das Seil zwischen dem Knoten und der Last reißt.

1.60 Felsklettern

Wenn Sie an einem Berghang eine breite Spalte erklettern, können Sie eine Klettertechnik, das *Piazen*,[2] anwenden. Dabei drücken Sie ihre Schultern gegen eine Wand und Ihre Füße gegen die gegenüberliegende Wand (siehe Abbildung 1.19). Sie können sich so lange sicher halten, wie der Druck auf den Felsen ausreichend groß ist. Doch die Technik ist ermüdend. Gibt es einen bestimmten Abstand zwischen Füßen und Schultern, der den auszuübenden Druck minimiert?

Abb. 1.19: Die Klettertechnik *Piazen*.

2 Der Name geht auf den italienischen Bergführer Tita Piaz zurück, der die Technik entwickelte.

An einem engen, senkrechten Riss, bei dem der Fels auf einer Seite weiter hervorspringt als auf der anderen, kann man eine als *Lieback* bezeichnete Klettertechnik anwenden. Sie klettern gegenüber der Seite, auf der der Fels weiter hervorragt, fassen mit Ihren Händen an den bei Ihnen liegenden Rand der Felsspalte und pressen ihre Füße gegen die hervorspringende gegenüberliegende Seite. Auch diese Technik ist sehr ermüdend, weil auf Ihren Armen ein starker Zug lastet. In welchem horizontalen Abstand von Ihren Händen sollten Sie Ihre Füße platzieren, um die Zugspannung zu minimieren?

Hier folgen noch ein einige weitere der vielen möglichen Fragen:

(a) Angenommen, Sie finden einen schmalen Felsvorsprung in Fußhöhe vor, während sie an einer nahezu senkrechten Wand klettern. Sollten Sie die Spitze Ihres Kletterschuhs oder die Seite des Schuhs dagegen stemmen?

(b) Angenommen, Sie haben es mit einem stark abgeschrägten Fels zu tun, auf dem Sie aufrecht stehen können. Haben Sie mehr Standfestigkeit, wenn Sie sich nach vorn beugen und Ihre Hände auf die Felsplatte legen, um die Reibung an den Händen auszunutzen?

(c) Angenommen, zwei geneigte Felsplatten schließen einen spitzen Winkel ein. Ist es sicherer, auf einer der Felsplatten direkt zu klettern oder entlang ihrer Verbindungslinie?

(d) Wie können Sie an senkrechten Felsspalten Halt gewinnen, ohne die Technik des *Lieback* anzuwenden?

(e) Weshalb reiben Kletterer ihre Finger ab und zu mit Kreide ein?

(f) Wenn Sie an einem Seil klettern, dann läuft das Seil durch einen oder mehrere im Fels verankerte Eisenhaken zu einem Kletterpartner. Sollten Sie ein Seil mit großer Elastizität verwenden oder eines, das kaum elastisch ist?

(g) Der Vorteil, beim Klettern Haken zu verwenden, besteht darin, dass ein Kletterer nur ein Stück unter den obersten Haken fallen kann. Ein subtile Gefahr besteht jedoch darin, dass das Seil reißen kann, wenn es während des Falls gedehnt wird. Viele Kletteranfänger schlussfolgern, dass diese Gefahr von der Höhe des Kletterers über dem letzten Haken unmittelbar vor dem Fall abhängt: Je größer diese Höhe ist, umso größer ist die Dehnung und daher auch die Gefahr, dass das Seil reißt. Stimmt diese Behauptung oder ist sie falsch?

(h) Einige Spinnenarten klettern mit einer Sicherheitsleine aus Seide, als Zugleine bezeichnet, die den Fall aufhalten soll. Überraschenderweise hat diese Zugleine nur eine geringe Elastizität und reißt vermutlich sogar dann, wenn die Spinne nur aus mittlerer Höhe fällt. Wozu produziert dann die Spinne dann überhaupt die Zugleine?

(i) Viele erfahrene Felskletterer leiden unter chronischen Schmerzen in den Fingern, und einige Kletterer haben auch merkliche Beulen an der Innenseite eines verletzten Fingers, wenn sie den Finger in Richtung Hand einknicken. Welcher Zusammenhang besteht zwischen der Verdickung, den Schmerzen und der Physik des Kletterns?

Antwort

Zuerst eine ernsthafte Warnung: Keines der diskutierten Beispiele zum Thema Felsklettern sollte ohne professionelle Einführung ausprobiert werden, denn die nachfolgenden Erklärungen sind nur grob. In Wirklichkeit ist alles ein wenig komplizierter.

Beim Piazen gibt es eine optimale Position der Füße, wenn Sie den Druck minimieren wollen, den Ihre Füße und Schultern gegen den Felsen ausüben müssen. Prinzipiell können

Sie sie finden, indem Sie Ihren Fuß an eine niedrige Stelle setzen und anschließend den Druck so lange verringern, bis die Füße beinahe abrutschen. Wenn Sie dann Ihre Füße nach oben schieben, während Sie weiterhin nahe am Rutschpunkt bleiben, verringern Sie den erforderlichen Druck weiter. Jedoch verlangt diese Aktion mehr Reibung an den Schultern, weil die Reibung an den Füßen nun geringer ist und die Summe der Reibungskräfte immer genauso groß sein muss wie Ihr Gewicht, wenn Sie nicht hinunterfallen wollen. Wenn Sie Ihre Füße so lange weiter nach oben schieben, bis Ihre Schultern ebenfalls kurz vor dem Abrutschen sind, befinden Sie sich endlich in der Position, in der der geringste Druck gegen den Felsen ausgeübt werden muss.

Beim Lieback gibt es ebenfalls eine optimale Fußposition, an der die Zugspannung an den Armen am geringsten ist. Setzen Sie Ihre Füße zunächst oben und schieben Sie sie allmählich nach unten, während Sie die Zugspannung verringern. Wenn Sie so tief sind, dass sie beinahe abrutschen, ist die Zugspannung minimal.

Antworten auf die übrigen Fragen in der gestellten Reihenfolge:

(a) Den geringsten Aufwand braucht man, wenn man die Seite des Schuhs benutzt. Zur Stabilisierung des Fußes müssen die Beinmuskeln einem Drehmoment entgegenwirken, das durch die Kraft auf das Bein hervorgerufen wird. Das Drehmoment ist größer, wenn man die Zehenspitze benutzt, weil die Entfernung zwischen der Zehenspitze und dem Beinknochen größer ist als die Entfernung zwischen der Seite des Fußes und dem Beinknochen.

(b) In der Regel ist Ihre Standfestigkeit größer, wenn Sie aufrecht stehen. Das Vorbeugen kann leicht zu viel Reibung an den Füßen erfordern, so dass Sie abrutschen können. Außerdem gewinnen Sie nur wenig Reibung von den Händen und falls Sie sich zu weit nach vorn beugen, könnte die Reibung an Ihnen hangabwärts gerichtet sein und Ihrer Standfestigkeit entgegenwirken.

(c) Klettern Sie entlang der Verbindungslinie, denn diese ist notwendigerweise weniger geneigt als beide Felsplatten.

(d) Viele senkrechte Felsspalten können Halt bieten, wenn Sie Finger, Hand, Arm, Fuß oder Bein darin festklemmen können und dann gegen die Seiten drücken.

(e) Talkum wird von Kletterern dazu benutzt, um Feuchtigkeit von den Fingerspitzen aufzunehmen, damit sie einen festeren Halt am Fels bekommen. Nach der vorherrschenden Meinung verringert Feuchtigkeit die statische Reibung zwischen Fingern und Gestein. Daher sollte Talkum die Reibung wieder auf den Reibungswert von trockener Haut zurückbringen. Nähere Untersuchungen haben jedoch gezeigt, dass Talkum die Reibung in Wirklichkeit aus zwei Gründen *verringert*: (1) Durch die Trocknung der Haut verringert Talkum die *Compliance*[3] der Fingerspitzen. (2) Die Talkumpartikel bilden eine rutschige Schicht zwischen den Fingerspitzen und dem Fels. Dennoch ist Talkum bei Kletterern noch immer sehr beliebt; weitere Untersuchungen sind an dieser Stelle notwendig.

---

3 Compliance dient in der Physiologie als ein Maß für die Dehnbarkeit von Körperstrukturen. Sie wird zur Beschreibung und Quantifizierung der elastischen Eigenschaften der betrachteten Gewebe gebraucht. Die Compliance gibt an, wie viel Gas oder Flüssigkeit man in eine umwandete Struktur füllen kann, bis der Druck um eine Druckeinheit ansteigt.

(f) Anders als Höhlenforscher benutzen Felsenkletterer ein Seil, dass unter Belastung stark nachgibt, so dass bei einem Absturz der Fall nicht abrupt endet und die auf Sie wirkende Bremskraft nicht zu groß wird. Wenn sich das Seil auszudehnen beginnt, reiben die Bestandteile des Seils aneinander und werden dadurch erwärmt. Der überwiegende Teil der potentiellen und kinetischen Energie, die Sie verlieren, wenn Sie vom Seil aufgefangen werden, wird also in Wärme umgewandelt.

(g) Erfahrene Kletterer wissen, dass die Gefahr für das Reißen eines Seils vom *Sturzfaktor* $2H/L$ abhängt. Dabei ist H die Höhe des Kletterers über dem letzten Haken und L die Länge des Seils zwischen dem Kletterer und der Stelle, an der das Seil gesichert ist. Vermutlich ist das derjenige, der das Seil sichert. Auch bei kleinem H kann der Sturzfaktor gefährlich hoch sein, nämlich dann, wenn L ebenfalls klein ist. Wenn ein Kletterer absteigt und L zunimmt, ist ein gleich bleibender Wert von H also zunehmend weniger gefährlich.

(h) Wenn die Spinne bei einem Absturz das Ende der Zugleine erreicht, zieht die auf sie wirkende Kraft mehr Seide aus der Spinndrüse. Die von der Zugleine auf die Spinne ausgeübte Kraft ist nicht so stark, dass die Zugleine reißt, wenn die Spinne abgefangen wird. Die Leine reißt also überhaupt nicht.

(i) Viele Felskletterer erleiden Fingerverletzungen, wenn sie im *Crimp-Hold-Klettergriff* an ihren Fingern hängen. Dabei presst der Kletterer vier seiner Finger in den Felsen, um an einem schmalen, über dem Kopf befindlichen Felsvorsprung Halt zu finden. Wenn das gesamte Gewicht des Kletterers auf diese Weise getragen wird, können die Finger verletzt werden. Die extreme Belastung entsteht dadurch, dass die Finger dabei durch Beugesehnen festgehalten werden, die durch Sehnenscheiden führen. Diese werden durch *Ringbänder* verstärkt, die mit den Fingerknochen verbunden sind. Wenn das gesamte Körperwicht von den Fingern getragen wird, können die auf die Beugungssehnen wirkenden Kräfte dazu führen, dass die Ringbänder reißen. Danach hat der Kletterer nicht nur Schmerzen in den Fingern, sondern man erkennt auch eine auffallende Beule, wenn sich die Finger festhaken, da die Beugesehnen nicht mehr an den angrenzenden Knochen festgehalten werden.

1.61 Wie Dickhornschafe klettern

Felsenkletterer tragen Schuhe mit Spezialsohlen, um eine hohe Reibung zwischen den Schuhen und dem Felsen zu erzielen. Auf nassen Felsen kann Klettern gefährlich sein. Tatsächlich haben viele Menschen Schwierigkeiten, über nassen Boden zu laufen, ohne zu rutschen. Dickhornschafe dagegen schaffen es auch ganz ohne Schuhe auf steinigen Hängen ohne besondere Vorsicht hin und her zu laufen, selbst dann, wenn die Felsen nass oder mit Moos bedeckt sind. Wie finden die Schafe auf den Felsen halt?

Antwort

Der erste Kontakt, den jemand beim Laufen mit dem Boden herstellt, ergibt sich an der Hacke des aufkommenden Fußes. Bei nassem Boden stößt die Hacke nur auf eine geringe Reibungskraft, die sie an der Stelle des ersten Kontakts hält, sie kann daher weiter nach vorn rutschen, so dass die Person hinfällt. Ein Dickhornschaf dagegen stellt den ersten Kontakt mit dem Felsen mit dem hinteren Teil eines gespaltenen Hufs her, und zwar an der Stelle, an der die beiden Zehen des Hufs zusammentreffen. Dieser Teil ist ausreichend schmal, um

Moos oder anderes Material, das den Felsen bedeckt, zu durchdringen. Wenn anschließend das Gewicht auf den Huf übertragen wird, kommt ein größerer Teil des Hufs, nämlich auch die beiden Zehen, mit dem Felsen in Kontakt. Die beiden Zehen gleiten auseinander, so dass sie einen V-förmigen Kontaktbereich mit dem Felsen bilden. Während dieses Gleitens kratzen die beiden Zehen über den Felsen, so dass sie das eventuell glitschige Material entfernen und sich selbst an einem rauen Bereich des Felsens verankern können. Dadurch wird verhindert, dass der Huf nach vorn gleitet, wenn das Gewicht auf ihn übertragen wird.

1.62 Statuen über die Osterinsel ziehen

Die Urbewohner der Osterinsel meißelten in ihren Steinbrüchen Hunderte von riesigen Steinstatuen und transportieren sie anschließend an Orte, die über die ganze Insel verstreut sind. Wie konnten sie dies mit ihren primitiven Werkzeugen bewerkstelligen?

Antwort
Die riesigen Steinstatuen auf der Osterinsel wurden wahrscheinlich von den urgeschichtlichen Inselbewohnern transportiert, indem sie in einen hölzernen Schlitten verfrachtet und anschließend über eine „Piste“ gezogen wurden. Die Piste bestand aus nahezu identischen Holzstämmen, die wie Rollen wirkten. Obwohl das Ziehen des Schlittens von den Inselbewohner eine enorme Anstrengung erforderte (also eine enorme Energiemenge), war es viel leichter, als die Statue ohne Hilfsmittel über den Boden zu ziehen. Dazu hätte nämlich eine wesentlich größere Reibung gegenüber dem Boden überwunden werden müssen. Bei einer Nachstellung der Rolltechnik konnten 25 Männer eine 9000 kg schwere Statue, wie sie auf der Osterinsel zu finden ist, innerhalb von 2 Minuten 45 Meter über den flachen Boden ziehen.

1.63 Die Errichtung von Stonehenge

Wie wurden die Steinblöcke von Stonehenge, der megalithischen Konstruktion auf der Salisbury-Ebene in England, an ihren Bestimmungsort transportiert und in ihre Position gehoben? *Sarsensteine* (*Pfeilersteine*) heißen die riesigen, aufrecht stehenden Steinblöcke; *Decksteine* sind die kleineren Steinblöcke, die jeweils zwei Pfeilersteine überspannen.

Antwort
Die Steinblöcke können unmöglich mehr als 5 bis 10 Kilometer transportiert worden sein, obwohl dies gelegentlich gerne behauptet wird. Die Blöcke standen den steinzeitlichen Erbauern zur Verfügung. Vielleicht wurden sie während einer früheren Eiszeit mit dem Eis aus steinigen Gebieten gebracht, lange bevor Stonehenge erbaut wurde. Um einen Block zu transportieren, könnten die Erbauer ein rollendes Gefährt daraus gemacht haben, indem sie Holzstämme und kleinere Blöcke so daran banden, dass sie (grob) die Form eines Zylinders hatten. Danach konnte der Zylinder, von einer Mannschaft an Seilen gezogen, über den flachen Boden und sogar leichte Anstiege hinaufgezogen werden. Heutige Enthusiasten haben Gesteinsblöcke auf diese Weise schon transportiert.

Wahrscheinlicher ist, dass die Erbauer einen Block auf einen Schlitten hoben, der aus zusammengebundenen Holzstämmen bestand. Der Schlitten wurde dann von einigen Männern oder Arbeitstieren an Seilen gezogen. Das Vorankommen wurde durch Schmiermittel erleichtert, das vor den Kufen des Schlittens auf den Boden geschüttet wurde. Auch auf diese Weise haben heutige Enthusiasten Gesteinsblöcke schon transportiert.

Das Aufrichten eines Pfeilersteines am Bauplatz wurde vermutlich bewerkstelligt, indem man den Schlitten auf einen Hügel zog, der abrupt mit einem Loch endete (siehe Abbildung 1.20a). Wahrscheinlich wurde ein Gegengewicht auf den hinteren Teil des Pfeilersteins gelegt, während der Pfeilerstein so über den Rand des Hügels gezogen wurde, dass er über das Loch ragte. Mithilfe des Gegengewichts wurde die Bewegung des Pfeilersteins kontrolliert. Außerdem konnte dadurch der Schwerpunkt des Pfeilersteins über den Rand des Hügels gezogen werden. Nun wurde das Gegengewicht bei dem auf diese Weise ausbalancierten Pfeilerstein so lange nach vorn geschoben, bis der Pfeilerstein vornüber in das Loch fiel. Mithilfe der oben am Stein befestigten Seile wurde der gekippte Pfeilerstein aufgerichtet.

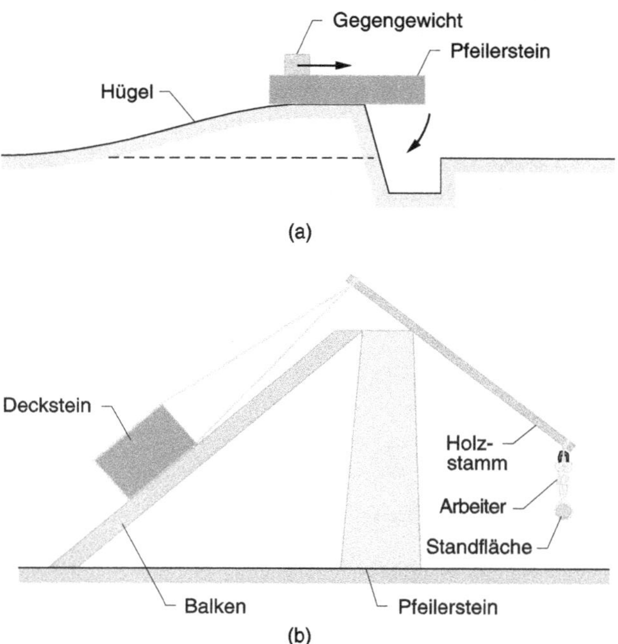

Abb. 1.20: (a) Aufrichten eines Pfeilersteines in Stonehenge. (b) Das Heben eines Decksteins.

Eine Möglichkeit, einen Deckstein auf ein Paar nebeneinanderstehender Pfeilersteine zu heben, wurde in der heutigen Zeit in einer kleinen tschechischen Stadt getestet. Ein Betonblock (5 124 Kilogramm) wurde auf zwei Eichenstämmen gezogen, deren Oberflächen entrindet und mit Fett eingeschmiert worden waren (siehe Abbildung 1.20b). Beide Stämme (10 Meter lang) führten vom Boden zu einem der beiden aufrecht stehenden Pfeilersteine, auf die der Block gehoben werden sollte. Der Block wurde an Seilen gezogen, die um ihn und um die oberen Enden von zwei glatten Stämmen gebunden waren. Am anderen Ende jedes dieser beiden Stämme war eine Standfläche angebracht. Wenn sich ausreichend viele Arbeiter auf dieser Fläche befanden, rollte der zugehörige glatte Stamm über die Spitze des aufrecht stehenden

Pfeilersteins und zog dadurch eine Seite des Blocks ein kurzes Stück nach oben. Nachdem sich der Block bewegt hatte, wurden Klötze daruntergelegt, um ein Rückgleiten zu verhindern, während die Standfläche für den nächsten Zug vorbereitet wurde. Um den Block die Eichenstämme hinaufzuziehen (jeweils eine Seite im Wechsel), wurden auf der Standfläche nur acht oder neun Männer gebraucht.

1.64 Der Bau der Ägyptischen Pyramiden

In den Steinbrüchen mussten die Erbauer der Ägyptischen Pyramiden die Steine, die durchschnittlich 2300 Kilogramm wogen und bis zu 14 000 Kilogramm schwer sein konnten, auf Schlitten heben, die dann aus dem Steinbruch transportiert wurden. Wie konnten die Steine ohne Maschinen, Zugsysteme oder andere Rollvorrichtungen gehoben werden?

Die folgende Methode könnte eine Rolle gespielt haben: Ein Block wurde so verkantet, dass einige elastische Stäbe derart darunter geschoben werden können, dass sie auf zwei gegenüberliegenden Seiten des Blockes herausschauten. Anschließend werden die freien Enden eines oder mehrerer dieser Stäbe leicht angehoben (etwa einen halben Zentimeter) und durch ein festes Material an Ort und Stelle gehalten, das unter die Enden geschoben wird. Das Verfahren wird anschließend bei weiteren Stäben so lange wiederholt, bis alle Stäbe um denselben Wert angehoben wurden. Der Block liegt dann höher. Wie kann mithilfe dieser Technik ein enormes Gewicht durch nur wenige Männer gehoben werden, und weshalb ist die Elastizität der Stäbe bedeutsam?

Nun befinden wir uns an der Baustelle der Pyramide. Wie konnten die Arbeiter die Blöcke an ihre Positionen auf der Pyramide bringen? Wurden dazu auf der Erde montierte Rampen benutzt?

Antwort

Mithilfe elastischer Stäbe ist das Anheben eines großen Steinblocks wesentlich einfacher als mit festen Stäben. Angenommen, es wurden feste Stäbe untergelegt. Um ein freies Ende anzuheben, beispielsweise am Ende des Blocks, müssten die Arbeiter Hubkräfte aufbringen, die nahezu der Gewichtskraft des Steins entsprechen. Denn wenn der Stein von diesem einen Stab angehoben wird, verliert er den Kontakt (und damit auch die Stütze) zu allen anderen Stäben, mit Ausnahme von einem. Daher müssten die Arbeiter die enorme Kraft aufbringen.

Werden jedoch stattdessen elastische Stäbe verwendet, können Sie allein das Ende eines Stabes mit einer Kraft anheben, die wesentlich geringer ist als die Gewichtskraft des gesamten Blocks. Das liegt daran, dass der Block beim Anheben eines Stabendes nicht den Kontakt mit den anderen Stäben verliert, die weiterhin einen großen Teil des Gewichtes tragen.

Um die Blöcke an ihren Platz auf der Pyramide zu bringen, könnten die Arbeiter auf die Erde gestellte Rampen benutzt haben, die entweder an der Seite einer Pyramide entlangführten oder sich um die Pyramide hochwandten. Vermutlich hätten einige Männer gemeinsam einen Stein an Seilen eine solche Rampe hinaufziehen können, wobei sie durch Wasser die Reibung zwischen dem Stein und der Rampe verringerten. Der allmähliche Anstieg einer Rampe hätte die erforderliche Kraft und damit auch die erforderliche Zahl von Männern in einer Mannschaft verringert. Doch so attraktiv diese Vorstellung auch sein mag, die Rampen hätten riesig sein müssen (bis zu 1,5 Kilometer lang), und das Ziehen eines gewaltigen Steinblocks um eine Kurve einer sich hinaufwindenden Rampe wäre langsam und entmutigend gewesen.

Wahrscheinlicher ist, dass die Blöcke direkt an der Seite einer Pyramide auf Schlitten hinaufgezogen wurden, wobei die Seite als Rampe diente (siehe Abbildung 1.21a). Wenn eine Schicht der Pyramide fertiggestellt war, befestigten Arbeiter Blöcke an der Außenseite und zogen sie ab (glätteten sie). Ein Schlitten, der durch Wasser geschmiert auf den geglätteten Steinen hinaufgezogen wurde, war nur einer erstaunlich geringen Reibung ausgesetzt. Berechnungen zufolge konnte eine Mannschaft aus 50 Männern einen durchschnittlichen Block in einigen Minuten heben. Damit erreichten sie eine Schnelligkeit, die es ermöglichte, Pyramiden in solchen Zeitspannen zu bauen, wie sie historisch belegt sind. Noch weniger Männer wären nötig gewesen, wenn die Seile über die Baustelle zu einem Schlitten auf der gegenüberliegenden Seite geführt hätten (siehe Abbildung 1.21b). Dieser Schlitten hätte zusammen mit den sich darin befindenden Männern als Gegengewicht gewirkt. Nachdem die Männer auf der Spitze der Pyramide den Schlitten mit dem Block erst einmal nach oben in Bewegung gesetzt hätten, hätte der nach unten ziehende Schlitten geholfen, den Block ganz nach oben zu ziehen. Diese Methode hätte zudem den Vorteil gehabt, dass gleich wieder ein leerer Schlitten verfügbar gewesen wäre, den man hätten beladen können.

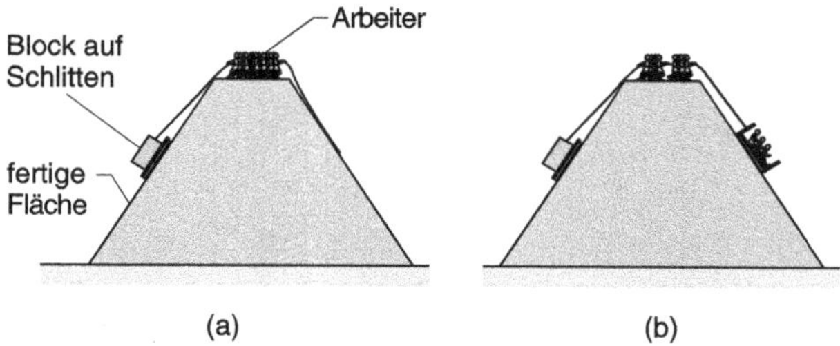

Abb. 1.21: Zwei Anordnungen zum Heraufziehen eines Steinblocks auf eine Pyramide.

1.65 Slinky

Slinky ist das bekannte Federspielzeug von *Poof-Slinky Inc.*, das man eine Treppe hinunter steigen, besser gesagt purzeln lassen kann. Sie setzen die Feder auf die höchste Stufe, ziehen den oberen Rand der Feder nach unten auf die nächste Stufe und lassen dann los. Vorausgesetzt, die Abmessungen der Stufen sind passend, steigt dann Slinky die Stufen bis zum Fuß der Treppe hinab. Die Zeit, die Slinky für den Abstieg benötigt, hängt von der Anzahl der Schritte ab (Sie können es jeweils zwei Stufen auf einmal steigen lassen), aber sie hängt nicht von der Höhe der Stufen ab. (Ein Slinky steigt also eine steile Treppe in derselben Zeit hinab wie eine flache Treppe, die die gleiche Anzahl von Stufen besitzt.) Wie führt Slinky diese Bewegung aus?

Antwort

Wenn Sie die Windungen aufziehen und dann auf die nächste Stufe nach unten bringen, setzen Sie eine Welle in Gang. Während sich die Welle ausbreitet, bewegen sich immer mehr Windungen auf die nächste Stufe, wobei sich die Windungen zuerst nach oben, anschließend in einem Bogen und dann zur nächsten Stufe nach unten bewegen. Hat die Welle die letzten Windungen auf der obersten Stufe erreicht, werden diese Windungen mit einer solchen Geschwindigkeit nach oben gezogen, dass sie auf der nächsten Stufe überschlagen und (die richtigen Abmessungen der Stufe vorausgesetzt) auf der nächst tieferen Stufe landen. Anschließend wiederholt sich der gesamte Vorgang.

Der Erfolg eines Slinkys beim Herabklettern von Stufen (mit einer Geschwindigkeit, so dass sie zuschauen können) hängt mit dem rechteckigen Querschnitt des Federdrahtes zusammen. Dieses Design, das sich Richard T. James 1947 patentieren ließ, verringert das Verhältnis der Festigkeit der Feder zu ihrer Masse im Vergleich zu einem Federdraht mit kreisförmigem Querschnitt. Das kleinere Verhältnis führt zu einer geringeren Ausbreitungsgeschwindigkeit der Wellen, die Sie über die ganze Feder in Gang setzen. Ein Slinky aus Plastik, bei dem sich ein anderes Verhältnis und damit auch eine andere Ausbreitungsgeschwindigkeit der Welle ergibt, klettert nur halb so schnell nach unten wie das ursprüngliche, aus einem Stahldraht bestehende Slinky.

Bei beiden Typen wird die Zeit, die ein Slinky für das Hinabsteigen einer Stufe braucht, durch das Verhältnis aus Festigkeit und Masse bestimmt, nicht aber durch die Höhe der Stufe. Auf einer flachen Stufe breitet sich die Welle langsam aus; auf einer steilen Stufe ist die Welle schneller. Bei beiden Stufentypen ist die Zeit, die die Welle durch das Slinky braucht, gleich groß.

1.66 Ein schiefer Turm aus Bausteinen

Bauen Sie mit Bausteinen, Bücher, Dominosteinen, Karten, Münzen oder anderen identischen Gegenständen einen Stapel, der über die Kante eines Tisches übersteht. Die Anzahl der Gegenstände sei vorgegeben. Wie müssen Sie die Gegenstände anordnen, um die Entfernung zwischen Tischkante und dem äußersten Punkt des Stapels zu maximieren? Angenommen, Sie bauen Ihren Stapel mit Dominosteinen der Länge L. Wie viele davon brauchen Sie, um einen Überhang der Länge L zu erzielen? Wie viele brauchen Sie für $3L$?

Nehmen Sie die 28 Steine eines vollständigen Sets. Bauen Sie damit einen Bogen, der die Lücke zwischen zwei Tischen identischer Höhe überspannt. Wie müssen Sie die Steine anordnen, um die maximale Spanne zu erreichen?

Angenommen, Sie bauen mit kurzen Legosteinen, d. h. solchen, die auf ihrer Oberseite vier Noppen und auf ihrer Unterseite entsprechende Vertiefungen haben. Man kann einen Baustein so über einen anderen stecken, dass vier Verbindungen hergestellt werden. Man kann die Steine aber auch versetzt aufeinanderstecken, so dass nur zwei Verbindungen hergestellt werden. Sei x die halbe Länge des Bausteins und n die Anzahl der Ihnen zur Verfügung stehenden Bausteine. Wie viele verschiedene (frei stehende) Türme können Sie mit n Bausteinen bauen?

Betrachten Sie einen Turm, bei dem jeder Baustein, der erste Baustein ausgenommen, entweder direkt oder nach rechts verschoben auf den darunterliegenden Baustein aufgesteckt wird. Wie viele Bausteine brauchen Sie mindestens, um einen Überhang von beispielsweise $4x$ zu erhalten? Gibt es eine effizientere Steckvariante, um einen größeren Überhang zu erzielen?

Antwort

Ein Stapel ist stabil, wenn die Senkrechte durch seinen Schwerpunkt durch den Tisch verläuft. Um den Überhang zu maximieren, müssen Sie den Stapel so bauen, dass die Linie durch die Tischkante verläuft. Eine Variante, mit der Sie dies erreichen können, basiert auf der *harmonischen Reihe* (siehe Abbildung 1.22a). Balancieren Sie einen Dominostein, indem Sie ihn mit seinem Schwerpunkt auf die Tischkante legen; Sie erreichen so einen Überhang von $L/2$. Legen Sie im nächsten Schritt einen zweiten Dominostein über den ersten und richten Sie es so ein, dass der Schwerpunkt der beiden Dominosteine über der Tischkante liegt. Der Überhang beträgt nun $(L/2)(1+1/2)$. Nehmen Sie dann einen dritten Dominostein hinzu und justieren Sie die Anordnung so, dass deren Schwerpunkt wiederum senkrecht über der Tischkante liegt. Der Überhang beträgt nun $(L/2)(1+1/2+1/3)$. Bei n auf diese Weise gestapelten Dominosteinen erhalten Sie einen Überhang von $(L/2)(1+1/2+1/3+\cdots+1/n)$, wobei es sich bei dem Ausdruck in Klammern um die harmonische Reihe handelt. Es folgen einige Ergebnisse:

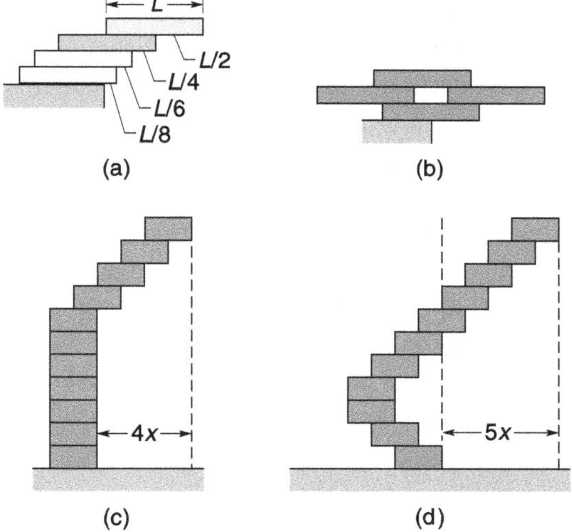

Abb. 1.22: (a)-(b) Stapelvarianten bei Dominosteinen und (c)-(d) bei Legobausteinen.

Überhang	Anzahl der erforderlichen Dominosteine
L	4
$2L$	31
$3L$	227
$4L$	167

Aus theoretischer Sicht gibt es keine Einschränkung für die Anordnung, nur aus praktischer.

Effizienter lässt sich der Stapel errichten, wenn man ein paar Dominosteine einsetzt, um ein Gegengewicht zu den über die Tischkante hinausragenden Steinen zu erzeugen. Auf diese Weise erzielt man mit vier Dominosteinen einen Überhang, der etwas größer als L ist (siehe Abbildung 1.22b). Eine andere Anordnung erreicht mit 63 Dominosteinen einen Überhang von $3L$.

Das Ausgleichen durch Gegengewichte ist auch hilfreich, wenn Sie einen Bogen mit einem vollständigen Dominospiel aus 28 Dominosteinen bauen wollen. Falls die beiden Pfeiler selbsttragend sind, erreicht man eine Spannweite von etwa $3{,}97L$. Es gibt aber mindestens eine Anordnung mit nicht selbsttragenden Pfeilern, die zu einer Spannweite von etwa $4{,}35L$ führt.

Die Überhänge und die Spannweiten können vergrößert werden, wenn Sie die Dominosteine so anordnen, dass ihre Diagonalen anstatt der Längsseiten rechtwinklig zur Tischkante verlaufen.

Mit drei Legosteinen können Sie fünf verschiedene Türme bauen (spiegelverkehrte Anordnungen ausgenommen). Vier davon sind stabil. Ein Turm ist marginal stabil – die kleinste Störung bringt ihn zum Kippen, weil sein Schwerpunkt senkrecht über einer Kante des untersten Bausteins liegt. Der maximale Überhang beträgt beim marginal stabilen Turm $2x$ (die Länge eines Bausteins), bei drei der stabilen Türme x und beim stabilsten Turm (der senkrecht nach oben gebaut wurde) null.

Die Regeln, nach denen ein schiefer Turm gebaut werden kann, bestimmen die richtige Strategie, um zum maximalen Überhang zu gelangen. Angenommen, Sie wollen einen marginal stabilen Turm ausschließen und müssen entweder einen Stein auf den anderen setzen oder den Stein nur nach rechts verschieben. Dann ist es am effektivsten, einen Turm senkrecht nach oben zu bauen und nur die letzten Steine so anzuordnen, dass sie eine Treppe bilden. Um beispielsweise einen Überhang von $4x$ zu erzielen, brauchen Sie mindestens 11 Steine, von denen die obersten vier eine Treppe bilden (siehe Abb. 1.22c). Um einen Überhang von nx zu erzielen, brauchen Sie mindestens $0{,}5n(n + 1) + 1$ Bausteine, von denen die obersten N eine Treppe bilden. Ein marginal stabiler Turm entsteht, wenn Sie den untersten Baustein weglassen.

Für einen vorgegebenen Überhang brauchen Sie weniger Bausteine, wenn Sie zuerst nach links und anschließend nach rechts bauen. Beispielsweise kann man aus 11 Bausteinen einen stabilen Überhang von $5x$ bauen (siehe Abbildung 1.22d).

1.67 Der schiefe Turm von Pisa

Der berühmte Turm von Pisa (in Italien) begann sich bereits während seiner Bauzeit, die sich über zwei Jahrhunderte hinzog, nach Süden zu neigen. In der Hoffnung, das Kippen des Turms aufhalten zu können, setzte man schließlich die Glockenstube senkrecht auf den Turm, was ihm insgesamt ein leicht bananenförmiges Aussehen verleiht.

Der Turm war viele Jahre lang für Besucher geschlossen, nachdem ein Turm in Pavia eingestürzt war, was vier Menschen das Leben kostete. Doch war auch der Turm von Pisa wirklich einsturzgefährdet? Immerhin neigte er sich nur um etwas mehr als 5° in Richtung Süden. Zwar nimmt die Neigung jährlich zu, doch beträgt die Zunahme nur etwas mehr als 0,001°

pro Jahr. Müsste sich der Schwerpunkt des Turmes nicht über das Fundament des Turmes hinausbewegen, damit der Turm einstürzt? Dazu wird es in absehbarer Zeit nicht kommen.

Antwort
Obwohl der Neigungswinkel des Turmes immer klein war und sich sein Schwerpunkt sicher über dem Stützbereich des Turmfundaments befand, hatte die Neigung den Stützbereich des Turmgewichts auf die Außenseite der Mauer an der Südseite verschoben, bevor in jüngster Zeit Reparaturarbeiten am Turm ausgeführt wurden. Diese Verschiebung setzte den unteren Abschnitt der Südmauer unter einen enormen Druck, so dass die Mauer unter der Last einzustürzen drohte. Die Gefahr wurde durch die Treppe erhöht, die sich um die Außenseite des Turms herumwindet, was die strukturelle Festigkeit der Wand schwächte. Von Anfang an war die Neigung darauf zurückzuführen, dass der Boden unter dem Turm nachgab, und die Situation wurde durch jeden starken Regenguss verschlimmert. Um den Turm zu stabilisieren und die Neigung teilweise rückgängig zu machen, legten Ingenieure ein unterirdisches Entwässerungssystem an. Außerdem wurde der Boden unter der Nordseite des Turms ausgeschachtet.

1.68 Dominoreihen

Wird der erste Dominostein in einer langen Reihe aufrecht stehender, gleich weit voneinander aufgebauter Dominosteine gegen den darauffolgenden Stein gekippt, setzt sich dieses Kippen wie eine Welle entlang der Reihe fort. Wie viele Dominosteine bewegen sich nach Einsetzen der Welle zu einem gegebenen Zeitpunkt, und wodurch wird die Geschwindigkeit der Welle bestimmt? Offensichtlich dürfen die Dominosteine maximal um die Länge eines Dominosteins voneinander entfernt sein, doch gibt es auch eine Bedingung, die einen Mindestabstand zwischen den Steinen festlegt? Weshalb kippt eine Reihe aus Kinderbausteinen nicht ebenso wie eine Reihe aus Dominosteinen um? Können Sie eine Kettenreaktion in einer Reihe aus Dominosteinen auslösen, bei der der erste Stein sehr klein ist jeder folgende Stein gegenüber dem vorhergehenden um einen gewissen Faktor größer ist?

Antwort
Ein aufrecht stehender Dominostein besitzt zwei Stabilitäts- oder *Gleichgewichtslagen*. In einer befindet er sich, wenn er flach auf seiner Unterseite steht (siehe Abbildung 1.23a), und in der anderen, wenn er so geneigt ist, dass sich sein Schwerpunkt direkt über der Stützkante befindet (siehe Abbildung 1.23b). In beiden Lagen zieht die Schwerkraft, von der wir der Einfachheit halber annehmen, dass sie auf den Schwerpunkt des Dominosteins wirken soll, durch einen Stützpunkt nach unten. Doch wird die zweite Gleichgewichtslage als eine des *instabilen Gleichgewichts* bezeichnet, weil die kleinste Störung den Dominostein umkippen lässt, wodurch die abwärts gerichtete Kraft links oder rechts an der Stützkante vorbei wirkt. Wirkt sie, wie in Abbildung 1.23c dargestellt, rechts, kippt der Dominostein um.

Wenn Sie den ersten Dominostein in einer Reihe anschubsen, kippt er über die instabile Gleichgewichtslage und fällt dann auf den zweiten Dominostein. Wenn Sie den ersten Dominostein nur leicht antippen, stammt die Energie beim Stoß mit dem nächsten Sein nur aus dem Fall aus der instabilen Gleichgewichtslage. Wenn die Dominosteine zu dicht beieinander stehen, ist der Fall zu kurz, um ausreichend Energie zum Kippen des zweiten Dominosteins zu liefern. Das Umkippen ist bei einem größeren Abstand wahrscheinlicher, vorausgesetzt,

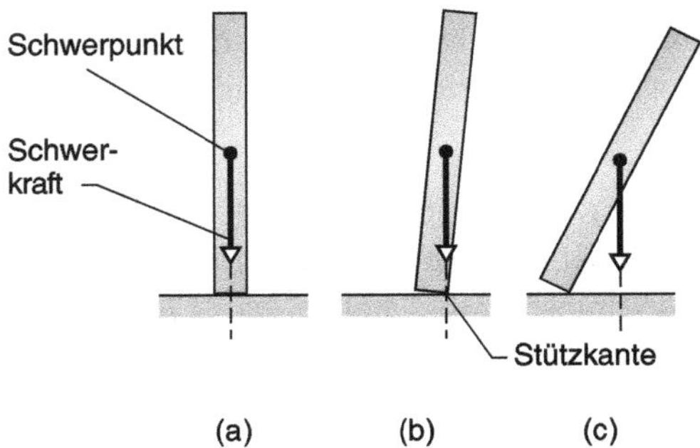

Abb. 1.23: Ein Dominostein, der sich durch eine instabile Gleichgewichtslage bewegt.

er ist nicht größer als die Länge eines Dominosteins. Dasselbe gilt für die Dominosteine, die sich weiter hinten in der Reihe befinden.

Zu jedem gegebenen Zeitpunkt können fünf oder sechs Dominosteine in Bewegung sein. Die Welle nimmt Geschwindigkeit auf, während sie sich entlang der Reihe ausbreitet, wobei die Geschwindigkeit schließlich einen bestimmten Wert erreicht, der abhängt vom Abstand der Steine, der Reibung zwischen ihnen sowie davon, wie gut die Dominosteine aneinander abprallen. Bei einem geringeren Abstand breitet sich die Welle schneller aus, und das durch die Stöße hervorgerufene Klicken hat einen höheren Ton.

Lorne Whitehead aus Vancouver beschrieb einmal, wie eine Kettenreaktion durch eine Dominoreihe fegt, bei der jeder Dominostein an allen Seiten um einen Faktor von 1,5 größer war als sein Vorgänger. Nachdem er den ersten Stein gekippt hatte, indem er ihn mit einem Wattestäbchen vorsichtig angetippt hatte, wurde die Energie bei der Kettenreaktion bis zum Kippen des 13. und letzten Dominosteins etwa um einen Faktor von zwei Millionen verstärkt. Seinen Berechnungen zufolge hätte man unter diesen Bedingungen 32 Dominosteine gebraucht, um einen Dominostein umzukippen, der so groß wie das Empire State Building ist. (Das hätte nicht einmal King Kong geschafft.)

1.69 Umkippende Schornsteine, Bleistifte und Bäume

Wenn ein großer Schornstein umkippt, wird er während des Fallens wahrscheinlich an irgendeiner Stelle zerbrechen. Was ruft den Bruch hervor, wo befindet sich die Bruchstelle und wie neigt sich der Schornstein nach dem Bruch (siehe Abbildung 1.24)? Sie können Ihre Antwort überprüfen, indem Sie einen Stapel Bausteine umkippen lassen und beobachten, in welche Richtung sich der Stapel beim Umkippen neigt. Sie könnten auch einen Stapel aus kurzen Hohlzylindern aufstellen, die anfangs durch elastische Bänder zusammengehalten werden.

Sie stellen einen Bleistift auf seine Spitze und lassen ihn dann los. Bewegt sich die Spitze in die Fallrichtung oder in die entgegengesetzte Richtung?

Wie bewegt sich der untere Teil eines Baumes, wenn der Baum umkippt? Welche Form nimmt der Baum während des Umkippens an? Kann der Baum wie ein Schornstein brechen? Weshalb scheint ein Baum mitunter, unmittelbar bevor er auf dem Boden aufkommt, zu schweben? Weshalb trifft der untere Teil des Stamms den Stumpf manchmal so schwer, dass er ihn beinahe entwurzelt? (Stellen Sie sich nun vor, Sie befinden sich draußen im Wald und

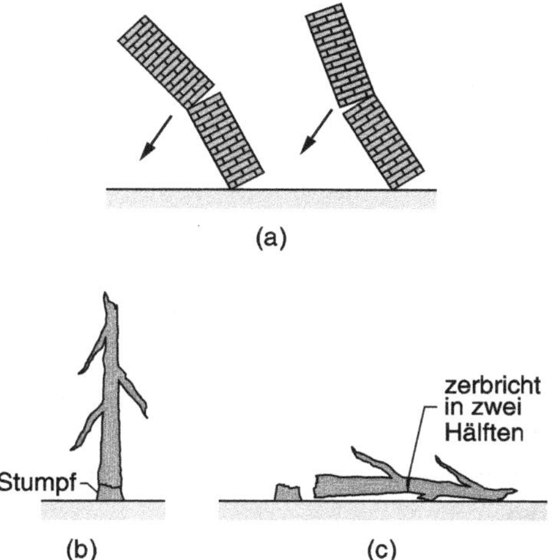

Abb. 1.24: (a) Wie zerbricht ein Schornstein? (b) Ein alter Baum ursprünglich und (c) wenn die Spitze auf dem Boden aufkommt und der Baum in zwei Hälften zerbricht.

wären ein Holzfäller. Sie sehen zu, wie ihr erster großer Baum fällt. Sie sind kein Dummkopf – Sie berechnen, wohin der Baum fallen wird und stellen sich auf die andere Seite. Doch kurz nachdem der Baum den Boden berührt hat, kommt er mit Rachegelüsten tosend auf Sie zu, trifft Sie an der Brust und bricht Ihnen drei Rippen. Es wird Zeit, dass Sie die Axt beiseite legen.)

Antwort

Da sich der Schornstein um seinen Fuß dreht, will sich der untere Teil schneller als der obere Teil drehen, und der Schornstein beginnt sich rückwärts durchzubiegen. Hat der Schornstein die Form eines regelmäßigen Zylinders, ist die Krümmung bei einem Drittel der Schornsteinhöhe am größten, so dass der Schornstein am wahrscheinlichsten dort bricht. Falls der Schornstein eine andere Form besitzt, befindet sich die Bruchstelle anderswo. Der Bruch breitet sich über die ganze Breite des Schornsteins von der Fallseite her aus, doch die Komprimierung auf der Rückseite drückt die Bruchlinie etwas nach unten. Manchmal bildet sich eine zweite Bruchstelle im unteren Bereich des Schornsteins, wenn der obere Teil über den unteren Teil nach hinten gleiten will und daher an der Oberfläche des unteren Teils dem Umkippen entgegenwirkt.

Wohin sich die Richtung eines umkippenden Bleistifts bewegt, hängt von der Stärke der Reibung zwischen der Spitze und der Oberfläche ab, auf der sich der Bleistift bewegt. Falls die Reibung gering ist, bewegt sich die Bleistiftspitze entgegen der Fallrichtung. Bei stärkerer

Reibung bewegt sich die Bleistiftspitze in Fallrichtung, auch wenn sie sich zunächst entgegen dieser Richtung bewegen kann.

Ein gefällter Baum biegt sich wie ein Schornstein nach hinten. Er bricht aber nur, wenn er abgestorben und morsch ist. Falls der Baum zu einem frühen Zeitpunkt während des Umkippens bricht, kann der obere Teil entgegen der Fallrichtung des unteren Teils fallen. Das macht die Situation gefährlich, falls Sie daneben stehen. Wenn Sie in einen lebenden Baum auf einer Seite eine Kerbe schlagen und den Baum anschließend von der gegenüberliegenden Seite waagerecht beinahe durchsägen, fällt der Baum auf die mit der Kerbe versehene Seite, klappt zusammen, schleudert das dicke Ende nach oben und zieht es dann in die Fallrichtung. Wenn der Baum viele Äste hat, werden diese beim Aufprall auf dem Boden zusammengedrückt, und ihr Rückstoß kann das dicke Ende wieder zurück zum Stumpf treiben. Der Eindruck des Schwebens entsteht durch den Luftwiderstand, der auf einen vollständig belaubten Baum wirkt, wenn er sich dem Boden nähert.

Einige Bäume enden zerstückelt auf dem Boden. Das hängt mit der Weise zusammen, mit der sie auf dem Boden aufgekommen sind. Wenn der erste Bruch beispielsweise durch starken Wind verursacht wurde und sich an der Spitze eines kurzen Stumpfes befindet (siehe Abbildung 1.24b), dann kann die Spitze des Baumes zuerst auf dem Boden aufkommen. In diesem Fall kann der fallende Abschnitt in zwei Teile zerbrechen (siehe Abbildung 1.24c). Das hinterlässt einen kürzeren Abschnitt, der etwas später auf dem Boden aufkommt; auch er zerbricht in zwei Stücke. Bevor schließlich das letzte Stück auf dem Boden aufkommt, können Baumabschnitte mehrfach in kleinere Teile zerbrechen.

1.70 Abbrechende Bleistiftspitzen

Wenn ich voll Begeisterung schreibe, bricht die Spitze meines Holzbleistiftes oft ab. Doch an welcher Stelle bricht die Spitze denn genau? Weshalb bricht ein spitzer Bleistift mit größerer Wahrscheinlichkeit als ein vom Schreiben stumpfer?

Antwort

Beim Schreiben drücken Sie die Bleistiftspitze nach unten, während Sie den Stift schräg halten. Die dabei wirkenden Kräfte, sind bestrebt, die freie Bleispitze zu biegen, indem die in Richtung Papier weisende Unterseite gestreckt und die vom Papier weg zeigende Oberseite zusammengedrückt wird. Die Mine ist gegenüber der Dehnung anfälliger, deshalb beginnt der Bruch an der Unterseite. Während sich der Bruch über den Querschnitt der Mine ausbreitet, wird sie in Richtung des Holzmantels gedrückt, weil ein Teil der abbrechenden Bleistiftspitze am anderen Teil der Mine vorbeizugleiten versucht.

Der Riss beginnt an dem Punkt, an dem die Dehnung am größten ist. Um die Stelle zu finden, setzen Sie am besten gedanklich den Kegel fort, den die Bleistiftspitze bildet (siehe Abbildung 1.25). Beträgt die fehlende Länge L, dann beginnt der Bruch in einem Abstand von $L/2$ von der tatsächlichen Schreibspitze, also in einem Abstand von $3L/2$ von der gedachten Spitze des vollständigen Kegels. Diese Tatsache bedeutet, dass der Bleistift an der Stelle bricht, an dem der Durchmesser des Bleistifts gleich $\frac{3}{2}$ des Durchmessers der Schreibspitze ist. Dieses Ergebnis können Sie selbst überprüfen, wenn Sie bereit sind, ein paar Bleistifte zu opfern. (Tun Sie dies aber heimlich, denn das wiederholte Abbrechen von Bleistiften könnte

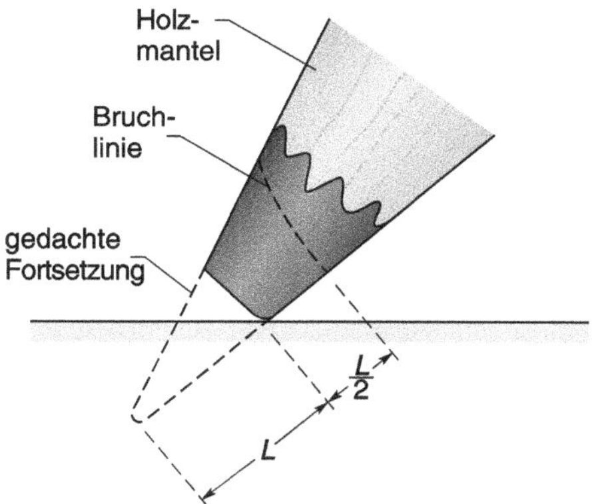

Abb. 1.25: Bruchlinie bei einer Bleistiftspitze.

durchaus als ein Zeichen für abnormales Verhalten gedeutet werden – ein Bleistift-Abbrech-Syndrom oder Ähnliches.)

Ist der Bleistift frisch gespitzt, bricht er in einem Bereich mit geringem Durchmesser, so dass nur wenig Kraft zum Abbrechen erforderlich ist. Falls die Spitze stumpfer ist, tritt die maximale Dehnung der Spitze weiter oben, in einem Abschnitt mit größerem Durchmesser auf, und die zum Abbrechen des Bleistifts erforderliche Kraft ist entsprechend größer. In diesem Fall ist das Abbrechen unter normalen Schreibbedingungen unwahrscheinlich. Falls der Bleistift so stumpf ist, dass die maximale Dehnung innerhalb des Holzmantels liegt, ist die hier geführte Analyse ungeeignet, und die Spitze bricht nur dann ab, wenn Sie die Bleistiftspitze auf die Schreibunterlage schlagen (was zweifellos auf ein abnormales Verhalten hindeuten dürfte).

1.71 Versagen eines Brückenabschnitts

28. Juni, 1983, Greenwich, Connecticut, USA: Um 1.28 Uhr morgens brach am Interstate Highway 95 (I-95) ein 30 Meter langes Stück der Brücke über den Mianus zusammen. Im Dunkeln konnten die Insassen zweier Autos, eines Sattelzugs und eines anderen Lastwagens das Fehlen des Abschnitts nicht mehr rechtzeitig erkennen. Sie fuhren über die bloßgelegte Kante und fielen 20 Meter tief in den Fluss. Drei Menschen wurden getötet, drei weitere verletzt.

Brücken stürzen mitunter aufgrund ihres Alters oder ihrer Baufälligkeit ein. Doch die Brücke des I-95 schien in guter Verfassung zu sein. Stimmte etwas mit der Konstruktion oder der Verkehrsführung über die Brücke nicht, so dass es zu dieser Tragödie kommen konnte?

Hier sind einige Anhaltspunkte. Aufgrund der schrägen Anfahrt, die der Highway auf den Fluss nimmt, sind die Brückenabschnitte rautenförmig. Jeder Abschnitt wurde an zwei Kanten gestützt. Entlang der südlichen Kante des schließlich eingestürzten Abschnitts wurde der Halt von zwei *Stift-Hänger-Verbindungen* geliefert, von denen sich jeweils eine an einer Ecke befand (siehe Abbildung 1.26a). Jede Verbindung bestand aus zwei Stahlstäben, durch die Stahlstifte geschoben waren. An den beiden Enden jedes Stiftes waren Muttern angebracht und aufgeschweißt, um den Stift zu sichern.

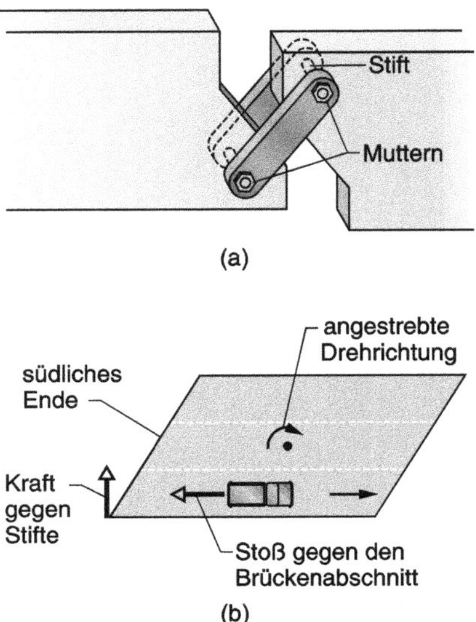

Abb. 1.26: (a) Eine Anordnung aus einem Stift und einem Hänger trägt die Spannung. (b) Durch den Lastwagen hervorgerufene Tendenz zur Drehung.

Die Verbindungen gaben dem Brückenabschnitt eine gewisse Flexibilität, so dass er auf Schwingungen infolge des Verkehrs und auf eine Längenveränderung aufgrund von Temperaturschwankungen reagieren konnte. Scheinbar ermüdete eine der Muttern an der weiter vom Mittelpunkt des Abschnitts entfernten Ecke und der Stift arbeitete sich frei, wodurch der Abschnitt in den Fluss stürzte. Diese Vermutung erweist sich als zumindest untersuchenswert, wenn solche Katastrophen zukünftig vermieden werden sollen.

Antwort

Betrachten Sie einen Lastwagen auf einer Randspur, während er einen Brückenabschnitt passiert. Damit der Lastwagen seine Geschwindigkeit beibehält, müssen seine Reifen ununterbrochen gegen den Abschnitt drücken, was ein Drehmoment erzeugt, das den Abschnitt um seinen Schwerpunkt zu drehen versucht (siehe Abbildung 1.26). Das Drehmoment verursacht also an beiden Mengen von Haltestiften und Muttern am südlichen Ende eine seitwärts gerichtete Kraft. Am stärksten war aber die Kraft an der entferntesten Ecke, was auf ihren größeren Abstand vom Mittelpunkt zurückzuführen ist.

Nach erheblicher Schwingung und Beanspruchung versagte eine der Gegenmuttern an dieser Ecke und ihr Stift rutschte heraus, wodurch sich die Ecke senkte. Der geschwächte Halt des Abschnitts überlastete die übrigen Stützpunkte und der Abschnitt fiel. Wäre der Abschnitt quadratisch anstatt rautenförmig gewesen, wäre der Widerstand gegenüber der Drehung auf alle vier Ecken gleichmäßig verteilt gewesen, so dass das Versagen an einer Ecke unwahrscheinlicher gewesen wäre.

1.72 Zusammenklappen eines Zuges

Weshalb klappen Lok und Wagen gewöhnlich wie ein Klappmesser zusammen anstatt an einer Seite der Spur voreinander auszuweichen, wenn eine Lok mit einem massiven Gegenstand zusammenstößt und entgleist? Weshalb setzt sich das Zusammenklappen nicht weiter als über die ersten paar Wagen fort?

Antwort

Angenommen, eine Lok stößt frontal gegen einen schweren Gegenstand, der mitten auf den Gleisen liegt. Zerlegen Sie die Kraft auf die Lok in zwei Teile: Die parallel zum Bahngleis wirkende Kraft führt zum Abbremsen des Zuges. Die senkrecht zum Bahngleis wirkende Kraft führt dazu, dass die Lok nach einer Seite entgleist. Diese senkrecht zum Bahngleis wirkende Kraft versucht, die Lok um ihren Schwerpunkt zu drehen. Angenommen, der vordere Teil der Lok wurde nach rechts aus dem Gleis gelenkt. Dann soll der hintere Teil der Lok durch die Drehung auf die linke Seite des Bahngleises gebracht werden. Da dieser Teil der Lok mit dem ersten Wagen verbunden ist, kann die linksseitige Auslenkung nicht so groß wie die rechtsseitige Auslenkung des vorderen Teils der Lok sein.

Während der vordere Abschnitt des ersten Wagens nach links entgleist, versucht der Wagen, sich um seinen Schwerpunkt zu drehen, was das Hinterteil des ersten Wagens auf die rechte Seite des Bahngleises bringt. Aufgrund der Verbindung zwischen dem ersten und dem zweiten Wagen wird das Vorderteil des zweiten Wagens ebenfalls nach rechts ausgelenkt. Jedoch ist diese Auslenkung geringer als die der Lok oder des ersten Wagens usw.

1.73 Bowling

Wie müssen Sie die Kugel beim Bowling (siehe Abbildung 1.27) spielen, um die Chancen auf einen *Strike* zu maximieren, bei dem alle Kegel (*Pins*) umgeworfen werden? Bowlingneulinge zielen von der Mitte der Lauf-fläche auf den Kopfpin (den in der Mitte stehenden, vordersten Pin), doch erfahrenere Bowler spielen die Kugel von einer Seite der Bahn mit einem Sidespin. Die Kugel scheint dann an einem bestimmten Punkt der Bahn *abzuknicken* oder *einen Haken zu schlagen* (sie ändert also ihre Bahn abrupt), um dann in einer schrägen Bahn auf die Pins zuzulaufen. Idealerweise sollte die Kugel unmittelbar an einer Seite des vordersten Pins vorbei in die Aufstellung einlaufen, was als erste *Gasse* bezeichnet wird (gewöhnlich wird die rechte Seite der Kugel auf der rechten Seite der Lauf-fläche aufgesetzt).

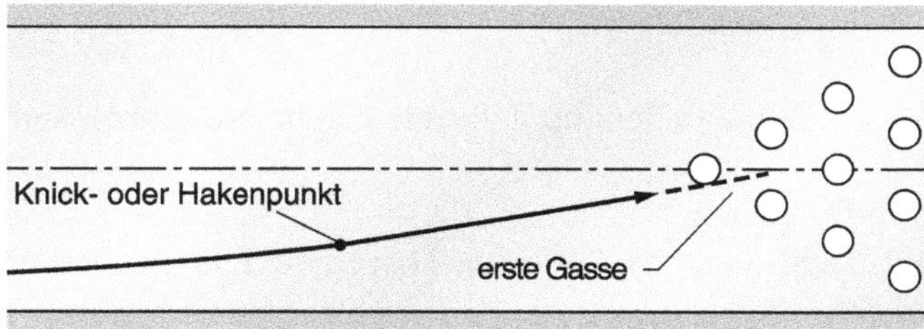

Abb. 1.27: Bahn einer Bowlingkugel.

Ist das Abknicken real oder eine Illusion? Und ist die Strategie eines erfahrenen Bowlingspielers, die Kugel in einem Winkel in die Aufstellung einlaufen zu lassen, tatsächlich eine Garantie für einen Strike?

Antwort
Das Erzielen von Strikes mit der Technik von Neulingen ist aus mindestens zwei Gründen schwer. Die Kugel kann durch die Aufstellung hindurchlaufen, wobei die Pins ganz außen rechts und links wahrscheinlich stehen bleiben. Falls die Kugel nicht genau in der Mitte trifft, kann sie der Stoß mit dem vordersten Pin so stark zur Seite ablenken, dass sie die übrigen Pins verfehlt.

Falls die Kugel in die Aufstellung entlang einer gekrümmten Bahn durch die erste Gasse einläuft, ist ein starkes Abprallen weitaus unwahrscheinlicher, so dass mehr Pins umgeworfen werden. Falls die Bahn in Bezug auf die Mittellinie der Aufstellung um einige Grad geneigt ist und die Kugel die Seite des vordersten Pins richtig trifft, fallen die außen stehenden Pins der dreieckigen Anordnung dominoartig, und die Kugel stößt mit zwei der inneren Pins zusammen, wodurch einer gegen den anderen fällt.

Der Winkel, in dem sich die Kugel der Gasse nähert, hängt vom Anfangsverhältnis des seitlichen Dralls zur Vorwärtsgeschwindigkeit ab sowie von der Zunahme der Reibung, die die Kugel während der Bewegung auf der Lauf-fläche erfährt. Gewöhnlich sind etwa 50 % der Lauf-fläche geölt, um die Reibung zu verringern. Unmittelbar nach dem Abspiel gleitet die Kugel über die geölte Lauf-fläche und bewegt sich auf einer gekrümmten Bahn auf die Pins zu. Wenn sie in den trockenen (nicht geölten) Abschnitt der Lauf-fläche einrollt, streckt sich ihre Bahn. Als Haken wird der stark gekrümmte Teil der Bahn bezeichnet, den die Kugel unmittelbar vor Einsetzen der Rollbewegung nimmt. Die Möglichkeit, dass ein Bowlingspieler die Kugel einen Haken schlagen lassen kann, hängt hauptsächlich mit der Änderung der Reibung auf der Bahn zusammen. Eine gewisse Rolle spielt aber auch die Tatsache, dass die Kugel aufgrund der Fingerlöcher nicht ganz gleichmäßig ist.

1.74 Billardstöße

An welcher Stelle sollte der Queue die Weiße treffen, um folgende Ergebnisse zu erzielen? Weshalb funktioniert das so?

(a) Die Weiße rollt unmittelbar, ohne zu gleiten.
(b) Die Weiße trifft auf eine ruhende Kugel und folgt dieser Kugel kurz darauf. In diesem Fall spricht man von einem *Nachläufer.*
(c) Die Weiße trifft auf eine ruhende Kugel, kommt aber anschließend wieder zu Ihnen zurück. In diesem Fall spricht man von einem *Rückläufer.*
(d) Die Weiße trifft auf eine ruhende Kugel, bleibt aber dann nach nur kurzer Bewegung liegen.

Wie groß ist der Winkel zwischen der Weißen und einer von ihr angestoßenen Kugel, wenn die Weiße mit dem Queue irgendwo entlang einer vertikalen Linie durch ihren Schwerpunkt getroffen wurde? In welche Richtung wird die Weiße zurückgestoßen, wenn sie die Bande in einem bestimmten Winkel trifft? Wie unterschiedet sich die Richtung, wenn die Weiße mit dem Queue nicht in der vertikalen Ebene durch den Schwerpunkt, sondern seitlich gestoßen wurde und dann auf die Bande trifft?

Bei einem Kopfstoß (*Massé*) kann die Kugel um eine ruhende Kugel laufen, die als Hindernis zwischen der Weißen und der zu treffenden Kugel liegt (siehe Abbildung 1.28a). Wie wird dieser Stoß ausgeführt, und wie kommt es zu der gekrümmten Bahn? (Dieser Stoß ist in den meisten Billardzimmern verboten, weil damit die Gefahr verbunden ist, den Filzbelag auf dem Tisch zu zerreißen.)

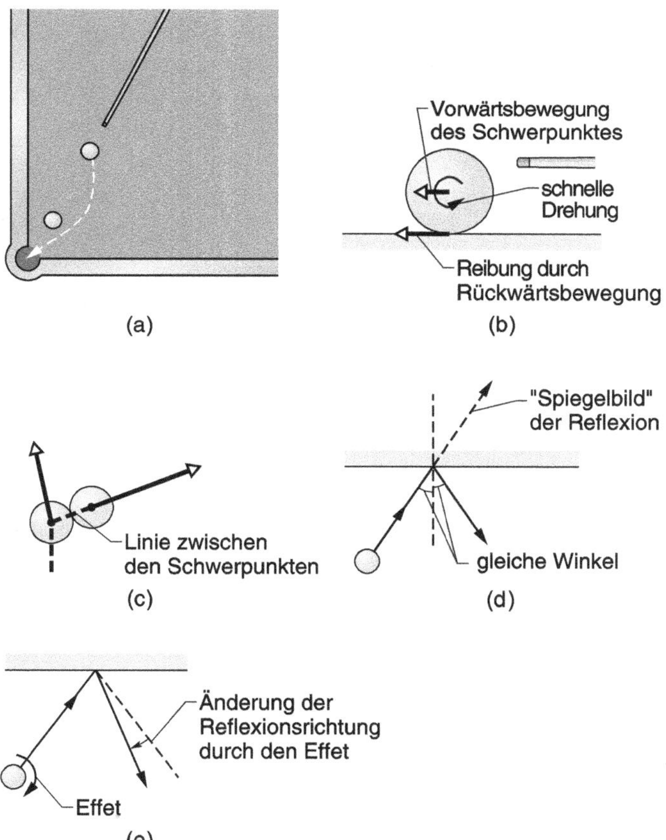

Abb. 1.28: (a) *Massé* (Kopfstoß mit Vorwärtseffet, Bogenstoß). (b) Ein hoher Stoß produziert eine Reibungskraft in Vorwärtsrichtung. (c) Ein Streifstoß. Abprallen von der Bande (d) ohne Effet und (e) mit linksseitigem Effet.

Weshalb beträgt die Höhe der Bande stets $\frac{7}{5}$ des Kugelradius R?

Antwort

Bei den Situationen 1 bis 4 wird die Weiße an einer Stelle getroffen, die auf der vertikalen Ebene durch ihren Schwerpunkt liegt. In den Fällen 1 und 4 muss die Weiße in einer Höhe von $\frac{7}{5}R$ (also $\frac{2}{5}R$ über dem Mittelpunkt) getroffen werden. Im Fall 2 recht es aus, wenn man die Weiße irgendwo über der Mitte trifft; im Fall 3 muss man irgendwo unterhalb der Mitte treffen.

Die Antworten hängen davon ab, wie der Queue der Weißen einen Drall verleiht. Wird die Weiße in einer Höhe von $\frac{7}{5}R$ getroffen, produziert der Stoß einen hinreichend großen *Topspin*, so dass die Weiße losrollen kann, ohne zuvor über den Tisch zu gleiten. Wenn die Weiße anschließend eine ruhende Kugel trifft, wird die mit der Vorwärtsbewegung verbundene Energie (die Translationsenergie) auf die ruhende Kugel übertragen. Die Weiße dreht sich noch kurz auf der Stelle, bis die Reibung die verbleibende Rotationsenergie aufgebraucht hat. (Die Reibung ist vorwärts gerichtet und kann die Weiße noch ein kurzes Stück in diese Richtung treiben, bevor sie schließlich liegen bleibt.)

Falls die Weiße an einer beliebigen Stelle oberhalb ihres Zentrums getroffen wird, hat der Drall die richtige Richtung, um die Weiße vorwärts rollen zu lassen, doch die Rotationsgeschwindigkeit ist entweder zu groß oder zu klein, so dass die Weiße anfangs gleitet. Durch das Gleiten entsteht Reibung, die den Drall mit der Vorwärtsbewegung synchronisiert. Daraufhin rollt die Weiße gleichmäßig vorwärts.

Nehmen Sie zum Beispiel an, dass Sie die Weiße oberhalb von $\frac{7}{5}R$ treffen. Ihr Drall ist dann relativ zu ihrer Vorwärtsgeschwindigkeit zu groß. Daher wird ihr tiefster Punkt nach hinten gleiten, was eine nach vorn gerichtete Reibung hervorruft (siehe Abbildung 1.28b). Die Reibung verringert den Drall und erhöht die Vorwärtsgeschwindigkeit so lange, bis die Weiße gleichmäßig rollen kann. Falls die Weiße vorher auf eine ruhende Kugel stößt, überträgt sie ihre Vorwärtsbewegung und dreht sich noch kurz auf der Stelle, doch die starke Reibung führt dazu, dass sie der gestoßenen Kugel nachläuft.

Falls die Weiße an einer beliebigen Stelle unterhalb ihres Zentrums getroffen wird, zeigt ihr *Backspin* entgegen der Richtung, in die die Weiße rollen soll. Die Reibung ist groß und nach hinten gerichtet. Die Reibung kehrt den Drall bald um und bremst auch die Vorwärtsbewegung der Weißen. Anschließend kann die Weiße gleichmäßig rollen. Trifft die Weiße vor Erreichen dieses Zustands eine ruhende Kugel, wird die Translationsenergie übertragen und die Weiße dreht sich kurz auf der Stelle, bevor die starke Reibung dazu führt, dass sie wieder zu Ihnen zurückläuft.

Trifft die Weiße eine ruhende Kugel auf einer streifenden Bahn, wird die ruhende Kugel entlang einer Linie zur Seite gestoßen, die sich durch die Positionen der Schwerpunkte der Kugeln zum Zeitpunkt des Stoßes erstreckt (siehe Abbildung 1.28c). Die Weiße prallt in die entgegengesetzte Richtung ab. Es wird oft behauptet, dass der Winkel zwischen den beiden endgültigen Bahnen 90° beträgt. Dies trifft jedoch nur zu, wenn der Stoß am äußersten Rand der ruhenden Kugel stattfindet. (Die ursprünglich Bahn der Weißen nach dem Stoß ist in Wirklichkeit gekrümmt, weil die Weiße unmittelbar nach dem Stoß auf dem Tisch gleitet. Der gekrümmte Abschnitt ist jedoch gewöhnlich zu kurz, um wahrgenommen zu werden.)

Wenn die Weiße gleichmäßig auf die Bande zurollt, ist der Reflexionswinkel genauso groß wie der Einfallswinkel (die Weiße verhält sich dann im Wesentlichen wie ein Lichtstrahl, der an einem Spiegel reflektiert wird). Diese Reflexion kann man sich beispielsweise veranschaulichen, indem man sich vorstellt, dass das Ziel (die ruhende Weiße) auf der gegenüberliegenden Seite der Bande liegt, genauso weit von der Bande entfernt wie die auf der Gegenseite liegende ruhende Weiße (siehe Abbildung 1.28d). Das Ziel ist dann wie ein Bild „innerhalb" eines Spiegels. Zielen Sie mit der Weißen auf dieses Bild und die Weiße wird so an der Bande reflektiert, dass sie das Ziel trifft.

Wenn die Weiße jedoch zusätzlich einen seitlichen *Effet* besitzt (sie dreht sich dann außer um die horizontale Achse zur Rollbewegung auch um eine vertikale oder geneigte Achse), wird der Reflexionswinkel verändert. Ein solcher Seiteneffet entsteht, wenn man die Weiße seitlich links oder rechts von ihrer Mittellinie trifft. Aus Ihrer Sicht dreht ein linker Effet (die Weiße wird auf der linken Seite getroffen) den Reflexionsvektor im Uhrzeigersinn (siehe Abbildung 1.28e), ein rechter Effet dreht ihn entgegen dem Uhrzeigersinn.

Ein *Massé* spielt man, indem man die Weiße von oben am Rand trifft. Durch diesen Stoß erhält die Weiße sowohl einen Drall als auch einen Seiteneffet. Auch bei diesem Stoß wird die Weiße seitlich weggetrieben, doch die durch Drall und Seiteneffet produzierte Reibung krümmt die Bahn.

Die Höhe der Bande ist so gewählt, dass die Weiße bei einem Stoß mit der Bande nicht über den Rand des Tisches gleitet und keine Energie durch Reibung verliert. Stattdessen rollt sie unmittelbar nach dem Stoß gleichmäßig weiter.

1.75 Minigolf

Beim Minigolf wird ein kleiner Ball in einem kleinen „Golfplatz" geschlagen, der von niedrigen Wänden umgeben ist. Natürlich geht es darum, denn Ball mithilfe möglichst weniger Schläge ins Loch zu bringen. Häufig liegt das Loch hinter einer Schwelle oder einer Ecke, so dass ein Spieler den Ball über die Bande spielen muss. Wie muss der Ball gespielt werden, um ihn mit nur einem Schlag einzulochen?

Antwort

Spielt man den Ball über die Bande, wird er im Wesentlichen wie ein Lichtstrahl an einem Spiegel reflektiert: Der Reflexionswinkel ist gleich dem Einfallswinkel. Diese Tatsache erlaubt es Ihnen, sich einen komplizierten Schlag so vorzustellen, als würde es sich um einen Lichtstrahl handeln, der an einem Spiegel reflektiert wird. Abbildung 1.29 zeigt ein Beispiel, bei dem ein Ball an die Bande gespielt und anschließend eingelocht werden soll. Nehmen Sie an, die Bande wäre ein Spiegel, der ein Bild des Lochs erzeugt. Dieses Bild, das sich scheinbar hinter der Bande befindet, besitzt den gleichen Abstand von der Bande wie das Loch. Wenn Sie den Ball in Richtung des imaginären Bildes spielen, wird er so von der Wand reflektiert, dass er ins Loch geht.

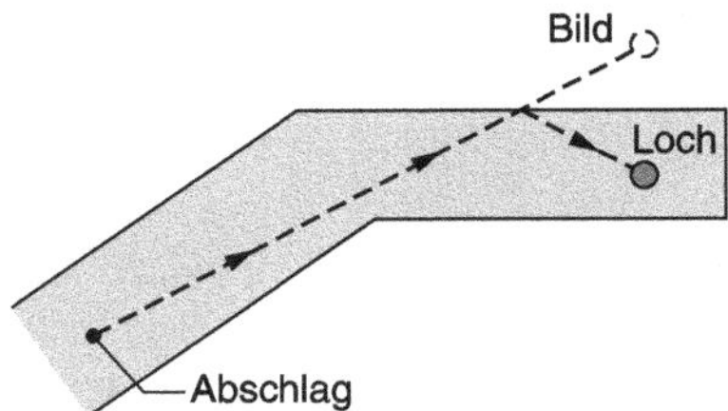

Abb. 1.29: Draufsicht auf eine Minigolfanlage zum Einlochen mit einem Schlag.

Spieler, die sich mit Minigolf (und Poolbillard, bei dem ähnliche Reflexionen vorkommen) auskennen, können in Gedanken eine Reihe solcher Reflexionen durchspielen. Natürlich erfordert das Einlochen aus verschiedenen praktischen Gründen immer noch eine Portion Glück, beispielsweise weil das Gelände uneben oder geneigt ist und wegen der vielen Details eines realen Stoßes über die Bande, die diese einfache Analyse verderben können.

1.76 Flummitricks

Wenn Sie einen *Flummi* (einen sehr elastischen Gummiball) fallen lassen, springt er beinahe in Ihre Hand zurück. Angenommen, Sie werfen ihn gerade nach unten und verleihen ihm dabei auch einen Drall. Wohin springt er?

Wenn Sie den Ball schräg mit einem *Backspin* (Rückwärtsdrall) nach unten werfen, springt er zwischen zwei Punkten auf dem Boden hin und zurück (siehe Abbildung 1.30a). Wenn Sie ihm stattdessen einen *Topspin* (Vorwärtsdrall) verleihen, wechselt er zwischen langen und kurzen Sprüngen, während er sich von Ihnen entfernt (siehe Abbildung 1.30b). (Die Höhe scheint zwischen tief und hoch zu schwanken, doch dieser Eindruck ist eine Illusion.) Wenn Sie dem Ball einen Backspin verleihen, während Sie ihn unter einen flachen Tisch werfen, kann er sich weigern, unter dem Tisch zu bleiben, und zu Ihnen zurückkehren (siehe Abbildung 1.30c). Wenn Sie ihn an eine von zwei senkrechten, parallel verlaufenden Wänden werfen, die ziemlich nah beieinander stehen, wird der Ball vermutlich zu Ihnen zurückspringen (siehe Abbildung 1.30e). Was ist für dieses merkwürdige und eigenwillige Verhalten verantwortlich, und weshalb springt ein Flummi so viel besser als ein gewöhnlicher Gummiball?

Antwort

Wenn der Flummi Drall hat, greift seine raue Oberfläche kurzzeitig am Boden, und die dadurch hervorgerufene Reibung lässt ihn in eine überraschende Richtung zurückspringen. Die

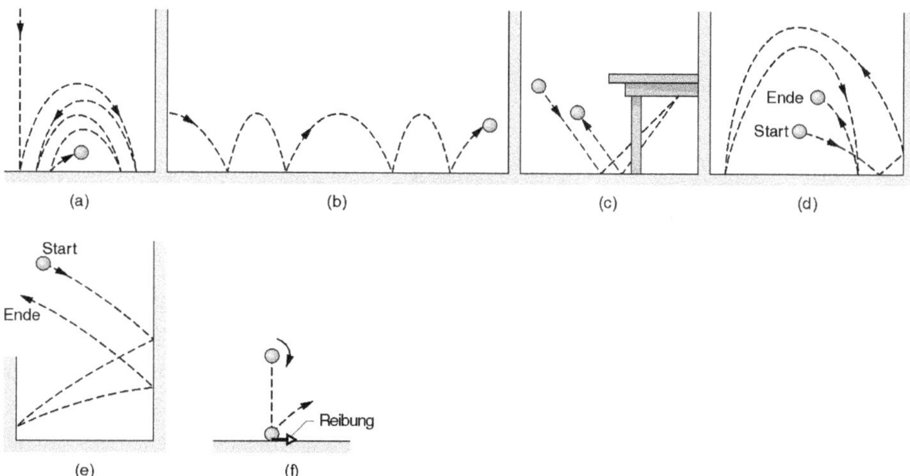

Abb. 1.30: (a)–(d) einer oder mehreren waagerechten Flächen und (e) zwei benachbarten senkrechten Flächen. (f) Reibung an einem sich drehenden Ball während des Stoßes.

Reibung ändert auch den Drall des Flummis, so dass der nächste Sprung ganz anders sein kann.

Wird der Flummi beispielsweise mit einem, von der Seite betrachtet, im Uhrzeigersinn gerichteten Drall geworfen, ist die Reibung nach rechts gerichtet (siehe Abbildung 1.30f). Der Flummi erfährt außerdem während des Stoßes eine aufwärts gerichtete Kraft vom Boden. Die Addition der beiden Kräfte lässt den Flummi nach rechts oben springen. Wenn der Ball mit Drall schräg nach unten geworfen wird, kann er von Ihnen weg, senkrecht nach oben oder sogar auf Sie zu springen. Dies hängt von der Richtung und vom Betrag des Dralls ab, der die Richtung und den Betrag der Reibung bestimmt.

Die Illusion der alternierenden Sprunghöhe entsteht durch die Variation der Steilheit der Bahnkurve des Flummis. Da sich kurze und lange Sprünge abwechseln, alterniert auch der Sprungwinkel. (Die Illusion ist so verführerisch, dass ich ihr in meinen Niederschriften zweimal Glauben schenkte, obwohl ich gerade begründet hatte, dass die Höhe nicht variieren kann.)

Dass ein Flummi so gut springt, liegt an der Art und Weise, wie der Stoß Schwingungen in ihm hervorruft. Trifft ein gewöhnlicher Gummiball auf den Boden, führt das plötzliche Zusammendrücken seiner Unterseite zu Schwingungen. Die Dauer einer Schwingung hängt vom Material des Balls ab. Es ist wahrscheinlich, dass sich diese Zeit von der Dauer des Stoßes unterscheidet. Dann schwingt der Ball weiterhin, nachdem er vom Boden abgesprungen ist. Diese Schwingungen erfordern Energie, so dass der Ball dann weniger Energie für seine Aufwärtsbewegung zur Verfügung hat und nicht besonders hoch springt.

Ein Flummi besteht aus einen Kern, der von einer Hülle aus einem anderen Material umgeben ist. Der Aufbau verändert die Schwingungen so, dass die Dauer der ersten genauso groß ist wie die Zeit, die der Flummi auf dem Boden verweilt. In dem Moment, in dem sich die Unterseite des Flummis wieder entspannt und er vom Boden abhebt, ist die Schwingung gegen den Boden gerichtet, so dass sie den Absprung des Flummis unterstützt. Infolgedessen

wird die Schwingungsenergie des Balls wieder in Translationsenergie umgewandelt, so dass der Flummi springen kann.

Um die Richtung zu bestimmen, in die der sich drehende Flummi springt, kann man nach folgender Regel vorgehen. Sie ergibt sich aus der Gesetzmäßigkeit, dass die kinetische Energie und der Drehimpuls des Flummis während des Sprungs erhalten bleiben. Die Vertikalgeschwindigkeit wird lediglich umgekehrt. Die Horizontalgeschwindigkeit am untersten Punkt des Flummis wird ebenfalls umgekehrt, was sich aber nur schwer veranschaulichen lässt, weil sie sich sowohl aus dem Drall des Flummis als auch aus der Horizontalgeschwindigkeit seines Schwerpunkts zusammensetzt. Wenn Sie die Vektoren der Vertikal- und Horizontalgeschwindigkeiten unmittelbar nach dem Stoß addieren, erhalten Sie den Vektor der Richtung, in die der Flummi springt.

1.77 Racquetball

Die Sprungkraft eines Racquetballs, der ein ziemlich elastischer Ball ist, wird durch seinen Drall bestimmt. Sie können dem Ball einen Drall verleihen, indem Sie den Racquetschläger über oder unter dem Ball entlangfahren, während Sie ihn schlagen. Sie können den Ball auch so an eine Wand oder die Decke spielen, dass der Stoß zu einem Drall führt. Ist er einmal entstanden, kann der Drall den Ball so aufspringen lassen, dass Ihr Gegner irritiert ist. Wie verhält sich der Ball beispielsweise, wenn er mit Top- oder Backspin horizontal gegen die Vorderwand trifft?

Eine der raffiniertesten Techniken im Racquetball ist der Z-Schlag, der in den 1970-er Jahren kreiert wurde. Wie in Abbildung 1.31a illustriert, wird der Ball dabei von der rechten Seite des Platzes geschlagen. Nachdem er die linke Seite der Vorderwand weit oben getroffen hat und anschließend an den vorderen Teil der linken Seitenwand gestoßen ist, springt er tiefer im hinteren Teil der rechten Seitenwand ab. Er bewegt sich dann parallel und so nah zur Rückwand, dass Ihr Gegner große Schwierigkeiten haben wird, den Ball zurückzuschlagen. Ein Grund dafür ist, dass der Ball sich über die Breite des Platzes bewegt, was im Spiel eine ungewöhnliche Situation ist. Andererseits bewegt sich der Ball so nah an der Rückwand, dass Ihr Gegner zu einem Vorwärtsschlag nicht hinter ihn treten kann. Die einzige Hoffnung besteht darin, den Ball so heftig auf die Rückwand zu schlagen, dass er bis zur Vorderwand springt.

Was ist die physikalische Ursache für die Bahn, die der Ball bei einem Z-Schlag nimmt?

Antwort

Die Rolle des Effets und der Reibung bei einem abspringenden Ball wurde bereits in der vorherigen Fragestellung erklärt. Wenn Sie denn Ball mit Topspin horizontal an die Wand schlagen, springt der Ball hoch und fliegt anschließend weit in den Platz hinein (siehe Abbildung 1.31b). Wenn Sie ihm stattdessen Backspin verleihen, springt er an einem Punkt auf dem Boden auf,

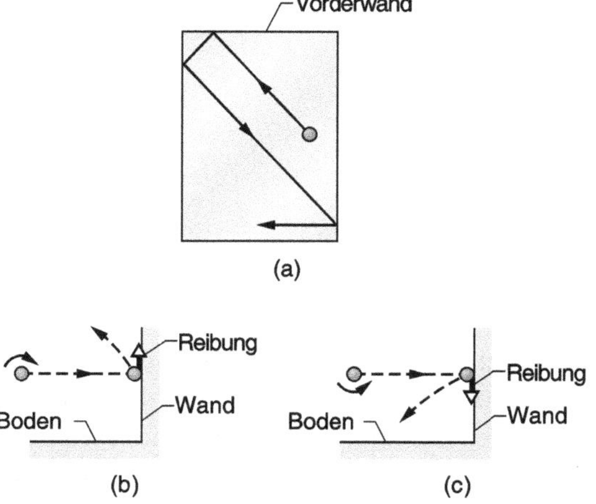

Abb. 1.31: (a) Ein Z-Schlag beim Racquetball. Abprallen des Balls von der Wand mit (b) Topspin und (c) Backspin.

der in der Nähe der Vorderwand liegt (siehe Abbildung 1.31c). (Daher können Sie Ihren Gegner mithilfe des Dralls quer über den Platz rennen lassen.)

Bei einem Z-Schlag schlagen Sie den Ball, ohne ihm einen Drall zu verleihen. Doch erhält er einen (aus der Draufsicht gesehen) im Uhrzeigersinn gerichteten Drall, wenn er die ersten beiden Male abspringt. Beim dritten Anschlag hält die durch den Drall erzeugte Reibung die Rückwärtsbewegung des Balls auf, und der Stoß treibt den Ball auf eine Bahn, die rechtwinklig zur rechten Wand verläuft. Der Spieler, der diesen Schlag erstmals einsetzte, überrumpelte seine Gegner damit, denn diese konnten die außergewöhnliche Bahn des Balls aufgrund ihrer Spielerfahrung nicht einschätzen.

1.78 Kurzgeschichte: Ein umstrittenes Tor

Bei den Weltmeisterschaften im Feldhockey im Jahre 1975 erzielte Indien ein Tor mit einem Schuss, über den der Schiedsrichter wie folgt entschied: Der Ball kreuzte die Torlinie, traf den senkrechten Holzpfosten auf der rechten Torseite (der sich wohl kaum jenseits der Torlinie befand) und sprang anschließend ins Spielfeld zurück (siehe Abbildung 1.32). Obwohl ein solches Rückspringen in diesem Sport höchst unwahrscheinlich ist, kann es jedoch dann vorkommen, wenn der Ball in einem bestimmten Winkel auf das Tor zufliegt und gleichzeitig einen Drall hat. Weniger Drall ist nötig, wenn der Schuss von der linken Torseite aus geführt wird. Falls der Winkel zum Tor (zwischen Flugbahn und Ziellinie) 25° überschreitet, ist ein Zurückspringen des Balls unmöglich. Niemand erinnert sich an die genauen Einzelheiten des Schusses bei diesem Spiel, doch die Entscheidung des Schiedsrichter war zumindest plausibel.

1.79 Tennis

Mit welcher Stelle eines Tennisschlägers müssen Sie den Ball treffen, damit Sie die größte Ballgeschwindigkeit mit geringstem Kraftaufwand beim Schlag erreichen? Wie verhindern Sie

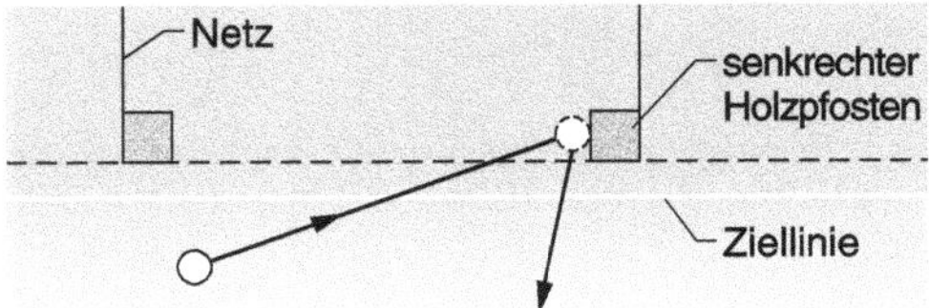

Abb. 1.32: Draufsicht (nicht maßstabsgerecht) auf den Weg eines Hockeyballs, der zunächst den Torpfosten trifft und dann ins Spielfeld zurückspringt.

dabei am wirkungsvollsten, dass sich der Schlägergriff während des Schlages in Ihrer Hand dreht? Und wie schaffen Sie es, dass dabei die geringsten Schwingungen des Schlägers durch den Schlag (und folglich die geringsten Schwingungen des Griffs gegen Ihre Hand) auftreten?

Beeinflusst die Festigkeit Ihres Griffs die Abprallgeschwindigkeit des Balls? Gibt es tatsächlich so etwas wie einen schnellen Platz und einen langsamen Platz?

Antwort

Wenn Sie den Ball schlagen, sollten Sie sich darum bemühen, dass er auf der langen Symmetrieachse des Schlägers aufkommt; Sie verleihen dem Ball dadurch nicht nur eine größere Geschwindigkeit, sondern vermeiden auch, dass sich der Schläger in Ihrer Hand dreht. Mit welcher Stelle auf dieser Achse Sie genau den Ball treffen sollten, hängt vom Schlägertyp ab und davon, welches von den in den Fragen genannten Zielen Sie vorrangig verfolgen. Jeder der Bereiche in der Bespannung des Schlägers, der eines der genannten Ziele erfüllt, wird als *Sweet Spot* bezeichnet. Wegen dieser Mehrdeutigkeit ist der Begriff verwirrend, wenn nicht auch das verfolgte Ziel im Zusammenhang damit angegeben ist.

Sweet Spot 1 ist ein Bereich, in dem ein Schlag dem Ball die maximale Geschwindigkeit verleiht. Dieser Sweet Spot befindet sich in der Nähe des Schlägerhalses und nicht, wie man vermuten könnte, im Mittelpunkt der Schlägerfläche. Die Lage hängt mit der Energiemenge zusammen, die dem Schlag verloren geht, weil sie für die Deformation von Schlägerbespannung und Ball verbraucht wird. Während des Schlages werden sowohl der Schläger als auch der Ball deformiert. Sie schnellen anschließend wieder in ihre ursprüngliche Form zurück. Die zur Deformation aufgewendete Energie wird dem Ball nicht zurückgegeben, weil der Ball die Saiten verlässt, bevor sie in ihre ursprüngliche Lage zurückkehren. Um also diesen Energieverlust zu minimieren, sollte der Ball sehr nah am Hals aufkommen, dort, wo der Rahmen des Schlägers wegen des benachbarten Griffs am starrsten ist. Doch aufgrund der in die Deformation des Balls gesteckten Energie verschiebt sich der Sweet Spot etwas vom Hals weg. Dieser Verlust ist sehr nah am Hals größer, denn dort sind die Saiten enger gespannt und stellen daher für den Ball eine festere Struktur dar als in der Mitte des Schlägers. Somit befindet sich Sweet Spot 1 wegen der Festigkeit des Schlägers in der Nähe des Halses, jedoch etwas oberhalb des Halses, weil dort die Saiten etwas lockerer sind.

Sweet Spot 2 ist ein Bereich, in dem beim Aufprall keine Kräfte auf die Hand am Schlägergriff wirken. In erster Linie werden durch den Aufprall Schläger und Hand zurückgestoßen, doch es gibt auch eine gewisse Tendenz, den Schläger zu drehen. Wenn der Aufprall im Sweet Spot 2 erfolgt, wird der Rückstoß auf die Hand durch eine Vorwärtsbewegung des Griffs aufgrund der Drehung aufgehoben. Trifft der Ball den Schläger an einen Punkt, der von der Hand weiter als Sweet Spot 2 entfernt ist, bewirkt die Drehung des Schlägers, dass der Griff aus der Hand gezogen wird. Befindet er sich näher an der Hand als Sweet Spot 2, bewirkt die Drehung, dass der Griff in die Hand gedrückt wird.

Sweet Spot 3 ist ein Bereich, in dem der Aufprall kleine Schwingungen des Schlägers auslöst (und daher auch kleine Schwingungen gegen die Hand am Griff). Trifft der Ball an irgendeiner anderen Stelle auf, schwingt er kurz und möglicherweise heftig, so ähnlich wie die Klangstäbe eines Xylophons schwingen, wenn man sie anschlägt.

Es gibt auch noch einen schlecht definierten Sweet Spot 4. In diesem Bereich erscheint dem Spieler der Aufprall aus einer Vielzahl von Gründen subjektiv am besten.

Während einige Tennistrainer einem Spieler empfehlen, den Schläger während des Ball-Schläger-Kontakts sehr fest zu halten, um die Rückschlaggeschwindigkeit des Balls zu erhöhen, zeigen Forschungen, dass die Rückschlaggeschwindigkeit nicht von der Festigkeit des Griffs abhängt. Der Vorteil eines festen Griffs scheint vielmehr darin zu liegen, dass der Spieler den Schläger besser unter Kontrolle hat, wenn der Aufprall nicht auf der Längsachse des Schlägers erfolgt und sich der Schläger dadurch dreht. Der Nachteil eines festeren Griffs liegt im Wesentlichen darin, dass die Schlagkraft und die sich daraus ergebenden Schwingungen stärker auf den Arm übertragen werden, was zu den als *Tennisarm* bekannten Beschwerden beiträgt. Um diese Übertragung etwas zu verringern, entspannen erfahrene Spieler etwas den Griff unmittelbar vor dem Auftreffen des Balls etwas, indem sie in diesem Moment aufhören, den Schläger zu beschleunigen.

Der auf einem Platz verwendete Belag (u. a. Lehm, Holz, Gras oder Teppich) kann die Horizontalgeschwindigkeit eines Balls beeinflussen, der kurz über dem Netz getroffen wird, anschließend am Boden abprallt, und quer über den Platz fliegt, bevor er zurückgeschlagen wird. Je nachdem, in welchem Maß die Horizontalgeschwindigkeit des Balls nach dem Aufprall erhalten bleibt, wird der Platz als schnell oder langsam bezeichnet. Auf einem schnellen Platz ist die Reibung gering und ein größerer Teil der Horizontalgeschwindigkeit bleibt erhalten. Auf einem langsamen Platz ist die Reibung hoch und ein größerer Teil der Horizontalgeschwindigkeit geht verloren. Wird der Ball in einem hohen Lob geschlagen, kommt er in einem so steilen Winkel auf, dass er über den Platz rollt (anstatt zu gleiten), und der Ball verliert bei allen üblichen Platzbelägen immer etwa 40 % seiner Horizontalgeschwindigkeit.

1.80 Fahrräder und Motorräder

Weshalb ist ein fahrendes Fahrrad oder Motorrad ziemlich stabil, selbst wenn Sie freihändig fahren? Wie fahren Sie um eine Kurve? Können Sie mit einem Fahrrad um die Kurve fahren, ohne den Lenker zu benutzen? Weshalb ist das moderne Design eines Fahrrads erheblich stabiler als frühere Designs? Weshalb haben moderne Fahrräder eine Vorderradgabel, die sich vom Fahrer wegkrümmt? Welchen Vorteil hätte ein Fahrrad mit einem tief liegenden Schwerpunkt bei einem Rennen?

Antwort

Die Frage, weshalb ein fahrendes Fahrrad oder Motorrad stabil ist, wird seit langem diskutiert. Einige Forscher favorisieren die Idee, dass die Räder wie ein Kreisel wirken – aufgrund ihres Drehimpulses tendieren sie dazu, jede zufällige Schräglage auszugleichen. Jedoch haben Forschungen gezeigt, dass dieser Effekt klein ist, insbesondere beim Fahrrad. Ein weiteres Argument ist, dass Sie das Rad in die Auslenkungsrichtung drehen und es durch seine und Ihre Vorwärtsbewegung ausgerichtet wird. Doch das kann nicht alles sein, wie jeder weiß, der schon einmal freihändig Fahrrad gefahren ist. Beide Erklärungen versagen auch, wenn begründet werden soll, warum ein Fahrer ein Fahrrad auch dann senkrecht halten kann, wenn das Fahrrad stillsteht.

Die beste Erklärung scheint eine zu sein, die die *Spur* des Vorderrads in Betracht zieht – also den Abstand zwischen der Stelle, die eine vertikale Gerade durch die Vorderachse auf dem Boden berührt, und der Stelle, die eine gedankliche Projektion der Lenkachse berührt. Falls sich die Spur vom Reifen nach vorn erstreckt (wie es bei den meisten – vielleicht sogar allen – Fahrrädern der Fall ist), steuert das Vorderrad automatisch in die Schräglage, wenn Sie zufällig schwanken, wobei es die Schräglage reduziert. Indem Sie beim Drehen des Rades nachhelfen, können Sie die Korrektur unterstützen. Sie müssen aber nicht nachhelfen. Hätte des Fahrrad eine Spur, die sich in Richtung des Hinterrads anstatt des Vorderrads erstrecken würde, würde das Vorderrad einer zufälligen Schräglage nicht automatisch gegensteuern, und Sie müssten die Korrektur selbst vornehmen, was ein solches Fahrrad schwer fahrbar machen würde.

Die Frage, wie Sie auf einem Fahrrad oder einem Motorrad in eine Kurve lenken, ist ebenfalls lange diskutiert worden, zum Teil deshalb, weil die richtige Erklärung falsch erscheint. Wenn Sie ein Fahrrad beispielsweise nach rechts lenken wollen, müssen Sie das Vorderrad nach links drehen, was als *Gegensteuern* bezeichnet wird. Sie, der Fahrradrahmen und das Vorderrad neigen sich dann automatisch nach rechts, also in die gewünschte Kurve. Diese Neigung bewirkt ein Drehmoment, das dem Gegenlenken entgegengesetzt gerichtet ist, was Sie, den Fahrradrahmen und das Vorderrad nach rechts lenkt. Das Fahrrad befindet sich dann wieder in der Senkrechten.

Bei einem Fahrradrennen, bei dem der Fahrer steht und schnell in die Pedalen tritt, wird das Fahrrad kräftig nach links und rechts geworfen, wobei es um die Kontaktpunkte auf der Rennbahn oder dem Boden schwankt. Je tiefer der Schwerpunkt des Fahrrads liegt, umso näher befindet er sich an den Schwenkpunkten und umso leichter fallen dem Fahrer die Pendelbewegungen nach links und rechts.

1.81 Motorradweitsprünge

Der Stuntman Evel Knievel vollführte in den 1960er und 1970er Jahren zahlreiche spektakuläre Sprünge mit dem Motorrad. Dazu fuhr er zunächst eine Rampe hoch und flog dann über mehrere Autos oder Lastwagen durch die Luft, um auf einer weiteren Rampe auf der gegenüberliegenden Seite zu landen. Meist führte er die Sprünge erfolgreich aus, doch gelegentlich verlor er während der Landung die Kontrolle über das Motorrad und verletzte sich ernsthaft. Im Jahre 1978 versuchte sich ein junger Mann mit einem ähnlichen Sprung über die Flügel einer DC 3. Er beging aber den Fehler, die Drosselklappe während des Fluges weit geöffnet zu lassen. Weshalb kostete ihn dieser Fehler das Leben?

Antwort
Wenn das Hinterrad die erste Rampe verlässt, verschwindet die Reibung plötzlich, die bis dahin seine Bewegung verzögerte. Wenn dann die Drosselklappe immer noch offen ist, so dass der Motor das Rad weiterhin antreibt, dreht sich das Rad schneller als zuvor. Da sich das Motorrad und der Fahrer in der Luft befinden und frei von äußeren Drehmomenten sind, kann sich ihr Drehimpuls nicht ändern. Wenn sich also das Hinterrad schneller zu drehen beginnt, müssen sich Motorrad und Fahrer in die entgegengesetzte Richtung drehen, damit der Drehimpuls erhalten bleibt. Die Drehung drückt den vorderen Teil des Motorrads nach oben, vielleicht sogar um 90°, was die Landung auf der gegenüberliegenden Rampe nahezu unmöglich macht. Das Schließen der Drosselklappe im Moment des Abhebens würde der gefährlichen Drehung vorbeugen. Noch besser wäre es, das Rad abzubremsen, weil sich das Motorrad dadurch nach unten neigen würde. Damit wäre eine Landung gut vorbereitet.

1.82 Skateboards

Weshalb ist es einfacher, sich auf einem Skateboard zu halten, wenn es in Bewegung ist, als wenn es ruht? Was müssen Sie tun, um mit einem Skateboard über ein Hindernis zu springen? (Dieser Skateboardtrick wird auf der Straße als *Ollie* bezeichnet.)

Antwort
Ihre Instabilität rührt von einer unvermeidlichen Schräglage nach rechts oder links her. Ein Forscher zeigte, dass bei einem einfachen Modell eines Skateboards die Schräglage automatisch durch die Vorwärtsbewegung korrigiert wird, vorausgesetzt Ihre Geschwindigkeit übersteigt einen kritischen Wert, der bei etwa 0,8 Metern pro Sekunde liegt. Jede zufällige Schräglage dreht dann die Vorder- und Hinterräder und löst kleine Schwankungen nach rechts und links aus, ohne Sie vom Board zu werfen. Die Frequenz der Schwankung nimmt mit der Geschwindigkeit zu.

An einem komplizierteren Modell entdeckte der Forscher einen zweiten kritischen Wert für die Geschwindigkeit, bei dessen Überschreiten das Board wieder instabil gegen zufällige Schräglagen wird und vom Fahrer eine gewisse Wendigkeit erfordert. Jedoch scheint sich die Stabilität wieder einzustellen, wenn die Geschwindigkeit einen dritten kritischen Wert übersteigt. Derart hohe Geschwindigkeiten werden aber beim Skateboardfahren nicht erreicht.

Um mit dem Skateboard einen Sprung auszuführen, müssen Sie wie folgt vorgehen: Im geeigneten Moment lassen Sie den vorderen Fuß nach hinten gleiten, bücken sich und drücken dann stark auf das Skateboard nach unten, um sich selbst nach oben zu schleudern. Da sich Ihr hinterer Fuß auf dem hinteren Teil des Skateboards befindet, also hinter den Hinterrädern, schlägt das Skateboard infolge des Nach-unten-Drückens auf den Gehweg. Der Stoß schleudert das Skateboard wieder nach oben, und es beginnt sich auch um seinen Schwerpunkt zu drehen. Während sich das Skateboard hebt und dreht, beugen Sie beide Beine, um das Heben nicht zu hemmen, aber gleichzeitig ziehen Sie Ihren vorderen Fuß nach vorn, um die Drehung zu kontrollieren. Wenn Sie alles richtig gemacht haben, gleicht Ihr vorderer Fuß das Skateboard dann aus, wenn es sich am höchsten Punkt seines Aufstiegs befindet. Anschließend bereiten Sie sich auf die Landung vor, indem Sie Ihre Beine beugen, um den Stoß abzufedern.

1.83 Hufeisenwerfen

Beim Hufeisenwerfen wird ein Metalleisen, das einem Hufeisen ähnelt, an einen 12 Meter entfernten Metallstab geworfen. Der Werfer bewegt bei diesem Wurf seinen Arm nach unten, holt hinten aus und schwingt ihn anschließend schnell nach vorn, wobei er das Eisen loslässt, wenn der Arm etwa waagerecht ist. Wenn das Eisen auf dem Boden landet, soll es den Pfosten möglichst mit seinen Schenkeln umschließen. Dies lässt sich erreichen, indem man es über den Boden gleiten lässt. Doch stehen die Chancen für einen Treffer besser, wenn das Eisen den Pfosten im Flug trifft und dann auf der Stelle nach unten fällt.

Ein ungeübter Werfer wird geneigt sein, das Eisen in einem sogenannten *Flip* zu werfen. Dabei wird die Mitte des Eisens wie in Abbildung 1.33a gehalten. Wenn das Eisen losgelassen wird, liegt es in einer horizontalen Ebene und seine Arme zeigen auf den Pfosten. Beim Loslassen schnippen Sie das Eisen so, dass es sich während des Fluges um seine Enden dreht.

Der Flip war ursprünglich die am weitesten verbreitete Wurftechnik, doch dann entwickelten erfahrene Spieler andere Möglichkeiten, das Eisen zu halten, zu orientieren und zu drehen. Bei einer Technik fasst man an einem Arm des Eisens an, wobei die Ebene des Eisens vom Werfer weg zeigt und gegenüber der Vertikalen geneigt ist. Beide Arme des Eisens zeigen nach oben (siehe Abbildung 1.33b). In Abhängigkeit vom Kick, den man dem Eisen gibt, vollführt es $\frac{3}{4}$, $1\frac{3}{4}$ oder sogar $2\frac{3}{4}$ Umdrehungen, bevor es den Pfosten trifft. Bei einer weiteren Technik greift man ebenfalls nicht in der Mitte, die Arme zeigen jedoch nach unten und das Eisen vollführt $\frac{1}{4}$, $1\frac{1}{4}$ oder $2\frac{1}{4}$ Umdrehungen. Weshalb erzeugen diese moderneren Techniken mehr *Ringer* (das Eisen trifft den Pfosten, umkreist ihn und fällt dann senkrecht nach unten) als ein Flip?

Antwort

Wenn das Innere des Eisens bei einem traditionellen Flip den Pfosten trifft, ist es wahrscheinlich, dass es in Ihre Richtung zurückprallt und abseits vom Pfosten landet (siehe Abbildung 1.33c). Bei den modernen Wurftechniken erfolgt ein Teil der Drehung des Eisens um eine vertikale Achse. Wenn das Innere des Hufeisens den Pfosten trifft, setzt sich dieser Teil der Drehung fort, was dazu führt, dass sich das Eisen um den Pfosten dreht. Schnell verhakt sich der offene Teil eines Schenkels im Pfosten. Dadurch wird das Eisen eingefangen, und es fällt schließlich auf der Stelle nach unten (siehe Abbildung 1.33d). Die Bezeichnung *Ringer* rührt vermutlich daher, dass sich das Eisen um den Pfosten ringt, oder von dem Geräusch, das es bei dieser Drehung erzeugt.

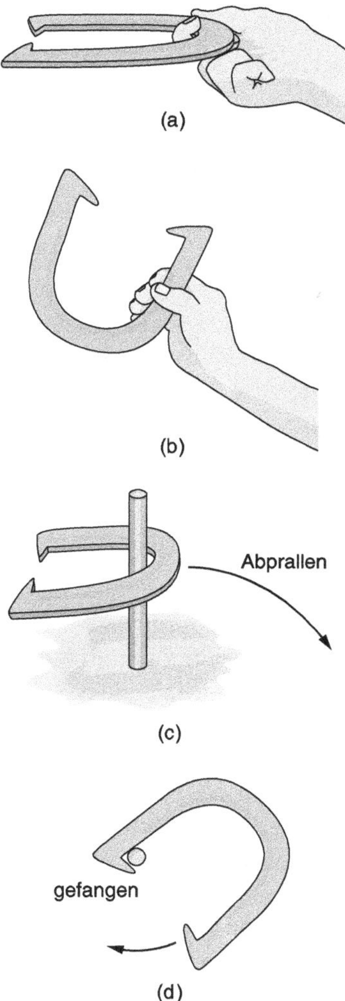

Abb. 1.33: (a) Loslassen des Hufeisens bei einem Flip. (b) Eine bessere Variante. (c) Abprallen vom Pfosten. (d) Ein Ringer.

1.84 Herumwirbelnde Hula-Hoop-Reifen und Lassos

Wie hält man einen Hula-Hoop-Reifen auf einer nahezu horizontalen Ebene in einer permanenten Kreisbewegung um den Körper? Wie bewerkstelligt ein Cowboy eine ähnliche Bewegung mit einem Lasso?

Antwort

Beide Bewegungsarten hängen mit der Kraft auf das sich drehende Objekt zusammen, die an einem Auflagepunkt ausgeübt wird. Bei einem Hula-Hoop-Reifen wird die Kraft an der Kontaktstelle des Reifens mit dem Körper ausgeübt. Bei einem Lasso wird die Kraft von der Hand ausgeübt, die an dem kurzen Seilstück zwischen der Hand und der Seilschlinge zieht.

In beiden Fällen bewegt sich der Auflagepunkt auf einem engen Kreis und drückt oder zieht am sich drehenden Reifen bzw. Lasso nach außen. Die Kraft versucht, die Ebene des Objekts in die Horizontale zu bringen. Um die Drehung aufrechtzuerhalten, muss die Drehung des Stützpunktes der Drehung durch das Objekt etwas vorauslaufen.

1.85 Jo-Jos

Wie gewinnt ein Jo-Jo durch seine Drehung Energie, wenn es wie üblich nach unten geworfen wird? Weshalb erhöht sich seine Abwärtsgeschwindigkeit zunächst und verringert sich dann? Weshalb können bestimmte Arten von Jo-Jos *schlafen* – also am Ende der Schnur in Rotation verweilen – während andere die Schnur sofort wieder nach oben klettern, wenn sie das Ende der Schnur erreicht haben? Wie wecken Sie ein schlafendes Jo-Jo, um es zum Hinaufklettern zu bewegen? Weshalb klettert es schlechter oder überhaupt nicht, wenn Sie es zu lange schlafen lassen? Weshalb dreht sich die Ebene eines Jo-Jos um die Schnur (in einer Bewegung, die als Präzession bezeichnet wird), wenn es sich in der Nähe der Hand befindet? Weshalb ist es bei einem schlafenden Jo-Jo unwahrscheinlicher, dass es präzediert?

Mit einem Jo-Jo kann man zahlreiche Tricks vorführen, darunter *Around the World* und *Walking the Dog*. Beim ersten Trick wird das sich drehende Jo-Jo dazu gebracht, auf einem großen vertikalen Kreis zu schwingen, während es sich am Ende der Schnur befindet. Beim zweiten wird ein schlafendes Jo-Jo auf den Boden gesetzt, wo es zu rollen beginnt. In welche Richtung bewegt sich das Jo-Jo, wenn man die Schnur straff und horizontal hält und plötzlich an der Schnur ruckt?

Jo-Jos gibt es in zahlreichen Formen. Zu den eindrucksvollsten gehört vermutlich jenes, das im Jahre 1977 am MIT konstruiert wurde. Die Schnur (aus Nylon) war 81 Meter lang, das Jo-Jo-Gerüst bestand aus zwei Fahrradfelgen mit einem Durchmesser von 66 Zentimetern, die durch eine Stahlachse miteinander verbunden waren. Losgelassen wurde das Jo-Jo an der Seite eines 21 stöckigen Gebäudes.

Noch gewaltiger war ein Jo-Jo mit einem Gewicht von 116 Kilogramm und 30 m Länge, das Thomas Kuhn im Jahre 1979 von einem Kran aus spielte, um den Rekord für das schwerste Jo-Jo aufzustellen. Das Jo-Jo, 1,3 Meter hoch und nahezu 0,80 Meter breit, war proportional zu einem gewöhnlichen Jo-Jo.

Angenommen, ein Astronaut spielt im Weltraum Jo-Jo. Weshalb ist es schwierig, ein Jo-Jo im Weltraum schlafen zu lassen?

Antwort

Angenommen, Sie lassen ein Jo-Jo fallen, anstatt es nach unten zu werfen. Wenn Sie ein Objekt fallen lassen, dann wird seine potentielle Energie in kinetische Energie umgewandelt und das Objekt bewegt sich während des Fallens zunehmend schneller. Bei einem Jo-Jo verhält es sich aus zwei Gründen anders: Es dreht sich und die Rotationsgeschwindigkeit hängt von der Dicke der um die Jo-Jo-Achse aufgewickelten Schnur ab. Wenn sich das Jo-Jo nach unten bewegt und sich dabei die Schnur Runde um Runde abwickelt, dreht sich das Jo-Jo immer schneller. Dadurch bleibt weniger Energie für die eigentliche Abwärtsbewegung. Infolgedessen nimmt die Geschwindigkeit, mit der sich das Jo-Jo abwärts bewegt, zunächst zu, um sich dann, etwa auf halbem Wege, wieder zu verringern. Wenn die Schnur vollständig abgewickelt ist, hat das Jo-Jo das Ende seiner Abwärtsbewegung erreicht und beginnt wieder nach oben zu steigen.

Falls die Schnur mit der Achse verbunden ist (gewöhnlich durch ein Loch im Schaft), beginnt das Jo-Jo sofort, sich wieder auf die Achse zu wickeln, wobei die Drehrichtung des Jo-Jos unverändert bleibt. Falls die Schnur stattdessen um die Achse gebunden und das Zurückspringen nicht heftig ist, wird das Jo-Jo schlafen. Sie können es wecken, indem Sie die Schnur ruckartig nach oben ziehen. Der Ruck zieht das Jo-Jo aufwärts und entlastet den Zug an der Schnur kurzzeitig. Da sich das Jo-Jo dreht, greift es einen Teil der lockeren Schnur mit der Achse auf. Vorausgesetzt, es ist genug Reibung vorhanden, bleibt der aufgefangene Teil der Schnur haften. Dies veranlasst das Jo-Jo dazu, die Schnur weiter aufzuwickeln, wodurch es wieder nach oben klettert. Wenn Sie zu lange damit warten, ein schlafendes Jo-Jo zu wecken, ist durch die Reibung zwischen der Achse und der Schlaufe zu viel Rotationsenergie verloren gegangen, und das Jo-Jo ist nicht mehr in der Lage, zu Ihrer Hand aufzusteigen.

Im Weltraum ist die Gravitation effektiv ausgeschaltet, da sich sowohl der Astronaut als auch das Jo-Jo im freien Fall befinden. Um Jo-Jo zu spielen, müsste es ein Astronaut werfen – es würde nicht von allein von ihm wegfallen. Wenn es das Ende der Schnur erreicht, lässt es der abrupte Halt zurückspringen, und es wird höchstwahrscheinlich die lockere Schnur wieder aufgreifen und zurückkehren. Um es schlafen zu lassen, muss der Astronaut während des Zurückspringens vorsichtig an der Schnur ziehen, so dass der Zug das Wiederaufwickeln der Schnur verhindert. Der Astronaut könnte das Jo-Jo auch im Kreis schwingen, um den Zug aufrecht zu erhalten.

Zufällige Störungen haben die Tendenz, das Jo-Jo in Präzession zu versetzen. Doch ist die Präzession gewöhnlich nur dann merklich, wenn sich das Jo-Jo in der Nähe der Hand befindet, wo es sich langsam dreht. Während es schläft, erzeugt die hohe Rotationsgeschwindigkeit einen großen Drehimpuls, der das Jo-Jo stabilisiert. Das Jo-Jo ähnelt dann stark einem Kreisel.

Die Analyse der Tricks überlasse ich Ihnen. Bei *Walking the Dog* sollten Sie aber vielleicht einige Varianten bei der Orientierung der Schnur betrachten, wie die nächste Fragestellung nahelegt.

1.86 Abrollen eines Jo-Jos

Angenommen, Sie wickeln ein kurzes Stück der Schnur an einem Jo-Jo ab, setzen das Jo-Jo so auf den Tisch, dass sich die Schnur unter der zentralen Achse abrollt, und ziehen die Schnur horizontal zu sich. Bewegt sich das Jo-Jo auf Sie zu oder von Ihnen weg oder dreht es sich auf der Stelle? Wie verhält es sich, wenn Sie in einem Winkel zur Tischoberfläche nach oben ziehen? Wie verhält es sich, wenn Sie das Jo-Jo so herumdrehen, dass die Schnur über der zentralen Achse rollt? Bevor Sie mit einem Jo-Jo zu experimentieren beginnen, sollten Sie versuchen, die Antworten durch Überlegen herauszufinden. Falls Sie kein Jo-Jo zur Hand haben, können Sie andere Arten von Rollen benutzen, beispielsweise eine Garnrolle.

Stellen Sie ein Fahrrad an den Tisch und richten Sie es so ein, dass sich ein Pedal in seiner tiefsten Position befindet. Ziehen Sie dann dieses Pedal nach hinten. Bewegt sich das Fahrrad? Falls dem so ist, in welche Richtung bewegt es sich?

Antwort

Die Analyse des Jo-Jos ist am einfachsten, wenn Sie den Berührungspunkt zwischen dem Jo-Jo und dem Tisch als den Punkt betrachten, um den das Drehmoment berechnet werden soll. Da die Reibung des Tisches am Jo-Jo in diesem Punkt wirkt, erzeugt die Reibung kein Drehmoment, das das Jo-Jo zu drehen versucht. Um die Richtung zu bestimmen, in der sich das Jo-Jo bewegt, müssen Sie dann nur das von der Schnur ausgeübte Drehmoment betrachten. Falls das Drehmoment im Uhrzeigersinn gerichtet ist (siehe Abbildung 1.34), muss das Zentrum des Jo-Jos dem Berührungspunkt im Uhrzeigersinn nachlaufen, und somit bewegt es sich auf Sie zu.

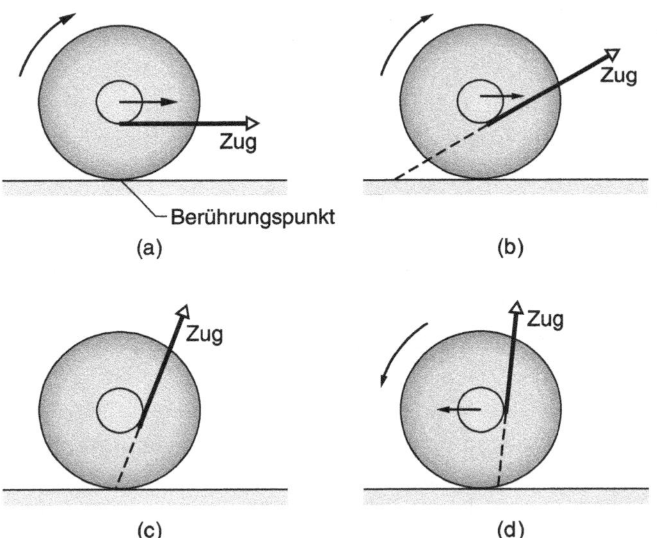

Abb. 1.34: (a)–(d) Die Zugrichtung bestimmt die Richtung, in die das Jo-Jo rollt.

Angenommen, die Schnur rollt sich von unten von der Achse ab. Wenn Sie die Schnur horizontal ziehen, ist das dadurch erzeugte Drehmoment bezüglich des Berührungspunktes im Uhrzeigersinn gerichtet, und das Jo-Jo bewegt sich auf Sie zu (siehe Abbildung 1.34a). Um auszuprobieren, was passiert, wenn Sie etwas nach oben ziehen, verlängern Sie gedanklich den Kraftvektor der Schnur so weit, bis die Verlängerung den Tisch erreicht. Befindet sich die Verlängerung links vom Berührungspunkt (wie in Abbildung 1.34b), ist das Drehmoment immer noch im Uhrzeigersinn gerichtet und das Jo-Jo bewegt sich immer noch auf Sie zu. Falls die Verlängerung durch den Berührungspunkt verläuft (Ihr Zug hat eine größere Neigung), ist das Drehmoment aufgehoben und das Jo-Jo dreht sich auf der Stelle (siehe Abbildung 1.34c). Falls die Verlängerung rechts vom Berührungspunkt den Tisch schneidet (Ihr Zug hat eine noch größere Neigung), wirkt das Drehmoment entgegen dem Uhrzeigersinn und das Jo-Jo bewegt sich von Ihnen weg (siehe Abbildung 1.34d).

Wenn sich die Schnur von oben abwickelt, rollt das Jo-Jo bei jedem Neigungswinkel des Zugs auf Sie zu, weil die Verlängerung des Kraftvektors immer links vom Berührungspunkt die Tischplatte schneidet.

Bei der Anordnung mit dem Fahrrad gilt: Das Fahrrad rollt aufgrund Ihres Zugs nach hinten. Die vorwärts gerichteten Reibungskräfte an den Reifen wirken (obwohl kleiner als Ihr Zug) an einem größeren Radius und dominieren die Drehung, so dass das Pedal gegen Ihren Zug vorwärts kreist.

1.87 Die Schallmauer durchbrechen

Der aktuelle Geschwindigkeitsrekord zu Lande wurde 1997 in der Black-Rock-Wüste (Nevada, USA) von einem strahlgetriebenen Fahrzeug, dem Thrust SSC, aufgestellt. Die Geschwindigkeit des Fahrzeugs betrug 1 222 Kilometer pro Stunde in eine Richtung und 1 223 Kilometer pro Stunde in die entgegengesetzte Richtung. Beide Geschwindigkeiten übersteigen die Schallgeschwindigkeit in Luft in dieser Region (1 207 Kilometer pro Stunde). Daher sandte das Fahrzeug Stoßwellen (Überschallknall) über den Wüstenboden zu den Beobachtern. Das Aufstellen dieses Geschwindigkeitsrekordes war aus vielen offensichtlichen Gründen sehr gefährlich, unter anderem wegen der Möglichkeit, dass der Luftdruck unter der Nase des Autos die Nase anhebt und sich dadurch das Fahrzeug nach hinten überschlägt (und dies, während es sich schneller als der Schall bewegt!). Eine subtilere Gefahr ging von den Rädern des Fahrzeugs aus. Können Sie sich denken, was gemeint ist?

Antwort

Als sich das Fahrzeug schneller als mit der örtlichen Schallgeschwindigkeit über den Wüstenboden bewegte, drehte sich jedes Rad mit mehr als 6 800 Umdrehungen pro Minute, wobei auf den Radumfängen eine riesige Zentripetalbeschleunigung von 35 000 g (das 35 000fache der Fallbeschleunigung) wirkte. Obwohl die Räder aus gegossenem Aluminium bestanden, brachte die radiale Beschleunigung das Reifenmaterial an die Grenze des Zerreißens. Es war unbekannt, wie sich das Material verhalten würde, wenn die Räder über den Wüstenboden rollten. Hätte ein Rad auch nur ein kleines Hindernis getroffen, hätte es explodieren können, was zweifellos das Ende des Autos bedeutet hätte. Da dieser Teil der Wüste zuvor für Militärübungen genutzt worden war, musste die Bodencrew die Route ablaufen, um sorgfältig nach teils verborgenen Geschosshülsen und ähnlichen Trümmern zu suchen, bevor das Fahrzeug auf seinen Kurs geschickt werden konnte.

1.88 Kurzgeschichte: Explosion beim Auswuchten

Große Maschinenteile, die ständigen schnellen Drehungen ausgesetzt sind, werden zunächst auf ihre Stabilität in einem *Rotationstestsystem* untersucht. In diesem System wird das zu testende Teil *auf Touren* (also auf hohe Rotationsgeschwindigkeiten) gebracht, während sie sich innerhalb einer zylindrischen Anordnung aus Bleielementen und Dämmungsfutter befindet.

Die gesamte Anordnung ist von einer Stahlhülle umgeben, die durch eine Klappe verschlossen ist. Falls das Maschinenteil durch die Rotation zertrümmert wird, sollen die weichen Bleielemente die Trümmerteile zum Zweck einer späteren Analyse auffangen.

Anfang 1985 wurde ein Rotationstest an einem festen Stahlrotor (einer Scheibe) mit einer Masse von 272 Kilogramm und einem Radius von 38 Zentimetern ausgeführt. Als das Testobjekt eine Winkelgeschwindigkeit von 14 000 Umdrehungen pro Minute erreicht hatte, hörten die Testingenieure einen dumpfen Schlag, der vom Testsystem ausging, das sich eine Etage tiefer, im Zimmer schräg unter ihnen befand. Als sie der Sache nachgingen, stellten sie fest, dass die Bleielemente in den Gang hinausgeschleudert worden waren. Eine Zimmertür war in das benachbarte Parkdeck geschleudert worden, ein Bleielement war von der Teststelle durch die Mauer der Küche eines Nachbarn geschossen, die Träger des Testgebäudes waren beschädigt worden, der Betonboden unter der Rotationskammer war etwa 0,5 Zentimeter nach unten geschoben und die 900 Kilogramm schwere Klappe durch die Decke geschleudert worden und dann wieder auf die Testeinrichtung zurückgefallen. Die Ingenieure konnten von Glück reden, dass die explodierenden Stücke ihren Aufenthaltsraum nicht durchdrungen hatten.

1.89 Eskimorolle

Stellen Sie sich vor, Sie fahren mit einem Kajak auf den Stromschnellen eines reißenden Flusses und kentern. Da Ihnen einleuchtet, dass es unklug wäre, die Fahrt kopfunter im Wasser fortzusetzen, versuchen Sie das Kajak aufzurichten, ohne den Sitz zu verlassen. Wie bewerkstelligen Sie dies?

Antwort

Möglich ist folgende Strategie. Während Sie durch die Umkehrlage rollen, beugen Sie sich vornüber und strecken Ihr Paddel in die Wasseroberfläche, die in der Richtung Ihrer Bewegung liegt. Anschließend ziehen Sie kräftig am Paddel, so dass der Steigwiderstand, auf den es trifft, ein Drehmoment erzeugt, das die Rolle antreibt und Sie zurück an die Wasseroberfläche bringt. Alternativ können Sie auch die Ebene des Paddels neigen und parallel zur Längsrichtung des Kajaks ziehen. In diesem Fall stammt die aufwärts gerichtete Kraft am Paddel vom Sog des durch das Paddel verdrängten Wassers.

Bis Ihr Körper die Wasseroberfläche durchbricht, erfährt er einen Auftrieb, der Ihr Gewicht effektiv aufhebt. Wenn sich Ihr Körper jedoch über die Oberfläche erhebt, wird Ihr Gewicht bedeutsam und kann die Drehung leicht stoppen. Um dies zu vermeiden, sollten Sie Ihren Körper so lange wie möglich im Wasser halten, indem Sie sich zur Seite beugen und das Kajak weiter rollen lassen, bis es sich in aufrechter Position befindet. Gleichzeitig müssen Sie weiter am Paddel nach unten oder hinten ziehen. Erst wenn das Kajak wieder aufrecht steht, dürfen Sie sich aufrichten.

Einige Kajakfahrer wenden während der Umkehrphase auch einen *Hüftschwung* an. Indem sie die Hüften in die der gewünschten Rolle entgegengesetzte Richtung schwingen, treiben sie das Kajak in die Rolle. Diese Technik ist höchst hilfreich, wenn das Paddel verloren gegangen ist und an dessen Stelle nur die ausgestreckten Arme benutzt werden können.

1.90 Curling

Beim Curling lässt man einen *Stein* über das Eis auf einen Zielbereich gleiten, der sich dabei langsam dreht. Der Stein, ein schweres Objekt, wird von einem schmalen, abgerundeten Rand getragen. Die Bahn, die der Stein nimmt, ist anfangs geradlinig. Allmählich beginnt sie sich jedoch in eine Richtung zu krümmen, wobei die Krümmung immer mehr zunimmt, je mehr sich der Stein dem Ende seiner Bahn nähert. Wird der Stein beispielsweise mit einem, von oben gesehen, im Uhrzeigersinn gerichteten Drall freigegeben, krümmt sich die Bahn nach rechts. Erfahrene Curler nutzen die Krümmung aus, um ihren Stein um einen anderen, der das Ziel verstellt, herum zu lenken. Weshalb krümmt sich die Bahn des Steins?

Curling wird oft auf „Pebbled Ice“ (Eis mit kleinen Unebenheiten, von englisch *pebble*, „Kieselstein“) gespielt, das sich bildet, wenn Wasser auf die Eisfläche gesprüht wird. Eine solche Oberfläche bewirkt eine stärkere Krümmung. Viele Spieler glauben, dass kräftiges Wischen des Eises unmittelbar vor dem Stein die Bahn verlängert und auch die Krümmung erhöht. Was könnte für diese Effekte verantwortlich sein?

Antwort

Die seitliche Ablenkung des Steins (die Krümmung seiner Bahnkurve) entsteht durch die Reibung am schmalen Rand des Steins. Bei der Reibung handelt es sich nicht um eine *trockene Reibung* zwischen dem Band und dem Eis, vielmehr liegt eine *nasse Reibung* zwischen dem Rand und einer dünnen Schicht aus flüssigem Wasser vor, das aus dem Eis durch das Reiben des Randes entstanden ist. Die Reibung ist nicht an allen Punkten des Randes gleich stark, da sie von der Geschwindigkeit des jeweiligen Punktes abhängt. Würde man den Stein ohne Rotation gleiten lassen, hätte jeder Punkt die gleiche Geschwindigkeit und die Reibung wäre gleichstark. Jedoch wird der Stein im Spiel mit einem gewissen Drall auf seine Bahn geschickt. Die Kombination aus Translation und Rotation führt dazu, dass sich unterschiedliche Punkte auf dem Rand mit unterschiedlichen Geschwindigkeiten bewegen und daher auch eine unterschiedlich starke Reibung erfahren. Das Ergebnis dieser ungleichmäßigen Verteilung der Reibung ist eine seitwärts gerichtete Nettokraft, die den Stein ablenkt. Wenn sich der Stein im Uhrzeigersinn dreht, ist die Nettokraft nach rechts gerichtet, und der Stein wird nach rechts abgelenkt. Die ungleichmäßige Verteilung der Reibung ist auch für das Verhalten des Steins am Ende seiner Bahn verantwortlich: Eine Weile, nachdem seine Vorwärtsbewegung aufgehört hat, dreht er sich um eine Stelle, als wäre er an dieser Stelle befestigt.

Was es mit dem „Pebbled Ice“ auf sich hat, ist nicht geklärt, und die Praxis des Wischens wird bei der Betrachtung mitunter vernachlässigt. Eine gekörnte Eisfläche könnte die Abhängigkeit der Reibung von der Geschwindigkeit verstärken. Gewiss entfernt das Wischen Abrieb und loses Eis, das den Stein behindern würde, aber es könnte auch die Bewegung des Steins schmieren, indem das Eis teilweise geschmolzen wird.

1.91 Drahtseilakte

Wie unterstützt ein langer, schwerer Stab einen Seiltänzer dabei, sein Gleichgewicht zu halten, insbesondere, wenn die Vorführung im Freien und bei mäßig starkem Wind stattfindet?

Einige Drahtseilakte muteten unglaublich gefährlich an. Im Jahre 1981 balancierte Steven McPeak auf einem Drahtseil, das auf der Zugspitze von Bergspitze zu Bergspitze gespannt war.

Teilweise befand er sich bei seiner Überquerung einen Kilometer über dem Boden. Am selben Tag stieg er das Seil nach oben, auf dem normalerweise die Seilbahn den Berg hinauffährt. Er schaffte es sogar, Anstiege von über 30° zu überwinden.

Im Jahre 1974 balancierte Philippe Petit über ein Drahtseil, das zwischen den Zwillingstürmen des World Trade Centers in New York gespannt war und sich in 400 Metern Höhe über der Straße befand. Er hatte das Seil mit Pfeil und Bogen von einem Turm zum anderen geschossen. Nach mindestens sieben Überquerungen wurde er von der Polizei wegen unerlaubten Betretens verhaftet. Vermutlich war den Polizisten kein anderer Grund eingefallen, ihn aufzuhalten, weil der Gesetzgeber die Möglichkeit von kriminellen Drahtseilakten nicht vorgesehen hatte.

Antwort
Um die Balance zu halten, muss der Schwerpunkt des Seiltänzers genau über dem Seil liegen. Wenn sich der Akrobat zu weit in eine Richtung lehnt, muss er seinen Körper in die entgegengesetzte Richtung zurückbeugen, um das Problem zu korrigieren. Ein schwerer Stab hilft: Wenn der Akrobat beispielsweise nach links schwankt, wird der Stab nach rechts geschoben, so dass der gemeinsame Schwerpunkt von Akrobat und Stab über dem Seil gehalten wird. Der Vorgang muss schnell ausgeführt werden, bevor der Akrobat zu stark schwankt. Ein leichter Stab hilft nur wenig – aufgrund seiner geringen Masse müsste er zu stark verschoben werden, um von Nutzen zu sein.

1.92 Bullenreiten

Weshalb ist das Reiten eines wilden Bullen oder eines sich aufbäumenden, halbwilden Pferdes (oder eines mechanischen Bullen in einer Bar, wie es in den 1970er Jahren Mode war) so schwierig? Tut ein erfahrener Reiter mehr, um auf dem Bullen zu bleiben, als sich einfach an dem Riemen festzuhalten, der um die Brust des Tieres geschlungen ist?

Antwort
Die Sitzfestigkeit des Reiters hängt von der Haltung des Bullen unter ihm ab, doch der Bulle dreht sich, springt, läuft und stoppt plötzlich. Mit jeder plötzlichen Bewegung des Bullen drohen Impuls und Drehimpuls des Reiters, ihn aus seinem Sitz zu werfen oder zu kippen. Falls sich der Reiter lediglich mit beiden Händen an dem Riemen festhält, muss er seine Kraft darauf verwenden, die Bewegung seines Oberkörpers zu bremsen.

Besser funktioniert es, wenn er einen Arm nach oben wirft, während er sich mit der Hand des anderen Arms am Riemen festhält. Er kann dann mit dem freien Arm jede plötzliche Drehung des Bullen ausgleichen. Der freie Arm muss möglichst hoch gehalten werden, so dass seine Masse weit vom Drehzentrum des Reiters entfernt ist. Nur dann kann die Bewegung des freien Arms effektiv das Kippen des relativ schweren Oberkörpers ausgleichen. Falls der

Reiter einen großen Hut in seiner freien Hand hält, kann der beim Herumwirbeln erzeugte Luftwiderstand dem Kippen des Oberkörpers einen zusätzlichen Widerstand bieten.

Ein Skateanfänger, sei es auf Kufen oder Rollen, verhält sich ähnlich, um die Balance zu halten. Als ich mit dem Inlineskaten anfing und die Skates dazu neigten, mir vorauszueilen, ruderte ich automatisch mit meinen Armen in vertikalen Kreisen nach hinten über meine Schultern (wie eine Windmühle), um meinen Schwerpunkt über den Inlineskates und damit die Balance zu halten.

1.93 Toilettenpapier abreißen

Eine der häufigen, wenn auch unbedeutenden Frustrationen des Lebens ist es, an einer Rolle perforierten Toilettenpapiers zu ziehen, nur um dann lediglich einen einzigen Abschnitt in der Hand zu halten, der natürlich für Ihre Zwecke nicht ausreicht. Das Problem ist für frische Rollen charakteristisch und seltener bei Rollen, die schon beinahe aufgebraucht sind. Weshalb sind frische Rollen so widerspenstig? Spielt der Winkel, in dem Sie ziehen, eine Rolle? Ist das Problem schlimmer, wenn das Papier von oben, oder wenn es, bei umgedrehter Rolle, von unten abgerissen wird?

Antwort

Die von Ihnen am losen Ende der Toilettenpapierrolle angewandte Kraft erzeugt ein Drehmoment, das die Rolle zu drehen versucht. Diesem Drehmoment entgegen wirkt ein Drehmoment aus der Reibung zwischen der inneren Papprolle und der Stange des Toilettenpapierhalters. Wenn Sie schwach ziehen, ist auch die Reibung klein und gerade so groß, um das Drehen der Rolle zu verhindern. Wenn Sie stärker ziehen, nimmt die Reibung bis zu einem kritischen Wert zu. Jeder stärkere Zug führt dazu, dass sich die Rolle dreht. Und wenn es erst einmal einen Schlupf gibt, wird die Reibung plötzlich verringert.

Bei einer frischen Rolle lastet ein relativ großes Gewicht auf der Stange des Rollenhaltes, was den kritischen Wert der Reibung groß macht. Der zum Drehen der Rolle erforderliche Zug ist also mit hoher Wahrscheinlichkeit so groß, dass das Papier reißt. Wenn die Rolle nahezu aufgebraucht ist und weniger wiegt, ist dieser kritische Wert kleiner und Sie können die Reibung mit einem geringeren Zug überwinden, wahrscheinlich ohne das Papier zu zerreißen. Wenn Ihr Zug aufwärts gerichtet ist, wie es üblicherweise der Fall ist, wenn das lose Ende hinten nach unten hängt, helfen Sie, die Rolle zu halten. Dadurch wird die Obergrenze für die Reibung kleiner. Es ist dann unwahrscheinlicher, dass Sie das Papier zerreißen. (Bei dieser Erklärung habe ich die Einflüsse der Hebelarme der Drehmomente nicht berücksichtigt. Sie können versuchen, meine Schlussfolgerungen nachzuprüfen, indem Sie überlegen, wie sich der Hebelarm Ihres Zuges verändert, während die Rolle aufgebraucht wird.)

Sie sehen also: Man kann der Physik nicht entrinnen, nicht einmal auf der Toilette!

1.94 Von hüpfenden Steinen zu hüpfenden Bomben

Wie müssen Sie einen flachen Stein werfen, damit er mehrfach über die Wasseroberfläche springt? Können Sie die Zahl der Sprünge erhöhen, indem Sie die Geschwindigkeit oder den Drall erhöhen, den Sie dem Stein verleihen? Wie springt ein Stein über nassen Sand, und weshalb ist die Bahn durch weit voneinander entfernte Paare eng benachbarter Kerben markiert?

Während des Zweiten Weltkrieges verwendete die britische Royal Air Force eine Waffe, die durch hüpfende Steine inspiriert war. Damit sollten etliche lebenswichtige Staumauern in Deutschland zerstört werden. Doch die Staumauern waren so stabil, dass sie nur durchbrochen werden konnten, wenn man Sprengstoff in der Nähe ihres Fußes platzierte. Das Bombardieren der Krone wäre nutzlos gewesen, und von Flugzeugen ins Wasser abgeworfene Torpedos wären nur von den Netzen umschlungen worden, die in der Nähe der Staumauern ausgebreitet worden waren. Die Schwierigkeiten des Unterfangens wurde durch die Tatsache vergrößert, dass sich die Staumauern in schmalen, tiefen Tälern befanden, die für das Ausführen von Luftangriffen ziemlich ungeeignet waren. Die Angriffe hätten ausschließlich nachts ausgeführt werden können, um die Flugzeuge möglichst nicht den Flaks auszusetzen, die die Täler schützten.

Um das Problem zu lösen, entwickelte die Royal Air Force eine zylindrische *Rollbombe* mit einer Länge von etwa 1,5 Metern und einem geringfügig kleineren Durchmesser. Wenn sich ein Flugzeug einer Staumauer näherte, verlieh ein Motor der Bombe einen großen Backspin (das obere Ende bewegte sich entgegen der Bewegungsrichtung des Flugzeugs), und die Bombe wurde dann 20 Meter über der Wasseroberfläche fallen gelassen. (Das Flugzeug war mit zwei hellen Scheinwerfern ausgestattet, deren Strahlen so ausgerichtet waren, dass sie sich 20 Meter unter dem Flugzeug kreuzten. Indem der Pilot die Flughöhe anpeilte, bei der sich der kleinste Lichtpunkt auf der Wasseroberfläche ergab, konnte er das Flugzeug in die richtige Höhe bringen.)

Was passierte mit der Bombe, wenn sie auf dem Wasser aufkam? Wie wirkte ihr Drall an der Staumauer?

Antwort

Damit der Stein gut springt, müssen Sie ihn so über das Wasser werfen, dass sowohl seine Ebene als auch seine Bahn nahezu horizontal sind. Sie sollten ihm außerdem einen möglichst großen Effet verleihen, weil dies die Orientierung des Steins stabilisiert, genau wie bei einem Kreisel. Wenn der Stein richtig auf das Wasser trifft, entsteht eine kleine Welle vor seiner Vorderflanke, und er prallt daran in Vorwärtsrichtung ab. Die Anfangsgeschwindigkeit des Steins bestimmt den Abstand zwischen den Sprüngen. Die Anzahl der Sprünge wird durch den Energieverlust bei jedem Sprung bestimmt. Der Energieverlust ergibt sich zum einen aus der Erzeugung der Welle und zum anderen aus der kurzen Reibung an der Wasseroberfläche.

Der Stein gibt nicht nur Energie ab, um die Welle zu produzieren, sondern reibt auch kurz an der Wasseroberfläche.

Steine springen zu lassen ist ein uralter Zeitvertreib, doch in den letzten Jahren wurde ein „künstlicher Stein“ aus Sand und Gips entwickelt. Seine Unterseite ist konkav, um die Reibung mit dem Wasser und damit auch den Energieverlust zu reduzieren. Während der Weltrekord mit einem natürlichen Stein gegenwärtig bei etwa 30 Sprüngen liegt, erreicht man mit solchen künstlichen Steinen 30 bis 40 Sprünge.

Um die Spur eines Steins auf dem Sand zu erklären, nehmen wir an, dass er zuerst auf seiner Hinterkante aufkommt. Dabei gräbt er eine flache Kerbe in den Sand und die Vorderseite kippt infolge des Stoßes rasch nach unten. Auf diese Weise entsteht eine zweite, dicht an der ersten gelegene Kerbe. Der zweite Stoß schleudert dann den Stein durch die Luft und richtet ihn so aus, dass in größerer Entfernung ein weiteres Paar Kerben entsteht.

Wenn die Bombe der Royal Air Force auf der Wasseroberfläche auftraf, führte ihr Backspin aufgrund der schnellen Bewegung der Unterseite dazu, dass die Bombe von der Oberfläche abprallte. Der allmähliche Energieverlust infolge der Sprünge reduzierte die Weite jedes Sprungs, doch waren sie immer noch so hoch, dass sie über die Spitzen der Torpedonetze springen konnten. Wenn die Bombe die Staumauer traf, rollte der Zylinder aufgrund des Backspins an der Wand nach unten. Dann zündete ein Druckzünder, der auf eine Tiefe von 10 Metern eingestellt war, die Bombe. Ein Kritiker urteilte darüber: „Es war eine wunderbar einfache Idee, um eine Bombe mit einem Gewicht von fast 5 000 Kilogramm auf ein paar Dutzend Zentimeter genau zu positionieren."

Eine ähnliche Bombe, die jedoch kleiner und kugelförmig war, wurde entwickelt, um Schiffe zu versenken. Dazu mussten zwei der Waffen mit Backspins von etwa 1 000 Umdrehungen versehen und anschließend von 8 Metern Höhe etwa 1,5 Kilometer vom Ziel entfernt abgeworfen werden. Die Idee bestand darin, dass sie, wie fliegende Fische über die Wasseroberfläche springend, die Netze und Sperren umgehen sollten, die das Ziel schützten. Nachdem sie mit der Schiffswand kollidiert waren, sollten sie bis auf eine vorbestimmte Tiefe hinunterrollen, wo die etwa 270 Kilogramm schwere Ladung detoniert wäre. Die Waffen hätten auch dazu benutzt werden können, lange Tunnel zu durchdringen: In die Einfahrt eines Tunnels abgeschossen, wären sie weit in den Tunnel hineingesprungen, bevor sie explodierten. Aus verschiedenen Gründen wurden die kleineren Bomben zu keinem der genannten Zwecke eingesetzt. (Physik ist immer interessant. Ihre Anwendungen können mitunter durchaus abscheulich sein.)

1.95 Eiskunstlauf-Pirouetten

Ein sich auf der Stelle drehender Eiskunstläufer ist ein Standardbeispiel, wenn es darum geht, die Drehimpulserhaltung zu demonstrieren. Wenn er seine Arme an den Körper heranzieht, beginnt er, sich schneller zu drehen. Die Zunahme der Rotationsgeschwindigkeit geht auf die Tatsache zurück, dass keine externen Drehmomente auf ihn wirken und sich daher sein Drehimpuls nicht ändert. Folglich muss seine Rotationsgeschwindigkeit zunehmen, wenn er einen Teil seiner Masse (Arme und möglicherweise ein Bein) zur Drehachse heranzieht. Dieses Argument ist mit Sicherheit korrekt, doch welche Kraft bewirkt, dass er sich schneller dreht, und warum nimmt seine kinetische Energie zu?

Antwort

Beide Fragen können mithilfe von zwei *Scheinkräften* erklärt werden, denen der Eiskunstläufer ausgesetzt ist. Die Kräfte werden als Scheinkräfte bezeichnet, weil sie aus unserer ruhenden Perspektive nicht existieren, auch wenn sie dem Eiskunstläufer aus seiner Perspektive ziemlich manifest sind – sie sind keine echten Drücke und Züge. Sie sind vielmehr seine Interpretation dessen, was er fühlt. Eine dieser interpretierten Kräfte zeigt radial nach außen, es handelt sich dabei um die *Zentrifugalkraft*. Wenn der Eiskunstläufer seine Arme und ein Bein an seinen Körper heranzieht, muss er stark gegen diese scheinbare, nach außen gerichtete Kraft arbeiten. Die von ihm verrichtete Arbeit erhöht seine kinetische Energie. Die andere interpretierte Kraft, die *Corioliskraft*, drückt ihn scheinbar um seine Drehachse. Wenn er seine Arme und gegebenenfalls ein Bein heranzieht, empfindet er es so, als würde ihn etwas Unsichtbares mit dieser Kraft anstoßen, um ihn schneller drehen zu lassen.

1.96 Ein Buch herumwirbeln

Legen Sie ein Gummiband um ein Buch, damit es geschlossen bleibt, und werfen Sie es dann in die Luft, und zwar so, dass es sich um eine der drei Hauptachsen dreht (siehe Abbildung 1.35a). Bei zwei der drei Möglichkeiten ist die Rotation stabil. Weshalb taumelt das Buch merklich, wenn man es um die andere Achse drehen will? Ähnliche Instabilitäten zeigen sich, wenn man einen Hammer, einen Tennisschläger oder eine Vielzahl anderer Objekte in die Luft wirft.

Antwort
Die Hauptachsen durch das Buch sind durch ihre zugehörigen Trägheitsmomente charakterisiert. Das Trägheitsmoment hat etwas mit der Art und Weise zu tun, wie die Masse des Buches in Bezug auf dessen Drehachse verteilt ist. Bei einer dieser Achsen ist die Masse besonders weit um diese herum verteilt (das Trägheitsmoment ist am größten), während sie sich bei einer anderen nahe an der Achse befindet (das Trägheitsmoment ist am kleinsten). (Siehe Abbildung 1.35b.) Wenn Sie das Buch um eine dieser beiden Achsen drehen, ist die Rotation stabil.

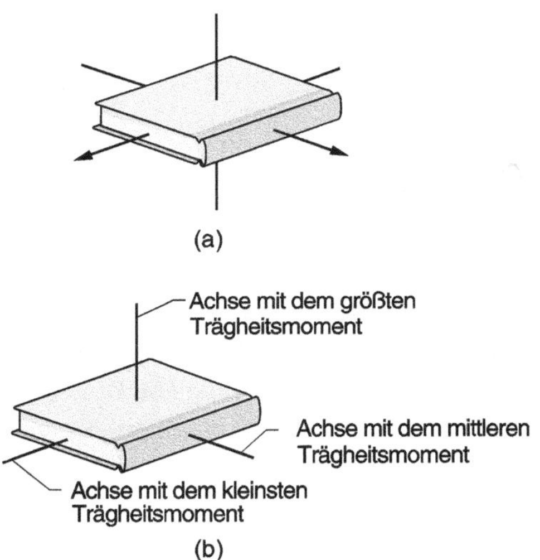

Abb. 1.35: (a) Die drei Hauptachsen durch das Buch. (b) Die mit den Hauptachsen verbundenen Trägheitsmomente.

Schwierigkeiten macht diejenige Achse, bei der Massenverteilung und Trägheitsmoment zwischen diesen beiden Extremen liegen. Könnten Sie das Buch vollkommen exakt um diese Achse drehen, würde es sich zwar um diese Achse drehen und diese Drehung während seines gesamten Fluges beibehalten. Das Problem besteht aber darin, dass Sie keinen derartig exakten Wurf ausführen können. Unvermeidlich liegen Sie etwas daneben, und dieser Fehler führt dann zu einem Taumeln, das schnell zunimmt. Man kann dieses Verhalten so interpretieren, dass der Fehler in der ursprünglichen Anordnung eine effektive Zentrifugalkraft (eine Scheinkraft, die radial nach außen gerichtet ist) am Buch erzeugt, die bewirkt, dass das Buch um die Achse mit dem größten Trägheitsmoment rotiert. Das Taumeln, das Sie beobachten, ist das Ergebnis aus der von Ihnen beabsichtigten Drehung und dem zusätzlichen Drall, der durch die Zentrifugalkraft produziert wird.

Die instabile Achse mit einem mittleren Trägheitsmoment gibt es bei allen Arten von Objekten. Wenn zwei der Achsen gleiche Trägheitsmomente haben, ist die Drehung um beide Achsen instabil und die Drehung kann zu einem langsamen Rollen um eine Achse führen anstatt zu einem offensichtlichen Taumeln. Wird der Luftwiderstand bei einem sich drehenden Objekt signifikant, ist die Drehung um die Achse mit dem größten Trägheitsmoment ebenfalls instabil. Diese Eigenschaft können Sie beobachten, wenn Sie eine rechteckige Karte in die Luft werfen, während Sie sie um die Achse mit dem größten Trägheitsmoment drehen. Es ist dann sehr wahrscheinlich, dass sich die Karte schließlich um die Achse mit dem kleinsten Trägheitsmoment dreht.

1.97 Eine fallende Katze, Astronautenpossen und ausgefallenes Kunstspringen

Wenn man eine Katze aus etwa einem Meter Höhe fallen lässt, orientiert sie sich schnell so, dass sie auf ihren Pfoten landet. Dieses Handeln scheint eine feste Regel in der Physik zu verletzen: Solange kein Drehmoment auf einen Körper wirkt, kann sich der Drehimpuls des Körpers nicht ändern. Dies müsste eigentlich auch für eine Katze gelten. Sie beginnt ohne Rotation zu fallen und ihr Drehimpuls ist daher null. Außerdem wirkt kein Drehmoment auf sie. Dennoch scheint aus ihrer Drehung zu folgen, dass ihr Drehimpuls nicht null bleibt. Verletzt die Katze ein physikalisches Gesetz?

Wie kann ein Astronaut in einem Raumschiff auf der Erdumlaufbahn ein *Gieren* vornehmen, d. h. sich nach links oder rechts herumdrehen, ohne etwas zu berühren? Wie könnte sich der Astronaut *neigen*, sich also vorwärts oder rückwärts um eine horizontale Achse drehen? Ist eine *Rolle*, also eine Drehung um eine horizontale Achse, die von vorn nach hinten verlauft, möglich? (Auch in diesem Fall haben wir es wiederum mit einem Körper zu tun, dessen Drehimpuls null ist, der kein Drehmoment erfährt und der sich dennoch dreht.)

Bei einem Kunstspringer, der von einem Brett oder einem Turm springt, verhält es sich anders, weil der Sprung gewöhnlich mit einem Drehimpuls beginnt, wenn sich der Springer beim Absprung vom Brett oder Sprungturm abdrückt. Beim einfachsten Sprung wendet sich der Springer so, dass seine Hände zuerst das Wasser berühren. Weshalb nimmt die Rotationsgeschwindigkeit zu, wenn der Springer einen *Hechtsprung* oder einen *Saltosprung* macht, bevor er sich ausstreckt, um die Wasseroberfläche zu durchstoßen? Die schnelle Drehung wird gebraucht, wenn sich der Springer mehrmals überschlagen will, bevor er das Wasser erreicht.

Wie gelingt es einem Kunstspringer, eine Schraube zu absolvieren? Ein Kunstspringer kann beispielsweise drei Schrauben mit einem eineinhalbfachen Vorwärtssalto verbinden. Ist für die Schraubendrehung ein bestimmter Absprung vom Brett nötig, oder kann der Springer das Brett wie bei einer reinen Saltobewegung verlassen und dann die Schraube einleiten, während er sich in der Luft befindet? Viele der Techniken, die beim Kunstspringen zum Einsatz kommen, werden auch von Freestyle-Skifahrern für ausgefallene Manöver in der Luft angewandt, sowie von Turnern, Skateboardern und BMX-Fahrern.

Einige Kunst- und Trampolinsprünge ähneln dem Fallen einer Katze insofern, als sie ohne Drehimpuls beginnen. Doch irgendwie gelingt es dem Kunstspringer bzw. Trampolinakrobaten ohne Zuhilfenahme eines Drehmomentes durch einen Abdruck auf einer Oberfläche, Drehungen zu absolvieren, während er sich in der Luft befindet.

Antwort

Erklärungen dazu, wie sich eine Katze sich im Fallen orientiert, werden seit etwa einem Jahrhundert abgegeben und immer noch gibt es darüber eine Kontroverse. Ich werde zwei der Erklärungen angeben, die jeweils durch Fotos belegt sind. Denken Sie aber daran, dass Katzen nicht Physik studiert haben und deshalb vielleicht auch nicht alle dieselbe Technik benutzen.

Erklärung 1: Stellen Sie sich eine Katze aus zwei Hälften bestehend vor, die durch eine flexible Naht miteinander verbunden sind, die mitten durch das Rückgrat verläuft. Durch jede Hälfte verläuft eine Achse, und die beiden Achsen verlaufen anfangs in einem Winkel, weil der Körper nach unten konvex ist. Wird die Katze fallen gelassen, drehen sich beide Hälften um ihre individuellen Achsen in *derselben* Richtung, während sich die Naht um eine horizontale Achse in der *entgegengesetzten* Richtung dreht. Wenn sich von hinten gesehen also beispielsweise beide Hälften im Uhrzeigersinn drehen, dann dreht sich die Naht entgegen dem Uhrzeigersinn. (Vergegenwärtigen Sie sich, dass der Körper der Katze nicht verdreht wird, da sich die beiden Hälften gemeinsam drehen.) Mit jeder Drehung ist ein Drehimpuls verbunden, doch das Vorzeichen des im Uhrzeigersinn gerichteten Drehimpulses ist negativ, während das Vorzeichen des entgegen dem Uhrzeigersinns gerichteten Drehimpulses positiv ist. Somit bleibt der Gesamtdrehimpuls der Katze während ihrer Drehung weiterhin null, wie er es zu Beginn des Fallens der Katze gewesen ist.

Erklärung 2: Die Katze zieht ihre Vorderbeine an, lässt ihre Hinterbeine gestreckt und peitscht ihren Schwanz entgegen dem Uhrzeigersinn herum. Diese Handlung bewirkt eine Drehung von Kopf und Körper im Uhrzeigersinn. Da jedoch die Vorderbeine angezogen sind, dreht sich der vordere Teil der Katze stärker als der hintere Teil. (Beachten Sie, dass der Körper der Katze bei dieser Erklärung verdreht wird.) Während der Schwanz weiterhin peitscht, streckt die Katze dann ihre Vorderbeine und zieht ihre Hinterbeine ein. Durch diese Korrektur dreht sich der hintere Teil der Katze schneller im Uhrzeigersinn als der vordere Teil, und somit verschwindet die Verdrehung der Katze. Zum Schluss ist die Katze aufrecht und landet mit ihren Vorderpfoten auf dem Boden. (Wenn die Katze keinen Schwanz hat, übernimmt eines ihrer hinteren Beine dessen Rolle.) Wie bei der ersten Erklärung bleibt der Gesamtdrehimpuls während des Falls null.

Um zu Gieren geht der Astronaut wie folgt vor: Er streckt sein rechtes Bein nach vorn und sein linkes nach hinten. Anschließend bringt er beide Beine wieder zusammen, nachdem er das rechte Bein nach rechts hinten und das linke Bein nach links vorn geschwungen hat. Von oben betrachtet, bewegen sich die Beine im Uhrzeigersinn. Während dieser Bewegung muss sich sein Rumpf in die entgegengesetzte Richtung, also entgegen dem Uhrzeigersinn, bewegen, so dass sein Gesamtdrehimpuls weiterhin null ist.

Um sich zu neigen, hebt er seine Arme rechts und links an und bewegt sie anschließend kreisförmig, so als würde er schwimmen. Sein Körper dreht sich dann in die entgegengesetzte Richtung. Wiederum bleibt sein Gesamtdrehimpuls null. Eine Rolle entsteht aus einer Kombination aus Neigen und Gieren. (Wo kommt er an, wenn er folgende Bewegungen hintereinander ausführt: nach links drehen, vorwärts neigen und nach rechts drehen? Wie verhält es sich bei der Bewegungsfolge: vorwärts neigen, rechts drehen und dann rückwärts neigen? Überraschenderweise landet er in derselben Orientierung, obwohl er bei beide Male wohl eher wie ein Komiker wirkt.)

Wenn Sie sich während eines Saltos strecken oder krümmen, nimmt Ihre Rotationsgeschwindigkeit zu, weil Sie Masse an die Drehachse heranziehen. (Die Situation ähnelt der eines Eiskunstläufers, der seine Arme und ein Bein an seinen Körper zieht, während er sich auf der Stelle dreht.) Das Nach-innen-Ziehen reduziert Ihr Trägheitsmoment. Ihr Drehimpuls, der das Produkt aus Trägheitstensor[4] und Winkelgeschwindigkeit ist, bleibt unverändert.

Wenn Sie während eines Saltos den rechten Arm nach oben und den linken Arm nach unten bewegen, zwingt diese Bewegung Ihren Rumpf in eine Drehung, bei der sich Ihr Kopf nach rechts bewegt. Diese Vorgehensweise ändert Ihren Drehimpuls nicht, aber sie bringt die Achse, um die Sie sich drehen, aus der Richtung des Drehimpulses. Das Ergebnis ist eine Schraube. Daher müssen Sie die Schraube nicht durch einen speziellen Absprung vom Sprungbrett oder Sprungturm einleiten, sondern können sie einfach in der Luft beginnen.

1.98 Vierfacher Salto

10. Juli, 1982 in Tuscon, Arizona (USA), während einer Vorstellung des Ringling Brothers und Barnum & Bailey Zirkus: Der Luftakrobat Miguel Vazquez löste seinen Griff um die Stange seiner Schaukel, krümmte sich, drehte sich ganze vier Mal und wurde anschließend von seinem Bruder Juan aufgefangen, der kopfüber an einer anderen Schaukel hing. Es war das erste Mal, dass ein *Vierfacher* vor einem Zirkuspublikum vorgeführt wurde, obwohl es seit 1897, der ersten Vorführung eines *Dreifachen*, dazu Versuche gegeben hatte. Was macht einen vierfachen Salto so schwierig (und einen *Viereinhalbfachen* vermutlich nahezu unmöglich?)

Antwort

Um sich auf den Sprung einzustellen, schaukeln der Luftakrobat und sein Partner jeweils an einem Trapez. Während sich der Luftakrobat nach unten auf seinen Partner zu bewegt, löst er

4 Da unsymmetrische Körper für Drehungen in verschiedene Richtungen verschiedene Trägheitsmomente aufweisen, reicht – anders als bei der trägen Masse – für die Beschreibung des Trägheitsmoments eine einzelne Zahl nicht aus, sondern es muss ein Tensor verwendet werden. Die Diagonalelemente des Trägheitstensors sind die Trägheitsmomente.

sich von seinem Trapez, zieht sich sofort in die Saltostellung zusammen und überschlägt sich. Sobald er seine vierte Drehung beendet hat, muss er sich so ausstrecken, dass sein Partner seine Arme fassen kann. Folglich gibt es für den Sprung zwei Grundanforderungen: (1) Der Luftakrobat muss sich hinreichend schnell drehen, um in der Zeit des Fluges zu seinem Partner vier Drehungen ausführen zu können. (2) Er muss sich genau dann aus der Drehung ziehen, wenn er seinen Partner erreicht, anderenfalls wird er sich zu schnell drehen, um von seinem Partner aufgefangen werden zu können.

Um die erste Forderung zu erfüllen, begibt sich der Luftakrobat in die Saltostellung, wodurch er seine Masse näher an dessen Schwerpunkt bringt, um den er sich dreht. Diese Bewegung erhöht die Rotationsgeschwindigkeit genau wie bei einem Eiskunstläufer. Jedoch können sich die meisten Akrobaten nicht so eng zusammenziehen, dass sie eine für einen *Vierfachsalto* ausreichende Rotationsgeschwindigkeit erzielen.

Um die zweite Forderung zu erfüllen, muss der Akrobat seine Umgebung ausreichend gut erkennen können. Er muss wissen, wie oft er sich bereits gedreht hat, so dass er seine Haltung zur richtigen Zeit auflöst, um gefangen werden zu können. Jedoch ist die Rotationsgeschwindigkeit für einen *Vierfachsalto* (und damit auch für einen *Viereinhalbfachen*) so groß, dass die Umgebung für den Artisten zu stark verschmiert wird, als dass er die Drehung korrekt einschätzen könnte. Daher verläuft das Fangen fast nie erfolgreich.

1.99 Fallender Toast

Angenommen, eine Toastscheibe liegt mit der Butterseite nach oben an der Kante eines Küchentisches, als jemand versehentlich gegen den Tisch stößt. Der Toast fällt taumelnd auf den Boden. Ist an der landläufigen Meinung etwas Wahres dran, dass der Toast immer auf der Butterseite landet? (Oft wird dies als Beispiel für Murphys Gesetz angeführt: Wenn ein Missgeschick passieren *kann*, *wird* es passieren.)

Antwort

Falls der Toast vom Tisch gestupst (anstatt hart gestoßen) wird, ist es möglich, vorherzusagen, auf welcher Seite der Toast landet, wenn folgende Größen bekannt sind: die Höhe des Tisches, die Stärke der Reibung zwischen Toast und Tischkante und der ursprüngliche Überhang des Toasts (wie weit der Schwerpunkt des Toasts beim Anstoßen des Tisches von der Tischkante entfernt ist). Beim Anstoßen des Tisches wird der Schwerpunkt des Toasts über die Tischkante hinaus geschoben und der Toast beginnt sich um diese Kante zu drehen. Außerdem gleitet die Scheibe über die Kante. Sowohl die Drehung als auch das Gleiten haben Einfluss auf die Rotationsgeschwindigkeit des Toasts, während dieser von der Höhe der Tischkante auf den Boden fällt. Falls die Rotationsgeschwindigkeit ausreicht, die Toastscheibe während des Fallens zwischen 90 ° und 270 ° zu drehen, dann landet der Toast auf der Butterseite. Bei typischen Tischhöhen, typischer Reibung und üblichen Toastscheiben kommt es in einem Bereich von kleinen Überhangwerten und einem Bereich von großen Überhangwerten zu einer Landung auf der Butterseite, während es bei mittlerem Überhang zu einer Landung kommt, bei der die Butterseite des Toasts nach oben zeigt. Ihrer persönlichen Experimentierfreude sind nunmehr keine Grenzen gesetzt.

1.100 Ballett

Die Anmut und Schönheit des Balletts sind teilweise auf ein raffiniertes, verborgenes Spiel mit der Physik zurückzuführen. Bei einer ausgebildeten Ballett-tänzerin werden Sie die Physik nie bemerken. Stattdessen werden Sie Bewegungen sehen, die seltsam verkehrt erscheinen, so als würden sie sich über ein physikalisches Gesetz hinwegsetzen. Und doch werden Sie kaum sagen können was genau an ihnen verkehrt ist. Es folgen zwei Beispiele:

Bei einer *Jeté-Drehung* (oder einem Drehsprung) hebt die Tänzerin scheinbar ohne Drall vom Boden ab und schaltet dann irgendwie den Drall in der Luft an. (Die Tänzerin vollführt nicht die Drehungen eines Astronauten, wie wir sie in der vorherigen Fragestellung beschrieben haben – man würde eine solche Bewegung nur schwerlich als anmutig betrachten und vermutlich würde sie zu viel Zeit erfordern). Unmittelbar bevor die Tänzerin landet, wird der Drall wieder „ausgeschaltet".

Eine *Fouetté-Drehung* ist eine Folge fortlaufender *Pirouetten*, bei denen sich die Tänzerin auf einem Fuß dreht, während sie das andere Bein periodisch ausstreckt und wieder einzieht. Eines der anspruchsvollsten Beispiele für ein *Fouetté* im klassischen Ballett findet sich im dritten Akt von *Schwanensee*, wenn der Schwarze Schwan 32 Drehungen hintereinander ausführen muss.

Wie werden die Drehungen in beiden Beispielen bewerkstelligt?

Antwort

Bei einer *Jeté-Drehung* beruht die Illusion, der Drall würde erst in der Luft an- und vor der Landung wieder abgeschaltet, darauf, wie die Tänzerin ihre Arme und Beine während des Sprungs anzieht und streckt. Diese Verschiebung verändert ihr *Trägheitsmoment*, das von der Masse der Tänzerin und davon abhängt, wie die Masse relativ zur Drehachse verteilt ist. Der *Drehimpuls* der Tänzerin ist das Produkt aus ihrem Trägheitsmoment und ihrer Winkelgeschwindigkeit (Rotationsgeschwindigkeit). Während des Sprungs kann sie ihren Drehimpuls nicht ändern. Sie beginnt den Sprung mit ausgestreckten Armen und Beinen und mit einer kleinen Winkelgeschwindigkeit, die zu gering ist, um für das Publikum wahrnehmbar zu sein. Befindet sie sich in der Luft, zieht sie anmutig ihre Arme und Beine an, um ihr Trägheitsmoment zu verringern. Weil sich ihr Drehimpuls nicht ändern kann, nimmt ihre Winkelgeschwindigkeit zu. Diese ist dann für das Publikum wahrnehmbar, was den Eindruck erzeugt, als wäre sie von der Tänzerin auf magische Weise eingeschaltet worden, nachdem sie von der Bühne abgehoben ist. Während der Vorbereitung auf die Landung streckt sie ihre Arme und Beine und stellt ihr ursprüngliches Trägheitsmoment wieder ein. Ihre Winkelgeschwindigkeit ist dann abermals zu klein, um vom Publikum wahrgenommen zu werden. Die Tänzerin scheint ihren Drall ausgeschaltet zu haben, während sie sich noch in der Luft befand.

Bei einer *Fouetté-Drehung* drückt sich die Tänzerin auf dem Boden ab, um ihre Drehung einzuleiten und stellt sich dann auf die *Spitze* eines Fußes. Anschließend bringt sie das andere Bein an die Körperachse, um ihren Drall zu erhöhen. Wenn sie sich wieder dem Publikum zuwendet, streckt sie ihr Bein, so dass es den Drehimpuls des Körpers allmählich aufnimmt, und einen Moment lang dreht sich das Bein weiter um die Körperachse, während der übrige Teil des Körpers ruht. Die Pause erlaubt es ihr, kurzzeitig von der Spitze zu gehen und sich für eine weitere Umdrehung abzudrücken.

1.101 Skifahren

Es gibt viele Varianten, wie Sie bei einer Skiabfahrt Ihre Richtung ändern können, doch wodurch genau wird dies bewirkt? Beim *Austrian Turn* bewegen Sie Ihren Körper nach unten zu den Skiern und heben ihn anschließend schnell, während Sie gleichzeitig den Oberkörper in die entgegengesetzte Richtung der gewünschten Kurve drehen.

Bei einer anderen Technik ist es erforderlich, dass Sie die Skier flach auf dem Schnee halten, während Sie ihr Gewicht nach vorn oder nach hinten verlagern. In welche Richtung Sie wenden, hängt davon ab, welchen Winkel Ihre Bahn mit dem Hang einschließt.

Die geradewegs vom Hang hinunter führende Bahn ist die *Falllinie*. Wenn Sie sich links von ihr bewegen und Ihr Gewicht nach vorn verlagern, wenden Sie von oben betrachtet im Uhrzeigersinn. Eine Gewichtsverlagerung nach hinten führt zu einer Wende in die entgegengesetzte Richtung. Genauso verhält es sich, wenn Sie rechts der Falllinie fahren.

Schwünge können auch ausgeführt werden, indem Sie Ihre Skier *kanten* – sie also so neigen, dass die hangaufwärts gerichtete Kante in den Schnee eindrückt. Wenn Sie beispielsweise Ihr Gewicht nach vorn verlagern, während Sie links der Falllinie fahren und Ihre Skier kanten, wenden Sie entgegen dem Uhrzeigersinn. Vergegenwärtigen Sie sich, dass beim Kanten die Gewichtsverlagerung zu einer Kehre führt, die der mit flachen Skiern erreichten Kehre entgegengesetzt gerichtet ist.

Weshalb ist die Außenkante eines Abfahrtskis von vorn nach hinten gekrümmt? Weshalb bevorzugen einige Skifahrer lange Skier anstatt kurze? Weshalb müssen Sie sich nach vorn lehnen, so dass Ihr Körper einen rechten Winkel mit dem Hang bildet, wenn Sie die Falllinie entlangfahren? Weshalb fallen Sie, wenn Sie unklugerweise aufrecht bleiben?

Eine neuartige Kurventechnik wurde im Jahre 1971 von Derek Swinson von der University of New Mexico vorgestellt. Anstelle von Skistöcken trug Swinson ein schweres, sich drehendes Fahrradrad, das er an einer mit Griffen versehenen Achse hielt. Die Ebene des Rades verlief vertikal und der obere Abschnitt des Rades drehte sich von ihm weg. Wenn er nach rechts wenden wollte, senkte er seine rechte Hand und hob die linke. Um nach links zu wenden, machte er es genau umgekehrt. Was verursachte die Richtungswechsel?

Antwort

Beim *Austrian Turn* verhält es sich genauso wie bei den Drehungen, die wir in den vorherigen Fragestellungen diskutiert haben. Indem Sie Ihren Körper schnell heben, verringern Sie den Kontakt zwischen den Skiern und dem Schnee, wobei sie kurzzeitig die Reibung an den Skiern reduzieren oder eliminieren. Unmittelbar in diesem Moment ist Ihr Drehimpuls null. Da keine Reibung mehr wirkt, kann sie kein Drehmoment auf Sie ausüben und der Drehimpuls kann sich nicht verändern. Wenn Sie also Ihren Oberkörper nach links drehen, müssen sich Ihr Unterkörper und Ihre Skier nach rechts drehen. Wenn Ihr Körpergewicht wieder auf den Skier lastet und die Reibung zurückkehrt, können Sie Ihren Oberkörper nun ebenfalls in die neue Bewegungsrichtung wenden.

Um zu verstehen, wie die anderen Wendetechniken funktionieren, betrachten Sie den Fall, dass Sie links der Falllinie fahren, und nehmen Sie an, dass der Schwerpunkt Ihres Körpers bei normaler Haltung über dem Mittelpunkt der Skier hält. Nehmen Sie ferner an, dass die Reibung am Ski gleichmäßig über seiner Länge verteilt ist. Die Reibung am vorderen Teil des Skis ist teilweise hangaufwärts gerichtet und erzeugt ein Drehmoment, das Sie um Ihren Schwerpunkt nach links drehen möchte (siehe Abbildung 1.36a). Die Reibung am hinteren Teil wirkt dieser Tendenz mit einem Drehmoment entgegen, das Sie nach rechts zu drehen versucht. In beiden Fällen hängt die Größe des Drehmoments davon ab, wie stark die Reibung ist, und davon, wie sie in Bezug auf Ihren Schwerpunkt verteilt ist. Die Reibung an einer weit von Ihrem Schwerpunkt entfernten Stelle erzeugt ein größeres Drehmoment als die Reibung an einer nahe gelegenen Stelle. Ist die Reibung gleichmäßig auf Vorder- und Hinterlinie des Skis verteilt, dann drehen Sie sich nicht.

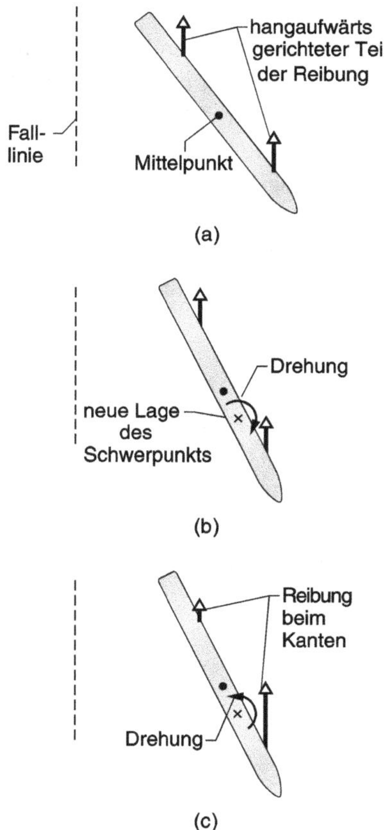

Abb. 1.36: Kräfte an einem Ski bei (a) normalem Stand, (b) vornübergebeugt und (c) zurückgelehnt.

Wenn Sie Ihren Schwerpunkt nach vorn verlagern, kippen Sie das Gleichgewicht der Drehmomente (siehe Abbildung 1.36b). Nun befindet sich ein größerer Teils des Skis hinter Ihrem Schwerpunkt und weniger davor, so dass die (Gesamt-)reibung hinten größer ist als vorn. Außerdem wirkt die Reibung an vielen Stellen entlang des hinteren Teils Ihres Skis weit von Ihrem Schwerpunkt entfernt, während der größte Teil der Reibung am vorderen Teils des Skis in seiner Nähe wirkt. Daher überwiegt das Drehmoment am hinteren Teil und Sie drehen sich nach rechts.

Wenn Sie den Ski beim Verlagern des Schwerpunkts kanten, verstärkt das Schneiden der Kante in den Schnee die Reibung am vorderen Teil des Skis und verringert sie am hinteren Teil (siehe Abbildung 1.36c). In diesem Fall überwiegt das Drehmoment am vorderen Teil des Skis, so dass Sie sich nach links drehen.

Die Kante eines Abfahrtskis ist leicht gekrümmt, damit man leichter die Richtung ändern kann. Wenn Sie die Kante in den Schnee drücken, trifft der Ski auf den geringsten Widerstand, wenn er entlang eines Weges gleitet, der die Fortsetzung dieser Krümmung ist.

Kurze Skier werden auf einer rauen Piste leicht in Schwingungen versetzt, so dass Sie Ihr Gleichgewicht verlieren können. Lange Skier sind zwar schwieriger zu steuern, aber dafür schwingen sie weniger.

Um zu verstehen, weshalb Sie sich nach vorn lehnen müssen, wenn Sie entlang der Falllinie fahren, stellen Sie sich vor, dass Ihr Gewicht durch einen Vektor an Ihrem Schwerpunkt dargestellt wird. Der Vektor kann in zwei Komponenten zerlegt werden. Eine Komponente zeigt hangabwärts und ist für Ihre Bewegung verantwortlich. Die zweite Komponente zeigt direkt in Richtung des Hangs. Wenn Sie stabil sein wollen, muss die zweite Komponente außerdem in Richtung Ihrer Füße zeigen. Wenn Sie aufrecht fahren würden, würde die zweite Komponente an Ihren Füßen ein Drehmoment erzeugen und Sie rückwärts in den Schnee drehen.

Nehmen Sie an, dass die Reibung an den Skiern bei Swinsons Vorführung vernachlässigt werden kann – er und das Rad sind von allen äußeren Drehmomenten isoliert. Da sich das Rad, von oben betrachtet, ursprünglich um eine horizontale Achse dreht, gibt es aus Ihrem Blickwinkel weder am Rad noch bei Swinson selbst eine Drehung. Das bedeutet, dass das Rad und Swinson um die Vertikale keinen Drehimpuls besitzen, eine Bedingung, die sich nicht ändern kann, weil äußere Drehmomente fehlen. Wenn Swinson den rechten Griff senkt und den linken hebt, würden Sie dann erkennen, dass sich das Rad entgegen dem Uhrzeigersinn dreht. Dies bedeutet, dass es nun einen vertikalen Drehimpuls besitzt. Um den Gesamtdrehimpuls wie ursprünglich bei null zu halten, muss sich Swinson aus Ihrer Sicht im Uhrzeigersinn drehen. Daher drehte ihn dieses Manöver nach rechts.

1.102 Verlassen auf dem Eis

Sie wachen auf und stellen fest, dass Sie sich mutterseelenallein mitten auf einem großen, zugefrorenen Teich befinden, dessen Eis ist so glatt, dass Sie darauf weder laufen noch kriechen können. Wie können Sie dieser Situation entkommen?

Angenommen, Sie liegen mit dem Gesicht nach unten auf dem Eis. Während Sie über Ihre Rettung nachdenken, kommen Sie zu dem Schluss, dass Sie sich auf den Rücken drehen müssen, um nicht zu erfrieren. Wie können Sie es schaffen, sich umzudrehen?

Antwort

Werfen Sie einen Schuh oder einen anderen Gegenstand in eine Richtung – Sie werden sich (wenn auch langsam) in die entgegengesetzte Richtung bewegen. Da das Eis auf Sie keine Kraft ausübt, muss die Summe aus dem Impuls Ihres Körpers und dem des geworfenen Gegenstands null bleiben. Wenn Sie dem Gegenstand einen Impuls verleihen, verleihen Sie also gleichzeitig auch Ihrem Körper einen ebenso großen Impuls, der in die entgegengesetzte Richtung zeigt.

Folgender physikalischerVorgang ist ähnlich: Jemand versucht, einen Bowlingball zu werfen, während er auf Inline-Skates steht, an deren Rädern beim Drehen nur eine geringe Reibung wirkt. Ich habe das versucht. Während die Inline-Skates rückwärts fuhren, blieb mein Körper auf der Stelle, und ich konnte ein Umkippen nur vermeiden, indem ich mich an der erstbesten Person festhielt.

Wenn Sie sich auf sehr glattem Eis herumdrehen wollen, müssen Sie Ihren ausgestreckten Arm geschickt gegen das Eis schlagen. Da an Ihrer Hand durch das Eis keine Reibung wirkt, übt das Eis eine aufwärts gerichtete Kraft auf Ihre Hand aus, so dass Sie sich abstützen und auf den Rücken drehen können.

1.103 Kurzgeschichte: Auf die Reihenfolge der Drehungen kommt es an

Wenn Sie drei Meter nach Norden, drei Meter nach Osten und drei Meter nach Süden laufen sollen, kommen Sie an derselben Stelle an, egal in welcher Reihenfolge Sie die drei kurzen Wege zurückgelegt haben. Bei einer Drehung kann es sich anders verhalten. Halten Sie Ihren rechten Arm nach unten, Handfläche am Oberschenkel. Führen Sie ohne Ihr Handgelenk zu drehen folgende Bewegungen aus: (1) Heben Sie den Arm in die Horizontale nach vorn. (2) Bewegen Sie den Arm horizontal nach rechts. (3) Bringen Sie den Arm wieder an die Seite Ihres Oberschenkels. Ihre Handfläche zeigt nun nach innen. Wenn Sie das Ganze wiederholen, die Reihenfolge der Einzelbewegungen jedoch umkehren, wohin zeigt dann am Ende Ihre Handfläche?

1.104 Die Eigenarten von Kreiseln

Weshalb fällt ein rotierender Kreisel selbst dann nicht um, wenn er sich merklich aus der Vertikalen neigt? Weshalb *schlafen* einige Kreisel zunächst – d. h. sie bleiben aufrecht – während andere einer *Präzession* unterliegen (die Figurenachse des Kreisels dreht sich um die Vertikale wie in Abbildung 1.37a)? Weshalb ist die Präzession oft mit einer *Nutation* verbunden, einem Auf- und Abschwenken der Figurenachse des Kreisels. Gibt es verschiedene Varianten der Nutation? Weshalb kippen einige Kreisel schnell um, während sich andere lange halten?

Antwort

Greift an einen Körper eine Kraft an, dann bewegt sich der Körper in der Regel in Richtung der Kraft. Wenn sich aber der Körper dreht, kann die Kraft zu einer Bewegung führen, deren Richtung senkrecht auf der Kraftrichtung steht. Eine solche Bewegung scheint der eben genannten Feststellung zu widersprechen. Deshalb sind Kreisel so faszinierend. Selbst ein Kind, das nichts über die Gesetze der Physik weiß, erwartet instinktiv, dass ein geneigter Kreisel umfällt, anstatt zu kreiseln.

Die traditionelle Erklärung der Präzession argumentiert mit dem Drehimpuls des Kreisels. Diese Größe beschreibt die Geschwindigkeit, mit der sich der Kreisel um seine verlängerte Achse dreht. Der Drehimpuls ist eine vektorielle Größe, die in Richtung dieser Achse zeigt. Betrachten Sie eine von oben gesehene Momentaufnahme eines Kreisels, der etwas geneigt ist und einen großen, entgegen dem Uhrzeigersinn gerichteten Drall besitzt. In Abbildung 1.37b ist der Drehimpuls des Kreisels durch einen Vektor dargestellt, der entlang der Figurenachse nach oben zeigt.

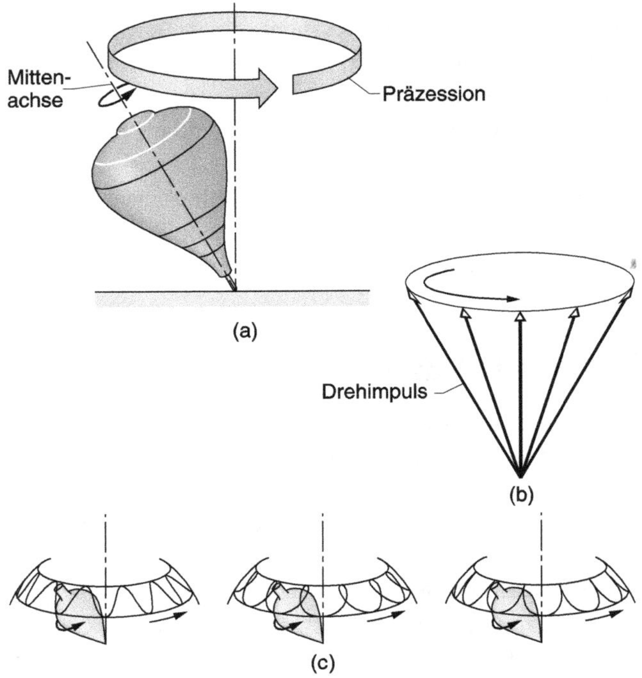

Abb. 1.37: (a) Präzession eines Kreisels um eine vertikale Achse durch den Aufstellpunkt. (b) Der Drehimpulsvektor des Kreisels bewegt sich um die Vertikale. (c) Nutation während der Präzession.

Da die Schwerkraft am Kreisel nach unten zieht, erzeugt sie an diesem ein Drehmoment, das ihn um seinen Aufstellpunkt auf dem Boden zu drehen und ihn folglich zu Fall zu bringen versucht. In der Tat würde der Kreisel umfallen, wenn er sich nicht drehen würde. Da sich der Kreisel aber dreht und bereits einen Drehimpuls besitzt, ändert das Drehmoment nur die Richtung dieses Drehimpulses, indem es den Drehimpulsvektor so dreht, dass er einen Kegel beschreibt. Da der Drehimpulsvektor auf der verlängerten Achse des Kreisels liegt, beschreibt diese Achse ebenfalls einen Kegel.

Nach dem Loslassen des Kreisels verlagert sich sein Schwerpunkt leicht nach unten, da sich der Kreisel neigt. Dabei gelten zwei Erhaltungssätze: Sowohl sein Drehimpuls um die vertikale Achse als auch seine Gesamtenergie müssen konstant bleiben. Da das Umfallen die Drehung des Kreisels aus der Vertikalen neigt, muss die Präzession so schnell erfolgen, dass der Gesamtdrehimpuls um die Vertikale konstant bleibt. Die kinetische Energie zur Präzession stammt aus dem Kippen des Kreiselschwerpunkts und der sich daraus ergebenden Verringerung seiner potenziellen Energie.

Der Kreisel kann sich nicht beliebig weit neigen ohne dass irgendwann einer der Erhaltungssätze verletzt wird, d. h. der Schwerpunkt erreicht schließlich einen tiefsten Punkt. Dann beginnt sich der Schwerpunkt wieder zu heben und die Präzession verlangsamt sich. Das Auf- und Abneigen zwischen den durch die Erhaltungssätze definierten Extrema wird als Nutation bezeichnet. Diese ist der Präzession überlagert und tritt in drei Varianten auf, die durch das Verhalten des Schwerpunktes in seinem höchsten Punkt charakterisiert sind.

Der Kreisel kann vorübergehend aufhören zu präzedieren, sich weiter in dieselbe Richtung bewegen wie am niedrigsten Punkt oder sich kurz in die entgegengesetzte Richtung bewegen (siehe Abbildung 1.37c). Was davon eintritt, hängt von der Anfangspräzession ab, die Sie dem Kreisel beim Loslassen mitgeben – sie kann in dieselbe oder die entgegengesetzte Richtung zeigen wie die durch die Schwerkraft erzeugte Präzession. Vielleicht haben Sie dem Kreisel aber auch keine Präzession mitgegeben.

Wenn Sie einen Kreisel mit einer hinreichend schnellen Rotation loslassen, bleibt er zunächst ohne Präzession und Nutation aufrecht. Da aber der Luftwiderstand und die Reibung an der Spitze allmählich Energie abziehen, fällt die Rotation unter einen kritischen Wert. Anschließend beginnt der Kreisel sich zu neigen, zu präzedieren und zu nutieren. Bei weiterem Energieverlust neigt sich der Kreisel stärker, präzediert schneller und nutiert stärker, bis er schließlich den Boden berührt.

Ein *Schläfer* ist ein Kreisel, der sich aufgrund seiner Form ausreichend lange über dem kritischen Wert zu drehen vermag, so dass die Reibung an der Spitze den Kreisel vertikal dreht und ihn aufrecht stehen lässt. Typischerweise ist ein solcher Kreisel breit und besitzt eine stumpfe Spitze, doch auch die Bodenbeschaffenheit ist von Bedeutung. Die Spitze gleitet beim Drehen, während sie sich aufgrund der Präzession ebenfalls auf einer Kreisbahn bewegt.

1.105 Kurzgeschichte: Ein eigenwilliger Koffer

Angeblich hat sich Robert Wood, ein Physiker von der John Hopkins University, einmal einen Scherz mit einem ahnungslosen Portier in einem Hotel erlaubt. Er soll ein massives Schwungrad aufgezogen und anschließend in seinen Koffer gelegt haben, bevor der Portier eintraf. Als der Portier den Koffer den geraden Gang entlang trug, fiel ihm zunächst nur dessen Gewicht auf. Als er ihn aber um die Ecke tragen wollte, verweigerte sich der Koffer auf mysteriöse Weise. Der Portier war der Erzählung zufolge so verängstigt, dass er den „besessenen“ Koffer fallen ließ und davonrannte.

1.106 Stehaufkreisel

Eine besondere Art von Kreisel, der sogenannte *Stehaufkreisel*, besteht aus einem Kugelsegment mit einem Stiel, der das fehlende Kegelsegment ersetzt. Der Kreisel wird wie üblich angetrieben, indem man den Stiel zwischen Daumen und Zeigefinger zwirbelt. Beim Loslassen befindet sich seine runde (und schwerere) Seite unten. Wenn die Reibung zwischen dem Kreisel und dem Boden stark genug ist, richtet sich der Kreisel spontan auf und dreht sich auf dem Stiel. Relativ zu Ihnen bleibt die Drehrichtung unverändert, relativ zum Kreisel kehrt sie sich um.

Ein ähnliches Aufrichten können Sie beobachten, wenn Sie einen American Football, ein hart gekochtes Ei oder einen College-Ring mit glattem Stein drehen. Weshalb bewegt sich der Schwerpunkt des Körpers in allen Fällen entgegen der Schwerkraft nach oben?

Antwort

Die Erklärung für das Verhalten von Stehaufkreiseln ist mathematisch anspruchsvoll. Entscheidend ist die Reibung an dem Teil des Kreisels, der den Boden berührt. Die Reibung erzeugt ein Drehmoment, das zur Ausrichtung führt, doch die Details des Prozesses sind kompliziert. Vereinfacht gesagt bewirkt die Reibung eine Zunahme der Präzession (siehe oben), wodurch sich der Schwerpunkt nach oben verlagert, wie es auch bei anderen Arten von Kreiseln der Fall ist.

1.107 Eierdrehen

Sie können herausfinden, ob ein Ei roh oder gekocht ist, ohne es aufzuschlagen, indem Sie es auf der Seite drehen. Ein rohes Ei dreht sich schlecht, während sich ein gekochtes Ei gut dreht. Sie können ein gekochtes Ei sogar so schnell drehen, dass es sich aufrichtet. Wenn Sie ein sich drehendes rohes Ei kurz von oben berühren, dreht es sich nach der Berührung weiter. Ein gekochtes Ei bleibt nach der Berührung unbeweglich liegen. Wie kann man dieses Verhalten erklären?

Antwort
Ein rohes Ei unterscheidet sich von einem hart gekochten Ei natürlich insofern, als das eine mit einer schwappenden Flüssigkeit gefüllt ist, während der Inhalt des anderen fest ist. Bei einem frischen Ei überlagert das Schwappen diese Drehung und setzt die Drehung erneut in Gang, wenn Sie das Ei kurz berühren und anhalten. Wird ein hart gekochtes Ei hinreichend schnell gedreht, verhält es sich wie ein Stehaufkreisel (siehe Fragestellung 1.106) und richtet sich auf.

1.108 Diabolos

Ein *Diabolo* ist ein altes Geschicklichkeitsspielzeug, das aus einer Rolle mit konischen Enden besteht, die durch eine schmale Taille verbunden sind (siehe Abbildung 1.38). Man versetzt es durch ein Seil in Rotation, das unter der Taille hindurchläuft und an zwei Griffen festgemacht ist. Sie starten am besten in einer Position, in der sich das Spielzeug auf dem Boden befindet und (falls Sie Rechtshänder sind) Ihre rechte Hand gesenkt und die linke erhoben ist. Sie spannen das Seil, indem Sie Ihre rechte Hand geschickt heben und das Seil die linke Hand nach unten ziehen lassen. Die Reibung zwischen dem Seil und der Taille dreht das Diabolo.

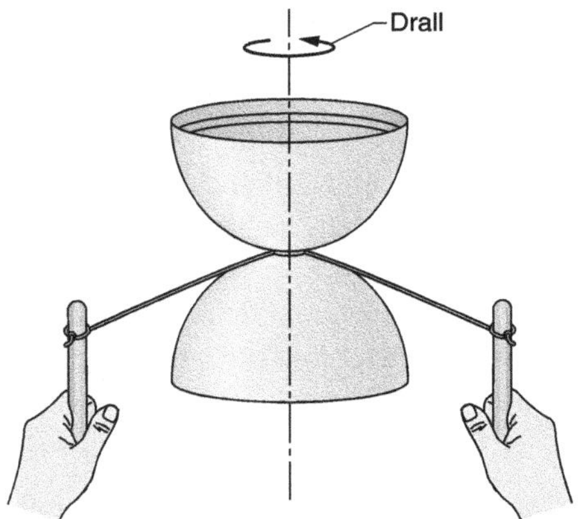

Abb. 1.38: Draufsicht eines sich drehenden Diabolos.

Sie erhöhen die Geschwindigkeit, indem Sie das Seil etwas lockern, so dass das Diabolo fallen kann, verlagern Ihre Hände und wiederholen anschließend die Prozedur. Falls es Ihnen gelingt, einen hinreichend großen Drall zu produzieren, dreht sich das Diabolo stabil auf dem Seil. Wenn Sie beide Hände schnell hochheben, können Sie das Diabolo sogar in die Luft werfen und es anschließend mit dem Seil wieder auffangen.

Weshalb stabilisiert der Drall das Diabolo? (Ohne ihn würde das Spielzeug nur vom Seil kippen.) Wie können Sie es stabilisieren, wenn es sich zu neigen beginnt? Wie können Sie es in die Gleichgewichtslage zurückbringen, wenn das Diabolo von Ihnen wegzukippen droht? Wie können Sie das Diabolo links oder rechts herumdrehen? (Suchen Sie im Internet unter „Diabolo" nach Seiten, auf denen Diabolotricks aufgeführt und demonstriert werden.)

Antwort

Wenn Sie das Diabolo mit dem Seil aufnehmen, ohne es in Rotation zu versetzen, gelingt es Ihnen wahrscheinlich nicht, das Diabolo auf dem Seil zu balancieren, und es fällt herunter. Versetzen Sie das Diabolo dagegen in heftige Rotationen, verleihen Sie ihm einen Drehimpuls, der seine Lage stabilisiert. Der Drehimpuls ist ein Vektor, der auf der Hauptachse des Spielzeugs liegt. Wenn Sie das Diabolo wie in dieser Fragestellung beschrieben aufnehmen, ist der Vektor horizontal und zeigt in Ihre Richtung. Ein Diabolo ist stabil, weil nur ein Drehmoment die Richtung seines Drehimpulses ändern kann. Ist das Diabolo auf dem Seil ausbalanciert, befindet sich der Schwerpunkt des Diabolos direkt über dem Seil, und die Schwerkraft wirkt auf das Diabolo durch das Seil nach unten und übt folglich auf das Diabolo keinerlei Drehmoment um das Seil aus. Daher kann sich der Drehimpuls nicht ändern.

Ist das Diabolo nur beinahe ausbalanciert, zieht die Schwerkraft an der schwereren Seite und erzeugt ein kleines Drehmoment. Dies verleiht dem Diabolo einen kleinen zusätzlichen Drehimpuls, dessen Vektor nach links oder rechts zeigt. Dadurch kippt das Diabolo nicht sofort um, aber es *präzediert* links oder rechts herum; seine Symmetrieachse dreht sich also links oder rechts herum. (Die Reibung durch das Seil erzeugt ebenfalls ein Drehmoment, doch falls das Seil genau oder nahezu in der Mitte liegt, wird dieses Drehmoment den Drall nur graduell bremsen.)

Droht das Diabolo von Ihnen wegzukippen, können Sie das Seil benutzen, um ein Drehmoment zu erzeugen, durch das die fallende Seite wieder nach oben gebracht wird. Ziehen Sie dann das Seil in Ihrer rechten Hand zu sich und gegen die rechte Seite des Diabolos. Der Druck gegen die Seite produziert ein Drehmoment, das abwärts gerichtet ist und den Drehimpulsvektor des Spielzeugs zurück in die Horizontale bringt.

Sie können das Diabolo rechts herum drehen, indem Sie Ihre Hände auseinander bewegen und anschließen zu sich heranziehen. Entweder drückt das Seil gegen die Unterseite des Diabolos oder es gleitet sogar auf Sie zu, was die von Ihnen abgewandte Seite des Diabolos schwerer als die Ihnen zugewandte Seite macht. Falls das Seil nicht gleitet, erzeugt der Druck an der Unterseite ein Drehmoment, welches das Diabolo dreht. Gleitet es, bringt das durch die Schwerkraft an der schwereren Seite erzeugte Drehmoment das Diabolo zum Drehen.

1.109 Wackelsteine

Ein *Wackelstein* (auch als *Schaukelstein* bezeichnet) ist eine Variante des Kreisels, der eine abgeschrägte, ellipsoidale Unterseite besitzt. Die als Spielzeug verkauften Exemplare lassen sich nur in eine Richtung drehen. Wenn Sie versuchen, den Wackelstein in die andere Richtung zu drehen, stoppt er rasch, schwankt auf und ab und rotiert schließlich in die von ihm bevorzugte Richtung. Manche, durch fließendes Wasser glattgeschliffene Steine verhalten sich ähnlich. Es gibt aber auch Exemplare, die ihren Drehsinn mehrmals umkehren, bevor die anfangs vorhandene kinetische Energie aufgebraucht ist. Weshalb kehrt sich der Drehsinn eines Wackelsteins um?

Antwort

Das Verhalten eines Wackelsteins ist im Detail ziemlich schwer zu erklären. Die Umkehrung seines Drehsinns ist auf die Tatsache zurückzuführen, dass seine Unterseite Teil eines Ellipsoids ist, das nicht an die allgemeine Form des Steins angepasst ist. Das bedeutet, die große und kleine Hauptachse des Ellipsoids (seine Hauptträgheitsachsen) stimmen nicht mit der Länge und der Breite des Steins (seinen geometrischen Symmetrieachsen) überein. Wird der Stein um die Vertikale in die „falsche" Richtung gedreht, destabilisiert dies den Stein und er beginnt zu schaukeln. Die von der Unterlage am Stein wirkende Reibung zieht Energie aus der Drehung in die Schaukelbewegung. Ist die Energieumwandlung nahezu abgeschlossen, kehrt die Reibung die Umwandlung um, diesmal dreht sich der Stein in die entgegengesetzte Richtung. Bei einigen Wackelsteinen ist auch die Drehung in die „richtige" Richtung leicht instabil, so dass auch in diesem Fall ein Schaukeln einsetzt und die Drehrichtung umgekehrt wird.

1.110 Klappernde Münzen und Flaschen

Lassen Sie eine Münze auf einer Tischplatte rotieren und hören und sehen Sie genau zu, was dabei passiert. Wenn sich die Münze auf die Seite zu legen beginnt, sinkt die Tonhöhe des Klapperns zunächst und nimmt anschließend wieder zu. Dreht sich die Münze einfach schneller? Nein: Anfangs ist ihr Wappen aufgrund der Bewegung kaum zu erkennen und wird dann so klar, dass man es erkennen kann.

Legen Sie eine Flasche auf die Seite und drehen Sie sie anschließend, indem Sie mit einer Hand an jeder Seite ziehen. Während sie sich dreht, bewegt sie sich leicht in die Vertikale und die Tonhöhe des Klapperns nimmt zu. Sie können auch eine nahezu aufrecht stehende Flasche drehen, dann ist der Start aber schwieriger. Wenn es Ihnen gelingt, wird sich die Flasche während ihrer Drehung allmählich horizontal ausrichten, doch anders als bei der Münze verringert sich die Tonhöhe des Klapperns nur, wenn die Flasche auf der Seite liegt.

Können Sie dieses Verhalten erklären?

Antwort

Die Münze dreht sich um ihre Symmetrieachse. Diese Achse dreht sich aber außerdem um die Vertikale, eine Bewegung, die als *Präzession* bezeichnet wird. Die Präzession wird durch ein Drehmoment hervorgerufen, das durch das Gewicht der Münze erzeugt wird. Dieses Drehmoment greift am Schwerpunkt der Münze an. Wenn Reibung und Luftwiderstand die Energie der Münze aufgebraucht haben, beginnt sich die Münze auf die Seite zu legen. Außerdem verlangsamt sich die Drehung um die Symmetrieachse, so dass das Wappen deutlich zu erkennen ist. Zunächst verlangsamt die Energieabgabe auch die Präzession, doch später wird durch Verlagerung des Schwerpunkts potenzielle Energie in zusätzliche kinetische Energie zur Präzession umgewandelt. Das hörbare Klappern wird durch die Präzession hervorgerufen, wenn der Rand der Münze auf den Tisch schlägt. Die Tonhöhe des Klapperns nimmt mit der Präzessionsgeschwindigkeit zu.

Wenn eine nahezu aufrecht stehende Flasche rotiert, präzediert auch sie. Während sich die Symmetrieachse allmählich in die Vertikale bewegt, verlagert sich der Schwerpunkt der Flasche nach unten und wiederum wird Energie in die Präzession gesteckt. Die Tonhöhe des Klapperns nimmt zu. Eine fast liegende rotierende Flasche präzediert während des Fallens so lange, bis die Präzession einen minimalen Wert erreicht. Anschließend liegt die Flasche flach und rollt auf dem Tisch.

1.111 Judo, Aikido und Olympisches Ringen

Beim Karate kommt es im Wesentlichen auf kraftvolle Schläge an. Dagegen werden beim Judo, Aikido und Olympischen Ringen üblicherweise Techniken eingesetzt, durch die Sie Ihren Gegner destabilisieren und zu Fall bringen. Am bekanntesten ist der einfache Hüftwurf beim Judo. Dabei bringen Sie Ihren Gegner dazu, sich von hinten über Ihre Hüfte zu drehen, so dass er auf die Matte fällt. Vor allem, wenn Ihr Gegner größer und stärker ist als Sie, ist es von Vorteil, wenn Sie über die Physik dieser Technik Bescheid wissen. Ansonsten könnte es sein, dass sie versagt. Wie sieht die korrekte Ausführung eines Hüftwurfes aus?

Beim Aikido ist folgende Technik üblich: Ein Gegner fasst Sie von hinten, wobei er seine Arme um Ihre schlingt und Sie fest an den Handgelenken packt. Wie können Sie ihn aus dieser Stellung auf die Matte werfen?

Zum Aikido gehört das Kämpfen mit einem Stab, bei dem Folgendes passieren kann: Ein Gegner führt mit dem Ende eines langen Stabes einen Schlag auf Sie. Der Gegner ist Ihnen zu nah, als dass Sie den Stab greifen und zu sich heran ziehen könnten. Das wäre der Plan für den Fall, bei dem es um Kraft gegen Kraft gehen würde. Gibt es eine bessere Möglichkeit, wie Sie Ihren Gegner bezwingen können?

Antwort

Wenn Sie einen Hüftwurf ausführen wollen, müssen Sie so lange warten, bis Ihr Gegner mit seinem rechten Fuß einen Schritt nach vorn macht. Dann stellen Sie Ihren rechten Fuß zwischen seine Füße, ziehen nach rechts unten an seiner Kleidung um seinen Körper nach vorn, um seinen Schwerpunkt in Richtung des Nabels zu verlagern. Gleichzeitig drehen Sie sich nach links und bringen Ihre Hüfte neben ihn.

Sein Schwerpunkt befindet sich dann etwa in Höhe Ihrer rechten Hüfte (siehe Abbildung 1.39a). Indem Sie ihn in Schulterhöhe an seiner Kleidung ziehen, können Sie ihn nun leicht über Ihre rechte Hüfte auf die Matte werfen. Ein Schlüsselelement bei dieser Technik ist, den Gegner mit der ersten Bewegung vorn über zu beugen. Falls Sie dies nicht tun, liegt sein Schwerpunkt weiterhin innerhalb seines Körpers (siehe Abbildung 1.39b). Wenn Sie sich dann herumdrehen und ihn über Ihre Hüfte werfen wollen, müssen Sie gegen sein Gewicht arbeiten, das ein Drehmoment erzeugt, welches Ihrem Drehmoment und somit Ihrem Vorhaben entgegenwirkt. Ihr Wurf erfordert dann viel Kraft, weil Sie Ihren Gegner hauptsächlich heben müssen; wenn er schwer ist, wird Ihnen das vermutlich misslingen.

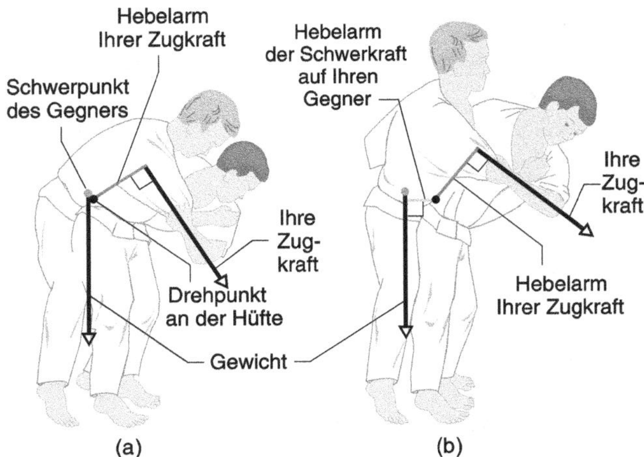

Abb. 1.39: Ein Hüftwurf im Judo (a) korrekt ausgeführt und (b) falsch ausgeführt.

Bei der erstgenannten Aikido-Technik sollten Sie Ihre Hände geschickt an Ihre Brust bringen (um die Arme Ihres Gegners abzufangen), und dabei gleichzeitig Ihren rechten Fuß nach vorn schieben, anschließend lassen Sie sich nach unten sacken und drehen Ihren Körper nach rechts. Dabei beugen Sie Ihren Gegner und verlagern seinen Schwerpunkt an einen Drehpunkt auf Ihrem Rücken. Er kann dann nicht verhindern, dass Sie ihn über sich auf die Matte werfen.

Der Stabkampf ist ein schwer zu erlernender Kampfsport, und meine hier gegebene Antwort ist zu kurz, um diese Kunst wirklich erklären zu können. Während Ihr Gegner vorwärts stößt, sollten Sie versuchen, auf die rechte Seite des Stabes zu treten und sich so zu drehen, dass Ihre linke Hand den Teil des Stabes, der sich zwischen seinen Händen befindet, greifen kann. Anschließend bringen Sie den Stab nach oben und schieben ihn über seinen Kopf zurück, so dass er rückwärts umfällt. Sie müssen mit Ihrer Verteidigung unbedingt bereits beginnen, während sich der Stab noch nach vorn bewegt, weil Ihr Gegner dann an den vorwärts gerichteten Impuls gebunden ist, den er erzeugt hat, und Ihrer aufwärts gerichteten Ablenkung des Stabes nicht entgegenwirken kann.

1.112 Geschossdrall und lange Pässe

Weshalb besitzt ein Gewehr *Züge* (Spiralrillen im Inneren der Bohrung), die dem Geschoss einen Drall verleihen? Warum dreht sich das Geschoss so, dass es das Ziel immer mit der Spitze trifft, auch wenn der Schuss in weitem Bogen verläuft?

Weshalb muss der *Quarterback* beim *American Football* dem Ball einen starken Drall verleihen, wenn er zunächst mit horizontaler und während der zweiten Hälfte des Fluges dann mit vertikal ausgerichteten Längsachse fliegen soll? Diese Vorgehensweise führt nicht nur dazu, dass der Ball weiter fliegt, sondern sie erleichtert dem *Receiver* auch das Fangen. Ein *Punter* kickt den Ball mit etwas Drall, um dieselbe flache Bahn zu erzielen, doch weshalb? Lässt sich der Ball dadurch nicht von einem Spieler der gegnerischen Mannschaft leichter fangen?

Antwort

Wird das Geschoss oder der geworfene oder der gekickte Football mit einem hinreichend großen Drall um seine Längsachse versehen, verhält er sich insofern wie ein Kreisel, als dass er seine Orientierung beibehalten will anstatt zu taumeln, was seinen Flug stören und auch verkürzen würde. Während sich das Geschoss unter dem Einfluss der Schwerkraft auf einer gekrümmten Bahn bewegt, wirkt auf seiner Unterseite gleichzeitig der Luftwiderstand. Am größten ist der Luftwiderstand etwas vor dem Schwerpunkt. Falls der Drall hinreichend groß ist, verhält sich das Geschoss wie ein Kreisel und versucht sich selbst an der Kraft auszurichten, die es „spürt" – nämlich am Luftwiderstand. Daher richtet sich die Spitze des Geschosses, im Verlaufe des Fluges allmählich nach unten.

Manchmal liefert der Quarterback nur einen wackligen Pass, weil es ihm nicht gelingt, den Ball ausschließlich um die Längsachse rotieren zu lassen. Der zusätzliche Drall um die kurze Achse des Footballs lässt diesen daher taumeln. Das ist ein Beispiel für eine Präzession – die Längsachse, um die der Football rotiert, beschreibt eine Kreisbahn. Drall und Präzession haben dieselbe Richtung (wenn der Quarterback Rechtshänder ist, ist das der Uhrzeigersinn), und die Winkelgeschwindigkeit der Präzession beträgt etwa $\frac{3}{5}$ jener des Dralls.

Gelingt es dem Quarterback, dem Ball beim Pass einen ausreichenden Drall zu verleihen, dann fliegt er aufgrund seiner stromlinienförmigen Orientierung nicht nur weiter, sondern der Fänger kann auch weitaus besser einschätzen, wo der Ball landen wird. Wenn ein Punter einen Ball mit Drall spielt, beabsichtigt er in der Regel, dass der Ball weiter fliegt. Außerdem soll der Ball nach Möglichkeit auch lange in der Luft bleiben, damit die Mannschaft des Punters Zeit hat, sich auf dem Spielfeld zu verteilen, bevor der Ball landet. Die Zeit, während der sich der Ball in der Luft befindet, ist die sogenannte *Hang-Time*. Wenn der Ball ohne Drall gekickt wird oder so, dass er unberechenbar fliegt, ist außerdem der Luftwiderstand größer, so dass die kinetische Energie des Balls schneller abnimmt und die Hang-Time verkürzt wird.

Werden Geschosse senkrecht nach oben abgefeuert, behalten sie während des Fluges mitunter ihre Stabilität, so dass sie mit gleich bleibender Orientierung zum Boden zurückkehren. Sie werden dann vermutlich niemanden mehr töten können, aber sie sind immer noch in der Lage, jemanden zu verletzen. Wenn sie im Fallen taumeln, kommen sie mit einer Geschwindigkeit zurück, die wesentlich kleiner als ihre Abschussgeschwindigkeit ist. Eine Verletzung ist dann unwahrscheinlich. Trotzdem sollten Sie lieber in Deckung gehen, wenn Ihr Nachbar in die Luft zu schießen beginnt, anstatt voller Bewunderung stehen zu bleiben.

1.113 Schaukeln

Wie setzen Sie eine ruhende Schaukel in Bewegung, ohne sich vom Boden abzustoßen?

Antwort

Eine Möglichkeit besteht darin, sich auf die Schaukel zu stellen, sie ein wenig zum Pendeln zu bringen und sie dann weiter anzutreiben, indem man sich an den Wendepunkten hinhockt und am tiefsten Punkt aufstellt. Beim Aufrichten nimmt Ihre Geschwindigkeit zu. Sie können die Geschwindigkeitszunahme entweder mithilfe der Energieerhaltung oder mithilfe der Drehimpulserhaltung erklären. Beim Aufrichten heben Sie Ihren Schwerpunkt und verrichten

Arbeit gegen die auf Sie wirkende Zentrifugalkraft. Die Arbeit wird in kinetische Energie umgesetzt und erhöht Ihre Geschwindigkeit. Außerdem verlagern Sie durch das Aufrichten Ihren Schwerpunkt in Richtung der Rotationsachse. Das Prinzip ist das gleiche wie bei einer Pirouette auf dem Eis. Eine Eiskunstläuferin, die sich auf der Stelle dreht, zieht ihre Arme dicht an ihren Körper und verlagert den Schwerpunkt ihrer Arme in Richtung der Rotationsachse. Weil der Drehimpuls eine Erhaltungsgröße ist, muss zwangsläufig ihre Winkelgeschwindigkeit zunehmen. Beim Schaukeln nimmt Ihre Winkelgeschwindigkeit auf die gleiche Weise zu. Durch die erhöhte Geschwindigkeit im tiefsten Punkt gewinnen Sie an Schaukelhöhe. Dabei beeinflusst Ihre Körpergröße die Rate, mit der Sie Energie in die Schwingung pumpen.

Sie können eine Schaukel auch antreiben, indem Sie an den Seilen ziehen, wenn Sie nach vorn schwingen, und gegen sie drücken, wenn Sie nach hinten schwingen. Der Zug, den Sie an den Seilen erzeugen, lässt Kräfte auf Ihre Hände wirken, die Sie antreiben – nach vorn, wenn Sie ziehen, und nach hinten, wenn Sie drücken.

Eine Möglichkeit, eine ruhende Schaukel in Bewegung zu setzen, ist folgende: Sie sitzen oder stehen aufrecht auf der Schaukel und halten sich mit gebeugten Armen an den Seilen fest. Anschließend lassen Sie sich nach hinten fallen, bis Ihre Arme ganz gestreckt sind. Ihr Schwerpunkt dreht sich dadurch um den Schaukelsitz, während sich der Schaukelsitz um die Aufhängung der Schaukel dreht. Das kurze Fallen liefert die notwendige kinetische Energie für die Bewegung und erteilt Ihren einen anfänglichen Drehimpuls.

1.114 Beweihräuchern

Seit 700 Jahren ist es bei Feierlichkeiten in der Kathedrale von Santiago de Compostela im Nordwesten Spaniens Tradition, ein großes Weihrauchfasses zu schwenken. Das Weihrauchfass hat das Gewicht eines schlanken Mannes und hängt an einem ca. 20 Meter langen, fast bis zum Boden reichenden Seil. Es ist über eine an der Decke befestigte Aufhängung geschlungen und wird von einer Gruppe aus Laien geführt (siehe Abbildung 1.40).

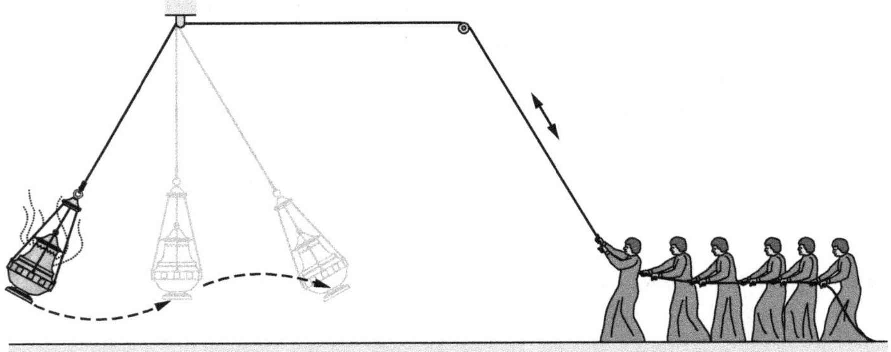

Abb. 1.40: Antreiben eines Weihrauchschwenkers.

Nachdem jemand die Pendelbewegung angestoßen hat, treibt die Gruppe die Schwingung an, indem sie kräftig am Seil zieht, wenn das Weihrauchgefäß seinen tiefsten Punkt passiert.

Die Männer lockern ihren Zug, wenn das Pendel seinen höchsten Punkt erreicht. Der starke Zug verringert die Pendellänge um etwa drei Meter, durch das Lockerlassen stellt sich die ursprüngliche Pendellänge wieder ein. Nach 17 Zügen, die weniger als zwei Minuten beanspruchen, schwingt das Weihrauchfass bis zu einem Winkel von fast 90°, bei dem es beinahe die Decke berührt. Sein schneller Durchgang durch den tiefsten Punkt facht die Kohlen und den in ihm glimmenden Weihrauch an. Weshalb wird dem Pendel durch das zeitlich abgestimmte Verhalten der Gruppe Energie zugeführt?

Antwort
Die Energie wird der Schwingung des Weihrauchfasses durch den gleichen Mechanismus wie beim Schaukeln zugeführt. Um die Pendellänge zu reduzieren und so die hohe Geschwindigkeit im tiefsten Punkt zu erreichen, müssen die Männer sehr kräftig ziehen, d. h. sie verrichten dabei sehr viel Arbeit. Die dadurch gewonnene Energie fließt in die kinetische Energie des Weihrauchfasses. Wenn die Männer locker lassen und dadurch die ursprüngliche Pendellänge wieder herstellen, bewegt sich das Weihrauchfass immer langsamer und kehrt nach Erreichen seiner maximalen Höhe (also seiner maximalen potentiellen Energie) um.

1.115 Die Grube und das Pendel

In der Horrorgeschichte „Die Grube und das Pendel" von Edgar Allan Poe liegt ein Gefangener gefesselt flach auf dem Boden. Über ihm hängt in einer Höhe von etwa 30 bis 40 Fuß ein Pendel. Anfangs scheint das Pendel regungslos zu sein, doch später, als der Gefangene wieder nach oben schaut, stellt er fest, dass das Pendel mit einer Amplitude von einem halben Yard schwingt und sich mit jeder Schwingung offensichtlich etwas nach unten bewegt. Anschließend stellt er zu seinem Erschrecken fest, dass das untere Ende des Pendels aus „einer Sichel aus blitzendem Stahl ..." besteht, deren „untere Kante scharf wie ein Rasiermesser ..." ist.

Im Laufe der Stunden wird die Bewegung des Pendels hypnotisierend – die Sichel senkt sich und die Amplitude der Schwingung nimmt bis auf „einige dreißig Fuß oder mehr" zu. Die Bestimmung des Pendels wird klar: Es soll direkt durch das Herz des Gefangenen schneiden. „Nieder – langsam und stetig kroch es nieder! Ich fand ein wahnsinniges Vergnügen darin, die Schnelligkeit der Schwingungen nach oben und nach unten miteinander zu vergleichen. Nach rechts – nach links – auf und ab – mit dem Kreischen einer verdammten Seele! ... Nieder – unaufhörlich – unerbittlich nieder!"

Angenommen, die Sichel ist an einem Seil aufgehängt, das allmählich verlängert wird. Weshalb nimmt die Amplitude der Schwingung mit der sich zunehmend absenkenden Sichel zu?

Antwort
Die Amplitude der Schwingung nimmt zu, weil mit der Verlängerung des Pendels seine potenzielle Energie allmählich in kinetische Energie umgewandelt wird. Berechnungen zeigen jedoch, dass es bei der von Poe grafisch beschriebenen Anfangshöhe und Anfangsamplitude unwahrscheinlich ist, dass die Sichel Halbmond mehr als 10 Fuß nach links und rechts schwingt, ganz zu schweigen von den 30 Fuß oder mehr, wie es die Erzählung erwähnt. (Für den Gefangenen in Poes Geschichte dürfte diese Unstimmigkeit allerdings wohl kaum ein Trost gewesen sein.)

1.116 Inversionspendel, Einradfahrer

Wird ein gewöhnliches Pendel auf den Kopf gestellt, also invertiert, ist es natürlich instabil und kippt leicht um. Wenn jedoch seine Aufhängung schnell vertikal oszilliert und es etwas Reibung zwischen dem Pendel und der Aufhängung gibt, wird es stabilisiert und bleibt aufrecht stehen. Es ist dann so stabil, dass es sich schnell wieder aufrichtet, wenn Sie es seitlich anstoßen. Wie kommt es zu dieser Stabilisierung?

Oszilliert die Aufhängung des Pendels stattdessen schnell horizontal, dann schwingt des Pendel auf dem Kopf stehend um die Vertikale, als würde die Schwerkraft in umgekehrter Richtung wirken. Beim Einradfahren werden ähnliche physikalische Gesetze ausgenutzt. Wenn der Fahrer zum Beispiel nach vorn zu kippen beginnt, erlangt er die Stabilität kurzzeitig zurück, indem er das Rad ein Stück vorwärts fährt. Da der Fahrer anschließend nach hinten zu kippen anfängt, muss er das Rad nun rückwärts fahren, um nicht umzufallen.

Können mehrere aneinandergereihte Stäbe aufgerichtet werden, wenn die Aufhängung des unteren Stabes vertikal oszilliert, wie es bei einer Reihe invertierter Pendel der Fall ist? Kann ein langes Kabel genauso aufgerichtet werden? Doch die größte Frage ist bei all dem wohl sicherlich: Kann ein Seil so aufgerichtet werden, wie man es vom klassischen Indischen Seiltrick her kennt, bei dem sich ein Seil ohne jeglichen Halt in der Luft hält?

Antwort
Wenn die Aufhängung des Pendels vertikal oszilliert, steht das Pendel nahezu aufrecht, falls die durch die Oszillation hervorgerufene Beschleunigung die Schwerebeschleunigung übersteigt. Das Umfallen wird verhindert, weil das Pendel periodisch nach unten gezogen wird, wodurch sich seine Schräglage wieder vermindert. Oszilliert die Aufhängung hinreichend schnell in horizontaler Richtung, kann das Pendel ebenfalls nicht umkippen. Der Mechanismus ist der gleiche wie beim Einradfahren: Sobald das Pendel in eine Richtung zu kippen beginnt, wird die Aufhängung in dieser Richtung unter das Pendel gebracht und dadurch das Umfallen verhindert.

Mehrere aneinandergereihte Stäbe können aufgerichtet werden, wenn der untere von ihnen hinreichend schnell in vertikaler Richtung oszilliert. Ein Kabel, das aufgrund seiner Länge nicht mehr aufrecht stehen kann (es krümmt sich unter seinem eigenen Gewicht), kann aufgerichtet werden, indem es in Schwingungen versetzt wird. Ein Seil kann man jedoch wegen seiner außerordentlich großen Flexibilität nicht aufrichten. Folglich bleibt der Indische Seiltrick eine reine Illusion.

1.117 Wie man Lasten auf dem Kopf transportiert

In einigen Kulturen, wie beispielsweise in Kenia, tragen Menschen (insbesondere Frauen) enorme Lasten auf ihrem Kopf. Sicher haben sie starke Nackenmuskeln und einen feinen Gleichgewichtssinn entwickelt, dennoch überrascht es, wie wenig Mühe sie das Tragen kostet. Eine Frau kann beispielsweise eine Last von bis zu 20 % ihres Körpergewichts tragen, ohne dabei außer Atem zu kommen (genau genommen muss sie sich dabei überhaupt nicht besonders anstrengen), während eine europäische oder eine amerikanische Frau mit vergleichbarer Konstitution das Tragen einer solchen Last als sehr beschwerlich empfinden würde. Was ist das Geheimnis der außergewöhnlichen Lastenträgerinnen?

Antwort

Beim Laufen verlagert sich der Schwerpunkt eines Menschen periodisch auf und ab. Die maximale Höhe wird erreicht, wenn sich der Körper über einem Fuß befindet, während der andere Fuß an ihm nach vorn schwingt. Die minimale Höhe wird erreicht, wenn sich beide Füße auf dem Boden befinden und das Körpergewicht vom hinteren Fuß auf den vorderen Fuß übertragen wird. Diese periodische Bewegung des Schwerpunkts, bei der sich der Stützpunkt horizontal unter dem Schwerpunkt hin und her bewegt, ähnelt der Bewegung eines Einradfahrers, der sich vor und zurückbewegt, um sein Gleichgewicht zu halten. Insbesondere wird ein Teil der Energie der Frau periodisch zwischen potenzieller Energie (mit der maximalen Höhe des Schwerpunkte verknüpft) und kinetischer Energie (der Geschwindigkeit, mit der sich der Schwerpunkt vorwärts bewegt) verschoben. Üblicherweise ist die Energieumwandlung bei einem Menschen etwa 15 Millisekunden lang ineffizient, nämlich kurz nachdem der Schwerpunkt seine maximale Höhe erreicht hat. Das heißt, wenn sich der Schwerpunkt wieder nach unten verlagert, wird nicht die gesamte potenzielle Energie in kinetische Energie umgewandelt, sondern Muskeln kommen zum Einsatz, um die Person vorwärts zu bringen.

Eine außergewöhnliche Lastenträgerin, etwa eine Kenianerin, läuft dann, wenn sie *keine* Lasten trägt, auf diese normale und leicht ineffiziente Weise. Trägt sie aber eine Last, ist das Ineffizienzintervall unmittelbar nach Erreichen der maximalen Höhe des Schwerpunkts kürzer. Tatsächlich kann das Tragen einer moderaten Last (20 % des Körpergewichts) sie nicht mehr Anstrengungen kosten als das Laufen ohne Last, vor allem deshalb, weil die Last die Frau dazu veranlasst, effizienter als gewöhnlich potenzielle Energie in kinetische Energie zu übertragen. Erst wenn die Last 20 % ihres Körpergewichts überschreitet, muss die Frau mehr Energie als beim unbelasteten Laufen aufbringen. Doch selbst dann muss eine Kenianerin weniger Energie aufbringen als etwa eine europäische Frau, weil diese anders läuft.

1.118 Lastentransport mit federnden Stäben

In einigen Teilen Asiens ist es üblich, mittelschwere Lasten zu tragen, indem man sie an die beiden Enden eines federnden Stabes bindet, beispielsweise an einen Bambusstab (siehe Abbildung 1.41). Die Last schwingt vertikal, wenn der Träger läuft oder rennt. Welchen Vorteil hat diese Transportmethode?

Antwort

Wenn sich der Rumpf des Trägers beim Laufen hebt oder senkt, beginnen der Stab und die Last vertikal zu schwingen. Angenommen, es würde ein fester Stab über die Schulter gelegt. Bewegt sich der Rumpf nach oben, muss von der Schulter eine große Kraft aufgebracht werden, um den Stab und seine Last zu heben. Wenn sich der Körper nach unten bewegt, muss von der Schulter nur wenig Kraft aufgebracht werden, weil sich der Stab und seine Last mit der Schulter nach unten bewegen. Daher kann die wirkende Kraft auf die Schulter beträchtlich schwanken, wenn der Träger läuft oder rennt.

Die Aufgabe des schwingenden Stabes besteht vor allem darin, die Schwankungen der auf die Schulter wirkenden Kraft auszugleichen. Der entscheidende Punkt ist, dass die Lasten gegenläufig zum Mittelpunkt des Stabes schwingen – wenn sich die Last nach oben bewegt,

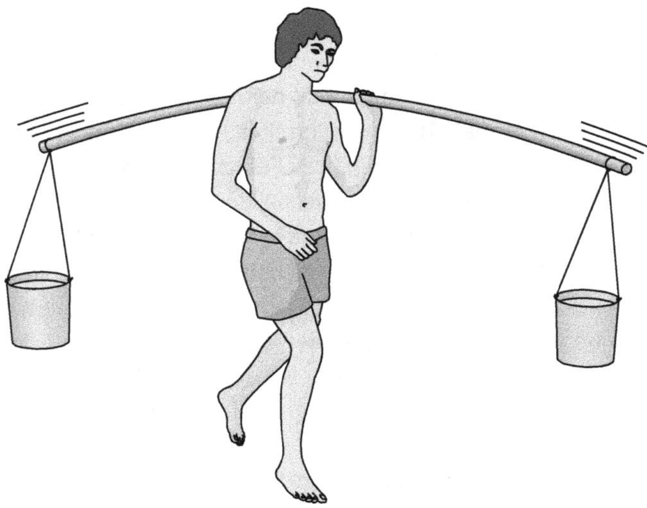

Abb. 1.41: Tragen schwerer Lasten an federnden Stäben.

bewegt sich der Mittelpunkt nach unten, und umgekehrt. Der Mittelpunkt schwingt auch gegenläufig zur Schulter – wenn sich die Schulter nach oben bewegt, bewegt sich der Mittelpunkt nach unten. Folglich ist die Schulter mit den Lasten in Takt, so dass auf die Schulter eine nahezu konstante Kraft wirkt. Wenn sich die Schulter nach oben bewegt, beschleunigt der federnde Stab die Lasten nach oben. Wenn sich die Schulter nach unten bewegt, hilft die Aufwärtsbewegung des Stabmittelpunktes, die sich nach unten bewegenden Lasten zu tragen.

1.119 Gekoppelte Pendel

Konstruieren Sie ein Pendelsystem, indem Sie zwei Fäden gleicher Länge an einem Aufhängepunkt anbringen und jeden Faden einmal um einen horizontalen Stab schlingen (siehe Abbildung 1.42a). Befestigen Sie am unteren Ende der Fäden zwei identische Körper und verschieben Sie den Stab so, dass er etwa ein Drittel von der Aufhängung entfernt hängt. Halten Sie einen der beiden Körper fest und lenken Sie den anderen parallel zum Stab aus. Lassen Sie anschließend beide Körper los. Man könnte vermuten, dass sich nur das ausgelenkte Pendel bewegt, doch tatsächlich wird die Bewegung allmählich auf das zweite Pendel übertragen. Nachdem die Energieübertragung abgeschlossen ist und sich das erste Pendel in Ruhe befindet, findet diese Übertragung in entgegengesetzter Richtung statt. Danach wechselt die Bewegung zwischen den beiden Pendeln.

Ein ähnliches Verhalten zeigt sich bei den anderen in Abbildung 1.42 skizzierten Systemen. In Abbildung 1.42b sind die beiden Pendel durch eine Feder miteinander verbunden. Beim dritten System (Abbildung 1.42c) sind die Pendel an einer schmalen Röhre befestigt, die sich um eine horizontale Schnur drehen kann. Die Schwingungsebene der Pendel liegt senkrecht zur Röhre. Beim vierten System (Abbildung 1.42d) schwingen die beiden Pendel senkrecht zu einer kurzen Schnur, die beide verbindet.

Die Übertragung der Schwingungen kann man auch bei zwei identischen Spielzeugkompassen beobachten. Legen Sie einen Kompass auf einen Tisch und setzen anschließend Sie

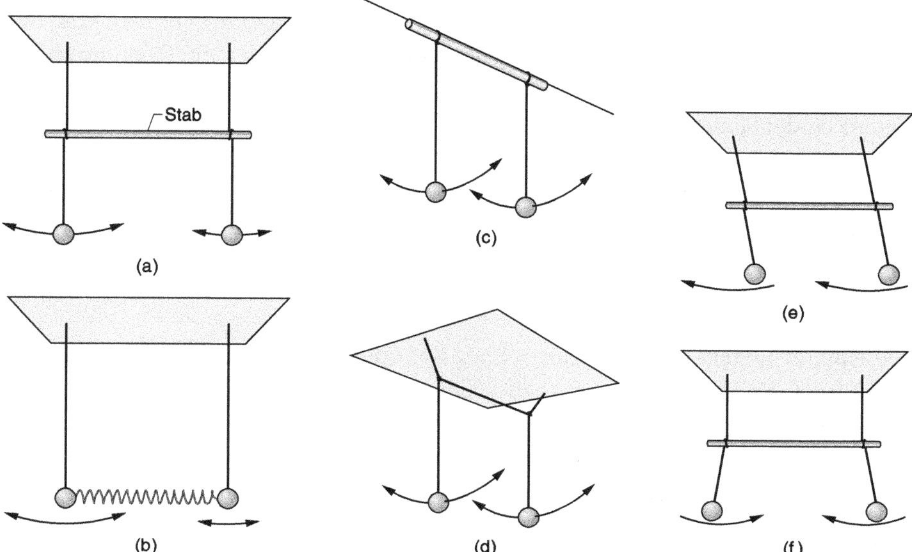

Abb. 1.42: (a)–(d) Gekoppelte Pendel. (e)–(f) Normalmoden.

den anderen daneben, nachdem Sie ihn geschüttelt haben, um die Nadel in Schwingungen zu versetzen. Die Schwingungen werden zwischen den beiden Kompassen hin und her transportiert.

Worauf ist dieses Verhalten zurückzuführen?

Antwort

Lassen Sie uns das zuerst beschriebene System untersuchen. Die Übertragung der Bewegung von dem einen Pendel zum anderen ergibt sich aus der Energieübertragung, die durch den Stab vermittelt wird, an dem die Pendel einander schieben oder ziehen. Es gibt zwei Möglichkeiten, die Pendel in Bewegung zu versetzen, ohne dass es in der Folge zu einer Energieübertragung kommt; diese sind durch die so genannten *Normalmoden* gekennzeichnet. Eine Variante ist, die Pendel so anzuregen, dass sie im Takt schwingen (siehe Abbildung 1.42e), wobei die gesamte Fadenlänge an der Bewegung teilnimmt und die Schwingung eine niedrige Frequenz besitzt. Die andere Variante besteht darin, die Pendel so anzuregen, dass sie genau gegenläufig schwingen (siehe Abbildung 1.42f). Die gegenläufigen Bewegungen verhindern, dass der über dem Stab befindliche Abschnitt des Fadens an der Schwingung teilnimmt. Daher ist die effektive Länge der Pendel nun kleiner als im ersten Fall, weshalb die Schwingung eine höhere Frequenz hat.

Wenn Sie nur ein Pendel anregen, treten beide Moden auf und konkurrieren miteinander. Die Pendel schwingen dann mit einer Frequenz, die gleich dem Mittelwert der Frequenzen beider Normalmoden ist. Ihre Amplitude verändert sich mit einer Frequenz, die gleich der Frequenzdifferenz beider Moden ist. Während die Amplitude des einen Pendels abnimmt, nimmt die Amplitude des anderen Pendels zu. Anschließend läuft der Prozess umgekehrt ab. Eine ähnliche Energieübertragung findet bei den Kompassen statt, weil ihre Nadeln um die Richtung des magnetischen Nordpols schwingen wie die Pendel um die Richtung der Schwerkraft.

1.120 Federpendel

Hängen Sie eine recht steife Feder an einem Ende auf und befestigen Sie an ihrem unteren Ende einen Körper. Nehmen wir an, dass die Feder dadurch auf etwa $\frac{4}{3}$ ihrer ursprünglichen Länge gedehnt wird. Ziehen Sie den Körper nach unten und lassen sie ihn dann los. Der Körper hüpft anfangs auf und ab (siehe Abbildung 1.43a), doch schon bald geht das Hüpfen in eine Pendelbewegung über (siehe Abbildung 1.43b). Nachdem die Hüpfbewegung zunächst verschwunden ist, klingt die Pendelbewegung langsam ab und das Hüpfen kehrt zurück. Danach wechselt die Bewegung periodisch zwischen den beiden Bewegungstypen. Dieses bimodale Verhalten stellt sich auch ein, wenn Sie mit der Pendelbewegung anstelle des Hüpfens beginnen.

Ein ähnlicher Bewegungswechsel zeigt sich bei der in Abbildung 1.43c dargestellten Anordnung. Die Pendel sind durch einen flexiblen Balken verbunden, der mit der doppelten Frequenz schwingen kann, die eines der beiden Pendel hätte, wenn es frei schwingen könnte. In diesem Fall wechseln sich Pendelbewegung und Schwingung des Balkens einander ab.

Ein ebenso kompliziertes Beispiel ist in Abbildung 1.43d dargestellt. Der horizontale Stab kann sich um den Aufhängungsstab drehen. An einem Ende des Stabes ist ein vertikaler Stab unbeweglich befestigt, während sich der an dem anderen Ende befestigte Stab frei um das Gelenk drehen kann. Bei dieser Anordnung gibt es zwei Pendel: Pendel A ist der zweite vertikale Stab und Pendel B ist das System aus horizontalem Stab und dem an ihm unbeweglich befestigten vertikalen Stab. Wenn die Länge der Stäbe so eingestellt ist, dass die Frequenz der Schwingung von A doppelt so groß ist wie die von B, gibt es, nachdem die Schwingung von A per Hand angeregt wurde, einen periodischen Bewegungswechsel (wie in Abbildung 1.42a).

Worauf ist der periodische Bewegungswechsel in diesen Beispielen zurückzuführen?

Antwort

Wiederum betrachten wir nur die erste Anordnung im Detail. Wenn es Ihnen gelänge, den Körper exakt vertikal nach unten zu ziehen, und Sie ließen ihn dann los, würde sich der Körper ausschließlich auf und ab bewegen. Eine solche Perfektion ist aber unwahrscheinlich, weil Sie den Körper unvermeidlich auch in eine leichte Seitwärtsbewegung versetzen. Wenn Sie den Körper wie beschrieben auswählen, hat die reine Federschwingung eine doppelt so hohe Frequenz, wie die reine Pendelschwingung.

Angenommen, der Körper bewegt sich zu einem bestimmten Zeitpunkt hauptsächlich auf und ab. Die Energie fließt dann allmählich aus der Federschwingung in die Pendelschwingung. Die Energieübertragung ist darauf zurückzuführen, dass sich die Pendellänge während der Federschwingung ändert. Die Situation ist wie bei einer Schaukel, auf der sich das Kind

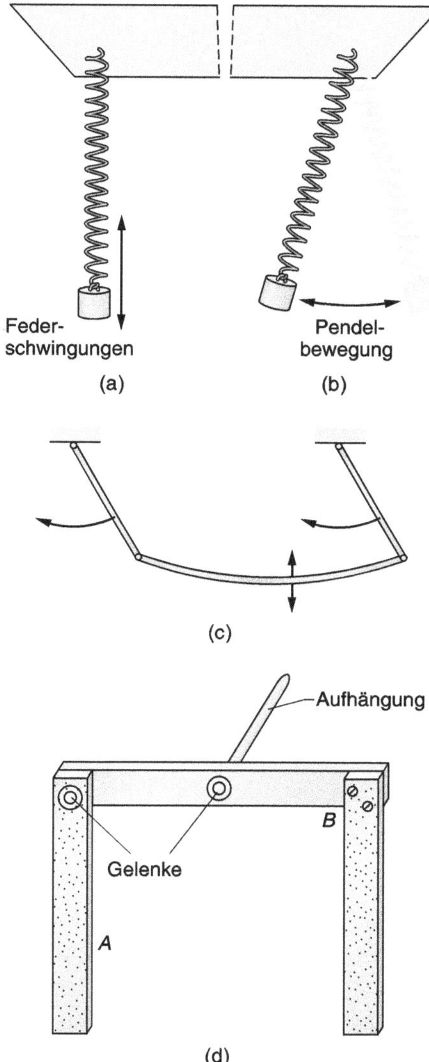

Abb. 1.43: Die Schwingungen wechseln zwischen (a) Federschwingungen und (b) Pendelschwingungen. (c) Die Schwingungen wechseln zwischen Pendelschwingungen und vertikalen Schwingungen des Verbindungsbalkens. (d) Die Schwingungen wechseln zwischen Pendelschwingungen von Teil A und Teil B.

im Verlauf einer vollen Schwingung zweimal aufrichtet und hinhockt. Das Kind ändert damit die effektive Länge der Schaukel und führt dadurch der Schwingung Energie zu, so dass die Schaukel höher schwingt.

Ist die Übertragung abgeschlossen, kehrt sie sich um, weil der Körper sich bei jedem Zug des Körpers an der Feder in einem Extremalpunkt befindet. Das Ziehen findet zweimal während einer vollständigen Pendelschwingung statt. Somit stimmt seine Frequenz mit der Frequenz der reinen Federschwingung überein und die Federschwingung kehrt zurück. Wenn sie abermals dominiert, wird die Energie wieder an die Pendelbewegung übertragen, usw.

1.121 Die stumme Glocke

Einst wurde auf dem Kölner Dom eine Glocke installiert, die nicht läuten wollte. Der Grund war, dass sie und ihr Klöppel synchron schwangen und der Klöppel daher nie mit dem Inneren der Glocke zusammenstieß. Wie konnte man das Problem lösen, ohne die Glocke wieder vom Glockenturm herunterzuholen?

Antwort

Wenn zwei Pendel gemeinsam aufgehängt werden und eines davon sowohl kürzer als auch leichter als das andere ist, können beide im Takt schwingen. Im Fall des Kölner Domes war die Glocke das längere, schwerere Pendel und der Klöppel war das kürzere, leichtere Pendel. Der Klöppel war zu kurz. Nachdem ihn die Glocke getroffen hatte, sprang der Klöppel von der Glocke zurück und passte sich der Bewegung der Glocke an. So bewegten sie sich synchron, ohne dass es einen weiteren Stoß gab. Um die synchrone Bewegung auszuschließen, wurde der Klöppel verlängert und dadurch auch schwerer gemacht. Als ihn dann die Glocke traf, war der Klöppel schwerer in Bewegung zu setzen und stellte sich nicht auf die Glocke ein. Folglich konnte die Glocke nun beim Hin- und Herschwingen gegen den Klöppel schlagen.

1.122 Spaghetti-Effekt

Weshalb spritzen Sie wild mit Soße herum, wenn Sie lange Spaghetti in Ihren Mund ziehen? Der Effekt macht nicht nur bei Tisch großen Spaß, sondern ist auch für Ingenieure von Interesse, die sich mit dem Entwurf von Anlagen beschäftigen, die Papierblätter entweder einziehen (und den *Spaghetti-Effekt* aufweisen können) oder auswerfen (und den *umgekehrten Spaghetti-Effekt* aufweisen können).

Antwort

Eine mögliche Erklärung beruht auf der Energieerhaltung. Angenommen, die Nudel weist bereits eine gewisse Seitwärtsbewegung auf, nachdem Sie sie vom Teller gezogen haben. Während Sie die Nudel mit konstanter Geschwindigkeit in Ihren Mund ziehen und die Länge des noch herausschauenden Teils verringern, konzentriert sich die kinetische Energie der Seitwärtsbewegung auf eine kleinere Masse. Da der Betrag der kinetischen Energie konstant bleibt, muss sich die Geschwindigkeit der Seitwärtsbewegung erhöhen. Wenn sich das Ende der Nudel Ihrem Mund nähert, wird die Geschwindigkeit so groß, dass die Soße von der Nudel weggeschleudert wird.

Eine alternative Erklärung beruht auf der Erhaltung des Drehimpulses. Wenn sich das freie Ende der Nudel anfangs um den Eintrittspunkt der Nudel in Ihren Mund dreht, muss es sich umso schneller drehen, je näher es diesem Punkt kommt. Es ist in etwa wie bei einem Eiskunstläufer, der sich erst mit ausgestreckten Armen auf der Stelle dreht und sie dann an den Körper heranzieht und dabei schneller rotiert.

Der Spaghetti-Effekt tritt auch bei einem Metallmaßband auf, das automatisch in sein Gehäuse gezogen wird, wenn man auf einen Knopf drückt. Wenn sich das Ende des Bandes dem Gehäuse nähert, kann es sein, dass das Band seitlich ausschlägt und Sie verletzt. Gebrauchsanweisungen empfehlen deshalb, den letzten Teil langsam einzuziehen.

1.123 Die Spinne und die Fliege

Woher weiß eine Spinne, die in der Mitte ihres Netzes sitzt, wo sich eine Fliege im Netz verhangen hat oder darin stecken geblieben ist? Weshalb fällt ein Netz nicht einfach zusammen, wenn ein Fliege hineinfliegt? Weshalb fliegt eine Fliege nicht einfach davon, wenn sie ein Netz getroffen hat?

Antwort

Durch ihr Zappeln schickt eine Fliege Wellen über die Spinnfäden, darunter auch einige der radialen Fäden, auf denen die Spinne sitzt. Die Wellen auf den radialen Fäden können nach der Schwingungsrichtung der Fäden in drei Arten unterteilt werden. Bei zwei Arten verlaufen die Schwingungen senkrecht auf einem Faden, entweder in der Netzebene oder senkrecht dazu. Bei der dritten Art verlaufen die Schwingungen parallel zum Faden. Das ist die Art von Schwingungen, die die Spinne alarmiert. Wenn die Spinne diese Schwingungen an zwei oder drei benachbarten Fäden testet, kann sie schnell die Richtung der Fliege bestimmen. Der Faden, der zur Fliege läuft, schwingt am stärksten. Selbst dann, wenn eine im Netz gefangene Beute sich nicht ausreichend lange wehrt, kann sie die Spinne trotzdem lokalisieren, indem sie die Radialfäden mit ihren Beinen anzupft. Jeder Faden, an dem das Gewicht der Beute hängt, wird anders schwingen als ein freier Faden, so dass die Spinne auf die Richtung und vielleicht sogar auf die Entfernung der Beute schließen kann. (Es gibt experimentelle Belege dafür, dass ein Mensch ebenfalls die Entfernung zu einem Gewicht, das an einem gespannten Seil hängt, bestimmen kann – ohne hinzusehen – indem er einfach das Seil in Schwingungen versetzt.)

Einige Spinnen sind in der Lage, die Spannung in den Fäden ihrer Netze zu justieren. Wenn sie sehr hungrig sind, erhöhen sie den Zug, so dass sogar das Zappeln kleiner Beutetiere spürbare Wellen durch das Netz schickt. Sind sie nicht besonders hungrig, verringern sie die Spannung, so dass nur das Zappeln einer großen Beute spürbare Wellen produziert.

Im Jahre 1880 beschrieb C. V. Boys (bekannt durch sein populäres Buch über Seifenblasen), wie er die Aufmerksamkeit einer Gartenspinne auf sich ziehen konnte, indem er den Rand eines Netzes oder dessen Verankerung mit einer vibrierenden Stimmgabel (Kammerton A) berührte. Wenn sich die Spinne in der Mitte des Netzes befand, konnte sie die Stimmgabel leicht finden. Wenn sie sich aber nicht in der Mitte befand, musste sie sich zuerst in die Mitte begeben, bevor sie die Stimmgabel finden konnte. Brachte Boys die Stimmgabel in die Nähe der Spinne anstatt an einen von ihr entfernten Teil des Netzes, interpretierte die Spinne die Schwingungen als Gefahr und ließ sich schnell an einer Sicherheitsleine vom Netz herab.

Bestimmte Arten tropischer Spinnen werden als *kleptoparasitisch* bezeichnet, weil sie kein eigenes Netz weben, sondern die Beute einer Wirtsspinne aus ihrem Netz stehlen. Um das Netz der Wirtin zu überwachen, zieht die kleptoparasitische Spinne Fäden (20 oder 30 Zentimeter lang) von ihrem Ruheplatz zu den Spiral- und Radialfäden des Netzes. Immer dann, wenn sich im Netz der Wirtsspinne etwa eine Fliege verfängt, werden Schwingungen über den Überwachungsfaden weitergeleitet. Aus dem Schwingungsmuster kann die kleptoparasitische Spinne sogar schließen, ob die Fliege von der Wirtsspinne zum späteren Verzehr eingesponnen wurde. Falls dem so ist, schleicht sich die kleptoparasitische Spinne bald darauf auf das Netz, um die eingesponnene Nahrung zu stehlen.

Ein Netz arbeitet wie ein Filter, um fliegende Beutetiere zu fangen, die etwa genauso groß oder kleiner sind als die Spinne, indem es deren kinetische Energie und Impuls absorbiert. Das Netz ist so eingerichtet, dass es reißt, wenn die Beute größer als die Spinne ist, weil die Beute der Spinne dann selbst gefährlich werden könnte.

Trifft eine Beute auf das Netz, dehnen sich die Fäden. Sie wirken insofern wie eine viskose Flüssigkeit, als sie den überwiegenden Teil der Stoßenergie aufnehmen. Daher kann die Beute nicht einfach vom Netz wegspringen. Zusätzlich sind klebrige Tropfen (die wie mikroskopisch kleine Perlen wirken) an einigen Fäden (den *Fangfäden*) befestigt, um die Beute festzuhalten. Die einzelnen Perlen sind so weit voneinander entfernt angebracht, dass die Spinne ihren Weg entlang eines Fadens nehmen kann, ohne selbst am Faden kleben zu bleiben. Wenn sich die Beute im Netz verfangen hat, wird sie in der Regel zappeln. Da sich aber der Faden leicht dehnen lässt, gibt es keinen festen Punkt, gegen den sich die Beute abdrücken könnte, um sich von den Tropfen selbst zu befreien.

1.124 Schwingungen bei Fußgängerbrücken und Tanzböden

Im Jahr 1831 überquerten Truppen der Kavallerie eine Hängebrücke nahe der Stadt Manchester in England. Es ist zu vermuten, dass die Soldaten im Gleichschritt marschierten, denn sie verursachten gewaltige Schwingungen, die die Brücke schließlich, nachdem eine Befestigungsschraube versagte, zum Einsturz brachte. Die meisten Männer fielen ins Wasser. Seitdem befiehlt man Truppen, ohne Tritt zu marschieren, wenn sie eine leichtgewichtige Brücke überqueren. Wie kommt es, dass eine Brücke durch eine darüber marschierende Truppe einstürzt?

Im Jahr 2001 wurde zur Feier des neuen Jahrtausends in London eine flach verlaufende tief hängende Fußgängerbrücke, die *Millennium Bridge*, über die Themse eröffnet. Sie verbindet die Tate Gallery of Modern Art mit der St. Paul's Cathedral. Als die erste Fußgängergruppe über die Brücke lief, begann die Brücke so stark zu schwanken, dass sich einige Fußgänger am Geländer festhalten mussten, um ihr Gleichgewicht halten zu können. Wie kam es zu solchen Schwingungen?

Weshalb können ähnliche Schwingungen auf einer Tanzfläche oder bei einem heftigen Rockkonzert auftreten?

Antwort

Gefährlich ist Folgendes: Wenn die Menge mit den Schwingungen der Brücke im Takt läuft, die sich an der Brücke aufgebaut haben, können diese Schwingungen ein solches Ausmaß annehmen, dass sie einen Teil der Brückenaufhängung zerbrechen. (Ich weiß nicht, ob dies im Beispiel von Manchester tatsächlich der Fall war.) Beim Marsch außer Tritt erfolgt das Stampfen der Menge auf der Brücke nicht mehr koordiniert (synchronisiert) und die Schwingungen können sich demzufolge nicht weiter verstärken.

Beim Laufen über die Millennium Bridge übte jeder Fußgänger Kräfte auf die Brücke aus, die nicht nur nach unten, sondern auch seitlich nach links und rechts gerichtet waren. Solche Kräfte treten auf, weil jeder Mensch beim Laufen gewöhnlich sein Körpergewicht nach links und rechts verlagert. Diese seitwärts gerichteten Kräfte sind klein. Auf der Brücke wirkten sie aber mit einer Frequenz (0,5 Hertz oder 0,5 Mal pro Sekunde), die ungefähr mit der Frequenz übereinstimmte, mit der die Brücke seitwärts schwingen konnte. Eine derartige Frequenzübereinstimmung wird als *Resonanz* bezeichnet. Die Schwingungsamplitude nahm zu, wie die Schaukelhöhe eines Kindes auf einer Schaukel zunimmt, wenn Sie es mit einer Frequenz anschubsen, die mit der Frequenz Eigenschwingung, d. h. mit dem Takt der Schaukel, übereinstimmt.

Anfangs waren die Fußgänger im Wesentlichen außer Tritt, die Kräfte waren weitgehend unsynchronisiert, und daher nahm die Schwingungsamplitude nur langsam zu. Bald darauf war die Amplitude jedoch so groß, dass einige Fußgänger ihr Gleichgewicht nur halten konnten, indem sie im Takt mit den Schwingungen liefen. Als mehr Fußgänger in den Gleichschritt einfielen, nahm die Amplitude noch stärker zu. Dies machte das Laufen noch schwieriger und veranlasste wiederum noch mehr Fußgänger dazu, in Gleichschritt zu verfallen. Schließlich liefen etwa 40 % der Fußgänger auf der Brücke im Gleichschritt, die Amplitude der seitlichen Schwingungen war signifikant geworden und hatte sogar zu vertikalen Schwingungen geführt. Zur Stabilisierung der Brücke installierten Ingenieure Einrichtungen, die Energie aus jeder seitlichen Schwingung der Brücke ableiten, die Schwingungen also dämpfen. Sie sollen Fußgänger davon abhalten, in Gleichschritt zu fallen.

Ähnliche Schwingungen können bei Fußböden von Büros, Schulen oder Diskotheken auftreten. Sie sind besonders dann spürbar, wenn Menschen im Gleichtakt springen, wie es bei einigen Tanzstilen, wie beispielsweise dem Pogo, der Fall ist. Die Schwingungen können bei einem Konzert auch im Zuschauerbereich auftreten, wenn die Zuschauer mit den Füßen rhythmisch wippen oder im Takt der Musik kräftig in die Hände klatschen. Solche Zuschaueraktivitäten haben gewöhnlich eine Frequenz von 1 bis 3 Hertz. Wenn dieser Wert nahe an der niedrigsten Resonanzfrequenz der Tanzfläche oder des Zuschauerbereiches liegt, kann sich eine Resonanz einstellen. Dann können die Amplitude und die gegenseitige Rückkopplung zwischen Zuschauer und Boden nicht nur spürbar, sondern sogar beängstigend werden. Um eine Resonanz und eine mögliche Beschädigung oder einen Zusammenbruch der Konstruktion zu vermeiden, empfehlen Bauvorschriften, darauf zu achten, dass die niedrigste Resonanzfrequenz der Konstruktion nicht unter 5 Hertz liegt.

1.125 Unsicher ausbalancierte Körper und Felsen

Bei einigen Erdbeben wurden scheinbar stabile massive Körper durch die Schwingungen des Bodens umgekippt, während scheinbar instabile säulenförmige Körper stehen blieben. Sogar solche Konstruktionen wie kommunale Wassertanks mit der Form eines Golfballs, die auf einem T-Profil ruhen, haben Erdbeben unbeschadet überstanden, während zylindrische Wassertanks umgekippt sind. Was ist für die Stabilität der scheinbar instabilen Konstruktionen verantwortlich? Diese Frage ist offenbar von Bedeutung, wenn es um den Entwurf von modernen Bauwerken in Regionen mit hohen seismischen Aktivitäten geht. Sie ist auch für die Erhaltung antiker Bauten wichtig, wie beispielsweise der klassischen Statuen und Säulen, wie man sie in Griechenland findet.

In einer mit Felsen übersäten Region, in der diese durch die Witterung freigelegt wurden, können die Felsen Aufschluss darüber geben, ob es dort nennenswerte seismische Aktivitäten gegeben hat. Erstaunlicherweise deuten Felsen in einigen Regionen Kaliforniens darauf hin, dass es selbst 30 Kilometer vom berüchtigten San-Andreas-Graben entfernt zu keinem Zeitpunkt in den letzten Jahrtausenden nennenswerte seismische Aktivitäten gegeben hat. Welcher einfache Beleg an den Felsen könnte auf diese nicht vorhandene Aktivität hindeuten?

Antwort

Bodenerschütterungen (eine einzelne Erschütterung, eine Reihe von Erschütterungen oder seitliche Schwingungen) können einen nicht verankerten Körper dazu bringen, auf seinen Kanten zu schaukeln (siehe Abbildung 1.44a). Sobald sich der Schwerpunkt des Körpers über eine Kante bewegt, kippt der Körper um. Es ist umso leichter, einen Körper durch einen Stoß gegen seine Spitze umzukippen, je größer der Körper ist. Das Umkippen durch Bodenerschütterungen beruht aber auf einem ganz anderen Mechanismus. In diesem Fall greift die Kraft am Fuße des Körpers an. Nun hängt die Stabilität des Körpers von der Entfernung R seines Schwerpunkts von einer Kante ab (siehe Abbildung 1.44b). Der Körper ist umso stabiler, je größer R ist. Zwar hängt die Wirkung von Bodenerschütterungen von zahlreichen Variablen ab, jedoch kann eine hohe Säule mit einem großen R stabiler sein als eine kurze Säule mit einem kleinen R, wenn sie durch die Erschütterung ins Schwanken gerät.

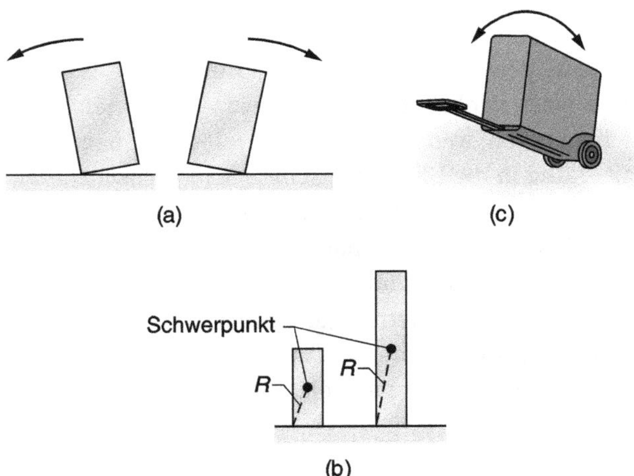

Abb. 1.44: (a) Ein durch Bodenerschütterungen ins Schwanken versetzter Block. (b) Die Gefahr umzukippen hängt von der Entfernung R ab. (c) Ein auf zwei Rollen fahrender Koffer kann schwanken und anschließend umkippen.

Möglicherweise haben Sie schon einmal ein ähnliches Schwanken beobachtet, wenn Sie einen zweirädrigen Koffer durch ein Flughafengebäude gezogen haben (siehe Abbildung 1.44c).

Wenn Sie langsam gehen, um gleichmäßig am Koffergriff ziehen zu können, ist der Koffer stabil (er bleibt aufrecht). Wenn Sie aber schnell gehen, wobei Sie dadurch periodisch am Griff ziehen, kann der Koffer auf seinen Rädern nach rechts und links schwanken. Sobald das Schwanken ein gewisses Maß erreicht hat, kippt der Koffer sogar dann um, wenn Sie versuchen, dies zu verhindern, indem Sie den Griff in die Gegenrichtung drehen.

In einigen mit Felsen übersäten Regionen hat die Gesteinsverwitterung Felsen hinterlassen, die auf einem schmalen Sockel aus Restmaterial stehen. Solche sogenannten *unsicher ausbalancierten Felsen* können in der Regel per Hand umgekippt werden und würden sogar bei mäßigen Bodenerschütterungen infolge seismischer Aktivität umkippen. Daher bedeutet die Tatsache, dass die Felsen seit Tausendenden von Jahren stehen geblieben sind, dass die Region während dieser Zeit keinen nennenswerten seismischen Aktivitäten ausgesetzt war.

1.126 Der Untergang der *Kursk*

Im August 2000, als die Nordflotte Russlands Truppenübungen in der Barentssee nördlich von Russland durchführte, sank das Atom-U-Boot *Kursk* auf mysteriöse Weise. Als sich die Nachricht vom Untergang verbreitete, stellten Seismologen auf der nördlichen Halbkugel fest, dass die Geräte an dem Tag, als die *Kursk* sank, ungewöhnliche seismische Wellen aufgezeichnet hatten, die von der Barentssee ausgingen. Die Datenanalyse ließ den Grund vermuten, aus dem das U-Boot sank, und traf – noch überraschender – auch eine Aussage über die Tiefe. Wie war es möglich, die Tiefe des U-Bootes aus Messungen zu bestimmen, die in sehr großer Entfernung durchgeführt worden waren?

Antwort

Seismische Wellen sind Wellen, die sich entweder durch das Erdinnere oder am Erdboden entlang ausbreiten. Seismologische Stationen haben vor allem den Zweck, von Erdbeben stammende seismische Wellen aufzuzeichnen. Sie registrieren aber auch seismische Wellen, die durch beliebige, große Energiefreisetzungen in der Nähe der Erdoberfläche erzeugt wurden, was beispielsweise bei einer Explosion der Fall ist. Wenn die seismischen Wellen eine Station passieren, versetzen sie den Stift in einem Aufzeichnungsgerät in Schwingungen, und der Stift hinterlässt eine Kurve. Die Aufzeichnungen, die mit dem Untergang der *Kursk* in Verbindung gebracht wurden, bestanden zunächst aus einer Reihe von Schwingungen mit kleiner Amplitude; 134 Sekunden später setzten Schwingungen mit wesentlich größerer Amplitude ein.

Aus den Aufzeichnungen der Kursk konnten die Experten schließen, dass die ersten seismischen Wellen durch eine Explosion an Bord des U-Bootes ausgelöst wurden, möglicherweise durch einen Torpedo, der nicht abgeschossen wurde, nachdem er gezündet worden war. Die Explosion verletzte vermutlich die Außenhaut, löste ein Feuer aus und brachte das U-Boot zum Sinken. Nachdem das U-Boot gesunken war, registrierten die Seismografen wesentlich stärkere seismische Wellen. Wahrscheinlich entstanden sie dadurch, dass das Feuer einige (vermutlich fünf) der sich an Bord befindenden gewaltigen Sprengköpfe gleichzeitig zur Explosion brachte. Diese stärkeren Wellen erreichten die seismologischen Stationen als Pulse in einem Abstand von etwa 0,11 Sekunden.

Aus dieser Zeitspanne war es möglich, die Tiefe des gesunkenen U-Bootes zu berechnen. Die stärkere Explosion fand statt, als sich das U-Boot bereits auf dem Meeresboden befand. Die Explosion sendete einen Puls in den Meeresboden und einen Puls durch das Wasser nach oben. Der sich durch das Wasser ausbreitende Puls wurde mehrmals zwischen der Wasseroberfläche und dem Meeresboden „reflektiert". Jedes Mal, wenn er auf den Meeresboden auftraf, gab er einen weiteren Puls in den Boden ab. Seismologische Stationen zeichneten diese Bodenpulse nacheinander auf. Folglich war die Zeitspanne von 0,11 Sekunden zwischen zwei aufeinanderfolgenden Bodenpulsen gleich der Zeit, die ein Wasserpuls für seinen Weg zur Wasseroberfläche und wieder zum Meeresboden zurück brauchte. Aus dieser Zeitspanne konnte man berechnen, dass sich das U-Boot in einer Tiefe von etwa 80 Metern befand; tatsächlich wurde es später in einer Tiefe von etwa 115 Metern entdeckt, was recht nahe an dem berechneten Wert lag.

Auch andere große Explosionen sind von Seismografen aufgezeichnet worden, darunter die Explosion einer Lastwagenbombe in Nairobi (Kenia) bei einem Terroranschlag auf die amerikanische Botschaft im Jahr 1998. Im Jahr 2003 wurden seismische Wellen registriert, die von der (akustischen) Schockwelle stammten, die die Raumfähre *Columbia* erzeugt hatte, als sie bei ihrer (erfolgreichen) Rückkehr zum Luftwaffenstützpunkt Edwards über Los Angeles geflogen war. Und am 11. September zeichneten Seismografen den Einschlag der entführten Flugzeuge in die Türme des World Trade Centers auf, und ebenso den darauffolgenden Zusammensturz beider Türme.

1.127 Die Wahrnehmung von Sandskorpionen

Wenn sich ein Käfer einige Dutzend Zentimeter von einem Sandskorpion entfernt über den Sand bewegt, dreht sich der Skorpion sofort zum Käfer und stürzt sich auf ihn um ihn zu verspeisen. Der Skorpion schafft das, ohne den Käfer zu sehen (es ist Nacht) oder zu hören. Wie gelingt es dem Skorpion, seine Beute so genau zu lokalisieren?

Antwort

Ein Sandskorpion bestimmt die Richtung und die Entfernung seiner Beute anhand der Wellen, die die Bewegung der Beute über die Sandoberfläche schickt. Bei einem bestimmten Wellentyp, den Transversalwellen, bewegt sich der Sand auf der Oberfläche vertikal und somit senkrecht zur Ausbreitungsrichtung der Welle. Die Longitudinalwellen bewegen sich dreimal so schnell wie die Transversalwellen. Der Skorpion, der seine acht Beine annähernd in einem Kreis mit fünf Zentimetern Durchmesser aufgestellt hat, empfängt zuerst die schnelleren Longitudinalwellen und kann daraus auf die die Richtung schließen, in der sich der Käfer befindet. Er befindet sich in der Richtung des Beines, das zuerst von Wellen berührt wird (siehe Abbildung 1.45). Der Skorpion erfühlt dann die Zeitspanne zwischen der ersten Wahrnehmung der Longitudinalwellen und der Wahrnehmung der langsameren Transversalwellen und bestimmt daraus die Entfernung des Käfers. Beispielsweise besagt eine Zeitspanne von 0,004 Sekunden zwischen dem Eintreffen beider Wellentypen, dass die Wellen in einer Entfernung von 30 Zentimetern vom Skorpion erzeugt wurden.

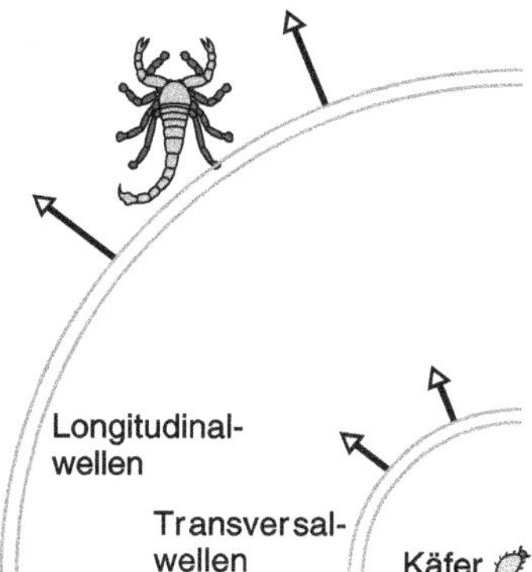

Abb. 1.45: Wellen weisen den Skorpion auf die Bewegung eines Käfers hin.

1.128 Schneebeben

Manchmal kann man durch einen Fußtritt in ein Schneefeld ein *Schneebeben* auslösen, das in der Regel von einem niederfrequenten, plumpsenden Geräusch begleitet wird. Wie kommt es zu diesem Ereignis?

Antwort

Bei einem Schneebeben handelt es sich vermutlich um das fortschreitende Absacken der Schneeoberfläche aufgrund des Zusammenfallens einer strukturell schwachen Raureifschicht, die sich unter der Schneedecke (und daher im Verborgenen) befindet. Der Fußtritt bewirkt das Zusammenfallen des Raureifs unmittelbar darunter, und dieses Zusammenfallen zieht und rüttelt am umliegenden Raureif, der dann ebenfalls zusammenfällt usw. Während der Raureif zusammenfällt, sackt der Schnee mit einem Plumpsen nach unten, was ein sehr ähnliches Geräusch erzeugt wie Schnee, der von einem Ast auf eine Schneedecke fällt.

1.129 Stadionwellen

Eine Stadionwelle ist ein von den Zuschauern initiiertes Massenverhalten in einem großen, vollbesetzten Stadion. Diese Massenperformance zog erstmals bei der Fußball-Weltmeisterschaft 1986 in Mexiko größere Aufmerksamkeit auf sich und wird daher oft als *Mexikanische Welle* (im englischsprachigen Raum) oder *La Ola* (spanisch „Welle“) bezeichnet. Während sich der Impuls durch das Stadion ausbreitet, stehen die Zuschauer kurz mit erhobenen Armen auf und setzen sich wieder. Wie wird die Welle initiiert (es gibt kein Zeichen, beispielsweise von einem Stadionsprecher), und wie schnell breitet sich die Welle aus?

Antwort

Die Welle kann nur entstehen und sich fortpflanzen, wenn sie für genügend Leute erkennbar wird. Dazu reichen ein paar Zuschauer, die aufstehen und sich wieder hinsetzen, nicht aus, denn eine derartige Aktion würde in der gewöhnlichen Zuschauerbewegung untergehen. Stattdessen braucht es eine erhebliche Zahl an Teilnehmern, die gleichzeitig aufstehen und sich wieder hinsetzen. Daher kann die Welle nur einsetzen, wenn es einem oder mehreren Initiatoren gelingt, eine Gruppe von etwa 20 oder 30 Teilnehmern zu bilden. Die Initiatoren könnten sich zur Gruppe gewandt, eventuell mit einer Fahne ausgestattet, aufstellen, um Aufmerksamkeit auf sich zu lenken. Die gleichzeitige Bewegung der ersten Gruppe wird dann von der Nachbargruppe bemerkt, die dann aufstehen und sich wieder setzen usw. Untersuchungen zeigen, dass sich die Welle für gewöhnlich im Uhrzeigersinn im Rund des Stadions ausbreitet; jedoch kann ich keine Begründung dafür angeben. Die Geschwindigkeit beträgt ungefähr 14 Meter pro Sekunde, was offenbar von der Zeit abhängt, die eine Zuschauergruppe benötigt, um durch ein eigenes Aufstehen zu reagieren, nachdem sie das Aufsteigen einer benachbarten Zuschauergruppe wahrgenommen hat.

1.130 Kugelsichere Westen

Worauf beruht die Schutzwirkung einer kugelsicheren Weste? Weshalb kann ein Messer durch eine kugelsichere Weste nicht abgewehrt werden?

Antwort

Wenn ein Projektil mit hoher Geschwindigkeit auf eine kugelsichere Weste trifft, stoppt das Gewebe das Projektil und verhindert das Eindringen, indem es die kinetische Energie des Projektils schnell auf eine große Fläche verteilt. Diese Verteilung erfolgt durch Longitudinal- und Transversalpulse, die sich radial vom Auftreffpunkt ausbreiten. Dort erzeugt das Projektil eine kegelförmige Druckstelle im Gewebe. Der Longitudinalpuls, der sich entlang der Gewebefasern vor der Druckstelle ausbreitet, bewirkt, dass die Fasern dünn werden und sich dehnen, wobei sich Material zur Druckstelle bewegt. Eine solche radiale Faser ist in Abbildung 1.46 dargestellt. Ein Teil der Energie des Projektils wird für diese Bewegung und diese Streckung verbraucht. Der Transversalpuls, der sich mit einer geringeren Geschwindigkeit ausbreitet, entsteht durch das Einbeulen. Während sich das Projektil weiter in die Druckstelle hineinbohrt, nimmt der Radius der Druckstelle zu, wodurch sich das Material der Fasern in dieselbe Richtung bewegt wie das Projektil (senkrecht zur Ausbreitungsrichtung des Transversalpulses). Ein Teil der Energie des Projektils wird für diese Bewegung verbraucht. Ein geringer Teil der Energie wird durch die Reibung an den Fasern aufgenommen, die im Puls aneinander gleiten oder, bei einer kugelsicheren Weste aus mehreren Schichten, in das Dehnen und Reißen der Fasern.

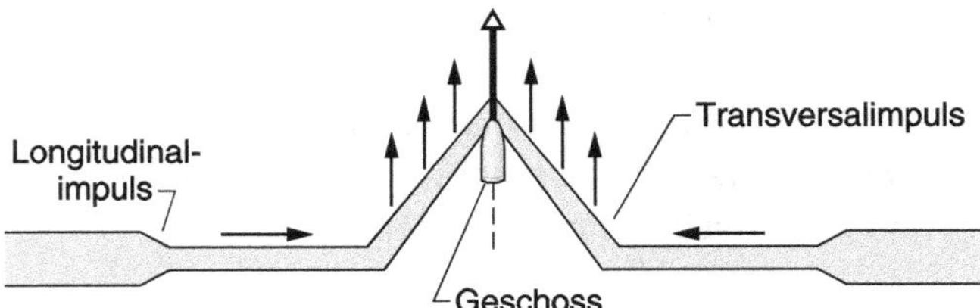

Abb. 1.46: Durch ein Projektil verursachte Druckstelle in einer kugelsicheren Weste.

Ein Messer kann von einer kugelsicheren Weste nicht aufgehalten werden, weil sich die Messerspitze leicht zwischen die Fasern schieben kann. Die scharfe Kante kann die Fasern anschließend durchschneiden, wenn sich das Messer weiter vorwärtsbewegt. Auch ein Kettenhemd wie es die alten Ritter trugen war nicht wirklich geeignet, um die auf einen Punkt gerichtete Messerspitze abzuwehren. Vielmehr war es dafür geeignet, die breite Klinge eines Schwerts aufzuhalten.

1.131 Bogenschießen

Wenn man einen Pfeil abschießt und er sich vom Bogen wegzubewegen beginnt, wird er unabhängig davon, wie gut er gezielt ist, mit seiner Längsachse bis zu einem Winkel von 7° von der Zielrichtung abweichen. Dennoch fliegt er immer noch auf das Ziel zu. Die Abweichung der Pfeilspitze wird noch deutlicher, wenn man den Pfeil in Zeitlupe verfolgt. Obwohl der Pfeil beim Zielen am Bogen anliegt, berührt der Pfeil den Bogen nicht mehr, nachdem man die Bogensehne losgelassen hat. Der Pfeil gleitet nicht am Bogen entlang, sondern zittert am Bogen vorbei. Worauf ist dieses Verhalten zurückzuführen? Und wie findet der Pfeil dennoch sein Ziel?

Als der Langbogen im Kampf benutzt wurde, wurde der Pfeil mit einer Kugel aus Bienenwachs an seiner Spitze versehen. Weshalb?

Antwort

Angenommen, der Pfeil befindet sich auf der linken Seite des Bogens. Unmittelbar nach dem Abschuss drücken sowohl die Bogensehne als auch der Bogen sein Ende und seine Pfeilspitze nach links. Der Pfeil biegt sich und beginnt anschließend nach links und rechts zu schwingen. Durch die Schwingungen kann der Pfeil am Bogen vorbei zittern, ohne Energie durch Reibung zu verlieren und ohne dass das mit Federn versehene Ende den Bogen berührt. Obwohl die Pfeilspitze während dieser Schwingungen nicht immer in Richtung Ziel zeigt, fliegt der Pfeil trotzdem in die gewünschte Richtung. Bald, nachdem der Pfeil ganz am Bogen vorbeigeflogen ist, klingen die Schwingungen ab. Anschließend zeigt die Pfeilspitze dauerhaft in die gewünschte Richtung.

Damit ein Pfeil gut am Bogen vorbeifliegen kann, sollte er bis zu dem Moment, in dem er den Bogen ganz verlassen hat, eine ganze Schwingung ausführen können. Dazu muss der Pfeil in einem gewissen Maße flexibel sein. Bei zu großer Flexibilität sind die Schwingungen zu langsam, und das mit Federn versehene Ende trifft den Bogen. Ist der Pfeil zu steif, sind die Schwingungen zu schnell oder die Amplitude der Seitwärtsbewegung ist zu gering, so dass der Pfeil den Bogen nicht mit seiner vollen Energie verlässt. Er hat dann durch Reibung oder durch Stoß des mit Federn versehenen Endes am Bogen bereits Energie verloren.

Nachweislich wurden Kugeln aus Bienenwachs an den Pfeilspitzen angebracht, damit die Pfeile den Harnisch eines Soldaten besser durchdringen konnten. Der dafür angegebene Grund lautet: Weil die Kugel den Harnisch zuerst trifft, bewirkt der Stoß, dass sich der Pfeil genau in dem Moment stärker senkrecht zum Harnisch ausrichtet, in dem die Spitze den Harnisch erreicht. Unter dieser Bedingung ist es wahrscheinlicher, dass der Pfeil den Harnisch durchdringt und nicht daran abrutscht.

1.132 Schwingende Pflanzen

Ein Baum kann umknicken oder entwurzelt werden, wenn er durch den Sturmwind eines Hurrikans oder Taifuns stark gebogen wird. Warum kann er aber auch auch bei wesentlich schwächerem Wind Schaden nehmen?

Antwort

Jeder einzelne Baum wird mit einer sogenannten *Eigenfrequenz* schwingen. Dabei ist die Wurzel fest, die Krone schwingt am stärksten und die dazwischenliegenden Teile schwingen mit mittlerer Auslenkung. Der Wert der Eigenfrequenz hängt von der Höhe des Baumes, der Stärke des Holzes (seiner Elastizität) und dem Luftwiderstand der Zweige und Blätter ab. Ein einzelner Windstoß kann den Baum zwar in Schwingungen versetzen, doch klingt diese Bewegung bald ab, und es ist unwahrscheinlich, dass die Schwingung ausreicht, um den Baum umzuknicken oder zu entwurzeln. Diese Gefahr besteht nur, wenn der Baum von einer Reihe von Windstößen umhergeworfen wird, deren zeitliche Abstände nahe an der Eigenfrequenz des Baumes liegen. Diese Bedingung wird als *Resonanzbedingung* bezeichnet. Es kommt zu einem Aufschaukeln, ähnlich wie bei einer Schaukel, wenn Sie diese mit geringer Kraft aber näherungsweise mit ihrer Eigenfrequenz anschieben. Genauso ist es bei Windstößen und Bäumen.

Natürlich haben Windstöße keine konstante Frequenz. Wenn aber ihre mittlere Frequenz in der Nähe der Eigenfrequenz des Baumes liegt, kann er so stark schwingen, dass er abknickt oder entwurzelt wird. Ist der Baum von anderen Bäumen umgeben, bieten ihm diese einen gewissen Schutz vor den Windstößen. Außerdem wird seine kinetische Energie in Reibungsenergie umgewandelt, wenn die Äste an denen anderer Bäume vorbei streichen. Unabhängig davon, ob er in einer Gruppe oder einzeln steht, verliert jeder Baum auch Energie aufgrund des Luftwiderstands an den Blättern und durch Dehnung und Stauchung seines Stamms.

Auch Getreide kann durch Windstöße zu resonanten Schwingungen angeregt werden. Wenn die Frequenz der Windstöße in der Nähe der Resonanzfrequenz liegt, können die Halme ebenfalls geknickt oder die Pflanze entwurzelt werden. Bei Getreidehalmen liegt diese Resonanzfrequenz im Bereich von ein bis zwei Hertz. Sie ist etwas höher als bei Bäumen.

1.133 Schwingungen großer Gebäude

Wind kann ein hohes Gebäude in Schwingungen versetzen, was für die Bewohner, Mieter oder Besucher des Gebäudes irritierend sein oder sogar Übelkeit erregen kann. Um die Windanfälligkeit zu verringern, könnte das Gebäude starrer gemacht werden, doch dies ist weder praktisch noch ökonomisch. Wie lassen sich die Schwingungen auf andere Weise auf ein akzeptables Maß reduzieren?

Antwort

Eine Möglichkeit, die Schwingungen zu reduzieren, besteht darin, einen *Schwingungstilger* (System aus Masse und Feder) am Dach anzubringen, bei dem die Feder an der vorherrschenden Windrichtung ausgerichtet ist. Ein Ende der Feder ist mit dem Dach verbunden; das andere Ende ist an einem massereichen Block befestigt, der sich entlang einer Schiene bewegen kann, die parallel zur Feder verläuft. Die Frequenz, mit der der Block am Ende der Feder schwingt, wird an die Eigenfrequenz des Gebäudes angepasst. Wenn das mit dieser Konstruktion ausgerüstete Gebäude schwingt, wird die Feder gedehnt, wodurch der Block mit derselben Frequenz schwingt wie das Gebäude. Jedoch ist die Schwingung gegenüber der Schwingung des Gebäudes so verzögert, dass die beiden Schwingungen genau gegenläufig sind. Schwingt das Gebäude beispielsweise nach links, schwingt der Block nach rechts. Seine Bewegung ist also darauf ausgerichtet, die Schwingung des Gebäudes auszugleichen oder zu tilgen.

Manche Gebäude haben doppelte Schwingungstilger: Ein Schwingungstilger ist auf dem Block eines größeren Schwingungstilgers angebracht. Die Schwingungen des kleineren Tilgers sind durch einen elektronischen Schaltkreis feinjustiert, der die Gebäudeschwingungen überwacht. Andere Gebäude haben einen Wasserschwinger, in dem Wasser gegenläufig zur Gebäudeschwingung von einer Seite auf die andere schwappt. Der *Taipei101* in Taipeh, der Hauptstadt Taiwans, hat 101 Etagen (und eine Höhe von 508 Metern). Um seine Schwingungen zu dämpfen, wurde zwischen der 88. und 92. Etage ein Tilgerpendel installiert, dessen Pendel 660 Tonnen wiegt.

1.134 Kunst- und Turmspringen

Beim Kunstspringen vom Brett weiß ein erfahrener Springer, wie er Anlauf zu einem Sprung nehmen muss: Der Springer macht zunächst drei schnelle Schritte auf dem Brett, um es in Schwingungen zu versetzen, und springt dann so auf das freie Ende des Sprungbrettes, dass er hoch in die Luft katapultiert wird. Wenn ein Anfänger diese Technik nachahmt, wird es ihm unter Umständen misslingen, das Brett als Katapult zu benutzen; es kann sogar sein, dass er so vom Brett getroffen wird, dass er stürzt und auf das Brett aufschlägt. Worin liegt das „Geheimnis“ eines erfahrenen Springers, das ihm hilft, sich vom Sprungbrett nach oben katapultieren zu lassen.

Antwort
Bei Wettkämpfen sitzt das Sprungbrett auf einem Stützpunkt, der sich vom festen Ende in einer Entfernung von etwa einem Drittel der Gesamtlänge des Brettes befindet. Bei einem Anlaufsprung macht der Springer drei schnelle Schritte auf dem Brett über den Stützpunkt hinaus, so dass sich das freie Ende des Sprungbrettes nach unten biegt. Wenn das Brett in die Horizontale zurückschnellt, springt der Springer ab und auf das freie Ende des Brettes zu. Ein erfahrener Springer ist darauf trainiert, genau dann auf dem freien Ende zu landen, wenn es bereits zweieinhalb Schwingungen vollführt hat. Bei einem solchen Timing landet er genau dann auf dem Brett, wenn er sich mit der maximalen Geschwindigkeit nach unten bewegt. Durch das Gewicht des Springers wird das freie Ende nun erheblich weiter nach unten gedrückt, und der Aufschwung katapultiert den Springer hoch in die Luft.

1.135 Fliegenfischen

Wenn Sie eine „Fliege“, ein Imitat eines natürlichen Beutetiers, wie es üblicherweise beim Fliegenfischen verwendet wird, mit der Hand werfen, wird dieses wegen des Luftwiderstandes nicht weit kommen. Mithilfe einer Angelrute (und der richtigen Wurftechnik) können Sie die Fliege dagegen mit einer hohen Geschwindigkeit weit werfen und dabei zielsicher platzieren. Wie sieht die richtige Wurftechnik beim Fliegenfischen aus?

Antwort
Beim Ausholen bringen Sie die Rute so nach oben und etwas über die Vertikale hinaus, dass Fliege und Schnur nach hinten geworfen werden. Anschließend reißen Sie die Rute scharf nach vorn, so dass Fliege und Schnur nach vorn geschleudert werden. Ihre Kraft auf die Fliege und die Schnur wirkt an der Spitze der Rute. Würden Sie beide per Hand mit identischer Kraft

werfen, dann würden Sie wenig Arbeit verrichten und weniger kinetische Energie übertragen, weil der von Ihrer Hand zurückgelegte Weg klein ist. Da die Spitze der Rute einen größeren Weg zurücklegt, sind die Arbeit, die Sie verrichten, und die Energie, die Sie an Fliege und Schnur übertragen, größer.

Wenn die Spitze der Rute nach vorn zeigt und sich in Ruhe befindet (siehe Abbildung 1.7a), nimmt die kinetische Energie und damit die Geschwindigkeit der Fliege selbst dann noch zu, wenn Sie gar keine Arbeit mehr verrichten. Um zu verstehen, warum das so ist, betrachten wir zunächst den Verlauf der Schnur in dieser Situation (siehe Abbildung 1.47b): Die Schnur erstreckt sich von der Spitze der Rute nach vorn, windet sich nach oben und hinten und reicht anschließend fast horizontal zurück bis zur Fliege. Der erste Abschnitt ist stationär, weil die Rute stationär ist, während sich der letzte Abschnitt zusammen mit der Fliege bewegt. Während sich die Fliege vorwärts bewegt, wird ein immer größerer Abschnitt der Schnur stationär, was die kinetische Energie in der Fliege und dem sich noch bewegenden Teil der Schnur konzentriert. Wenn die Fliege den äußersten Punkt erreicht, besitzt sie die gesamte kinetische Energie und bewegt sich viel schneller, als wenn Sie sie per Hand geworfen hätten. Lassen Sie in dieser Situation einen Teil der Schnur locker, kann ihn die Fliege von der Rolle ziehen und damit weit über das Wasser fliegen.

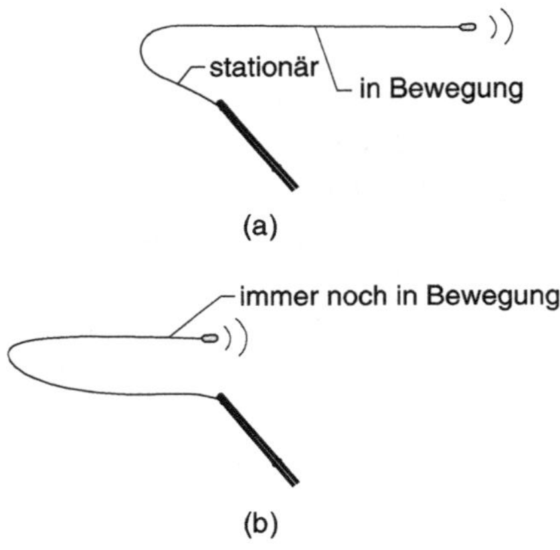

Abb. 1.47: Eine nach vorn geworfene Angelschnur. (a) Der größte Teil der Schnur bewegt sich. (b) Ein geringerer Teil der Schnur bewegt sich.

Der Luftwiderstand limitiert die Reichweite der Schnur. Das ist der Grund, weshalb Angler versuchen, eine schmale Schlaufe zu erzeugen, so dass die Schlaufe weniger Luft durchschneidet. Sie bemühen sich auch um eine asymmetrische Schlaufe mit einem vorwärts zeigenden Oberteil und einem weniger stark gekrümmten Unterteil. Der Luftwiderstand am unteren Teil einer solchen Schlaufe erzeugt einen Hub an der Schnur, der einen längeren Angelwurf zulässt.

Einige Angler glauben, dass die Energie für die Vorwärtsbewegung der Fliege haupsächlich aus der Biegung der Rute während des Ausholvorgangs stammt. Untersuchungen zeigen aber, das dieser Energiebeitrag klein ist. Bedeutsam ist die Flexibilität der Rute jedoch für die Platzierung eines Wurfs und in Hinblick auf den gefangenen Fisch. Wenn ein Angler vorhat, große Fische zu fangen, wird er in der Regel eine steifere Rute verwenden, damit diese sich im Erfolgsfalle nicht zu sehr durchbiegt. Wenn das hintere Ende fest eingespannt ist und die Spitze zunächst um einen kleinen Winkel ausgelenkt und anschließend losgelassen wird, schwingt die Rute mit einer bestimmten Frequenz. Bei langen Würfen bevorzugt man Ruten mit hoher Frequenz, die als „lebendige Ruten" bezeichnet werden. Ruten mit niedrigerer Frequenz ermöglichen eine stärkere Kontrolle und damit ein exakteres Platzieren.

1.136 Die Schlacht auf den Falklandinseln und die Dicke Bertha

Während des Ersten Weltkrieges bekämpften sich britische und deutsche Kriegsflotten in der Nähe der Falklandinseln, die sich auf 50° südlicher Breite befinden. Obwohl die Schüsse der Briten gut gezielt waren, landeten sie mysteriöserweise in einer Entfernung von etwa hundert Metern links vom Ziel. Waren die Visiere der Geschütze untauglich? Offenbar nicht, denn sie zielten genau, nachdem sie wieder nach England zurückgeschickt worden waren. Was war los?

Beim Angriff der Deutschen auf Paris während des ersten Weltkriegs schleuderte ein riesiges Geschütz, die „Dicke Bertha", Geschosse aus 110 Kilometern Entfernung in die Stadt. Wenn die Deutschen nicht physikalische Prinzipien bedacht hätten, dann hätten ihre Schüsse das Ziel um fast 2 Kilometer verfehlen können.

Als die Deutschen erstmals begannen, langreichweitige Artillerie zu testen, stellten sie überrascht fest, dass ein Geschoss viel weiter flog, wenn es in einem Winkel abgeschossen wurde, der wesentlich größer als 45° war. Die erreichte Weite war etwa doppelt so groß wie bei einem Winkel von 45°. Weshalb kamen die Geschosse der Deutschen mit einem größeren Abschusswinkel weiter, während doch in vielen üblichen Fällen ein Abschuss im Winkel von 45° zur maximalen Schussweite führt?

Antwort

Man bedient sich zur Erklärung gewöhnlich einer Scheinkraft, um sich die scheinbare Ablenkung eines langreichweitigen Geschosses zu erklären. Dies ist die *Corioliskraft*. Diese Kraft ist auf die Erdrotation während des Flugs des Geschosses zurückzuführen. Auf der nördlichen Halbkugel wird das Geschoss scheinbar nach rechts abgelenkt, auf der südlichen nach links. Die Ablenkung ist in höheren Breiten stärker und am Äquator null.

Die Anfangsgeschwindigkeit eines langgreichweitige Geschosses setzt sich der Abschussgeschwindigkeit und der Geschwindigkeit aufgrund der Erdrotation am Abschussort zusammen. Während das Geschoss fliegt, dreht sich das Ziel aufgrund der Erdrotation weiter um die Erdachse. Bezieht man die Bewegung des Ziels beim Abschuss nicht mit ein, verfehlt das Geschoss das Ziel. Angenommen, das Ziel liegt beispielsweise auf der nördlichen Halbkugel nördlich vom Abschussort des Geschosses. Sowohl das Ziel als auch der Abschussort drehen sich aufgrund der Erdrotation ostwärts um die Erdachse. Das Ziel, das auf einem höheren Breitengrad liegt, bewegt sich aber auf einem kleineren Kreis als der Abschussort. Da beide Orte die Erde an einem Tag auf Kreisbahnen mit unterschiedlichen Radien vollständig umrunden, bewegt sich das Ziel folglich langsamer als der Abschussort. Ein nach Norden abgeschossenes Geschoss bewegt sich anfangs mit der gleichen Geschwindigkeit nach Osten wie der Abschussort. Während seines Fluges bewegt es sich schneller nach Osten als das Ziel und muss daher östlich vom Ziel landen. Aus Sicht einer Person am Abschussort wird das Geschoss ostwärts abgelenkt – es landet also rechts vom Ziel.

Richtschützen berücksichtigen die Ablenkung durch Versuch und Irrtum, doch die Korrektur der Geschützvisiere hängt vom Breitengrad ab und ist in den beiden Hemisphären entgegengesetzt. Die britischen Geschütze waren für englische Breitengrade richtig eingestellt, doch sie lagen für die südlichen Breiten der Falklandinseln jämmerlich daneben. Bei den langen Flügen der Geschosse aus der Dicken Bertha wussten die Deutschen, wie man die Ablenkung durch die Corioliskraft korrigiert – während das Geschoss flog, hatte sich Paris bewegt.

Als die Deutschen langreichweitige Geschosse in einem größeren Winkel sls 45° abschossen, bewegten sich die Geschosse durch dünne Schichten der Atmosphäre und waren damit einem geringeren Luftwiderstand ausgesetzt. Daher flogen die Geschosse natürlich weiter.

1.137 Der Weltraumlift

Kann man einen Satelliten auf eine Erdumlaufbahn bringen und dann eine Leine von dort auf den Erdboden werfen, an der Lasten zum Satelliten hochgezogen werden? Gibt es eine Möglichkeit, den Satelliten zu entfernen, und dabei die freie Leine unbeweglich an Ort und Stelle zu lassen?

Antwort

Wenn sich der Satellit auf einer geostationären Umlaufbahn und in der richtigen Höhe befindet, um sich mit der gleichen Geschwindigkeit um die Erde zu bewegen wie sich die Erde um ihre eigene Achse dreht, könnte prinzipiell eine Leine auf die Erde heruntergelassen und sogar ein Fahrstuhlsystem montiert werden. Befände sich der Satellit auf einer größeren Höhe, würde die effektive Zentrifugalkraft an der Leine ziehen – bei der Anordnung würde es sich dann um einen *Weltraumlift* handeln, der Gegenstände an der Leine hinaufziehen könnte, ohne dass ein Fahrstuhlsystem benötigt würde. Eine feste, leichtgewichtige Leine könnte man tatsächlich frei schweben lassen, wenn die effektive Zentrifugalkraft genauso groß wäre wie das Gewicht der Leine. Berechnungen zeigen jedoch, dass die Leine etwa 143 Millionen Meter lang sein müsste, und dies wäre dann doch ein bisschen viel.

Würde sich der Satellit auf einer Umlaufbahn befinden, die das untere Ende der Leine über die Erde fliegen lässt, und wäre die Leine elastisch, dann könnte sie ein nahezu frei bewegliches Transportmittel abgeben. Man könnte an das untere Ende eine Fahrgastzelle anbringen und die Zelle würde, weil die Leine aufgrund des Zuges durch den Satelliten gedehnt würde, in die Atmosphäre hüpfen und anschließend wieder auf der Erde aufkommen, nachdem die Fahrgastzelle eine große Entfernung zurückgelegt hätte. Zwar würde die Energie des Satelliten während des Aufstiegs durch den Zug der Fahrgastzelle reduziert, aber der Satellit könnte den überwiegenden Teil dieser Energie während des Abstiegs der Fahrgastzelle zurückgewinnen, während also die Zelle den Satelliten entlang seines Orbits zieht. Um unvermeidliche Energieverluste auszugleichen, könnte man den Satelliten mit einer kleinen Rakete ausstatten.

1.138 Frühlingsgefühle und das Aufstellen von Eiern

Versuchen Sie, ein rohes Ei aufzustellen. Es ist so gut wie sicher, dass es einfach umkippt. Sind Ihre Chancen, es aufzustellen, am Frühlingspunkt (der Tagundnachtgleiche) besser, wie manche Leute glauben?

Antwort

Um sich die Situation am Frühlingspunkt zu veranschaulichen, stellen Sie sich eine Ebene vor, die sich durch den Erdäquator bis zur Sonne erstreckt. Stellen Sie sich vor, dass sich die Sonne um die Erde dreht, anstatt umgekehrt. Wir wählen uns dabei lediglich ein für unsere Zwecke bequemeres Bezugssystem. Bei dieser Anordnung ist die scheinbare Umlaufbahn der Sonne gegen die Ebene durch den Erdäquator geneigt, und die Sonne schneidet diese Ebene zweimal im Jahr. Einer dieser Schnittpunkte ist der Frühlingspunkt. Die Behauptung, dass die Anziehungskraft der Sonne auf Gegenstände auf der Erde, insbesondere auf ein Ei, im Frühlingspunkt etwas anders als sonst sei, ist purer Unsinn.

Weshalb hat sich diese seltsame Behauptung dennoch gehalten? Es könnte daran liegen, dass einige Leute am Tag des Frühlingspunktes, und nur an diesem Tag, konzentrierte Anstrengungen unternehmen, Eier aufzustellen. (Diese Leute müssen ziemliche Langeweile haben.) Wenn sie an diesem Tag relativ erfolgreich sind, dann behaupten sie, dass es an diesem Tag eine besondere Anziehungskraft gäbe. Wäre diese Vorstellung wahr, würden Sie den Unterschied ganz sicher spüren – Ihre Masse ist größer als die eines Eis und daher müssten Sie die aufrichtende Wirkung der Sonne umso deutlicher spüren. Natürlich spüren Sie am Frühlingspunkt keinen Unterschied, und vermutlich wissen Sie nicht einmal, an welchem Tag er durchschritten wird.

Wenn Sie dennoch ein Ei finden, dass Sie aufstellen können, wird es wahrscheinlich am Boden leicht abgeflacht sein, und sei es auch nur in einem kleinen Bereich. Ein Trick, der bei den meisten Eiern funktioniert, geht folgendermaßen: Bilden Sie einen kleinen Hügel aus Salz, drücken Sie den Boden des Eis auf den Hügel, arrangieren Sie das Ei so, dass es aufrecht steht und blasen Sie dann das Salz um das Ei vorsichtig weg. Die wenigen verbleibenden Salzkristalle zwischen dem Ei und dem Tisch liefern ausreichend Halt, um das Ei aufrecht stehen zu lassen. Wer Ihre Vorbereitungen nicht mitbekommen hat wird die verbleibenden Kristalle vermutlich nicht bemerken; Sie können dann das Stehen des Eis etwa auf einen erhöhten Fluss kosmischer Strahlen zurückführen. (Dies ist in seinem unsinnigen Gehalt genauso einleuchtend, als ob Sie das Ereignis auf den Frühlingspunkt zurückführen.) Sie könnten auch schummeln, indem Sie den Boden des Eis mit Sandpapier abflachen.

Mitunter funktioniert auch dieser Trick: Schütteln Sie das Ei so stark, dass die Membran um das Eigelb reißt. Halten Sie dann das Ei einige Minuten senkrecht auf dem Tisch fest, damit sich das Eigelb am Boden des Eis absetzen kann, was den Schwerpunkt des Eis nach unten verschiebt. Wenn Sie das bodenlastige Ei loslassen, wird es eventuell stehen bleiben.

Die Tradition, am ersten Frühlingstag Eier aufzustellen, scheint vor Tausenden von Jahren in China entstanden zu sein. Seit dieser Zeit sind an diesem besonderen Tag unzählig viele Eier aufgestellt worden. Auf den ersten Blick scheint dies ein Beleg für den besonderen Einfluss des Frühlingspunktes zu sein. Doch stimmt das wohl nicht, denn der erste Frühlingstag liegt im chinesischen Kalender etwa 90 Tage vor dem Frühlingspunkt.

1.139 Mondsüchtig

Die meisten Menschen glauben, dass die Zahl der Geburten, der Autounfälle, der Eingänge in der Notaufnahme von Krankenhäusern, der Attentate und allem, was es sonst noch an menschlichen Aktivitäten gibt, bei Vollmond zunimmt. Wie sollte aber der Mond diesen Effekt herbeiführen – lässt er sich auf die Anziehungskraft des Mondes zurückführen, ist er biologischer oder psychologischer Natur oder einfach eine Legende?

Antwort

Kann es an der Anziehungskraft liegen? Nein, die Anziehungskraft, die die Masse des Mondes auf Sie ausübt, ist unmerklich klein. Wäre sie spürbar groß, würden Sie den Effekt merken, wenn der Mond am Himmel aufgeht und Sie ihm dadurch etwas näher sind, was wiederum die Anziehungskraft des Mondes auf Sie erhöhen würde. Fühlen Sie sich leichter, wenn der Mond am Himmel aufsteigt? Nein, so ist es natürlich nicht.

Könnte eine Gezeitenwirkung des Mondes durch die Gravitation die Ursache sein? Der Mond hat zweifellos einen nennenswerten und leicht erkennbaren Einfluss auf die Meere, der sich in den Gezeiten offenbart. Reagieren Menschen auf denselben Einfluss? Nein, die Gezeiten entstehen dadurch, dass sich die Anziehungskräfte von Mond (und Sonne) entlang der Erdoberfläche ändern. Die Veränderung über eine so ausgedehnte Fläche bewirkt eine Ansammlung von Wasser, also die Entstehung eines Flutberges. Während sich die Erde dreht, geraten verschiedene Meeresregionen in diesen Einflussbereich und erfahren eine Flut. Die Veränderung der Anziehungskraft des Mondes über dem Querschnitt (oder der Höhe) eines Menschen ist zu gering, um beim Menschen einen ähnlichen Gezeiteneffekt hervorrufen zu können. Die Gezeitenwirkung kommt also als Ursache für den vermeintlichen Effekt ebenfalls nicht infrage.

Doch weshalb beschäftigt man sich in diesem Zusammenhang überhaupt mit der Gravitation? *Vollmond* bedeutet nur, dass (aus unserer Sicht) die gesamte Oberfläche des Mondes von der Sonne beleuchtet wird. Dieses Ausmaß der Beleuchtung verändert aber keineswegs die Anziehungskraft des Mondes auf uns. Daher könnte man vermuten, dass die Mondwirkung psychologisch ist – Menschen werden durch die zusätzliche Beleuchtung in der Nacht auf wundersame Weise in einen Rausch getrieben, selbst dann, wenn sie im hellen Stadtlicht leben oder nachts gar nicht auf die Straße gehen.

Wenn man allerdings tatsächlich die Zahl der Geburten, der Autounfälle, der Eingänge in der Notaufnahme von Krankenhäusern, der Attentate und dessen, was es sonst noch an menschlichen Aktivitäten gibt, über die Mondphasen aufträgt, dann findet man in Wirklichkeit gar kein Maximum bei Vollmond. Die Mondwirkung ist also nur eine Legende, die sogar unter Angestellten im Gesundheitswesen grassiert, die es eigentlich besser wissen sollten.

1.140 Schwerkrafthügel

Überall auf der Welt gibt es Orte, an denen die Schwerkraft entgegen ihrer sonstigen Wirkung ein Auto bergauf zu ziehen scheint. Einer dieser Orte befindet sich unmittelbar bei Mentor in Ohio. Als ich mit meinem Auto im Leerlauf den Hang hinabrollte, wurde das Auto allmählich langsamer bis es schließlich anhielt. Anschließend begann es, auf den Gipfel des Hügels zurückzurollen. Kann die Schwerkraft an solchen Orten tatsächlich entgegengesetzt wirken? (Sollten Sie irgendwann einen dieser Hügel besuchen, seien Sie auf der Hut, dass Sie nicht von einem anderen Auto angefahren werden – ein Fahrer wird nicht erwarten, auf ein stehendes oder langsam fahrendes Auto zu treffen.)

Antwort

Dieser Effekt ist nichts als eine Illusion. Sie kann aber so überzeugend sein, dass man irritiert ist. (Als ich mich das erste Mal in der Nähe von Mentor davon überzeugen wollte, war eine meiner Töchter im Auto, die damals noch klein war. Obwohl sie nur wenig über die Schwerkraft wusste, verstand sie genug davon, um verängstigt in Tränen auszubrechen, als das Auto scheinbar bergauf rollte.) Wenn Sie aber aufmerksam die Fahrbahn entlangblicken, verschwindet die Illusion, und Sie erkennen das tatsächliche Gefälle der Straße. Sie werden feststellen, dass es einen leichten Abhang in dem insgesamt moderaten Anstieg des Hügels gibt. Wenn das Auto in Richtung Gipfel zurückrollt, rollt es in Wirklichkeit in die Senke. Wenn Sie im Auto sitzen, ist die Senke nicht wahrnehmbar und die Illusion, dass Sie die Hügel hinaufrollen, überwältigend. Wenn sich die Bäume entlang der Straße entsprechend neigen, verstärken sie diese Illusion noch etwas.

Die Täuschung über den Anstieg eines Straßenabschnitts ist manchmal auf einen stärkeren Anstieg der Straße vor und nach dem Abschnitt zurückzuführen. Um ein Beispiel zu geben: Sind die angrenzenden Straßenabschnitte stark abschüssig, während der mittlere Abschnitt nur moderat abschüssig ist, scheint der mittlere Abschnitt einen positiven Anstieg zu haben. Auch die scheinbare Horizontale kann die Wahrnehmung eines Anstiegs beeinflussen: Stellen Sie sich beispielsweise eine horizontale Straße vor, die unmittelbar vor einem Hang nach links abbiegt, der den wahren Horizont verdeckt. Sie gewinnen den Eindruck, dass die Straße abwärts führt, wenn sie den Hang erreicht, weil der scheinbare Horizont auf dem Gipfel des Hügels und daher hoch oben liegt.

1.141 Durch den Mittelpunkt der Erde fallen

Stellen Sie sich einen Tunnel vor, der entlang der Rotationsachse der Erde von einem Pol zum anderen führt. Wie lange würde es dauern, bis Sie die gegenüberliegende Seite erreichen, wenn Sie in einen solchen Tunnel fallen würden? Was würde mit Ihnen passieren, wenn Sie sich in diesem Moment nicht am Rand des Tunnels festhalten und herausklettern würden? Ändert sich etwas, wenn der Tunnel an einer anderen Stelle durch die Erde gebohrt wäre?

Eine kürzere Variante eines derartigen Tunnels wurde als Transportmittel auf stark bereisten Routen, beispielsweise zwischen New York und Washington D. C., diskutiert. Zwischen beiden Städten sollte ein gerader Tunnel gegraben werden, durch den man Gleise verlegen wollte. Würde man an einem Gleisende einen Zug loslassen, würde er nahezu ohne weiteren Antrieb das gegenüberliegende Gleisende erreichen. Wodurch würde der Zug angetrieben, und wie lange würde die Reise dauern?

In *Von Pol zu Pol*, einer frühen Science-Fiction-Geschichte von George Griffith, wollen drei Leute eine Reise durch die Erde unternehmen, indem sie einen auf natürlichem Wege entstandenen (und selbstverständlich fiktionalen) Tunnel durch die Erde benutzen, der sich vom Nordpol bis zum Südpol erstreckt. Am Südpol startend, fällt ihre Kapsel zunächst bis zum Mittelpunkt der Erde. Dabei werden sie von Ballons gebremst, die mit Helium oder Wasserstoff gefüllt sind. Im Verlauf der Geschichte wird die Anziehungskraft beängstigend groß, als sich die Gefährten dem Mittelpunkt der Erde nähern. Genau am Mittelpunkt verschwindet sie plötzlich.

Der darauffolgende Aufstieg zum Nordpol erweist sich als langsamer als erwartet, und die Ballons werden benutzt, um Auftrieb zu geben. Doch die Berechnungen des sich an Bord befindenden Wissenschaftlers zeigen, dass die Kapsel nur bis auf eine gewisse Höhe steigen wird. Dort wird sie langsam zum Stillstand kommen – die Passagiere sitzen also in einer Falle. Selbst durch das Abwerfen schwerer Maschinen kann die Last nicht ausreichend verringert werden. Verzweifelt lässt sich der Wissenschaftler durch eine Bodenklappe herab, klammert sich kurz mit seinen Händen daran fest und lässt sich anschließend von der Kapsel fallen. Durch den Verlust seiner Masse kann die Kapsel den Ausgang des Tunnels erreichen, wo die beiden verbliebenen Passagiere die Kapsel verlassen. (Wissenschaftler scheinen es gewöhnt zu sein, sich zum Nutzen anderer selbst zu opfern.) Klingt die Geschichte vernünftig?

Antwort

Angenommen, Sie fallen in einen geraden Tunnel, der die Pole verbindet. Betrachten Sie eine Momentaufnahme, nachdem Sie bis auf eine bestimmte Entfernung zum Mittelpunkt gefallen sind. Stellen Sie sich eine Kugel, deren Radius gleich dieser Entfernung ist, um den Erdmittelpunkt vor. Die Masse innerhalb dieser Kugel zieht Sie an, dies gilt dagegen für die Masse außerhalb dieser Kugel nicht, weil es zu jeder nach außen gerichteten Anziehung durch ein

Außensegment auf „Ihrer" Erdseite eine entsprechende nach innen gerichtete Anziehung von dem entsprechenden Außensegment auf der gegenüberliegenden Erdseite gibt.

Nun fallen Sie weiter. Bis Sie den Mittelpunkt erreichen, nimmt der Radius zwischen Ihnen und dem Erdmittelpunkt ab, ebenso wie die in der Kugel mit diesem Radius enthaltene Masse, und daher schrumpft auch die auf Sie wirkende Schwerkraft. Beim Durchqueren des Erdmittelpunkts ist die Kraft einen Moment lang null. Beim Aufstieg durch den entgegengesetzten Teil des Tunnels verhält es sich umgekehrt. Unter idealen Bedingungen, etwa bei vernachlässigbarem Luftwiderstand, gleichen Streckenlängen von Abstieg und Aufstieg und unter der ziemlich unrealistischen Annahme, dass Sie die Hitze und andere tödliche Bedingungen im Erdkern überleben könnten, würden Sie genau in dem Moment anhalten, in dem Sie das Tunnelende erreichen.

Ihre Reisedauer durch den Tunnel würde etwa 42 Minuten betragen. (Die Berechnung geht von einer gleichförmigen Dichte der Erde aus. Nimmt man an, dass der Kern dichter als der übrige Teil der Erde ist, verkürzt sich die Reisedauer um einige Minuten.) Würden Sie nicht oben aus dem Tunnel herausklettern, würden Sie ewig im Tunnel hin- und herschaukeln.

Würde der Tunnel nicht entlang der Rotationsachse verlaufen, müsste er gekrümmt sein, damit Sie nicht anecken. Das Problem hängt damit zusammen, dass Sie den Abstieg mit derjenigen Winkelgeschwindigkeit beginnen, die der Boden am Tunneleingang besitzt. Während Sie in Richtung Mittelpunkt fallen, durchqueren Sie Abschnitte mit geringerer Winkelgeschwindigkeit, in denen Sie bei einem geraden Tunnel durch Ihre höhere Winkelgeschwindigkeit anecken würden.

Bei einem geradlinigen Tunnel zwischen zwei Städten liegt der Erdmittelpunkt genau dem Punkt der Mitte des Tunnels am nächsten. Ein Zug würde die erste Hälfte im Wesentlichen fallen und in der zweiten Hälfte wieder aufsteigen. Zusätzliche Energie dürfte nur gebraucht werden, um Reibung und Luftwiderstand zu überwinden. Die Reise würde 42 Minuten dauern, genauso lange wie die von Pol zu Pol.

Die Details der Science-Fiction-Geschichte überlasse ich Ihrer Analyse.

1.142 Dehnen einer Plastiktüte

Sie füllen eine Plastiktüte mit Lebensmitteln und tragen sie dann an den Henkeln. Anfangs halten die Henkel der Last stand, nach einige Minuten aber beginnen sie sich stark zu dehnen und eventuell sogar zu reißen. Was ist die Ursache dafür?

Antwort

Wenn Sie eine Last am unteren Ende einer aufgehängten Feder anbringen, wird sich die Feder um einen bestimmten Betrag dehnen und anschließend in ihrer Lage verharren. Kunststoffe, die aus Polymeren bestehen, verhalten sich anders. Wenn Sie das Ende eines Plastikstreifens belasten, dehnt sich der Streifen zunächst wie eine Feder. Dann aber nimmt die Dehnung allmählich weiter zu, was als *viskoelastisches Kriechen* bezeichnet wird. Der Mechanismus, der hinter diesem Kriechen steckt, kann sich von Polymer zu Polymer unterscheiden. Grob vereinfacht lässt er sich folgendermaßen erklären: Das Polymer besteht aus vielen langen und miteinander verhakten Molekülen, die einem Haufen Spaghetti ähneln. Wird das Polymer belastet, entwirren sich diese Moleküle allmählich, weil sie in Richtung der Last gestreckt werden. Durch die Reorientierung der Moleküle kann sich das Material dehnen. Hat sich der Kunststoffe bereits stark gedehnt, kann es sein, dass er senkrecht zur Belastungsrichtung schmaler wird. Dieser Effekt wird als *Einschnüren* bezeichnet. Sie können das Einschnüren an der Plastikhülle eines Dosen-Sechserpacks beobachten. Nehmen Sie die Getränke aus der Hülle und ziehen Sie die Hülle anschließend auseinander, bis sie sich einschnürt.

1.143 Die Basaltsäulen von Giant's Causeway

Giant's Causeway in Nordirland ist ein altes Lavabett, das aus Basaltsäulen unterschiedlicher Höhen besteht. Das Faszinierende an diesen Säulen ist, dass sie eine polygonalen Querschnitt haben, viele davon sind sechseckig. Wie konnten sich aus einst flüssiger Lava aufrecht stehende, polygonale Säulen bilden? Ähnliche Säulen können Sie selbst mithilfe einer Mischung aus Wasser und Speisestärke herstellen, die Sie mit einer Rotlichtlampe trocknen.

Antwort
Während sich die Lava langsam abkühlt, entwickeln sich an der Oberfläche zufällige Risse, die sich weiter in die Hauptmasse der Lava ausbreiten. Die Risse entstehen, weil sich die Lava während des Abkühlens zusammenzieht, was die Lava unter *Spannung* setzt (sie hat die Tendenz auseinanderzubrechen). Wenn die Spannung so groß ist, dass sie die Festigkeit der Lava übersteigt, zerreißt die Lava und die Spannung nimmt ab. Wenn ein enstehender Riss sich zu einem bereits existierenden Riss hin ausbreitet, lenkt die Spannung entlang des existierenden Risses den entstehenden Riss so, dass eine senkrechte Überschneidung entsteht.

Nach dieser ersten Phase der Rissbildung entwickelt sich in der Lava ein sekundäres System aus Rissen. Diese Risse können anfangs einfache Linien sein. Während sie sich in die Hauptmasse der Lava ausbreiten, tendieren sie aber dazu, sich zu teilen (zu *bifurkieren*). In Abhängigkeit von der Abkühlungsgeschwindigkeit der Lava führt die Überschneidung der sekundären Risse mit den Rissen aus dem ersten Stadium dazu, dass sich die Lava in Säulen mit fünf- oder sechseckigem Querschnitt aufteilt.

Ein ähnliches Verhalten können Sie in vielen Situationen beobachten, unter anderem beim Trocknen von Lehm. An einer Mischung aus Wasser und Stärke können Sie die Rissbildung kontrolliert untersuchen. Weil Wasser durch die Mischung diffundiert und anschließend verdunstet, zieht sich die Mischung zusammen und befindet sich unter Spannung, was zur Rissbildung führt. In Abhängigkeit von der Verdunstungsgeschwindigkeit des Wassers können durch die sekundären Risse fünfeckige oder sechseckige Säulen aus getrockneter Stärke modelliert werden.

1.144 Abgebrochene Fingernägel

Wenn Sie sich einen Fingernagel einreißen, verläuft der Riss fast immer quer durch den Nagel, aber so gut wie niemals längs. Warum?

Antwort
Wenn Sie sich einen Nagel einreißen, verläuft der Riss so, dass die für das Trennen der Zellen erforderliche Energie minimal ist. Ein Nagel besteht aus drei Schichten: Die untere Schicht besteht aus mäßig hartem Keratin, die dickere Mittelschicht aus härterem Keratin und die

obere Schicht aus weicherem Keratin. Zur Festigkeit des Nagels trägt hauptsächlich die Mittelschicht bei, die aus langen, schmalen Zellen besteht, die quer durch den Nagel verlaufen. Um zwei Stränge dieser Zellen voneinander zu trennen, wird weniger Energie (etwa halb so viel) benötigt, als man bräuchte, um mehrere dieser Zellstränge zu durchtrennen. Daher verläuft der Riss meist quer durch den Nagel.

1.145 Papierkugeln

Nehmen Sie ein Blatt Papier und zerknüllen Sie es in Ihren Händen zu einer Kugel. Schnell erreicht die Kugel einen Zustand, in dem sie sich nicht weiter zusammendrücken lässt. Doch noch immer besteht die Kugel zu 75 % aus Luft. Weshalb können Sie die Kugel trotzdem nicht noch weiter zusammendrücken?

Antwort
Indem Sie das Papier zerknüllen, formen Sie *gekrümmte Grate* (Falten) und *konische Punkte* (Gipfel). Sie müssen Energie aufbringen, um die Papierfasern in diese neuen Konfigurationen zu bringen. Außerdem müssen Sie Kraft aufwenden, um die Reibung zwischen den Fasern und den sich berührenden Papierstücken zu überwinden. Anders formuliert: Energie wird an den Stellen gespeichert, an denen das Papier unter Spannung steht. Wenn Sie das Papier auseinanderfalten, können Sie die durch die Spannung gebildeten Linien und Bereiche permanenter Verformung erkennen.

Um ein bereits in Kugelform zerknülltes Papier weiter zusammenzupressen, müssen Sie die existierenden Grate zusammendrücken und auch neue herstellen, wozu Sie mehr Energie aufbringen müssen. Die Anordnung der Fasern wird nun komplizierter. Schließlich erreicht die Papierkugel einen Zustand, in dem ein weiteres Zusammendrücken von Ihnen mehr Energie und Kraft verlangt, als Sie aufbringen können. Sie könnten die Kugel wochenlang oder sogar jahrelang weiter zusammendrücken, indem Sie sie einer starken Last aussetzen. Die Fasern bewegen sich allmählich in einem *plastischen Fluss*, als würden sie sich in einem heißen und in gewisser Weise flüssigen Kunststoff befinden.

1.146 Spaßige und tragische Beispiele explosiver Ausdehnung

Eines Tages fand R. V. Jones von der University of Aberdeen in Oxford außerhalb eines Labors ein mit Wasser gefülltes Glas. Er hatte eine Pistole bei sich und feuerte auf das Glas. Er erwartete, dass es wie üblich in lauter Einzelteile zerspringen würde. Stattdessen war es einfach verschwunden. Später hielt er einen Vortrag über die Ursache.

Jahre später machten sich die *Royal Engineers of Aberdeen* daran, einen hohen Fabrikschornstein mit ihrem physikalischen Lehrbuchwissen zum Umfallen zu bringen. Sie platzierten eine Sprengladung im Boden des gemauerten Schornsteins und füllten den Schornstein anschließend zwei Meter hoch mit Wasser. Sie erwarteten, dass die Explosion das Fundament ausheben und der Schornstein umkippen würde. Das klappte allerdings nur zur Hälfte. Die untersten zwei Meter des Schornsteins flogen derart vollständig davon, dass der übrige Teil des Schornsteins unversehrt auf die Überreste des alten Fundaments sackte. Die Royal Engineers hatten nun ein noch schwierigeres Problem zu lösen.

Weshalb wurden die Einzelteile des Glases und die unteren zwei Meter des Fabrikschornsteins so vollständig weggeschleudert?

Eine Reihe von atemberaubenden Fotos, die von „Doc“ Edgerton vom MIT aufgenommen wurden – übrigens eine der ersten Stroboskopaufnahmen –, zeigen die Reaktion einer gewöhnlichen Glühlampe, die von einer Kugel durchschossen wird. Beim Eindringen in die Glühlampe pulverisiert die Kugel das Glas um die Eintrittstelle, und anschließend wird ein Teil des Pulvers in Richtung der Waffe zurückgeschleudert. Müsste das Pulver aufgrund des Kräftegleichgewichts und der Impulserhaltung nicht ausschließlich in die Bewegungsrichtung der Kugel gedrückt werden?

Beim Attentat auf Präsident John F. Kennedy wurde ein Teil der Hirntrümmer entlang des Hecks seines Autos in die Richtung von Lee Harvey Oswald, dem mutmaßlichen Attentäter, zurückgeschleudert. Einige Leute glauben, dass dieses Zurückschleudern der Hirntrümmer ein Beleg dafür ist, dass ein weiterer Schuss von einem zweiten Scharfschützen auf einem grasbewachsenen Hügel in einiger Entfernung vor dem Auto gekommen sein muss. Ist diese Argumentation zwingend?

Antwort

Wenn eine Kugel ein leeres Glas trifft, wird das Glas sowohl um die Eintritt- als auch um die Austrittstelle pulverisiert, während der übrige Teil des Glases in größere Stücke zerbricht. Bei dem mit Wasser gefüllten Glas hat das Wasser nicht ausreichend Zeit, um auszuweichen und damit der Kugel und der Wirkung ihrer Schockwelle den erforderlichen Platz zu machen. So drückt das Wasser die Wände des Glases gleichmäßig nach außen, wodurch das Glas pulverisiert und das Pulver in alle Richtungen verstreut wird. Genauso verhielt es sich mit den Ziegeln der unteren zwei Meter des Schornsteins, als die Sprengladung plötzlich zusätzliches Volumen beanspruchte.

Das Zurückstreuen des Glases auf den von Edgerton aufgenommenen Fotos lässt sich ebenfalls auf die Ausdehnung eines Fluids zurückführen, nämlich die der kleinen Gasmenge in einer Glühlampe. Ebenso könnte das Wegspritzen der Hirntrümmer Präsident Kennedys auf das Heck des Autos am wahrscheinlichsten auf die Wirkung des Fluids innerhalb des Schädels auf den plötzlichen Aufprall von Oswalds Kugel zurückzuführen sein.

1.147 Weshalb ein Bild schief hängt

Wenn Sie ein Bild an einer kurzen Schnur aufhängen, wird es wahrscheinlich schief hängen. Was ist die Ursache für diese Instabilität? Eine Möglichkeit zur Stabilisierung besteht darin, die Schnur am Nagel festzubinden oder zwei, ausreichend weit voneinander entfernte Nägel zu benutzen. Gibt es noch eine andere Möglichkeit?

Antwort

Bei einer kurzen Schnur hängt das Bild instabil, weil sich durch jede zufällige Störung sein Schwerpunkt senken kann, wenn es schief hängt. Durch eine lange Schnur können Sie die Instabilität beseitigen. Die minimale Länge dieser Schnur hängt vom Winkel zwischen den Schnurabschnitten am Nagel und dem linken und rechten Winkel zwischen den Bilddiagonalen ab (siehe Abbildung 1.48). Wenn der Winkel zwischen den Diagonalen geringer ist als der Winkel am Nagel, hängt das Bild instabil. Indem Sie eine längere Schnur benutzen, verringern Sie den Winkel am Nagel. Ist er kleiner als der Winkel zwischen den Diagonalen, lässt sich der Schwerpunkt durch eine Schieflage nicht weiter senken. Daher hängt das Bild dann stabil.

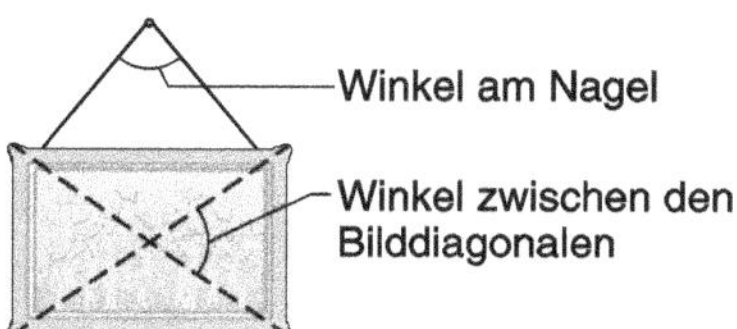

Abb. 1.48: Diese Winkel sind für die Bildstabilität wesentlich.

1.148 Überraschendes Experiment mit zwei Federn

Nehmen Sie zwei Federn, die ungefähr gleich lang und gleich fest sind, und richten Sie diese sowie drei Bindfäden als Halterung für ein Gewicht ein (siehe Abbildung 1.49). Der Faden zwischen den Federn ist gespannt. Die beiden anderen Bindfäden sind gleich lang, aber länger als die gedehnten Federn, so dass sie den Block nicht tragen und daher schlaff herunterhängen.

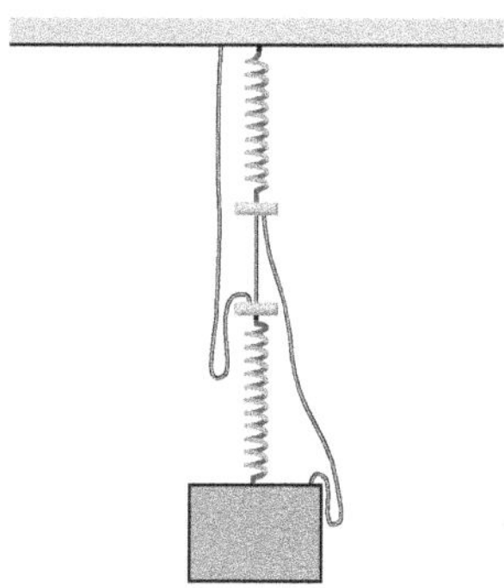

Abb. 1.49: Anordnung aus zwei Federn und schlaffen Bindfäden.

Wenn Sie den Faden zwischen den beiden Federn durchschneiden, wird die neue Lage des Gewichtes durch zwei Faktoren bestimmt: Es hängt jetzt an den beiden längeren Bindfäden;

da diese Fäden ursprünglich schlaff waren und nun gespannt sind, wird das Gewicht vermutlich tiefer hängen als zuvor. Doch wie stark werden die Federn nun gedehnt? In der ursprünglichen Anordnung trug jede Feder das gesamte Gewicht. In der neuen Anordnung trägt jede Feder aber nur die Hälfte dieses Gewichts. Daher werden die Federn nun weniger gedehnt, weshalb das Gewicht weiter oben hängen sollte. Vorausgesetzt, die längeren Fäden sind nicht zu lang, überwiegt der zweite Faktor und das Gewicht hängt am Ende höher als vor dem Durchschneiden des Fadens.

1.149 Stabilität einer Konservendose

Ein Maß für die Stabilität einer Konservendose oder Bierdose auf einem Tisch ist die Energie, die notwendig ist, um die Dose aus ihrer normalen Ruhelage so zu neigen, dass ihr Schwerpunkt direkt über der Kante liegt, um welche die Dose eine Kippbewegung ausführt. Ist eine volle Dose stabiler als eine leere? Ist die Dose bei einer bestimmten Füllhöhe am stabilsten? Das könnte von Belang sein, wenn sich der Tisch in einem unruhig fliegenden Flugzeug oder einem ruckenden Zuge befindet oder wenn ein Barkeeper die Dose über die Theke gleiten lassen will.

Antwort
Eine randvolle Dose ist stabiler als eine leere. Obwohl sich der Schwerpunkt in beiden Fällen in der Mitte befindet, bewirkt die zusätzliche Masse in einer vollen Dose, dass mehr Energie notwendig ist, um die Dose so stark zu neigen, dass sie umkippt.

Wenn Sie aus einer Dose langsam Flüssigkeit herauslaufen lassen, beeinflussen drei Faktoren die Stabilität der Dose. Der Schwerpunkt verlagert so lange nach unten, bis er in der Ebene der Flüssigkeitsoberfläche liegt; anschließend beginnt sich der Schwerpunkt wieder zu heben. Die Masse der Flüssigkeit in der Dose nimmt beim Herauslaufen ab. Auch wenn man die Dose neigt, stellt sie die Flüssigkeitsoberfläche auf die Horizontale ein. Unter Beachtung dieser Faktoren zeigt sich, dass eine gewöhnliche Konserven- oder Bierdose am stabilsten ist, wenn die Höhe der Flüssigkeitssäule geringfügig größer als der Dosenradius ist.

1.150 Wilberforce-Pendel

Ein merkwürdiges, in Abbildung 1.50 dargestelltes Pendel wurde nach L. R. Wilberforce benannt, dem britischen Physiker, der es 1894 erfand. Es besteht aus einer Feder, an der ein Körper mit justierbaren Armen angebracht ist. Wird die Feder gedehnt und losgelassen, hüpft der Körper zunächst auf und ab. Diese Bewegung wird jedoch bald durch eine Torsionsschwingung des Körpers abgelöst. Danach wechselt die Bewegung periodisch zwischen der Federschwingung und der Torsionsschwingung. Die Armlängen des Körpers können so eingestellt werden, dass die Frequenz der reinen Torsionsschwingung auf die Frequenz der reinen Federschwingung genau abgestimmt ist und diese Anordnung den beschriebenen Bewegungswechsel zeigen kann. Weshalb verhält sich das *Wilberforce-Pendel* so merkwürdig?

Antwort
Das Wilberforce-Pendel ähnelt den gekoppelten Pendeln, die bereits in einer vorherigen Fragestellung beschrieben wurden. Hier sind die Schwingungsmoden der Bewegung die Feder-

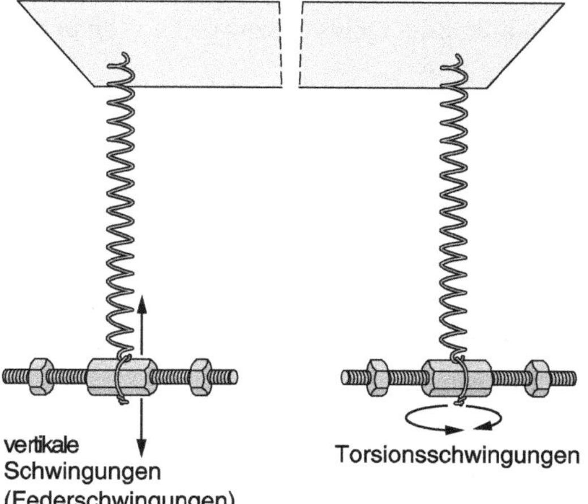

Abb. 1.50

schwingungen und die Torsionsschwingungen des Körpers. Die Moden sind gekoppelt: Während die Feder schwingt und ihre Länge ändert, führt sie aufgrund des Auf- und Entwindens gleichzeitig eine Drehbewegung aus. Anfangs dreht sich das Pendel nur leicht, doch bald fließt die gesamte Energie in die Drehbewegung. Beim Drehen wickelt der Körper die Feder auf und ab, was wiederum die Länge der Feder ändert. Die Veränderung der Länge ist anfangs klein, doch bald entnimmt diese Bewegung wieder die gesamte Energie aus der Drehschwingung und der ganze Prozess wiederholt sich.

1.151 Das Beschleunigungsrennen beginnt

Bei Dragster- oder Beschleunigungsrennen gibt es auf einer Viertelmeile, einer der traditionellen Renndistanzen, zwei interessante Messgrößen: die Endgeschwindigkeit und die Laufzeit. Weshalb startet ein Fahrer die Maschine vor dem Rennen und lässt die Hinterräder durchdrehen? Weshalb verringert diese Vorgehensweise die Laufzeit, ohne die Endgeschwindigkeit merklich zu erhöhen?

Antwort

Man lässt die Hinterräder durchdrehen, damit ein Teil des Reifenmaterials schmilzt. Nach einigen Sekunden der Kühlung ist das Material klebrig und trägt daher beim Start dazu bei, dass die Reifen auf dem Streckenbelag besser greifen. Das ermöglicht eine höhere Anfangsbeschleunigung und reduziert also die Laufzeit des Rennens. Die Endgeschwindigkeit hängt dagegen im Wesentlichen nur von der Leistungsgrenze der Maschine ab – der maximalen Energie, welche die Maschine pro Zeiteinheit liefern kann.

1.152 Wenden oder anhalten

Physikalische Anwendungsbeispiele werden besonders dann extrem wichtig, wenn deren Auswirkungen über Leben und Tod entscheiden. Angenommen, Sie merken plötzlich, dass Sie an einer Einmündung frontal auf eine Ziegelmauer zufahren. Was ist am günstigsten: voll auf die Bremsen treten, mit voller Geschwindigkeit links oder rechts auszuweichen versuchen oder ausweichen und gleichzeitig bremsen?

Nehmen Sie nun an, dass Sie vor sich auf der Landstraße eine Kiste mit einer bestimmten Breite sehen. Sollten Sie, um einen Zusammenstoß zu vermeiden, eine Vollbremsung machen oder versuchen, der Kiste auszuweichen?

Stellen Sie sich vor, Sie fahren mit Ihrem Auto an einer Kreuzung auf ein anderes Auto zu, das mit der gleichen Geschwindigkeit wie Ihr eigenes Auto Ihre Fahrbahn kreuzt. Sollten Sie und der Fahrer des anderen Autos jeweils eine Vollbremsung machen, ohne die Fahrtrichtung zu ändern? Oder sollten Sie beide so voreinander ausweichen, dass die Autos die Kreuzung auf parallel zueinander verlaufenden Bahnen verlassen?

Antwort

Vorausgesetzt, man vernachlässigt alle zusätzlichen Faktoren, wie etwa die Abnutzung der Bremsen, die Reaktionszeit und nicht immer gleichmäßige Straßenverhältnisse, dann ist es einer Studie zufolge am besten, wenn Sie gleichzeitig bremsen und weiter auf die Mauer zufahren. Betrachten Sie den Fall, dass die Reibungskräfte an den Reifen maximal sind und Sie gerade noch vor der Mauer anhalten können. Um in eine Seitenstraße abbiegen zu können, müsste die Kraft auf die Reifen im Vergleich zum einfachen Bremsen doppelt so groß sein, denn es wird eine zusätzliche Kraft gebraucht, um das Auto aus seiner ursprünglichen Bewegungsrichtung herauszulenken. Würden Sie sich also entscheiden abzubiegen, könnte die Kraft die Reibung der Reifen überwinden und Ihr Auto würde gleiten, ausbrechen und letztlich gegen die Mauer prallen.

Ob Sie einer Kiste ausweichen können, hängt vom Verhältnis zwischen deren Breite und Ihrer Entfernung bis zur Kiste ab, bei der Sie zu reagieren beginnen. Der Grenzfall, der über die Frage des Bremsens oder Ausweichens entscheidet, ist der Punkt, wo die Breite der Kiste etwa halb so groß ist wie Ihre Entfernung bis zur Kiste. Ist die Kiste breiter, sollten Sie nicht ausweichen und eine Vollbremsung machen. Ist die Kiste schmaler, dann ist Ausweichen noch möglich.

Wenn zwei Autos auf einer Kreuzung kurz davor sind zusammenzuprallen, ist es für die Fahrer vermutlich am besten auszuweichen. Allerdings werden beide Autos mit großer Wahrscheinlichkeit von der Straße abkommen und alles umfahren, was ihnen im Weg steht.

1.153 Einen Bus überholen

Stellen Sie sich vor, ein Bus bremst, um an einer Kreuzung rechts abzubiegen. Sie fahren in der Spur neben dem Bus und haben noch ausreichend Platz, um am Bus vorbeizufahren (siehe Abbildung 1.51). Sollten Sie das wirklich tun?

Antwort

Beim Abbiegen schwenkt das Heck des Busses über die Hinterräder in die der Kurve entgegengesetzte Richtung aus. Das Busheck kann etwa einen Meter in Ihre Spur eindringen und Ihr Auto beim Überholen rammen. Je enger die Kurve ist, umso weiter ragt der Bus in Ihre Spur hinein.

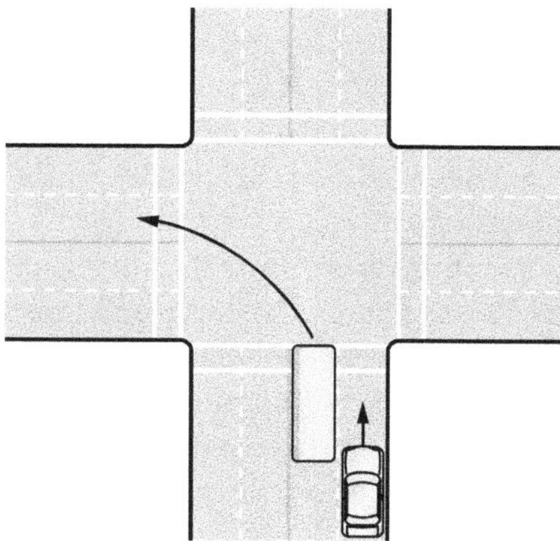

Abb. 1.51: Vorbeifahren eines Autos an einem abbiegenden Bus.

1.154 Druckbereich beim Klebestreifen

Wenn Sie ein Klebeband von der Rolle ziehen, bildet sich bei vielen Arten von Klebebändern ein kurzer Druckbereich (in dem das Band spürbar auf die Rolle gedrückt wird). Er befindet sich unmittelbar vor der Stelle, an der sich das Band von der Rolle löst. Sie können den Druckbereich besser erkennen, wenn Sie zwei Klebebänder zusammenkleben und anschließend langsam auseinander ziehen.

Antwort
Wenn das Band von der Rolle gezogen wird, dreht sich der lose Teil von der Rolle weg, und zwar um die Linie, an der sich das Band von der Rolle löst. Das Band ist so steif, dass diese Drehung des abgezogenen Teils eine Drehung des Teils bewirkt, der abgelöst werden soll, was die Klebeseite des Bandes nach unten auf die Rolle drückt. Sobald Sie aufhören, das Band von der Rolle zu ziehen, dreht sich das Band nicht mehr und der Druckbereich verschwindet.

1.155 Kurventechnik beim Bobfahren

Beim Bobfahren geht es darum, den Weg vom Start bis ins Ziel in der kürzesten Zeit zurückzulegen. Oft entscheidet eine Tausendstel Sekunde über den Sieg. In den Geraden ist es am vorteilhaftesten, möglichst reibungslos zu gleiten. Welche Strategie sollte man in den Kurven verfolgen? Sollte man den Bob hoch in die Kurve lenken oder ihn so flach wie möglich halten? Kann man in einem der beiden Fälle umkippen und stürzen?

Antwort
Stellen Sie sich vor, dass Sie eine kreisförmige Kurve flach nehmen. Damit Sie auf der Bahn bleiben, muss auf Sie eine Zentripetalkraft in Richtung des Kreismittelpunkts wirken. Je schneller Sie die Kurve nehmen, umso größer muss die Zentripetalkraft sein. Die Kraft liefert die Reibung am Schlitten, die der Tendenz des Bobs, seitwärts zu gleiten, entgegenwirkt. (Es handelt sich dabei um die Reibung, die senkrecht zu den Kuven des Bobs wirkt, nicht um die Reibung entlang der Kuven, die den Bob bremst.) Wenn Sie mit zu hoher Geschwindigkeit in die Kurve einfahren, wird die Reibung überwunden, so dass Sie seitwärts gleiten und stürzen.

Die Kurven einer Bobbahn sind überhöht, so dass die Kurvengeschwindigkeit hoch sein kann. Durch die Überhöhung wird die Stützkraft, die durch die Eisfläche auf Sie und den Schlitten wirkt, geneigt. Die Kraft zeigt zum Kreismittelpunkt, so dass sie eine zusätzliche Zentripetalkraft liefert. Nun können Sie die Kurve schnell nehmen, ohne seitlich wegzurutschen, wenn Sie die Überhöhung in einer gewissen Höhe durchfahren.

Es gibt allerdings drei Gründe, aus denen Sie die Überhöhung nicht mehr als nötig hochfahren sollten. (1) Je höher Sie fahren, umso länger ist der Weg durch die Kurve und umso größer ist demzufolge die Zeit, die Ihr Bob zum Durchfahren der Kurve benötigt. (2) Wenn Sie die Überhöhung durchfahren, wirken sowohl die Reibung an den Kuven als auch der Luftwiderstand am Bob länger. Daher verlassen Sie die Kurve mit einer geringeren Geschwindigkeit, als wenn Sie die Kurve flacher nehmen. (3) Wenn Sie zu langsam in die Kurve einfahren, können Sie durch die Neigung umkippen.

1.156 Zu schnell um hinunterzurutschen

Das in Abbildung 1.52 dargestellte Spielzeug besteht aus einem Ring, der frei auf einem Stab gleiten kann. Das obere Ende des Stabes (der Angelpunkt) wird in horizontale Schwingungen mit kleiner Amplitude versetzt. Schwingt der Stab langsam, gleitet der Ring den Stab hinunter, schwingt er dagegen schnell, bleibt der Ring trotz seines Gewichtes auf dem Stab. Was hält ihn dort?

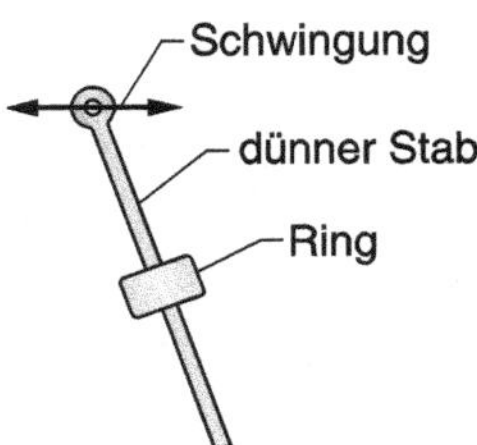

Abb. 1.52: Schwingungen können den Ring auf dem Stab halten.

Antwort
Ist der Angelpunkt stationär oder schwingt er langsam, zieht die Schwerkraft den Ring natürlich vom Stab. Sind die Schwingungen aber schnell, hat die Schwerkraft keine Chance. Der Angelpunkt bewegt sich in der Nähe der Umkehrpunkte am langsamsten und in der Mitte am schnellsten. Daher ist der Stab die meiste Zeit über geneigt. Angenommen, er ist nach links geneigt (der Angelpunkt befindet sich ganz links). Während die Schwerkraft versucht, den Ring über den Stab nach unten und damit leicht nach rechts zu ziehen, bewegt sich der Angelpunkt gerade in dem Moment, bevor sich der Ring bewegen kann, nach rechts und der Stab neigt sich nach rechts. Nun versucht die Schwerkraft nach unten und leicht nach links zu ziehen, doch abermals ändert der Stab seine Richtung, noch bevor sich der Ring bewegen kann.

1.157 Die Heimat des geheimnisvollen Besuchers

Der geheimnisvolle Besucher, der in der Erzählung „Der kleine Prinz“ erscheint, kommt angeblich von einem Planeten, der kaum größer ist als ein Haus. Wie wäre das Leben auf einem solchen Planeten – könnte der kleine Prinz zum Beispiel auf dem Planeten herumlaufen?

Antwort

Der Autor dieser wunderlichen Aufgabe, J. Strnad, betrachtet einen Planeten, der etwas größer ist als der in dem berühmten Buch, und stellt fest, dass selbst das Laufen auf diesem Planeten ziemlich schwierig wäre, weil die Schwerkraft dort so winzig ist. Würde der Prinz versuchen, schneller als 11 Zentimeter pro Sekunde zu laufen, würde er ohne die Möglichkeit einer Rückkehr in den Weltraum starten. Würde er zwar langsamer, aber immer noch schneller als 80 Millimeter pro Sekunde laufen, würde er sich in eine Umlaufbahn um den Planeten katapultieren. Eines Tages werden Astronauten mit solchen Problemen fertig werden müssen, wenn sie an hausgroßen Asteroiden graben.

1.158 Fallschirmspringen mit einem Kürbis

Bei einer Halloween-Attraktion im Jahr 1987 warfen sich zwei Fallschirmspringer gegenseitig einen Kürbis zu, während sie sich westlich über Chicago im freien Fall befanden. Das Kunststück machte großen Spaß, bis der Fallschirmspringer, der zuletzt den Kürbis in der Hand hatte, seinen Fallschirm öffnete. Die Aktion riss ihm den Kürbis aus seinen Händen. Leider stützte der Kürbis anschließend etwa einen halben Kilometer in die Tiefe, durchschlug ein Hausdach, knallte auf einen Küchenboden und bespritzte die gesamte frisch renovierte Küche. Weshalb verlor der Fallschirmspringer die Kontrolle über den Kürbis?

Antwort

Als der Fallschirmspringer seinen Fallschirm öffnete, übte der Fallschirm plötzliche eine starke, aufwärts gerichtete Kraft auf ihn aus und reduzierte seine Fallgeschwindigkeit. Der Fallschirmspringer wurde mit Leichtigkeit von seinem Kürbis weggerissen, weshalb sich der arme Kürbis dann in diesem Haus, westlich von Chicago, zu Tode stützte.

1.159 Wie man einen dicken Fisch an Land zieht

Einen kleinen Fisch können Sie ohne weiteres an Land ziehen, indem Sie den Griff an der Rolle drehen und die Schnur aufwickeln. Wie holen Sie aber einen großen und widerspenstigen Fisch an Land?

Antwort

Einen Fisch an Land zu ziehen, ist eine wahre Schlacht der Drehmomente. Wenn Sie versuchen, einen dicken Fisch an Land zu ziehen, müssen Sie am Griff der Rolle viel Kraft aufwenden, um ein ausreichendes Drehmoment zu erzeugen, damit sich der Griff drehen lässt. Dieses Problem hängt mit dem kurzen Hebelarm zusammen, mit dem Sie arbeiten – das ist der Abstand zwischen dem Griff und der Drehachse. Sie machen es sich leichter, wenn Sie die Angelrute über der Rolle greifen und so daran ziehen, dass Sie die Rute um ihr unteres Ende drehen. Falls der Fisch stark ist, können Sie das untere Ende auf ein Gelenk stützen und mit beiden Händen ziehen. In beiden Fällen arbeiten Sie mit einem größeren Hebelarm, so dass

Sie weniger Kraft aufbringen müssen. Nachdem Sie die Spitze der Angelrute gehoben haben, senken Sie sie allmählich wieder, während Sie die Schnur aufwickeln.

Wollen Sie einen Fisch müde machen, während Sie ihn in Schach halten, ist es leichter, wenn Sie eine Angelrute benutzen, die sich biegt. Dies führt nämlich dazu, dass sich der Abstand zwischen Ihrer Hand und der Spitze der Angelrute verkürzt, was wiederum das Drehmoment verringert, das der Fisch durch sein Zappeln erzeugt. Sie müssen dann mit Ihren Händen ein kleineres Drehmoment erzeugen, um die Angelrute auf der Stelle zu halten.

1.160 Fiddlestick

Das Fiddlestick ist ein Spielzeug, das aus einem sich auf einem Holzstab drehenden Plastikring besteht. Wenn Sie den Holzstab senkrecht halten, den Ring oben auflegen und den Ring anschließend drehen, wird er sich allmählich am Stab nach unten bewegen. Weshalb verringert sich dabei die Abstiegsgeschwindigkeit des Rings, während seine Winkelgeschwindigkeit zunimmt? Wenn Sie den Stab schnell umdrehen, bevor der Ring das untere Ende erreicht, können Sie die Bewegung beliebig lange aufrechterhalten.

Antwort
Würden Sie den Ring eine schiefe Ebene herabrollen lassen, würde er sich dabei allmählich immer schneller drehen, wobei die zunehmende Rotationsenergie aus der abnehmenden potenziellen Energie stammt. An dem Stab rollt der Ring im Wesentlichen genauso hinab, jedoch an der Innenfläche des Rings anstatt an seiner Außenfläche. Zu jedem gegebenen Zeitpunkt ist der Ring geneigt, wobei ein Teil seiner Innenfläche den Stab berührt. Zu einem späteren Zeitpunkt hat sich der Berührungspunkt sowohl um den Stab als auch nach unten bewegt (siehe Abbildung 1.53). Der Berührungspunkt wandert spiralartig weiterhin den Stab hinab. Beim Fallen des Rings wird potenzielle Energie in kinetische Rotationsenergie umgewandelt.

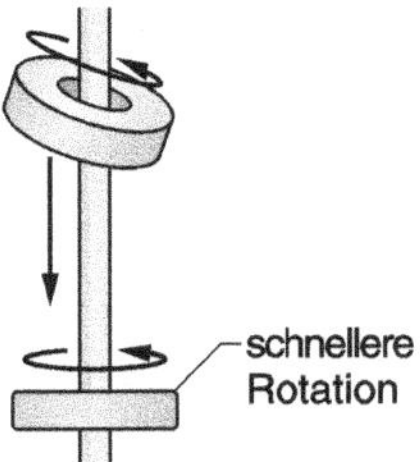

Abb. 1.53: Anfangs ist der Ring geneigt, und er dreht sich langsam. Weiter unten ist er schwächer geneigt, und er dreht sich schneller.

Die Fallgeschwindigkeit wird vom Anstieg der Spirale bestimmt, die durch die schräge Orientierung des Rings festgelegt ist. Wenn sich der Ring schneller dreht, ist er stärker geneigt und sowohl der Anstieg der Spirale als auch die Fallgeschwindigkeit werden geringer.

Werden zwei Ringe nacheinander am oberen Ende des Stabes in Rotation versetzt, kann der obere Ring zum unteren Ring aufschließen. Bei einer Berührung springt der obere Ring anschließend nach oben weg und steigt nur spiralartig nun aufwärts.

1.161 Die „Hui"-Maschine

Die *„Hui"-Maschine* ist ein Spielzeug, mit dem Sie Ihre Freunde sicher verblüffen können. Sie besteht aus einem Rotor, der an einem mit Kerben versehenen Stab angebracht ist. Ein zweiter Stab wird über die Kerben gerieben (siehe Abbildung 1.54). Der hölzerne Rotor sitzt beweglich auf einem Nagel am Ende des mit Kerben versehenen Stabes. Während Sie Ihren Zeigefinger an einer Seite dieses Stabes halten und den Daumen an die gegenüberliegende Seite, streichen Sie mit dem zweiten Stab über die Kerben. Wenn Sie mit ihrem Zeigefinger stark aufdrücken, dreht sich der Rotor in eine Richtung; drücken Sie dagegen stark mit Ihrem Daumen auf, dreht sich der Rotor in die entgegengesetzte Richtung.

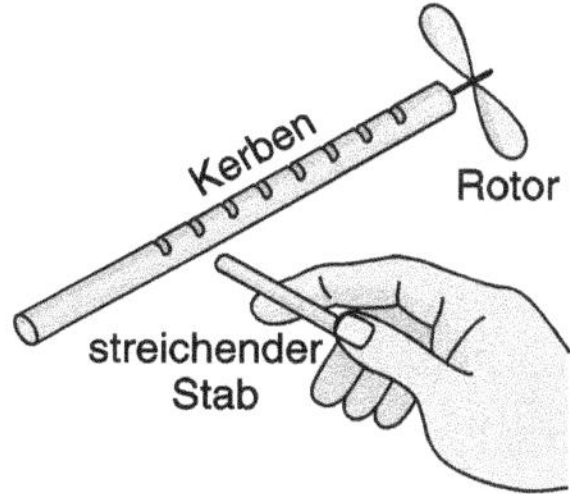

Abb. 1.54: Der Rotor dreht sich auf dem Nagel, nachdem der Stab in Schwingungen versetzt wurde.

Wenn Sie jemandem das Spielzeug vorführen, der mit dem Trick nicht vertraut ist, können Sie den Druck zwischen Daumen und Zeigefinger heimlich verschieben und die Drehrichtung umkehren. Die Gründe, auf die Sie dieses Umkehren offiziell zurückführen können, sind endlos. Sie könnten zum Beispiel den Zauberspruch „Hui!" rufen.

Wie funktioniert das Spielzeug?

Antwort

Wenn Sie keinen Druck auf die Seiten des mit Kerben versehenen Stabes ausüben, lassen die zufälligen Schwingungen den Rotor nur hin und herwackeln. Üben Sie aber gegen eine Seite Druck aus, dämpft der Druck die Resonanz der Seite auf die Schwingungen. Die Asymmetrie in der Resonanz der beiden Seiten lässt den Nagel auf einer elliptischen Bahn laufen, und dann führt die Reibung zwischen dem Rotor und dem Nagel dazu, dass sich der Rotor in ein und dieselbe Richtung dreht. Verlagern Sie den Druck auf die andere Seite des Stabes, durchläuft der Nagel die Ellipse in umgekehrter Richtung. Dadurch wird die Drehrichtung des Rotors umgekehrt.

1.162 Kugelstoßen und Hammerwerfen

In welchem Winkel sollte eine Kugel gestoßen werden, damit sie eine maximale Weite erreicht? Ist es ein Winkel von 45°, wie in vielen Lehrbüchern behauptet wird? Falls es nicht so ist: Lässt sich die Abweichung auf den Luftwiderstand zurückführen, dem die Kugel während des Fluges ausgesetzt ist?

In welchem Winkel sollte ein Hammer beim Hammerwerfen losgelassen werden? Weshalb dreht sich der Athlet um seine eigene Achse und bewegt sich dabei nach vorn, bevor er den Hammer loslässt? Weshalb zieht der Athlet den Hammer unmittelbar vor dem Loslassen an seinen Körper heran?

Antwort

Bei einer Maschine auf Bodenhöhe, die die Kugel stoßen würde, wäre der theoretisch optimale Winkel 45°. Würde die Kugel von einer Maschine aus einer beim Kugelstoßen typischen Wurfhöhe (Schulterhöhe des Athleten) gestoßen, betrüge der theoretisch optimale Winkel etwa 42°. Die meisten Kugelstoßer bevorzugen jedoch einen kleineren Winkel, weil der Stoß dann physikalisch effizienter ist und die Kugel mit einer höheren Geschwindigkeit gestoßen wird. Zwar wird durch den kleineren Winkel die Weite der Kugel tendenziell verringert, die höhere Abstoßgeschwindigkeit gleicht diese Verringerung aber mehr als aus. (Der Luftwiderstand spielt dabei eine nur geringfügige Rolle.)

Um dem Hammer vor seinem Abwurf kinetische Energie zu verleihen, schwingt der Athlet den Hammer auf der Stelle einige Male und beginnt sich anschließend um seine Achse zu drehen, während er sich gleichzeitig innerhalb des Abwurfkreises bewegt, um dem Hammer eine noch größere Geschwindigkeit zu verleihen. Der Hammer bewegt sich dabei nicht auf einer horizontalen Ebene. Vielmehr bewegt sich der Hammer zwischen einem höchsten Punkt, an dem der Athlet in die gewünschte Wurfrichtung blickt, und einem gegenüberliegenden tiefsten Punkt auf einer schiefen Ebene. Auf dem Weg zum tiefsten Punkt zieht der Athlet mit momentan unbeweglichen Füßen in die Bewegungsrichtung des Hammers und erhöht daher die kinetische Energie.

Wenn der Athlet die letzte Drehung beinahe vollendet und die Kante des Abwurfkreises erreicht hat, wird der Hammer plötzlich an den Körper gezogen, um seine Geschwindigkeit zu erhöhen. (Die Situation ähnelt der eines Eiskunstläufers, der seine Arme und ein Bein an den Körper bringt, während er sich auf der Stelle dreht – diese Vorgehensweise erhöht die Winkelgeschwindigkeit.) Der Hammer wird dann etwa in Schulterhöhe losgelassen. Daher sollte der Hammer in einem Winkel losgelassen werden, der geringfügig kleiner als 45° ist.

1.163 Sprünge beim Abfahrtslauf

Bemerkt ein erfahrener Skifahrer bei einer Abfahrt, dass der Hang plötzlich steil wird, geht er in die Hocke und springt anschließend nach oben, so dass er sich in der Luft befindet, bevor er den steileren Hang erreicht. Weshalb wartet der Skifahrer nicht so lange, bis er den steileren Hangabschnitt erreicht, um ihn dann zum Abheben zu nutzen?

Antwort
Hebt der Skifahrer nicht ab, bevor er den steilen Hangabschnitt erreicht, sondern erst dort, fliegt er weiter durch die Luft und fällt bei seiner Landung auf dem Schnee tiefer. Der tiefere Fall führt zu einer holprigeren Landung, was die Skier leicht verkanten lässt.

1.164 Wie man eine Tischdecke unter dem Geschirr wegzieht

Eine Tischdecke unter dem Geschirr eines gedeckten Tischs wegzuziehen, gehört zu den Lehrbuchtricks. In geselligen Runden, bei denen es darum geht, die Anwesenden kurzweilig und auf interessante Weise zu unterhalten, ist die Vorführung dieses Tricks sehr zu empfehlen. Allerdings ist anzuraten, kein gewöhnliches und teures Geschirr oder Glas, sondern Laborbechergläser und Kolben zu nehmen und sie halb mit Wein zu füllen. Dies sorgt immer für Aufsehen und interessante Gespräche. Falls Sie den Trick einmal vorführen wollen, sollten Sie sich aber darauf einstellen, dass das Vorführen allein nicht ausreicht. Sie sollten außerdem erklären können, wie der Trick funktioniert. Wie funktioniert er eigentlich?

Antwort
Wenn Sie gleichmäßig und schnell an der Tischdecke ziehen, wird die Reibung zwischen der Decke und dem Geschirr abrupt reduziert. Das ist nicht verwunderlich. Wenn zwei Oberflächen schnell aneinander entlanggleiten, ist die Reibung zwischen ihnen im Allgemeinen kleiner, als wenn sie dies nur langsam tun oder nur beinahe zu gleiten beginnen. Bei der Tischdecke wird die Reibung außerdem teilweise durch den Hopser verringert, den das Geschirr beim Ruck an der Tischdecke vollführt. Da es die Tischdecke während einer gewissen Zeit unvollständig berührt, ist die Reibung geringer, und die Tischdecke kann darunter hervorgleiten. Doch auch diese verminderte Reibung wird das Geschirr in Ihre Richtung bewegen. Je langsamer Sie ziehen, umso stärker wird sich das Geschirr bewegen. Ziehen Sie deshalb also so schnell wie möglich!

1.165 Kurzgeschichte: Zähneziehen

Am 4. April 1974 schaffte es der Belgier John Massis, zwei Personenwagen der *New York's Long Island Railroad* mit seinen Zähnen zu ziehen. Dazu biss er auf ein Mundstück, das mit den Wagen durch ein Seil verbunden war, lehnte sich anschließend zurück und stemmte seine Beine gegen die Eisenbahnschwellen. Die Wagen hatten eine Gewichtskraft von 710 000 Newton. Da aber Massis die Wagen nicht hob, kam es nur auf ihre träge Masse an. Ihm gelang es in der Tat, eine träge Masse von etwa 72 500 Kilogramm über eine messbare Distanz zu bewegen. Dass die Arbeit das Produkt aus Kraft und Weg ist, ist eine Tatsache und nicht besonders aufregend. Massis allerdings zeigte auf bizarre Weise deren Bedeutung.

1.166 Sesselschieben

Wenn Sie auf einem glatten Fußboden in einem Sessel sitzen, können Sie sich mit dem Sessel durch wiederholte Rucke über den Boden bewegen, ohne diesen mit Ihren Füßen zu berühren. Doch eigentlich kann sich ein ruhender Körper (hier Sie und der Sessel) nicht bewegen, wenn keine „äußere“ (externe) Kraft auf ihn wirkt. Welche Kraft wirkt auf Sie und den Sessel?

Antwort
Um sich mit dem Sessel zu bewegen, müssen Sie sich mit den Händen zunächst plötzlich und stark am Sessel nach schräg hinten abdrücken. Die nach unten gerichtete Kraft erhöht den Druck des Sessels gegen den Boden, so dass es zwischen dem Sessel und dem Boden eine stärkere Reibung gibt, die verhindert, dass der Sessel nach hinten gleitet. Ihr Druck gegen den Sessel bewegt Ihren Körper außerdem nach vorn. Sobald Sie sich bewegen, reißen Sie den Sessel plötzlich schräg nach vorn hoch. Das Hochziehen reduziert den Druck des Sessels auf den Boden und daher auch die Reibung zwischen dem Sessel und dem Boden, so dass der Sessel vorwärts gleiten kann. Die äußere Kraft, durch die Sie sich vorwärts bewegen, ist also die Reibung, die zu Beginn des Bewegungsablaufs zwischen Sessel und Boden wirkt.

1.167 Jemanden mit den Fingern anheben

Vielleicht haben Sie in einer Zaubershow schon einmal folgenden Trick gesehen: Ein Magier wählt drei Zuschauer aus dem Publikum, die ihm helfen sollen, einen vierten, fülligen Zuschauer hochzuheben. Der Trick läuft so ab, dass der Magier und seine drei Assistenten den vierten Zuschauer aus einem Sessel heben sollen, wobei jeder von ihnen dazu nur einen Zeigefinger benutzt. Der Magier legt seinen Finger unter eine Achselhöhle des sitzenden Zuschauers. Auch die drei Assistenten positionieren ihre Zeigefinger: Ein Zeigefinger kommt unter die andere Achselhöhle, einer unter das linke Knie und einer unter das rechte Knie. Mit großer Anstrengung versuchen der Magier und die drei Assistenten, den sitzenden Zuschauer anzuheben, doch ohne Erfolg – er ist einfach zu schwer.

Die Zauberei kommt ins Spiel, wenn die Assistenten und der Magier ihre Hände auf den Kopf des sitzenden Zuschauers legen und sie dann leicht nach unten drücken. Dies soll angeblich das Gewicht des sitzenden Zuschauers verringern. Die Finger werden dann zum Heben wieder in die ursprünglichen Positionen gebracht, und auf ein Zeichen des Magiers wird ein erneuter Versuch gestartet. Diesmal lässt sich der sitzende Zuschauer leicht hochheben.

Was geht hier vor sich? Könnte ich durch einen leichten Druck auf meinen Kopf mein Gewicht reduzieren, dann würden mir meine Gewichtsprobleme keine Sorgen mehr machen.

Antwort
Der erste Hebeversuch läuft unkoordiniert ab, die Kräfte der drei Assistenten und des Magiers wirken zu unterschiedlichen Zeitpunkten. Die unkoordinierten Kräfte an den vier Körperstellen des sitzenden Zuschauers kippen ihn über verschiedene Drehmomente lediglich zur Seite, und es ist sehr unwahrscheinlich, dass die Hebung gelingt.

Beim zweiten Hebeversuch wirken die vier Kräfte durch das Zeichen des Magiers gleichzeitig. Dann wirkt kein Drehmoment auf den sitzenden Zuschauer und sein nun gleichmäßig verteiltes Gewicht kann nun mit mäßigem Aufwand angehoben werden.

1.168 Raketen und ein Problem mit einem Schlitten auf einer Eisfläche

Angenommen, eine anfangs stationäre Rakete wird im Weltraum gezündet. Kann sie eine Geschwindigkeit erreichen, welche die Austrittsgeschwindigkeit des Treibstoffs übersteigt? Hängt ihre Endgeschwindigkeit davon ab, ob der Treibstoff langsam oder schnell verbrennt? Weshalb zünden die Triebwerke bei vom Boden startenden Raketen stufenweise? (Diese Idee gab es bereits um das Jahr 1000 v. Chr. in China.) Gibt es eine optimale Anzahl von Stufen? Könnte eine einstufige Rakete gebaut werden, die so leistungsstark ist, dass sie einen Satelliten in den Orbit oder einen Menschen zum Mond bringen könnte? Wie praktikabel ist der Plan aus einer von Jules Vernes Erzählungen, in der eine bemannte Kapsel wie eine Kugel von einer am Boden befestigten Kanone abgefeuert wurde?

Sie befinden sich in einem kleinen Schlitten auf einer weiten, ebenen, sehr glatten Eisfläche, die Sie überqueren wollen. Auf dem Eis sind Steine verstreut. Sie beschließen, einige davon auf den Schlitten zu laden und Ihr Boot zu bewegen, indem Sie Steine vom Schlitten zum Rand der Eisfläche werfen. Sie haben im Schlitten nur für eine bestimmte Gesamtmasse von Steinen Platz, wollen ihm aber eine maximale Geschwindigkeit verleihen. Sollten Sie viele kleine Steine oder wenige größere mitnehmen? Oder anders gefragt: Sollten Sie pro Wurf einen kleineren oder einen größeren Teil der Gesamtmasse aus dem Schlitten werfen? Nehmen Sie für Ihre Argumentation an, dass Sie die Steine unabhängig von ihrer Größe immer mit derselben Relativgeschwindigkeit abwerfen.

Antwort

Die Rakete kann auf eine Endgeschwindigkeit gebracht werden, die größer als die Ausstoßgeschwindigkeit des Treibstoffs ist, wenn das Verhältnis der Anfangsmasse der Rakete zu ihrer Endmasse größer als e, also etwa 2,72 ist. Die Geschwindigkeit, mit der der Treibstoff verbrennt, wirkt sich nicht auf die Endgeschwindigkeit der Rakete aus. Eine einstufige Rakete kann eine Nutzlast nicht in eine Erdumlaufbahn bringen, weil sie die dazu erforderliche Endgeschwindigkeit von etwa 11,2 Kilometern pro Sekunde nicht erreichen kann. Daher werden mehrstufige Raketen gebaut. Wenn die erste Stufe ihren Treibstoff verbrannt hat, wird sie abgeworfen, so dass ihre Masse nicht mehr gehoben werden muss, und anschließend wird die nächste Stufe gezündet. Es gibt eine auch aus finanziellen Gründen zweckmäßige Anzahl von Stufen, heute gebräuchliche Raketen haben etwa vier oder fünf. Weitere Stufen wären einfach zu teuer.

Für die Menschen in der Geschichte von Jules Verne wären die wirkenden Beschleunigungen tödlich gewesen.

Sie erreichen mit dem Schlitten eine höhere Endgeschwindigkeit, wenn Sie viele kleine Steine werfen anstatt wenige große. Um sich davon zu überzeugen, überlegen Sie sich zunächst, was passiert, wenn Sie nur ein großen Stein werfen. Anschließend betrachten Sie den Abwurf von zwei kleineren Steinen, die jeweils halb so schwer wie der große Stein sind. Bei der zweiten Variante verleiht der erste Stein Ihnen und auch dem zweiten Stein, den Sie bei sich tragen, eine gewisse Vorwärtsgeschwindigkeit. Beim Abwurf des zweiten Steins nimmt die Geschwindigkeit des Bootes dadurch stärker zu als beim Abwurf des ersten Steins.

1.169 Kurzgeschichte: Von der Erde zur Venus

Der erste Versuch eines bemannten Raumfluges zur Venus wurde 1928 in Baltimore, Maryland, unternommen. Robert Condit und zwei Assistenten bauten ein Raumschiff aus Winkeleisen und Segeltuch. Das Raumschiff wurde von einem Kraftstoff angetrieben, der verdampft, anschließend in Stahlröhren gesprüht und schließlich durch Zündkerzen entflammt wurde.

Condit wollte die Reise allein unternehmen, und dabei ein paar Lebensmittel, etwas Wasser, zwei Taschenlampen und einen Erste-Hilfe-Kasten mitnehmen. Um die Navigation kümmerte er sich wenig, denn Condit beabsichtigte, das Raumschiff nach dem Start eigenhändig zu lenken. Bei der Venus angekommen, wollte er einen Seidenfallschirm mit einem Durchmesser von 25 Fuß (etwa 7,6 Meter) öffnen, der seinen Fall abbremsen sollte. Wie er sich seine Rückkehr vorgestellt hatte, ist relativ unklar. Zumindest hatte er vor, nicht lange zu bleiben, da er nicht davon ausgehen konnte, dass es auf dem Planeten Nahrung und Wasser geben würde.

Am Tag des Testflugs kletterte Condit in das Raumschiff und startete die Maschine, um probeweise eine Viertelmeile aufzusteigen. Große Feuer- und Rauchschwaden stiegen aus den Stahlröhren, doch das Raumschiff startete nicht. Condit erhöhte den Kraftstoff-fluss, und das Feuer erregte so viel Aufsehen, dass es den Straßenverkehr zum Erliegen brachte. Aber das Raumschiff hob immer noch nicht ab. Condit blieb in seinem Gerät sitzen, bis der Kraftstoff zur Neige ging.

Er erreichte die Venus nie, anderenfalls wäre uns allen seine Geschichte bekannt.

1.170 Eine Frage des Hammers

Sollten Sie einen Hammer aus Holz oder einen aus Stahl verwenden, wenn Sie einen Meißel in Holz oder weichen Stein schlagen wollen? Welches Material ist für einen Hammer die beste Wahl, wenn es sich um etwas härteres Material handelt, beispielsweise um Granit? Weshalb kann man am besten mit einem Stahlhammer einen Nagel in Holz schlagen?

Antwort

Wenn das Material weich ist und man nur wenig Kraft braucht, um es zu durchringen, will man so viel Energie wie möglich in den Bereich übertragen, in den der Meißel eindringt. In diesem Fall ist ein Holzhammer am besten geeignet: Obwohl er nur eine mäßige Kraft auf den Meißel und damit das Material ausübt, überträgt er einen Großteil seiner Energie. Ist das Material hart, lässt sich der Schnitt schwieriger erzeugen. Daher kommt es stärker auf die Kraft an. Ein Stahlhammer übt eine große Kraft aus, weil er eine große Masse hat und vom Meißel abprallt. Der Schlag des Hammers gegen den Meißel ist jedoch elastisch; so dass wenig Energie übertragen wird und die meiste Energie im Hammer bleibt.

Auch wenn man einen Nagel in die Wand schlagen will, benutzt man zweckmäßigerweise einen Stahlhammer. Ein Holzhammer deformiert sich, wenn er auf den Nagelkopf trifft, wodurch ein Teil der Energie des Hammers verschwendet wird.

1.171 Druckregler im Schnellkochtopf

Ein konventioneller Schnellkochtopf besteht aus einem Behälter, der fest abgedichtet ist, wenn man von einem Mittelrohr absieht, das mit einem locker sitzenden Zylinder versehen ist. In der Seite des Zylinders befinden sich drei Löcher mit unterschiedlichen Durchmessern. Man stellt den Druck im Topf ein, indem man sich entscheidet, welches Loch am Rohr offen bleiben soll. Doch wie funktioniert das? Letzten Endes ändert sich das Gewicht des Zylinders durch die Auswahl des Loches nicht.

Antwort

Der im Topf erzeugte Dampf drückt gegen den Zylinder nach oben. Der im Topf aufgebaute Druck entspricht etwa dem Druck, der benötigt wird, um das Gewicht des Zylinders zu tragen. Wird der Dampfdruck zu hoch, hebt er den Zylinder, so dass Dampf entweichen kann und der Druck im Topf wieder auf den gewünschten Wert sinkt. Wenn man sich für ein großes Loch im Zylinder entscheidet, ist das Gewicht über einen größeren Lochquerschnitt verteilt. Somit wird der Zylinder bereits durch einen geringeren Druck angehoben. Ein kleineres Loch führt im Topf zu einem höheren Druck.

1.172 Einen Stab auf den Fingern gleiten lassen

Halten Sie einen Stab von einem Meter Länge zwischen Ihren Zeigefingern. Bewegen Sie Ihre Finger anschließend gleichmäßig aufeinander zu. Gleitet der Stab gleichmäßig? Wie Sie feststellen werden, ist dies nicht der Fall. Vielmehr gleitet er abwechselnd an einem Finger und dann an dem anderen. Schließlich treffen die Finger in der Mitte des Stabes zusammen. Weshalb ist das so?

Antwort

Obwohl es so scheinen mag, sind die Anfangsbedingungen an den Fingern nicht symmetrisch. Unvermeidlich ziehen Sie mit einem Finger stärker – beispielsweise mit dem rechten – und überwinden dadurch die statische Reibung, die an ihm durch den Stab wirkt; so beginnt der Finger unter dem Stab zu gleiten. Die dieser Bewegung entgegenwirkende Reibung ist dann *kinetische Reibung*, die anfangs kleiner als die *statische Reibung* am linken Finger ist. Doch während sich der rechte Finger auf die Mitte zu bewegt, nimmt der Gewichtsanteil des Stabes, den dieser Finger trägt, und somit auch die Gleitreibung so lange zu, bis sie die statische Reibung am linken Finger übersteigt. Dadurch wird der rechte Finger gestoppt, und der linke Finger beginnt zu gleiten. Schon bald darauf trägt der linke Finger so viel Gewicht, dass er stoppt und sich wieder der rechte Finger bewegt. Das wiederholt sich so lange, bis sich Ihre Finger der Mitte des Stabes nähern. Dann kippt der Stab langsam von Ihren Fingern.

1.173 Kurzgeschichte: Riesentauziehen

13. Juni 1978 in Harrisburg, Pennsylvania: Etwa 2200 Studenten und Hochschullehrer versuchten, den Weltrekord im Tauziehen aufzustellen. Das Seil aus geflochtenem Nylon war 600 Meter lang und 2,5 Millimeter dick. Es konnte eine Kraft von 57 000 Newton (5 900 Kilogramm) aushalten. Doch schon bald nachdem der Wettkampf begonnen hatte, riss das Seil. Die Wettkampfteilnehmer in der Mitte des Seils lockerten darauf ihren Zug, doch die außen Stehenden zogen weiter, und so glitt das Seil schnell durch einige Hände. Mindestens vier Studenten verloren durch die Reibung Finger oder Fingerspitzen.

1.174 Schießen an einem Hang

Angenommen, Sie befinden sich auf einem Schießplatz und stellen das Visier an einem Gewehr auf eine bestimmte Entfernung ein. Anschließend schießen Sie auf ein Ziel, das sich in der eingestellten Entfernung hangauf- oder hangabwärts befindet. Treffen Sie Ihr Ziel oder geraten sie zu hoch oder zu niedrig?

Antwort
Überraschenderweise geraten die Schüsse stets zu hoch, unabhängig davon, ab Sie hangauf- oder hangabwärts schießen. Um das Visier zur korrigieren, müssen Sie die Entfernung zum Ziel mit dem Kosinus des Anstiegs gegenüber der Horizontalen multiplizieren.

1.175 Anfahren auf einer glatten Straße

Sollten Sie im ersten oder im zweiten Gang anfahren, wenn die Straße glatt ist und das Auto eine normale Schaltung besitzt?

Antwort
Auf glatter Straße kann die Reibung an den Reifen leicht überwunden werden. Dann gleiten die Reifen. Damit die Reifen nicht so schnell gleiten, darf an ihnen nur ein kleines Drehmoment angreifen. Sie können es vielleicht zunächst mit dem ersten Gang versuchen und die Kupplung gleichmäßig und vorsichtig kommen lassen. Sollte dies nicht funktionieren, können Sie in den zweiten Gang schalten, um das Drehmoment zu reduzieren.

1.176 Einen Reifen auswuchten

Wird ein neuer Reifen auf ein Rad gezogen, muss er *ausgewuchtet* werden. Es handelt sich dabei um einen Vorgang, bei dem ein kleines Bleigewicht an der Felge angebracht wird. Ist der Reifen nicht ausgewuchtet, rollt er ungleichmäßig und flattert und schlägt gegen seine Aufhängung. Beides ist auf die Tatsache zurückzuführen, dass die Masse des Reifens nicht gleichmäßig verteilt ist – der Reifen verhält sich so, als würde sich an einem Punkt in seinem Inneren eine zusätzliche Masse befinden. Beim Auswuchten eines Reifens muss das Bleigewicht so an der Felge angebracht werden, dass diese zusätzliche Masse ausgeglichen wird.

Man kann das Rad mithilfe einer Wasserwaage auswuchten, indem man es auf einen kippenden Ständer legt. Das Rad und der Ständer verhalten sich dann wie eine Wippe, weil die zusätzliche Masse zu einer Schräglage führt. Sie setzen auf die gegenüberliegende Seite ein Bleigewicht und verändern dessen Masse mithilfe einer Kneifzange so lange, bis der Ständer waagerecht ist, sich also die Luftblase der Wasserwaage in der Mitte befindet. Diese Methode wird als *statisches Auswuchten* bezeichnet.

Beim *dynamischen Auswuchten* wird das Rad horizontal an seiner Symmetrieachse eingespannt. Die zusätzliche Masse auf einer Seite lässt das Rad flattern. Wird aber ein entsprechendes Bleigewicht an der Felge angebracht, verschwindet das Flattern.

Sind die beiden Methoden zum Auswuchten äquivalent? Wird also durch beide das Flattern und Schlagen beseitigt?

Antwort

Die beiden Methoden sind nicht äquivalent. Das statische Auswuchten beseitigt das Schlagen; das dynamische Auswuchten beseitigt das Flattern. Selbst wenn das Bleigewicht an derselben Stelle angebracht ist, wird es bei beiden Methoden auf eine andere Masse eingestellt sein.

Um den Grund dafür zu verstehen, betrachten wir zunächst die Kippeinrichtung beim statischen Auswuchten. Die zusätzliche Masse auf einer Seite des Rades erzeugt ein Drehmoment, das versucht, das Rad um seine Hauptträgheitsachse in eine Richtung zu drehen. Der Betrag des Drehmoments hängt vom Betrag der zusätzlichen Masse und ihrem horizontalen Abstand zum Lager der Kippeinrichtung ab. Das Bleigewicht muss ein Drehmoment erzeugen, das entgegengesetzt gerichtet ist. Da es an der Felge angebracht werden muss, ist sein Abstand zum Mittelpunkt vorgegeben. Um beide Drehmomente auszugleichen, beginnen Sie mit einem großen Bleigewicht und schneiden es anschließend so lange zurecht, bis das von ihm erzeugte Drehmoment genauso groß ist wie das der zusätzlichen Masse. Wenn man das Rad anschließend am Auto montiert, schlägt es nicht mehr gegen seine Aufhängung.

Das Flattern ist abhängig davon, wie tief die zusätzliche Masse im Inneren des Rades verborgen ist. Betrachten Sie das Rad wiederum in der Horizontalen. Damit es sich gleichmäßig dreht, muss die Drehachse durch seinen Schwerpunkt verlaufen. Wegen der verborgenen zusätzlichen Masse dreht es sich jedoch um eine Achse, die gegenüber der Vertikalen geneigt ist – das Rad flattert. Um die Drehachse zu richten, muss das Bleigewicht wie zuvor an einer beliebigen Stelle an der Felge angebracht werden. Diesmal muss seine Masse aber einen anderen Betrag haben, auch die Befestigungsstelle kann sich unterscheiden. Zwar wird das Flattern beseitigt, doch könnte es sein, dass die Drehmomente nun nicht mehr ausgeglichen sind, so dass das Schlagen noch immer auftritt. Weil das Restschlagen gewöhnlich klein ist, zieht man das dynamische Auswuchten dem statischen Auswuchten vor.

1.177 Flaschenschwingen auf dem Rummel

Während Sie auf dem Rummel herumschlendern, kommen Sie an einer Bude vorbei, an der man eine Flasche mit einem Pendel umwerfen soll, das über der Flasche angebracht ist. Der Schausteller erklärt Ihnen, dass Sie das Pendel nicht direkt auf die Flasche richten dürfen; stattdessen müssen Sie es so einrichten, dass es die Flasche erst beim Zurückschwingen trifft. Das sollte eigentlich nicht so schwer sein, oder? Nach ein paar Übungsschwüngen sollten Sie in der Lage sein, die Aufgabe zu erfüllen und einen Preis gewinnen. Stimmt das?

Antwort

Das Spiel ist unfair, weil das Pendel die Flasche zwangsläufig umkreist, wenn es die Flasche beim Vorschwingen verfehlt. Damit die Flasche nur beim Rückschwung getroffen wird, müsste sich der Drehimpuls des Pendels unterwegs ändern. Es wirkt jedoch kein Drehmoment, das diese Änderung herbeiführen könnte. Eventuell haben Sie eine Chance, wenn Sie das Seil drehen, bevor Sie das Pendel loslassen. Dann dreht sich dessen Schlegel zumindest um seinen Schwerpunkt. Er besitzt also einen Drehimpuls, der durch zufällige Kräfte, wie beispielsweise einen Windstoß, so verändert werden kann, dass der Schlegel im Rückschwung die Flasche trifft.

1.178 Hängender Kelch auf Absturzkurs

Binden Sie einen Glaskelch oder einen anderen schwereren Gegenstand mit einer einen Meter langen Schnur an einen leichteren Gegenstand, beispielsweise an einen Radiergummi. Halten Sie einen Stift horizontal vor sich, legen Sie die Schnur darüber und ziehen Sie den Radiergummi so lange zur Seite, bis sich der Kelch unmittelbar unter dem Stift und der Radiergummi etwa horizontal zum Stift befindet. Was passiert, wenn Sie den Radiergummi nun loslassen? Alberne Frage, denken Sie. Der schwere Kelch zieht die Schnur (und schließlich den Radiergummi) über den Stift, bis der Kelch auf dem Boden zerschellt. Oder?

Antwort
Nachdem Sie den Radiergummi losgelassen haben, fällt er nach unten, während er gleichzeitig durch den fallenden Kelch seitlich zum Stift gezogen wird. Die daraus resultierende Bewegung des Radiergummis ist eine Rotation um den Stift mit abnehmendem Bahnradius. Die Situation ist dann mit der eines Eiskunstläufers vergleichbar, der seine Arme heranzieht, während er sich auf der Stelle dreht – die Winkelgeschwindigkeit nimmt wegen der Drehimpulserhaltung zu. Auch der Drehimpuls des Radiergummis muss erhalten bleiben, weil es kein Drehmoment gibt, das ihn ändern könnte. Daher nimmt die Winkelgeschwindigkeit des Radiergummis zu, so dass sich der Zug an der Schnur erhöht, was den Fall des Kelchs bremst. Nachdem sich der Radiergummi mehrmals um den Stift gedreht hat, kann er den Fall des Kelchs aufhalten. Daher erreicht der Kelch nie den Boden.

1.179 Abbrechen einer Bohrerspitze

Weshalb bricht eine schnell rotierende Bohrerspitze ab, wenn sie auf einer Arbeitsfläche zu stark abgebremst wird?

Antwort
Die auf die Bohrerspitze wirkenden Kräfte biegen die Spitze leicht. Falls die Winkelgeschwindigkeit einen kritischen Wert übersteigt, nimmt diese Biegung so stark zu, dass die Spitze bricht.

1.180 Pendeluhren

Eine alte aufziehbare Taschenuhr ging genau, wenn man sie in der Tasche trug, aber nicht, wenn man sie irgendwo an ihrer Kette aufhing. Dann konnte die Uhr 10 Minuten pro Tag vor- oder nachgehen, während sie, auf rätselhafte Weise angetrieben, wie ein Pendel schwang. Ein Forscher berichtete über den bizarren Anblick einer Wand voller Uhren, die an ihren Ketten hingen und fröhlich schwangen. Worauf lässt sich dieses groteske Verhalten zurückführen?

Antwort
Die Pendelbewegung kommt durch die Rotationsschwingungen des Schwungrades (das Teil des Uhrwerkes ist) zustande, wenn die Frequenz der Schwingungen des Rades in der Nähe der Frequenz liegt, mit der das Gehäuse schwingt. Ist die Frequenz des Schwungrades etwas niedriger als die Frequenz des Gehäuses, sind die Schwingungen außer Takt und die Uhr geht vor. Ist die Frequenz des Rades etwas höher als die Frequenz des Gehäuses, geht die Uhr nach.

1.181 Kurzgeschichte: Einebnen der Golden Gate Bridge

Zu ihrem 50. Geburtstag im Jahr 1987 wurde die *Golden Gate Bridge* für Fußgänger geöffnet. Eine überraschend hohe Zahl von Schaulustigen erschien. Als 250 000 Menschen ziemlich eng aneinandergepresst auf der Brücke standen, war der mittlere Bereich der Brücke nicht mehr wie üblich gewölbt, sondern flach, und einige der Stützseile hingen durch. Außerdem setzten seitliche Schwingungen ein (genau diesen Effekt registrierte man im Jahr 2001 auch bei der Millennium Bridge in London). Dieses Jubiläum erwies sich als unbeabsichtigter Stabilitätstest der Golden-Gate-Brücke, den sie glücklicherweise bestand.

1.182 Das Abtasten der Züge

Beim traditionellen Zugdesign sind die Räder *konisch*. Sie sind so konstruiert, dass sie durch einen inneren Randkranz auf der Schiene bleiben. Paarweise sind sie durch eine Achse miteinander verbunden. Die Schienen, die einen abgerundeten Kopf besitzen, sind gewöhnlich leicht nach Innen geneigt. Weshalb schwingen die Abteile oder Wagen in einer als *Abtasten* bezeichneten Bewegung von einer Seite zur anderen, wenn sich der Zug auf gerader Strecke bewegt?

Das Abtasten beschränkt nicht nur die Fahrgeschwindigkeit des Zuges, sondern führt auch dazu, dass sowohl die Schienen als auch der Bahnkörper deformiert werden. Da der daraus resultierende Verschleiß auf beiden Seitenabschnitten nicht gleich groß ist, werden die von einer Lokomotive gezogenen Wagen manchmal hin- und her geworfen.

Antwort

Wenn sich ein Wagen beispielsweise nach rechts schiebt, fährt ein rechtes Rad auf einem großen Radius, während das linke auf einem schmaleren fährt, was mit der schrägen Form der Räder zusammenhängt. Da die Räder starr miteinander verbunden sind, drehen sie sich mit derselben Winkelgeschwindigkeit, doch die unterschiedlichen Bewegungsradien führen dazu, dass das rechte Rad in einer bestimmten Zeit auf der Schiene einen weiteren Weg zurücklegt als das linke. Der Geschwindigkeitsunterschied auf der Schiene verschiebt die Achse, und der Wagen bewegt sich so lange schräg auf der Schiene, bis er sich links von der Mittellage befindet. Dann kehrt sich die Situation um. Falls die Schwingungen anhalten, spricht man insofern vom „Abstasten“ des Zuges, als er nach einer stabilen Lage„sucht“.

Das Abtasten kann durch eine zufällige Auslenkung ausgelöst werden. Aber auch Reibungskräfte, die durch Verformungen von Schiene und Rad durch das Gewicht des Zuges entstehen, können die Schwingung auslösen. Falls die Geschwindigkeit des Zuges unter einen kritischen Wert fällt, klingen die durch eine Auslenkung erzeugten Schwingungen ab. Falls aber die Geschwindigkeit über diesem Wert liegt, bilden sich die Schwingungen aus, und nur die Radkränze können den Zug vor dem Entgleisen schützen. Manchmal sind die Schwingungen so stark, dass das Rad trotzdem von der Schiene gleitet.

1.183 Schwingende Autoantennen

Bestimmte Autoantennen beginnen während der Fahrt zu schwingen. Weshalb schwingt die Antenne bei niedrigen und mittleren Geschwindigkeiten wie in Abbildung 1.55a und bei höheren Geschwindigkeiten wie in Abbildung 1.55b?

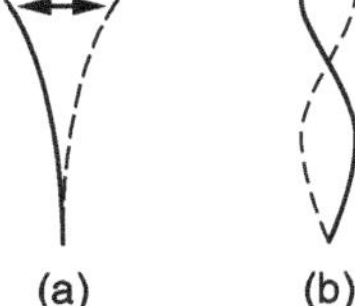

Abb. 1.55: Schwingende Autoantennen bei (a) niedriger und (b) hoher Geschwindigkeit.

Antwort
Würde man die Antenne in einem Schraubstock befestigen und in Schwingungen versetzen, dann schwänge sie in sogenannten *Resonanzmoden* (oder Mustern) und mit charakteristischen *Resonanzfrequenzen. Resonanz* liegt vor, wenn die Schwingungen einem dieser Muster entsprechen. Das zur niedrigsten Resonanzfrequenz gehörende Muster wird als *Fundamentalmode* bezeichnet. Dann schwingt die Antenne mit der niedrigsten Resonanzfrequenz (siehe Abbildung 1.55a). Bei diesem Muster schwingt die Antennenspitze mit maximaler Amplitude, die mittleren Abschnitte entsprechend weniger, während sich das untere Ende in Ruhe befindet, weil es fest eingespannt ist. Die Stellen, an denen die Antenne nicht schwingt, bezeichnet man als *Knoten*, während die Abschnitte der Antenne, die mit einer maximalen Amplitude schwingen, *Bäuche* genannt werden. Bei dem nächst komplizierteren Muster, dem sogenannten *ersten Oberton*, weist die schwingende Antenne einen Knoten direkt unterhalb der Spitze auf. Während der Fahrt bilden sich in der vorbeiströmenden Luft hinter der Autoantenne Wirbel. Die durch die Wirbel hervorgerufenen Veränderungen des Luftdrucks lassen die Antenne schwingen. Bei niedrigen bis mittleren Geschwindigkeiten stellt sich die Fundamentalmode ein. Bei höheren Geschwindigkeiten, bei denen die Antenne von stärkeren Wirbeln umströmt wird, schwingt die Antenne im ersten Oberton.

1.184 Der Stabilitätstank eines Schiffes

Das Rollen eines Schiffes ist oft nur beunruhigend. Treffen die Wellen die Seite des Schiffes aber mit derselben Frequenz wie das ausgelöste Rollen, kann sich diese Schiffsbewegung allerdings auf ein gefährliches Maß steigern. (Eine solche Übereinstimmung der Frequenz ist ein weiteres Beispiel für *Resonanz*; Ähnliches können Sie beobachten, wenn Sie eine Schaukel jedes Mal anstoßen, wenn sie zu Ihnen zurückschwingt.) Um diese Gefahr zu verringern, wurden früher einige Schiffe mit einem Tank ausgerüstet, der sich über die Breite des Schiffes erstreckte und teilweise mit Wasser gefüllt war. Die Abmessungen des Tanks waren so gewählt, dass das Wasser im Tank mit der gleichen Frequenz hin und her schwappte, mit der das Schiff rollte. Bewirkt eine solche Maßnahme nicht gerade das Gegenteil des Beabsichtigten, d. h. verstärkte nicht gerade die Bewegung des Wassers im Tank das Rollen des Schiffes?

Antwort
Angenommen, die Wellen laufen mit der Resonanzfrequenz gegen die rechte Seite des Schiffes an. Das Rollen des Schiffes erfolgt nicht instantan, sondern hängt dem Druck des Wassers aufgrund der Masse des Schiffes etwa eine Viertelschwingung – also ein Viertel eines vollständigen Rollens – hinterer. Genauso hängt das Schwappen im Tank dem Rollen des Schiffes um eine weitere Viertelschwingung hinterher, wodurch seine Schwingung dem Druck der gegen

das Schiff anlaufenden Wellen um eine Halbschwingung hinterherhängt. Wenn die Wellen das Schiff nach links drücken, treibt das Schwappen daher das Schiff gerade nach rechts, und das Schiff bleibt aufrecht.

Stabilitätstanks wurden hauptsächlich auf deutschen Schiffe um 1900 eingesetzt. Obwohl sie bei normalem Seegang gut funktionierten, erwiesen sie sich bei unregelmäßigem Seegang als untauglich, und in einigen Fällen verstärkten sie das Rollen auch tatsächlich.

1.185 Straßenfurchen

Viele Straßenbeläge sind ursprünglich glatt, doch bald entwickeln sich auf den Fahrbereichen der Räder Muster aus flachen Hügeln und Tälern, die zwischen einem halben und einem Meter voneinander entfernt sind. Das periodische Muster kann nicht auf die erodierende Wirkung der Witterung zurückgeführt werden wie gewöhnliche Schlaglöcher. Wodurch entstehen diese Muster? Weshalb wird die Straße durch das Abrollen der Räder nicht geglättet? Ähnliche Furchen findet man auf Zug- und Straßenbahnschienen sowie auf Skiabfahrtspisten. Könnte es sein, dass die Muster auf den Straßen, Schienen oder Pisten wandern?

Antwort
Ein Furchenmuster auf einer Straße bildet sich, nachdem die erste Unregelmäßigkeit auf einer zunächst glatten Straße zufällig entstanden ist. Überfährt ein Reifen die Unregelmäßigkeit mit einer ausreichend hohen Geschwindigkeit, springt er leicht und drückt sich anschließend beim Aufkommen in die Straße ein. Auch dann, wenn der Reifen nicht von der Straßendecke abhebt, verringert sich zunächst kurzzeitig das auf dem Reifen lastende Gewicht, während den Reifen anschließend umso stärker nach unten gedrückt wird. Dieser Druck erzeugt eine flache Mulde, aus der der Reifen wieder herausfahren muss. Dies lässt ihn abermals springen. Nachfolgend über die Straße fahrende Autos verstärken dieses Muster. Es dehnt sich mit der Zeit weiter die Straße entlang aus, aber es wandert nicht.

1.186 Der einseitige Mond

Weshalb können wir von der Erde aus (abgesehen von einer unwesentlichen Veränderung) immer nur eine Seite des Mondes beobachten? Sollten wir nicht die gesamte Mondoberfläche beobachten können, weil der Mond die Erde umkreist?

Antwort
Die Stärke des Gravitationsfeldes der Erde ist abhängig vom Abstand. Das Gravitationsfeld ist daher auf der erdabgewandten Seite des Mondes schwächer als auf der erdzugewandten. Durch diese Variation sind auf dem Mond leichte Gezeitenwölbungen entstanden, von denen sich eine auf der erdzugewandten und eine auf der erdabgewandten Seite befindet, so dass der Mond nicht kugelförmig ist. Aufgrund dieser Wölbungen lässt das Gravitationsfeld der Erde den Mond mit der gleichen Winkelgeschwindigkeit um sich selbst rotieren, mit der er die Erde umläuft. Deshalb zeigt der Mond der Erde (im Wesentlichen) immer dieselbe Seite. Dies ist auch bei anderen Monden im Sonnensystem der Fall.

1.187 Spionagesatelliten

Um Aktivitäten auf der Erdoberfläche in einem bestimmten Gebiet zu überwachen, werden Spionagesatelliten eingesetzt. Diese Satelliten sind so aufeinander abgestimmt, dass ein anderer Satellit die Beobachtung übernimmt, wenn ein Satellit sein Beobachtungsfeld verlassen hat. Wäre es nicht leichter, einen einzigen Satelliten über dem Gebiet zu stationieren, der sich auf seiner Umlaufbahn genauso schnell bewegt, wie das Gebiet unter ihm die Rotationsachse der Erde umläuft? Über den meisten Gebieten der Erde ist dies leider nicht realisierbar. Unter welchen Bedingungen und wo lässt sich die leichtere Vorgehensweise anwenden?

Antwort
Ein die Erde umkreisender Satellit wird durch die Schwerkraft auf seiner Bahn gehalten, die die Erde auf ihn ausübt. Diese Kraft ist stets zum Erdmittelpunkt gerichtet, die Bahn muss also stets um den Erdmittelpunkt verlaufen. Durch diese Tatsache ist es unmöglich, einen Satelliten über New York zu stationieren, weil die Bahn dann um die nördliche Halbkugel der Erde verlaufen würde anstatt um den Erdmittelpunkt. Jedoch könnte man einen *geostationären Satelliten* über einem Ort auf dem Erdäquator postieren, weil dessen Bahn um den Erdmittelpunkt verläuft. Der Satellit müsste in der richtigen Höhe platziert werden (etwa $\frac{1}{10}$ des Abstandes Erde-Mond), so dass er genauso schnell um die Erde kreist, wie sich der Ort bei seiner Drehung um die Rotationsachse der Erde bewegt. Bei jedem anderen Ort auf der Erde muss der Spionagesatellit auf einer geneigten Bahn operieren.

1.188 Wie der Luftwiderstand Satelliten beschleunigen kann

Die meisten Satelliten umkreisen die Erde in den dünnen Atmosphäreschichten und erfahren daher einen geringen Luftwiderstand. Der Luftwiderstand sollte einen Satelliten bremsen, wie der Luftwiderstand einen Rennwagen abbremst. Bei einem Satelliten jedoch erhöht der bremsende Luftwiderstand die Geschwindigkeit. Wie kann eine bremsende Kraft zu einer Geschwindigkeitszunahme und folglich zu einer Zunahme der kinetischen Energie führen?

Antwort
Der Luftwiderstand verringert die Gesamtenergie des Satelliten, die sich aus kinetischer Energie und potenzieller Energie zusammensetzt. Daher fällt der Satellit allmählich auf eine niedrigere Bahn. Mit dem Abstieg verringert sich die potenzielle Energie, doch nur die Hälfte davon wird durch die Reibung in thermische Energie umgewandelt. Die andere Hälfte wird in kinetische Energie umgewandelt, wobei diese Geschwindigkeitszunahme den Satelliten auf der niedrigeren Umlaufbahn hält. Bei genauerer Betrachtung ist dies nicht überraschend – wenn Gegenstände auf die Erde fallen, erhöht sich ihre Geschwindigkeit ebenfalls.

1.189 Reise zum Mond auf einer achtförmigen Bahn

Wenn man ein Raumschiff auf eine Reise zum Mond schickt, wählt man eine achtförmige Bahn, die sowohl um die Erde als auch um den Mond herumführt, und keine ellipsenförmige, auf der Erde und Mond als Ganzes umlaufen werden. Was ist der Grund für diese Entscheidung?

Antwort
Auf der achtförmigen Bahn braucht das Raumschiff weniger Energie, weil es sich dann vorwiegend nahe der Verbindungslinie zwischen den Schwerpunkten von Erde und Mond aufhält. Da auf dieser Linie die Anziehungskräfte von Erde und Mond konkurrieren, ist die auf das Raumschiff wirkende Kraft effektiv geringer, als wenn sich das Raumschiff auf einer ellipsenförmigen Bahn bewegen würde. Zum Überwinden dieser Kraft ist weniger Energie und daher weniger Treibstoff erforderlich.

1.190 Sonne und Erde ringen um den Mond

Da sich der Mond auf einer Umlaufbahn um die Erde bewegt, könnte man schlussfolgern, dass die von der Erde auf ihn ausgeübte Anziehungskraft die Anziehungskraft der Sonne dominiert. Stimmt das? Das ist natürlich falsch, weil die Anziehungskraft der Sonne auf den Mond mehr als doppelt so groß ist wie die Anziehungskraft der Erde auf den Mond. Weshalb bewegt sich dann der Mond nicht von der Erde fort?

Antwort
Die Anziehungskraft der Sonne dominiert die Bewegung des Mondes: Der Mond umkreist die Sonne. Die von der Erde ausgeübte, geringere Kraft wirkt als eine Störung der Hauptbewegung und führt zu kleinen Schleifen in der Bahn. Wir können die Bewegung beschreiben, indem wir einfach sagen „Der Mond bewegt sich um die Erde, während sich die Erde um die Sonne bewegt."

1.191 Swing-by-Manöver

Wenn eine Raumkapsel hinreichend nahe an einem Planeten vorbeifliegt, findet ein *Swing-by* statt, bei dem die Raumkapsel Energie gewinnt. Ist diese Vorstellung nicht ein Trugschluss? Stellen Sie sich vor, Sie würden die Kapsel vom Planeten aus beobachten. Während sich die Kapsel nähert, gewinnt sie natürlich aufgrund der Anziehungskraft des Planeten Energie. Wird die Energie aber nicht wieder verbraucht, wenn sich die Kapsel vom Planeten entfernt?

Antwort
Das Problem in der dargestellten Interpretation hängt mit Ihrem Bezugssystem zusammen – der Planet, auf dem Sie sich befinden, bewegt sich. In diesem Bezugssystem scheint die Kapsel keine Energie zu gewinnen. Doch nehmen Sie nun den Standpunkt eines Beobachters ein, der in Bezug auf die Sonne ruht. Ein solcher Beobachter würde sehen, wie die Kapsel vom Planeten aufgrund seiner Schwerkraft angezogen wird. Wenn die Kapsel an der Rückseite des sich um die Sonne bewegenden Planeten vorbeifliegt, wird sie vom Planeten auf seiner

Bahn um die Sonne ein Stück mitgezogen. Dadurch gewinnt die Kapsel Energie. Der Planet verliert die entsprechende Energiemenge. Aufgrund der großen Masse des Planeten ist die dadurch verursachte Verringerung seiner Umlaufgeschwindigkeit jedoch nicht nachweisbar, während der Energiegewinn der Kapsel aufgrund ihrer wesentlich geringeren Masse zu einer erheblichen Geschwindigkeitsänderung führt.

1.192 Die Vermessung Indiens

Als Indien einst vermessen wurde, waren die Messergebnisse Berichten zufolge leicht ungenau, weil das Lot, insbesondere im Norden des Landes, nicht exakt senkrecht hing. Weshalb könnte an der Sache etwas dran sein?

Antwort
Die Masse am unteren Ende des Lots kann um einige Bogensekunden in Richtung Himalaja gezogen werden aufgrund der Masse der Berge. Auch in anderen Regionen der Erde führt eine ungleichmäßige Massenverteilung zu vergleichbaren Messfehlern.

1.193 Rasieren mit Doppelklingen

Gibt es eine optimale Geschwindigkeit, mit der man die Klingen über die Haut ziehen sollte, wenn man sich mit einem Doppelklingen-Rasierer rasiert, oder sollte man die Klingen so schnell wie möglich oder so langsam wie möglich ziehen?

Antwort
Wenn die erste Klinge auf ein aus der Haut herausragendes Haar stößt, erfasst sie das Haar an der Hautoberfläche und zieht anschließend das Haar in die Bewegungsrichtung der Klinge mit. Dabei wird die in der Haut steckende Haarwurzel etwas herausgezogen. Während des Herausziehens schneidet die erste Klinge den Teil des Haares ab, der zu Beginn aus der Haut hinausragte.

Der Haarstoppel richtet sich anschließend wieder auf und beginnt, sich in die Haut zurückzuziehen. Wenn die zweite Klinge das Haar erfasst, nachdem es sich zwar wieder aufgerichtet aber noch nicht zurückgezogen hat, kann die zweite Klinge sogar noch mehr vom Haar abschneiden, sodass die nächste Rasur erst später notwendig wird. Für eine glatte Rasur sollte der Rasierer also nicht zu schnell bewegt werden, weil sich das Haar dann noch nicht wieder aufgerichtet hat, aber auch nicht zu langsam, denn dann hat sich das Haar inzwischen bereits vollständig zurückgezogen. Die optimale Geschwindigkeit beträgt etwa vier Zentimeter pro Sekunde. Der Wert unterscheidet sich jedoch von Person zu Person. Das liegt an den unterschiedlichen Eigenschaften der Haut und des Haares, insbesondere seiner Elastizität.

1.194 Asymmetrie bei der Flusserosion

Es gibt Hinweise darauf, dass auf der nördlichen Halbkugel das rechte Ufer eines Flusses stärker erodiert als das linke, während es sich auf der südlichen Halbkugel genau umgekehrt verhält. Falls es diesen Effekt überhaupt gibt, ist er sicherlich klein und wird durch andere Faktoren überdeckt. Trotzdem die Frage: Was könnte die Ursache dafür sein?

Antwort

Die Erdrotation kann zu einer scheinbaren Ablenkung von Strömungen führen, die auf der nördlichen Halbkugel nach rechts und auf der südlichen Halbkugel nach links erfolgt. Dabei handelt es sich nicht um echte Ablenkungen, weil die Strömungen von einer rotierenden Oberfläche aus betrachtet werden. Jedoch können die Bewegungen auf großer Skala recht deutliche Auswirkungen haben, wie beispielsweise bei der Luftzirkulation um Wettererscheinungen, wo die Ablenkung zu der bei Hurricans auf der nördlichen Halbkugel bekannten Zirkulation der Luftmassen entgegen dem Uhrzeigersinn führt. Bei der Strömung eines großen Flusses, wie beispielsweise des Mississippi, könnte sich die scheinbare Ablenkung ebenfalls bemerkbar machen.

2 Aeordynamik und Hydrodynamik: Fliegende Schlangen und über Wasser laufende Echsen

2.1 Autorennen an der Zimmerdecke

Ein Auto, das durch eine weite Kurve einer Grand-Prix-Strecke fährt, würde ohne Reibung die Spur nicht halten können. Wenn das Auto zu schnell fährt, ist die Reibungskraft zu schwach, und es wird aus der Kurve getragen. Früher mussten die Autos daher ziemlich langsam durch die Kurven fahren. Moderne Autos sind jedoch so konstruiert, dass sie regelrecht auf die Fahrbahn gedrückt werden, um den Reifen guten Halt zu bieten. Tatsächlich ist diese als *negativer Auftrieb* oder *Abtrieb* bezeichnete Kraft so stark, dass manche Autofahrer damit prahlen, sie könnten mit ihrem Auto verkehrt herum an einer Hallendecke fahren. Wodurch entsteht der Abtrieb? Ist es tatsächlich möglich, mit einem Rennwagen kopfüber zu fahren, wie es fiktional in dem Film *Men in Black* gezeigt wurde?

Auf den Abtrieb kann man sich verlassen, wenn man als Einziger mit seinem Auto durch die Kurve fährt, also beispielsweise bei einem Zeitfahren. Geübte Fahrer wissen jedoch, dass der Abtrieb während eines Rennens plötzlich verschwinden kann. Was ist der Grund hierfür?

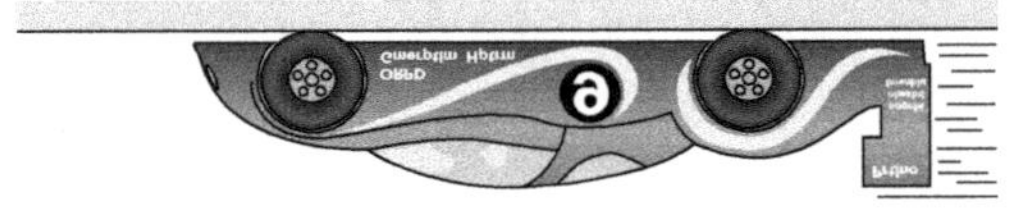

Abb. 2.1

Antwort

Ungefähr 70 % des Abtriebs gehen auf das Konto eines oder mehrerer Spoiler, die die vorbeiströmende Luft nach unten drücken. Den Rest macht der sogenannte *Bodeneffekt* aus, der durch die Luftströmung unter dem Auto zustande kommt. Je schneller das Auto fährt, umso stärker wirken die beiden Komponenten des Abtriebs. Bei den hohen Geschwindigkeiten, die üblicherweise bei Grand-Prix-Rennen gefahren werden, ist der Abtrieb größer als die auf das Auto wirkende Schwerkraft. Wenn das Auto aus seiner normalen Position, ohne allzu stark abzubremsen, an die Decke gefahren würde, wäre der nun nach oben gerichtete Abtrieb stärker als die Schwerkraft des Autos, und das Auto könnte tatsächlich wie in *Men in Black* an einer Decke fahren.

https://doi.org/10.1515/9783110760637-002

Der Bodeneffekt entsteht durch die in einem schmalen Spalt eingeschlossene Luftströmung unter dem Auto. Wenn die Luft in dem schmalen Durchgang unter dem Auto zusammengepresst wird, erhöht sich ihre Geschwindigkeit auf Kosten ihres Druckes. Der Luftdruck ist daher unter dem Auto niedriger als darüber, und dieses Druckgefälle presst das Auto auf die Fahrbahn. Bei einem Rennen kann der Fahrer den Luftwiderstand des Autos reduzieren, indem er sehr dicht hinter einem anderen Auto fährt, sich also „ziehen" lässt. Das voranfahrende Auto unterbricht jedoch den kontinuierlichen Luftstrom unter dem hinterherfahrenden Auto, so dass für dieses der Bodeneffekt nicht mehr wirkt. Wenn der Fahrer des hinterherfahrenden Autos diese Eliminierung nicht einkalkuliert und dementsprechend abbremst, wird er unvermeidlich gegen die Bande prallen.

Der *Chaparral 2J* war einer der ersten Rennwagen, die den Bodeneffekt ausnutzten. Er hatte zwei Gebläse auf dem Heck, die Luft durch Öffnungen auf der Front unter das Auto saugten. Auf jeder Seite des Wagens war ein Schürzensystem angebracht, das verhinderte, dass Luft von der Seite her den Luftstrom störte. Der niedrige Druck unter dem Wagen hielt diesen bei schneller Fahrt in der Spur, und die Abluft aus den Gebläsen verringerte die übliche Wirbelbildung hinter dem Wagen, wodurch der Luftwiderstand hinter dem Wagen reduziert wurde. Aufgrund dieser Merkmale erreichte der Chaparral 2J auf gerader Strecke eine beachtliche Geschwindigkeit, und in den Kurven war er unschlagbar. Tatsächlich war er so gut, dass er von den Rennen ausgeschlossen wurde.

2.2 Sich ziehen lassen

Rennfahrer der verschiedensten Kategorien versuchen, die Geschwindigkeit ihrer Konkurrenten auszunutzen, indem sie sich von ihnen „ziehen" lassen, d. h., sie fahren ganz dicht hinter einem anderen Wagen. Dies ist offensichtlich nicht ungefährlich. Doch weshalb ist diese riskante Methode überhaupt von Vorteil?

Antwort

Trotz seines aerodynamischen Designs hat ein Rennwagen noch immer einen großen Luftwiderstand. Eine Ursache dieses Luftwiderstands ist der Druckunterschied zwischen Front und Heck des Wagens. An der Front entsteht durch die entgegenströmende Luft ein hoher Druck. Am Heck zerfällt der Luftstrom in Wirbel, die einen niedrigeren Luftdruck haben. Das Druckgefälle zwischen Front und Heck wirkt bremsend auf den Wagen, so dass dieser mehr Kraftstoff verbraucht, um seine hohe Geschwindigkeit aufrechtzuerhalten.

Wenn sich ein Wagen von einem vor ihm fahrenden Wagen ziehen lässt, haben beide Fahrzeuge davon einen Vorteil. Das nachfolgende Fahrzeug unterbricht die Wirbelbildung am Heck des vorausfahrenden Fahrzeugs, und dieses hat ein geringeres Druckgefälle. Auf das nachfolgende Fahrzeug strömt von vorn weniger Luft ein, es hat deshalb ebenfalls ein geringeres Druckgefälle.

Der Fahrer des nachfolgenden Fahrzeugs kann versuchen, das führende zu überholen, indem er sich nach vorn katapultieren lässt: Er lässt sich ein Stück zurückfallen, so dass die Wirbelbildung hinter dem vor ihm fahrenden Fahrzeug wieder einsetzt. Diese Wirbel wirken bremsend auf das führende Fahrzeug und ziehen den Verfolger nach vorn. Bei exaktem Timing kann der Verfolger in den Wirbelbereich hinein beschleunigen und an dem vor ihm Fahrenden vorbeiziehen.

In einem Rennen wurden diese aerodynamischen Techniken erstmals 1960 von Junior Johnson bei der Daytona 500 der NASCAR benutzt: Er gewann das Rennen, obwohl sein Wagen im Vergleich zu anderen am Rennen teilnehmenden als langsamer eingeschätzt wurde.

Die Methode des Sich-ziehen-Lassens ist auch bei anderen Sportarten üblich, insbesondere beim Radsport. Aber auch Tiere praktizieren diese Methode, beispielsweise, wenn eine Entenmutter ihre Küken in einer Linie hinter sich über den Teich führt. Enten bewegen sich natürlich zu langsam, als dass die Aerodynamik eine große Rolle spielen würde, doch die Küken profitieren von dem ruhigen Kielwasser, das die Entenmutter hinter sich lässt.

2.3 Die Aerodynamik von Zügen

Ein Hochgeschwindigkeitszug, der eine Geschwindigkeit von 270 km/h oder mehr erreicht, produziert vor sich her eine Verdichtungswelle, und die Luft strömt seitlich am Zug vorbei. Was geschieht, wenn der Zug in einen Tunnel fährt? Was geschieht, wenn sich zwei dieser Züge begegnen? Ist es gefährlich, in Gleisnähe zu stehen, wenn ein Hochgeschwindigkeitszug vorbeifährt (beispielsweise auf einem Bahnhof, in dem der Zug nicht hält)?

Antwort

Die Situation, dass ein Zug durch einen Tunnel fährt, entspricht physikalisch der eines ruhenden Zuges, an dem Luft vorbeiströmt. Wenn der Luftstrom in den begrenzten Raum zwischen Zug und Tunnelwand gepresst wird, erhöht sich seine Geschwindigkeit. Die hierfür erforderliche Energie stammt von der mit dem Luftdruck zusammenhängenden gespeicherten Energie, d. h. die Geschwindigkeitszunahme geht mit einem Sinken des Luftdrucks einher. Ein im Zug sitzender Passagier kann diesen Druckabfall in seinen Ohren spüren, da die im Ohr befindliche Luft gegen das Trommelfell nach außen drückt. (Das Gefühl ähnelt dem, das Sie vielleicht aus einem schnell sinkenden Flugzeug kennen.)

Wenn sich zwei Züge begegnen, sinkt der Luftdruck zwischen ihnen ebenfalls. Falls die Begegnung innerhalb eines Tunnels stattfindet, ist der Druckabfall noch größer. In den Zeiten, als die Züge allmählich schneller wurden, kam es manchmal vor, dass bei solchen Begegnungen die Fensterscheiben nach außen gedrückt wurden.

Unabhängig davon, ob zwei Züge sich in einem Tunnel oder außerhalb begegnen, sind die dabei auftretenden Strömungsverhältnisse so kompliziert, dass sie nur am Computer simuliert werden können. Qualitativ lässt sich der Druckabfall jedoch durch das einfache Argument erklären, dass jeder der beiden Züge etwas Luft aus dem zwischen den Zügen liegenden Raum zieht.

Wenn ein Hochgeschwindigkeitszug dicht an einer Person vorbeifährt, kann es in der Tat passieren, dass diese durch die Verdichtungswelle bzw. die ihr folgende turbulente Luftströmung um- oder im schlimmsten Fall auf die Gleise geworfen wird.

2.4 Der Einsturz der alten Tacoma-Narrows-Bridge

Die letztlich zum Einsturz führenden Schwingungen der alten *Tacoma-Narrows-Bridge* (im US-Bundesstaat Washington) sind auf einem spektakulären Video festgehalten. Obwohl der Wind am Morgen des Unglücks nur mäßig wehte (etwa 68 km/h), wurde die eigentlich sehr stabile Brücke nur wenige Stunden, nachdem die Schwingungen begonnen hatten, fortgerissen.

Während die Brücke erbaut wurde, nannten sie die Arbeiter wegen ihrer Schwingungsneigung „Galloping Gertie“. Nach ihrer offiziellen Eröffnung zog die Brücke gerade wegen dieser Eigenschaft viele Autofahrer an. Manchmal schaukelte sie so sehr, dass ein Fahrer vor ihm fahrende Wagen kurzzeitig nicht mehr sehen konnte. Vielfach wurde der Einsturz der Brücke mit ihrer Schwingungsneigung in Zusammenhang gebracht, doch tatsächlich hat diese nur wenig oder nichts mit dem Einsturz zu tun. Was war der eigentliche Grund für den Einsturz?

Antwort

Die Pfeiler der Brücke waren H-förmig, wobei jede Seite durch einen Stützpfeiler verstärkt wurde. Schon bei mäßigem Wind bildeten sich hinter den Pfeilern über und unter dem waagerechten Teil der Brücke Wirbel, die die Brücke in vertikale Schwingungen versetzen. Das Design der Brücke war insofern mangelhaft (was man allerdings erst zu spät bemerkte), als sie strukturell anfällig sowohl für horizontale Kippelbewegungen als auch für Torsionsschwingungen ist, die auf dem Video gut zu erkennen sind.

Als die Schwingungen heftig (und beängstigend) wurden, blieb zwei Menschen nichts anderes übrig, als auf allen Vieren von der Brücke zu fliehen. Ein Professor lief auf die Brücke, um einen Hund zu retten, den sein Herrchen allein im Auto zurückgelassen hatte, doch er musste aufgeben, weil der völlig verängstigte Hund ihn zu beißen drohte. Das Video zeigt, wie der Mann von dem Wagen zurückrennt, nach Möglichkeit immer entlang der relativ stabilen zentralen Linie, um die die Brücke hin- und herkippelt. Kurz darauf stürzt ein Teil der Brücke ein und das Kippeln hört vorübergehend auf, doch dann setzt es wieder ein, und ein großer Teil des restlichen Brückenträgers fällt in den Fluss.

Obwohl der Brückeneinsturz häufig als ein besonders spektakuläres Beispiel für die Gefährlichkeit von Resonanzen genannt wird, waren diese nicht der eigentliche Grund für das Unglück, sondern das durch die Wirbel verursachte Kippeln und die Torsion. Die treibende Kraft war ein eher gleichmäßiger Wind, nicht etwa Windböen, die zufällig die Resonanzfrequenz der Brücke hatten.

2.5 Aerodynamik von Gebäuden

Wenn Sie an einem windigen Tag an einem großen, geschlossenen Gebäude entlanglaufen, werden Sie feststellen, dass dort der Wind besonders böig bläst. Woran liegt das? Wo müssen Sie stehen, wenn Sie den Böen entgehen wollen, aber trotzdem dem Gebäude sehr nahe kommen müssen? Warum schwanken Gebäude im Wind? Bei manchen Gebäuden gibt es eine Durchfahrt für den Verkehr oder einen Durchgang für Fußgänger. Woran liegt es, dass der Wind durch solche Öffnungen ganz besonders heftig bläst?

Antwort

Der Wind fegt um ein Gebäude herum und zerfällt, wenn er eine Ecke erreicht, in Wirbel (Abb. 2.2a). Ein an dem Gebäude vorbei gehender Fußgänger wird daher feststellen, dass der Wind an oder unmittelbar hinter diesen Ecken besonders böig ist. Am wenigsten stark ist der Wind hinter dem Gebäude, wo er relativ ruhig sein kann. Der Luftdruck ist in diesem Bereich wahrscheinlich niedriger, was dazu führen kann, dass sich die Fensterscheiben nach außen wölben. Im Extremfall können die Scheiben sogar zerspringen.

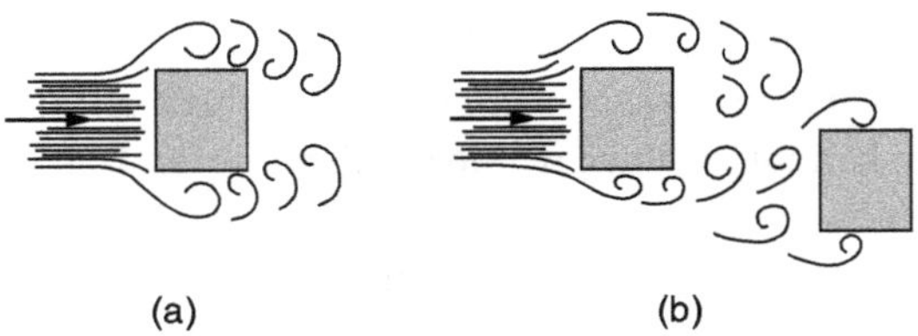

Abb. 2.2: (a) Draufsicht auf eine Luftströmung, die an den Ecken eines Gebäudes in Wirbel zerfällt. (b) Zwischen den versetzt hintereinander stehenden Gebäuden kann es sehr böig sein.

Weniger heftig werden die Böen auch an demjenigen Punkt der windzugewandten Seite sein, in dem sich der Luftstrom teilt und eine Hälfte in der einen Richtung und die andere Hälfte in der anderen Richtung um das Gebäude weht.

Wenn ein Gebäude einen offenen Durchgang besitzt, wird der Wind in diesem Durchgang schneller. Der Geschwindigkeitsanstieg hat zwei Konsequenzen: Erstens kann der Wind Fußgängern erheblich zu schaffen machen (und sie sogar umwerfen), auch kann es sein, dass sich Türen, die den Durchgang versperren, nur sehr schwer öffnen lassen, wenn sie gegen die Windrichtung aufgehen. Zweitens wird im Durchgang der Luftdruck reduziert, weil Energie für die Erhöhung der Windgeschwindigkeit aufgewendet wird. Deshalb wölben sich Türen und Fenster entlang des Durchgangs nach außen. Es kann vorkommen, dass Fenster zerbersten und Türen sich nicht schließen lassen.

Dort, wo sich viele Gebäude befinden, kann die Aufspaltung des Luftstroms und die Bildung von Wirbeln sehr komplex sein. Betrachten wir zum Beispiel einen Komplex aus zwei Gebäuden, die leicht versetzt zueinander stehen. Hinter dem Gebäude, das dem Wind direkt ausgesetzt ist (also zwischen den beiden Gebäuden), können sich wegen des niedrigen Luftdrucks extrem böige Wirbel bilden (Abb. 2.2b). Oft sind hohe Gebäude in rechteckigen Blöcken angeordnet. In diesem Fall wirken die Straßen zwischen den Blöcken, wenn sie parallel zur Windrichtung verlaufen, effektiv wie Windtunnel. Wenn Sie von der Schutz bietenden, windabgewandten Seite eines Gebäudes in einen dieser Windtunnel laufen, kann es passieren, dass die Windböen Sie umwerfen. Außerdem können sich wegen des reduzierten Luftdrucks Fenster, die der Straße zugewandt sind, nach außen wölben.

Die Luftdruckschwankungen auf der windzugewandten Seite des Gebäudes können dazu führen, dass das gesamte Gebäude schwankt, die obersten Stockwerke naturgemäß am stärksten. Von diesen Schwankungen kann es den Bewohnern des Hauses sogar schlecht werden. Auch der Infraschall und das hörbare Heulen eines Sturms, wenn sich an den Ecken des Gebäudes Wirbel bilden, kann bei einigen Menschen Übelkeit erregen. Hohe Gebäude, die anfällig dafür sind, bei starkem Wind zu schwanken, werden üblicherweise mit speziellen Geräten ausgerüstet, die die Schwankungen dämpfen.

Bei extremen Windstärken, wie sie beispielsweise bei Hurrikans oder Tornados auftreten, können Wohnhäuser oder auch etwas größere Gebäude umfallen. Auch kann das Dach abgedeckt werden, indem der Wind unter der windzugewandten Dachkante angreift oder weil der Luftdruck über dem Dach merklich nachlässt, so dass zunächst einzelne Teile und schließlich das ganze Dach weggeweht werden. Zudem können diese extremen Winde nicht nur die Fenster auf der windzugewandten Seite zerstören, sondern auch die auf der windabgewandten Seite oder auf den Seiten, entlang derer sich die Wirbel bilden.

2.6 Drachen steigen lassen

Was hält einen Drachen in der Luft, und wodurch wird bestimmt, ob er stabil fliegt oder eher chaotisch, d. h. mit vielen Loopings und ständigem Flattern?

Antwort

Ein *Deltoiddrachen* besteht aus einem flexiblen Segel, das unter einem bestimmten Winkel (dem *Anstellwinkel*) gegen den Wind gestellt wird. Auf den Drachen wirken vier Kräfte. (1) Die Schwerkraft zieht den Drachen nach unten. (2) Da der Wind am Drachensegel nach unten abgelenkt wird, erfährt der Drachen eine Auftriebskraft. (3) Der Wind liefert außerdem eine Kraft in Richtung des Windes. (4) Die Leine erzeugt eine nach unten und gegen den Wind gerichtete Kraft.

Bei einem instabilen Flug dreht sich der Drachen aufgrund der mit den Kräften verbundenen Drehmomente um den *Aufhängepunkt* (d. h. denjenigen Punkt, in dem sich die Hauptleine des Drachens in mehrere kurze Leinen verzweigt, die zu verschiedenen Punkten des Drachenrahmens laufen.) Aufgrund dieser Drehung ändern sich der Anstellwinkel des Drachens und damit auch der Auftrieb und die Zugkraft. Die Folge ist, dass sich der Drachen nicht nur dreht, sondern auch vertikal bewegt. Durch diese vertikale Bewegung ändert sich der Winkel, unter dem die Leine am Aufhängepunkt zieht, also auch die vertikal und horizontal wirkende Zugkraft der Leine.

Ein stabiler Flug wird erreicht, wenn folgende Größen verschwinden: (1) die Drehmomente, (2) die effektive vertikal wirkende Kraft und (3) die effektive horizontal wirkende Kraft. Hierzu muss erstens der Drachen die richtige Orientierung haben und zweitens die Leine unter dem richtigen Winkel und mit der richtigen Kraft ziehen. Wenn dies alles der Fall ist, sagt man, dass sich der Drachen in einem *stabilen Gleichgewicht* befindet. Zu einer gegebenen Windgeschwindigkeit kann es mehr als einen Gleichgewichtszustand geben. Wenn sich die Windgeschwindigkeit ändert, muss sich sowohl die Orientierung des Drachens als auch der Winkel der Leine ändern, damit der Drachen in den neuen Gleichgewichtszustand findet.

2.7 Skispringen

Warum kann ein Skispringer in Topform etwa 200 Meter weit springen, in schlechterer Verfassung dagegen nur eine deutlich geringere Weite erreichen? Warum enden einige Sprünge mit gefährlichen Stürzen, und wie kann ein Springer einen Sturz vermeiden?

Antwort
Der weite Flug eines Skispringers wird durch den Auftrieb ermöglicht, der auf seinen Körper und seine zu einem „V“ geöffneten Skier wirkt. Wird der Sprung korrekt ausgeführt, gleitet der Springer wie ein Papierflugzeug durch die Luft. Die Kraft der vorbeiströmenden Luft birgt jedoch auch eine ernste Gefahr, da plötzlich an den Skispitzen ein größerer Auftrieb auftreten kann als an ihren hinteren Enden. Durch das gestörte Kräftegleichgewicht wird ein Drehmoment erzeugt, das auf den Springer wirkt. Der Verlust der Balance kann so rasch erfolgen, dass der Springer die Kontrolle verliert und stürzt. Eine unkontrollierte Landung kann fatale Folgen haben. Ein erfahrener Springer weiß, wie er Körper und Skier in der ersten Flugphase schnell in eine geeignete Lage bringt, um den Auftrieb zu maximieren. Entscheidend dafür ist ein kräftiger Absprung am Schanzentisch. Der Absprung muss dafür sorgen, dass der Springer leicht nach vorn kippt und er mitsamt seiner Skier von einem Luftpolster getragen wird. Dabei muss der Springer seine Neigung so justieren, dass das Drehmoment verschwindet, nachdem er seine optimale Fluglage gefunden hat. All diese Manöver sind unerlässlich, um einen guten und sicheren Sprung zu Tal bringen zu können. Wie groß die Kraft ist, die die vorbeiströmende Luft auf den Springer ausübt, hängt unter anderem von der Luftdichte ab, was es für den Springer zusätzlich kompliziert macht, die optimale Fluglage zu finden. Wenn ein Springer beispielsweise an die Luftdichte in geringer Höhe gewöhnt ist, und dann an einem Wettkampf teilnimmt, der in einer großen Höhe stattfindet, kann das Timing seines Absprungs verkehrt sein.

2.8 Geschwindigkeit eines Abfahrtsläufers

Bei vielen Abfahrtsdisziplinen kommt es vor allem auf Geschwindigkeit an, besonders für Skifahrer, die darauf aus sind, den Geschwindigkeitsweltrekord auf Skiern zu brechen (derzeit mehr als 240 Stundenkilometer). Der Luftwiderstand ist bei diesen Unternehmungen das Haupthindernis; er hat sogar einen größeren Einfluss als die Reibung der Skier. Wie kann ein Abfahrtsläufer den Luftwiderstand minimieren?

Antwort
Zu den Möglichkeiten, die ein Abfahrtsläufer hat, um den Luftwiderstand zu verringern, gehören folgende. Der Skianzug sollte hauteng geschnitten sein, um ein Flattern der Kleidung zu verhindern. Der Helm sollte glatt und windschnittig geformt sein; dabei sollte er auch ein Stück über die Schultern reichen, so dass der Luftstrom an Schultern oder Rücken nicht auf plötzliche Hindernisse trifft und deshalb unterhalb des Helms keine Wirbel bildet. (Bei einem kleinen Skifahrer kann sogar der größte Teil des Schulterbereichs unter dem Helm verschwinden). Auch die Beine des Skifahrers sollten stromlinienförmig umkleidet sein, so dass sie die Luft leicht zerschneiden und sich hinter den Beinen keine Wirbel ablösen. In solchen Wirbeln

ist der Luftdruck niedrig. Wenn der Druckunterschied wegen des hohen Drucks vor den Beinen und dem niedrigen Druck dahinter groß wird, entsteht ein signifikanter Luftwiderstand. Die Skistöcke sollten um den Läufer herum gekrümmt sein, anstatt in die umströmende Luft hineinzuragen. Der Läufer selbst sollte ein Hockstellung einnehmen, um die Angriffsfläche für die ihm entgegenströmende Luft zu minimieren.

Eine der vielen Schwierigkeiten bei einem Abfahrtslauf besteht darin, die Beine permanent in der richtigen Position zu halten. Da der Raum zwischen den Schenkeln wie ein Luftschacht wirkt, strömt die Luft dort schneller als an den Außenseiten der Beine. Auch ist der Luftdruck zwischen den Beinen niedriger als an den Außenseiten, so dass die Beine zusammengezogen werden. Gegen diese Kraft muss der Skifahrer die ganze Fahrt über ankämpfen.

2.9 Bumerangs

Warum kehren Bumerangs zurück? Manche Bumerangs machen einen Rundflug von mehr als 200 Metern, und einige fliegen sogar mehrere Schleifen, bevor sie landen. Beim Abwurf muss man den Bumerang so halten, dass seine Ebene nahezu senkrecht steht. Während des Fluges jedoch liegt die Ebene im Allgemeinen waagerecht. Weshalb? Außer der traditionellen Form, die an eine Banane erinnert, können Bumerangs eine Vielzahl anderer Formen haben. Kann man auch einen geraden Stock wie einen Bumerang fliegen lassen?

Antwort

Die Arme eines Bumerangs erinnern an Flugzeugtragflächen. Sie haben eine stumpfe Vorderkante, die beim Flug die Luft durchschneidet, und eine dünnere Hinterkante; die Oberseite ist leicht gewölbt und die Unterseite flach. Während des Fluges lenkt dieses Profil die vorbeiströmende Luft ab, und der Bumerang erfährt einen in die Gegenrichtung wirkenden Auftrieb.

Wenn Sie den Bumerang mit der rechten Hand werfen, müssen Sie ihn zunächst nahe an Ihren Kopf halten, und zwar so, dass die gewölbte Seite zu Ihnen zeigt und die Bumerangebene ein wenig nach rechts geneigt ist. Bewegen Sie dann Ihren Wurfarm schnell nach vorn und lassen Sie den Bumerang mit einer schnappenden Bewegung des Handgelenks los. Der auf den Bumerang wirkende Auftrieb ist dann nach oben und etwas nach links gerichtet; die nach oben gerichtete Komponente ist das, was den Bumerang im Flug hält.

Die Stärke des auf den Bumerangflügel wirkenden Auftriebs hängt von der Geschwindigkeit ab, mit der die Luft am Flügel vorbeiströmt. Da sich der vordere Flügel zu jedem Zeitpunkt des Flugs nach vorn (also in Flugrichtung) und der hintere Flügel nach hinten dreht, wirkt auf den vorderen Flügel ein größerer Auftrieb als auf den hinteren.

Da also der vordere Flügel durch den Auftrieb nach oben gebracht wird, erzeugt der Auftrieb in einer gewissen Entfernung vom Schwerpunkt des Bumerangs ein Drehmoment, das versucht, die Ebene des Bumerangs zu kippen. Da sich der Bumerang um seinen Schwerpunkt dreht, bedeutet dies, dass das Drehmoment auf die Achse dieser Kippbewegung wirkt, so dass die Achse mehr zu Ihnen zeigt und Sie einen größeren Teil der Vorderseite zu sehen bekommen. Das Ergebnis ist eine gekrümmte Flugbahn, auf der der Bumerang schließlich wieder zu Ihnen zurückkehrt.

Auch ein gerader Stock lässt sich als Bumerang gebrauchen, wenn man ihn entsprechend wirft. Die Anfangsneigung um die kurze, durch den Schwerpunkt führende Achse ist instabil, und die Rotation verschiebt die Längsachse des Stocks. Die Lage des Stocks ändert sich während des Fluges, aber die Achse, um die er rotiert, bleibt unverändert. Während des Rückflugs wird die vorbeiströmende Luft nach unten abgelenkt, was dem Stock Auftrieb verleiht.

2.10 Wurfübungen mit Kreditkarten

Lassen Sie eine Kreditkarte (oder eine andere feste Karte) mit der langen Kante nach unten fallen (die Seiten der Karte zeigen also beim Loslassen nach links und rechts). Warum gleitet die Karte nicht einfach durch die Luft nach unten, um senkrecht unterhalb der Stelle, wo sie losgelassen wurde, aufzuschlagen?

Vielleicht haben Sie schon einmal versucht, Spielkarten in eine oben offene Schachtel zu werfen. Ich selbst probiere diesen Trick hin und wieder mit meiner Kreditkarte. Wenn ich sie zufällig werfe, fängt sie bald nach dem Abwurf an herumzuflattern, stagniert und fällt dann auf den Boden. Gibt es eine Möglichkeit, die Karte während ihres Fluges durch die Luft zu stabilisieren, so dass man gute Chancen hat, das Ziel zu treffen?

Antwort

Den Flug einer mit der langen Kante nach unten fallen gelassenen Karte zu erklären, ist alles andere als eine einfache Aufgabe. Erste mathematische Versuche hierzu wurden bereits 1854 unternommen. Der Flug kann chaotisch sein, er kann aber auch eines der folgenden Muster aufweisen: (1) Die Karte kann *flattern*, d. h. während des Fluges abwechselnd nach links und rechts gleiten. (2) Sie kann eine *Taumelbewegung* vollführen, d. h. um eine Achse rotieren und dabei gleichzeitig nach links oder rechts gleiten. Welcher Bewegungstyp auftritt, hängt von den Abmessungen der Karte ab. Eine Standard-Spielkarte beispielsweise entwickelt eine stabile Taumelbewegung, wobei sie sich um einen bestimmten Winkel von der Senkrechten entfernt. Ausgehend von der anfangs vertikalen Orientierung wird die Unterkante nach dem Loslassen nach links oder rechts abgelenkt. Wenn die Karte dann um einen bestimmten Winkel gegen die Senkrechte geneigt nach unten gleitet, erzeugt die sie umströmende Luft einen Hochdruckpunkt unterhalb der vorderen Kante und oberhalb der hinteren Kante. Diese Hochdruckregionen drehen die Karte um ihre zentrale Längsachse. Wenn die Karte waagerecht in der Luft liegt, verlangsamt sich ihre Fallbewegung, doch die Drehbewegung bleibt erhalten, bis die Karte wieder eine vertikale Orientierung erreicht. Wenn dies eintritt, gleitet sie wieder besser durch die Luft, so dass sich ihre Geschwindigkeit wieder erhöht. Anschließend wiederholt sich das Ganze.

Die Kunst beim Werfen einer Karte besteht darin, sie so zu stabilisieren, dass sie weder flattert noch taumelt. Eine bekannte Variante ist folgende: Man muss die Karte waagerecht halten, und zwar so, dass der Daumen oben, der Zeigefinger an der langen Kante und der Mittelfinger unten liegt. Durch Einknicken des Handgelenks wird die Karte Richtung Handinnenfläche geführt, bis sie diese berührt. Dann wird die Karte aus dem Handgelenk heraus nach vorn geschleudert, so dass sie um eine vertikale Achse zu rotieren beginnt. Die aufgrund der Luftströmung auf die Karte wirkenden Kräfte drehen die Karte so, dass sie sich aufrichtet und um eine horizontale Achse rotiert. Wenn Ihnen dies gelingt, wird die Flugbahn der Karte bemerkenswert geradlinig sein, und Sie können die Karte ins Ziel werfen. Die Karte fliegt so kraftvoll, dass Sie achtgeben müssen, sie niemandem ins Auge zu werfen.

Manche Varietekünstler haben sich diesbezüglich beeindruckende Fertigkeiten antrainiert und können beispielsweise Spielkarten an beliebige Stellen ins Publikum, hoch zu Logenplätzen oder sogar wie einen Bumerang auf einem Rundkurs werfen.

2.11 Rotierende Samen

Wie schaffen es die Samen von Esche, Ulme und Ahorn, lange genug in der Luft zu bleiben, um sich von einer Brise weg vom Elternbaum tragen zu lassen?

Antwort

Die Samen dieser Bäume haben Flügel und verlängern ihre Fallzeit, indem sie rotieren. Beispielsweise rotiert ein einzelner Samenflügel des Ahorns um seinen Schwerpunkt, der zwischen dem gewölbten und dem flachen Teil des Flügels liegt. Die Flügelebene kann gegen die Rotationsebene um bis zu 45 ° geneigt sein. Beim Fallen treibt der rotierende Flügel Luft nach *unten*, so dass auf den Samen eine nach *oben* gerichtete Kraft wirkt. Diese Kraft kann auch eine seitlich gerichtete Komponente haben, so dass der Samen auf einem spiralförmigen Weg nach unten sinkt (Abb. 2.3).

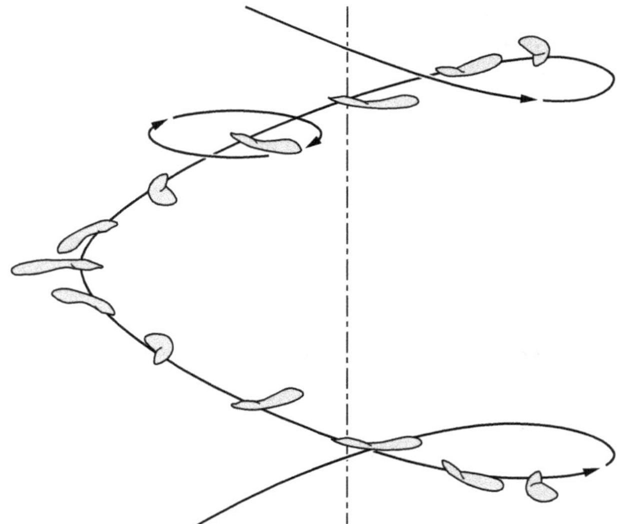

Abb. 2.3: Möglicher Weg eines Samenflügels. Der Flügel rotiert dabei gegenläufig zu der Richtung, in der er die Spirale durchläuft.

Die Beschreibung der Bewegung wird einfacher, wenn wir den Samen als Bezugssystem wählen. Stellen Sie sich also vor, dass Sie winzig klein sind und sich mit dem Samen mitbewegen. Die Sie von unten anströmende Luft drückt gegen die Unterseite des Flügels. Die senkrecht zum Flügel wirkende Komponente ist der *Auftrieb*, also die Kraft, die dem Sinken des Samens entgegenwirkt. Der Luftantrieb lässt den Flügel wie ein Propellerblatt rotieren und gestattet auch, dass er zur Seite abgleitet. Die Kombination dieser beiden Bewegungen führt häufig dazu, dass der Flügel auf einem spiralförmigen Weg nach unten sinkt und dabei gleichzeitig um seinen Massenschwerpunkt rotiert.

2.12 Fliegende Schlangen

Für diejenigen, die sich vor Schlangen fürchten, gibt es eine Art, die ein Leben lang für Alpträume sorgen kann. Die Paradies-Schmuckbaumnatter (*Chrysopelea paradisi*) kann auf Bäume klettern und weite Strecken im Gleitflug überwinden. Während des Gleitflugs kann sie sogar ihre Richtung ändern und ein neues Ziel, beispielsweise einen anderen Baum, ansteuern. Wie funktioniert dieser Gleitflug?

Antwort

Die an einem Ast hängende Schlange springt leicht nach oben. Während sich ihr Körper streckt, wird die Unterseite der Schlange flach, ein Vorgang, der am Kopf beginnt und sich zum Schwanz hin fortsetzt (der Schwanz selbst ist allerdings nicht involviert). Außerdem wird die hintere Hälfte der Unterseite leicht konkav, genauer gesagt, der größte Teil bleibt weiterhin flach, aber der linke und rechte Rand neigen sich jeweils ein kleines Stück nach unten. Auf diese Weise wird die Schlange doppelt so breit wie normal.

Der abgeflachte Teil des Körpers wirkt wie eine Tragfläche und sorgt für den Auftrieb. Der Gleitflug der Schlange ähnelt also zunächst dem eines Papierfliegers. Nachdem sie jedoch eine gewisse Geschwindigkeit erreicht hat, tut die Schlange etwas völlig anderes: Sie nimmt eine S-Form an und beginnt, mit einer Frequenz von etwa 1,3 Schwingungen pro Minute horizontal zu oszillieren. Sofort wird ihre Flugbahn flacher. Offensichtlich erhöht sich also durch die Oszillation der Auftrieb. Die Schlange erreicht eine Fluggeschwindigkeit von etwa 8 Metern pro Sekunde, wobei sie mit einer Geschwindigkeit von 5 Metern pro Sekunde nach unten sinkt. Der Neigungswinkel ihrer Flugbahn beträgt etwa 30 °. Die Schlange kann ihre Richtung ändern, indem sie ihre hintere Körperhälfte bei den Oszillationen in die gleiche Richtung bewegt wie den Kopf.

Der durch die Oszillationen der Schlange erzeugte Auftrieb ist bislang nicht hinreichend verstanden. Wir können spekulieren, dass sich während der Links-rechts-Bewegung der konkaven, hinteren Hälfte des Schlangenkörpers die Orientierung der Unterseite ändert. Falls sie sich abwechselnd nach links und rechts neigt, könnte sich dadurch der Auftrieb erhöhen.

2.13 Luftwiderstand eines Tennisballs

Warum erreicht ein gebrauchter Tennisball den Spielgegner im Allgemeinen schneller als ein neuer Tennisball, den man exakt auf die gleiche Weise schlägt?

Antwort

Die Flugdauer eines Tennisballs wird durch den auf den Ball wirkenden Luftwiderstand bestimmt. Wenn ein bestimmter Schlag (definiert durch die Geschwindigkeit und den Winkel) mehrere Male mit einem anfangs neuen Ball wiederholt wird, nimmt der Luftwiderstand zunächst zu und dann allmählich wieder ab. Vermutlich ist die Ursache hierfür der Filz, der den Tennisball umhüllt. Durch die ersten Schläge richtet sich der Filz auf, so dass er mehr Luft „einfängt" und der Luftwiderstand zunimmt. Schließlich jedoch wird der Filz abgerieben oder platt gedrückt, und der Luftwiderstand sinkt. Deshalb hat man beim Aufschlag einen gewissen Vorteil, wenn der Ball schon abgenutzt ist, weil er einen geringeren Luftwiderstand bietet und den Gegner in kürzerer Zeit erreicht. Dadurch wird es für diesen schwieriger, den Ball zurückzuspielen.

2.14 Wie man einen Freistoß um die Abwehrmauer zirkelt

Wie schafft es ein Fußballspieler, einen Freistoß um die gegnerische Mauer herum ins Tor zu schießen? Ein solcher Schuss kann den Torwart völlig überraschen, besonders wenn die Mauer ihm während der ersten Flugphase des Balls die Sicht versperrt.

Antwort

Abbildung 2.4a zeigt eine Draufsicht auf den Ball, wenn er durch ruhende Luft fliegt. Stellen Sie sich vor, Sie fliegen mit dem Ball, so dass die Luft an Ihnen vorbeiströmt (Abb. 2.4b). Wenn der Ball keinen Effet hat, strömt die Luft symmetrisch an beiden Seiten des Balls vorbei und bildet hinter dem Ball Wirbel. Wenn der Ball aber einen Effet hat, d. h. um eine Achse rotiert (in Abb. 2.4c links herum), sind die beiden Luftströme nicht symmetrisch. Vielmehr zerfällt der Luftstrom an der Seite des Balles, die gegen den Luftstrom rotiert, sehr früh in Wirbel, während der Luftstrom auf der anderen Seite (wo die Bewegung der Balloberfläche die gleiche Richtung hat wie der Luftstrom) von der Balloberfläche mitgerissen wird und sich erst spät löst. Man kann sich diesen Luftstrom etwa vorstellen wie Schlamm, der kurz am Reifen eines Autos kleben bleibt und dann von diesem weggeschleudert wird. Weil der Effet des Balles den Luftstrom ablenkt, erfährt der Ball eine Kraft in die der Ablenkung entgegengesetzte Richtung. Das heißt, die Ablenkung der Luft durch den rotierenden Ball führt dazu, dass die Flugbahn des Balls die Form einer sogenannten *Bananenflanke* hat. Dieser Effekt wird nach seinem Entdecker als *Magnus-Effekt* bezeichnet.

Nehmen wir an, dass der Ball bei einem Freistoß mit einem Rechtsdrall zur linken Seite der Mauer geschossen wird (Abb. 2.4d). Der Ball sollte in einem Winkel von 17° vom Boden abheben und gerade so weit an der Mauer vorbeigehen, dass ihn der letzte Spieler in der Mauer nicht mehr erreichen kann. Während der Ball durch die Luft fliegt, lenkt der Effet den Luftstrom nach links ab, so dass sich die Flugbahn nach rechts krümmt. Wenn der Schuss gut ausgeführt wurde, fliegt der Ball so dicht wie möglich um die Mauer herum und dann ins Tor.

Beeindruckend an einem solchen Schuss ist auch die Änderung der Ballgeschwindigkeit während des Fluges. Der auf den Ball wirkende Luftwiderstand geht hauptsächlich auf den Unterschied zwischen dem hohen Luftdruck vor dem Ball und dem niedrigen Luftdruck dahinter zurück. Wenn der Ball langsamer wird, verändert sich der Umfang der Wirbelregion, genauer gesagt, er nimmt zuerst zu und dann wieder ab. In der gleichen Weise verändert sich demzufolge der Luftwiderstand, so dass der Ball zunächst schneller, dann aber wieder langsamer abgebremst wird, was den Torwart erheblich irritieren kann.

Auch andere Sportbälle fliegen auf gekrümmten Bahnen, wenn sie einen entsprechenden Effet erhalten, beispielsweise Tennisbälle, Tischtennisbälle und Volleybälle. (Zuerst wurde das Phänomen bei Gewehr- und Kanonenkugeln beobachtet.) Abgesehen davon, dass der Gegner den gekrümmten Bahnverlauf schwer einschätzen kann, hat ein rotierender Ball den

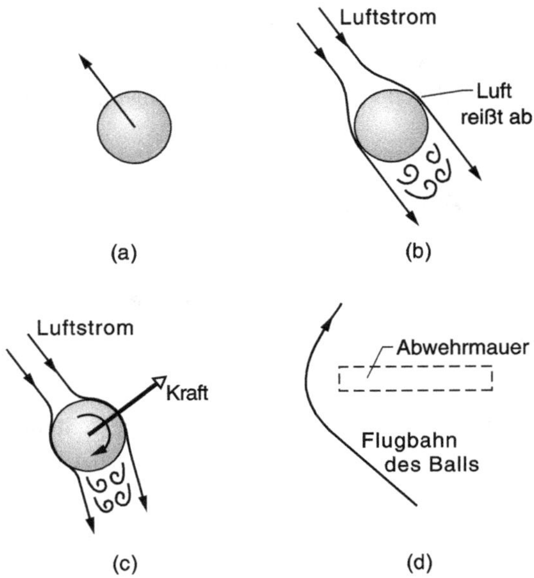

Abb. 2.4: (a) Flug des Balles. (b) Ruhender, von Luft umströmter Ball. (c) Ein rotierender Ball lenkt die vorbeiströmende Luft ab. Der Ball wird zur Seite abgelenkt. (d) Infolge der Ablenkung fliegt der Ball um die Abwehrmauer herum und mit etwas Glück ins Tor.

Vorteil, dass er bei der Landung auf dem Boden in unvorhersagbarer Weise abprallt. Ein rotierender, glatter Ball, der mit hoher Geschwindigkeit fliegt, kann eine noch merkwürdigere Flugbahn haben, die mehr an ein S als an eine Banane erinnert. Die überraschende zweite Ablenkung entsteht durch den sogenannten *inversen Magnus-Effekt*, der auftritt, wenn die Geschwindigkeit des Balls und die Rotationsfrequenz auf niedrige Werte fallen.

2.15 Die Aerodynamik von Golfbällen

Warum ist die Oberfläche eines Golfballs mit lauter kleinen Dellen (*Dimples*) bedeckt? Wenn man einen Golfball mit Topspin schlägt (so dass sich der oberste Punkt in Richtung der Flugbahn dreht), erreicht man damit, dass der Ball nach vorn rollt, nachdem er auf dem Grün gelandet ist. Ist dies wünschenswert für einen Spieler, der den Ball normalerweise kurz vor das Loch spielt?

Antwort

Ursprünglich waren Golfbälle glatt, doch dann bemerkten Golfspieler, dass Bälle, die schon etwas angeschlagen und mit Kerben übersät waren, auf der gleichen Spielbahn eines Golfclubs weiter flogen als identische glatte Bälle.

Die wichtigste Funktion der Dellen besteht darin, den auf den Ball wirkenden Luftwiderstand zu reduzieren, indem sie die Druckdifferenz zwischen Vorder- und Rückseite des Balles reduzieren. An der Vorderseite ist der Druck hoch, weil der Ball mit der Luft kollidiert. Während der Ball durch die Luft fliegt, zieht der Ball Luft mit sich, die an einem bestimmten Punkt abreist. Dabei entstehen Wirbel, die den Luftdruck verringern. Wenn die hinter dem Ball liegende Region der Wirbelbildung ausgedehnt ist, kann die Druckdifferenz zwischen Vorder- und Rückseite des Balls groß werden. Dies bedeutet wiederum, dass der Luftwiderstand groß ist und der Ball demzufolge nicht sehr schnell fliegt. Bei einem Ball mit Dellen (oder wenn der Ball mit Gebrauchsspuren bedeckt ist), sind die Luftströmungen seitlich des Balles turbulent, wodurch die Luft besser vom Ball mitgerissen werden kann und weiter nach hinten gelangt, bevor sie abreißt und Wirbel bildet. Die Region, in der sich Wirbel bilden, ist also bei einem Ball mit Dellen kleiner als bei einem glatten Ball, und entsprechend kleiner ist auch der Luftwiderstand.

Ein Ball mit Dellen fliegt zwar weiter, aber er landet auch häufiger abseits der Spielbahn. Mit anderen Worten, die Dellen erhöhen die Weite, aber nicht die Kontrolle über den Ball.

Ein rotierender Ball erfährt einen *Auftrieb*. Wenn der Schläger den Ball weit unten trifft, so dass der Ball einen *Backspin* entwickelt, ist der Auftrieb positiv, also nach oben gerichtet. In diesem Falle hält der Auftrieb den Ball in der Luft, so dass er weit fliegt. Trifft der Schläger den Ball dagegen oben, erhält dieser einen *Topspin* und damit einen negativen, d. h. nach unten gerichteten Auftrieb. In diesem Falle landet der Ball relativ früh, doch nach der Landung sorgt der Topspin dafür, dass der Ball weit rollt.

Der auf den Ball wirkende (positive oder negative) Auftrieb hängt mit der Art und Weise zusammen, wie die Luft sich von dem rotierenden Ball ablöst. Beim Backspin löst sie sich nach unten (Abb. 2.5). Da die Luft nach unten beschleunigt wird, wird der Ball nach oben beschleunigt, d. h., er erhält einen positiven Auftrieb. Bei Topspin löst sich die Luft nach oben ab, und der Ball wird nach unten beschleunigt, d. h. er erhält einen negativen Auftrieb.

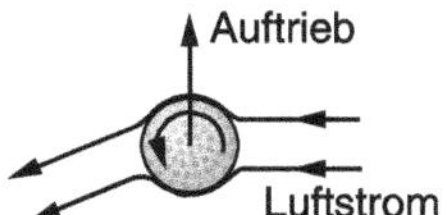

Abb. 2.5: Der Golfball fliegt nach rechts. Die Luft strömt nach links und wird durch den Effet des Balls nach unten abgelenkt. Der Ball erfährt einen Auftrieb.

2.16 Die Aerodynamik eines Baseballs

Wie muss ein *Pitcher* beim Baseball den Ball werfen, damit er bei seinem Flug in Richtung des Schlagmanns (*Batter*) nicht so schnell sinkt, wie es der Fall wäre, wenn nur die Schwerkraft wirken würde? (Ein solcher Wurf wird *Fastball* genannt.) Wenn der Batter den Fastball falsch einschätzt, kann es sein, dass sein Schläger zu weit unten ist, um den Ball gut zu treffen. Wie muss der Pitcher den Ball werfen, damit dieser eine bogenförmige Flugbahn hat? (Dies ist ein sogenannter *Curveball*.)

Antwort

Der Fastball wird aus dem Handgelenk direkt zum Batter geworfen, nachdem der Ball mit einer kräftigen Bewegung des Armes über die Schulter nach vorn gebracht wurde. Durch diese Wurftechnik erhält der Ball einen Backspin, d. h., der oberste Punkt des Balls rotiert entgegen der Flugrichtung. Während der Ball durch die Luft fliegt, wird die über den Ball strömende Luft nach unten weggeschleudert, so dass der Ball nach oben abgelenkt wird (*positiver Auftrieb*). Aufgrund der entgegengesetzt wirkenden Schwerkraft steigt der Ball nicht wirklich nach oben, aber er fällt immerhin langsamer nach unten, als es ohne Effet der Fall wäre. Dies kann dazu führen, dass der Batter den Ball falsch einschätzt.

Abgesehen vom Effet, den der Ball beim Abwurf erhält, kann auch die Naht des Balls eine Ablenkung bzw. Verlangsamung des Balls bewirken. Die Naht windet sich um den Ball herum und hält die beiden Lederstücke, aus denen die Oberfläche besteht, zusammen. Die Art und Weise, wie der Ball gehalten und abgeworfen wird, wird üblicherweise aus der Perspektive des Batters beschrieben. Eine grundlegende Wurfvariante ist der sogenannte *two-seamed Fastball* oder *Two-Seamer*, bei dem der Batter immer zwei Teile der Naht sieht, während der Ball in der Luft rotiert. Bei einem *four-seamed Fastball* drehen sich während des Fluges aufeinanderfolgende Abschnitte der Naht ins Blickfeld des Batters. Beide Varianten erzeugen den gleichen Auftrieb, dennoch sind die Pitcher unterschiedlicher Ansicht, welche Variante die bessere ist.

Ein Curveball wird entweder mit Sidespin oder mit Topspin geworfen. Wenn ein mit Sidespin geworfener Ball links vom Pitcher Luft wegschleudert, wird der Ball nach rechts abgelenkt; entweder hin zum Batter oder weg von ihm, je nachdem ob der Batter Rechts- oder Linkshänder ist. Bei einem sogenannten *Sinking Ball* erhält der Ball einen Topspin; die Luft wird nach oben weggeschleudert und der Ball erfährt einen negativen Auftrieb, d. h., er wird nach unten abgelenkt. Auch mit einem *Slider* kann der Pitcher den Batter austricksen: Dabei wird der Ball mit Sidespin geworfen, jedoch mit geringerem Effet, so dass er weniger stark abgelenkt wird.

Dies sind die grundlegenden Wurfarten. Ein guter Pitcher kann den Effet so justieren, dass Ablenkung und Auftrieb des Balls jede gewünschte Richtung annehmen, und seine Wurftechnik von Wurf zu Wurf variieren, um den Batter zu irritieren. Profibatter suchen nach Hinweisen, welche Wurfvariante zu erwarten ist, etwa, indem sie genau auf die letzte Orientierung der Hand des Pitchers oder auf die rotierenden Nähte achten. Dies ist keine leichte Aufgabe, weil der Batter den Ball nur während der ersten Flugphase deutlich sehen kann, dann verwischt die Ansicht des Balls, und er muss zum Schlag ausholen.

2.17 Die Aerodynamik eines Cricketballs

Beim Cricket *bowlt* der Werfer (der „Bowler") einen Ball mit gestrecktem Arm in Richtung des Schalgmanns (*Batsman*), und zwar so, dass der Ball vor dem Batsman auf dem Boden aufspringt. Der Batsman muss nun versuchen, den Ball mit einer Schlagkeule (dem *Bat*) wegzuschlagen. Auch wenn diese Beschreibung des Spielprinzips wenig Aufregendes vermuten lässt, kann ein Cricket-Spiel voller Überraschungen stecken. In manchen Ländern ist Cricket so populär wie bei uns Fußball. Wie kann der Werfer (zumindest näherungsweise) steuern, wohin der Ball fliegt?

Antwort

Der Werfer hat verschiedene Möglichkeiten, den Batsman zu verwirren. (1) Er kann den Ball mit Effet werfen, so dass er auf unkontrollierbare Weise vom Boden abprallt. (2) Er kann dafür sorgen, dass der Ball bei seinem Flug Richtung Boden *ausbricht* (abgelenkt wird), indem er die Naht geeignet ausrichtet. (3) Er kann ein Ausbrechen des Balls erreichen, indem er den Ball mit Effet wirft. Selbstverständlich kann er auch eine Kombination der genannten Grundtechniken verwenden.

Bei der zweiten Technik bleibt der in Flugrichtung zeigende Teil des Balls nahezu der gleiche. In der in Abb. 2.6a gezeigten Draufsicht wird der Ball als stationär angenommen, während die Luft nach links strömt. In dieser Ansicht durchläuft die Naht die Vorderfront des Balls in dessen unterem Teil, und die Luft strömt über und unter dem Ball entlang. Auf der Oberseite ist die Luftströmung relativ glatt, was die unmittelbar über dem Ball befindliche Luftschicht instabil macht. Diese Luftschicht löst sich vom Ball, bevor sie die Rückseite erreicht. Auf der Unterseite ist die Luftströmung anfangs ebenfalls relativ glatt, doch die Naht bewirkt, dass die Strömung turbulent wird. Die turbulente Luftschicht unmittelbar unter dem Ball erlaubt der Luftströmung, sich an den Ball anzuheften, bis sie die Rückseite erreicht, wo sie abreißt. Man kann sagen, dass in der Skizze die Naht die Luft nach unten schleudert, also in Wirklichkeit zur Linken des Bowlers. Dies bedeutet, dass der Ball vom Bowler aus gesehen nach rechts abgelenkt wird.

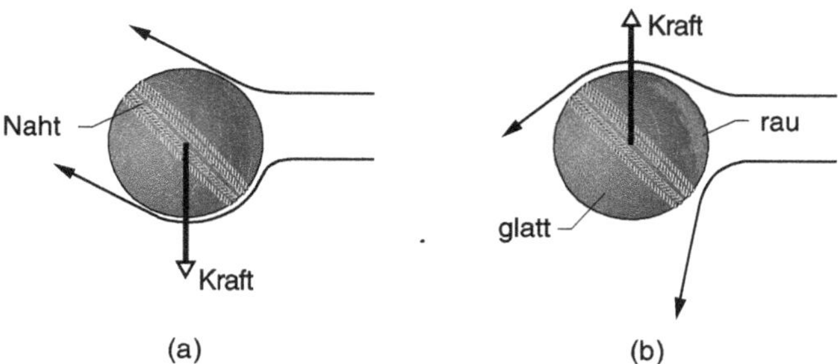

Abb. 2.6: Luftströmung um einen gebowlten Cricketball und die auf den Ball wirkende ablenkende Kraft: (a) neuer Ball, (b) durch Benutzung aufgerauter und vom Bowler auf einer Seite polierter Ball.

Bei einem *inversen Ausbrechen* wird der Ball gerade anders herum, als in Abb. 2.6a dargestellt, abgelenkt. Der Bowler reibt dazu den Ball mehrmals an seiner Hose, damit eine Seite sehr glatt ist, während die andere rau bleibt. Dann bowlt er den Ball mit der rauen Seite nach vorn (Abb. 2.6b). Jetzt ist die Luft, die an beiden Seiten des Balls vorbeiströmt, von vornherein turbulent und bleibt daher am Ball haften. Die Naht an der rechten Seite wirkt jedoch wie eine Abschussrampe, an der die turbulente Strömung vom Ball abreißt. Die Folge ist, dass die Strömung entlang der Oberseite des Balls (in der Draufsicht) an der Hinterseite abreißt und die Strömung entlang der Unterseite an der Naht. Aus der Sicht des Werfers wird der Luftstrom also nach rechts abgelenkt und der Ball nach links – dies ist das sogenannte inverse Ausbrechen.

2.18 Vogelflugformationen

Warum fliegen viele Vogelschwärme, wenn sie längere Distanzen überwinden, in einer V-Formation?

Antwort

Wenn ein Vogel beim Fliegen mit den Flügeln schlägt (anstatt zu gleiten), erzeugt jeder nach unten gerichtete Flügelschlag hinter dem Vogel einen vertikalen Wirbel. Auf der dem Vogel zugewandten Seite des Wirbels strömt die Luft nach unten, auf der Unterseite weg vom Vogel, auf der dem Vogel abgewandten Seite nach oben und auf der Oberseite hin zum Vogel. Wenn sich ein hinter diesem Vogel fliegender anderer Vogel in dem Bereich des Wirbels befindet, wo die Luft aufwärts strömt, erhält er einen Auftrieb, durch den er Energie sparen kann. Er muss zwar immer noch mit den Flügeln schlagen, um sich in der Luft halten zu können, doch die Schläge müssen nicht mehr ganz so kräftig sein. Auf einer langen Reise kann die Energieeinsparung signifikant sein.

Um von der nach oben gerichteten Luftströmung zu profitieren, sollte sich jeder nachfolgende Vogel ein Stück hinter dem vor ihm fliegenden befinden. Besonders gut eignet sich hierfür die V-Formation, da die Vögel in dieser Formation außerdem Sichtkontakt haben. Allerdings fliegen Vögel nur selten exakt in der Position, in der sie die meiste Energie sparen könnten, und die Abstände innerhalb einer V-Formation sind oft unregelmäßig. Das Fliegen in einer Formation scheint also keine ganz leichte Sache zu sein.

Der Leitvogel profitiert zwar geringfügig von dem Auftrieb, den die links und rechts dicht hinter ihm fliegenden Vögel produzieren, aber trotzdem ist die führende Position gewöhnlich die ermüdendste. Bei vielen Arten wird daher von Zeit zu Zeit der führende Vogel ausgewechselt. Eine andere Möglichkeit, den führenden Vogel zu schonen, besteht darin, in einem breiter auseinander gespreizten V oder in einer geraden Linie zu fliegen.

Das Sparen von Energie könnte auch ein Grund dafür sein, warum Fische in Schwärmen schwimmen. Die Wirbelbildung durch den führenden Fisch kann bewirken, dass ein dahinter schwimmender Fisch weniger Energie aufwenden muss.

2.19 Durch Sirup schwimmen

Ein Schwimmer muss in irgendeiner Weise gegen das Wasser drücken oder daran „ziehen", um vorwärts zu kommen. Da Wasser eine Flüssigkeit ist, ist dieses Drücken oder Ziehen natürlich weniger effektiv, als wenn er sich an einem festen Körper abschieben oder sich daran vorwärts ziehen könnte. Angenommen, wir fügen dem Wasser irgendeine Substanz zu, die seine Viskosität erhöht. Könnte man in solchem Wasser schneller schwimmen?

Antwort

In einem Experiment wurde dem Wasser in einem Swimmingpool *Guarkernmehl* (ein natürliches Verdickungsmittel) zugesetzt, wodurch seine Viskosität verdoppelt wurde. Anschließend wurden die Zeiten gestoppt, die Schwimmer über 25 Meter brauchten. Es zeigte sich, dass die Geschwindigkeit der Schwimmer durch die erhöhte Viskosität nicht verändert wurde. Sie bewirkte zwar, dass sich die Schwimmer besser abstoßen konnten, doch gleichzeitig war auch der Widerstand größer, den sie überwinden mussten. Beide Effekte hoben sich gegenseitig auf.

2.20 Kondensstreifen

Warum ziehen Flugzeuge oft weiße Streifen am Himmel hinter sich her? Warum bauschen sich die Streifen manchmal auf oder bilden Schleifen?

Antwort

Wenn ein Flugzeug in großer Höhe durch reichlich vorhandenen Wasserdampf fliegt, kann es eine Wolke hinter sich herziehen, die als *Kondensstreifen* bezeichnet wird. Ein Kondensstreifen besteht gewöhnlich aus mindestens zwei weißen Linien, die kurz hinter dem Flugzeug beginnen. Während das Flugzeug durch die Luft rast, bilden sich an den Enden der Tragflächen (und auch an anderen herausragenden Flugzeugteilen) Wirbel. Innerhalb eines solchen Wirbels zirkuliert die Luft in folgendem Richtungssinn: nach oben, zum Flugzeug hin, nach unten und schließlich wieder nach außen. Die Triebwerke blasen Wasserdampf, Kohlendioxid, Stickoxide und Ruß in diese zirkulierende Strömung. Da die Luft wegen der in großer Flughöhe herrschenden niedrigen Temperaturen nur wenig Wasserdampf aufnehmen kann, kondensiert der Wasserdampf schon kurz hinter den Triebwerken, wobei die Rußpartikel als Kondensationskerne dienen. Die Wassertröpfchen oder kleinen Eiskristalle streuen in starkem Maße das Sonnenlicht, so dass die Wirbel sichtbar werden. Da die Streuung nicht von der Wellenlänge des Lichts (also von der Farbe) abhängen, sind Kondensstreifen in aller Regel weiß.

Die Wirbel können für andere Flugzeuge gefährlich werden, besonders für kleinere und leichtere, die sich sogar überschlagen können. Die Piloten kleiner Maschinen achten daher sehr darauf, nicht in die Wirbelzone eines größeren Flugzeugs zu kommen. Während des Zweiten Weltkriegs gab es allerdings auch eine Situation, wo die Wirbel an den Tragflächen für die Briten von Nutzen waren: Ein britischer Pilot flog neben einer V1-Rakete her und störte mit den Wirbeln seiner Tragfläche deren Bahn, bis sie schließlich explodierte, bevor sie in ihr Ziel einschlagen konnte.

Aus Wassertröpfchen bestehende Kondensstreifen sind in der Regel kurz, weil die Tröpfchen schnell verdampfen. Eiskristalle dagegen können einen langen und lange anhaltenden Kondensstreifen bilden, es sei denn, die Eiskristalle werden so groß, dass sie nach unten fallen. Ein lange anhaltender Kondensstreifen kann breiter werden, wenn sich in feuchter Luft weitere Wassertröpfchen oder Eiskristalle bilden. In manchen Gebieten mit hoher Luftverkehrsdichte können die sich ausdehnenden Kondensstreifen sich überlappen und einen großen Teil des Himmels bedecken.

Während ihrer Auflösung zerfallen Kondensstreifen manchmal in Schleifen; dann bleiben nur die Zentren der Wirbel sichtbar. Sie können sich auch zu Strukturen entwickeln, die an Popcorn erinnern.

Wenn ein Kondensstreifen in hellem Licht einen Schatten auf eine unter ihm liegende Aerosolschicht (Smog, Nebel oder Dunst) wirft, dann erscheint der Schatten als dunkle Linie über dem Himmel. Falls die Sonne hinter dem Flugzeug steht, kann es sein, dass die dunkle

Linie vor dem Flugzeug erscheint, gewissermaßen als dunkle Fortsetzung des Kondensstreifens.

Wenn ein Flugzeug durch relativ dünne Wolken fliegt, kann es statt der hellen auch eine dunkle Linie produzieren, indem es die Wassertröpfchen und Eiskristalle der Wolken durch Verdampfung eliminiert, entweder mittels der thermischen Energie seiner Triebwerke oder durch Einmischung der wärmeren Luft über den Wolken.

2.21 Das Flattern des Duschvorhangs

Wenn ich dusche, weht der Duschvorhang immer in die Duschkabine hinein und streift meine Beine. Abgesehen von Duschvorhängen, an deren Unterkante kleine Gewichte eingearbeitet sind, haben die meisten anderen Duschvorhänge ebenfalls diese merkwürdige Eigenschaft. Was treibt sie in diese Richtung?

Antwort

Eine häufig angeführte Erklärung für das Verhalten der Duschvorhänge ist die folgende: Wenn sich die Luft in der Duschkabine durch das heiße Wasser erwärmt, zieht sie den Vorhang an, so dass die kühlere Luft des Badezimmers unter dem Vorhang hindurch in die Kabine wehen muss. Eine solche Strömung ist mit Sicherheit vorhanden, wenn das Duschwasser heiß ist – allerdings weht der Duschvorhang auch dann nach innen, wenn das Duschwasser kälter ist als die Zimmerluft. Es muss also noch eine andere Erklärung geben.

Der Hauptgrund für die Bewegung des Vorhangs ist, dass das Wasser beim Nach-unten-Rieseln die umgebende Luft mitreißt (Abb. 2.7). Es muss also einen kontinuierlichen, dem strömenden Wasser entgegengerichteten Luftstrom geben, der die mitgerissene Luft ersetzt. Ein Teil dieses Luftstroms befindet sich nahe am Vorhang, und dieser Strom zieht den Vorhang nach innen. Wenn das Wasser heiß ist, erwärmt die auf dem Boden befindliche Pfütze die darüber befindliche Luft, die entlang des nach innen gezogenen Vorhangs aufsteigt, was den Vorhang zusätzlich trägt.

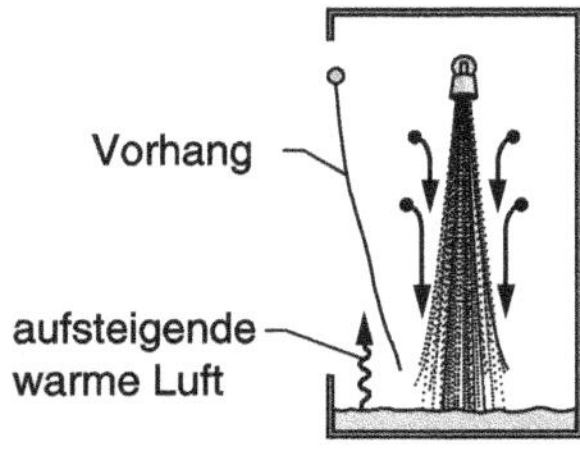

Abb. 2.7: Der Duschvorhang weht nach innen, weil das nach unten rieselnde Wasser Luft mitreißt.

Eine Luftbewegung infolge des Mitreißens von Luft durch fließendes Wasser kann auch auftreten, wenn Wasser nach unten in ein Höhlensystem fließt. Bei diesem Prozess wird Luft auf dem Weg des Wassers in die Höhle mitgenommen, was bedeutet, dass die gleiche Menge Luft aus der Höhle herausströmen muss. Bei einigen Höhlensystemen kommt es vor, dass Höhlenforscher die nach außen gerichtete Luftströmung spüren.

2.22 Präriehunde und Blattschneideameisen

Präriehunde sind Nagetiere, die in den offenen Steppen des Mittleren Westens der USA sowie in vielen Siedlungsgebieten vorkommen. Die Tiere leben in Kolonien und bauen in einer Tiefe von 1 bis 5 Metern lange Gänge, die zwei oder mehr Eingänge verbinden. Es ist nicht möglich, dass Wind in die Gänge bläst, um die Präriehunde mit Sauerstoff zu versorgen. Wieso ersticken die Präriehunde dann nicht in ihren Gängen?

Blattschneideameisen bauen riesige, bis zu 6 Meter tiefe Nester, in denen ca. 5 Millionen Ameisen leben. Die Ameisen müssen in ihrem komplexen Netz aus unterirdischen Gängen atmen, und auch die Pilze, die sie für ihren Nachwuchs kultivieren, benötigen Sauerstoff und vertragen zudem keine Temperaturen über 30 °C. Durch die Bewegungen der unzähligen Ameisen könnte die Temperatur ohne weiteres über diesen Wert ansteigen. Wie funktioniert in solch einem Nest die Belüftung, die für ausreichend Sauerstoff und moderate Temperaturen sorgen muss?

Antwort

Präriehunde bauen um jeden Eingang einen Erdhügel, wobei typischerweise einer die Form einer flachen Kuppel und ein anderer die eines steilen Kegels hat (Abb. 2.8). Die Hügel werden aus dem Material gebaut, das durch das Graben der Gänge frei geworden ist, sowie aus dem in der Nähe herumliegenden Kot. Sie werden von den Präriehunden sorgfältig instand gehalten und auch als Aussichtspunkte genutzt, doch ihr Hauptzweck ist die Belüftung der Gänge. Wenn der Wind in eine der Öffnungen hineinbläst, reißt er am Eingang Luftmoleküle mit sich. Da die Hügel unterschiedliche Formen und Höhen haben, ist dieser Prozess an einem der beiden Eingänge stärker ausgebildet als am anderen. Folglich wird die Luft durch eine Öffnung herausgezogen, so dass die Luft in die andere Öffnung hinein und durch den Gang hindurchströmt. Dank dieser zuverlässigen Sauerstoffversorgung müssen die Tiere nicht ersticken.

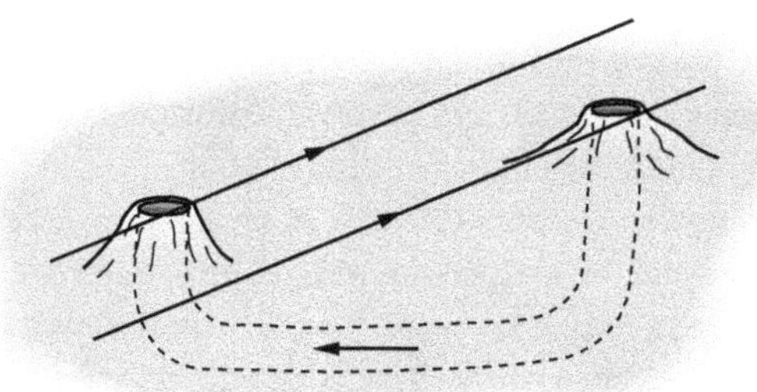

Abb. 2.8: Der Wind streicht über die beiden Erdhügel eines Präriehund-Ganges, wodurch dieser belüftet wird.

Die Ameisen und Pilze in den riesigen Nestern der Blattschneideameisen erzeugen eine große Menge thermischer Energie und erwärmen dadurch die Luft im Nest. Die erwärmte Luft hat zwar das Bestreben, aus dem Nest aufzusteigen, doch die Nester sind zu groß und zu komplex, um auf diese Weise belüftet zu werden. Der Belüftungsmechanismus ist vielmehr der gleiche wie bei den Gängen des Präriehundes, d. h., der über die Öffnungen an der Oberfläche streichende Wind reißt Luft mit.

2.23 Der Badewannenabfluss

Warum bildet Wasser, das aus einer Badewanne abfließt, über dem Abfluss stets einen Strudel? Zirkuliert das Wasser dabei im Uhrzeigersinn oder entgegengesetzt? Falls es zutrifft, dass die Zirkulationsrichtung davon abhängt, ob sich die Badewanne auf der Nord- oder Südhalbkugel befindet, in welcher Richtung zirkuliert dann das Wasser am Äquator? Strömt das Wasser hauptsächlich von der Oberfläche her in den Strudel hinein? Wovon hängt es ab, wie tief der Strudel ist? Warum kehrt sich die Zirkulationsrichtung manchmal kurz vor Ende des Abfließens abrupt um und warum erzeugen manche Strudel Geräusche?

Antwort

Die oft zu hörende Behauptung, dass der Drehsinn des Wasserstrudels in einer Badewanne davon abhängt, ob die Badewanne auf der Nord- oder Südhalbkugel steht, ist nicht zutreffend. Sie basiert darauf, dass die bei großräumigen atmosphärischen Zirkulationen zu beobachtenden Verhältnisse unzulässigerweise auf ein sehr viel kleineres System wie eine Badewanne übertragen werden. Großräumige Luftströmungen werden durch die Erdrotation abgelenkt (*Coriolis-Effekt*). Auf der Nordhalbkugel resultiert diese Ablenkung in einer Zirkulation gegen den Uhrzeigersinn, während die Luft auf der Südhalbkugel im Uhrzeigersinn zirkuliert.

Ein Wasserstrudel in einer Badewanne ist ein viel kleineres System, bei dem der Coriolis-Effekt im Vergleich zu anderen, sehr viel stärkeren Einflüssen kaum eine Rolle spielt. Der Drehsinn des Strudels wird vor allem durch die Nettorichtung bestimmt, die das Wasser hat, wenn es in die Badewanne hineinfließt, oder durch die Richtung, die man ihm gibt, indem man darin herumrührt. Wenn das Wasser beispielsweise durch eine Strömung im Uhrzeigersinn dominiert wird, kann es diese Richtung eine Stunde oder länger beibehalten. Wird das Wasser abgelassen, während es noch immer im Uhrzeigersinn zirkuliert, wird sich auch der Strudel über dem Abfluss im Uhrzeigersinn drehen. Andere Faktoren, die die Strömungsrichtung beeinflussen, sind Asymmetrien der Badewanne (beispielsweise, weil sich der Abfluss nicht in der Mitte befindet), die durch das Ziehen des Stöpsels verursachte Störung sowie eine eventuelle Temperaturdifferenz zwischen den beiden Seiten der Wanne.

In einer speziell präparierten Wanne konnte der Coriolis-Effekt nachgewiesen werden. Die verwendete Wanne war rund und der Abfluss befand sich genau in der Mitte, das Wasser wurde sehr lange stehengelassen, damit es völlig zur Ruhe kommen konnte, die Wassertemperatur wurde stabilisiert, das Wasser war so isoliert, dass die im Versuchsraum anwesenden Personen keine Störungen verursachen konnten, und der Stöpsel wurde sehr vorsichtig gezogen. Mittels all dieser Vorkehrungen wurde erreicht, dass der Strudel durch den Coriolis-Effekt angetrieben wurde, und tatsächlich: Da sich die Badewanne in Boston befand, bewegte sich der Strudel gegen den Uhrzeigersinn.

Der größte Teil des Wassers, das in einen Abfluss fließt, bewegt sich auf dem Boden der Wanne oder des Beckens auf den Abfluss zu. Wenn das Wasser den Abfluss erreicht, fließt ein Teil davon direkt in diesen hinein, doch ein großer Teil steigt spiralförmig nach *oben*, bevor es nach unten in den Abfluss fließt. Das Wasser, das ganz nah am Abflussmittelpunkt einfließt, stammt von der Oberfläche – d. h., von der Vertiefung, die über dem Abflussrohr zu sehen ist. Wenn der Strudel sehr kräftig ist, ist der Grund der Vertiefung dünn und instabil, und es lösen sich Luftblasen von ihm ab.

Das Ausmaß des Strudels (d. h. die Tiefe der in dem Strudel stehenden Luftsäule) wird unter anderem vom Durchmesser des Abflusses bestimmt. Wenn der Abfluss breit ist, entsteht nur ein flacher Trichter auf der Wasseroberfläche. Bei einem schmalen Abfluss dagegen ist auch der Strudel schmal, jedoch recht heftig, und die Luftsäule reicht bis in den Abfluss hinein. Ein mittlerer Abfluss kann einen Strudel erzeugen, der anfangs nach unten gerichtet ist und dann nach oben zurückweicht.

Warum sich der Drehsinn des Strudels manchmal im letzten Moment umkehrt, lässt sich nicht mit Sicherheit sagen. Eine mögliche Erklärung ist die, dass der Fluss in den Strudel hinein plötzlich aufgrund der Reibung am Grund der Wanne behindert wird, wenn das Wasser nur noch sehr flach ist.

Der Strudel in einer Badewanne kann Geräusche hervorbringen, wenn er stark genug ist, um Luft in Form von Blasen mitzureißen. Diese Blasen emittieren Töne, wenn sie schwingen und schließlich kollabieren. Auch die Wasseroberfläche kann oszillieren, was bedeutet, dass sie periodische Schwankungen des Luftdrucks in Form von Schallwellen aussendet.

2.24 Wirbel in der Kaffeetasse

Rühren Sie eine Tasse schwarzen Kaffee vorsichtig um und nehmen Sie dann den Löffel aus der Tasse. Schütten Sie, solange der Kaffee in der Tasse kreist, langsam und vorsichtig etwas kalte Milch oder Sahne in die Mitte des Strudels. Warum erscheint daraufhin an dieser Stelle eine Vertiefung? Warum bildet sich diese Vertiefung nicht, wenn Sie das gleiche Experiment mit warmer oder heißer Milch wiederholen?

Antwort

Durch das Umrühren des Kaffees hinterlassen Sie viele kleine Wirbel, die in den großen, allgemeinen Strudel, den Sie in der Tasse sehen, eingebettet sind. Weil die kalte Milch eine größere Dichte hat als der Kaffee, sinkt sie an der zentralen Achse des Strudels nach unten, wodurch einige der kleinen Wirbel in das Zentrum hineingezogen und gedehnt werden. Infolge dieser Prozesse erhöht sich die Rotationsgeschwindigkeit der Flüssigkeit in der Nähe des Zentrums. Die Oberfläche wird in der Nähe des Zentrums konkav (d. h., sie erhält eine Vertiefung), was dem üblichen Verhalten eines Flüssigkeitsstrudels entspricht, doch in diesem Fall ist die konkave Form besonders stark ausgeprägt.

2.25 Teeblätter in der Tasse, Oliven im Glas

Wenn Sie eine Tasse Tee umrühren, über deren Boden Teeblätter verteilt sind, und anschließend den Löffel aus der Tasse nehmen, sammeln sich die Blätter in der Mitte des Tassenbodens. Unmittelbar bevor sie die Mitte erreichen, bilden sie einen Ring um den Mittelpunkt und bewegen sich dann nach innen. Haben Sie eine Erklärung für dieses Verhalten?

Wenn Sie einen mit einer Olive garnierten Martini umrühren, bewegt sich die Olive mit der zirkulierenden Flüssigkeit um den Mittelpunkt des Glases. Zusätzlich rotiert sie jedoch um eine innere Achse. Warum ist die Rotationsrichtung typischerweise gegenläufig zur Richtung des Strudels?

Antwort

Die Bewegung der Teeblätter offenbart das Zirkulationsmuster des Teewassers in der Tasse. Da Sie das Wasser durch das Umrühren in eine kreisförmige Bewegung um die zentrale vertikale Achse versetzen, hat dieses das Bestreben, sich spiralförmig nach außen zu bewegen, ähnlich wie Sie selbst durch die Fliehkraft nach außen gedrückt werden, wenn Sie auf einem Karussell fahren.

In der Teetasse wird allerdings die unmittelbar über dem Boden befindliche Wasserschicht aufgrund der Reibung abgebremst und bewegt sich daher nicht so schwungvoll wie die oberste Schicht. Die Neigung der Flüssigkeit, sich spiralförmig nach außen zu bewegen, ist also oben am stärksten und unten am wenigsten ausgeprägt. Dieser Unterschied führt auf ein Zirkulationssystem, das als *sekundäre Strömung* bezeichnet wird: Während die Flüssigkeit um die zentrale Achse kreist, bewegt sie sich außerdem entlang der Oberfläche nach außen, an der Tassenwand nach unten, entlang des Bodens nach innen und schließlich entlang der zentralen Achse wieder nach oben (Abb. 2.9). Durch die Bodenströmung werden die Teeblätter zur Mitte mitgenommen und bleiben dann dort liegen.

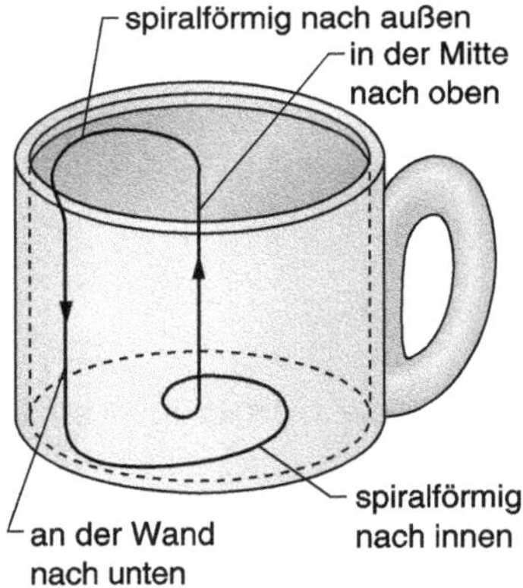

Abb. 2.9: Die durch Umrühren entstehende sekundäre Strömung in einer Tasse.

Aber warum bilden die Teeblätter, bald nachdem der Löffel herausgezogen wurde und bevor sie schließlich zur Mitte schwimmen, zunächst einen Ring um den Mittelpunkt? Die außerhalb dieses Rings liegenden Blätter werden durch die sekundäre Strömung in den Ring hineingezogen. Die näher am Zentrum liegenden Blätter bewegen sich von innen spiralförmig in den Ring hinein. Wenn die Zirkulation des Wassers in der Tasse abklingt, nimmt der Radius des Ringes ab, so dass die Blätter allmählich bis zum Zentrum vordringen und schließlich zur Ruhe kommen.

Wenn man den Tee umrühren würde, indem man ihn auf ein rotierendes Tablett stellt, würde der Prozess des Umrührens wegen der Reibung zwischen der Flüssigkeit und dem Boden unten beginnen. Allmählich würde die Rotation bis zur Flüssigkeitsoberfläche aufsteigen. Während dieses Aufsteigens hat die Flüssigkeit am Boden der Tasse die Tendenz, sich spiralförmig nach außen zu bewegen, wohingegen die Flüssigkeit an der Oberfläche keine Spiralbewegung ausführt. Die Folge ist, dass ein sekundärer Fluss ausgebildet wird: Die Flüssigkeit bewegt sich am Boden nach außen, an der Tassenwand nach oben, an der Oberfläche nach innen und schließlich entlang der zentralen Achse nach unten. In diesem Fall ist die Richtung der sekundären Strömung also gerade umgekehrt, so dass die Teeblätter nun am Rand des Tassenbodens landen.

Wenn ein mit einer Olive garnierter Martini umgerührt wird, bewegt sich die Flüssigkeit in dem Bereich zwischen Olive und Glaswand schneller als der näher am Zentrum liegende Teil. Deshalb muss der am weitesten innen liegende Punkt der Olive einen größeren Widerstand überwinden, was in vielen Fällen dazu führt, dass die Olive rotiert, wobei die Rotationsrichtung der Strömungsrichtung entgegengesetzt ist. (Da es in diesem System sehr viele Variablen gibt, beispielsweise die Masseverteilung der entsteinten und gefüllten Olive, kann die Olive allerdings auch in Strömungsrichtung rotieren oder sich chaotisch bewegen.)

2.26 Mäandernde Flüsse

Warum neigen Flüsse dazu, Mäander (sogenannte *Ochsenbogen*) zu bilden, anstatt einer geraden Linie zu folgen? Wodurch entstehen die isolierten Flussschleifen, die sogenannten *Ochsenbogen-Seen*, die entlang eines mäandernden Flusses vorkommen?

Antwort

Die Entstehung von Mäandern beginnt mit zufälligen Störungen in der komplexen Strömung eines Flusses. Wenn sich eine leichte Richtungsänderung etabliert hat, kann die Strömung diese Veränderung verstärken und es entsteht zunächst eine Biegung und schließlich eine Schleife. Diese Veränderungen ergeben sich durch den Wasserfluss, indem Erde oder Steine entlang des Ufers oder im Flussbett ausgewaschen werden. Dieser Prozess kann sehr kompliziert ablaufen und von speziellen Bedingungen des jeweiligen Flusses abhängen. Hier ist eine einfache Erklärung: Abbildung 2.10a zeigt eine Draufsicht einer Flussbiegung. In Abb. 2.10b

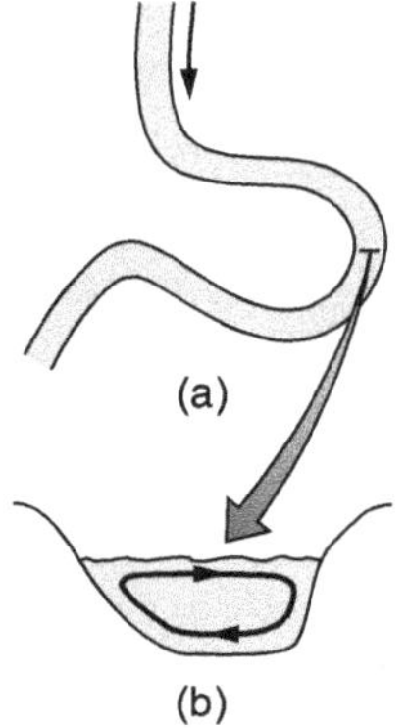

Abb. 2.10: (a) Draufsicht auf einen Mäander (Ochsenbogen). (b) Sekundäre Strömung in einem Mäander (Querschnitt).

ist der vertikale Querschnitt durch die Biegung dargestellt. Wenn Wasser in diese Biegung fließt, neigt der Fluss dazu, sich nach außen zu winden, so als würde er nach außen gedrückt. Die Strömung entlang des Flussbetts wird aufgrund der Reibung am Grund verringert, wodurch sich auch die Fließgeschwindigkeit verringert. Dagegen bleibt die Fließgeschwindigkeit an der Oberfläche des Flusses unverändert.

Wenn die Flussschleife sehr groß wird, kann es passieren, dass sie aufgrund von Bodenerosion entlang der Flusskehre abgeschnitten und damit zu einem Ochsenbogen-See wird.

2.27 Ein im Wasser rotierender Vogel

Warum rotiert der Wassertreter (ein kleiner Schnepfenvogel) auf dem Wasser manchmal schnell um seine eigene Achse und pickt dabei auf der Wasseroberfläche herum?

Antwort

Das seltsame Verhalten des Vogels ist nichts anderes als eine ausgefeilte Jagdmethode. Wenn es auf der Wasseroberfläche nicht genug Beutetiere gibt, beginnt der Wassertreter zu rotieren, indem er mit gestreckten Füßen rhythmisch gegen das Wasser schlägt. Durch seine Bemühungen schafft er es, dem unter ihm befindlichen Wasser Auftrieb zu verleihen. Mit dem Wasser werden kleine Beutetiere nach oben getragen, die sich entgegengesetzt zum Drehsinn des Vogels kreisförmig um diesen bewegen. Wenn die Beutetiere an der Oberfläche erscheinen, pickt der Vogel sie schnell weg. Den größten Erfolg hat er, wenn es ihm in relativ flachem Wasser gelingt, durch den Auftrieb Beutetiere vom Grund aufzusammeln, die für ihn ansonsten unerreichbar wären.

2.28 Das rotierende Ei

Ein hart gekochtes Ei richtet sich auf, wenn man es wie einen Kreisel rotieren lässt. Wenn Sie das Ei in einer flachen (nur wenige Millimeter tiefen) Wasserpfütze kreiseln lassen, werden Sie feststellen, dass das Wasser an dem Ei emporsteigt, bevor es schließlich weggespritzt wird. Haben Sie eine Erklärung für diese Beobachtung?

Antwort

Wenn man eine Flüssigkeit umrührt, beispielsweise eine Tasse Tee, strömt die Flüssigkeit normalerweise spiralförmig nach außen, so dass sich ein Strudel bildet. Bei einem in Wasser rotierenden Ei bewirkt dies einerseits ein „Umrühren“, so dass das Wasser spiralförmig nach außen strebt. Gleichzeitig aber wird es durch Adhäsion zum Ei hingezogen. Indem es an der Unterseite der gekrümmten Schale emporsteigt, kann sich das Wasser an die Schale heften und gleichzeitig nach außen bewegen. An einem bestimmten Punkt wird die Fliehkraft zu groß, und das Wasser löst sich von der Schale.

2.29 Kreisförmige Muster im Waschbecken

Wenn ein glatter Wasserstrahl aus einem Wasserhahn in ein flaches Becken mit einem geöffneten Abfluss läuft, bildet sich um den Auftreffpunkt des Strahls herum ein Kreis, wobei das Wasser außerhalb des Kreises tiefer ist. Wie entsteht dieses Muster?

Antwort

Wenn der Wasserstrahl auf das Becken trifft, breitet sich das Wasser mit einer Geschwindigkeit aus, die als *superkritisch* bezeichnet wird. Superkritisch bedeutet in diesem Fall, dass sich das Wasser schneller bewegt, als sich darauf Wellen fortpflanzen können. Anfangs ist die Strömung stabil, d. h., jede zufällige Störung klingt schnell wieder ab. Wenn sich das Wasser weiter nach außen ausbreitet, kommt jedoch die Viskosität des Wassers ins Spiel und der Fluss wird instabil. Einer Modellvorstellung zufolge setzt die viskose Strömung am Boden des Beckens ein und breitet sich von dort allmählich nach oben aus. Wenn die viskose Strömung die Oberfläche erreicht hat, nimmt plötzlich die Wassertiefe zu (Abb. 2.11). Dieser Effekt wird als *hydraulischer Sprung* bezeichnet. Der Radius der Wasserpfütze, bei dem dies geschieht, definiert eine Grenze, hinter der die Geschwindigkeit des Wassers langsamer (*subkritisch*) ist. Diese Grenze ist in Form einer konzentrischen Wassermauer sichtbar.

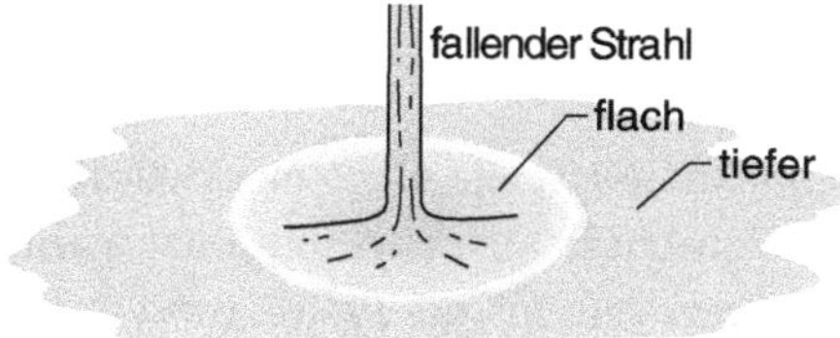

Abb. 2.11: Um den Auftreffpunkt des Wasserstrahls im Becken bildet sich eine kreisförmige Wassermauer.

Hydraulische Sprünge treten bei vielen vertrauten Strömungssystemen auf, beispielsweise wenn Wasser eine Fahrbahn herunterrinnt oder durch unterirdische Abflussrohre strömt. Achten Sie auf die stationäre Welle auf der Strömung, besonders wenn sich auf deren Weg ein Hindernis befindet. Wenn das Wasser über oder gegen das Hindernis strömt, entstehen Wellen. Die meisten dieser Wellen verlieren schnell ihre Energie und verschwinden wieder, aber eine Welle, die durch eine bestimmte Wellenlänge ausgezeichnet ist, bewegt sich schneller die Strömung entlang, als sich das Wasser bewegt, und daher ist diese Welle stationär. Die anhaltende Störung des Wassers durch das Hindernis führt der Welle permanent Energie zu, was es ermöglicht, dass diese persistent bleibt. Eventuell sehen Sie anstatt einer einzelnen Wand, wie es bei einem Waschbecken der Fall ist, eine ganze Reihe stationärer Wellenberge und -täler. Hydraulische Sprünge auf einer sich mit hoher Geschwindigkeit bewegenden Strömung können eine ernste Gefahr beim Wildwasser-Rafting darstellen, weil das Boot an der Schwelle eingefangen werden und aufgrund der Turbulenz kentern kann.

Wenn Sie einen einzelnen Wassertropfen vorsichtig unmittelbar vor dem hydraulischen Sprung in einem Abwaschbecken platzieren, kann sich dieser für lange Zeit an der Schwelle festsetzen und auf der Oberfläche schwimmen (also ohne vollständig ins Wasser einzutauchen). Der Grund hierfür ist, dass das strömende Wasser kontinuierlich Luft unter den Tropfen zieht.

2.30 Die Wasserhöhe in einem Kanal

Stellen Sie sich vor, Sie fahren in einem Boot auf einem ziemlich engen und flachen Kanal. Steigt oder fällt die Wasserhöhe an der Stelle, wo sich der Bug Ihres Bootes befindet?

Antwort
Wenn sich das Boot den Kanal entlangbewegt, muss das vor dem Boot befindliche Wasser durch die nun nur noch sehr schmalen Öffnungen links und rechts Ihres Bootes nach hinten fließen. Bei dieser Bewegung des Wassers strömt vom Bug kontinuierlich Wasser weg. Da der Wasserdruck in dieser Senke niedriger ist, zieht die Senke effektiv Wasser von dem vor dem Boot liegenden Teil des Kanals an und schickt es zu den Seiten des Bootes. Die resultierenden Variationen des Wasserdrucks und der Strömungsgeschwindigkeiten an den Seiten des Schiffes können das Navigieren in einem engen Kanal schwierig machen.

2.31 Solitäre Wellen

Im Jahre 1834 wurde der britische Ingenieur John Scott Russell Zeuge eines merkwürdigen Phänomens, das sich auf einem Kanal in der Nähe von Edinburgh abspielte. Ein Boot wurde von Pferden mit hoher Geschwindigkeit durchs Wasser gezogen, als die Pferde (und damit auch das Boot) plötzlich stoppten. Der vor dem Bug des Schiffes aufgeschobene Wellenberg verschwand jedoch nicht, sondern lief mit einer Geschwindigkeit von 4 Metern pro Sekunde weiter den Kanal entlang. Auf seinem Pferd konnte Russell dem etwa 10 Meter langen und knapp einen halben Meter hohen Wellenberg ungefähr 3 Kilometer lang folgen, bevor er ihn an einer Kanalwindung aus den Augen verlor. Besonders erstaunt war Russell über die Tatsache, dass der Wellenberg während seiner langen Reise offenbar seine Form beibehalten hatte. Auch Sie würden sicher erwarten, dass ein solcher Wellenberg allmählich schrumpft, wie Sie es von den Wellen kennen, die Sie beim Baden produzieren. Warum verhielt sich der von Russell beobachtete Wellenberg so anders als gewöhnliche Wellen?

Antwort
Wenn sich ein Boot mit einer Geschwindigkeit durch einen Kanal bewegt, die über der Geschwindigkeit der Oberflächenwellen liegt, türmt sich am Bug des Bootes Wasser auf. Wenn die Geschwindigkeit des Bootes nur wenig über der Wellengeschwindigkeit liegt, entwickeln sich im Wasser mehrere Berge und Täler. Bei wachsender Geschwindigkeit des Bootes füllen sich die Täler mehr und mehr, und das zusammengeschobene Wasser türmt sich in einem einzigen hohen Berg auf, der als *solitäre Welle* oder *Soliton* bezeichnet wird.

Russell sah eine solitäre Welle, die sich vom Boot abgelöst hatte, als dieses plötzlich angehalten hatte. Die mathematische Beschreibung einer solchen Welle ist außerordentlich kompliziert. Normalerweise unterliegen Wasserwellen der Dispersion, d. h., Wellen mit unterschiedlichen Wellenlängen breiten sich unterschiedlich schnell aus. Wenn Sie im Wasser herumplanschen, erzeugen Sie ein aus vielen Wellen mit unterschiedlichen Wellenlängen zusammengesetztes *Wellenpaket*, das mit zunehmender Entfernung zerläuft. Bei einer solitären Welle wird jedoch die Störung der Wasseroberfläche durch die Welle selbst verstärkt, und diese Nichtlinearität kompensiert die Dispersion, so dass die Welle ihre Form beibehält. Tatsächlich können solitäre Wellen über sehr weite Strecken erhalten bleiben, weil sie ihre Energie wegen der niedrigen Viskosität des Wassers nur sehr langsam verlieren.

Bei einer gewöhnlichen Welle bewegt sich jede Wasserparzelle auf einer kreisförmigen oder elliptischen Bahn und wird nicht entlang der Ausbreitungsrichtung der Welle weitertransportiert. Das heißt, wenn Sie auf einem Teich Wellen erzeugen, werden nur die Wellen, nicht aber das Wasser selbst über den Teich transportiert. Bei einer solitären Welle ist aber genau das der Fall. Um dies zu demonstrieren, führte Russell auf einem langen Kanal zahlreiche Experimente mit von Pferden gezogenen Booten durch. Er konnte schließlich zeigen, dass die Wasserhöhe am hinteren Ende des Kanals etwas höher und am vorderen um etwa den gleichen Betrag niedriger war.

2.32 Gezeitenwellen

Wenn die Tide steigt und Wasser in die Flussmündungen hineindrückt, entsteht an manchen Flüssen eine turbulente Schicht, die als *Gezeitenwelle* bezeichnet wird. Im Bereich der Gezeitenwelle kann die Wasserhöhe dramatisch ansteigen. Auf manchen Flüssen (beispielsweise am Severn in England) ist die den Fluss entlangstreichende Welle gelegentlich so hoch, dass Surfer auf ihr mehrere Meter lang reiten können. Wie entstehen Gezeitenwellen?

Lange bevor das Surfen als Sport aufkam, nutzten bereits Fischer Gezeitenwellen aus, indem sie ihre Boote an der Flussmündung platzierten und sich auf die gleiche Weise wie später die Surfer den Fluss aufwärts tragen ließen. Den Kapitänen und Besatzungsmitgliedern auf den Schiffen der Royal Navy, die im Jahre 1888 eine Expeditionsreise auf dem Qiantang-Fluss in China unternahmen, war diese Art der Fortbewegung vermutlich unbekannt. Eines Nachts, während die Schiffe auf dem Fluss ankerten, hörten die Männer plötzlich ein gewaltiges Getöse. Etwa 30 Minuten später wurden die Schiffe von einer Gezeitenwelle erfasst und ungefähr einen Kilometer flussaufwärts getrieben, und das, obwohl die Maschinen dieser Bewegung mit voller Kraft entgegenwirkten. Grund für das mit der Gezeitenwelle einhergehende Getöse war ihre Turbulenz, die die Schiffe ohne weiteres hätte zum Kentern bringen können.

Antwort

Eine Gezeitenwelle kann auftreten, wenn eine große Menge Wasser in eine Flussmündung hineinströmt. Dabei entsteht entweder eine einzelne, turbulente Wassermauer oder eine glatte, kurze Reihe von Erhebungen und Vertiefungen. Die besten Bedingungen für die Entstehung einer Gezeitenwelle sind folgende: (1) Der Tidenhub, d. h. der Unterschied zwischen Hoch- und Niedrigwasser, ist sehr groß. (2) Der Fluss ist seicht mit flach abfallenden Ufern und hat eine trichterförmige Mündung. Wenn die aus dem tieferen Wasser kommenden langwelligen Wellen in das flache Wasser der Mündung und dann in den Fluss getrichtert werden, formiert sich das Wasser zu einer Front oder Mauer. Die Berge und Täler der Wellen werden sprungartig höher bzw. tiefer, und die Fronten der Berge werden steiler, bis sie schließlich die Täler überholen. Das Ergebnis ist eine Wassermauer, die als *solitäre Welle* bezeichnet wird und die sich flussaufwärts, also entgegen der normalen Flussrichtung bewegt. Gezeitenwellen können verheerende Folgen haben, wenn sie ein auf dem Fluss fahrendes Boot unvorbereitet treffen. Ein historisches Beispiel hierfür ist der Tod von Victor Hugos Tochter

Leopoldine, die 1843 von einer überraschenden und gewaltigen Gezeitenwelle auf dem Unterlauf der Seine von ihrem Boot geworfen wurde und, da sie nicht schwimmen konnte, ertrank.

2.33 Gezeiten

Wodurch entstehen die Gezeiten? Warum gibt es an den meisten Küsten zweimal pro Tag Hochwasser, an anderen aber nur einmal?

Antwort

Die primäre Ursache für die Gezeiten ist die Gravitation des Mondes, die an den Ozeanen der Erde zieht (wobei die Kraft zum Glück nicht stark genug ist, um das Wasser anzuheben). Da diese Kraft nicht überall auf der Erde gleich groß ist (sondern auf der dem Mond zugewandten Seite stärker und auf der abgewandten Seite schwächer), verändert sie die Verteilung des Wassers in den Weltmeeren. Es entstehen zwei Gezeitenberge, einer auf der dem Mond zugewandten Seite und einer auf der gegenüberliegenden Seite. Wenn die Erde nicht rotieren würde, wäre an bestimmten Küsten immerzu Hochwasser. Wegen der Erdrotation wandern die beiden Gezeitenberge jedoch innerhalb etwa eines Tages zweimal um die Erde, so dass es im Allgemeinen zweimal täglich Flut und zweimal Ebbe gibt.

Bei genauerer Betrachtung ist die Sache etwas komplizierter. Die Gezeitenberge befinden sich nicht exakt auf einer Linie durch Erde und Mond, weil für die Bewegung des Wasser auch die innere Reibung des Wassers sowie die Reibung zwischen Wasser und Küsten eine Rolle spielt. Die Reibung verzögert die Reaktion des Wassers auf die Gravitation des Mondes. Daher kann es sein, dass das Hochwasser in einer Hafenstadt erst eintritt, wenn der Mond seinen Höchststand längst überschritten hat. Am Ärmelkanal beispielsweise tritt das Hochwasser um viele Stunden verzögert auf, weil das sich bewegende Wasser dort auf großen Widerstand trifft.

Auch die Gravitationskraft der Sonne hat einen Einfluss auf die Gezeiten, der jedoch nur etwa halb so groß ist wie der des Mondes. Die Sonne ist zwar sehr viel massereicher als der Mond, aber auch viel weiter von der Erde entfernt als dieser. Merklich ist der Einfluss der Sonne, wenn diese in einer Linie mit Erde und Mond steht – also bei Vollmond und Neumond, weil sich dann die Wirkungen addieren. In diesem Fall sind die Tiden besonders hoch, und man spricht von einer *Springtide* oder auch *Springflut*. Stehen die Verbindungslinien Erde – Sonne und Erde – Mond senkrecht aufeinander, wird die Gravitation des Mondes durch die der Sonne abgeschwächt, und der Tidenhub ist besonders niedrig. In diesem Fall spricht man von einer *Nipptide* oder *Nippflut*. Wegen der Überlagerung dieser verschiedenen Einflüsse gibt es an manchen Küsten nur eine wahrnehmbare Tide pro Tag.

2.34 Die Gezeiten in der Bay of Fundy

Die Gezeiten in der *Bay of Fundy* (Neuschottland, Kanada) sind ein außergewöhnliches Schauspiel. Manchmal ändert sich der Wasserstand innerhalb von nur wenigen Stunden um mehr als 15 Meter. Warum ist der Tidenhub in dieser Bucht so viel größer ist als an anderen Küsten?

Antwort
Wasser in einer Badewanne können Sie in Schwingungen versetzen, indem Sie es mit einem Wasserrad antreiben. Die stärksten Schwingungen erreichen Sie, wenn Sie den Rhythmus so wählen, dass die Schläge immer genau dann gesetzt werden, wenn das Wasser an einem der beiden Enden der Wanne seinen Höchststand erreicht hat. Man spricht dann von einem *resonanten* Antrieb.

Das Wasser in einer Bucht kann ebenfalls durch einen resonanten Antrieb in Schwingungen versetzt werden. Die Gezeiten kommen prinzipiell als Antriebsmechanismus in Frage, allerdings spielt dieser bei den meisten Buchten keine Rolle, weil die Gezeitenperiode und die durch die Länge der Bucht definierte Schwingungsperiode des Wassers nicht zusammenpassen. In der Bay of Fundy liegen die Dinge anders: Ihre Schwingungsperiode beträgt etwa 13,3 Stunden, was ziemlich dicht an den 12,4 Stunden liegt, die zwischen zwei Tiden vergehen. Aus diesem Grund sind die Schwingungen in der Bay of Fundy signifikant.

Historische Aufzeichnungen lassen vermuten, dass sich der Tidenhub in der Bay of Fundy im Verlaufe der Zeit verstärkt hat, weil die Schwingungsperiode der Bucht nahe an die Gezeitenperiode gerückt ist. Diese Verschiebung könnte möglicherweise mit Veränderungen der Form der Bucht aufgrund des steigenden Meeresspiegels zusammenhängen.

2.35 Totwasser

Im August 1893 traf die *Fram* im Zuge einer von Fridtjof Nansen geführten Expedition an der Nordostküste Sibiriens auf das, was heute unter der Bezeichnung *Totwasser* bekannt ist. Das Schiff war in der Lage, 6 oder 7 Knoten zu fahren, aber im Totwasser erreichte es nur 1,5 Knoten, und das, obwohl Meer und Wetter ruhig waren. Außerdem hatte die Besatzung kaum noch Kontrolle über das Schiff; der Kapitän war sogar gezwungen, in Schleifen zu fahren, um aus der Totwasserzone herauszukommen. Das Wasser wies keinen sichtbaren Unterschied zu irgendeinem anderen Stück Meereswasser auf. Was war die Ursache für die geringe Geschwindigkeit und den Verlust der Kontrolle über die Ruder?

Antwort
Von Totwasser spricht man, wenn eine Schicht Süßwasser über Salzwasser liegt, was zum Beispiel an Flussmündungen vorkommen kann. Für das Zustandekommen der Eigenschaften von Totwasser spielen zwei Grenzflächen eine Rolle: zum einen die Grenzfläche zwischen Luft und Süßwasser, zum anderen die Grenzfläche zwischen Süßwasser und Salzwasser. Normalerweise werden aus einem Großteil der Energie einer Schiffsmaschine an der ersten der beiden Grenzflächen Wellen gebildet – stellen Sie sich diese Wellenproduktion als eine Art Widerstand vor, gegen den das Schiff ankämpfen muss. In Totwasser erzeugt das Schiff zwei Arten von Wellen, von denen sich jede entlang einer der beiden Grenzflächen ausbreitet. Der Widerstand ist also signifikant größer. Je schneller das Schiff voranzukommen versucht, umso mehr fließt seine Energie in die *inneren Wellen* an der Grenze zwischen Süß- und Salzwasser.

Der Bug des Schiffes liegt über dem ersten Wellenberg der inneren Welle. Das Wasser auf dem Gipfel dieses Wellenberges bewegt sich in die entgegengesetzte Richtung des Schiffes.

Konstruktionsbedingt lag auch das Steuerruder der *Fram* über einem Wellenberg der inneren Welle, so dass es für das Manövrieren des Schiffes keine große Hilfe war.

2.36 Tornados

Tornados treten im Prinzip überall auf der Welt auf, besonders häufig sind sie jedoch in der sogenannten *Tornado Alley*, einem breiten Streifen durch die Mitte der USA. Jeder, der ein solches Ereignis sieht oder versucht, sich vor ihm in Sicherheit zu bringen, ist gleichermaßen beeindruckt wie beängstigt.

Wodurch entstehen Tornados und warum treten sie in der Tornado Alley derart gehäuft auf? Wenn ein Tornado ein Haus zerstört, werden dann die Wände nach innen gedrückt oder nach außen gezogen? Kann ein Tornado tatsächlich „Strohhalme in Bäume verwandeln", wie manchmal in Zeitungsberichten zu lesen ist?

Antwort

Ein Tornado ist ein großräumiger Luftwirbel, der sich bei einem starken Sturm ausbilden kann, wenn feuchte, warme Luft unter kühler, trockener Luft entlanggleitet. Während die warme Luft in der kalten Luft aufsteigt, kondensiert der in ihr enthaltene Wasserdampf zu Tröpfchen, wobei große Mengen thermischer Energie freigesetzt werden. Diese Energieabgabe bewirkt, dass die warme Luft noch schneller aufsteigt. Durch die komplexen Bewegungsverhältnisse der Luft (entgegengesetzt strömende, horizontale Luftschichten und beschleunigtes Aufsteigen von Luft) entsteht ein *Scherwind*, in dem benachbarte Luftströmungen sehr unterschiedliche Richtungen und Geschwindigkeiten haben können. Diese Konstellation kann (auf noch nicht genau verstandene Art und Weise) zur Entstehung eines Wirbels führen, der sich schließlich zu einem Tornado auswächst. Diese Vorgänge können zwar mithilfe leistungsstarker Computer simuliert werden, doch erklären diese Simulationen nicht, wie ein Tornado entsteht oder wie Tornados derart viel Energie aufnehmen können.

Ein Tornado ist nur dann sichtbar, wenn er Staub oder andere Ablagerungen auf dem Boden aufsammelt und in seinem Rüssel nach oben zieht oder wenn sehr viel Wasserdampf zu Tröpfchen kondensiert. Größere Tornados sind wahrscheinlich aus mehreren Wirbeln zusammengesetzt, wobei viele kleine Wirbel um einen größeren, zentralen Wirbel kreisen. Tornados können eine Vielzahl von Formen haben. Manche Tornados verlaufen nahezu vertikal, währen sich andere in die Horizontale erstrecken, bevor sie nach unten abtauchen. Alle Tornados scheinen sich auf ungeordnete Weise zu bewegen, in großen Sprüngen über die Landschaft zu fegen und gelegentlich nach unten zu sinken, wo sie dann große Verwüstungen auf dem Boden hinterlassen.

Die von einem Tornado ausgehende Gefahr für ein Haus besteht nicht (wie manchmal angenommen) in einem plötzlichen Druckluftabfall außerhalb des Hauses, der dazu führt, dass die Wände explosionsartig nach außen fliegen. Vergeuden Sie also, wenn ein Tornado im Anzug ist, keine Zeit damit, die Fenster zu öffnen in der Hoffnung, dass sich der innere Luftdruck dem äußeren angleicht. Rennen Sie, was Sie können! Verstecken Sie sich! Der Keller bietet womöglich den besten Schutz. Wenn Sie keinen haben, ist auch das Badezimmer keine schlechte Wahl.

Die Gefahr für ein Haus besteht in der hohen Geschwindigkeit der Winde, die um den Tornado herum toben. Wenn sich diese erst einmal unter der Dachrinne verfangen haben, können sie ohne weiteres das Dach abtragen. Nachdem das Haus auf diese Weise seine Stabilität verloren hat, wird die dem Wind ausgesetzte Wand nach innen gedrückt und die anderen drei Wände nach außen. Es ist also äußerst unwahrscheinlich, dass ein Haus wie das von Dorothy und ihren Eltern in *Der Zauberer von Oz* als Ganzes von einem Tornado angehoben und an einen anderen Ort geweht wird. Viel wahrscheinlicher ist es, dass ein Tornado ein Haus zertrümmert und seine Einzelteile in alle Winde zerstreut. Die umherfliegenden Einzelteile können weitere Häuser der Umgebung zerstören. Es ist auch möglich, dass der Tornado das Haus nicht zertrümmert, sondern es um einen festen Punkt rotieren lässt, so dass es, wenn es schließlich zur Ruhe kommt, eine andere Ausrichtung hat.

Die Winde eines Tornados können tatsächlich stark genug sein, um umherfliegende Strohhalme in gefährliche Geschosse zu verwandeln. In Laborsimulationen von Tornados haben Holzsplitter, Zahnstocher und Besenstroh, die aus einem Luftgewehr abgefeuert wurden, verschiedene Ziele aus Holz durchbohrt.

2.37 Kurzgeschichte: Im Inneren eines Tornados

Einige wenige Menschen haben die Erfahrung überlebt, in den Rüssel eines Tornados zu blicken. Die detaillierteste aktenkundige Beschreibung stammt von Captain Roy S. Hall, über dessen Haus 1948 ein Tornado herfiel. Nachdem das Dach abgetragen worden war und einige Wände eingestürzt waren, konnte Hall das Nachbarhaus sehen und stellte erleichtert fest, dass sein Haus nicht durch die Luft flog, wie er einen Moment lang gedacht hatte. Aber dann sah er etwas Schreckliches: In etwa 20 Meter Entfernung ging irgendetwas auf eine Höhe von etwa 6 Metern über den Boden nieder. Dieses Etwas krümmte sich von ihm weg und vollführte langsame vertikale Schwingungen. Mit Entsetzen wurde ihm klar, dass das schaurige Etwas die Innenseite eines Tornadorüssels war – *er war also in diesem Rüssel gefangen!*

Er sah in dem Rüssel nach oben und schätzte, dass dieser sich über etwas mehr als 300 Meter erstreckte. Der Rüssel schwankte und bog sich allmählich. Er enthielt einen hellen zentralen Bereich, der leuchtete, als wäre dort eine fluoreszierende Lichtquelle angebracht. Als sich der Rüssel durchbog, bildeten sich entlang seiner Achse Ringe. Hall sah keine Gegenstände, die in dem Rüssel nach oben gezogen wurden, hatte keine Probleme beim Atmen (der Luftdruck konnte also nicht wesentlich niedriger sein als normal) und staunte über die völlige Stille, die in starkem Gegensatz zu dem gewaltigen Getöse stand, das beim Herannahen des Tornados zu hören gewesen war. Urplötzlich verschwand der Rüssel wieder. Die Familienmitglieder Halls kamen aus ihren Verstecken hervor und fanden den Mann unverletzt.

2.38 Wasserhosen und Wolkenschläuche

Wodurch entsteht eine Wasserhose? Warum überstehen Boote die Begegnung mit einer Wasserhose manchmal unbeschadet?

Antwort

Wasserhosen bilden sich gewöhnlich über Gewässern, wo ein starker Aufwind von einem Gebiet mit Abwind umgeben ist. Die durch den Abwind nach oben geführte Luft nimmt Feuchtigkeit und thermische Energie von dem darunterliegenden Wasser auf. Wenn sie in dem Rüssel aufsteigt, ist sie wärmer und feuchter als die umgebende Luft. Weil sie wärmer ist, wird sie nach oben getragen. Irgendwann kondensiert die in der Luft enthaltene Feuchtigkeit und es bilden sich Tröpfchen. Durch die Veränderung wird ein großer Teil der thermischen Energie frei, so dass sich die Luft noch weiter erwärmt und die Aufwärtsbeschleunigung zunimmt. Durch diese „Wärmemaschine" wird die Wasserhose angetrieben. Die Luft um die Wasserhose herum, insbesondere Luft, die durch einen Regen gekühlt wird, sinkt nach unten ab, um die Luft zu ersetzen, die durch den Rüssel entweicht. Wasserhosen erinnern stark an Tornados und werden demzufolge oft als sehr kleine Tornados beschrieben. Allerdings ähnelt die Physik einer Wasserhose eher der einer Windhose (siehe nächste Fragestellung).

Boote überstehen schwächere Wasserhosen oft unbeschadet. Größere Exemplare können jedoch beträchtlichen Schaden anrichten und selbst ein mittelgroßes Boot ohne weiteres zum Kentern bringen. Durch große Wasserhosen lassen sich vermutlich auch die Geschichten von herabregnenden Fischen erklären, denn eine Wasserhose kann große Mengen Wasser einschließlich darin enthaltener Fische aufsaugen, bevor sie das Land erreicht. Dort verliert sie ihren Wärmeantrieb, dissipiert und lässt ihre Ladung fallen.

Das untere Ende einer Wasserhose ist von einer Gischthülle umgeben. Das untere Drittel des Rüssels ist weithin sichtbar, weil Wasser in den Rüssel hineingezogen wird. Der übrige Teil kann sichtbar bleiben, wenn Wasserdampf zu Tröpfchen kondensiert, die das Sonnenlicht streuen.

2.39 Windhosen, Nebel- und Dampfteufel

Windhosen sind Luftwirbel, die besonders oft in heißen Gebieten vorkommen. Beobachtet wurden sie aber auch auf der kalten Oberfläche des Mars. Sie werden durch Staub, Schmutz und andere Partikel sichtbar gemacht, die sie vom Boden aufsammeln und dann nach oben tragen. Viele Windhosen sind klein und harmlos, aber einige Exemplare sind bis zu einem Kilometer hoch und stark genug, um kleine Tiere (oder gar Kinder) hochzuziehen. Die Windhosen auf dem Mars sind sogar noch größer (möglicherweise 6 Kilometer).

Ein verwandtes Phänomen sind *Nebelteufel*, die, wie der Name verrät, bei Nebel auftreten, und *Dampfteufel*, die an kalten Tagen über Gewässern schweben können. Beide Phänomene dauern nur kurz und sind harmlos.

Wie entstehen diese Phänomene?

Antwort

Diese verschiedenen Luftwirbel entstehen durch eine instabile Anordnung von kühler Luft und darüberliegender warmer Luft. Eine Windhose kann beispielsweise auftreten, wenn der Boden durch das Sonnenlicht aufgeheizt wird, der dann eine dünne, darüberliegende Luftschicht erwärmt. Diese warme Luft ist aufgrund ihrer geringen Dichte bestrebt, vom Boden aufzusteigen, aber wenn es keinen oder nur sehr schwachen Wind gibt, liegt die kühle Luft wie eine Decke auf der warmen Luftschicht. Dieser Zustand ist allerdings instabil, und selbst ein Kaninchen, das zufällig in der Gegend herumhoppelt, kann einen Ausbruch der warmen Luft nach oben auslösen. Dann fließt weitere warme Luft am Boden entlang zu der Stelle des Durchbruchs und wirbelt in der aufsteigenden Säule nach oben (Abb. 2.12). Die Richtung des

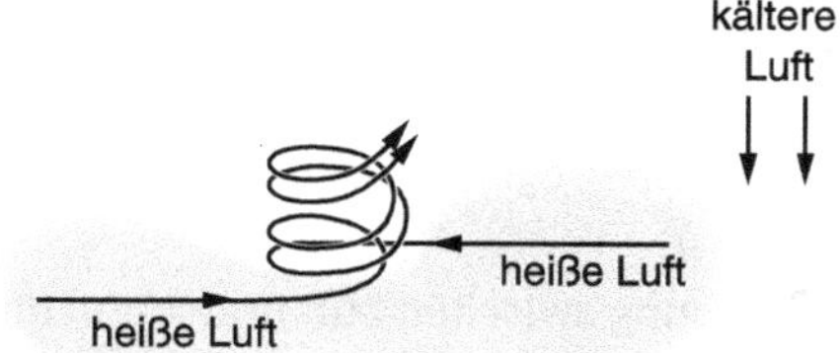

Abb. 2.12: Warme Luft strömt am Boden entlang und wirbelt dann nach oben. Kühlere Luft sinkt nach unten.

Wirbels kann im Uhrzeigersinn oder diesem entgegengesetzt sein, was von der Strömung entlang des Bodens und den ihr im Weg stehenden Hindernissen abhängt. In der Umgebung des Wirbels sinkt kühlere Luft nach unten, um die warme Luft, die über der Windhose verschwunden ist, zu ersetzen.

Eine Windhose kann vom Land über ein Gewässer wandern, aber wenn sie nicht gerade sehr viel Wasser aufnimmt, wird es schwer sein, sie zu sehen. Der einzige Hinweis auf ihre Existenz ist dann der von ihr produzierte ringförmige Wall auf dem Wasser.

Nebelteufel treten auf, wenn Nebel von hell erleuchtetem, nassem Gras aufsteigt. Das Gras erwärmt die darüberliegende Luftschicht, die dann nach oben zu steigen beginnt, etwa so, wie die heiße Luft bei einer Windhose. In diesem Falle kondensiert jedoch die in der Luft enthaltene Feuchtigkeit und bildet Tröpfchen. Bei diesem Prozess wird eine große Menge thermischer Energie freigesetzt, was dazu führt, dass die Luft noch schneller aufsteigt. Dampfteufel treten über Wasserflächen auf, wenn die Lufttemperatur unter dem Gefrierpunkt liegt, die Wassertemperatur jedoch darüber. Die direkt über dem Wasser liegende Luftschicht ist dann wärmer als die Luft weiter oben. Diese Situation ist instabil.

An kalten Tagen können Sie selbst einen „Miniatur-Dampfteufel" produzieren. Stellen Sie dazu ein breites Gefäß unter ein Fenster und füllen Sie es mit sehr heißem Wasser. Öffnen Sie dann das Fenster, so dass kalte, dichte Luft durch das Fenster und damit über das Wasser strömt. Die über dem Gefäß aufsteigende heiße Luft und Wasserdampf werden nach oben beschleunigt, wenn sie in die kalte Luft vordringen, denn die kalte Luft hat eine größere Dichte und der Wasserdampf beginnt, unter Freisetzung thermischer Energie zu kondensieren. Außerdem werden die heiße Luft und der Wasserdampf durch den kalten Luftstrom horizontal abgelenkt. Die Kombination aus vertikaler und horizontaler Bewegung sowie Turbulenzen können kurzlebige Wirbel verursachen, die durch die Kondensation der Wassertröpfchen sichtbar gemacht werden können.

2.40 Rauchringe

Wie schafft es ein Raucher, Ringe zu blasen? Warum dehnt sich der Rauchring aus, wenn er auf eine Wand trifft? Delfine können im Wasser ganz ähnliche Ringe aus Luft produzieren. Wie entstehen diese Ringe?

Antwort

Ein Rauchring wird erzeugt, indem der Raucher mit möglichst rundem Mund etwas Rauch ausstößt. Beim Ausstoßen werden der Rauch und die Luft in der Nähe der Lippen reibungsbedingt verlangsamt, so dass der durch die Mitte der Mundöffnung tretende Teil der Strömung schneller ist. Aufgrund dieses Geschwindigkeitsunterschieds kräuselt sich die Strömung um die Lippen herum nach außen, wodurch eine Wirbelbewegung in Gang gesetzt wird. Der Rauch selbst macht die Luftbewegung lediglich sichtbar.

Wenn der Rauchring eine Wand erreicht, sorgt die Reibung zwischen Luft und Wand dafür, dass sich der Ring ausdehnt. Die Rate, mit der die Luftwirbel zerfallen, nimmt ab, etwa so, wie die Rotationsgeschwindigkeit eines Eiskunstläufers bei einer Pirouette abnimmt, wenn er die Arme ausbreitet.

Auch Delfine spielen gern mit Wirbelringen. Die vermutlich häufigste Methode, diese zu erzeugen, ist folgende: Der Delfin schwimmt auf der Seite, wobei er seine (nunmehr vertikal ausgerichtete) Schwanzflosse schnell hin und her schlägt. Wenn sich die Flosse durchs Wasser pflügt, wird die Strömung in der Nähe der Flosse reibungsbedingt verlangsamt; es entsteht eine Kräuselbewegung, aus der sich schließlich ein in einer vertikalen Ebene liegender Wirbelring entwickelt. Der Delfin schwimmt zurück, richtet sein Blasloch auf den Wirbelring und bläst Luft in dessen Zentrum, von wo aus sie schnell über den Wirbel verteilt wird. Die Luft beeinflusst den Auftrieb des Wirbels und dient (wie der Rauch in einem Rauchring) als Marker. Manchmal spielt der Delfin mit dem Wirbelring, verfolgt ihn, schwimmt durch ihn hindurch, erzeugt einen zweiten Ring, der mit dem ersten interagiert, oder er bricht ein Stück aus dem Wirbel heraus, welches daraufhin einen sekundären, kleineren Wirbelring bildet.

Im einem Klassenzimmer kann man einen Wirbel mithilfe einer *Luftkanone* erzeugen. Dies ist eine Schachtel mit einer kreisförmigen Öffnung an der Vorderseite und einer flexiblen Rückseite (zum Beispiel ein Stück eines Müllsacks aus Plastik). Wenn man diese flexible Rückseite nach hinten zieht und dann loslässt, wird ein Luftstrahl durch die kreisförmige Öffnung gedrückt. Wie im Falle eines Rauchrings bildet sich ein Wirbelring, der aber im Unterschied zu diesem nicht sichtbar wird. Mit einer Luftkanone können Sie jemanden, der sich irgendwo im Zimmer befindet, gewaltig erschrecken, weil der Wirbel ohne Vorwarnung bei ihm ankommt.

Man kann einen Wirbelring auch erzeugen, indem man einen Tropfen in eine Flüssigkeit fallen lässt, mit der er sich vermischt. Während der Tropfen in die Flüssigkeit eindringt, entwickelt er sich zu einem Wirbelring. Dieser Prozess lässt sich gut sichtbar machen, wenn man dem Tropfen ein wenig Farbstoff beimischt.

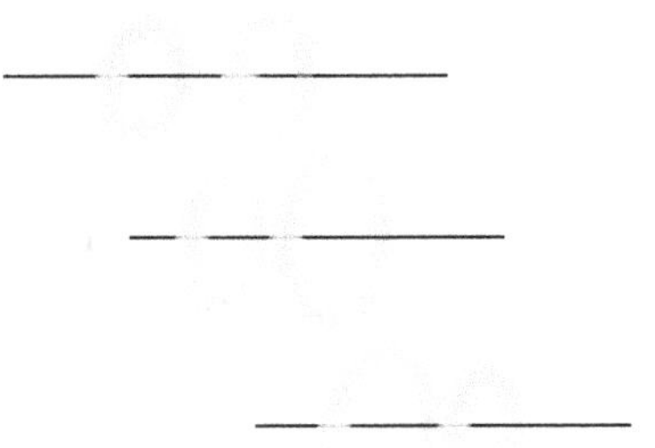

Abb. 2.13: Der nachfolgende Rauchring schlüpft durch den führenden hindurch.

Wenn ein Wirbelring einem anderen folgt und beide näherungsweise um die gleiche Achse zentriert sind, kann es vorkommen, dass der zweite Ring den ersten einholt. In Abhängigkeit von den genaueren Umständen können die beiden Wirbel zu einem einzigen verschmelzen oder das folgende Spiel spielen (Abb. 2.13): Der nachfolgende Ring schrumpft zusammen und rotiert schneller, während der führende Wirbel sich ausdehnt und langsamer rotiert. Dann schlüpft der hintere (kleinere) Wirbel durch den führenden durch und ist nun der neue „Anführer“. Dieser Wechsel kann sich als eine Art „Bockspringen“ mehrere Male wiederholen. Das gleiche Schema können Sie beobachten, wenn Sie das Experiment mit dem Tropfen so erweitern, dass sie kurz nach dem ersten Tropfen einen zweiten in die Flüssigkeit fallen lassen. Wenn jeder der beiden Tropfen ein Wirbelring entwickelt hat, wird der zweite unter Umständen durch den ersten durchschlüpfen.

2.41 Funktionsweise eines Hebers

Wie kann man eine Flüssigkeit aus einem Gefäß (ohne Abflussloch) ableiten, ohne das Gefäß anzukippen? Hierzu dient ein sogenannter *Heber* (Abb. 2.14). Aber wie kommt es eigentlich, dass die Flüssigkeit in dem Heber (ein gebogenes Rohr oder ein Schlauch) aufsteigt? Liegt es am Luftdruck, der die Flüssigkeit im Heber nach oben drückt? Wodurch ist die Höhe des Aufsteigens begrenzt? Warum muss sich das freie Ende des Hebers weiter unten befinden als das im Gefäß steckende Ende?

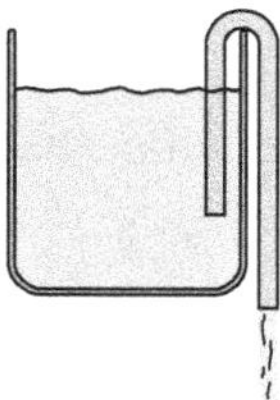

Abb. 2.14: Mit einem Heber kann man die Flüssigkeit aus einem Gefäß ableiten, ohne es anzukippen.

Antwort

Damit das Ableiten der Flüssigkeit in Gang kommt, muss der über die Gefäßwand hängende Teil des Hebers vollständig mit Flüssigkeit gefüllt sein (was man beispielsweise durch Ansaugen erreicht). Eine Flüssigkeit kann zwar im Unterschied zu einem Festkörper fließen, doch auch in ihr wirken Kohäsionskräfte, d. h., jede kleine Flüssigkeitszelle wird von benachbarten Flüssigkeitszellen angezogen. Wenn die Flüssigkeit in dem äußeren Teil des Hebers aus diesem herauszufließen beginnt, ziehen die Flüssigkeitszellen, die sich unmittelbar neben dem Scheitel befinden, über diesen hinweg, wodurch weitere Flüssigkeitszellen nach oben zum Scheitel gezogen werden. Der ganze Vorgang läuft so ab, als würde sich eine Kette im Heber befinden. Solange der außerhalb des Gefäßes befindliche Abschnitt der Kette länger ist als der Abschnitt innerhalb des Gefäßes, wird die Kette durch ihre eigene Schwerkraft über den Scheitel hinweg auf der Außenseite nach unten gezogen.

Anders als manchmal angenommen, ist es nicht der atmosphärische Druck, der die Flüssigkeit aus dem Heber herausdrückt. Wenn sich der atmosphärische Druck ändern würde, würde sich an dem Vorgang des Ableitens nichts ändern.

Wenn eine Flüssigkeit abgeleitet wird, sagt man, sie stehe unter einer *Zugspannung*, weil jede Flüssigkeitszelle in dem im Gefäß steckenden Teil des Hebers nach oben, über den Scheitel und dann nach unten gezogen wird. Bis zu einer bestimmten Schwelle kann das Wasser der Zugspannung widerstehen, aber oberhalb dieser Grenze bildet das Wasser plötzlich Blasen, so dass die Flüssigkeitssäule abreißt. Die Flüssigkeit kann also maximal so hoch steigen, bis dieser Übergang erreicht ist.

Die Wirkung des Hebers hört auch auf, wenn Luft in den aufsteigenden Teil des Hebers sickert und sich am Scheitel sammelt, was ebenfalls zum Abreißen der Flüssigkeitssäule führt. Genau dies geschieht in einer gewöhnlichen Toilette. Wenn Wasser aus dem Spülkasten in die Toilettenschüssel fließt, wird aufgrund des erhöhten Drucks am Boden der Schüssel Wasser ins Abflussrohr gepresst, welches als Heber fungiert. Das Wasser und das, was mit ihm fortgespült wird, wird so lange in das Abflussrohr abgeleitet, bis das Wasser in der Schüssel fast vollständig verschwunden ist. Wenn dieser Punkt erreicht ist, können Luftblasen in das Abflussrohr eindringen, die Wassersäule reißt ab und das Ableiten des Wasser hört auf. Gewöhnlich fließt noch für eine kurze Zeit Wasser aus dem Spülkasten in die Schüssel, aber dieses reicht nicht aus, um den Prozess des Ableitens wieder in Gang zu setzen. Es dient jedoch als Barriere gegen Gerüche, die andernfalls aus dem Abflussrohr in den Raum dringen würden.

2.42 Wie Basilisk-Echsen über Wasser laufen

Wie schafft es eine *Basilisk-Echse*, ohne einzusinken über eine Wasserfläche zu laufen? Immerhin sind es nicht nur die jungen, leichtgewichtigen Tiere, die ihren Feinden auf diese Weise entkommen, sondern auch ältere und schwerere Exemplare.

Antwort

Während eines Laufes über Wasser beginnt jeder Schritt der Echse mit einem Schlag des Fußes auf das Wasser. Durch diesen Schlag entsteht ein Auftrieb, der der Schwerkraft der Echse entgegenwirkt. Da Wasser eine niedrige Viskosität (innere Reibung) hat, beginnt der Fuß recht schnell, ins Wasser einzusinken. Beim Einsinken stößt die Echse ein Luftkissen zuerst nach unten und dann nach hinten. Durch das Stoßen nach hinten wirkt auf die Echse eine nach vorn gerichtete Kraft, die es ihr ermöglicht zu rennen. Damit die Echse nicht gegen den Widerstand ankämpfen muss, den das Wasser ihrem Bein entgegensetzt, zieht sie ihr Bein aus dem Luftkissen heraus, bevor Wasser in dieses eindringt und ihren Fuß umgibt. Zu diesem Zeitpunkt hat bereits ihr anderes Bein den nächsten Schritt mit einem Schlag auf das Wasser begonnen. Die Basilisk-Echse sinkt zwar ein klein wenig ein, doch genügt der durchschnittliche auf sie wirkende Auftrieb, den sie durch ihre Fußschläge erzeugt, um selbst ein ausgewachsenes Tier mehrere Meter über das Wasser zu tragen.

2.43 Der Bleibarren im Boot

Stellen Sie sich vor, Sie sitzen in einem kleinen Boot, das in einem Swimmingpool treibt. Mit im Boot befinden sich ein riesiger Korken und ein Bleibarren. Wie verhält sich der Wasserstand, wenn Sie (a) den Korken auf die Wiese, (b) den Korken aufs Wasser, (c) den Bleibarren auf die Wiese und (d) den Bleibarren ins Wasser werfen?

Wie verhält sich der Wasserstand, wenn Sie ein kleines Loch in den Boden des Bootes bohren, so dass allmählich Wasser ins Boot eindringt und es zum Sinken bringt? Falls sich der Wasserstand ändert, beginnt dann die Änderung sofort, wenn das erste Wasser ins Boot sickert?

Antwort

Ein schwimmender Körper verdrängt Wasser, d. h., er okkupiert Platz, der andernfalls von Wasser okkupiert würde. Das Volumen des verdrängten Wassers ergibt sich aus der folgenden einfachen Regel: Die Masse des verdrängten Wassers ist gleich der Masse des Körpers, der es verdrängt. Wenn also ein Korken mit einer Masse von 1 kg im Wasser schwimmt, sinkt er so weit ins Wasser ein, bis er ein Wasservolumen mit einer Masse von 1 kg verdrängt hat. Der Korken verdrängt diese Wassermenge unabhängig davon, ob er im Boot liegt oder direkt auf dem Wasser schwimmt. Demzufolge ändert sich die durch den Korken verdrängte Wassermenge nicht, wenn Sie den Korken aufs Wasser werfen, und ebenso wenig ändert sich der Wasserstand. Wenn Sie den Korken auf die Wiese werfen, verdrängt er kein Wasser mehr, so dass der Wasserstand sinkt.

Wenn sich der Bleibarren im Boot befindet, gilt die gleiche Regel für das Verhältnis der beiden Massen. Angenommen, der Barren hat eine Masse von 1 kg. Er verdrängt dann ein Wasservolumen, das gleichfalls eine Masse von 1 kg hat. Das Volumen des verdrängten Wassers ist allerdings 11-mal so groß wie das Volumen des Barrens. Wenn Sie den Barren auf die Wiese werfen, verdrängt er nicht mehr diese große Wassermenge, und der Wasserstand fällt. Wenn Sie den Barren dagegen ins Wasser werfen, geht er vollständig unter. Dann hat das verdrängte Wasser das Volumen des Barrens. Dies ist nur 1/11 dessen, was der Barren verdrängt hat, als er noch im schwimmenden Boot lag. Also fällt der Wasserstand.

Wenn ein Boot beginnt, Wasser aufzunehmen, dann schwimmt es anfangs immer noch und verdrängt daher die gleiche Menge Wasser wie zuvor. Der Wasserstand ändert sich erst, wenn das Boot nicht mehr schwimmt, d. h., wenn es vollständig untergetaucht ist. Dann fällt der Wasserstand abrupt.

2.44 Schwimmende Quader und offene Dosen

Schwimmt eine offene Dose (zum Beispiel eine Suppen- oder Getränkedose) aufrecht oder hat sie Schlagseite? Wenn ein langer Quader mit quadratischem Querschnitt in einer Flüssigkeit schwimmt, welche der beiden in Abb. 2.15 gezeigten Lagen hat er dann?

Abb. 2.15: Zwei mögliche Lagen eines schwimmenden Quaders mit quadratischer Grundfläche.

Antwort

Jeder Schwimmvorgang ist dadurch gekennzeichnet, dass die Schwerkraft des schwimmenden Körpers durch eine auf ihn wirkende, nach oben gerichtete Kraft – den Auftrieb – ausgeglichen wird. Dieses Gleichgewicht lässt sich prinzipiell durch viele Lagen der Dose erreichen. Die meisten dieser Lagen sind jedoch instabil. Die mathematische Beschreibung der stabilen Lage ist im Allgemeinen schwierig – Sie können versuchen, durch Experimente im Waschbecken oder in der Badewanne allgemeine Prinzipien herauszufinden. Hier einige Grundregeln: Eine flache Dose schwimmt aufrecht (mit der Unterseite nach unten), während eine höhere Dose Schlagseite bekommen wird, möglicherweise bis zu dem Punkt, wo sie umkippt. Ein etwas merkwürdig erscheinendes Schwimmverhalten zeigt eine leichte Dose, wenn sie sich langsam mit Wasser füllt: Aus ihrer anfangs aufrechten Lage neigt sie sich zur Seite, wobei die Schlagseite zunächst größer wird, je mehr Wasser eingefüllt wird. Dann aber nimmt die Schlagseite wieder ab, bis die Dose wieder ihre aufrechte Position erreicht hat. Wenn dieser Punkt erreicht ist, beginnt die Dose zu sinken.

Die Schwimmlage eines Quaders hängt vom Dichteverhältnis zwischen dem Quader und der Flüssigkeit ab. Da der Quader schwimmt, muss dieses Verhältnis offensichtlich kleiner als 1 sein. Falls der Wert nahe bei 0 liegt, ist der Quader so leicht, dass er nur zu einem sehr geringen Teil eingetaucht ist. In diesem Fall schwimmt er mit einer seiner Längsseiten nach unten. Wenn wir nun die Dichte der Flüssigkeit allmählich erhöhen, sinkt der Quader immer tiefer ein, schwimmt aber immer noch mit der Längsseite nach unten. Wenn das Dichteverhältnis den Wert 0,21 erreicht, bekommt der Quader Schlagseite. Mit der weiteren Zunahme der Flüssigkeitsdichte bis zu dem Wert 0,28 nimmt die Schlagseite zu. Für diesen Wert bilden die beiden Seitenflächen des Quaders einen 45 °-Winkel mit der Horizontalen.

Wird die Dichte der Flüssigkeit noch weiter erhöht, ändert sich die Lage des Quaders nicht mehr, bis der Wert 0,72 erreicht ist. Der Quader richtet sich dann wieder allmählich auf, bis er für den Wert 0,79 seine alte Position (mit einer Seitenfläche nach unten) erreicht hat. Wenn das Verhältnis schließlich den Wert 1 hat, ist der Quader vollständig untergetaucht, wobei immer noch eine Seitenfläche nach unten zeigt.

2.45 Löcher im Damm, Schiffe im Trockendock

Einer Legende nach soll ein holländischer Junge seine Heimatstadt vor dem Überfluten gerettet haben, indem er einen Finger in ein Loch steckte, das er im Deich entdeckt hatte, der die Stadt vor der Nordsee schützt. Wie ist es möglich, dass ein einziger Junge die gesamte Nordsee zurückhält?

Wenn ein Schiff ins Trockendock gebracht wird, wird das Wasser abgepumpt, während sich die Wände nach innen bewegen, bis das Boot schließlich durch die Wände in seiner Position gehalten wird. Wie viel Wasser muss in der Phase des Abpumpens mindestens im Becken bleiben, damit das Boot schwimmt?

Antwort

Der Druck, den das Wasser auf den Finger des Jungen ausübt, hängt davon ab, wie tief sich das Loch unter dem Meeresspiegel befindet, und nicht davon, wie tief oder breit das Meer ist. Wenn also das Loch nur wenig unterhalb des Wasserspiegels lag, könnte die Geschichte eventuell stimmen.

Die Frage bezüglich des Trockendocks lässt sich nicht vollständig beantworten. Festzustellen ist jedoch, dass die Schwimmfähigkeit eines Schiffes nicht von der Tiefe oder Breite des Wasserkörpers abhängt. Alles, worauf es ankommt, ist die Wasserhöhe entlang des Schiffsrumpfes. Solange diese Höhe erhalten bleibt, liefert der Wasserdruck auf das Schiff im Prinzip den Auftrieb, den das Boot braucht, um seine nach unten gerichtete Schwerkraft auszugleichen. Deshalb sollte selbst eine dünne Schicht Wasser um den Schiffsrumpf herum genügen. Wenn die Schicht allerdings zu dünn ist, wird sie instabil, und eine zufällige Störung kann dazu führen, dass sich Wand und Schiff plötzlich berühren, und damit das Schwimmen beenden.

2.46 Beschleunigungsbedingte Wahrnehmungsstörungen

Piloten von Kampfflugzeugen haben lange Zeit Bedenken gehabt, zu enge Kurven zu fliegen, weil sie befürchteten, einen sogenannten *g-LOC* (Abkürzung für englisch *g-induced loss of consciousness*, deutsch „schwerkraftinduzierte Bewusstlosigkeit") zu erleiden. Es gibt verschiedene Warnsignale. Wenn die Zentripetalbeschleunigung das Zwei- oder Dreifache der Fallbeschleunigung beträgt, fühlt sich der Pilot schwer. Wenn die Beschleunigung das Vierfache der Fallbeschleunigung erreicht, sieht er nur noch schwarz-weiß und bekommt einen *Tunnelblick*, d. h. eine signifikante Einschränkung des Gesichtsfeldes, durch die er nur noch die in seiner ungefähren Blickrichtung liegenden Objekte sieht. Wenn die Beschleunigung bei diesem hohen Wert bleibt oder noch höher ansteigt, erlischt irgendwann die Wahrnehmung, und bald darauf wird der Pilot bewusstlos. Was verursacht die Änderungen in der Wahrnehmung des Piloten?

Antwort

Wenn ein Pilot, während er eine Kurve fliegt, seinen Kopf in Richtung des Krümmungsmittelpunkts der Kurve hält (was normalerweise der Fall ist), dann sinkt der Blutdruck im Gehirn, was die Wahrnehmung beeinträchtigt und letztendlich zur Bewusstlosigkeit führt. Moderne Düsenjets sind sehr leistungsstark und trotzdem gut zu manövrieren, so dass es besonders in Kampfsituationen technisch durchaus möglich ist, dass ein Pilot eine Kurve zu schnell nimmt. Der Pilot kann dann ohne Vorwarnung einen g-LOC erleiden. Wenn der Pilot nicht schnell genug das Bewusstsein wiedererlangt, wird entweder der Motor abgewürgt oder das Flugzeug rast mit voller Geschwindigkeit auf den Boden.

2.47 Der Blutkreislauf von Schlangen, Giraffen und großen Dinosauriern

Warum befindet sich das Herz bei einer Wasserschlange in der Mitte ihres Körpers, bei einer Nordamerikanischen Bodenschlange (*Sonora*) dagegen etwas und bei einer auf Bäumen kletternden Schlange wesentlich näher am Kopf?

Wie stellt es eine Giraffe an, ihren Kopf mit Blut zu versorgen und dabei gleichzeitig zu verhindern, dass sich das Blut in ihren Beinen staut? Wie vermeidet sie, dass ihr Gehirn Schaden nimmt oder sie ohnmächtig wird, wenn sie ihren Kopf nach unten neigt, um zu trinken?

Sauropoden waren riesige Dinosaurier mit sehr langen Hälsen. Wie haben sie es geschafft, Blut in ihre Köpfe zu pumpen und Wasser zu trinken?

Antwort

Wenn eine Schlange senkrecht mit dem Kopf nach oben hängt, muss das Herz das Blut bergauf zum Gehirn pumpen, und das Blut staut sich in einer solchen Situation in der unteren Körperhälfte. Für eine Wasserschlange ist beides kein Problem, da der Druck, den das Wasser auf die Schlange ausübt, mit der Tiefe zunimmt. Der höhere Druck auf die untere Hälfte der Schlange verhindert, dass das Blut sich staut. Das Herz befindet sich etwa in der Mitte des Schlangenkörpers, so dass der relativ hohe Druck an dieser Stelle und der relativ niedrige Druck am Kopf dabei helfen, das Blut in Richtung Gehirn zu transportieren.

Einer senkrecht hängenden Bodenschlange fehlt die Unterstützung durch den Wasserdruck, so dass sie dem Problem des Blutstaus ausgesetzt ist. Dafür ist allerdings ihr Herz günstiger positioniert, denn es befindet sich näher am Gehirn, anstatt in der Mitte. Baumschlangen sind noch besser angepasst: Das Herz einer solchen Schlange liegt noch näher am Gehirn und die untere Körperhälfte ist so fest gebaut, dass es nicht zum Blutstau kommt. Diese Anpassungen ermöglichen es der Baumschlange, Bäume hochzuklettern, ohne bewusstlos zu werden.

Bei der Giraffe ist das Problem der Blutzirkulation noch ausgeprägter. Da sich der Kopf einer Giraffe sehr viel höher als das Herz befindet, muss der Blutdruck sehr hoch sein. Der mittlere arterielle Blutdruck einer vier Meter großen Giraffe muss 250 mm Hg betragen, damit im Gehirn akzeptable 90 mm Hg herrschen. Da sich andererseits die Füße der Giraffe sehr viel tiefer als das Herz befinden, müsste sich eigentlich aufgrund des hohen Blutdrucks in ihren Beinen das Blut stauen. Tatsächlich wird dies durch ihre Anatomie verhindert: ein Giraffenbein ist muskulös und hat eine straffe Haut, die ähnlich wie ein Kompressionsstrumpf wirkt. Wenn eine Giraffe ihren Kopf nach unten führt um zu trinken, bewegt sie ihn nur langsam, damit sich der Blutdruck entsprechend anpassen kann. Außerdem spreizt sie ihre Beine, so dass ihr Herz eine tiefere Position einnimmt. Ein plötzlicher Anstieg des Blutdrucks kann zur Bewusstlosigkeit des Tieres oder zu Hirnschäden führen.

Noch extremer war die Herausforderung der Blutzirkulation bei den Sauropoden, selbst bei Arten, die ihre Köpfe niemals bis zur vollen Höhe erhoben. Vermutlich bewegten diese Dinosaurier ihre Köpfe nur langsam, damit sich der Druck anpassen konnte. Auch die Sauropoden hatten wie die Giraffen sehr große Herzen, die bis zu 5 % ihres Körpergewichts ausmachten.

2.48 Konnten Sauropoden schwimmen?

Die *Sauropoden* („Langhals-Dinosaurier"), zu denen unter anderem *Apatosaurus* (auch Brontosaurus genannt) und der Rekordhalter unter den „Langhälsen", *Mamenchisaurus*, gehören, waren selbst für Dinosaurier außerordentlich groß. Lange beschäftigte die Forscher die Frage, wie es diesen Tieren überhaupt möglich war zu laufen (gar nicht zu reden vom Rennen). Eine Vermutung war, dass sie einen Großteil ihres Lebens im Wasser watend oder schwimmend verbrachten. Aber konnte ein derart riesiger Saurier überhaupt schwimmen?

Antwort

Da es uns nicht vergönnt ist, Sauropoden in Natura zu beobachten, blieb den Forschern nichts anderes übrig, als diese Frage anhand eines maßstabsgetreuen Modells zu beantworten. Diese Forschungen zeigten, dass das Zentrum der Auftriebskräfte, die ein solches Modell nach oben treiben, etwas hinter dem Zentrum der Schwerkraft liegt, die das Modell nach unten zieht. Dies wäre eine instabile Konstellation, weil die Nettoauftriebskraft den Sauropoden nach vorn gekippt hätte, bis sein Hals zumindest teilweise untergetaucht wäre. Tatsächlich wäre der Sauropode vermutlich zur Seite gekippt. Mit anderen Worten, Sauropoden hätten nicht viel Freude an einem Tag am Strand gehabt.

Möglich wäre jedoch, dass sie, bis zur Brust eingetaucht, problemlos durchs Wasser gewatet sind. Arten mit längeren Vorderbeinen könnten ihre langen Beine zum Staken benutzt haben. Tatsächlich hat man Spuren stakender Dinosaurier gefunden. Diese Spuren unterscheiden sich von den vollständigen Fußabdrücken laufender Dinosaurier, da ein stakender Dinosaurier nur eine Klauenspitze in den Schlamm gesteckt und diese dann nach hinten gestoßen hat. Bei dieser Fortbewegungsmethode hinterließ er jeweils eine schmale Spur, an deren hinterem Ende etwas Schlamm angehäuft war.

2.49 Gastrolithen

Als *Gastrolithen* oder *Magensteine* bezeichnet man Steine, die von Landwirbeltieren verschluckt werden. Solche Steine wurden sowohl in den Mägen von Vertretern heute lebender Arten (beispielsweise bei Krokodilen) als auch in Fossilien von *Plesiosauriern* gefunden. Ist das Verschlucken von Steinen nur ein Versehen oder erfüllt es einen bestimmten Zweck? Wenn ja, welchen?

Antwort

Seit langem nimmt man an, dass Gastrolithen eine Rolle bei der Verdauung spielen, genauer gesagt, dass das Tier seine Nahrung im Magen mithilfe dieser Steine zermahlt. Bei Tieren, die schwimmen, wird außerdem die Hypothese diskutiert, dass sie die Steine zur Verminderung ihres Auftriebs benutzen, so dass sie in der Lage sind, tiefer im Wasser zu schwimmen als ohne die Steine. Beispielsweise lassen sich Krokodile so im Wasser treiben, dass nur Augen und Nasenlöcher aus dem Wasser herausschauen, was es ihnen ermöglicht, bewegungslos und nahezu unsichtbar ihrer Beute aufzulauern, um sie dann blitzschnell anzugreifen. Die Steine könnten auch als Ballast dienen, da sie die Energie senken, die das Tier aufwenden muss, um einer Strömung entgegenzuwirken.

Die in Plesiosauriern gefundenen Gastrolithen dienten vermutlich ebenfalls als stabilisierender Ballast, der es dem Tier erlaubte, gut ins Wasser einzutauchen. Plesiosaurier hatten lange, schwere Hälse (die sich natürlich vor den für den Auftrieb sorgenden Lungen befanden), so dass sie bei stärkerem Wellengang Gefahr liefen, nach vorn zu kippen. Steine im Magen (also hinter den Lungen) würden dieser Neigung entgegenwirken.

2.50 Der Coanda-Effekt

Wenn eine Flüssigkeit oder ein Gas in der Nähe einer festen Oberfläche durch Luft strömt, hat diese Strömung die Tendenz, sich zur Oberfläche hin zu krümmen und sich schließlich an diese anzuheften. Was ist die Ursache für diesen Effekt? Sie können den Effekt leicht im Spülbecken beobachten, indem Sie eine gekrümmte Fläche unter den gleichmäßig fließenden Wasserstrahl halten. Halten Sie zum Beispiel ein Glas wie in Abb. 2.16a skizziert, so dass der Wasserstrahl auf der gekrümmten Fläche auftrifft und dann an einer Seite herunterläuft. Es kann sein, dass der Strahl so gut an der Oberfläche haftet, dass er um die ganze Unterseite herum und sogar ein Stück auf der anderen Seite hinaufläuft. Wenn Sie einen Stab in den Strahl halten (Abb. 2.16b) und die Geschwindigkeit des Strahls vorsichtig justieren, können Sie es einrichten, dass der Strahl den Stab hinaufklettert und sich mehrere Male um diesen herumwickelt, bevor er sich schließlich ablöst und nach unten fällt.

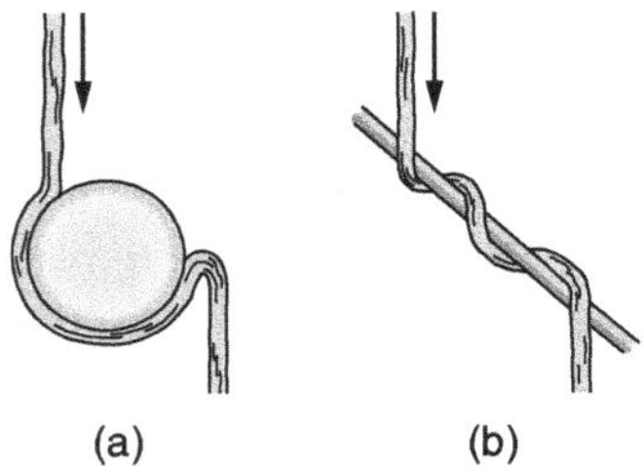

Abb. 2.16: Ein nach unten fallender Wasserstrahl windet sich (a) um ein Glas und (b) um einen schräg unter den Strahl gehaltenen Stab.

Bombardierkäfer besitzen ein beeindruckendes Verteidigungssystem. Wenn sie bedroht werden, richten Sie ihren Hinterleib gegen den Feind und spritzen ihm ein 100 °C heißes, toxisches Gas ins Gesicht. Wenn beispielsweise eine Ameise ein Vorderbein des Käfers attackiert, richtet dieser die Spitze seines Hinterleibs nach vorn und zielt auf die Ameise. Die bespritzte Ameise macht sich daraufhin schnell davon. Einige seltenere Arten des Bombardierkäfers besitzen keine derart bewegliche Hinterleibspitze, so dass sie ihr Sekret nur zur Seite oder nach hinten abfeuern können. Trotzdem können auch diese Käfer eine von vorn angreifende Ameise treffen. Welchen Mechanismus nutzen sie dabei?

Antwort

Die Anziehung einer Strömung durch eine feste Oberfläche und das daraus resultierende Anheften der Strömung wird als *Coanda-Effekt* bezeichnet (nach dem rumänischen Ingenieur Henri Coanda, der ihn entdeckte). Angenommen, eine Wasserströmung befindet sich relativ nahe an einer festen Oberfläche. Die Strömung reißt Luft mit sich, d. h., sie zwingt benachbarte Luftmoleküle, sich mit der Strömung zu bewegen. Die auf diese Weise entfernten Luftmoleküle werden durch andere Luftmoleküle ersetzt, die aus weiter von der Oberfläche entfernt liegenden Bereichen nachströmen. Die Oberfläche jedoch behindert dieses Nachströmen. Infolgedessen befinden sich vergleichsweise wenige Moleküle zwischen der Wasserströmung und der festen Oberfläche, so dass dort der Luftdruck reduziert ist. Auf der anderen Seite der

Strömung hat die Luft dagegen immer noch den normalen atmosphärischen Druck. Aufgrund dieser Differenz wird die Strömung gegen die Oberfläche gedrückt, also von ihr angezogen. Diese Anziehung kann auch dann erhalten bleiben, wenn sich die Oberfläche von der ursprünglichen Strömung wegkrümmt.

Die Bombardierkäfer mit den weniger beweglichen Hinterteilen besitzen um ihre Drüsenöffnung herum Ausstülpungen, die beim Abfeuern des Sekrets so gesteuert werden, dass dieses aufgrund des Coanda-Effekts um bis zu 50 ° abgelenkt wird. Wenn das Sekret die Ausstülpung verlässt, fliegt es als dünner Strahl durch die Luft. Der Käfer kann die endgültige Richtung des Strahls steuern, indem er die Stelle variiert, an der das von der Drüse produzierte Sekret aus der Ausstülpung austritt.

2.51 Der Teekanneneffekt

Mit einer gut konstruierten Teekanne können Sie den Tee so ausgießen, dass er frei nach unten fällt und dort landet, wo Sie ihn haben wollen (also beispielsweise in Ihrer Teetasse). Eine schlecht konstruierte Teekanne zeigt dagegen den sogenannten *Teekanneneffekt*: Anstatt frei nach unten zu fallen, fließt der Tee ein Stück an der Unterseite der Tülle oder sogar am Kannenkörper zurück, bevor er sich ablöst und nach unten fällt (Abb. 2.17). Es kann auch passieren, dass der Tee nicht an der Tülle entlangfließt, sondern dass sich der Strahl in Richtung der Teekanne biegt. In jedem Falle entsteht durch den Teekanneneffekt eine ziemliche Kleckerei. Was aber ist die Ursache für den Teekanneneffekt?

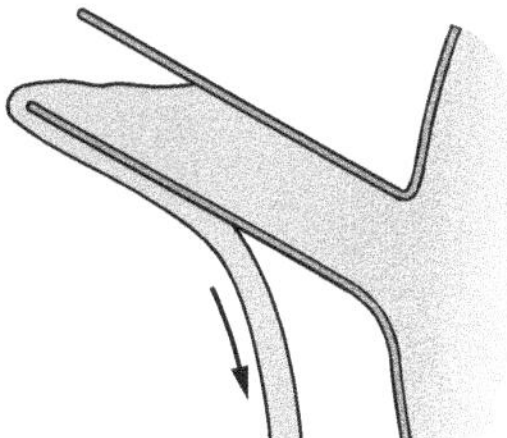

Abb. 2.17: Bei geringer Gießgeschwindigkeit fließt der Tee ein Stück an der Tülle herunter.

Antwort

Wenn die Flüssigkeit schnell genug ausgegossen wird, hat der Strahl mit großer Wahrscheinlichkeit die erwartete und gewünschte Bogenform. Das unerwünschte Verhalten tritt auf, wenn die Flüssigkeit die Tülle langsamer verlässt. In der Strömung entwickelt sich ein Druckgefälle entlang des Querschnitts: Die Grenzfläche zwischen Flüssigkeit und Luft ist dem normalen atmosphärischen Druck ausgesetzt, während der Druck dort, wo das Wasser schnell um die Tüllenwand herumläuft, höher ist. Der höhere äußere Druck presst die Strömung gegen die Tüllenwand. Bei mäßiger Geschwindigkeit wird die Strömung um die Tülle herum gebogen, bevor sie sich ablöst.

Wenn die Flüssigkeit noch langsamer fließt, kann der Punkt, an dem sie die Tülle gerade noch berührt, auf die Unterseite der Tülle verschoben werden. Diese Adhäsion wird gewöhnlich auf die gegenseitige Anziehung von Wassermolekülen und den Molekülen der Tülle zurückgeführt. Sie lässt sich im Wesentlichen durch die *Oberflächenspannung* erklären und ist ein Beispiel für die *Benetzung*. Der Hauptgrund für das Anhaften des Flüssigkeitsstrahls an der Tülle ist allerdings der, dass der Strahl durch den Luftdruck gegen die Tülle gedrückt wird. Selbst wenn Sie die Unterseite der Tülle mit Butter einstreichen, um die Anziehung zwischen den Molekülen zu reduzieren und die Benetzung zu eliminieren, biegt sich der Strahl bei geringer Gießgeschwindigkeit um die Tülle herum und läuft an dieser herunter.

Viele Faktoren haben einen Einfluss darauf, wo sich der Strahl von der Tülle löst. Wenn Sie mehrere Versuche mit ein und derselben Kanne und genau eingestellter Gießgeschwindigkeit durchführen, kann die Wegstrecke, die die Flüssigkeit an der Tülle zurücklegt, von Versuch zu Versuch unterschiedlich sein. Der Teekanneneffekt kann ausgeschaltet werden, wenn die Unterseite der Tülle kurz vor dem Ende ein kleines Loch hat. Wenn die Strömung das Loch erreicht, bewirkt die abrupte Änderung der Oberflächenkrümmung, dass sich die Strömung ablöst. Eine ähnliche Methode wird bei Fenstersimsen angewendet. In diesem Fall soll der Teekanneneffekt vermieden werden, weil sonst das unter den Fenstersims laufende Regenwasser einen nicht abgedichteten Bereich des Mauerwerks erreichen und es auf die Dauer beschädigen würde. Der Fenstersims hat deshalb auf der Unterseite einen schmalen Einschnitt, der bewirkt, dass sich das Wasser vom Fenstersims ablöst. Um den Teekanneneffekt beim Ausgießen einer Flüssigkeit aus einem Tiegel zu vermeiden, können Sie beispielsweise ein Messer senkrecht an den Tiegelrand halten. Die Flüssigkeit heftet sich dann an das Messer an und läuft an diesem anstatt außen am Tiegel herunter.

Der Teekanneneffekt zeigt sich auch an bestimmten Springbrunnen, bei denen das Wasser über den Rand eines Gefäßes strömt und entweder an der Unterseite des Gefäßes herabfließt oder sich in dessen Richtung zurückbiegt.

2.52 Aufsteigen nach einem tiefen Tauchgang

Wenn ein Tiefseetaucher wieder zur Wasseroberfläche aufsteigt, darf er nicht einfach kontinuierlich aufsteigen, sondern muss in bestimmten Tiefen genau festgelegte Zeitintervalle warten, bevor er weiter nach oben steigen kann. Wozu ist diese Prozedur gut? Warum fühlen sich viele Taucher okay, wenn sie diese Regel befolgen, haben aber Schmerzen, wenn sie kurze Zeit nach dem Tauchgang mit dem Flugzeug fliegen? (Der Schmerz setzt schon bald nach dem Start ein.) Wale halten sich oft in großen Tiefen auf. Nehmen sie dabei irgendwie Schaden?

Antwort

Wenn ein Taucher unter Druck Luft einatmet, werden Stickstoffmoleküle aus der Luft in den Blutkreislauf gebracht. Wenn der Taucher aufsteigt, kann der gelöste Stickstoff wegen des abnehmenden Wasserdrucks auf den Körper Gasblasen bilden. (Die Bildung von Gasblasen beim Öffnen einer Flasche mit einem kohlensäurehaltigen Getränk tritt an der Flaschenwand auf, während die hier betrachtete Bildung von Stickstoffblasen innerhalb der Flüssigkeit, also im Blut, auftritt.) Die Blasen bewegen sich mit dem Blutstrom und können kleine Blutgefäße verstopfen. Dies verursacht starke Schmerzen und kann zu Behinderungen oder sogar zum Tod führen. Die wichtigste Erste-Hilfe-Maßnahme besteht darin, den Verunglückten Luft mit erhöhtem Sauerstoffgehalt atmen zu lassen, um den Stickstoff aus dem Blut herauszubekommen. Vorbeugend ist vor allem darauf zu achten, dass der Taucher in Stufen zur Oberfläche aufsteigt und dabei auf jeder Stufe eine festgelegte Zeit wartet, damit der Stickstoff entweichen kann.

Dekompressionsstopps dienen dazu, ausreichend viel gelösten Stickstoff zu eliminieren, damit in den Gefäßen des Tauchers keine Stickstoffblasen aufsteigen. Falls der Taucher kurz nach einem Tauchgang mit dem Flugzeug fliegt, kann es passieren, dass der noch im Blut vorhandene Stickstoff Blasen bildet. In modernen Flugzeugen gibt es zwar Druckluftkabinen, doch der Luftdruck ist niedriger als der normale atmosphärische Druck am Boden, und aufgrund dieses niedrigen Drucks können sich Stickstoffblasen bilden.

Eigentlich sollte man meinen, dass Wale gegen die Gefahren des Tiefseetauchens immun sind, doch es gibt einige Hinweise darauf, dass auch diese Tiere Dekompressionsschäden erleiden können, besonders wenn sie aus irgendeinem Grund gezwungen sind, sehr schnell aufzusteigen. Symptome der Dekompressionskrankheit wurden auch bei Arbeitern festgestellt, die Unterwasserarbeiten durchgeführt hatten, beispielsweise beim Bau der Brooklyn Bridge in den 1860er Jahren.

2.53 Schnorchelnde Menschen und schnorchelnde Elefanten

Beim Schnorcheln atmet der Schwimmer durch ein Rohr, dessen Ende aus dem Wasser herausragt. Warum ist die Länge des Rohres auf 20 cm beschränkt? Besteht eine akute Gefahr, wenn man ein längeres Rohr benutzt (abgesehen von der Schwierigkeit der Luftzirkulation)? Auch Elefanten können mit ihrem Rüssel schnorcheln. Wieso nehmen sie dabei angesichts der beachtlichen Schnorchellänge von etwa 2 Metern keinen Schaden?

Antwort

Da der Druck des Wassers auf einen Taucher mit der Tauchtiefe zunimmt, nimmt auch der Blutdruck zu. Wenn ein Mensch mit angehaltenem Atem schwimmt, steigt auch der Druck in seinen Lungen. Die Anpassung zwischen dem Blutdruck und dem Luftdruck in den Lungen erlaubt die kontinuierliche Zuführung von Sauerstoff in das Blut und die Abführung von Kohlendioxid aus dem Blut. Wenn der Taucher jedoch beginnt, durch ein Rohr zu atmen, fällt der Luftdruck in den Lungen auf das Niveau des atmosphärischen Drucks. Dieser Abfall ist nur geringfügig, wenn der Taucher nicht weit von der Wasseroberfläche entfernt ist. Für größere Tauchtiefen jedoch kann das Missverhältnis zwischen Blutdruck und dem Luftdruck der Lungen fatal sein und zu einer *Lungenquetschung* führen. Wenn dieser Fall eintritt, zerreißen die kleinen Blutgefäße an der Oberfläche der Lunge, und Blut sickert in die Lunge.

Ein ausgewachsener Elefant müsste nach dem bisher Gesagten eigentlich jedes Mal eine Lungenquetschung erleiden, wenn er unter Wasser schwimmt, denn seine Lungen befinden sich etwa zwei Meter unter der Wasseroberfläche, was bedeutet, dass der Druckunterschied zwischen dem Blutdruck und dem Luftdruck in den Lungen sehr groß ist. Die Lungen von Elefanten sind jedoch durch einen speziellen Mechanismus geschützt. Die *Pleura* ist eine Membran, die Lungen jedes Säugetiers umschließt. Anders als bei den anderen Säugetieren ist die Pleura des Elefanten mit Bindegewebe gefüllt, das die in den Lungenwänden enthaltenen kleinen Blutgefäße stützt und schützt. Aus diesem Grund reißen die Blutgefäße während des Schnorchelns nicht.

2.54 Tiefseetauchen, Aufstieg aus einem havarierten U-Boot

Eine wichtige Maßnahme zur Erhöhung der Sicherheit beim Tiefseetauchen besteht darin, dass der Taucher lernt, wie er seine Lungen mit Luft aus der Flasche eines anderen Tauchers füllt und dann zur Oberfläche aufsteigt. Welche Gefahr besteht bei einem solchen Aufstieg? Ist es möglich, von einem havarierten U-Boot aus zur Wasseroberfläche aufzusteigen, indem man seine Lungen im U-Boot mit Luft vollpumpt und nach oben schwimmt?

Warum kann es gefährlich sein, seine Lungen an der Wasseroberfläche mit Luft zu füllen und dann nach unten zu tauchen, wie es manche Freizeitsportler oder die Perlentaucher im Südpazifik tun (sogenanntes *Apnoetauchen* oder *Freitauchen*)? Warum ist es gefährlich, wenn es im Taucheranzug eines Tiefseetauchers zu einem vorübergehenden Druckabfall kommt?

Antwort

Der Druck auf den Körper eines Tauchers nimmt mit der Wassertiefe signifikant zu. Wenn jemand Luft aus einer Druckluftflasche aufnimmt, die sich auf dem Grund eines Swimmingpools befindet, und anschließend aufsteigt, während er die Luft anhält, sinkt der Druck und die Lungen dehnen sich bis an die Grenze ihrer Belastbarkeit aus. Wenn die Person nicht ausatmet, um die Expansion zu vermeiden, kann der Druck in den Lungen den Blutdruck überschreiten. Dann wird Luft in den Blutstrom gedrückt, was fatale Folgen haben kann. Jedes Jahr sterben einige Menschen beim Tiefseetauchen, weil sie nicht richtig ausatmen.

Im Prinzip ist es möglich, von einem havarierten U-Boot aus hoch zur Wasseroberfläche zu schwimmen. Voraussetzung ist allerdings, dass das U-Boot nicht allzu tief unter Wasser ist und man beim Aufsteigen das Ausatmen nicht vergisst. Das Ausatmen erfordert große Disziplin, weil der Mensch während des Furcht einflößenden Unterfangens, eine unbekannte Entfernung schwimmend zurückzulegen, instinktiv versucht, die Luft in seinen Lungen zu halten. Der drängende Wunsch, Atem zu holen, kann sogar noch schlimmer sein. Wie stark dieses Bedürfnis ist, hängt davon ab, wie sehr der Druck in den Lungen durch Kohlendioxid zustande kommt. Wenn dieser Druck einen bestimmten kritischen Wert erreicht, kann das Bedürfnis, Luft zu holen, unerträglich werden. Wenn man während des Aufsteigens richtig ausatmet, erreicht man den kritischen Wert nicht erst kurz unterhalb der Wasseroberfläche, sondern weiter unten. Wenn man es bis zu diesem Punkt schafft, ist der Rest des Aufstiegs relativ einfach.

In einem U-Boot Eingeschlossene können auch befreit werden, indem man eine Dekompressionskammer zu dem U-Boot herablässt. Tatsächlich wurde eine solche Glocke im Mai

1939 benutzt, um 33 Mann Besatzung aus dem in 80 Metern Tiefe havarierten amerikanischen U-Boot *Squalus* zu befreien. Taucher brachten Führungsleinen von einem Schiff zu einer Luke des U-Boots. Dann wurde die Dekompressionskammer an der Führungsleine nach unten gelassen. Die nach unten hin offene Dekompressionskammer füllte sich nicht mit Wasser, weil sie von Tanks mit Luft befüllt wurde, um den Luftdruck zu erhöhen. Als die Kammer die Luke erreicht hatte, wurde zwischen der Kammer und einem Ring um die Luke ein wasserdichter Kontakt hergestellt. Nachdem die Kammer fest mit dem Ring verbunden und der Luftdruck reduziert worden war, wurde die Luke geöffnet und mehrere Besatzungsmitglieder konnten in die Kammer klettern, um in dieser zur Wasseroberfläche aufzusteigen.

Die für das Apnoetauchen erforderliche Fähigkeit, den Atem lange anzuhalten, beruht auf Training, dem Schock durch das kalte Wasser im Gesicht sowie auf der Bereitschaft, physischen Schmerz auszuhalten. Durch Training lässt sich die Kapazität der Lungen und die Zeit zwischen zwei Atemzügen erhöhen. Der Schock wegen des kalten Wassers senkt den Sauerstoffverbrauch. Das Tiefergehen wird gewöhnlich durch Bleigewichte erleichtert, die der Taucher in einem Gurt oder einer Tarierweste mit sich führt. Wenn der Taucher die gewünschte Tiefe erreicht hat, wirft er die Gewichte ab. Aber auch ohne Gewichte entwickelt der Taucher während des Tiefergehens einen *negativen Auftrieb* (also eine nach unten gerichtete Nettokraft). Der normale Auftrieb (*positiver Auftrieb*) ist nach oben gerichtet und entsteht, weil der Taucher ein bestimmtes Wasservolumen verdrängt. Wenn der Taucher jedoch tiefer geht, werden die Lungen zusammengedrückt und er nimmt ein geringeres Volumen ein. Der Auftrieb fällt und wird kleiner als die Schwerkraft. Folglich ist die auf den Taucher gerichtete Nettokraft nach unten gerichtet, und der Taucher sinkt. Die Lungen werden auf die Größe einer Coladose zusammengepresst und Blut sickert in den Raum, den eigentlich die Lungen hätten einnehmen sollen.

Diese physiologischen Änderungen treten auf, wenn der Taucher mit gefüllten Lungen an der Wasseroberfläche startet. Wenn er dagegen in der herabgelassenen Dekompressionskammer startet und unter dem ihn umgebenden Wasserdruck Luft (oder ein anderes sauerstoffhaltiges Gasgemisch) einatmet, hat er keine Beschwerden. Obwohl Tauchgänge in die tiefsten Tiefen der Ozeane eher unwahrscheinlich sind, sind sie physiologisch nicht unmöglich.

Wenn eine Person in einem Helmtauchgerät arbeitet, wird Luft über einen Schlauch zum Helm geleitet, und über eine Pumpe wird der Luftdruck im Anzug erhöht, um einen Druckausgleich mit dem umgebenden Wasserdruck zu schaffen. Wenn die Pumpe unregelmäßig arbeitet oder ausfällt, rasten Sicherheitsventile ein, um zu verhindern, dass der Druck innerhalb des Anzugs auf den Oberflächendruck fällt. In früheren Zeiten, als die Tauchanzüge noch keine solchen Ventile hatten, bedeutete ein Ausfall der Pumpe, dass der Körper des Tauchers regelrecht in den Helm gerammt wurde.

2.55 Die Katastrophe von Nyos

Der *Nyos-See* in Kamerun ist ein Kratersee, der durch eine Katastrophe traurige Berühmtheit erlangte. Im August 1986 starben in dem Tal unterhalb des Sees rund 1 700 Menschen sowie unzählige Tiere an einer Gasvergiftung. Forscher, die einige Tage später an den Ort der Tragödie kamen, stellten fest, dass der See selbst die Katastrophe ausgelöst hatte, und nicht etwa irgendein aus dem Vulkan strömendes Gas. Wie ist es möglich, dass ein See ein tödliches Gas freisetzt?

Antwort

Der See enthält eine hohe Konzentration an gelöstem Kohlendioxid, und zwar besonders in den tieferen Zonen, weil der Wasserdruck dort höher ist. Offensichtlich muss irgendein Ereignis dazu geführt haben, dass das Tiefenwasser zur Oberfläche aufgestiegen ist. Dadurch konnte ein großer Teil des im Wasser enthaltenen Kohlendioxids Blasen bilden, die zur Oberfläche getrieben wurden. Diese Blasen traten mit so großem Schwung aus dem Wasser, dass sich Wellen auf dem See bildeten. Das Kohlendioxid sammelte sich über dem Wasser, überflutete das Ufer und strömte ins Tal, wo es die Opfer erstickte. Die Opfer waren völlig von Kohlendioxid eingehüllt und starben an Sauerstoffmangel.

Vermutlich werden wir nie mit Sicherheit wissen, was der Auslöser für die Ausgasung in den tieferen Zonen des Sees war. Möglicherweise war es eine verhängnisvolle Kombination aus Regen und besonders heftigem Wind. Da das Regenwasser etwas kühler und dichter ist als das Seewasser, ist die Konstellation, in der das Regenwasser die oberste Wasserschicht bildet, instabil. Der starke Wind könnte das Regenwasser über den See geblasen haben, an dessen Ende es nach unten gesunken ist. Dann könnte das absinkende Wasser das Tiefenwasser dazu angetrieben haben, am anderen Ende des Sees wieder aufzusteigen. Da dieses Tiefenwasser einen immer niedrigeren Druck hatte, könnte das Gas schließlich ausgeperlt sein.

Der Nyos-See hat noch immer eine hohe Kohlendioxidkonzentration, und Forscher befürchten, dass es zu einer weiteren Ausgasung mit tödlichen Folgen kommen könnte. Es wird davor gewarnt, in die Nähe des Sees zu kommen, besonders zur Regenzeit.

2.56 House-Hopping, Flugreise im Gartenstuhl

Im September 1937 verbrachte Al Mingalone, ein Kameramann der Wochenschau den späten Nachmittag auf einem Golfplatz in Old Orchard Beach (Maine). Er hatte vor, Aufnahmen von einem Stunt zu machen, der als *House-Hopping* bezeichnet wird. Seine Ausrüstung bestand aus einen Gurt, an dem 27 große, mit Wasserstoff gefüllte Ballons befestigt waren. Damit rannte er immer wieder auf ein Haus zu und sprang nach oben. Jedes Mal hoffte er, dass der von den Ballons gelieferte Auftrieb ihn nach oben und über das Haus tragen würde. Doch alle seine Versuche schlugen fehl, weil es ihm bestenfalls gelang, 25 Fuß (knapp 8 Meter) aufzusteigen, was leider zu wenig war.

Als das Tageslicht langsam nachließ, rief er „Diesmal nehmen wir so viele, dass es einfach klappen muss." Fünf weitere Ballons wurden aufgepumpt und am Gurt befestigt. Und dann machte Mingalone für diesen Tag seinen letzten Sprung. Während er aufstieg, spannte sich die Sicherheitsleine, die an seinem Gurt und am Stoßdämpfer eines Autos befestigt war, aufs Äußerste; und schließlich riss sie.

In der hereinbrechenden Dunkelheit und im Angesicht eines sich zusammenbrauenden Sturms driftete Mingalone in Richtung Atlantik. Sein Vater und ein Assistent, die die bizarre Szene zunächst wie gelähmt verfolgt hatten, sprangen schließlich in ein Auto. Begleitet wurden sie von Vater Mullen von der örtlichen Kirche, der geistesgegenwärtig genug gewesen war, ein 22-Kaliber-Präzisionsgewehr mitzunehmen. Das Trio raste Mingalone hinterher, wobei sie den Ballonfahrer allzu oft aus den Augen verloren, weil dieser auf seinem unfreiwilligen Ausflug mehrere Regenwolken durchquerte. Außerdem musste das Auto der Straße folgen, die sich natürlich nicht exakt an den von Mingalone eingeschlagenen Weg hielt.

Nach einer Stunde und als Mingalone die beachtliche Höhe von 250 Metern über dem Boden erreicht hatte, bekamen die Verfolger Mingalone endlich wieder zu Gesicht. Sie bremsten scharf und sprangen aus dem Auto, und dann schoss Vater Mullen mit höchster Konzentration drei der Ballons ab, um Mingalone unverletzt auf den Boden zurückzuholen. Tatsächlich gelang es ihm, den Auftrieb gerade so sehr zu verringern, dass Mingalone langsam an Höhe verlor. Immerhin war Vater Mullens beherzte Tat nicht ohne Risiko, denn wenn er zu viele Ballons abgeschossen hätte, wäre der Rettungsversuch tragisch ausgegangen. Während seines Fluges hatte Mingalone irgendwann seine Kamera fallen lassen, doch wurde diese später unbeschädigt auf einem Kartoffelacker gefunden. Die Kamera hatte einen wesentlich aufregenderen Stunt festgehalten, als Mingalone ursprünglich beabsichtigt hatte.

Im Juli 1982 unternahm Larry Walters aus San Pedro (ein Vorort von Los Angeles) einen ähnlichen Flug, allerdings mit Absicht. In einem Gartenstuhl sitzend, an dem 42 heliumgefüllte Wetterballons befestigt waren, hob Walters von einer Straße ab. Anfangs bewegte er sich mit einer Geschwindigkeit von 250 Metern pro Minute aufwärts, und bald hatte er eine Höhe von 5 Kilometern über dem Boden erreicht, wo ihn die Piloten zweier Flugzeuge erblickten. Ihre Meldung über einen Mann in einem Gartenstuhl, der von Ballons getragen wurde, hätte für das Personal im Kontrollturm des internationalen Flughafens von Los Angeles sicherlich sehr merkwürdig geklungen, wenn nicht einer von Walters' Freunden vorher dort angerufen hätte.

Als er in der dünnen, kalten Luft in 5000 Metern Höhe angekommen war, begann Walters, den Auftrieb zu verringern, indem er einige der Ballons mit einem Luftgewehr abschoss. Doch vor lauter Aufregung und/oder unter der Wirkung des Sauerstoffmangels ließ er das Gewehr versehentlich fallen. Obwohl Sauerstoffmangel oft ein Gefühl der Euphorie auslöst, war Walters doch alarmiert, als sein Stuhl daraufhin sofort wieder aufzusteigen begann. Nachdem er wieder ein kontinuierliches Sinken erreicht hatte, steuerte er seinen Landeanflug, indem er wassergefüllte Säckchen abwarf.

Als er sich dem Boden näherte, verfingen sich die Ballons in einer Hochspannungsleitung, doch zum Glück baumelte Walters zwei Meter über dem Boden. Der Abstand zum Boden war groß genug, dass keine unmittelbare Gefahr in Form eines Stromschlags bestand. Damit die Hilfskräfte Walters aus seiner misslichen Lage befreien konnten, wurde sicherheitshalber der Strom abgeschaltet.

Der Flug von Walters dauerte 1,5 Stunden und erstreckte sich über 5 Höhen- und 16 Längenkilometer. Die Luftfahrtbehörde war zunächst ratlos, was genau sie Walters vorwerfen sollte, denn schließlich gibt es keine schriftlich niedergelegten Bestimmungen für das Fliegen mit Gartenstühlen im öffentlichen Luftraum. Doch nach sechs Monaten Bedenkzeit belegte die Behörde Walters mit einem hohen Bußgeld für verschiedene Verfehlungen, darunter das Führen eines Fluggeräts ohne Nachweis der Flugtüchtigkeit.

2.57 Fließende Kirchenfenster

Manche Fensterscheiben in mittelalterlichen Kirchen sind in ihrem unteren Teil dicker als oben. Ist das Glas im Laufe der Jahrhunderte allmählich nach unten geflossen?

Antwort

Glas lässt sich als eine viskose Flüssigkeit auffassen, die fließen oder sich setzen kann. Berechnungen haben jedoch ergeben, dass das Nach-unten-Fließen zu langsam ist, um merkliche Veränderungen auf Fensterscheiben aus dem Mittelalter hervorzurufen.

Andere Erklärungen für die Form der Fensterscheiben konzentrieren sich auf den Herstellungsprozess. Beispielsweise könnte das Glas zunächst in Zylinderform geblasen, dann geteilt und schließlich abgeflacht worden sein. Der untere Teil des Zylinders dürfte aufgrund der Schwerkraft dicker gewesen sein als der obere Teil, und deshalb war später auch ein Teil der Fensterscheibe dicker. Die Arbeiter haben die Scheiben dann natürlich mit ihrem dickeren Teil nach unten eingesetzt.

2.58 Seltsame viskose Flüssigkeiten

Warum fließt Ketchup leichter aus der Flasche, wenn man diese zunächst kräftig schüttelt? Vielleicht haben Sie diesen Effekt schon einmal bemerkt, wenn Sie versucht haben Ketchup auf Ihren Hamburger zu schütten und dabei feststellen mussten, dass schon jemand anderes kurz zuvor die Flasche geschüttelt hatte – es könnte sein, dass Sie dann mehr Ketchup als Hamburger auf dem Teller haben.

Warum fließt die Tinte aus einem Kugelschreiber leicht aus dem Stift, während Sie damit schreiben, aber nicht, wenn der Stift in Ihrer Tasche steckt? Warum lässt sich Anstrichfarbe leicht auf der Wand verteilen, fließt aber nicht von der Wand herunter und auf den Boden? Warum verteilt sich Butter über zimmerwarmes Brot, wenn man dazu ein Messer benutzt, und warum tut sie das nicht von allein? Warum lässt sich eine dickflüssige Mischung aus Speisestärke und Wasser nur sehr schwer umrühren, wenn man versucht, schnell zu rühren, und warum ist es ganz einfach, wenn man langsam rührt?

In den USA wird unter den Namen „Silly Putty" ein Scherzartikel verkauft, das sich wie normale Knetmasse verformen lässt. Wenn man eine Kugel aus diesem Material auf den Boden wirft, springt sie wie ein Gummiball. Wenn Sie mit der Hand auf das Material schlagen, fühlt es sich dagegen starr an, und wenn Sie es um einen Stab drapieren, verhält es sich wie ein Fluid. Eine ähnlich merkwürdige, glibbrige Substanz ist die aus Polyvinylalkohol abgeleitete Verbindung „Slime", die ebenfalls als Scherzartikel vertrieben wird. Wie lassen sich diese merkwürdigen Eigenschaften erklären?

Antwort

Die ungewöhnlichen Eigenschaften dieser verschiedenen Fluide hängen mit ihrer *Viskosität* zusammen. Die Viskosität ist ein Maß dafür, wie schwer eine Flüssigkeit fließen kann. Honig hat beispielsweise eine sehr hohe Viskosität und fließt nur sehr langsam, während Wasser eine niedrige Viskosität hat und leicht fließt. Die Viskosität der meisten Flüssigkeiten hängt von der Temperatur ab und ist für eine bestimmte gegebene Temperatur konstant. Solche Flüssigkeiten bezeichnet man als *newtonsch*.

Bei *nicht-newtonschen Flüssigkeiten* hängt die Viskosität dagegen auch davon ab, *wie* sie zum Fließen gebracht werden. Ein Beispiel hierfür ist Ketchup: Wenn er eine Weile lang keiner Störung ausgesetzt ist, hat er eine hohe Viskosität, weshalb es schwierig ist, ihn aus einer enghalsigen Flasche auszugießen. Wenn man ihn jedoch einige Sekunden lang schüttelt oder umrührt, nimmt seine Viskosität merklich ab. Wenn Sie also wollen, dass der Ketchup leicht aus der Flasche fließt, müssen sie diese nur ein paar Mal kräftig schütteln. Durch das Schütteln rutschen Teile der Flüssigkeit über andere Teile, und diese relative Lageverschiebung (*Scherung* genannt), entwirrt wahrscheinlich einige der ineinander verhakten langkettigen Moleküle im Ketchup, so dass dieser leichter fließt. Das Phänomen, dass die Viskosität einer Flüssigkeit abnimmt, wenn Scherkräfte auf sie einwirken, wird als *Thixotropie* bezeichnet.

Kugelschreibertinte, Anstrichfarbe und Butter sind Beispiele für thixotrope Fluide. Wenn sie diese Substanzen zusammendrücken, sinkt ihre Viskosität und sie fließen sehr leicht. Sobald der Druck nachlässt, wird die Viskosität wieder zu groß, um das Fließen zu gestatten.

Eine zähflüssige Mischung aus Maisstärke und Wasser zeigt dagegen ein ganz anderes Verhalten, das als *Rheopexie* bezeichnet wird: Ihre Viskosität nimmt durch Druck und Scherung zu. (Wenn Sie die Mischung stark verdünnen, verschwindet dieser Effekt.) Wenn Sie mit der Handfläche auf die Mischung schlagen, erhöht sich die Viskosität so sehr, dass die Mischung beinahe fest wird und mit Sicherheit nicht spritzt; allerdings stellen sich die ursprüngliche Viskosität und die Fließfähigkeit sehr schnell wieder ein. Der vorübergehende Anstieg der Viskosität hat vermutlich damit zu tun, dass sich die Stärkemoleküle senkrecht zur Fließrichtung ausrichten und dadurch den Fluss schnell stoppen. Wenn Sie eine Handvoll von der dicken Stärkemischung auf den Boden werfen, wird sie unmittelbar nach der Kollision nahezu fest, doch kurz danach beginnt sie zu fließen. Wenn Sie einen dicken Stab oder einen großen Löffel in die Mischung stecken und ihn dann nach oben ziehen, kann es Ihnen gelingen, die Mischung mitsamt dem Behälter kurz anzuheben.

Auch Silly Putty und Slime sind nicht-newtonsche Fluide. Wenn Sie diese Substanzen langziehen und um einen Stab wickeln, so dass die Schwerkraft behutsam an ihnen zieht, werden sie nach unten fließen. Wenn plötzlich eine stärkere Kraft auf sie einwirkt, beispielsweise durch einen Stoß, reagieren sie wie ein elastischer Ball, weil die langen Moleküle des Materials sich spiralartig aufwickeln und wie Federn wirken. Ist die einwirkende Kraft noch stärker, zerbrechen die Moleküle. Wenn Sie beispielsweise ruckartig an den beiden Enden eines Strangs Silly Putty ziehen, reißt der Strang wie ein Metallstab, an dessen Enden zwei ausreichend starke Kräfte in entgegengesetzte Richtungen ziehen. Sie können Silly Putty auch mit einer Schere zerschneiden. Durch den plötzlichen starken Druck der Scherenklingen auf das Material wirken Scherkräfte auf dieses, und es wird hart und brüchig.

Einen weiteren merkwürdigen Effekt können Sie beobachten, wenn Sie Silly Putty in ein Rohr pressen: Wenn die Substanz am anderen Ende aus dem Rohr austritt, dehnt sie sich aus. Diese Ausdehnung ist darauf zurückzuführen, dass sich die zuvor aufgewickelten Moleküle strecken, wenn sie aus dem Rohr herauskommen.

Einige nicht-newtonsche Fluide sind in der Lage, sich selbst aus einem Behälter herauszuheben. Wenn Sie einen Teil eines solchen Fluids über den Rand eines Bechers ziehen, dann kann der über den Rand hängende Teil der Substanz den gesamten Rest aus dem Becher herausziehen.

2.59 Strudel in der Suppe

Wenn Sie bestimmte Suppen, beispielsweise Tomatensuppe, umrühren und dann das zum Umrühren verwendete Utensil herausnehmen, kehrt sich die Richtung des Strudels um. Woran liegt das? Gut können Sie diese Richtungsumkehr beobachten, wenn Sie das Instantpulver einer Tütensuppe mit einer geringeren Wassermenge als üblich anrühren.

Antwort
Wenn Sie die Suppe umrühren, ziehen Sie nicht einfach das zum Umrühren verwendete Utensil durch die Suppe, sondern sorgen auch dafür, dass sich verschiedene Schichten der Suppe relativ zueinander bewegen. Die Relativbewegung (*Scherung*) entwirrt die normalerweise spiralförmigen, langkettigen Moleküle der Suppe. Wenn die Bewegung und die Scherung nachlassen, ziehen sich die Moleküle plötzlich wieder zu Spiralen zusammen, wodurch sich die Richtung des Strudels umkehrt, so als wäre die Suppe eine elastische Membran.

2.60 Viskoelastizität

Gießen Sie einen dünnen Strahl Haarshampoo oder Flüssigseife auf eine ebene Fläche, wo der Strahl einen immer breiter werdenden Hügel bildet. Für bestimmte Gießhöhen und Flüssigkeiten bildet sich an dem Hügel gelegentlich ein großes Leck, an dem die Flüssigkeit zur Seite wegfließt. Woran liegt das?

Antwort
Shampoos, die an der Oberfläche abprallen, sind *viskoelastisch*. Dies bedeutet, dass sie zum einen viskos sind (d. h., eine innere Reibung besitzen, die der Bewegung entgegenwirkt) und zum anderen elastisch (d. h., sie wirken wie eine Gummimembran). Die Viskosität von Shampoo ist ziemlich hoch, wenn es in einem Strahl langsam nach unten fällt und auch, wenn es sich innerhalb des Hügels bewegt. Anders sieht die Sache in dem Moment aus, in dem der Flüssigkeitsstrahl auf den Hügel trifft. Dann tritt infolge der Kollision eine Scherung auf, d. h., unterschiedliche viskose Schichten bewegen sich mit großer Geschwindigkeit relativ zueinander. Durch diese Bewegung sinkt in diesem Teil der Flüssigkeit die Viskosität. Da die Flüssigkeit elastisch ist, führt dieser plötzliche Abfall der Viskosität dazu, dass dieser Teil ähnlich wie ein Gummiball abprallen kann. Aus diesem Grund formt der Strahl eine weite Schleife (Abb. 2.18). Die Schleife ist von so kurzer Lebensdauer, dass wir nur ihre Oberseite sehen können.

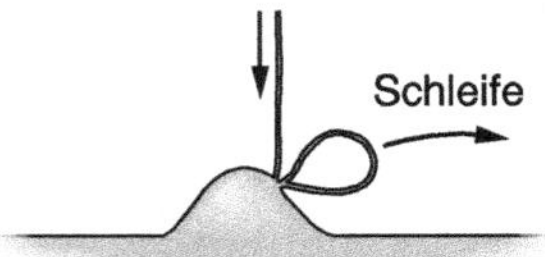

Abb. 2.18: Ein nach unten fallender Strahl Shampoo scheint am Shampoohügel abzuprallen.

2.61 Kletternde Flüssigkeiten

Wenn Sie einen rotierenden Stab in eine Schale mit Wasser eintauchen, dann bildet sich im Wasser ein Strudel, der sich am Stab entlang nach unten erstreckt. Wenn Sie das Wasser durch Eiweiß oder bestimmte andere Flüssigkeiten ersetzen, steigt die strudelnde Flüssigkeit dagegen am Stab hoch. Wie lässt sich dieses Verhalten – der sogenannte *Weißenberg-Effekt* – erklären?

Antwort

Die Neigung bestimmter Flüssigkeiten, nach oben zu steigen, hängt mit der Art und Weise zusammen, wie der Stab die Flüssigkeit zum Rotieren bringt. Um diesen Schereffekt zu verstehen, stellen wir uns vor, dass die Flüssigkeit in zylindrischen Schichten um den Stab herum angeordnet ist. Durch die Rotation des Stabes wird auch die innerste Schicht in Rotation versetzt. Diese Schicht verschiebt sich gegen die nächste und schleppt diese mit. Auf diese Weise wird eine Schicht nach der anderen in die Rotationsbewegung einbezogen. Weil die Bewegung durch Mitschleppen und Wegrutschen zustande kommt, kann man hier von einer Scherung sprechen. Falls es sich bei der Flüssigkeit um Wasser handelt, ist die Scherung zwischen den innersten Schichten nicht sehr erfolgreich, so dass von der Bewegung weiter außen schnell nichts mehr zu spüren ist. Im Falle von Eiweiß wirken zwischen den Molekülen jedoch nicht nur Kohäsionskräfte, sondern sie sind außerdem so ineinander verschlungen, dass sie sich wie elastische Bänder verhalten: Wenn der Stab rotiert, wickelt er diese Bänder auf, so dass sie zunächst zum Stab hin und dann an diesem nach oben gezogen werden.

2.62 Flüssiger Honig

Wenn Sie flüssigen Honig auf eine Scheibe Toast laufen lassen und dabei den Abstand des Löffels vom Toast geeignet wählen, können Sie es einrichten, dass sich auf der Scheibe Toast ein dünner Faden Honig spiralförmig nach oben windet (Abb. 2.19). Auch andere Flüssigkeiten winden sich auf diese Weise, wenn sie geeignet ausgegossen werden. Wenn man beispielsweise Rührteig vom Löffel fließen lässt, kräuselt er sich ähnlich wie Geschenkbändchen. Was ist der Grund für dieses Verhalten?

Abb. 2.19: Vom Löffel fließender Honig windet sich unter bestimmten Umständen wie ein Seil.

Antwort

Auch für diese Erscheinungen ist die Viskoelastizität verantwortlich. Wenn man Honig aus geeigneter Höhe vom Löffel fließen lässt, wickelt er sich zu einer kleinen Spule auf. Voraussetzung für dieses Verhalten sind zwei Faktoren. (1) Wenn der Honig auf der Honiglache auftrifft, die sich schon auf der Toastscheibe befindet, verhindern die hohe Geschwindigkeit des Strahls und die große Viskosität von Honig, dass der Honig aus dem Strahl in den schon vorhandenen Honig hineinfließt. Deshalb wird der fließende Honig infolge der Kollision plötzlich langsamer, was eine Spannung in dem Strahl hervorruft. (2) Der Strahl wird nach unten hin dünner und erreicht die Honiglache entweder als dünner zylindrischer Strahl oder als dünnes, breites Band. Wenn der Strahl oder das Band dünn genug ist, bewirken die Spannungen, dass er bzw. es abgelenkt wird. Ein zylindrischer Strahl wird so abgelenkt, dass er sich im Kreis bewegt, d. h., am Boden (bzw. auf der Toastscheibe) bildet sich eine Spule die innen hohl sein kann. Ein breiterer Strahl schwenkt vor und zurück: Wenn er in eine bestimmte Richtung abgelenkt wird, ziehen ihn die Kohäsionskräfte wieder zurück, woraufhin er in die andere Richtung abgelenkt wird usw. Allgemein bedeutet eine größere Fallhöhe eine höhere Frequenz des Aufwickelns oder Faltens. Wenn die Fallhöhe allerdings zu groß wird, verschwindet der Effekt, weil der Honig dann kleckerweise anstatt in einem glatten Strahl vom Löffel fließt.

2.63 Wasserwellen

Wodurch entstehen Wasserwellen?

Antwort

Diese einfache Frage ist bis heute nicht vollständig beantwortet. Die folgende Argumentation liefert jedoch eine vereinfachte Erklärung: Eine Brise oder irgendeine andere kleine Störung in der Luft oder im Wasser erzeugt schwach ausgeprägte Rippen auf der Wasseroberfläche. Die Kräuselungen können sich durch den Einfluss des Windes zu größeren Wellen auswachsen. Insbesondere drückt der Wind gegen die ihm zugewandte Flanke eines Wellenberges, streicht über den Berg und zerfällt auf der windabgewandten Seite in Wirbel. In den Wirbeln ist der Luftdruck reduziert, und daher kann die Luftdruckdifferenz zwischen Luv- und Leeseite den Wellenberg leicht zusammenschieben und noch höher machen. Der Wind gibt also einen Teil seiner Energie an die dadurch größer werdenden Wellen ab. Wenn der Wind stärker wird, nimmt die Größe der Wellen zu und auch ihre Wellenlänge ändert sich.

2.64 Monsterwellen

Die Höhen der meisten Ozeanwellen liegen innerhalb eines bestimmten Wertebereichs und korrelieren im Wesentlichen mit der Windstärke. Manchmal jedoch treten sehr viel höhere Wellen auf. Diesen sogenannten „Monsterwellen“ geht stets ein Wellenminimum voraus, das von Augenzeugen oft als ein „Loch im Wasser“ beschrieben wird. Große Schiffe, die robust genug waren, gewaltigen Stürmen zu widerstehen, wurden auf der Talfahrt in ein solches Loch auseinandergerissen, um anschließend von einer bis zu 30 Meter hohen Welle durch die Luft geschleudert zu werden. Die Monsterwelle, die 1933 die *Ramapo* der US-Navy traf, soll 34 Meter hoch gewesen sein.

Monsterwellen, in der Seemannssprache auch „Kaventsmänner" genannt, sind auf allen Weltmeeren beobachtet worden, doch in den Gewässern vor der Südostküste Afrikas scheinen sie überproportional häufig zu sein, was sich auch in zahlreichen Schiffsverlusten in diesem Gebiet niederschlägt. Wodurch entstehen Monsterwellen?

Antwort
Eine Ozeanwelle können Sie sich vereinfacht als eine sinusförmige Welle vorstellen, die über die Wasseroberfläche fortschreitet. Wenn sich zwei solcher Wellen mit gleicher Ausbreitungsrichtung überlagern, besteht die resultierende Welle einfach aus der Summe der beiden Einzelwellen. Falls die Einzelwellen exakt synchronisiert (phasengleich) sind, werden die Berge der resultierenden Welle höher und die Täler tiefer als die der Einzelwellen sein. Für Überlagerungen sehr vieler Einzelwellen, die sich eventuell in unterschiedliche Richtungen bewegen, mag die Bestimmung der resultierenden Welle etwas schwieriger sein, aber prinzipiell bleibt es dabei, dass sich die resultierende Welle aus der Addition der Einzelwellen ergibt.

Eine solche einfache Addition von Einzelwellen wird als *Linearkombination* oder *Superposition* bezeichnet. Für Monsterwellen ist dieses Prinzip jedoch nicht anwendbar, da für sie offensichtlich nichtlineare Effekte eine Rolle spielen. Diese sorgen dafür, dass die Wellenberge wesentlich höher und die Wellentäler wesentlich tiefer werden, als es bei einer linearen Superposition der Fall wäre. Ein möglicher linearer Effekt könnte sein, dass der Wind das Wachstum der Wellen verstärkt, so dass diese größer werden, als zu erwarten wäre. Die Chancen für das Auftreten einer Monsterwelle sind gering, doch ab und zu kracht eine solche Welle gegen ein Kreuzfahrtschiff oder irgendein anderes Schiff und überrascht selbst die Kapitäne, die aus ihrer Erfahrung heraus von Linearkombinationen von Wellen ausgehen.

Das gehäufte Auftreten von Monsterwellen vor der Südostküste Afrikas hat höchstwahrscheinlich mit der Gegensätzlichkeit des Agulhasstromes und den windgetriebenen Wellen in dieser Region zu tun: Der starke Agulhasstrom fließt mäandernd in Richtung Südwest, während die windgetriebenen Wellen typischerweise in Richtung Nordost laufen. Die Wellenbewegung zwingt den Strom in seine mäandernde Form, gleichzeitig werden die Wellen dabei fokussiert, ähnlich wie Lichtwellen durch eine Linse. Unter bestimmten Umständen entsteht durch diese Fokussierung jenes Loch im Wasser, das einer Monsterwelle vorangeht.

2.65 Wie Wellen auf den Strand auflaufen

Wellen können sich in Abhängigkeit von der Windrichtung und den lokalen Strömungsverhältnissen dem Strand aus unterschiedlichen Richtungen nähern. Wie kommt es aber, dass sich die Wellen im Allgemeinen so drehen, dass sie parallel zum Strand auflaufen (Abb. 2.20)?

Antwort
Die Änderung der Ausbreitungsrichtung der Wellen ist eine Form der *Brechung*. Ihre Ursache ist die mit der Wassertiefe abnehmende Geschwindigkeit der Wellen. Wenn ein Wellenberg von tieferem in flacheres Wasser übergeht, wird die Flanke des Wellenbergs, die die Grenze als Erstes überschreitet, langsamer und fällt dann hinter den Rest des Wellenbergs zurück. Durch dieses Nacheilen bekommt der Wellenberg einen Knick: Der langsamere Teil im flachen Wasser bewegt sich nun direkter auf den Strand zu als der Teil, der sich noch im tiefen Wasser

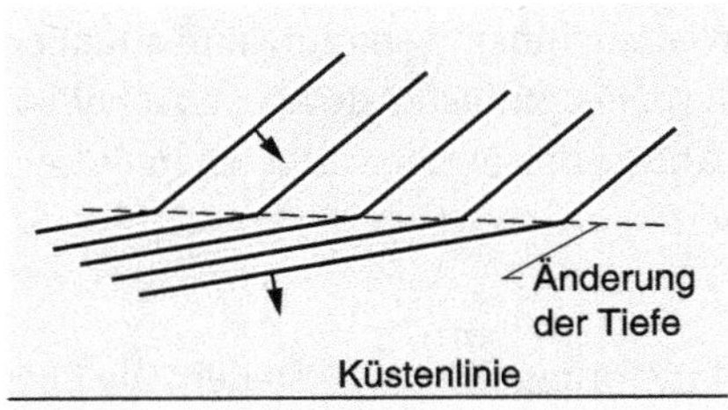

Abb. 2.20: Der Verlauf der Wellenfronten ändert sich mit der Wassertiefe.

befindet. Schließlich hat der gesamte Wellenberg die Grenze zwischen tiefem und flachem Wasser überschritten und bewegt sich entsprechend direkter auf den Strand zu.

Die Form der Wellen ändert sich auch deshalb, weil das, was wir über die Wasseroberfläche wandern sehen, in Wirklichkeit eine Summe aus vielen individuellen Wellen unterschiedlicher Wellenlängen ist. Wie sehr eine Welle an der Grenze zwischen tiefem und flachem Wasser abgebremst wird (und damit auch der Brechungswinkel), hängt von der Wellenlänge ab, weshalb die Einzelwellen in unterschiedlichem Maße verlangsamt und gebrochen werden.

2.66 Beugung von Wasserwellen an einer schmalen Öffnung

Wenn Wasserwellen eine Öffnung passieren, die etwas breiter ist als ihre Wellenlänge, laufen diese hinter der Öffnung auseinander, anstatt sich in der ursprünglichen Richtung fortzupflanzen (Abb. 2.21). Woran liegt das?

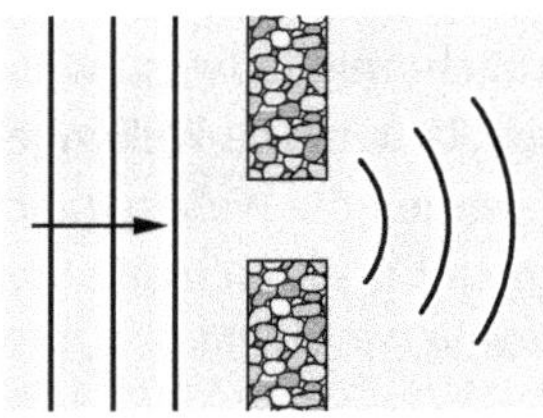

Abb. 2.21: Beugung von Wasserwellen an einer Maueröffnung.

Antwort

Das Auseinanderlaufen der Wellen hinter einer Öffnung (allgemeiner: an einem Hindernis) ist eine Form der *Beugung*. Normalerweise wird eine Welle mit geradlinigen Wellenfronten, die sich in einer geraden Linie ausbreiten, durch auf einer Geraden liegende kleine Erreger von halbkreisförmigen Wellen modelliert, deren Überlagerung die beschriebene Wellenform ergibt. Wenn die Welle jedoch an der schmalen Öffnung ankommt, überleben nur diejenigen kleinen Einzelwellen, die senkrecht auf die Öffnung zulaufen. Die Wellenfronten, die sich aus der Überlagerung weniger Einzelwellen ergeben, liegen nicht mehr auf einer geraden Linie, sondern auf einem Kreisbogen. Die Welle läuft also hinter der Öffnung auseinander. Außerdem variiert die Amplitude der neuen Welle. An manchen Stellen ist die Auf- und Abbewegung des Wassers signifikant, während sie an Zwischenpunkten null ist. Deshalb kann es sein, dass an manchen Stellen am Strand signifikante Wellen zu spüren sind und an anderen gar keine.

Beugungserscheinungen treten auch auf, wenn eine Welle das Ende eines Hindernisses passiert. Der Teil der Welle, der sich dicht an dem Hindernis befindet, breitet sich in den *Schattenbereich* hinein aus, also in jenen Bereich, der scheinbar vor den Wellen geschützt ist.

2.67 Resonanzschwingungen im Wasserbehälter

Wenn Sie beim Laufen ein offenes Gefäß mit einer Flüssigkeit, beispielsweise eine Schale Wasser, vor sich hertragen, fängt die Flüssigkeit bald an zu schwingen und Spritzer der Flüssigkeit schwappen aus dem Gefäß heraus. Wie kommt das? Wovon hängt die Frequenz der Wasserschwingung ab (und damit die Häufigkeit der Spritzer)? Kann man auch das Wasser in einer Badewanne oder einem Swimmingpool zum Schwingen und Herausspritzen bringen? Wie sieht es mit einem Teich, einem Hafenbecken oder einem See aus?

Antwort

Wenn Sie laufen, bewirken Sie durch Ihren Gang und das Festhalten des Gefäßes, dass sich die Flüssigkeit horizontal und vertikal bewegt. Es bilden sich also Wellen auf der Flüssigkeitsoberfläche. Die meisten Wellen überlagern sich auf zufällige Weise, doch unter gewissen Umständen bilden sich *stehende Wellen*, bei denen bestimmte Stellen in Ruhe bleiben, während andere auf und ab schwingen. Die stehende Welle mit der niedrigsten Frequenz wird als *Fundamentalmode* bezeichnet; diese Mode wird fast immer angeregt. Die Frequenz der Fundamentalmode hängt (zumindest näherungsweise) von der horizontalen Ausdehnung des Gefäßes und der Tiefe des Wassers ab. Wenn Ihr Gang etwa die gleiche Frequenz wie die Fundamentalmode hat, kann das Schwingen so heftig werden, dass die Flüssigkeit überläuft (man spricht dann von einer Resonanzschwingung). Sie können die Wahrscheinlichkeit, dass dies passiert, verringern, indem Sie langsamer laufen oder Ihren Gang ändern.

Auch das Wasser in einer Badewanne können Sie in eine Resonanzschwingung versetzen, beispielsweise indem Sie ein breites Paddel durchs Wasser vor- und zurückziehen. Variieren Sie die Frequenz des Paddelns, bis Sie die Frequenz der Fundamentalmode gefunden haben. Wenn Sie das Wasser mit dieser Frequenz antreiben, können Sie leicht das ganze Bad überschwemmen.

Ähnliche Schwingungen können in Flüssigkeitscontainern auftreten, die mit Trucks oder per Eisenbahn transportiert werden. In diesem Falle sind die Schwingungen natürlich äußerst unerwünscht, weil sie das Fahrzeug instabil machen und zu einem Unfall führen können. Deshalb werden die Innenwände oft verstärkt, um die Schwingungen zu reduzieren.

Ein Swimmingpool kann mit einer relativ niedrigen Frequenz in resonante Schwingungen versetzt werden, nämlich indem mehrere Personen in koordinierter Weise nacheinander ins Wasser springen und dadurch die Fundamentalmode anregen. Mit einer großen mechanischen Pumpe an einem Ende des Swimmingpools lässt sich das Gleiche erreichen, allerdings mit viel weniger Spaß.

Größere Wasserkörper wie Teiche, Hafenbecken und Seen schwappen mit ihrer Fundamentalmode hin und her, wenn das Wasser durch Erdbebenwellen oder Luftdruckvariationen (zum Beispiel Wind) angeregt wird. Ein historisch belegtes Ereignis dieser Art fand im März 1964 aufgrund eines Erdbebens in Alaska statt. Dabei wurden Resonanzschwingungen bis in den Golf von Mexiko hinein ausgelöst. Die meisten dieser Oszillationen waren zu schwach, um ohne technische Hilfsmittel feststellbar zu sein, doch in einem Fall wurde ein Abstand von 2 Metern zwischen Minimum und Maximum nachgewiesen.

Häfen und Gezeitenbecken können durch die Gezeiten oder durch Störungen wie Stürme oder Tsunamis in Resonanzschwingungen versetzt werden. Sie sind dann vergleichbar mit einer Flasche oder einer Orgelpfeife, die durch einen oszillierenden Luftstrom angeregt werden, mit dem Unterschied, dass in dem einen Fall eine Schwingung der Wasserhöhe und in dem anderen eine Schallwelle entsteht.

Das Ausmaß der Schwingungen in einem Hafen (und damit die Wahrscheinlichkeit für Zerstörungen) ist im Allgemeinen umso größer, je kleiner die Hafenmündung (d. h. die Öffnung zum Ozean hin) ist. Ein Grund hierfür ist, dass bei einer breiten Hafenmündung ein größerer Teil der Energie der einlaufenden Welle wieder in den Ozean zurückgelangt, während eine schmale Öffnung diese Energie gewissermaßen „einfängt". Ähnlich verhält es sich mit Schallwellen: Wenn Sie über den engen Hals einer halbgefüllten Wasserflasche blasen, können Sie mühelos einen lauten, resonanten Klang erzeugen. Mit einer Flasche mit weiter Öffnung wird Ihnen das Gleiche viel schwerer fallen oder gar nicht gelingen.

2.68 Das Kielwasser von Enten und Flugzeugträgern

Warum bewegt sich hinter einem schwimmenden Objekt wie beispielsweise einer Ente oder einem Flugzeugträger eine V-förmige Kielwasserzone über das Wasser (Abb. 2.22)? Hängt die Form bzw. der Winkel von der Geschwindigkeit des Objekts ab?

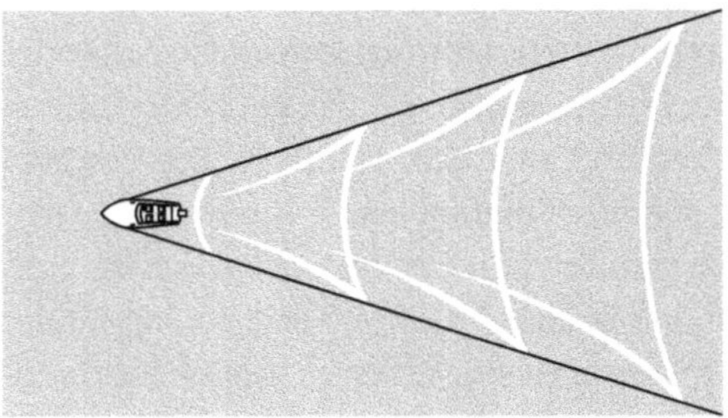

Abb. 2.22: Hinter einem über die Wasseroberfläche gleitenden Objekt bildet sich eine Kielwelle.

Antwort

Das Kielwasser hinter einem über das Wasser gleitenden Objekt ist unabhängig von der Art des Objekts und für jede realistische Geschwindigkeit gleich, solange durch die Bewegung *Schwerewellen* angeregt werden (deren Schwingungen durch die Schwerkraft bestimmt werden), anstatt *Kapillarwellen*, in denen die Schwingungen von der Oberflächenspannung bestimmt werden. Daher hat das Kielwasser hinter einer Ente die gleiche V-Form mit dem gleichen Winkel von 39° wie im Falle eines Flugzeugträgers. Die Details der Wellenstrukturen können natürlich für unterschiedliche Objekte unterschiedlich sein, was man besonders gut von oben mithilfe eines Radargeräts feststellen kann.

Das Muster wird primär durch monochromatische Wellen bestimmt, die sich aufgrund einer Störung, die beispielsweise von einem sich bewegenden Boot hervorgerufen wird, über die Wasseroberfläche ausbreiten. Eine solche Welle ist sinusförmig und bewegt sich über das Wasser, indem sie das Oberflächenwasser zum Schwingen bringt. Wirklich sehen kann man eine solche Welle allerdings nicht, weil das Boot sehr viele dieser Wellen erzeugt, die sich gegenseitig überlappen. Sie sehen nur ein *Wellenpaket*, das das Ergebnis dieser Überlagerung darstellt. Die Wellenpakete scheinen sich über das Wasser zu bewegen, doch tatsächlich werden sie permanent neu gebildet, indem sich monochromatische Wellen überlagern, die sich mit der doppelten Geschwindigkeit des Wellenpakets bewegen.

Wasserwellen werden außerdem durch die Tatsache kompliziert, dass sich Wellen mit größerer Wellenlänge schneller bewegen als Wellen mit kleinerer Wellenlänge und daher die langwelligen monochromatischen Wellen die kurzwelligen zu überholen streben.

Wenn ein sich vorwärts bewegendes Boot das Wasser im Punkt A stört, gehen von diesem Punkt monochromatische Wellen aus, die doppelt so schnell sind wie das Wellenpaket, das durch ihre Überlagerung entsteht. Da die Wellenlängen der verschiedenen monochromatischen Wellen in einem großen Wertebereich liegen, haben auch die Geschwindigkeiten der monochromatischen Wellen und der sich durch ihre Überlagerung ergebenden Wellenpakete einen großen Wertebereich. Deshalb zeigt das Muster der Wellen, die vom Punkt A und von allen anderen Punkten auf dem Weg des Bootes ausgehen, ein großes Durcheinander. An den Rändern der Kielwasserzone bilden die Wellen jedoch deutlich ausgeprägte Wellenpakete, so dass wir meist nur diese V-förmige Grundstruktur wahrnehmen.

Wenn Sie sich ein Foto einer Kielwasserzone sehr genau anschauen, sehen Sie im Inneren des V's viele wellige Linien, die in ihrer Gesamtheit an die Struktur einer Feder erinnern. Diese inneren Linien entstehen durch die Überlagerung von Wellenpaketen, die von unterschiedlichen Punkten auf dem Weg des Bootes ausgegangen sind.

Wenn Sie sich in der Nähe eines Bootes und dessen von der Sonne beschienenen Kielwassers befinden, können Sie unter Umständen beobachten, dass das Kielwasser ruhiger ist als das Wasser außerhalb davon. Obwohl sehr viele Wellen durch die vom Boot verursachten Störungen entstehen, gibt es im Kielwasser sehr wahrscheinlich weniger kurzwellige Wellenpakete als außerhalb des Kielwassers. Dies bedeutet unter bestimmten Lichtverhältnissen, dass das Kielwasser das Sonnenlicht ähnlich wie ein Spiegel zu Ihnen reflektiert und daher heller erscheint als das Wasser außerhalb dieser Zone.

2.69 Surfen

Weshalb bewegt sich ein Surfer auf seinem Surfbrett zum Strand hin? Kann man auf einem Wellenberg oder auf der Rückseite einer Welle surfen?

Antwort

Im offenen Wasser bewegen sich die Wellen alle mit der gleichen Geschwindigkeit. In Küstennähe nimmt die Geschwindigkeit mit der Wassertiefe ab. Wenn sich also eine Welle beim Annähern an den Strand durch immer flacheres Wasser bewegt, wird sie in ihrem unteren Bereich immer langsamer. Der Gipfel der Welle wird dagegen nicht langsamer, was dazu führt, dass sich die vordere Flanke der Welle nach vorn neigt. Außerdem kann die Höhe der Welle zunehmen. Wenn die Welle einfach *kollabiert* oder *bricht*, ist sie zum Surfen nicht mehr zu gebrauchen. Wenn sich die Welle dagegen vornüber neigt, so dass ihr Gipfel vor dem Fuß des Wellenbergs liegt, kann der Surfer auf einer Welle reiten.

Beim Wellenreiten wirken drei Kräfte auf den Surfer. (1) Die Auftriebskraft, die senkrecht zur Wasseroberfläche gerichtet ist, entsteht dadurch, dass der Surfer ein Stück ins Wasser eingetaucht ist. (2) Die Schwerkraft wirkt dem Auftrieb entgegen. (3) Der Widerstand, der der Bewegung des Surfbretts entlang der Wasseroberfläche entgegenwirkt, entsteht durch den Druck des Wassers vor dem Brett und die Reibung zwischen Brett und Wasser.

Indem der Surfer auf dem Brett kniend paddelt, um Geschwindigkeit aufzunehmen, kann er von der hinteren Flanke einer Welle über den Wellenberg zur vorderen Flanke gelangen. Einmal dort angekommen, richtet sich der Surfer auf und wartet, dass er von der Welle mitgenommen wird, ohne noch selbst Energie aufwenden (paddeln) zu müssen. Wenn er sein Brett im Wasser geschickt ausrichtet, kann der Surfer den auf das Brett wirkenden Widerstand und die Position des Brettes auf der Vorderflanke der Welle austarieren. Die drei Kräfte heben sich irgendwo im unteren Bereich der Flanke gegenseitig auf (dort befindet sich der Surfer also im *Gleichgewicht*). Der Auftrieb ist dort etwas zur Ausbreitungsrichtung der Welle geneigt und versucht daher, den Surfer umzukippen. Die Schwerkraft versucht, den Surfer an der Flanke entlang nach unten zu ziehen, während der Wasserwiderstand dieser Bewegung entgegenwirkt, so dass der Surfer auf der Welle reitet. Um sich auf der Vorderflanke der Welle entlangzubewegen, ändert der Surfer die Orientierung seines Bretts und damit den Wasserwiderstand. Allgemein bewirkt eine Gewichtsverlagerung nach hinten, dass das Brett tiefer ins Wasser eintaucht und dadurch der Wasserdruck zunimmt. Der Surfer wird dann langsamer und fällt nach hinten, d. h. in den oberen Teil der Vorderflanke zurück. Eine Gewichtsverlagerung nach vorn bewirkt entsprechend das Gegenteil: Der Surfer wird schneller und bewegt sich hin zum unteren Teil der Vorderflanke.

Wenn die Welle zu stark bricht, wodurch Turbulenzen entstehen, kann der Surfer nicht mehr auf ihr reiten. Falls die Turbulenzen überall entlang einer Wellenfront auftreten, bleibt dem Surfer nichts weiter übrig, als auf die nächste Welle zu warten. Wenn die Welle jedoch nicht parallel sondern in einem gewissen Winkel auf das Ufer zuläuft, beginnen das Brechen und die Turbulenzen an einem Ende der Wellenfront und bewegen sich von dort die Wellenfront entlang. Der Surfer versucht dann, immer dicht vor der turbulenten Region auf der Welle zu reiten.

Die vermutlich eindrucksvollste Variante des Wellenreitens ist der Ritt in einer „Röhre", der möglich wird, wenn sich die Spitze der Welle so weit vornüber neigt, dass sie die Wasseroberfläche berührt und den Surfer in einem Tunnel einschließt. Wenn der Surfer es schafft, auf die Vorderflanke der Welle zu fahren, bevor sich die Röhre schließt, ist ein Ritt durch die Röhre möglich.

2.70 Die Bewegung von Schweinswalen und Delfinen

Schweinswale und Delfine begleiten häufig Boote und Schiffe, wobei sie sich unbemerkt in etwa einem Meter Tiefe mit dem Schiffsrumpf mitbewegen. Manchmal richten sie sich auf, legen sich auf die Seite oder zeigen sogar kleine Kunststücke, indem sie sich um ihre eigene Achse drehen. Niemals jedoch hat es den Anschein, als ob sie schwimmen – sie bewegen sich einfach mit dem Schiff mit, so als wären sie auf irgendeine geheimnisvolle Art am Schiff befestigt. Was treibt sie an?

Antwort
Der primäre Antrieb entsteht durch die Wellen, die vom Bug (oder manchmal vom Heck) des Schiffes aufgeworfen werden. Schweinswale oder Delfine wählen ihre Position im Frontbereich der Welle und nicht zu tief unter der Oberfläche. Während der Bug gegen das Wasser drückt, es nach oben, unten und zur Seite wegschiebt, drückt das Wasser gegen das Tier und treibt es vorwärts. Wenn das Tier sich einfach nur treiben lassen möchte, anstatt zu spielen, sucht es diejenige Wassertiefe auf, wo die vorwärts treibende Kraft den Wasserwiderstand ausgleicht. Manchmal kann sich das Tier völlig ohne eigenen Energieaufwand fortbewegen, obwohl die Bugwelle nur klein ist, vielleicht sogar so klein, dass sie für die Menschen auf dem Boot gar nicht wahrnehmbar ist.

2.71 Kantenwellen

Wenn Sie ein Paddel periodisch vertikal oder horizontal durchs Wasser führen, können Sie schöne Wellenmuster erzeugen. Diese Muster haben stationäre Wellenberge, die *senkrecht* zum Paddel stehen und den Zinken eines Kamms nicht ganz unähnlich sehen (Abb. 2.23). Sie unterscheiden sich also deutlich von den gewöhnlichen Wellen, die von einem Paddel erzeugt werden, denn deren Kämme verlaufen parallel zum Paddel und bewegen sich außerdem über die Wasseroberfläche. Diese eigentümlichen Wellen, die als *Kantenwellen* bezeichnet werden, wurden am 1. Juli 1831 von Michael Faraday entdeckt, wie er in seinem akribisch geführten wissenschaftlichen Tagebuch festhielt. Die Paddelschläge müssen gleichmäßig sein, es ist sehr genau darauf zu achten, wie tief das Paddel eingeführt wird, und es kann etwa eine Minute dauern, bis die Wellen erscheinen.

Man kann Kantenwellen auch in einem vollen oder fast vollen Glas Wein sehen. Reiben Sie mit einem sauberen, trockenen Finger um den Glasrand. Wenn Sie alles richtig machen, entstehen durch das Reiben senkrecht zum Rand Kantenwellen. Diese können so heftig sein, dass Weintropfen in die Luft geschleudert werden. Wieso entstehen durch das Reiben Wellen?

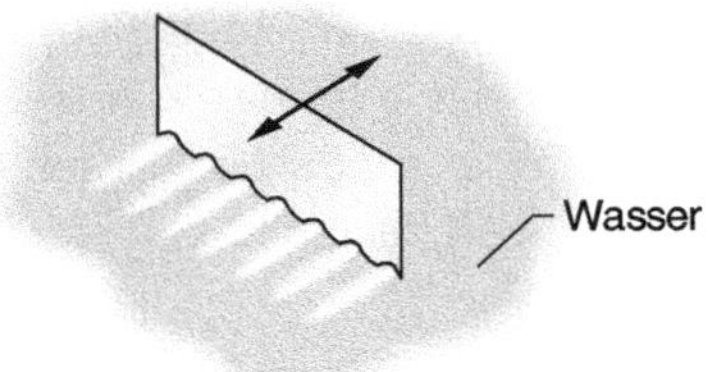

Abb. 2.23: Kantenwellen stehen senkrecht zu einem horizontal schwingenden Paddel.

Antwort

Die normalen Wellen, die durch periodische Paddelschläge ins Wasser entstehen, sind *Kapillarwellen*, also Wellen, deren Oszillationen durch die Oberflächenspannung und nicht durch die Schwerkraft bestimmt werden. Sie können sich diese Wellen als schwach ausgeprägte Rippen auf der Wasseroberfläche vorstellen, im Gegensatz zu den größeren *Schwerewellen*. Unter bestimmten Umständen entsteht durch die Paddelschläge außerdem ein stationäres Muster von oszillierendem Wasser an der Stelle, wo das Paddel eingetaucht wird, und zwar oszilliert das Wasser dort parallel zur Paddelfläche. Eine überraschende Eigenschaft ist die, dass die Frequenz dieser Oszillationen halb so groß ist wie die Frequenz, mit der das Paddel eingetaucht wird.

Auf einer Zeitlupenaufnahme des vertikal schwingenden Paddels würden Sie folgende Sequenz sehen: Immer, wenn das Paddel nach vorn schwingt, drückt es einen Wasserhügel nach oben; wenn es zurückschwingt, hinterlässt es an der entsprechenden Stelle ein Tal. Nachdem sie erzeugt wurden, bewegen sich Hügel und Täler wie normale Kapillarwellen vom Paddel weg.

Nachdem das Paddel etwa eine Minute gearbeitet hat, werden Sie unter Umständen feststellen, dass bei jeder Vorwärtsbewegung des Paddels außerdem eine Reihe von Wellenkämmen entstehen, die senkrecht zum Paddel verlaufen und die normale Kapillarwelle überlagern. Genauer gesagt, gibt es zwei Sätze von Wellenkämmen. Bei einer Vorwärtsbewegung des Paddels wird ein Satz nach oben gedrückt, bei der nächsten Vorwärtsbewegung der andere usw. Die Maxima des einen Satzes befinden sich genau in der Mitte zwischen den Maxima des anderen Satzes. Aus diesem Grund ist die Frequenz, mit der ein bestimmter Satz erscheint, halb so groß wie die Frequenz der Paddelschläge.

Wenn Sie den Rand eines Weinglases geschickt reiben, erreichen Sie damit, dass dieses schwingt wie eine Glocke, was Sie tatsächlich hören können. Der Rand ist kreisförmig, und die Oszillationen verlaufen radial zu diesem und bilden ein entsprechendes Muster. Abbildung 3.4 (in Kapitel 3) zeigt eine Momentaufnahme zu einem Zeitpunkt, zu dem Ihr Finger sich an der 12-Uhr-Position des Randes befindet. Maximale Auslenkungen treten für die Winkel auf, die den Zeiten 3 Uhr, 6 Uhr und 9 Uhr entsprechen. Die Punkte, bei denen es überhaupt keine Auslenkung gibt, befinden sich jeweils in der Mitte zwischen diesen Positionen. Das Muster folgt der Bewegung Ihres Fingers. Der Rand übernimmt die Funktion des schwingenden Paddels, und es bildet sich ein Muster aus Kantenwellen aus.

Muster aus Kantenwellen und Muster von weit größerer Komplexität (zum Beispiel schöne Muster aus Streifen, Hexagonen und Kreisen) können in einer flachen Schicht aus Wasser und Glyzerin erzeugt werden, wenn man die Flüssigkeit in vertikale Schwingungen versetzt.

2.72 Zackenmuster am Strand

Wodurch entsteht der gezackte Uferverlauf, der an vielen Stränden zu sehen ist?

Antwort

Das Wellenmuster, das für die Entstehung des gezackten Verlaufs der Uferlinie verantwortlich ist, ähnelt mathematisch dem Muster aus der vorherigen Aufgabe. Da diese Mathematik relativ kompliziert ist, wollen wir uns mit einer vereinfachten Beschreibung behelfen. Wenn eine Welle auf den Strand läuft, hat sie näherungsweise die Form einer Sinuskurve (Abb. 2.24). Dort, wo die Bewegung des Wassers ihren Umkehrpunkt erreicht, wird Sand abgelagert, so dass sich ein Zackenmuster aus feuchtem Sand bildet. Wenn das Wasser wieder zurückgeht, fließt es zur Mitte der Zacke und dann entlang einer in den Sand gegrabenen Rinne nach unten. Dieser *Rücklauf* verhindert, dass die nächste Welle auf die gleiche Weise auflaufen kann. Vielmehr geschieht das Auflaufen der nächsten Welle an den beiden Seiten der Zacke, wo die vorherige Welle am wenigsten weit in Richtung Strand vorgedrungen ist. Das Wasser lagert Sand ab und zieht sich wieder entlang der zentralen Rinne zurück. Dieser Rücklauf behindert wiederum das Vordringen der nächsten Welle in die Zacke. Auf diese Weise bildet sich das Muster aus, das wir am Strand sehen.

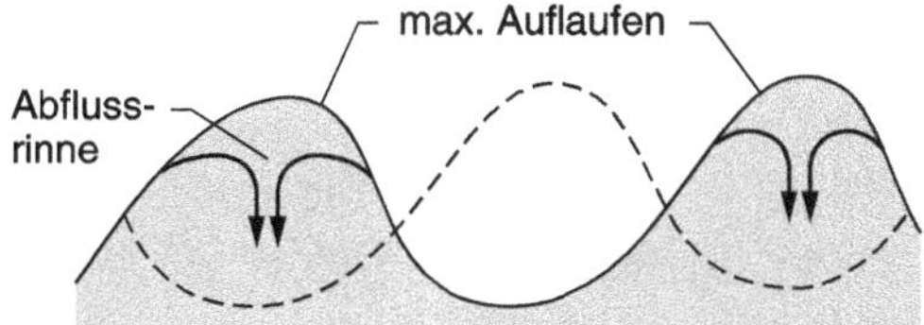

Abb. 2.24: Das Auflaufen einer Welle auf den Strand (Draufsicht). Die gestrichelte Linie stellt die Umkehrpunkte der nachfolgenden Welle dar.

2.73 Öl und Wellen

Sehr lange schon ist den Menschen bekannt, dass eine Schicht Öl (beispielsweise Olivenöl) auf offenem Wasser Wellen völlig eliminieren oder zumindest ihre Größe stark reduzieren kann, auch wenn der Wind stark genug ist, um Wellen zu erzeugen. Dieser Effekt war auch Benjamin Franklin gut bekannt, der angeblich immer eine kleine Menge Öl bei sich führte für den Fall, dass er Gelegenheit hätte, den Effekt zu demonstrieren. Einmal war er unterwegs zu einem Fest, das in der Nähe eines Flusses stattfinden sollte. Eine leichte Brise warf kleine Wellen auf. Franklin ging ein Stück flussaufwärts und goss etwas Öl aus seiner Kanne auf das Wasser, ohne dass die anderen Gäste des Festes etwas davon bemerken konnten. Zu deren Entzücken verschwanden die Wellen beinahe sofort und die Wasseroberfläche wurde völlig glatt.

Wenn Sie mit dem Flugzeug über ein Gewässer fliegen, können Sie manchmal Ölteppiche entdecken. Dass sie diese wahrnehmen, liegt zum einen daran, dass sie das Licht besser reflektieren als Wasser. Noch wichtiger ist aber, dass die Wellen wegen des Ölteppichs kleiner werden oder verschwinden und dieser (relativ) ebene Bereich des Gewässers im Sonnenlicht heller erscheint.

Worauf beruht der glättende Effekt des Öls?

Antwort

Es gibt drei Gründe für den glättenden Effekt des Öls: (1) Öl hat eine höhere Viskosität als Wasser. Wegen der größeren inneren Reibung verschieben sich die einzelnen Flüssigkeitsschichten nicht so leicht gegeneinander. Wenn sich also eine Welle ausbildet, wird die mit ihr verbundene Energie schnell wieder dissipiert. Nennenswert ist dieser Effekt vor allem für Wellen mit kleiner Wellenlänge. (2) Normalerweise entwickeln sich Wellen durch das Wirken des Windes aus kleinen Rippen. Wenn die Rippen eliminiert werden, können auch keine größeren Wellen entstehen. (3) Mit der Ölschicht verbunden ist ein Energietransfer zwischen langwelligen und kurzwelligen Wellen, der insgesamt zu einer Verringerung der Wellenaktivität führt.

2.74 Schwimmende Tropfen

Bei manchen Kaffeemaschinen fallen die Kaffeetropfen einzeln auf den schon in der Kanne vorhandenen Kaffee. Man sollte annehmen, dass diese Tropfen beim Auftreffen zerplatzen und sich schnell mit dem vorhandenen Kaffee vermengen, doch stattdessen „rasen" sie eine Weile *über* die Wasseroberfläche.

Auf einer Flüssigkeit schwimmende Tropfen kann man auch erzeugen, indem man einen Becher mit Kaffee (oder irgendeinem anderen Getränk) an einer Tischplatte hin- und herreibt. Falls das Hin- und Herbewegen schnell genug geschieht, werden dabei Tropfen in die Luft geworfen. Wenn diese Tropfen wieder auf der Flüssigkeit landen, kann es sein, dass sie auf der Oberfläche schwimmen, anstatt sofort unterzugehen. Wenn die Hin- und Herbewegung aufhört, gehen die Tropfen schnell unter.

Wenn ein gleichmäßig fließender Strahl aus einem Wasserhahn in einem flachen Becken auftrifft, kann sich ein kreisförmiges Muster um den Auftreffpunkt bilden. Innerhalb des Kreises fließt das Wasser schnell und ist flach, während es außerhalb davon langsamer und tiefer ist. Der Kreis bildet also gewissermaßen eine Wand, die den Übergang zwischen unterschiedlichen Strömungsverhältnissen markiert. Wenn Sie mithilfe einer Pipette einen Tropfen dicht vor diese Wand setzen, ist es möglich, dass dieser Tropfen schwimmt, während er gegen die Wand gedrückt wird.

Warum können Wassertropfen in den beschriebenen Situationen schwimmen?

Antwort

Dass ein Tropfen über einem Flüssigkeitspool als solcher erhalten bleiben kann, liegt an der elektrischen Abstoßung zwischen den Molekülen des Tropfens und denen an der Oberfläche des Flüssigkeitspools. Wenn man sowohl zu den Tropfen als auch zum Flüssigkeitspool ein Waschmittel hinzufügt, sammeln sich die Moleküle des Waschmittels mit Vorliebe an der

Flüssigkeitsoberfläche, wobei ihre hydrophilen (wasseranziehenden) Enden ins Wasser hinein und die hydrophoben (wasserabweisenden) Enden aus dem Wasser heraus zeigen. Die hydrophoben Enden an der Unterseite des Tropfens und die hydrophoben Enden auf der Oberseite des Pools stoßen einander ab, so dass der Tropfen frei schwebt.

In den beschriebenen Beispielen liefert die Luftschicht zwischen dem Tropfen und dem Pool jedoch noch eine überzeugendere Erklärung dafür, dass der Tropfen schwimmt. Betrachten wir zunächst die gewöhnliche Situation, dass ein Tropfen dicht über der Oberfläche des Flüssigkeitspools fallen gelassen wird. Auch in diesem Fall ist eine Luftschicht involviert. Während der Tropfen fällt, strömt die unter dem Tropfen liegende Luft nach außen, bis der Tropfen den Pool berührt. Dann bildet sich um den Tropfen herum eine Welle aus, die die untere Hälfte des Tropfens abschnürt, welche sofort in den Pool eintaucht. Während die obere Hälfte sinkt, wird sie von der darunterliegenden Luft teilweise gestützt, doch gleichzeitig strömt die Luft nach außen, bis der verbliebene Teil des Tropfens den Pool berührt. Wieder läuft eine Welle durch den Tropfen, schnürt die untere Hälfte ab, die wiederum sofort im Pool verschwindet. Dieser Prozess wiederholt sich gegebenenfalls mehrere Male, bis irgendwann nicht mehr eine Hälfte abgeschnürt wird, sondern der gesamte Rest des Tropfens im Pool verschwindet.

Als Nächstes betrachten wir eine Folge von fallenden Tropfen in einer Kaffeemaschine. Nach dem Prinzip, das wir in der nächsten Fragestellung diskutieren werden, kann ein Tropfen genau dann landen, wenn der Krater, den der vorherige Tropfen hinterlassen hat, wieder mit Flüssigkeit gefüllt wird. Die in den Krater strömende Flüssigkeit sorgt dafür, dass der neue Tropfen ein wenig zur Seite wegspringt. Wenn der Tropfen dann sinkt, drückt er die unter ihm liegende Luft zusammen. Bei dem Beispiel mit dem Waschbecken verhält es sich ähnlich, mit dem Unterschied, dass der Tropfen an der Wand haftet und das strömende Wasser kontinuierlich unter den Tropfen zieht, das diesen weiterhin stützt.

Wenn der Pool und der Tropfen zum Oszillieren gebracht werden, kann durch diese Bewegung schnell so viel Wasser unter den Tropfen gepumpt werden, dass der Tropfen getragen wird. Dieser Pumpeffekt tritt in der Tasse auf, die über die Tischplatte hin- und hergeschoben wird. Wahrscheinlich funktioniert auch jede andere Methode, mit der man Tropfen und Pool zum Oszillieren bringt; wichtig ist nur, dass die Frequenz dieser Oszillation etwa die gleiche ist wie in der Kaffeetasse.

Ein Tropfen kann auch schweben, wenn seine Temperatur oder die des Pools sehr hoch ist. In diesem Fall entsteht das den Tropfen tragende Gas durch Verdampfung. Dies ist der sogenannte *Leidenfrost-Effekt*, der im Kapitel über thermische Prozesse (Kapitel 4) genauer diskutiert wird.

2.75 Zerplatzende Tropfen

Was geschieht mit einem Wassertropfen, wenn er auf einer festen horizontalen Fläche oder auf einer Wasseroberfläche auftrifft? Woran liegt es, dass manche Tropfen zerplatzen, andere dagegen nicht?

Wenn das Blut eines Unfall- oder Gewaltopfers durch die Gegend gespritzt ist, müssen die Kriminaltechniker oft versuchen, anhand der Flecken, die das Blut auf einer Oberfläche hinterlassen hat, Größe und Geschwindigkeit der Spritzer zu bestimmen. Dabei stehen sie unvermeidlich vor dem Problem, dass die Größe der Flecken zum einen von der Größe der Spritzer, zum anderen von deren Geschwindigkeit abhängt. Ein relativ großer Fleck könnte also entweder durch einen kleinen Spritzer mit hoher Geschwindigkeit entstanden sein, oder aber durch einen größeren Tropfen mit geringer Geschwindigkeit. Gibt es trotzdem eine Möglichkeit, aus der Analyse der Blutspuren die gewünschten Informationen abzuleiten?

Antwort

Feste Oberflächen: In Abhängigkeit von den genauen Umständen kann ein auf einer festen Oberfläche aufschlagender Tropfen zerplatzen, zerfließen und dadurch die Oberfläche benetzen oder zunächst abprallen, um dann entweder zu zerplatzen oder zu zerfließen. Beim Zerplatzen bildet der Tropfen eine dünne Schicht mit einer *Krone*, von der sich höchstwahrscheinlich kleine Tröpfchen ablösen, während sie fällt. Die Tröpfchen bilden sich, weil die Krone instabil wird, wenn sich ihre radiale Ausdehnungsbewegung verlangsamt. Eine dieser Wellen, die sich während dieser Phase um die Krone ausbilden, wird dominant und ihre Maxima bilden *Finger*, die abgeschnürt werden können und auf diese Weise die wegspritzenden Tröpfchen bilden. Die Wellenlänge, die die Instabilität dominiert, entspricht etwa dem Umfang des Musters geteilt durch die Anzahl der im Muster verbliebenen Finger.

Wasserflächen: Ein Tropfen, der auf einer Wasserfläche auftrifft, kann zerplatzen, ins Wasser eintauchen oder auf der Wasseroberfläche schwimmen. Der letzte Fall, der in der vorherigen Fragestellung behandelt wurde, kann nur bei geringer Fallhöhe eintreten. Wenn die Fallhöhe größer ist, drückt der Tropfen gewöhnlich einen Krater in Form einer Halbkugel in die Wasseroberfläche und bildet dann eine Krone um den Kraterrand. Wenn die Krone einsinkt und in den Krater stürzt, bildet sich in der Mitte ein nach oben gerichteter, zentraler Jet. Von diesem Jet können sich einzelne Tröpfchen abschnüren, wenn der Jet seine maximale Höhe erreicht hat. Schließlich bildet er sich zurück, und der Vorgang des Zerplatzens ist beendet.

Unter bestimmten Umständen schließt sich die Krone nach innen zu einer Kuppel, so dass jeder eventuell sich ausbildende Jet in dieser eingeschlossen und damit unsichtbar bleibt. Falls ein Tropfen auf dem Wasser aufschlägt, ohne eine Krone zu bilden, erzeugt er einen sich nach unten bewegenden Wirbel, der wie ein Donut geformt ist. Dabei strömt das Wasser auf der Innenseite des Donuts nach unten und auf der Außenseite nach oben. Ein Tropfen, der sich von einem zentralen Jet ablöst, kann ebenfalls einen Wirbel bilden. Der zentrale Jet ist deutlicher zu sehen, wenn die Wasseroberfläche dünn ist, weil dann die darunterliegende feste Grenzfläche dafür sorgt, dass sich die Krone mit größerer Kraft in einen Jet verwandelt. (Wenn die Luft über dem Wasser durch ein leichteres Gas ersetzt wird, tritt das Zerplatzen erstaunlicherweise nicht mehr auf.)

Tropfen, die in schneller Folge auf eine Wasserfläche fallen, können an dieser abprallen, weil nach den ersten paar Tropfen jeder Tropfen den Krater, den der vorherige Tropfen in der Wasseroberfläche hinterlassen hat, gerade dann trifft, wenn dieser sich wieder zu füllen beginnt, indem Wasser nach oben strömt. Aus diesem Grund wird jeder auftreffende Tropfen nach oben geschleudert.

Tropfen aus flüssigem Wachs, die auf eine glatte Metalloberfläche treffen, durchlaufen einen ähnlichen Prozess wie zerplatzende Wassertropfen, mit dem Unterschied, dass sie in einer der letzten Phasen des Prozesses fest werden. Die erstarrten Muster sind besonders schön, wenn sich von der Krone kleine Tröpfchen abgelöst haben. Auch Tropfen aus geschmolzenem Metall, die auf eine feste Metallfläche fallen, verfestigen sich zu interessanten Mustern. Allerdings scheint es sich bei dem Prozess, den diese Tropfen durchlaufen, eher um ein *Abschrecken* als ein Zerplatzen zu handeln, denn die Tropfen laufen auf der Oberfläche breit, wobei sich vom zentralen Bereich Finger radial nach außen strecken. Von einigen dieser Finger schnüren sich kleine Stücken des Metalls ab. Je rauer die Oberfläche ist, auf die der Metalltropfen fällt, umso weniger Finger gibt es und umso dicker sind diese.

Um Geschwindigkeit *und* Größe von Blutspritzern zu ermitteln, muss ein Kriminaltechniker nicht nur die Größe der Blutflecken bestimmen, sondern auch die Anzahl der Finger, die sich um den Auftreffpunkt herum gebildet haben. Je größer die Geschwindigkeit, desto größer ist die Anzahl dieser Finger. Allerdings ist für das entstehende Muster auch die Art der Oberfläche von Bedeutung, auf der die Blutspritzer gelandet sind. Dies macht die Analyse noch komplizierter. Bei einer rauen Oberfläche neigen die Finger dazu, sich zu überlappen, und die entstehenden Blutflecken sind bei sonst gleichen Bedingungen kleiner. Es ist daher ein erheblicher experimenteller Aufwand nötig, um die Eigenschaften von Blutflecken hinsichtlich der verschiedenen Oberflächen zu katalogisieren. Wenn an einem Tatort Blutspuren gefunden werden, ist es oft günstiger, eine Probe des Materials zu entnehmen, auf dem die Blutflecken gefunden wurden. Im Labor können dann an dieser Probe die entsprechenden Experimente durchgeführt werden.

2.76 Blasen in Sodawasser, Bier und Sekt

Warum bilden sich in Sodawasser, Bier, Sekt und anderen kohlensäurehaltigen Getränken kleine Blasen, wenn die Flasche geöffnet wird? Warum bilden sie sich nur an der Innenseite der Flasche und nicht in der Flüssigkeit selbst? Warum werden sie während des Aufsteigens größer, und warum ordnen sie sich, besonders bei Sekt, wie in einer Perlenschnur an? Warum steigen die Blasen in Sekt im Allgemeinen schneller auf als in Bier? Wenn Sie ein Trinkglas mit einem Geschirrspülmittel reinigen, es an der Luft trocknen lassen und dann ein kohlensäurehaltiges Getränk eingießen, entstehen fast keine Blasen mehr. Warum nicht?

Wenn man zu einem frisch gezapften Glas Bier etwas Eis oder Salz hinzufügt, nimmt die Blasenbildung gewaltig zu, vielleicht sogar so sehr, dass das Getränk überschäumt. Wie kommt das? Warum sprudelt ein kohlensäurehaltiges Getränk aus der Flasche, wenn man diese vor dem Öffnen schüttelt?

Alsterwasser oder Radler ist ein Getränk, das zur Hälfte aus Bier und zur Hälfte aus Limonade besteht. Wenn Sie das Bier auf die Limonade gießen, passiert nichts Bemerkenswertes. Doch wenn Sie zuerst das Bier und dann die Limonade einschenken, entstehen schlagartig große Mengen von Blasen, die das Glas leicht überlaufen lassen. Woher kommt dieser Unterschied?

Wenn man kleine Limettenscheiben in ein Glas Bier legt, kann man häufig beobachten, dass sie mehrmals auf und ab schwimmen. Was treibt sie dazu? Wenn man Guinness schnell in ein Glas gießt, bilden sich an der Glaswand Schichten von Blasen. Wodurch entstehen diese Schichten und warum bewegen sie sich nach *unten*?

Antwort

Kohlensäurehaltige Getränke enthalten viel gelöstes Kohlendioxid, das unter Druck in der Flasche gehalten wird. Bei Sekt kann der Druck sechsmal so groß sein wie der normale atmosphärische Druck. Das heißt, sowohl die Flüssigkeit als auch das Gas über der Flüssigkeit stehen unter diesem hohen Druck. (Wenn man eine Sektflasche nicht mit der notwendigen Vorsicht entkorkt, kann der Korken aufgrund des hohen Drucks mit einer Geschwindigkeit von 50 km/h aus der Flasche schießen, was mehr als ausreichend ist, um ein Auge ernsthaft zu verletzen.) Wenn man die Flasche öffnet, strömt das enthaltene Gas aus, so dass der Innendruck abnimmt und schließlich zu niedrig wird, um das gesamte Kohlendioxid in Lösung zu halten. Das Kohlendioxid beginnt also, aus der Lösung zu entweichen, entweder, indem es die Flüssigkeitsoberfläche durchstößt (falls möglich) oder indem es Blasen bildet („ausperlt").

Allgemein kann eine Blase, die sich gebildet hat, nur dann wachsen, wenn ihre Größe einen kritischen Wert überschreitet. Bei kleineren Blasen besteht das Problem, dass die Krümmung der Oberfläche zu stark ist. Die gegenseitige Anziehung von Wassermolekülen entlang der Oberfläche wirkt dem nach außen gerichteten Gasdruck in der Blase entgegen (ohne diesen Druck würde die Blase sofort kollabieren). Da eine große Blase weniger stark gekrümmt ist, reicht die nach innen gerichtete Kraft der Wassermoleküle nicht aus, um die Blase zum Kollabieren zu bringen. Allerdings ist es sehr unwahrscheinlich, dass sich Blasen, die die kritische Größe überschreiten, spontan in der Flüssigkeit bilden – sie können weder auf diese Größe anwachsen, noch aus dem Nichts in dieser Größe erscheinen. Deshalb kommt es nur an Oberflächen zur Blasenbildung, vornehmlich an der Flaschenwand sowie am Boden (aber auch an der Oberfläche jedes beliebigen Fremdkörpers, der sich möglicherweise in der Flasche befindet.) Irgendwann ist schließlich die Menge des noch in der Flüssigkeit verbliebenen Kohlendioxids so gering, dass sich keine weiteren Blasen mehr bilden können.

Die verbreitetste Erklärung für die Blasenbildung geht von einem Kratzer aus, an dem bereits eine Blase existiert. Wenn der Kratzer hinreichend breit ist, muss die Blase keine starke Krümmung aufweisen und kollabiert daher nicht. Außerdem kann das Kohlendioxid langsam aus der Flüssigkeit in die Blase übergehen, so dass diese sich aufbläht und ihr Auftrieb zunimmt. Schließlich ist die Blase groß genug, dass sich ihr größter Teil von dem Kratzer abschnürt und nach oben steigt. Dann beginnt die Blasenbildung mit der kleinen, am Kratzer verbliebenen Menge Gas von Neuem.

Heute weiß man jedoch, dass die *meisten* Blasen, die in einem Trinkglas aufsteigen, ihren Anfang nicht an kleinen Kratzern nehmen. Stattdessen beginnen sie an Zellulosefasern, die an der Glaswand haften geblieben sind, als das Glas das letzte Mal gewaschen und mit einem Geschirrtuch getrocknet wurde. In diesen hohlen Fasern ist Luft gefangen, die die Blasenbildung initiiert. Wenn die Flasche geöffnet wird, sickert das Kohlendioxid durch die offenen Enden der Fasern in eine gefangene Luftblase. Wenn die Blase groß genug wird, löst sich ein Teil von einem Ende ab und der ganze Prozess wiederholt sich. Wenn das Glas nicht mit einem Geschirrtuch getrocknet wurde, haften an dem Glas keine Zellulosefasern, und es kann daher keine Blasen produzieren. Blasen entstehen dann lediglich durch Turbulenzen beim Eingießen.

Eis enthält an vielen Stellen seiner Oberfläche Lufteinschlüsse und kann daher ebenso wie die Fasern wirken. Mit Salz verhält es sich dagegen anders. Wenn man Salz in Bier schüttet, geht das Salz in Lösung und reduziert dadurch die Menge an Kohlendioxid, die in der Flüssigkeit gelöst werden kann. In der Flüssigkeit ist aber bereits zu viel Kohlendioxid enthalten, so dass es schnell ausperlt.

Wenn erst einmal Blasen aufsteigen, werden diese durch den Aufrieb beschleunigt, weil sie leichter sind als die sie umgebende Flüssigkeit. Allerdings lagern sich schnell Moleküle wie Proteine an den Blasen an, wodurch sich der Reibungswiderstand erhöht und das Aufsteigen verlangsamt wird. Diese Verlangsamung ist in Bier viel ausgeprägter als in Sekt, weil in Bier reichlich Proteine vorhanden sind.

Wenn man eine Flasche mit einem kohlensäurehaltigen Getränk unmittelbar vor dem Öffnen schüttelt, wird das Gas, das sich normalerweise über der Flüssigkeit befindet, in Form von kleinen Blasen in die Flüssigkeit eingemischt. Wenn der Druck durch das Öffnen plötzlich sinkt, kann das Kohlendioxid abrupt aus der Lösung in diese Blasen übergehen. Die Blasen können dann so heftig wachsen, dass sie einen Teil der Flüssigkeit aus der Flasche drücken bzw. regelrecht herausschießen. Um dies zu vermeiden, sollten Sie eine Flasche, die beispielsweise transportbedingt durchgeschüttelt wurde, vor dem Öffnen eine Weile ruhen lassen, so dass die Blasen Zeit haben, nach oben zu steigen, wo sie zerplatzen.

Bei der Blasenbildung in einem *Radler* ist es wichtig, wo das Bier an eine Wand angrenzt, denn dort werden die Blasen erzeugt. Wenn das Bier auf die Limonade gegossen wird, bildet der größte Teil davon eine über der Limonade liegende Schicht. Deshalb bilden sich die Blasen überwiegend in der oberen Schicht und können auf die übliche Weise zur Oberfläche aufsteigen. Wenn dagegen die Limonade auf das Bier gegossen wird, entstehen die Blasen in der unteren Schicht und müssen durch die Limonade wandern, um die Oberfläche zu erreichen. Außerdem fließt vermutlich ein Teil der Limonade nach unten ins Bier. An den in ihr enthaltenen Partikeln (beispielsweise Fruchtfleisch) können sich Blasen bilden, die sich ablösen und ebenfalls nach oben steigen. Aus diesen verschiedenen Gründen nimmt die Blasenbildung zu, und sämtliche Blasen müssen durch die Limonade hindurch, um zur Oberfläche zu gelangen. Das Ergebnis ist eine rasche Schaumbildung und die Chancen stehen gut, dass das Getränk überläuft.

Eine Limettenscheibe, eine Erdnuss oder irgendein anderer Körper kann genug Blasen um sich herum sammeln, dass er an die Oberfläche getrieben wird. Dort zerplatzen viele der Blasen, was zur Folge hat, dass der Körper wieder nach unten sinkt. Der Prozess wiederholt sich so lange, wie noch Blasen gebildet werden können.

Wenn man Guinness in ein Glas gießt, füllt sich das Bier zunächst mit Blasen. Wenn die Blasen miteinander kollidieren, können sie sich aneinander anheften. Diese Ansammlungen führen dazu, dass die Blasen langsamer aufsteigen. Die einzelnen Blasenansammlungen sind vertikal voneinander separiert, wobei ihr Abstand von der Differenz der Aufstiegsrate der Einzelblasen und der Aufstiegsrate der Blasenansammlungen abhängt. (Blasenansammlungen können sich auch in Magma- und Lavaströmen bilden, wenn die Schicht dick genug ist, denn dann können die Blasen zusammenfinden, bevor sie an der Oberseite der Schicht ankommen.)

Manche Leute behaupten, dass die Abwärtsbewegung der Blasenansammlungen eine Täuschung ist, doch die Bewegung sieht echt aus und könnte auf einem (oder beiden) der zwei folgenden Effekte beruhen: (1) Die Blasen in der Mitte des Glases steigen schneller auf als die an der Wand, da diese durch die Reibung an der Wand und den auf die Ansammlungen wirkenden Widerstand behindert werden. Deshalb wird die Flüssigkeit in der Mitte des Glases durch die aufsteigenden Blasen nach oben getrieben. Die fehlende Flüssigkeit wird wieder ersetzt, indem sie in Wandnähe nach unten fließt. Deshalb bewegen sich Blasenansammlungen in der Nähe der Wand nach unten. (2) Blasen, die sich von der Oberseite einer Blasenansammlung lösen, werden nach oben beschleunigt und erreichen die Unterseite der nächsthöheren Ansammlung. Jede Blasenansammlung verliert also Blasen an ihrer Oberseite und gewinnt an ihrer Unterseite Blasen hinzu – ihr Mittelpunkt bewegt sich folglich nach unten.

2.77 Seifenblasen und Bierschaum

Was hält Seifenblasen, wie Sie sie als Kind aus einem Plastikring geblasen haben, zusammen? Ist für die Entstehung von Blasen tatsächlich Seifenlauge nötig (wenn ja: warum?) oder könnten Sie auch nur mit Wasser Blasen erzeugen? Warum halten Seifenblasen länger, wenn sie Glyzerin enthalten? (Mischen Sie Seifenlauge, Wasser und Glyzerin etwa im Verhältnis 1:3:3.) Warum läuft die Flüssigkeit, die die Haut der Blase bildet, nicht einfach zum Boden der Blase, was dazu führen würde, dass diese an der Oberseite reißt?

Warum hält der Schaum auf einem Glas Bier sehr viel länger als auf einem Glas Sodawasser? Warum verschwindet er letzten Endes doch?

Antwort

Die Haut einer Seifenblase besteht aus einer dünnen Schicht Wasser, an deren inneren und äußeren Grenzflächen sich Seifenmoleküle sammeln. Jeweils ein Ende eines Seifenmoleküls bindet an Wasser (dieses Ende nennt man *hydrophil*) und ragt deshalb in die Wasseroberfläche hinein. Das andere Ende bindet nicht an Wasser (dieses Ende nennt man *hydrophob*) und ragt aus der Wasserfläche heraus. Die Kräfte, die eine Blase zusammenhalten, resultieren aus der *Oberflächenspannung* des Wassers, also der gegenseitigen Anziehung der Seifenmoleküle. Die Oberflächenspannung von reinem Wasser ist jedoch zu stark, als dass ein flacher Wasserfilm sich zu einer Blase krümmen könnte. Die Waschmittelmoleküle an den Oberflächen des Films reduzieren die Oberflächenspannung ausreichend stark, dass die Blase nicht einfach kollabiert.

Das Wasser in der Blase ist aufgrund der Schwerkraft bestrebt, zum Boden der Blase zu laufen. Dieser Prozess wird jedoch durch die Seifenmoleküle behindert: Wenn die Oberseite dünner wird, werden die Seifenmoleküle an der Außenseite zunehmend von den Seifenmolekülen an der Innenseite abgestoßen. Trotzdem wird die Haut dünn genug, dass der Film infolge von Verdunstung, zufälligen Störungen oder Diffusion von Luft irgendwann reißt.

Glyzerin stabilisiert Seifenblasen, weil seine hohe Viskosität das Ablaufen des Wassers zum Boden der Blase verlangsamt. Auch die Verdunstung wird durch Glyzerin verlangsamt.

In Bierschaum fließt die Flüssigkeit in den Wänden der Blasen langsam nach unten, so dass die Wände dünner werden, bis die Blasen irgendwann platzen. Die Verlangsamung wird von bestimmten Molekülen verursacht, die einander und damit auch die Flüssigkeit anziehen. Eine solche Stabilisierung findet bei anderen kohlensäurehaltigen Getränken, bei denen eine beständige Schaumkrone nicht erwünscht ist, nicht statt. Bierschaum lässt sich fast augenblicklich beseitigen, wenn man Fett hinzufügt. Dies ist zum Beispiel schon allein dadurch möglich, dass man zum Bier Frittiertes isst oder Lippenstift trägt. Das Fett senkt dort, wo es auf eine Blase trifft, die Oberflächenspannung, und die umgebende Flüssigkeit zieht die Blase auseinander.

Teile der Blasenwände werden auch deshalb dünner, weil deren Flüssigkeit in die gekrümmten Bereiche gesogen wird, an denen sich mehrere Blasen treffen. Die Kanten, an denen sich die Blasen treffen, werden nach dem belgischen Physiker Joseph Antoine Ferdinand Plateau als *Plateau-Kanten* bezeichnet. Der Druck in der Flüssigkeit wird durch die Krümmung der Fläche infolge der Oberflächenspannung bestimmt: Stärkere Krümmungen bedeuten weniger Druck in den Blasenwänden. Der Flüssigkeitsdruck ist also in den gekrümmten Plateau-Kanten niedriger als in den flacheren Bereichen der Wände. Deshalb wird die Flüssigkeit aus den benachbarten, flachen Bereichen der Wände in die Plateau-Kanten gezogen, wodurch aus feuchtem Schaum trockener Schaum wird.

Die Proteine, die sich an den Wänden der Blase sammeln, tragen aus zwei Gründen dazu bei, den Bierschaum zu stabilisieren: (1) Sie erhöhen die Viskosität und verlangsamen dadurch das Ablaufen. (2) Sie verhindern außerdem, dass sich die beiden Seiten einer Wand zu nahe kommen und durch eine kleine zufällige Störung zerplatzen, wodurch es möglich wird, dass Blasen miteinander *verschmelzen*.

Selbst wenn die Wände stabil sind, verändert sich der Bierschaum allmählich, weil das in einer Blase enthaltene Kohlendioxid durch die Wände *diffundiert*. Dies führt unter anderem dazu, dass die ganz oben auf der Schaumkrone befindlichen Blasen ihr Gas abgegeben und schrumpfen. Kleine Blasen schrumpfen am schnellsten, da in ihnen das Gas aufgrund der stärkeren Krümmung und der daraus resultierenden Oberflächenspannung stärker zusammengepresst wird als in größeren Blasen. Kleinere Blasen schrumpfen auch deshalb schneller, weil ihr Kohlendioxid durch das Zusammenpressen in benachbarte größere Blasen diffundiert. Größere Blasen haben daher die Tendenz, auf Kosten benachbarter kleinerer Blasen zu wachsen.

Eine Möglichkeit, die Diffusion zu verlangsamen und die Schaumkrone zu stabilisieren, besteht darin, Stickstoffgas anstelle von Kohlendioxid zu verwenden. Stickstoff diffundiert wesentlich langsamer durch die Flüssigkeitswände. Allerdings erfordert es einige Geduld, mit Stickstoff versetztes Bier zu zapfen, ohne dass der Schaum überläuft. Typisch ist die ausgeprägte, lang anhaltende Schaumkrone beispielsweise bei Guinness.

Die Diffusion kann auch dadurch verlangsamt werden, dass man das Bierglas kühlt. Dann enthalten nämlich die an der Glaswand erzeugten Blasen kälteres Gas, wenn sie zur Schaumkrone auf dem Bier beitragen. Die niedrigere Temperatur reduziert die Diffusionsrate der Gasmoleküle durch die Flüssigkeitswände.

Manchmal scheint die oberste Schicht der Schaumkrone auf einem Bier einen sehr plötzlichen Verlust von Blasen zu erleiden. Die obersten Blasen sind dann vermutlich ausgetrocknet und deshalb sehr zerbrechlich. Wenn eine von ihnen zerplatzt, laufen Oszillationen durch den Schaum bzw. die Luft, die das Zerplatzen weiterer Blasen auslösen.

Jemand, der Erfahrung mit Guinness hat, weiß, wie man dieses Bier richtig aus der Flasche ausgießt: Die geöffnete Flasche wird ruckartig umgedreht und ins Glas gehalten, woraufhin das Bier natürlich auszulaufen beginnt. Die Strömung ist allerdings nicht gleichmäßig (laminar), sondern schwappt rhythmisch aus einer Seite der Flaschenöffnung heraus, während auf der anderen Seite im gleichen Rhythmus Luft in die Flasche hineinströmt. Wenn man die Flaschenöffnung in den Schaum hineinhält, der sich über der Flüssigkeit bildet, wird der Schaum von der in die Flasche strömenden Luft angesaugt und mit in die Flasche hineingezogen. Am Ende ist das Glas mit Bier gefüllt und die Flasche mit Schaum.

2.78 Zerplatzende Blasen

Warum werden winzige Tröpfchen in die Luft geschleudert, wenn eine Blase auf einer Flüssigkeitsoberfläche zerplatzt? Wenn eine Blase in einer Schicht Sekt zerplatzt, bilden die benachbarten Blasen eine blütenähnliche Anordnung. Wie kommt das?

Eine aus einem Plastikring geblasene Seifenblase kann sich mehrere Sekunden lang in der Luft halten, bevor sie zerplatzt. Verschwindet die Blase dabei instantan? Und wo bleiben all die Seifen- und Wassermoleküle?

Antwort
Eine Blase auf einer Flüssigkeitsoberfläche zerplatzt, weil die Flüssigkeit in der dünnen Schicht, die die Oberfläche der Blase bildet, so lange nach unten fließt, bis die Blase schließlich reißt. Beim Reißen öffnet sich die Oberseite der Blase immer weiter, während die Seiten aufgrund der Oberflächenspannung – d. h. durch die gegenseitige Anziehung der Moleküle entlang der Blasenwand – nach unten gezogen werden. Die nach unten fließenden Flüssigkeitsströme von gegenüberliegenden Seiten der Blase kollidieren am Boden der Blase, wodurch sich ein nach oben schießender *Jet* (eine Flüssigkeitssäule) bildet. Der Jet ist instabil und die Oberflächenspannung lässt ihn rasch in kleine Tropfen zerfallen, die von der zerplatzenden Blase in die Luft geschleudert werden.

Wenn eine Blase an der Oberfläche eines Glases Sekt zerplatzt, während man den Sekt trinkt, geben die Jets und Tröpfchen Aromen frei, die das Innere der Nase erreichen, was den Genuss steigert.

Wenn eine zerplatzende Blase von anderen Blasen umgeben ist, werden die benachbarten Blasen durch die nach unten strömende Flüssigkeit angesaugt und zu einer Form gedehnt, die an Blütenblätter erinnert. Die einzelnen „Blütenblätter" scheinen aus der zentralen, zerplatzten Blüte herauszuwachsen.

Eine in der Luft schwebende Seifenblase zerplatzt, wenn sie an irgendeiner Stelle auf ihrer Oberfläche einreißt. Der Riss dehnt sich kreisförmig aus, wobei er sich am Rand des Kreises mit einer Geschwindigkeit von 10 Meter pro Sekunde (also viel schneller, als dass Sie es wahrnehmen könnten) nach unten bewegt. Vom Rand werden kontinuierlich Tropfen weggeschleudert (insgesamt viele Tausende), bis dieser schließlich in dem der Rissstelle gegenüberliegenden Punkt zusammengeschrumpft ist.

2.79 Wale und Blasennetze

Warum geben viele Arten von Walen Luft frei, die sich zu Blasen formiert, während das Tier Nahrung (Krill) aufnimmt?

Antwort
Wale sind offenbar in der Lage, ihre Beute in Netzen aus Blasen zu fangen. Die Beutetiere könnten natürlich durch eine Blase des Netzes hindurchschwimmen, doch es widerstrebt ihnen, dies zu tun, wenn sie in einer großen Gruppe schwimmen. Indem der Wal ein Netz aus Blasen um oder unter einer Gruppe von Fischen konstruiert, kann er die Beute in einem kleinen Gebiet zusammentreiben, wo er sie leicht fressen kann. Offenbar reagieren die Fische nicht über die visuelle Wahrnehmung auf ein Blasennetz, denn das Stellen der Falle und das Zusammentreiben kann auch nachts geschehen. Stattdessen scheinen die Fische auf das Geräusch zu reagieren, das entsteht, wenn die Blasen im Netz oszillieren.

2.80 Wasserläufer

Wie stellt es ein Wasserläufer an, auf der Wasseroberfläche zu ruhen oder sich über diese hinweg zu bewegen? Warum entstehen durch die Bewegung vor und hinter dem Insekt Wellen? Ein Wasserläufer macht keinerlei Geräusche und bewegt sich unmittelbar über dem Wasser.

Wie ist es ihm dann möglich, seinen Artgenossen zu signalisieren, dass er ihre Gesellschaft sucht oder dass sie sich von einem Feind fernhalten sollen?

Antwort

Wenn ein Wasserläufer steht, liegt sein Gewicht vor allem auf dem mittleren und dem hinteren Beinpaar. Die Beine dellen die Oberfläche ein, ohne sie zu durchbrechen, weil diese aufgrund der Oberflächenspannung wie elastische Membran wirkt. Der Wasserläufer kann sich sogar in der Anfangsphase eines Sprungs an der Wasseroberfläche abstützen, ohne einzubrechen. Wenn das Wasser flach ist und das Insekt vom Sonnenlicht angestrahlt wird, werfen die Dellen ovale Schatten auf den Grund. Diese Bereiche sind dunkel, weil die Lichtstrahlen, die durch die gekrümmten Abschnitte der Wasseroberfläche treten, zur Seite abgelenkt werden.

Wenn Wasserläufer viel größer wären als sie sind, würden sie natürlich einfach einsinken. Die Fähigkeit der Wasseroberfläche, einen normalen (leichtgewichtigen) Wasserläufer zu tragen, beruht auf dem Widerstand, den das Wasser an den Berührungspunkten den Fußgliedern (Tarsen; Singular Tarsus) des Insekts entgegenbringt. Weil die Tarsen mit feinen, wasserabweisenden Härchen bedeckt sind, werden sie nicht vom Wasser benetzt. Andernfalls würde das Wasser am Bein das Insekts aufsteigen, und das Insekt würde einsinken. Ohne die wasserabweisenden Härchen würde das Insekt zwar immer noch auf der Wasseroberfläche stehen können, doch es könnte weder abspringen noch laufen und würde daher für seine Feinde zu einer leichten Beute.

Wasserläufer rennen, indem sie mit den hinteren und mittleren Beinen rudern. Der Antrieb kommt vor allem von den Hinterbeinen, die wie Ruder wirken. Wenn ein Bein nach hinten schwingt, erzeugt es im Wasser einen U-förmigen Wirbelkanal. Die oberen Enden des U's bilden an der Wasseroberfläche zwei dicht benachbarte Wirbel, die sich in entgegengesetzte Richtungen drehen. Diese beiden Wirbel sind durch den U-förmigen Kanal, der unter der Wasseroberfläche verläuft, verbunden. Weil ein Teil der Wasserströmung in diesem Wirbelkanal zur Rückseite verläuft, wird das Insekt nach vorn getrieben. Die Forschergruppe, die diesen Mechanismus der Fortbewegung durch Rudern entdeckt hat, hat einen mechanischen Wasserläufer gebaut, der mit Beinen aus Stahldraht und einem Körper aus Aluminium ausgestattet war. Der Antrieb bestand aus einem elastischen Faden und einem Flaschenzug. Jedes Mal, wenn der mechanische Wasserläufer seine Beine schwang, produzierte er zwei Wirbelpaare.

Die vom mittleren Beinpaar produzierten Wirbel sind gewöhnlich kaum sichtbar. Etwas hinter dem Insekt kann sich die Wirbelbewegung in eine Wellenbewegung ändern, doch weil die Wellen flach sind und eine sehr große Wellenlänge haben, sind auch sie nur schwer zu sehen. Besser sichtbar sind die kurzwelligen Wellen, die infolge der Bewegung des Insekts nach vorn ausgesendet werden. Das Insekt kann mithilfe dieser Wellen, die bis sechs oder sieben Körperlängen vor dem Insekt sichtbar sein können, Beutetiere, Hindernisse oder Artgenossen ausmachen. (Beobachten Sie einmal eine Weile lang das Treiben der Wasserläufer auf einem Teich. Trotz ihrer merkwürdigen Manöver kollidieren sie niemals miteinander oder mit einem Hindernis.)

Wasserläufer kommunizieren miteinander, indem sie gegen die Wasseroberfläche treten und dadurch Wellen mit einer ziemlich großen Amplitude und einer Frequenz von etwa 20 Wellenberge pro Minute erzeugen. Wenn eine Ameise ins Wasser fällt und herumzustrampeln

beginnt, wodurch sie gleichfalls Wellen erzeugt, stürmen die Wasserläufer, die sich zufällig in der Nähe befinden, mit beachtlicher Geschwindigkeit auf die Ameise zu, um sie zu verspeisen.

Wasserläufer meiden Stellen, wo die Wasseroberfläche mit einem Film aus Verunreinigungen (beispielsweise durch fetthaltige Stoffe) überzogen ist, weil sie durch diese Substanzen nicht gleiten und ihre Signalwellen aussenden können. Wenn sie versehentlich doch in einen solchen Bereich geraten, können sie sich nur durch Springen daraus befreien.

2.81 Perlen auf Stäben und Speichelfäden

Fassen Sie, wenn niemand zuschaut, mit Daumen und Zeigefinger in Ihren Mund und entnehmen Sie etwas Speichel. Halten Sie Daumen und Zeigefinger zunächst fest aufeinandergepresst und ziehen Sie dann die Finger vorsichtig auseinander, so dass sich zwischen den Fingern ein Speichelfaden aufspannt. Warum bilden sich während des Öffnens der Finger irgendwann plötzlich kleine Speichelperlen (Abb. 2.25)?

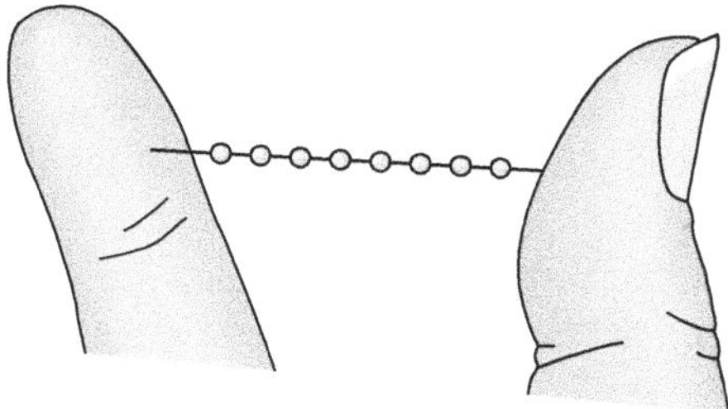

Abb. 2.25: An einem zwischen Daumen und Zeigefinger aufgespannten Speichelfaden bilden sich Perlen.

Tauchen Sie einen dünnen Stab in eine Tasse Öl oder Honig und ziehen Sie ihn senkrecht wieder heraus. Warum bilden sich kleine Perlen, während die Flüssigkeit am Stab nach unten läuft? Warum scheint eine dieser Perlen auf ihrem Weg nach unten die kleineren zu dominieren und sie sich einzuverleiben? Und warum bilden sich hinter der großen, die anderen verschlingenden Perle, weitere Perlen?

Antwort

Die Oberflächenspannung des Speichelfadens versucht, dessen Oberfläche zu minimieren. Wenn der Faden in der Anfangsphase des Auseinanderziehens einen mittleren Durchmesser erreicht hat, ist die minimale Fläche die eines Zylinders, und deshalb hat der Faden eine zylindrische Form. Durch zufällige, kleine Störungen, beispielsweise das unvermeidliche Zittern Ihrer Hand, werden Wellen ausgelöst, die am Faden entlanglaufen und dadurch dessen zylindrische Form modifizieren. Die Oberflächenspannung sorgt jedoch dafür, dass sich die alte, zylindrische Form schnell wieder einstellt.

Allerdings nimmt der Durchmesser des Fadens durch den größer werdenden Abstand zwischen Daumen und Zeigefinger weiter ab, und schließlich wird der Faden instabil für Wellen, deren Wellenlänge größer ist als der Umfang des Fadens. Der Grund ist, dass die Verformung, die von einer solchen Welle verursacht wird, die Gesamtoberfläche verringert. Deshalb verstärkt die Oberflächenspannung eine solche Störung, anstatt sie zu eliminieren. Die dicker werdenden Abschnitte des Fadens verformen sich infolge der Oberflächenspannung zu Perlen, während die dünner werdenden Abschnitte die nun sehr dünnen Verbindungsfäden zwischen den einzelnen Perlen bilden. Die Abstände zwischen den Perlen entsprechen näherungsweise der Wellenlänge jener Welle, die den Übergang verursacht hat. (Falls sich auf dem Speichelfaden große mit kleinen Perlen abwechseln, dürften an der Entstehung der Perlen mehrere Wellenlängen beteiligt gewesen sein.) Manchmal ist der übrig gebliebene Faden zwischen den Perlen so dünn, dass er nicht mehr zu sehen ist.

Eine dünne Flüssigkeitsschicht an einem Stab zeigt eine ähnliche Instabilität. Zufällige Störungen und die Oberflächenspannung können die Schicht zu Perlen verformen. Wenn der Stab senkrecht gehalten wird, können die Perlen nach unten fließen, insbesondere wenn sie groß sind. Kleinere Perlen, die der großen Perle im Weg liegen, verschmelzen mit dieser, doch wenn die große Perle vorbei ist, bildet auch der verbliebene dünne Film wieder Perlen. Wenn der Film allerdings zu dünn geworden ist, verhindert die abwärts gerichtete Strömung die Ausbildung von Perlen.

Einige Spinnenarten nutzen in ihren Netzen die Perlenbildung aus. Wenn die Grundstruktur des Netzes fertig ist, werden die Fangfäden mit einer Flüssigkeit überzogen, die sich an den Fäden sofort zu Perlen zusammenzieht. Diese klebrigen Perlen können eine Fliege so lange festhalten, bis die Spinne herbeieilt, nachdem sie an den Schwingungen des Netzes die strampelnde Beute bemerkt hat.

Perlenbildung ist auch beim Schweißen von Stahl zu beobachten. Wenn sich die Wärmequelle mit einer bestimmten Geschwindigkeit über den Stahl bewegt, hinterlässt sie eine Reihe von Huckeln, wenn der flüssige Stahl wieder fest wird.

2.82 Wie sich Wüstenechsen mit Wasser versorgen

Einige Wüstenechsen sind hervorragend daran angepasst, die wenigen Gelegenheiten, die sich ihnen zum Trinken bieten, auszunutzen. Der in Australien lebende Dornteufel (*Moloch horridus*) zum Beispiel kann Tau aufnehmen, indem er sich in diesen hineinsetzt, oder auch leichten Nieselregen, indem er sich möglichst breit macht. Welcher Mechanismus sorgt dafür, dass der Dornteufel durch diese Verhaltensweisen Trinkwasser aufnehmen kann?

Antwort

Der Dornteufel saugt Wasser ein wie ein Schwamm. Die Furchen zwischen den Hautschuppen leiten das Wasser durch Kapillarkräfte zum Kopf des Tieres. Um das Wasser zu trinken, vollführt die Echse kleine, wiederholte Bewegungen mit ihrem Unterkiefer, um das Wasser aus den Furchen in der Nähe des Mundes zu entfernen. Während das Tier trinkt, wird das Wasser in diesen Furchen durch Wasser ersetzt, das aus dem Rest der Haut nachgezogen wird. Auch die Schwerkraft kann dazu beitragen, das Wasser zum Mund zu leiten. Dazu hält die Echse ihren Kopf nach unten und richtet ihren Hinterleib nach oben.

2.83 Jagdtechniken von Küstenvögeln

Streuen Sie ein paar kleine Styroporstückchen auf eine große Schale mit Wasser und versuchen Sie dann, eines dieser Stückchen mit Daumen und Zeigefinger aufzunehmen. Jedes Mal wird durch das Schließen von Daumen und Zeigefinger etwas Wasser weggespritzt, und das Styroporstück entwischt Ihnen. Wie schafft es dann ein Küstenvogel, mit seinem Schnabel Plankton (das sehr klein und leicht ist) aus dem Wasser zu schnappen? Müsste er nicht das gleiche Problem haben wie Sie mit den Styroporstückchen?

Antwort

Manche Küstenvögel nutzen die Oberflächenspannung aus, um ihre Plankton-fressende Beute zu fangen. Eine Methode besteht darin, den Schnabel fast geschlossen in das Wasser zu stoßen und ihn dann etwas weiter zu öffnen. Wenn der Vogel den Schnabel wieder aus dem Wasser zieht, spannt sich zwischen den beiden Schnabelhälften aufgrund der Oberflächenspannung ein Wassertropfen, in dem ein Beutetier gefangen ist. Um seine Beute tatsächlich verschlingen zu können, muss der Vogel den Tropfen irgendwie in den Rachen bekommen. Zu diesem Zweck spreizt der Vogel allmählich seinen Schnabel. Der Tropfen hängt weiterhin an der oberen und an der unteren Schnabelhälfte, wird dabei aber aufgrund des zunehmenden Abstands gedehnt. Um dem entgegenzuwirken, wird der Tropfen am Schnabel entlang in Richtung Hals gezogen, weil dort der Abstand zwischen oberer und unterer Schnabelhälfte kleiner ist. Dieser Vorgang setzt sich so lange fort, bis der Tropfen den Schlund erreicht und die gefangene Beute verschluckt werden kann.

2.84 Tropfen und Flüssigkeitsfilme auf festen Oberflächen

Warum breiten sich manche Flüssigkeiten auf einer festen Oberfläche aus, während andere abperlen? Warum kann es vorkommen, dass einige Tropfen selbst dann an der Oberfläche haften bleiben, wenn die Oberfläche geneigt ist oder wenn der Tropfen an ihr herunterhängt?

Wenn ein Flüssigkeitsfilm an einer mäßig geneigten Oberfläche herabläuft, ist der untere Rand des Films gekrümmt oder breitet sich in einzelnen Strahlen oder Flecken aus. Warum fließt der Rand nicht gleichmäßig hinunter? Warum breitet sich Regenwasser, das an einer Betonwand nach unten läuft, ungleichmäßig aus? Wenn Wasser allmählich in einen Hohlraum sickert, warum bildet es dann typischerweise konisch geformte Stalaktiten?

Antwort

Wie weit sich eine Flüssigkeit auf einer horizontalen festen Fläche ausbreitet, hängt von der Anziehung zwischen den Flüssigkeitsmolekülen und den Molekülen des Festkörpers ab. Wenn die Anziehungskraft stark ist, breitet sich die Flüssigkeit aus, und man spricht von *Benetzung*. Ist die Anziehungskraft schwach, neigt die Flüssigkeit zum Abperlen. Die Stärke der Benetzung (oder des Abperlens) wird häufig durch den *Kontaktwinkel* beschrieben, d. h. den Winkel, den die Flüssigkeit mit der Kontaktfläche bildet. Ist der Kontaktwinkel klein, benetzt die Flüssigkeit die Fläche; ist er groß, perlt die Flüssigkeit ab. In realen Situationen kann der Kontaktwinkel allerdings in einem ziemlich großen Wertebereich liegen, sodass es schwierig ist, anhand des Kontaktwinkels eine eindeutige Aussage zu treffen.

Die Einzelheiten, wie sich eine Flüssigkeit auf einer festen Oberfläche ausbreitet, hängen von den Wechselwirkungen auf atomarer Ebene ab und sind bis heute nicht in Gänze verstanden. In vielen Fällen bewegt sich der Flüssigkeitsrand nur, weil sich dicht vor dem Rand ein sehr dünner *Vorläuferfilm* ausbreitet. Die Moleküle dieses Flüssigkeitsfilms ziehen dann die Moleküle des Flüssigkeitsrandes an, so dass sich der Rand vorwärts bewegt. Manchmal bleibt der Rand hängen, wofür Irregularitäten oder Stellen mit besonders starker Anziehung als Ursache in Frage kommen.

Manche viskosen Flüssigkeiten wie Öl und Glyzerin breiten sich auf merkwürdige Weise auf einer geneigten Ebene aus: Der fortschreitende Flüssigkeitsrand zerfranst schnell in einzelne „Finger“ mit gleichmäßigen Abständen. Wenn diese Finger sich einmal ausgebildet haben, fließen sie viel schneller die Ebene hinab als der Rest der Flüssigkeit. Die Finger bilden sich, weil der Flüssigkeitsrand instabil ist und zufällige Störungen entlang des Randes Wellen erzeugen. Eine dieser Wellen dominiert den Flüssigkeitsrand und erzeugt starke, abwärts gerichtete Strömungen mit gleichmäßigen Abständen zwischen den einzelnen Linien.

Wenn ein Flüssigkeitsfilm eine geneigte Ebene hinunterläuft, bleibt der Film schnell an irgendeiner Stelle hängen, so dass das gleichmäßige Voranschreiten des Flüssigkeitsrandes nicht lange anhält. Unterhalb der Stelle, wo der Film hängengeblieben ist, bleibt die Ebene trocken. Auch wenn Regenwasser eine Betonwand herunterrinnt, schreitet der führende Rand gewöhnlich nicht gleichmäßig nach unten. An manchen Stellen kann das Wasser schneller ablaufen als an anderen, und von diesen Stellen aus können breite Finger nach unten oder seitlich weglaufen.

Ein Stalaktit besteht aus Calciumcarbonat, das aus dem in die Höhle sickernden Wasser ausfällt. Wenn das Ausfällen an der Deckenhöhle beginnt, sorgt die Schwerkraft dafür, dass das Wasser zum Boden der sich bildenden Beule läuft. Da also die Wasserschicht um den Stalaktiten am untersten Punkt am dicksten ist, setzt sich dort das meiste Calciumcarbonat ab. Deshalb wächst der Stalaktit viel stärker nach unten als in die Breite, was die bekannte, typische Form eines Stalaktiten erklärt. Wenn allerdings die Rate, mit der das Wasser in die Höhle sickert, klein ist im Vergleich zu der Rate, mit der Calciumcarbonat ausfällt, können auch andere Formen entstehen, beispielsweise Sintervorhänge oder wunderschöne, spiralförmig gewundene Gebilde.

2.85 Anziehende Frühstückscerealien

Warum werden zwei ringförmige Frühstückscerealien, die in einer Schale mit Milch zufällig nahe beieinander schwimmen, voneinander angezogen? Wenn viele der Kringel zufällig auf der Milch verteilt sind und sich selbst überlassen werden, bilden diese nach wenigen Minuten einen Cluster. Warum? Und warum werden die Ringe auch vom Rand der Schale angezogen?

Antwort

Die an einen Kringel angrenzende Milch wird durch die Oberflächenspannung leicht an dem Ring nach oben gezogen (Abb. 2.26), d. h., die Anziehung des in der Milch enthaltenen Wassers durch die Ränder der Kringel ist stark genug, um das Wasser am Rand des Kringels ent-

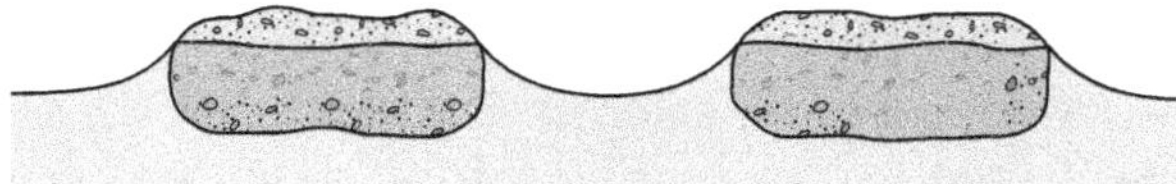

Abb. 2.26: Zwei Frühstückscerealien in Milch.

gegen der Schwerkraft ein Stück nach oben zu ziehen. Wenn sich zwei Kringel nahekommen, weist die zwischen ihnen eingeschlossene Fläche eine starke Krümmung auf, so dass auf beide Kringel eine Kraft wirkt, die sie zueinander hin zieht. Die Anziehung kann auch mithilfe des Energiekonzepts erklärt werden: Eine gekrümmte Fläche erfordert mehr Energie, und deshalb nähern sich die Kringel einander, um die Fläche zwischen ihnen zu glätten und dadurch die Energie zu minimieren.

Auch in der Nähe des Randes der Schale ist die Oberfläche gekrümmt. Wenn sich also ein Kringel dem Rand nähert, dann krümmt sich die Fläche zwischen dem Kringel und dem Rand stark, und es gibt eine Kraft, die den Kringel zum Rand zieht. Wenn Sie die Schale bis oben hin mit Milch füllen und dann noch vorsichtig ein klein wenig Milch mehr hinzugeben, so dass die Milchoberfläche etwas höher ist als der Rand der Schale, krümmt sich die Flüssigkeit am Rand nach unten. Wenn nun ein Kringel in die Nähe des Randes kommt, wird er von diesem weggetrieben. Dies ist die physikalische Grundlage für einen beliebten Trick, der manchmal in Kneipen zum Besten gegeben wird: Können Sie verhindern, dass ein auf einem Glas Wasser schwimmernder Gegenstand an der Wand des Glases endet?

Eine doppelschneidige Rasierklinge kann auf dem Wasser schwimmen, wenn sie sehr vorsichtig dort abgelegt wird. Anders als die Frühstückskringel schwimmt die Rasierklinge etwas über dem Wasser, und deshalb krümmt sich die Wasseroberfläche an der Berührungsstelle mit der Rasierklinge leicht nach unten. Aber auch zwei Rasierklingen, die dicht nebeneinander auf dem Wasser schwimmen, werden aufgrund der Oberflächenspannung voneinander angezogen, weil auch in diesem Fall durch die Anziehung die Oberfläche geglättet und so die Energie minimiert wird.

Allgemein wird ein Stoff als *hydrophil* („wasserliebend“) bezeichnet, wenn er Wasser anzieht, und als *hydrophob* („wassermeidend“), wenn er Wasser nicht anzieht. Zwei schwimmende hydrophile Objekte werden einander immer anziehen, selbst wenn der Abstand zwischen ihnen anfangs beträchtlich ist; das Gleiche gilt für zwei hydrophobe Objekte. Ein hydrophiles und ein hydrophobes Objekt dagegen stoßen sich gegenseitig ab, denn wenn sie sich nahekommen würden, müsste die Krümmung der Wasseroberfläche zunehmen, was Energie erfordert.

2.86 Sandburgen

Was hält eine Sandburg zusammen? Ein Berg Sand in einem Sandkasten auf dem Spielplatz lässt sich nicht sehr steil auftürmen, und es ist auch nicht möglich, aus dem Sand irgendetwas anderes als einen kleinen Berg zu bauen. Trotzdem können Sandburgen offensichtlich vertikale Wände und, beispielsweise bei kleinen Türmchen, scharfe Kanten haben. Auch viele natürliche Sandformationen haben nahezu vertikale Wände. Welcher Mechanismus macht solche steilen Wände möglich?

Antwort

Trockener Sand ist nicht kohäsiv, weil es zwischen den Sandkörnern keine Kraft gibt, die sie zusammenhält. Unter Wasser ist Sand ebenfalls nicht kohäsiv, in diesem Fall jedoch, weil sich das Wasser sehr leicht zwischen den Sandkörnern hindurchbewegen kann. Feuchter Sand dagegen kann eine starke Kohäsion aufweisen. Das Wasser wird in diesem Fall von den Sandkörnern angezogen und *benetzt* sie. Wenn sich zwischen zwei benachbarten Sandkörnern eine kleine Menge Wasser befindet, heftet es sich an beiden Körnern an und bildet zwischen ihnen eine *Flüssigkeitsbrücke*. Eine solche Brücke ist ähnlich wie das Glasröhrchen einer Sanduhr geformt: An den Körner ist sie breit und in der Mitte hat sie eine schmale Taille. Das Wasser ist relativ träge, so dass es nicht von den Körnern weg oder infolge der Schwerkraft einfach nach unten fließt. Die Brücke vermittelt zwischen den Körnern aus zwei Gründen eine Kohäsionskraft. (1) Wassermoleküle ziehen an den Körnern und aneinander (Oberflächenspannung). (2) Da sich die Oberflächen der Brücke nach außen wegkrümmen, ist der Wasserdruck innerhalb der Brücke niedriger als der Luftdruck außerhalb der Brücke; folglich werden die Körner in Richtung des niedrigeren Drucks gezogen.

Wenn der Sand mit Wasser gesättigt ist und noch mehr Wasser hinzukommt, werden die Sandkörner nicht mehr durch individuelle, träge Wasserbrücken zusammengehalten. Stattdessen sind sie nun vollständig in Wasser eingehüllt und rutschen deshalb auseinander. Geübte Sandburgenbauer sprühen ihre Konstruktionen von Zeit zu Zeit ein, so dass das Wasser in die Zwischenräume hineingezogen wird und individuelle Wasserbrücken bilden kann. Wenn man die Sandburg austrocknen lässt, verlieren die Außenflächen schnell ihre Wasserbrücken, und das Kunstwerk beginnt zu bröckeln.

Feuchter Strandsand hat einen größeren Zusammenhalt als reiner Sand (Quarz), weil er Tonminerale und organische Stoffe enthält, die elektrische Bindungen zwischen den Körnern herstellen können. Außerdem kann eine Schicht Sand von einer Salzkruste bedeckt sein, die zusätzliche Bindungskräfte zwischen den Körnern beisteuert. In Überschwemmungszonen, wo der Sand regelmäßig von Meerwasser überspült wird, rührt das Wasser Luftblasen in den Sand, was dem Sand eine weichere Struktur verleiht. Daher kann die *Härte* von Sand beträchtlich variieren, was Sie spüren, wenn Sie von trockenem Sand im oberen Bereich des Strandes nach unten gehen, wo der Sand zuerst mit Luft durchmischt und etwas feucht ist, dann vollständig durchnässt und schließlich mit Wasser gesättigt.

2.87 Schlechter Kaffee

Untersuchen Sie einmal eine Tasse ungenießbaren Kaffee, und zwar von der Sorte, die stundenlang warm gehalten wurde. Es kann sein, dass die Oberfläche ihr Aussehen ändert, wenn Sie einen Löffel in die Tasse stecken oder ihn herausziehen. Wie kommt das? Wenn der Löffel draußen ist, zeigt die Oberfläche keinerlei Glanz, was nicht sehr verlockend aussieht. Wenn der Löffel im Kaffee steckt, sind auf der Oberfläche kleine, schimmernde Kreise zu sehen, was sogar noch unappetitlicher wirkt.

Antwort
Gewöhnlich ist schlechter Kaffee deshalb schlecht, weil er von einer öligen Schicht bedeckt ist, welche eine stumpfe, wenig einladende Reflexion erzeugt. Deshalb können Sie oft schon durch bloßen Augenschein feststellen, ob der Kaffee schlecht ist. Wenn Sie einen Löffel in den Kaffee stecken, können durch den Löffel Substanzen eingebracht werden, die sich auf der Oberfläche ausbreiten und das Öl in kleine Tropfen einschließen. Diese Tropfen mit ihren gekrümmten Oberflächen wirken für Licht, das von oben auf den Kaffee scheint, wie kleine Reflektoren, so dass man viele helle Kreise sieht. Wenn Sie den Löffel herausnehmen, bildet sich wieder die zuvor vorhandene Ölschicht aus, und die Reflexionen verschwinden.

2.88 Tränen aus Wein

Warum können sich in einem Glas mit Wein Tropfen bilden, ansteigen und dann an der Glaswand nach unten bis unmittelbar über der Flüssigkeitsoberfläche gleiten (Abb. 2.27)?

Abb. 2.27: Über der Oberfläche von starkem Wein bilden sich an der Glaswand Tränen.

Antwort
Normalerweise steigt eine Flüssigkeitsoberfläche an der Wand eines Glases ein Stück nach oben, weil (1) die Glasmoleküle die Wassermoleküle anziehen (zwischen den beiden Stoffen tritt *Adhäsion* auf) und (2) die Wassermoleküle sich gegenseitig anziehen (innerhalb des Wassers tritt *Kohäsion* auf). Deshalb wird die Flüssigkeit in unmittelbarer Nähe der Glaswand durch Adhäsion leicht nach oben gezogen, so dass sich an der Wand ein Film bildet. Dieses Wasser zieht durch Kohäsion weiteres Wasser nach, wodurch sich in der Nähe der Wand eine gekrümmte Oberfläche bildet.

Ein Flüssigkeitsfilm aus Wein steigt viel höher als Wasser, weil hier ein zusätzlicher Effekt ins Spiel kommt, nämlich die unterschiedliche Oberflächenspannung in dem sich nach oben spannenden Film und dem Rest der Flüssigkeit. Die Moleküle an einer Flüssigkeitsoberfläche ziehen sich gegenseitig an, wodurch die Oberfläche unter Spannung gehalten wird. Die Oberflächenspannung von Wasser ist relativ groß, während sie in einem Alkohol-Wasser-Gemisch niedriger ist. Wenn eine Alkohol-Wasser-Schicht am Glasrand hochzusteigen beginnt, verdampft der enthaltene Alkohol schnell und zurück bleibt an der Glaswand eine Schicht, die hauptsächlich Wasser enthält. Weil Wasser eine größere Oberflächenspannung hat als das Alkohol-Wasser-Gemisch im Glas, wird Letzteres stark in die an der Glaswand haftende Schicht gezogen. Weil die Schicht durch diesen Prozess dicker wird, kann der obere Rand des Films durch Adhäsion an der Glaswand höher steigen als bei reinem Wasser.

Die Schwerkraft limitiert, wie hoch der Film an der Glaswand klettern kann. Während der Alkohol aus dem Film verdampft, versucht die Oberflächenspannung des verbleibenden Wassers, dieses in Tropfenform zu ziehen. Die Tropfen steigen anfangs aufgrund der Adhäsion die Glaswand hoch, doch schließlich werden sie zu schwer und laufen an der Wand nach unten in den Hauptteil der Flüssigkeit. Diese Tropfen bilden sich nur, wenn das alkoholische Getränk weder zu schwach noch zu stark ist, denn das Verhältnis der unterschiedlichen Oberflächenspannungen muss in einem bestimmten Intervall liegen.

Wenn sich eine Flüssigkeit bewegt, weil ihre Oberflächenspannung innerhalb eines bestimmten Bereichs von der in einem anderen Bereich abweicht, spricht man vom *Marangoni-Effekt* (nach dem italienischen Physiker Carlo Marangoni). Durch den Marangoni-Effekt lässt sich erklären, warum sich manche Tropfen weit über eine feste Oberfläche ausbreiten. Der sichtbaren Ausbreitung kann eine sehr dünne Schicht vorausgehen, in der die Verdunstung schneller vonstatten geht als im Rest des Tropfens. Die Physik ist dann ähnlich wie im Falle der Weintränen: Falls die Verdunstung aus der dünnen Schicht die Oberflächenspannung der in der Schicht verbleibenden Flüssigkeit erhöht, wird die verdunstete Flüssigkeit durch Flüssigkeit aus dem Rest des Tropfens ersetzt, was dazu führt, dass sich der Tropfen weiter über die Fläche ausbreitet.

2.89 Musterbildung im Kaffeelikör

Der Kaffeelikör *Tia Maria* wird oft mit einer mehrere Millimeter dicken Schicht Sahne serviert und durch einen Strohhalm getrunken. Wenn man den Likör mehrere Minuten lang stehen lässt, setzt eine heftige Bewegung in der Sahneschicht ein, während der sich auf der Oberfläche Zellen oder Muster aus wurmähnlichen Röhren bilden. Was ist die Ursache dieser Musterbildung?

Antwort

An einigen Stellen der Oberfläche diffundiert Alkohol durch die Sahneschicht, wodurch deren Oberflächenspannung sinkt. Die Alkohol-Sahne-Mischung (mit geringer Oberflächenspannung) wird dann entlang der Oberfläche in die verbliebenen, mit Sahne gefüllten Bereiche (wo die Oberflächenspannung noch groß ist) gezogen. Gleichzeitig läuft neuer Alkohol nach, um den verschwundenen zu ersetzen, usw. Aus nicht ganz einfach zu erklärenden Gründen bewirkt das Vorhandensein der Sahne (insbesondere der Reibungswiderstand) die Entstehung kreisförmiger Konvektionsmuster. Wenn die Sahneschicht dick ist, können sich diese Muster in isolierte Zellen entwickeln, während bei einer dünnen Schicht oft wurmähnliche Röhren entstehen.

2.90 Muster in heißem Kaffee und anderen Flüssigkeiten

Wenn Sie eine Tasse heißen Kaffee in schräg einfallendes Sonnenlicht stellen, können Sie unter Umständen auf der Kaffeeoberfläche Muster erkennen: Helle Bereiche werden von dunklen Linien umrahmt, die sich beständig bilden und wieder vergehen (Abb. 2.28). Solche Muster werden als *Benard-Zellen* bezeichnet (nach dem französischen Physiker Henri Benard).

Abb. 2.28: Auf der Oberfläche des Kaffees bilden sich helle Bereiche, die von dunklen Linien umgeben sind.

Wenn eine Schicht Öl in einer Kasserolle über kleiner Flamme erwärmt wird, zeigt das Öl keine oder wenig Bewegung. Wenn man die Flamme jedoch allmählich aufdreht, setzt sich das Öl in Bewegung und bildet polygonförmige Benard-Zellen. (Damit das Muster gut sichtbar ist, sollte das Licht möglichst schräg einfallen.) Bei noch größerer Flamme ordnen sich die Benard-Zellen zu einem regulären hexagonalen Muster an, das an eine Honigwabe erinnert.

Gießen Sie heißen Tee in eine durchsichtige Tasse und fügen Sie vom Rand her allmählich Milch hinzu. Die Milch sinkt zum Grund der Tasse. Fügen Sie immer mehr Milch hinzu, bis die unteren 75 % der Tasse das Aussehen von weißer Milch haben. Nach ein paar Minuten erscheinen im milchigen Teil der Tasse weiße, horizontale Bänder.

Wodurch entstehen die beschriebenen Muster?

Antwort

Wenn Flüssigkeit von der Oberfläche des Kaffees verdunstet, kühlt die Oberfläche ab und ihre Dichte wird etwas größer. Wegen der daraus resultierenden Temperaturdifferenz (und der Dichtedifferenz) zwischen der obersten und der untersten Schicht Kaffee wird eine Zirkulation innerhalb des Kaffees in Gang gesetzt. Betrachten wir eine Flüssigkeitszelle am Boden des Kaffees. Diese ist von Flüssigkeit umgeben, die die gleiche Temperatur und Dichte hat wie sie selbst, und hat deshalb keine Veranlassung, sich zu bewegen. Durch eine zufällige Störung kann die Flüssigkeitszelle jedoch ein Stück nach oben gebracht werden, wo die umgebende Flüssigkeit etwas kühler und dichter ist. Es gibt also einen Auftrieb. Während die Flüssigkeitszelle nach oben in immer kühlere und dichtere Flüssigkeit getrieben wird, nimmt ihre Aufwärtsbeschleunigung immer mehr zu. Dies bedeutet, dass sich die durch eine zufällige Störung ausgelöste, minimale Bewegung selbst verstärkt.

Eine ähnliche Argumentationskette lässt sich auf eine Flüssigkeitszelle an der Oberfläche anwenden. Wenn sich eine solche Zelle zufällig in den wärmeren und weniger dichten Bereich der Flüssigkeit hineinbewegt, wird sie nach unten beschleunigt, wobei sich die Bewegung selbst verstärkt.

Da die Oberfläche des Kaffees der Luft ausgesetzt ist, wird die Bewegung entlang der Oberfläche zusätzlich von der Oberflächenspannung beeinflusst. Wenn sich das Wasser an der Oberfläche abkühlt, wird die Oberflächenspannung etwas größer. Deshalb ist sie in dem Bereich, wo das (kühlere) Wasser nach unten sinkt, größer als in dem Bereich, wo das (wärmere) Wasser nach oben steigt. Die Differenz der Oberflächenspannung versucht, das Wasser entlang der Oberfläche in die Bereiche zu ziehen, wo das Wasser nach unten sinkt. Auf der Kaffeeoberfläche bilden sich daher breite Täler, in denen die Flüssigkeit aufsteigt und die von schmalen Graten umgeben sind, in denen die Flüssigkeit sinkt.

Wenn das wärmere Wasser die Oberfläche erreicht, verdunstet ein Teil davon, doch in Abhängigkeit von der Luftfeuchtigkeit kann der Wasserdampf rasch kondensieren und in der Luft über dem Bereich, in dem die Flüssigkeit aufsteigt, Tropfen bilden. Die größeren Tropfen fallen zurück auf die Flüssigkeitsoberfläche, während sehr kleine Tropfen durch die Luftströmung über dem heißen Kaffee davongetragen werden. Mittlere Tropfen können dagegen schwimmen, weil sie von der aufwärts strömenden Luft und der Feuchtigkeit des Kaffees getragen werden. Wenn weißes Kunstlicht oder Sonnenlicht an dieser dünnen Wolke gestreut wird, ist die Wolke sichtbar und hell. Über den Graten, die die Bereiche markieren, in denen die Flüssigkeit aufsteigt, gibt es diese schwimmenden Tropfen nicht. Deshalb haben sie das normale, dunkle Aussehen von Kaffee. Wenn Sie ein geladenes Objekt (zum Beispiel einen durch Kämmen aufgeladenen Plastikkamm) in die Nähe der Kaffeeoberfläche bringen, verschwinden die schwimmenden Tropfen durch die elektrische Kraft und das helle Aussehen verschwindet.

Ähnliche Zirkulationsmuster treten in einer Ölschicht auf, die in einer Kasserolle erhitzt wird. Während der Kaffee von oben her abkühlt, wird das Öl von unten erwärmt, aber der wesentliche Mechanismus ist der gleiche: die Temperaturdifferenz zwischen der oberen und der unteren Flüssigkeitsschicht. Wenn diese Temperaturdifferenz einen bestimmten kritischen Wert erreicht, wird die Konvektionsströmung instabil gegen zufällige Störungen. Die Störungen treiben Teile der Flüssigkeit auf unterschiedliche Weise an, und Auftrieb und Oberflächenspannung können die Viskosität überwinden, so dass sich Zellen bilden, in denen die Flüssigkeit abwechselnd steigt und sinkt. Bei manchen Flüssigkeiten entstehen durch die Bewegung lange Rollen, in denen die Flüssigkeit auf der einen Seite steigt und auf der anderen Seite sinkt. Die in dem Öl sichtbar werdenden Polygone bestehen aus ausgedehnten Bereichen, in denen das heiße Öl aufsteigt, und schmalen Linien, in denen das kühlere Öl nach unten sinkt. Wie im Falle des Kaffees hat das kühle Öl eine größere Oberflächenspannung als das heiße Öl, und deshalb wird das Öl entlang der Oberfläche zu den Bereichen gezogen, in denen die Flüssigkeit nach unten sinkt.

Die Bänder, die manchmal erscheinen, nachdem Milch in heißen Tee geschüttet wurde, bestehen aus horizontalen Rollen, die um die Tassenwand herumlaufen. Dieses Muster entsteht durch den kühlenden Effekt der Tassenwand. Es können bis zu acht Bänder entstehen, allerdings müssen dazu die Versuchsbedingungen sehr genau eingestellt werden.

Benard-Zellen können auch in geschmolzenem Wachs einer sehr großen Kerze entstehen. Die Oberflächenspannung des heißen Wachses ist niedriger als die des kalten Wachses. Deshalb kann die Variation der Oberflächenspannung vom Docht bis zum Rand der Kerze die Konvektionszellen antreiben. Wenn die Kerze vorsichtig gelöscht wird, können die Zellen Muster im Wachs hinterlassen, wenn sich dieses abkühlt und verfestigt.

2.91 Kaffeefleckenmuster

Wenn Kaffee auf einer horizontalen Fläche ausgeschüttet und dem Verdunsten überlassen wird, hinterlässt die anfängliche Pfütze einen deutlich auszumachenden, braunen Ring. Woran liegt das? Wenn man eine Pfütze aus Salzwasser der Verdunstung überlässt, hinterlässt der Rand der Pfütze einen weißen Ring. Warum?

Arabischer Mokka ist eine starke Mischung aus Wasser, Zucker und Kaffeepulver, das sich am Boden abgesetzt hat. Das Gebräu wird auf einem langstieligen Kännchen (*Ibrik*) gekocht und dann zusammen mit dem Kaffeesatz in kleine Tassen gegossen. Während der Kaffee auf Trinktemperatur abkühlt, setzt sich das Kaffeepulver am Boden der Tasse ab. Der Kaffeetrinker schlürft den Kaffee bis zu dieser untersten Schicht und stellt die Tasse ab. Wenn die verbleibende Mischung mehrere Stunden lang der Verdunstung überlassen wird, bildet der Kaffeesatz bemerkenswerte Muster aus dunklen und klaren, dünnen Linien um den Rand der Flüssigkeit. Die Linien, die jeweils ein paar Millimeter lang und senkrecht zum Rand gerichtet sind, haben so gleichmäßige Abstände voneinander, als wären sie von Menschenhand gezogen worden. Wodurch entstehen diese Muster?

Antwort

Wenn man eine Kaffeepfütze auf einer festen Oberfläche verdunsten lässt, neigt die Pfütze dazu, sich zusammenzuziehen, da sie Wasser verliert. Der Rand der Pfütze kann jedoch an irgendwelchen Unebenheiten auf der Oberfläche hängen bleiben.

Die Verdunstung kann in einer dünnen Schicht am Rand der Pfütze recht schnell vonstatten gehen. Zurück bleiben die Partikel, die im Wasser gelöst waren. Da der Rand festhängt, fließt der Kaffee aus der Mitte der Pfütze zum Rand, um das verdunstete Wasser zu ersetzen. Daher werden immer mehr Partikel am Rand abgelagert, die zusammen den braunen Ring bilden, der schließlich sichtbar wird. Wenn sich der Ring einmal ausgebildet hat, haftet der Rand relativ fest an der Oberfläche. Während die Flüssigkeit verschwindet, überwindet der Rand irgendwann die ihn festhaltende Kraft und zieht sich abrupt nach innen zurück. Dann bleibt sie weiter innen wieder hängen, und es bildet sich ein neuer, kleinerer Ring. Durch einen ähnlichen Mechanismus entstehen weiße Salzringe um eine verdunstende Salzwasserlache.

Auch die Muster, die man beobachten kann, wenn man einen Rest Mokka in einer Tasse mit schrägem Rand verdunsten lässt, entstehen auf ähnliche Weise. In diesem Falle enthält das Muster regulär angeordnete Zellen, in denen sich dunkler, feiner Kaffee am Rand absetzt und Flüssigkeit vom Rand zurückströmt. Die nach außen gerichtete Strömung lagert am Rand Partikel ab, während die nach innen gerichtete Strömung jegliche Ablagerungen wegspült. Das Ergebnis ist ein reguläres Muster aus kurzen, abwechselnd dunklen und klaren Linien um den Rand herum. Selbst wenn der Kaffee kurz umgerührt wird, stellen sich die Zellen schnell von selbst wieder ein. Wenn man keinen Zucker in das Gebräu gibt, treten die Zellen nicht auf.

Eine einfache Erklärung hierfür ist, dass beim Verdunsten des Wassers vom flachen Rand Flüssigkeit zum Rand nachströmt, die die verdunstete Flüssigkeit ersetzt. Hierdurch wird ein Teil des Kaffeesatzes nach außen zur Tassenwand gezogen. Dieser Kaffeesatz bildet eine der dünnen Linien des entstehenden Musters. Wenn die nachströmende Flüssigkeit den Rand erreicht hat und zu verdunsten beginnt, steigt ihre Konzentration bzw. ihre Dichte. Deshalb beginnt sie, nach unten zu sinken und gleitet weg von der gekrümmten Tassenwand. Die nach innen gerichtete Strömung zieht den Kaffeesatz vom Rand weg, sodass ein schmales, klares Band bleibt, das eine der klaren Linien des Musters bildet. Diese Verteilung des Kaffeesatzes kann nur auftreten, wenn die Tassenwand eine moderate Neigung hat. Weder eine senkrechte Wand (bei der es überhaupt keinen flachen Randbereich gibt) noch eine fast waagerechte Wand (bei der der flache Randbereich zu breit ist) können das beschriebene Muster hervorbringen.

2.92 Beschlagene Glasflächen

Warum beschlagen Spiegel oder Brillengläser, wenn Sie dagegenhauchen? Warum beschlägt ein Spiegel in einem dampfenden Badezimmer?

Antwort

Wenn Ihr relativ warmer Atem auf eine kältere Oberfläche, zum Beispiel einen Spiegel, trifft, kondensiert er. Es ist sehr wahrscheinlich, dass die Oberfläche leicht mit Staub und Fett von Fingerabdrücken bedeckt ist. Weil die auf der Oberfläche kondensierenden Wassermoleküle stärker voneinander als von diesen Verunreinigungen angezogen werden, bildet das Wasser zwischen den Verunreinigungen kleine Tropfen. Die Folge ist, dass das Wasser den Spiegel nicht kontinuierlich, sondern in Form von Tropfen bedeckt.

Anfangs sind die Tropfen winzig, aber sie wachsen und verschmelzen schließlich miteinander. Wie dies genau geschieht, ist noch nicht hinlänglich erforscht. Da die Abstände zwischen den resultierenden großen Tropfen wachsen, bilden sich zwischen diesen immer neue winzige Tropfen.

Wenn sich Ihr Atem an einem Spiegel niedergeschlagen hat, sind Bilder in ihm kaum noch auszumachen und er scheint mit einer weißlichen Substanz überzogen zu sein. Wenn Sie mit Ihrem Finger über die Oberfläche streichen und dann nochmals gegen den Spiegel hauchen, bilden sich in dem frei gewordenen Bereich keine Tropfen, da das von dem Finger auf den Spiegel übertragene Fett die Oberflächenspannung zu stark reduziert, als dass sich das Wasser zu Tropfen formen könnte. Stattdessen breitet es sich als dünner Film auf dem Spiegel aus. Man spricht in diesem Falle von *Benetzung*.

Wenn der Prozess der Tropfenbildung anhält, beispielsweise, wenn jemand in einem relativ kühlen Raum ein ausgedehntes Duschbad nimmt, werden die Tropfen durch Verschmelzung immer größer, bis einige von ihnen zu schwer werden, um noch länger am Spiegel haften zu bleiben. Aufgrund der Schwerkraft rutschen diese Tropfen am Spiegel herunter. Weil sie dabei gegen andere Tropfen stoßen, entsteht schnell eine Lawine von Tropfen.

Das Beschlagen von Brillengläsern oder Windschutzscheiben kann gefährlich werden, denn als Fahrer sollten Sie schon deutlich und nicht nur vage alle wesentlichen Details auf der Straße erkennen. An manchen Windschutzscheiben hält sich der Beschlag hartnäckig, während andere so geformt sind, dass das Wasser schnell abläuft. Viele Autofahrer verwenden für ihre Windschutzscheibe spezielle Produkte, die bewirken, dass das Wasser die Scheibe benetzt, anstatt Tropfen zu bilden.

2.93 Der Lotuseffekt

Wenn Sie etwas Wasser über ein Blatt einer Lotusblume spritzen, werden Sie feststellen, dass die Tropfen sofort Perlen bilden und am Blatt ablaufen. Auf ihrem Weg sammeln sie gegebenenfalls auch Schmutz und Staub ein und reinigen auf diese Weise das Blatt – die Pflanze ist also selbstreinigend. Auch an bestimmten anderen Oberflächen perlt Wasser ab, beispielsweise an wachsigen Blättern, doch das Abperlen an einem Lotusblatt ist deutlich anders. Was ist der Grund für das rasche Abperlen an Lotusblättern?

Antwort

Die Eigenschaft einer festen Oberfläche, dass sich Wassertropfen auf ihr ausbreiten, wird als *Benetzbarkeit* bezeichnet. Auf einer Nahaufnahme des Tropfens könnten Sie den Winkel erkennen, den dieser mit der Oberfläche einschließt. Falls der Tropfen die Oberfläche leicht benetzt, wird er auf der Oberfläche flach wie ein Eierkuchen und schließt mit dieser einen kleinen Winkel ein. Falls der Tropfen die Oberfläche dagegen kaum benetzt, perlt er ab und schließt einen großen Winkel mit der Oberfläche ein. Auf einem Lotusblatt perlt Wasser so gut ab, dass es fast perfekte Kugeln bildet.

Eine Ursache für dieses Verhalten liegt darin, dass das Blattgewebe Wassermoleküle nicht anzieht (die Oberfläche ist *hydrophob*). Daher versucht die Oberflächenspannung (die aus der gegenseitigen Anziehung der Wassermoleküle resultiert), das Wasser zu kleinen Kugeln zusammenzuziehen. Viele andere Oberflächen, darunter viele Blätter, sind ebenfalls hydrophob und bewirken, dass das Wasser an ihnen abperlt.

Verantwortlich für das extreme Abperlen von Wasser an den Blättern der Lotusblume sind mikroskopisch kleine Strukturen, auf denen der Tropfen ursprünglich ruht. Die Oberfläche besitzt eine ziemlich regelmäßige Struktur aus kleinen Spitzen, ähnlich wie bei einem Nagelbrett (Abb. 2.29). Der Tropfen kann nicht in die Zwischenräume zwischen den Spitzen rutschen, weil das Gewebe hydrophob ist und die Zwischenräume wesentlich kleiner sind als die Tropfen. Daher sind die Zwischenräume mit Luft gefüllt, und der Tropfen bleibt auf den Spitzen liegen. Auf diese Weise hat der Tropfen nur minimalen Kontakt mit dem Blatt, sodass die Oberflächenspannung den Tropfen in eine fast perfekte Kugelform ziehen kann. Selbst wenn das Blatt nur eine sehr geringe Neigung hat, wird der Tropfen wegrollen (nicht rutschen). Auf seinem Weg sammelt er Schmutz und Staub auf und reinigt auf diese Weise das Blatt.

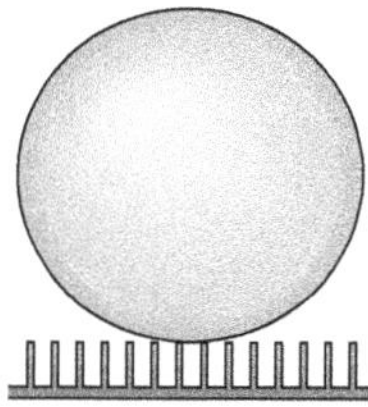

Abb. 2.29: Ein Wassertropfen bildet eine fast perfekte Kugel, die auf den feinen Mikrostrukturen des Blattes einer Lotusblume liegt.

Mittlerweile werden auch einige kommerzielle Produkte mit Selbstreinigungseffekt angeboten, deren Oberflächenstrukturen nach dem Vorbild der Lotusblätter entwickelt wurden. Eine tolle Erfindung sind beispielsweise selbstreinigende Fensterscheiben, die niemals geputzt werden müssen, weil Dunst oder Nieselregen an der Scheibe nach unten gleiten und allen Schmutz und Staub mitnehmen. Diese Eigenschaft stellt vor allem dann einen großen Vorteil dar, wenn sich das Fenster sehr hoch über dem Boden, beispielsweise in einem Wolkenkratzer befindet. Auch einige Autolacke weisen einen Selbstreinigungseffekt auf, sodass die damit ausgestatteten Fahrzeuge in leichtem Regen von selbst sauber werden.

2.94 Blattläuse und flüssige Kugeln

Eine in einer *Pflanzengalle* eingeschlossene Blattlaus muss irgendwie ihre Ausscheidungen (den sogenannten Honigtau) loswerden, denn ansonsten würde die Flüssigkeit das Insekt einhüllen und letztendlich ersticken. Das Insekt löst sein Problem, indem es die Flüssigkeit aus der Galle herausrollt. Aber wie lässt sich eine Flüssigkeit rollen?

Antwort

Die Blattlaus segregiert über spezialisierte Epidermiszellen eine wachsartige Substanz, die sich zu einem Puder zersetzt und die Innenfläche der Galle überzieht. Der Honigtau wird, sobald er von dem Insekt ausgeschieden wurde, mit diesem Puder bedeckt. Der Puder macht außerdem die Oberfläche mikroskopisch rau, sodass der Honigtau daran haften bleibt. Auf diese Weise formt sich der Honigtau ähnlich wie die Wassertropfen auf einem Lotusblatt (siehe vorherige Aufgabenstellung) zu nahezu perfekten Kugeln. Aufgrund der Kugelform kann das Insekt die Flüssigkeit leicht aus der Galle herausrollen.

Ähnliche Kugeln können Sie herstellen, indem Sie einen Tropfen Wasser mit Ruß oder Lycopodiumpulver (die auch als Hexenpulver bezeichneten Sporen verschiedener Bärlapparten) mischen. Da beide Substanzen hydrophob sind, bleiben die Puderkörner an der Oberfläche des Tropfens haften. Wenn der Tropfen einmal mit dem Puder bedeckt ist, bleibt er in nahezu perfekter Kugelform auf vielen Oberflächen kleben, so zum Beispiel an einer horizontalen Glasscheibe. Normales Wasser benetzt Glas, doch in dieser Form perlt es ab, weil es bei genauer Betrachtung auf den mikroskopischen Vorsprüngen sitzt, die die Oberfläche bedecken.

2.95 Pinsel, nasse Haare und eingetunkte Kekse

Warum nehmen Pinsel Farbe auf und warum saugen Schwämme und Küchenpapier Wasser und andere verschüttete Flüssigkeiten auf? Warum klebt langes, nasses Haar in Strähnen zusammen?

Viele Menschen lieben es, Kekse in heißen Tee oder Kaffee einzutunken, weil durch die hohe Temperatur Aromen frei werden. Warum wird ein eingetunkter Keks weich und fällt auseinander, wenn er länger als ein paar Sekunden eingetaucht wird? Wie muss man ihn eintauchen, damit einerseits sein Aroma freigesetzt wird, er aber andererseits fest bleibt und man ihn essen statt trinken kann?

Antwort
Die Borsten eines Pinsels ziehen die Farbmoleküle an und leiten die Farbe in die Zwischenräume zwischen den Borsten. Diese Bewegung ist eine ähnliche wie die einer Flüssigkeit, die in eine enge Röhre (Kapillare) gezogen wird. Deshalb bezeichnet man die auf die Farbe wirkende Kraft auch als *Kapillarkraft*. Wenn der Pinsel aus dem Farbtopf gezogen wird, bleibt der größte Teil der Farbe aufgrund dieser Anziehung zwischen den Borsten hängen. Werden die Borsten an einer Oberfläche (zum Beispiel an einer Wand oder einer Leinwand) abgestrichen, dann wird ein Teil der Farbe herausgekratzt, doch ein großer Teil kann frei fließen, weil die Borsten auf der Oberfläche vorübergehend auseinandergespreizt werden. Durch das Auseinanderspreizen vergrößert sich der Raum zwischen zwei benachbarten Borsten, was die Kapillarkraft verringert und das Abfließen der Farbe ermöglicht.

Schwämme und Küchenpapier besitzen zahlreiche Poren, in die das Wasser durch eine Kapillarkraft gezogen werden kann.

Nasse Haarsträhnen werden von gekrümmten *Flüssigkeitsbrücken* zusammengehalten, die sich zwischen benachbarten Haaren aufspannen. Wenn man die Haarspitzen in Wasser eintaucht, steigt das Wasser zwischen benachbarten Haaren nach oben und zieht sie dabei dichter zusammen.

Kekse bestehen aus Krümeln, die durch ein Gerüst aus Zucker zusammengehalten werden. Wenn der Keks eingetaucht wird, ziehen Kapillarkräfte die Flüssigkeit schnell in die Poren des Kekses hinein. Die heiße Flüssigkeit lässt den Zucker rasch schmelzen, wodurch das Gerüst zerstört wird und die Krümel auseinanderfallen. Falls Sie es lieben, Ihren Tee oder Kaffee mit darin herumschwimmenden Krümeln zu trinken, dann tauchen Sie den Keks vertikal ein. Wenn Sie den Keks lieber essen wollen, dann halten sie ihn schräg in die Flüssigkeit, und zwar so, dass die Oberseite nicht eingetaucht ist. Dann bleibt der Keks fest genug, dass er auf der feuchten Unterseite zusammenhält, vorausgesetzt, er wird nur kurz eingetaucht.

2.96 Frittiertes

Wenn Kartoffelscheiben oder Tortillas in heißem Öl frittiert werden, entwickelt sich auf der Oberfläche eine leckere Kruste, während das Innere zart bleibt. Warum nehmen die Speisen Öl auf, und wieso nehmen sie den größten Teil erst auf, *nachdem* sie aus der Friteuse herausgenommen wurden?

Antwort
Wenn eine Kartoffelscheibe ins heiße Öl kommt, erhöht sich wegen der vom Öl auf die Kartoffel übertragenen Energie die Oberflächentemperatur der Kartoffel. Wenn die Oberflächentemperatur den Siedepunkt von Wasser erreicht, beginnt das Wasser aus den Oberflächenporen zu verdampfen, und an den Porenöffnungen bilden sich Blasen aus aufsteigendem Wasserdampf, die Turbulenzen im Öl verursachen. Diese Turbulenzen können Sie hören, wenn Sie

das nächste Kartoffelstück ins heiße Öl fallen lassen. Aufgrund des Wasserverlusts wird die Oberfläche hart und bildet die für Frittiertes typische Kruste. Die hohen Temperaturen verursachen verschiedene chemische Reaktionen im oberflächennahen Bereich, die den charakteristischen Geschmack von Frittiertem erzeugen.

Während das Kartoffelstück weiter im Öl gart, wird Energie in dessen Inneres transportiert. Da jedoch das Wasser im Inneren des Kartoffelstücks wegen der schon gebildeten Kruste nicht austreten kann, kann die Temperatur den Siedepunkt von Wasser nicht sehr stark überschreiten. Deshalb kann das Innere garen, ohne auszutrocknen oder eine krustenähnliche Konsistenz zu bilden.

Nahe der Oberfläche verdampft jedoch weiterhin Wasser aus den Poren, und zwar etwa bis in eine Tiefe von 1 bis 2 Millimeter. Wenn das Kartoffelstück aus der Friteuse genommen wird, ist es mit Öl überzogen, das den Wasserdampf in den Poren einschließt. Wenn der Wasserdampf abkühlt, kondensiert er zu flüssigem Wasser, das in den Poren verbleibt. Da der Gasdruck in den Poren abnimmt, wird das auf der Kruste befindliche Öl in die Poren gezogen. Dieser Prozess kann durch Anziehungskräfte zwischen den Molekülen im Öl und denen der Porenwände verstärkt werden (Kapillarwirkung). Bei sehr fein geschnittenen Lebensmitteln, beispielsweise dünnen Kartoffelchips, ist dies sogar der dominierende Effekt, da in diesem Fall fast kein Wasser mehr übrig bleibt.

Wenn man beim Frittieren die Ölaufnahme der Lebensmittel reduzieren will, sollte man das Öl nach dem Herausnehmen des Frittierguts so schnell wie möglich abschütteln oder mit einem Tuch abtupfen.

2.97 Warum Enten trocken bleiben

In gemäßigten Klimazonen müssen Enten und andere Wasservögel trocken bleiben, denn andernfalls würden sie die Wärmeisolierung verlieren, die die Luftschicht zwischen den Federn und der Haut bietet. Die Folge wäre, dass sie ihre thermische Energie schneller an das Wasser abgeben würden, als sie durch ihren Stoffwechsel Energie produzieren könnten. Das Federkleid der Vögel ist jedoch nicht wasserdicht, da die Federn offensichtlich wasserdurchlässig sind. Wie ist es dann möglich, dass Enten beim Schwimmen trocken bleiben?

Antwort

Die Federn bestehen aus Keratin und sind *hydrophob*, also wasserabweisend. Deshalb läuft der Regen an der Ente ab, anstatt sie zu benetzen. Dies ist jedoch nicht der Hauptgrund, warum eine Ente trocken bleibt, denn wenn die Ente schwimmt, müsste das Wasser eigentlich durch die Federn hindurch nach oben gedrückt werden. Wenn dies der Fall wäre, würde auch die lebenswichtige isolierende Luftschicht herausgedrückt, sodass die Haut der Ente schnell auskühlen würde.

Zum Glück für die Ente sind die Zwischenräume zwischen und innerhalb der Federn so klein, dass kein Wasser darin eindringen kann. Dies ist nicht einmal dann möglich, wenn der Wasserdruck unter der Ente versucht, Wasser in die Zwischenräume zu drücken oder sie zu weiten. Der Grund hierfür ist die konvexe Form, die eine Wasseroberfläche annimmt, wenn das Wasser versucht, in eine Öffnung in einem hydrophoben Material einzudringen. Wegen dieser Form wird das eindringende Wasser durch die Oberflächenspannung wieder aus der

Öffnung herausgezogen. Da die Öffnungen innerhalb einer Entenfeder winzig sind, ist die Oberfläche des Wassers, das durch diese Öffnungen zu dringen versucht, stark gekrümmt. Daher verhindert die Oberflächenspannung, dass das Wasser durch die Öffnungen dringt.

2.98 Erste Hilfe bei kaputten Scheibenwischern, Vogelmist auf dem Auto

Wenn der Scheibenwischer Ihres Autos kaputtgeht, Sie aber unbedingt mit dem Auto durch leichten Regen fahren müssen, können Sie sich behelfen, indem Sie die Scheibe mit einer aufgeschnittenen Kartoffel abreiben. Auch wenn Ihnen dieser Tipp nutzlos erscheinen mag, weil Sie eher selten Kartoffeln im Auto spazierenfahren: Was ist die Ursache für diesen Effekt? Wenn Ihr Auto mit Vogelmist verunziert ist und das Auto mitsamt der unschönen Häufchen im Regen nass geworden ist, werden Sie feststellen, dass die Bereiche in unmittelbarer Nähe der Häufchen schneller trocknen als der Rest des Autos. Woran liegt das?

Antwort
Die Sichtverhältnisse durch eine Windschutzscheibe verschlechtern sich, wenn das Wasser an der Scheibe abperlt. Wenn Sie die Außenseite der Scheibe mit einer aufgeschnittenen Kartoffel abreiben, überziehen Sie die Scheibe durch diese Maßnahme mit Stärke. Die Stärkeschicht wirkt stark anziehend auf die Wassermoleküle, sodass sich das Wasser als glatte Schicht über die Scheibe ausbreitet. Die Sicht durch die Scheibe wird dadurch relativ klar.

Wenn Vogelkot durch Regen teilweise aufgelöst ist, breitet sich diese Mischung über einen kleinen Bereich um das Häufchen aus. Wasser, das an irgendeiner anderen Stelle des Autos landet, zieht sich zu Perlen zusammen, besonders wenn die Oberfläche eine Wachsbeschichtung aufweist. Nachdem der Regen aufgehört hat, verdunsten die dünnen Schichten um die Häufchen viel schneller als die Perlen, die den Rest der Oberfläche bedecken.

Nicht alle Vögel sorgen mit ihrem Kot für einen derartigen Trockeneffekt, was an den unterschiedlichen Ernährungsweisen liegt. Vögel, bei denen der Effekt auftritt, ernähren sich von Fisch und hinterlassen deshalb fetthaltige Häufchen. Die dadurch verursachte Benetzung kann für Energieversorger ein ernsthaftes Problem darstellen, da die Vögel die Strommasten mit ihrem Kot verschmutzen. Wenn die Ausscheidungen eines auf einem Masten sitzenden Vogels flüssig sind, können sie auf die unter ihm befindliche Stromleitung fließen und so einen Funkenüberschlag auslösen, der die Stromversorgung unterbrechen und beträchtlichen Schaden an der Leitung anrichten kann. Vogelexkremente können auch dann gefährlich werden, wenn sie nicht flüssig sind: Bei Regen oder Schneeschmelze kann das Wasser geladene Teilchen aus dem Kot absorbieren und dadurch seine Leitfähigkeit erhöhen. Auch in diesem Falle kann es zu einem Funkenüberschlag kommen.

2.99 Fortpflanzungsstrategien von Pilzen

Pilze verbreiten ihre Sporen auf viele unterschiedliche Weisen. Die beeindruckendste Strategie dürfte wohl die des Pilzes *Pilobolus* (deutsch „Hutschleuderer“) sein, denn dieser verbreitet seine Sporen so schnell, dass Sie es mit bloßem Auge gar nicht verfolgen können. Jede Spore hängt an einem kleinen Stiel, der als *Sterigma* bezeichnet wird. Bevor die Spore freigegeben wird, bildet sich ein Wassertropfen am Grund der Spore, also dort, wo die Spore am

Sterigma festsitzt. Innerhalb von etwa 30 Sekunden wächst der Tropfen auf einen Durchmesser von etwa 10 Mikrometern an, und dann werden Tropfen und Sporen sehr plötzlich in die Luft geschleudert. Was treibt diesen Prozess an?

Antwort

Wenn ein Pilobolus bereit ist, eine Spore freizugeben, sondert er auf der Oberfläche der Spore bestimmte chemische Verbindungen ab, die die Kondensation des in der Luft enthaltenen Wasserdampfs fördern. Besonders schnell ist die Kondensation an der Stelle, wo sich der Tropfen bildet, aber er kommt auch überall sonst auf der Spore vor und bildet dort einen dünnen Film. Der Tropfen wächst und der Film breitet sich über die Spore aus, sodass sich Tropfen und Film bald berühren. In diesem Moment zieht die Oberflächenspannung des Films das Wasser aus dem Tropfen und in den Film. Dadurch erhält das Wasser einen so hohen Impuls (bzw. eine hohe kinetische Energie), dass sich die Spore vom Sterigma ablöst und in die Luft geschleudert wird. Berechnungen zufolge beträgt die Beschleunigung das 25 000fache der Fallbeschleunigung. Allerdings wird die Spore aufgrund des Luftwiderstands schnell wieder abgebremst, sodass sie nicht sehr weit fliegt.

2.100 Wellen im Wasserstrahl

Halten Sie einen Finger in einen dünnen Wasserstrahl (von wenigen Millimetern Durchmesser). Bei einer bestimmten Höhe des Fingers bilden sich auf dem Wasserstrahl unmittelbar über Ihrem Finger kleine Kräuselungen (Abb. 2.30). Wodurch entstehen diese? Wenn Sie Ihren Finger, bevor Sie ihn in den Strahl halten, mit einem Flüssigreiniger benetzen, bilden sich die Kräuselungen weiter oben auf dem Strahl. Woran liegt das?

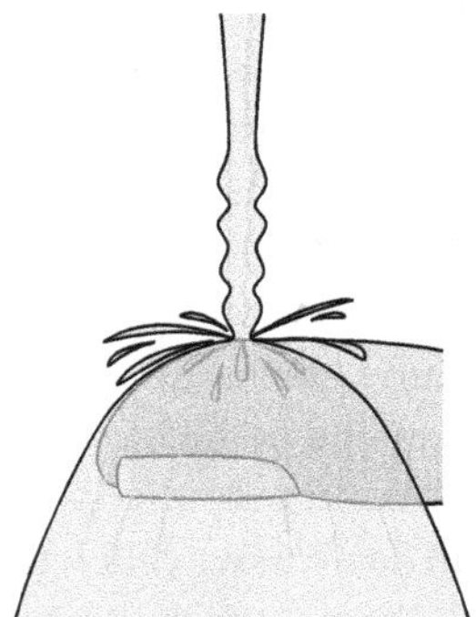

Abb. 2.30: Auf einem dünnen Wasserstrahl bilden sich stationäre Wellen.

Antwort

Die Kräuselungen entstehen durch Wellen, die ausgehend vom Finger den Strahl entlang nach *oben* wandern. Diese Wellen gehören zu den *Kapillarwellen*, d. h. ihre Oszillationen werden durch die Oberflächenspannung gesteuert. In diesem speziellen Fall bewegen sich die Wellen genauso schnell den Strahl hinauf, wie das Wasser sich nach unten bewegt. Dies ist der Grund, weshalb die Wellen aus Ihrer Sicht stationär sind. Wenn Sie den Wasserhahn durch einen Behälter ersetzen, in dessen Boden sich ein Loch befindet, wird die Geschwindigkeit des Wassers im Strahl umso kleiner, je kleiner die Wasserhöhe im Behälter ist. Diese Geschwindigkeitsabnahme bewirkt, dass die Wellenlänge (d. h. der Abstand zwischen zwei aufeinanderfolgenden Wellenbergen) immer größer wird, bis der Strahl instabil wird und schließlich nur noch einzelne Tropfen nach unten fallen.

Das Auftreten der Wellen hängt mit der relativ hohen Oberflächenspannung des Wassers zusammen. Durch das Hinzufügen von Flüssigreiniger sinkt die Oberflächenspannung. Wenn Sie Ihren Finger mit dem Reinigungsmittel benetzen, mischt sich ein Teil davon in den unteren Teil des Strahls, sodass dort die Oberflächenspannung ausreichend stark reduziert wird, um die Wellen zu eliminieren. Dann ist die Strömung im unteren Teil glatt wie in einem Rohr und die Wellen bilden sich weiter oben.

2.101 Glocken, Vorhänge und Ketten aus Wasser

Halten Sie einen Löffel oder irgendein anderes gekrümmtes Objekt mit der konvexen (d. h. nach außen gekrümmten) Seite nach oben in einen Wasserstrahl. Sie werden feststellen, dass das Wasser in Form eines dünnen, sich nach unten biegenden Vorhangs abgelenkt wird. Der Effekt lässt sich auch mit flachen Oberflächen hervorrufen, besonders gut beispielsweise mit der Plastikkappe einer Wasserflasche. Stecken Sie zwei Finger in die Kappe und halten Sie die Kappe dann mit nach oben gerichteten Fingern in den Wasserstrahl. Wenn Sie geschickt genug sind, schaffen Sie es, dass sich der Vorhang beinahe auf sich selbst zurückfaltet, sodass sich eine *Wasserglocke* bildet (Abb. 2.31). Viele Fontänen zeigen derartige Strukturen. Wodurch entstehen Wasservorhänge?

Sie können Wasserglocken und sehr dünne Wasservorhänge erzeugen, indem Sie dünne, turbulenzfreie Wasserstrahlen gegeneinander richten. Wenn die beiden Strömungen vertikal gerichtet sind und etwa die gleiche Strömungsgeschwindigkeit haben, dann breiten sie sich nach dem Aufeinandertreffen in Form eines rotationssymmetrischen Vorhangs aus. Der Vorhang kann in einzelne Tropfen zerfallen oder sich nach innen zu einer Wasserglocke biegen.

Wenn zwei Strömungen schräg nach unten gerichtet werden, sodass sie sich kreuzen, dann können sie eine Kette erzeugen, die aus einer Reihe von Schleifen mit relativ dicken Rändern besteht. Dabei ist jedes Kettenglied gegenüber dem vorherigen so verdreht, dass es mit diesem einen rechten Winkel bildet.

Antwort

Das Wasser wird durch die Oberflächenspannung zusammengehalten. Ein Wasservorhang krümmt sich wegen der auf ihn wirkenden Schwerkraft nach unten. Wenn der Wasservorhang das Objekt, durch das er gebildet wird, zu schnell verlässt, entstehen Turbulenzen, die das

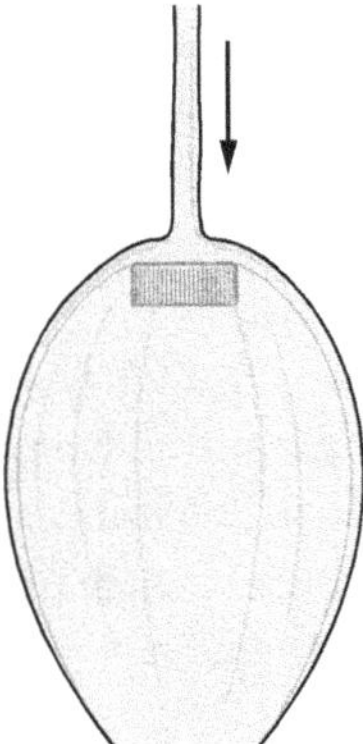

Abb. 2.31: Eine Wasserglocke entsteht, wenn strömendes Wasser an einer festen Oberfläche abgelenkt wird.

Gebilde instabil machen, sodass es schnell wieder zerfällt. Wenn keine starken Turbulenzen auftreten, ist eine geschlossene Wasserglocke möglich, was sehr schön aussieht.

Manche Wasserspiele verwenden einen breiten, flachen Wasserstrahl (also ein Wasserband anstatt der üblichen zylindrischen Form), der an einer Kante vorbeigeleitet wird und sich dann nach unten biegt. Wenn das Band sehr dünn ist, entstehen anstatt eines Wasservorhangs mehrere einzelne Wasserstränge, die jeweils den gleichen Abstand voneinander haben. Dieser Abstand ist durch die Oberflächenspannung festgelegt, die das Wasser zu separaten Strängen zusammenzieht.

Dünne Vorhänge aus strömendem Wasser lassen sich auch dadurch erzeugen, dass man zwei zylindrische Wasserstrahlen mit annähernd der gleichen Geschwindigkeit vertikal gegeneinander richtet. Der Vorhang ist dann kreisförmig und zerfällt am Rand in Tropfen. Wenn die beiden Strahlen schräg gegeneinander gerichtet werden, kann der Vorhang die Form eines Blattes haben.

Zwei schräg gegeneinander gerichtete Strahlen können auch eine Wasserkette produzieren. In diesem Fall prallen die Strahlen voneinander ab, wobei sie durch einen dünnen Wasservorhang verbunden bleiben. Die Oberflächenspannung biegt die Strahlen so weit zurück, dass sie sich wieder treffen. Nach diesem Zusammenprall bewegen sie sich in einer Ebene voneinander weg, die zu der Bewegungsebene nach dem ersten Zusammenprall senkrecht liegt. Mit jedem Zusammenprall nimmt die Aufprallgeschwindigkeit der beiden Strahlen und demzufolge auch die Größe der „Kettenglieder“ ab, bis das fallende Wasser einfach eine zylindrische Form annimmt.

2.102 Feuchter Sand und Treibsand

Wenn Sie auf feuchten Sand treten (er darf allerdings nicht so feucht sein, dass die Sandkörner durch das Wasser wirbeln) und dann Ihren Fuß anheben, ist der Sand innerhalb Ihres Fußabdrucks relativ trocken. Was ist der Grund hierfür, und warum ist der Sand nach wenigen Minuten wieder feucht?

Wodurch entsteht Treibsand und wie können Sie sich aus diesem befreien?

Antwort

Bevor Sie auf den Sand treten, haben die Körner fast die maximal mögliche Packungsdichte, und die Zwischenräume sind mit Wasser gefüllt. Der Sand sieht feucht aus, weil Sie die Reflexionen wahrnehmen, die von der Wasserschicht auf den Körnern ausgehen. Wenn Sie auf den Sand treten, üben Sie eine Scherkraft aus, die bewirkt, dass sich Sandschichten gegeneinander verschieben. Durch diese Bewegung vergrößert sich zwangsläufig der Abstand zwischen den Körnern. Die Zwischenräume füllen sich rasch mit Wasser, das von der Oberfläche der Sandkörner nachläuft. Die Sandoberfläche selbst ist infolgedessen relativ trocken. Nach ein paar Minuten rutscht das Korn entweder wieder zurück in die dichtere Formation, oder es fließt aus dem umgebenden Sand Wasser nach, sodass die Sandoberfläche wieder feucht aussieht.

Eine flexible, mit Wasser und Sand gefüllte Flasche können Sie durch leichtes, langsames Quetschen zum Platzen bringen. Die Sandkörner verlassen dann langsam ihre dicht gepackte Anordnung und erlauben dadurch, dass Wasser in die frei werdenden Zwischenräume fließt und die Sandkörner benetzt. Abruptes, heftiges Quetschen würde dagegen bewirken, dass sich die Körner zu schnell bewegen, um benetzt zu werden. Die Reibung zwischen den Körnern wäre so groß, dass es Ihnen nicht gelingen würde, die Flasche zum Platzen zu bringen.

Treibsand tritt dort auf, wo Sand von einer Wasserquelle getränkt wird. Der Wasserzufluss transportiert die Sandkörner ein Stück weg und benetzt sie, sodass sie übereinander gleiten können. Wenn Sie auf solchen Sand treten, können Sie in den feuchten Sand einsinken. Wenn Sie sich freizukämpfen versuchen, indem Sie ein Bein schnell nach oben ziehen, verfestigt sich der Treibsand plötzlich, und sie können Ihr Bein überhaupt nicht mehr bewegen. Das Problem ist, dass sich durch die plötzliche Bewegung zwar die Zwischenräume zwischen den Körnern vergrößern, aber die Bewegung von Körnern gegen Körner eine so starke Reibung verursacht, dass keine Bewegung mehr möglich ist.

Treibsand verhält sich wie eine zähe Flüssigkeit, und die Gefahr, darin so tief einzusinken, dass man untergeht und erstickt, wird oft übertrieben. Unter idealen Bedingungen können Sie sich, wenn Sie bis zur Hüfte eingesunken sind, mit Ihrem Oberkörper flach auf den Sand legen und sich dann herauswinden, indem Sie Ihre Hände auf die Sandoberfläche legen und Ihre Beine langsam herausziehen. Allerdings warnen Menschen, die Erfahrungen mit Treibsand gesammelt haben, dass realer Treibsand wesentlich gefährlicher sein kann als unter diesen idealsierten Umständen. Tückisch ist zum Beispiel, dass Sie ihn oftmals gar nicht sehen, weil er unter stehendem oder fließendem Wasser verborgen ist. In diesem Fall kann Ihr Kopf ohne Weiteres unter die Wasseroberfläche geraten, auch wenn Sie nur leicht in den Treibsand einsinken.

Experten meinen, das einzig Sinnvolle im Umgang mit Treibsand sei, darauf vorbereitet zu sein, dass man sich eventuell aus ihm befreien muss. Falls die Möglichkeit besteht, auf einer Tour in Treibsand zu geraten, sollte man sich durch Leinen um die Brust sichern, und falls die erste Person einer Gruppe in Treibsand einsinken sollte, muss es jemanden geben, der kräftig an der Leine zieht.

2.103 Einstürzende Gebäude; der Zusammenbruch des Nimitz Freeway

Gerade als das dritte Spiel der 1989er *World Series* (das Finale der amerikanischen Baseball-Ligen) in Oakland (Kalifornien) begann, erschütterten seismische Wellen das Gebiet. Sie gingen von einem Erdbeben der Stärke 7,1 aus, das sein Epizentrum in 100 km Entfernung nahe Loma Prieta hatte. Das Beben verursachte beträchtliche Sachschäden und tötete 67 Menschen. Fotos zeigen einen langen Abschnitt des in zwei Decks gebauten Nimitz Freeway, auf dem das obere Deck auf das untere gestürzt war. Die meisten Todesopfer des Bebens waren Autoinsassen, die auf diesem Teil des Freeways unterwegs gewesen waren. Offensichtlich waren die seismischen Wellen die Ursache für den Einsturz. Aber warum war das Ausmaß der Zerstörung gerade auf diesem Abschnitt so verheerend, während andere Abschnitte mit fast identischer Konstruktion nicht eingestürzt sind?

Am 19. September 1995 verursachten die seismische Wellen eines von der Westküste Mexikos ausgehenden Erdbebens im 400 km vom Erdbebenzentrum entfernten Mexico City gewaltige Zerstörungen. Warum war Mexico City so stark betroffen, während es auf dem Weg der Erdbebenwellen vom Epizentrum bis in die Hauptstadt nur geringe Schäden gab? Auffällig war auch, dass in Mexico City vor allem Gebäude von mittlerer Höhe einstürzten, während besonders hohe und flache Gebäude unversehrt blieben. Wie lässt sich dies erklären?

Antwort

Der Einsturz des oberen Decks des Nimitz Freeways war auf einen Abschnitt beschränkt, der auf grob strukturiertem Lehm errichtet worden war. Dieser Bodentyp hatte sich durch die Erschütterungen verflüssigt, d. h., die einzelnen Partikel hatten sich gegeneinander verschoben, sodass sich der Boden eher wie eine Flüssigkeit als wie ein Festkörper verhielt. Aufgrund des flüssigen Zustands des Bodens hatten die seismischen Wellen dort viel gewaltigere Auswirkungen als in den umliegenden Gebieten, wo der Freeway in festem Grund verankert war. Ein Maß für die Wucht seismischer Wellen ist die Maximalgeschwindigkeit, die die von den Wellen zu Oszillationen angeregten Partikel erreichen. Für die Partikel des Lehmbodens wurden fünfmal so hohe Geschwindigkeiten gemessen wie in den Gebieten mit felsigem Untergrund.

Es sind Fälle von Verflüssigung registriert worden, bei denen ganze Häuser in den Boden gerutscht sind, etwa so, als wären sie in Treibsand geraten. In solchen Situationen können sich außerdem Geysire bilden, aus denen Wasser und Sand nach oben schießt.

Das Erdbeben von 1995 in Mexiko hatte eine Stärke von 8,1 auf der Richterskala und gehört damit zu den stärksten jemals registrierten Beben. Die von ihm ausgehenden seismischen Wellen hatten sich jedoch zum Glück bereits stark abgeschwächt, als sie schließlich die Hauptstadt Mexico City erreichten. Ansonsten hätten die Zerstörungen in der Stadt ein verheerendes Ausmaß annehmen können, denn Mexico City ist zu großen Teilen auf einem ehemaligen Flussbett errichtet, und der Boden ist entsprechend weich und mit Wasser getränkt. Die Amplitude der seismischen Wellen, die in dem festeren Boden auf dem Weg nach Mexico City bereits auf einen moderaten Wert gesunken war, stieg in dem weichen Boden unter der Stadt noch einmal beträchtlich an. Außerdem wurde ein Teil der seismischen Wellen, nachdem sie den weichen Boden erreicht hatten, an dem unter dieser Schicht liegenden festen Material (dem *Grundgebirge*) reflektiert. Wellen mit bestimmten Wellenlängen haben sich gegenseitig verstärkt, wodurch der Boden heftiger und länger bebte. Die von den Wellen verursachte Beschleunigung betrug 0,2 g (g ist die Fallbeschleunigung), und die Frequenz konzentrierte sich um 0,5 Hertz. Verhängnisvoll war nicht allein, dass der Boden eine erstaunlich lange Zeit beträchtlich schwankte. Zu allem Unglück hatten viele der Gebäude mittlerer Höhe in Mexico City Eigenfrequenzen von ebenfalls 0,5 Hertz, sodass es zu Resonanzen kam. Viele dieser Gebäude stürzten während des Bebens ein, während niedrigere Gebäude (mit höheren Eigenfrequenzen) und höhere Gebäude (mit niedrigeren Eigenfrequenzen) stehen blieben.

2.104 Kurzgeschichte: Der Treibsand-Effekt in Schüttgut

In einen großen Behälter mit Getreidekörnern zu fallen, kann sehr gefährlich werden und sogar tödlich ausgehen. Einmal war ein Arbeiter in einen Getreidesilo gefallen, der mehrere Meter hoch gefüllt war. Der Mann versank bis zu den Achseln, und es gelang ihm nicht einmal, seine Arme zu befreien. Da er ein Herzleiden hatte, stellte der Druck, den das Getreide auf seine Brust ausübte, eine ernsthafte Gefahr für ihn dar. Helfer versuchten sofort, den Verunglückten herauszuziehen, aber sie konnten die Reibungskraft der Körner nicht überwinden. Dann versuchten sie, ihn freizuschaufeln, doch die Körner rutschen sofort wieder in den freigeschaufelten Krater nach; zudem drohte der dabei aufgewirbelte Staub, Opfer wie Helfer zu ersticken. Schließlich wurde ein Zylinder um den Verunglückten herum im Getreide versenkt und dann der Raum um den Mann herum mit einem Staubsauger von den Körnern befreit. Auf diese Weise konnte der Mann doch noch gerettet werden.

2.105 Fußgängerströme und Fluchtwege

Wenn die Fußgängerdichte auf einem Gehweg zunimmt, kann es leicht zu chaotischen Zuständen kommen. Wie sollten sich Fußgänger verhalten, damit der Menschenstrom gleichmäßig fließt? Wenn Menschenmassen in einer Gefahrensituation versuchen, einen abgeschlossenen Bereich (zum Beispiel ein Stadion) durch einen schmalen Ausgang zu verlassen, oder voller Vorfreude in einen solchen Bereich hineinströmen, dann kommt es leicht zu Drängeleien, die gelegentlich tödlich ausgehen. Wie lassen sich solche Vorfälle vermeiden?

Antwort

Fußgängerströme können sich wie granulare Flüsse oder sogar wie Flüssigkeiten verhalten. Am besten lässt sich dies studieren, wenn man sich einen erhöhten Aussichtspunkt sucht, von dem aus man einen großen Abschnitt der Menschenansammlung überblicken kann.

Wenn die Fußgängerdichte niedrig ist, wählt gewöhnlich jede Person oder Personengruppe (beispielsweise eine Familie) den direktesten Weg zu ihrem Ziel. Dies bedeutet nicht zwangsläufig, dass sich die Personen auf geraden Linien bewegen, denn der Weg ist durch natürliche Nebenbedingungen wie den Verlauf des Bürgersteigs und Fußgängerüberwege eingeschränkt. Wenn die Leute beispielsweise auf einem Volksfest über die Wiese laufen, um einen Zuckerwattestand zu erreichen, nehmen sie vermutlich den direkten, in diesem Falle also geraden Weg zum Stand. Wenn die Menschendichte zunimmt, werden die Routen der Zuckerwatteliebhaber zunehmend zickzackförmig, und jeder von ihnen muss gelegentlich kurz anhalten, um Kollisionen mit den anderen Menschen zu vermeiden. Wächst die Dichte noch weiter, beginnen sich die Menschenströme in Bahnen zu organisieren, ähnlich wie auf einer mehrspurigen Straße. Innerhalb einer solchen Bahn halten die Menschen eine bestimmte Geschwindigkeit und einen bestimmten Abstand voneinander ein, um Kollisionen zu vermeiden. Nun muss sich ein Zuckerwatteliebhaber entlang einer oder mehrerer Bahnen auf sein Ziel zubewegen, und die Gesamtlänge seiner Route kann wesentlich länger sein als der ursprüngliche gerade Weg.

Wenn viele rational denkende Menschen versuchen, einen abgeschlossenen Bereich auf einem relativ schmalen Fluchtweg zu verlassen, erlauben sie gewöhnlich anderen Menschen, sich in langsamer, aber stetiger Form in den Fluchtweg einzureihen. Wenn in einer Menschenmasse jedoch eine Panik ausbricht und jeder versucht, sich vor einer akuten Gefahr (zum Beispiel einem Feuer) in Sicherheit zu bringen, behindern sich die Menschen gegenseitig, und vor dem Ausgang bildet sich eine dicke Menschentraube. Der Druck, den Menschen von weiter hinten auf die Traube ausüben, kann so stark sein, dass die Menschen in der Traube sich in überhaupt keine Richtung mehr bewegen, ja nicht einmal mehr die Arme heben können. Wenn es richtig schlimm kommt, können sie nicht einmal mehr richtig atmen, was dazu führen kann, dass Leute bewusstlos werden (wobei sie zwangsläufig aufrecht stehen bleiben). Im Extremfall können Menschen in solchen Trauben an Wänden oder Hindernissen zu Tode gequetscht werden, oder aber Menschen stürzen an Hindernissen und werden zu Tode getrampelt. Durch den langsamen Abfluss der Menschenmasse durch den Ausgang wird die Traube zwar abgebaut, doch dauert dies viel länger, als wenn die Menschen den Raum in einem gleichmäßigen, geordneten Strom verlassen würden.

Wenn beim Ansturm der Menschenmassen auf einen Ausgang einige Personen stürzen, stellen ihre Körper für die heranströmende Menge Hindernisse dar. Übereinanderliegende Körper können einen Haufen bilden, der hoch genug ist, dass er für die anderen ein Hindernis darstellt, was mit Sicherheit zu einer gefährlichen Situation führt.

Eine Möglichkeit, die Gefährlichkeit solcher Fluchtsituationen zu reduzieren, besteht darin, zusätzliche Ausgänge einzubauen. Allerdings kommt es vor, dass Menschen, die sich in Panik vor einem Ausgang zusammenquetschen, gar nicht merken, dass es noch andere Ausgänge gibt. In vielen modernen Stadien wurden spezielle Fluchtwege eingerichtet, um die Bildung von Menschentrauben zu vermeiden. Diese Fluchtwege fächern sich nach außen hin auf und sind zickzackförmig angelegt, sodass niemand gegen die Wand gequetscht werden kann.

2.106 Sandhaufen und sich selbst organisierende Strömungen

Lassen Sie auf eine horizontale Fläche in einem dünnen Strahl Sand rieseln, sodass sich ein Sandhaufen bildet. Natürlich wird der Haufen immer höher und breiter, aber niemals übersteigt der Neigungswinkel der Flanken einen bestimmten Wert. Warum nicht?

Verrühren Sie langsam zwei granulare Stoffe mit unterschiedlichen Korngrößen und schütten Sie diese Mischung dann vorsichtig in einem dünnen Strahl aus. Die Körner bilden einen Haufen, so wie es bei Sand der Fall ist. Auffällig ist jedoch, dass sich die großen Körner am Boden des Haufens sammeln. Was ist die Ursache für diese Entmischung?

Schütten Sie die homogene Mischung zweier granularer Stoffe mit unterschiedlichen Korngrößen langsam an einem Ende eines länglichen, transparenten Behälters (siehe Abb. 2.32) in diesen hinein und beobachten Sie dabei die Mischung durch eine der Wände. Warum entstehen, während der Haufen wächst, abwechselnd Bänder aus dem Stoff mit der kleinen Korngröße und Bänder aus dem Stoff mit der großen Korngröße?

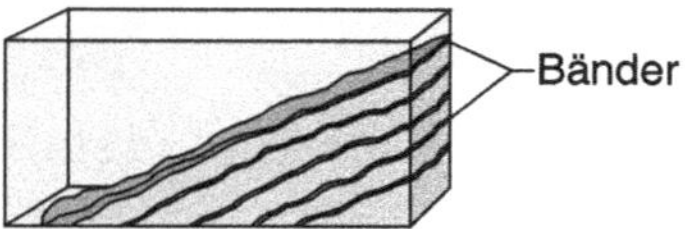

Abb. 2.32: Wenn man eine homogene Mischung aus zwei unterschiedlichen granularen Stoffen langsam in einen Behälter schüttet, bilden sich Bänder, die jeweils nur aus einem der Stoffe bestehen.

Antwort

Wenn der Sand einen Kegel zu bilden beginnt, halten die Körner an den Flanken aufgrund der Reibung aneinander fest. Der Winkel der Flanke wächst so lange, bis er einen kritischen Wert erreicht. Dann rutschen ein paar Körner an der Flanke ab und reißen dabei andere Körner mit sich. Auf diese Weise kann sich eine Lawine bilden, die an der Flanke hinabrutscht. Nach dem Abgang der Lawine ist der Winkel zunächst wieder kleiner und nähert sich von unten erneut dem kritischen Wert. Der Sandhaufen organisiert sich also selbst so, dass sich immer wieder der kritische Winkel einstellt; man spricht deshalb von selbstorganisierter Kritikalität. Unterschiedliche granulare Stoffe (zum Beispiel Glasperlen, verschiedene Samen, Erbsen) haben jeweils einen anderen kritischen Winkel, der von der mittleren Größe und der Form der Körner abhängt.

Wenn zwei granulare Stoffe miteinander vermischt und dann ausgeschüttet werden, entmischen sie sich wahrscheinlich etwas, wenn sie an den Seiten des Haufens nach unten rinnen und dann ihren stationären Platz einnehmen. Sie können den Querschnitt des sich bildenden Haufens beobachten, wenn Sie die Mischung in der beschriebenen Weise in einen Behälter schütten. Nach dem Einsetzen der Lawinenbildung sammeln sich die größeren Körner bevorzugt im unteren Teil der Flanke, während sich die kleineren Körner an der Flanke anlagern und eine Schicht bilden. Anschließend stapeln sich die größeren Körner von unten her zu einer Schicht auf. Mit der Folge von Lawinen geht also die abwechselnde Bildung von Schichten aus kleineren bzw. größeren Körnern einher.

Von einer Mauer aus einem granularen Stoff gehen einerseits Lawinen ab und andererseits sackt sie in sich zusammen. Um dies zu sehen, stellen Sie ein Rohr mit offenen Enden auf einen Tisch und füllen Sie es mit einem granularen Stoff. Ziehen Sie dann das Rohr abrupt nach oben. Die dadurch ausgelöste Bewegung der Körner erfolgt sehr schnell, sodass Sie Mühe haben werden, den Vorgang zu beobachten. (Wenn Sie die Möglichkeit haben, nehmen Sie den Vorgang in Zeitlupe auf.) Der Zylinder bricht innerhalb einer halben Sekunde zusammen, wobei die Art und Weise des Zusammenbruchs vom Verhältnis zwischen Höhe und Breite des Zylinders abhängt. Wenn dieses Verhältnis groß ist, bewegt sich die gesamte obere Deckfläche des Zylinders sofort nach außen und hinterlässt einen Hügel mit abgerundetem Gipfel. Ist das Verhältnis klein, rutscht der äußere Teil des Haufens ab und der innere Teil folgt, wodurch ein Hügel mit einem spitzeren Gipfel entsteht.

2.107 Strömungen in Sanduhren und Silos

Wenn Sie eine Sanduhr wiegen, hängt das auf der Anzeige abzulesende Ergebnis dann davon ab, ob der Sand in diesem Moment fließt? Sand fließt im Wesentlichen so wie Wasser. Warum wird in Sanduhren dann nicht Wasser anstelle von Sand verwendet?

Wenn ein granularer Stoff wie Sandkörner oder Glasperlen auf eine hinreichend steile Rampe geschüttet wird, fließt der Stoff an dieser herab. Falls die Rampe einigermaßen rau ist und der granulare Stoff aus Körnern unterschiedlicher Größen besteht, werden Sie feststellen, dass die *Front* (d. h. der vordere Rand der Strömung) in *Finger* zerfranst, die sich die Rampe hinunter erstrecken. Was ist die Ursache für dieses Verhalten?

Angenommen, ein granularer Stoff fließt auf einer Rampe oder Rutsche gegen eine Barriere, die ihn zum Anhalten zwingt. Falls kontinuierlich mehr von dem Stoff nachrutscht, setzt der Fluss periodisch ein und wieder aus. Woran liegt das?

Antwort

Die klassische Antwort auf die Frage mit der Sanduhr lautet wie folgt: Das Gewicht der Sanduhr ändert sich jeweils geringfügig, wenn der Sand zu fließen beginnt und das Fließen aufhört, doch während der übrigen Zeit bleibt es konstant. (1) Wenn das Fließen beginnt und bevor die Körner auf dem Boden des Glases auftreffen, ist das Gewicht deshalb geringer, weil die im freien Fall befindlichen Körner nicht zum Gewicht beitragen. (2) Wenn die Körner auf dem Boden aufzuschlagen beginnen, wird durch ihr Aufschlagen das verloren gehende Gewicht der frei fallenden Körner ausgeglichen, sodass das Gewicht die meiste Zeit über normal ist. (3) Wenn der Fluss endet und die letzten Körner auf dem Boden auftreffen, während sich nur noch wenige im freien Fall befinden, liegt das Gewicht über dem normalen.

Allerdings gibt es ein paar Details, die die ganze Argumentation etwas komplizierter machen. (1) Die Körner beginnen sich bereits zu bewegen, bevor sie die Taille der Sanduhr erreichen, und sie haben bereits eine gewisse Anfangsgeschwindigkeit, bevor ihr freier Fall beginnt. Deshalb ist ihre Geschwindigkeit unmittelbar vor dem Aufschlagen größer, als man zunächst vielleicht annehmen könnte. (2) Der auf dem Boden angekommene Sand türmt sich zu einem Haufen auf, sodass sich der Auftreffpunkt nach oben verlagert. Durch diese Verlagerung verändert sich die kinetische Energie eines Sandkorns beim Aufschlagen, und auch die Menge der Körner, die sich zu einem gegebenen Zeitpunkt im freien Fall befinden, nimmt ab. (3) Verschiedene Gründe können dafür sorgen, dass der Fluss nicht gleichmäßig (laminar) ist. Wenn die Taille sehr eng ist, können sich die Körner gegenseitig behindern; es bildet sich dann vor der Taille ein „Stau" (siehe vorherige Fragestellung). Die Stauregion kann Luft in den unteren Kolben ziehen, sodass sich dort der Luftdruck erhöht, bis die Luft wieder durch die Taille zurückströmt, was den Fluss des Sandes kurz unterbricht. Diese Unterbrechungen können so regelmäßig sein, dass die Sanduhr „tickt".

Ein Stau kann sich auch im Fluss der Getreidekörner in einem Silo bilden. In manchen Fällen kann der intermittente (d. h. stoßweise) Fluss dazu führen, dass der Silo zu schwingen beginnt. Wenn die Schwingungen stark genug sind, können sie ein Geräusch erzeugen oder sogar den Silo zum Zerreißen bringen.

In einem mit Wasser gefüllten Stundenglas hängt die Rate, mit der das Wasser aus dem oberen Kolben nach unten fließt, von der Höhe der Wassersäule in diesem Kolben ab – je höher das Wasser dort steht, umso schneller fließt es in den unteren Kolben. In einem mit Sand gefüllten Stundenglas ist die Geschwindigkeit, mit der der Sand aus dem oberen Kolben abfließt, dagegen unabhängig vom Füllstand des oberen Kolbens (was an der Staubildung vor dem Hals liegt).

Wenn eine Mischung aus unterschiedlich großen Körnern eine Rampe hinabfließt, sind die nach unten rinnenden Körner auf zweierlei Weise bestrebt, innerhalb des Flusses zu zirkulieren. Betrachtet man einen vertikalen Schnitt, so zirkulieren sie nach oben, in Richtung der Front des Flusses und dann nach unten. Wenn der Fluss sie einholt, werden sie wieder an die Oberfläche gebracht, und der Kreislauf wiederholt sich. Dieses Zirkulationsmuster variiert quer zur Rampe, und zwar so, dass einige der Bahnen auf der Rampe gerade nach unten und andere gerade nach oben verlaufen; andere neigen sich nach links oder rechts (von oben betrachtet). Erstere bilden die Finger, die sich an der Rampe entlang nach unten erstrecken.

Wenn eine granulare Strömung auf einer Rampe gegen eine Barriere trifft und gestoppt wird, beginnen sich die Körner übereinander zu stapeln, und das Stoppen der Bewegung pflanzt sich entlang der Rampe nach oben fort, bis das gesamte Material zur Ruhe gekommen ist. Da jedoch kontinuierlich neues Material nachfließt, klettert dieses irgendwann über die „Rampe" aus stationärem Material, und der Prozess wiederholt sich.

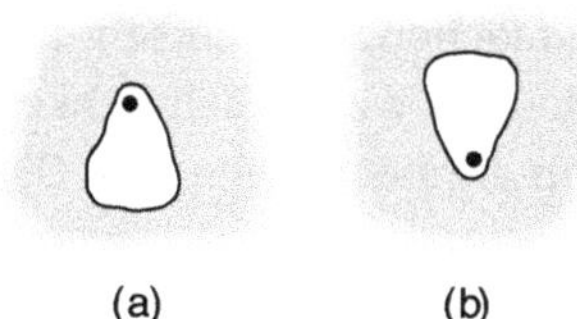

Abb. 2.33: Lawinenmuster (a) in einer dünnen Schicht und (b) in einer dicken Schicht eines granularen Stoffes.

Wenn eine Rampe rau genug ist, dass eine granulare Strömung Reste auf ihr hinterlässt, können Sie den Neigungswinkel der Rampe ein wenig erhöhen und, immer wenn Sie die verbleibende Schicht stören, Lawinen verursachen. Wenn die Schicht dünn ist, produziert die Störung (beispielsweise das Herumstochern mit einem Stift) eine tränenförmige Lawinenregion, die sich entlang der Rampe nach unten erstreckt (Abb. 2.33a). Bei einer dickeren Schicht entsteht durch die Störung ebenfalls eine Lawinenregion, die sich jedoch nach *oben* erstreckt (Abb. 2.33b).

2.108 Der Paranuss-Effekt, oszillierender Staub

Legen Sie eine Paranuss (oder irgendeine andere große Nuss) in einen Behälter und fügen Sie so viele Erdnüsse (oder andere kleine Nüsse) hinzu, dass der Behälter zur Hälfte gefüllt ist. Wenn Sie den Behälter eine Weile lang vertikal schütteln, kommt die Paranuss zwischen all den Erdnüssen an die Oberfläche. Warum?

Vergraben Sie in einem Behälter einen Tischtennisball zwischen getrockneten Bohnen und legen Sie dann oben auf die Bohnen eine Bleikugel. Wenn Sie nun die Bohnen umrühren, indem Sie den Behälter um seine senkrechte Achse rotieren lassen, ist die Bleikugel bald nicht mehr zu sehen, während der Tischtennisball nach oben steigt. Was ist die Ursache für dieses unterschiedliche Verhalten?

Ein ähnliches Verhalten können Sie beobachten, wenn Sie bei der Herstellung eines Teiges Mehl und Butter mischen. Die zum Schluss noch verbliebenen Butterklumpen können Sie beseitigen, indem Sie die Teigschüssel kräftig schütteln, denn dadurch steigen die Klumpen an die Oberfläche. Aboriginesfrauen haben früher eine ähnliche Technik benutzt, um essbare Grassamen aus dem Staub zu filtern, mit dem sie gewöhnlich vermischt sind. Dazu rüttelten sie einen flachen Behälter mit der Mischung so lange, bis sich die Samen zu einem kleinen Häufchen und der Staub zu einem anderen auftürmen.

Schütten Sie zwei granulare Stoffe mit unterschiedlichen Korngrößen in ein durchsichtiges Gefäß, verschließen Sie dann das Gefäß und schütteln Sie die Mischung. Egal, wie sehr Sie sich bemühen, die beiden Stoffe gleichmäßig zu vermengen: Immer werden Sie feststellen, dass sich innerhalb des Stoffes mit der großen Korngröße Inseln des Stoffes mit der kleinen Korngröße befinden. Warum verteilen sich die Stoffe nicht gleichmäßig?

Antwort

Es gibt zwei Argumente, mit denen sich begründen lässt, weshalb die Paranuss zwischen den Erdnüssen an die Oberfläche steigt. Das erste Argument basiert auf Wahrscheinlichkeiten: Die kleineren Erdnüsse stürzen beim Schütteln leicht in den freien Raum unter der Paranuss, sodass diese mit jedem Ruck etwas weiter nach oben kommt. Umgekehrt müssten, damit die Paranuss nach unten sinkt, sehr viele Erdnüsse gleichzeitig Platz machen, was ein sehr unwahrscheinliches Ereignis ist. Die Paranuss steigt also aus Gründen der Wahrscheinlichkeit an die Oberfläche. Dieses Aufsteigen ist selbst dann möglich, wenn die sie umgebenden Objekte eine etwas geringere Dichte haben.

Das zweite Argument, mit dem sich das Aufsteigen der Paranuss erklären lässt, basiert auf der Zirkulation der Erdnüsse, die durch die vertikalen Oszillationen (d. h. durch die Schüttelbewegungen) verursacht wird. Die Erdnüsse in der Mitte des Behälters sind bestrebt, nach oben zu steigen. Die Erdnüsse in der Nähe der Wand dagegen werden in ihrer Bewegung durch die Wand behindert und durch den zentralen, nach oben gerichteten Fluss nach unten gezwungen. Die Paranuss wird durch diese Zirkulation nach oben getrieben.

In dem Beispiel mit den Bohnen liegen die Dinge aus zwei Gründen anders: Zum einen hat die Bleikugel eine *viel* größere Dichte als die Bohnen, und zum anderen ist die Reibung zwischen den Bohnen aufgrund ihrer glatten Oberfläche geringer als zwischen den Erdnüssen. Wenn Sie die Bohnen umrühren, gräbt sich die Bleikugel zwischen die Bohnen, die sie ohne Probleme beiseite schiebt. Falls Sie in der Lage wären, die Reibung zwischen den Bohnen noch weiter zu reduzieren, würde ihr Verhalten noch stärker dem einer Flüssigkeit ähneln, und es überrascht nicht, dass in diesem Fall die Bleikugel versinkt und der Tischtennisball nach oben schnippst.

Angenommen, Sie haben eine Mischung aus zwei granularen Stoffen, wobei einer der Stoffe eine wesentlich größere Korngröße hat als der andere. Wenn Sie diese Mischung von Zeit zu Zeit stören (ohne sie jedoch zum Vibrieren zu bringen), werden Sie feststellen, dass der Stoff mit der größeren Korngröße sich allmählich über dem Stoff mit der kleineren Korngröße aufschichtet. Diese Entmischung kommt häufig bei Lebensmittelpackungen vor, die zwei (oder mehr) Stoffe mit unterschiedlichen mittleren Korngrößen enthalten. Für die Hersteller solcher Produkte ist dieses Verhalten ein Problem, denn sie wollen in der Regel, dass der Kunde eine gleichmäßige Verteilung der Stoffe vorfindet, wenn er die Packung öffnet. Mit jeder zufälligen Störung während der Herstellung, des Transports und der Lagerung der Packung schiebt sich der Stoff mit der kleineren Korngröße tiefer in die Zwischenräume zwischen dem Stoff mit der größeren Korngröße.

Wenn Sie eine Mischung aus zwei *granularen* Stoffen mit unterschiedlichen Korngrößen schütteln, bleiben die kleineren Körner tendenziell über den größeren Körnern. Dafür, dass die kleineren Körner nicht einsinken, kommen zwei Mechanismen infrage. Der eine Mechanismus ist der gleiche, der die Paranuss zwischen den Erdnüssen an die Oberfläche treibt. Der andere hängt mit Zirkulationszellen zusammen, die sich infolge von Vibrationen in der Mischung bilden, sowie mit der Art und Weise, wie die resultierenden Kräfte auf die Körner wirken. Der erste Mechanismus scheint dann zu dominieren, wenn die Vibrationen große Amplituden haben (schütteln Sie den Behälter kräftig auf und ab), während der zweite Mechanismus bei kleineren Amplituden dominiert (klopfen Sie mit dem Finger gerade so kräftig gegen den Behälter, dass sich die Körner bewegen).

Wenn man einen granularen Stoff über einen vertikal vibrierenden Teller verteilt, tendieren die Körner dazu, sich in kleinen Häufchen zu sammeln. Nachdem dieser Musterbildungsprozess einmal eingesetzt hat, vereinigen sich die zunächst vielen kleineren Häufchen zu (wenigen) größeren Häufchen. Dies ist vermutlich darauf zurückzuführen, dass die Vibrationen unter einem großen Häufchen etwas schwächer sind, weil sie stärker gedämpft werden, während sie unter den kleinen Häufchen entsprechend stärker sind. Infolge der starken Vibrationen springen von den kleinen Häufchen mehr Körner in die Luft. Diejenigen Körner, die näher an einem größeren Häufchen landen, bleiben mit größerer Wahrscheinlichkeit dort liegen als die Körner, die weit weg von einem großen Häufchen gelandet sind. Effektiv bewegen sich die Körner also hin zu den großen Häufchen.

Versuchen Sie, für das folgende Phänomen selbst eine Erklärung zu finden: Füllen Sie ein kleines zylindrisches Schraubglas mit Salz und legen Sie eine Sechskantmutter und eine Stecknadel (mit Plastikkopf) dazu. Wenn Sie das Glas aufrecht halten und es dabei vertikal schütteln, steigt die Mutter an die Oberfläche, während sich die Pinnadel nach unten gräbt. Wenn Sie aber das Glas horizontal halten und es auch horizontal schütteln, dann steigt die Stecknadel nach oben und die Mutter gräbt sich nach unten.

2.109 Lawinenballons

Auf Skitouren werden manchmal *Lawinenballons* eingesetzt, die sich ähnlich wie Airbags aufblasen, wenn der Skifahrer von einer Lawine verschüttet wird. Während der Tour trägt der Skifahrer den Ballon zusammengefaltet in einem Rucksack. Wenn eine Lawine heranrollt, muss der Skifahrer an einer Reißleine ziehen, woraufhin sich der Ballon mit Stickstoffgas aus einer Flasche füllt. Der in den Ballon strömende Stickstoff zieht Luft von außen mit in den Ballon. Wenn Skifahrer und Ballon in der Lawine gefangen sind, werden sie zusammen an die Oberfläche getrieben, anstatt von den Schneemassen begraben zu werden. Was ist die Ursache für die Aufwärtsbewegung des Skifahrers?

Antwort

Mit einem Lawinenballon auf dem Rücken passiert dem Skifahrer im Prinzip das Gleiche wie einer Paranuss, die in einem Behälter zwischen Erdnüssen eingeschlossen ist, wenn dieser geschüttelt wird. Der Ballon liefert dem Verschütteten einen Auftrieb, da das in ihm enthaltene Gas eine geringere Dichte hat als der Schnee. Diese Kraft allein würde allerdings nicht ausreichen, um den Skifahrer an die Oberfläche des Schnees zu bringen. Vielmehr wird der Skifahrer wegen des durch den Ballon vergrößerten Volumens nach oben befördert: Die Paranuss (Skifahrer mitsamt dem aufgeblasenen Ballon) ist wesentlich größer als die sie umgebenden Erdnüsse (Klumpen von Schnee).

2.110 Sandrippen und Sandbewegungen

Warum bilden sich in der Wüste oder in einem Flussbett manchmal *Sandrippen*? Wodurch wird die Wellenlänge der Muster (d. h. der mittlere Abstand zwischen zwei benachbarten Rippen) bestimmt? Wie ändert sich das Muster an einer Stelle, wo eine Pflanze wächst? Warum treten vergleichbare Muster auf Schneefeldern in der Regel nicht auf?

Antwort

Wenn die Windgeschwindigkeit hoch genug ist, kann der über ein anfangs flaches (und trockenes) Sandfeld streichende Wind die Sandkörner forttragen. Ein Sandkorn kann entweder über die Sandfläche *kriechen* oder sich *springend* fortbewegen. Wenn das Korn nach einem Sprung auf einem flachen Abschnitt der Sandfläche landet, springt es wieder ab, doch wenn es auf einem erhabenen Abschnitt (entstanden durch eine zufällige Störung) landet, kann es sein, dass das Korn dort stecken bleibt (Abb. 2.34). Wenn eine solche Erhebung größer wird, sammelt sie immer mehr Körner ein und dient außerdem als Windschutz für die Körner auf der windabgewandten Seite. Körner, die etwas weiter hinter der Erhebung liegen, können vom Wind wieder zum Springen gebracht werden und landen irgendwann auf der windzugewandten Seite einer anderen Erhebung. Die wachsende Erhebung entwickelt eine steile windabgewandte Seite und eine flachere windzugewandte Seite. Der Wind wird an der Erhebung leicht abgelenkt, was zur Bildung von Wirbeln auf der windabgewandten Seite führt. Mit dem Wirbel strömt dicht an der windabgewandten Seite Luft nach *oben*, wodurch Sand von der Flanke abgekratzt wird, sodass sie steil bleibt. Während sich die Sandrippe bildet, bewegt sie sich langsam in Windrichtung, weil die Körner auf der windzugewandten Seite über sie hinwegspringen können. Manche Sandrippen bewegen sich schneller als andere. Daher verschmelzen viele kleinere Sandrippen zu einer einzigen oder kommen sich zumindest so nahe, dass sie einander beeinflussen.

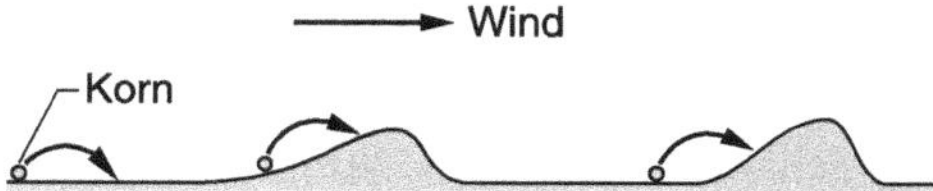

Abb. 2.34: Sandrippen entstehen durch Sandkörner, die sich – angetrieben vom Wind – springend fortbewegen.

Stellen Sie sich nun vor, wie ein paar Tage, Monate oder sogar Jahre verstreichen. Das eben beschriebene Wirken des Windes erzeugt allmählich die uns vertrauten Rippen auf dem Sand. Wenn sich das Muster einmal eingestellt hat, bleibt es durch den Wind, der die Körner springend vor sich hertreibt, erhalten. Falls sich der Wind stark ändert, wird das Muster natürlich durch ein neues ersetzt.

Die Musterbildung kann wesentlich schneller vonstatten gehen, wenn sich der Sand unter einer regulären Wasserströmung befindet. Dann können Sie unter Umständen zusehen, wie sich innerhalb von nur wenigen Minuten Sandrippen bilden.

Wenn der Wind unter Bildung von Wirbeln gegen die Vegetation peitscht, kann die Orientierung und der Abstand der Sandrippen von den Werten abweichen, die das Muster vor (d. h. auf der windzugewandten Seite) der Vegetation charakterisiert.

Auch Schneeflocken können durch den Wind springenderweise über eine Schneefläche getrieben werden. Rippen wie im Falle von Sand treten aber trotzdem nicht auf (zumindest ist dies nicht typisch oder häufig). Hierfür gibt es zwei Gründe: (1) Eine Schneeflocke neigt dazu, überall festzukleben, wo sie landet, also nicht nur auf einem erhabenen Abschnitt der Schneefläche. (2) Auf einem Schneefeld befindet sich in der Regel eine überfrorene Kruste (insbesondere nach einem sonnigen Tag), auf der sich die Schneeflocken nicht springend fortbewegen können. Bevor sich allerdings eine solche Kruste bildet, können bei starkem Wind Muster in der Schneedecke entstehen.

2.111 Sanddünen

Wodurch entstehen Sanddünen? Warum können sie sich bewegen („wandern")? Manchmal kommt es vor, dass eine Düne gegen eine andere läuft und mit dieser verschmilzt – aber dann trennen sich die beiden Dünen wieder! Wie ist so etwas möglich? Wie stellt es eine Düne an, eine andere zu zerteilen, sodass sie den entstandenen Durchgang passieren kann? Satellitenfotos zeigen, dass Dünen in einigen Wüsten, so zum Beispiel in der Libyschen Wüste, annähernd in parallelen Linien angeordnet sind. Wie kommt es zu dieser Struktur?

Antwort

Längsdünen sind langgestreckte Hügel, die in Windrichtung angeordnet sind. *Sicheldünen* haben die Form eines Bogens, der sich senkrecht zur Windrichtung spannt, wobei die Bogenenden in die Richtung des Windes zeigen. Alle Dünen entstehen aus anfangs kleinen Rippen und aufgrund der Fähigkeit des Windes, Sandkörner vor sich her springen zu lassen. Im Verlaufe vieler Jahre oder auch Jahrhunderte verfangen sich die Sandkörper in immer größer werdenden Dünen. Wenn sich eine Düne einmal gebildet hat, geht sie so „geizig" mit den Sandkörnern um, dass konkurrierende Dünen schnell verkümmern oder gar nicht erst entstehen.

Wenn Sie sich eine Sanddüne vorstellen, dann haben Sie wahrscheinlich das Bild einer Sicheldüne vor Augen. In reiner Form kommt dieser Dünentyp allerdings nur selten vor. Sicheldünen wandern langsam durch die Wüste (oder auch über Straßen und durch kleine Siedlungen), weil die Sandkörner auf der Luvseite (die dem Wind zugekehrte Seite) vom Wind aufgenommen und auf der Leeseite abgelegt werden. Die Leeseite wird schließlich so steil, dass sich Lawinen von der Flanke lösen. Durch diese Lawinen wird Sand an der Basis der leeseitigen Flanke abgelagert, die Flanke wird wieder flacher und die Düne stabilisiert sich (zumindest vorübergehend). Auf einer Zeitskala von Jahren wandert die Düne mit der vorherrschenden Windrichtung.

Luftaufnahmen von Feldern aus Sicheldünen zeigen viele Dünen in einer speziellen Anordnung, nämlich so, dass das Sichelende einer Düne genau auf die Mitte einer anderen zeigt (Abb. 2.35a). Diese Anordnung steht mit der Art und Weise im Zusammenhang, wie der Wind durch die zuerst von ihm getroffene Düne modifiziert wird. Genügend Zeit vorausgesetzt, kann diese Modifikation die hintere Düne so umformen, dass sich die in der Abbildung gezeigte Anordnung ergibt.

Zu beobachten, wie eine echte Sanddüne durch eine andere hindurchwandert, ist innerhalb einer normalen Lebensspanne nahezu unmöglich. Bei Miniaturdünen, die von einem fließenden Gewässer gebildet werden, kann dieser Prozess jedoch innerhalb weniger Minuten ablaufen. Die Wechselwirkungen zwischen zwei Dünen hängen mit Änderungen des Flusses zusammen, die von der in Stromrichtung betrachtet ersten Düne verursacht werden. Die Strömung kann dann das Zentrum der flussabwärts liegenden Düne erodieren und (scheinbar) einen Durchgang durch die Düne schaffen. In Wirklichkeit vermischt sich eine kleine, flussaufwärts gelegene Düne mit einer flussabwärts gelegenen größeren, und später tritt eine andere kleine Düne aus der Rückseite der großen Düne hervor (Abb. 2.35b). Insgesamt erzeugt der Prozess die Illusion, dass eine kleine Düne durch eine große Düne hindurchgewandert ist.

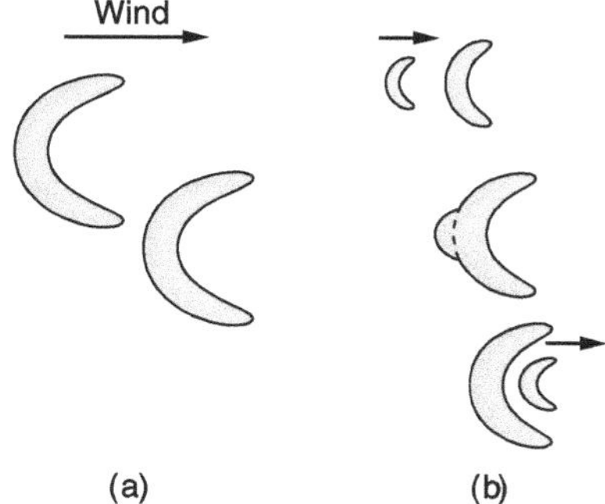

Abb. 2.35: (a) Zwei Sicheldünen aus der Vogelperspektive. (b) Eine kleine Düne wandert scheinbar durch eine größere.

Die annähernd parallele Anordnung von Längsdünen ist auf eine Wirbelbildung zurückzuführen, die als *Langmuir-Zirkulation* bezeichnet wird. Wenn der Wind über eine Ebene streicht, hat er die Tendenz, in horizontale Wirbelrollen zu zerfallen. Wenn der Luftstrom durch einen Marker sichtbar gemacht würde und Sie von oben und in Windrichtung auf eine der Rollen blicken würden, würden Sie sehen, dass die Luft entweder im Uhrzeigersinn oder entgegen dem Uhrzeigersinn zirkuliert und sich dabei gleichzeitig von Ihnen wegbewegt. Benachbarte Rollen haben immer den entgegengesetzten Drehsinn. Angenommen, Sie schauen auf eine im Uhrzeigersinn zirkulierende Rolle, d. h. die Luft strömt in dieser Rolle am Boden nach links. Die links neben dieser Rolle liegende Rolle dreht sich dann entgegen dem Uhrzeigersinn, und der Luftstrom am Boden verläuft nach rechts. An die Linie, an der die Bodenströmungen der beiden Rollen zusammenfließen, wird von beiden Strömungen Sand transportiert – dies ist der Ort, wo eine Längsdüne entsteht. Auf der anderen Seite der von Ihnen betrachteten Rolle treffen keine Bodenströmungen zusammen, und deshalb bildet sich dort auch keine Düne. Da die Rollen näherungsweise gerade sind, verlaufen die Längsdünen in etwa wie Geraden. Der Abstand der einzelnen Geraden voneinander entspricht der doppelten Breite einer Rolle.

2.112 Yardangs und andere Sandformationen

Warum neigen sich an Sandstränden die meisten Steine in die vorherrschende Windrichtung und warum geht von vielen dieser Steine ein Keil aus Sand aus? An manchen Stränden findet man turmähnliche Sandformationen, an denen meist mehrere unterschiedliche Sandschichten erkennbar sind. Der umgebende Sand ist gewöhnlich trocken.

Einige der schönsten und gleichzeitig unheimlichsten dieser Gebilde gibt es in Sandwüsten. Dort findet man *Yardangs* – Felsformationen, die aus dem Sand herausragen. Oft erinnern sie an umgekippte Schiffsrümpfe. Manche sind nur handgroß, andere Hunderte Meter lang. Auch auf dem Mars hat man ähnliche Strukturen entdeckt. Wie entstehen Yardangs?

Antwort

Wenn der Wind am Strand gegen einen Stein bläst, der zumindest teilweise über trockenem Sand steht, gräbt der Wind eine Vertiefung an die Vorderseite des Steins und lässt hinter dem

Stein einen Teil des herausgegrabenen Sands fallen, sodass sich dort ein Keil bildet. Schließlich neigt sich der Stein auf die Seite, wo sich die Vertiefung befindet, also dem Wind entgegen. Falls der Stein flach ist, gräbt der Wind um den Stein herum den Sand aus, sodass der Stein schließlich auf einem Podest liegt. Dann schürft der Wind den Sand von der Vorderseite des Podests weg, bis sich der Stein nach vorn in den Wind legt. Alle diese Prozesse treten nicht auf, wenn der Sand nass ist, weil die *Wasserbrücken* die Sandkörner zu fest aneinander halten, als dass der Wind sie voneinander lösen könnte. Allerdings kann der Wind die äußeren Sandschichten austrocknen. Dann können die Körner leicht durch den Wind oder durch von ihm getragene, freie Sandkörner herausgelöst werden. Auch Wasserströmungen führen zur Erosion der Steine.

Turmähnliche Sandformationen treten auf, wenn der Sand feucht (und dadurch kohäsiv) ist, entweder infolge von Niederschlägen, durch Gischt oder weil von unten her Wasser einsickert. Die beiden letzten Möglichkeiten kommen nur in isolierten Bereichen vor. Wenn diese Bereiche nass werden, wird der Sand kohäsiv. Die Bereiche können eine Weile lang mit Sand bedeckt sein, doch schließlich werden sie vom Wind freigelegt. Das Ergebnis sind einzelne Türmchen oder Hügel.

Yardangs sind Felsformationen, die durch Wind und Erosion entstanden sind. Der Wind trägt Sandkörner davon, sodass der Fels nackt ist, und dann wird er wie von einem Sandstrahl abgeschliffen. Der Fels wird nach und nach zu einer schmalen Struktur geschnitten, die entsprechend der vorherrschenden Windrichtung ausgerichtet ist. Viele Yardangs erinnern in ihrer Form an eine hockende Katze. Tatsächlich könnte die Sphinx durch die Yardangs inspiriert worden sein, die die frühen Ägypter in den an das Nildelta angrenzenden Wüsten vorfanden.

2.113 Schneezäune und Windablagerungen

Ein Schneezaun ist ein Zaun oder auch eine Anpflanzung, die dazu dient, Straßen und Gleise frei von Schneeverwehungen zu halten. Wo sollte eine solche Barriere platziert werden? Wäre nicht eine feste Mauer effektiver als ein Zaun mit offenen Zwischenräumen? Oder verwendet man einfach nur deshalb Zäune, weil sie billiger sind? Wie sammelt sich der Schnee um ein Hindernis, beispielsweise einen Felsbrocken oder einen Baumstamm? Wodurch entstehen die „Löcher“, d. h. die kreisförmigen, schneefreien Zonen, die man um die Baumstämme herum sehen kann?

Antwort

Der Zweck eines Schneezauns besteht darin, den Wind dazu zu zwingen, dass er seine Schneeladung abgibt, bevor er die zu schützende Fläche, beispielsweise eine Straße, erreicht. Deshalb sollte er natürlich – in Windrichtung betrachtet – ein gutes Stück vor der Straße stehen. Eine feste Mauer wäre weniger effektiv, weil sie bewirkt, dass der Wind an ihr nach oben fegt, wobei der Schnee in der Luft bleibt. Ein Zaun, von dessen Gesamtfläche etwa die Hälfte offen ist und der mindestens ein paar Zentimeter über dem Boden steht, ist wesentlich besser geeignet.

Anfangs erzeugt ein Schneezaun auf seiner Vorder- und Rückseite kleine Wirbel, was dafür sorgt, dass beide Seiten einigermaßen schneefrei bleiben. Diesen Effekt können Sie sehen, wenn der Winter eben erst angefangen hat. Zu beiden Seiten des Zauns bilden sich Hügel, doch unmittelbar am Zaun liegt beidseitig sehr wenig Schnee. Die Lücke unter dem Zaun macht es möglich, dass ein Teil des Windes zu der Verwirbelung auf der Rückseite des Zauns beiträgt, sodass diese Seite frei bleibt.

Wenn sich immer mehr Schnee ansammelt, neigen sich die Spitzen der Schneewälle zu beiden Seiten des Zaunes zu diesem hin, bis sie ihn irgendwann berühren. Dann sehen Sie nur noch einen einzigen, fortlaufenden Wall, der seinen Gipfel genau am Zaun hat. Was Sie nicht sehen, ist der Hohlraum im unteren Bereich des Zaunes. Wenn dieser Zustand erreicht ist, erfüllt der Schneezaun seinen Zweck nicht mehr.

Wenn der Wind um einen Felsblock (oder kleine Gesteinsbrocken oder andere Hindernisse) herumgelenkt wird, neigt er dazu, seine Schneefracht an der Rückseite abzuladen, während vor dem Hindernis und an den Seiten Schnee aufgestaut wird.

Die ringförmigen Vertiefungen im Schneefeld bzw. in schneefreien Zonen um einen Baumstamm haben zwei Ursachen: Der Baum ist für den Wind ein Hindernis, weshalb dieser um den Baum herumwirbelt. Durch diese Bewegung wird Schnee aus der unmittelbar an den Stamm angrenzenden Zone herausgekratzt. Dieser Schnee fällt ein Stück entfernt vom Stamm wieder herunter. Tagsüber erwärmt sich zudem der Baumstamm, weil er die Infrarotstrahlung des Sonnenlichts absorbiert. Ein Teil dieser Energie wird in Richtung Boden wieder abgegeben.

2.114 Schneelawinen

Wie bewegt sich eine Schneelawine den Berghang hinab und wie kann man sie am Fuß des Berges stoppen, um zu verhindern, dass sie ein Dorf zerstört?

Antwort

Wenn sich eine Lawine gelöst hat, wird der in Bewegung geratene Schnee (besonders Pulverschnee) von der Luft getragen und schreitet als turbulente Partikelwolke voran. Schnell fängt die Lawine Luft ein, wodurch die Schneekonzentration der Partikel sinkt; außerdem reißt sie immer mehr Schnee von der Bergflanke mit sich. Am größten ist die Geschwindigkeit der Partikel dicht über der Flanke, also weit unterhalb der Oberseite der Lawine. Allerdings bewegen sich die Teilchen nicht geradlinig den Hang hinunter, sondern auf komplizierten, ständig ihre Richtung ändernden Bahnen. Die Lawinenfront kann eine Geschwindigkeit von bis zu 100 Meter pro Sekunde erreichen und die Höhe einer Lawine kann bis zu 100 Meter betragen.

Um eine Lawine zu stoppen, werden hohe Wände (sogenannte Lawinenverbauungen) in den Berghang gerammt. Wichtig ist es jedoch, der Lawine einen Teil ihrer Energie zu entziehen, bevor sie gegen die Wände prallt. Zu diesem Zweck werden vor den Wänden Wälle aufgeschichtet, die den Schnee – ähnlich wie eine Sprungschanze den Skispringer – nach oben lenken. Wenn der Schnee hinter dem Wall auf den Hang niedergeht, hat er einen großen Teil seiner Energie abgegeben.

2.115 Erdrutsche

Wenn eine Bergflanke nachgibt und einen großen Erdrutsch auslöst, können Erd- und Gesteinsmassen selbst auf einem Hang von mäßiger Neigung abrutschen und sich in einem flachen Tal über mehrere Kilometer ergießen, ja sogar ein Stück den gegenüberliegenden Hang hinauf. Warum sorgt nicht die Reibung zwischen dem abrutschenden Material und dem Untergrund dafür, dass der Erdrutsch schnell wieder zum Erliegen kommt?

Antwort

Die meisten Experten stimmen darin überein, dass Erdrutsche, bei denen das abgehende Material ein bestimmtes Volumen überschreitet, deshalb so bemerkenswert weit ins Tal auslaufen, weil sie sich auf Untergrund bewegen, der das Material auf irgendeine Weise „schmiert" und dadurch die Haftreibung vermindert. Unter anderem wurde die Möglichkeit diskutiert, dass das Material auf einer Luftschicht nach unten gleitet. Diese Hypothese dürfte allerdings ausscheiden, weil Luft sehr schnell aus dem Material herausgetrieben würde. Zudem kann dieser Mechanismus die auf der Mondoberfläche vorhandenen, langen Ausläufer von Erdrutschen nicht erklären.

Nach einem anderen Vorschlag heben Druckwellen innerhalb des Materials dieses ein wenig über dem Boden an, wodurch gleichfalls die Reibung zwischen Material und Boden vermindert würde. Auch diese Theorie wird jedoch nicht durch experimentelle Befunde gestützt.

Der vielleicht vielversprechendste Erklärungsansatz basiert darauf, dass sich das abrutschende Material über eine dünne Schicht kleiner, oszillierender Geröllteile bewegt (einschließlich solcher Steine, die durch den Erdrutsch aus dem Boden geschabt wurden). Diese oszillierenden Geröllteile wirken ähnlich wie Kugeln in einem Kugellager, was zwei charakteristische Eigenschaften von Erdrutschen erklären könnte: (1) Ein großer Teil des Materials kommt relativ gut erhalten unten an, einschließlich der ursprünglichen Schichtung. (2) Zu dem aus dem Boden geschabten Material kann auch Wasser gehören, das den Hang befeuchtet und dadurch zusätzlich die Reibung vermindert.

2.116 Bergstürze

Von einem Bergsturz spricht man, wenn ein Felsen oder eine Ansammlung von Gestein von einer Bergflanke herabstürzt. Warum kommt es zu solchen Ereignissen und wovon hängt es ab, wo das Gestein liegen bleibt? Wenn bei einem Bergsturz viele Steine den Hang hinunterfallen, warum neigen die Steine dazu, sich der Größe nach zu sortieren (die größten voran, gefolgt von den kleineren). Woran liegt das?

Im Juli 1996 gab es im Yosemite-Nationalpark in Kalifornien zwei dicht aufeinanderfolgende Bergstürze, bei denen sich riesige Granitbrocken lösten. Jeder Brocken rutschte dabei zunächst ein steiles Stück den Hang hinab und flog dann wie ein Geschoss 550 Meter, bevor er auf dem Boden aufschlug. Beim Aufprall entstanden seismische Wellen, die noch in 200 Kilometer Entfernung aufgezeichnet wurden. Bemerkenswerterweise richteten die Felsbrocken weiter unten im Tal, bis zu 300 Meter von der Aufprallstelle entfernt, beträchtliche Schäden an: Mehr als 1 000 Bäume wurden entwurzelt oder abgeknickt, eine Brücke und eine zum nahegelegenen Touristenzentrum gehörende Snackbar wurden zerstört, ein Mensch wurde getötet und viele weitere verletzt. Wie konnten die Felsbrocken in 300 Meter Entfernung so große Verwüstungen anrichten?

Antwort

Die meisten Bergstürze entstehen infolge Verwitterung: (1) Feine Risse, in denen sich Wasser sammelt, werden mit der Zeit breiter, insbesondere dadurch, dass sich das Wasser beim Gefrieren ausdehnt. (2) Der Fels wird durch chemische Verwitterung aufgeweicht, wobei ebenfalls die Feuchtigkeit eine wesentliche Rolle spielt. Jedes Gestein unterliegt der Verwitterung, doch Bergstürze treten nur dort auf, wo der Untergrundfelsen steil ist.

Je nach den Umständen kann ein Felsbrocken, der sich vom Untergrundgestein gelöst hat, durch die Luft fliegen, einen sehr steilen Hang hinunterspringen (d. h. mehrmals an diesem abprallen), einen mäßig steilen Hang hinunterrollen oder einen relativ flachen Hang hinunterrutschen. Außerdem ist es natürlich möglich, dass er auf seinem Weg in viele kleinere Brocken zerbricht. Bei jedem dieser Szenarien gibt er bei den Kollisionen einen Teil seiner Energie ab. Auch durch Kollisionen mit Bäumen verliert er Energie, weshalb Baumbewuchs ein guter Schutz gegen Bergstürze ist.

Wenn an einem Bergsturz viele Steine unterschiedlicher Größe beteiligt sind, kann es sein, dass diese sich nach ihrer Größe ordnen, weil sich die kleineren Steine oft in kleinen Mulden entlang des Hanges verfangen und dadurch abgebremst werden. Bei manchen Bergstürzen landet der am weitesten gekommene (also der größte) Stein überraschend weit von dem übrigen Material entfernt. Dies könnte daran liegen, dass dieser Stein während des Rollens und Gleitens Energie von den anderen Steinen aufgenommen hat, die von hinten gegen ihn geprallt sind.

Bei dem erwähnten Bergsturz im Yosemite-Nationalpark entstand durch den Aufprall der Felsbrocken ein Luftstoß, d. h. eine Druckwelle, die sich ausgehend vom Aufschlagpunkt durch die Luft ausbreitete. Besonders zerstörerisch war der Luftstoß des zweiten Felsbrockens, da dieser etwa die dreifache Masse des ersten hatte. Mit dem Luftstoß verbunden war eine Windböe, die mit 120 Metern pro Sekunde zwischen den Bäumen hindurchfegte. Tatsächlich hatte der Luftstoß des zweiten Brockens sogar Überschallgeschwindigkeit (d. h., es handelte sich um eine Schockwelle), doch der von dem ersten Brocken aufgewirbelte Staub reduzierte die Geschwindigkeit der Luft von ihrem ursprünglichen Wert von 340 Meter pro Sekunde auf 220 Meter pro Sekunde. Nahe der Aufschlagstelle bewegte sich die Luft tatsächlich schneller als der Schall.

2.117 Im Wind flatternde Fahnen und Bänder

Warum flattern Fahnen an einem Fahnenmast selbst dann, wenn nur eine leichte Brise weht? Warum flattert ein Blatt Papier, wenn man es vor einen Lüfter hält?

Wenn Sie eine Rolle Toilettenpapier, von der ein Stück Papier abgewickelt ist, in die Luft halten, werden Sie sehen, dass das abgerollte Stück schnell ein wellenartiges Aussehen annimmt. Woran liegt das?

Antwort

Angenommen, die Fahne liegt in einer Ebene, die mit der Windrichtung einen kleinen, von null verschiedenen Winkel einschließt. In diesem Fall wird der Wind natürlich gegen eine Seite der Fahne drücken und sie etwas in die Windrichtung biegen. Wenn die Windgeschwindigkeit einen kritischen Wert überschreitet, wird das Verbiegen der Fahne durch den Wind instabil und sie beginnt zu flattern.

Das Flattern wird oft mit der Bildung von Wirbeln durch die Fahne in Verbindung gebracht. Unabhängig davon, ob der Wind die Fahne einfach nur streckt oder sie zum Flattern bringt, lösen sich vom freien Ende der Fahne permanent Wirbel ab, und zwar immer abwechselnd einer von der linken und einer von der rechten Seite der Fahne (Abb. 2.36). Die Wirbel sind größer, wenn die Fahne flattert, doch sie sind ein Produkt und nicht die Ursache des Flatterns, und sie können auch dann vorhanden sein, wenn die Fahne überhaupt nicht flattert.

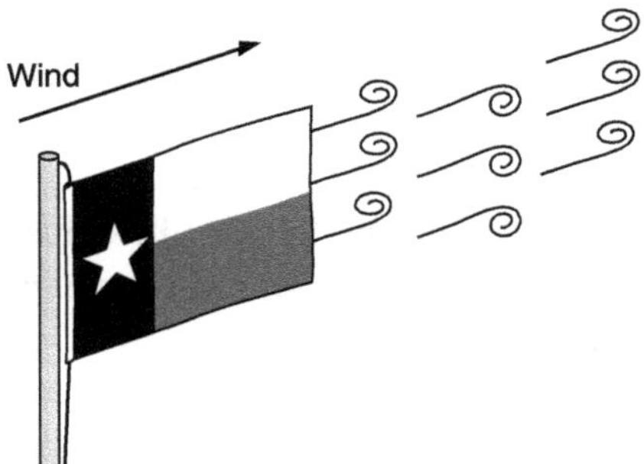

Abb. 2.36: Wirbelbildungen sorgen dafür, dass die Fahne abwechselnd nach links und rechts abgelenkt wird.

Auch andere flexible Materialien wie beispielsweise Papier können durch eine stetige Brise zum Flattern gebracht werden. Voraussetzung ist, dass die Windgeschwindigkeit einen materialabhängigen kritischen Wert überschreitet.

Jedes flexible Band, dessen eines Ende beschwert und losgelassen wird, entwickelt mit großer Wahrscheinlichkeit ein wellenartiges Aussehen. Die Welle wandert mit der halben Geschwindigkeit, mit der das Band nach unten fällt, am Band entlang. Gewöhnlich ist der Abstand zwischen den Wellenbergen umso größer, je länger das Band ist. Die Wellenform entsteht vermutlich durch eine Instabilität des Luftstroms, der gezwungen ist, mit dem Band zu ziehen, während er sich durch die ansonsten stationäre Luft bewegt.

2.118 Schwingende Fontänen und hämmernde Wasserfälle

Viele Springbrunnen besitzen Kanten, über die das fließende Wasser wie ein Vorhang in den Pool fällt. Bei manchen dieser Wasserspiele schwingt der Wasservorhang mit einer niedrigen Frequenz hin und her (einige wenige Male pro Minute). Wodurch entstehen diese Schwingungen?

Größere und höhere Strömungen treten auf, wenn das überlaufende Wasser sich durch Überlaufleitungen in einem Damm oder über den Damm ergießen kann, sodass es frei in einen Pool oder einen Strom fällt. Warum können dabei sehr laute Geräusche entstehen?

Ein hoher Wasserfall verursacht beträchtliche Schwingungen des benachbarten Untergrunds, die Sie spüren können, wenn Sie in der Nähe des Wasserfalls stehen. Bei einer Analyse dieser Schwingungen würden Sie feststellen, dass die Frequenz der stärksten Stöße von der Höhe abhängt, über die das Wasser frei fällt – je größer diese Höhe, umso kleiner die Frequenz. Wieso bringt der Wasserfall den Untergrund zum Schwingen und warum hängt die Frequenz mit der Fallhöhe zusammen?

Antwort

Der Grund für das Hin- und Herschwingen des Wasservorhangs ist eine Luftschicht, die hinter dem Vorhang aus fallendem Wasser gefangen ist. Wenn aufgrund einer zufälligen Störung im oberen Teil des Wasservorhangs eine kleine Auslenkung aus der Gleichgewichtslage entsteht, kann sich diese Auslenkung mit dem weiteren Fall des Wassers selbst verstärken. Am Boden verändert sich aufgrund der Schwingung der Luftdruck innerhalb der eingeschlossenen Luftschicht, die dann an dem oberen Bereich des Vorhangs zieht bzw. gegen ihn drückt – d. h., es gibt eine *Rückkopplung*, die die Schwingung des Wasservorhangs verstärkt. Die Auswirkungen sind anfangs bescheiden und vielleicht gar nicht wahrzunehmen, doch durch die positive Rückkopplung verstärken sie sich so sehr, dass sie schließlich nicht mehr zu vernachlässigen sind. Die positive Rückkopplung tritt jedoch nur für bestimmte Werte der Strömungsrate, der Anfangsgeschwindigkeit des fallenden Wassers und der Dicke der Luftschicht auf, weshalb das Hin- und Herschwingen nicht bei allen Wasservorhängen auftritt.

Wenn Wasser über einen Damm läuft, entstehen ähnliche Schwingungen in der Wassersäule und in der Luft zwischen der Wassersäule und dem Damm. Dämme werden oft mit Vorrichtungen versehen, die den glatten Fluss des Wassers stören und dadurch verhindern, dass das fallende Wasser hin- und herschwingt.

Bei einem Wasserfall entstehen Schallwellen, wenn das Wasser auf dem Boden aufprallt und dadurch Turbulenzen innerhalb der Säule aus fallendem Wasser entstehen. Für bestimmte Frequenzen kommt es zur *Resonanz* der Schallwellen (d. h., die Wellen verstärken sich gegenseitig). Diese Situation erinnert an die Art und Weise, wie Schallwellen in einer mit Luft gefüllten, an einem Ende offenen Röhre zur Resonanz kommen. Am geschlossenen Ende der Röhre ist die Schwingungsamplitude der Luftmoleküle gleich null, während sie am offenen Ende ihr Maximum erreicht. Gewöhnlich wird das, was Sie aus der Röhre hören, von der niedrigsten Resonanzfrequenz, der sogenannten *Fundamentalfrequenz* dominiert.

In der Wassersäule eines Wasserfalls sind die Schwingungsamplituden der Wassermoleküle an der Spitze der Wassersäule null und erreichen am Boden ihr Maximum. Am stärksten schwingt der ganze Wasserfall, wenn seine Frequenz der Fundamentalfrequenz entspricht. Schallwellen dieser Frequenz pflanzen sich durch die Luft und den Boden fort. Je höher der Wasserfall ist, umso niedriger ist die Frequenz. Für die meisten von ihrer Erscheinung her beeindruckenden Wasserfälle ist die Frequenz zu niedrig, um die durch die Luft ausgesendeten Schallwellen hören zu können. Sie können diese Schallwellen jedoch mit Ihrem Körper spüren und mit Ihren Füßen wahrnehmen, wie der Boden schwingt.

2.119 Pulsierende Fontänen

Viele dekorative Wasserspiele besitzen Fontänen, die einen Wasserstrahl steil nach oben in die Luft schicken. Warum pulsiert ein solcher Strahl auch dann, wenn das Wasser mit konstanter Geschwindigkeit strömt? Sie können das Pulsieren übrigens nicht nur sehen, sondern auch hören.

Antwort
Wenn der Strahl einsetzt, schießt das Wasser sofort bis zur maximalen Höhe, die die Schwerkraft und die Anfangsgeschwindigkeit des Wassers zulassen. Von dieser maximalen Höhe fällt der oberste Teil des Strahls auf den Strahl zurück und flacht diesen ab. Nachdem dieser Teil in Tropfen zerfallen ist, erscheint der Strahl wieder und steigt erneut bis zur maximalen Höhe. In der Folge wiederholt sich der Zyklus von Aufsteigen, Fallen und Abflachen. Sie können dieses periodische Verhalten modifizieren, indem Sie den Strahl zur Seite lenken, sodass der oberste Teil des Wasserstrahls nicht mehr auf den Strahl zurückfällt, oder indem Sie ein Hindernis in den Strahl halten, sodass das Wasser seine maximale Höhe nicht mehr erreicht.

2.120 Wie man ein Glas samt Inhalt auf den Kopf stellt und wie man aus einem Yard-Glas trinkt

Gießen Sie etwas Wasser in ein zylindrisch geformtes Trinkglas mit geraden Seiten und breiter Öffnung. Schneiden Sie ein Papierquadrat zurecht, das etwas größer ist als die Öffnung. Legen Sie dieses mit einer Hand über die Öffnung; spreizen Sie dabei Ihre Finger, um das Papier an möglichst vielen Stellen gegen den Rand zu pressen. Drehen Sie nun das Glas mit der anderen Hand schnell um und nehmen Sie dann Ihre Hand vom Papier. Obwohl die Schwerkraft am Papier und am Wasser zieht, fällt das Papier nicht ab und das Wasser fließt nicht heraus. Warum nicht?

Wenn Sie das Papier entfernen, fließt das Wasser natürlich aus dem Glas heraus. Was ist bei dieser Situation anders als in der vorherigen, in der sich das Papier vor der Öffnung befand? Wenn das Glas sehr dünn ist (zum Beispiel ein Reagenzglas), kann es sein, dass das Wasser trotzdem nicht herausläuft. Welcher Mechanismus verhindert in diesem Fall das Herauslaufen?

Ale, ein in Großbritannien populäres Bier, wird manchmal aus sogenannten *Yard-Gläsern* getrunken (Abb. 2.37). Tatsächlich steht, wie die Bezeichnung schon vermuten lässt, das Ale in diesem Glas ein Yard (ca. 90 cm) hoch. (Es gibt allerdings auch kleinere Versionen mit der gleichen, charakteristischen Form.) Normalerweise trinken Sie sicher aus einem Glas, indem Sie es an die Lippen halten und dann leicht ankippen, damit in kontrollierbarer Weise etwas Flüssigkeit in Ihren Mund fließt. Wenn Sie diese Trinktechnik bei einem Yard-Glas anwenden, werden Sie sehr wahrscheinlich durchnässt dastehen. Warum kann man aus einem Yard-Glas so nicht trinken und wie sieht die richtige Trinktechnik aus?

Antwort
Wenn das Trinkglas auf den Kopf gestellt und die Öffnung durch ein Stück Papier abgedeckt wird, sinkt die Wassersäule nach unten, wodurch sich der Druck in der im Glas eingesperrten Luft verringert. Aus diesem Grund ist der Druck im obersten Bereich der Säule niedriger als der atmosphärische Druck im untersten Bereich der Säule, und diese Druckdifferenz reicht aus, um das Wasser im Glas zu halten. Daran, dass sich das Papier nach unten ausbeult, können Sie sehen, dass das Wasser im Glas nach unten fällt. Durch den Kontakt zwischen Papier, Wasser und Glaswand tritt zudem eine Adhäsionskraft auf, die jedoch allein zu schwach wäre,

Abb. 2.37: Typische Form eines Yard-Glases.

um das Wasser zu halten. Wenn Sie den gleichen Versuch anstatt mit Papier mit einer starren Abdeckung, zum Beispiel einer Glasplatte, wiederholen, wird das Wasser einfach auslaufen.

Wenn Sie das Papier wegnehmen, sollte gemäß der obigen Argumentation der Luftdruck immer noch in der Lage sein, das Wasser im Glas zu halten, denn es gibt bei dieser neuen Situation nichts, was die Argumentation ändern würde. Wie Sie sich denken können, fließt das Wasser trotzdem heraus. Der Grund ist, dass das Wasser instabil ist gegen kleinste zufällige Störungen, die Wellen entlang der Luft-Wasser-Grenzfläche schicken. Die Minima einer solchen Welle (die Wellentäler) erlauben es dem Wasser, nach unten zu fallen, und die Maxima (die Wellenberge) erlauben es der Luft, nach oben zu steigen. Eine der Wellen wächst schnell an, und das Wasser bewegt sich auf einer Seite des Glases nach oben, während es auf der anderen Seite nach unten fließt.

Die aufwärts strömende Luft neigt dazu, sich vom Boden abzulösen, wodurch eine Blase entsteht, und das nach unten sinkende Wasser neigt dazu, sich als großer Schwapp von der Oberseite abzulösen. Wenn die Blase aufsteigt und der Schwapp nach unten fällt, versucht die Luft-Wasser-Grenzfläche ihren ursprünglich ebenen Zustand wiederherzustellen, aber dieser ist zu instabil. So entsteht ein Prozess aus aufsteigenden Blasen und nach unten schwappender Flüssigkeit, der sich akustisch durch das charakteristische „Glucksen" äußert.

Die Wasseroberfläche kann unempfindlich gegenüber Störungen sein, wenn das Glas schmaler ist, denn dann wird sie durch die Oberflächenspannung stabilisiert. Das heißt, das Anhaften der Wasseroberfläche an den Glaswänden kann in diesem Fall stark genug sein, um die von einer Störung produzierten Wellen zu dämpfen.

Das Glucksen ist der Grund, warum das Trinken aus einem Yard-Glas Übung erfordert. Der enge Hals des Glases verhindert, dass die Luft leicht in das Glas hinein- und damit Flüssigkeit hinausströmen kann. Stattdessen kann sich aufgrund einer Instabilität an der Luft-Wasser-Grenzfläche eine große Luftblase bilden, die durch den Hals aufsteigt, und im Gegenzug ergießt sich ein großer Schwapp Wasser aus der Öffnung – zu viel, um die Flüssigkeit im Mund halten oder schnell hinterschlucken zu können. Kenner wissen, wie sie ein Yard-Glas ankippen müssen, während sie es zwischen ihren Händen *rollen*. Durch das Rollen wirbelt die Flüssigkeit an den Wänden entlang und gestattet einen kontinuierlichen Luftstrom entlang der Längsachse des Glases. Auf diese Weise kann die Luft leicht ins Glas strömen, und der Trinkende kann gut steuern, wie viel Flüssigkeit herausläuft.

2.121 Der tropfende Wasserhahn

Wie löst sich Wasser, das aus einem Wasserhahn tropft, von dem im Hahn verbleibenden Wasser ab? Bricht der Kontakt abrupt oder allmählich ab?

Antwort
Durch die Oberflächenspannung zieht sich ein Tropfen an der Öffnung des Wasserhahns zu einer stark gekrümmten Fläche zusammen. Wenn die Wassermenge wächst, bildet das Wasser eine eher sphärische Form. Wenn ein bestimmter kritischer Punkt erreicht ist, sorgt die auf das Wasser wirkende Schwerkraft dafür, dass dieses sehr rasch nach unten sinkt. In einer Zeitlupenaufnahme würden Sie sehen, dass der fallende Tropfen durch eine schnell dünner werdende, zylindrische Schnur noch immer mit dem Wasser im Hahn verbunden ist. Plötzlich bildet sich am Boden der Schnur eine noch dünnere Schnur, die schnell reißt. Unmittelbar nach dem Abreißen oszilliert die Form des fallenden Tropfens und in der verbliebenen zylindrischen Schnur bilden sich Wellen, die sich schnell zu sehr kleinen Tropfen auswachsen. Diese Tropfen können sich von der Schnur lösen und nach unten fallen, oder sie werden zurück in den Hahn gezogen.

Bei einer Flüssigkeit mit größerer Viskosität als Wasser können sich noch mehr und noch dünnere Schnüre herausbilden, bis schließlich auch hier die unterste und dünnste reißt. Das Abreißen selbst wird vermutlich durch eine kleine zufällige Störung wie eine Luftbewegung, eine Vibration des Wasserhahns oder ein Geräusch verursacht.

2.122 Die Form von Seifenblasen

Seifenblasen entstehen gewöhnlich, indem man gegen eine an einem Plastikring aufgespannte Seifenhaut pustet, woraufhin diese eine gekrümmte Fläche bildet, die sich vom Plastikring wegbewegt und sich schließlich von ihm ablöst. Das Innere des Rings ist dann leer. Solange die Seifenhaut am Ring aufgespannt ist, bildet sie keine geschlossene Fläche. Wie entsteht aus dieser Fläche eine Blase, wenn sich das Gebilde vom Ring ablöst?

Warum hat eine frei schwebende Seifenblase die Form einer Kugel? Angenommen, zwischen zwei Ringen wird eine zylindrische Seifenhaut aufspannt. Wie verformt sich der Zylinder, wenn man die beiden Ringe allmählich voneinander entfernt?

Antwort
Wenn Sie gegen die aufgespannte Seifenhaut pusten und dadurch eine Blase erzeugen, bildet der Abschnitt der sich verformenden Haut plötzlich eine enge Taille und löst sich vom Ring. Die abgelöste Seifenhaut nimmt schnell die Form einer Kugel an, weil der Druck überall im Inneren der Blase gleich sein muss. Dieser Druck übersteigt den atmosphärischen Druck, weil die Oberflächenspannung versucht, die Blase zum Kollabieren zu bringen. Da der Innendruck

überall gleich ist, muss auch die Oberflächenspannung überall gleich sein, und deshalb ist die Blase kugelförmig.

Spannt man eine Seifenhaut zwischen zwei nicht weit voneinander entfernten, kreisförmigen Scheiben auf, hat sie zunächst die Form eines Zylinders. Diese Form ist stabil, weil jede zufällige Störung die Oberfläche des Gebildes vergrößert und deshalb die Oberflächenspannung die Seifenhaut wieder zurück in die zylindrische Form zieht. Wenn jedoch der Abstand zwischen den beiden Scheiben einen kritischen Wert (den Umfang einer Scheibe) übersteigt, wird das Gebilde instabil. Dann kann eine zufällige Störung dazu führen, dass die Seifenhaut in zwei kleinere Blasen zerfällt, die jeweils an einer der Scheiben hängen.

Das gleiche Ergebnis erhalten Sie, wenn Sie anstelle der Scheiben zwei Ringe verwenden. In diesem Fall muss aber gewährleistet sein, dass sich im Inneren der Ringe jeweils eine Seifenhaut aufspannt, sodass der Zylinder an beiden Enden geschlossen ist. Wenn die Seifenhaut an einem dieser Enden reißt, fällt der Druck im Inneren der Blase auf den atmosphärischen Druck, sodass der Druck zu beiden Seiten der Seifenhaut ausgeglichen ist. Dieser Ausgleich bedeutet, dass die Krümmung der Seifenhaut null sein muss. Diese Bedingung lässt sich erfüllen, indem die Seifenhaut eine schmale Taille entwickelt, sodass ihre Form an eine Sanduhr erinnert. Entlang einer Linie von einem Ring zum anderen ist die Seifenhaut konkav (nach innen gekrümmt); um die Seifenhaut herum (beispielsweise an der Taille) ist sie konvex, d. h. nach außen gekrümmt. Auf diese Weise ist die Gesamtkrümmung des Gebildes wie gefordert null. Diese Seifenblase ist nur dann stabil, wenn der Abstand zwischen den beiden Ringen viel kleiner ist als der Umfang der Ringe. Wenn der Abstand zu groß wird, zieht sich die Taille auf einen Punkt zusammen; das Gebilde wird in der Mitte durchtrennt und die an den beiden Ringen verbleibenden Teile der Seifenhaut werden flach.

2.123 Der Weg von aufsteigenden Blasen

Man sollte erwarten, dass eine vom Boden eines langen, mit Wasser gefüllten Zylinders aufsteigende Blase den kürzesten Weg nach oben nimmt. Auf kleine und große Blasen trifft dies tatsächlich zu. Blasen mittlerer Größe steigen dagegen entweder zickzackförmig auf oder sie bewegen sich auf spiralförmigen Bahnen nach oben. Warum verhalten sich diese Blasen anders als erwartet?

Von einer in Wasser aufsteigenden Blase nimmt man im Allgemeinen an, dass sie kugelförmig ist. Für kleine Blasen trifft dies zu, nicht aber für größere: Diese sind auf ihrer Unterseite abgeplattet. Was ist die Ursache für diese Abweichung von der Kugelform?

Antwort

Das Aufsteigen von Blasen mittlerer Größe ist noch immer Gegenstand der Forschung. Die zickzack- oder spiralförmige Bewegung ist vermutlich auf Wirbel zurückzuführen, die sich an der Unterseite einer Blase bilden, während diese ihren Weg nach oben nimmt. Falls der Drehsinn der Wirbel zwischen links und rechts hin- und herwechselt, wird die Blase entsprechend abwechselnd nach links und rechts abgelenkt. Die Bildung der Wirbel und die mit ihnen verbundene Ablenkung scheint mit Oszillationen der Blase verbunden zu sein.

Wenn zwei aufsteigende Blasen einander nahekommen, kann sich ihre Bewegung aufgrund der mit ihrem Aufsteigen verbundenen Wasserströmung ändern. Sie können taumeln, sich gegenseitig abstoßen oder sich anziehen.

Die Form einer Blase wird von ihrer Oberflächenspannung und dem Widerstand bestimmt, den die Flüssigkeit der Bewegung der Blase entgegensetzt. Kleine Blasen haben eine große Krümmung, die in diesem Fall der dominierende Faktor ist. Die Blase formt sich zu einer Kugel, wodurch sie ihre Oberfläche minimiert. Jede Störung vergrößert die Oberfläche und die Aufrechterhaltung der gestörten Form würde zusätzliche Energie erfordern. Bei großen Blasen, die eine kleinere Krümmung haben, gewinnt der Widerstand der Flüssigkeit an Bedeutung. Durch die Nachlaufströmung hinter der aufsteigenden Blase wird deren Unterseite abgeplattet.

In einer Flüssigkeit mit sehr hoher Viskosität kann eine Blase sehr viel Zeit zum Aufsteigen benötigen. Ihre Form kann davon abhängen, wie sie freigesetzt wurde. Wenn sie beispielsweise in die Flüssigkeit hineingepresst wurde, kann es sein, dass sie einen Schwanz hinter sich herzieht, der während des gesamten Aufstiegsvorgangs erhalten bleibt.

2.124 Antiblasen

Mischen Sie in einem Gefäß Wasser und ein mildes Waschmittel und saugen Sie dann etwas davon in eine flexible Plastikflasche oder einen Arzneimittelspender. Positionieren Sie die Öffnung der Flasche oder des Spenders dicht über der Flüssigkeitsoberfläche im Gefäß und spritzen Sie eine kleine Flüssigkeitsmenge durch die Oberfläche. Auf diese Weise produzieren Sie normale Blasen, aber auch ein paar Blasen, die anders aussehen und sich anders verhalten (wir wollen sie deshalb im Folgenden Antiblasen nennen). Was zeichnet die Antiblasen aus und warum bilden sie sich?

Antwort

Eine normale Blase ist eine Kugel aus Luft, an deren Oberfläche sich Wasser- und Seifenmoleküle befinden. Die Seifenmoleküle stabilisieren die Oberfläche dieser Blasen, ähnlich wie sie dies bei gewöhnlichen Seifenblasen tun. Antiblasen dagegen bestehen aus einer dünnen Kugelschale, in deren Innerem sich eine Kugel aus Wasser befindet und an deren Außen- und Innenseite Wasser- und Seifenmoleküle sitzen. Eine Antiblase besteht also fast vollständig aus Wasser, und daher fehlt ihr der Auftrieb, der auf eine normale Blase wirkt. Sie schwebt deshalb im Wasser anstatt aufzusteigen.

Eine andere Möglichkeit, Antiblasen zu erzeugen, ist die folgende: Bilden Sie zunächst ein Cluster aus drei normalen Blasen, die einander berühren, während sie im Wasser schweben. Lassen Sie dann einen Tropfen der Mischung aus Wasser und Waschmittel in die Vertiefung zwischen den Blasen fallen. Unter der Vertiefung bildet sich daraufhin eine Antiblase.

Bei einer normalen Seifenblase läuft Flüssigkeit von der Oberseite zur Unterseite, wodurch die Oberseite dünner wird, bis sie schließlich reißt. Bei einer Antiblase steigt die in der Schale enthaltene Luft nach oben, sodass die Schale dünner wird, bis schließlich Wasser in sie einbricht. All dies geschieht sehr schnell, weshalb Antiblasen nur von sehr kurzer Dauer sind.

2.125 Wie man einen Sack Reis nach oben zieht

Stoßen Sie einen Stab kräftig in einen Sack, der mit ungekochtem Reis oder anderen Getreidekörnern gefüllt ist. Warum wächst die Kraft, die Sie dafür aufwenden müssen, mit zunehmender Tiefe schnell an, und warum wird sie in der Nähe des Bodens so groß, dass Sie Mühe haben werden, den Stab wenigstens ein Stück zu bewegen?

Wenn der Stab fest zwischen den Körnern steckt, dann klopfen Sie einige Minuten lang gegen den Sack oder schütteln Sie ihn vorsichtig. Wenn Sie dann versuchen, das freie Ende des Stabes nach oben zu ziehen, können Sie leicht den ganzen Sack nach oben befördern. Warum gleitet der Stab nicht einfach aus dem Reis heraus?

Antwort

Diese Effekte wurden schon vor langer Zeit von Getreidehändlern und ihren Kunden bemerkt, die versuchten, den Inhalt von Getreidesäcken zu überprüfen, indem sie Stäbe hineinstecken. Wenn man einen Stab beispielsweise zwischen Reiskörner schiebt, nimmt die auf den Stab wirkende Reibung aus zwei Gründen zu: Zum einen drücken immer mehr Körner gegen den Stab, zum anderen ist der Druck der tiefer liegenden Körner, die das Gewicht der über ihnen liegenden Körner tragen, größer. Dies bedeutet, dass die Gesamtreibung gegen den Stab zunimmt, je tiefer der Stab eindringt. Die Reibung nimmt noch schneller zu, wenn sich der Stab dem Boden des Sacks nähert. Warum dies so ist, ist noch nicht vollständig geklärt.

Wenn man gegen den Sack schlägt oder ihn schüttelt, nachdem der Stab hineingeschoben wurde, wird die Packungsdichte der Reiskörner größer, als wenn sie locker übereinander liegen. Insbesondere liegen die Körner dicht am Stab an. Wenn Sie versuchen, den Stab nach oben zu ziehen, spüren Sie die starke Reibung zwischen den Reiskörnern und dem Stab: Die Körner scheinen den Stab regelrecht festzuhalten. Auch sind die den Stab umgebenden Körner untereinander dicht gepackt und halten demzufolge fest zusammen, und die Körner am Rand des Sacks halten an diesem fest. Auf diese Weise ist das gesamte System – bestehend aus Stab, Reiskörnern und Sack – fest miteinander verbunden. Wenn der Sack allerdings aus irgendeinem Grund schlüpfrig ist oder die Reiskörner nicht durch Klopfen oder Schütteln in eine Formation mit hoher Packungsdichte gebracht wurden, kann es passieren, dass Sie nach dem Experiment eine Menge Reiskörner vom Boden aufsammeln müssen.

2.126 Diskuswerfen

Wenn Sie bei moderaten Windverhältnissen einen Diskus werfen, fliegt er dann weiter, wenn Sie ihn gegen den Wind oder mit dem Wind werfen? Wie sollten Sie den Abwurfwinkel wählen und wie stark sollte der Diskus beim Abwurf geneigt sein? Warum sollte der Diskus während des Fluges rotieren?

Antwort

Der Abwurfwinkel bei einem Diskuswurf beträgt gewöhnlich 35 °. Manche Athleten sind der Ansicht, dass die Ebene, in der der Diskus liegt, um den gleichen Winkel geneigt sein sollte, während andere behaupten, dass das Wurfgerät weiter fliegt, wenn die Neigung kleiner ist als 10 °. Gemäß dieser zweiten Meinung bedeutet ein kleinerer Neigungswinkel, dass der Diskus während des Sinkens einen größeren Auftrieb hat und sich deshalb länger in der Luft hält.

Wenn der Diskus ohne Rotation abgeworfen wird, beginnt er in der Luft zu flattern und kann leicht die gewünschte Richtung verlieren. Ein rotierender Diskus hat eine stabilere Flugbahn. Wie bei einem rotierenden Kreisel bleibt die Rotationsachse während des gesamten Fluges annähernd konstant.

Die Orientierung des Diskus bleibt allerdings während des Fluges nicht exakt konstant, weil der auf ihn wirkende Widerstand der vorbeiströmenden Luft nicht gleichmäßig über den gesamten Diskus verteilt ist. Vielmehr ist er an der Vorderfront und an der linken Seite konzentriert (wenn man davon ausgeht, dass das Gerät von einem Rechtshänder mit der Standard-Wurftechnik geworfen wird). Die durch den ungleichmäßig verteilten Auftrieb hervorgerufenen Drehmomente kippen die Vorderseite des Diskus leicht nach oben und die linke Seite etwas nach unten.

Bei moderatem Wind liefert der Druck des Windes gegen die Unterseite einen zusätzlichen Auftrieb und ermöglicht dadurch einen weiteren Flug als bei Windstille. Dieser Vorteil gilt für Windgeschwindigkeiten zwischen 15 und 20 Meter pro Sekunde. Bei noch stärkerem Wind verliert der Diskus die Orientierung und kommt früh herunter. Wird der Diskus mit dem Wind geworfen, drückt der Wind gegen seine Oberseite und wirkt so dem Auftrieb entgegen; der Wurf wird dann kürzer ausfallen.

2.127 Speerwerfen

Beim Abwurf eines Speeres sind zwei Winkel mit der Horizontalen von Bedeutung: zum einen der Wurfwinkel, d. h. der Winkel der Bahnkurve, und zum anderen der Anstellwinkel, d. h. der Winkel, um den der Speer angekippt wird. Wie sollte man die beiden Winkel wählen, um einen möglichst weiten Wurf zu erzielen?

Antwort

Traditionell wird für beide Winkel der Wert 35 ° bevorzugt, der sich durch Erfahrungswerte ergeben hat. Auch aus heutiger Sicht scheint der traditionelle Wurfwinkel vernünftig zu sein. Durch die anfängliche Übereinstimmung der Bewegungsrichtung des Speers mit dem Anstellwinkel liegt der Speer stromlinienförmig in der Luft und hat daher einen minimalen Luftwiderstand. Wenn man den Speer stärker oder weniger stark ankippen würde, wäre der Luftwiderstand größer und der Wurf entsprechend kürzer. Trotz dieser Plausibilität legen einige theoretische Arbeiten nahe, dass man bessere Weiten erzielen könnte, wenn man den Wurfwinkel auf 42 ° erhöhen und den Anstellwinkel bei 35 ° belassen würde. Eine andere Studie hält dieser Behauptung ein praktisches Argument entgegen: Wenn der Wurfwinkel erhöht wird, kann der Athlet dem Speer vermutlich nicht die ohne diese Modifikation mögliche, hohe Abwurfgeschwindigkeit mitgeben, da der Abwurf erschwert ist. Somit kann der Athlet keinen Vorteil aus der physikalisch gesehen vielleicht wirklich günstigeren Wurftechnik ziehen. Eine weitere Studie kam zu dem Ergebnis, dass der Wurfwinkel bei 32 ° und der Anstellwinkel bei 17 ° liegen sollte. Die flache Lage des Speers würde mit Sicherheit den Luftwiderstand erhöhen, doch gleichzeitig könnte sie während der letzten Flugphase den Auftrieb erhöhen, sodass der Speer länger in der Luft bliebe.

Normalerweise kippt der anfangs schräg nach oben gehaltene Speer während des Fluges irgendwann mit der Spitze nach unten, sodass er sich bei der Landung meist in den Boden bohrt. Ursache für dieses Kippen sind die unterschiedlichen auf den Speer wirkenden Kräfte. Die den Speer nach unten ziehende Gewichtskraft greift im *Masseschwerpunkt* des Speers an. Der der Gewichtskraft entgegenwirkende Auftrieb greift hingegen am *Formschwerpunkt* (dem geometrischen Mittelpunkt) des Speers an, der etwas hinter dem Masseschwerpunkt liegt. Während des Fluges dreht der Auftrieb den Speer etwas um seinen Masseschwerpunkt, sodass sich die Spitze nach unten neigt. Nach dem Kippen liegt der Speer stromlinienförmiger in der Luft und erhält nicht mehr viel Auftrieb. Die Wurfweite ließe sich erhöhen, wenn man den Speer so auslegen würde, dass der Formschwerpunkt näher am Masseschwerpunkt liegt, da sich die Spitze dann nach dem Kippen weniger stark nach unten neigen würde und der Speer während des Sinkens mehr Auftrieb hätte.

2.128 Zwei flussaufwärts fahrende Boote

Warum werden zwei Boote, die nebeneinander flussaufwärts fahren, zueinander hingezogen?

Antwort
Wenn das Wasser in dem schmalen Bereich zwischen den beiden Booten eingesperrt ist, erhöht sich dessen Geschwindigkeit. Die einzige Möglichkeit, die für diese Geschwindigkeitserhöhung erforderliche Energie zu erhalten, besteht darin, sie aus der im Inneren gespeicherten Energie zu entnehmen, die mit dem Druck verbunden ist. Folglich sinkt der Wasserdruck zwischen den beiden Booten. Da gleichzeitig der Druck gegen die voneinander abgewandten Seiten der Boote konstant bleibt, werden die beiden Boote zueinander hingezogen.

2.129 Die Aerodynamik von Kabeln und Hochspannungsleitungen

Ein starker Windstoß kann jedes im Freien verlaufende Kabel und jede Hochspannungsleitung in die Richtung des Windes drücken. Aber warum oszillieren diese Leitungen manchmal senkrecht zu ihrer Längsachse und senkrecht zur Windrichtung? Unter bestimmten Umständen können diese Oszillationen Kurzschlüsse durch den Zusammenstoß benachbarter Leitungen verursachen, eine Leitung herunterziehen oder sogar einen Mast umwerfen. Letzteres ist vor allem dann zu befürchten, wenn die Leitung mit Eis bedeckt ist.

Von Kabelschwingungen wurde auch die Brücke *Le Pont de Normandie* geplagt, die, als sie 1995 eröffnet wurde, die längste Schrägseilbrücke der Welt war. Die Schwingungen der Seile an sich hätten die Brücke zwar nicht zum Einsturz bringen können, doch die Bewegung hätte zum raschen Verschleiß der Seile geführt, sodass man sie hätte vorzeitig ersetzen müssen. Deshalb wurde die Brücke durch verschiedene Maßnahmen (u. a. senkrecht verlaufende Sicherungsseile) gegen das Aufschaukeln bei starkem Wind gesichert.

Wodurch entstehen Kabelschwingungen?

Antwort
Wenn der Wind gegen ein Kabel bläst, kann die Strömung auf der Leeseite in Wirbel zerfallen. Für ein horizontal verlaufendes Kabel bilden sich die Wirbel abwechselnd an der Ober- und an der Unterseite des Kabels. Zwar bewegen sich diese Wirbel vom Kabel weg, doch sorgt ihre Bildung unmittelbar hinter dem Kabel für Variationen des Luftdrucks, die sich auf das Kabel auswirken. Dort, wo sich ein Wirbel befindet, wird der Luftdruck reduziert, und deshalb

treten an der Ober- und Unterseite des Kabels periodische Änderungen des Luftdrucks auf. Die Wirbel und die mit ihnen einhergehenden Luftdruckänderungen treten mit einer bestimmten Frequenz auf, die von der Windgeschwindigkeit und vom Kabeldurchmesser abhängt. Wenn diese Frequenz zufällig mit der Eigenfrequenz des Kabels zusammenfällt (Resonanz), beginnt sich das Kabel gefährlich aufzuschaukeln. Kabel von unterschiedlicher Länge oszillieren mit unterschiedlichen Frequenzen, doch wenn der Wind böig ist, kann es passieren, dass mehrere Resonanzfrequenzen angeregt werden.

Um das Problem bei der Le Pont de Normandie in den Griff zu bekommen, wurden von der Bauleitung Bergsteiger eingesetzt, die zu den Seilen hinaufklettern und sie durch Bänder verbinden sollten. Da benachbarte Bänder unterschiedlich lang sind, haben sie unterschiedliche Resonanzfrequenzen. Falls zwei Kabel mit verschiedenen Resonanzfrequenzen an geeigneten Punkten miteinander verbunden sind, werden die Oszillationen des einen Kabels durch die des anderen gedämpft.

2.130 Skimboarden

Skimboarden ist ein Wassersport, bei dem der Sportler versucht, auf einem kreisförmigen bis ovalen Brett stehend über sehr flaches Wasser (beispielsweise im Auslaufbereich der Brandung) zu gleiten. Mit etwas Glück und Übung kann man auf diese Weise bis zu 10 Meter zurücklegen. Woran liegt es, dass das Skimboard nicht sofort auf Grund läuft, wenn der Sportler es mit seinem Gewicht belastet?

Antwort

Das Wasser dient in diesem Fall nicht als Schmiermittel wie bei den Reifen eines Autos, das auf einer nassen Straße ausbricht. Vielmehr beruht das Skimboarden auf der Relativbewegung des Wassers, während das Skimboard über das Wasser gleitet.

Um sich auf einem Skimboard fortzubewegen, steht der Sportler so, dass die Vorderseite (die „Nase") des Brettes leicht nach oben zeigt. Das anströmende Wasser kollidiert dann mit der Unterseite des Bretts, wodurch dieses einen Auftrieb erhält und sich deshalb über dem Sand halten kann. Um allerdings die richtige Haltung auf dem Brett zu finden, bedarf es einiger Übung. Wenn die Nase des Bretts zu steil aus dem Wasser herausragt, ist ein zu geringer Teil der Unterseite dem anströmenden Wasser ausgesetzt, sodass der Auftrieb nicht ausreicht. Wenn das Brett zu flach auf dem Wasser liegt, reicht der Auftrieb ebenfalls nicht aus – in diesem Falle, weil das anströmende Wasser das Brett nicht heftig genug trifft. Falls die Nase des Brettes sich irgendwann nach unten neigt, ist die Fahrt selbstverständlich sofort beendet.

Der auf den Skimboarder wirkende Luftwiderstand kann signifikant sein; in jedem Falle ist er größer als der auf das Skimboard wirkende Widerstand des Wassers. Der Sportler kann daher seinen Ritt über das Wasser verlängern, wenn er sich hinhockt und den Querschnitt verkleinert, den er der anströmenden Luft bietet.

2.131 Ein Ballon in der Kurve

Warum bewegt sich ein heliumgefüllter Ballon in einem Auto mit geschlossenen Fenstern während einer Kurve nach oben? Bewegt er sich dabei gleichzeitig aus der Kurve heraus oder nach innen? Wenn es draußen kalt und deshalb die Autoheizung in Betrieb ist, verändert sich in einer Kurve die Verteilung der warmen Luft im Auto. Wie ändert sich die Verteilung und warum?

Antwort
Wenn das Auto eine scharfe Linkskurve fährt, haben Sie selbst das Gefühl, aus der Kurve – also nach rechts – getragen zu werden. Der Grund hierfür ist, dass sich Ihr Oberkörper aufgrund seiner Trägheit weiter nach rechts bewegen will, während Ihre untere Körperhälfte aufgrund der Reibung vom Autositz mit in die Linkskurve gezogen wird. Die Folge ist, dass Sie sich zur Außenseite der Kurve lehnen. Auch die Luft im Auto ist in einer Linkskurve trägheitsbedingt bestrebt, die ursprüngliche Bewegungsrichtung beizubehalten, doch durch die rechte Begrenzung des Autoinnenraums ist sie gezwungen, die Kurve mitzumachen. Infolgedessen verdichtet sich die Luft auf der rechten Seite des Autoinnenraums. Helium ist leichter als Luft und strömt deshalb aus dem Bereich dichter Luft in den Bereich mit weniger dichter Luft, also nach links und damit entgegengesetzt zu Ihrem Körper.

Warme Luft hat eine geringere Dichte als kalte, weshalb sie sich in einer Linkskurve ebenfalls nach links bewegt.

2.132 Reflexion von Wellen an einer Sandbank

Warum kann eine vollständig vom Wasser bedeckte Sandbank die auf den Strand zu laufenden Wellen reflektieren? Warum können bestimmte Konstellationen von Sandbänken (oder vollständig vom Wasser bedeckte künstliche Barrieren) die Wellen des Ozeans zu einem hohen Grad reflektieren?

Antwort
Wir sehen von einer Ozeanwelle nur denjenigen Teil, der sich nahe der Oberfläche bewegt, doch die Bewegung erstreckt sich oft bis weit unter die Oberfläche. Die einzelnen Wasserpartikel zirkulieren auf elliptischen Bahnen, die in parallel zur Ausbreitungsrichtung der Welle ausgerichteten Ebenen liegen. Eine Sandbank kann die Zirkulation blockieren, falls sie nicht zu tief unter der Wasseroberfläche liegt. Der größte Teil der Welle kann die Sandbank ungehindert passieren, doch ein Teil wird zurück in den Ozean reflektiert.

Eine wesentlich stärkere Reflexion (*Bragg-Reflexion* genannt) kann entstehen, wenn mehrere lange Sandbänke so angeordnet sind, dass sie ihre reflektierende Wirkung gegenseitig verstärken. Wenn die Wellen eine bevorzugte Wellenlänge haben und ihre Ausbreitungsrichtung senkrecht zu den Längsachsen der Sandbänke ist, kommt es zu einer Verstärkung der Reflexion, falls die Abstände zwischen den Sandbänken halb so groß sind wie die Wellenlänge. Angenommen, eine Welle wird an zwei aufeinanderfolgenden Sandbänken reflektiert. Jener Teil der Welle, der von der ersten Sandbank durchgelassen wird, wird teilweise an der zweiten Sandbank reflektiert und bewegt sich anschließend wieder auf die erste Sandbank zu, wo sie zum Teil durchgelassen wird. Wenn sie dort eintrifft, hat sie natürlich einen längeren Weg zurückgelegt als die vom Ozean her einlaufende Welle. Dieser zusätzliche Weg entspricht dem Doppelten der Entfernung zwischen den zwei Sandbänken, also gerade einer Wellenlänge. Damit ist sie phasengleich mit der einlaufenden Welle, die an der Sandbank reflektiert wird, sodass sich diese beiden, Richtung Ozean zurücklaufenden Wellen gegenseitig verstärken.

Wenn also mehrere, an verschiedenen Sandbänken reflektierte Wellen phasengleich sind, wird sie zu einem großen Teil reflektiert, und der auf den Strand auflaufende Teil der Welle ist entsprechend klein. Deshalb können Sandbänke zum Schutz von Stränden und strandnahen Bereichen beitragen. Falls anfangs nur eine oder zwei Sandbänke existieren, können die Wellen selbst die Bildung weiterer Sandbänke auf der strandwärtigen Seite der ursprünglichen Sandbank fördern, indem sie dort den von ihnen mitgeführten Sand ablagern. Wenn eine Anordnung von Sandbänken auf diese Weise entsteht, haben die einzelnen Bänke automatisch den für die Bragg-Reflexion notwendigen Abstand von einer halben Wellenlänge.

Unberücksichtigt bleibt bei dieser Argumentation allerdings die Tatsache, dass Wellen typischerweise mit einer Vielzahl unterschiedlicher Wellenlängen und aus unterschiedlichen Richtungen gegen den Strand laufen. Für viele dieser Wellen wird es daher nicht zu einer Bragg-Reflexion kommen.

2.133 Regen und Wellen

Ist an der alten Seefahrerweisheit, dass Regen die Wellen des Ozeans beruhigt, etwas dran?

Antwort

Diese Faustregel enthält tatsächlich einen wahren Kern, vorausgesetzt, der den Regen begleitende Wind ist nicht zu stark. Wenn ein Regentropfen auf der Wasseroberfläche auftrifft, kann er einen Wirbel nach unten aussenden, die Wasseroberfläche zum Oszillieren bringen oder bewirken, dass kleine Wassertröpfchen nach oben spritzen. Alle diese Aktivitäten machen die oberste Wasserschicht turbulent, was Wellen mit kürzeren Wellenlängen stört und abschwächt. Wenn der Regen, angetrieben durch starken Wind, sehr schräg fällt, können Regen und Wind zusammen die kurzwelligen Wellen verstärken.

2.134 Der Salzoszillator

Füllen Sie in ein durchsichtiges Trinkglas etwas Wasser. Stechen Sie ein Loch in den Boden eines Pappbechers und senken Sie den Pappbecher dann in das Glas, sodass er ein Stück ins Wasser eintaucht. Fixieren Sie den Becher in dieser Position (beispielsweise indem sie ihn mit Klebeband an zwei über den Glasrand gelegten Messern befestigen). Stellen Sie in einem weiteren Gefäß eine Mischung aus Salzwasser und Lebensmittelfarbe her und füllen Sie diese Mischung langsam in den Pappbecher, bis der Füllstand im Pappbecher etwas unter dem des (Süß-)Wassers im Glas ist. Nun werden Sie feststellen, dass ein Strahl gefärbten Salzwassers durch das Loch nach unten fließt. Doch bald darauf fließt ein Strahl Süßwasser durch das Loch nach oben in den Pappbecher. Dieser Wechsel zwischen abwärts und aufwärts gerichteten Strömungen wiederholt sich alle paar Minuten, eventuell über mehrere Stunden hinweg. Was treibt diesen sogenannten *Salzoszillator* an?

Antwort

Betrachten wir das Loch zunächst als ein kurzes, enges Rohr, das anfangs mit gefärbtem Salzwasser gefüllt ist (Abb. 2.38a). Nehmen wir an, dass die am Boden des Rohres befindliche Grenzfläche zwischen Süß- und Salzwasser im Gleichgewicht ist. Dies bedeutet, dass der Druck des Süßwassers unmittelbar unter der Grenzfläche genauso groß ist, wie der Druck des Salzwassers unmittelbar über der Grenzfläche. Da Salzwasser eine höhere Dichte hat als Süßwasser, folgt aus dieser Gleichgewichtsbedingung, dass die Höhe der Wassersäule über der Grenzfläche für Salzwasser geringer sein muss als für Süßwasser.

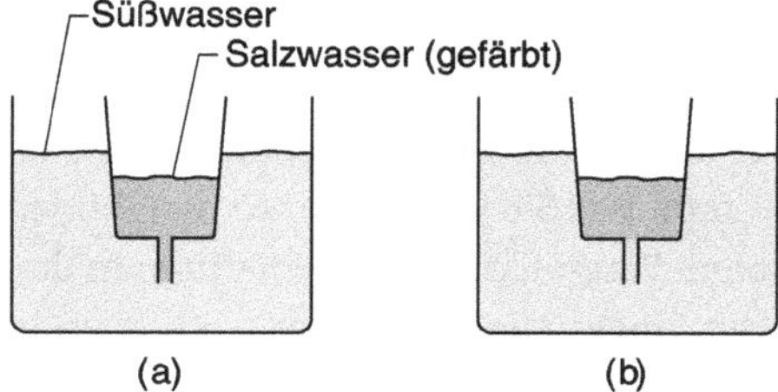

Abb. 2.38: (a) Süßwasser wird nach oben in das enge Rohr gedrückt. (b) Gefärbtes Salzwasser wird nach unten in das Rohr gedrückt.

Mit dieser Anordnung befindet sich das System zwar im Gleichgewicht, doch dieses Gleichgewicht ist instabil gegenüber unvermeidlichen, zufälligen Störungen. Angenommen, eine solche Störung bewirkt, dass eine *kleine* Menge Süßwasser in das Rohr fließt. Da das Rohr sehr eng ist, ändert sich die Höhe der Flüssigkeit im Pappbecher dadurch nicht merklich. Was sich jedoch ändert, ist der Druck, da ein Teil des Rohres nun mit leichterem Süßwasser gefüllt ist. Damit ist der Druck unmittelbar über der Grenzfläche nun kleiner als zuvor. Die Folge ist, dass noch mehr Süßwasser in das Rohr gedrückt wird. Dieser Vorgang hält so lange an, bis die Wasserhöhe im Pappbecher so weit gestiegen ist, dass sich das Gleichgewicht an der Grenzfläche wieder eingestellt hat. Ist dieser Zustand erreicht, dann hat sich das Rohr wieder vollständig mit Süßwasser gefüllt (Abb. 2.38b).

Auch in diesem Zustand ist das Gleichgewicht an der Grenzfläche instabil. Wenn durch eine zufällige Störung eine kleine Menge Salzwasser nach unten in das Rohr fließt, wird wegen des größeren Gewichts im Rohr Wasser aus dem Ende des Rohrs herausgedrückt, wodurch noch mehr Salzwasser von oben in das Rohr hineinfließt. Schließlich ist wieder der ursprüngliche Zustand erreicht, in dem das Rohr vollständig mit Salzwasser gefüllt ist. Dieser Zyklus wiederholt sich viele Male.

Tatsächlich hat der Pappbecher natürlich kein Rohr an seiner Unterseite, doch wir können das Loch in seinem Boden wie ein kurzes Rohr behandeln. Allerdings ist in diesem Fall das Eindringen einer Flüssigkeit in die andere kein allmählicher Vorgang mehr, sondern erfolgt nahezu instantan.

Galilei hat einen ähnlichen Versuch beschrieben: Eine Kugel wird mit einem kleinen Loch versehen, durch das Wasser in die Kugel gefüllt wird. Dann wird die Kugel mit der Öffnung nach unten in ein Glas mit Rotwein gelegt. Daraufhin strömt Wein in das Wasser, bis die Kugel mit Wein und das Glas mit Wasser gefüllt ist. Obwohl Galilei nichts von Oszillationen erwähnte, können wir vermuten, dass sie auch bei diesem Versuch auftraten.

2.135 Salzfinger und Salzfontänen

Sogenannte *Salzfinger* können Sie folgendermaßen erzeugen: Füllen Sie in ein Gefäß zunächst etwas kaltes Süßwasser und gießen Sie dann vorsichtig warmes, leicht salziges und durch Lebensmittelfarbe besser sichtbar gemachtes Wasser hinzu. Achten Sie darauf, dass die mit dem Hinzugießen verbundenen Störungen so gering wie möglich ausfallen, was Sie beispielsweise mit einer sehr kleinen Gießhöhe erreichen oder indem Sie das Salzwasser auf einen auf dem Süßwasser schwimmenden Gegenstand gießen. Das oberflächennahe Wasser ist leichter als das Wasser am Boden – es enthält zwar Salz, aber wegen der höheren Temperatur ist seine Dichte geringer als die des Süßwassers am Boden. Die Konstellation mit dem leichteren Wasser an der Oberfläche sollte also stabil sein. Wie Sie feststellen werden, bilden sich jedoch nach ein paar Minuten *Finger* aus gefärbtem Wasser, die sich nach unten in den Bereich des Süßwassers erstrecken; gleichzeitig ragen Finger aus Süßwasser nach oben in den Bereich des gefärbten Salzwassers hinein (Abb. 2.39a). Warum ist die Schichtung aus Salz- und Süßwasser offensichtlich doch instabil?

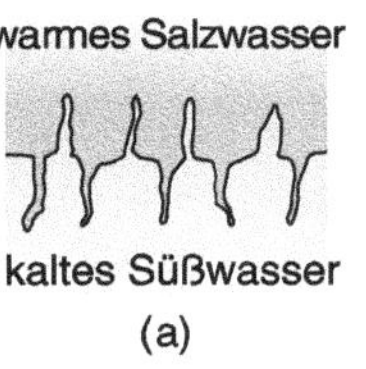

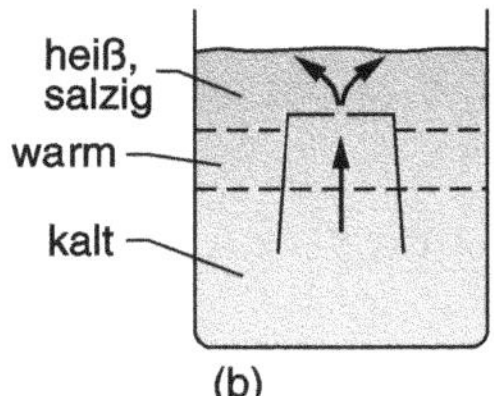

Abb. 2.39: (a) Zwischen dem warmen Salzwasser und dem kalten Süßwasser erstrecken sich dünne Finger. (b) Das Prinzip einer Salzfontäne.

Eine *Salzfontäne* entsteht wie folgt: Füllen Sie in ein Gefäß etwas kaltes Süßwasser. Stechen Sie ein Loch in den Boden eines Pappbechers und versenken Sie diesen verkehrt herum im Wasser (Abb. 2.39b). Gießen Sie dann eine Schicht warmes Wasser zu dem bereits im Gefäß enthaltenen Wasser hinzu, bis aus dem Loch im Becher Wasser auszutreten beginnt. Fügen Sie nun eine Schicht heißes Salzwasser hinzu und tröpfeln Sie zum Schluss noch etwas Lebensmittelfarbe in die Nähe des Loches, um die Strömungsverhältnisse sichtbar zu machen. Warum tritt aus dem Loch kontinuierlich Wasser aus? Theoretisch ließe sich nach diesem Prinzip im Meer eine sich selbst erhaltende Salzfontäne errichten, aus der, wenn sie einmal in

Gang gesetzt wurde, kontinuierlich Wasser durch ein langes Rohr fließt, das sich vom kälteren und weniger salzigen Wasser am Meeresgrund bis in den wärmeren und salzigeren Bereich des Oberflächenwassers erstreckt.

Antwort
Die Schichtung aus warmem Salzwasser über kälterem Süßwasser ist aus zwei Gründen instabil: (1) Die thermische Energie des warmen Wassers wird über die Grenzfläche relativ schnell an das kalte Wasser abgegeben. (2) Durch zufällige Störungen werden entlang der Grenzfläche kleine Wellen ausgesendet. Bestimmte Wellen werden verstärkt, woraus sich die Finger entwickeln.

Um den Mechanismus dieser Instabilität besser zu verstehen, wollen wir uns nun eine dieser kleinen Wellen genauer ansehen. Ein Wellenberg entspricht einem Ausläufer von kaltem Süßwasser nach oben in den Bereich des warmen Salzwassers, und ein Wellental einem Ausläufer von warmem Salzwasser nach unten in das kalte Süßwasser. Damit diese Variationen im Verlauf der Grenzfläche nicht wieder ausgeglichen werden, muss thermische Energie von den nach unten gerichteten Salzwasserausstülpungen (warm) in die nach oben gerichteten Süßwasserausstülpungen (kalt) fließen. Wenn sich ein nach oben gerichteter Ausläufer erwärmt, wird das in ihm enthaltene Wasser leichter, sodass sich dieser Ausläufer noch weiter nach oben ausdehnt. Und wenn sich ein nach unten gerichteter Ausläufer abkühlt, wird das Wasser schwerer und sinkt noch weiter nach unten. Die Ausläufer wachsen also wegen des Austauschs thermischer Energie, und aus der kleinen, zufälligen Störung bilden sich die zu beobachtenden Finger.

Eine ähnliche Strukturbildung tritt auf, wenn eine eingefärbte Zuckerlösung mit geringerer Dichte über einer Salzlösung mit höherer Dichte liegt. Sowohl der Zucker als auch das Salz diffundieren durch die Grenzfläche zwischen den beiden Schichten, das Salz allerdings schneller. Man sollte meinen, dass die durch zufällige Störungen verursachten Ausläufer schnell wieder ausgeglichen werden. Dies passiert jedoch nicht, weil die Diffusion von Salz aus den nach oben gerichteten Ausläufern heraus in die nach unten gerichteten Ausläufer hinein dazu führt, dass sich die Ausläufer zu Fingern auswachsen.

Bei der Anordnung für die Erzeugung einer Salzfontäne erwärmt sich das kalte Wasser während seiner Aufwärtsbewegung durch den Becher, weil sich außen an der Becherwand warmes Wasser befindet. Das nach oben strömende Wasser wird also leichter und setzt daher seine Aufwärtsbewegung fort. Wenn es das Loch erreicht, ist es viel leichter als das umgebende Salzwasser, sodass es aus dem Loch austritt. Ein ähnlicher Prozess würde in einer hypothetischen Salzwasserfontäne im Meer ablaufen: Nachdem die Strömung einmal in Gang gekommen ist, würde das Wasser, das durch das Rohr nach oben strömt, von dem anhaltend wärmeren Wasser außerhalb des Rohrs erwärmt. Das Wasser innerhalb des Rohrs würde also leichter, und weil es kein Salz durch die Wand des Rohrs aufnehmen kann, würde es auch leichter als das Wasser außerhalb des Rohrs. Aus diesem Grund strömt es fortwährend durch das Rohr nach oben.

2.136 Wassertransport in hohen Bäumen

Welcher Mechanismus ermöglicht in Bäumen (insbesondere bei sehr hochgewachsenen Arten wie dem Mammutbaum) den Transport von Wasser zu den Blättern?

Antwort
Diese scheinbar so einfache Frage wird auch heute noch kontrovers diskutiert. Die allgemein akzeptierte Erklärung (die *Kohäsionstheorie*) basiert darauf, dass durch die Verdunstung über die Blattoberflächen der Druck in der von den Wurzeln zu den Blättern reichenden Wassersäule verringert wird. In der Wassersäule entsteht ein *Unterdruck*, der das Wasser unter Spannung nach oben zieht. Wasser kann natürlich unter Druck stehen, aber die Vorstellung, dass es unter Spannung stehen könnte, wurde lange Zeit in Frage gestellt, da die Kohäsion des Wassers nicht als ausreichend angesehen wurde, dieser Spannung zu widerstehen. Innerhalb der Kapillaren des Baumes scheint es jedoch diese Spannung und den Unterdruck zu geben. Vereinfacht gesagt wird, wenn ein Wassermolekül über eine Blattoberfläche verdampft, von den Wurzeln ein anderes Wassermolekül in den Baum gezogen.

Die Zweifel an dieser einfachen Erklärung sind jedoch nicht ausgeräumt. Bei manchen Pflanzen wird das Wasser etappenweise nach oben befördert, ähnlich wie ein Schiff in einem Kanal geschleust wird. Auch Umweltbedingungen wie Trockenzeiten können die Art und Weise des Wassertransports beeinflussen.

2.137 Windgetriebene Musterbildung auf einem Gewässer

Wenn ein mäßig starker Wind über ein Gewässer weht, bilden sich auf der Wasseroberfläche manchmal parallele Linien aus Schaumblasen, Seetang und anderen kleinen, schwimmenden Objekten. Welcher Mechanismus sorgt für die Entstehung dieser Linien?

Antwort
Innerhalb eines bestimmten Bereichs der Windgeschwindigkeit entstehen in der obersten Wasserschicht langgestreckte, horizontale Zirkulationszellen (Rollen). Diese Zirkulation wird nach ihrem Entdecker, dem amerikanischen Physiker Irving Langmuir als *Langmuir-Zirkulation* bezeichnet. Langmuir hatte auf einer Reise über den Atlantik Linien aus Seetang beobachtet. Die Zirkulation verursacht eine schraubenförmige Bewegung des Wassers in die vorherrschende Windrichtung. Zwei benachbarte Rollen zirkulieren immer entgegengesetzt zueinander. Angenommen, Sie blicken entlang einer Rolle, die im Uhrzeigersinn zirkuliert. Dann zirkuliert das Wasser in den beiden Rollen links und rechts neben dieser Rolle entgegen dem Uhrzeigersinn (Abb. 2.40). Dies bedeutet, dass am rechten Rand der betrachteten Rolle die Strömungen dieser Rolle und die der benachbarten Rolle ineinanderlaufen. Dagegen läuft die Strömung am linken Rand der betrachteten Rolle in die entgegengesetzte Richtung der Strömung der linken Nachbarrolle. Schwimmende Objekte sammeln sich also entlang einer Linie zwischen der mittleren und der rechten Rolle. Durch diesen Mechanismus bilden sich auf der Wasseroberfläche viele parallele Linien, deren Abstand doppelt so groß ist wie die

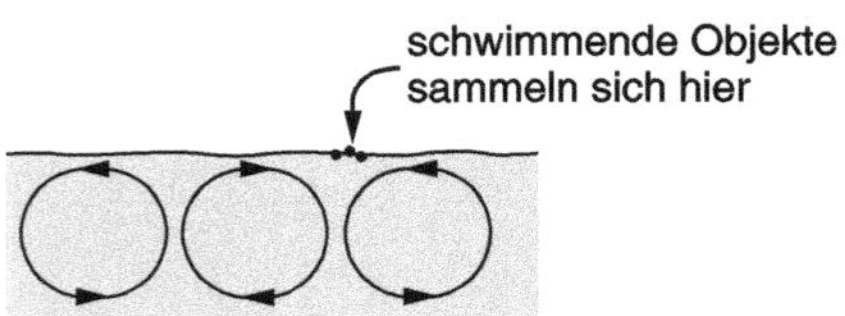

Abb. 2.40: Zirkulationszellen im Wasser fangen auf dem Wasser schwimmende Objekte ein.

Breite einer Rolle. Wenn auf dem Wasser keine Objekte schwimmen, können Sie die Struktur eventuell trotzdem erkennen, weil die Rollen dünne Filme zusammenschieben, die das Wasser anders reflektieren als die nicht von einem Film bedeckten Teile der Wasseroberfläche.

2.138 Wolkenstraßen und Brandstreifen

Warum sind Wolken manchmal in langen, schmalen Streifen („Wolkenstraßen") angeordnet? Vom Boden aus sind diese Muster oft nur schwer zu erkennen, doch auf Satellitenaufnahmen kann ein solches Streifenmuster derart regulär aussehen, dass es geradezu künstlich wirkt.

Antwort

Die großräumigen Luftströmungen in der unteren Erdatmosphäre führen häufig zur Ausbildung langgestreckter, paralleler Wirbel (Rollen), die in der vorherrschenden Windrichtung verlaufen. Wenn Ihre Blickrichtung gleich der Windrichtung ist, werden Sie feststellen, dass die Luft innerhalb einer Rolle schraubenförmig zirkuliert. Benachbarte Rollen haben wie die in Abb. 2.40 skizzierten Zellen den entgegengesetzten Drehsinn. Wolken bilden sich vorzugsweise dort, wo die Strömung zweier benachbarter Rollen nach oben gerichtet ist. Auf diese Weise können sich entlang der Linien zwischen zwei benachbarten Rollen Wolkenstreifen bilden, wobei der Abstand zwischen zwei Streifen der doppelten Breite einer Rolle entspricht.

Auch wenn der Wind über einen Waldbrand fegt, können sich ähnliche horizontale Rollen ausbilden, und die Zirkulation benachbarter Rollen kann das Muster eines Brandes beeinflussen. Dort, wo die Strömung zweier benachbarter Rollen nach unten gerichtet ist, werden die Bäume mit hoher Wahrscheinlichkeit verbrennen. Bei gleichmäßig wehendem Wind kann ein Waldbrand also in parallelen Streifen durch den Wald walzen und dabei zwischen den stark verbrannten Streifen Bereiche zurücklassen, in denen das Holz nicht verbrannt ist.

2.139 M&M's

Angenommen, Sie füllen ein Glas mit kugelförmigen Zuckerperlen und ein zweites mit M&M's (diese sind nicht kugelförmig, sondern haben die Form von Ellipsoiden). Beide Süßigkeiten sollen die gleiche Dichte haben. Welches Glas wiegt am Ende mehr?

Antwort

Das Glas mit den M&M's ist schwerer, weil die zwischen ihnen verbleibenden Zwischenräume bei maximaler Packungsdichte ein geringeres Volumen einnehmen als bei einer dichtesten Kugelpackung.

2.140 Äpfel stapeln

Wo ist bei einer Pyramide aus Äpfeln oder einem Sandhügel die auf den Untergrund wirkende Kraft am größten?

Antwort

Würden Sie eine Pyramide aus Objekten so bauen, dass alle Objekte (der Einfachheit halber Quader) in ordentlichen Säulen übereinander liegen, sodass also kein Quader gleichzeitig auf zwei Säulen ruht, wäre die Antwort ganz einfach: Die stärkste Kraft wirkt dort auf den Boden, wo die höchste Säule steht, also in der Mitte der Pyramide, und die Kraft wird umso schwächer, je weiter eine Säule von der Mitte entfernt ist.

Wenn Sie jedoch Äpfel, Sandkörner oder unregelmäßig geformte Objekte stapeln, besteht der Haufen nicht aus Säulen; vielmehr ruht jedes Objekt typischerweise auf mehreren anderen Objekten. Durch diese Anordnung verschiebt sich die ein Objekt stützende Kraft zur Seite des Haufens. Experimente haben ergeben, dass die maximale Kraft entlang eines Ringes wirkt, der zwischen dem Mittelpunkt und dem Rand des Haufens liegt.

2.141 Chladnische Klangfiguren

Chladnische Klangfiguren sind Muster, die entstehen, wenn man Sandkörner auf eine horizontal ausgerichtete Metallplatte streut und diese Platte in mehr oder weniger gleichmäßige Schwingungen versetzt. Dies erreicht man zum Beispiel, indem man mit einem Geigenbogen am Rand der Platte entlangstreicht oder die Platte auf eine Lautsprecherbox stellt, die von einem Oszillographen angetrieben wird. Wodurch entstehen die Muster? Wenn man den Sand durch feinen Staub (beispielsweise Kreidestaub) ersetzt, können andere Muster erscheinen. Woran liegt das? Warum kommt es zur Entmischung, wenn man eine Mischung aus Sand und Staub verwendet?

Verteilen Sie einen feinen Puder in einer möglichst gleichmäßigen Schicht auf einer horizontalen Glasplatte und schlagen Sie mit einer Frequenz von etwa einem Schlag pro Minute mit einem Plastikstab gegen den Rand der Platte. Warum ordnet sich der Puder nach etwa 20 Schlägen in kleinen, kegelförmigen Häufchen an?

Antwort

An bestimmten Punkten (den *Schwingungsbäuchen*) schwingt die Metallplatte mit maximaler Amplitude, während sie an bestimmten anderen Punkten (den *Schwingungsknoten*) überhaupt nicht schwingt. Die Schwingungsbäuche können aneinander angrenzen und auf der Platte Linien bilden; und auch die Schwingungsknoten formieren sich zu Linien. Alle Sandkörner, die anfangs an einem Schwingungsbauch liegen, werden durch die starke Schwingung in die Luft geworfen (also weg von den Linien der Schwingungsbäuche). Schließlich sammeln sich die Sandkörner entlang der Knotenlinien. Auf diese Weise machen sie den Verlauf der Knotenlinien sichtbar und bilden eine Chladnische Klangfigur. Welche der theoretisch möglichen Klangfiguren erscheint, hängt von der Form der Platte ab, sowie davon, wo die Platte während des Experiments festgehalten wird (denn dort, wo die Platte fest eingespannt ist, wird jegliche Schwingung verhindert).

Weil Staub leichter ist als Sand, wird er von Luftströmungen über der Platte beeinflusst, die durch die Schwingungen der Platte angeregt werden. Unmittelbar über der Platte strömt die Luft von den Schwingungsknoten zu benachbarten Schwingungsbäuchen und von dort nach oben, d. h. von der Platte weg. Die Luftströmung versucht also, den Staub von den Knoten zu den Bäuchen zu tragen und lagert ihn dort ab, wenn sie sich von dort aus nach oben bewegt.

Chladnische Klangfiguren werden unter anderem bei der kriminaltechnischen Analyse von Rauchmeldern angewendet. Bei bestimmten Arten von Schwelbränden neigen die Rußteilchen dazu, sich entlang der Knotenlinien der vibrierenden Teile des Rauchmelders zu sammeln, während dieser sein Warnsignal von sich gibt. Falls man solche Rußablagerungen nicht findet, weiß man, dass der Rauchmelder nicht in Aktion getreten ist.

Wenn man gegen eine Platte mit feinem Staub schlägt, verursacht man dadurch kurze vertikale Schwingungen der Platte, durch die der Staub in die Luft geschleudert und gleichzeitig die darüber befindliche Luft in Bewegung versetzt wird. Angenommen, es sammelt sich etwas mehr Staub innerhalb der kleinen Fläche A als in der Umgebung dieser Fläche. Der zusätzliche Staub in A kann die Schwingungen der Platte und die Luftströmung so modifizieren, dass der Staub in der Umgebung von A tendenziell näher bei A landet, nachdem er in die Luft geschleudert wurde. Wenn ein Staubkorn an einer bereits mit Staub bedeckten Stelle landet, bleibt es mit großer Wahrscheinlichkeit dort kleben; landet es dagegen an einer freien Stelle, bleibt es nicht kleben. Die Folge ist, dass die Fläche A so lange wächst, bis sie den gesamten Staub in ihrer Umgebung aufgenommen hat. Dieser Prozess läuft gleichzeitig an mehreren Stellen der Platte ab, wobei die Abstände zwischen den einzelnen Häufchen in etwa gleich sind.

2.142 Hydraulischer Oszillator

Abbildung 2.41 zeigt ein mit Wasser gefülltes U-Rohr mit zwei weiten Öffnungen. Das untere Stück des U-Rohrs wird in der Mitte erwärmt, während die beiden oberen Bereiche gekühlt werden. Das gesamte System ist also vollständig symmetrisch. Durch das Erwärmen und Kühlen beginnt das Wasser zwischen dem linken und dem rechten Arm des U-Rohrs zu oszillieren. Was ist die Ursache hierfür?

Antwort

Infolge der Erwärmung sinkt die Dichte des Wassers, und deshalb hat das warme Wasser das Bestreben aufzusteigen. Durch das Kühlen erhöht sich die Dichte, weshalb das kühle Wasser bestrebt ist, nach unten zu sinken. Im Prinzip ist das System anfangs völlig symmetrisch, doch kleine, zufällige Störungen brechen diese Symmetrie und bewirken, dass in einen der beiden Arme etwas mehr Wasser fließt als in den anderen. Nehmen wir nun an, infolge einer zufälligen Störung fließt warmes Wasser hoch in den rechten Arm. Aufgrund dieser Bewegung sinkt im linken Arm kaltes Wasser nach unten. Die Wassersäule auf der rechten Seite hat dann eine geringere Dichte als die Wassersäule auf der linken Seite, und dieser Dichteunterschied treibt noch mehr warmes Wasser den rechten Arm nach oben, wodurch auf der linken Seite noch mehr Wasser nach unten sinken kann.

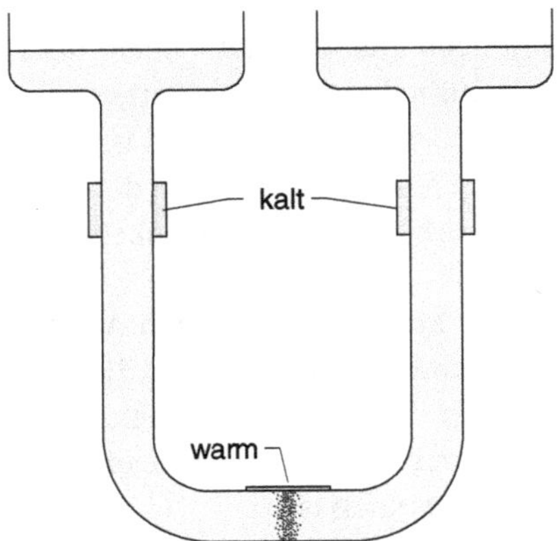

Abb. 2.41: Das Wasser oszilliert zwischen dem linken und dem rechten Arm des U-Rohrs.

Schließlich ist die Wassersäule im rechten Arm so viel höher als im linken Arm, dass sich die Bewegung verlangsamt, zum Stillstand kommt und dann umkehrt. Anschließend wiederholt sich der Zyklus.

2.143 Wie sich Ölklumpen durch Glyzerin bewegen

Füllen Sie einen Behälter fast vollständig mit Glyzerin und den verbleibenden Rest mit einem Schmieröl, das leichter ist und eine geringere Dichte hat als Glyzerin. Lassen Sie den Behälter über Nacht ungestört stehen, damit die möglicherweise enthaltenen Luftblasen entweichen können. Verschließen Sie dann den Behälter und drehen Sie ihn um. Wie kommt es, dass sich am Boden (der vorher die Oberseite war) Ölklumpen bilden, die in einem ziemlich regulären Muster angeordnet sind, und dann in Strömen nach oben steigen? Dieser Mechanismus ist die Grundlage für Dekorationsobjekte wie etwa Lavalampen, in denen eine Flüssigkeit Klumpen bildet, die in einer anderen Flüssigkeit aufsteigen, ohne sich zu vermischen.

Antwort

Die ursprüngliche Anordnung ist stabil, d. h., das Öl schwimmt auf dem Glyzerin. Die umgekehrte Anordnung ist dagegen instabil und ein Beispiel für die sogenannte *Rayleigh-Taylor-Instabilität*. Zufällige Störungen, beispielsweise solche, die durch das Umdrehen selbst verursacht werden, senden Wellen über die Öl-Glyzerin-Grenzfläche. Eine dieser Wellen wächst schneller als die anderen und dominiert daher das entstehende Muster. An den Wellenbergen ragt Öl in den Bereich des Glyzerins hinauf, und an den Wellenbergen ragt Glyzerin in den Bereich des Öls hinab. Die nach oben gerichteten Ausläufer formen sich zu aufsteigenden Klumpen um, die von Öl genährt werden, das unter den nach unten gerichteten Ausläufern entlangströmt. An den relativ regulären Abständen der über den Boden des Behälters verteilten Klumpen lässt sich die Wellenlänge der dominierenden Welle ablesen.

Ein ähnlicher Versuch ist der folgende: Lassen Sie ein Gefäß mit Maissirup über Nacht ruhen. Richten Sie ein kleines Röhrchen so aus, dass es dicht über dem Boden des Gefäßes eine Mischung aus Maissirup und Wasser freigibt. Wenn die Mischung aus dem Röhrchen austritt, bildet sie Klumpen. Da die Mischung aus Wasser und Sirup leichter ist als Sirup, steigt der

Klumpen nach oben. Während seines Aufsteigens zieht er einen Schweif hinter sich her. Dieser Schweif dient als Leitungsrohr für neue Klumpen, die am Röhrchen freigegeben werden.

2.144 Schwebende Bälle

Um die Aufmerksamkeit von Kunden zu gewinnen, nutzen manche Kaufhäuser Installationen, bei denen ein Ball von einem Luftstrahl getragen wird. Wenn der Luftstrahl senkrecht nach oben gerichtet ist, überrascht es nicht, dass er den Ball in der Luft halten kann, denn wenn er stark genug ist, kann er natürlich die auf den Ball wirkende Schwerkraft ausbalancieren. Wirklich interessant wird es, wenn der Luftstrahl einen 45 °-Winkel mit der Vertikalen bildet. Wie ist es möglich, dass ein solcher Strahl den Ball trägt? Wenn Sie dem Ball einen ordentlichen Schlag versetzen, sodass er leicht aus dem Strahl verschoben wird, kehrt er in diesen zurück. Was treibt ihn dazu?

Antwort

Dass der Ball von dem Luftstrahl getragen wird und diese Lage stabil ist, beruht wesentlich darauf, dass er selbst den Luftstrahl ablenkt. Wenn sich der Ball ruckartig nach unten bewegt und von dem ihn tragenden Strahl zu kippen droht, strömt die Luft des Strahls über die Oberseite des Balls und an der Seite entlang nach unten, wo er sich ablöst und dann schräg nach unten verläuft. Da der Strahl nach unten gelenkt wird, wird der Ball nach oben und damit zurück in den Strahl getrieben. Egal, in welcher Richtung der Ball den Strahl zu verlassen sucht, immer wird er den Strahl in eben diese Richtung ablenken, und diese Ablenkung treibt ihn wieder in den Strahl zurück.

Auch ein senkrecht nach oben gerichteter Wasserstrahl kann einen Ball tragen. Auch wenn der Ball abzukippen und den Strahl zu verlassen droht, wird er immer wieder in den Strahl zurückkehren.

Ich besaß einmal ein Spielzeug, das im Wesentlichen aus einem U-Rohr aus Plastik bestand. In einem der beiden Enden steckte ein dünnes Röhrchen. Wenn man in dieses Röhrchen blies, konnte man einen leichten Ball auf einem Luftstrahl nach oben heben und Luft durch den Rest des U-Rohrs ziehen. Wenn der Ball nach oben stieg, kam er an dem anderen offenen Ende des U's vorbei und wurde dort durch die Luftzirkulation eingesogen. Ziel war es, den Ball durch einen einzigen kräftigen Luftstoß in das dünne Röhrchen so viele Runden wie möglich durch das U-Rohr zurücklegen zu lassen.

2.145 Der Flettner-Rotor

Im Jahre 1925 überquerte ein von dem deutschen Ingenieur Anton Flettner konstruiertes Schiff den Atlantik, das nicht von einer normalen, in das Wasser hineinragenden Schiffsschraube angetrieben wurde, sondern von zwei langen, rotierenden Zylindern, die in die Luft ragten. Wie ist es möglich, dass rotierende Zylinder das Schiff durch das Wasser vorantreiben?

Antwort

Die Zylinder wurden durch den Wind angetrieben, jedoch anders als bei einem Segel. Wenn sich der Zylinder nicht bewegt, strömt die Luft symmetrisch an den beiden Seiten des Zylinders entlang. An der Rückseite des Zylinders löst sie sich von diesem ab und zerfällt in Wirbel. Bei dieser Konstellation wirkt eine Schubkraft auf den Zylinder, weil der Druck auf der windzugewandten Seite größer ist als auf der windabgewandten Seite (denn Wirbel besitzen einen geringeren Druck).

Wesentlich größer ist die auf den Zylinder wirkende Schubkraft, wenn dieser rotiert. Auf der sich in Windrichtung drehenden Seite bleibt die Luft länger am Zylinder haften als in der statischen Konstellation; auf der anderen Seite bleibt sie dagegen kürzer haften. Beides zusammen führt dazu, dass der Luftstrom durch den rotierenden Zylinder abgelenkt wird. Da nun der Luftstrom in eine Richtung getrieben wird, wird der Zylinder (und damit das Schiff) in die andere Richtung getrieben.

Auf diese Weise kann ein Schiff zumindest prinzipiell per Windantrieb im Wasser vorankommen. In der Praxis muss die Reise über den Atlantik allerdings schrecklich gewesen sein; es brauchte viel Geduld, um die Ausrichtung des Schiffs im Wind zu justieren und es in einem Zickzack-Kurs voranzubringen.

2.146 Die Straßen von Gibraltar, Messina und Sizilien

Wenn ein Schiff in einer bestimmten Fahrrinne durch die Straße von Gibraltar einfährt, kann es passieren, dass es sich spontan um die vertikale Achse dreht oder sich auf die Seite legt. Was ist die Ursache hierfür? Die Straße von Messina, die Sizilien vom italienischen Festland trennt, ist seit der Antike für ihre tückischen Strömungsverhältnisse bekannt. Homer beispielsweise brachte das unvorhersagbare Verhalten des Wassers mit dem Wüten von Skylla und Charybdis in Zusammenhang. Das Westende der Insel ist von Tunesien durch die Straße von Sizilien getrennt. Dort brechen oft hohe Wellen auf den Fischereihafen Mazera del Vallo herein. Was ist der Grund für das ungewöhnliche Verhalten des Meeres in diesen Gebieten?

Antwort

In der Straße von Gibraltar beruht das ungewöhnliche Verhalten auf *internen Wellen*, die innerhalb der Gezeitenströme durch die Meerengen erzeugt werden. Die Wellen entstehen, weil das Wasser des Mittelmeers salziger ist und damit eine höhere Dichte hat als das des Atlantiks. (Ursache ist die stärkere Verdunstung aus dem Mittelmeer.) Wenn das dichtere Wasser des Mittelmeers durch die Straße von Gibraltar in den Atlantik strömt, muss es über eine *Schwelle* fließen, wodurch es über dem (leichteren) Atlantikwasser zu liegen kommt. Dies ist eine instabile Situation, die zur Entstehung von Wellen führt. Die Wellen sind auf der Oberfläche nur als Bänder von kabbeligem Wasser zu sehen, doch die Bewegung des Wassers in der Tiefe kann durchaus Schiffe zum Kentern bringen.

Interne Wellen sind auch für die tückischen Strömungen in der Straße von Messina verantwortlich. Dort trennt eine Schwelle das dichtere, salzigere Wasser des Ionischen Meeres südlich der Schwelle von dem leichteren und weniger salzigen Wasser des Tyrrhenischen

Meeres im Norden. Allgemein sind die Gezeitenschwankungen im Mittelmeer nur gering (wenige Zentimeter), doch die Gezeiten der beiden Meere, die sich an der Schwelle treffen, sind gegeneinander phasenverschoben. Wenn daher in einem Teil Hochwasser und in dem anderen Niedrigwasser herrscht, fließt Wasser über die Schwelle. Wegen des Dichteunterschieds erzeugt diese Strömung interne Wellen. Auf der Oberfläche zeigen sich die Wellen als Bänder, in denen das Wasser stark gekräuselt ist, so als würde es von starken Böen gepeitscht. Das Übel, das die Fischerboote plagte, waren also nicht die Homerschen Monster, sondern interne Wellen.

Ursache für das ungewöhnliche Verhalten des Meeres in der Straße von Sizilien sind Resonanzschwingungen. Die Amplituden dieser Schwingungen werden manchmal so groß, dass riesige Flutwellen in den Meeresarm laufen.

2.147 Granulatspritzer

Wenn ein schwerer, unelastischer Ball in ein Bett aus wesentlich kleineren, unelastischen Bällen fällt, kann der Aufprall bewirken, dass ein gewaltiger, dünner Strahl kleiner Bälle nach oben geschickt wird. Was ist die Ursache hierfür?

Antwort

Wenn sich der schwere Ball in das Bett aus kleinen Bällen gräbt, erzeugt er einen zylindrischen Hohlraum. Die Bälle, die dabei aus dem Weg geräumt werden, bilden um den Hohlraum herum einen Spritzer. Wenn der Hohlraum einstürzt und dabei die Bälle wieder in diesen hineingezogen werden, kollidieren sie miteinander, werden nach oben abgelenkt und bilden einen Strahl.

2.148 Linien auf fließendem Wasser

Bei günstigen Lichtverhältnissen können Sie auf der Wasseroberfläche eines langsam fließenden Baches eine haarfeine Linie erkennen. Wodurch entsteht diese Linie? (Generell muss die Sonne tief stehen, damit Sie die Linie sehen können, aber selbst dann werden Sie verschiedene Blickwinkel ausprobieren müssen.)

Antwort

Die meisten Flüsse und Bäche führen auf ihrer Oberfläche verschiedene Verunreinigungen mit sich, sei es aufgrund von Umweltverschmutzungen oder von natürlichen Prozessen. Die Schichten sind gewöhnlich zu dünn, als dass Sie sie sehen könnten. Manchmal bestehen sie nur aus einer einzigen Molekülschicht und werden dann als *Monolayer* bezeichnet.

Wenn das sich langsam bewegende Wasser auf einen Monolayer trifft, staut sich das anströmende Wasser und bildet einen sehr kleinen Wall, bevor es sich unter die Schicht zu bewegen vermag. Bei günstigen Lichtverhältnissen können Sie diesen Wall (oder die Linie) sehen, weil sie sich von dem sich bewegenden Wasser auf der einen Seite und dem ruhenden Wasser auf der anderen Seite abhebt. Dieser Effekt wurde unter anderem von Osborne Reynolds, Benjamin Franklin und Henry David Thoreau untersucht. Auch auf Teichen und anderen stehenden Gewässern ist der Effekt zu beobachten, wenn ein mäßiger Wind sauberes Wasser gegen eine verunreinigte Schicht bläst.

2.149 Mäandernde dünne Ströme

Wenn ein dünner Wasserstrom an einer glatten Glasplatte, die um weniger als 30 ° geneigt ist, nach unten läuft, dann ist dieser Strom geradlinig. Ist die Neigung größer als 30 °, kann der Strom immer noch geradlinig sein, doch ebenso ist es möglich, dass er mäandert, wobei der Mäander zeitlich konstant oder variabel sein kann (Abb. 2.42a). Was verursacht die Richtungswechsel des Stroms?

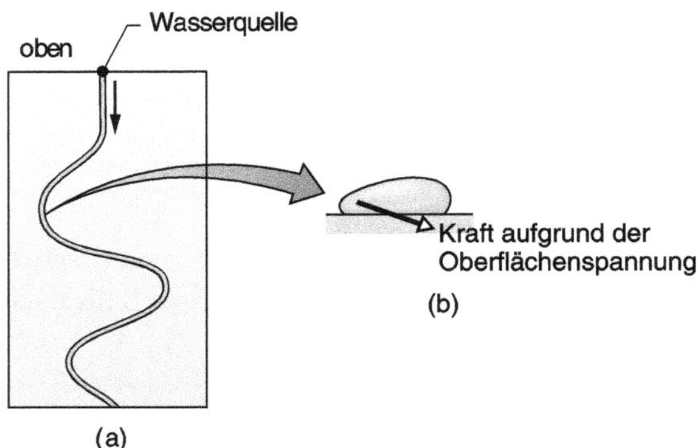

Abb. 2.42: (a) Wenn Sie senkrecht auf die geneigte Ebene blicken, sehen Sie, wie der Wasserstrom mäandert. (b) Querschnittsdarstellung einer Kurve. Die starke Krümmung auf der linken Seite produziert eine starke, nach rechts gerichtete Kraft.

Antwort

Wenn die *Volumenflussrate* (das Volumen der Flüssigkeit, die einen gegebenen Punkt pro Sekunde durchfließt) niedrig ist, wird das Wasser auf der geneigten Ebene durch die Schwerkraft auf direktem Wege nach unten gezogen. Die Oberflächenspannung minimiert die Oberfläche und lässt diese wie eine elastische Membran wirken, die dafür sorgt, dass der Strom gerade bleibt. In seinem oberen Teil beschleunigt die Schwerkraft den Strom. Mit zunehmender Geschwindigkeit des Wassers wird der Querschnitt des Stroms kleiner, denn wenn das Wasser schneller fließt, ist ein geringerer Querschnitt nötig, um die gleiche Menge Wasser pro Sekunde durchzulassen. Allerdings wächst mit zunehmender Geschwindigkeit auch der Widerstand, den die Platte dem Wasser entgegensetzt. Schließlich gleicht dieser Widerstand die Schwerkraft aus, und von da an ändern sich Geschwindigkeit und Querschnitt nicht mehr.

Wenn die Volumenflussrate etwas größer ist, können sich Bereiche mit unterschiedlichen Strömungsgeschwindigkeiten herausbilden, wodurch der Strom instabil wird. Diese Geschwindigkeitsunterschiede implizieren, dass der Strom nicht mehr symmetrisch ist: Die Oberflächenspannung an einer engen Kurve zieht den Strom stärker nach innen als in einer weniger engen Kurve.

Angenommen, der ursprünglich geradlinige Strom wird durch eine zufällige Störung abgelenkt. Diese Ablenkung wird nur dann verstärkt, wenn die Oberflächenspannung in dem Strom eine ausreichend starke Kraft produziert, um ihn diagonal über die geneigte Ebene zu schicken. Abbildung 2.42b zeigt ein Beispiel: Wir sehen einen Querschnitt durch einen Teil eines Knicks im Strom. Die linke Seite des Stroms ist stärker gekrümmt als die rechte Seite, weshalb die Oberflächenspannung auf der linken Seite eine stärkere Kraft erzeugt. Diese Kraft besitzt eine nach rechts gerichtete Komponente, und der Strom verlässt die Kurve auf einer Diagonale nach rechts, wodurch der Knick stärker ausgeprägt wird.

Bei noch größerer Volumenflussrate kann das anströmende Wasser die Wirkung der Oberflächenspannung dominieren. Dann kann sich ein Knick im Strömungsverlauf verschieben, oder es spaltet sich ein Teil des Stroms ab und sucht sich eine neue Route. Die dadurch abgeschnittenen Teile des Stroms gleiten dann auf der geneigten Ebene nach unten.

2.150 Barthaare und Kampferboote auf dem Wasser

Wenn man über einem Wasserbecken aus einem Elektrorasierer die abgeschnittenen Barthaare entfernt, lösen sich die einzelnen Haare voneinander, sobald sie auf die Wasseroberfläche treffen. Woran liegt das?

Ein heute fast vergessenes Spielzeug ist das Kampferboot. Ein solches leichtgewichtiges Schiffchen können Sie leicht selbst aus Alufolie zurechtfalten. Am Heck wird ein Keil befestigt. Nachdem das Schiffchen vorsichtig aufs Wasser gesetzt wurde, wird ein kleines Stück Kampfer so auf den Keil gelegt, dass ein kleiner Teil davon eingetaucht ist. Sofort beginnt das Boot, sich nach vorn zu bewegen. Wieso führt die beschriebene Konstruktion zu einer Bewegung?

Antwort

Wenn die Barthaare ins Wasser fallen, bildet das auf den Haaren befindliche Öl auf dem Wasser eine dünne Schicht, die die Oberflächenspannung sofort reduziert. Diese Ölschicht und die Barthaare werden nach außen gezogen, weil das Wasser in der unveränderten Umgebung eine größere Oberflächenspannung hat.

Bei einem Kampferboot reduziert der Kampfer die Oberflächenspannung des Wassers hinter dem Boot, da die Kampfermoleküle einen Teil der Wassermoleküle ersetzen, sodass die Spannung zwischen den Wassermolekülen sinkt. Vor dem Boot bleibt die Oberflächenspannung unverändert. Bug und Heck des Boots werden von dem umgebenden Wasser angezogen, doch die auf den Bug wirkende Kraft ist stärker, sodass das Boot vorwärts gezogen wird. Während sich das Boot über das Wasser bewegt, wird der an das Wasser abgegebene Kampfer allmählich in die Luft sublimiert oder er diffundiert in das Wasser. Die Wasseroberfläche erreicht daher nicht den Zustand, dass sie komplett mit Kampfer bedeckt ist und aus diesem Grund das Boot stoppt.

2.151 Ölflecken auf der Straße

Warum haben Ölflecken auf einer Straße gewöhnlich die Form einer Ellipse, deren Hauptachse in Richtung des Verkehrs liegt?

Antwort
Wenn ein Öltropfen aus einem fahrenden Auto austritt, hat die Geschwindigkeit, mit der er sich durch die Luft bewegt, anfangs die Geschwindigkeit des Fahrzeugs. Wenn die Geschwindigkeit einen bestimmten kritischen Wert erreicht, wird der Tropfen zu einer Blase aufgebläht. Diese erinnert an eine Seifenblase, die an einer kreisförmigen Schlaufe hängt, bevor sie sich von dieser ablöst. Der aufgeblähte Teil der Blase wird schnell auseinandergetrieben, während der Rand in Tröpfchen zerfällt. Wenn diese Tröpfchen auf der Straße auftreffen, bilden sie dort einen elliptischen Ring. Kurz nach der Entstehung des Musters kann man die einzelnen Flecken noch unterscheiden.

Regentropfen werden durch einen ähnlichen Mechanismus in ihrer Größe beschränkt. Wenn ein fallender Tropfen zu groß wird, bläst ihn die Luft zu einer Blase auf und sprengt diese dann von innen.

2.152 Musterbildung durch Wassertropfen und Glyzerin

Wenn ein Wassertropfen auf eine dünne Schicht Glyzerin fällt, bildet sich allmählich ein blütenähnliches Muster heraus. Welcher Mechanismus ist für diese Musterbildung verantwortlich?

Antwort
Das Muster ist besonders eindrucksvoll, wenn der Wassertropfen mit Lebensmittelfarbe gefärbt wird. Durch das Aufschlagen zerfällt der Tropfen in mehrere Teile: Von der Mitte der Aufschlagstelle steigt zunächst ein zentraler Tropfen auf, und anschließend fliegt, ausgehend von der Berandung der Aufschlagstelle, ein ringförmiger Wasserschwall nach außen. Bald nachdem das Wasser von der Aufschlagstelle weggeschleudert wurde, beginnen sich Wasser und Glyzerin zu vermischen, und an der Grenzfläche zur Luft beginnt das Wasser sich zu bewegen. Die Bewegung entsteht durch die unterschiedlichen Oberflächenspannungen. Da Wasser eine größere Oberflächenspannung hat als Glyzerin, wird die Glyzerin-Wasser-Mischung nahe der Oberfläche radial nach innen in Richtung des Wasserflecks gezogen. Die weiter unter der Oberfläche befindliche Flüssigkeit wird durch das Glyzerin abgebremst. Deshalb resultieren aus der radialen Bewegung innerhalb der Wasser-Glyzerin-Schicht Zirkulationszellen. Um den Rand der Aufschlagstelle herum werden zufällige Variationen im Grenzverlauf zwischen Wasser und Glyzerin durch Schwankungen der Oberflächenspannung verstärkt. Innerhalb von etwa 15 Sekunden bildet sich ein blütenähnliches Muster aus.

2.153 Musterbildung durch Olivenöl

Gießen Sie in ein sauberes, flaches Gefäß etwas Wasser und bestreuen Sie dann die Wasseroberfläche mit ein wenig Talkum (oder Babypuder). Pusten Sie vorsichtig gegen das Talkum, damit es sich möglichst gleichmäßig auf der Wasseroberfläche verteilt. Tauchen Sie nun die Spitze einer aufgebogenen Büroklammer zuerst in Olivenöl und dann ganz kurz in die Mitte des mit Talkum bedeckten Wassers.

Wenn nur sehr wenig Talkum auf dem Wasser schwimmt und die einzelnen Körner alle gut separiert voneinander liegen, schiebt das Öl das Talkum einfach nach außen, sodass ein kreisförmiger, talkumfreier Bereich entsteht. Wenn zu viel Talkum auf dem Wasser schwimmt, kann das Öl das Talkum überhaupt nicht wegschieben und bleibt einfach als Tropfen auf dem Wasser liegen. Bei mittlerer Talkummenge jedoch bildet sich auf der Oberfläche rasch ein Muster heraus, das von der mit der Büroklammer berührten Stelle strahlenförmig nach außen verläuft. Wie entsteht das Muster?

Antwort

Das Öl ist bestrebt, sich auszubreiten und eine dünne Schicht zu bilden, möglicherweise einen *Monolayer*, also eine Schicht von der Dicke eines einzigen Moleküls. Wenn nur wenig oder kein Talkum im Weg ist, kann das Öl leicht radial nach außen vordringen. Wenn zu viel Talkum auf dem Wasser liegt, blockieren sich die Körner gegenseitig und können sich daher nicht bewegen; deshalb bleibt das Öl als Tropfen erhalten. Bei einer mittleren Talkummenge blockieren sich die Körner nicht, doch zwischen den einzelnen Körnern besteht noch ausreichend Kontakt, sodass sie das Wasser effektiv sehr viskos machen. Das Öl, das eine geringere Viskosität hat, bahnt sich daher seinen Weg in das viskosere Talkum-Wasser-Gemisch.

Eine Grenzfläche zwischen zwei Flüssigkeiten mit unterschiedlichen Viskositäten ist instabil gegenüber zufälligen Störungen, die Wellen entlang der Grenzfläche aussenden. Jede solche Welle bewirkt, dass sich abwechselnd etwas Öl in den Talkum-Wasser-Bereich und etwas Talkum-Wasser-Mischung in den Ölbereich vorschiebt. Eine dieser Wellen wird über die anderen dominieren, und das Muster dieser Welle wächst sich schnell zu langen *Fingern* aus. Während die Ölfinger wachsen, räumen sie das Talkum aus dem Weg.

Fingerartige Muster an der Grenzfläche zwischen zwei Flüssigkeiten treten auch in einer sogenannten *Hele-Shaw-Zelle* auf. Diese besteht aus zwei übereinanderliegenden Plexiglasplatten. Zwischen die Platten werden nacheinander zwei Flüssigkeiten mit unterschiedlichen Viskositäten gespritzt. Die zweite Flüssigkeit dringt in Form von fingerartigen Strukturen in die erste ein. Manche der entstehenden Muster erinnern an Farnblätter, andere an Blüten und wieder andere entziehen sich einer einfachen Beschreibung.

2.154 Der Hühnchenfett-Oszillator

Platzieren Sie in einer flachen, mit Ammoniak und Spülmittel gefüllten Schale einen Tropfen Brühe von einem gekochten Hühnchen. Warum pulsiert der Fetttropfen?

Antwort

Dieser Effekt wurde Mitte der 1970er Jahre von Jeffrey May entdeckt, der als Chemiedozent an der Cambridge School of Weston (eine private Highschool) in Massachusetts lehrte. Er hatte versucht, eine Pfanne einzuweichen, in der ein Hühnchen gebraten worden war. Nachdem sich auf der Wasseroberfläche kleine Inseln aus Fett gebildet hatten, begannen diese zu pulsieren. Dann deckte May die Pfanne zu, damit der Ammoniak nicht mehr verdampfen konnte: Das Pulsieren verschwand. Jede Fettinsel war offensichtlich von einer „membranähnlichen Beschichtung“ umgeben, was die Vermutung nahelegte, dass die Seifenmoleküle und das Fett miteinander wechselwirkten.

Diese Situation tritt ähnlich auch in anderen Systemen auf, die Oszillationen der Oberflächenspannung zeigen. Der Ammoniak löst langsam das Fett aus der Hühnerbrühe heraus, sodass das Fett über die Wasseroberfläche diffundieren (d. h. sich ausbreiten) kann. Das Fett senkt in der Umgebung des Tropfens die Oberflächenspannung. Da die Oberflächenspannung in größerer Entfernung stärker ist, wird die Flüssigkeit um den Tropfen herum radial nach außen gezogen, wodurch sich der Tropfen selbst weiter nach außen ausdehnt.

Wenn sich das Fett ausbreitet, trifft es auf Seifenmoleküle, die sich auf der Wasseroberfläche befinden. Teile des Fetts werden von den Seifenmolekülen eingeschlossen. Die hydrophoben Enden jedes Seifenmoleküls zeigen in Richtung des Öls und die hydrophilen Enden in Richtung des Wassers. Wenn das Fett eingeschlossen ist, steigt die Oberflächenspannung des Wassers, wodurch der Tropfen relaxieren kann und nach innen gezogen wird.

Der Zyklus von Expansion und Kontraktion wiederholt sich, weil die Expansion des Fetts auf der Wasseroberfläche eine Kontraktion des Wassers und des Ammoniaks tiefer im Wasser verursacht. Auf diese Weise erreicht neues Fett den Tropfen, und der nächste Zyklus beginnt.

3 Akustik: Das Heulen des Windes, singende Wale und die Musik in Ihrem Kopf

3.1 Das Heulen des Windes

Das Heulen eines nächtlichen Sturmes kann Bilder von Werwölfen heraufbeschwören, die Ihr Haus umschleichen. Was ist die Ursache für dieses Heulen?

Abb. 3.1

Antwort
Wenn ein Luftstrom auf ein Hindernis trifft, lösen sich Wirbel ab, die von dem Strom mitgenommen werden. Durch einen Wirbel entstehen Variationen des Luftdrucks, die sich in Form einer Schallwelle ausbreiten. Diese Schallwelle ist das von Ihnen wahrgenommene Heulen. Wenn Sie sich draußen aufhalten, erreicht Sie diese Schallwelle direkt, doch sie kann auch durch Fensterscheiben, Türen und Mauern dringen – und selbstverständlich auch durch eine Bettdecke, die Sie sich voller Angst über die Ohren ziehen.

3.2 Singende Telefonleitungen und Kiefernnadeln

Wenn eine kräftige Brise über Telefon- oder Stromversorgungsleitungen bläst, können Sie die Leitungen singen hören. Auch wenn der Wind durch einen Kiefernwald fegt, kann er die Nadeln der Bäume zum „Singen“ bringen. Wie entstehen diese Geräusche?

Antwort
Wenn Luft gegen einen schlanken Zylinder strömt, also beispielsweise gegen eine Leitung oder eine Kiefernnadel, dann bilden sich hinter dem Zylinder Wirbel mit alternierendem Drehsinn. Jeder Wirbel geht mit einer Veränderung des Luftdrucks einher, sodass sich hinter dem Zylinder eine Schallwelle ausbreitet. Wenn Sie diese Schallwelle empfangen, nehmen Sie also die Variationen des Luftdrucks aufgrund der Wirbelablösung wahr. Je schneller die

https://doi.org/10.1515/9783110760637-003

Luft gegen den Zylinder strömt, umso größer ist die Frequenz der Luftdruckvariationen. Entsprechend höher ist der Ton, den Sie wahrnehmen.

Bei bestimmten Frequenzen (Resonanzfrequenzen) kann der Zylinder wie eine Gitarrensaite oszillieren. Wenn die Frequenz der Luftdruckvariationen zufällig mit einer Resonanzfrequenz zusammenfällt, wird der Zylinder mit eben dieser Frequenz oszillieren. In diesem Fall sendet auch der Zylinder selbst durch seine Bewegung Wellen aus, und er kann diese Frequenz beibehalten, selbst wenn sich die Geschwindigkeit der anströmenden Luft ein wenig ändert. Resonante Schwingungen von Telefon- und Stromversorgungsleitungen können ein Problem darstellen, weil dadurch die Aufhängevorrichtungen der Kabel abgerissen werden können, vor allem dann, wenn sie mit Eis bedeckt sind.

Am lautesten und schrillsten sind die Geräusche von Telefonleitungen an sehr kalten Tagen, weil sich die Leitungen wegen der niedrigen Temperaturen zusammenziehen und deshalb straffer gespannt sind. Das Schwingen der Leitungen überträgt sich auf die Masten, die ebenfalls zu schwingen beginnen, wodurch der Geräuschpegel steigt.

3.3 Pfeifen

Wie entsteht der Ton beim Pfeifen? Auf welche Weise produziert ein pfeifender Dampfkessel Geräusche? Im Laufe der Geschichte sind unzählige Geräte zum Pfeifen erfunden worden, darunter Trillerpfeifen und viele Blasinstrumente.

Antwort

Jede Pfeife und jedes Blasinstrument besitzt drei charakteristische Merkmale: (1) Ein Luftstrom trifft gegen ein Hindernis und zerfällt dadurch in Wirbel. (2) Die Wirbel führen zu periodischen Luftdruckschwankungen, sodass eine Schallwelle erzeugt wird, die Ihr Ohr erreicht. Entweder die Wirbel selbst oder die Luftdruckschwankungen der Schallwelle wirken auf den vor dem Hindernis liegenden Teil des Luftstroms zurück. (3) Falls der Luftstrom instabil ist (sodass er leicht abgelenkt oder modifiziert werden kann), wird diese Instabilität durch die Rückkopplung verstärkt, sodass am Hindernis noch mehr Wirbel gebildet werden. Wenn sich dieser Mechanismus aus Wirbelbildung und Rückkopplung einmal etabliert hat, hören Sie einen kontinuierlichen Ton – das Pfeifen.

Wenn Sie durch Ihre zu einem O geformten Lippen pfeifen, produzieren Sie einen sogenannten Mundton. Dadurch, dass die Luft durch die schmale Öffnung der Lippen geblasen wird, entstehen Wirbel. Einige der durch die Wirbel gebildeten Schallwellen kehren durch die Lippen in den Mund zurück (in den *Vokaltrakt*). Die Frequenz dieser zurücklaufenden Schallwelle hängt von der Geschwindigkeit ab, mit der die Wirbel durch die Lippen strömen, sowie von der Geschwindigkeit, mit der Schall durch die Lippen in den Mund zurückkehrt. Bei bestimmten Frequenzen, die als *Formanten* bezeichnet werden, kann der der Schall den Rachenraum zu Eigenschwingungen anregen. Das heißt, durch den Schall entstehen Wellen, die sich gegenseitig verstärken, anstatt einander aufzuheben. Wenn die Resonanz für den zweiten Formanten auftritt, können Sie die entsprechende Frequenz hören.

Sie können Formanten und damit die Tonhöhe variieren, indem Sie die Form des Vokaltrakts ändern, insbesondere indem Sie Ihre Zunge vor- oder zurückziehen. Alternativ können Sie auch kräftiger blasen: Dann ist die Frequenz des zurückkehrenden Schalls größer und liegt näher an einem höheren Formanten.

Der pfeifende Teil eines Dampfkessels besteht aus einem kurzen Zylinder, an dessen beiden Enden sich ein Loch befindet. Wenn in dem Kessel Wasser kocht (d. h. in Wasserdampf übergeht), werden Luft und Wasserdampf durch das untere Loch gepresst und bilden einen Luftstrom, der gegen das zweite Loch trifft. Hierdurch entstehen innerhalb des Zylinders Wirbel. Die resultierenden Druckschwankungen des Luftstroms durch das zweite Loch erzeugen einen Ton. Außerhalb des Zylinders werden die Schallwellen als das Pfeifen des Dampfkessels wahrgenommen. Innerhalb des Zylinders kehren die Schallwellen zum ersten Loch zurück, wodurch eine Rückkopplung entsteht, durch die der in den Zylinder eintretende Luftstrom kontrolliert wird. Die Rückkopplung stellt eine Störung des eintretenden Luftstroms dar, die sich zum zweiten Loch fortpflanzt und dort die Wirbelbildung in Gang hält.

Bei einer Trillerpfeife entsteht der Ton, indem der Luftstrom über oder auf den Rand eines Loches geblasen wird. Der Luftstrom zerfällt in Wirbel, die Schallwellen aussenden. Die Frequenz des Tons ist durch die Eigenfrequenzen der Pfeife festgelegt, ähnlich wie beim Pfeifen durch die Lippen. Im Inneren einer Trillerpfeife befindet sich in der Regel eine kleine Kugel, die, angetrieben durch den Luftstrom, umherspringt. Dadurch ändert sich permanent die Form des Innenraums (und damit die Resonanzfrequenz) und es entsteht das typische Trillern.

Eine Flöte funktioniert nach dem gleichen Prinzip: Sie blasen einen Luftstrom über eine Öffnung und gegen eine Kante. Die Wirbel produzieren innerhalb der Flötenkammer einen Schall, vor allem, wenn die Frequenz die Resonanzfrequenz der Kammer trifft. Diese Resonanz innerhalb der Kammer führt dann über eine Rückkopplung Energie in den Wirbelbildungsprozess zurück, sodass die Wirbel, die Resonanz und der Schall, den Sie hören, anhalten.

Die lautesten pfeifenartigen Geräte sind Sirenen, die noch heute auf manchen Rettungswagen benutzt werden. (Moderne Polizeifahrzeuge verwenden gewöhnlich elektronische Geräte, um Warnsignale auszustoßen, doch auf manchen Feuerwehrautos gibt es noch echte mechanische Sirenen, die sehr laut sein können.) Im Zweiten Weltkrieg und während des Kalten Krieges waren riesige Sirenen im Einsatz, um die Zivilbevölkerung vor Angriffen zu warnen. Warnsirenen gibt es in vielen verschiedenen Varianten, doch die meisten produzieren Heultöne, indem sie komprimierte Luft durch zwei Gitter senden, wobei eines der Gitter relativ zu dem anderen rotiert. Die Frequenz des Tons wird durch die Rotationsfrequenz gesteuert.

3.4 Sprechen und Singen

Wie entstehen die Töne beim Sprechen oder Singen? Was passiert beim Flüstern? Warum sind die gesungenen Worte einer Sopranistin so schwer zu verstehen?

Antwort

Töne werden von den Stimmbändern produziert. Diese befinden sich im Kehlkopf. Die Stimmbänder auf gegenüberliegenden Seiten des Kehlkopfes werden geschlossen gehalten, während sich der Luftdruck in den Lungen erhöht. Dann bewegen sich die Stimmbänder plötzlich auseinander und Luft strömt gegen sie; es entstehen Turbulenzen, die die Stimmbänder zu Schwingungen anregen. Diese Schwingungen verändern den Luftdruck, sodass Schallwellen in den Vokaltrakt (bestehend aus dem oberen Kehlkopf, der Mundhöhle und den Nasenhöhlen) ausgesendet werden. Die Frequenzen dieser Schallwellen stimmen mit den Schwingungsfrequenzen der Stimmbänder überein. Die kleinste Frequenz ist die *Fundamentalschwingung* der Stimmbänder. Die anderen Frequenzen sind ganzzahlige Vielfache dieser kleinsten Frequenz. Wenn also beispielsweise die kleinste Frequenz 70 Hertz ist, dann sind die anderen Frequenzen 140 Hertz, 210 Hertz usw.

Der Vokaltrakt ist, stark vereinfacht betrachtet, ein Rohr, das an einem Ende (am Kehlkopf) geschlossen und am anderen Ende (Mund und Nasenlöcher) offen ist. Schallwellen mit den passenden Frequenzen können in diesem Rohr Resonanzen erzeugen. Diese Frequenzen (Formanten) haben keine exakten, diskreten Werte, sondern können innerhalb eines Intervalls variieren. Dabei sind sie um die ungeradzahligen Vielfachen des kleinsten Formanten zentriert. Wenn also beispielsweise der kleinste Formant um 500 Hertz zentriert ist, dann sind die anderen Formanten um 1 500 Hertz, 2 500 Hertz usw.

Wenn der Schall, ausgehend von den Stimmbändern, in den Vokaltrakt eindringt, können die Frequenzen der Stimmbänder mehrere Formanten anregen. Das heißt, innerhalb des Vokaltrakts häufen sich die Schallwellen mit den Frequenzen dieser Formanten, sodass derjenige Teil der Schallwellen, der den Vokaltrakt wieder verlässt, laut genug ist, um ihn hören zu können. Effektiv wirkt der Vokaltrakt für alle von ihm emittierten Frequenzen wie ein Filter. Sie können diesen Filter verändern, indem Sie die Frequenzen der Formanten ändern, etwa durch die Veränderung der Zungenposition, der Größe der Mundöffnung oder der Höhe des Kehlkopfes (oder einfach, indem Sie sich die Nase zuhalten). (Ausgebildete Sänger sind gewöhnlich bestrebt, Bewegungen des Kehlkopfes zu vermeiden, weil sie sonst ihre Stimmbänder nicht mehr so gut kontrollieren können. Deshalb trainieren sie die Muskeln, die den Kehlkopf an seinem Platz halten.) Es ist möglich, die Frequenzen der in den Vokaltrakt eintretenden Schallwellen zu ändern, indem man die Spannung in den Stimmbändern ändert: Größere Spannungen erzeugen höhere Frequenzen. Dies hört sich zwar alles recht kompliziert an, doch die meisten Menschen erlernen diese Techniken ganz von selbst spätestens im Alter von zwei Jahren.

Viele Tiere können mithilfe ihres Kehlkopfes Laute produzieren. Einige steuern Frequenz und Amplitude des aus ihrem Maul kommenden Tons mithilfe der Kehlkopfmuskulatur oder über die Größe des Vokaltrakts. Es gibt Tiere, die dank solcher Mechanismen in der Lage sind, die menschliche Stimme zu imitieren, doch kein Tier vermag ein so großes Spektrum an Tönen zu produzieren wie der Mensch.

Beim Flüstern sind die Stimmbänder entspannt, sodass sie von der gegen sie strömenden Luft nicht in Schwingungen versetzt werden. Die (schwachen) Turbulenzen im Luftstrom erzeugen den Schall, der ein paar Formanten des Vokaltrakts anregt. Geflüsterte Sprache entsteht durch Veränderungen von Größe und Form des Vokaltrakts, die hauptsächlich mithilfe der Zunge und der Lippen erreicht werden.

Um in einem großen Konzertsaal und bei Orchesterbegleitung gehört zu werden, muss eine Sopranistin laut singen und die Frequenzen müssen weit über dem normalen kleinsten Formanten ihres Vokaltraktes liegen. (Sie muss in einem Frequenzbereich singen, in dem das Orchester normalerweise leiser ist und in dem das menschliche Gehör am besten ist.) Sie kann zwar ihre Stimmbänder anstrengen, um eine hohe Frequenz zu erzeugen und dann diese Frequenz in Übereinstimmung mit den höheren Frequenzen des Vokaltraktes bringen, doch die Resonanz erzeugt keinen starken Ton.

Sowohl die Lautstärke als auch die Qualität des Gesangs sind besser, wenn sie stattdessen ihren kleinsten Formanten in Richtung höherer Frequenzen verschiebt und dann diesen Formanten anregt. Um den Formanten zu verschieben, senkt sie beim Öffnen des Mundes den Kiefer und formt die Lippen zu einem Lächeln. Durch diese Maßnahmen verringert sich die Länge des Vokaltraktes, wodurch sich die Formanten nach oben verschieben. Nun können höhere Frequenzen des Kehlkopfes den ersten Formanten des Vokaltraktes anregen, was bedeutet, dass die Sängerin mit höheren Frequenzen laut singt. Diese Veränderung hat jedoch ihren Preis: Die Sängerin kann bestimmte Laute und Worte nicht mehr gut artikulieren, weshalb sie nicht immer deutlich zu verstehen ist.

3.5 Sprechen mit Helium

Den folgenden Trick sollten Sie besser nicht selbst ausprobieren, da er nicht ganz ungefährlich ist. Wenn jemand Helium einatmet und dann spricht, klingt seine Stimme etwa so wie die der Schlümpfe. Wodurch entstehen diese verrückten, hohen Frequenzen?

Antwort

Wie in der vorherigen Fragestellung erläutert wurde, entstehen die Töne, die Sie von einer Person hören, indem die durch die Schwingungen der Stimmbänder produzierten Schallwellen im Vokaltrakt verschiedene Formanten anregen. Wenn eine Frequenz der Stimmbänder in den Frequenzbereich eines bestimmten Formanten fällt, dann umfasst die Stimme der Person den Ton dieses Formanten. Die Frequenz (entweder die zentrale Frequenz oder der Bereich von Frequenzen) jedes Formanten hängt von zwei Faktoren ab. Der eine ist die Form und die Länge des Vokaltrakts, die Sie kontrollieren können, indem Sie die Lage Ihrer Zunge oder die Öffnung Ihres Mundes verändern. Der andere Faktor ist die Geschwindigkeit des Schalls im Vokaltrakt.

Normalerweise befindet sich natürlich Luft im Vokaltrakt, und die Geschwindigkeit des Schalls hat einen bestimmten Wert (etwa 340 Meter pro Sekunde). Wenn die Luft allerdings durch ein Luft-Helium-Gemisch ersetzt wird, erhöht sich dadurch die Geschwindigkeit des Schalls beträchtlich (nämlich auf etwa 900 Meter pro Sekunde). Aufgrund der höheren Geschwindigkeit verschieben sich sämtliche Formanten. Die Schwingungen der Stimmbänder bleiben in etwa die gleichen wie in Luft, doch nun regen die höheren Frequenzen dieser Schwingungen die nach oben verschobenen Formanten des Vokaltrakts an. Die relative Stärke der Formanten kann sich ebenfalls ändern. Das Ergebnis ist, dass die Stimme aus höheren Frequenzen zusammengesetzt ist und nicht mehr vertraut klingt.

Das Gefährliche an diesem Experiment dürfte offensichtlich sein: Um zu leben, müssen Sie Luft einatmen (bzw. den in der Luft enthaltenen Sauerstoff), doch wenn Sie unvernünftigerweise Ihre Lungen mit Helium füllen, steht Ihnen keine Luft mehr zur Verfügung und es besteht Erstickungsgefahr. Sicher, wir müssen alle eines Tages sterben, aber es wäre wirklich zu dumm, es auf diese Weise zu forcieren.

3.6 Obertongesang

In Tuva im südlichen Sibirien können manche Sänger zwei Töne gleichzeitig singen. Sie erreichen dies durch eine Gesangstechnik, die als *Kehlgesang* oder *Obertongesang* bezeichnet wird. Der eine Ton ist ein niederfrequentes Dröhnen, der andere ein hochfrequenter, flötenähnlicher Ton. Wie ist es möglich, dass ein Mensch gleichzeitig zwei Töne singen kann?

Antwort

Bei der normalen Stimme, sowohl der gesprochenen als auch der gesungenen, regen die harmonischen Frequenzen der Stimmbänder den ersten Formanten des Vokaltrakts an (siehe vorherige Fragestellung). Es werden auch einige höhere Formanten des Vokaltrakts angeregt, doch der Zuhörer vermag sie nicht separat wahrzunehmen. Stattdessen werden sie nahezu unbewusst als Charakteristikum der jeweiligen Stimme wahrgenommen (sie tragen zum *Timbre* der Stimme bei, was ein relativ unscharf definierter Begriff ist).

Das für den Obertongesang erforderliche niederfrequente Dröhnen durch Schwingungen der Stimmbänder und des oberen Halsbereichs zu produzieren, ist nicht besonders schwierig. Der schwierige Teil ist die Erzeugung des hochfrequenten Tons, der scheinbar unabhängig über dem tiefen Dröhnen schwebt. Die Kunst besteht darin, eine der höheren Harmonischen der Stimmbänder möglichst exakt so einzustellen, dass sie einen der hohen Formanten des Vokaltraktes trifft. Wenn der Sänger dies erreicht, ist die Resonanz bei diesem Formanten stark, und entsprechend laut ist der von dem Sänger produzierte Ton. Die volle Kontrolle über die emittierten Töne zu erlangen, ist allerdings nicht einfach, denn dazu muss der Sänger zum einen das Öffnen und Schließen der Stimmbänder und zum anderen die Form der Kehle (durch Verschieben der Zunge) kontrollieren. Fast jeder Mensch ist prinzipiell in der Lage, dies alles zu erlernen, doch es ist sehr viel Übung erforderlich, damit die erzeugten Töne auch musikalisch befriedigen.

3.7 Schnarchen

Viele Menschen schnarchen, während sie schlafen – häufig zum Leidwesen ihrer Familienangehörigen und manchmal auch unter erheblichen Beeinträchtigung ihres eigenen Schlafes und ihrer Gesundheit. Wie entstehen Schnarchgeräusche?

Antwort

Schnarchen tritt vor allem dann auf, wenn Luft in die Lungen gezogen wird, entweder nur durch die Nase (bei geschlossenem Mund) oder durch Nase und Mund. Die Luft strömt gegen das Gaumensegel, welches den hinteren Teil des Gaumens bildet. (Sie können das Gaumensegel sehen, wenn Sie einer Person in den weit geöffneten Mund blicken.) Wenn die Luft nur durch die Nase eingeatmet wird, tritt sie über das Gaumensegel in die Kehle ein. Wenn die Strömungsgeschwindigkeit der Luft einen kritischen Wert übersteigt, zieht sie das Gaumensegel nach hinten in Richtung Kehle, wodurch der Weg für die strömende Luft teilweise versperrt wird. Das Gaumensegel klappt dann zunächst gegen die Zunge und dann zurück in seine ursprüngliche Position. Wenn die Luft durch Nase und Mund eingeatmet wird, strömt sie dagegen entlang des oberen und des unteren Teils des Gaumensegels. In diesem Fall flattert das Gaumensegel zwischen Kehle und Zunge hin und her, wodurch der Luft abwechselnd der Weg durch die Nase und der durch den Mund versperrt wird. Ich kann absichtlich theatralische Schnarchgeräusche erzeugen, indem ich scharf durch Mund und Nase einatme. Die durch das Flattern des Gaumensegels verursachte Blockade der Atemwege lässt den Luftstrom pulsieren, was dazu führt, dass meine Nasenflügel zittern.

Die Bewegung des Gaumensegels und die dadurch hervorgerufene Turbulenz erzeugen in der Kehle Schallwellen. Wenn es in der Kehle (oder im gesamten Hals-Mund-Nase-Bereich) zur Resonanz kommt, kann der Schall so laut sein, dass Familienangehörige davon aufwachen, selbst wenn sie nicht im gleichen Raum schlafen.

Eine dritte Ursache für das Schnarchen ist das periodische Erschlaffen des Rachengewebes. Das Erschlaffen und anschließende Wiederöffnen des Rachen unterbricht jeweils kurz den Luftstrom, wodurch Turbulenzen und damit Schallwellen entstehen.

3.8 Schnurren und Brüllen

Warum schnurren Hauskatzen, während Löwen brüllen?

Antwort

Das Schnurren einer Hauskatze entsteht auf ganz ähnliche Weise wie gesprochene menschliche Laute (siehe Fragestellung 3.4). Allerdings erzeugen die Schwingungen der Stimmbänder bei der Katze ein schnurrendes Geräusch im Vokaltrakt. Das Schnurren hat eine Frequenz von etwa 25 Hertz, was vermutlich unterhalb Ihrer Wahrnehmungsschwelle liegt. Es regt jedoch höhere Harmonische im Vokaltrakt an, die Sie, ausgehend von Maul und Nase der Katze, hören können. Der Ton klingt etwa wie ein gerolltes R und signalisiert gewöhnlich Zufriedenheit.

Viele Forscher glauben, dass die Fähigkeit zu schnurren und die Fähigkeit zu brüllen vom Aufbau des Zungenbeins abhängt, einem Knochen, der sich am Mundbogen unterhalb der

Zunge befindet und mit dem Kehlkopf verbunden ist. Das Zungenbein ist deshalb ein wichtiges Kriterium zur Unterscheidung der Unterfamilie der Großkatzen von der Unterfamilie der Kleinkatzen innerhalb der Familie der Katzen. Wenn das Zungenbein vollständig verknöchert ist, kann das Tier schnurren; ist es dagegen nicht vollständig verknöchert (wie beispielsweise beim Löwen), kann es brüllen. Durch die Flexibilität des Zungenbeins kann sich der Kehlkopf im Hals weiter nach unten bewegen, wodurch sich die Länge des Vokaltraktes signifikant erhöht. Aufgrund dieser Verlängerung haben die von einem Löwen produzierten Töne niedrigere Frequenzen. Der Kehlkopf des Löwen unterscheidet sich in einem weiteren Merkmal von dem der meisten anderen Tiere: Die Stimmbänder sind sehr dick und bestehen aus elastischem Gewebe, das bei tiefen Frequenzen mit ziemlich großen Amplituden schwingen kann. Auf diese Weise entsteht das charakteristische Brüllen eines Löwen.

3.9 Kurzgeschichte: Der Schrei des Parasaurolophus

Der Kamm auf dem Schädel eines *Parasaurolophus* war hohl und hatte die Form eines langen, gebogenen Rohres. Der Dinosaurier könnte diesen Hohlraum als Resonanzkörper zur Erzeugung von tiefen Tönen benutzt haben. Da man Parasaurolophus-Schädel mit langen und solche mit kurzen Kämmen gefunden hat, geht man von einem ausgeprägten Geschlechtsdimorphismus aus. Man nimmt an, dass die kurzen Kämme von weiblichen Tieren stammen, die damit höhere Töne erzeugt haben.

3.10 Geräusche von Tigern und Elefanten

Tiger können nicht nur das Ihnen sicherlich bekannte Brüllen erzeugen, sondern auch Töne im Infraschallbereich, also solche, deren Frequenzen unterhalb der Wahrnehmungsschwelle des Menschen liegen. Welchen Nutzen haben diese niederfrequenten Töne für den Tiger?

Elefanten hören am besten bei Frequenzen um etwa 1 000 Hertz. Mit Tönen dieser Frequenzen verständigen sie sich untereinander, besonders über große Distanzen. Trotzdem wenden Elefanten relativ viel Energie auf, um Töne zwischen 14 und 35 Hertz zu erzeugen, was in den Infraschallbereich hineinreicht. Wenn Sie nahe bei einem Elefanten stehen, der solche Töne emittiert, dann können Sie die Schallwelle unter Umständen eher fühlen als hören. Hat das energiereiche, niederfrequente Rufen gegenüber dem normalen, hochfrequenten „Trompeten“ irgendwelche Vorteile für den Elefanten? In der Savanne lebende Elefanten trompeten in der Nacht etwa doppelt so viel wie am Tag, entweder, um einen Geschlechtspartner zu finden oder um Konkurrenten auf Distanz zu halten. Welchen Vorteil hat es, die Rufe nachts auszustoßen?

Antwort

Die Distanz, über die sich ein Ton im Wald, dem natürlichen Lebensraum des Tigers, ausbreiten kann, hängt von der Wellenlänge ab. Töne mit großen Wellenlängen werden von der Vegetation weniger stark gestreut und absorbiert als Töne mit kurzen Wellenlängen. Ein Signal mit großer Wellenlänge (also niedriger Frequenz) kann deshalb viel weiter ausgesendet werden (etwa, um einen Geschlechtspartner zu finden oder Konkurrenten zu warnen) als ein Signal mit kurzer Wellenlänge (also hoher Frequenz). Auch andere im Wald oder Dschungel lebende Tiere verständigen sich über niederfrequente Töne. Kasuare, die zu den größten im Wald lebenden Vögeln gehören, verständigen sich beispielsweise durch tiefe Brummtöne, die Frequenzen von 20 bis 30 Hertz haben, was am unteren Rand des für den Menschen hörbaren Bereichs liegt. Das Sumatra-Nashorn kann Töne erzeugen, die im Infraschallbereich liegen.

In der Savanne zeigt die Atmosphäre nachts oft eine inverse Schichtung, bei der warme Luft über kälterer Luft liegt. Bei einer solchen Inversionswetterlage kann ein Ton unter der warmen Luft gefangen bleiben. Dies hat zur Folge, dass sich ein Ruf nicht nach oben ausbreiten kann, wodurch ein großer Teil seiner Intensität verloren gehen würde; er bleibt vielmehr in der unteren Luftschicht gefangen und kann sich weit über die Savanne ausbreiten. Am Tag, wenn keine Inversionswetterlage herrscht, breiten sich die Rufe nur über wesentlich kürzere Distanzen aus. Hochfrequente Töne bleiben mit geringerer Wahrscheinlichkeit unter einer warmen Luftschicht gefangen und werden außerdem stärker von der Luft absorbiert. Deshalb würde ein hochfrequenter Ruf eines Elefanten nicht so weit durchdringen.

Die größte Reichweite haben die Rufe eines Elefanten ein oder zwei Stunden nach Sonnenuntergang, wenn der Wind schwach ist und sich eine Inversionsschichtung herausgebildet hat. Später in der Nacht kann der Wind wieder auffrischen. Dann kann ein Ruf in Windrichtung zwar weiter getragen werden als ohne Wind, doch in alle anderen Richtungen kann sich der Ruf dann nicht mehr so weit ausbreiten, sodass die Fläche, in der der Ruf des Elefanten zu hören ist, insgesamt kleiner wird.

3.11 Das Quaken des Ochsenfroschs

Ein männlicher Ochsenfrosch quakt entweder, um eine Partnerin herbeizurufen, oder um andere Männchen fernzuhalten. Wie kann ein so kleines Tier mit seinem kleinen Maul ein derart tiefes, dröhnendes Geräusch erzeugen?

Antwort

Der Ochsenfrosch emittiert den größten Teil seiner Quaklaute über seine Trommelfelle, nicht über sein Maul. Ein Forscher entdeckte diese, als er mit seinen Fingern vorsichtig gegen die Ohren des Frosches drückte und feststellte, dass sich dadurch die Lautstärke des Frosches erheblich reduzierte. Später wurde diese Demonstration mit einer Art „Ohrwärmer" für Frösche wiederholt, einer Konstruktion aus zwei Schaumstoffstücken, die von einer Spange gegen die Ohren des Frosches gedrückt wurden.

Der Ton entsteht wie bei Säugetieren durch die Stimmbänder. Von dort wird er jedoch zu den Schallblasen weitergeleitet, die bei bestimmten Frequenzen resonant schwingen. Dank dieser Resonanz erhöht sich die Lautstärke bei diesen Frequenzen beträchtlich, sodass das Quaken des Frosches weithin zu hören ist. Bevor die Funktionsweise der Trommelfelle entdeckt wurde, nahm man an, dass die Resonanz in den *Schallbeuteln* erzeugt würde, die der Frosch beim Quaken aufbläst.

3.12 Grillen und Langusten

Wie entsteht das Zirpen der Grille und wie das Kratzgeräusch der Languste?

Antwort
Die männliche Grille zirpt, um Weibchen anzulocken. Dazu legt sie ihren rechten Vorderflügel über den linken, nachdem sie beide geöffnet hat. Wenn die Flügel dicht aneinanderliegen, reibt sie mit einer harten Kante (dem *Plektrum*), die sich auf der Spitze des linken Flügels befindet, gegen eine Reihe kleiner Zacken an der Unterseite des rechten Flügels. Während das Plektrum Zacke um Zacke trifft, beginnt es zu schwingen und mit ihm fast der gesamte Rest der Flügel. Die Flügelschwingungen verursachen ihrerseits Druckvariationen in der Luft, die sich in Form von Schallwellen von den Flügeln wegbewegen. Diesen Schall nehmen wir als das Zirpen der Grille wahr. Die Frequenz des Schalls hängt von der Frequenz ab, mit der das Plektrum die Zacken trifft. Das Rufen der männlichen Grille nach einem paarungsbereiten Weibchen hat allerdings seinen Preis, denn es lockt auch Fliegen an, die ihre Eier in der Grille ablegen. Diese Eier entwickeln sich zu parasitären Larven, die sich in die Grille fressen und sie letztendlich töten.

Langusten erzeugen durch Reiben einer Kante über eine Platte mit mikroskopisch kleinen Zacken Geräusche. Die Kante besteht in diesem Fall aus einem weichen Gewebe und das Geräusch entsteht nicht, weil die Kante gegen die Zacken der Platte streicht. Vielmehr bleibt die Kante beim Streichen über die Platte an jeder Zacke eine Weile lang hängen und wird gedehnt. Wenn sie dann schließlich freigegeben wird, beginnen Zacke und Platte zu oszillieren. Den entstehenden Schall nehmen wir als Kratz- oder Schabgeräusche wahr. Das Geräusch dient zur Abwehr von Fressfeinden und kann auch dann noch erzeugt werden, wenn der Panzer der Languste während der Häutung weich wird.

3.13 Baum- und Erdhöhlen als Musikinstrumente

Wenn der auf Borneo lebende männliche Baumhöhlenfrosch (*Metaphrynella sundana*) nach einem paarungsbereiten Weibchen ruft, sitzt er dabei in einer Baumhöhle. Welchen Vorteil hat dies für den Frosch? Warum erhöhen sich Intensität und Reinheit des Zirpens der männlichen Maulwurfsgrille, wenn sich die Grille in eine Erdhöhle eingräbt?

Antwort
Männliche Baumhöhlenfrösche sitzen meist gemütlich in einer Wasserpfütze innerhalb einer Baumhöhle. Wenn ein Frosch nach einer Partnerin ruft, experimentiert er mit seinen Lauten, indem er die Frequenz so lange erhöht bzw. senkt, bis er die niedrigste *Resonanzfrequenz* der Höhle gefunden hat. Dies ist die niedrigste Frequenz, bei der sich die Schallwellen in der Höhle gegenseitig verstärken und somit eine starke (laute) resultierende Schallwelle aufbauen können. Wenn der Frosch diese Frequenz gefunden hat, berichtet sein aus der Höhle in die Umgebung dringende Ruf laut und weithin hörbar von seiner Einsamkeit.

Die Maulwurfsgrille gräbt einen Hohlraum in die Erde und nutzt das gleiche Prinzip aus, um kräftige Töne zu erzeugen. Um die richtige Frequenz zu finden, gräbt die Grille ihre Höhle in mehreren Phasen. Die Höhle hat etwa die Form einer Birne und ist mit der Außenwelt durch einen hornähnlichen Abschnitt verbunden. Am Ende jeder Bauphase macht die Grille eine Pause, in der sie testet, ob es in der Höhle zur Resonanz kommt. Ist dies der Fall, leitet das Horn schließlich einen lauten Ton aus dem Inneren an die Außenwelt weiter.

3.14 Australische Zikaden

Wenn nachts in Ihrer Nähe ein Australisches Zikadenmännchen seinen Ruf ausstößt, werden Sie vermutlich erschrecken, denn dieser Ruf kann sehr laut sein (100 Dezibel in ein Meter Entfernung). Wie schafft es dieses nur 60 Millimeter lange Insekt, einen solchen Lärm zu machen?

Antwort

Die Zikade besitzt auf jeder Seite eine trommelähnliche Struktur mit vier vertikalen, nach außen gebogenen Rippen. Durch einen Muskel wird diese Struktur einwärts gezogen, sodass sich die Rippen, eine nach der anderen, in rascher Folge plötzlich nach innen biegen. Dabei geben die Rippen jedes Mal einen Schallimpuls – ein klickendes Geräusch – von sich. Die Folge der Klicks erzeugt in einem Luftsack im Hinterleib der Zikade eine Resonanz. Der verstärkte Ton hat eine Frequenz von 4 300 Hertz und eine Lautstärke von 150 Dezibel (mehr als Sie bei einem Heavy-Metal-Konzert zu hören bekämen). Der Schall wird vom Hinterleib durch zwei Trommelorgane abgegeben. Weshalb die Zikade von ihrem eigenen Lärm nicht taub wird, ist nicht bekannt.

3.15 Pinguinstimmen

Nachdem ein Kaiserpinguin durchs Wasser getaucht ist und gefressen hat, muss er zurück zu seiner heimischen Eisscholle und seinem Partner zurückkehren. Im antarktischen Winter kann sich der Partner allerdings inmitten Tausender anderer Pinguine befinden, die sich dicht aneinanderdrängen, um sich vor der eisigen Kälte der Antarktis zu schützen. Unter diesen Umständen kann der Pinguin seinen Partner unmöglich visuell erkennen. Wie schafft er es dann, ihn unter den Tausenden von Artgenossen herauszufinden?

Antwort

Die meisten Vögel benutzen zur Erzeugung von Tönen nur eine Seite ihres zweiseitigen Stimmkopfes (auch *Syrinx* genannt), Kaiserpinguine dagegen benutzen beide Seiten gleichzeitig. Jede Seite erzeugt eine Resonanz im Hals und im Mund des Vogels, ähnlich wie bei einer Pfeife mit zwei offenen Enden. Die Frequenz des Tons, der auf der einen Seite des Stimmkopfes entsteht, unterscheidet sich von der Frequenz des Tons auf der anderen Seite. Ein Hörer nimmt den Mittelwert der beiden Frequenzen wahr. Außerdem nimmt er wahr, dass dieser Mittelwert trällert, d. h., die Intensität des Tons variiert mit einer bestimmten Frequenz zwischen laut und leise. Diese Frequenz, die sogenannte *Schwebungsfrequenz*, ist gleich der Differenz der beiden Frequenzen. Pinguine können diese Schwebungsfrequenzen wahrnehmen. Die Rufe von Pinguinen können viele verschiedene Resonanzfrequenzen und Schwebungsfrequenzen haben, was es erlaubt, die Stimme eines Pinguins unter Tausend anderen Pinguinen wiederzuerkennen.

3.16 Klicklaute von Walen

Pottwale singen, indem sie eine Serie von Klicklauten von sich geben. Genauer gesagt, erzeugen sie im vorderen Teil ihres Kopfes nur einen einzigen Ton, um die gesamte Serie in Gang zu setzen. Wie entstehen die weiteren Klicks der Serie? Forscher können aus einer solchen Serie die Länge des Wals, der sie erzeugt, bestimmen. Worauf basiert diese Berechnung?

Antwort
Ein Teil des Schalls, den ein Wal im vorderen Teil seines Kopfes erzeugt, tritt ins Wasser ein und wird zu dem ersten wahrzunehmenden Klick der Serie. Der Rest des Schalls bewegt sich im Kopf rückwärts durch das *Spermaceti-Organ* (dies ist das Organ, das das Walrat enthält), wird an einem Luftsack an der Hinterseite des Kopfes reflektiert und bewegt sich dann wieder durch das Spermaceti-Organ nach vorn. An der Vorderseite des Kopfes erreicht er einen weiteren Luftsack, wo ein weiterer Teil des Schalls ins Wasser übergeht und den zweiten Klick erzeugt; der Rest bewegt sich wieder durch den Kopf zurück. Dieser Zyklus wiederholt sich mehrmals, sodass entsprechend viele weitere Klicks erzeugt werden. Das Zeitintervall zwischen zwei aufeinanderfolgenden Klicks ist durch den Abstand zwischen dem vorderen und dem hinteren Luftsack bestimmt, der wiederum proportional zur Gesamtlänge des Wals ist. Deshalb können Forscher die Länge eines Wals bestimmen, indem sie die Zeit zwischen zwei Klicks messen.

3.17 Reflektierter Schall

Wenn ein Flugzeug dicht genug über Ihnen fliegt, dass Sie es hören können, dann senken Sie einmal Ihren Kopf, indem Sie sich zum Boden bücken. Sie werden feststellen, dass die Frequenz des Flugzeuggeräuschs zunimmt. Woran liegt das?

Antwort
Der Schall, den Sie hören, setzt sich zusammen aus einem Anteil, der direkt vom Flugzeug zu Ihnen dringt, und einem Anteil, der zunächst am Boden reflektiert wird. Die beiden Mengen von Schallwellen interferieren an Ihren Ohren, und Sie hören hauptsächlich die konstruktiv interferierenden Wellen. In welcher Höhe über dem Boden es zu konstruktiver Interferenz kommt, hängt von der Wellenlänge ab: Wellen mit großer Wellenlänge (also niedriger Frequenz) interferieren in größerer Höhe konstruktiv. Wenn Sie daher Ihren Kopf senken, hören Sie Wellen mit höherer Frequenz, weil diese näher am Boden konstruktiv interferieren.

Einen ähnlichen Effekt können Sie hören, wenn Sie sich von einem Wasserfall weg und auf eine Mauer zubewegen, an der der Schall des Wasserfalls in Ihre Richtung zurückreflektiert wird. In diesem Fall interferiert der Schall, der Sie direkt vom Wasserfall aus erreicht, mit dem an der Mauer reflektierten Schall. Je näher Sie der Mauer kommen, desto höher wird die Frequenz des Schalls, den Sie hören.

3.18 Schall aus weiter Entfernung

Mein Haus steht in den Cleveland Heights im Bundesstaat Ohio, also oberhalb der Ebene des Eriesees. Durch diese Ebene am Fuße der Cleveland Heights verläuft eine Bahnlinie. Ich kann die Bahnlinie von meinem Haus aus definitiv nicht sehen, und zwar nicht nur, weil sie zu weit weg wäre, sondern vor allem, weil mir die Sicht durch den Berghang und durch Bäume und Häuser versperrt ist. Wieso kann ich dann manchmal nachts von meinem Haus aus das Rattern der Züge hören?

Wenn an einem Ort mehrere laute Explosionen (zum Beispiel Artilleriefeuer) aufeinanderfolgen, kann es sein, dass sie nur in bestimmten Zonen um den Ort der Explosion herum zu hören sind. Wenn Sie sich geradlinig vom Ort der Explosion wegbewegen, dann hören Sie, wie die Schallintensität in der ersten (zentralen) Zone abnimmt, in der zweiten Zone verschwindet und in der dritten wiederkehrt. Wie lässt sich das Auftreten dieser Zonen erklären?

Als im Jahre 1980 der Vulkan Mount St. Helens im Bundesstaat Washington ausbrach, entsprach die dabei freigesetzte Energie der Explosion von mehreren Megatonnen TNT. Trotzdem war die Detonation nicht weiter als in einem Umkreis von 100 Kilometern zu hören. Warum nicht?

Im Ersten Weltkrieg verbrachten britische Soldaten bei Messines (südlich von Ypern, Belgien) ein Jahr damit, 21 Tunnel zu graben, die in 30 Metern Tiefe die deutsche Linie unterwanderten. Nachdem die Tunnel fertiggestellt waren, wurden in jedem Tunnel Minen mit mehreren Tonnen Sprengstoff platziert. In der Nacht zum 7. Juni 1917 zündeten die Briten diese Minen. Die Detonation war das lauteste Geräusch, das Menschen bis zu diesem Zeitpunkt ausgelöst haben; es war noch in London und sogar in Dublin, Hunderte Kilometer entfernt, zu hören. Wieso hatte der Schall eine derart große Reichweite?

Antwort

Eine Schallwelle, die unter einem Winkel mit der Vertikalen ausgesendet wird, ändert ihre Ausbreitungsrichtung, wenn sie auf eine Luftschicht mit einer anderen Temperatur trifft. Dieses Phänomen wird als *Brechung* oder *Refraktion* bezeichnet. Wenn die Temperatur sinkt, pflanzen sich die Wellen unter einem kleineren Winkel mit der Vertikalen fort. Wenn die Temperatur steigt, bewegen sie sich unter einem größeren Winkel und können sogar „umgelenkt" werden, sodass sie sich wieder zurück in Richtung Boden bewegen. Ich kann die entfernten Geräusche der Züge in Nächten hören, in denen eine *Inversionswetterlage* herrscht. Dann werden einige der von der Bahnlinie aus nach oben gesendeten Schallwellen wieder nach unten gelenkt, also in das Gebiet der Cleveland Heights hinein (Abb. 3.2).

Früher war die verlängerte Schallausbreitung für die Menschen ein vertrautes Phänomen. Die Zulu (eine afrikanische Volksgruppe) wussten beispielsweise, dass sie sich am Abend über ein zwei Kilometer breites Tal hinweg verständigen konnten, weil dann die Luft im Tal kühler ist als die Luft über dem Tal.

Wenn sich die Schallwellen einer Explosion hoch in die Luft ausbreiten, können sie ebenfalls wieder zurück zum Boden gelenkt werden. Ursache ist der Temperaturanstieg im unteren Bereich der Stratosphäre (unter der Stratopause, die sich in etwa 42 Kilometern Höhe befindet) sowie im unteren Bereich der Thermosphäre (über der Mesopause in 85 Kilometer Höhe). Die Schallwellen können dann in erstaunlich großem Abstand von der Schallquelle zum Boden zurückkehren: Dieser Abstand kann wesentlich größer sein, als sich der Schall am Boden auszubreiten vermag, wo ihm Bäume, Häuser und andere Hindernisse den Weg

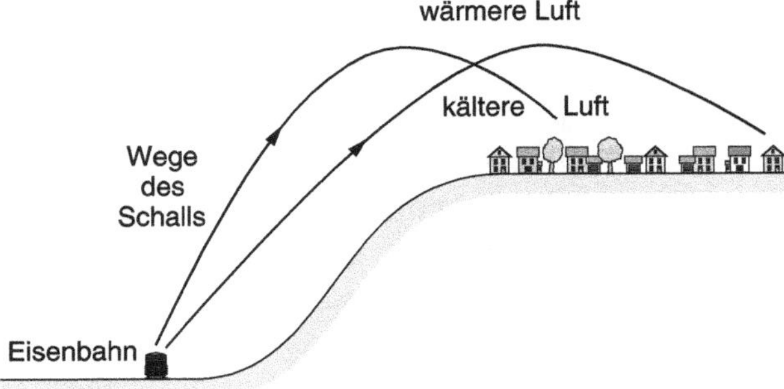

Abb. 3.2: Die Ausbreitungswege des Schalls werden zum Boden zurückgelenkt, wenn eine Inversionswetterlage herrscht, d. h., wenn die Lufttemperatur mit der Höhe zunimmt.

versperren. Deshalb kann man den Schall auch in einer Zone hören, die von der ersten (zentralen) weit entfernt ist. Falls dieser abgelenkte Schall am Boden reflektiert wird, kann er nach einer weiteren Umlenkung in Richtung Boden in eine noch weiter entfernte Zone am Boden zurückkehren.

Bei der Explosion des Mount St. Helens haben sich die Druckwellen zu langsam gebildet, als dass das menschliche Ohr darauf hätte ansprechen können. Deshalb war die Druckwelle beispielsweise im 54 Kilometer entfernten Toledo nicht zu hören (und sie hat auch keinerlei Schäden an Fenstern und anderen zerbrechlichen Objekten angerichtet). Als die Druckwellen jedoch die Stratosphäre erreichten, wurden sie gebündelt und zum Boden zurückgeführt. In einer Höhe von mehr als 100 Kilometern über dem Boden waren die Druckvariationen dann schnell genug, um akustisch wahrnehmbar zu sein.

Die Detonationen der Explosionen bei Messines breiteten sich ebenfalls bis in die Stratosphäre aus und wurden dann wieder zum Boden zurückgelenkt. Im Unterschied zu der Explosion am Mount St. Helens bildeten sich die Druckwellen bei diesen Explosionen sehr schnell und erzeugten Schallwellen von ohrenbetäubender Intensität.

Die Ausbreitungsrichtung einer Schallwelle wird außerdem vom Wind beeinflusst. Wenn sich die Welle hoch in den Bereich ausbreitet, wo der Wind nach unten weht, krümmt sich der Weg der Welle ebenfalls zurück zum Boden und erreicht manchmal einen Bereich, der erstaunlich weit von der Schallquelle entfernt ist.

3.19 Akustische Schatten

Im amerikanischen Bürgerkrieg (1862 bis 1865) waren die Befehlshaber sowohl der Union als auch der Konföderierten in starkem Maße auf die akustische Wahrnehmung angewiesen, wenn es darum ging, den Beginn und die geografischen Koordinaten einer Schlacht zu orten. Mehr als einmal wurde es notwendig, dass ein Befehlshaber seine Truppen teilte, um den Feind aus zwei Richtungen anzugreifen. Die einzige Möglichkeit, den Angriff zu koordinieren, bestand dann darin, dass der Schlachtenlärm der ersten angreifenden Truppe der zweiten signalisierte, dass sie nun gleichfalls angreifen musste. Da die beiden Truppen meist nur wenige Kilometer voneinander entfernt waren, war dies kein völlig aussichtsloses Unterfangen, und doch schlug diese Taktik bei der einen oder anderen entscheidenden Schlacht fehl.

Einen ähnlichen akustischen Effekt registrierten im Juni 1862 der Kriegsminister der Konföderierten und einer seiner Stabsangehörigen, als sie von einem Hügel aus die Schlacht von Gaines's Mill beobachteten, die keine zwei Kilometer von ihnen entfernt tobte. In die Schlacht unten im Tal waren mindestens 50 000 Mann und 100 Artilleriegeschütze involviert, und der von ihnen erzeugte Lärm muss die Kämpfenden fast taub gemacht haben. Die Beobachter auf dem Hügel jedoch hörten während ihrer zweistündigen Inspektion nichts von dem Schlachtenlärm. Wie ist es möglich, dass ein derartiger Lärm in nur wenigen Kilometern Entfernung nicht zu hören war?

Antwort

Es gibt drei Hauptgründe, weshalb sehr laute Geräusche, die im Zuge einer Schlacht verursacht werden, in wenigen Kilometern Entfernung nicht zu hören sein können. (1) Ein zwischen der Schallquelle und dem Beobachter liegender Wald kann den Schall *schlucken*, d. h. absorbieren. (2) Die auf Bodenniveau emittierten Schallwellen können sich entlang einer nach oben gekrümmten Bahn ausbreiten anstatt horizontal. (3) Der Ausbreitungsweg einer Schallwelle kann deshalb gekrümmt sein, weil sich entweder die Temperatur oder die Windgeschwindigkeit mit der Höhe ändert.

Wenn die Lufttemperatur mit zunehmender Höhe sinkt, krümmt sich der Weg des Schalls nach oben und steigt schließlich sehr steil an (siehe Abb. 3.3a), sodass er für Beobachter auf dem Boden in einigen Kilometern Entfernung nicht mehr zu hören ist. Die Windgeschwindigkeit nimmt gewöhnlich mit der Höhe zu. In dieser normalen Situation wird der mit der Windrichtung ausgesendete Schall zum Boden abgelenkt (Abb. 3.3b) und ist deshalb dort hörbar. Wenn der Schall jedoch entgegen der Windrichtung ausgesendet wird, wird er nach oben abgelenkt und ist am Boden nicht hörbar.

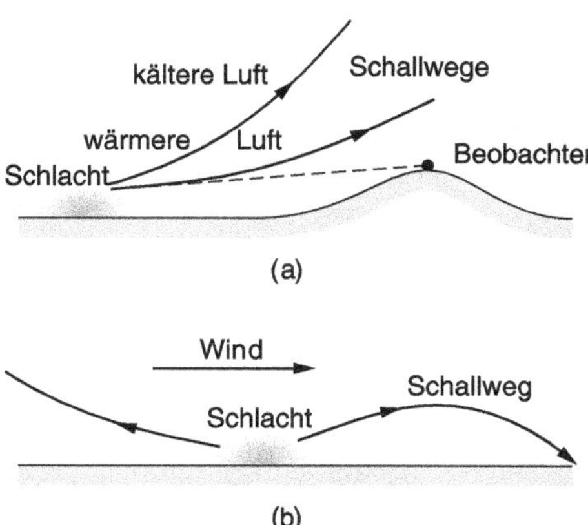

Abb. 3.3: (a) Die von einer Schlacht ausgehenden Schallwellen werden aufgrund des Temperaturgefälles mit zunehmender Höhe nach oben und damit von einem entfernten Beobachter weggelenkt. (b) Der Wind verändert den Weg des Schalls.

Ein Beobachter kann den Lärm einer Schlacht nicht hören, wenn er sich im *akustischen Schatten* der Schlacht befindet. Dies ist der Fall, wenn er auf der windwärtigen Seite steht und die

Windgeschwindigkeit mit der Höhe signifikant ansteigt. Noch seltsamere Situationen treten auf, wenn Schallwellen durch den Temperatureffekt zunächst nach oben, aber dann aufgrund des Windeffekts wieder nach unten umgelenkt werden und weit entfernt von der Schlacht am Boden eintreffen. In diesem Fall konnten weit entfernte Soldaten den Schlachtenlärm hören, weniger weit entfernte dagegen nicht.

3.20 Wie die sowjetischen U-Boote abgehört wurden

Während des Kalten Krieges überwachten die USA die U-Boote der Sowjetunion, indem sie sie über ein Unterwassernetzwerk aus akustischen Antennen belauschten. Das Merkwürdige war, dass sich diese Antennen in mittleren geografischen Breiten befanden, während sich die U-Boote 1 000 Kilometer entfernt in den Polarregionen aufhielten. Wie ist es möglich, eine auf dem U-Boot befindliche Geräuschquelle noch in so großer Entfernung zu hören?

Antwort

Ein Teil der auf dem U-Boot emittierten Geräusche wird im sogenannten *SOFAR-Kanal* eingefangen, einer Schicht im Ozean, die sich von den Polarregionen bis in mittlere Breiten erstreckt. Der SOFAR-Kanal liegt in einer Tiefe, in der die Ausbreitungsgeschwindigkeit von Schall in Wasser minimal ist. Die Schallgeschwindigkeit hängt zum einen von der Tiefe und zum anderen von der Temperatur ab. Wenn man die Schallgeschwindigkeit mit zunehmender Wassertiefe misst, wird man feststellen, dass zunächst der Temperatureffekt dominiert und die Geschwindigkeit wegen der sinkenden Temperatur ebenfalls sinkt. Ab einer bestimmten Tiefe jedoch beginnt der Tiefeneffekt zu dominieren, und die Geschwindigkeit nimmt trotz weiterhin sinkender Temperatur zu.

Es gibt also einen horizontalen Bereich, in dem die Geschwindigkeit minimal ist. Wenn sich Schall in diesem Bereich ausbreitet, kann er ähnlich wie Licht in einem Lichtwellenleiter eingefangen bleiben. Wenn der Schall in dem Kanal etwas nach oben oder unten gerichtet ist (also in einen Bereich, in dem die Geschwindigkeit größer ist), wird der Weg des Schalls aufgrund der höheren Geschwindigkeit wieder in den Kanal zurückgelenkt. Die Geräusche der in den Polargebieten operierenden sowjetischen U-Boote wurden in diesem akustischen Kanal eingefangen und erreichten auf diesem Wege die amerikanischen Antennen, die in mittleren Breiten stationiert waren.

3.21 Megafone und Nebelhörner

Wenn eine Cheerleaderin ohne Hilfsmittel in eine große, lärmende Menschenmenge hineinruft, wird niemand ihren Ruf hören. Benutzt sie dagegen ein Megafon, sind ihre Worte problemlos zu verstehen. Wie funktioniert die Verstärkung des Schalls durch ein Megafon?

Warum ist die vertikale Öffnung eines Nebelhorns weiter als die horizontale? Bedeutet dies nicht, dass ein Teil des Schalls „verschwendet“ wird, weil er nach oben gesendet wird?

Antwort

Wenn Schall aus einer Öffnung dringt, deren Größe vergleichbar mit der Wellenlänge des Schalls ist, werden die Schallwellen *gebeugt*, d. h., sie breiten sich ausgehend von der Öffnung in unterschiedliche Richtungen aus. Wenn eine Cheerleaderin in die Menge ruft, laufen die Schallwellen von ihrem Mund aus stark auseinander und werden nicht nur nach vorn, sondern auch nach hinten ausgesendet. Aufgrund dieses Auseinanderlaufens sinkt die Intensität des Schalls in jeder ausgewählten Richtung. Wenn sie dagegen durch ein Megaphon ruft, tritt der Schall aus einer sehr viel größeren Öffnung aus und läuft sehr viel weniger weit auseinander. Deshalb breitet sich der Schall vor allem nach vorn aus und seine Intensität ist entsprechend größer. Ein Megaphon bewirkt also, dass die Rufe der Cheerleaderin weniger stark gebeugt werden.

Der Zweck eines Nebelhorns besteht darin, ein Warnsignal so weit wie möglich in horizontale Richtung zu verbreiten, damit dieses von der Besatzung eines entgegenkommenden Schiffs gehört wird. Da in diesem Fall das Auseinanderlaufen des Schalls in horizontaler Richtung erwünscht ist, in vertikaler Richtung dagegen nicht, ist die Öffnung eines Nebelhorns schmal und hoch.

3.22 Flüstern

Angenommen, in einem unbebauten Gebiet (wo der Schall nur wenig oder gar nicht zu Ihnen zurückreflektiert wird) spricht jemand in einer relativ konstanten, geringen Lautstärke, während er abwechselnd zu Ihnen hin und von Ihnen weg blickt. Sie werden vermutlich die meiste Zeit über in der Lage sein, das Gesagte zu verstehen. Lassen Sie dann die Person das Ganze wiederholen, wobei sie diesmal die Worte in der gleichen Lautstärke flüstern soll. Warum wird das Flüstern schneller unhörbar als die normale Stimme, wenn die Person sich von Ihnen wegdreht?

Antwort

Hierfür gibt es zwei mögliche Erklärungen – hier zunächst die einfachere. Wie in der vorherigen Fragestellung erläutert wurde, wird der Schall gebeugt, wenn er durch eine Öffnung tritt, deren Durchmesser in der Größenordnung der Wellenlänge des Schalls liegt. Für kurze Wellenlängen ist die Beugung weniger stark ausgeprägt, d. h., die Schallwellen laufen hinter der Öffnung nicht so weit auseinander. Ein Flüstern besteht aus Wellen mit kürzeren Wellenlängen (große Frequenzen) als der größte Teil des Schalls in einer normalen Stimme. Deshalb muss sich eine flüsternde Person Ihnen direkt zuwenden, damit Sie den Schall hören können.

Hier die zweite mögliche Erklärung: Die Berechnung, wie sich der Schall ausgehend vom Mund ausbreitet, wurde erstmals 1896 von Lord Rayleigh ausgeführt und ist kompliziert. Rayleigh nahm bei seinen Berechnungen an, dass sich eine kleine Schallquelle auf einer Kugeloberfläche befindet, und fand heraus, dass sich die Schallwellen um die Kugel herumbiegen, und zwar umso mehr, je größer die Wellenlängen sind. Diese Beobachtung erklärt, warum ein Flüstern mit seinen kurzen Wellenlängen sich nicht so stark um den Kopf des Sprechenden herumbiegt wie der Schall einer normalen Stimme.

Einen ähnlichen Effekt können Sie bei einem Open-Air-Konzert hören, wo es meist keine geeigneten Flächen gibt, die die Stimmen der Künstler zum Publikum zurückreflektieren. Eine Männerstimme kann auch dann noch einigermaßen gut zu hören sein, wenn der Sänger sich vom Publikum wegdreht, doch eine Frauenstimme mit der gleichen Lautstärke, aber höherer Frequenz, muss direkt zu Ihnen gerichtet sein, damit Sie sie gut hören können.

3.23 Der Doppler-Effekt

Sicher haben Sie schon einmal folgendes Phänomen bemerkt: Wenn ein Notarztwagen mit eingeschaltetem Martinshorn an Ihnen vorbeifährt, dann ändert sich die Tonhöhe des Signals in dem Moment abrupt, in dem der Wagen genau auf Ihrer Höhe ist. Woran liegt das? Wird der Ton höher oder tiefer?

Antwort

Wenn sich eine Schallquelle relativ zu einem Beobachter (oder einem anderen Schalldetektor) bewegt, dann ändert sich die Frequenz des Schalls. Dies ist der sogenannte *Doppler-Effekt*, der bei allen Arten von Wellen, also auch bei Schallwellen auftritt. Wenn die Schallquelle relativ zu Ihnen ruht, erreichen die Wellenberge der Schallwelle (dort ist der Luftdruck hoch) mit der gleichen Frequenz Ihr Ohr, wie sie von der Quelle erzeugt werden. Deshalb hören Sie permanent die gleiche Frequenz, und diese Frequenz entspricht exakt der Frequenz, mit der die Schallwellen von der Quelle emittiert werden. Wenn sich dagegen die Schallquelle auf Sie zubewegt, verkürzt sich aufgrund der Bewegung des Fahrzeugs der Abstand zwischen zwei aufeinanderfolgenden Wellenbergen. Aus diesem Grund erreichen die Wellenberge Ihr Ohr mit einer höheren Frequenz als derjenigen, mit der die Wellen von der Quelle emittiert werden. Sie hören also einen höheren Ton. Wenn sich die Schallquelle von Ihnen wegbewegt, ist genau das Gegenteil der Fall: Sie hören eine tiefere Frequenz als die der emittierten Wellen. In dem Moment, in dem die Schallquelle auf Ihrer Höhe ist, wechselt daher die Frequenz abrupt von einer Verschiebung in den höheren Bereich zu einer Verschiebung in den tieferen Bereich. Wie groß die Frequenzverschiebung ist, hängt von der Geschwindigkeit der Schallquelle ab. Je größer der Abstand ist, in dem sich die Schallquelle an Ihnen vorbeibewegt, umso schwächer ist der Effekt.

Wenn Sie zwischen den zwei Schienen eines Gleises einen Schalldetektor anbringen, können Sie die Doppler-Verschiebung des Signaltons eines Zuges messen. Der Signalton hat während der gesamten Annäherungsphase an den Detektor eine bestimmte hohe Frequenz. Die Frequenz fällt am Detektor abrupt und behält diese tiefe Frequenz während der gesamten Phase des Entfernens vom Detektor bei.

Wenn Sie den Detektor nicht direkt an den Schienen, sondern etwa 20 Meter entfernt anbringen, würde die Messung aus Gründen der Geometrie ein anderes Ergebnis bringen. Wenn sich der Zug dem Detektor nähert, wird seine zum Detektor gerichtete Geschwindigkeitskomponente immer kleiner, sodass auch die Doppler-Verschiebung geringer ausfällt. Beim Herannahen des Zuges an den Detektor hat der Signalton zunächst jene hohe Frequenz, die vom Detektor gemessen wird, wenn er sich direkt an den Schienen befindet. Wenn der Zug näherkommt, macht sich jedoch die Tatsache bemerkbar, dass der Detektor in einer gewissen Entfernung vom Gleis angebracht wurde. Die Frequenz fällt dann schnell ab, bis zu der Phase, wo die Verbindungslinie zwischen Zug und Detektor fast senkrecht zum Gleis verläuft. Dann bleibt sie kurze Zeit konstant. Wenn der Zug am Detektor vorbei ist, fällt sie weiter, bis sie einen bestimmten tiefen Wert erreicht hat. Diese Frequenz bleibt erhalten, solange das Signal zu hören ist.

Angenommen, Sie selbst sind der Schalldetektor und befinden sich nahe genug am Gleis, dass der geometrische Effekt vernachlässigt werden kann. Dann sollten Sie nach dem bisher

Gesagten eine *konstante* hohe Frequenz wahrnehmen, solange sich der Zug auf Sie zubewegt, und eine *konstante* niedrige Frequenz, wenn sich der Zug von Ihnen wegbewegt. Überraschenderweise ist dies jedoch nicht der Fall. Vielmehr nehmen Sie während des Herannahens des Zuges einen *kontinuierlichen Frequenzanstieg* wahr und einen *kontinuierlichen Frequenzabfall*, wenn sich der Zug von Ihnen wegbewegt. Diese wahrgenommene Frequenz wird als *Tonhöhe* bezeichnet. Dass die Tonhöhe, wie in der vorliegenden Situation, von der tatsächlichen Frequenz abweicht und als stetig veränderlich wahrgenommen wird, ist ein bekanntes Phänomen der Psychoakustik und hängt mit der Lautstärke zusammen. Da das Signal während des Herannahens des Zuges kontinuierlich lauter wird, täuscht Ihnen Ihre Wahrnehmung vor, dass die Frequenz kontinuierlich steigt. Und da das Signal kontinuierlich leiser wird, wenn sich der Zug entfernt, nehmen Sie dies als kontinuierlich fallende Frequenz wahr.

3.24 Wie Fledermäuse Insekten aufspüren

Wenn eine Fledermaus am Boden nach Insekten (ihrer Beute) sucht, wird sie gewöhnlich davon geleitet, dass sie ein Insekt hört. Das Sehvermögen der Fledermaus ist schlecht, und zudem jagt sie in der Nacht. Manche Fledermausarten können Insekten, beispielsweise Motten, aus dem Flug heraus orten und fangen. trotz ihrer hohen Fluggeschwindigkeit ist die Fledermaus in der Lage, sich ein vorbeifliegendes Insekt zu schnappen. Wie stellt es die Fledermaus an, nicht nur das Vorhandensein eines Insekts zu bemerken, sondern auch die Geschwindigkeit und Richtung seines Fluges zu bestimmen?

Warum gelingt es Fledermäusen leichter, herumfliegende Motten im Licht einer Quecksilberdampflampe als im offenen Gelände einzufangen? Warum verschwindet dieser Vorteil, wenn es sich um eine Natriumdampflampe handelt?

Vor einiger Zeit habe ich zwei Höhlen im Westen von Texas erkundet und dabei ein ganzes Wochenende unter der Erde verbracht. Zweimal in der Nacht flogen Tausende von Fledermäusen über mich hinweg. Beim ersten Mal flogen sie in Richtung Höhlenausgang, um sich auf Nahrungssuche zu begeben, und beim zweiten Mal zurück zu ihrem Schlafplatz in der Höhle. Trotz der absoluten Finsternis und verschlungener Wege durch die Höhle ist keine einzige Fledermaus jemals gegen mich oder eine Höhlenwand geflogen. Wie schaffen es die Tiere, Kollisionen zu vermeiden?

Antwort

Fledermäuse emittieren Schallwellen, deren Frequenzen oberhalb des für Menschen wahrnehmbaren Bereichs, d. h. im *Ultraschallbereich*, liegen. Die Schallwellen, die wahrscheinlich über die Nasenlöcher der Fledermäuse emittiert werden, werden von den Objekten reflektiert, die sich im Weg befinden. Aus den Echos von diesen Objekten ermittelt die Fledermaus deren Koordinaten. Diese Methode birgt allerdings ein Problem in sich, wenn die Fledermäuse in einem Schwarm fliegen: Wie kann jede einzelne Fledermaus die Echos ihrer eigenen Schallwellen von denen anderer Fledermäuse unterscheiden? Möglich wird dies, weil sich die Signale jeder Fledermaus durch eine spezifische Frequenz sowie Frequenz- und Amplitudenänderungen auszeichnen. Trotz dieser Individualität der Signale ist es bemerkenswert, wie Fledermäuse während eines schnellen Fluges in Richtung einer Wand ihr eigenes Signal unter denen aller anderen Fledermäuse herausfinden.

Fledermäuse empfangen neben dem Echo selbst noch andere Informationen, weil sie in der Lage sind, im Echo eine Frequenzverschiebung wahrzunehmen, die aufgrund ihrer eigenen Bewegung entsteht. Angenommen, eine Fledermaus emittiert eine Schallwelle einer bestimmten Frequenz, während sie auf eine Wand zufliegt. Das zur Fledermaus zurückkehrende Echo hat eine höhere Frequenz (Doppler-Effekt; siehe vorherige Fragestellung). Je schneller eine Fledermaus auf eine Wand zufliegt, umso stärker wird die Frequenz des Echos verschoben. Fledermäuse können anhand der Doppler-Verschiebung ihre Geschwindigkeit bestimmen.

Manche Fledermäuse emittieren Schallwellen von konstanter Frequenz und nutzen die Doppler-Verschiebung aus, um Hindernisse, aber auch Beutetiere zu orten. Die von anderen Arten emittierten Schallwellen tasten einen bestimmten Frequenzbereich ab. Durch die Analyse der Doppler-Verschiebung bei unterschiedlichen Frequenzen können Fledermäuse die Oberflächeneigenschaften des Objektes bestimmen, auf das sie zufliegen. Auf diese Weise können sie beispielsweise das von einem Insekt ausgesendete Echo von dem unterscheiden, das von Blättern zurückgeschickt wird. Einfacher wird es für die Fledermaus, wenn das Insekt mit den Flügeln schlägt, weil durch diese Aktivität Variationen im Echo erzeugt werden, die ein untrügliches Zeichen dafür sind, dass das Echo von einem flatternden Insekt stammt.

Manche Fledermäuse ziehen es vor zu jagen, indem sie tief über ein Gewässer fliegen. Die ebene Wasseroberfläche produziert ein viel geringeres Störecho, das von den Fledermäusen herausgefiltert werden muss. Ein großer Teil der Reflexionen des Signals der Fledermaus an der Wasseroberfläche wird von der Fledermaus weggestreut, doch ein Insekt streut das Echo direkt zur Fledermaus zurück und kann deshalb leicht geortet werden.

Einige Insektenarten haben eine Sensitivität für den von Fledermäusen verwendeten Ultraschall entwickelt. Wenn diese Insekten Töne mit solchen Frequenzen spüren (besonders wenn diese Töne laut sind), fliegt es sofort in die Richtung, in der die Intensität des Schalls sinkt. Einige dieser Insekten haben eine noch bessere Verteidigungsstrategie: Sie emittieren Klickgeräusche, die das Echo, das die Fledermaus zum Orten des Insekts braucht, effektiv zerstört.

Nachts zieht eine Quecksilberdampflampe Motten und andere Fluginsekten an, sodass Fledermäuse in der Nähe solcher Lampen immer ein schmackhaftes Menü finden werden. Bemerkenswerterweise sind unter diesen Insekten viele, die normalerweise in der Lage sind, Ultraschall wahrzunehmen. Eine Vermutung, weshalb ihnen diese Fähigkeit in der Nähe einer Lampe abhanden kommt, ist die, dass ihnen das weiße Licht der Lampe vorgaukelt, es sei Tag – und tagsüber müssen sie Fledermäuse nicht fürchten, da diese dann schlafen. Natriumlampen emittieren gelbes Licht, welches die Motten offenbar nicht mit Tageslicht verwechseln.

3.25 Wie Fledermäuse Blüten finden

Wie finden Fledermausarten, die sich von Blüten ernähren, zu ihrer Nahrungsquelle? Besonders bei vielen tropischen Arten ist die Bestäubung (und damit die Fortpflanzung) von dem Besuch durch Fledermäuse abhängig. Wenn eine Fledermaus auf einer Blüte landet und ihr Maul in einen Spalt zwischen den Blütenblättern steckt, um an den Nektar heranzukommen, bewirkt sie damit, dass zwei andere Blütenblätter Pollen auf dem Körper der Fledermaus ablagern, die den Pollen später zur nächsten Blüte weiterträgt. Die Fledermaus muss nicht nur in der Lage sein, Blüten aufzufinden, sondern auch wissen, wo genau sie in der Blüte ihr Maul hineinschieben muss. Wie kann sie angesichts ihrer schlechten Sehleistung und der Dunkelheit all dies bewerkstelligen? Durch welchen Mechanismus verhindert eine Blüte, dass auf ihr eine zweite Fledermaus landet, bevor sie ihren Vorrat an Pollen wieder aufgefüllt hat?

Antwort

Fledermäuse können Blüten offensichtlich an dem Echo erkennen, das sie zurücksenden, wenn der Ultraschall der Fledermaus sie trifft (siehe vorherige Fragestellung). Tatsächlich sind die Blütenkelche mancher von Fledermäusen bestäubten Pflanzen glockenförmig, was es ihnen ermöglicht, ein leichter erkennbares Echo zurückzusenden. Beispielsweise sind die Blütenblätter der Liane *Mucuna holtonii* in Form einer Glocke angeordnet, die auch dann ein starkes Echo zurückgibt, wenn sich die Fledermaus nicht senkrecht sondern unter einem flacheren Winkel auf die Blüte zubewegt.) Diese Blüte ist also gewissermaßen die akustische Variante der optischen Rückstrahler, die beispielsweise Jogger an ihrer Kleidung tragen, um nachts im Scheinwerferlicht gut sichtbar zu sein.) Wenn Pollen verfügbar ist, streckt die Blüte das oberste Blatt der Glocke aus. Nachdem die Fledermaus die Blüte mit Pollen an ihrem Körper verlassen hat, fällt dieses Blütenblatt ein, wodurch die Glockenform zerstört wird. Wenn in dieser Phase eine zweite Fledermaus vorbeifliegt, empfängt sie kein starkes Echo von der Blüte. Später in der Nacht, wenn wieder Pollen verfügbar ist, wird das Blatt wieder gestreckt und so die Glockenform wiederhergestellt. Nun wirft sie wieder ein starkes Echo zurück, sodass eine weitere Fledermaus sich an der Blüte laben kann.

3.26 Unter Wasser hören

Wenn sich Ihr Kopf unter Wasser befindet, haben Sie den Eindruck, dass der Schall, den jemand rechts von Ihnen emittiert, eher von vorn als von rechts kommt. Woran liegt das?

Antwort

Eine der Informationen, die Ihr Gehirn benutzt, um die Richtung einer Schallquelle zu ermitteln, ist die Zeitverzögerung zwischen der Ankunft der Schallwellen an Ihren beiden Ohren. Beispielsweise rekonstruieren Sie aus der Zeitverzögerung von 0,00058 Sekunden und früheren Erfahrungen, dass sich eine Schallquelle genau zu Ihrer Rechten befinden muss (d. h. einen Winkel von 90 ° mit der Vorwärtsrichtung bildet). Wenn Sie und die Schallquelle jedoch unter Wasser sind, ist die Zeitverzögerung nur noch ein Viertel so groß (0,00014 Sekunden), weil sich Schall im Wasser viermal so schnell ausbreitet wie in Luft. Die kürzere Verzögerung und ihre durch das Leben an Land geprägte Erfahrung signalisieren Ihnen fälschlicherweise, dass sich die Schallquelle in einem Winkel von 13 ° vor Ihnen befindet.

Wahrscheinlich werden Sie den Winkel nicht besonders gut bestimmen können, weil die Zeitverzögerung zwischen den beiden Ohren von einem weiteren Effekt überlagert wird. Der Schall kann nämlich viel leichter von Wasser in Ihren Kopf als von Luft in Ihren Kopf übertragen werden. Wenn Ihr Kopf unter Wasser ist, erreicht der Schall das weiter von der Schallquelle entfernte Ohr nicht nur über das Wasser, sondern auch durch den Kopf. Die Zeitverzögerungen sind für diese beiden unterschiedlichen Wege verschieden, sodass Ihr Gehirn widersprüchliche Informationen zur Richtungsbestimmung der Schallquelle erhält.

3.27 Der Cocktailparty-Effekt

Angenommen, auf einer kleinen Party stehen und plaudern die Gäste in Paaren, wobei jede Person von ihrem jeweiligen Partner die sozial akzeptierte Distanz einhält und beide einander deutlich verstehen können. Wenn immer mehr Leute den Raum füllen, wird es allerdings immer schwieriger, sich zu verstehen. Woran liegt das und wie reagieren die Leute in der Regel darauf? Warum ist es trotzdem noch leicht möglich, eine bestimmte Stimme aus der allgemeinen Geräuschkulisse herauszuhören?

Antwort

Wenn sich der Raum mit immer mehr Menschen füllt, steigt das Hintergrundrauschen aufgrund der allgemeinen Konversation (Schallwellen, die direkt von den Personen zu Ihnen kommen und solche, die vorher an den Wänden, der Decke oder anderen Personen reflektiert worden sind). Wenn das Hintergrundrauschen etwa die gleiche Lautstärke erreicht wie das Gespräch, das Sie selbst führen, dann heben Sie und Ihr Gesprächspartner Ihre Stimmen. Dies ist der sogenannte *Lombard-Effekt*, benannt nach Etienne Lombard, der das Phänomen 1911 untersucht hat. Da auch alle anderen Paare im Raum das gleiche Problem haben wie Sie und Ihr Gesprächspartner, heben auch sie ihre Stimmen, sodass Sie weiterhin keine Chance haben, Ihren Partner zu verstehen. Irgendwann ist der Punkt erreicht, an dem Sie und Ihr Gesprächspartner, um sich nicht anzuschreien zu müssen, näher zusammenrücken (und somit die sozial akzeptierte Distanzschwelle verletzen). Wenn jemand die Partygäste laut um Ruhe bittet, um eine Ansage zu machen, und dann die Gespräche wieder aufgenommen werden, kehren die Stimmen schnell (in exponentieller Zeit) wieder zu ihren früheren Lautstärken zurück. Der Lombard-Effekt wurde auch bei verschiedenen Tierarten untersucht, beispielsweise bei einigen Vögeln, deren Rufe automatisch lauter werden, wenn die durch andere Vögel erzeugten Hintergrundgeräusche zunehmen.

Wenn jemand das Partygespräch zwischen Ihnen und Ihrem Partner mit einem einzigen Mikrofon aufnimmt, und die Aufnahme später (in einem ruhigen Raum) abspielt, werden Sie vermutlich größere Schwierigkeiten haben, die Worte Ihres Gesprächspartners klar zu erkennen, als es im Originalgespräch der Fall gewesen ist. Der Unterschied kommt daher, dass Sie Ihren Gesprächspartner live mit zwei Ohren hören – die kurze Verzögerung zwischen dem, was Ihre beiden Ohren hören und der winzige Unterschied der Lautstärke an den beiden Ohren hilft Ihnen dabei, die Stimme Ihres Gesprächspartners aus dem Stimmengewirr der anderen Gäste herauszuhören. Dies ist der sogenannte *Cocktailparty-Effekt*. Die Tatsache, dass Sie die Mundbewegungen und die Körpersprache Ihres Gesprächspartners sehen können, kann ebenfalls dabei helfen, einzelne Worte oder ganze Sätze, die Sie nicht ganz deutlich hören konnten, zu ergänzen. Wenn Sie die mit einem einzigen Mikrofon aufgenommene Gesprächsaufzeichnung hören, steht keine dieser zusätzlichen Informationen zur Verfügung.

3.28 Von den Ohren emittierter Schall

Etwa 60 % aller Menschen strahlen Schall von ihren Ohren ab, ein Phänomen, das als *otoakustische Emission* (OAE) bezeichnet wird. In den meisten Fällen benötigen Sie ein Mikrofon und einen Verstärker, um diese Emissionen hörbar zu machen, doch manchmal können Sie sie direkt hören, wenn Sie in einem ruhigen Raum dicht neben einer Person stehen, die solche Schallwellen emittiert. Auf welche Weise emittieren Ohren Schallwellen?

Antwort
Wenn Schall das Trommelfell aktiviert, werden die Oszillationen in das Innenohr weitergeleitet. Das eigentliche Hörorgan ist die im Innenohr befindliche Hörschnecke (die *Cochlea*). Diese besteht aus zwei langen, mit Flüssigkeiten gefüllten Räumen, die durch die *Basilarmembran* separiert werden. Das für die Schalltransformation verantwortliche Organ ist das *Corti-Organ*. Wenn ein akustisches Signal in dieses Organ geleitet wird, beginnen die mit feinsten Härchen besetzten Sinneszellen (Haarzellen) zu schwingen, wodurch elektrische Impulse ausgelöst und als Information über den Schall zum Gehirn gesendet werden. Diese Detektion ist stark frequenzabhängig – Schall einer bestimmten Frequenz stimuliert die Haarzellen einer bestimmten Region. Diese Selektivität basiert auf einem Kontrollsystem, das einen Teil des Signals in die Detektionsregion zurückkoppelt. Aufgrund dieser Rückführung von Energie kann die Basilarmembran schwingen, ohne dass es einen externen Stimulus braucht. Die Oszillationen werden zurück zum Trommelfell gesendet, welches daraufhin Schallwellen produziert, die sich aus dem Gehörgang nach außen fortpflanzen. Bei den meisten Menschen haben diese Schallwellen sehr kleine Amplituden.

3.29 Die Musik in Ihrem Kopf

Die Musik von Hardrock-Bands wie Deep Purple und Led Zeppelin ist durch starke Basslinien geprägt. Kleine Lautsprecher, wie sie beispielsweise in Autoradios verwendet werden, können jedoch keine Bässe wiedergeben – die entsprechenden Schallwellen haben so große Wellenlängen, dass sie von einem Lautsprecherkegel mit kleinem Durchmesser und Tiefe nicht reproduziert werden können. Trotzdem klingt die Musik auch aus solchen kleinen Lautsprechern akzeptabel. Wie also ist es möglich, dass Sie die Basslinie hören?

Antwort
Die niederfrequenten Töne entstehen in Ihrem Kopf, und zwar aus zwei Gründen. Der Effekt entsteht durch das *Fehlen der Fundamentalfrequenz* und hat damit zu tun, wie wir harmonische Reihen wahrnehmen. Eine harmonische Reihe besteht aus einer niedrigsten Frequenz (der Fundamentalfrequenz) und höheren Frequenzen (Obertönen), die ganzzahlige Vielfache der Fundamentalfrequenz sind. Wenn die Fundamentalfrequenz beispielsweise bei 500 Hertz liegt, dann besteht die harmonische Reihe aus den Frequenzen 1 000 Hertz, 1 500 Hertz, 2 000 Hertz usw. Angenommen, die Boxen eines Autoradios können sämtliche Frequenzen über 800 Hertz reproduzieren, aber keine niedrigeren Frequenzen. Wenn diese

harmonische Reihe zum Lautsprecher geschickt wird, kann die Fundamentalfrequenz von 500 Hertz nicht reproduziert werden, die höheren Harmonischen dagegen schon. Das neurologische System nimmt diese höheren Frequenzen wahr und erkennt, dass sie Bestandteil einer harmonischen Reihe sind. Es erzeugt daraufhin auch einen Reiz für die Fundamentalfrequenz, obwohl dieser gar nicht bei den Ohren ankommt. Wenn Sie also Hardrock aus einem relativ kleinen Lautsprecher hören, reichen die höheren harmonischen Frequenzen für Ihr neurologisches System aus, um die Fundamentalfrequenz eines Tons wahrzunehmen. Was dabei genau im neurologischen System abläuft, ist noch nicht hinlänglich verstanden.

Der zweite Effekt, der für das Wahrnehmen einer Basslinie verantwortlich ist, ist die *Nichtlinearität* des Hörvorgangs. Das Ohr nimmt die Variationen jeder bei ihm eintreffenden Schallwelle verzerrt wahr. Es reagiert vermutlich in einem breiten Lautstärkebereich nichtlinear und ist auch in der Lage, Töne nach ihren Frequenzen zu sortieren. Ein Nebeneffekt dieser verzerrten Reaktion tritt auf, wenn das Ohr zwei Frequenzen empfängt, also beispielsweise $f_1 = 1\,000$ Hertz und $f_2 = 1\,500$ Hertz. Wenn die Schallwellen sehr laut sind, wird im Innenohr eine Welle mit der Differenzfrequenz der beiden Wellen ($f_2 - f_1 = 500$ Hertz) erzeugt. Da es sich bei diesen Frequenzen um zwei aufeinanderfolgende Werte der weiter oben aufgelisteten harmonischen Reihe handelt, ist die Differenz gleich der Fundamentalfrequenz. Die Fundamentalfrequenz wird also im Innenohr durch die nichtlineare Antwort des Ohres reproduziert, obwohl sie gar nicht in das Ohr eindringt.

Sie können einen *Differenzton* $f_2 - f_1$ auch in anderen Situationen hören, in denen zwei Schallquellen relativ dicht beieinanderliegende Frequenzen mit großer Lautstärke emittieren. Die große Lautstärke ist notwendig, damit das Innenohr die Verzerrung reproduziert. Wenn zum Beispiel eine Flöte einen Ton der Frequenz f_1 und eine andere einen Ton der Frequenz f_2 erzeugt, dann kann ein Geübter eine „Geisterflöte" der Frequenz $f_2 - f_1$ hören.

Ein Differenzton ist auch zu hören, wenn man kräftig in eine Trillerpfeife mit zwei Löchern bläst. Wenn Sie das erste Loch zuhalten, hören Sie die Frequenz des zweiten Lochs, und wenn Sie das zweite Loch zuhalten, hören Sie die Frequenz des ersten. Sind beide Löcher offen, hören Sie die beiden individuellen Frequenzen sowie eine dritte Frequenz: die des Differenztons.

Differenztöne spielen auch bei Orgelpfeifen eine wichtige Rolle. Um ein tiefes C mit 16 Hertz zu erzeugen, müsste eine Pfeife etwa 10 Meter lang und damit sehr schwer und teuer sein. Wenn jedoch eine Orgel ein C mit 32 Hertz erzeugt und eine andere ein C mit 48 Hertz, und beide laut zusammenspielen, entsteht das tiefe C mit 16 Hertz als Ergebnis der Verzerrung im Innenohr. Auf diese Weise können zwei kürzere und damit erschwinglichere Pfeifen Musik in Ihrem Kopf erzeugen.

3.30 Lärminduzierte Hörprobleme

Als der Rock 'n' Roll aufkam, befürchteten viele Eltern, dass die Musik das Gehör ihrer halbwüchsigen Kinder ruinieren könnte. Frühe Studien zeigten, dass dies nicht der Fall ist. Als jedoch später der Rock entstand und diese Musik üblicherweise sehr laut konsumiert wurde, zeigten sich tatsächlich bei vielen jungen Menschen Hörschäden. Viele gestandene Rockmusiker haben nach den vielen Jahren, die sie lauter Musik ausgesetzt waren (entweder auf der Bühne oder im Studio unter Kopfhörern), ernsthafte Hörprobleme. Beispielsweise hat sich bei Pete Townshend (von The Who) und Lars Ulrich (von Metallica) ein permanentes „Klingeln im Ohr" (*Tinnitus*) entwickelt, das stark genug ist, um die Konzentrationsfähigkeit und den Schlaf der Musiker zu stören.

Auch viele DJs, die ständig in sehr lauter Umgebung arbeiten, haben Hörprobleme. Dabei kann es sich um einen vorübergehenden Verlust des Gehörs nach dem Plattenauflegen, einen dauerhaften Gehörverlust oder um Ohrgeräusche (Tinnitus) handeln. Schädigungen durch Kopfhörer sind immer häufiger auch bei Menschen zu verzeichnen, die regelmäßig laute Musik von portablen Abspielgeräten hören. Daneben gibt es viele weitere Quellen von sehr lautem oder plötzlichem Schall, die zum Gehörverlust führen können. Hierzu gehören beispielsweise Laubsauger, Rasenmäher, Feuerwerke, Gewehrschüsse, Presslufthämmer, Flugzeugtriebwerke, Motorräder und Rennautos. Viele Menschen versuchen, sich vor Lärmschäden zu schützen. Eine Möglichkeit dazu sind *passive* Ohrstöpsel (zylindrische Schaumstoffstücke), die die Ohröffnung blockieren. *Aktive* (lärmreduzierende) Ohrstöpsel und Kopfhörer überwachen alle kontinuierlichen Hintergrundgeräusche mit dem Ziel, sie zu eliminieren.

Auf welche Weise lösen laute Geräusche die verschiedenen Arten von Hörproblemen aus? Wie funktioniert das Auslöschen von Geräuschen durch lärmreduzierende Ohrstöpsel und Kopfhörer?

Antwort

Die Einzelheiten, wie laute Geräusche einen vorübergehenden oder dauerhaften Gehörverlust auslösen, sind noch nicht hinlänglich verstanden. Zu einem vorübergehenden Verlust des Gehörs kann es kommen, weil die Verstopfung von Blutgefäßen zu einer Reduzierung der Blutversorgung des Innenohrs führt. Ein dauerhafter Gehörverlust kann darauf zurückzuführen sein, dass die Härchen der Hörschnecke, die für die Umwandlung von Schallfrequenzen in neuronale Signale an das Gehirn zuständig sind, verbogen werden. Wenn diese Härchen gekrümmt sind und die Signale an das Gehirn von der Norm abweichen, interpretiert das Gehirn diese Änderungen so, als würde Schall das Ohr erreichen.

In aktiven Ohrstöpseln und Lärmschutzkopfhörern überwacht ein miniaturisiertes Bauelement die Umgebungsgeräusche und erzeugt selbst Schallwellen. Wenn die Intensität der Umgebungsgeräusche relativ konstant ist, erzeugt das Bauelement eine Schallwelle mit gleicher Amplitude und Frequenz, was die Situation scheinbar noch verschlimmert. Tatsächlich ist das Gegenteil der Fall, weil der erzeugte Schall gegenüber den Umgebungsgeräuschen um eine halbe Wellenlänge phasenverschoben ist, sodass sich die Wellen gegenseitig auslöschen (destruktive Interferenz). Die Wirkung kann sehr eindrucksvoll sein: Wenn Sie Lärmschutzkopfhörer tragen, diese jedoch nicht eingeschaltet sind, kann beispielsweise das Dröhnen von

Flugzeugtriebwerken ohrenbetäubend sein. Sobald Sie jedoch die Kopfhörer einschalten, reduziert sich das Dröhnen auf ein schwaches Wispern.

3.31 Rauschinduzierte Schallverstärkung

Normalerweise bewirken unspezifische Geräusche (Rauschen), dass Signale, beispielsweise die Stimme des Gesprächspartners auf einer lauten Party, überdeckt werden. (Das *Signal-Rausch-Verhältnis* ist in diesem Falle kleiner als 1, was bedeutet, dass das Signal im Stimmengewirr untergeht.) Unter bestimmten Voraussetzungen kann das Rauschen jedoch die Hörbarkeit eines Signals verbessern. Wenn Sie beispielsweise Musik hören und die Lautstärke reduzieren, ist die Musik irgendwann so schwach, dass Sie sie kaum noch hören können. Wenn Sie nun eine Rauschquelle einschalten, die einen relativ uniformen Schall erzeugt und die Intensität genau abstimmen, werden Sie feststellen, dass Sie die Musik wieder hören können. Wie ist es möglich, dass Rauschen unhörbare Musik hörbar macht?

Antwort

Die Musik besteht aus Schallwellen unterschiedlicher Intensität. Wenn Sie die Lautstärke drosseln, bis die Musik nicht mehr wahrnehmbar ist, dann hören Sie auch die lautesten Frequenzen nicht mehr. Wenn Sie dann ein relativ konstantes Hintergrundgeräusch einschalten, wird die Intensität des Rauschens zu der Intensität der Musik addiert. Auf diese Weise werden die lauteren Anteile der Musik in den hörbaren Bereich gebracht. Sie sind nun in der Lage, den Rhythmus der Musik auszumachen und eventuell auch ein paar Details. Mit Sicherheit wird das, was Sie hören, keine besonders gute Qualität haben, da sämtliche Anteile geringer Intensität fehlen. Nichtsdestotrotz hören Sie genug, um die Musik wiederzuerkennen.

3.32 Stethoskope und Atemgeräusche

Anhand der Geräusche, die im Körper eines Patienten (in der Brust, im Rücken und im Rachenbereich) produziert werden, kann ein Arzt erkennen, ob dem Patienten etwas fehlt. Offensichtlich kann der Arzt diese Geräusche nicht einfach hören, wenn er dicht neben dem Patienten steht. Deshalb verwendet er ein Stethoskop. Würde der Arzt besser hören, wenn er ein Ohr auf den Körper des Patienten pressen würde? Wodurch entstehen die Geräusche?

Antwort

Die Geräusche entstehen hauptsächlich durch das Blut, das durch das Herz fließt, sowie durch die Luftströmung in den Lungen und im Hals. Die mit den Luftströmungen im Zusammenhang stehenden Geräusche sind noch nicht hinlänglich verstanden. Gewöhnlich werden sie auf die Turbulenzen zurückgeführt, die in der Luft Druckvariationen hervorrufen, welche sich dann durch Brust, Rücken und Hals in Form von Schallwellen fortpflanzen. Sowohl außergewöhnlich starke Turbulenzen als auch ungewöhnlich schwache Turbulenzen können Probleme in den Luftströmungen und Schäden an der Lunge auslösen. Pfeifende Atemgeräusche können ein Anzeichen dafür sein, dass die Atemwege verstopft sind. Außerdem sind sie ein typisches Symptom bei Asthma.

Die verschiedenen im Körper eines Patienten erzeugten Geräusche werden auf die Brustwand übertragen, und zwar die Töne niedriger Frequenz besser als die Töne hoher Frequenz.

Allerdings werden die Töne nur schlecht über die Grenzfläche zwischen Brust und Luft übertragen. Der Arzt kann bestimmte Geräusche (mit Sicherheit beispielsweise den Herzschlag) hören, indem er sein Ohr direkt auf die Brustwand presst, denn der Schall kann eine Resonanz im Hörkanal auslösen. Tatsächlich wurde diese einfache Methode früher oft angewendet, um Geräusche im Körper des Patienten abzuhören. Mit einem Stethoskop ist das Gleiche ohne diesen manchmal als heikel empfundenen Körperkontakt möglich. Außerdem werden durch ein Stethoskop niedrigfrequente Töne durch Resonanz verstärkt.

Traditionelle Stethoskope bestehen aus einem Schlauch, an dessen einem Ende sich entweder ein Gummitrichter oder ein Metalldiaphragma befindet. Der Trichter bzw. das Diaphragma wird gegen die Brust des Patienten gedrückt. Die Brustgeräusche versetzen das Diaphragma oder die Luft in dem Trichter in Schwingungen, die sich in der Luftsäule innerhalb des Schlauches fortsetzen. Auf diese Weise kann der Arzt die Schwingungen hören. Das Diaphragma bzw. der Trichter sind breiter als der Querschnitt des Schlauchs, sodass sie die Geräusche über einen relativ großen Brustbereich einsammeln. (Dieser Bereich ist allerdings nicht so groß, dass der Arzt nicht mehr lokalisieren könnte, woher die Geräusche kommen.)

3.33 Gitarrensaiten und Gummibänder

Warum erhöht sich die Frequenz des Tons, den eine an einer bestimmten Stelle gezupfte Gitarrensaite erzeugt, wenn man die Saite straffer spannt? Wenn Sie ein Gummiband zwischen zwei Fingern straffen und es anzupfen, bleibt die Frequenz des dabei erzeugten Tons entweder die gleiche oder wird sogar etwas kleiner. Woran liegt das? Warum sollte eine Gitarre vor einem Bühnenauftritt eine Weile lang hinter der Bühne eingespielt werden?

Antwort

Dass Sie einen Ton hören, wenn Sie eine Gitarrensaite anzupfen, liegt daran, dass sich einige der entlang der Saite freigesetzten Wellen gegenseitig verstärken (Resonanz). Diese Verstärkung bedeutet, dass die Bewegung der Saite durch die Luft ziemlich stark ist, sodass sie hörbare Druckvariationen erzeugt. Die meisten Wellen auf einer Saite führen nicht zu einer signifikanten Bewegung der Saite, doch für bestimmte Wellenlängen entsteht eine Resonanz und somit Schall.

Die Welle mit der niedrigsten zur Resonanz führenden Frequenz wird als *Fundamentalschwingung* bezeichnet. Der Wert dieser Frequenz hängt von der Länge der Saite ab sowie von der Geschwindigkeit, mit der sich die Wellen entlang der Saite ausbreiten. Diese Geschwindigkeit wiederum hängt von der Spannung und von der Dichte des Materials der Saite ab.

Wenn Sie eine Gitarrensaite straffer spannen, erhöhen Sie deren Spannung, ohne dabei die Länge zu ändern, und auch die Dichte ändert sich nicht wesentlich. Das Ergebnis sind schnellere Wellen auf der Saite und höhere Frequenzen des emittierten Schalls. Wenn Sie dagegen ein Gummiband spannen, erhöhen Sie zwar ebenfalls die Spannung, doch gleichzeitig verringern Sie die Dichte und vergrößern die Länge. Aufgrund des Zusammenwirkens der verschiedenen Faktoren ändert sich die Geschwindigkeit der Welle nicht merklich.

Wenn eine Gitarrensaite gespielt wird, steigt aufgrund der Bewegung ihre Temperatur und die Saite dehnt sich aus. Somit sinkt die Spannung und mit der Spannung auch die von der Saite emittierten Frequenzen. Ein Künstler will natürlich nicht, dass sich diese Veränderung auf der Bühne vollzieht, denn dann müsste er während seines Auftritts die Saiten straffer spannen. Deshalb wird die Gitarre hinter der Bühne eingespielt, bis sich die Saite erwärmt hat.

3.34 Streichinstrumente

Wie entstehen die Töne bei einer gestrichenen Violine? Warum hören Sie fast kein Geräusch, wenn Sie die Saite in der Mitte streichen? (Falls die Violine in diesem Fall doch einen Ton erzeugen sollte, werden Sie diesen als ziemlich unangenehm empfinden.) Warum wird der Geigenbogen mit Kolophonium eingerieben?

Eine bestimmte Saite (definiert durch Länge, Spannung und Gewicht) kann Töne verschiedener Frequenzen erzeugen, wobei diese Frequenzen Teil einer sogenannten harmonischen Reihe sind. Wenn beispielsweise die niedrigste Frequenz einer harmonischen Reihe 500 Hertz ist, ist die nächsthöhere Harmonische (auch erster Oberton genannt) 1 000 Hertz. Die höheren Harmonischen finden Sie, indem Sie den Wert von 500 Hertz mit 2, 3, 4 usw. multiplizieren. Welche der harmonischen Frequenzen durch den über eine Saite streichenden Bogen tatsächlich angeregt werden, hängt davon ab, an welcher Stelle der Saite der Bogen aufgesetzt wird und wo die Finger die Saite gegen den Steg drücken. Man kann eine Saite aber auch dazu bringen, dass sie *Subharmonische* erzeugt, also Frequenzen, die noch kleiner sind als die Fundamentalfrequenz (zum Beispiel halb so groß). Wie spielt man solche tiefen Frequenzen auf einer Violine?

Antwort

Wenn Sie eine Gitarrensaite anzupfen, oszilliert diese in mehreren ihrer Resonanzmoden. Dabei verstärken sich einige der Wellen gegenseitig und erzeugen ein Interferenzmuster. Für jedes Interferenzmuster gibt es Bereiche der Saite, die besonders stark schwingen. Diese Stellen der Saite erzeugen Druckvariationen in der Luft, die sich ausgehend von der Saite in Form von Schall ausbreiten.

Eine gestrichene Saite dagegen erzeugt auf völlig andere Weise Töne. Sie wird beim Anstreichen durch den Bogen von diesem ein Stück mitgeführt, schnellt dann zurück, wird wieder vom Bogen erfasst, von diesem wieder ein Stück mitgenommen usw. (Stick-Slip-Effekt). Beim Zurückschnellen entstehen zwei Wellen, die sich entlang der Saite in entgegengesetzte Richtungen ausbreiten. An den Enden des Stegs werden die Wellen reflektiert. Während der ganzen Zeit bewegt sich der Bogen weiter in der beschriebenen Weise über die Saite.

Der Geiger muss ein Gefühl bzw. Gehör dafür entwickeln, wie er das Streichen des Bogens mit den über die Saite laufenden Wellen synchronisiert, denn es ist natürlich nicht möglich, diese Wellen zu sehen. Die über die Saite laufenden Wellen erzeugen Variationen des Luftdrucks, die sich in Form von Schallwellen ausbreiten. Diese Schwingungen können den Holzkorpus der Violine in Resonanz versetzen. Durch diese beiden Typen von Schwingungen entstehen zusätzliche Schallwellen mit verschiedenen Frequenzen, die zur *Klangfarbe* oder dem *Timbre* der Violine beitragen.

Ein Geigenbogen besteht aus Rosshaaren. Diese besitzen auf ihrer Oberfläche grobe Schuppen und sind innen relativ weich. Wenn ein Bogen oft benutzt wird, bildet sich auf der Seite, die gegen die Saite streicht, allmählich eine Vertiefung, sodass das weichere Innere des Haares freigelegt wird. Wenn man das Haar mit Kolophonium bestreicht, werden die Kolophoniumpartikel teilweise in das weiche Material eingebettet. An den exponierten Teilen dieser Partikel kann die Saite hängen bleiben, wenn der Bogen über sie streicht. Durch das Streichen werde die unebenen Stellen allmählich wieder abgerieben, und es muss wieder neues Kolophonium aufgetragen werden, damit der für die Tonerzeugung notwendige Stick-Slip-Effekt erreicht wird.

Um eine subharmonische Frequenz zu spielen, drückt der Geiger kräftig gegen den Steg, während er über eine Saite aus Katzendarm streicht (keine synthetische Saite). Warum diese Methode die Frequenz unter die Fundamentalfrequenz senkt, ist noch nicht vollständig geklärt. Es scheinen jedoch Torsionswellen eine Rolle zu spielen, die nicht nur eine seitliche Auslenkung der Saite verursachen, sondern außerdem eine Torsionsbewegung (Verdrillung). Solche Wellen breiten sich langsamer über die Saite aus als die oben beschriebenen normalen Wellen. Die geringere Geschwindigkeit bewirkt, dass die Saite mit einer niedrigeren Frequenz schwingt und somit einen tieferen Ton erzeugt.

3.35 Losgelöste Violinentöne

Für Frequenzen unter 1 000 Hertz kommen die Töne einer Violine direkt aus der Richtung des Instruments. Bei höheren Frequenzen jedoch kann es sein, dass die Töne für unterschiedliche Frequenzen aus unterschiedlichen Richtungen kommen. Dies hat für hohe Frequenzen zur Folge, dass sich für einen Ton, dessen Frequenz sich ändert, scheinbar auch die Richtung ändert. Man hat dann den Eindruck, dass der Ton losgelöst vom physikalischen Ort der Violine sei. Wodurch entsteht diese Wahrnehmung?

Antwort

Wenn eine Schallquelle klein ist im Vergleich zur Wellenlänge des Schalls, entsteht immer (der zutreffende) Eindruck, dass der Schall der Schallquelle entspringt, und zwar auch dann, wenn sich die Frequenz ändert. Wenn die Schallquelle dagegen groß ist im Vergleich zur Wellenlänge, können unterschiedliche Abschnitte der Schallquelle effektiv wie separate Schallquellen wirken, die jeweils ihren eigenen Ton aussenden. Für jede gegebene Frequenz überlagern sich diese Töne auf ganz bestimmte Weise, wodurch ein Interferenzmuster mit unterschiedlichen Intensitäten entsteht. Wenn sich die Frequenz ändert, verschiebt sich das Muster. Wenn Sie ein Band hoher Frequenzen hören, kann dieser Unterschied in den Interferenzmustern die Illusion erzeugen, dass die unterschiedlichen Frequenzen von den unterschiedlichen Stellen der Schallquelle ausgehen.

Wenn eine Violine sämtliche Frequenzen oberhalb der unteren Grenze des hörbaren Bereichs emittiert, dann entstammen diese Töne vor allem dem Korpus der Violine. Wenn die Frequenzen über 1 000 Hertz liegen, sind die Wellenlängen hinreichend klein, damit Teile des Körpers Töne so emittieren, als wären sie separate Schallquellen. Dann kann der oben beschriebene Eindruck der „losgelösten" Töne entstehen.

3.36 Muschelhörner

In vergangenen Zeiten wurden Muschelhörner eingesetzt, um Schiffe in dichtem Nebel vor gefährlichen Klippen zu warnen. Heute werden sie vor allem im Zusammenhang mit rituellen Handlungen (Buddhismus, Hinduismus) verwendet. Zum Blasen eines Muschelhorns presst man die Lippen gegen eine schmale Öffnung, die durch Abbrechen oder Absägen der Muschelspitze entstanden ist. Wie ist es möglich, dass ein Muschelhorn einen sehr lauten Ton erzeugt?

Mit viel Glück finden Sie vielleicht einmal am Strand eine sehr große Muschel. Wenn Sie diese ganz dicht an Ihr Ohr halten, dann hören Sie ein Geräusch, das ganz ähnlich klingt wie das der Wellen, die sich an der Küste brechen. Wie entsteht dieses Geräusch?

Antwort

Beim Blasen eines Muschelhorns sind zwei Typen von Schwingungen involviert. Zum einen oszillieren (summen oder brummen) Ihre Lippen ähnlich wie eine Gitarrensaite, und zum anderen regen diese Oszillationen bei passender Frequenz Schallwellen innerhalb der Muschel an. Sie bringen Ihre Lippen zum Schwingen, indem Sie durch sie hindurchblasen, während sie auf das Loch in der Muschel gepresst sind. Wenn Sie dies sehr vorsichtig tun, schwingen die Lippen gleichzeitig mit mehreren Frequenzen. Diese Frequenzen stehen untereinander in einer bestimmten Beziehung: Sie sind Teil einer *harmonischen Reihe*. Eine Messung hat eine niedrigste Frequenz (die sogenannte *Fundamentalfrequenz*) von 47,5 Hertz sowie die höheren Frequenzen 95,0 Hertz, 142,5 Hertz usw. ergeben.

Die Oszillationen der Lippen erzeugen Schallwellen innerhalb der Muschel, deren Frequenzen genauso groß sind wie die Schwingungsfrequenz der Lippen. Die meisten Schallwellen löschen sich gegenseitig aus, doch diejenigen, die eine der *Resonanzfrequenzen* der Muschel haben, verstärken sich gegenseitig zu einer (lauten) Schallwelle. In Experimenten wurde die niedrigste dieser Resonanzfrequenzen mit 332,5 Hertz bestimmt.

Ein Muschelbläser war in der Lage, die Muschel zum Tönen zu bringen, weil die siebente harmonische Frequenz in der harmonischen Reihe der Lippenschwingungen 33,5 Hertz ist. Das heißt, Lippenschwingungen mit dieser Frequenz erzeugen eine *Resonanz* innerhalb der Muschel, die die gleiche Frequenz hat. Dann ist das Tönen des Muschelhorns weithin zu hören.

Auch normale Umgebungsgeräusche können eine Resonanz in der Muschel erzeugen. Wenn Sie die Muschel dicht ans Ohr halten, können Sie einige dieser Resonanzfrequenzen hören. Der Ton, den Sie aus der Muschel hören, wird wahrscheinlich fluktuieren, da auch die den Ton erzeugenden Umgebungsgeräusche fluktuieren. Wenn Sie versuchen, die fluktuierenden Geräusche aus der Muschel zu interpretieren, liegt es nahe, diese mit den Geräuschen der sich am Ufer brechenden Wellen zu assoziieren.

Der Vulkan Stromboli zeigt insofern ein ähnliches Verhalten wie ein Muschelhorn, als der durch seine Schlote strömende Wind in diesen Resonanzen erzeugen kann, was dazu führt, dass der Vulkan Schall von fluktuierender Intensität erzeugt.

3.37 Didgeridoos

Das *Didgeridoo*, das traditionelle Musikinstrument der Aborigines, produziert einen relativ gleichmäßigen Brummton. Es wird traditionell aus einem von Termiten ausgehöhlten, dünnen Baumstamm gefertigt. Das Instrument wird gespielt, indem man die Lippen auf oder in ein Ende der Höhlung presst und dann auf bestimmte Weise bläst. Allerdings ist es außerordentlich schwierig, mit dem Instrument einen einigermaßen stabilen Ton zu erzeugen. Wie entstehen die Töne bei einem Didgeridoo?

Antwort

Ein wesentlicher Unterschied zwischen einem Didgeridoo und einem Blechblasinstrument ist der, dass bei Ersterem eine starke Resonanz im Vokaltrakt (bestehend aus Mund, Nase und oberem Rachen) des Bläsers notwendig ist. Das heißt, im Vokaltrakt entstehen Schallwellen, die sich gegenseitig verstärken und eine starke Schallwelle erzeugen. Es gibt zwei Möglichkeiten, wie Sie einen Teil der Schallwellen in das Didgeridoo hineinströmen lassen können. Die eine besteht darin, eine stetige Resonanz des Vokaltrakts zuzulassen, sodass Ihre Lippen oszillieren (summen). Der Teil der Lippen, der direkt an das Instrument anschließt, regt die Luft in diesem Gebiet zu Schwingungen an. Die zweite Möglichkeit ist, dass Sie Ihre Lippen periodisch öffnen und schließen, sodass der Schall stoßweise in das Instrument strömt. Sie können den von dem Didgeridoo emittierten Schall kontrollieren, indem Sie die Resonanz in Ihrem Vokaltrakt ändern (beispielsweise, indem Sie die Position Ihrer Zunge ändern, sodass der Vokaltrakt eine andere Form hat).

3.38 Zitternde und hupende Getreidesilos

Wenn man Getreidekörner aus einem Silo abfließen lässt, kann es vorkommen, dass der Silo dabei zittert und Töne von sich gibt, die wie das wiederholte Hupen eines Trucks klingen. Wodurch entstehen die Oszillationen und die Töne? (Manche Silos zittern, geben aber keine Töne von sich, andere tönen zwar, zittern jedoch nicht; wieder andere tun nichts von beidem und einige beides.) Tönende Silos sind lediglich lästig, doch das Zittern kann zur Beschädigung des Silos führen.

Antwort

Auch wenn die Körner stetig vom Boden des Silos nach außen strömen, kann es sein, dass die Körner innerhalb des Silos ruckartig nach unten sinken. Dieses Verhalten kann verschiedene Gründe haben. Einer dieser Gründe ist die periodische Bildung und der schließlich einsetzende Kollaps von Hohlräumen im Korn. Der Hauptgrund scheint jedoch zu sein, dass die Körner eine zeitlang an den Silowänden haften bleiben und sich dann plötzlich von diesen lösen, wodurch die Silowände zu schwingen beginnen. Die Wände wirken wie riesige Resonanzböden, die Schallwellen in die Luft aussenden.

Bei manchen Siloschwingungen kommt es auch zur akustischen Resonanz in der Luftsäule über den Körnern. Das heißt, Schallwellen mit der passenden Wellenlänge verstärken sich gegenseitig und erzeugen in dieser Luftsäule eine Schallwelle von hoher Intensität, die auf ähnliche Weise erzeugt wird wie in einer Orgelpfeife.

3.39 Singende Ziehharmonikaschläuche

Ziehharmonikaschläuche werden als musikalisches Spielzeug verkauft. Um damit Töne zu erzeugen, hält man den bis zu einem Meter langen Schlauch an einem Ende fest und beschreibt mit der Hand kleine Kreise. Das freie Ende des Schlauches bewegt sich infolge dieses Antriebs in größeren Kreisen. Wenn die Geschwindigkeit der Kreisbewegung niedrig ist, sind keine Töne zu hören, doch bei hinreichend schneller Bewegung emittiert der Schlauch einen Ton mit einer bestimmten Frequenz. Bei noch größerer Geschwindigkeit ist ein Ton höherer Frequenz zu hören. Mit manchen Ziehharmonikaschläuchen lassen sich durch Regulierung der Geschwindigkeit Töne mit vier bis fünf verschiedenen Frequenzen erzeugen. Welcher Mechanismus bringt den Schlauch zum „Singen"?

Antwort

Während das freie Ende des Schlauches einen weiten Kreis beschreibt, wird die in ihm enthaltene Luft effektiv nach außen geschleudert. (Die Wand des Schlauches lässt die Luft rotieren, doch es gibt nichts, was die Luft auf einer Kreisbahn festhalten würde, so dass sie entlang des Schlauches nach außen strömt.) Wenn die Luft das freie Ende des Schlauches verlässt, strömt neue Luft in das freie Ende hinein, d. h., es gibt einen kontinuierlichen Luftstrom durch den Schlauch.

Falls die Strömung schnell genug ist, ist sie wegen der inneren Rippen des Schlauches nicht mehr glatt (laminar). Es entstehen Turbulenzen, also Luftdruckvariationen. Diese Luftdruckvariationen treten für Frequenzen innerhalb eines bestimmten Bereiches auf, der durch die Geschwindigkeit der Strömung und den Abstand der Rippen festgelegt ist. Wenn eine Frequenz innerhalb dieses Bereiches die *Resonanzfrequenz* des Schlauches trifft, kommt es im Schlauch zur Resonanz. Dies bedeutet, dass sich bei dieser Frequenz die Schallwellen gegenseitig zu einer sehr intensiven Schallwelle verstärken. Ein Teil dieser Schallwelle tritt aus dem freien Ende des Schlauches aus und ist dann zu hören. Eine schnellere Kreisbewegung und eine entsprechend schnellere Strömung durch den Schlauch verschiebt den Turbulenzbereich hin zu höheren Werten. Eine Frequenz in diesem neuen, höheren Bereich, fällt mit einer höheren Resonanzfrequenz des Schlauches zusammen, so dass Sie einen Ton mit einer höheren Frequenz hören.

Möglicherweise gestattet das Spielzeug nicht, dass Sie die niedrigste mögliche Frequenz hören. Dies ist dann der Fall, wenn der Luftstrom durch das Rohr bei langsamen Kreisbewegungen eine zu geringe Geschwindigkeit hat, um Turbulenzen auszulösen. Die niedrigste Resonanzfrequenz ist dann die zweite Harmonische (oder der erste Oberton).

Sie können einen Ziehharmonikaschlauch auch dadurch zum „Singen" bringen, dass Sie ihn aus dem Fenster eines fahrenden Autos halten (aber tun Sie dies bitte nicht, wenn Sie der Fahrer des Wagens sind). Halten Sie den Schlauch so, dass die anströmende Luft in das Schlauchende hineingepresst wird.

3.40 Kaffeetassenakustik

Gießen Sie etwas heißes Wasser in eine Kaffeetasse und klopfen Sie anschließend entweder mit dem Finger von außen gegen den Boden der Tasse oder schlagen Sie mit dem Löffel von innen gegen die Tassenwand, während Sie in der Flüssigkeit rühren. Achten Sie auf die Frequenz. Fügen Sie dann eine feinkörnige, granulare Substanz wie zum Beispiel Instantkaffee hinzu und klopfen Sie nochmals. Die Frequenz ist nun zunächst viel niedriger, doch innerhalb von wenigen Minuten steigt sie wieder auf ihren ursprünglichen Wert an. Weshalb sinkt die Frequenz und weshalb steigt sie wieder an?

Antwort

Wenn Sie mit einem Löffel gegen die Tasse schlagen, bewirken Sie damit, dass die Tassenwand mit einer charakteristischen Frequenz schwingt und dass sich kurzzeitig Schallwellen in der Wassersäule bilden. Hier haben wir es mit dem zweiten Effekt zu tun, da Sie den ersten Effekt minimieren, indem Sie von unten gegen den Tassenboden klopfen. Von all den Schallwellen, die Sie erzeugen, haben ein paar die richtige Wellenlänge, um genau in die Wassersäule zwischen dem Boden und der (offenen) Oberfläche zu passen. Es kommt zur *Resonanz*, d. h., die Wellen verstärken sich gegenseitig zu einer starken effektiven Welle. Die zugehörige Frequenz ist die *Resonanzfrequenz* der Tasse.

Die Resonanzfrequenz ist abhängig von der Höhe der Wassersäule sowie von der Geschwindigkeit des Schalls im Wasser. Die Schallgeschwindigkeit in einem gegebenen Medium ist umso größer, je größer die Dichte ist und umso kleiner, je niedriger die Kompressibilität ist. In Wasser beträgt die Geschwindigkeit ca. 1 470 Meter pro Sekunde.

Wenn eine granulare Substanz ins Wasser geschüttet wird, bilden sich auf den Körnern Luftblasen. (Die Luft ist bereits im Wasser gelöst oder haftet auf den Körnern, wenn diese ins Wasser geschüttet werden.) Die Blasen nehmen nur ein geringes Volumen ein (Sie werden nicht sehen, dass die Oberfläche steigt), sodass sie auch die Dichte des Wassers kaum ändern. Signifikant erhöhen sie jedoch die Kompressibilität, wodurch die Ausbreitungsgeschwindigkeit des Schalls und infolgedessen die Resonanzfrequenz sinkt. Deshalb hören Sie eine tiefere Frequenz, wenn eine granulare Substanz hinzugefügt wird.

Die meisten Luftblasen steigen zur Oberfläche auf und zerplatzen dort. Deshalb steigt die Frequenz allmählich wieder auf ihren ursprünglichen Wert an.

3.41 Flaschenmusik

Indem Sie über den Hals einer Bier- oder Wasserflasche blasen, können Sie der Flasche Töne entlocken. Es ist sogar möglich, eine Melodie zu spielen, wenn man mehrere Flaschen mit unterschiedlichen Füllhöhen benutzt. Wodurch entstehen diese Töne?

Antwort

Wenn die Luft über die Öffnung einer Flasche strömt, entstehen Turbulenzen, in denen Druckvariationen mit einem breiten Frequenzspektrum auftreten. Damit ein Ton entsteht, muss eine dieser Frequenzen die *Resonanzfrequenz* der Flasche haben. Das heißt, Sie müssen erreichen, dass die Druckvariationen Schwingungen der Luft in der Flasche auslösen, die sich gegenseitig zu einer starken effektiven Schallwelle verstärken. Wenn das gelingt, wird ein Teil des Schalls aus der Flasche entweichen, sodass Sie ihn hören können.

Die Schwingungen in der Flasche sind jedoch anders als die, die man in einem einfachen Rohr auslösen kann. Der Unterschied kommt daher, dass die Flasche einen engen Hals hat und deshalb als *Helmholtz-Resonator* wirkt. Die Schwingungen in einem solchen Resonator ähneln mathematisch denen eines inversen Federpendels. Die Luft im Flaschenhals wirkt wie eine Masse, die auf eine senkrecht stehende Feder gelegt wird. Die Luft im Rest der Flasche entspricht der Feder. Bei einem normalen inversen Federpendel zieht sich die Feder abwechselnd zusammen (durch Einwirken der Masse) und dehnt sich dann wieder aus (durch die Rückstellkraft der Feder), wobei immer der Gleichgewichtszustand überschritten wird (entweder nach oben oder nach unten). Entsprechend schwingt bei der Flasche die Luft in deren Bauch.

Für eine bestimmte Frequenz schwingt die Luft in der Flasche besonders stark. Diese Frequenz hängt von der Masse der Luft im Flaschenhals und der Masse der Luft im Bauch der Flasche ab. Wenn diese Frequenz im Frequenzband der Turbulenz enthalten ist, die durch Anblasen der Flasche entsteht, dann bildet sich in der Flasche eine starke Schallwelle. Wenn Sie etwas Flüssigkeit in die Flasche füllen und dadurch das Luftvolumen in der Flasche senken, erhöhen Sie die Frequenz, mit der die Flasche schwingt.

Manche Höhlen sind bekannt dafür, dass ein starker Wind durch sie hindurchpfeift, besonders am Eingang. Eine solche Höhle ist ebenfalls ein Beispiel für einen Helmholtz-Resonator, wobei der schmale Eingangsbereich dem Flaschenhals entspricht. Die Schwingungen haben eine zu kleine Frequenz (0,001 bis 1 Hertz), um sie hören zu können, doch nichtsdestotrotz können Sie sie fühlen.

3.42 Finger, die über eine Tafel kratzen

Wodurch entstehen die quietschenden Geräusche mancher Türen? Wenn man mit den Fingernägeln schnell über eine Tafel kratzt, erzeugt man dadurch ein von vielen Menschen als äußerst unangenehm empfundenes Geräusch. Wie entsteht dieses Geräusch? Und wie entsteht das Geräusch quietschender Reifen, wenn man zu schnell anfährt?

Antwort

Die beschriebenen Geräusche sind Beispiele für den sogenannten *Stick-Slip-Effekt*. Dieser Effekt tritt auf, wenn sich zwei Flächen gegeneinander verschieben, während sie zusammengepresst werden. Unter bestimmten Bedingungen können sie sich relativ frei bewegen, insbesondere, wenn sie eingefettet sind. Manchmal jedoch bleiben sie zunächst aneinanderhaften, dehnen sich gegenseitig und lösen sich schließlich wieder voneinander. Unmittelbar nach dem Ablösen ziehen sich die gedehnten Abschnitte zusammen (und über den Gleichgewichtswert hinaus), d. h., sie beginnen zu oszillieren, wodurch eine hörbare Schallwelle entsteht.

Die Bewegung dieser kleinen Abschnitte kann auch in einem ausgedehnten Bereich Oszillationen auslösen, der dann als Resonanzboden wirkt und den Ton verstärkt.

Wenn Sie zum Beispiel einen Fingernagel schnell über eine Tafel ziehen, bleibt der Fingernagel abwechselnd hängen, biegt sich etwas und wird dann abrupt freigegeben, woraufhin er über die Tafel gleitet, hin- und herschwingt und dabei gegen die Tafel schlägt. Das Geräusch, das Sie hören, resultiert einerseits aus dem Schlagen des Fingernagels gegen die Tafel und andererseits aus den Schwingungen der Tafel, die der periodisch aufschlagende Fingernagel auslöst (die Tafel wirkt also als Resonanzboden). Die Auslenkung des Fingernagels ist an der Spitze am größten, ähnlich wie bei einem im Wind schwankenden Baum. Die Frequenz der Schwingung ist umgekehrt proportional zur Länge des Fingernagels. Da Fingernägel in der Regel kurz sind, ist die Frequenz entsprechend hoch, was eine Ursache für den hässlichen Klang ist.

Die rostigen Scharniere einer Tür quietschen, wenn gegeneinander reibende Teile abwechselnd aneinanderhaften und sich wieder lösen. Wenn Sie eine quietschende Tür schneller öffnen, eliminieren Sie die Möglichkeit, dass die Teile aneinanderhaften bleiben und damit den Stick-Slip-Effekt, der für das Quietschen verantwortlich ist.

Reifen können auf trockenem Belag einem Stick-Slip-Effekt unterliegen, wodurch sie in Schwingungen versetzt werden und Schall abgeben. Wenn Sie Ihre Umwelt aufmerksam beobachten, werden Sie viele weitere Beispiele für den Stick-Slip-Effekt entdecken.

3.43 Singende Weingläser

Sie können ein Weinglas zum „Singen" bringen, indem Sie mit einem leicht befeuchteten Finger über dessen Rand reiben. Wodurch entsteht dieser Ton?

Antwort

Während sich Ihr Finger über den Glasrand bewegt, bleibt er abwechselnd am Rand hängen und löst sich dann wieder (*Stick-Slip-Effekt*). In der Phase des Haftens wird der Rand ein klein wenig in Richtung der Fingerbewegung gezogen, sodass er sich etwas verformt. Diese Phase ist beendet, wenn sich der Rand plötzlich von Ihrem Finger löst und versucht, wieder seine ursprüngliche Form anzunehmen, was letztendlich zu einer Schwingung führt (Abb. 3.4). Dieses Oszillationsmuster folgt der Bewegung Ihres Fingers um den Rand. Sie ist begleitet von einem pulsierenden Ton, dessen Frequenz in Abhängigkeit von der Geschwindigkeit des Fingers bei einigen wenigen Hertz liegt. Die Frequenz, mit der der Rand gegen die Luft drückt, und die Frequenz, die Sie hören, sind in etwa proportional zur Dicke des Randes und umgekehrt proportional zum Quadrat des Radius. Die Frequenz ist also umso höher, je dicker der Rand und je kleiner der Radius ist. Wenn das Glas teilweise gefüllt ist, verringert sich die Resonanzfrequenz, weil die Flüssigkeit die Schwingungen des Glases dämpft.

Einige Unterhaltungskünstler beherrschen es virtuos, Musik auf einem Ensemble von unterschiedlich hoch gefüllten Gläsern zu spielen. Benjamin Franklin baute die Idee der „singenden Weingläser" aus und konstruierte ein als Glasharmonika bezeichnetes Musikinstrument, das eine große Popularität erreichte. Es bestand aus Glasglocken, die hintereinander auf eine waagerechte Achse montiert waren. Die Gläser hatten unterschiedliche Radien, wobei das Glas mit dem größten Radius ganz links montiert war. Sie wurden über ein Pedal in

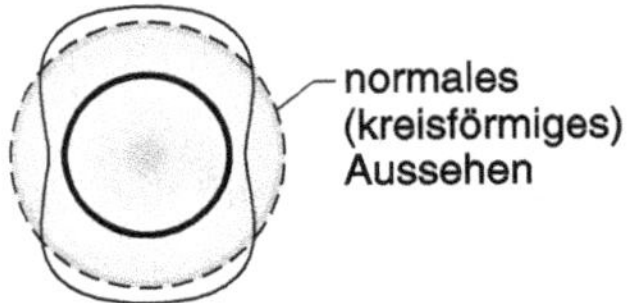

Abb. 3.4: Stark übertriebene Skizze des schwingenden Randes eines Weinglases.

Rotation versetzt, und der Musiker presste seine feuchten Finger gegen die Ränder der sich drehenden Gläser, um Töne zu erzeugen.

3.44 Weingläser zersingen

Kann eine ausgebildete Sängerin ein Weinglas durch ihren Gesang zum Zerspringen bringen, wie es manchmal in Cartoons oder Sketchen postuliert wird?

Antwort

Ein Weinglas kann zum Zerspringen gebracht werden, wenn es einem Ton hoher Intensität ausgesetzt wird, dessen Frequenz die kleinste *Resonanzfrequenz* des Glases trifft, d. h. die kleinste Frequenz, bei der es anfängt zu oszillieren, wenn es angeschlagen wird. Bei dieser Frequenz oszilliert der Glasrand entsprechend dem in Abb. 3.4 dargestellten Muster. Wenn sich die Oszillationen aufbauen, kann sich eine Bruchstelle bilden, entweder an einem mikroskopisch kleinen Defekt im Glas oder an einer Stelle, wo das Glas mit maximaler Amplitude schwingt. Durch die fortgesetzte Bewegung vergrößert sich die Bruchstelle, sodass das Glas schließlich zerspringt. Dies alles ist nur möglich, wenn das Glas mehrere Sekunden lang einem intensiven Ton ausgesetzt ist.

Mit einer unverstärkten menschlichen Stimme ist das beschriebene Szenario kaum möglich, da eine bestimmte Frequenz nicht über mehrere Sekunden aufrechterhalten werden kann. Zumindest sind bei Experimenten mit unverstärkten Stimmen bislang keine zersprungenen Gläser registriert worden.

3.45 Murmelnde Bäche und die Geräusche von Regen

Wodurch entstehen das Murmeln eines Baches und das Platschen von Regentropfen, die in einen Teich fallen?

Antwort

Für den Klang von Wasser, das auf Wasser fällt – sei es in einem Bach, einem Wasserfall oder bei Regen – sind vor allem zwei Mechanismen verantwortlich: Der Aufschlag selbst verursacht Druckvariationen in der Luft, die sich von der Aufschlagstelle in Form von Schallwellen ausbreiten. In diesem Fall hören wir einen kurzen Schallimpuls. Außerdem wird beim Aufschlag oft Luft in Form von Blasen im Wasser eingefangen. Diese Blasen erzeugen dann Schall, wenn ihr Volumen periodisch schwankt. Schließlich kollabieren die Blasen oder zerplatzen an der Oberfläche, was ein schwaches Platschen erzeugt.

Wenn ein Wassertropfen auf eine feste Oberfläche trifft, hören Sie nur das Aufschlaggeräusch, da keine Luftblasen produziert und gefangen werden. Versuchen Sie, wenn Sie das nächste Mal auf dem Fußweg von einem Regenschauer überrascht werden, den Klang der ersten Tropfen (die auf den trockenen Fußweg fallen) von dem späterer Tropfen (die in die bereits gebildeten Pfützen fallen) zu unterscheiden.

3.46 Resonanzen in Gläsern und Bechern

Wenn Sie Wasser in ein Gefäß mit ebenen Wänden (beispielsweise in ein Glas oder einen Becher) gießen, dann können Sie hören, wie die Frequenz des damit einhergehenden Geräuschs allmählich zunimmt. Woran liegt das?

Antwort

Die Luftsäule innerhalb des Gefäßes (d. h. der Bereich von der Öffnung bis zur Wasseroberfläche oder gegebenenfalls bis zum Boden des Gefäßes) wirkt wie ein Rohr mit einem offenen Ende. Das Geräusch des plätschernden Wassers (siehe vorherige Fragestellung) erzeugt Schall mit einem relativ breiten Frequenzbereich. Eine dieser Frequenzen trifft die kleinste Resonanzfrequenz der in dem Gefäß stehenden Luftsäule. Das heißt, die Druckvariationen mit dieser Frequenz erzeugen in der Luftsäule Schallwellen, die sich gegenseitig zu einem intensiven Schall verstärken. Sie hören den Teil des Schalls, der die Luftsäule verlässt, und dieser Schall hat vorwiegend die Resonanzfrequenz. (Außerdem hören Sie schwächere Geräusche, die direkt durch das Plätschern entstehen.)

Die Resonanzfrequenz der Luftsäule ist umgekehrt proportional zur Länge der Luftsäule. Wenn sich also das Gefäß allmählich füllt und die Luftsäule kleiner wird, nimmt die Resonanzfrequenz zu. Sie können allein am Klang erkennen, wann das Gefäß fast voll ist.

3.47 Rumpeln aus der Rohrleitung

Wodurch entsteht das Rumpeln, das manchmal zu hören ist, wenn man ein Heizungsventil aufdreht?

Antwort

Die von Rohrleitungen verursachten Geräusche entstehen gewöhnlich dadurch, dass Wasser turbulent durch die Rohre strömt, vor allem an den Stellen, wo das Rohr einen Knick hat und das Wasser seine Fließrichtung ändern muss oder wo es Hindernisse umströmen muss. Turbulenzen in Wasser bestehen aus Wirbeln, die Druckvariationen erzeugen. Während dieser Variationen kann der Wasserdruck so sehr fallen, dass die im Wasser gelöste Luft Blasen bildet, ein Prozess, der *Kavitation* genannt wird. Durch das plötzliche Vorhandensein einer Blase, die Oszillation der Blase und schließlich ihr Kollabieren werden Wellen durch das Wasser gesendet. Diese Wellen schütteln die Rohre, was Sie als Rumpeln wahrnehmen.

3.48 Knackende Fingergelenke

Wodurch entsteht das knackende Geräusch, das Sie hören, wenn Sie ruckartig an einem Ihrer Finger ziehen? Weshalb müssen Sie ein wenig warten, bevor Sie das Gelenk nochmals knacken lassen können?

Antwort
Wenn Sie an einem Finger ziehen, um das Gelenk knacken zu lassen, vergrößern Sie den Raum zwischen den beiden Fingerknochen, die durch das Gelenk verbunden sind, und verringern gleichzeitig die Breite der Gelenkkapsel. Die Gelenkkapsel enthält eine anfangs dünne Schicht *Synovialflüssigkeit* („Gelenkschmiere"), die sich zwischen den Knochen befindet. Wenn Sie kräftig genug an dem Finger ziehen, schnappen die Seiten der Gelenkkapsel nach außen, wodurch die Gelenkkapsel breiter wird und der Druck innerhalb der Synovialflüssigkeit sinkt. Aufgrund dieses abrupten Druckabfalls können sich aus dem in der Flüssigkeit gelösten Gas (hauptsächlich Kohlendioxid) Gasblasen bilden. Das plötzliche Auftreten von Gasblasen – man bezeichnet dies als Kavitation – sendet einen Druckstoß durch die Flüssigkeit, die Gelenkkapsel und schließlich in die Luft. Wenn der Druckstoß Ihr Ohr erreicht, hören Sie das knackende Geräusch. Um das Ganze wiederholen zu können, müssen Sie 15 bis 30 Minuten warten, damit die Gelenkkapsel wieder in ihre ursprüngliche Form zurückfindet, die Synovialflüssigkeit sich wieder zu einer dünnen Schicht zwischen den Knochen formiert und das Gas sich wieder in der Flüssigkeit löst. Bis dahin müssen Sie sich etwas anderes einfallen lassen, um den Menschen in Ihrer Umgebung auf die Nerven zu gehen.

3.49 Korotkow-Geräusche

Die übliche Methode, den Blutdruck zu messen, besteht darin, eine um den Arm des Patienten gebundene Manschette aufzublasen und dann mit einem Stethoskop zuzuhören, wie der Manschettendruck allmählich reduziert wird und der Blutstrom wieder in Gang kommt. Die Person, die den Blutdruck misst, notiert die Werte, die der Blutdruck hat, wenn bestimmte Geräusche auftreten. Diese Geräusche werden nach dem russischen Arzt Nikolai Sergejewitsch Korotkow als *Korotkow-Geräusche* bezeichnet. Das erste dieser Geräusche definiert den oberen (systolischen) und das letzte Geräusch den unteren (diastolischen) Blutdruckwert. Wodurch entstehen diese Geräusche?

Antwort
Obwohl die Korotkow-Geräusche seit etwa 100 Jahren untersucht werden, ist ihre Ursache noch immer strittig. Zwei mögliche Erklärungen sind die folgenden.

Einschnappen der Arterie: Wenn der Manschettendruck auf das systolische Niveau des Blutdrucks sinkt, beginnt das Blut unter der Manschette schwallweise in den Unterarm zu laufen, woraufhin die Arterie auseinanderschnappt. (Vorher war sie eingefallen, weil die Manschette den Blutstrom abgeschnürt hat.) Jeder Blutschwall sendet eine Schallwelle durch den Arm, der über das Stethoskop als Schlag zu hören ist. Während der Druck in der Manschette weiter fällt, werden die mit jedem Blutschwall produzierten Geräusche immer schwächer und verschwinden völlig, wenn der Manschettendruck das diastolische Niveau des Blutdrucks erreicht hat. Die Person, die den Blutdruck misst, notiert daher den Manschettendruck beim ersten Schlag als den systolischen Blutdruckwert und den Manschettendruck beim letzten, schwachen Schlag als den diastolischen Blutdruckwert.

Kavitation: Wenn das Blut unter der Manschette in den Unterarm zu laufen beginnt und die eingefallene Arterie auseinanderschnappt, führt der abrupte Druckabfall an der Spitze des Blutstroms dazu, dass zuvor im Blut gelöste Gase (vor allem Sauerstoff, Stickstoff und Kohlendioxid) Blasen bilden. Wenn eine Blase kurze Zeit später kollabiert und das Blut plötzlich den zuvor von der Blase ausgefüllten Raum einnehmen kann, entstehen durch die plötzliche Bewegung des Blutes Schallwellen, die durch das Blut und den Arm ausgesendet werden. Dieser Schall (oder eher der Schall mehrerer gleichzeitig kollabierender Blasen), der jeweils kurz nach einem Blutschwall in den Unterarm zu hören ist, ist ein Korotkow-Geräusch. Die Geräusche werden so lange produziert, bis der Manschettendruck den diastolischen Wert erreicht hat und kein Blut mehr in den Unterarm läuft.

3.50 Die Attacke der Killerkrebse

Die Ozeane sind voller Geräusche, und in manchen Gegenden produzieren Krebskolonien so viel Lärm, dass U-Boote der Ortung durch Radar entgehen können, indem sie sich in der Nähe einer solchen Kolonie verstecken. Der Pistolenkrebs (*Alpheus heterochaelis*) erzeugt ein knallendes Geräusch, wenn er seine Beute mit seiner riesigen Schere (die sehr viel größer ist als die andere Schere) attackiert. Erstaunlicherweise schnappt der Pistolenkrebs mit seiner Schere knapp neben die Beute, anstatt sich die Beute direkt zu greifen. Diese Aktion betäubt oder tötet die Beute, die der Krebs dann mit seiner kleineren Schere aufhebt, um sie zu fressen. Der Bunte Fangschreckenkrebs (*Odontodactylus scyllarus*) attackiert seine Beute ebenfalls, ohne sie zu berühren; vielmehr lässt er seine Fangarme in einer explosionsartigen Bewegung in Richtung des Opfers schnellen. Durch welche Mechanismen betäuben bzw. töten die beschriebenen Krebsarten ihre Opfer?

Antwort
Wenn die beiden Klingen einer Schere zusammenklappen, verdrängen sie das Wasser so schnell, dass es in Form eines Strahls wegschnellt und es zur Kavitation kommt. Dies bedeutet, dass die zuvor im Wasser gelöste Luft Blasen bildet. Diese Blasen kollabieren fast unmittelbar nach ihrem Entstehen wieder und senden dabei Schallpulse durch das Wasser, die so stark sind, dass ihre Druckvariationen das Opfer betäuben oder töten. Das, was Sie von einem Pistolenkrebs hören, ist das kollektive Geräusch der kollabierenden Luftblasen und nicht etwa der Ton, den die beiden gegeneinanderschlagenden Scheren verursachen.

Die Druckvariationen, die durch die kollabierenden Blasen entstehen, sind so stark, dass das Kollabieren einen Lichtblitz erzeugen kann. Dieses Phänomen wird als *Sonolumineszenz* (durch Schall erzeugtes Licht) bezeichnet. Das Licht erscheint, weil sich beim Kollabieren der Blase die in ihr enthaltene Luft sehr schnell erhitzt, was zur Ionisation der Luftmoleküle führt (Zerfall in Elektronen und positiv geladene Ionen). Die Elektronen binden sich fast sofort wieder an die Moleküle, wobei sie Energie in Form von Licht freigeben. Das während des Kollabierens einer Blase emittierte Licht ist viel zu kurzlebig und schwach, um es sehen zu können; es ist nichts anderes als eine Begleiterscheinung der Kavitation.

Der Bunte Fangschreckenkrebs nutzt ebenfalls die Kavitation aus, um Schallpulse zu erzeugen. In diesem Fall entstehen die Blasen durch die explosionsartige Bewegung der Fangarme.

3.51 Geräusche von kochendem Wasser

Stellen Sie einen Topf mit Wasser auf eine Herdplatte, holen Sie sich einen Stuhl heran und hören Sie dann aufmerksam zu, welche Geräusche das sich erwärmende Wasser produziert.

Achten Sie dabei auch darauf, was in dem Topf passiert. Das Geräusch dürfte Ihnen so vertraut sein, dass Sie es wahrscheinlich gar nicht bemerken, wenn Sie nicht, wie bei diesem Experiment, explizit darauf Acht geben. Doch unbewusst erkennen Sie anhand des Geräusches, wann das Wasser kocht. Wodurch entsteht das Geräusch?

Antwort
Anfangs gibt das Wasser ein gelegentliches Rauschen von sich, das sich später zu einem kontinuierlichen Rauschen auswächst. Dieses Geräusch entsteht durch Luftblasen, die sich an Kratzern im Topfboden bilden. In einer solchen Vertiefung führt die Temperaturerhöhung dazu, dass die im Wasser gelöste Luft ausperlt, also Luftblasen bildet. Während die Blasen wachsen, oszillieren sie und senden dadurch Schallwellen durch das Wasser und die Topfwände. Das kollektive Geräusch der Blasen ist das von Ihnen wahrgenommene Rauschen. Wenn die Blasen groß genug sind, dass sie sich aufgrund des Auftriebs vom Boden lösen, steigen sie schnell an die Wasseroberfläche auf, wo sie zerplatzen.

Während die Wassertemperatur weiter steigt, ist irgendwann der größte Teil der ursprünglich im Wasser enthaltenen Luft herausgelöst, sodass die Bildung von Blasen und das damit verbundene Rauschen erlischt. Dann setzt ein schärferes Geräusch ein. Am Boden des Topfes beginnt das Wasser zu verdampfen, wobei sich in den Kratzern Dampfblasen bilden. Der Hauptgrund für das Geräusch, das Sie in dieser Phase hören, ist jedoch nicht die Bildung von Blasen und auch nicht die Tatsache, dass diese oszillieren. Der Grund ist vielmehr das Kollabieren der Blasen, durch das sich der Dampf plötzlich wieder auflöst und das Wasser in den zuvor von der Blase gefüllten Raum strömt. Dieses Hineinströmen sendet einen Schallpuls durch das Wasser, den Topf und in die Luft. Dies ist das Geräusch, das Sie hören.

Wenn das Wasser noch etwas heißer wird, sind die Dampfblasen groß genug, um sich vom Boden zu lösen. Sie erreichen jedoch die Oberfläche nicht, weil sie von dem sehr heißen Boden durch etwas kälteres Wasser aufsteigen, wo sie unter Aussenden von Schallpulsen kollabieren. Diese Schallwellen können die Luft über dem Wasser, das Wasser und die Topfwand in Resonanz versetzen. Was Sie kurz vor dem Sieden des Wassers hören, ist die Kombination dieser Schallpulse und der Resonanzgeräusche.

Während sich das Wasser weiter erhitzt und die Temperatur der oberen Wasserschichten steigt, erreichen die Dampfblasen schließlich die Oberfläche, ohne vorher zu kollabieren. Dort angekommen, zerplatzen sie mit leichtem Spritzen. Wenn das Wasser in seinem gesamten Volumen den Siedepunkt erreicht hat, gehen die zuvor rauen Geräusche in ein zartes Plätschern über. Dieses Plätschern signalisiert Ihnen, dass Sie Ihren Tee aufgießen können.

3.52 Essgeräusche

Vielleicht mögen Sie es nicht besonders, Leuten beim Essen zuzuhören. Trotzdem die Frage: Lässt sich anhand der Essgeräusche irgendetwas über die Art der Nahrung sagen, die da gerade verspeist wird? Können Sie beispielsweise am Klang erkennen, ob ein Apfel reif oder ein Tortilla-Chip frisch ist? Nahrungsmittelhersteller unternehmen oft große Anstrengungen, um herauszufinden, ob ihre Produkte die „richtigen" Geräusche von sich geben, wenn sie verzehrt werden.

Antwort
Tatsächlich können Sie an den Geräuschen erkennen, ob ein Apfel reif oder ein Tortilla-Chip frisch ist. Ich glaube sogar, dass sich Hersteller von Snacks bei der Entwicklung ihrer Produkte zum großen Teil davon leiten lassen, dass diese möglichst knusprig klingen. (Dazu muss man nicht viel mehr tun, als die Sachen in Salz und Fett tauchen.) Wenn man auf ein sprödes Lebensmittel wie einen Tortilla-Chip beißt, bricht es auseinander, wobei sich zahlreiche Bruchstellen durch die luftgefüllten Zellen ziehen. Diese Zellen biegen sich und brechen; dann beginnen die Teile kurzzeitig zu schwingen, was in der Luft Druckvariationen und somit Schallwellen erzeugt – einige davon können Sie hören, wenn jemand Chips isst. Die Schwingungen gegen die Zähne senden Schallwellen durch diese sowie durch den Kiefer bis an Ihr Ohr. Das heißt, wenn Sie einen Chip essen, hören Sie den Schall nicht nur über die Luft, sondern auch über diesen zweiten Weg zum Ohr. Ein frischer Chip ist sehr spröde und erzeugt beim Zerbrechen hochfrequenten Schall (mehr als 5 000 Hertz). Ein schon etwas älterer Chip dagegen hat bereits Wasser aus der Luft aufgenommen und ist deshalb weniger spröde. Wenn Sie auf einen solchen Chip beißen, kann es sein, dass Sie ihn einfach zerquetschen, anstatt ein rasches Zerbrechen und Schwingungen der Einzelteile auszulösen.

Ein knackiger (frischer) Apfel kann anhand der Kaugeräusche von einem mürben (alten) unterschieden werden, besonders beim ersten Biss, der gewöhnlich Schallwellen mit Frequenzen unter 2 000 Hertz erzeugt. Der Unterschied hat mit dem Zustand der Zellen des Apfels zu tun. In einem knackigen Apfel enthalten die Zellen Wasser, das unter Druck steht. Wenn man in den Apfel beißt, zerplatzen die Zellen und produzieren dabei Schall mit Frequenzen zwischen 100 und 1 500 Hertz. Die Zellen eines mürben Apfels stehen unter geringerem Druck. Wenn Sie in einen solchen Apfel beißen, werden die Zellen zerstört, ohne dass die Bestandteile explosionsartig weggeschleudert werden, und es entstehen nur schwache Geräusche.

3.53 Knisternder Puffreis

Bestimmte Frühstückscerealien bestehen aus gerösteten Puffreiskörnern. Wenn diese Körner in Milch geschüttet werden, geben sie knackende oder knisternde Geräusche von sich. Wie entstehen diese Geräusche?

Antwort
Jedes Korn ist spröde und steht unter Spannung, d. h., die verschiedenen Teile eines Korns ziehen fest aneinander. Wenn ein Teil nass wird, sinkt seine Steifigkeit und die Teile, die an ihm ziehen, reißen es auseinander. Diese abrupte Bewegung verursacht kurzzeitige Schwingungen, die einen schwachen Schallpuls erzeugen, der eher ein Knistern als ein Krachen oder Knallen ist.

3.54 Überschallknall von Flugzeugen und Schusswaffen

Vor 1947 flogen Flugzeuge ausschließlich mit Geschwindigkeiten unterhalb der Schallgeschwindigkeit. Dann jedoch durchbrach der amerikanische Testpilot Chuck Yeager erstmals die sogenannte Schallmauer, d. h., er flog mit *Überschallgeschwindigkeit*. Ein Überschallflug ist begleitet von einem irritierenden und manchmal zerstörerischen Geräusch, dem *Überschallknall*, der Menschen und Tiere erschreckt und manchmal sogar Fenster bersten lässt. Wie entsteht bei einem Überschallflugzeug der Überschallknall? Können sich zwei Menschen, die sich in einem Überschallflugzeug unterhalten, verstehen?

Ein Gebäude wird bei einer Bombenexplosion nur dann beschädigt, wenn der Druck der Explosion einen bestimmten Schwellwert übersteigt. Ein Überschallknall dagegen kann ein Gebäude schon dann zerstören, wenn der Druck nur ein Hundertstel dieses Schwellwerts beträgt. Wie ist das möglich?

Auch manche Projektile erreichen Überschallgeschwindigkeit. Erzeugen auch diese einen Überschallknall?

Als während des Zweiten Weltkriegs die V1-Raketen gegen England gerichtet wurden, hörten die Beobachter zuerst das Fluggeräusch der Raketen (ein charakteristisches Summen, das als ein von den Deutschen nicht beabsichtigtes Warnsignal diente), und dann die Explosion der Rakete, wenn diese in ihr Ziel einschlug. Als später die V2-Raketen eingesetzt wurden, waren die beiden Geräusche in umgekehrter Reihenfolge zu hören: zuerst die Explosion (ohne Warngeräusch) und kurze Zeit später das Fluggeräusch. Was war die Ursache für diese Änderung der Reihenfolge?

Am 13. August 1989 flog die Raumfähre *Columbia* in Richtung US-Luftwaffenbasis Edwards über Los Angeles und dann über Pasadena. Die Raumfähre flog mit Überschallgeschwindigkeit (nämlich etwa 4 600 km/h) und erzeugte deshalb eine laute Schockwelle (oder einen Überschallknall), die in beiden Städten zu hören war. Erstaunlicherweise registrierte die seismografische Station in Pasadena eine starke, aus Los Angeles kommende Erdbebenwelle 12,5 Sekunden *bevor* die Schockwelle der Raumfähre zu hören war. Wie konnte die Schockwelle in Los Angeles eine Erdbebenwelle erzeugen?

Antwort

Wenn ein Flugzeug durch die Luft fliegt, schiebt es dabei Luftmoleküle aus dem Weg, wodurch Luftdruckvariationen erzeugt werden. Diese Druckvariationen breiten sich, ausgehend vom Flugzeug, in Form einer Schallwelle aus. Außerdem geht vom Flugzeug der von den Turbinen erzeugte Schall aus. Wenn die Fluggeschwindigkeit unter der Schallgrenze liegt, hören Sie den Schall der Turbinen; die Druckvariationen, die entstehen, weil das Flugzeug die Luft wegschiebt, bemerken Sie nicht.

Die Situation kehrt sich um, wenn das Flugzeug mit Überschallgeschwindigkeit fliegt. Die Ausbreitungsgeschwindigkeit der Druckvariationen, die das Flugzeug durch das Wegschieben der Luft erzeugt, ist nun geringer als die Geschwindigkeit des Flugzeugs selbst, und sie bündeln sich nun zu einem Kegel, dessen Spitze sich auf dem Flugzeug befindet. Dieser Kegel bewegt sich mit dem Flugzeug mit, solange dieses mit Überschallgeschwindigkeit fliegt. Bei einem Überschallknall hören Sie vor allem diese gebündelten Schallwellen (man spricht von einer *Schockwelle*) und nicht das Geräusch der Turbinen.

Während sich das Flugzeug horizontal bewegt, kann der untere Teil des Kegels über den Boden streichen. In dem Moment, wo er über Sie hinwegstreicht, steigt der Luftdruck auf Ihr Trommelfell zunächst über den Normalwert an, fällt dann unter diesen und nähert sich dann von unten wieder dem Normalwert an. (Ein Graph, der den zeitlichen Verlaufs des Drucks darstellt, erinnert an den Buchstaben N, weshalb die Schockwelle eines Flugzeugs manchmal als *N-Welle* bezeichnet wird.) Diese abrupten Änderungen des Luftdrucks lösen Schwingungen des Trommelfells aus, d. h., Sie nehmen einen Schall wahr – den Überschallknall.

Die Schockwelle eines Flugzeugs besteht in Wirklichkeit aus einer Reihe einzelner Schockwellen, die von der Flugzeugnase, den Verbindungsstellen zwischen Flugzeugrumpf und Tragflächen sowie am Heck des Flugzeugs entstehen. Bis die Schockwellen Sie erreichen, verschmelzen sie jedoch zu einer einzigen Schockwelle, sodass Sie meist nur einen einzigen Überschallknall hören. Nur in seltenen Fällen können Sie die individuellen Geräusche unterscheiden.

Es kann sein, dass die Schallwellen, die den Kegel einer Schockwelle bilden, den Boden nicht erreichen, denn bei normaler Luftschichtung (warme Luft am Boden, kältere Luft weiter oben) werden die Schallwellen von ihrem direkten Weg nach unten abgelenkt. Die Wellen können auch über weite Strecken (unter Umständen Hunderte Kilometer) in einem schmalen Bereich zwischen zwei wärmeren Luftschichten eingefangen bleiben. Deshalb kann es vorkommen, dass jemand sie hört, in dessen Sichtbereich sich überhaupt kein Flugzeug befindet.

Wenn Überschallflugzeuge, insbesondere Militärmaschinen, stark beschleunigen oder enge Kurven fliegen, werden die Schockwellen oft in verschiedene Richtungen emittiert, und es kann passieren, dass einige von ihnen den Boden im gleichen Punkt erreichen. Die Kombination von zwei oder mehr Schockwellen bedeutet, dass die Druckvariationen stärker ausgeprägt sind, sodass ein besonders lauter Knall zu hören ist, der für die Menschen am Boden beängstigend klingt. Eine solche Situation liegt vermutlich auch vor, wenn Gebäude durch Überschall beschädigt werden. Besonders wahrscheinlich sind solche Zerstörungen, wenn die Frequenz der Druckvariationen zufällig mit der Eigenfrequenz eines Gebäudes oder Gebäudeteils zusammenfällt.

Zwei Menschen in einem mit Überschall fliegenden Flugzeug können sich ohne Probleme miteinander unterhalten. Sie sind von Luft umgeben, die dazu gezwungen ist, sich mit dem Flugzeug mitzubewegen, und die Situation ist nicht anders als sonst, wenn sich die Schallwellen ihrer Stimmen durch diese Luft ausbreiten.

Ein Teil des Knalls, den Sie bei einem Schuss hören, ist der Überschallknall des Projektils, falls dieses sich mit Überschallgeschwindigkeit bewegt. Die nach England abgefeuerten V1-Raketen flogen langsamer als mit Schallgeschwindigkeit, weshalb ihr Fluggeräusch einen Beobachter am Boden vor der Rakete selbst erreicht hat. Die V2-Raketen dagegen flogen mit Überschallgeschwindigkeit, und deshalb erreichten die Raketen den Beobachter *vor* dem Fluggeräusch.

Als die Schockwelle der Raumfähre *Columbia* Los Angeles traf, bewirkte sie, dass viele der Hochhäuser im Zentrum zu schwanken begannen, ähnlich als würden sie von einem Erdbeben erschüttert. Die Perioden dieser Schwingungen lagen zwischen einer und sechs Sekunden. Dadurch, dass die Gebäude schwankten, produzierten sie seismische Wellen. Diese breiteten sich schneller durch den Boden aus als die Schockwelle (die deren Ursache war) durch die Luft, sodass sie vor der Schockwelle in Pasadena eintrafen. Die ersten Wellen kamen näherungsweise phasengleich an und wurden deshalb von der seismografischen Station als besonders stark registriert. Später hatten die Wellen unterschiedliche Perioden, sodass sie sich bei der Überlappung teilweise gegenseitig aufhoben und durch den Seismografen nicht mehr registrierbar waren.

3.55 Überschallknall in Eisenbahntunneln

Als die Geschwindigkeit der Hochgeschwindigkeitszüge in Japan von 220 km/h auf 270 km/h erhöht wurde, gab es jedes Mal, wenn ein Zug durch einen Eisenbahntunnel fuhr, einen lauten Knall. Diese Geräusche waren so laut wie der Überschallknall eines Düsenflugzeugs. Wieso führt die Geschwindigkeitserhöhung zur Erzeugung dieser Geräusche?

Antwort
Jeder Zug schiebt bei seiner Bewegung Luft vor sich her, was zur Entstehung von Kompressionswellen vor dem Zug führt. Im Freien zerfallen (dissipieren) diese Wellen sehr schnell wieder, doch in einem Tunnel bleiben sie länger erhalten. In der Tat können sie so lange andauern, dass sie sich zu einer Schockwelle bündeln. Wenn die Schockwelle das Tunnelende erreicht, ist sie stark genug, um einen Überschallknall zu erzeugen. Durch den technologischen Fortschritt ist es zwar möglich, die Geschwindigkeit von Zügen zu erhöhen, doch definieren diese Überschallgeräusche eine natürliche Grenze, welche Geschwindigkeit in Abhängigkeit von der Konstruktion von Zügen und Tunneln akzeptabel ist.

3.56 Donner

Wodurch entsteht Donner und warum können Donnergeräusche sehr verschieden sein – vom markerschütternden Knall bis zum langgezogenen Grollen?

Antwort
Die Hauptursache für die bei einem Donner auftretenden Geräusche ist die durch den Blitz (also eine elektrische Entladung) ausgelöste Schockwelle. Zwischen einer Wolke und dem Erdboden (oder zwischen zwei Wolken) fließt in einem schmalen Kanal von nur wenigen Zentimetern Radius ein riesiger elektrischer Strom. Innerhalb dieses Kanals werden durch das starke elektrische Feld, das durch die Ladungsdifferenz zwischen Wolken und Boden entsteht, Elektronen aus den Luftmolekülen herausgelöst. Die herausgelösten Elektronen werden durch das elektrische Feld beschleunigt und kollidieren mit weiteren Luftmolekülen, wobei sie ihre Energie auf die Moleküle übertragen. Da das aus diesen Molekülen bestehende Plasma dadurch sehr heiß (bis zu 30 000 °C) wird, dehnt sich das Gas aus. Dieser Vorgang erfolgt so schnell, dass sich der mit heißem Gas gefüllte Kanal anfangs viel schneller als mit Schallgeschwindigkeit ausdehnt. Dadurch wird eine Schockwelle mit extremen Druckvariationen in die umgebende Luft gesendet, was Sie als Donner wahrnehmen.

Wenn Sie nicht sehr weit von einem Blitz entfernt sind, hören Sie einen schrecklich lauten Knall. Aus größerer Entfernung hören Sie zunächst das Geräusch von dem nächstgelegenen Teil des Blitzes und später die Geräusche von den weiter entfernten oder höher gelegenen Teilen. Da die Schallwellen jedoch auseinanderlaufen, ist dieses verzögerte Geräusch nicht mehr so laut wie am Anfang. Mit großer Wahrscheinlichkeit hören Sie auch Schall, der an Bergen, Gebäuden, dem Erdboden und sogar an den Wolken reflektiert wurde. Diese Effekte ziehen das Donnern in die Länge, sodass es sich wie ein Grollen anhört.

Wenn das Gewitter mehr als 20 Kilometer von Ihnen entfernt ist, kann es sein, dass Sie überhaupt keinen Donner hören. Während sich die Schallwellen durch die Luft ausbreiten, werden sie aufgrund von Temperaturunterschieden bzw. den damit einhergehenden Dichteunterschieden abgelenkt. Da die Luft in Wolkenhöhe gewöhnlich kälter ist als in Bodennähe, wird eine Schallwelle, die sich von einem weit entfernten Blitz zu Ihnen ausbreitet, nach oben und weg von Ihnen abgelenkt. Bei manchen Gewittern kommt es jedoch vor, dass die Luft in Bodennähe kälter ist als weiter oben. Eine solche Situation wird als *Inversionswetterlage* bezeichnet. Wenn dies der Fall ist, kann es sein, dass der anfangs nach oben gerichtete Schall eines Blitzes nach unten gelenkt wird. Noch gewaltiger wird der Donner, wenn die von verschiedenen Teilen eines Blitzstrahls kommenden Schallwellen in Ihre Richtung fokussiert (konzentriert) werden. Wenn dies bei Nacht geschieht, werden Sie ganz bestimmt aus dem Schlaf gerissen und wach bleiben, bis das Gewitter vorüber ist.

Ein Teil des bei einem Blitz erzeugten Schalls kann im *Infraschallbereich* liegen, d. h. die zugehörigen Frequenzen sind zu niedrig, als dass Sie den Schall hören können. Die Ursache des Infraschalls scheint der Zusammenbruch des elektrischen Feldes und der Ladungsverteilung zu sein, der in einer Wolke auftritt, wenn diese plötzlich einen großen Teil ihrer Ladung bei einem Blitz verliert. Die Wassertröpfchen der Wolke waren vorher aufgeladen und haben sich gegenseitig elektrisch abgestoßen. Wenn sich die Tropfen während eines Blitzes entladen, verschwindet diese Abstoßung, sodass die Tropfen eine dichtere Verteilung einnehmen. Diese plötzliche Bewegung verursacht Druckvariationen in der Luft, die sich als Infraschall von der Wolke zum Boden bewegen. Die Frequenz (etwa 1 Hertz) ist zu niedrig, als dass man sie hören könnte, doch Sie können sie fühlen, besonders dann, wenn Sie direkt unter der Wolke stehen. Allerdings werden Sie vermutlich, wenn Sie dort stehen, Ihre Aufmerksamkeit vornehmlich auf den nahen Blitz richten und deshalb den schwachen Infraschall gar nicht wahrnehmen.

3.57 Mysteriöse Himmelsgeräusche

Schon seit langer Zeit tauchen immer wieder Berichte von mysteriösen Himmelsgeräuschen auf, die manchmal sogar angeblich bei völlig klarem Himmel zu hören gewesen sein sollen, und ebenso lange debattiert man über deren Ursachen. Als beispielsweise die legendären Forschungsreisenden Lewis und Clark durch den amerikanischen Westen reisten, schenkten sie zunächst den Erzählungen der amerikanischen Ureinwohner keinen Glauben, die ebenfalls von solchen Geräuschen berichteten. Doch sie änderten ihre Meinung, als auch sie in den Rocky Mountains die besagten Geräusche hörten. *Brontiden*, *Mistpoeffers* und *Kanonen von Barisal* sind nur einige der Namen, mit denen die rätselhaften Geräusche in den verschiedenen Gegenden der Welt bezeichnet werden. Heutzutage schaffen es Berichte über Brontiden manchmal sogar bis in die Tageszeitungen, insbesondere, wenn viele Menschen sie gehört haben oder wenn die einzelnen Geräusche nach einem relativ regulären Schema auftreten. Haben Sie eine Vermutung, was die Ursache der Geräusche sein könnte?

Antwort

Heutzutage zu verzeichnende Brontiden sind vermutlich darauf zurückzuführen, dass Überschallflugzeuge die Schallmauer durchbrechen. Das Flugzeug kann sehr weit von der Stelle entfernt sein, wo die Brontiden zu hören sind, was ihren Ursprung rätselhaft erscheinen lässt. Per Gesetz ist es zwar verboten, dass Flugzeuge über US-amerikanischen und kanadischen Städten die Schallmauer durchbrechen, doch über dünn besiedelten Gebieten oder dem Meer kann ohne Weiteres ein Überschallknall auftreten. Beispielsweise konnten einige weithin hörbare Brontiden an der Ostküste der USA letztlich mit Überschallgeräuschen in Verbindung gebracht werden, die von einer Concorde verursacht worden waren. Die auf der Transatlantikroute verkehrende Concorde musste zwar ihre Geschwindigkeit unter die Schallgeschwindigkeit drosseln, lange bevor sie beispielsweise den Kennedy Airport in New York erreichte, doch über dem Atlantik flog sie in der Tat mit Überschallgeschwindigkeit. Der Weg, den die Schallwellen während eines Überschallknalls nehmen, hängt davon ab, wie sich Temperatur und Windgeschwindigkeit mit der Höhe ändern. Unter bestimmten Umständen wurden die Schallwellen aufgrund der Änderungen von Temperatur und Windgeschwindigkeit in einen schmalen Bereich eingesperrt, sodass die Schallwellen in einem langen Korridor entlang der Ostküste zu hören waren.

Doch nicht alle heute auftretenden Brontiden lassen sich durch Überschallflüge erklären, und schon gar nicht diejenigen Brontiden, die Berichten zufolge vor dem ersten Überschallflug im Jahre 1947 registriert wurden. Diese Geräusche können verschiedene Ursachen haben. Eine Möglichkeit sind entfernte seismische Störungen, bei denen die Bodenschwankungen zu gering sind, um wahrnehmbar zu sein, während die sich durch den Boden ausbreitende Schallwelle hörbar ist. Auch ein entfernter Donner kommt als Ursache in Frage, denn auch wenn ein Gewitter zu weit entfernt ist, als dass man es sehen kann, ist der Donner bei geeigneter Temperaturverteilung zu hören. In diesem Fall wird der Schall in der Regel mehrfach abgelenkt, da sich die Temperatur in Abhängigkeit von der Höhe ändert. Auf diese Weise kann sich der Schall über eine beachtliche Distanz ausbreiten. Alle diese Erklärungsversuche lassen sich jedoch nur schwer bestätigen.

3.58 Felsstürze und entwurzelte Bäume

Am 10. Juli 1996 gab es im Yosemite-Nationalpark (Kalifornien) zwei dicht aufeinanderfolgende, katastrophale Felsstürze. Bei jedem Felssturz rutschte ein riesiger Felsbrocken zunächst einen steilen Abhang hinab und flog dann wie ein Geschoss durch Luft, um 550 Meter weiter unten auf dem Boden aufzuschlagen. Bei jedem Aufschlag wurden seismische Wellen erzeugt, die noch in 200 Kilometer Entfernung von Seismografen aufgezeichnet wurden. Noch erstaunlicher war das Ausmaß des Holzbruchs, der weiter unten im Tal, über 300 Meter von den Aufschlagstellen entfernt, zu verzeichnen war: Über 1 000 Bäume wurden umgerissen, eine Snackbar im Touristenzentrum wurde demoliert, eine Person wurde getötet und mehrere verletzt. Wie war es möglich, dass die Felsbrocken derart große Schäden an Stellen anrichten konnten, die sie gar nicht erreicht hatten?

Antwort

Beim Aufschlagen jedes Felsbrockens auf dem Boden entstanden in der Luft Druckvariationen, die sich von der Aufschlagstelle in Form einer Schallwelle ausbreiteten. Die Welle, ein sogenannter *Luftstoß*, bestand aus einem Bereich, in dem die Luft komprimiert war; dahinter folgte ein Bereich, in dem die Luft expandiert war. Wenn Sie direkt in diesem Luftstoß gestanden hätten, hätte er Sie mit voller Kraft durch die Gegend geschleudert, zuerst in die eine Richtung und dann wegen der Druckvariationen (die effektiv wie ein kräftiger Sturm wirkten) in die entgegengesetzte Richtung. Der zweite Felsbrocken hatte etwa die dreifache Masse des ersten, und deshalb war der von ihm ausgehende Luftstoß besonders zerstörerisch. Er erzeugte Böen, die mit 430 km/h zwischen den Bäumen hindurchfegten, was vergleichbar ist mit der Stärke eines Tornados. Tatsächlich erreichte der Luftstoß des zweiten Brockens sogar Überschallgeschwindigkeit (es handelte sich um eine Schockwelle), doch der von dem ersten Brocken aufgewirbelte Staub reduzierte die Geschwindigkeit schnell von ihrem anfänglichen Wert von 340 m/s auf 220 m/s.

3.59 Knallende Peitschen und nasse Handtücher

Wie können Sie mit einer Peitsche einen lauten Knall erzeugen? Wie können Sie mit einem Handtuch knallen, und warum knallt es lauter, wenn es nass ist?

Antwort

Um mit einer Peitsche zu knallen, müssen Sie den Griff sehr schnell bewegen. Damit erreichen Sie, dass sich entlang des Peitschenriemens eine Welle ausbreitet. Ungeübte erzeugen eine einfache Welle, Experten dagegen eine Schlaufe (Abb. 3.5). Wenn die Wellen das Ende des Riemens erreichen, wird dieses sehr stark beschleunigt (zirka um das 50 000fache der Fallbeschleunigung) und übersteigt leicht die Schallgeschwindigkeit. Wie jedes Objekt, das sich mit Überschallgeschwindigkeit bewegt, erzeugt das Ende der Peitsche einen Überschallknall (oder eine Schockwelle). Dies ist das typische Peitschenknallen.

Dass man mit einem nassen Handtuch besser knallen kann als mit einem trockenen, liegt an der zusätzlichen Masse. Es ist schwieriger als bei einer Peitsche, die Wellenbewegung in Gang zu setzen, doch das freie Ende erwirbt dabei entsprechend mehr Energie – genug, um jemandem mit dem Handtuch einen schmerzhaften Schlag zu versetzen.

Manche Paläontologen vermuten, dass *Apatosaurus louisae*, ein Sauropode mit einem sehr langen, biegsamen Schwanz, diesen wie eine Peitsche benutzen konnte, wobei die Spitze möglicherweise ebenfalls die Schallgeschwindigkeit überschritten und einen Überschallknall ausgesendet haben könnte.

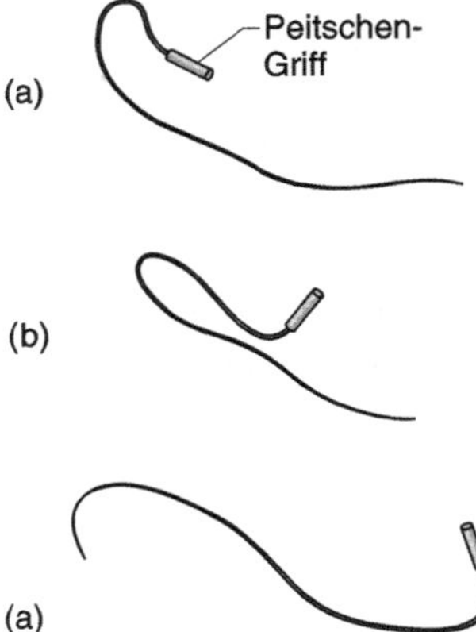

Abb. 3.5: Drei Momentaufnahmen der Schlaufenbewegung, die der Peitschenriemen vollführt, wenn der Griff schnell nach hinten gezogen wird.

3.60 Husten und Niesen

Wodurch entstehen die Geräusche beim Husten oder Niesen, und warum husten oder niesen manche Leute so laut, dass man sich erschrickt?

Antwort

Wenn Sie husten, stoßen Sie mit hoher Geschwindigkeit Luft durch die Luftröhre und die oberen Bronchien, sodass die Luft überflüssigen Schleim aus den Atemwegen entfernt. Die hohe Geschwindigkeit entsteht durch folgenden Prozess: Zunächst atmen Sie eine große Menge Luft ein und fangen sie ein, indem Sie die Stimmritze schließen (eine kleine Öffnung im Kehlkopf). Dann erhöhen Sie den Luftdruck, indem Sie die Lungen kontrahieren und die Luftröhre und die oberen Bronchien teilweise einfallen lassen, um den Weg zu verengen. Schließlich stoßen Sie die Luft durch den Atemweg, indem Sie die Stimmritze abrupt wieder öffnen. Der Luftstrom wird schnell turbulent, wodurch sowohl in der Luft als auch in den Lungen Schallwellen entstehen. Die Stimmbänder erzeugen in dieser Phase keinen Schall, weil sie weit offen gehalten werden, um den Luftstrom nicht zu behindern. Gegen Ende des Hustens jedoch, wenn die Stimmbänder sich wieder nähern, kann der Luftstrom sie zum Schwingen bringen und Schall erzeugen.

Während des explosiven Ansturms von Luft, d. h., wenn die Luft durch die verengte Luftröhre und die oberen Bronchien strömt, nimmt die Luftgeschwindigkeit zu. Ich vermute, dass die Luftgeschwindigkeit bei manchen Menschen die Schallgeschwindigkeit erreicht oder überschreitet. Deshalb kommt aus dem Hals eine leichte Schockwelle (oder Überschallknall), die das Husten besonders laut macht. Starkes Niesen kann ebenfalls eine Schockwelle erzeugen.

3.61 Raumakustik

Manche Räume haben eine schreckliche Akustik, und wenn in solchen Räumen eine Theateraufführung oder Ähnliches stattfindet, kann das Publikum nur sehr schlecht hören, was gesprochen, gesungen oder gespielt wird. Mit Sicherheit würde man zum Beispiel bei einem Konzert in einer Basketball-Arena nur ein Gewirr unterschiedlicher Geräusche wahrnehmen. Wovon hängt es ab, ob die Akustik in Ordnung ist?

Antwort
Der den Zuhörer erreichende Schall kann in drei Gruppen eingeteilt werden: Der *Direktschall* erreicht den Zuhörer direkt von der Schallquelle aus, die *frühen Reflexionen* treffen kurze Zeit später ein (innerhalb von 0,05 Sekunden) und der sogenannte *Nachhall* noch später. Die frühen Reflexionen sind in der Regel laut. Da sie sehr dicht hinter dem Direktschall eintreffen, verbindet sie der Zuhörer mental mit dem Direktschall. Diese frühen Reflexionen sollten den Zuhörer vor allem von der Seite erreichen, um bei diesem den Eindruck zu verstärken, dass er sich in einem Raum befindet, sowie um die Ausdehnung der Schallquelle mental zu vergrößern. Ohne diese seitlichen Reflexionen hätte der Zuhörer das Gefühl, der Raum wäre „tot“ oder die Schallquelle wäre klein.

Der Nachhall sollte nicht zu laut sein, da er sonst den Direktschall überdeckt, der zur gleichen Zeit beim Zuhörer eintrifft. Der Zuhörer könnte dann den Direktschall nicht mehr klar unterscheiden. (Diesen Effekt können Sie zum Beispiel auch feststellen, wenn Sie in einer Höhle, die starke Echos zurückwirft, ein paar Worte rufen.) Trotzdem sollte der Nachhall nicht eliminiert werden, da er dem Zuhörer das Gefühl des „Eintauchens“ in den Schall gibt.

Die psychologischen Effekte der frühen Reflexionen und des Nachhalls sind immer noch Gegenstand aktueller Forschung, ebenso wie das raumakustische Design von Konzerthallen. Dabei ist unter anderem zu berücksichtigen, ob in der Halle vorwiegend gesprochen, gesungen oder Instrumentalmusik dargeboten werden soll. Im Allgemeinen bestehen die Wände einer Konzerthalle aus vielen Projektionsflächen, die den Schall zum Publikum reflektieren. Um die Wahrscheinlichkeit lauter Echos zu reduzieren, kann man die Rückwand mit einem Vorhang verhängen oder einen Teil der Bühne mit einem Teppich auslegen.

Die Akustik in einem Orchestergraben ist von großer Bedeutung für die Musiker, die dort spielen. Ein Musiker hört nicht nur die direkten Geräusche der anderen Instrumente, sondern auch deren Reflexionen. Noch verwirrender ist es für einen unterhalb der Bühne sitzenden Musiker, wenn die Schallwellen, die zwischen Boden und Decke des Orchestergrabens hin- und herreflektiert werden, eine Resonanz erzeugen. Wenn die Resonanz eine starke Variation des Luftdrucks in Höhe des Ohrs des Musikers verursacht, scheint die Quelle dieses Schalls etwa in Kopfhöhe zu liegen und nicht irgendwo anders im Orchestergraben, wie es tatsächlich der Fall ist. Diese lästige Störung kann durch ein gutes Design des Orchestergrabens sowie durch Anbringen von Geräuschdämpfern eliminiert oder reduziert werden.

In alten Kirchen, die oft harte Wände, Böden und Decken haben, treten typischerweise laute Echos auf, die mehrere Sekunden lang anhalten. Wenn in diesen Kirchen Orgelmusik gespielt wird, prallen Unmengen von Schallwellen an den harten Wänden ab. In der St. Paul’s Kathedrale in London können Echos beispielsweise 31,5 Minuten dauern. In modernen Kirchen sind die Echos kürzer, sodass die Worte des Predigers deutlich zu verstehen sind. Diese kürzeren Echos sind möglich, weil die Wände den Schall besser absorbieren als die alten Steingemäuer.

3.62 Flüstergewölbe

In manchen Gewölben ist es möglich, ein von einem bestimmten Punkt ausgesendetes Flüstern an einem zweiten Punkt zu hören, manchmal über erstaunlich große Entfernungen. Der Legende nach hatte das „Ohr des Dionysius“ in Syracus diese Eigenschaft: Dort sollen die Worte der in den Verliesen Gefangenen auf geheimnisvollen Wegen zum Ohr des Tyrannen geleitet worden sein. Auch die Kuppel der alten *Hall of Representatives* im Capitol in Washington soll ein vertrauliches Flüstern auf einer Seite des Raumes reflektieren, sodass es an dem gegenüberliegenden Punkt gehört werden kann – möglicherweise von einem politischen Gegner.

Noch peinlicher muss allerdings die Situation in der Kathedrale von Girgenti in Sizilien gewesen sein. Ein Gemeindemitglied entdeckte eines Tages zufällig, dass er, wenn er an einem bestimmten Punkt in der Kirche stand, die Beichte hören konnte, die dem Pfarrer im weit von diesem Punkt entfernten Beichtstuhl zugeflüstert wurde. Es muss für diesen Mann und seine Kumpane amüsant gewesen sein, die Beichten anderer zu belauschen – jedenfalls bis zu dem Tag, an dem seine eigene Frau den Beichtstuhl betrat.

Antwort
Es ist unwahrscheinlich, dass die Flüstergewölbe, die in vielen alten Bauwerken zu finden sind, bei der Konstruktion als solche beabsichtigt waren. Sie treten gewöhnlich in Gewölben mit elliptischem Querschnitt auf. Diese Geometrie macht es möglich, dass die Schallwellen in zwei Brennpunkten fokussiert werden. Wenn jemand in einem der beiden Brennpunkte steht und flüstert, werden die Schallwellen an der Decke reflektiert und laufen in dem anderen Brennpunkt wieder zusammen, vorausgesetzt, die Reflexion an der Decke wird nicht durch Stuck oder Lampen gestört.

3.63 Die Flüstergalerie in der St. Paul’s Kathedrale

In der Kuppel der St. Paul’s Kathedrale in London befindet sich in etwa 30 Meter Höhe eine umlaufende Galerie. Von dort können die Besucher zum einen das Innere der Kuppel aus der Nähe betrachten, zum anderen haben sie einen wunderbaren Blick in das tief unter ihnen liegende Hauptschiff der Kirche. Die Galerie ist kreisförmig und hat einen Durchmesser von etwa 32 Metern. Wenn ein Freund Ihnen auf dieser Galerie diametral gegenübersteht, muss er fast schreien, damit Sie seine Nachricht hören können. Wenn er sich jedoch zur Wand umdreht und seine Worte gegen die Wand flüstert, können Sie seine Nachricht problemlos hören, falls auch Sie nahe genug an der Wand stehen. Tatsächlich können Sie die Worte auch von jedem anderen Punkt aus hören, d. h., Sie müssen Ihrem Freund gar nicht diametral gegenüberstehen. Es handelt sich in diesem Fall also nicht um einen Fokussierungseffekt wie in der vorherigen Fragestellung. Auf welche Weise erreicht Sie die geflüsterte Nachricht? Warum muss Ihr Freund mit dem Gesicht zur Wand und dicht genug vor dieser stehen, damit Sie die Nachricht hören können? Warum ist die Nachricht deutlicher zu verstehen, wenn sie geflüstert wird?

Antwort
Einige der Schallwellen, die den Mund Ihres Freundes verlassen, heften sich an die Decke, indem sie wieder und wieder an dieser reflektiert werden. (Die übrigen Schallwellen werden

vielleicht ein- oder zweimal reflektiert und gehen dann irgendwo im Inneren der Kuppel „verloren".) Die an der Decke hängenden Wellen werden *Oberflächenwellen* oder *Rayleigh-Wellen* genannt.

Im Jahre 1904 demonstrierte Lord Rayleigh den Effekt des Anhängens auf folgende Weise: Er bog einen langen Metallstreifen zu einem Halbkreis und platzierte an dem einen Ende eine Pfeife und an dem anderen eine Flamme, die als Schalldetektor diente. Wenn man in die Pfeife blies, begann die Flamme am andere Ende des Halbkreises zu flackern (was nicht überrascht). Im nächsten Schritt platzierte Rayleigh zwischen Pfeife und Flamme eine Barriere, sodass die von der Pfeife ausgehenden Schallwellen die Flamme nicht mehr direkt treffen und zum Flackern bringen konnten. Der Schall, der die Flamme störte, breitete sich nun nicht mehr auf direktem Weg aus, sondern indem er sich unter wiederholten Reflexionen an der Wand entlanghangelte. Diese Vermutung bestätigt sich, wenn man die Barriere in der Nähe der Wand platziert: Dann wird die Ausbreitung der Schallwellen tatsächlich blockiert. Diese Erklärung für das Ausbreiten von Schallwellen durch wiederholte Reflexionen ist allerdings etwas zu stark vereinfacht, und die Situation ist in Wirklichkeit komplizierter. So ist es beispielsweise auch möglich, dass sich Schall an eine ebene Fläche anhängt, obwohl dort das Argument der wiederholten Reflexionen nicht greift.

Die Fähigkeit von Schallwellen, sich an gekrümmten Flächen festzuklammern, hängt von der Wellenlänge ab. Bei kurzen Wellenlängen funktioniert dies besser, weil die Punkte, in denen eine Welle reflektiert wird, näher beieinanderliegen. Diese Tatsache erklärt, warum in der St. Paul's Kathedrale geflüsterte Worte besser zu hören sind als normal gesprochene, denn Flüstern zeichnet sich durch kurze Wellenlängen (hohe Frequenzen) aus.

3.64 Echos

Ein gewöhnliches Echo entsteht dadurch, dass Schallwellen in Richtung der Schallquelle zurückreflektiert werden. Sicher haben Sie schon bei vielen Gelegenheiten in Gängen und Gewölben Echos gehört, die durch Reflexion an festen Wänden entstehen. Von manchen Strukturen weiß man, dass sie Mehrfachechos erzeugen: Bei diesen wird der Schall an mehreren Flächen zur Quelle zurückreflektiert, oder er wird wiederholt zwischen zwei Flächen hin- und herreflektiert, bevor er schließlich zur Quelle zurückkehrt. Eine durch drei paarweise senkrecht zueinander stehende Flächen gebildete Ecke ist die akustische Variante eines *Rückstrahlers* und kann den auf eine der drei Flächen treffenden Schall effizient zur Schallquelle zurückwerfen.

Manche Strukturen produzieren Echos, die schwer zu erklären sind. Wenn Sie zum Beispiel unter einer gemauerten Bogenbrücke stehen, können Sie, indem Sie einmal die Hände klatschen, eine ganze Schar von Echos erzeugen, von denen einige vermutlich nicht durch einfache Reflexion der Schallwellen entstehen. Es ist auch möglich, dass die einzelnen Echos so dicht aufeinanderfolgen, dass Sie dies als eine Art Melodie hören.

Bei Echos, die von einer Baumgruppe geworfen werden, können Sie Folgendes beobachten: Hochfrequente Töne, beispielsweise das Kreischen einer Frau, ergeben ein feines Echo, während niedrigfrequente Töne (beispielsweise die Stimme eines Baritons) unter Umständen überhaupt kein Echo erzeugen. Wenn Sie einen bestimmten Ton singen, ist das Echo um eine Oktave höher (d. h., seine Frequenz ist doppelt so hoch wie die von Ihnen ausgesendete). Warum erzeugen Baumgruppen solche merkwürdigen Echos?

Antwort
Wie stark Schallwellen an Hindernissen reflektiert werden, hängt von der Wellenlänge des Schalls ab. Wenn alle vorkommenden Wellenlängen größer sind als das Hindernis, wird eine kurze Wellenlänge besser reflektiert als eine lange. Wenn Sie daher Schall aussenden, der aus verschiedenen Frequenzen zusammengesetzt ist, werden die kurzen Wellenlängen besser reflektiert (beispielsweise an einer Baumgruppe). Kurze Wellenlängen bedeuten hohe Frequenzen – Sie hören also ein Echo, das einen größeren Anteil an hohen Frequenzen hat als der ausgesendete Schall. Außerdem erklärt sich durch diese Eigenschaft, warum Schallwellen mit einer niedrigen Frequenz nur ein schwaches oder gar kein Echo hervorrufen, während hohe Frequenzen unter ansonsten gleichen Bedingungen für ein starkes Echo sorgen.

Wenn Sie singen, hat der Schall mindestens zwei Komponenten: eine niedrige Frequenz (die *Fundamentalfrequenz*) und eine doppelt so große Frequenz (die zweite *Harmonische*). Da ihre Frequenz höher ist, wird die zweite Harmonische von der Baumgruppe viel besser reflektiert als der Fundamentalton. Deshalb wird das Echo von der zweiten Harmonischen dominiert, auch wenn der von Ihnen ausgesendete Schall von der Fundamentalfrequenz dominiert ist. Das Echo hat (überwiegend) die doppelte Frequenz des Originaltons.

3.65 Echos von Treppen und Zäunen

Wenn Sie neben einer langen Treppe oder einem langen Lattenzaun in die Hände klatschen, können Sie dadurch ein langgezogenes Echo erzeugen. Warum nimmt die Frequenz des Echos mit der Zeit ab? Ein eindrucksvolles Beispiel hierfür kann man hören, wenn man vor den Stufen des Tempels von Kukulkan in der Ruinenstätte Chichen Itza (Mexiko) in die Hände klatscht. Die steile Treppe besteht aus 92 Steinstufen.

Antwort
Die Frequenzverschiebung im Verlaufe des Echos, das von einer langen Treppe ausgeht, hat mit dem Winkel zu tun, unter dem die Schallwellen die einzelnen Stufen der Treppe erreichen. Betrachten wir die Treppe aus der Seitenansicht und nehmen wir an, dass der Schall an den tiefer gelegenen Stufen horizontal auftrifft und demzufolge horizontal reflektiert wird (Abb. 3.6). Von der untersten Stufe (der Ihnen am nächsten liegenden) empfangen Sie auf Ihr Klatschen hin einen kurzen Puls, kurz darauf einen weiteren von der zweiten Stufe, dann von der dritten usw. Jeder Puls ist gegenüber dem vorhergehenden verzögert, weil der Weg des Schalls zur und von der Stufe von Stufe zu Stufe länger wird. Sie empfangen die Pulse jedoch nicht einzeln sondern nehmen die Frequenz wahr, mit der sie eintreffen. Wenn beispielsweise die Frequenz zwischen zwei Pulsen 0,002 Sekunden beträgt, nehmen sie eine Frequenz von etwa 500 Hertz wahr.

Betrachten wir nun die weiter oben liegenden Stufen: Der Schall des Echos, das von diesen Stufen zu Ihnen dringt, muss einen schrägen Weg nehmen, sowohl auf dem Weg zu den Treppen als auch nach der Reflexion, wenn er sich zurück in Ihre Richtung ausbreitet. Deshalb ist die Verzögerung zwischen zwei aufeinanderfolgenden Pulsen bei den weiter oben

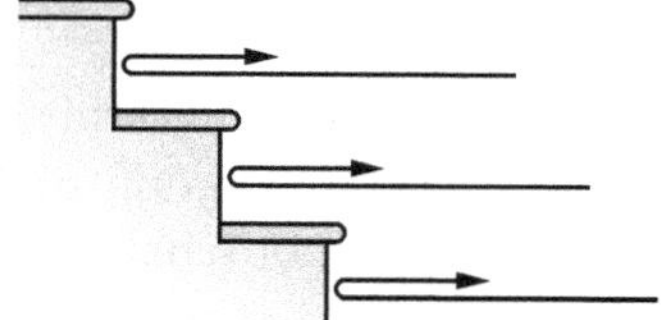

Abb. 3.6: Schallreflexionen an Treppenstufen.

liegenden Treppen größer als unten. Sie könnte nun beispielsweise 0,003 Sekunden betragen, was sie als Frequenz von 333 Hertz wahrnehmen (also eine tiefere Frequenz als von den unteren Stufen).

Die Erklärung für den Verlauf des Echos von einem Lattenzaun ist ähnlich, außer dass die reflektierenden Objekte (die Latten) horizontal anstatt vertikal angeordnet sind.

Wenn man Schallwellen durch eine reguläre Anordnung von Zylindern schickt, die in gleichmäßigen Abständen voneinander stehen, kann es zu Interferenzen kommen. Für manche Frequenzen wird der Schall von der Anordnung größtenteils durchgelassen, bei anderen Frequenzen ist der Transmissionsgrad dagegen stark reduziert.

3.66 Kurzgeschichte: Steinzeitakustik

Vermutlich haben Echos eine Rolle bei den religiösen Vorstellungen unserer frühen Vorfahren gespielt haben. Beispielsweise sind verschiedene Felszeichnungen in Australien an Stellen zu finden, wo es besonders eindrucksvolle Echos gibt. An manchen dieser Plätze hören Sie das Echo am besten, wenn Sie etwa 30 Meter von den Bildern entfernt sind, sodass Sie den Eindruck haben, der Schall des Echos würde von den Bildern selbst emittiert.

Auch manche der in Europa entdeckten Felszeichnungen befinden sich an solchen Stellen von Höhlen, an denen starke Echos auftreten. Es ist wahrscheinlich, dass die Menschen, die diese Zeichnungen hinterlassen haben, diese Stellen für Kulthandlungen nutzten.

Die Hünengräber in Großbritannien und Irland besitzen Resonanzfrequenzen, die am unteren Ende des hörbaren Spektrums liegen, sodass Schallwellen mit einer bestimmten niedrigen Frequenz verstärkt werden. Natürlich wurden diese Gräber nicht von vornherein unter Berücksichtigung ihrer akustischen Eigenschaften errichtet. Es kann aber gut sein, dass die Menschen nach Fertigstellung entdeckt haben, dass sie durch Trommeln mit einer bestimmten Frequenz das Grab zur Resonanz bringen konnten. In Newgrange, einem großen Hügelgrab in Irland, werden heutzutage Resonanzen in dem langen Gang erzeugt, der zur zentralen Grabkammer führt. Dazu wird eine in der zentralen Grabkammer installierte Schallquelle so abgestimmt, dass sie die Resonanzfrequenz des Ganges trifft.

3.67 Singen unter der Dusche

Warum klingt Ihr Gesang unter der Dusche besser (oder *scheint* zumindest besser zu klingen) als irgendwo anders? Oft nimmt der Sänger in der Duschkabine seine Stimme als wohlklingender wahr und singt deshalb viel freier auf.

Antwort
Die Antwort hierauf ist viel komplizierter als mir bewusst war, als ich vor vielen Jahren schon einmal über dieses Thema geschrieben habe. Damals habe ich behauptet, der Hauptgrund für den wohlklingenderen Gesang eines Laiensängers wäre der, dass dieser in der Duschkabine eine Resonanz erzeugen kann.

Mehrere Leute, die meinen Artikel gelesen haben, schlugen weitere Argumente zur Erklärung des Phänomens vor, unter anderem, dass die Wände und der Boden (und eventuell auch die Decke) einer Duschkabine gewöhnlich gekachelt sind. Wenn Sie versuchen würden, in einem leeren Schrank mit ähnlichen Abmessungen wie der Duschkabine zu singen, wären die Reflexionen nicht so gut und es wäre schwieriger, den Schrank zur Resonanz zu bringen. (Abgesehen davon würde sich wahrscheinlich ihre Familie Sorgen um Sie machen, wenn Sie in einen Schrank steigen und zu singen anfangen.)

Ein anderer Grund ist der folgende: Da Reflexionen Ihrer Stimme aufgrund des kurzen Abstands zwischen den Wänden sehr schnell zu Ihnen zurückkehren, werden Sie von dem Schall eingehüllt. Deshalb können Sie die Reflexion eines Tons schon hören, während Sie ihn noch singen, was es Ihnen ermöglicht, den Ton leicht zu korrigieren, falls er etwas daneben liegen sollte.

3.68 Der lärmende Nachbar über Ihnen

Unter lärmenden Nachbarn zu wohnen, kann nervenaufreibend sein. Doch was ist eigentlich der Hauptgrund für die unangenehme Lautstärke? Sind die auf die Holzdielen klackenden hohen Absätze Ihrer Nachbarin das Schlimmste? Kann der Lärm dadurch gemildert werden, dass die obere Wohnung mit einem Teppichbelag ausgestattet wird? (Immerhin würden Sie dann das Klacken der hohen Absätze nicht mehr hören.)

Antwort
Die meisten der nervenden Geräusche werden als eher dumpf wahrgenommen und haben (was Sie vielleicht überraschen mag) nichts mit hohen Absätzen oder dergleichen zu tun. Das Störende sind vielmehr die niedrigfrequenten Geräusche, die entstehen, wenn jemand durch die Wohnung läuft. Die Schritte veranlassen die Decke, zu schwingen wie ein Trommelfell. Die Frequenz dieser Schwingungen liegt in der Regel zwischen 15 und 35 Hertz, was im unteren Bereich der für den Menschen hörbaren Frequenzen liegt. Diese Geräusche sind also für die Nachbarn in der darunterliegenden Wohnung hör- und auch spürbar.

Auch die hochfrequenten Geräusche von hohen Absätzen sind in der darunterliegenden Wohnung hörbar, doch sehr viel mehr Energie wird durch die niedrigfrequenten Schwingungen der Decke übertragen. Durch einen Teppich kann sich die Situation sogar noch verschlimmern, weil die Schritte aufgrund der weichen Oberfläche noch mehr Energie auf die Schwingungen der Decke übertragen. Die einzige Möglichkeit besteht darin, in ein Haus zu ziehen, dessen Böden und Träger aus verstärktem Beton sind.

3.69 Brummender Sand und knirschender Sand

An manchen Stränden knirscht der Sand, wenn Sie über ihn laufen. Das Gleiche geschieht, wenn Sie mit der Hand oder einem Brett in einem Winkel von 45 ° gegen den Sand drücken.

In manchen Wüsten geht von den Sanddünen ein tiefes Brummen (Frequenz etwa 100 Hertz) aus, das zuweilen so laut sein kann, dass eine Unterhaltung schwierig wird. Einige Menschen, die Gelegenheit hatten, dieses Brummen zu hören, vergleichen es mit dem Klang von Didgeridoos. Wie ist es möglich, dass Sand Töne erzeugt, und warum kommt es nicht an allen Sandstränden und bei jeder Sanddüne zur Tonerzeugung?

Antwort

Eine Sanddüne schiebt sich langsam durch die Wüste, da der Wind auf der Luvseite Sandkörner abträgt und sie entweder auf dem Scheitel der Düne oder auf der hinteren Flanke ablagert. Durch diese allmähliche Verlagerung wird die hintere Flanke schließlich zu steil, um stabil zu bleiben. Dann rutscht auf dieser Seite eine Schicht Sand nach unten, sodass die Neigung der Flanke wieder flacher wird. Auf diese Weise bewegt sich die Düne langsam durch die Wüste.

Bei manchen Dünen entsteht durch das Nach-unten-Rutschen ein brummender Ton. Voraussetzung ist, dass der Sand relativ homogen zusammengesetzt ist und eine glatte Oberflächenstruktur hat. Der Sand kann in mehreren Schichten nach unten rutschen, von denen jede etwa einen halben Zentimeter dick ist. Wenn die Schichten abrutschen, oszillieren sie senkrecht zu der darunterliegenden Sandoberfläche und wirken wie ein schwingendes Trommelfell. Wenn das Rutschen aufhört, verschwinden auch die Geräusche. Während die Sandkörner als Schicht rutschen, verschieben sie sich relativ zueinander und kollidieren mit einer Rate von 100 Zusammenstößen pro Sekunde miteinander. Die Kollisionsrate ist mit der Schwingungsfrequenz der Schicht über einen Rückkopplungsmechanismus verbunden. Deshalb beträgt die Frequenz des von der schwingenden Schicht erzeugten Schalls etwa 100 Zyklen pro Sekunde, also 100 Hertz.

Strandsand kann beim Darüberlaufen Geräusche von sich geben, wenn die Schritte bewirken, dass sich Schichten von Sand übereinander bewegen und oszillieren, wodurch Schallwellen entstehen.

Weshalb nicht jeder Sand Geräusche erzeugt, ist bislang nicht vollständig verstanden. Vermutlich hängt diese Fähigkeit von speziellen Eigenschaften des Sandes ab, die bewirken, dass sich die Körner in sehr dünnen Schichten gegeneinander bewegen. Die vielleicht wichtigste Eigenschaft ist die, dass die Körner eine harte Kruste haben. Tatsächlich haben Experimente mit knirschendem Sand gezeigt, dass die Neigung zu knirschen allmählich nachlässt, wenn der Sand in Süßwasser ausgewaschen wird. Die Fähigkeit zu knirschen stellt sich auch nicht wieder ein, wenn der Sand wieder in Salzwasser getaucht wird.

3.70 Knackendes und krachendes Eis

Wenn Sie Eiswürfel in einen zimmerwarmen Drink fallen lassen, hören Sie ein leises Knacken. Wodurch entsteht dieses Geräusch? Wodurch entsteht das Geräusch, das ein kalbender Eisberg emittiert?

Antwort

Die knackenden Geräusche, die von einem Eiswürfel in einem zimmerwarmen Drink ausgehen, entstehen durch die Spannungskräfte innerhalb des Eiswürfels, wenn dessen Oberfläche plötzlich einen sehr raschen Temperaturanstieg durchläuft. Wegen des Temperaturanstiegs dehnt sich das Eis aus, was in der Oberfläche eine Spannung erzeugt. Diese kann so stark werden, dass sich plötzlich Risse in der Oberfläche bilden. Wenn sich die Eisflächen zu beiden Seiten eines solchen Risses gegeneinander verschieben oder sich voneinander wegbewegen, entstehen dadurch Druckänderungen in der Flüssigkeit oder in der Luft, und diese Druckänderungen entfernen sich in Form einer Schallwelle vom Riss.

Die Geräusche, die ein kalbender Eisberg von sich gibt, entstehen auf andere Weise. Sie treten nur auf, wenn das Eis zahlreiche kleine Lufteinschlüsse enthält. Wenn das Eis taut, wird die eingeschlossene Luft plötzlich frei und verdrängt das Wasser (wenn sich das Eis unter der Wasseroberfläche befindet) oder die Luft (wenn sich das Eis über der Wasseroberfläche befindet). In beiden Fällen breitet sich die abrupte Druckänderung von dieser Stelle in Form einer Schallwelle aus und bringt eventuell weitere Abschnitte des Eises zum Schwingen. Die Gesamtheit dieser verschiedenen Geräuschemissionen ist als Krachen des kalbenden Eisbergs zu hören.

3.71 Hören durch den Schnee

Wieso kann ein Lawinenopfer, das unter Schneemassen begraben ist, nahende Retter hören, während diese den Veschütteten nicht hören können, selbst wenn dieser schreit oder gar (was verbürgt ist) einen Pistolenschuss als Signal abgibt?

Antwort

Die Schallübertragung durch geschichteten Schnee ist eigentlich recht einfach. Danach sollte die Übertragung vom Verschütteten nach außen in etwa die gleiche sein wie in der umgekehrten Richtung. Der Hauptgrund für die dennoch zu verzeichnende Asymmetrie ist, dass es um den Verschütteten herum sehr still ist, um die Retter herum dagegen nicht. Gerade im Zusammenhang mit der Suche nach dem Verschütteten machen diese relativ viel Lärm.

3.72 Knirschender Schnee

Warum knirscht Schnee manchmal, wenn Sie über ihn laufen, und warum sind knirschende Geräusche wahrscheinlicher, wenn es sehr kalt ist?

Antwort

Wenn die Temperatur des Schnees unter −10 °C liegt, kann der Druck Ihrer Schuhsohlen bewirken, dass einige der Verbindungen zwischen den Schneeflocken aufbrechen oder dass sich plötzlich einzelne Schneeschichten gegeneinander verschieben. In beiden Fällen werden im Schnee kurze Oszillationen und somit Schallwellen erzeugt. Wenn der Schnee nicht so kalt ist, lösen sich die Schneeflocken sehr leicht voneinander, da die Bindungen zwischen ihnen schwächer sind.

3.73 Die Form der Trommel hören

Im Jahre 1966 veröffentlichte der polnisch-amerikanische Mathematiker Marc Kac einen mittlerweile berühmten Aufsatz mit dem Titel „Can you hear the shape of a drum“ (deutsch „Können Sie die Form einer Trommel hören?“). Gemeint ist damit natürlich, ob man allgemein aus der Kenntnis der Frequenzen, die eine Trommel emittiert, ableiten kann, wie diese aussieht. Wie lautet die Antwort auf diese Frage?

Antwort

Wenn eine an beiden Enden fest eingespannte Saite schwingt, können Sie in der Tat das Schwingungsmuster in dem Sinne hören, dass eine bestimmte Frequenz einem bestimmten Schwingungsmuster entspricht. Die kleinste mögliche Frequenz entspricht beispielsweise folgendem Muster: Die Enden bleiben stationär (denn sie sind fest eingespannt), der Mittelpunkt der Saite oszilliert mit maximaler Amplitude und alle zwischen Mitte und Rand liegenden Punkte oszillieren entsprechend schwächer (Abb. 3.7a). Die nächsthöhere Frequenz korrespondiert mit dem nächstkomplizierten Muster (Abb. 3.7b) usw. Diese Frequenzen sind die *harmonischen Frequenzen* der Saite und die zugehörigen Schwingungsmuster heißen *Resonanzmoden.* Wenn Sie eine dieser Frequenzen hören, können Sie immer genau sagen, wie das zugehörige Schwingungsmuster aussieht. Wenn Sie bereits wissen, wie dick die Saite ist und aus welchem Material sie besteht, können Sie aus der niedrigsten Frequenz sogar erkennen, wie lang die Saite ist.

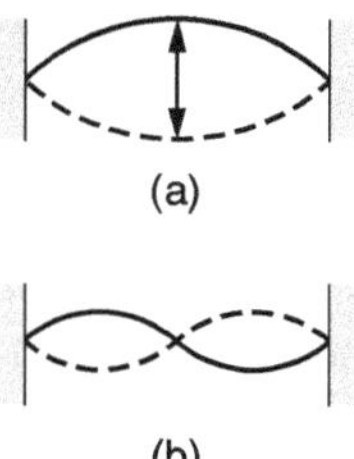

Abb. 3.7: Schwingungsmuster einer eingespannten Saite: Momentaufnahmen der Saite (a) für das einfachste und (b) für das zweiteinfachste Muster.

Ein flaches Trommelfell besitzt ebenfalls Resonanzmoden und harmonische Frequenzen. Die Verhältnisse sind hier allerdings komplizierter als bei der Saite, weil ein Trommelfell zweidimensional ist. Die mathematische Behandlung kreisförmiger Trommelfelle ist einfach, doch für jede andere Form stellt die Zuordnung zwischen Schwingungsmustern und der geometrischen Form des Trommelfells eine Herausforderung dar. Für einfache Formen ist die Lösung dieser Aufgabe noch zu bewältigen. Für kompliziertere Formen jedoch ist es nicht immer möglich, diese zu bestimmen, da mindestens zwei stark verschiedene Formen die gleichen harmonischen Frequenzen haben können. Immerhin ist es auch für diesen komplizierten Fälle stets möglich, den Flächeninhalt des Trommelfells zu bestimmen, d. h. Sie können zumindest hören, wie groß eine Trommel ist, auch wenn es nicht immer möglich ist, auf die Form zu schließen.

3.74 Infraschall

Wenn Sie bei einem Heavy-Metal-Konzert unmittelbar vor den Boxen stehen, wird Ihnen dies sicherlich schnell Unbehagen bereiten. Aber gibt es auch Situationen, in denen keinerlei

Lärm zu hören ist und Sie sich trotzdem aufgrund eines akustischen Effekts unwohl fühlen?

Antwort
Es gibt viele Situationen, in denen Sie *Infraschall* hoher Intensität ausgesetzt sind. Die Frequenzen von Infraschall sind so niedrig, dass Sie sie nicht hören können, nämlich kleiner als etwa 30 Hertz. Ihr Körper wird in Reaktion auf diesen Schall nicht unbedingt zu zittern beginnen, doch Ihr Gleichgewichtssinn kann so sehr gestört sein, dass Sie sich schlecht fühlen. Oft werden Sie sich auch durch das von den Schallwellen verursachte Wackeln der Objekte in Ihrer Umgebung irritiert fühlen. Ein häufig vorkommendes Beispiel ist der Infraschall, der in den Passagierkabinen verschiedener Fahrzeuge vorkommt. Eine kurzzeitige Exposition wird kaum Auswirkungen haben, doch auf einer langen Autofahrt kann auch der Infraschall dazu beitragen, dass Sie sich anschließend krank fühlen. Das unangenehme Gefühl ist besonders schlimm, wenn der Infraschall Resonanzen auslöst (denn in diesem Fall verstärken sich die Wellen innerhalb der Fahrgastzelle gegenseitig). Resonanz kann zum Beispiel auftreten, wenn ein Fenster offen steht und der Infraschall Teil einer Turbulenz ist, die an der Kante der Fensterscheibe entsteht. Infraschall entsteht auch durch den Motor und das Rollen der Reifen auf der Straße, und seine Intensität wächst gewöhnlich mit der Geschwindigkeit. Eine verbesserte Aerodynamik und die bessere Isolierung gegen Straßengeräusche haben das Problem des Infraschalls in modernen Autos stark reduziert.

Infraschall kann auch entstehen, wenn ein starker Wind gegen Ecken oder Kanten von Gebäuden bläst und dort in Wirbel zerfällt. Infolge der Luftdruckschwankungen kann eine Infraschallwelle entstehen, aufgrund derer die in dem Gebäude befindlichen Personen eine Anspannung fühlen. (Selbstverständlich kann der Wind auch hörbaren Schall erzeugen.) Auch in diesem Fall ist der Effekt stärker, wenn der Infraschall in einem Raum eine Resonanz auslöst, was wiederum unter anderem aufgrund eines offen stehenden Fensters passieren kann.

Infraschall kann auch in ausgedehnten Gebieten auftreten, nämlich wenn sich eine starke Luftströmung an einer Bergkette in Wirbel auflöst (Föhnwetterlage). Einige Forscher haben die (umstrittene) Vermutung geäußert, dass es eine Verbindung gibt zwischen diesem Infraschall und der Häufigkeit von Depressionen sowie erhöhten Suizidraten.

Oft sind Sie auch Infraschall ausgesetzt, der von Gebäudeausrüstungen (beispielsweise Fahrstühlen), Meereswellen, Explosionen oder Stürmen ausgeht. Sogar die Infraschallemissionen vom Donnern weit entfernter Gewitter können einen Einfluss auf Ihr Wohlbefinden haben. Bei dem gewaltigen Ausbruch des Krakatoa im Jahre 1883 wurden starke Ultraschallwellen durch die Atmosphäre gesendet. Die Wellen blieben in einer Schicht zwischen der Erdoberfläche und der wärmeren Luft in der Stratosphäre gefangen. Beim Durchtritt der Wellen durch die untere Stratosphäre wurde ihre Ausbreitungsrichtung wieder zur Erdoberfläche gelenkt. An der Erdoberfläche wurden sie wieder in Richtung Stratosphäre reflektiert usw. Der hörbare Teil der Explosion war außerhalb der unmittelbaren Umgebung der Insel nirgends zu hören, aber der Infraschall wurde weltweit auf den Barometern registriert.

Obwohl es sein kann, dass Sie während eines großen Teils des Tages Infraschall ausgesetzt sind, hat dies wahrscheinlich keine negativen Auswirkungen auf Sie, weil dessen Intensität gewöhnlich klein ist. Aber wenn Sie eine hübsche Ausrede für unerledigte Hausaufgaben, Beziehungsprobleme oder die Niederlage Ihrer Lieblingsfußballmannschaft brauchen, können Sie es natürlich auf den Infraschall schieben.

3.75 Kann man Mais wachsen hören?

Wodurch entstehen die Geräusche, die von einem Maisfeld ausgehen und die man in ansonsten stillen Nächten hören kann?

Antwort
Die Geräusche in einem Maisfeld entstehen durch Blätter, die gegeneinander schlagen, wenn eine leichte Brise durch das Feld weht. Die Geräusche sind umso lauter, je stärker der Wind weht. Wenn der Mais reifer ist, sind die Geräusche lauter, weil die Blätter dann größer und spröder sind, eine größere Bewegungsfreiheit haben und die Halme stärker schwanken.

3.76 Wie sich mit einem Stoffstreifen Töne erzeugen lassen

Fassen Sie die beiden Enden eines etwa 30 Zentimeter langen Streifens Stoff mit jeweils einer Hand und lassen Sie den Stoff locker hängen. Ziehen Sie dann abrupt Ihre Hände auseinander, sodass der Streifen straff gespannt ist. Warum entsteht dabei ein Ton? Weshalb ist die Frequenz umso höher, je kürzer der Streifen ist?

Antwort
Wenn der Stoffstreifen straff gezogen wird, oszilliert er vorübergehend wie eine gezupfte Gitarrensaite, wodurch in der umgebenden Luft Druckvariationen entstehen. Diese Variationen breiten sich ausgehend von dem Stoffstreifen in Form einer Schallwelle aus – dies ist das „Klatschen", das Sie hören. Wie im Falle einer Gitarrensaite hängt die Frequenz des Tons von der Länge des oszillierenden Elements ab (kürzere Wellenlängen ergeben höhere Frequenzen).

3.77 Rohrgeräusche

Wenn Sie an einem Ende eines unterirdischen Rohres in die Hände klatschen, hören Sie ein „zischendes" Echo, d. h., das Echo beginnt mit der höchsten Frequenz und fällt rasch auf die niedrigste Frequenz. Das gleiche Geräusch können Sie hören, wenn eine zweite Person am anderen Ende des Rohres in die Hände klatscht. Auf einem Tennis- oder Racquetballcourt sind ähnliche Geräusche zu hören, allerdings mit dem Unterschied, dass hier die Frequenz mit der Zeit *wächst*, anstatt zu *sinken*. Wodurch entstehen derartige Pfeifgeräusche, d. h. wieso kann sich die Frequenz eines Echos mit der Zeit ändern?

Antwort
Die beschriebenen Geräusche entstehen infolge von Resonanzen, d. h., weil sich Schallwellen gegenseitig verstärken. Angenommen, das Händeklatschen der zweiten Person, durch das ein Schallimpuls emittiert wird, findet genau in der Mitte der hinteren Rohröffnung statt und das Rohr hat die Länge L. Die sich ausbreitende Schallwelle kann an den Wänden des Rohres auf viele unterschiedliche Weisen reflektiert werden. Beispielsweise kann es sein, dass eine

Welle erst in der Entfernung $L/2$ reflektiert wird. In diesem Fall wird sie überhaupt nur einmal reflektiert.

Je häufiger eine Welle im Rohr reflektiert wird, umso zickzackförmiger und damit länger wird ihr Weg, sodass sie das Rohr effektiv langsamer durchläuft. Zuerst hören Sie also das Echo, das durch eine einzige Reflexion entsteht, dann ein Echo, bei dem zwei Reflexionen involviert sind, usw. Die von Ihnen wahrgenommene Frequenz ist die, mit der die Echos an Ihrem Ohr ankommen. Die ersten Echos (bei denen es nur wenige Reflexionen gab) sind durch eine hohe Frequenz gekennzeichnet, während die späteren eine tiefere Frequenz haben. Den Grenzfall bilden jene Wellen, die fast senkrecht an der Wand hin- und herreflektiert werden und deshalb kaum vorankommen.

Die Sache ist im Wesentlichen die gleiche, wenn Sie die Echos hören, die von ihrem eigenen Händeklatschen ausgehen. In diesem Fall muss der Schall allerdings am entfernten Ende des Rohres seine Richtung ändern, um zu Ihnen zurückzukehren. Dies geschieht, wenn das entfernte Ende geschlossen ist (beispielsweise durch eine Klappe), aber auch, wenn das Ende offen ist. Letzteres mag überraschen, doch tatsächlich werden einige Schallwellen beim abrupten Übergang des Schalls aus dem Rohr in die freie Luft zurück in das Rohr reflektiert. Diese breiten sich dann zurück in Ihre Richtung aus. (Bei manchen Musikinstrumenten ist das offene Ende trichterförmig, wodurch diese Reflexionen reduziert werden und folglich ein größerer Teil des Schalls sich in Richtung des Publikums oder eines Mikrofons ausbreitet.)

Wenn ein Racquet- oder Tennisball gegen eine Mauer oder den Boden des Courts schlägt, kann es sein, dass der Ball ruckartig über die Fläche hoppelt, wodurch er in Schwingungen versetzt wird. Infolge dieser Schwingungen entstehen in der Luft Druckvariationen, die sich vom Ball weg in Form von Schallwellen ausbreiten. Da die harten Oberflächen in einem Tennis- oder Racquetcourt den Schall gut reflektieren, hören Sie nicht nur den Schall, der Sie direkt vom Ball aus erreicht, sondern auch die verschiedenen Reflexionen. Falls der Court nicht an einer Seite offen ist, kann der Schall sehr oft reflektiert werden, sodass Sie ein 1 bis 2 Sekunden langes Echo hören. Die Frequenz, mit der die verschiedenen Echos Sie erreichen, nimmt zu, und deshalb wächst auch die von Ihnen wahrgenommene Frequenz.

3.78 Slinkys

Befestigen Sie ein Ende eines *Slinkys* (ein aus einer Metallfeder bestehendes Spielzeug) an einer Wand und dehnen Sie das Slinky dann, indem Sie sich, das andere Ende festhaltend, weg von der Wand bewegen. Tippen Sie, wenn das Slinky angespannt ist, mit einem Stift dagegen und achten Sie auf das Geräusch, welches das freie Ende des Slinkys von sich gibt. Sie werden ein Echo hören, dessen Frequenz zunächst hoch ist und dann rasch auf einen tiefen Wert fällt. Wie entsteht diese Geräusch?

Antwort

Durch das Antippen des Slinkys senden Sie *Transversalwellen* über die Feder. Solche Wellen bewirken, dass die Feder senkrecht zu ihrer Längsachse schwingt. (Im Gegensatz dazu führen *Longitudinalwellen* zu Schwingungen parallel zur Längsachse.) Die Geschwindigkeit der Transversalwelle, die sich entlang der Feder ausbreitet, hängt von der Frequenz der Welle ab: Wellen mit höherer Frequenz bewegen sich schneller als solche mit niedriger Frequenz.

Durch das Antippen der Feder senden Sie Wellen mit einem ganzen Bereich von Frequenzen aus. Wenn die Wellen das an der Wand befestigte Ende des Slinkys erreichen, werden sie dort reflektiert und kehren zu Ihnen zurück. Als Erstes trifft die Welle mit der höchsten Frequenz wieder bei Ihnen ein und zum Schluss die Welle mit der niedrigsten Frequenz. Die Tatsache, dass der Draht des Slinkys spiralförmig gewunden ist, scheint für die Entstehung der Töne keine Rolle zu spielen.

3.79 Gewehrschüsse im Permafrostgebiet

Historische Berichte von Erkundungsmissionen in den Permafrostgebieten Nordamerikas und Russlands enthalten zahlreiche Erwähnungen von mysteriösen Schussgeräuschen. In einem dieser Berichte wird die Tatsache, dass Karibus sich nicht von echten Gewehrschüssen aus der Ruhe bringen lassen, darauf zurückgeführt, dass die Tiere an diese Art von Geräuschen gewöhnt seien. Was könnte die Ursache für die vermeintlichen Schussgeräusche sein?

Antwort
Die Permafrostgebiete sind mit mit Eisflächen übersät, wobei die einzelnen Eisflächen sich nach unten in den Permafrostboden erstrecken. Diese Eisstücke stehen unter Spannung und enthalten zahlreiche Defekte wie beispielsweise eingeschlossene Blasen. Wenn die Temperatur stark sinkt, entsteht in dem Eisstück ein vertikaler Riss, der sich horizontal entlang des Eisstücks ausbreitet. Wenn die Geschwindigkeit des Risses hoch ist, können im Eis und in der umgebenden Luft Druckvariationen entstehen. Diese Druckvariationen breiten sich mit dem Voranschreiten des Risses in Form von Schall aus, der an ein Schussgeräusch erinnert.

3.80 Akustische Wahrnehmung von Polarlichtern und Feuerkugeln

Ist es möglich, Polarlichter zu hören? Manche Augenzeugen wollen ein Knistern, Sausen oder Pfeifen gehört haben, das scheinbar mit den atmosphärischen Leuchterscheinungen im Zusammenhang stand. Kann man einen Meteor hören, der weit oben am Himmel verbrennt? Auch bei diesem Phänomen gibt es entsprechende Hinweise von Augenzeugen, die den Meteor angeblich gehört haben, bevor sie ihn sehen konnten (oder zumindest im gleichen Augenblick). Dies wäre insofern bemerkenswert, als Meteore in sehr großen Höhen verbrennen. (Manchmal ist in diesem Zusammenhang ein Überschallknall zu hören. Daran ist jedoch nichts Mysteriöses, da dieser den Beobachter erreicht, *nachdem* der Meteor vorüber ist.)

Antwort
Zwar gibt es seit langem Berichte, dass im Zusammenhang mit Polarlichtern Infraschall erzeugt wird, doch existieren bislang keine vertrauenswürdigen Aufzeichnungen von hörbarem Schall. Es ist kaum vorstellbar, dass eine Schallwelle im hörbaren Bereich sich mindestens 100 Kilometer ausbreiten kann und dann immer noch intensiv genug ist, um hörbar zu sein. Nichtsdestotrotz berichteten mehrere Augenzeugen von Geräuschen, die ihrem Eindruck nach mit dem Auftreten von Polarlichtern im Zusammenhang standen. Einige dieser Ereignisse mögen Täuschungen gewesen sein, bei denen der Beobachter zufällige Geräusche in der Umgebung falsch interpretiert, d. h. sie fälschlicherweise in einen kausalen Zusammenhang mit dem eben beobachteten faszinierenden atmosphärischen Phänomen gebracht hat.

Möglich ist auch, dass die Beobachter von Polarlichtern ihre eigenen Atemgeräusche in sehr kalter Luft (–40 °C und niedriger) als Fremdgeräusche interpretiert haben. Ungeachtet dieser möglichen Fehlinterpretationen könnte an einigen Berichten von Schall im Zusammenhang mit Polarlichtern tatsächlich etwas dran sein. Dann stellt sich die Frage, wie ein Polarlicht mit einem elektrischen Feld auf Bodenniveau korreliert sein kann.

Wenn Sie einen Überschallknall von einem Meteor hören, breitet sich dieser mit Schallgeschwindigkeit zu Ihnen aus. Dies bedeutet, dass Sie den Knall erst hören, wenn der Meteor aus Ihrem Blickfeld verschwunden ist. Wie aber kann es sein, dass Sie den Schall zur gleichen Zeit hören, zu der Sie den Meteor sehen, oder sogar noch vorher? Die einzig mögliche Erklärung ist, dass der Meteor eine elektromagnetische Welle erzeugt, die Sie mit Lichtgeschwindigkeit erreicht. Eine solche Welle könnte unter Umständen die Objekte in Ihrer Umgebung in Schwingungen versetzen, und wenn die Frequenz dieser Schwingungen im hörbaren Bereich läge, würden Sie diese hören und sie sehr wahrscheinlich in einen kausalen Zusammenhang mit dem Meteor bringen. Tatsächlich gibt es Hinweise, dass niedrigfrequente Wellen erzeugt werden, wenn ein Meteor die obere Atmosphäre passiert.

3.81 Das australische Schwirrholz

Ein Schwirrholz (auch Bora-Bora) ist ein als Musikinstrument verwendetes, flaches, meist ovales Stück Holz, an dessen einem Ende eine Schnur befestigt ist. Zum Erzeugen von Tönen hält man das andere Ende der Schnur fest und schwingt das Holz über dem Kopf. Dabei entsteht ein brummender oder sirrender Ton. (Wie ein Schwirrholz verwendet wird, können Sie sich zum Beispiel in dem Film *Crocodile Dundee – Ein Krokodil zum Küssen* ansehen.) Was genau verursacht diesen Ton?

Antwort

Während das Holzstück in der Luft kreist, dreht es sich um die eigene Achse, wodurch sich die Schnur verdrillt. Es entstehen Wirbel, ähnlich wie bei den Telefonleitungen in einer vorherigen Aufgabe. Die Druckvariationen innerhalb dieser Wirbel bewirken, dass das Holz schwingt. Die Töne, die Sie hören, entstehen sowohl durch die Wirbel als auch durch die Oszillationen des Holzes.

4 Thermodynamik: Wie man über glühende Kohlen geht und es sich in einem Iglu gemütlich macht

4.1 Tote Klapperschlangen

Wegen ihres hochwirksamen Giftes stellen Klapperschlangen eine Gefahr für Menschen dar. Wenn man sie in Wohngebieten entdeckt, tötet man sie gewöhnlich Die Gefahr, die von einer Klapperschlange ausgeht, ist jedoch mit ihrem Tode nicht augenblicklich gebannt. Selbst wenn die Schlange bereits 30 Minuten tot ist, kann sie einen Menschen immer noch angreifen und ihre Giftzähne in die zugreifende Hand bohren. Wie ist dies möglich?

Abb. 4.1

Antwort
Gruben zwischen den Augen und Nasenlöchern einer Klapperschlange wirken als Sensoren für Wärmestrahlung. Wenn sich beispielsweise eine Maus zum Kopf einer Klapperschlange bewegt, nehmen diese Sensoren die von der Maus ausgehende Wärmestrahlung wahr und lösen bei der Schlange den Reflex aus, ihre Giftzähne in die Maus zu schlagen. Daher kann eine Schlange selbst in einer mondlosen Nacht Beutetiere aufspüren und töten, denn der Vorgang erfordert kein sichtbares Licht.

Die Wärmestrahlung einer zugreifenden Hand kann denselben Reflex auslösen, auch nachdem die Schlange bereits eine Weile tot ist, weil das Nervensystem der Schlange nach wie vor funktionstüchtig ist. Daher raten Schlangenexperten, zum Entfernen einer gerade getöteten Klapperschlange besser einen Stock als die eigene Hand zu verwenden.

4.2 Käfer, die Feuer entdecken

Die Käfer der Gattung *Melanonphila* sind für ein bizarres Verhalten bekannt: Sie fliegen zu Waldbränden und kopulieren in der Nähe. Dann fliegen die Weibchen in das noch schwelende Holz, um ihre Eier unter die verbrannte Rinde zu legen. Diese Umgebung ist für die aus den Eiern schlüpfenden Larven ideal, da sich der Baum nicht mehr mit chemischen Mitteln oder Harzen gegen die Larven zur Wehr setzen kann. Es erstaunt sicher nicht, dass die Käfer in der Lage sind, ein Feuer in unmittelbarer Nähe zu entdecken, doch können sie auch einen zwölf Kilometer entfernten Waldbrand erspüren. Wie machen sie das? Sicher ist, dass sie das Feuer aus solch großer Entfernung weder sehen noch riechen können.

Antwort
Der Käfer besitzt auf jeder Seite seines Körpers paarweise angeordnete Organe, die auf Infrarotlicht reagieren, und jedes dieser Organe enthält etwa 70 kleine, knopfartige Sensoren.

https://doi.org/10.1515/9783110760637-004

Wenn diese Sensoren Infrarotlicht eines Feuers registrieren, dann dehnt sich ein Bereich des Sensors ganz leicht aus und drückt auf die sensorischen Zellen. Damit wird ein Mechanismus ausgelöst, der die Energie des Infrarotlichts in mechanische Energie umwandelt. Der Käfer kann das Feuer lokalisieren, indem er sich so ausrichtet, dass alle vier Organe, die auf Infrarotlicht reagieren, angesprochen werden. Dann fliegt er auf das Feuer zu, so dass seine Organe immer stärker reagieren.

4.3 Bienen töten Hornissen

Die Riesenhornisse *Vespa mandarinia japonica* macht Jagd auf japanische Bienen. Versucht jedoch eine einzelne Hornisse, in einen Bienenstock einzudringen, formen Hunderte von Bienen schnell einen kompakten Ball um die Hornisse, um den Angriff abzuwehren (man spricht vom *Umballen* der Hornisse). Diese stirbt innerhalb von etwa zwanzig Minuten, obwohl die Bienen die Hornisse weder stechen, beißen, stoßen oder ersticken. Woran stirbt die Hornisse?

Antwort
Nachdem Hunderte von japanischen Bienen die angreifende Hornisse umballt haben, erhöhen sie ihre Körpertemperatur schnell von normalen 35 °C auf 47 °C bis 48 °C. Wenn nur einige Bienen dies täten, gäbe es keinen signifikanten Energietransfer zur Hornisse, da ein großer Teil der Wärmeenergie in die Umgebung abgestrahlt würde. In einem Ball aus Hunderten von Bienen, die gleichzeitig ihre Körpertemperatur erhöhen, nimmt jedoch die Temperatur im Ball selbst zu. Es gibt dann eine signifikante Übertragung von Wärmeenergie auf die Hornisse. Daran geht sie letztendlich zugrunde.

4.4 Kuschelnde Tiere

Warum kuscheln Gürteltiere zu Dutzenden nachts? Warum schmiegen sich Kaiserpinguine zu Tausenden während des antarktischen Winters aneinander?

Antwort
Gürteltiere, Kaiserpinguine und viele andere Warmblüter schmiegen sich bei kaltem Wetter aneinander, um warm zu bleiben. Ein einzelner Kaiserpinguin kann eine beträchtliche Menge an Wärmeenergie verlieren: durch Ableitung (in den Boden), Konvektion (an die Luft, besonders wenn diese in Bewegung ist) oder Wärmestrahlung (an die kalte Umgebung, einschließlich des Himmels). In der unwirtlichen Umgebung der Antarktis, wo die Temperatur auf bis zu −40 ° fällt und die Windgeschwindigkeit bis zu 300 km/h beträgt, führt der Wärmeverlust bei einzelnen Pinguinen zum Tod. Das Kuscheln ist besonders in der winterlichen Brutzeit unverzichtbar. Ein Pinguin wird fast ausschließlich vom Vater ausgebrütet, der es monatelang auf seinen Füßen balanciert, damit es nicht gefriert. In der Brutzeit muss der Vater fasten, da er nicht zum Wasser und damit nicht an Nahrung gelangt. Ohne Energiezufuhr durch Nahrung ist er darauf angewiesen, dass die Gruppe ihn vor Wärmeverlust schützt, anderenfalls müsste er sein Ei im Stich lassen, um nach Nahrung zu suchen.

Durch das Aneinanderschmiegen (bis zu zehn Pinguine pro Quadratmeter) verringern die Pinguine den durchschnittlichen Wärmeverlust durch Konvektion und Wärmestrahlung erheblich. Nur Pinguine am Rand erleiden immer noch hohe Verluste, doch selbst sie profitieren von ihren unmittelbaren Nachbarn. Mit anderen Worten: Stellt man viele „warme Zylinder" einzeln in eine kalte Umgebung, dann kann der gesamte Wärmeverlust sehr hoch sein, weil die Gesamtoberfläche, über die Wärme abgegeben wird, groß ist. Wenn man hingegen diese Zylinder zu einem großen Zylinder zusammenschließt, dann ist die Gesamtoberfläche kleiner und der Energieverlust entsprechend geringer.

4.5 Raumspaziergänge ohne Raumanzug

Einige Forscher nehmen an, dass sich ein Mensch auch ohne Raumanzug im Weltraum aufhalten kann, ohne zu sterben (so wie ein Astronaut in dem Film *2001: Odyssee* im Weltraum). Würde der Astronaut frieren, wenn er den Ausflug weit entfernt von der Sonne unternimmt? Besteht außer der Gefahr des Sauerstoffmangels noch eine weitere Gefahr?

Antwort

Einer der Gründe, dass Sie die Temperatur eines Raumes als angenehm empfinden, besteht darin, dass die Infrarotstrahlung, die von den Wänden auf Sie trifft, ungefähr der Infrarotstrahlung entspricht, die Sie selbst an die Wände abgeben. Sie gewinnen in gleichem Maße Energie, wie Sie Energie verlieren. Wenn die empfangene Strahlungsmenge signifikant sinkt, dann frösteln oder frieren Sie. Ein Astronaut, der sich im Weltall bei einem Spaziergang vom Raumschiff entfernt, würde sofort frieren. Die Rate des Wärmeverlusts betrüge etwa 800 Watt. Problematischer wäre jedoch der fehlende Sauerstoff. Außerdem befände er sich nahezu im Vakuum. Wasser, das sich im Vakuum befindet, kocht zunächst (ein Teil davon verdampft) und gefriert dann. In einem menschlichen Körper befindet sich eine ganze Menge Wasser... Nun ja, denken wir lieber an etwas Erfreulicheres.

4.6 Tropfen auf der heißen Pfanne, Finger in geschmolzenem Blei

Wenn man eine Eisenpfanne auf eine Temperatur kurz über dem Siedepunkt von Wasser erhitzt, und ein paar Wassertropfen hineinträufelt, dann verteilen sich die Tropfen und verdampfen innerhalb von Sekunden. Wird das Experiment mit einer viel heißeren Pfanne (bei einer Temperatur über 200 °C) wiederholt, dann bilden sich Wasserperlen, die erstaunlicherweise mehrere Sekunden überdauern. Wie ist das möglich? Dieser Effekt wird Leidenfrost-Effekt genannt, nach Johann Gottlieb Leidenfrost, der ihn 1756 beschrieb. (Eine frühere Arbeit von Hermann Boerhaave blieb weitgehend unbekannt.)

Wenn die perlenden Tropfen auf der Pfannenoberfläche tanzen, dann können Sie sehen, dass die kleineren Tropfen in annähernd geometrischen Formen vibrieren. Eine Blitzlichtaufnahme würde diese Formen noch besser erkennen lassen. Regelmäßige Vibrationen könnte man mit einem gleichmäßig blitzenden Stroboskop „einfrieren". Die größeren Tropfen bewegen sich wie träge Amöben. Beide Tropfentypen verdampfen hin und wieder mit einem lauten Zischen. Wie ist dieses Verhalten zu erklären?

Hat der Leidenfrost-Effekt etwas mit der alten Gepflogenheit zu tun, die Temperatur eines Bügeleisens mit einem mit Speichel befeuchteten Finger zu prüfen? Warum verbrennt man sich nicht, wenn man das heiße Metall kurz berührt?

Seit 1974 amüsiere ich meine Studenten mit folgendem Kunststück: Erst tauche ich meine Finger in Wasser und dann in geschmolzenes, 400 °C heißes Blei. Warum schützt das Wasser meine Finger? (Einmal vergaß ich dummerweise meine Finger in Wasser zu tauchen. Dieser Fehler wurde mir schlagartig bewusst, als ich das flüssige Metall berührte. Der Schmerz war wirklich höllisch.)

Bevor ich fortfahre, muss ich vor den ernsten Gefahren dieses Experiments warnen. Natürlich kann man sich verbrennen, wenn man flüssiges Blei berührt. Und wenn das Gefäß umkippt, kann das Blei auf den Körper gelangen und schlimme Verbrennungen verursachen. Daneben gibt es zwei weitere subtilere Gefahren: Wenn das Blei kurz vor dem Schmelzpunkt ist, dann kann der plötzliche Kontakt mit dem viel kälteren Wasser und einem Finger dazu führen, dass das Blei den Finger umschließt und erstarrt. Das Blei hätte eine Temperatur von 328 °C und kurz darauf auch mein Finger. Eine weitere Gefahr besteht darin, dass sich so viel Wasser auf dem Finger befindet, dass das Wasser explosionsartig verdampft und ich von flüssigen Bleispritzern getroffen werde. Auf diese Weise habe ich mich bereits böse an Kopf und Armen verbrannt.

Ein ähnliches Beispiel des Leidenfrost-Effekts wird in Robert Ruarks Bestseller *Something of Value* beschrieben. Um herauszufinden, wer von zwei Männern die Wahrheit sagt, zwang ein Stamm die Männer, an einem sehr heißen Messer zu lecken. Die Idee war, dass der Lügner aus Furcht eine sehr trockene Zunge bekäme und sich deshalb verbrennen würde. Der Unschuldige hätte eine viel feuchtere Zunge und könnte Verbrennungen so vermeiden. Zwar hatten die Stammesmitglieder noch nichts vom Leidenfrost-Effekt gehört, aber sie kannten offenbar das Prinzip.

Wird flüssiger Stickstoff auf eine eben Fläche geschüttet, dann tanzen Tropfen der Flüssigkeit wie die Wassertropfen auf einer sehr heißen Pfanne. Obwohl der flüssige Stickstoff eine Temperatur von ca. −200 °C hat und eigentlich sofort verdampfen müsste, bleibt er zurück. Warum?

Vielleicht kennen Sie das folgende Experiment bereits: Eine Blume wird in flüssigen Stickstoff getaucht. Nachdem die Blume die Temperatur des Stickstoffs angenommen hat, zieht man sie heraus und schlägt sie auf die Tischplatte. Die gefrorene Blume ist so zerbrechlich, dass sie durch den Schlag in kleine Stücke zerspringt.

Jahrelang habe ich das Blumen-Experiment in der Klasse aufgeführt. Im Anschluss daran – nach einer kurzen Kunstpause – führte ich das Gefäß mit dem Stickstoff an meine Lippen und nahm einen guten Schluck des flüssigen Stickstoffs, wobei ich darauf achtete, nichts zu verschlucken. Dann atmete ich über der Flüssigkeit aus, wobei eine drachenhafte Rauchfahne aus meinem Mund drang. Diese Fahne bildete sich, als die feuchte Luft aus meinen Lugen über den flüssigen Stickstoff glitt und ein Teil der Feuchtigkeit in der Kälte kondensierte, wodurch Wassertröpfchen entstanden, die die Fahne sichtbar machten.

Auch hier ist vor einigen Gefahren zu warnen: Wenn ich das Gefäß an die Lippen führte, froren meine Lippen manchmal an dessen Metallrand fest. Später hatte ich dann Blasen an diesen Stellen. Eine größere Gefahr entsteht durch den natürlichen Reflex, etwas, das sich im Mund befindet, herunterzuschlucken. Hätte ich den flüssigen Stickstoff verschluckt, dann wären meine Kehle und mein Magen empfindlich verletzt worden, weil sie zunächst der kalten Flüssigkeit und dann dem kalten Gas, das aus der Flüssigkeit verdampft, ausgesetzt wären.

Eine weitere Gefahr wurde mir durch Zufall bewusst. Bei meinem letzten Auftritt kamen zwei meiner Zähne mit der kalten Flüssigkeit oder dem kalten Gas in Kontakt, so dass ihr Zahnschmelz zersplitterte. Ich bemerkte zunächst nichts, aber bei meiner nächsten Routineuntersuchung meinte meine Zahnärztin, die beiden Zähne glichen bei näherer Betrachtung einer Landkarte. Sie überzeugte mich, von derartigen Kunststücken in Zukunft doch besser abzusehen.

Antwort

Wenn ein Wassertropfen auf eine heiße Metalloberfläche auftrifft, deren Temperatur unter 200 °C liegt, breitet sich das Wasser auf dem Metall aus und verflüchtigt sich schnell. Liegt die Temperatur des Metalls jedoch über 200 °C, läuft der Tropfen nicht breit. Sobald der Tropfen das Metall erreicht, verdampft ein Bruchteil des Wassers an der Unterseite des Tropfens, wodurch ein schmales Kissen aus Wasserdampf entsteht, auf dem der verbleibende Tropfen ruht. Das Kissen wird fortlaufend aufgefrischt, weil immer mehr Flüssigkeit an der Unterseite des Tropfens verdampft. Da das Kissen den direkten Kontakt des Tropfens mit dem Metall unterbindet, wird der Tropfen durch die Konvektion des Wasserdampfs und die Wärmestrahlung des Metalls nur langsam erwärmt. Daher kann sich ein solcher schwebender Wassertropfen ziemlich lange halten.

Wenn ich nasse Finger in geschmolzenes Blei tauche, verflüchtigt sich zumindest ein Teil des Wassers zu Wasserdampf. Meine Finger sind dann kurzzeitig durch einen Handschuh aus Wasserdampf geschützt. Auch in diesem Fall verlangsamt der Wasserdampf die Wärmeübertragung. Würde das Blei meine Haut berühren, würde die Wärmeübertragung so schnell ablaufen, dass selbst die kürzeste Berührung zu einer Verbrennung führte. Wenn ich einen nassen Finger gegen einen festen Gegenstand aus sehr heißem Metall drücken würde, wäre die Berührung aufgrund der sich dabei bildenden Wasserdampfschicht reibungslos. Ein Schmied erzählte mir einmal, dass ihm ein sehr heißes Metallstück nur aufgrund der fehlenden Reibung aus der Hand fällt, wenn er es versehentlich mit seiner verschwitzten bloßen Hand anfasst. Würde er nur auf das Gefühl des Schmerzes reagieren, käme das Signal zu spät, so dass er sich schwer verbrennen würde.

Wird flüssiger Stickstoff auf eine Oberfläche gegossen, beispielsweise in meinen Mund, verdampft ein Teil der Flüssigkeit an der Kontaktfläche. Die übrige Flüssigkeit bleibt auf dem Dampfpolster liegen, was in der Regel jeden direkten Kontakt mir der Oberfläche verhindert. Die thermische Energie wird dann durch Konvektion und Wärmestrahlung langsam von der Oberfläche auf die Flüssigkeit übertragen. Diese Übertragung vollzieht sich bei Weitem nicht so schnell, wie es durch Wärmeleitung bei direktem Kontakt der Fall wäre.
Der sogenannte *inverse* Leidenfrost-Effekt tritt auf, wenn ein sehr heißes Metallstück ins Wasser fällt. Das Wasser, mit dem das Metall zuerst in Berührung kommt, verflüchtigt sich zu

Wasserdampf, der dann das Metall umhüllt und die Kühlung verlangsamt. Fällt die Temperatur der Metalloberfläche unter 200 °C, berührt das Wasser die Oberfläche unmittelbar und verdampft.

4.7 Kurzgeschichte: Ein ziemlich ungesunder Happen

Im Jahr 1755 erschütterte ein Sommersturm den Leuchtturm von Eddystone nahe Plymouth, England. Henry Hall hatte in jener Nacht Dienst und war verantwortlich für die Kerzen der Leuchtkammern, die Licht hinaus auf das Meer warfen. Als er gegen zwei Uhr morgens die schmale Treppe emporstieg, um die Kerzen zu kontrollieren, musste er feststellen, dass umherfliegende Asche den am Dach der Leuchtkammer abgesetzten Ruß und Talg entzündet hatte. Dieses Dach bestand aus Bleiplatten, die auf hölzernen Balken ruhten.

Obwohl Hall fieberhaft versuchte, das Feuer mit Wasser zu löschen, wuchs sich der Brand zu einem Inferno aus, das die Balken vernichtete und das Blei schmelzen ließ. Als Hall immer mehr Wasser auf das Feuer kippte, brach die Dachkonstruktion zusammen und das geschmolzene Blei tropfte auf seinen Körper. Er verbrannte sich Gesicht und Glieder und verspürte einen brennenden Schmerz vom Schlund bis in den Bauch. Anscheinend hatte er bei seinem letzten Löschversuch den Mund geöffnet.

Das Feuer erfasste nun den gesamten Leuchtturm und zwang Hall mitsamt zwei weiteren Arbeitern hinaus in den Sturm. Als sie gerettet und an den Strand gebracht wurden, konnte Hall noch erklären, dass er geschmolzenes Blei verschluckt habe, aber man dachte, er habe nur einen Schock erlitten, zumal er 94 Jahre alt war. Der Arzt kümmerte sich um ihn, glaubte seine Geschichte jedoch ebenfalls nicht. Wie sollte jemand überleben können, der geschmolzenes Blei verschluckt hatte?

Tatsächlich überlebte Hall nicht lange – nach 12 Tagen setzten Krämpfe ein, und wenige Stunden später verstarb er. Als der Arzt eine Autopsie durchführte, fand er in Halls Magen ein ovales Stück Blei mit einem Gewicht von etwa sieben Unzen (7 × 28,35g).

4.8 Über glühende Kohlen gehen

Über glühende Kohlen ging ich erstmals im Rahmen meiner Physik-Vorlesungen, lange bevor diese Torheit in den USA so populär wurde. Ich schichtete handelsübliche Holzscheite zu einem Freudenfeuer auf und ließ sie zu hellroter Holzkohle niederbrennen, dann schaufelte ich die Kohle in einen Holztrog, der mit Metall ausgeschlagen und mit Sand bedeckt war. Diesen Trog trug ich mit Hilfe eines Assistenten stolz in den Seminarraum. Ich sprach über den Leidenfrost-Effekt (siehe Fragestellung 4.6) und zog meine Schuhe und Strümpfe aus, wobei ich kurz erklärte, dieser Effekt könne meine Füße bei einem Gang über die Kohlen schützen.

Ich machte drei Schritte, und obwohl ich die Hitze spürte und meine Fußsohlen schmutzig wurden, blieb ich unverletzt.

Diese Nummer wiederholte ich in den folgenden zwei Jahren mehrfach und wurde immer kühner. Diese Kühnheit erwies sich jedoch als verhängnisvoll, denn als ich ein weiteres Mal über die Kohlen schritt, zog ich mir schwere Verbrennungen zu. Der Schmerz war so stark, dass mein Gehirn sich weigerte, diese Information aufzunehmen und ich die 50-minütige Vorlesung beenden konnte. Als ich mich dann in der Notaufnahme befand, spürte ich den Schmerz schlagartig.

In einigen der populären „Workshops“, in denen man (häufig nachdem man eine hohe Teilnahmegebühr entrichtet hat) lernt, über glühende Kohlen zu gehen, wird einem gesagt, es käme darauf an, die „richtigen Gedanken“ zu denken. Können Gedanken die Übertragung der Wärmeenergie auf die Füße tatsächlich hemmen? Und wenn dem nicht so ist, was macht es dann möglich, sicher über die Kohlen zu schreiten? Warum misslingen die Versuche manchmal, so dass sich die Opfer schwere Verbrennungen zuziehen und sich infizieren können?

Antwort

Obwohl ich früher davon ausging, dass der Leidenfrost-Effekt der Hauptgrund dafür sei, sicher über glühende Kohlen gehen zu können, überzeugte mich schließlich der Physiker Bernie Leikind, dass etwas anderes noch weit wichtiger sei. Wenn ich meinen Fuß auf die Kohlen setze, dann ist ihre Oberflächentemperatur zwar hoch, der Betrag ihrer thermischen Energie ist es jedoch nicht. Wenn ich meinen Fuß nur kurz aufsetze, dann wird nur wenig Energie an meine Haut übertragen, was es möglich macht, dass ich mir keine Verbrennungen zuziehe. Natürlich kann ich mich schlimm verbrennen, wenn ich mich zu lange auf den Kohlen aufhalte und thermische Energie aus dem Inneren der Kohlen weitergeleitet wird.

Aus einem ganz praktischen Grund wäre es aber dumm zu rennen, denn ich könnte dabei Kohlestückchen auf den Fußrücken stupsen, wo sie aufgrund des längeren Hautkontakts Verbrennungen verursachen können. Daher ging ich in einem moderat flotten Tempo über die Kohlen.

Der Leidenfrost-Effekt ist für meine Sicherheit nur von zweitrangiger Bedeutung. Als ich über die glühenden Kohlen ging, achtete ich darauf, schweißnasse Füße zu haben. Der Schweiß schützte mich in dreifacher Hinsicht: Er löschte die Oberfläche der Kohlen ein wenig, er nahm einiges an Wärmeenergie auf und Verdunstung könnte mir unter Umständen auch eine dünne Leidenfrost-Schicht verschafft haben. Jeder dieser Faktoren war hilfreich, wenn ich meine Füße einen Augenblick zu lange aufsetzte oder die Kohlen besonders heiß waren. Normalerweise war ich vor Aufführung des Kunststücks so nervös, dass meine Füße automatisch schwitzten – nur nicht an jenem Tag, als meine Zuversicht so groß war, dass ich von einem sicheren Erfolg ausging. Und an diesem Tag benötigte ich offenkundig einen zusätzlichen

Schutz, den mir meine trockenen Füße nicht bieten konnten. In einigen dieser Workshops werden die Teilnehmer emotional so erregt, dass sie schwitzige Füße bekommen. Und häufig schickt man sie zunächst über Gras – vom Tau oder einem Gartenschlauch befeuchtet – und erst dann über Kohlen.

(Lange schlug ich vor, Physiknoten nicht auf Grundlage einer schriftlichen Abschlussprüfung zu vergeben. Besser wäre es, die Studenten über glühende Kohle laufen zu lassen. Wenn sie die „richtigen Gedanken" denken, sie also wirklich an Physik glauben, dann bleiben sie unverletzt und können ihre Zeugnisse entgegennehmen. Um die Sache weiter zu vereinfachen, könnte eine Prüfung mit „offenem Buch" durchgeführt werden. Den Studenten könnte gestattet werden, ein Grundlagenbuch zur Inspiration zu benutzen. Ich nahm immer mein Lieblingsbuch *Physics* von David Halliday und Robert Resnick mit. Nur an diesem verhängnisvollen Tag vergaß ich es im Eifer des Gefechts, woraufhin ich zwei Wochen lang nicht auftreten konnte und befürchtete, dass die Brandwunden sich infizieren könnten.

4.9 Kurzgeschichte: Feuerfeste Gedanken

1984 nahm eine Reporterin einer Radiostation aus San Francisco auf Einladung eines „Mediums" an einem Workshop teil, auf dem man lernen sollte, über glühende Kohlen zu gehen. Das Medium behauptete, noch nie hätte sich jemand verletzt. Doch als die Reporterin das bereitstehende, drei Meter lange Kohlebett durchschritt, zog sie sich Verbrennungen ersten und zweiten Grades zu. Ihre Tonbandaufnahme samt ihrer Schreie auf dem Weg wurde im Nachrichtenprogramm des Senders am folgenden Montag ausgestrahlt.

Ebenfalls 1984 veröffentlichte ein Reporter des *Rolling Stone* einen Bericht über Workshops, die ein kalifornischer „Guru" anbot. Dieser unterwies die Teilnehmer, man könne Verbrennungen durch „Gedankenkontrolle" vermeiden, wenn man sich stark auf die Aufgabe konzentriere. Tatsächlich entgingen die meisten Teilnehmer schweren Verbrennungen, nachdem sie emotional aufgeputscht worden waren und sich in diesem Zustand auf die Kohlen wagten. Später erklärte ein Teilnehmer, er könne auch „eine direkte Atomexplosion überleben", sofern er volle Kontrolle über seine Gedanken habe.

Glücklicherweise war er zwei Tage später nicht zugegen, als eine an Gehirn und Wirbelsäule verletzte Frau sich mit zwei Krücken über die Kohlen hievte. Sie glaubte offenbar dem Gefasel des Gurus, ein „Denken der richtigen Gedanken" könne Verbrennungen verhindern. Der *Rolling-Stone*-Reporter stellte fest, dass die Teilnehmer durchschnittlich 1,5 Sekunden auf den Kohlen standen, während diese junge Frau aber 7 Sekunden verweilte, bevor sie vor Schmerzen zusammenbrach. Bevor sie auf die Kohlen fallen konnte, wurde sie aufgefangen und weggetragen. Zwölf Tage lag sie mit ernsten Verbrennungen an den Füßen im Krankenhaus.

4.10 Gefrorenes und unterkühltes Wasser

Wie gefriert Wasser? Warum kann die Temperatur des Wassers einige Grad unter den Gefrierpunkt fallen, ohne dass es zu gefrieren beginnt? Eine solcherart gekühlte Flüssigkeit wird als unterkühlt bezeichnet.

Antwort

Damit Wasser gefrieren kann, braucht es einen *Kristallisationskeim*. Das können Staubpartikel, etwas gelöste Luft oder andere Stoffe sein. An den Keimen beginnen sich Wassermoleküle in Form von Eiskristallen abzulagern. Die Notwendigkeit eines Kristallisationskeims hängt mit der Energie zusammen, die erforderlich ist, damit ein erstes Eisstückchen mit einem bestimmten Radius auf einen größeren Radius anwachsen kann. Unterschreitet der Anfangsradius einen kritischen Radius, erfordert das Wachstum eine Menge Energie, was ein Wachstum in der Regel unwahrscheinlich macht.

Wenn sich Eis an einem Kristallisationskeim ablagert, ist weiteres Wachstum sehr wahrscheinlich, weil der Radius des Kristallisationskeims den kritischen Radius möglicherweise bereits übersteigt. Ohne Kristallisationskeim hängt das Wachstum davon ab, ob sich Wassermoleküle in einer bestimmten Orientierung treffen. Die Wahrscheinlichkeit dafür steigt, wenn das Wasser unter den Gefrierpunkt gekühlt wird. Dann werden die Wassermoleküle träger und neigen daher dazu, sich zu einer festen Verbindung zusammenzuschließen. Somit kann Wasser ohne Kristallisationskeim unterkühlt werden. Destilliertes Wasser kann man in einem sauberen Gefäß beispielsweise bis auf −20 °C herunterkühlen, ohne dass es gefriert. Wassertropfen in Wolken können sogar eine Temperatur von −40 °C erreichen, bevor sie gefrieren. Selbst normales Leitungswasser mit vielen Kristallisationskeimen kann erst einige Grade unter dem Gefrierpunkt gefrieren.

Damit Wasser an einer Wasser-Eis-Grenzfläche gefrieren kann, wie es bei einem Eiswürfel der Fall ist, muss es thermische Energie ans Wasser oder durch die bereits gebildete Eisschicht abgeben. Ist die Energieabgabe auf Wärmeleitung in das unterkühlte Wasser zurückzuführen, bildet sich an der Grenzfläche *dendritisches Eis*, das aus wunderschönen, farnähnlichen Strukturen besteht, die sich in das unterkühlte Wasser erstrecken. Ist der Energieverlust auf Wärmeleitung durch das bereits gebildete Eis zurückzuführen, ist die Wasser-Eis-Grenzfläche vorzugsweise glatt. Könnte eine Stelle auf der Fläche schneller gefrieren als der übrige Teil, würde sich dort ein Hügel bilden. Dieser würde an dieser Stelle den Weg durch das Eis verlängern. Somit würde das Eis dort langsamer gefrieren, bis die übrige Grenzfläche aufgeschlossen hat. Anschließend wäre die Grenzfläche wieder glatt.

4.11 Genießbares Meerwasser

Menschen, die im hohen Norden an der Küste leben, wissen, dass gerade gefrorenes Eis viel zu salzig ist, um es essen oder in geschmolzenem Zustand trinken zu können. Dagegen ist Eis, das einige Jahre alt ist, genießbar. Diese Menschen wissen außerdem, dass sich aus ungenießbarem Eis viel schneller genießbares machen lässt, wenn man in warmen Frühlingstagen oder in den Sommermonaten frisches Eis aus dem Wasser zieht. Warum ist das Eis im Sommer weniger salzig, zumal doch die Wassermenge in einem Eisblock merklich abgenommen hat und das verbliebene Wasser salzhaltiger ist?

Antwort

Wenn Meerwasser gefriert, werden Salz und andere Verunreinigungen eher in Wasserzellen gepresst als in die Kristallstruktur aufgenommen. Weil sich die Salzwasserzellen zusammenschließen, kann die Sole langsam aus dem Eis sickern. Wenn die Temperatur des Eises steigt, etwa unter Sonneneinstrahlung am Ufer, dehnt sich der Inhalt der Salzwasserzellen aus und die Sole entweicht schneller.

Die Sole entweicht nicht nur, weil die Salzzellen miteinander verbunden sind, sondern auch deshalb, weil sich die Zellen entlang des Temperaturgradienten bewegen. Wenn Eis als Teil einer Eisscholle auf Wasser schwimmt, bewegen sich die Salzwasserzellen nach unten, weil die Temperatur an der Unterseite der Scholle (an der Wasser-Eis-Grenzfläche) nahe am Gefrierpunkt liegt, während die Lufttemperatur an der Oberseite der Scholle weit unterhalb des Gefrierpunktes liegen kann.

In der Salzwasserzelle in Abbildung 4.2 beträgt die Lufttemperatur an der Oberseite der Eisscholle −5 °C, die Temperatur an der Unterseite ist am Gefrierpunkt, und die Temperatur des Salzwassers innerhalb der Zellen beträgt −2 °C. Das Wasser im Inneren ist nicht gefroren, weil das Salz den Gefrierpunkt des Wassers senkt. (Die Salzmoleküle stören die Fähigkeit der Wassermoleküle, eine kristalline Struktur zu bilden.) Das Eis im unteren Bereich der Schicht schmilzt allmählich, weil die thermische Energie nach oben abgeleitet wird. Das Wasser im oberen Bereich gefriert, weil die thermische Energie allmählich an die Oberfläche der Eisscholle geleitet wird. Daher wandert die Zelle nach unten; wenn sie die Unterseite der Scholle erreicht, entweicht das Salz in das Wasser unter der Eisdecke. So entledigt sich das Eis allmählich des Salzes.

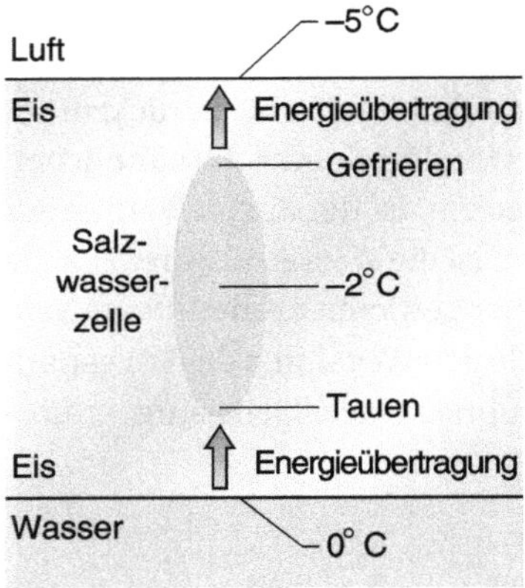

Abb. 4.2: Salzwasserzellen bewegen sich durch eine Eisschicht zum darunterliegenden Wasser.

Dieser Austausch an der Unterseite der Zelle führt zu einem überraschenden Ergebnis: Wenn ein Eiswürfel aus reinem Wasser mit einer Temperatur von −1 °C in sehr salziges Wasser mit einer Temperatur von ebenfalls −1 °C gelegt wird, dann löst sich der Einwürfel auf, obwohl kein Temperaturunterschied besteht. Um diese Wirkung zu erklären, nehmen wir an, dass das Salz den Gefrierpunkt des Wasser auf −2 °C gesenkt hat. Die Wassermoleküle auf der Oberseite des Würfels sind etwas wärmer als das umgebende Salzwasser mit gesenktem Gefrierpunkt. Daher haben diese Moleküle die Tendenz, vom Würfel in die Lösung überzugehen.

Die Moleküle im Salzwasser sind geringfügig kälter und drängen daher in den Würfel aus reinem Wasser. Jedoch verhindern die Salzmoleküle den Zusammenschluss, weil sie die Wassermoleküle binden. (Im Wasser ionisieren Salzmoleküle, weshalb sich die Wassermoleküle um die Ionen scharen wie Kinder um einen Eisverkäufer.) Weil sich Wassermoleküle vom Würfel lösen und keine sich an ihn anheften, löst sich der Eiswürfel vollständig auf.

4.12 Kühlgeschwindigkeiten von heißem und warmem Wasser

Ein scheinbar widersprüchlicher Artikel, den ich einmal für *Scientific American* schrieb, beschäftigte sich mit einem alten Problem: Man stellt gleiche Wassermengen in zwei identischen offenen Behältern mit verschiedenen Anfangstemperaturen (die eine ist sehr heiß, die andere kühler) in dieselbe kalte Umgebung. In welcher der beiden Wassermengen bildet sich zuerst Eis? Unter bestimmten Umständen gefriert das ursprünglich heiße Wasser zuerst.

Diese Tatsache war bereits Aristoteles bekannt. Auch Menschen, die in kalten Klimazonen leben, kennen dieses Phänomen. Dennoch waren Wissenschaftler bis in die 1960er Jahre hinein im Wesentlichen skeptisch, wenn es um die Glaubwürdigkeit dieser Tatsache ging. Damals fragte der tansanische Schüler Erasto B. Mpemba seinen Lehrer, weshalb eine Mischung für Eiscreme in einem Gefrierschrank schneller gefriert, wenn sie in einem sehr heißen Zustand hineingestellt wird, als wenn sie bereits auf Zimmertemperatur abgekühlt ist. Der Lehrer glaubte die Behauptung des Schülers erst, nachdem ihm Mpemda den Effekt mit Wasser vorgeführt hatte. Seither wird das Phänomen als *Mpemda-Effekt* bezeichnet.

Warum kühlt sich heißes Wasser schneller ab und gefriert eher als eine gleiche Menge lauwarmen (oder sogar kalten) Wassers?

Antwort

Ein Einwand gegen den doch recht offensichtlichen Effekt stützt sich auf den gesunden Menschenverstand. Wenn die Wasserprobe A zunächst heißer als die Wasserprobe B ist und die Probe A dennoch zuerst Eis ausbildet, muss A irgendwann die Temperatur von B erreichen. Wieso kühlen sich beide Proben von diesem Moment an nicht gleich schnell ab, wenn es sich um identische Proben handelt? Diese Argumentation ist insofern falsch, als der Probe eine einheitliche Temperatur zugeordnet wird, denn in Wirklichkeit variieren die Temperaturen im Wasser in beiden Proben innerhalb eines bestimmten Bereichs. Daher erfordert die Bestätigung oder die Widerlegung des Mpemda-Effekts eine wesentlich sorgfältigere Untersuchung.

Tatsächlich wird immer noch nach einer überzeugenden Bestätigung oder Widerlegung gesucht, was hauptsächlich mit den vielen Faktoren zusammenhängt, die das Experiment beeinflussen. Beispielsweise können Änderungen der Luftzirkulation und der Temperatur in einem normalen Gefrierschrank die Kühlgeschwindigkeit von einem Versuch zum anderen ändern, was zu verfälschten Daten führen kann und damit zur Verfälschung des Mpemda-Effekts. Daher braucht man viele Versuche unter kontrollierten Bedingungen. Wissenschaftler haben versucht, dieser Forderung gerecht zu werden. Allem Anschein nach konnten sie den Mpemda-Effekt unter kontrollierten Bedingungen nachweisen, ohne sich jedoch über dessen Ursache einig zu sein. Es folgen einige ihrer Erklärungsversuche:

(1) Beim Verdampfen des ursprünglich heißeren Wassers gibt es einen größeren Massen- und Energieverlust. Wenn man das Verdampfen ausschließt, indem man die Behälter abdeckt, scheint der Mpemda-Effekt zu verschwinden. (Dennoch kann er unter bestimmten Umständen auch ohne Verdampfen weiterhin auftreten.)
(2) Das Wasser erfährt eine merkwürdige Dichteveränderung, während es sich von 4 °C auf den Gefrierpunkt abkühlt: Im Gegensatz zu den meisten Flüssigkeiten dehnt sich Wasser während dieses letzten Temperaturabfalls aus. Wenn also die Temperatur einer Wasserprobe unter 4 °C fällt, sind die kälteren Teile leichter und steigen daher nach oben. Die etwas wärmeren Teile sind dichter und sinken folglich. Dieser Mischvorgang bringt dann das etwas wärmere Wasser an den Rändern des Behälters nach oben an die freiliegende Oberfläche, wo es thermische Energie abgeben kann. Experimente lassen vermuten, dass sich dieser Mischvorgang ausgeprägter vollzieht, wenn das Wasser anfangs wärmer ist. Daher könnte – im Wesentlichen aufgrund dieses Wechselspiels beim Mischen und Kühlen – ursprünglich heißes Wasser zuerst gefrieren.
(3) Wasser kühlt unter den Gefrierpunkt ab, bevor sich plötzlich Eis bildet. Ursprünglich kälteres Wasser kühlt auf eine tiefere Temperatur, als ursprünglich heißeres Wasser und braucht daher länger, um Eis zu bilden.

4.13 Himmlisches Eis

In einigen Regionen, in denen Gefrierschränke unüblich sind, stellt man Eis her, indem man nachts eine flache Schüssel mit Wasser im Freien stehen lässt. Die Schüssel ist entweder unterbaut oder auf andere Weise gegen den Boden isoliert. Das Wasser gefriert natürlich, wenn die Lufttemperatur unter den Gefrierpunkt fällt. Doch in klaren Nächten kann das Wasser auch dann gefrieren, wenn die Lufttemperatur leicht über dem Gefrierpunkt bleibt. Was bewirkt in solchen Nächten das Gefrieren?

Antwort

In einer klaren Nacht kann man den Himmel als eine zusammenhängende Oberfläche betrachten, deren Temperatur unter dem Gefrierpunkt von Wasser liegt. Die ganze Nacht über findet zwischen dieser Oberfläche und dem Wasser ein Austausch von Infrarotstrahlung statt. Das Wasser, dessen Temperatur ursprünglich über dem Gefrierpunkt liegt, emittiert anfangs mehr Strahlung als es vom Himmel absorbiert, so dass es sich abkühlt. Wenn die Lufttemperatur in der Umgebung des Wassers nicht wesentlich über dem Gefrierpunkt liegt, kann das Wasser durch diesen Strahlungsprozess so viel thermische Energie verlieren, dass es gefriert. Die Schüssel muss gegen den Boden isoliert sein, damit der Boden keine thermische Energie durch Wärmeleitung liefern kann, denn dies würde das Gefrieren verhindern.

4.14 Gefrierschutz für Konservengläser

Wenn eine kalte Winternacht zu erwarten war, sorgte sich meine Großmutter um die Einweckgläser mit Früchten und Gemüse, die sie im Sturmkeller im Hinterhof gelagert hatte. Um die Gläser zu schützen, trug sie einen großen Eimer in den Keller und füllte es mit Wasser. Auf welche Weise trug diese Maßnahme dazu bei, die Gläser vor dem Gefrieren und Platzen zu schützen?

Antwort
Die große Wassermenge verhinderte, dass die Temperatur im Keller unter den Gefrierpunkt von Wasser, also unter 0 °C, fiel. Sobald das Wasser im Eimer zu gefrieren begann, setzte es eine Menge Energie frei, was die Kellertemperatur bei etwa 0 °C hielt. Die wässrigen Lösungen in den Einweckgläsern hatten etwas niedrigere Gefrierpunkte, da es sich um Mischungen aus verschiedenen Flüssigkeiten handelte. Daher gefroren diese nicht. Die Temperatur konnte im Keller nur dann unter 0 °C fallen und die Einweckgläser gefährden, wenn der gesamte mit Wasser gefüllte Eimer einfror, was unwahrscheinlich war, wenn der Frost nur über Nacht anhielt. Eine ähnliche Maßnahme hilft Kraftfahrern, die feststellen, dass ihre Autoheizung nicht ausreichend Frostschutzmittel enthält, um sie bei einem plötzlichen Kälteeinbruch vor dem Einfrieren zu bewahren: Bevor sie die Garagentür nachts schließen, stellen sie einen mit Wasser gefüllten Eimer neben die Heizung, so dass die Heizung nicht einfriert.

4.15 Gefrierschutz für Obstplantagen

Wenn auf den Obstplantagen von Florida Frost droht (Temperaturen unter –2 °C), werden die Pflanzen mit Wasser besprüht, das auf ihnen eine dünne Eisschicht bildet. Wieso schützt diese Vorgehensweise die Pflanzen?

Antwort
Der Schutz ist *nicht* auf die Eisschicht zurückzuführen, die sich auf den Pflanzen bildet – sie schirmt die Pflanzen nicht vor der kalten Luft ab. Die Schutzwirkung entsteht durch das, was mit dem Wasser passiert, nachdem es auf den Pflanzen gelandet ist. Dort kühlt sich das Wasser nämlich bis auf den Gefrierpunkt ab und gefriert. Bei beiden Prozessen muss das Wasser erst thermische Energie an die Pflanzen abgeben, damit zunächst die thermische Bewegung der Wassermoleküle abnimmt und diese anschließend in die Kristallstruktur des Eises eingebaut werden können. Die an die Pflanzen und schließlich an die Luft abgegebene thermische Energie kann die Temperatur der Obstbäume zwischen –2 °C und 0 °C halten, was die Pflanzen überleben lässt.

Das Besprühen der Pflanzen ist eine komplizierte Angelegenheit. Falls es eine nennenswerte Brise gibt oder die Luftfeuchtigkeit gering ist, kann das Besprühen die Pflanzen schnell ruinieren. Der Grund ist, dass die Tropfen der Verdampfung unterliegen, wenn sie durch die Luft fliegen. Da zum Verdampfen thermische Energie benötigt wird, fällt die Temperatur der Tropfen dabei auf den Gefrierpunkt (oder tiefer), bevor die Tropfen die Pflanzen erreichen. Die Tropfen können während des Fluges oder unmittelbar nach dem Auftreffen auf der Pflanzen gefrieren. In beiden Fällen wird weitaus weniger Energie an die Pflanzen übertragen, und die Temperatur der Obstbäume kann unter –2 °C fallen, was dazu führt, dass die Pflanzen eingehen.

Ein Plantagenbauer kann anhand des Eises auf den Pflanzen beurteilen, ob Besprühen den Pflanzen hilft oder schadet. Bei korrekter Anwendung des Verfahrens verteilen sich die Wassertropfen über die Pflanzen, bevor sie gefrieren, wodurch sich eine durchsichtige Eisschicht bildet. Bei falscher Anwendung gefrieren die Tropfen auf den Pflanzen einzeln, wodurch sich weißes und undurchsichtiges Eis bildet, weil das Licht an den zahlreichen Grenzflächen zwischen den gefrorenen Tropfen gestreut wird. Wenn auf einer Obstplantage Nachtfrost herrscht, verbringt ein Züchter verständlicherweise die ganze Nacht damit, die Temperaturanzeigen und die Durchsichtigkeit des Eises zu beobachten anstatt zu schlafen.

4.16 Heißes Wasser in sehr kalte Luft schleudern

Ein Vergnügen von Menschen, die vorübergehend in Forschungsstationen in der Antarktis leben, besteht darin, kochendes Wasser in die Luft zu schleudern, wenn die Lufttemperatur bei –40 °C oder darunter liegt. Das Wasser erzeugt dabei ein klagendes Geräusch, so als würde es gegen die tiefen Temperaturen protestieren. Wie entsteht dieses Geräusch? Warum kann ein klimperndes Geräusch entstehen, wenn man in kalter Luft ausatmet?

Antwort

Wenn man Wasser in die Luft schleudert, zerfällt es in Tropfen. Falls die Luft sehr kalt ist, gefrieren und zersplittern die Tropfen, während sie durch die Luft fliegen. Die beim Zersplittern entstehenden Töne vereinen sich zu dem klagenden Geräusch. Beim Atmen kann ein klimperndes Geräusch entstehen, weil die im Atem enthaltene Luftfeuchtigkeit in der Luft gefrieren kann. Ich weiß allerdings nicht, ob das Geräusch entsteht, wenn die zu Eis gefrorenen Tropfen zersplittern oder wenn sie auf den Boden auftreffen.

4.17 Eiszapfen

Eiszapfen haben stets die Form schmaler Kegel, deren Spitzen nur ein paar Millimeter breit sind. Wie entsteht diese Form? Warum gibt es in einem aktiven (weiterhin wachsenden) Eiszapfen eine schmale Säule aus flüssigem Wasser, die sich vom Mittelpunkt des Eiszapfens nach oben erstreckt (siehe Abbildung 4.3)? Unter welchen Umständen gefriert dieses Wasser? Und wie kommt es dazu, wenn man seine isolierte Lage im Mittelpunkt des Eiszapfens bedenkt? Warum erstreckt sich eine weiße Linie entlang der Längsachse des Eiszapfens? Warum bilden sich an den Seiten horizontale Rippen aus? Warum sind einige Teile des Eiszapfens fest, während andere so schwammig sind, dass man sie mit einem Taschenmesser durchstechen kann? Warum sind manche Eiszapfen gebogen oder verdreht?

Antwort

Es gibt viele Fragen, die sich mit Eiszapfen beschäftigen. Und überraschenderweise sind nicht alle davon vollständig geklärt.

Ein Eiszapfen bildet sich, wenn Wasser über eine erhöhte Stelle schwappt, wie beispielsweise über eine Dachrinne, und dort einen herabhängenden Tropfen bildet. Der Tropfen kann vollständig gefrieren, mitunter gefriert er aber nur oberflächlich, wobei er eine dünne Hülle

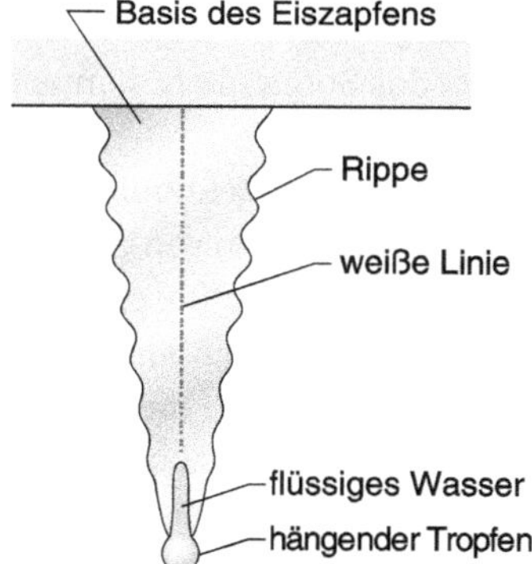

Abb. 4.3: Die Struktur eines Eiszapfens.

um die verbleibende Flüssigkeit bildet. Wenn mehr Wasser über die sich bildende Struktur schwappt, wächst die Struktur sowohl in der Länge als auch in der Breite.

Flüssigkeit kann durch die Oberflächenspannung, die auf die anziehenden Kräfte zwischen den Wassermolekülen zurückzuführen ist, in einer Eishülle gehalten werden. Diese Flüssigkeit kann nur dann gefrieren, wenn von ihr thermische Energie längs durch den Eiszapfen nach oben zur Basis abgeleitet wird. Auf horizontaler Ebene kann durch die Hülle keine thermische Energie abgegeben werden, weil beide Seiten der Hülle (die Flüssigkeitsgrenzfläche und die Luftgrenzfläche) dieselbe Temperatur haben – nämlich die Gefriertemperatur von Wasser. Wenn innerhalb der Hülle kein Temperaturunterschied besteht, kann keine thermische Energie durch die Hülle geleitet werden.

Wenn das innere Wasser gefriert, verlässt Luft die Lösung. Die Luft bildet Blasen, die sich im Eis entlang der Längsachse sammeln, wo die Flüssigkeit zuletzt gefriert. Diese vereinzelten Blasen streuen das Sonnenlicht. Die Gesamtheit des von den Blasen hell gestreuten Lichts erzeugt die weiße Linie, die man an der Längsachse des Eiszapfens erkennen kann.

Die Rippen an den Seiten eines Eiszapfens bilden sich vermutlich zunächst durch zufällige Unregelmäßigkeiten im Wasserfluss an den Seiten. Haben sie sich erst einmal gebildet, wachsen sie radial schneller als die dazwischenliegenden Furchen. Dafür gibt es zwei Gründe. Die Rippen sind mit einer dünneren Wasserschicht überdeckt als die Furchen, und sie stehen weiter in die kalte Luft hervor als jene, so dass die Rippen ungeschützter sind. Aus diesen beiden Gründen gefriert das Wasser auf einer Rippe wahrscheinlich schneller als in einer Furche. Eine Furche gefriert häufig zu einem schwammigen Wasser-Eis-Netz, in das Sie mit einer Messerklinge schneiden können.

Wenn der Flüssigkeitsmantel um einen Eiszapfen zu gefrieren beginnt (die Luft ist kalt und die Wasserzufuhr nimmt ab), gefriert die Oberfläche der Wasserschicht zuerst, was die übrige Flüssigkeit vorübergehend unter einer dünnen Eishaut gefangen hält. Wenn Wasser gefriert, dehnt es sich aus. Auf einem Eiszapfen treibt diese Ausdehnung an verschiedenen Stellen Flüssigkeit durch die Eishaut. Sobald die Flüssigkeit an diesen Stellen austritt, gefriert sie und bildet kurze Spitzen auf dem Eiszapfen.

Wird ein Eiszapfen während er wächst vom Wind umweht, wird er schief und in sich verdreht. Wächst er an einem Ast, der unter seinem Gewicht allmählich nach unten sackt, kann der Eiszapfen schließlich gebogen und deutlich aus der Vertikalen geneigt sein. Auch umherwehender Schnee und das ungleichmäßige Abschmelzen durch das Sonnenlicht können dazu führen, dass der Eiszapfen nicht perfekt geformt ist.

Bilden sich durch gefrierenden Regen Eiszapfen an einer Wäscheleine, Telefonleitung oder Stromleitung, dann können sie in bemerkenswert gleichmäßigen Abständen von einigen Zentimetern hängen. Dieses periodische Muster ist vermutlich darauf zurückzuführen, dass die ursprünglichen Wasserhüllen bestrebt sind, ihre Oberflächen durch Tröpfchenbildung zu minimieren. Auslöser dieser Separation ist eine zufällige Welle. Ausgehend von dieser Störung zieht die Oberflächenspannung das Wasser zu Tröpfchen zusammen, deren Abstand der Wellenlänge der zufälligen Welle entspricht. Die Tröpfchen werden schließlich zu Eiszapfen.

4.18 Eisdämme an Dachrinnen

Im kalten Klima können sich entlang einer Dachrinne Eisdämme bilden, was den Abfluss blockiert, so dass sich Wasser ansammelt. Warum bildet sich ein solcher Eisdamm? Warum kann das angesammelte Wasser im Gebäude beträchtliche Schäden verursachen? Warum bilden sich an diesen Gebäuden oftmals sehr große Eiszapfen?

Antwort

Eisdämme bilden sich an Häusern mit geneigten Dächern, wenn diese über einem Dachboden liegen, der durch die thermische Strahlung der darunter befindlichen Räume erwärmt ist. Der erwärmte Dachboden kann den Schnee und das Eis auf dem Dach zum Schmelzen bringen. Wenn das Schmelzwasser in eine kalte Dachrinne tropft, kann es dort gefrieren, anstatt vom Dach zu fließen. Das Eis türmt sich dann entlang des Daches auf. Ein Dach ist so lange wasserdicht, wie das Wasser von ihm abfließen kann. Wenn sich das Wasser aber wegen eines Eisdamms staut, kann das Wasser durch die Schindeln oder Dachziegel und anschließend zur darunterliegenden Holzkonstruktion des Dachs fließen, die nicht wasserdicht ist. Wasser kann dann nach unten bis zur Decke eines Wohnraums oder an dessen Wand entlangsickern und die Gipsplatten und den Anstrich ruinieren.

An einem Dach, das zur Bildung von Eisdämmen neigt, entstehen häufig auch riesige Eiszapfen. Anstatt sich zu stauen, rinnt das Wasser manchmal über die Dachrinne an den anfangs kleinen Eiszapfen entlang und gefriert dort, wodurch die Länge und das Gewicht der Eiszapfen zunimmt.

Die Sonneneinstrahlung scheint bei der Bildung von Eisdämmen und großen Eiszapfen keine wesentliche Rolle zu spielen. Um Eisdämme und Eiszapfen zu vermeiden, werden Dachböden mit Belüftungsöffnungen versehen, damit kalte Luft auf den Dachboden gelangt. Weil der Dachboden dadurch kühl ist, schmilzt er den Schnee und das Eis auf dem Dach nicht mehr, und der Wasserfluss in die Dachrinne wird gestoppt.

4.19 Raureif und Eisregen auf Stromleitungen

Wenn sich Schnee und Eis auf Stromleitungen ansammeln, kann das zusätzliche Gewicht die Leitungen und ihre Träger zum Einsturz bringen. Ein solcher Unfall ereignete sich etwa im Januar 1998 im Süden von Quebec, als durch *Vereisung* 1 300 Hauptträger und 35 000 Nebenträger zusammenbrachen und über zwei Millionen Kunden etwa zwei Wochen lang von der Stromversorgung abgeschnitten waren. Unter welchen Umständen sammeln sich Schnee und Eis auf Stromleitungen? Verschlimmert sich das Problem bei kälterer Luft?

Antwort
In der Luft enthaltene Wassertröpfchen und Schnee können auf Stromleitungen zwei verschiedene Arten von Eis bilden: *Raureif* ist eine trockene Form, bei der sich auf den Leitungen kein flüssiges Wasser befindet (sobald sich Wassertropfen anlagern, gefrieren sie). *Eisregen* besteht aus einer inneren Schicht aus Eis und flüssigem Wasser sowie einer äußeren Schicht aus flüssigem Wasser. Die Frostlinie verschiebt sich durch die Flüssigkeit nach außen, indem *dendritisches Eis* (Eis mit farnähnlichen Strukturen) in die Flüssigkeit hineinwächst. Die vom gefrierenden Wasser freigesetzte thermische Energie wird durch die äußere Schicht in die umgebende kalte Luft geleitet.

Wenn sich Eisregen bildet, kann ein Teil des flüssigen Wassers von der Leitung abtropfen, was das auf der Leitung lastende Gewicht und damit die Gefahr des Zusammenbruchs reduziert. Das Wasser kann aber auch Eiszapfen bilden. Die einzelnen Eiszapfen haben einen Abstand von etwa zwei Zentimetern und wachsen sowohl nach unten als auch in die Breite, wenn mehr Wasser an ihren Seiten entlangfließt und gefriert. Schließlich können sich die Eiszapfen zu einem Eisvorhang vereinen. Das Problem besteht nicht nur darin, dass das Gewicht der Eiszapfen die Leitungen und Träger belastet, sondern auch darin, dass durch die Eiszapfen immer mehr Wassertropfen und Schneeflocken aufgefangen werden. Bei starkem Wind kann der aerodynamische Zug an den Eiszapfen die auf die Leitungen wirkende Kraft außerordentlich erhöhen.

Die Vereisung an einer Leitung ist vermutlich dann am gefährlichsten, wenn die Lufttemperatur nur geringfügig unter dem Gefrierpunkt liegt, weil sich dann Eisregen bilden kann. Wassertröpfchen aus der Luft und Schneeflocken, die auf die Schicht treffen, bleiben dann mit großer Wahrscheinlichkeit daran kleben, anstatt einfach daran abzuprallen, wie es bei Raureif der Fall ist. Auch das heruntertropfende Wasser kann Eiszapfen bilden und die Situation aufgrund der größeren Oberfläche und des erhöhten aerodynamischen Drucks verschlimmern. Wenn sich beispielsweise bei Tagesanbruch die Lufttemperatur erhöht, kann daher auch Raureif gefährlich werden, falls er sich in Glatteis verwandelt, während er weiterhin Wassertropfen und Schnee aufsammelt.

4.20 Eisspitzen und andere Gebilde

Die meisten Eiswürfel, die in einem Behälter gefroren wurden, sind in der Mitte der Oberseite nach oben gewölbt. Wie kommt es dazu? Warum entwickeln manche Eiswürfel eine nach oben gerichtete Spitze? (Eindrucksvollere Eisspitzen findet man bei kalter Witterung mitunter auf Vogeltränken oder anderen kleinen wassergefüllten Außenbassins.)

Warum hat die Eisschicht auf einer Pfütze mitunter eine Reihe von ringförmigen Rippen, und warum befinden sich diese Rippen auf der *Unterseite* des Eises? Aus der Eisschicht auf manchen Flüssen entwickelt sich eine große, rotierende Scheibe, die vom übrigen Eis durch eine schmale Lücke getrennt ist. Wie kommt es dazu? (Diese Scheiben haben einen Durchmesser von etwa 50 Metern, brauchen etwa eineinhalb Stunden für eine ganze Umdrehung und halten sich Monate.) Warum entwickelt sich auf manchen Eisdecken auf Flüssen eine lange Spur, die wie eine Sinuskurve aussieht? Warum ist das Eis von Seen, Teichen und sogar Eiswürfeln manchmal gerippt anstatt glatt, selbst wenn das Wasser während der Gefrierens ruhig war?

Antwort

Wenn Wassermoleküle Eis bilden, muss sich das Wasser ausdehnen. Befindet es sich in einem Eiswürfelbehälter, ist diese Ausdehnung nur nach oben möglich. Der Mittelpunkt eines Eiswürfelfaches gefriert zuletzt, so dass die sich ausdehnende Umgebung dieses Fach nach innen und damit das Eis nach oben drückt.

Bei diesem Prozess kann sich eine Spitze bilden, wenn das Wasser zuerst nur oberflächlich in einer dünnen Schicht gefriert und anschließend das sich darunter befindende Wasser beim Gefrieren die Schicht zerreißt und das restliche flüssige Wasser aus dem Inneren des Eiswürfels durch den Riss drückt. In der Regel rinnt dieses Wasser über die Oberfläche des Eises, doch manchmal gefriert es zu einem hohlen Mantel (siehe Abbildung 4.4). Wenn das Wasser hinreichend langsam gefriert, kann weiteres Wasser durch den Mantel nach oben gedrückt werden, so dass es dort herausrinnt, gefriert und den Mantel nach oben verlängert. Nachdem das gesamte Wasser gefroren ist, bildet der Mantel eine feste, nach oben gerichtete Spitze. Solche Spitzen kommen ziemlich selten vor, weil sie nur gebildet werden, wenn die Geschwindigkeit, mit der die Flüssigkeit durch den Riss in der Hülle gedrückt wird, an die Geschwindigkeit, mit der das übrige Wasser im Eiswürfel gefriert, angepasst ist.

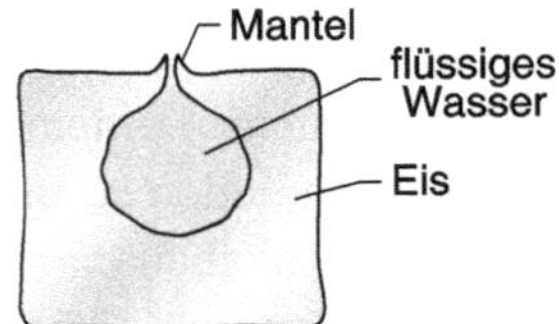

Abb. 4.4: Frühes Stadium bei der Bildung einer Eisspitze.

Die ringförmigen Rippen, die man an der Unterseite der Eisschicht auf einer Pfütze beobachten kann, lassen sich auf ein periodisches Gefrieren zurückführen, zu dem es kommt, wenn Wasser unter der Eisschicht abfließt. Über der vollständig mit Wasser gefüllten Pfütze bildet sich zunächst eine dünne Eisschicht, die von einer Seite der Pfütze zur anderen reicht. Wenn Wasser unter dieser Eisschicht abfließt, strömt Luft unter den äußeren Rand. Manchmal fließt weniger oder gar kein Wasser mehr ab. An den Stellen, an denen die Luft unter der Eisschicht auf Wasser trifft, gefriert dann ein Teil des Wassers und bildet Rippen an der Unterseite der

Eisschicht. Wenn später wieder mehr Wasser abfließt, wird die Rippe freigelegt. Fließt abermals weniger oder gar kein Wasser mehr ab, bildet sich eine weitere Rippe an der Unterseite der Eisschicht, die sich näher am Mittelpunkt der Pfütze befindet. So können sich mehrere Rippen bilden, bevor das gesamte Wasser aus der Pfütze abgeflossen ist.

Viele der merkwürdigen Muster, die man in der Eisdecke von auf Teichen und Seen beobachten kann, entstehen, weil Schnee fällt, während die Eisdecke umherschwimmt, anstatt fest am Ort zu bleiben. Das Gewicht des Schnees drückt die Eisdecke nach unten, was flüssiges Wasser durch eine bereits existierende Öffnung in der Eisdecke drückt. Durch den Wasserdruck kann aber auch an einer dünnen Stelle der Eisschicht eine neue Öffnung entstehen. Das herausquellende Wasser kann sich dann auf der Eisdecke und dem Schnee verteilen, was auf dem Schnee Spuren hinterlässt, weil das Wasser einen Teil des Schnees schmilzt. Wenn die Öffnung relativ groß ist, gefriert das herausquellende Wasser einfach in einem bestimmten Gebiet zu einer kreisförmigen Eisscholle, die dann in der Öffnung schwimmt. Läuft dieser Prozess auf einem Fluss ab, dann kann das unter der ungleichmäßigen Unterseite der Eisschicht fließende Wasser die Scholle in Rotation versetzen.

Die größeren Eisschollen, die sich auf manchen Flüssen im Winter bilden, entstehen durch Strudel. Wenn sich Eisschollen, die flussaufwärts gebildet wurden, in einem Strudel sammeln, verschmelzen sie allmählich zu einer einzigen Scholle, die vom wirbelnden Wasser in Rotation versetzt wird. Wenn sich über dem restlichen Teil des Flusses Eis bildet, dann verhindert diese Rotation, dass das Wasser zwischen der Scholle und dem übrigen Eis gefriert. Der Abrieb zwischen der Scholle und dem übrigen Eis schleift die Scholle allmählich kreisrund.

Wird eine Eisdecke in entgegengesetzte Richtungen gezogen, was beispielsweise der Fall sein kann, wenn sie an einem Stein festhängt, während Wasser unter ihr hinwegfließt, kann sich ein ursprünglich geradliniger Riss zu einem wellenförmigen Riss über die Decke ausbreiten. Solche wellenförmigen Risse wurden auch bereits in Glasscheiben beobachtet, die aus einem Wasserbad gezogen und an Heizelementen vorbeigeführt wurden, was das Glas unter Spannung setzt. In Abhängigkeit von der Geschwindigkeit, mit der sich diese Glasscheiben bewegen, kann der Riss geradlinig (geringe Geschwindigkeit) oder wellenförmig (mittlere Geschwindigkeit) sein. Bei hoher Geschwindigkeit kann sich der Riss auch in zwei oder vier Risse teilen.

Wenn Wasser gefriert, bildet es hexagonale Eiskristalle. Die Achse durch den Mittelpunkt des Kristalls, die senkrecht auf den beiden hexagonalen Flächen steht, wird als c-Achse bezeichnet. Am schnellsten wächst das Eis parallel zu den hexagonalen Flächen. Diese Ebene wird als *Basalebene* bezeichnet. Angenommen, ein Kristall beginnt so zu wachsen, dass seine c-Achse vertikal und seine Basalebene folglich horizontal verläuft. Dann wächst der Kristall vorzugsweise horizontal und hinterlässt auf dem Eis eine glatte Oberfläche. Liegt seine c-Achse dagegen zunächst horizontal und seine Basalebene vertikal, kann er sich nicht drehen, weil er gegen angrenzende Kristalle stößt, und die Spannkraft hebt ihn leicht, so dass seine Basalebenen geringfügig über der allgemeinen Höhe des Eises hervorsteht. Folglich bildet der Kristall einen Grat. Wenn mehrere benachbarte Kristalle diese Orientierung aufweisen, bilden sie eine Reihe von Graden auf der Eisfläche.

4.21 Trübe Eiswürfel

Manche Eiswürfel sind trüb. Warum ist das so? Kann man daraus klare (durchsichtige) Eiswürfel machen?

Antwort

Eis ist trüb, weil Licht an Eisstrukturen und Einschlüssen gestreut wird. Bei manchen dieser Einschlüsse handelt es sich um Verunreinigungen, die sich während des Gefrierprozesses sammeln. Wenn das Wasser allmählich gefriert, drückt der Gefrierprozess beispielsweise Verunreinigungen in die Flüssigkeit an der Grenzfläche zwischen Flüssigkeit und Eis und bewirkt, dass gelöste Luft dort Blasen bildet. Im Verlaufe des Gefrierprozesses wird immer mehr Luft in die Blasen gedrückt, die Blasen werden immer länger und allmählich vom Eis eingeschlossen. Folglich erstrecken sich lange *Schlauchlöcher* (Hohlräume) durch das Innere des Eiswürfels.

Die Grenzfläche zwischen Flüssigkeit und Eis kann nur fortschreiten, indem thermische Energie von der Grenzfläche zur Oberfläche des Eiswürfels geleitet wird, wo sie von kalter Luft aufgenommen wird. Da die Entfernung, über die diese Wärmeleitung vonstatten geht, mit dem Fortschreiten der Grenzfläche zunimmt, verlangsamt sich das Fortschreiten. Daher sind die Schlauchlöcher im Inneren eines Eiswürfels (wo die Grenzfläche langsam fortschreitet) typischerweise breiter als in der Nähe der Oberfläche (wo sie schneller fortschreitet). Manche Schlauchlöcher haben verschiedene Durchmesser, weil sich die Eismaschine an- und ausschaltet. Eis, das aus Salzwasser hergestellt wurde, kann komplexere Luftblasen aufweisen als Eis aus Leitungswasser: Unter idealen Bedingungen können sich winzige Spiralen oder Zickzackmuster ausbilden.

Um klares Eis herzustellen, kann man destilliertes Wasser verwenden, da es keine Verunreinigungen enthält. Wenn man das Wasser etwa 15 Minuten kocht, kann der größte Teil der gelösten Luft entweichen.

4.22 Bilder in schmelzendem Eis

Wenn Eis, beispielsweise ein gewöhnlicher Eiswürfel oder natürlich vorkommendes Eis, hellem Sonnenlicht oder dem Licht einer Infrarotlampe ausgesetzt wird, dann erscheinen winzige Figuren im Eis. Wie kommt es zu dieser Erscheinung? Diese Figuren wurden von John Tyndall, der sie im Jahr 1858 erstmals beobachtete, als *Wasserblumen* bezeichnet. Heute sind sie unter dem Namen *Tyndall-Figuren* bekannt. Sie können sie auch mit bloßem Auge erkennen, aber erst eine Juwelierlupe oder eine andere einfache Vergrößerungslinse offenbart die Details des Figuren. Einige Tyndall-Figuren sind hexagonal; andere erinnern an Blätter oder Farnwedel; bei manchen handelt es sich um einfache Ovale.

Antwort

Die Figuren erscheinen, weil der infrarote Anteil des Sonnen- oder Lampenlichts das Eis durchdringt und vorrangig an Defekten in der Kristallstruktur absorbiert wird. Ein Defekt kann beispielsweise eine Verunreinigung sein, oder eine Stelle, wo die Atome nicht exakt ausgerichtet sind oder dort, wo ein Eiskristall an den anderen stößt. Wenn das infrarote Licht absorbiert wird, schmilzt oder verdampft ein Teil des Eises, wodurch ein Hohlraum entsteht, der aufgrund seines Kontrastes gegenüber dem übrigen Eis als Tyndall-Figur wahrgenommen wird. Einige der Hohlräume sind nur mit Wasserdampf gefüllt; andere enthalten sowohl flüssiges Wasser als auch Wasserdampf. Wenn das Licht intensiv ist und die Schmelz- und Verdampfungsprozesse schnell ablaufen, entstehen farnähnliche Hohlräume. Anderenfalls erscheinen hexagonale Hohlräume. Ovale sind mit Wasser gefüllt und erscheinen dort, wo eine Bruchstelle im Eis von zusammengedrückt wird. Wenn das infrarote Licht erstmals auf das Eis fällt, können viele Tyndall-Figuren gleichzeitig erscheinen. Das hängt vermutlich damit zusammen, dass sie entstehen, weil sich durch ihre Bildung Spannungen im Eis lösen.

4.23 Wie Teiche und Seen gefrieren

Teiche, Seen und andere Gewässer gefrieren stets von oben nach unten. Warum ist das so? Würden sie stattdessen von unten nach oben gefrieren, gäbe es vermutlich in ihnen kein Leben.

Weshalb bilden sich auf manchen zugefrorenen Seen und Teichen eindrucksvolle radiale Eismuster, die an krumme Radspeichen oder Blütenblätter einer Pflanze erinnern?

Antwort

Während sich das Wasser an der Oberfläche eines Sees von etwa 10 °C auf den Gefrierpunkt abkühlt, wird es dichter als die unteren Wasserschichten, so dass es zu Boden sinkt. Unterhalb von 4 °C führt allerdings eine weitere Abkühlung dazu, dass die Dichte des Wassers an der Oberfläche *geringer* ist als in den tieferen Schichten, so dass es an der Oberfläche bleibt und gefriert. Anschließend setzt sich der Gefrierprozess nach unten fort. Damit der Prozess fortschreiten kann, muss die thermische Energie des flüssigen Wassers durch Wärmeleitung zur Eisschicht nach oben transportiert werden. Mit zunehmender Dicke der Eisschicht verlangsamt sich der Prozess und kommt schließlich zum Stillstand. (Das Zufrieren eines Sees wird als ein *selbstbeschränkender* Prozess bezeichnet, weil er sich selbst beendet.) Daher ist es unwahrscheinlich, dass ein See im Winter bis nach unten zufriert, und das Leben im Wasser kann fortbestehen.

Würden Seen von unten nach oben gefrieren, würde das Eis auch im Sommer nicht vollständig schmelzen, weil es durch das darüberfließende Wasser isoliert wäre. Nach einigen Jahren wären viele freie Gewässer der gemäßigten Klimazonen das ganze Jahr über gefroren.

Flüssiges Wasser besteht bei jeder Temperatur aus Clustern von Wassermolekülen, die sich immer wieder neu bilden und auseinanderbrechen. Wenn Wasser von unter 4 °C auf den Gefrierpunkt abgekühlt wird, bleiben diese Cluster jedoch länger erhalten und sind ausgedehnter. Sie nehmen dann im Durchschnitt auch mehr Volumen ein als bei höherer Wassertemperatur. Dies gilt jedoch nicht für Meerwasser: Seine Dichte nimmt stetig zu, wenn es auf den Gefrierpunkt abgekühlt wird. Nur dann, wenn sich das Eis bildet, nimmt die Dichte ab.

Wenn Sonnenstrahlen auf die dünne Eisschicht eines Sees fallen, kann das Licht das Wasser unmittelbar unter der Eisschicht auf 4 °C erwärmen. Dadurch sinkt das Wasser, und leichteres, wärmeres Wasser steigt von unten auf und nimmt dessen Platz ein. Diese im Winter ablaufende Durchmischung ist eine Voraussetzung für das Leben im Wasser.

Fällt Schnee auf das schwimmende Eis eines Teichs oder Sees, kann das Gewicht des Schnees die Eisschicht nach unten drücken, wodurch Wasser von unten durch Löcher nach oben steigt oder seitlich über den Rand der Eisschicht schwappt. Da die Temperatur des Wassers über dem Gefrierpunkt liegt, schmilzt das Wasser Kanäle in den Schnee, die sich radial, meist auf leicht gekrümmten Bahnen, von einem Loch ausbreiten. Wenn die Lufttemperatur fällt und die Sonne verschwindet, können diese Wasserpfade gefrieren, was die auffälligen Muster aus gekrümmten Speichen oder Blütenblättern produziert.

4.24 Wie kohlensäurehaltige Getränke gefrieren

Wenn eine Flasche mit Mineralwasser oder Bier zu lange im Gefrierfach liegt, platzt sie. Warum ist das so? Wenn die Flasche nicht so lange dort gelegen hat, kann es sein, dass sie dennoch beim Öffnen plötzlich gefriert. Wie kommt es dazu? Wenn die Flüssigkeit zwar kalt aber nicht nahe dem Gefrierpunkt ist, entsteht beim Öffnen der Flasche neben herumsprühenden Tropfen ein dünne Nebel am Flaschenhals. Warum ist das so?

Antwort

Ein kohlensäurehaltiges Getränk, wie Mineralwasser oder Bier, besteht hauptsächlich aus Wasser. Wenn Wasser gefriert, dehnt es sich aus. Wenn ein kohlensäurehaltiges Getränk so stark gekühlt wird, dass es zu gefrieren beginnt, entsteht ein großer, nach außen gerichteter Druck auf die Flasche, der sie zu zerbrechen droht. Der Gefrierpunkt des Getränks liegt unterhalb des gewöhnlichen Gefrierpunktes von Wasser, weil sich die Flüssigkeit unter Druck befindet und die Zusätze (insbesondere Alkohol) die Fähigkeit von Wasser beeinträchtigen, Eis zu bilden. Die Temperatur in den Gefrierfächern ist aber meist so niedrig, dass Getränkeflaschen darin dennoch platzen.

Wird eine Flasche geöffnet, fällt ihr Innendruck plötzlich auf den atmosphärischen Druck und ein großer Teil des in der Flüssigkeit enthaltenen Kohlendioxids verlässt die Flüssigkeit in Form von Blasen, die zur Oberfläche aufsteigen. Angenommen, die Temperatur der Flüssigkeit liegt knapp über dem abgesenkten Gefrierpunkt. Sobald der Innendruck abfällt, steigt der Gefrierpunkt. Dann liegt die Temperatur der Flüssigkeit *unter* dem (neuen) Gefrierpunkt der Flüssigkeit. Zum tatsächlichen Gefrieren braucht sie jedoch *Kristallisationskeime*, an denen sich die ersten Eiskristalle bilden können. Die Blasen können den Kristallisationsprozess auslösen. Bei einer durchsichtigen Flasche können Sie beobachten, dass die Flüssigkeit zuerst an oder nahe der Oberfläche gefriert, wo sich die Blasen häufen. Anschließend bewegt sich die Frostlinie nach unten, was möglicherweise sehr schnell vor sich geht.

Wird ein kaltes kohlensäurehaltiges Getränk geöffnet, wird Energie gebraucht, damit sich das Gas über der Flüssigkeit so weit ausdehnen kann, dass es durch die Öffnung tritt. Die Ausdehnung des Gases und seine Entspannung erfolgt so schnell, dass als einzige Energiequelle die thermische Energie des Gases in Frage kommt. Daher gibt das Gas thermische Energie ab und wird kälter, was den Wasserdampf im expandierenden Gas kondensieren lässt. Diese in der Luft enthaltenen Tropfen sind in dem Nebel enthalten, den man beim Öffnen der Flasche beobachtet.

4.25 Platzende Wasserrohre

Wasserrohre in Gebäuden platzen, wenn sie im Winter sehr kalten Temperaturen ausgesetzt sind. Wie kommt es dazu? Warum platzen Warmwasserrohre eher als Kaltwasserrohre?

Antwort

Ein mit stehendem Wasser gefülltes Rohr kann platzen, wenn das Wasser gefriert und das Eis einen Pfropfen bildet, der Wasser in einem von einem Ventil geschlossenen Rohrsegment abtrennt. Wenn weiteres Wasser hinter dem Pfropfen gefriert und sich ausdehnt, wird ein enormer Druck auf das eingeschlossene Wasser ausgeübt, der schließlich so stark werden kann, dass das Rohr platzt. Die Wahrscheinlichkeit dafür ist höher, wenn das Rohr warmes Wasser aus einem Boiler befördert. Das liegt an der Art und Weise, wie dieses Wasser in einem solchen Rohr gefrieren kann. Idealerweise gefriert Wasser bei einer Temperatur von 0 °C. Doch in der Praxis muss das Wasser einige Grad kälter sein, um gefrieren zu können. Man spricht dann von *unterkühltem* Wasser.

Leitungswasser, das nicht im Boiler erhitzt wurde, enthält viele Verunreinigungen, die als Kristallisationskeime dienen können. Ist das Wasser um einige Grad unterkühlt, kommt es unter weiterer Abgabe von thermischer Energie zur Bildung von Eiskristallen. Zunächst entwickelt sich auf dem noch flüssigen Wasser dendritisches Eis, dessen Form an Farne erinnert. Anschließend bildet sich ein Eisring an der Rohrwand, der langsam nach innen wächst, bis er das Rohr völlig verschließt. Während der Ring wächst, schreitet die Ausdehnung des Wassers nur langsam voran und passt sich dem Rohr an.

Heißes Wasser aus einem Boiler gefriert auf ähnliche Weise, aber die Bildung des dendritischen Eises kann erheblich, vielleicht um einige Tage verzögert sein. Dies liegt daran, dass viele Verunreinigungen, die als Kristallisationskeime fungieren, durch das Aufheizen des Wassers verloren gehen. Daher kann dieses Wasser stärker unterkühlen als das Wasser in einem Kaltwasserrohr. Wenn sich schließlich Eis bildet, dann wächst es als dendritisches Eis strahlenförmig nach innen und kann das Rohr schnell verschließen. Wenn das Eis dann im Rohr wuchert, kann die Ausdehnung des gefrierenden Wassers einen enormen Druck auf das Wasser zwischen Pfropfen und Ventil ausüben, so dass das Rohr oder eine Rohrverbindung im betreffenden Abschnitt platzt, auch wenn dieser zufällig warm sein sollte.

Durch das Platzen kann das eingeschlossene Wasser aus dem Rohr entweichen, was zunächst nicht unbedingt zu großem Schaden führen muss. Wird ein Rohrbruch jedoch nicht repariert, bevor der Pfropfen auftaut, kann das nun wieder fließende Wasser großen Schaden anrichten. Um dies zu vermeiden, drehen viele Leute in kalten Klimazonen Wasserhähne außerhalb der Häuser nie ganz zu. Wenn das gefrierende Wasser einen Pfropfen bildet, fließt das Wasser dann aus dem leicht geöffneten Hahn anstatt Druck aufzubauen.

Eispfropfen können manchmal auch sehr nützlich sein. Das trifft beispielsweise zu, wenn der Eispfropfen als vorübergehendes Ventil in einem Rohrabschnitt eines Rohrsystems arbeitet, das nicht ganz abgeschaltet werden kann, wie es in einem Krankenhaus oder einem Wohnkomplex der Fall ist.

Manchmal muss Wasser durch eine kalte Leitung geschickt werden, die beispielsweise aufgrund von Reparaturarbeiten entleert wurde. Während sich das Wasser durch das Rohr bewegt, kann der vordere Schwall thermische Energie an die Rohrwand abgeben, so dass seine Temperatur unter den Gefrierpunkt fällt. Dies ist bei einem unterirdischen Rohr wahrscheinlicher als bei einem oberirdischen (mit gleicher Temperatur), weil die thermische Energie von den Rohrwänden durch die umgebende Erde schneller abgeleitet wird als durch die umgebende Luft. Liegt die Temperatur eines Rohres nur wenige Grad unter dem Gefrierpunkt, kann das Wasser unterkühlen und dann plötzlich dendritisches Eis bilden, welches das Rohr verschließt. Ist das Rohr dagegen etwas kühler (sodass seine Temperatur unter dem Unterkühlungspunkt von Wasser liegt), bildet sich an der Rohrwand ein Eisring ohne dendritisches Wachstum, und das Wasser kann weiter fließen.

4.26 Berühren oder Anlecken einer kalten Leitung

Wenn Sie gleichzeitig einen kalten Holzbalken und ein kaltes Metallrohr berühren, die die gleiche Temperatur haben, fühlt sich das Rohr kälter an. Warum ist das so? Warum kann es passieren, dass Ihre Hand am Rohr kleben bleibt? In dem Film *A Christmas Story* nimmt eines der Kinder die Herausforderung an und leckt an einem kalten Rohr, nur um festzustellen, dass seine Zunge daran kleben bleibt. Machen Sie so was bloß nicht nach!

Antwort

Wie kalt sich ein Gegenstand anfühlt, hängt von der Geschwindigkeit ab, mit der thermische Energie durch den Gegenstand von Ihren Fingern abgeleitet wird. Metall leitet thermische Energie wesentlich besser als Holz. Daher fühlt sich Metall kälter an, wenn es dieselbe Temperatur hat wie ein Stück Holz.

Finger können an einer kalten Metalloberfläche kleben bleiben, weil die Feuchtigkeit auf der Haut in den winzigen Kerben der Hautoberfläche gefrieren kann. (Eine Zunge friert noch leichter fest, weil sie beträchtlich feuchter ist als Finger.) Indem man warmes Wasser über die Kontaktstelle zwischen Haut und Metall gießt, kann man das Eis in der Regel schmelzen und die Finger befreien.

4.27 Frosthebungen und Pingos im Permafrost

Im kalten Winter kann sich der Erdboden heben und Hügel formen. Dieser Effekt wird als *Frosthebung* bezeichnet. Wie kommt es dazu? Solche Hügel können Straßen beschädigen, und Kraftfahrer gefährden, die mit hoher Geschwindigkeit darüber fahren. Auf den ersten Blick könnte man die Frosthügel einfach auf die Ausdehnung gefrorenen Wassers zurückführen. Jedoch nimmt das Volumen durch diese Ausdehnung nur um etwa 10 Prozent zu, und das ist viel zu wenig, um die großen Bodenhebungen zu bewirken.

Wieso kann Kälte Felsen aufbrechen? Muss der Fels eine Folge von Frost-Tau-Zyklen durchlaufen, damit er zerbricht?

Pingos sind kegelförmige Bodenerhebungen, die sich in Gebieten mit Permafrost bilden. Wodurch entstehen sie? Einige Pingos sind riesig. Sie sind bis zu 40 Meter hoch und haben Durchmesser von 200 Metern.

Antwort

Wenn die Temperatur der obersten Bodenschicht (oder die Schicht unmittelbar unter einer Straße) unter den Gefrierpunkt fällt, gefriert ein Teil des Wassers in den Poren zwischen den Bodenpartikeln und dehnt sich aus, wodurch eine *primäre Eislinse* entsteht. Mit der Menge des flüssigen Wassers nimmt auch der Druck in der verbleibenden Flüssigkeit ab. Flüssiges Wasser, das sich in etwas tieferen Erdschichten befindet, steht unter einem größeren Druck. Daher wird ein Teil davon in die gefrorene Schicht nach oben gezogen. Wenn das Wasser die

Schicht erreicht, gefriert es ebenfalls und dehnt sich aus, wodurch eine *sekundäre Eislinse* entsteht, die die Höhe des Frosthügels und damit auch die Straßenschäden beträchtlich vergrößern kann.

Viele Straßenschäden entstehen dadurch, dass Eis in und unter der Straße taut. Dadurch ist der Kies unter der Straßendecke mit Wasser gesättigt. Wenn ein Auto (oder schlimmstenfalls ein schwerer LKW) auf die Straßendecke nach unten drückt, erhöht sich der Druck im Wasser drastisch, und das Wasser drückt von unten gegen die Unterseite der Straßendecke. Dieser Wasserdruck kann so hoch sein, dass die Straßendecke bricht. Der nachfolgende Verkehr reißt die Decke weiter auf, wodurch sich ein Schlagloch bildet, das dann durch weiteren Verkehr allmählich wächst. Bei Straßen mit einer dünnen Decke oder einem schwachen Untergrund kann die Decke unter diesem Druck so lange nachgeben, bis sich in der Straße eine Grube oder Furche bildet. Fährt ein Fahrzeug hindurch, schwingt es noch eine Weile, während es sich weiter auf der Straße fortbewegt. Jedes Mal, wenn das Fahrzeug dabei auf die Straßendecke drückt, bildet sich tendenziell eine weitere Senke. Mit der Zeit erinnert die Straße dann an ein Waschbrett, auf dem man früher Wäsche geschrubbt hat.

In milderen Wintern entstehen in der Regel stärkere Straßenschäden als in kälteren, weil bei mildem Wetter ausreichend Zeit bleibt, das Wasser unter die Straßendecke zu ziehen, während starker Frost Wasser lange Zeit auf der Stelle bindet. Auch wenn die Straße mehreren Frost-Tau-Zyklen ausgesetzt ist, kommt es zu starken Straßenschäden.

Wenn Wasser in einem Felsspalt gefriert, drückt es diesen auseinander, wodurch er sowohl länger als auch breiter wird. Die Länge und die Breite nehmen stärker zu, wenn zusätzliches Wasser in den Spalt gedrückt wird, wie es bei Frosthebungen der Fall ist. Wenn die Temperatur jedoch zu niedrig ist, wird weniger Wasser in den Spalt gedrückt. Daher breitet sich der Riss am schnellsten aus, wenn die Temperatur nur knapp unter dem Gefrierpunkt liegt. Eine Abfolge von Frost-Tau-Zyklen ist nicht notwendig. Sedimentgestein ist gegenüber Rissbildung anfälliger als anderes Gestein. Das Auseinanderbrechen kristalliner Gesteine ist wesentlich schwieriger, da es lange Perioden erfordert, in denen die Temperatur unter dem Gefrierpunkt liegt, Wasser reichlich vorhanden ist und kontinuierlich zugeführt wird.

Pingos kommen in mindestens zwei Arten vor und haben mindestens zwei Ursachen. Beim sogenannten *hydrostatischen* Pingo handelt es sich in der Regel um eine isolierte Erhebung, die sich aus einem See entwickelt hat, der entweder abgelassen oder aufgefüllt wurde. Unter dem See befindet sich eine Schicht aus halbflüssigem Material, die nur an ihrer Oberseite nicht vom Permafrostboden umgeben ist. Wenn der See sein Wasser verliert, beginnt sich auch an der Oberseite der Schicht Permafrost zu bilden. Während das Material von den Seiten nach innen und vom Boden nach oben gefriert, wird das Wasser aus der Schicht gedrückt und in der Mitte des ursprünglichen Seegebietes nach oben getrieben. Dieser nach oben gerichtete Druck hebt den Pingohügel an. Das gefrierende Wasser bildet den Kern des Hügels.

Hydraulische Pingos sind oft in Gruppen unterteilt und scheinen durch Hangfußquellen von nahegelegenen Erhebungen oder Gebirgen gespeist zu werden. Das unterirdische Wasser steigt in irgendeiner Weise unter einem Pingo-Hügel auf und dehnt sich anschließend während des Gefrierens aus, wodurch es den Hügel weiter anhebt. Auf welche Weise das Wasser aufsteigt, ist noch nicht vollständig geklärt. Falls das Material unter dem Hügel kleine Poren enthält, können Kapillarkräfte das Wasser durch das Material nach oben ziehen. Das bedeutet, molekulare Kräfte, die Wassermoleküle an anderen Stoffen und an sich selbst haften lassen, können das flüssige Wasser durch kleine Materialzwischenräume nach oben ziehen. (Dennoch treten manche Pingos über Material auf, das keine kleinen Poren enthält.)

4.28 Arktische Eispolygone

Der Boden in einigen arktischen Tiefländern und Regionen der subarktischen Tundra ist mit großflächigen Vielecken (Polygonen) bedeckt, die durch Eiskeile gebildet werden. Warum ist das so? Ein solcher Eiskeil erstreckt sich viele Meter in den Boden hinein und mehrere hundert Metern in horizontaler Richtung.

Antwort

Wenn die Bodentemperatur unter den Gefrierpunkt fällt, zieht sich der Boden tendenziell in sich zusammen, was die Oberfläche in Spannung versetzt. An bestimmten Stellen kann die Spannung so groß sein, dass der Boden reißt, genau wie eine Schlammmischung auseinanderreißen kann, wenn sie trocknet. Mit der Zeit kann sich ein Bodenriss sowohl vertikal als auch (wesentlich stärker) horizontal ausbreiten. An den Stellen, an denen ein sich entwickelnder Riss an einen bereits existierenden Riss heranreicht, wird der sich entwickelnde Riss durch Bodenspannungen so gelenkt, dass eine rechtwinklige Überschneidung entsteht. Diese Spannungen sind durch den existierenden Riss im Boden bereits aufgebaut und versuchen, den Boden parallel zu diesem Riss auseinanderzuziehen. Wenn sich etliche Risse annähernd senkrecht schneiden, entsteht ein polygonales Muster.

Nachdem sich ein Riss gebildet hat, kann er sich mit Schnee, Reif oder Wasser füllen. Daraus entstehen dann die Eiskeile, welche die Seiten des Polygons bilden. Ähnliche Polygone wurden auf dem Mars entdeckt, wo Sand anstelle von Schnee oder Eis die Risse füllt. (Auf dem Mars gibt es auch gigantische Polygone, die vermutlich andere Ursachen haben.)

4.29 Aus dem Boden wachsende Steine

In kalten Klimazonen werden im Winter Steine aus dem Boden getrieben. Wie kommt es dazu? An manchen Orten, beispielsweise in Neuengland, ist der Steinertrag so groß, dass die Steine gesammelt werden, um damit Mauern zu errichten.

An einigen Orten bilden die zutage tretenden Steine Kreise, Polygone oder Streifen. Wie entstehen diese Muster? Manche dieser Muster wirken wie Kunstwerke. Beispielsweise gibt es auf der Insel Spitzbergen im Norden von Norwegen beeindruckende Steinkreise, in deren Innenfläche der Boden relativ steinfrei ist. Welcher Mechanismus ordnet diese verschiedenen Steinfelder?

Antwort

Steine werden von Frosthebungen an die Oberfläche befördert (siehe Fragestellung 4.27). Die *Frostlinie*, entlang der die Temperatur 0 °C beträgt, breitet sich durch die verschütteten Steine schneller nach unten aus als durch den angrenzenden Boden. Die Verzögerung im Boden ist auf die Freisetzung von thermischer Energie zurückzuführen, wenn das im Boden enthaltene Wasser gefriert. Wenn die Frostlinie unter einen Stein fällt, zieht sie zusätzliches Wasser aus den tieferen Bodenschichten und dem angrenzenden (noch ungefrorenen) Boden. Die Ausdehnung dieses zusätzlichen Wassers während des Gefrierens befördert den Stein nach oben. Jedes Mal, wenn sich der Stein bewegt, wird der Platz unter ihm teilweise durch Material aufgefüllt, das von der Seite her nachrutscht. Deshalb verkeilt sich der Stein und kann später, wenn das Eis schmilzt, nicht wieder nach unten rutschen. Nach hinreichend vielen Frost-Tau-Zyklen erreicht der Stein die Bodenoberfläche, wo er vielleicht für den Bau einer Steinmauer verwendet wird.

Aufwärts wandernde Steine wurden entdeckt, als alte Sandformen mit vertikalen Bodenschnitten ausgegraben wurden. Steine findet man in unterschiedlichen Höhen innerhalb der Wand eines solchen Schnitts. Oberhalb eines Steins scheint der Sand komprimiert zu sein; unter dem Stein scheint eine Spur zu zeigen, wo Material den vom Stein während seines Aufstiegs hinterlassenen Raum aufgefüllt hat.

Die verschiedenen geometrischen Steinmuster sind im Laufe von Jahrzehnten oder sogar Jahrhunderten durch Frosthebungen entstanden. Indem Steine aus dem Boden austreten, beeinflussen sie gleichzeitig, wie schnell die Frostlinie während nachfolgender Frostperioden unter ihnen in den Boden sinkt, was sich wiederum darauf auswirkt, wie andere Steine nach oben befördert werden. Während einer Frosthebung fallen einige der auf der Oberfläche liegenden Steine entlang der Erhebungen lawinenartig hinab und sammeln sich auf diese Weise. Andere Steine können entlang bereits ausgebildeter Steingrate gedrückt werden, was die Grate verlängert. Wo Steine reichlich vorhanden sind, bilden sie Kreise, Polygone oder Labyrinthe. Wo dies nicht der Fall ist, bilden sie Inseln. In Hanglagen formieren sie sich in Streifen. Derartige Muster sind auch auf dem Mars entdeckt worden, was die Vermutung nahe legt, dass es dort Frost-Tau-Zyklen von Wasser im Boden gibt.

4.30 Pflügende Felsbrocken

Ein großer Felsbrocken, der auf einem Hang ruht, bewegt sich in kalten Klimazonen allmählich den Hang hinab. Warum ist das so? Ein Felsbrocken, der sich so verhält, wird als *pflügender Felsbrocken* bezeichnet, weil typischerweise ein Erdhügel vor dem Felsbrocken liegt und eine Senke hinter ihm, als würde er die Erde wie auf einem Feld durchpflügen.

Antwort

Durch das Gefrieren und Tauen des Bodens um den Felsbrocken lässt die Griffigkeit des Bodens gegenüber dem Felsbrocken nach. Wenn der Boden gefriert, wird der Felsbrocken durch die Ausdehnung des Wassers im Boden (das sich dort ursprünglich befand oder aus dem umgebenden Erdreich gezogen wurde) leicht nach oben befördert.

Wenn der Boden auftaut, gibt er nach, weil ihn das in ihm enthaltene Wasser und das gesamte Schmelzwasser des Schnees, der sich um den Felsbrocken gesammelt hat, aufweicht. Infolge der am Felsbrocken angreifenden Schwerkraft bewegt sich der Felsbrocken dann den Hang nach unten. Während er sich bewegt, schiebt der Felsbrocken einen Hügel vor sich her und hinterlässt eine Schleifspur. Es handelt sich jedoch nur um eine sehr langsam voranschreitende Bewegung, weil der hangabwärts gelegene Boden nicht so stark mit Wasser gesättigt und geschmeidig ist.

4.31 Kurzgeschichte: Katzenbombe und ein eisiges Verschwinden

Als ich als Erstsemester ans MIT kam, kursierte unter den älteren Studenten eine Geschichte von einem Studenten, nennen wir ihn Fred, der ausgesprochen wütend auf einen anderen Studenten, nennen wir ihn Harry, war. Als Harry eines Nachts ausgegangen war, schlich sich Fred mit einer toten Katze und einer großen Flasche mit flüssigem Stickstoff, die er beide aus einem der Campuslabors entwendet hatte, in Harrys Schlafzimmer.

Fred hielt die Katze am Schwanz und tauchte sie so lange in den flüssigen Stickstoff, bis ihr Körper die Temperatur der Flüssigkeit angenommen hatte. Dann hob er die Katze hoch und schleuderte sie gegen eine Wand, wo sie in viele kleine Stücke zersplitterte, die sich über das Bett und andere Gegenstände im Zimmer verteilten. Innerhalb von Minuten tauten die Stücke auf und hinterließen eine fürchterliche Schweinerei. (MIT-Studenten sind für ihre mitunter abseitigen Streiche bekannt, doch weniger für ihr Mitgefühl. In diesem Fall hoffe ich, dass es sich bei dieser Geschichte lediglich um ein Gerücht handelt, das sich ältere Studenten ausgedacht haben.)

Eine ähnliche Situation liegt einer Kriminalgeschichte um einen verschlossenen Raum von L. T. Meade und Robert Eustace zugrunde. In ihrer im *Strand Magazine* veröffentlichten Geschichte aus dem Jahr 1901 „Der Mann, der verschwand“ lassen die Autoren den Leser an der Gefahr teilhaben, in die sich die Hauptfigur, Oscar Digby, begibt: Er wird von Kriminellen, die offensichtlich nur an seinem Wissen über einen riesigen Schatz interessiert sind, zu einem Essen gelockt. Die Polizei kennt die Gefahr und umstellt das Haus, nachdem es Digby betreten hat; nicht einmal eine Maus hätte aus dem Ring der Polizisten unbemerkt durchschlüpfen können. Um Mitternacht stürmen die Polizisten ins Haus und durchsuchen es gründlich, wobei sie nicht davor zurückschrecken, sogar Wände einzureißen, doch von Digby finden sie keine Spur. Als sie draußen gewartet haben, hatten sie ein gedämpftes Knallen gehört, weiter nichts. Was war mit Digby passiert?

Die Antwort fanden sie, als ein Polizist leichte Blutspuren auf einer Art Mühle entdeckte, die neben einer großen Flasche mit flüssiger Luft stand. Anscheinend war Digby, nachdem er in die kalte Flüssigkeit getaucht worden und gefroren war, durch die Maschine pulverisiert und anschließend verstreut worden, bevor die Polizei herein stürmte. Ohne eine Leiche konnten die Polizisten nichts weiter tun, als über ihre Entdeckung erschauern.

4.32 Das Geheimnis der Schneeflocke

Schneekristalle weisen bestimmte Strukturen auf. Welche Gründe gibt es für die dabei typischen Formen?

Antwort

Das ist eine trügerisch einfache Frage, deren Antwort immer noch aussteht. Der Kristall *keimt* an einem Staubkörnchen. Wassermoleküle lagern sich allmählich an und verbinden sich so miteinander, dass eine hexagonale Struktur entsteht. Man sagt, dass sie eine *sechsfache Symmetrie* besitzen, weil der Kristall aus sechs nahezu identischen Abschnitten besteht, die um das Zentrum angeordnet sind (wie die Stücke eines Kuchens). Der Kristall wächst, indem weitere Moleküle so lange über die Oberfläche *diffundieren*, bis sie sich ebenfalls binden. Das Wachstum findet vor allem an den Kanten und Ecken statt, weil dort der bereits existierende Kristall dem Wasserdampf in der Luft am stärksten ausgesetzt ist.

Die Zahl der Varianten, in denen diese zusätzlichen Moleküle in den Kristall eingebaut werden können, ist enorm und hängt von der Temperatur und der Dichte des Wasserdampfs in der Nähe des Kristalls ab. Bei einigen Werten wächst ein Kristall zu einem flachen Blättchen heran; bei anderen Werten wächst er zu einem ummantelten, hohlen Prisma, zu einer Säule oder zu einem Stern. Die Tatsache, dass die Symmetrie erhalten bleibt, ist überraschend. Es wurden verschiedene Mechanismen vorgeschlagen, die erklären sollen, warum der Aufbau und das Wachstum auf gegenüberliegenden Seiten eines Kristalls nahezu identisch abläuft. Vielleicht ist der Kristall einfach nur so klein, dass die Randbedingungen auf allen Seiten mit größter Wahrscheinlichkeit gleich sind, und scheinbar bestimmen diese Randbedingungen den Aufbau und das Wachstum.

Obwohl die meisten Schneeflocken eine sechszählige Symmetrie aufweisen, wurden auch Schneeflocken mit höherer Symmetrie (12fach, 18fach und 24fach) fotografiert. Es handelt sich dabei jedoch vermutlich um Anhäufungen von zwei oder mehr Schneeflocken, mit jeweils sechszähliger Symmetrie.

4.33 Skifahren

Wie kann ein Ski über den Schnee gleiten?

Antwort

Ein Ski kann gleichmäßig über Schnee gleiten, weil die Reibung zwischen ihm und dem Schnee einen Teil des Schnees schmilzt, so dass ein dünner Schmierfilm entsteht. Durch schnelleres Skifahren kann man aufgrund der erhöhten Erzeugung thermischer Energie tendenziell besser gleiten. Wenn man dagegen langsam fährt, kann das Gleiten schwierig werden, weil weniger Energie erzeugt wird.

Ein Ski, der thermische Energie zwischen Ski und Schnee schlechter leitet, funktioniert besser, weil er einen größeren Teil der thermischen Energie an der Kontaktfläche zwischen Ski und Schnee hält, anstatt sie an die Oberseite des Skis abzuleiten. Skier mit dunklen Farben heizen sich im Sonnenlicht stärker auf, weil sie mehr infrarotes Sonnenlicht absorbieren als hellere Farben. Falls dies so ist, dann sind solche Ski auch im diffusen Licht bei bewölktem Wetter besser geschmiert.

Wenn der Schnee sehr kalt ist, liefert die Reibung zwischen Ski und Schnee möglicherweise keine ausreichende Schmierung, so dass Skifahren schwierig wird. Schlitten auf Kufen über diesen sehr kalten Schnee zu ziehen, vergleichen manche Polarforscher damit, als würde man einen Schlitten über Sand ziehen.

Insbesondere bei schneller Fahrt gleitet der Ski auch deshalb gleichmäßig über den Schnee, weil die Luftschicht zwischen dem Schnee und dem Ski den Ski zu tragen hilft, was die Reibung verringert. Der Ski ist dann ein wenig wie ein Luftkissenfahrzeug.

4.34 Schlittschuh laufen und einen Schneeball formen

Warum können Schlittschuhe über Eis gleiten? Kann das Eis so kalt sein, dass man nicht mehr Schlittschuh laufen kann? Wird das Schlittschuhlaufen schwieriger, wenn die Temperatur des Eises nur knapp unter dem Gefrierpunkt liegt? Warum können Sie aus Schnee einen Schneeball formen, und warum funktioniert das nicht, wenn der Schnee zu kalt ist?

Antwort

Ein Schlittschuh kann nur wegen des Schmierfilms über Eis gleiten, den das flüssige Wasser bildet, das entweder bereits auf der Eisfläche vorhanden ist oder durch die Reibung zwischen dem Eis und dem gleitenden Schlittschuh geschmolzen wurde. Diese Reibung erwärmt auch die Kufe, die Eisspur und die kleinen Wasser- und Eismengen, die durch die Bewegung der Kufe seitlich weggeschleudert werden. Befindet sich auf der Eisfläche zu viel Wasser, entwickelt es gegenüber der Kufe einen Widerstand, wodurch das Gleiten schwieriger wird; dies kann ein Problem sein, wenn die Temperatur der Eisoberfläche nur knapp unter dem Gefrierpunkt liegt, insbesondere bei hellem Sonnenlicht.

In der Vergangenheit wurde der Wasserschmierfilm auf die *Druckschmelze* zurückgeführt. Der Druck, der von der relativ dünnen Kufe des Schlittschuhs auf das Eis ausgeübt wird, senkt den Gefrierpunkt von Wasser. Wenn das Eis besonders kalt ist, würde folglich die Temperatur des Eises unmittelbar unter der gleitenden Kufe plötzlich *über* dem Gefrierpunkt liegen, und das Eis würde schmelzen. Jedoch zeigen Experimente und Berechnungen, dass die Druckschmelze nur einen geringen oder gar keinen Effekt für das Schlittschuhlaufen hat.

Obwohl Wassermoleküle im Eis durch ihre Bindungen untereinander förmlich auf am Ort festgeklemmt sind, können Wassermoleküle an der Oberfläche des Eises lockerer gebunden und daher in einer Art flüssigem Zustand sein. Dieses Phänomen wird als *Vorschmelze* oder *Oberflächenschmelze* bezeichnet. Die ziemlich locker gebundenen Moleküle, die keine geschlossene Schicht bilden, sondern vielmehr auf schmale Flecken verteilt sind, setzen einem Schlittschuh einen geringeren Reibungswiderstand entgegen als das feste Eis.

Um einen Schneeball zu formen, drücken und klopfen Sie eine Hand voll Schnee zu einer kompakten Kugel. Da bei diesem Prozess Schnee über Schnee gleitet, schmelzen Teile des Schnees aufgrund ihrer gegenseitigen Reibung und gefrieren anschließend zu Eis, das den Schnee bindet. Auch Wasser aus vorgeschmolzenen Stellen im Schnee kann zu Eis gefrieren, das den Schnee bindet. Falls der Schnee „nass“ ist (leicht durch die Wärme geschmolzen werden kann oder sich im Schmelzprozess durch warme Luft oder Sonnenschein befindet), kann die Kugel am Ende so viel Eis enthalten, dass sie eher eine Eiskugel als ein Schneeball ist.

Natürlich ist es bei einer Schneeballschlacht unfair, eine Eiskugel zu werfen, weil sie genauso hart wie ein Stein sein kann.

Wenn der Schnee zu kalt ist, können Sie keinen Schneeball formen. Die Gleitreibung kann den Schnee nicht schmelzen, so dass der Schnee folglich auch nicht in Eis umgewandelt werden kann. Ohne die Bindungen durch das Eis fällt der Schnee einfach auseinander.

4.35 Eiswalking

Es ist wesentlich leichter, auf sehr kaltem Eis zu laufen, als auf wärmeren. Warum ist das so? In welcher Phase des Laufprozesses ist die Wahrscheinlichkeit, auszurutschen und hinzufallen, am größten? Weshalb ist bestimmtes Schuhwerk für *Eiswalking* besser geeignet (so dass man nicht so leicht ausrutscht), als anderes?

Antwort

Anders als früher angenommen, führt der Druck ihres Fußes kaum oder nur geringfügig zum Schmelzen des Eises. Damit Sie nicht ausrutschen, ist daher eine starke Reibung an Ihrem Schuhwerk erforderlich. Auf nassem Eis (Eis mit einer Schicht aus Schneematsch oder Wasser) können feste Materialien mehr Reibung liefern. Auf trockenem Eis können dagegen weiche Materialien geeigneter sein. In beiden Fällen können offensichtlich auch Stollen und Spikes nützlich sein, weil Sie sie bei jedem Schritt wie kurze Nägel in das Eis schlagen können, solange das Eis ist nicht extrem kalt ist.

Die gefährlichste Laufphase ist das Aufsetzen des Absatzes, wenn Sie also einen Fuß zuerst mit dem Absatz aufsetzen. Sie müssen sich darauf verlassen, dass die Reibung diesen Fuß stoppt, doch auf dem Eis ist die Wahrscheinlichkeit groß, dass Sie die Reibung zwischen dem Absatz und dem Eis überwinden. Dann gleitet dieser Fuß unkontrolliert nach vorn. Wenn Sie sich nicht irgendwo festhalten können, fallen Sie hin. Aus dieser Erfahrung lernen Sie, dass Sie auf dem Eis kleinere Schritte machen müssen, so dass weniger Reibung notwendig ist, um die Bewegung des vorwärts laufendes Fußes zu stoppen. Sie wissen nun auch, dass Sie auf Eis nicht rennen oder springen sollten, sofern Sie es nicht gerade darauf anlegen wollen, hinzufallen!

4.36 Iglus

Stimmt es, dass ein Iglu (das konische Gebilde aus Schnee oder Eis) einen Bewohner auch dann warm halten kann, wenn die Außentemperatur unter dem Gefrierpunkt liegt?

Antwort

Ein Iglu bietet mehr Schutz gegen die Kälte als das bloße Abschirmen des Windes und die damit verbundene Gefahr der Auskühlung durch den Wind. Der wesentliche Punkt ist, dass die Wände zur thermischen Isolierung beitragen, so dass die vom Körper eines Menschen oder von einer Flamme (und sei es nur eine Kerze) abgestrahlte thermische Energie nur langsam durch die Wände verloren geht. Ein gut gebautes Iglu ist rundlich und hat eine erhöhte „Schlafplattform", die sich über etwa zwei Drittel des Innenbodens erstreckt. In das Iglu gelangt man durch einen Tunnel, der zum anderen Drittel mit niedrigerem Boden führt. Im Iglu angekommen, klettert man auf die Schlafplattform. Da warme (leichtere) Luft aufsteigt und kältere (dichtere Luft) sinkt, ist die Luft unmittelbar über der Schlafplattform beträchtlich wärmer als die Luft im unteren Teil, so dass man in einer relativ warmen Umgebung schlafen kann. (Der Bau eines Iglus mit einem spitzen Dach würde diesen Effekt vernichten, weil die wärmere Luft über der Schlafplattform weiter nach oben aufsteigen würde.)

Dickere Wände oder Wände aus locker gepacktem Schnee (mit vielen Lufträumen) verringern die Wärmeleitung durch die Wände und halten das Innere folglich wärmer. Um das Innere noch besser zu isolieren und jeden Spalt zu eliminieren, können die Zwischenräume zwischen den Blöcken mit Schnee abgedichtet werden. Der zum Abdichten benutzte Schnee und die innere Oberfläche der Blöcke verschmelzen vorzugsweise und bilden anschließend eine schützende Eisschicht.

4.37 Schneerollen

In seltenen Fällen kann ein heftiger Schneesturm auf offenem Feld große Schneekugeln oder Rollen bilden. Einige dieser Schneerollen haben Durchmesser von Dutzenden Zentimetern und wiegen etwa sechs Kilogramm. Die Rollen erinnern an einen zusammengerollten Schlafsack oder an Rasen, der vor dem Pflanzen zusammengerollt wurde, wenn man davon absieht, dass die Zylinder mitunter innen hohl sind. Wie entstehen diese sonderbaren Objekte?

Antwort
Man nimmt an, dass Schneerollen entstehen, wenn Neuschnee auf eine bereits existierende Decke aus altem krustigen Schnee fällt. Wenn die Temperatur nahe am Gefrierpunkt liegt, haftet der Neuschnee am krustigen Schnee. Ein starker Wind kann ein hervorstehendes Stück der zusammengesetzten Schicht erfassen und das Stück über das Feld rollen. Im Rollen bindet das Stück weiteren Schnee und wächst dadurch im Durchmesser. Bei böigem Wind kann die Schneerolle in viele Richtungen taumeln und schließlich die Form eines Footballs annehmen. Wenn der Wind aber im Wesentlichen aus einer Richtung weht, wird die Schneerolle zylindrisch. Ist das vom Wind ursprünglich erfasste Stück lang, dann ist der Zylinder innen hohl.

Schneerollen können sich auch aus einzelnen Schneeflocken bilden, die der Wind über frischen Schnee springen lässt, oder durch Steine, die der Wind gelockert hat, die nun einen verschneiten Hang herunterrollen. Ob das der Fall war, zeigt sich, wenn Sie die Rolle zerstören und einen Stein finden.

4.38 Schneelawinen

Wie kommt eine Schneelawine zustande?

Antwort
Noch immer gibt es keine vollständige Erklärung dessen, was eine Schneelawine auslöst. Hauptsächlich liegt das an dens vielen Variablen, die an der Entstehung beteiligt sind. Folglich gibt es keine verlässlichen Vorhersagen darüber, wann und wo eine Lawine abgeht. Dennoch weiß man über Lawinen viel. Eine *Lockerschneelawine* beginnt an einem Punkt in entweder trockenem oder nassem Schnee, der nicht besonders zusammenklebt; der Schnee rutscht so ähnlich wie Sand, der einen Sandhaufen hinabgleitet. Bei einer *Schneebrettlawine*

bewegt sich eine Schicht der Schneedecke, die ziemlich stark zusammenklebt. Die Lawine kann auf etlichen Wegen ausgelöst werden, beispielsweise dadurch, dass die Last auf der Schicht durch einen Ski oder Regen zunimmt oder die Schicht erwärmt wird.

Jedes Jahr kommen viele Skifahrer durch Lawinen zu Tode, die sie selbst ausgelöst haben. Doch weiterhin ist der Auslösemechanismus noch nicht vollständig geklärt. Grundlage des Mechanismus ist das Vorhandensein einer labilen Schneeschicht, die unter der Schneedecke verborgen ist. Hier ist eine Möglichkeit, wie sich eine solche labile Schicht bilden kann: Der erste Schnee der Vorsaison fällt auf einen Boden, dessen Temperatur immer noch über dem Gefrierpunkt liegt, und anschließend fällt die Temperatur der Schneeoberfläche unter den Gefrierpunkt. Durch den Temperaturgradienten (höhere Temperaturen an der Unterseite der Schneedecke und niedrigere an der Schneeoberfläche) wird Wasserdampf nach oben getrieben, wo er auf den Schneeflocken kondensiert. Die Schneeflocken wandeln sich in sogenannten *Tiefenreif* oder *Schwimmschnee* um, wobei es sich um eine lose gebundene Ansammlung von Eiskörnchen handelt. Diese bilden dann die labile Schicht. Fällt darüber frischer Schnee, sind die Voraussetzungen für eine Lawine erfüllt, weil die labile Schicht geschert werden kann. Das heißt, sie setzt einer Bewegung, die parallel zur Schicht erfolgt, nur einen geringen Widerstand entgegen, so ähnlich wie Butter, die mit einem Messer auf Toast gestrichen wird.

Ein Ski kann die Lawine auslösen, wenn die vom Ski auf die Schneeoberfläche nach unten ausgeübte Kraft die labile Schicht unter Druck setzt. Falls die obere Schneeschicht relativ hart ist, hat der Ski keinen Einfluss auf die labile Schicht und setzt die Schneedecke nicht in Bewegung. Ist aber die obere Schneeschicht dagegen nicht so hart, weil sie etwa durch die Sonne erwärmt ist, kann der vom Ski ausgeübte Druck die labile Schicht zerreißen, und die Lawine wird ausgelöst. Folglich kann ein Schneeabschnitt, der am frühen Morgen bei tieferen Temperaturen noch sicher war, im Tagesverlauf, nachdem er sich aufgewärmt hat, gefährlich werden.

4.39 Muster im schmelzenden Schnee

Wenn Schnee auf dem Erdboden oder einer gepflasterten Fläche schmilzt, dann bilden die langlebigsten Schneeklumpen mitunter geometrische Muster wie Hexagone oder Zeilen. Wie kommt es dazu?

Antwort

Der Schnee und das Schmelzwasser bilden eine dünne Schicht auf einer dünnen Bodenschicht, in der die Temperatur horizontal variieren kann. Unter diesen beiden Schichten befindet sich ein Boden, dessen Temperatur horizontal nicht variiert. Zufällig sind einige Stellen im Schnee näher am Schmelzpunkt als der übrige Schnee. Sehen wir uns eine dieser Stellen genauer an. Soll der Schnee an dieser Stelle schmelzen, muss thermische Energie zugeführt werden, um die im Schnee gebundenen Wassermoleküle aus der festen Struktur eines Eiskristalls herauszulösen. Diese thermische Energie kann bis auf eine bestimmte Entfernung dem angrenzenden Schnee entzogen werden. Weil der angrenzende Schnee Energie verliert, schmilzt er später, so dass die langlebigsten Stellen im Schnee Klumpen bilden. Der Abstand zwischen diesen Klumpen richtet sich nach der maximalen Entfernung, über die Energie übertragen werden konnte. So entstehen schließlich Schneeklumpen, die annähernd gleich weit voneinander entfernt sind.

4.40 Vereiste Gehwege salzen

Wenn im Winter Gehwege und Straßen überfrieren, werden sie eisfrei, wenn man Salz darauf streut. Warum ist das so? Gibt es, abgesehen von den Kosten, noch einen anderen Grund, aus dem man Kalziumchlorid manchmal Natriumchlorid (Tafelsalz) vorzieht?

Antwort

Nehmen wir zunächst an, dass es auf einer Eisoberfläche eine Wasserschicht gibt und sowohl die Temperatur der Flüssigkeit als auch die des Eises bei 0 °C liegt, also am normalen Gefrierpunkt von Wasser. Die Grenzfläche zwischen den beiden Aggregatzuständen von Wasser ist auf molekularer Ebene ein wahrer Taubenschlag, weil ständig Moleküle aus dem festen in den flüssigen Zustand wechseln und umgekehrt. So lange jedoch die Zahl der Moleküle, die das Eis verlassen, mit denen übereinstimmt, die sich anlagern, ändert sich die Menge des Eises nicht.

Wenn Sie Salz in die Flüssigkeit streuen, *dissoziieren* die Salzmoleküle in positive und negative Ionen. Die Wassermoleküle sammeln sich begierig um jedes Ion. Man sagt, die Ionen werden *hydratisiert*. Die Wassermoleküle sind auf diese Weise gebunden, sodass sie nicht ins Eis zurückkehren können. Da es nun weniger Moleküle gibt, die in den festen Zustand übergehen, während weiterhin gleichbleibend viele Wassermoleküle aus dem festen in den flüssigen Zustand übergehen, verringert sich die Gesamtmenge des Eises allmählich. Das Eis beginnt also zu schmelzen. Wenn die salzhaltige Mischung durch den Schmelzvorgang hinreichend verdünnt wurde, stellt sich wieder ein Gleichgewicht zwischen den Molekülen ein, die vom festen in den flüssigen Zustand übergehen und umgekehrt. Dann wird der Schmelzprozess gestoppt. Wird weiteres Salz gestreut, setzt sich der Schmelzvorgang fort.

Die Moleküle im flüssigen Zustand sind energiereicher als die Moleküle, die in der Kristallstruktur des Eises gebunden sind. Lagert sich ein Molekül an das Eis an, muss es einen Teil seiner Energie abgeben; löst sich ein Molekül vom Eis, muss ihm genauso viel Energie zugeführt werden. Stimmt die Anzahl der Moleküle, die sich ans Eis anlagern und vom Eis lösen, überein, liefert die bei dem einen Prozess frei werdende Energie genau die Energie, die vom Umkehrprozess benötigt wird. Doch woher kommt die Energie für die Moleküle, die das Eis weiterhin verlassen, wenn sich durch das Salz weniger Moleküle anlagern? Befindet sich das Gemisch aus Wasser und Eis im Freien, stammt die Energie vom Gehweg, der Straße und der Luft. Obwohl das Eis schmilzt, ändert sich die Temperatur des Gemischs nicht. Sie bleibt weiterhin gleich der Umgebungstemperatur.

Wenn jedoch das Gemisch aus Wasser und Eis durch die Umgebung nur unzureichend mit Energie versorgt wird, müssen die Moleküle aus dem flüssigen Zustand die Schmelzenergie liefern. Diese Energieabgabe verringert zunächst die Temperatur der Flüssigkeit und anschließend die des Eises. Man spricht in einer solchen Situation davon, dass die Anwesenheit des Salzes den Gefrierpunkt des Wassers erniedrigt. Die Temperatur verringert sich so lange, bis es wieder ein Gleichgewicht zwischen der Anzahl der Moleküle gibt, die sich am Eis anlagern, und denen, die sich von ihm lösen.

Von der Gefrierpunktserniedrigung kann man sich auch überzeugen, indem man salzhaltiges Wasser in einem extrem kalten Gefrierschrank kühlt. Doch gibt es eine Grenze dafür, wie stark der Gefrierpunkt erniedrigt werden kann. Bei Natriumchlorid liegt sie bei etwa −21 °C, während sie bei Kalciumchlorid bei etwa −55 °C liegt. Die tiefere Grenze bei Kalciumchlorid ist ein Grund, weshalb man es auf Straßen bevorzugt einsetzt – es kann die Straßen bei wesentlich tieferen Temperaturen von Eis befreien als Tafelsalz.

4.41 Selbstgemachtes Eis

Eine Eismaschine für den Hausgebrauch besteht aus einem zentralen Metallgefäß, das von Schichten aus Salz und zerstoßenem Eis umgeben ist. Den Abschluss bildet ein Kübel aus Holz. Nachdem die Eismischung in einem Gefrierschrank gekühlt wurde, wird sie in das Metallgefäß gegossen. Anschließend wird ein Rührwerk eingesetzt. Als ich jung war, schäumte ich die Mischung mit dem Rührwerk auf, indem ich an einer Kurbel drehte. Inzwischen schließe ich die Eismaschine an eine Steckdose an und überlasse die Arbeit einem Motor.

Weshalb ist die Eismaschine außen aus Holz? Weshalb besteht das Innengefäß aus Metall? Wozu braucht man zerstoßenes Eis und Salz? Warum muss die Eismischung aufgeschäumt werden? Kann man die Mischung nicht einfach in einem Gefrierschrank gefrieren lassen? Was passiert, wenn die Temperatur der Eismischung nicht ausreichend stark unter den gewöhnlichen Gefrierpunkt von Wasser gefallen ist? Was passiert, wenn die Temperatur zu stark gefallen ist?

Antwort

Der Gefrierpunkt der Eismischung (die Temperatur, bei der sich Eis zu bilden beginnt) ist niedriger als 0 °C, weil die Zutaten die Bildung des Eises behindern. Um eine so tiefe Temperatur zu erreichen, wird das Eis, welches das Metallgefäß umgibt, gesalzen (siehe Fragestellung 4.40). Das Eis und sein Schmelzwasser haben dann eine Temperatur, die unter 0 °C liegt, so dass der Eismischung thermische Energie entzogen wird. Sie sollten aber darauf achten, es mit dem Salz nicht zu übertreiben, sonst wird das Eiswasser so kalt, dass es der Eismischung zu schnell thermische Energie entzieht. In diesem Fall gefriert die Eismischung in der Nähe der Metallwand schnell und behindert das Aufschäumen. Doch Sie sind eher an einem allmählichen Entzug thermischer Energie interessiert, so dass sich alle Bestandteile der Eismischung immer in demselben Aggregatzustand befinden. Der Eiskübel sollte aus Holz oder aus einem anderen Material bestehen, das thermische Energie schlecht leitet, so dass die Umgebung das Eis nicht schmilzt.

Sie sollten zerstoßenes Eis benutzen, weil größere Eiswürfel eine zu geringe Kontaktfläche mit dem Metallbehälter haben und so die Eismischung zu langsam kühlen. Wenn Sie die Mischung aufschäumen, ohne sie ausreichend zu kühlen, werden Sie kein Eis herstellen, sondern Butter aus der Mischung trennen.

Das Aufschäumen dient zweierlei. (1) Es unterbindet das Wachstum von Eiskristallen in der Eismischung, indem die Kristalle herumgewirbelt und mit Eiscreme umhüllt werden. Könnten die Kristalle zu stark anwachsen, was der Fall ist, wenn die Eismischung lediglich in einem gewöhnlichen Eisschrank gefroren wird, ist das Ergebnis unerfreulich körnig. Wird die

Eismischung aufgeschäumt, bleiben die Eiskristalle klein und das Eis ist geschmeidig. (2) Außerdem dient das Aufschäumen dazu, Luftbläschen in die Eismischung zu bringen, so dass die Eismischung schließlich zu einem gefrorenen Schaum und nicht zu einem dichten Eisklumpen wird. Die Bläschen werden durch die Fettkügelchen in der Eismischung stabilisiert. Die Volumenzunahme durch die Luftbläschen wird als *Overrun* bezeichnet. Der Volumenanteil der Luft kann bei einem leichten und luftigen Eis bis zu 50 % betragen, was einem Overrun von 100 % entspricht.

Nachdem die Mischung aufgeschäumt wurde, kann sie sich in der kalten Umgebung der Mischung aus Eis und Salz setzen. Man bezeichnet dies als *Härten* des Eises, weil nun das in der Mischung verbliebene flüssige Wasser gefrieren kann. Wenn alles glatt geht, ist das Endprodukt geschmeidig mit kleinen Kristallen und hat daher einen cremigen Geschmack. Schmilzt das Eis aber und gefriert erneut, ist es voller körniger Eiskristalle.

Flüssigeis wird körnig, wenn es zu lange in einem Gefrierschrank gelagert wird (selbst wenn die Temperatur stets unter dem Gefrierpunkt lag), weil kleine Eiskristalle, die einander berühren, zu größeren Eiskristallen verschmelzen. (Der Prozess wird dadurch getrieben, dass durch die Verringerung der Gesamtoberfläche beim Verschmelzen Energie eingespart wird.) Auch lange gelagerte Eiscreme kann dasselbe Schicksal ereilen, wenn der Prozess nicht durch die Fetthülle um die Eiskristalle verhindert wird.

Berichten zufolge stellten US-Flieger, die während des Zweiten Weltkrieges in England stationiert waren, Eis her, indem sie eine Konservendose mit Eismischung in die Kabine des Heckschützen eines *Flying-Fortress-Bombers* stellten, so dass es derselben Kälte und denselben Erschütterungen ausgesetzt war wie der Heckschütze. Wenn die Flieger in ihre Basis zurückkehrten, war die Eiscreme verzehrfertig.

4.42 Heißen Kaffee trinken und heiße Pizza essen

Warum kann man Kaffee, der so heiß ist, dass sich jemand damit verbrühen kann, ohne Schaden trinken (oder vielleicht schlürfen)? Warum verbrennt man sich eher den Mund, wenn man heiße Pizza ist, als beim Verzehr von heißer Suppe mit derselben Temperatur?

Antwort

Die Gefahr des Verbrennens hängt offensichtlich von der Temperatur des Nahrungsmittels ab, das man in den Mund schiebt. Sie hängt aber auch von der Nahrungsmenge ab sowie davon, wie gut das Nahrungsmittel thermische Energie in den Mund leitet und wie lange die Nahrung im Mund verweilt. Kaffee kann man gefahrlos schlürfen, selbst wenn er so heiß ist, dass er die Haut verbrennen würde, wenn man ihn verschüttet, was vorkommen kann, wenn man beim Autofahren Kaffee trinkt. In einem Schwapp wird eine ziemlich große Menge von heißer Flüssigkeit von der Kleidung aufgenommen, wodurch der Kontakt zwischen der Flüssigkeit und der Haut so lange erhalten bleibt, dass eine nennenswerte Menge an thermischer Energie an die Haupt übertragen werden kann.

Im Gegensatz dazu gelangt beim Schlürfen nur eine kleine Flüssigkeitsmenge in den Mund, wo sie mit jedem Teil des Mundes nur eine kurze Zeit in Berührung kommt. Das Schlürfen ist auch aus zwei anderen Gründen hilfreich: (1) Es wird Luft in die Flüssigkeit gebracht, was die Flüssigkeit kühlt. (2) Das Schlürfen teilt die Flüssigkeit in Tropfen, die einzeln nur eine kleine Menge thermischer Energie an die Stelle übertragen können, an der sie den Mund berühren.

Jedes Nahrungsmittel mit heißem Käse sollte aus zwei Gründen mit Vorsicht genossen werden, insbesondere dann, wenn der Käse in einer Mikrowelle erhitzt wurde: (1) Die Oberfläche des Käses kann nicht besonders heiß aussehen, während er im Inneren eine Menge thermische Energie trägt. (2) Zu allem Übel kann der Käse an den Mundschleimhäuten kleben bleiben, wobei jede Menge thermische Energie vom Käse an die Mundschleimhaut übertragen wird. Sie können sich tatsächlich Ihren Gaumen innerhalb von Sekunden verbrennen und dann tagelang darunter leiden.

4.43 Kochendes Wasser

Wenn Sie Wasser in einem Kochtopf erhitzen, bilden sich lange, bevor das Wasser den Siedepunkt erreicht, Bläschen. Wie kommt es dazu? Warum erreicht das Pfeifen des Kochtopfes ein Maximum, bevor das Wasser ganz kocht? Kurzum: Wie kocht Wasser, wenn es auf einem Herd erhitzt wird?

Antwort
Die ersten Bläschen, die sich bilden, sind mit Luft gefüllt, da die Lösbarkeit von Luft im Wasser mit zunehmender Temperatur abnimmt. Diese Luftbläschen bilden sich zuerst am Boden des Kochtopfes, wo dem Wasser durch den Herd thermische Energie zugeführt wird. Wenn sich Luftbläschen bilden, drückt ihr Luftdruck die Oberfläche nach außen, aber die Oberflächenspannung (aufgrund der gegenseitigen Anziehung der Wassermoleküle) zieht die Oberfläche zusammen. Ein kleines Bläschen mit einer stark gekrümmten Oberfläche besitzt eine große Oberflächenspannung, so dass es kollabiert und zerplatzt (siehe Abbildung 4.5a). Daher bilden sich in der Wassermenge selbst keine Luftbläschen, auch nicht unmittelbar über dem Boden des Kochtopfes.

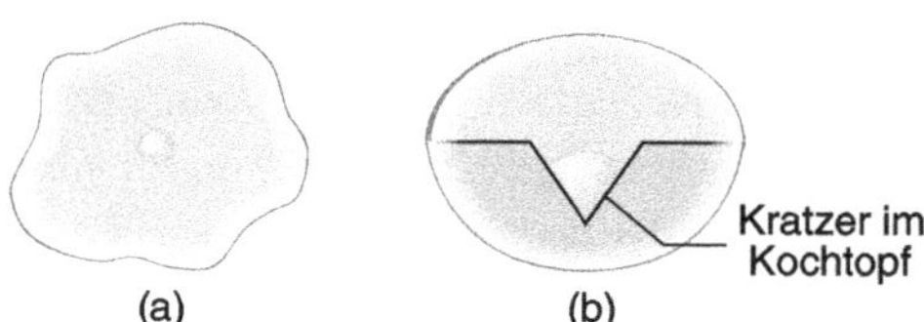

Abb. 4.5: (a) Ein kleines Luftbläschen im Wasser hat eine stark gekrümmte Oberfläche und die nach Innen gerichteten Kräfte sind groß. (b) Die Oberfläche eines Luftbläschens in einem Kratzer ist weniger gekrümmt und die nach Innen gerichteten Kräfte sind kleiner.

In Rissen (oder Kratzern) am Boden des Kochtopfes *können* sie sich dagegen bilden, weil dort ihre Oberfläche zunächst weniger gekrümmt ist (siehe Abbildung 4.5b) und folglich die nach Innen gerichteten Kräfte durch die Oberflächenspannung klein sind. Der Druck im Bläschen erhöht sich stetig, da immer mehr Luft aus dem Wasser in das Bläschen gelangt. So dehnt sich das Bläschen so lange aus, bis es sich vom Riss losreißen kann. Da das Bläschen leichter als Wasser ist, steigt es anschließend im Wasser auf. Dieser Vorgang hört auf, wenn der überwiegende Teil der Luft aus dem Wasser entwichen ist.

Kurz darauf wird der Boden des Kochtopfes so heiß, dass er Wasser verdampft. Dann bilden sich in den Rissen Bläschen aus Wasserdampf. Zunächst zerplatzen sie fast sofort wieder, wobei sie ein *Klick*-Geräusch erzeugen, das sich durch das Wasser und den Kochtopf bis an die Luft ausbreitet. Wenn mehr Wasser in Bläschen verdampft, werden die Bläschen schließlich so groß, dass sie sich von den Rissen lösen und aufsteigen. Jedoch zerplatzen sie, sobald sie in etwas kälteres Wasser gelangen, weil dort der Wasserdampf wieder zu Wasser kondensiert. Auch dort erzeugt jedes Zerplatzen einen Klick.

Wenn die Wassertemperatur weiter steigt, steigen die Bläschen immer weiter auf, bevor sie zerplatzen, und dann erreichen die Bläschen schließlich die Wasseroberfläche. Dort zerplatzen sie mit einem sanfteren Geräusch. Dann kocht das Wasser.

4.44 Wie man ein Ei kocht

Was bestimmt, wie lange man ein Ei im Wasser kochen muss, damit es hart ist? Warum nimmt die erforderliche Zeit mit der Höhe zu, in der sich der Kocher befindet? Warum zerplatzt die Eierschale während des Kochens gewöhnlich, und wie kann man das vermeiden?

Antwort

Um ein Ei hart zu kochen, muss das Eigelb eine Temperatur von etwa 70 °C erreichen. Beim Kochen des Eis kann die Temperatur des Eigelbs nur durch Wärmeleitung vom Wasser zum Eigelb erhöht werden. Die Geschwindigkeit der Wärmeleitung hängt von der Temperaturdifferenz zwischen dem Wasser und dem Inneren des Eis ab. Wird das Ei in Leitungswasser gelegt und dann allmählich auf den Siedepunkt erhitzt, beträgt die Kochzeit etwa zehn bis fünfzehn Minuten. Die Kochzeit reduziert sich, wenn das Ei in kochendes Wasser gelegt wird, doch dann platzt die Eierschale, so dass das Eiweiß ins Wasser quillt.

Der Einfluss der Höhenlage ist auf die Fähigkeit der Wassermoleküle zurückzuführen, sich von der Wasseroberfläche zu lösen, also die Fähigkeit des Wassers zu verdampfen. Bei Zimmertemperatur werden die Wassermoleküle an der Oberfläche durch ihre gegenseitigen Anziehungskräfte lose zusammengehalten. Wenn die Wassertemperatur erhöht wird, besitzen diese Moleküle eine höhere thermische Energie (sie bewegen sich mit mehr Energie). Einige Moleküle können die Anziehungskräfte überwinden und die Wasseroberfläche verlassen. Wiederum einige dieser Moleküle stoßen mit Luftmolekülen zusammen und prallen so an ihnen ab, dass sie ins Wasser zurückkehren. Am Siedepunkt des Wassers übersteigt jedoch die Zahl der aus dem Wasser austretenden Moleküle die durch Abprallen an Luftmolekülen ins Wasser zurückkehrenden Moleküle bei weitem.

Wenn man das Wasser in eine größere Höhe bringt, verringert man die Dichte der Luftmoleküle über dem Wasser und daher die Wahrscheinlichkeit für das Abprallen. Nun können wesentlich mehr Wassermoleküle die Wasseroberfläche verlassen als an den Luftmolekülen zurückprallen, selbst wenn die Temperatur des Wassers unter der bei niedrigeren Höhen dafür erforderlichen Temperatur liegt. Kurz gesagt, der Siedepunkt von Wasser ist in größeren Höhen niedriger. Folglich ist die Geschwindigkeit der Wärmeleitung in das Ei geringer, und man muss das Ei länger kochen, damit es hart ist.

Die Schale eines Eis platzt, wenn man es kalt in kochendes Wasser legt. Es platzt wegen des nach außen gerichteten Drucks des Gases, das im Ei erzeugt wird. Nimmt der Druck schnell zu, kann er die Schale platzen lassen. Anschließend können Sie eine Reihe von Gasbläschen beobachten, die aus dem Riss aufsteigen. Langsameres Kochen könnte das Platzen verhindern. Das Hinzufügen von Salz kann dazu führen, dass das Eiweiß beim Herausquellen gerinnt, was den Riss abdichtet. Den Aufbau des Gasdrucks kann man vermeiden, indem man das Ei mit einer Nadel ansticht, so dass das Gas durch das Loch entweichen kann.

4.45 Grillen, Braten, Garen

Warum wird Fleisch braun, wenn man es über (oder unter) einer Flamme grillt, in einer Bratpfanne mit Öl brät oder in einem Ofen bäckt, aber nicht, wenn man es in Wasser kocht oder in einer Mikrowelle gart? Warum wird das Fleisch nur außen braun? Ein Rezept empfiehlt, einen Braten mit einem bestimmten Gewicht eine bestimmte Zeit zu braten. Müssen Sie den Braten *doppelt* so lange braten, wenn das Gewicht Ihres Bratens *doppelt* so hoch ist, wie im Rezept angegeben?

Antwort

Das Bräunen von Fleisch (die sogenannte Maillard-Reaktion) läuft ab, wenn eine Kohlenhydrateinheit mit einer Aminosäure reagiert. Weil die Reaktion hohe Temperaturen (über dem Siedepunkt von Wasser) erfordert, muss das Fleisch von Flammen, heißen Ofenwänden oder heißem Öl erhitzt werden. In den ersten beiden Fällen wird die thermische Energie vorrangig durch Infrarotstrahlung an das Fleisch übertragen; im letzten Fall wird sie durch Leitung und Konvektion (von der Pfanne durch das heiße Öl) übertragen. Das Innere des Fleisches wird allmählich erhitzt, wenn thermische Energie von der Oberfläche ins Innere geleitet wird. Jedoch steigt die Temperatur im Inneren nie über den Siedepunkt von Wasser, so dass dort keine Bräunungsreaktion abläuft. Wenn das Fleisch in kochendem Wasser oder in einer Mikrowelle erhitzt wird, übersteigt nicht einmal die Temperatur an der Außenseite den Siedepunkt von Wasser, so dass das Fleisch nicht braun werden kann.

Manches Fleisch, wie beispielsweise ein Steak, kann über einer sehr heißen Flamme scharf angebraten werden und anschließend bei mittlerer Hitze wie gewünscht gegart werden. Das Anbraten bräunt das Fleisch, schließt aber nicht seine Poren, wie einige Köche glauben. Der Beweis dafür ist, dass das Fleisch immer noch Flüssigkeit verliert, so dass das Anbraten hauptsächlich dem Geschmack dient.

Fleisch kann man als Proteinmatrix beschrieben, die ziemlich viel Wasser enthält. Anfangs wird das Wasser festgehalten, weil weder die Schwerkraft noch ein kräftiger Schlag mit einem Küchengerät das Wasser aus dem Fleisch bringen. Aber wenn sich die Temperatur des Fleisches beim Kochen erhöht, wird das Wasser gelöst und kann sowohl durch die Schwerkraft als auch mithilfe eines Küchengerätes aus dem Fleisch geholt werden. Das meiste Wasser in einem Stück Fleisch geht zu dem Zeitpunkt verloren, an dem seine Temperatur 60 °C erreicht. Wenn das Wasser das Fleisch verlässt, schrumpft es. Daher kann ein durchgebratenes Steak überraschend klein sein.

Manche Leute bevorzugen es, einen Braten einige Stunden lang zu garen, indem sie ihn in einen Ofen mit der gewünschten Endtemperatur des Fleischinneren schieben, die unter dem Siedepunkt von Wasser liegt. Auf diese Weise verliert das Fleisch beim Garen nur einen geringen Teil seines Wassergehalts, weil das Wasser an der Oberfläche nie vollständig verdampft.

Das Garen eines Bratens in einem heißeren Ofen oder eines Steaks über Kohle kann recht kompliziert sein, weil die im Inneren zum Garen erforderliche Temperatur leicht überschritten wird. Dann verliert das Fleisch durch Verdampfen zu viel Flüssigkeit und wird trocken. Wenn das Innere des Fleisches allmählich die erforderliche Gartemperatur erreicht, muss das Fleisch oft geprüft werden. Dabei kann man entweder auf ein konventionelles Temperaturmessgerät zurückgreifen oder einen kleinen Schnitt ins Fleisch setzen, um die Farbe des Inneren zu prüfen. Die Farbe gibt eine ungefähre Auskunft über die Temperatur: Wenn das Myoglobin im Fleisch aufgrund der Temperaturzunahme denaturiert, ändert es seine Farbe von rot in grau-braun. (Das Myoglobin ist in einem Tier dafür verantwortlich, den Sauerstoff aufzunehmen, der aus den Lungen über das Hämoglobin im Blut ins Fleisch transportiert wurde.)

Die Garzeit eines Bratens oder Truthahns anhand seines Gewichts in einem Rezept auszurichten, kann sich zu einem Rätselraten entwickeln, weil verschiedene Öfen verschieden schnell garen (ihre Temperaturregler sind nicht gut kalibriert) und verschiedene Fleischstücke thermische Energie verschieden schnell leiten. Es gibt aber eine Faustregel: Wenn Sie die richtige Garzeit T für einen Braten mit einem bestimmten Gewicht kennen, dann beträgt die Garzeit eines Bratens mit doppeltem Gewicht $2^{2/3}T$ und mit dreifachen Gewicht $3^{2/3}T$. Können Sie das Muster erkennen? Der Gewichtsfaktor wird zur Potenz $\frac{2}{3}$ erhoben.

4.46 Kochen über dem Lagerfeuer

Beim Kochen über dem Lagerfeuer kann man konventionelle Kochgeräte (z. B. eine Pfanne) und Methoden (die Pfanne wird über die Flamme gehalten) verwenden. Man kann sich aber auch unüblicher Garmethoden bedienen, insbesondere in einer Situation, in der es ums Überleben geht. Wie kann man mit Alufolie, einer großen Konservendose, einer Papiertüte, Steinen oder einer Orange Eier oder Fleisch garen?

Antwort

Die Alufolie kann so aufgestellt werden, dass ein Teil der infraroten Strahlung von einem Lagerfeuer auf das Essen reflektiert wird, das gegart werden soll. Eine der besten Möglichkeiten besteht darin, die Folie so einzurichten, als würde es sich dabei um ein schräges Dach eines Campingunterstands handeln, so dass die Folie die Strahlung auf die auf dem Boden des Unterstands liegenden Nahrungsmittel reflektiert.

Aus der großen Konservendose können Sie einen Campingkocher machen, indem Sie sie herumdrehen, in der Nähe der Oberseite Löcher hineinschlagen und unten eine Klappe herausfalten. Glimmende Kohlen, die man durch die Klappe schiebt, erhitzen das Innere der Dose, so dass heiße Luft aus den Löchern strömt und kühlere Luft durch die Klappe eingesogen wird. Sie können Essen unmittelbar auf der glatten Oberfläche der umgedrehten Dose garen oder eine zweite Konservendose darauf stellen, in der Sie das Essen garen.

Sie können Essen in Alufolie wickeln und direkt in die glimmenden Kohlen legen. (Die Folie ist dann möglicherweise mit Asche bedeckt.) Allerdings neigt das Essen dazu, an bestimmten Stellen zu verbrennen, wenn man es auf diese Weise gart. Eine bessere Variante besteht darin, das Essen in zwei Folienschichten zu verpacken, wobei zwischen die beiden Schichten Papier gelegt wird. Die zwischen diesen drei Schichten eingeschlossene Luft verzögert die Übertragung der thermischen Energie von den Kohlen zum Essen, so dass es unwahrscheinlicher ist, dass das Essen verbrennt. Eines ähnlichen Prinzips bedient man sich, wenn man mit einer Orange kocht: Schneiden Sie das obere Drittel der Orange ab, schaben Sie den Rest der Orange aus, legen sie das Essen in die ausgeschabte Schale, setzen Sie das Oberteil als Deckel auf und legen Sie die Orange aufrecht direkt in die Kohlen. Die Feuchtigkeit in der Orangenschale verringert die Wahrscheinlichkeit für das Auftreten von Wärmestaus und Verbrennungen.

Die Temperatur von Wasser kann in der Regel nicht über die Siedepunktstemperatur angehoben werden, die beträchtlich unter der Zündtemperatur von Papier liegt. Daher können Sie Essen in einer Papiertüte garen, solange die Unterseite der Tüte von Innen mit Wasser oder einem wasserhaltigen Stoff bedeckt ist. Sie können zum Beispiel ein Ei oder mehrere Eier in eine Papiertüte aufschlagen, die Öffnung der Tüte ein paar Mal so umschlagen, dass beim Garen keine Feuchtigkeit entweichen kann, das Oberteil der Tüte auf einen Ast spießen und den Ast dann so halten, dass die Tüte über den glimmenden Kohlen hängt. Das in den Eiern enthaltene Wasser verhindert, dass die Temperatur der Unterseite der Papiertüte über die Siedetemperatur von Wasser steigt. Dennoch reicht die Wärme zum Garen der Eier aus.

Ein Huhn (oder ein anderes Geflügel) kann man mithilfe von heißen Steinen garen. Zunächst muss man die trockenen Steine mit Alufolie umwickeln und sie anschließend auf heißen Kohlen erhitzen. (Benutzen Sie keine nassen Steine! Wenn diese Steine heiß werden, kann das in ihnen enthaltene Wasser plötzlich verdampfen und den Stein auseinanderreißen.) Wenn die Steine heiß sind, nehmen Sie sie und stecken sie in das Huhn. Umwickeln Sie das Huhn in Folie und bedecken Sie es mit mehreren Schichten aus Zeitungspapier oder Blättern. Die Steine übertragen dann ihre Wärmeenergie auf das Huhn, so dass es gart. Das Zeitungspapier oder die Blätter isolieren das Huhn, so dass die thermische Energie nicht nur das Äußere des Huhns erreicht und dann verloren geht, bevor das Huhn heiß genug geworden ist. (Ein Huhn muss vollkommen gar sein, um eine Salmonellenvergiftung auszuschließen.)

4.47 Pizza backen

Wenn man eine Pizza mit „echtem“ Käse belegt, entwickelt sich beim Backen eine wunderbar geschmolzene Käseschicht mit leicht angebräunten Stellen. Warum passiert das nicht, wenn man fettfreien Käse verwendet?

Antwort

Eine Pizza wird gegart: von der heißen Pfanne, auf der sie liegt, durch Wärmeleitung von den Wänden des Ofens, der sie umgibt, durch infrarote Strahlung und von der heißen Luft über ihrer Oberseite durch Konvektion (insbesondere, wenn die heiße Luft durch ein Gebläse bewegt wird). Während die thermische Energie allmählich in das Innere geleitet wird, was im Wesentlichen dem Backen des Teigs dient, schmilzt der Käse auf der Pizza gleichmäßig und wird leicht angebräunt. Die Bräunung erfolgt dort, wo sich im Käse Bläschen bilden – d. h. wo im Käse Wasser verdampft und sich in Gasbläschen sammelt. Da die Käsehaut über den Gasbläschen immer dünner wird, wenn sich die Bläschen ausdehnen, kann die Haut so viel thermische Energie aufnehmen, dass sie braun wird.

Wird die Pizza mit fettfreiem Käse belegt, verdampft das im Käse enthaltene Wasser schnell, und die einzelnen ausgetrockneten Käsefäden schmelzen und verbinden sich überhaupt nicht, sondern verbrennen nur. Um dies zu vermeiden, wird fettfreier Käse oder Käse mit niedrigem Fettgehalt mit einem Ölfilm versehen, wenn die Pizza zubereitet wird. Dann verhindert der Ölfilm das Verdampfen von Wasser aus dem Käse, so dass der Käse schmelzen, verlaufen, Blasen bilden und braun werden kann.

4.48 In einer Mikrowelle aufwärmen

Wodurch erwärmt sich das Essen in Mikrowellen? Warum befindet sich in den meisten Mikrowellen ein rotierender Teller? Garen Mikrowellen das Essen von innen nach außen? Warum läuft in einer Mikrowelle, anders als in einem Gas- oder Elektroherd, keine Bräunungsreaktion ab (weshalb das Essen auch nicht den charakteristischen Geschmack von gebräuntem Essen erhält)?

Warum sollten Sie nie eine Tasse mit Wasser in einer Mikrowelle erwärmen und anschließend einen Löffel mit Pulver, wie beispielsweise Kaffee oder Kakao, hineingeben? Warum sollten Sie mit einer Mikrowelle nie ein Ei in seiner Schale oder ein aufgeschlagenes Ei, dessen Eigelb noch unversehrt ist, kochen? Warum kann der Verzehr einer in einer Mikrowelle erwärmten Pastete gefährlich sein?

Antwort

Mikrowellen sind genau wie sichtbares Licht eine Form elektromagnetischer Strahlung – abgesehen davon, dass Mikrowellen eine wesentlich längere Wellenlänge haben als sichtbares Licht. (Mit dem Begriff „Strahlung“ ist hier nicht radioaktive Strahlung gemeint – das Wort verweist vielmehr auf die Tatsache, dass etwas abgestrahlt oder emittiert wird). Mikrowellen können die meisten Nahrungsmittel durchdringen und werden vom Wasser in der Nahrung absorbiert. Ein Wassermolekül bildet einen *elektrischen Dipol*, wobei es sich um das elektrische Analogon eines Magneten handelt. Das eine Ende des Dipols ist positiv, das andere negativ geladen. (Ein Dipol besitzt *zwei Pole* – daher der Name *Dipol*). Ein elektrischer Dipol versucht sich in einem elektrischen Feld an den Feldlinien auszurichten. In einem Mirkowellenstrahl oszilliert sowohl die Richtung als auch die Stärke des elektrischen Feldes. Daher müssen die Wassermoleküle ständig umklappen, um die Ausrichtung am Feld aufrechtzuerhalten.

An den Stellen, an denen sich das Umklappen vollzieht, wird Energie von den Mikrowellen an die Moleküle übertragen, um die Bindungen zwischen den Molekülen aufzubrechen. Diese übertragene Energie wird in thermische Energie des Wasser umgewandelt, sie erwärmt also das Wasser und damit auch das Essen, welches das Wasser enthält. Die Temperatur des

Essens übersteigt nie die Siedetemperatur von Wasser, was dagegen bei Essen, das auf einem Elektro- oder Gasherd gegart wird, der Fall ist. Bei den dort erreichbaren, wesentlich höheren Temperaturen bräunt das Essen durch Denaturierung des Myoglobins im Fleisch. Dagegen wird in der Mikrowelle gegartes Fleisch oft als weichlich und geschmacklos bezeichnet, weil ihm der Geschmack und die Kruste von Fleisch fehlt, das auf einem Elektro- oder Gasherd zubereitet wurde.

Weil Mikrowellen in ein Stück Nahrung eindringen, können sie das gesamte Stück auf einmal erhitzen, wenn das Stück ziemlich klein ist, oder das Stück in einer dicken Außenschicht erhitzen, wenn das Stück größer ist. Im letzteren Fall dauert es eine Weile, bis die thermische Energie in der Mitte des Stücks angekommen ist.

Pizzastücke und Pasteten mit Füllungen aus Gelee (oder Konfitüre) können gefährlich werden, wenn man sie in einer Mikrowelle aufwärmt und dann unmittelbar verzehrt. Die Sauce und die Geleefüllung erwärmen sich aufgrund ihres höheren Wassergehaltes wesentlich schneller als die Kruste. Wenn man die Stücke aus der Mikrowelle nimmt, fühlt sich die Kruste daher vielleicht nicht besonders heiß an, während die Sauce oder das Gelee so heiß sein können, das es Ihnen die Schleimhäute im Mund verbrennt.

Die Mikrowellen werden von einem Mikrowellengerät abgestrahlt, das als *Magnetron* bezeichnet wird. Um die Mikrowellen auf alle Seiten eines Nahrungsstücks zu verteilen, rotiert die Nahrung in der Regel auf einem Drehteller. Bei älteren Modellen kam ein Metallrad mit schrägen Flügeln zum Einsatz, um den Strahl zu reflektieren. Wenn sich ein Flügel durch den Strahl bewegt, reflektiert er den Strahl weitwinklig, so dass die Nahrung förmlich mit Strahlung „besprüht“ wird. Ohne eine solche Reflexion oder die Rotation der Nahrung gäbe es *aktive Stellen* (an denen sich die Nahrung sehr schnell erwärmt) und *inaktive Stellen* (an denen sich die Nahrung nur sehr langsam erwärmt). Sie können das Muster der aktiven und inaktiven Stellen sichtbar machen, indem Sie (bei herausgenommenem Drehteller) eine gleichmäßige Käseschicht auf dem Mikrowellenboden verteilen. Die aktiven Stellen befinden sich dort, wo der Käse zuerst schmilzt und Blasen bildet.

Wird Wasser auf einem konventionellen Herd mit einer Flamme unter der Topfboden erhitzt, dann lässt die von der Flamme übertragene Energie Wasser verdampfen. Der Wasserdampf bildet in Rissen an der Innenseite des Topfbodens Bläschen aus Wasserdampf. Die Risse spielen eine wesentliche Rolle. Damit sich ein Bläschen bilden und anschließend wachsen kann, muss es gegen die Oberflächenspannung der Wassermoleküle ankämpfen (die Moleküle wollen sich aufgrund der Anziehungskräfte untereinander aneinanderheften). Ein winziges Bläschen hat in der Wassermenge kaum eine Chance, gegen die Oberflächenspannung anzukommen, weil seine ans Wasser grenzende Außenfläche so stark gekrümmt ist. Diese Krümmung hat zur Folge, dass die vom Wasser auf das Bläschen nach innen ausgeübten Kräfte sehr groß sind und daher das Bläschen vermutlich einfach zerplatzt. Bildet sich aber ein winziges Bläschen an einem Riss, ist seine Wasser-Grenzfläche nicht so stark gekrümmt, die nach innen gerichteten Kräfte sind kleiner und das Bläschen kann nicht nur überleben, sondern tatsächlich wachsen, während weiteres Wasser verdampft, das sich in ihm sammelt. Bei konventioneller Erwärmung setzt also der Kochprozess am Topfboden ein.

Wird Wasser über einer Flamme bis zum Siedepunkt erhitzt, dann wird dem Wasser thermische Energie über eine Fläche zugeführt, an der sich Bläschen aus Wasserdampf bilden können. Die Temperatur des Wassers kann den Siedepunkt nicht überschreiten: Ist der Siedepunkt einmal erreicht, wandelt die thermische Energie Flüssigkeit in Wasserdampf um, der Bläschen bildet.

Wird Wasser in einer Mikrowelle erhitzt, vollzieht sich ein vollkommen anderer Prozess, weil die thermische Energie in der gesamten Wassermenge absorbiert wird und nicht an einer Fläche. In der Wassermenge kollabiert jedes Wasserdampfbläschen, das sich zu bilden versucht, unter der Oberflächenspannung des Wassers. Daher ändert sich der Aggregatzustand des Wassers nicht von flüssig zu gasförmig. Wenn weitere thermische Energie vom Wasser absorbiert wird, steigt die Temperatur über den üblichen Siedepunkt. Man spricht dann von *überhitztem* Wasser. Trotz Oberflächenspannung an ihrer Oberfläche fangen schließlich Wasserdampfbläschen an sich zu bilden.

Angenommen, Sie nehmen eine Tasse mit überhitztem Wasser aus der Mikrowelle, bevor die Bläschenbildung einsetzt. Ohne das Vorhandensein von Bläschen haben Sie keinen Anhaltspunkt dafür, dass das Wasser heiß ist. Wenn Sie einen Teelöffel mit Pulver oder einem anderen feinkörnigen Material in das überhitzte Wasser geben, bilden sich unverzüglich Wasserdampfbläschen an allen Winkeln und Ecken an den Oberflächen dieser Körnchen. Das Wasser kann dann so blitzartig mit gewaltiger Kraft zu kochen beginnen und verdampfen, dass es aus der Tasse geschleudert wird. Unter Umständen kann sich dabei jemand schwer verbrennen.

Ein Ei, ein unversehrtes Eigelb oder ein anderer geschlossener Wasserbehälter wird in einer Mikrowelle wahrscheinlich explodieren. Die Temperatur des Wassers nimmt so lange zu, bis es sich blitzartig in Wasserdampf verwandelt, wobei der plötzliche, nach außen gerichtete Druck den Behälter sprengt. Mitunter zerplatzt das Ei erst, wenn es, beispielsweise beim Herausnehmen aus der Mikrowelle, gerüttelt wird. Dann richtet es nicht nur eine große Sauerei an, sondern kann eventuell auch jemanden verletzen, wenn es etwa auf die Netzhaut des Auges trifft. Kleinere Explosionen, sogenannte *Mikrowellenpüffe*, können bei solchen Nahrungsmitteln wie grünen Bohnen und Limabohnen auftreten, die in quasi abgeschlossenen Gewebekammern kleine Wassermengen enthalten.

Natürlich handelt es sich auch beim Poppen von Popcorn in einer Mikrowelle um eine Explosion: Das Wasser innerhalb jedes Korns verdampft plötzlich und drückt das Innere in eine schaumartige Struktur nach außen. Popcorn einfach in die Mikrowelle zu legen, reicht allerdings nicht, um sich eine Tüte voller gleichmäßig gepoppten Popcorns zu verschaffen, weil ein einzelnes Korn zu wenig Wasser enthält. Um das Popcorn schneller zu poppen enthält der Boden einer Popcorntüte eine Karte mit einem Stoff, der Mikrowellen leicht absorbiert. Die Karte, die sehr schnell heiß wird, überträgt Energie an die sie berührenden Körner, so dass diese aufplatzen, was wiederum andere Körner auf die Karte fallen lässt. Dieser Vorgang setzt sich so lange fort, bis die meisten Körner gepoppt sind.

Eine nicht mehr vollständig isolierte Mikrowelle bedeutet offenkundig eine Gefahr. (Am häufigsten befindet sich das Leck in der Nähe der Mikrowellentür, die durch langen Gebrauch abgesackt ist.) Die Gefahr besteht nicht nur darin, dass die Mikrowelle vielleicht Teile Ihres Körpers erwärmt, die nicht erwärmt werden dürfen, wie beispielsweise die Augen, sondern auch in den möglicherweise auftretenden Langzeitschäden.

4.49 Popcorn poppen

Warum „poppt" Popcorn? Das heißt, wodurch kommt es zur Ausdehnung und zu dem Geräusch?

Antwort

Bei Popcorn handelt es sich um eine spezielle Maissorte, die wegen ihrer Fähigkeit gezüchtet wurde, bei Erwärmung durch heiße Luft oder heißes Fett oder in der Mikrowelle aufzuplatzen. (In der Mikrowelle erwärmt sich der Mais, indem er einerseits direkt Mikrowellen absorbiert und andererseits eine spezielle Karte berührt, die sich durch Absorption von Mikrowellen schnell erwärmt.) Das *Perikarp* eines Popkornkörnchens ist ein kleines, geschlossenes Fruchtgehäuse, das Stärke und Wasser enthält. Wird ein Popcornkörnchen erhitzt, verdampft dieses Wasser zu einem geringen Teil, bleibt aber im Wesentlichen flüssig. Da die Flüssigkeit im Fruchtgehäuse gefangen ist, nimmt der Druck und infolgedessen auch der Siedepunkt des gefangenen Wassers zu.

Wenn das Wasser bei etwa 180 °C den Druck des 8fachen mittleren Luftdrucks erreicht, zerplatzen die Wände des Perikarps, der Druck fällt auf den Luftdruck der Umgebung und der Siedepunkt fällt auf seinen gewöhnlichen Wert. Daher befindet sich das Wasser im Perikarp nun weit über dem Siedepunkt und verdampft so schnell, dass es die heiße, geschmolzene Stärke auf das Vielfache seines ursprünglichen Volumens aufbläht. Die plötzliche Ausdehnung gegenüber der Luft schickt Schallwellen durch sie hindurch – das *Poppen* des Korns.

Weil es die Volumenausdehnung des Popcorns ist, die dem Produkt seine gewünschte luftige Struktur gibt, wollen Herstellerfirmen diese Ausdehnung maximieren. Popcorn, das in im seinem Perikarp eine größere Wassermenge enthält, bewirkt tendenziell eine stärkere Explosion und folglich eine größere Ausdehnung. Jedoch platzt Popcorn, dessen Wassergehalt im Perikarp eine bestimmte Menge übersteigt, wenn überhaupt nur schwer, weil das zusätzliche Wasser die Festigkeit der Perikarpwände verringert.

4.50 Rühreier zubereiten

Warum verquirlt man die Eier, wenn man Rühreier zubereitet? Warum sollte man sie bei schwacher Hitze erwärmen?

Antwort

Um Rühreier zuzubereiten, geben Sie Eier (und Milch, nach Belieben) in eine mäßig heiße Pfanne und rühren fortlaufend. Sie beabsichtigen mit dem Rühren Zweierlei: Sie wollen einige der aufgerollten Proteine des Eis aufdröseln, um ein Netz zu erzeugen, und Sie wollen die Eiweißflecken verteilen, die sich bilden, wenn die Wärme das Ei gerinnen lässt. Wenn Sie innehalten, nimmt das auf der Bratpfanne schwimmende Ei zu viel thermische Energie auf und verbrennt. Wenn die Pfanne zu heiß ist, dann verlieren die Proteine beim Aufdröseln die an ihnen hängenden Wassermoleküle. Das Wasser bildet Tropfen und sammelt sich anschließend. Manche mögen Eier so. Andere wollen die Eier so scharf gebraten haben, dass das Wasser verdampft ist (wodurch die Rühreier etwa noch so geschmackvoll sind wie gelbe Pappe).

Wenn sich die Übertragung von thermischer Energie so langsam vollzieht, dass die Abspaltung von Wasser aus den Proteinen vermieden wird, und wenn es gelingt, durch das Rühren zu scharfes Braten und große Eiweißklumpen zu vermeiden, dann sollten die Rühreier so zeitig vom Feuer genommen werden, dass die in der Pfanne verbleibende thermische Energie das Ei fertig gart. Die Eier sind dann feucht (aber nicht nass), haben eine gleichmäßige Struktur und sind geschmackvoll. Salzen darf man die Eier erst, wenn sie fertig zubereitet sind, weil das Salzen zu einem früheren Zeitpunkt das Abspalten von Wasser aus den Proteinen unterstützt. Sollen den Eiern Gemüse oder andere Zutaten beigegeben werden, sollte man ihren Wassergehalt reduzieren, indem man sie entweder ausdrückt oder gart, und bis zur nahezu letzten Minute damit warten, die Zutaten unter die Eier in der Pfanne zu heben.

Ein Omelett unterscheidet sich von einem Rührei in mindestens zweierlei Hinsicht. Erstens wird das Eiweiß vom Eigelb getrennt und geschlagen, um Luftblasen in das Netz aus aufgedröselten Proteinen zu schlagen. Anschließend kann diese aufgelockerte Mischung wieder mit dem Eigelb vereint werden. Zweitens wollen Sie als Grundlage eine krustige Schicht, in welcher der übrige Teil der Eimischung gart. Folglich lassen Sie die Mischung etwas länger in der Pfanne ruhen, so dass sich am Boden eine Kruste bildet. Anschließend kann das Omelett zusammengeklappt werden. Die Eimischung zwischen der Ober- und Unterkruste gart dann, wobei sich Luftbläschen und Bläschen aus Wasserdampf ausdehnen.

4.51 Geysire und Kaffeemaschinen

Warum schießen Wasser, Dampf und andere Materialien aus einem Geysir anstatt einfach herauszuquellen? Warum sind einige Geysire, wie *Old Faithful* (der alte Getreue) im Yellowstone-Nationalpark, einigermaßen periodisch?

Eine gebräuchliche Art einer Kaffeemaschine besteht aus einem umgekehrten Trichter, der locker auf dem Boden aufliegt und einen Behälter trägt, in dem sich das Kaffeepulver befindet (siehe Abbildung 4.6). Wie wird der Kaffee in dieser Kaffeemaschine gebrüht?

Antwort

Old Faithful, vermutlich der am häufigsten untersuchte Geysir der Welt, wurde vor Ort mit einer Videokamera aufgenommen, während er sich mit Wasser füllte und anschließend die nächste Eruption stattfand. Tatsächlich handelt es sich bei dem Geysir um einen Spalt, der in eine Tiefe von 200 Metern reicht. An den Seiten des Spalts strömt kaltes Wasser, heißes

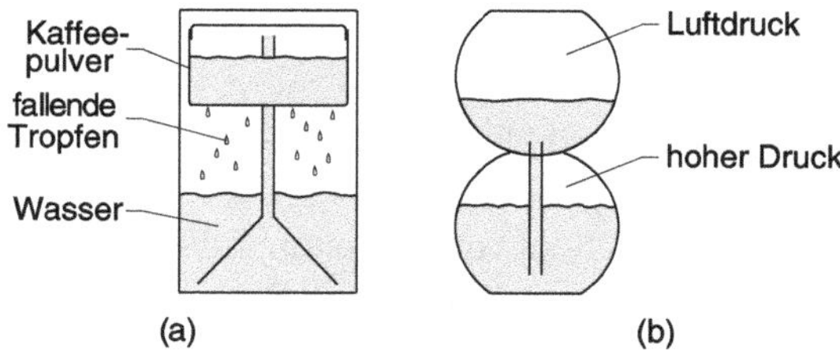

Abb. 4.6: (a) Kaffeemaschine in Form eines umgekehrten Trichters. (b) Kaffeemaschine in Kolbenform.

Wasser und Dampf aus Rissen in benachbarten Felsen ein. Die Wärmequelle für das ganze heiße Wasser ist Magma in einer Tiefe von etlichen Kilometern.

Der Vorgang beginnt, wenn die Temperatur des Wassers in Old Faithful in sechs oder sieben Metern Tiefe die Siedetemperatur von Wasser in dieser Tiefe übersteigt. (Die Siedetemperatur nimmt mit der Tiefe zu, weil sich auch der Wasserdruck mit der Tiefe erhöht.) Dampfblasen steigen von der Siedestelle auf, wobei sie thermische Energie in darüberliegende Wasserschichten transportieren, wo die Temperatur unter der Siedetemperatur bei dieser Tiefe liegt. Jedoch erreicht dieses darüberliegende Wasser auf diese Weise schnell den Siedepunkt. Anschließend schleudert die plötzliche Ausdehnung des Wassers zu Wasserdampf die Wassersäule und den Dampf aus dem Geysir.

Der Prozess wiederholt sich, die zwischen den einzelnen Eruptionen liegende Zeitspanne hängt davon ab, wie viel Wasser während der letzten Eruption im Geysir verblieben ist. Die Eruptionen von Old Faithful haben üblicherweise zwei Perioden, eine kurze und eine lange, die einander abwechseln.

Wird die Kaffeemaschine aus Abbildung 4.6a auf eine heiße Platte gestellt, wird das Wasser innerhalb des Trichters bis zu der Temperatur erwärmt, bei der ein Teil davon an der Unterseite verdampft. Die plötzliche Ausdehnung des Dampfes drückt Wasser durch den engen Stiel des Trichters; das Wasser strömt in den oberen Behälter und tropft durch das Kaffeepulver wieder nach unten. Der Prozess setzt sich so lange fort, bis der Kaffee die richtige Stärke besitzt.

Ein anderes populäres Kaffeemaschinendesign besteht aus zwei Kolben, die mit einer Gummidichtung fest miteinander verbunden sind, so dass einer über dem anderen steht (siehe Abbildung 4.6b). Das Kaffeepulver wird in den oberen Kolben gegeben, der an seiner Oberseite offen ist; das Wasser gießt man in den unteren Kolben. Ein kleines Röhrchen ragt aus dem Wasser im unteren Kolben in den oberen Kolben hinein. Wird das Wasser im unteren Kolben ausreichend erhitzt, drückt die Ausdehnung der Luft und des Wasserdampfes einen Großteil des Wassers durch das Röhrchen in den oberen Kolben. Dann wird die Kaffeemaschine beiseite gestellt. Sobald sich der untere Kolben abkühlt und der Wasserdampf in ihm kondensiert, verringert sich der Luftdruck in ihm so, dass er unter den äußeren Luftdruck fällt. Da der obere Kolben offen ist, entspricht der Druck über der Flüssigkeit dem äußeren Luftdruck. Aufgrund der Druckdifferenz zwischen den beiden Kolben wird Flüssigkeit durch das Röhrchen in den unteren Kolben zurückgedrückt. Diese Bewegung drängt die Flüssigkeit durch das Kaffeepulver, was den Kaffee stärker macht. Wenn das Wasser vollständig in den unteren Kolben zurückgeflossen ist, ist der Kaffee fertig.

4.52 Ein Spielzeugboot

Das in Abbildung 4.7 dargestellte Spielzeugboot wird durch einen Wasserausstoß aus zwei Rohren angetrieben, die von einem „Kessel" zum Heck des Bootes führen. (Der Kessel kann lediglich aus einigen Rohrwindungen bestehen.) Um das Boot vorzubereiten, füllen Sie den Kessel und die Rohre mit Wasser, setzen das Boot in ein Wasserbassin und stellen anschließend eine brennende Kerze unter den Kessel. Wenn sich das Wasser im Kessel erwärmt und verdampft, schiebt der erhöhte Druck das Wasser aus den Rohren am Heck des Bootes.

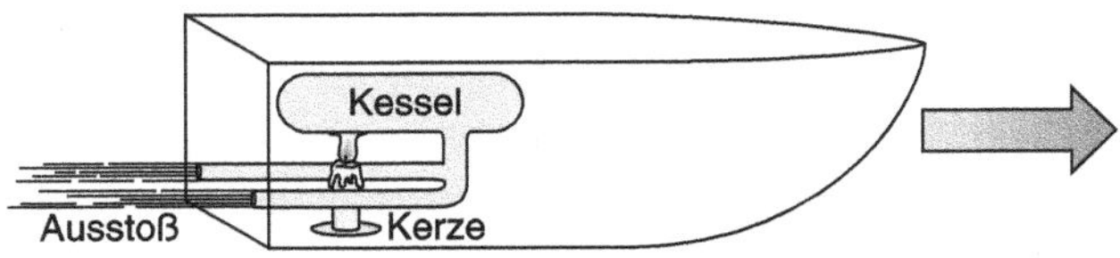

Abb. 4.7

Kurioserweise endet der Rückstoß nicht, wenn das Wasser einmal ausgestoßen ist. Stattdessen wird das Boot in gewissen Abständen ruckweise stotternd vorwärtsgetrieben. Was liefert den kontinuierlichen Rückstoß?

Antwort
Wenn das Wasser aus den Rohren ausgestoßen wird, gelangt ein Teil des im Kessel erzeugten Dampfs in die Rohre, wo es in der kühleren Umgebung kondensiert. Sowohl der Ausstoß als auch die Kondensation bewirken, dass der Druck im Gas sinkt. Wenn der Druck fällt, wird Wasser aus dem Bereich hinter dem Boot in die Rohre gezogen, was sie wieder auffüllt. Anschließend wiederholt sich der Zyklus aus Ausstoß und Auffüllen, wobei das Boot abermals nach vorn getrieben wird.

Der schnelle Wasserausstoß erfolgt in Form eines zum Heck gerichteten Strahls, wodurch sich das Boot aufgrund der Impulserhaltung vorwärts bewegen muss. Das Boot bewegt sich während des Auffüllens nicht rückwärts, weil das Ansaugen des Wassers nicht in einem Strahl erfolgt. Stattdessen vollzieht sich dieser Prozess langsamer, wobei Wasser aus einem breiten Winkelbereich (etwa einer Halbkugel) angesogen wird. Daher ist die Kraft, die das Boot rückwärts ziehen will, schwach und kann den Reibungswiderstand des Wassers nicht überwinden. Folglich bewegt sich das Boot bei jedem Ausstoß vorwärts, während des Auffüllens aber nicht.

4.53 Temperatureffekt auf die Längenausdehnung

Warum bestehen die meisten Brückenkonstruktionen aus Abschnitten, zwischen denen sich kurze Lücken befinden? Warum bestanden alte Gleise früher aus kurzen Schienenstücken, die durch kurze Lücken unterbrochen waren? Die Fahrt auf solchen Gleisen war ruckelig und von einem regelmäßigen Klick-Geräusch begleitet, weil die Wagenräder an den Lücken aufschlugen und anschließend in Schwingungen gerieten, was die Reisenden durchschüttelte und das Geräusch erzeugte. Warum haben moderne Gleise keine derartigen Lücken mehr?

Antwort

Die meisten Materialien, die zum Bau von Brücken verwendet werden, dehnen sich bei Erwärmung aus und ziehen sich bei Kälte zusammen. Ist dieses Material den signifikanten jährlichen Temperaturschwankungen ausgesetzt, müssen diese Längenveränderungen bei der Konstruktion berücksichtigt werden. Anderenfalls würde es durch die Ausdehnung zu Verkrümmungen kommen.

Gleise wurden ursprünglich aus kurzen Schienenstücken konstruiert, zwischen denen kleine Lücken gelassen wurden, um eine solche Ausdehnung zuzulassen. Moderne Gleise haben nahezu keine Lücken zur Ausdehnung mehr – es sind vielmehr *fortlaufend verschweißte Schienen*. Sie sind so fest mit den Streben verbunden, die auf der Stelle fixiert sind, dass es selten zu einer Krümmung kommt. Die Gleise werden in der Regel dann verlegt, wenn die Temperaturen zwischen den jährlich erreichten Extremalwerten liegen.

Wenn heißes Öl durch eine Öl-Pipeline am Meeresboden zu fließen beginnt, kann sich die Pipeline aufgrund der thermischen Ausdehnung krümmen, weil sie nicht auf der Stelle fixiert ist. Abgesehen von extremen Krümmungen, wird diese Ausdehnung kein Problem darstellen.

Als die Concorde entworfen wurde, musste ihr Entwurf die thermische Ausdehnung des Rumpfes bei einem Überschallflug berücksichtigen, weil es durch die Reibung der vorbeiströmenden Luft zu einer Erwärmung kommt. Die Temperatur erhöhte sich an der Nase des Flugzeugs bis auf Werte von 128 °C, am Heck bis auf etwa Werte von 90 °C, die Kabinenfenster fühlten sich bei Berührung zunehmend wärmer an und die Länge des Rumpfes stiegt um etwa 12,5 Zentimeter.

Zahnersatzstoffe, die zum Füllen von Löchern und zum Gestalten von Kronen benutzt werden, sind sorgfältig gemischt, so dass ihre thermische Ausdehnung und Kontraktion im Wesentlichen mit der des angrenzenden Zahns übereinstimmt. Anderenfalls wäre es eine unvergessliche Erfahrung, zunächst Eis zu essen und anschließend heißen Kakao zu trinken.

Es waren viele Faktoren, die zu dem weiträumigen Stromausfall führten, der im August 2003 rund 50 Millionen Amerikaner und Kanadier ohne Stromversorgung ließ, doch man berichtete auch von einer seltsamen Tatsache über eine Stromleitung in Ohio. An diesem Tag im August war die Last auf der Stromleitung besonders hoch, so dass es in der Leitung zu einer höheren Erwärmung kam als üblich. Mit zunehmender Temperatur in der Leitung erhöhte sich auch die Länge der Leitung zwischen zwei Trägern, und folglich begannen die Leitungsabschnitte durchzuhängen. Einer dieser Abschnitte hing so stark bis in die Nähe eines Baumes durch, dass ein Funken zum Baum überschlug und die Leitung durch den Baum erdete. Dadurch konnte die Stromleitung keinen Strom mehr transportieren, was scheinbar zur Instabilität des Stromnetzes beitrug, die schließlich zur Außerbetriebnahme des Netzes führte.

4.54 Kollaps eines Kesselwagens

Kesselwagen (Schienentankwagen) sind extrem beständig und können in der Regel nur bei einem Aufprall mit hoher Geschwindigkeit beschädigt werden. Doch können sie auch ruiniert werden, wenn man bestimmte physikalische Prinzipien missachtet. Hier ist ein aktuelles Beispiel: Ein Team war gerade am späten Nachmittag dabei, das Innere eines Kesselwagens mit

Dampfdruck zu reinigen. Weil die Mitglieder des Teams mit ihrer Arbeit am Ende des Arbeitstages noch nicht fertig waren, verschlossen sie den Wagen und ließen ihn über Nacht stehen. Als sie am nächsten Morgen zurückkamen, stellten sie fest, dass etwas den Wagen trotz seiner extrem starken Stahlwände zertrümmert hatte, so als wäre in der Nacht ein gigantisches Wesen aus einem schlechten Science-Fiction-Film über den Wagen getrampelt. Was hatte den Kesselwagen zerstört?

Antwort

Beim Reinigen des Kesselwagens wurde sein Inneres mit sehr heißem Dampf gefüllt, wobei es sich um ein Gas aus Wassermolekülen handelt. Das Reinigungsteam ließ den Dampf im Wagen, als es alle Ventile des Wagens am Ende der Schicht schloss. Zu diesem Zeitpunkt war der Druck des Gases im Wagen genauso groß wie der äußere Luftdruck, weil die Ventile zur Umgebung während der Reinigung geöffnet waren. Als sich der Wagen über Nacht abkühlte, kühlte sich auch der Dampf ab und ein großer Teil davon kondensierte. Das heißt, die Zahl der Gasmoleküle und die Temperatur des Gases sanken, während das Volumen konstant blieb. Infolgedessen verringerte sich der Gasdruck. Irgendwann in der Nacht erreichte der Gasdruck innerhalb des Wagens einen so niedrigen Wert, dass der äußere Luftdruck die Stahlwände des Wagens nach Innen drücken konnte, was den Wagen zerstörte. Das Reinigungsteam hätte diesen Unfall vermeiden können, indem es die Ventile offen gelassen hätte, so dass Luft in den Wagen hätte gelangen können, um den Innendruck dem äußeren Luftdruck anzugleichen.

4.55 Wäsche auf der Leine trocknen

Bevor Wäschetrockner alltäglich wurden, hing man die Wäsche auf Wäscheleinen zum Trocknen nach draußen. Die Wäsche wurde mit Wäscheklammern an der Leine befestigt, von der sie dann in der Sonne oder im Schatten hinunterhing, bis sie trocken war. Warum trocknet ein auf diese Weise aufgehängtes T-Shirt? Insbesondere fragt sich, warum es von oben nach unten trocknet.

Antwort

Sie könnten meinen, dass das aufgehängte T-Shirt von oben nach unten trocknet, weil das Wasser nach unten sickert und anschließend vom unteren Rand tropft. Im Prinzip haben Sie recht, zumindest was die etwa ersten 30 Minuten des Trockenprozesses angeht. Wenn das Wasser bis zum Rand sickert, bildet es Tropfen, die schließlich so groß werden, dass sie sich losreißen können und nach unten fallen. Jedoch ist das T-Shirt zu dem Zeitpunkt immer noch feucht, an dem dieses Abtropfen aufhört. Würde das T-Shirt nur durch die Sonnenstrahlen trocknen, würde das ganze T-Shirt im Wesentlichen überall gleichmäßig trocknen anstatt von oben nach unten. Die Tatsache, dass aufgehängte Wäsche von oben nach unten trocknet, ist auf die Luftkonvektion entlang des T-Shirts aufgrund von Temperaturänderungen zurückzuführen.

Nachdem das Wasser aus dem T-Shirt gesickert ist, ist es immer noch nass, weil Wasser durch Oberflächenspannung in Poren (freie Stellen zwischen den Fasern) gefangen ist. Betrachten wir einen Wasserrest in einer vertikalen Pore. Ein solcher Rest hat eine gekrümmte Oberfläche, an deren Ober- und Unterseite Luft grenzt. Aufgrund der Oberflächenspannung (durch die gegenseitige Anziehung der Wassermoleküle) erzeugt die Krümmung an den beiden Oberflächen eine Nettokraft auf den Wasserrest. Falls die Oberseite der Pore breiter als die Unterseite der Pore ist, ist die Nettokraft nach unten gerichtet, sie wirkt also auf den Wassertropfen in dieselbe Richtung wie die Schwerkraft. Folglich bewegt sich das Wasser nach unten. Falls jedoch die Oberseite der Pore enger als ihre Unterseite ist, ist die Nettokraft durch die Oberflächenspannung nach oben gerichtet und kann den Wasserrest gegen die Schwerkraft an Ort und Stelle halten. Die auf diese Weise in Poren gefangenen Wasserreste verbleiben im T-Shirt, nachdem das Wasser aus ihm herausgesickert ist.

Das Wasser dieser gefangenen Wasserreste verdampft allmählich. Das Verdampfen erfordert Energie, um die Wassermoleküle aus der Oberfläche zu lösen. Folglich trägt das verdampfende Wasser einen Teil der Energie des verbliebenen Wasserrests mit sich, was den Wasserrest und auch das angrenzende Gewebe kühlt. Weil die Luft beim Abkühlen dichter wird, sinkt diese gekühlte Luft am T-Shirt hinab, wobei sie Feuchtigkeit aus den weiter unten gefangenen Wasserresten aufnimmt. Daher beginnt die Trockenlinie, die den trockenen vom feuchten Teil des T-Shirts trennt, an der Wäscheleine und wird dann von der hinabsinkenden kühlen Luft nach unten getrieben.

Sollten Sie einmal nach einer physikalischen Entschuldigung dafür suchen, dass Sie sich einfach stundenlang in der Sonne entspannen, dann hängen Sie einfach ein nasses T-Shirt auf und behaupten, Sie würden die Bewegung der Trockenlinie über das T-Shirt aufgrund der konvektiven Trocknung untersuchen.

4.56 Warme Mäntel

Wenn Sie ein kühles Zimmer in Badebekleidung betreten, frieren Sie. Warum ist das so? Wie kann Sie ein Mantel warm halten?

Antwort

Sie frieren, wenn Sie mehr thermische Energie an Ihre Umgebung abgeben als Sie von ihr erhalten. Dabei gibt es vier Möglichkeiten, Wärme zu verlieren. (1) Wärmeleitung: Sie verlieren Energie durch direkten Kontakt mit einem Gegenstand, der kälter ist als Sie. Dazu kommt es, wenn Sie auf einer kalten Bank sitzen. (2) Strahlung: Sie verlieren Energie durch Abstrahlung infraroten Lichts an Ihre Umgebung. Sie gewinnen auch Energie durch Absorption infraroter Strahlung, die von der Umgebung emittiert wurde, aber wenn die Umgebung kälter ist als Sie, übersteigt der Verlust den Gewinn. (3) Konvektion: Sie verlieren Energie, wenn Luft an Ihnen vorbeiströmt. Falls die Luft kühler ist als Sie, verlieren Sie thermische Energie durch die an Ihnen abprallenden Luftmoleküle. (4) Sie können auch Energie verlieren, wenn der Schweiß von Ihrer Haut verdunstet, was ein Grund dafür ist, dass Sie schwitzen, wenn Sie sich körperlich betätigen. Der Übergang vom flüssigen in den gasförmigen Zustand erfordert Energie, die Ihre Haut liefert. Wenn Sie bei einem Lüftchen oder im Wind schwitzen, nimmt die Verdunstungsgeschwindigkeit zu, und damit auch die Geschwindigkeit, mit der Sie Energie verlieren.

Der Sinn und Zweck eines Mantels (oder von Kleidung im Allgemeinen) besteht darin, diese Möglichkeiten des Energieverlusts zu reduzieren. Die Haut von Tieren, wie Leder, verringert beispielsweise die Verluste durch Konvektion und Verdunstung im Wind, indem es den Wind abhält. Ein Mantel kann darüber hinaus eine halbabgeschlossene Luftschicht um Teile

Ihres Körpers halten. Da Luft thermische Energie ziemlich schlecht leitet, hilft die Schicht, Sie zu isolieren. Es ist noch nützlicher, mehrere Kleiderschichten unter einem Mantel zu tragen, weil es dann mehrere halbabgeschlossene Luftschichten um Sie herum gibt, die Sie isolieren.

Der Pelz auf einem Mantel hält Sie warm, weil sich die Luft etwas zwischen den Haaren verfängt und ebenfalls eine gewisse Schicht bildet. Wenn Sie aber im Wind stehen, wird diese Luft leicht verweht. Dann würde es Ihnen wärmer werden, wenn Sie den Mantel verkehrt herum trügen, um die Haare aus dem Wind zu halten.

Wenn Sie die bloße Haut, wie beispielsweise im Gesicht oder an den Fingern, in kalten Wind halten, ist Ihr Kälteempfinden näherungsweise durch den *Windchill-Index* bestimmt. Er gibt die Temperatur in einer windstillen Umgebung an, die dieselbe Empfindung auslösen würde. Das Aufstellen einer korrekten Berechnung des Windchill-Index ist kompliziert, weil darin Ihre Fähigkeit eingeht, sich auf kalten Wind einzustellen; manche Leute stellen sich sehr leicht darauf ein, andere sehr schlecht. Natürlich besteht die Gefahr von kaltem Wind in der Möglichkeit von Erfrierungen, die auftreten, wenn die Haut zu gefrieren beginnt. In der Regel gefriert die Haut bei Temperaturen über −10 ° unabhängig von der Windgeschwindigkeit nicht, doch bei tieferen Temperaturen und höheren Windgeschwindigkeiten nimmt die Gefahr rapide zu.

4.57 Warme Pflanzen

Wenn im Spätwinter in Nordamerika und Asien einmal Schnee auf Stinkkohl (*Symplocarpus foetidus*) fällt, schmilzt der Schnee um die Pflanze bald wieder. Woher kommt die Wärme? Bei starkem Schnee kann sich sogar eine Höhle um die Pflanze bilden.

Antwort
Der Stinkkohl ist eine von etlichen Pflanzen, die ihre Temperatur weit über die Umgebungstemperatur heben können. Folglich kann der Stinkkohl den um ihn herumliegenden Schnee schmelzen, weil er aufgrund seine angehobenen Temperatur durch Emission von infraroter Strahlung Energie an die Umgebung abgibt. Ähnlich wie Vögel und Säugetiere werden diese Pflanzen als *thermoreguliernd* bezeichnet, weil sie ihre Temperatur selbst dann beibehalten können, wenn sich die Temperatur der Umgebung ändert. Einige Teile der Pflanzen, wie etwa der Blütenstand (Cluster kleiner Blüten oder Blütchen) von *Philodendron selloum*, können sich warm anfühlen (d. h. wärmer als ein Mensch sein) und mit einer Rate thermische Energie erzeugen, die der einer kleinen Katze gleichkommt. (Roger S. Seymour, einer der führenden Forscher auf diesem Gebiet, meint, dass er sich die Pflanze mitunter als eine Katze vorstellt, die an einem Stiel wächst.)

4.58 Das Fell von Eisbären

Warum sind die Haare des Fells von Eisbären hohlwandig?

Antwort
Die weißen Haare auf einem Eisbären fangen die sichtbaren und die infraroten Teile des Sonnenlichts ein, weil diese Anteile in das Fell reflektiert und nach unten zur Haut übertragen

werden. Dort werden sie absorbiert, wobei sie die thermische Energie der Haut erhöhen. (Der ultraviolette Anteil des Sonnenlichts wird ebenfalls von den Haaren absorbiert, doch ultraviolettes Licht trägt nur wenig zur Wärmung des Eisbären bei.) Die thermische Energie bleibt teilweise in der Haut, weil die Haare hohlwandig sind und sie die thermische Energie schlecht leiten. (Die Auffassung, dass die hohlwandigen Haare in irgendeiner Weise wie optische Fasern funktionierten, ist nur ein Gerücht.)

4.59 Schwarze Kleidung und Schwarze Schafe in der Wüste

Landläufig geht man davon aus, dass weiße Kleidung besser als schwarze kühlt, wenn man sich in einer heißen, trockenen Umgebung aufhält. Doch schon die Beduinen, die bei extrem heißen Temperaturen in der Wüste Sinai leben, zogen schwarze Kleidung einer weißen vor. Warum entscheiden sie sich so?

Angenommen, Sie haben sich in der Wüste verirrt. Würde es Ihre Überlebenschancen verbessern, wenn Sie sich Ihrer Kleider entledigen und deren Lichtabsorption eliminieren?

Die Schafe der Beduinen sind gewöhnlich schwarz, was nicht auf eine selektive Zucht, sondern offenbar auf eine natürliche Anpassung an die Umgebung zurückzuführen ist. Warum verbessert das schwarze Fell ihre Überlebenschancen?

Antwort

Schwarze Kleidung kann mehr Sonnenlicht absorbieren und sich stärker aufheizen als weiße Kleidung, doch die Temperatur unter der Kleidung und an der Haut der Beduinen hängt in erster Linie nicht von der Farbe der Kleidung ab. Die höhere Temperatur der schwarzen Kleidung wird vermutlich durch die größere Luftkonvektion durch die Kleidung ausgeglichen: Luft wird von unten unter die Kleidung gezogen, steigt aufgrund der Erwärmung nach oben und tritt am Nacken wieder aus. Die Kleidung wirkt so ähnlich wie ein Kamin. Wenn sich der Beduine in böigem Wind aufhält, wird die Luftzirkulation außerdem durch das Aufblasen der Kleidung begünstigt.

Wenn Sie sich in der Wüste aufhalten und Kleidung tragen, die eng übereinander liegt und keine große Luftzirkulation zulässt, erwärmt weiße Kleidung Ihre Haut weniger als schwarze. In der Regel wollen Sie sicher aufgrund der Gefahr eines Sonnenbrandes nicht ganz ohne Kleidung gehen. Wenn reichlich Wasser vorhanden ist, sollte die Kleidung durchlässig sein, so dass Sie das Verdunsten des Schweißes von ihrer Haut kühlen kann. Wenn Wasser knapp ist, brauchen Sie die Kleidung allerdings auch dazu, die Verdunstungsverluste Ihrer Haut zu reduzieren. Anderenfalls dehydrieren Sie innerhalb kurzer Zeit lebensgefährlich. Im Science-Fiction-Klassiker *Dune* von Frank Herbert leben die Wüstenmenschen in einer so lebensfeindlichen Umgebung, dass sie versiegelte Anzüge tragen müssen, um die kostbare Körperfeuchtigkeit einzufangen.

Das schwarze Fell eines Beduinenschafes ermöglicht es ihm, die harschen Winter in der Wüste Sinai zu überleben. Die Farbe des Fells ist irrelevant, bis das Schaf in direktem Sonnenlicht steht. Dann wärmt die stärkere Absorption von Sonnenlicht das Schaf und reduziert den Stoffwechsel. Da die Nahrung für Schafe im Winter knapp ist, bedeutet ein reduzierter Stoffwechsel einen Vorteil.

4.60 Abkühlgeschwindigkeit von Kaffee

Angenommen, Sie haben sich gerade eine Tasse heißen Kaffee gemacht, wollen ihn aber erst später trinken. Gehen Sie außerdem davon aus, dass Sie den Kaffee mit Milch trinken. Sie wollen, dass der Kaffee, wenn Sie ihn zu trinken beginnen, so heiß wie möglich ist. Sollten Sie dazu die Milch sofort oder erst kurz vor dem Trinken in den Kaffee geben? Sollten Sie den Kaffee in der Zwischenzeit umrühren? Sollten Sie einen Löffel hineinstellen? Wirkt sich ein Löffel aus Metall anders aus als einer aus Plastik? Hängt die Abkühlgeschwindigkeit davon ab, ob die Kanne (oder die Flüssigkeit) schwarz oder weiß ist?

Antwort

Es sind drei Faktoren, die man hier unter einen Hut bringen muss: (1) Je heißer der Kaffee ist, umso schneller verliert er Wärme. (Wäre dies der einzige wesentliche Faktor, dann sollte die Milch sofort zugefügt werden, um die Temperatur und den Wärmeverlust zu senken.) (2) Das Hinzufügen einer gewissen Menge kalter Milch zu einer gewissen Menge heißen Kaffees führt zu einer Mischung mit einer mittleren Temperatur; der Temperaturabfall im Kaffee ist umso größer, je heißer er ist, wenn die Milch hinzugefügt wird. (Wäre dies der einzige wesentliche Faktor, wäre es besser, mit dem Zugeben der Milch zu warten.) (3) Die Anwesenheit von Milch wird wahrscheinlich die Verdampfung von Wasser verringern und auch den damit verbundenen Wärmeverlust.

Eine Gruppe von Wissenschaftlern berichtete, dass sich unter normalen Umständen schwarzer Kaffee etwa um 20 % schneller abkühlt als Kaffee mit Milch, was vermutlich eher auf den unter (3) genannten Faktor zurückzuführen ist als auf irgendeinen Unterschied bei der Emission von infraroter Strahlung. Sie stellten außerdem fest, dass der Kaffee am heißesten bleibt, wenn die Milch sofort hinzugefügt wird, falls die Temperatur der Milch unter Zimmertemperatur liegt (sie also vielleicht gerade aus dem Kühlschrank genommen wurde). Falls die Temperatur der Milch jedoch über Zimmertemperatur liegt (was eher unüblich ist), hängt die Zeit, nach der man die Milch idealerweise hinzufügen sollte, von einer Vielzahl von Faktoren ab, u. a. davon, wie lange Sie mit dem Trinken warten wollen. Als Faustregel sollten Sie die Milch daher sofort hinzufügen.

Umrühren beschleunigt die Abkühlung, weil dadurch heiße Flüssigkeit an die Oberfläche gebracht wird, wo sie verdampft. Ein Metalllöffel leitet die Wärme über seine gesamte Länge nach oben, wenn man ihn im Kaffee stehen lässt (er wirkt wie eine *Wärmerippe*), ein Plastiklöffel wird vermutlich nur einen geringen Effekt haben.

Die Frage über die Farbe hängt mit der Geschwindigkeit zusammen, mit der eine Oberfläche Energie abstrahlt. Im sichtbaren Bereich strahlt eine weiße Oberfläche mehr Energie ab als eine schwarze Oberfläche, doch der hauptsächliche Wärmeverlust durch Strahlung der Oberfläche der Kanne (oder der Flüssigkeit selbst) liegt im infraroten Bereich. In diesem Bereich strahlen schwarze und weiße Oberflächen etwa gleich stark, so dass die Farbe der Kaffeekanne bedeutungslos ist.

Ein Deckel oder eine Schicht aus Schlagsahne auf dem Kaffee hält den Kaffee länger heiß, weil so weniger Flüssigkeit verdampft und der damit verbundene Wärmeverlust geringer ist.

4.61 Kühles Wasser aus einem porösen Krug

In heißen trockenen Klimazonen wird Wasser mitunter in porösen (und undichten) Krügen an windigen und schattigen Stellen aufbewahrt. Warum kühlt sich das Wasser dabei ab? Wenn mich meine Eltern auf eine Autotour in den Südwesten der USA mitnahmen, banden sie einen porösen Wasserbeutel auf die vordere Stoßstange. Wenn sie anhielten, um Wasser zu trinken, waren die Luft und das Auto sehr heiß, das Wasser aber war immer kühl. Woran lag das?

Antwort

Beim Verdunsten verlassen Wassermoleküle das Wasservolumen, und bewegen sich durch die umgebende Luft. Um diese Moleküle von den anziehenden Kräften unter den Wassermolekülen an der Wasseroberfläche zu befreien, muss Energie aufgebracht werden. Wenn diese Moleküle durch die zufällige Bewegung zur Oberfläche zurückkehren (wozu es durch die Zusammenstöße mit den Luftmolekülen kommen kann), wird diese Energie dem Wasservolumen wieder zugeführt. Bewegt sich die Luft dagegen in einem Windstrom, werden die freigesetzten Moleküle davongetragen, so dass die Energie dem Wasservolumen unwiederbringlich verloren geht. Vollzieht sich dieser Energieverlust hinreichend schnell, fällt die Wassertemperatur ab, bevor die warme Umgebung signifikant Energie an das Wasser übertragen kann. Bewahrt man einen porösen Krug im Schatten auf, kann also eine Brise das Wasser abkühlen, indem sie die durch die Wand des Kruges verdunstenden Moleküle wegträgt. Eine vergleichbare Situation lag vor, wenn meine Eltern den Wasserbeutel im Schatten des Autos hielten, so dass die vorbeiströmende Luft das Wasser kühlen konnte, indem sie die durch die Wand des Beutels diffundierten Moleküle davontrug.

Dieser Kühlprozess wird auch auf andere Weise genutzt. Bei einem Picknick an einem heißen Tag können zum Beispiel Lebensmittel oder Wein über Stunden hinweg recht kühl gehalten werden, wenn sie in in einem porösen Behältnis aufbewahrt werden, das mit Wasser getränkt ist. Auch Sie selbst können sich an einem heißen Tag kühl halten oder sogar erkälten, wenn Sie Ihre Kleidung in Wasser tränken und sich dann an einem schattigen windigen Ort aufhalten.

Der in Südamerika beheimatete Frosch *Phyllamedusa sauvagei* bedient sich der Verdunstungskühlung auf einer einzigartigen Weise. In der Regel verbringt er seine Tage mit geschlossenen Augen. Wenn aber seine Körpertemperatur an einem heißen Tag über 40 °C ansteigt, beginnt der Frosch periodisch seine Augen zu öffnen und zu schließen. Die geöffneten Augen stehen hervor und kühlen sich durch Verdunstung ab. Im geschlossen Zustand ziehen sich die Augen zurück und drücken gegen das Gehirn. So kann der Frosch offensichtlich sein Gehirn durch die Verdunstung an seinen geöffneten Augen kühlen.

4.62 Der Trinkvogel

Der Trinkvogel (siehe Abbildung 4.8) ist nicht nur in Schulzimmern ein bekanntes Spielzeug. Um ihn in Gang zu bringen, befeuchten Sie den Kopf des Vogels. Der Vogel beugt sich dann zunächst langsam vor, bis er sich plötzlich in eine nahezu horizontale Position dreht. Nach ein oder zwei Versuchen richtet sich der Vogel von selbst wieder auf. Stellen Sie dem Vogel ein Glas Wasser hin, in das er seinen Schnabel dippen kann, wiederholt sich dieser Vorgang unendlich oft. Was treibt die Bewegung des Vogels an? Kann man den Vogel auch zum Nicken

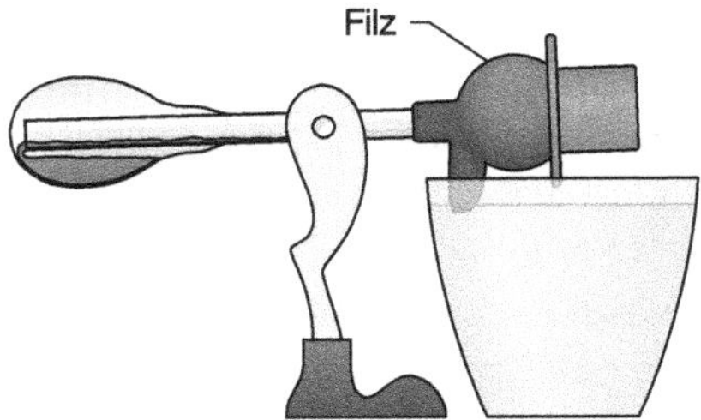

Abb. 4.8: Ein Trinkvogel kurz vor dem Aufrichten.

bringen, ohne seinen Kopf nass zu machen? Wenn dem so ist, wird der Vogel auch bei hoher Luftfeuchtigkeit nicken, bei der sonst das Nicken aufhört, wenn man Wasser benutzt.

Antwort

Der Körper (der untere Teil) des Vogels ist zum Teil mit einer leicht verdunstenden Flüssigkeit gefüllt, typischerweise Methylenchlorid. Die Hohlräume im Körper und der Kopf enthalten den Dampf dieser Chemikalie. Kopf und Schnabel sind mit Filz überzogen. Der Hals besteht aus einem Röhrchen, das vom Kopf hinunter in den Körper reicht. Irgendwo am Hals ist der Vogel an einer Achse aufgehängt, die frei um die Beine, also den Ständer des Spielzeugs, rotieren kann.

Nach dem Anfeuchten des Kopfes verdunstet das Wasser allmählich in die umgebende Luft. Da der Übergang des Wassers vom flüssigen in den gasförmigen Zustand thermische Energie erfordert, kühlt die Verdunstung den Filz, den Kopf und den Dampf im Inneren ab. (Die Verdunstung lässt sich beschleunigen, indem man über den Kopf des Vogels bläst.) Mit dem Temperaturabfall im Inneren sinkt auch der Druck. Da die Dampfräume im Körper und im Kopf nicht direkt miteinander verbunden sind, bleibt der Dampfdruck im Körper hoch, und die Druckdifferenz zwischen den beiden Dampfräumen drückt die Flüssigkeit allmählich durch das Rohr nach oben. Diese Verschiebung macht den Vogel kopflastig, weshalb er sich um die Achse dreht, die von den Beinen getragen wird. Diese Drehbewegung ist anfangs verhalten, doch dann kippt der Vogel plötzlich in eine nahezu horizontale Lage nach vorn. Anschließend springt er entweder von der Kante des Wasserglases oder einem Trägerstück der Beine leicht zurück.

In dem Moment, in dem der Vogel fast waagerecht liegt, erhebt sich das untere Ende des Röhrchens über die Flüssigkeit. Die beiden Dampfräume sind dann kurzzeitig verbunden, so dass es zum Druckausgleich kommt. Beim Aufrichten kann die Flüssigkeit durch die Neigung des Röhrchens vom Kopf zurück in den Körper fließen. Die ursprüngliche Gewichtsverteilung stellt sich wieder ein und der Vogel richtet sich ganz auf. Hat der Vogel seinen Schnabel beim Herabnicken mit Wasser benetzt, sickert das zusätzliche Wasser durch den Filz auf den Kopf und der gesamte Nickvorgang wiederholt sich.

Es gibt verschiedene Möglichkeiten, den Nickvorgang in Gang zu setzen, ohne den Kopf des Vogels mit Wasser zu benetzen. Sie können zum Beispiel den Filz mit Alkohol benetzen, der auch bei hoher Luftfeuchtigkeit verdunstet. (Dazu bietet sich etwa starker Whisky an, der allerdings den Filz des Vogel ruinieren könnte.) Sie können den Vogel auch so in die pralle Sonne stellen, dass sein Kopf und ein Teil des Halses, nicht aber sein Körper, beschattet sind. Wenn Sie den Körper des Vogels zusätzlich schwarz anmalen, können Sie den Vogel in rasende Aktivität versetzen.

4.63 Kurzgeschichte: Riesen-Trinkvögel

In den 1960er Jahren dachte man sich einen überdimensionalen Trinkvogel aus, mit dem man die Trockengebiete des Mittleren Ostens bewässern wollte. (Patente für vergleichbare Maschinen gehen bis auf das Jahr 1888 zurück.) Ein Vogel sollte entlang eines mit Wasser gefüllten Kanals aufgestellt werden. Einmal auf seinem filzüberzogenen Kopf mit Wasser benetzt, würde der Vogel vorn eintauchen und dabei ein Schöpfwerk mit einem Rohr antreiben, um Wasser von dem Kanal aufzunehmen und auf ein höheres Boden- bzw. Feldniveau zu heben. Bei jedem Vorwärtsschwung könnte der Vogel seinen Schnabel im Wasser des Kanals zu befeuchten.

Um die Effizienz dieser ganzen Aktion zu steigern, sollte ein zweites Schöpfwerk auf der entgegengesetzten Seite des Vogels angebracht und der Vogel zwischen zwei parallelen Kanälen aufgestellt werden. Dann könnte sowohl beim Vor- als auch beim Zurückkippen Wasser von einem niedrigeren Kanal in einen höheren Kanal auf Feldniveau befördert werden.

Machen wir uns eine grobe Vorstellung. Angenommen, ein riesiger Trinkvogel wird in den flacheren Gewässern der Küste Kaliforniens aufgestellt. Am Vogel angebrachte Seile würden dann zu Treibrädern an einer Vorrichtung an der Küste laufen. Indem der Vogel fortwährend eintauchen und das Wasser an seinem Schnabel erneuern würde, könnte er die Räder in Rotation versetzen. Aus dieser Rotation könnte elektrische Energie gewonnen werden. Ein ganzer Schwarm riesenhafter Vögel, aufgereiht an Kaliforniens Küste könnten dann den Energiehunger dieses Staates stillen.

Ich hörte damit auf, an diesem Vorhaben zu basteln, als ein Mitarbeiter damit verbundene mögliche Gefahren entdeckte: In der Geschichte haben Menschen immer wieder Energiequellen angebetet, wie etwa das Feuer oder die Sonne. Die Gefahr besteht bei meiner Idee darin, dass Trinkvögelkulte wie Pilze aus dem Boden schießen und ihre Anhänger den Vögeln ihre Verehrung ausdrücken, indem sie ihnen sämtliche Küsten zum Opfer darbringen. Weil wir schon genug Kulte haben, verwarf ich schließlich meine Idee.

4.64 Wärmerohr und Potato Stickers

Man kann die Garzeit eines Schweinebratens oder eines großen Truthahns reduzieren, indem man ein Wärmerohr in das Fleisch in einem aufwärts gerichteten Winkel einführt. Das Gerät besteht aus einem geschlossenen Rohr mit einem Docht und einer kleinen Flüssigkeitsmenge (etwa Wasser). Das untere Ende ist entweder ein großer massiver Metallzylinder oder ein schmales Stück mit verschiedenen Lamellen oder Rippen. Bei oberflächlicher Betrachtung scheint es seltsam zu sein, dass diese Anordnung hohl ist, denn eigentlich beabsichtigt man, thermische Energie von der heißen Umgebung des Ofens in das Innere des Fleisches hineinzuleiten. Wäre für derartige Zwecke ein massiver Metallstab nicht besser geeignet und würde er die thermischen Energie nicht viel besser transportieren?

Beim Backen oder Kochen von Kartoffeln verwenden viele Köche Nägel oder nagelähnliche Stäbchen, um thermische Energie in das Innere der Kartoffel zu leiten. Da Metall die thermische Energie besser leitet als die Kartoffel, sollte der Nagel die Garzeit der Kartoffel verkürzen. Warum reduzieren die meisten dieser „Potato Stickers" die normale Garzeit dennoch kaum um mehr als ein oder zwei Minuten?

Antwort

Ein massiver Metallstab transportiert thermische Energie über Wärmeleitung in einen Braten, aber dieser Vorgang ist langsam. Mit einem Wärmerohr geht der Transport viel schneller vonstatten. Tatsächlich transportiert ein Wärmerohr thermische Energie einige tausend Mal schneller als ein massiver Stab der gleichen Abmessungen, wenn das Fleisch noch kalt ist.

Der schnelle Transport kommt durch die Flüssigkeit im Rohr und die Form des herausstehenden Endes zustande. Das Ende hat eine große Oberfläche, so dass es die thermische Energie sowohl von der heißen Luft als auch von der eintretenden thermischen Strahlung im Ofen absorbieren kann. Die Flüssigkeit verdampft innerhalb des Rohres, was eine große Menge thermischer Energie verbraucht. Der heiße Dampf steigt dann durch das schräg stehende Rohr und in das kühle Innere des Fleisches hinein. Dort kondensiert der Dampf und setzt die gesamte thermische Energie wieder frei, die zum Verdampfen gebraucht wurde. Die freigesetzte thermische Energie wird dann vom Rohr weg und durch das Fleisch geleitet. In der Zwischenzeit läuft das Kondensat entweder am Docht oder an den Innenseiten des Rohrs zurück. Wenn die Flüssigkeit den unteren Teil des Rohres erreicht, wird sie erneut verdampft, und der Kreislauf wiederholt sich. Aufgrund der großen Menge an thermischer Energie, die an den Verdampfungs- und Kondensationsprozessen beteiligt ist, erfolgt der Transport der thermischen Energie in das Fleisch hinein sehr viel schneller, als wenn die Energie entlang eines massiven Metallstabes geleitet wird.

Mit einem gewöhnlichen „Potato Sticker" erreicht man keine signifikante Garzeitreduktion, weil das freie Ende so klein ist, dass es die thermische Energie nur sehr langsam absorbiert. Wäre das freie Ende größer oder mit Rippen versehen, würde der Plan durchaus funktionieren.

4.65 Beschlagene Spiegel

Angenommen, Sie nehmen eine heiße Dusche oder ein heißes Bad, während die umgebende Luft kühl ist. Warum beschlägt dann ein im Raum befindlicher Spiegel oder eine Fensterscheibe, und warum beschlägt der Spiegel oben zuerst? Warum können Sie diesen Effekt vermeiden, wenn Sie vor dem Duschen eine dünne Seifenschicht (oder Spülmittel) auf den Spiegel bringen? (Sie können auch mit einem Stück Seife oder einem mit Spülmittel benetzten Finger eine Nachricht auf den Spiegel schreiben. Bevor ihr Nachfolger duscht oder badet ist die Nachricht meist unsichtbar. Sobald aber die nicht benetzten Teile des Spiegels beschlagen, taucht die Nachricht wie von Zauberhand auf.)

Weshalb ist manchmal Wasser auf der Fahrbahn, obwohl es nicht geregnet hat und sonst alles trocken ist? Weshalb kondensiert Wasser an einem kalten Wintertag eher auf der Innenseite einer Glasfensterscheibe als auf der Außenseite? Liegt es daran, dass die Luftfeuchtigkeit innen höher ist als außen? Offensichtlich nicht, denn die Luftfeuchtigkeit ist dort gewöhnlich niedriger. (Deshalb entwickelt man im kalten Klima des Winters „trockene Haut" und deshalb treten auch elektrostatische Schläge eher im Winter als im Sommer auf.)

Antwort

Die in Luft enthaltene Menge an Wasserdampf wird oft als *relative Luftfeuchtigkeit* bezogen auf einen *Sättigungswert* angegeben. Zum Beispiel besagt eine relative Luftfeuchtigkeit von 50 %, dass die Menge an Dampf gleich der Hälfte der Sättigungsmenge ist. Bei einer heißen Dusche in einem geschlossenen Raum kann die relative Luftfeuchte 100 % erreichen. Wenn dann durch das Duschen zusätzlicher Dampf in die Luft gedrängt wird, kondensiert ein Teil davon als Tropfen auf verschiedenen Oberflächen, unter anderem auf der Spiegeloberfläche.

Eine weitere Ursache für die Tropfen am Spiegel ist, dass der Sättigungswert von kühlerer Luft niedriger ist. Wenn Sie duschen, kühlt ein kühler Spiegel die ihn von der Dusche erreichende sehr feuchte Luft ab. Dabei wird der Sättigungswert der Luft reduziert, wodurch ein Teil des Dampfes kondensiert. In der Regel füllt die heiße, feuchte Luft den oberen Bereich des Raumes. Deshalb setzt der Kondensationsprozess am Spiegel an dessen oberen Bereich ein.

Auch wenn der Spiegel auf den ersten Blick sauber erscheint, ist er stets mit etwas Staub und Filmen bedeckt (wie etwa mit dem Fett aus einem Fingerabdruck). Die kondensierten Wassermoleküle ziehen einander stärker an als sie von den Verunreinigungen auf dem Spiegel angezogen werden. Deshalb bilden die Wassermoleküle kleine Tröpfchen, die den Spiegel bedecken und dessen Reflexionsvermögen herabsetzen.

Sie können diese Tröpfchenbildung vermeiden, indem Sie eine dünne Seifenschicht auf das Glas bringen. Die Seife setzt die Oberflächenspannung des Wassers herab (die sich aus der gegenseitigen Anziehung der Wassermoleküle ergibt). Dann verteilt sich das Wasser über die eingeseiften Stellen als eine glatte Schicht, was eine klare Reflexion gewährleistet. Meist erzielen Sie einen ähnlich guten Effekt, wenn Sie anstatt Seife das auf Ihrem Finger befindliche Fett verwenden.

Eine Fahrbahn kann manchmal nass werden, während sonst alles trocken bleibt, wenn die Oberfläche ihre thermische Energie abstrahlt und dabei hinreichend stark abkühlt. Dies wirkt sich auch auf die umgebende Luft aus und der Sättigungswert der Luft wird herabgesetzt. In diesem Fall kondensiert ein Teil des Wasserdampfs auf der Fahrbahn.

4.66 Beschlagene Brillen

Wenn ein Brillenträger aus einer kalten Umgebung kommend einen warmen Raum betritt, bilden sich auf den Brillengläsern Wassertropfen. Wie kommt es dazu? Wischt der Betreffende seine Gläser nicht sofort trocken und wartet stattdessen eine Weile, werden die Gläser wieder klar. Woran liegt das, und wo beginnt dieser Prozess?

Warum beschlagen die Gläser, wenn der Brillenträger aus einem Raum mit Zimmertemperatur in die Sauna geht? Warum werden sie schließlich wieder klar, und wo setzt dieser

Prozess in diesem Fall ein? Hängt dieser Ausgangspunkt möglicherweise von der Gestalt des Brillengestells oder von der Krümmung der Gläser ab?

Antwort

In jedem Fall kühlt das Brillenglas die umgebende Luft, setzt den Sättigungswert herab und lässt einen Teil des Wasserdampfs auf dem Glas kondensieren (siehe Fragestellung 4.65). Die kondensierte Flüssigkeit zieht sich zu Tröpfchen zusammen und macht so die Linse undurchsichtig. Anders gesagt: Die Tröpfchen behindern den Lichtweg so stark, dass Bilder nicht mehr klar zu sehen sind.

Betritt ein Brillenträger einen warmen Raum, nachdem er sich draußen im Kalten aufgehalten hat, wird das Glas an der Randzone in der unmittelbaren Nähe der Nase zuerst wieder klar. Die Nase erwärmt diesen Teil des Randbereichs durch Wärmestrahlung, durch Wärmeleitung über die Auflageflächen der Brille auf der Nase oder durch die dazwischen befindliche Luft bzw. die Konvektion der Luft, die von der Nase erwärmt wird und aufsteigt. Die thermische Energie wird dann in und durch die Gläser geleitet, erwärmt sie dabei, verdampft die Wassertropfen und macht so das Brillenglas wieder klar.

Betritt ein Brillenträger eine Sauna, werden die beschlagenen Gläser auf etwas andere Weise wieder klar, weil die Temperaturdifferenz zwischen der Luft und dem Brillenglas größer ist. Die Nase spielt in diesem Fall keine wesentliche Rolle; wichtig sind vielmehr die Wassertröpfchen, die sich auf dem Glas bilden. Wenn Wasserdampf kondensiert, müssen die Moleküle ihre Energie abgeben. In der Sauna erwärmt die freigesetzte Energie sowohl die Brillengläser als auch das Gestell, allerdings steigt die Temperatur um die Mitte des Glases herum schneller an, weil das Gestell in der Regel eine größere Wärmekapazität hat (es braucht also mehr thermische Energie für den Temperaturanstieg). Die andere Quelle thermischer Energie ist die Konvektion der heißen Saunaluft hinter dem Glas.

Wenn die Außenseite des Glases flach ist, wird das Glas zuerst in der Mitte klar und dieser Prozess setzt sich nach und nach zum Gestell hin fort. Ist die Außenseite des Glases nach außen gewölbt, unterstützt die Wölbung das Klarwerden. Ist die Außenseite des Glases nach innen gekrümmt, ist der Mittelteil von der vorbeiziehenden Luft teilweise abgeschirmt, so dass er sich langsamer erwärmt. Im Extremfall setzt das Klarwerden dann in der Nähe des Gestells ein, auch wenn die Wärmekapazität des Gestells hoch ist.

4.67 Wassergewinnung in Trockengebieten

Der Käfer *Stenocara* aus der Familie der *Tenebrionidae*, der in der trockenen Namib-Wüste im südlichen Afrika lebt, sammelt Trinkwasser aus dem frühen Morgennebel über der Wüste. Wie bewerkstelligt er das? Die Bewohner der Atacamawüste im nördlichen Chile sammeln Wasser aus der Luft, die vom Stillen Ozean her landeinwärts wandert. Wie machen sie das?

Antwort

Der Käfer nimmt die sogenannte *Nebelfänger-Position* ein, eine Stellung, in der er seinen Kopf nach unten zur Windseite der Düne stellt und seinen Hinterleib in den Wind hebt, so dass er eine Rampe bildet. Der Hinterleib trägt Überflügel, die mit zufällig geformten Höckern übersät sind. Die Höcker sind hydrophil, d. h., dass sich Wassermoleküle daran binden können. Die niedrigeren Regionen zwischen den Höckern sind wasserabweisend und damit hydrophob.

Feiner Nebel sammelt sich an einem Höcker und bildet einen Tropfen. Wenn der Tropfen klein ist, ist die hydrophile Kraft, die ihn am Höcker hält, größer als die Gewichtskraft des Tropfens, die den Tropfen die Rampe hinunterziehen will. Irgendwann ist der Tropfen so groß, dass er sich vom Höcker losreißen kann. Er rutscht dann zwischen den Höckern die Rampe herunter bis zur Mundöffnung des Käfers, wo er vom Käfer aufgenommen wird.

Die Bewohner der Atacamawüste sammeln Wasser aus dem Nebel, der aus dem Ozean heraufzieht, indem sie große Netze aufstellen, an denen das Wasser kondensiert und Tropfen bildet. Irgendwann sind die Tropfen so groß, dass sie am Netz in ein Sammelbecken hinunterlaufen. Etwa 11 000 Liter Wasser können an einem Tag gesammelt werden, was den Wasserbedarf der Einwohner eines Dorfes deckt.

Verschiedene Steinkonstruktionen, die kürzlich auf der Halbinsel Krim gefunden wurden, sind möglicherweise Kondensationsfallen, in denen in sehr feuchten Nächten Tau gesammelt wurde. Nach Sonnenuntergang strahlen die Steine infrarotes Licht in den Nachthimmel. In klaren Nächten geben sie möglicherweise mehr Energie zum Himmel ab als sie aufnehmen. Dadurch kühlen sie unter Lufttemperatur ab. Wasserdampf, der mit den relativ kühlen Steinen in Kontakt kommt, kondensiert und bildet Tropfen. Mit zunehmender Größe können sich die Tropfen von ihrem Platz losreißen und entweder in ein Sammelbecken in den Steinen oder durch Röhren in einen Sammelbehälter fließen. Die Effizienz des Wassersammelns war bei dieser Methode wahrscheinlich ziemlich niedrig.

Einige Bücher zum Thema Überlebenstraining befassen sich damit, wie man Tau in einer Falle einfangen kann. Zuerst gräbt man an einem sonnigen Platz eine Grube von etwa einem Meter Breite und einem Meter Tiefe in den Sand oder den Boden. Eine nach oben offene Dose wird auf den Boden gestellt und ein Trinkröhrchen hineingesteckt, das vom Boden der Dose zur Oberseite der Grube reicht. Anschließend wird eine Plastikplane so über die Grube gelegt, dass sie ein Gefälle von etwa 45° hat und sich ihr tiefster Punkt direkt über der Dose befindet. Durch Erde oder Steine um den Rand der Grube herum wird die Plane am Rand der Grube festgehalten. Wenn sich diese Konstruktion im Sonnenlicht erwärmt, verdunstet Wasser vom Boden der Grube wie in einem Treibhaus. Bei Sonnenuntergang kühlt sich die Grube ab. Dann kondensiert Wasser auf der Unterseite der Plastikplane. Haben die Wassertropfen eine gewisse Größe erreicht, rutschen sie zum tiefsten Punkt der Plane und fallen in die Dose hinein. Das gesammelte Wasser kann über das Röhrchen angesaugt und getrunken werden. Um die Luftfeuchtigkeit in der Grube zu erhöhen, kann man einen Kaktus abschlagen und in die Grube legen. Auch Meerwasser kann man dazu verwenden, denn wenn das Wasser verdunstet, bleibt das Salz zurück.

Geschichten über natürliche Taupfützen, die Trinkwasser für Menschen oder Tiere bereitstellen, sind Mythen, weil die durch den Tau gelieferten Wassermengen zu gering ist, um eine ausreichende Versorgung zu gewährleisten.

4.68 Schlammrisse

Im Schlamm können sich Risse ausbilden, deren Schnittpunkte anfangs vorzugsweise senkrecht aufeinander stehen. Warum ist das so? Die Risse können schließlich Polygone bilden, so dass der Schlamm einem gekachelten Boden ähnelt. Wie kommt es zu dieser Musterbildung? Manchmal rollen sich die Kanten eines Polygons so stark nach oben ein, dass sich die

Oberseite einer Schicht zu einem Röhrchen windet, das sich von seiner Unterlage löst und davonrollt. Welche Ursache steckt dahinter?

Warum entwickeln sich nach Regenfällen in Trockensenken manchmal riesige Polygone? Der Durchmesser dieser Polygone kann bis zu 300 Meter betragen. Die sie umgebenden Spalten können einen Meter breit und fünf Meter tief sein.

Antwort

Wenn eine flache Schlammschicht langsam austrocknet, zieht sich die Schicht von der Oberfläche her zusammen. Es treten Spannungen auf, weil ein Teil der Schicht von den umgebenden Schichtteilen angezogen wird, während die Unterseite der Schlammschicht mit dem Boden verbunden ist. An manchen Stellen der Oberfläche werden die Spannungen so groß, dass die Oberfläche aufreißt, wodurch sich die Spannungen reduzieren. Diese Risse wachsen dann horizontal in Längsrichtung und vertikal zum darunterliegenden Boden weiter. Wenn sich ein in Entstehung begriffener Riss in Richtung eines vorhandenen Risses ausbreitet, wird er von der Spannung in der Oberfläche so gelenkt, dass er senkrecht zu diesem steht (siehe Abbildung 4.9a). Die Tendenz der Oberfläche, auseinanderzureißen, ist parallel zum bestehenden Riss am größten. Nach dem Anfangsstadium der Rissbildung entwickelt sich im Schlamm ein zweites System aus Rissen. Diese Risse können jeweils als gerade Linie beginnen, wenn sie sich aber in den Schlamm ausbreiten, gabeln oder teilen sie sich vorzugsweise wie in Abbildung 4.9b dargestellt. In Abhängigkeit von der Trockengeschwindigkeit des Schlamms tendieren die Schnitte der Risse der zweiten Generation dazu, mit denen der ersten Generation dazu, Polygone zu bilden.

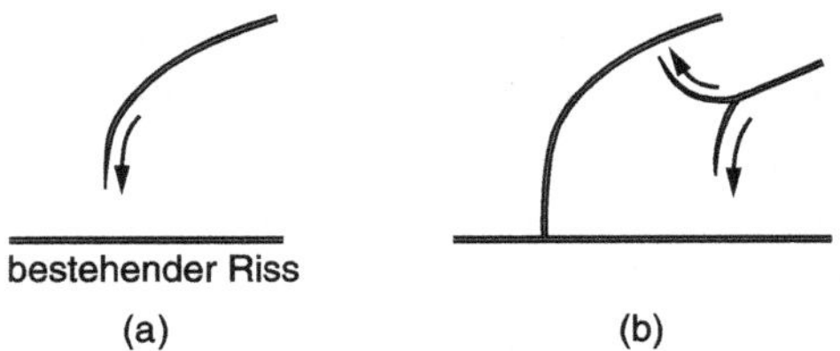

Abb. 4.9: (a) Ein entstehender Schlammriss bildet einen senkrechten Schnitt mit einem bestehenden Riss aus. (b) Ein sich entwickelnder Riss gabelt sich und vervollständigt ein Polygon.

Wenn eine dünne Oberflächenschicht eines Polygons schnell austrocknet, zieht sie sich zusammen. Diese Kontraktion kann dazu führen, dass sich die Schicht nach oben einrollt und konkav wird. Sobald die Kanten abheben, kann auch die Unterseite der Schicht austrocknen, so dass sich die Schicht nach oben eindrehen und ein Röhrchen bilden kann. In seltenen Fällen kommt es vor, dass ein Polygon auf der Oberseite langsamer austrocknet als an seiner Unterseite. Das ist beispielsweise dann der Fall, wenn eine Entwässerung an einem Abhang vorhanden ist. Die Kanten rollen sich dann *nach unten* ein.

Die riesigen Polygone entstehen auf die gleiche Weise wie die kleinen Schlammpolygone.

Risse und Polygone im Schlamm sind Beispiele für dieses Phänomen, das durch Austrocknungen und Dürren zustande kommt. Sie können viele weitere Beispiele finden, z. B. das Austrocknen von Farbe, einer Mischung aus Stärke und Wasser oder einer Mischung aus

Wasser und Kaffeesatz. Wenn Sie mit den letzten beiden Mischungen experimentieren, werden Sie feststellen, dass die typische Größe der Polygone von der Tiefe der reißenden Schicht abhängt: Je dünner die Schicht ist, umso kleiner werden die Polygone. Schließlich ist die Schicht so dünn, dass ein irreguläres Muster anstelle der Polygone auftritt. Sie können das Muster auch durch Schmieren der Innenfläche des Bodens des Behälters beeinflussen, weil Sie dadurch die Reibung zwischen dem Material und dem Behälter verringern: Weniger Reibung (also weniger Spannung) erzeugt weniger Risse.

4.69 Trinkpäckchen in Flugzeugen

Auch dann, wenn der Kabinendruck in einem Flugzeug nicht abfällt, kann es vorkommen, dass in Kunststoff verpackte Getränke, die man Ihnen reicht, nicht mehr versiegelt sind. Zum Beispiel kann ein Kaffeesahnebehälter am Rand seiner flexiblen Oberseite offen sein. Wenn der Behälter dicht verschlossen ist, werden Sie oftmals feststellen, dass sich seine Oberseite nach außen wölbt. Während des Landeanflugs nimmt die Wölbung allmählich ab. Was ist die Ursache für diese Veränderungen?

Ein vergleichbarer physikalischer Effekt kann für amüsante Begebenheiten sorgen: Wenn jemand einen versiegelten Saftbehälter schüttelt und diesen anschließend hastig auf der ihm zugekehrten Seite öffnet, wird ein Teil des Saftes über die ganze Person verspritzt. Ein erfahrener Reisender weiß, dass man den Verschluss langsam und von sich weg gerichtet öffnen muss.

Warum schmerzen Ihre Ohren manchmal, wenn Sie mit dem Flugzeug starten? Warum kommen Sie sich nach der Landung manchmal wie taub vor?

Antwort

Der Luftdruck in einem Flugzeug ist zwar geregelt, aber stets wird er niedriger als der Luftdruck am Boden sein. Wenn das Flugzeug steigt und der Luftdruck abfällt, dehnt sich in flexiblen Behältern (beispielsweise für Sahne, Saft oder Salatdressing) die Luft oder das darin enthaltene Gas aus. Manchmal werden die Versiegelungen an den Behältern sogar aufgedrückt. Wenn ein Behälter mit seinem Inhalt verschlossen ist und Sie den Behälter schütteln, ist die Innenseite des Verschlusses mit der Flüssigkeit bedeckt. Reißen Sie den Verschluss dann plötzlich auf, dehnt sich das Gas im Behälter aus und bläst die Flüssigkeit von der Innenseite des Verschlusses nach außen.

Das unangenehme Gefühl, das sich während des Fluges manchmal im Ohr einstellen kann, entsteht durch den Luftdruck im Mittelohr, das hinter dem Trommelfell liegt. In der Regel wird der Luftdruck durch die zur Rückseite der Nase in den Rachen verlaufende *Ohrtrompete* auf den äußeren Luftdruck eingestellt. Wenn die Ohrtrompete beim Start jedoch verschlossen ist, wirkt als äußerer Luftdruck auf das Trommelfell nur der reduzierte Kabinendruck, während der innere Luftdruck dem Luftdruck am Boden entspricht. Das Problem kann durch Gähnen oder Schlucken behoben werden. Dadurch wird die Ohrtrompete geöffnet, so dass der höhere Luftdruck im inneren Ohr abgebaut werden kann.

Im Sinkflug nimmt der äußere Luftdruck zum Boden hin zu, und die Druckdifferenz führt nun dazu, dass das Trommelfell nach innen gedrückt wird. Dieses Problem ist nicht so leicht zu lösen, weil der niedrigere Druck im Innenohr die Ohrtrompete geschlossen hält. Aber auch hier kann man mit Gähnen und Schlucken versuchen, die Ohrtrompete zu öffnen, so dass sich der Luftdruck im Innenohr auf den höheren Bodenwert des Luftdrucks einstellen kann.

Der Druckabfall in einem Flugzeug kann manchmal lästig werden. Flaschen oder sogar scheinbar feste Getränkedosen können aufspringen, wenn sie in einen Koffer gepackt werden, weil der Gepäckraum des Flugzeuges in der Regel nicht druckgeregelt ist. Ein ähnliches Problem kann dann auftreten, wenn ein Leichnam im Gepäckraum befördert wird – der Sarg muss deswegen sorgfältig gesichert sein, damit er geschlossen bleibt.

4.70 Blasen und Ballons aufblasen

Ein kugelförmiger Ballon lässt sich anfangs schwer aufblasen. Wenn der Ballon bereits teilweise aufgeblasen ist, wird es immer leichter. Warum ist das so? Ein zylindrischer Ballon dehnt sich zunächst nur an einer Stelle aus anstatt über den gesamten Ballon verteilt. Was ist der Grund dafür? Warum wandert der Dehnungsbereich beim weiteren Aufblasen den Ballon entlang?

Betrachten Sie zwei Seifenblasen mit verschiedenen Radien, die über ein Röhrchen mit geschlossenem Ventil verbunden sind (siehe Abbildung 4.10a). Was passiert mit den Blasen, wenn das Ventil geöffnet wird, so dass Luft zwischen den Blasen ausgetauscht werden kann? Was passiert beim Öffnen des Ventils, wenn die Blasen durch Luftballons ersetzt werden?

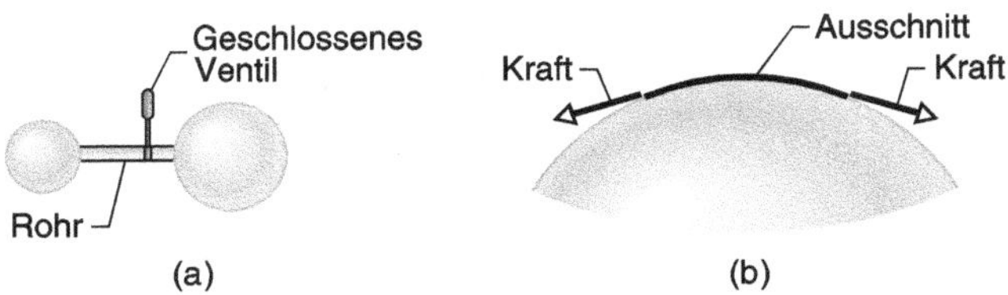

Abb. 4.10: (a) Zwei Blasen (oder Ballons) an einem mit einem Ventil verschlossenen Rohr. (b) Kräfte am linken und rechten Rand eines Oberflächenausschnitts der Blase.

Antwort

Wenn Sie eine kugelförmige Seifenblase aufblasen, müssen Sie einen Luftdruck erzeugen, der größer ist als der bestehende Luftdruck im Innern der Blase. Der innere Luftdruck hängt von der Krümmung der Blasenoberfläche ab. Um das einzusehen, betrachten wir einen Ausschnitt der Oberfläche (siehe Abbildung 4.10b). Der Ausschnitt wird entlang seiner Ränder zu angrenzenden Teilen der Oberfläche gezogen. Der Zug am linken Rand und der Zug am rechten Rand sind teilweise zur Mitte der Blase hin gerichtet. Dieser nach innen gerichtete Anteil bestimmt den Luftdruck. Bei einer kleinen und stark gekrümmten Blase ist der nach innen gerichtete Zug auf den Ausschnitt groß und folglich auch der innere Luftdruck. Das Aufblasen fällt dann schwer. Bei einer größeren Blase mit kleinerer Krümmung ist der nach innen gerichtete Zug und folglich auch der Innendruck klein. Die große Blase lässt sich also leichter aufblasen.

Ein Luftballon aus Gummi unterscheidet sich insofern, als die Dehnung der Membran während des Aufblasens darauf eine Druckerhöhung bewirkt. Während der Anfangsphase des Aufblasens erhöht der Dehnungswiderstand den Druck, so dass Sie einen höheren Druck erzeugen müssen, wenn Sie den Ballon weiter aufblasen wollen. Hat der Ballon allerdings erst einmal eine gewisse Größe erreicht, bewirkt die nachfolgende Abnahme der Krümmung, dass sich der innere Luftdruck verringert und das weitere Aufblasen leichter wird.

Diese Tatsache wird durch einen herabgesetzten Dehnungswiderstand des Gummis bei gleichbleibender Größe des Ballons unterstützt. (Der Widerstand kehrt mit aller Kraft zurück, wenn der Ballon wesentlich größer ist.)

Außerdem gibt es noch einen anderen wichtigen Faktor. Wenn Sie in den Ballon blasen, führen Sie ihm ein gewisses Luftvolumen, das sogenannte Stoßvolumen, aus Ihren Lungen zu. Wenn der Ballon noch klein ist, muss sich die Oberfläche durch das zusätzliche Volumen beträchtlich ausdehnen, was den Widerstand gegenüber einer weiteren Dehnung erhöht. Bei einem großen Ballon ist das zugeführte Luftvolumen im Vergleich zum bereits vorhandenen Volumen klein, so dass die Oberfläche nicht so stark zunehmen und folglich der Gummi nicht so stark gedehnt werden muss.

Eine Besonderheit einiger Gummiballons ist, dass sie – obwohl von Natur aus kugelförmig – spürbar von der Kugelform abweichen, wenn ihre Dehnung ein gewisses Maß erreicht hat. Kurz nachdem sich der Ballon leichter aufblasen lässt und bevor es dann wieder schwieriger wird, weil das Gummi stark gedehnt ist, kann der Ballon eine deutliche Beule an einer Seite ausbilden. (M. J. Sewell von der Universität in Reading bemerkte über diese Eigenart: „In der ganzen Phase des Aufblasens bevorzugt die Natur keine Kugel, selbst dann nicht, wenn ihr eine geboten wird.“)

Wenn Sie einen zylindrischen Ballon aufblasen, dehnt er sich zunächst am schwächstem Punkt aus. Der Teil, der den aufgeblasenen mit dem nicht aufgeblasenen Teil verbindet, ist in Längsrichtung des Ballons konkav. Wenn Sie den Ballon weiter aufblasen, erleichtert die Spannung im konkaven Teil die Ausdehnung des Ballons an dieser Stelle, so dass sich die Dehnungsfront entlang der Längsrichtung des Ballons bewegt.

Sind zwei Blasen durch ein geöffnetes Rohr miteinander verbunden, treibt der höhere Druck in der kleineren Blase Luft durch das Rohr zur größeren Blase, wo der Druck niedriger ist. Die kleine Blase kollabiert, während sich die größere ausdehnt. Unbemerkt vollzieht sich dieser Prozess in der Schaumkrone eines Biers, die aus Kohlendioxidblasen besteht. Zwar sind die Blasen nicht über Rohre verbunden, doch kann das Kohlendioxid von einer Blase zur anderen durch die Blasenwände diffundieren (sich ausbreiten). Die kleineren Blasen verlieren ihr Gas an angrenzende größere Blasen und kollabieren schließlich. Dieser Prozess wird als *Ostwald-Reifung* bezeichnet. Allerdings ist die Diffusionsrate von Stickstoff viel geringer als die von Kohlendioxid, weshalb Biere (etwa Guinness), die mit Stickstoff anstelle von Kohlendioxid gezapft werden, langlebigere Blasen ausbilden.

Werden die Blasen durch Ballons ersetzt, kann das Ergebnis anders ausfallen. In Abhängigkeit von der in ihnen enthaltenen Gesamtmenge an Luft können sie am Ende den gleichen Radius haben oder unterschiedlich groß sein.

4.71 Haute Cuisine

Wenn man in großen Höhen einen Biskuitteig bereitet, muss man zusätzlich Mehl und Wasser zugeben, damit der Kuchen gelingt. Warum ist das so?

Antwort
Wie gut der Kuchen aufgeht, hängt von der Ausdehnung der Luftblasen ab, die in dem geschlagenen Backteig gefangen sind, sowie von der Dampfproduktion, wenn das Wasser (das teilweise aus den Eiern stammt) verdampft. Weil der atmosphärische Druck auf größeren Höhen niedriger ist, können sich die Blasen so schnell ausdehnen, dass die Stärke der inneren Struktur des Kuchens überwunden wird und der Kuchen zusammenfällt. Eine Lösung ist, weniger Zucker zuzugeben. Das macht die Struktur zarter; der Kuchen wird dann allerdings härter und ist weniger süß. Eine andere Lösung ist, mehr Mehl zuzugeben, um den Kuchen zu festigen. Auch der Anteil des Backpulvers kann verringert werden, so dass weniger Blasen entstehen.

Wasser kocht in großen Höhen bei einer niedrigeren Temperatur als auf der Höhe des Meeresspiegels. Der Kuchen verliert bei der Zubereitung in großen Höhen mehr Wasser, weil es dann leichter zum Verdampfen kommt. Um diesen Verlust auszugleichen, muss mehr Wasser zugegeben werden.

4.72 Champagner im Tunnel

Im November 1827, als der Tunnel unter der Themse in London fertiggestellt war, liefen die Würdenträger hinunter in den Tunnel, um zu feiern. Weil der Tunnel während des Baus unter Druck gehalten wurde (um das Grundwasser unter dem Fluss zurückzuhalten), betraten die Würdenträger zuerst eine Luftschleuse, wo der Druck erhöht wurde, bis er mit dem Druck im Tunnel übereinstimmte. Schließlich im Tunnel angekommen, begossen sie das Projekt mit Champagner. Der Champagner war jedoch eine Enttäuschung, er schäumte einfach nicht, als die Flaschen geöffnet wurden. Die Feiern nahmen dennoch ihren Lauf, bis schließlich die Würdenträger durch die Luftschleuse zur Oberfläche zurückkehrten.

Als der Druck in der Luftschleuse auf den normalen Außendruck reduziert wurde, wurde den Würdenträgern äußerst unwohl. Einer von ihnen musste sogar in die Luftschleuse zurückgebracht und wieder unter hohen Druck gesetzt werden. Was war da verkehrt gelaufen?

Antwort
Das im Champagner gelöste Kohlendioxid steigt beim Öffnen der Flasche in Form von Blasen (dem Schaum) aus der Lösung auf. Vorher steht der Inhalt unter einem enormen Druck, und das gasförmige Kohlendioxid im Flaschenhals steht im Gleichgewicht mit dem gelösten Kohlendioxid. Im Mittel gehen die gleiche Anzahl Moleküle vom gelösten in den gasförmigen Zustand über wie umgekehrt. Sobald allerdings die Flasche geöffnet wird, wird der Druck im Kohlendioxid reduziert und kurzzeitig steht das Kohlendioxid nicht im Gleichgewicht. Nun geht mehr gelöstes Kohlendioxid in den gasförmigen Zustand über als umgekehrt. Dies erzeugt den Strom aus Blasen – Kohlendioxid, das von einem Flüssigkeitsfilm umgeben ist.

Das passiert üblicherweise. Im unter Druck stehenden Tunnel war der Luftdruck allerdings so groß, dass sich nur schwer Blasen bilden konnten. Somit blieb ein großer Teil des Kohlendioxids in der Lösung. Als die Würdenträger den Champagner tranken, nahmen sie folglich sehr viel Kohlendioxid auf. Als sie die Luftschleuse verließen und der Luftdruck wieder niedriger war, ging dieses gelöste Kohlendioxid plötzlich in den gasförmigen Zustand über, wodurch sich verschiedene innere Organe aufblähten. Das erzeugte (bestenfalls) Rülpser und (schlimmstenfalls) aufgeblähte Mägen und Harnblasen.

Bis vor kurzem mussten Bauleute unter erhöhtem Luftdruck arbeiten, wenn sie an Tunneln unter Flüssen und Buchten arbeiteten. Wenn die Bauleute am Ende ihrer Schicht zur Erdoberfläche zurückkehrten, mussten sie ähnlich wie Tiefseetaucher einen Dekompressionsplan befolgen. Das Problem besteht darin, dass die Stickstoffmoleküle aus der Luft in die Blutbahn gelangen, wenn man unter Druck einatmet. Wenn die Bauleute den unter Druck gesetzten Teil des Tunnels verließen, konnte der gelöste Stickstoff Blasen bilden, weil nun auf Körper und Lunge ein geringerer Druck wirkte. Die Blasen bewegen sich vorzugsweise mit dem Blutstrom, wobei sie sich beim Eintritt in größere Venen (in Richtung Herz) zu „Durchschlägern" entwickeln oder festklemmen und den Blutfluss blockieren, wenn sie in kleinere Arterien (vom Herzen weg) diffundieren. In der Folge kann es zu Berufsunfähigkeit oder sogar zum Tod kommen.

Heutzutage werden Tunnel mithilfe von ferngesteuerten Tunnelbohrmaschinen gegraben, so dass die Bauleute den unter Druck gesetzten Tunnelabschnitt wesentlich seltener betreten müssen. (In einigen Fällen werden Tunnel nicht mehr gebohrt, sondern aus vorgefertigten Abschnitten gebaut, die in das Flussbett abgesenkt und anschließend zusammengefügt werden.)

4.73 Kurzgeschichte: In einer Flasche stecken geblieben

Ein Mädchen wollte unbedingt auch noch den letzten, auf der Innenseite einer Flasche klebenden Rest von Schokomilch herausbekommen. Sie streckte deshalb ihre Zunge in die Flasche und sog scharf die Luft ein, um die Flüssigkeit in ihren Mund zu ziehen. Dabei blieb ihre Zunge stecken, denn sie hatte den Druck in der Flasche verringert, indem sie einen Teil der darin enthaltenen Luft herausgesaugt hatte. Entweder hatte sie Luft beim Einatmen herausgesaugt oder sie herausgedrückt, als sie ihre Zunge in die Flasche hineinquetschte. Egal wie das Malheur nun genau entstand, jedenfalls führte der Druckunterschied zwischen dem Inneren der Flasche und der umgebenden Luft dazu, dass sie ihre Zunge nicht mehr herausziehen konnte. Auch die Notfallambulanz konnte dem Mädchen nicht helfen, und erst ein Glaser konnte sie mit seinem Glasschneider von der Flasche befreien.

4.74 Wintergewitter

Warum gibt es im Winter seltener Gewitter als im Sommer?

Antwort

Gewitter entwickeln sich, wenn die untere Schicht der Atmosphäre instabil ist. Dazu kommt es, wenn Pakete aus warmer Luft durch den Auftrieb schnell nach oben aufsteigen, denn warme Luft ist leichter als kühle. Das ist der Fall, wenn die Lufttemperatur mit zunehmender Höhe stark abnimmt – das Paket aus warmer Luft wird geradezu nach oben in die kühlere Luft gedrückt.

Allerdings muss, sobald die warme Luft Wasserdampf enthält, die Änderung der Temperatur mit der Höhe nicht extrem sein, denn wenn die Luft aufsteigt, kann ein Teil des in ihr enthaltenen Wasserdampfs kondensieren. Diese Kondensation setzt eine große Menge thermischer Energie frei, die das Luftpaket erwärmt. Also nimmt der Auftrieb zu, und das Paket wird nach oben beschleunigt. Damit werden die Bedingungen für Instabilitäten und Gewitter geschaffen.

Unter winterlichen Bedingungen nimmt die Temperatur mit der Höhe üblicherweise allmählicher ab. Das Luftpaket in Bodennähe ist kalt, so dass es nicht viel Wasserdampf enthalten kann. Dadurch ist es weniger wahrscheinlich, dass die aufwärts gerichtete Beschleunigung der Luft ein Gewitter auslöst. (Dennoch habe ich hin und wieder während eines Schneesturms Donner gehört.)

4.75 Rauchfahnen an Schornsteinen und Kaminen

Böiger oder stürmischer Wind kann die Rauchfahnen oder die Kondensationsdämpfe, die aus einem Schornstein oder Abluftrohr aufsteigen, in ein chaotisches, sich ständig änderndes Muster verwirbeln. Wie verhält es sich aber bei zeitlich und räumlich gleichförmigem Wind? Sollte dann die Rauchfahne nicht schräg nach unten kriechen, während sie sich aufweitet? Seltsamerweise ist das nicht der Fall, vielmehr bilden sich Formen, wie die in Abb. 4.11a dargestellten. Wie entstehen diese Formen? Warum werden einige vom Wind bewegte Rauchfahnen aufgespalten (siehe Abb. 4.11b)?

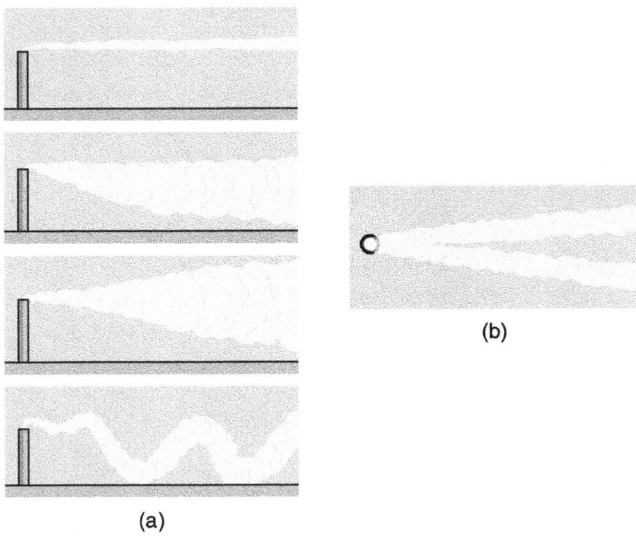

Abb. 4.11: (a) Rauchfahnen aus hohen Schornsteinen in einem horizontalen Wind. (b) Draufsicht auf eine Rauchfahne, die sich teilt.

An windstillen Tagen steigen manchmal Rauchfahnen auf, die sich horizontal ausbreiten und ein schmales, aufrechtes V bilden. Warum geben manche Schornsteine Rauchfahnen ab, die sich erst verschlanken und dann aufweiten?

Antwort

Bei manchen Industrieschornsteinen treibt das Gas aufwärts, so dass es weniger wahrscheinlich ist, dass es zusammen mit den in ihm enthaltenen Dämpfen zu Boden sinkt und dort die Umwelt verschmutzt. Zu einem weiteren Aufsteigen des Gases kommt es nur dann, wenn es heißer als die umgebende Luft ist. Die Temperaturdifferenz erzeugt einen Auftrieb, der das Gas aufwärts beschleunigt. Bei anderen Kaminen und Schornsteinen wird das Gas nicht mechanisch gefördert und sein Aufsteigen hängt wesentlich vom Auftrieb ab.

Auch dann, wenn das Gas anfangs heißer ist als die Luft, kann es ihm nicht gelingen aufzusteigen, weil es sich dabei möglicherweise abkühlt. Dazu kommt es, weil der Luftdruck mit der Höhe sinkt. Ein aufsteigendes Gaspaket dehnt sich gegen den sinken Luftdruck aus. Die Energie dafür stammt aus den zufälligen Bewegungen der Gasmoleküle. Diese werden langsamer und geben Energie ab, wodurch die Temperatur des Gases abnimmt. Wenn die Gastemperatur unter die Lufttemperatur fällt, erfährt das Gas einen *negativen Auftrieb* und sinkt nach unten.

Das Aufsteigen wird auch durch den Wassergehalt des Gases beeinflusst. Wenn sich das Gas so weit abkühlt, dass das Wasser kondensiert, setzt der Phasenübergang vom Dampf zur Flüssigkeit Energie frei. Diese heizt das Gas auch dann auf, wenn es sich gegen den niedriger werdenden Luftdruck ausdehnt. Ähnliche Betrachtungen müssen angestellt werden, wenn es um das Sinken des Gases geht. In diesem Fall wird das Gas durch den zunehmenden Luftdruck zusammengedrückt und erwärmt sich. Wenn das Gas weiter sinken soll, muss seine Temperatur weiter abnehmen.

Die relative Temperatur von Gas und Luft bestimmt, in welche Richtung sich das Gas bewegt. Die Form der Rauchfahne entsteht jedoch durch den Wind und hängt von den Turbulenzen (der Verwirbelung) der Luft ab. Wenn die Turbulenz aus kleinen Wirbeln besteht, wird sich die Rauchfahne vom Schornstein ausgehend ausbreiten. Sind die Wirbel größer, kann die Rauchfahne in Schleifen laufen. (Diese Schleifen sind teilweise eine Illusion, denn einzelne Gaspakete bewegen sich nicht auf und ab, sondern vorwiegend auf geradlinigen Bahnen. Die Schleifenerscheinung kommt dadurch zustande, dass aufeinanderfolgende Pakete durch die Turbulenz auf verschiedene geradlinige Bahnen getrieben werden.)

Betrachten Sie beispielsweise den Fall, dass das Gas kegelförmig auseinanderläuft. Dazu kommt es, wenn das Gas beim Aufsteigen schnell unter die Lufttemperatur abkühlt, während es sich beim Sinken schnell über die Lufttemperatur erwärmt. Das Gas ist dann teilweise auf der Höhe der Schornsteinöffnung gefangen; eine leichte Turbulenz kann es jedoch vertikal verteilen. Ein Auffächern tritt auf, wenn die Lufttemperatur mit zunehmender Höhe ansteigt – ein Zustand, der als Inversionswetterlage bezeichnet wird. In diesem Fall ist das Gas in einer noch dünneren Schicht gefangen und Turbulenzen können es nur horizontal verteilen. In jedem Fall aber können besonders heiße Gebiete des Gases nach oben hin aufplatzen und Nebenfahnen bilden.

Die Rauchfahne teilt sich, wenn das Gas aus der Mitte des Schornsteins schnell, an den Schornsteinwänden dagegen langsamer aufsteigt. Wenn die Rauchfahne austritt, beginnt das

Gas durch die Mitte nach oben und an den Seiten nach unten zu zirkulieren. Diese Wirbelbewegung teilt die Rauchfahne, und die getrennten Teile wehen mit dem Wind in unterschiedlichen Richtungen davon.

Wenn ein Schornstein das Gas langsam entlässt (wie bei einer Feuerstelle mit schwachem Feuer und großen Öffnungen an der Schornsteinspitze) muss sich das Gas erst zusammenziehen und Geschwindigkeit aufnehmen, bevor es sich zu einem V aufweiten kann. Das Zusammenziehen ist die Umkehrung dessen, was mit einem gleichmäßigen Wasserstrom nach dem Austreten aus dem Hahn passiert.

4.76 Rauchzeichen und Pilzwolken

Die Ureinwohner Amerikas wussten, wie man über große Entfernungen hinweg Signale übertragen kann, indem man den Rauch eines Lagerfeuers steuert. Sie legten jede Menge Holz in das Feuer, um die Rauchentwicklung zu fördern und bedeckten das Feuer kurz mit einer nassen Decke. Wenn sie die Decke zurückzogen, stieg ein erster Rauchstoß in die Luft, der dann von einem entfernten Beobachter gesehen werden konnte. Bediente man sich dieser Signalübertragung am frühen Morgen oder am späten Abend, breitete sich der Rauch horizontal aus, nachdem er eine gewisse Höhe erreichte. Woran liegt das? Der Rauch erinnert dann an einen Pilz oder an eine Atombombenexplosion.

Auch die australischen Ureinwohner benutzten Lagerfeuer zur Signalübertragung. Anstatt das brennende Material mit einer Decke zu überdecken, hoben sie es mit langen Stangen an. Während die einen das Material anhoben, warfen andere Männer frisches Holz dazu. Das Anheben förderte den Luftzutritt in das Feuer und fachte die Flammen an. Das neue Holz vermehrte den Rauch. Wenn sich die Signale zu Pilzen entwickelten und die Beteiligten ihre Bemühungen sorgfältig aufeinander abstimmten, konnten sie bis zu sechs Pilzhüte übereinander senden, jede säuberlich über den anderen gestapelt. Wie schafften sie es, die Höhen zu kontrollieren, an denen die einzelnen Pilzhüte auftraten?

Warum lassen große Explosionen, insbesondere Atomexplosionen, am Boden und über dem Boden, Pilzwolken entstehen?

Antwort

Die Rauchstöße beginnen sich dort horizontal auszubreiten, wo sich das Gas mit dem enthaltenen Rauch auf die Temperatur der umgebenden Luft abgekühlt hat (siehe dazu Fragestellung 4.75). Die Pilzhüte sind dann am ausgeprägtesten, wenn die Luft eine Inversion aufweist (die Temperatur nimmt dann mit der Höhe zu), wie es insbesondere dann vorkommt, wenn der Boden am frühen Morgen oder am späten Abend kühl ist. Die australischen Ureinwohner kontrollierten die Höhe jedes Pilzhutes, indem sie einstellten, wie heftig das Feuer brannte. Wenn die Temperatur im Feuer erhöht wurde, stiegen der Rauchstoß und das heiße Gas höher.

Im Zweiten Weltkrieg wurden Rauchvorhänge besonders in hellen Mondnächten benutzt, um Ziele, wie beispielsweise Fabriken, vor nächtlichen Luftangriffen zu verbergen. Durch das Verbrennen von Dieselöl wurde ein dicker, öliger, schwarzer Rauch erzeugt. Dies geschah mit denselben Vorrichtungen, die zum Abdecken von Obstplantagen mit Rauch benutzt wurden, wenn das Obst von starkem Nachtfrost bedroht war. Der Rauch stieg nicht besonders hoch, weil er nicht sehr heiß war, wenn er den schlanken Kamin eines Brenners verließ. In einer windstillen Umgebung formte er auf diese Weise eine flache Schicht, die geeignet war, ein Ziel zu verstecken oder zu tarnen.

Eine Atomexplosion erzeugt einen glühenden Feuerball, der die Luft sehr schnell erhitzt. Die Luft steigt dann rasch nach oben und saugt dabei Bodenluft, Staub, Schutt und Wasserdampf in ihrem Gefolge nach oben, wodurch sich der Pilzstiel ausbildet. Wie bei den Feuern kühlt sich die Luft irgendwann auf die Temperatur der umgebenden Luft ab und formt bei der horizontalen Ausbreitung den Pilzhut.

4.77 Lagerfeuer und Kaminfeuer

Warum bringen Sie niemals ein gutes Feuer zustande, wenn Sie einfach Kleinholz um einen einzelnen Holzscheit herum aufschichten? Warum sollten Sie stattdessen wenigstens einen Stapel aus (mindestens) drei Holzscheiten errichten? Warum sollten die Scheite ab und zu gewendet werden, wenn sie brennen? Wie heizt ein Feuer im Kamin einen Raum? Warum qualmt ein schlecht gebauter Kamin im Gegensatz zu einem guten? Wozu dienen die Glasscheiben, die zum Abdecken der Kaminöffnung verkauft werden? Kann man die Holzscheite wirksamer aufschichten, so dass das Feuer den Raum noch besser heizt?

Antwort

Die Oberfläche eines Holzscheites brennt, wenn seine Temperatur über einen bestimmten Wert, die sogenannte *Zündtemperatur* oder den sogenannten *Flammpunkt*, erhöht wird. Mit Kleinholz kann man einen Scheit zunächst von der Seite her anzünden. Nachdem das Kleinholz verbraucht ist, sinkt die Oberflächentemperatur schnell unter die Zündtemperatur. Verantwortlich dafür sind die Infrarotstrahlung der Oberfläche des Scheites und die Konvektion der heißen Gase von der Oberfläche des Scheites weg. Um einen Holzscheit länger brennen zu lassen, brauchen Sie zwei oder mehr Scheite, die neben den ersten Holzscheit gepackt sind. Die brennenden Oberflächen heizen sich dann gegenseitig durch Strahlung, Konvektion heißer Gase oder Wärmeleitung auf, so dass die Temperatur der Holzscheite über der Zündtemperatur bleibt.

Diese Beschreibung trifft auf ein Lagerfeuer zu. Bei einem Kaminfeuer verhält es sich hingegen anders, weil dieses zum Teil eingeschlossen ist. Gas und aufgeheizte Ziegelsteine auf der Oberseite der Feuerstelle bilden eine heiße Schicht, die infrarote Strahlung auf die brennenden Oberflächen abstrahlt und dabei hilft, diese heiß zu halten. Der Einschluss kann auch die Sauerstoffzufuhr beschränken und so den Brennvorgang behindern. Zwischen der thermischen Energie, die durch das Feuer erzeugt wird, der thermischen Energie, die durch die Konvektion der heißen Gase den Abzug hinauf (und hoffentlich nicht in den Raum hinein) verloren geht, der Wärmeleitung durch die Rückwand der Feuerstelle und der Strahlung in den Raum hinein stellt sich idealerweise ein Gleichgewicht ein. Das Feuer kann diesen Gleichgewichtszustand kurz verlassen und auflodern, wenn mehr Holz hinzugefügt wird oder der Luftstrom in den Kamin und nach oben in den Abzug zunimmt.

Der Raum erwärmt sich vorwiegend durch die Wärmestrahlung, die von den offenen Stellen zwischen den Holzscheiten abgegeben wird. Ein Holzscheit wird von Zeit zu Zeit gewendet, um unverbrannte Stellen in das Gebiet zwischen den Holzscheiten zu bringen. Ein Teil der brennenden Oberflächen zeigt dann zum Raum und strahlt Wärme ab, während die in das Innere des Feuers gedrehte frische Oberfläche in Flammen aufgeht.

Heiße Luft und Feuergase steigen den Kamin empor und treten durch einen schmalen Abschnitt hindurch, dessen Breite durch einen *Kaminschieber* geregelt wird. Ursache für das Aufsteigen der Gase ist der Auftrieb, denn ihre hohe Temperatur macht sie leichter als die Luft im Raum und in der Umgebung. Ein höherer Kamin gewährleistet einen guten *Zug*, weil der Auftrieb die Luft und die Gase dadurch auf eine höhere Geschwindigkeit beschleunigen kann, bevor sie das obere Ende des Abzugs erreichen. Wenn Wind über den Schornstein bläst, fängt er die Gase ein und verstärkt den Zug. Ein schlecht ziehender Kamin oder Ofen pufft, wenn Entladungen heißer Gase sich mit von außen eindringender kalter Luft abwechseln, die in den Abzug sinken.

Es gibt verschiedene Gründe, weshalb ein Kamin Rauch in den Raum abgibt. Ein möglicher Grund ist, dass Luft in die Feuerstelle gezogen wird, die dann die Rückwand trifft und anschließend wieder nach vorn in den Raum geleitet wird, wobei sie einen Teil des Rauchs mit sich trägt. Eine gut konstruierte Feuerstelle hat einen hohen Innenraum, so dass die Vorderwände ein solches Verwirbeln verhindern. Ist der Kaminschieber oder der entsprechende Abschnitt im Kamin zu weit geöffnet, können Abwinde der Außenluft Rauch in den Raum blasen. Wenn das Feuer schwach oder die Feuerstelle ungewöhnlich groß ist, machen solche Abwinde größere Probleme.

Weil eine Feuerstelle den Raum vorwiegend durch thermische Strahlung heizt, sind die Wände an der Rückseite und an den Seitenflächen oft abgeschrägt, so dass sie die Strahlung in den Raum hineinstreuen. Die Strahlung ist gerichteter, wenn die Holzscheite so auf einer Unterlage aufgeschichtet sind, dass sie einen Schacht bilden, wobei ein großer Scheit auf der Rückseite und kleinere Scheite auf der Oberseite und dem Boden des Schachtes liegen sollen. Das Feuer wird auf diese Weise im Inneren des Schachtes eingeschlossen. Die Asche zeigt dann eher zum Raum als zum Mauerwerk der Feuerstelle.

Da das Feuer Luft aus dem Raum saugt, entzieht es dem Raum Wärme. Um diesen Verlust zu mindern, kann man eine Tür aus feuerfestem Glas vor der Feuerstelle anbringen. Das Glas gewährt den Blick auf das Feuer und strahlt die ihm zugeführte thermische Energie in den Raum ab, während es gleichzeitig den starken Wärmeverlust des Raumes verhindert. Das Feuer wird weiterhin durch Luft genährt, die durch offene Zugänge in Bodennähe gezogen wird, wo die Raumluft am kühlsten ist.

Bei einigen Feuerstellen kann es zu einem umgekehrten Luftstrom kommen, wenn kein Feuer in der Feuerstelle brennt. Solche Feuerstellen liegen normalerweise so, dass sie vor Sonneneinstrahlung geschützt sind, so dass sie relativ kühle Luft enthalten, während die Sonne aber die umgebende Luft erwärmt. Die kühle Luft im Kamin ist dichter und schwerer als die äußere Luft. Sie sinkt deshalb auf den Boden des Kamins und hinaus in den Raum, wobei sie die enthaltene Luft entweder durch offene Türen, Fenster oder Ritzen hinauspresst.

Vergleichbare Luftströmungen kommen auch in Hohlräumen mit mehreren Öffnungen vor, bei denen eine Öffnung viel höher als die anderen liegt. Die Verbindungen zwischen der unteren und der oberen Öffnung wirken dann als Kamin. Ist die Kaminluft wärmer als die

Außenluft, wie etwa im Winter, fließt die Luft durch die untere Öffnung hinein und durch die obere Öffnung hinaus. Im umgekehrten Fall strömt die Luft in die entgegengesetzte Richtung. Man sagt von einem solchen Hohlraum, dass er atmet.

4.78 Eine Kerzenflamme

Wie brennt eine Kerze oder genauer gesagt: Wie verbraucht sie ihren Brennstoff? Warum ist das Licht einer Kerzenflamme vorwiegend gelb, und warum bilden sich in der Regel an den Seitenbereichen der Flamme blaue Stellen (siehe Abbildung 4.12)? Warum gibt es einen dunklen Kegel zwischen dem Docht und dem gelben Bereich der Flamme? Warum rußen einige Kerzen und warum flackern andere? Warum ist der Ruß einer Flamme schwarz, und warum steigt noch eine Weile nachdem die Kerze gelöscht wurde, weißer Rauch auf?

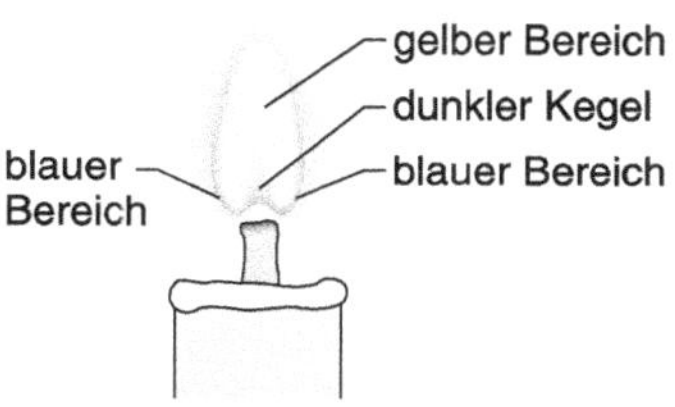

Abb. 4.12: Struktur einer Kerzenflamme.

Antwort

Der Wachsbrennstoff einer Kerze ist Paraffin oder Stearin (Stearinsäure) oder eine Kombination aus beidem. Die thermische Strahlung der Flamme wird vom Wachs aufgenommen. Sie schmilzt und verflüssigt das Wachs. Die Flüssigkeit wird durch Kapillarkräfte in den Docht gezogen (die Moleküle im Docht ziehen die Moleküle der Flüssigkeit an, die durch ihre gegenseitigen Anziehungskräfte zusammengehalten werden). Während das Wachs den Docht hinaufklettert, verdampft es in der heißen Umgebung der Flamme und wird anschließend durch den Strom heißer Gase (Konvektion) nach oben und seitlich weggetragen.

Einige der während des Verdampfungsprozesses freigesetzten Kohlenwasserstoffe gelangen in den dunklen Kegel unmittelbar über dem Docht. Diese sind aber nicht heißer als 600 °C bis 800 °C. Zum Verbrennen der Kohlenwasserstoffe wird Sauerstoff benötigt, der sich nur durch Diffusion in der Flamme ausbreiten kann. Daher erreicht nur wenig Sauerstoff den dunklen Bereich. (Eine Kerze bildet eine Flamme vom *Diffusionstyp* aus.) Wegen des geringen Sauerstoffverbrauchs und der niedrigen Temperatur emittieren die Kohlenwasserstoffe in diesem Bereich nur wenig Licht. Deshalb erscheint dieser Bereich dunkel.

Einige Kohlenwasserstoffe werden nach außen in die blauen Bereiche, die sogenannten *Reaktionszonen*, getragen. Der dort reichlich vorhandene Sauerstoff reagiert mit den Kohlenwasserstoffen, zerlegt sie in kleinere Moleküle und erzeugt die heißeste Zone der Flamme. Zu den kleineren Molekülen gehören molekularer Kohlenstoff (C_2) und Kohlenwasserstoff (CH). Werden diese Moleküle im angeregten Zustand erzeugt, gehen sie sehr schnell in den Grundzustand über, wobei sie Licht bestimmter Wellenlängen emittieren. Die meisten dieser Wellenlängen liegen im blauen Bereich des sichtbaren Spektrums. Sie nehmen also blaues Licht wahr, das von den Seitenbereichen der Flamme stammt. (In einem dunklen Raum kann man um die Kerzenflamme herum ein schwaches Glühen wahrnehmen. Dieses Glühen entsteht jedoch nur durch die Streuung des Kerzenlichts im Auge. Maler stellen dieses Glühen dar, indem sie kurze, wellige Linien zeichnen, die von der Flamme ausgehen.)

Die Kohlenwasserstoffe, die aus dem dunklen Kegelbereich oder der Reaktionszone in den gelben Bereich der Flamme aufsteigen, bilden kleine feste Kohlenstoffpartikel, die dann im Sauerstoff verbrennen. Die Partikel werden so heiß, dass sie glühen, wodurch sie das gelbe Licht abgeben, welches das Kerzenlicht dominiert.

Wenn die Geschwindigkeit, mit der die Kohlenwasserstoffe den gelben Bereich erreichen, mit der Geschwindigkeit übereinstimmt, mit der die festen Partikel verbraucht werden, ist die Flamme rauchlos. Ist die Zufuhrgeschwindigkeit dagegen zu groß (wenn beispielsweise der Docht zu lang ist), dann kann die Flamme rußen, d. h. sie gibt einen dunklen Rauch aus Kohlenstoffpartikeln ab, die unvollständig in der Flamme verbrannt wurden. Indem Sie eine Büroklammer in eine Kerzenflamme halten, können Sie den Brennvorgang unterbrechen und Ruß erzeugen, der sich auf die Büroklammer legt.

Stimmt die Geschwindigkeit, mit welcher der Brennstoff zugeführt wird, nicht mit derjenigen überein, mit welcher der Brennstoff verbraucht wird, verlischt die Flamme einfach oder flackert. Die Flamme verlischt genau dann, wenn sie nicht ausreichend Brennstoff verflüssigt, oder der Kapillarbereich im Docht nicht so viel Brennstoff nach oben ziehen kann, dass die Flamme weiter brennt. Die Flamme flackert, wenn es eine Rückkopplung zwischen der Flamme und der Flüssigkeitszufuhr gibt. Angenommen, die Flamme flammt etwas auf und erhöht folglich die thermische Strahlung und damit auch die Menge des verflüssigten Wachses. Wenn es der Docht nicht schafft, diese zusätzliche Flüssigkeit hinreichend schnell zur Flamme zu transportieren, verbraucht dieses Aufflammen den verfügbaren Brennstoff an der Spitze des Dochts und die Flamme wird schwächer. Wenn anschließend zusätzliche Flüssigkeit die Spitze des Dochts erreicht, flammt die Flamme erneut auf, und der Kreislauf beginnt von vorn.

Um eine Flamme auszupusten, müssen Sie lange genug blasen, so dass nicht nur die glühenden Kohlenstoffpartikel im gelben Bereich und die reagierenden Kohlenwasserstoffe im blauen Bereich weggeblasen werden, sondern auch die Kohlenwasserstoffe, die gerade vom heißen Docht verdampfen, während Sie blasen. Tatsächlich verdampfen auch unmittelbar nachdem eine Kerze erloschen ist noch Kohlenwasserstoffe an der Spitze des Dochts. Sie bilden aber keine Kohlenstoffpartikel mehr und brennen nicht. Bleibt es bei einzelnen Molekülen, nehmen Sie sie wahrscheinlich nicht wahr. Ballen sie sich dagegen zusammen, streuen sie das Licht so stark, dass Sie einen weißlichen Rauch vom Docht aufsteigen sehen.

4.79 Ein Feuer besprühen

Warum löscht Wasser brennendes Holz? Warum stellen Feuerwehrleute die Düse des Feuerwehrschlauchs in der Regel so ein, dass das Wasser nicht als Strahl sondern als feiner Sprühnebel austritt? Wenn Feuerwehrleute in einen geschlossenen brennenden Raum stürmen, besprühen sie üblicherweise zunächst die Decke des Raums und nicht den Boden, und zwar auch dann, wenn das Feuer nur auf dem Boden brennt. Warum ist das so?

Antwort

Wasser kann ein Feuer durch verschiedene Prozesse eindämmen oder löschen: (1) Es absorbiert thermische Energie von den brennenden Oberflächen und den erzeugten Dämpfen (die vielleicht brennen) und kühlt sie so stark, dass sie nicht mehr brennen können. (2) Es absorbiert einen Teil der thermischen Strahlung, die von den brennenden Substanzen ausgeht und vermindert so das Risiko, dass umliegendes Material so heiß wird, dass es brennt. (3) Es nimmt Raum in der Luft ein und vermindert so die Menge des Sauerstoffs, der das brennende Material erreicht. Dieses benötigt Sauerstoff, um weiter brennen zu können.

Die Rate, mit der die thermische Energie absorbiert wird, hängt von der Größe der Oberfläche des Wassers ab. Weil die Gesamtoberfläche zunimmt, wenn ein Strahl zerstäubt wird, ist die Düse so eingestellt, dass sie Sprühwasser abgibt.

Wenn es in einem geschlossenen Raum brennt, ist der Sauerstoff bald aufgebraucht und unverbrannter Brennstoff verbleibt in der Luft. Die heißen Materialien im Raum können sogar weiterhin unverbrannten Brennstoff freisetzen. Weil dieser Brennstoff heiß ist, sammelt er sich in der Nähe der Zimmerdecke an. Wenn der Raum plötzlich geöffnet wird, dringt Luft am Boden der Öffnung in den Raum ein und führt Sauerstoff zu, der bald den unverbrannten Brennstoff an der Decke erreicht. Dieser Brennstoff bricht plötzlich in Flammen aus. Aufgrund der Luftzufuhr am Boden der Öffnung tritt anschließend brennendes Material an der Oberseite der Öffnung aus. Der unverbrannte, mit diesem Strom aus dem Raum beförderte Brennstoff trifft die umgebende Luft und erzeugt einen Feuerball, der aus dem Raum schießt, was man als *Rauchgasexplosion* oder *Feuersprung* bezeichnet. Der ganze Prozess läuft so schnell ab, dass der Feuerball den Feuerwehrmann, der den Raum geöffnet hat, umschließen kann. Wird also die Tür zu einem geschlossenen Raum geöffnet, sprüht der Feuerwehrmann sofort Wasser in Richtung Decke, um den sich dort befindenden heißen Brennstoff zu kühlen und somit das Risiko einer Rauchgasexplosion zu senken. Immer häufiger treten Rauchgasexplosionen auf, weil Räume und Gebäude zunehmend luftdicht gebaut werden, um die Kosten des Kühlens und Heizens bei entsprechendem Wetter zu senken. Dies unterstreicht die Notwendigkeit der Vorbeugungsmaßnahme.

4.80 Brennendes Bratenöl

Gewöhnliches Bratenöl kann *sich selbst entzünden* (entflammen), wenn dessen Temperatur den sogenannten *Flammpunkt* erreicht. Rapsöl entzündet sich zum Beispiel bei etwa 330 °C. Wasser kann Feuer löschen. Sollte man es auch benutzen, um brennendes Bratenöl zu löschen, wenn eine Bratpfanne auf dem Küchenherd Feuer fängt?

Antwort
Der Standardempfehlung bei einem Brand von Bratenöl lautet, das Feuer mit einem Topfdeckel oder einem anderen festen Metallgegenstand zu ersticken, um die Sauerstoffzufuhr zu unterbinden und das heiße Öl einzuschließen. Wird Wasser in das heiße Öl geschüttet, kommen die Tropfen wie auf einer Wasserfläche an. Doch dann teilt sich jeder Tropfen in viele kleine Tröpfchen auf. Diese Tröpfchen erhitzen sich im Öl so schnell, dass sie verdampfen. Da sich flüssiges Wasser beim Verdampfen ausdehnt, lässt diese plötzliche Volumenzunahme das heiße Öl in alle möglichen Richtungen spritzen. Dieses umhergespritzte Öl kühlt sich während des Fluges nicht nennenswert ab und kann die Haut oder die Arbeitsplatte verbrennen. Trifft das heiße Öl entweder direkt oder durch das Verspritzen auf eine Flamme, kann es sich entzünden und an den Wänden aufflammen. Die Zugabe einer Handvoll Wasser in eine Bratenpfanne kann wegen der explosionsartigen Umwandlung des Wassers zu Dampf also unheilvoll enden.

4.81 Buschfeuer und Waldbrände

Wie breiten sich Buschfeuer aus? Wie greift ein Waldbrand um sich und wie entzündet er Häuser, wenn er bewohntes Gebiet erreicht?

Antwort
Ein Buschfeuer breitet sich größtenteils durch die Flammen entlang der Feuerfront aus, die unverbranntes Material unmittelbar hinter der Feuerfront erfassen. Es breitet sich schneller aus, wenn Wind die Flammen über die Feuerfront zum unverbrannten Material trägt. Die Ausbreitung wird auch beschleunigt, wenn das unverbrannte Material etwas höher liegt. Das ist beispielsweise der Fall, wenn der Brand eine Schlucht emporklettert. Glühende Asche, die durch die heiße Luftströmung des Brandes aufgewirbelt wird, kann dann im unverbrannten Material landen und es entzünden.

Ein Waldbrand, bei dem das bodennahe Material in Flammen steht, breitet sich im Wesentlichen genauso aus. Bei einem Brand in den Baumkronen, bei dem sogar das Blätterdach in Flammen steht, verhält es sich jedoch ganz anders. Die Energieübertragung vom Feuer zum unverbrannten Material erfolgt hauptsächlich durch Wärmestrahlung. Die Situation ist so ähnlich, wie wenn Sie vor einem lodernden Lagerfeuer stehen: Sie fühlen sich aufgrund der bei Ihnen ankommenden Wärmestrahlung warm, vielleicht sogar unangenehm heiß. Bei einem Baumkronenfeuer wird das unverbrannte Material so heiß, dass es entflammt und sich der Brand dadurch ausbreitet. Die Wärmestrahlung hat grundsätzlich zwei Quellen: das brennende feste Material (die Baumstämme) und das brennende Gas (in den Flammen der Baumkronen). Die Strahlung des festen Materials wird durch die in der Luft befindlichen Partikel und die Bäume abgeschirmt und erreicht das unverbrannte Material nicht sehr gut. Die Strahlung der Flammen ist insbesondere dann weitreichender, wenn der Wind die Flammen in Richtung des unverbrannten Materials treibt, so dass der Rand der Flamme (ihre gesamte Länge) leicht nach unten zum unverbrannten Material zeigt. Dann kommt ein großer Teil der Wärmestrahlung der Flammenfront beim unverbrannten Material an.

Wenn ein Kronenfeuer ein Haus erreicht, könnten sich die äußeren Mauern des Hauses leicht bis zum Flammpunkt erhitzen. Allerdings können überhängende Dachtraufen die Wände zum Teil vor der Wärmestrahlung abschirmen. Auch vorstehende Bäume können die Wände abschirmen. Am besten ist es, wenn diese Bäume schlecht brennen und nicht zum Kronenfeuer beitragen. (Natürlich kann ein Haus auch durch herumfliegende Asche entzündet werden, die auf dem Dach landet.)

4.82 Feuerstürme

In der Nacht vom 13. auf den 14. Februar 1945 wurde Dresden Opfer eines massiven Bombenangriffs durch alliierte Flugzeuge. Als die Bombardierung begann, wehten nur schwache Winde mit einer Geschwindigkeit von etwa vier Metern pro Sekunde. Warum nahm die Windgeschwindigkeit auf 20 Meter pro Sekunde zu? (Einige Feuerwehrleute schätzten die Windstärke noch höher, vielleicht sogar auf 50 Meter pro Sekunde.)

Antwort

Innerhalb von etwa 30 Minuten nach dem Beginn der Bombardierung breiteten sich die Feuer über die Stadt zueinander aus und verschmolzen zu einem riesigen Brand, der auf den Straßen der Stadt Bedingungen wie in einem Hochofen herstellte. Die heißen Gase wurden stark nach oben beschleunigt, weil sie leichter als die umgebende kühlere Luft waren. Dabei kühlten sich diese Gase ab, indem sie Infrarotstrahlung abstrahlten und sich mit der umgebenden Luft vermischten. Der Kühlungsprozess war allerdings so langsam, dass die heiße Gassäule sieben Kilometer in die Höhe reichte. Am Ende der Säule breiteten sich die Gase horizontal aus, weil sie dort die Temperatur der umgebenden Luft erreicht hatten.

Diese riesige, aufwärts gerichtete Gasströmung zog (sog) Luft vom Boden in das brennende Gebiet, was starke Winde erzeugte. In der Regel breitet sich Feuer durch Wind aus, doch der in die Stadt gerichtete Luftstrom hielt das Feuer stationär, wodurch es zu einem sogenannten *Feuersturm* kam. Nach neueren Forschungen forderte der Brand ca. 25.000 Tote und führte zu einer fast vollständigen Zerstörung der Gebäude im betroffenen Gebiet.

Bei einigen Feuerstürmen beginnt sich die aufwärts strömende Luft zu drehen und erzeugt dabei einen Wirbel. Auch kleinere (aber immer noch intensive) Brände entwickeln Wirbel, die an Staubteufel erinnern. Diese Wirbel sind gefährlich, weil sie die Verbreitung von brennendem Material über die Umgebung unterstützen.

4.83 Temperaturregulierung in Termitenhügeln und Gebäuden

Die Termitenhügel im nördlichen Australien bezeichnet man als magnetisch. Das hängt aber nicht damit zusammen, dass sie wirklich magnetisch sind, sondern mit der Nord-Süd-Ausrichtung der schlanken keilförmigen Hügel, die der einer Kompassnadel gleicht. Die Termiten heißen *Amitermes meridionalis*, weil ihre Hügel an den Längenkreisen oder Meridianen orientiert sind. Warum bevorzugen die Termiten diese Orientierung für ihre Hügel?

In gemäßigten Klimazonen sind die Sommer meist nicht sonderlich heiß, aber in manchen Gebäuden kann es trotz geöffneter Fenster ungemütlich warm werden. Kann man diese Gebäude besser belüften, und so, dass die Kosten für eine Kühlung durch eine Klimaanlage eingespart werden können?

Antwort

Die „magnetischen" Termitenhügel sind so angelegt, dass die Innentemperatur konstant bleibt. Die ausgedehnte, hohe Fläche an der Ostseite des Hügels absorbiert bei Sonnenaufgang viel Sonnenlicht. Die gegenüberliegende Seite absorbiert das Sonnenlicht bei Sonnenuntergang. Wenn die Sonne hoch am Himmel steht, fällt das Sonnenlicht auf eine relativ schmale Querschnittsfläche. Die nach oben zeigende Fläche ist also kleiner als die Fläche, die nach Westen oder Osten zeigt. Somit wird während des heißen Tages weniger Sonnenlicht absorbiert als in den kühleren Morgen- und Abendstunden. Die Innentemperatur des Hügels ist dadurch tagsüber im Wesentlichen konstant.

Manche Gebäude werden heutzutage mit einem *Solarturm* ausgestattet, der an der Seite (oder der Ecke) mit transparentem Glas versehen ist. Diese Seite zeigt tagsüber zur Sonne. Die Spitze des Turms enthält eine Abzugsöffnung, die nach Bedarf geöffnet oder geschlossen werden kann. Der untere Teil des Turms ist mit jedem Stockwerk im Gebäude verbunden. Die Sonne erwärmt die Luft im Turm. Weil wärmere Luft leichter ist als kühlere, steigt die warme Luft nach oben und durch die Abzugsöffnung hinaus, wodurch Luft durch jedes offene Fenster in das Gebäude hineingezogen wird. Die richtige Konstruktion von Gebäude und Turm vorausgesetzt, lässt sich damit eine stabile Luftströmung durch alle offenen Räume im Gebäude erreichen.

Traditionelle Gebäude im Iran sind in bemerkenswerter Weise an die tagsüber heiße und nachts kühle Umgebung angepasst. Die Gebäude sind so angeordnet, dass sie sich gegenseitig beschatten. Einige besitzen einen *Windturm*, der den Wind fängt, der dann Luft durch einen unterirdischen Tunnel anzieht (wobei die Luft durch den Boden gekühlt wird) und in das Erdgeschoss des Gebäudes drückt. Ist Wasser im Erdgeschoss verfügbar, zum Beispiel durch Springbrunnen oder feuchte Tunnelwände, wird die Luft durch die Verdunstung des Wassers zusätzlich gekühlt. Also wird der Luft, dem Tunnel oder dem Wasser des Springbrunnens thermische Energie entzogen, wenn das dort vorhandene Wasser verdampft.

Einige Gebäude sind kuppelfömig gewölbt und besitzen eine offene Abdeckkappe an der Spitze. Wenn Wind über die Öffnung streicht, zieht er warme Luft aus der Innenseite der Kuppel und trägt sie mit sich. Dadurch kann am Boden oder (noch besser) durch unterirdische Tunnel kühlere Luft in das Gebäude hineinströmen.

4.84 Aufheizen von Treibhäusern und geschlossenen Autos

Warum ist es in einem Treibhaus relativ zur Umgebung warm? Ist dafür ein spezieller Glastyp verantwortlich, der thermische Strahlung (Infrarotstrahlung) irgendwie einfängt? Warum heizt sich der Innenraum eines geschlossenen Autos auf, wenn es an einem heißen Tag in der Sonne geparkt wird?

Antwort

Der Hauptursache für die Erwärmung eines Treibhauses besteht darin, dass die Verkleidung die Luftzirkulation unterbindet oder stark einschränkt. Dies hat zur Folge, dass warme Luft nicht aus dem Treibhaus entweichen und durch kühlere Luft ersetzt werden kann die entlang des Bodens strömt. Auch Brisen oder Winde werden abgehalten, die sonst die warme Luft im Inneren ersetzen könnten. (Nach einem verbreiteten Irrtum ist es das Glas oder das Plastikdach eines Treibhauses, das die Wärmestrahlung irgendwie einfängt. Oft wird der Begriff „Treibhauseffekt" für das Einfangen von Wärmestrahlung durch die Erdatmosphäre verwendet. Leider wird dadurch das Konzept eines solchen Einfangens irrtümlich auf ein Treibhaus übertragen.)

Ein geschlossenes Auto, das an einem heißen Tag in der prallen Sonnen geparkt wird, ist wie ein Treibhaus. Im Innenraum kann es sehr heiß werden, weil es keine Luftzirkulation gibt. Wenn das Sonnenlicht durch die Frontscheibe einfällt, können das Armaturenbrett und das Lenkrad so heiß werden, dass man sich daran die Haut verbrennen kann. Sorgt man für eine Zirkulation, indem man die Scheiben etwas herunterdreht oder die Türen öffnet, sinkt die Temperatur (allerdings langsam). Aus der Tatsache, dass die Farbe Schwarz sichtbares Licht viel besser als die Farbe Weiß absorbiert, könnten Sie nun schließen, dass ein schwarzes Auto heißer als ein weißes werden müsste. Jedoch heizt sich das Auto hauptsächlich durch die Absorption von Strahlung aus dem Infrarotspektrum auf, wo beide Farben ungefähr gleich stark absorbieren.

4.85 Wärmeeinseln

Warum ist die Temperatur in der Stadt, vor allem im Stadtzentrum, in der Regel höher als im Umland? Beispielsweise kann im Sommer das Klima in der Stadt heiß und stickig sein, während es im Umland angenehm ist. Entsteht eine solche städtische *Wärmeinsel* hauptsächlich durch die größere Anzahl wärmeerzeugender Maschinen in einer Stadt?

Durch die Bildung einer städtischen Wärmeinsel können die Pflanzen im Frühling nachweislich früher austreiben als auf dem Lande, während sich das Herbstende nach hinten verschiebt. Eine weitere Folge ist, dass sich in der Stadt seltener Tau bildet als auf dem Lande.

Antwort

Verschiedene Faktoren tragen zur Entstehung einer Wärmeinsel bei: Die hohen Gebäude dämmen und kanalisieren die Winde, die das Gebiet sonst kühlen würden. Der Wärmeverlust durch Verdunstung ist geringer, weil Regen und Schneeschmelze schnell in das Abwassersystem geleitet werden. Auch das Streusalz sorgt dafür, dass der Schnee schnell von den Straßen verschwindet. Straßenbeläge und Gebäude absorbieren und speichern das Sonnenlicht besser als grasbewachsene und bewaldete Flächen.

Wenn die Gebäude etwa gleich hoch sind und ihre Wärme nachts über die Dächer abstrahlen, kann sich in Höhe der Dächer eine Schicht kühler Luft bilden. Diese Schicht kann dann das Aufsteigen warmer Luft von den Straßen verhindern und somit die thermische Energie in der Stadt halten. Diese Situation kann sich noch verschlimmern, wenn die Stadt infolge Luftverschmutzung mit einer dicken Schicht aus Schwebeteilchen überdeckt ist: Die Oberseite der Schicht kann zum Himmel abstrahlen und so zur weiteren Kühlung auf der Ebene der Dächer führen. Obwohl sich auch die Stadt nachts leicht abkühlt, ist der Kühlungseffekt wesentlich geringer als auf dem Lande.

In heißen Gebieten, etwa im Südwesten der USA, kann die Absorption von Sonnenlicht durch Oberflächen eine ernsthafte Gefahr darstellen. Beispielsweise kann der Asphaltbelag ohne weiteres eine Temperatur von 70 °C erreichen. Diese liegt über der Temperatur von 44 °C, bei der Haut bei Berührung verbrannt werden kann. Jeder, der den Belag berührt, etwa das Opfer eines Verkehrsunfalls, kann sich schlimme Brandverletzungen zuziehen. Sogar auf einer leeren asphaltierten Parkfläche zu stehen, kann sich durch die vom Asphalt emittierte intensive infrarote Strahlung als problematisch erweisen.

4.86 Die Thermodynamik des Gummibandes

Ziehen Sie ein Gummiband schnell auseinander, während Sie es an Ihre Lippen halten. Sie werden spüren, dass sich das Gummiband erwärmt. Woran liegt das? Halten Sie nun das gespannte Gummiband eine Weile von Ihren Lippen entfernt, legen Sie es wieder an Ihre Lippen und lassen Sie es schnell los. Warum kühlt es sich nun wieder ab?

Antwort

Das Gummiband besteht aus langkettigen Molekülen, die spaghettiartig mit einer Vielzahl von Querverbindungen aufgewickelt sind. Wenn Sie das Gummiband auseinanderziehen, dann ziehen Sie diese Moleküle auseinander und ein Teil der von Ihnen aufgewendeten Arbeit geht in die thermische Bewegung der Moleküle über. Die Erwärmung, die Sie an Ihren Lippen spüren, ergibt sich aus dieser erhöhten thermischen Bewegung. Wenn Sie das Gummiband loslassen, so dass es sich zusammenziehen kann, verrichten die Moleküle Arbeit, um sich aufzuwickeln. Die für diese Arbeit benötigte Energie entstammt der thermischen Energie der Moleküle. Daher kühlt sich das Gummiband ab.

Wenn ein Gummiband erwärmt wird, können sich die Moleküle durch die zusätzliche thermische Energie enger aufwickeln. Daher verkürzt sich das Gummiband. Beim Abkühlen eines Gummibandes verlieren die Moleküle thermische Energie, so dass sich die Moleküle nicht mehr so eng aufwickeln können. Das Gummiband dehnt sich daher aus.

Die Tatsache, dass sich ein Gummiband zusammenzieht, wenn es erwärmt wird, und sich ausdehnt, wenn es abgekühlt wird, kann man sich in einer Maschine zu Nutze machen, obwohl dies nichts als eine nette Spielerei ist. Ein Rad wird drehbar um seine Mittelachse gelagert. Eine zweite Achse ist gegenüber der Rotationsachse verschoben und Gummibänder sind zwischen dieser zweiten Achse und dem Rand des Rades gespannt. Die Verschiebung der zweiten Achse bedeutet, dass die Spannung der Gummibänder am Rand nicht symmetrisch ist. Einige Bänder sind etwas stärker gedehnt als andere. Das Rad wird dann zur Hälfte in ein Becken mit heißem Wasser getaucht. Durch die thermische Energie des heißen Wassers ziehen sich die eingetauchten Gummibänder zusammen, und die Asymmetrie der Gummibänder bewirkt nun, dass sich das Rad langsam dreht. Wenn die Gummibänder aus dem Wasser kommen, kühlen sie sich ab und sind nun wieder etwas weniger gespannt. Beim nächsten Eintauchen in das Wasser ziehen sie sich dann wieder zusammen.

4.87 Der Föhn und der Chinook

Föhn ist eine allgemeine Bezeichnung für einen warmen Wind, der von den Gebirgshängen hinab weht. Mit diesem Begriff bezeichnet man einen Wind in den Alpen, der Schneefelder drastisch zum Schmelzen bringen und verdunsten lassen kann. In den USA heißt ein solcher Wind *Chinook* (wie der Indianerstamm der Chinooks). Er weht von den östlichen Hängen der

Rocky Mountains herunter. In einem ziemlich extremen Fall erhöhte ein in den Ort Harve im Staat Montana hineinwehender Chinook in nur drei Minuten die Temperatur von −12 °C auf 6 °C. Was verursacht einen Chinook oder einen Föhn?

Antwort
Viele Faktoren, die solche Winde entstehen lassen, sind noch nicht ausreichend verstanden, doch zumindest konnte man einige von ihnen bereits identifizieren. Betrachten Sie den Chinook. Während sich die Luft vom Pazifik zu den Rocky Mountains und anschließend auf der Windseite der Rockies hinaufbewegt, wird sie trockener, weil ein großer Teil des in ihr enthaltenen Wasserdampfs kondensiert. Bei diesem Phasenübergang wird Energie frei, was die Luft erwärmt. Bewegt sich die Luft dann über die Rockies hinweg und an der Leeseite der Gebirgshänge hinab, erwärmt sie sich sogar noch mehr, weil sie sich in einen Bereich hineinbewegt, in dem der Druck immer weiter zunimmt. (Dasselbe passiert, wenn Sie einen Fahrradreifen aufpumpen.) Wenn die Luft also am Fuß der Rocky Mountains ankommt, ist sie warm und relativ trocken, so dass sie allen Schnee schnell schmelzen und verdunsten lassen kann.

Ein Forscher beschrieb einmal, wie er mit einem Auto aus einem kalten Tal hinauf in einen Chinook fuhr, der durch das Verdunsten von Schnee viel Feuchtigkeit aufgenommen hatte. Als er in die Winde hineinfuhr, überzog sich seine kalte Windschutzscheibe in sekundenschnelle mit Reif, weil die in dem Wind enthaltene Feuchtigkeit kondensierte. Wäre er mit der für Freeways üblichen Geschwindigkeit gefahren, hätte die plötzliche Sichtbehinderung verhängnisvoll werden können.

4.88 Die Wasserprüfung

Ein Beispiel für „Magie" ist die Wasserprüfung, die Mitglieder des japanischen *Shinto-Glaubens* vorführen. Bei dieser Probe taucht der Prüfling zwei Bündel aus Bambuszweigen in kochendes Wasser und schleudert das Wasser in die Luft, wobei er sich selbst und des Feuer unter dem Kessel mit dem kochenden Wasser bespritzt. Große Dampfwolken steigen vom Feuer auf, wenn das Wasser hineinfällt, doch der Prüfling selbst bleibt unverletzt. Warum wird der Prüfling durch das kochende Wasser nicht verbrüht?

Antwort
Das hochgeschleuderte Wasser besteht aus vielen kleinen Tropfen. Diese Tropfen kühlen schnell ab, weil sie nur eine geringe Menge thermischer Energie tragen, die schnell an ihre Oberfläche geleitet und anschließend an die vorbeistreichende Luft übertragen werden kann. Wenn die Tropfen auf dem Prüfling landen, sind sie vielleicht noch warm aber nicht mehr so heiß, dass sie die Haut verbrühen. Würde dieselbe Wassermenge in einem einzigen Schwapp durch die Luft fliegen, würde weniger Energie an die Luft übertragen werden, weil seine Oberfläche kleiner als die Gesamtoberfläche aller kleinen Einzeltropfen wäre. Der Schwapp wäre folglich beim Landen heißer als die einzelnen Tropfen und könnte die Haut verbrühen. (Würde der Prüfling das kochende Wasser direkt auf seine Haut schütten, würde sich das Wasser vor dem Auftreffen gar nicht abkühlen und mit Sicherheit seine Haut verbrühen.)

4.89 Energie in einem beheizten Raum

Angenommen, Sie kehren nach einer Skitour an einem kalten Wintertag zurück in ihre kalte Skihütte. Zuerst würden Sie daran denken, den Ofen zu heizen. Warum genau würden Sie das aber tun? Wäre es vielleicht, weil der Ofen den Vorrat innerer (thermischer) Energie in der Luft der Hütte erhöht, bis sie so viel innere Energie enthält, dass es Ihnen gemütlich wird? So logisch diese Überlegung auch erscheint, sie ist dennoch fehlerhaft, denn der Vorrat der Luft an innerer Energie wird durch den Ofen nicht erhöht. Wie kann das sein? Und wenn dem so ist, warum bemühen Sie sich, den Ofen zu heizen?

Antwort
Eine Skihütte ist nicht luftdicht (eine luftdichte Hütte wäre bei einer Ofenheizung sogar ziemlich gefährlich). Wenn die Temperatur durch den geheizten Ofen zunimmt, verlassen Luftmoleküle durch viele Öffnungen den Raum, so dass der Druck in der Skihütte weiterhin dem atmosphärischen Druck außerhalb entspricht. Obwohl die kinetischen Energien der verbleibenden Moleküle zunehmen, erhöht sich die gesamte kinetische Energie nicht, weil weniger Moleküle in der Hütte sind.

Warum fühlt sich aber die Behausung bei einer höheren Temperatur gemütlicher an? Sie kühlen tendenziell aus, weil Sie (1) Infrarotstrahlung abgeben und (2) Energie mit den Luftmolekülen austauschen, die mit Ihrem Körper zusammenstoßen. Wenn Sie nun die Raumtemperatur durch Heizen des Ofens erhöhen, erhöhen Sie (1) die Menge der infraroten Strahlung, die von den Flächen in der Unterkunft (den Wänden, der Decke, dem Boden, den Möbeln usw.) bei Ihnen ankommt und die Energie ausgleicht, die Sie durch infrarote Strahlung verlieren, und (2) die kinetische Energie der an Ihnen abprallenden Luftmoleküle, so dass Sie durch sie mehr Energie aufnehmen können.

4.90 Orientierung eines Eishauses

Vor der Erfindung des Kühlschranks lagerten die Menschen in nördlichen Klimazonen das Eis des Winters in Eishäusern, um es im Sommer zum Frischhalten von Lebensmitteln zu nutzen. Eine der Eigenschaften, die ein gutes Eishaus auszeichnete, war die richtige Orientierung: Angeblich sollte seine Öffnung nach Osten zeigen, so dass Sonnenlicht kurz nach Sonnenaufgang in das Eishaus fallen konnte. Kann das sein? Müsste die direkte Sonneneinstrahlung den Innenraum nicht erwärmen und dadurch das Eis schmelzen?

Antwort
Der Sinn der Orientierung des Eishauses war, das Einströmen von feuchter Luft zu verhindern (oder zumindest einzudämmen). Würde feuchte Luft in das Eishaus gelangen, würde sie sofort an der kalten Oberfläche des Eises kondensieren. Kondensierendes Wasser muss aber eine große Menge an thermischer Energie abgeben, damit dessen Moleküle in einen flüssigen Zustand übergehen können. Diese Freisetzung thermischer Energie in das Eis würde das Schmelzen des Eises beschleunigen.

Die Absicht beim Bau des Eishauses bestand also darin, das Sonnenlicht in den Morgenstunden in das Eishaus eintreten zu lassen, um die Luft im Inneren zu wärmen und damit deren Feuchtigkeitsgehalt und die Kondensationswahrscheinlichkeit zu senken. Das Problem mit der Kondensation war vermutlich nachts am größten, doch scheint nachts die Sonne nicht. Also brachte die Morgensonne die bestmögliche Lösung.

4.91 Ein Radiometer und seine Umkehrung

Ein Radiometer war ein Gerät, das 1872 von William Crooke erfunden wurde, um die von einer Lichtquelle emittierte Energie zu messen. Heute ist es dagegen eher eine Kuriosität oder ein Spielzeug, das in Science-Shops verkauft wird. Im Innern einer abgeschlossenen, teilweise evakuierten Glaskugel sind vier vertikale Metallflügel an einer Metallnabe befestigt, die auf einer vertikalen Nadel rotieren kann. Wenn das Gerät in der Nähe einer Lichtquelle aufgestellt wird, rotieren die Flügel und die Nabe auf der vertikalen Nadel, und zwar umso schneller, je heller das Licht ist. Was verursacht diese Rotation, wie ist ihre Richtung und wie kann diese umgekehrt werden?

Antwort

Die Bewegung wird oft dem Druck des Lichtes zugeschrieben, aber dieser Effekt ist viel zu klein, um mit einem Spielzeug nachgewiesen werden zu können. Im Übrigen würde er zu einer Rotation führen, die der tatsächlich beobachteten Rotation gerade entgegengesetzt wäre. Die Begründung dafür lautet: Licht kann einen Gegenstand antreiben. Dieser Antrieb ist umso größer, je stärker das Licht vom Gegenstand reflektiert wird. Also würde Licht, das auf die Flügel fällt, stärker auf die weißen Seiten drücken als auf die schwarzen und zu einer Drehung führen, bei der die schwarzen Seiten voranlaufen. Wäre die Glaskugel vollkommen evakuiert, würden sich die Flügel auch tatsächlich so drehen.

Allerdings führt der Druck der restlichen Luft auf die Flügel zu einem viel stärkeren Effekt. Weil Licht (Infrarotstrahlung und sichtbares Licht) auf der schwarzen Seite der Flügel mehr als auf deren weißen Seite absorbiert wird, erwärmt sich die schwarze Seite etwas stärker als die weiße. Weil die restlichen Luftmoleküle auf den Flügel treffen, drücken sie auf den Flügel. Je schneller sie sich bewegen, umso größer ist dieser Druck. Die Luftmoleküle auf der schwarzen Seite des Flügels bewegen sich aufgrund der Temperaturdifferenz schneller als die auf der weißen Seite. Der Druck auf der schwarzen Seite ist somit größer als auf der weißen und die Flügel rotieren mit der weißen Seite voran um die Trägerspitze. Nach einer Weile erreichen beide Seiten jedes Flügels die gleiche Temperatur (sie erreichen ein thermisches Gleichgewicht). Der Effekt verschwindet und die Flügel hören auf zu rotieren.

Um die Bewegungsrichtung umzukehren, können Sie das Spielzeug in einen Kühlschrank stellen. Die dunklen Seiten jedes Flügels verlieren über Infrarotstrahlung ihre thermische Energie etwas schneller als die weißen Seiten. Die weißen Seiten haben dann eine etwas höhere Temperatur und erfährt folglich durch die umgebende Luft auch den größeren Druck. Die Rotation setzt sich auch hier so lange fort, bis das thermische Gleichgewicht erreicht ist.

4.92 Brunnen und Stürme

Als meine Großmutter jung war, wurde ihr Trinkwasser von Hand aus einem Brunnen gepumpt. Sie behauptete, dass das Wasser bei stürmischem Wetter leichter zu pumpen war, aber zu viele gelöste Schwebstoffe enthielt, um es bedenkenlos trinken zu können. Dieses Tatsache schien unabhängig davon zu sein, ob es regnete oder nicht. Auch Artesische Brunnen scheinen auf das Wetter zu reagieren. Bei stürmischem Wetter fließen sie etwas ergiebiger, aber auch hier scheint Regen das Ergebnis nicht zu beeinflussen. Warum reagieren Brunnen auf einen Sturm?

Antwort

Der Wasserstand in einem Brunnen wird generell vom lokalen Regen oder der Schneeschmelze wird bestimmt, doch können Luftdruckschwankungen den Wasserstand um einige Zentimeter verändern. Fällt der Luftdruck während eines Sturms ab, nimmt der Wasserstand im Brunnen zu. Durch den daraus resultierenden erhöhten Wasserfluss durch den Boden können so viele Sedimente aufgenommen werden, dass das Wasser ungenießbar wird.

Auch die Luft in einem Höhlensystem kann auf Änderungen des Luftdrucks reagieren: Bei abfallendem Luftdruck strömt Luft aus den Hohlräumen hinaus und bei steigendem Luftdruck strömt Luft in den Hohlraum hinein. Diese Bewegung lässt sich an der Luftströmung durch eine enge Passage am besten feststellen, weil dort die Luftgeschwindigkeit größer ist.

4.93 Insekten- und Garnelenschwärme

Warum bilden Insekten (zum Beispiel Moskitos und fliegende Ameisen) manchmal einen Schwarm über einem Baum? Diese *Insektenschwärme* können so dicht sein, dass sie wie Rauch wirken, so als würde der Baum leicht brennen. Manchmal bilden sich die Schwärme über Hainen und Kirchtürmen. Einmal rückte eine Feuerwehrmannschaft aus, um einen Brand in einem Kirchturm zu löschen. Die Mannschaft konnte aber nur einen Schwarm aus Insekten über dem Turm finden.

Salzwassergarnelen bilden in flachem Wasser manchmal einen Schwarm über einen Unterwasserfelsen, der im Sonnenlicht liegt. Warum ist das so? Der Schwarm, der durchaus sehr dicht werden kann, steigt über dem Felsen auf, wendet sich aber immer von der Sonnenrichtung ab. Welche Ursache steckt dahinter?

Antwort

Am frühen Abend können sich die Bäume nicht so schnell abkühlen wie der umgebende Boden. Deshalb steigt warme Luft von ihnen auf. Die Insekten werden offenbar von der warmen Luft und auch der Feuchtigkeit angezogen, die auskondensiert, wenn sich die aufsteigende Luft abkühlt.

Salzwassergarnelen steigen in einer vergleichbaren Konvektionssäule aus Wasser auf, das durch das Sonnenlicht erwärmt wird. Obwohl sie die Wärme und vielleicht auch die Nährstoffe, die das warme Wasser mitführt, genießen, scheuen sie das Sonnenlicht, weshalb sie sich bei ihrem Aufstieg von der Sonne abwenden. Sobald sie die Oberfläche des Wassers erreicht haben, sinken sie auf den Boden zurück und treten wieder in die Konvektionssäule ein, um erneut aufzusteigen.

5 Elektrodynamik: Hochspannungsleitungen, Polarlichter und wehrhafte Fische

5.1 Blitz

Wodurch entstehen Blitze, und weshalb werden Donner und Licht erzeugt? Einen Blitz kann man von Weitem sehen. Kann man daraus schließen, dass es sich um ein weiträumiges Phänomen handelt?

Antwort

Ein Blitz ist eine sehr starke elektrische Entladung (ein Funken) zwischen Wolken und dem Erdboden. Obwohl man Details über die Entladung herausgefunden und gemessen hat, sind der letztendliche Ursprung der Ladungen in den Wolken sowie der Auslöser von Blitzen immer noch nicht hinreichend bekannt. Die Standarderklärung für die Herkunft der Ladungen besagt, dass durch Stöße zwischen Hagelkörnern und kleineren Eiskristallen Elektronen auf die Hagelkörner übertragen werden, die dann in den unteren Bereich der Wolke fallen. Da Elektronen eine negative Ladung aufweisen, lädt sich dieser Bereich negativ auf, der obere Wolkenbereich nimmt durch diese verloren gegangenen Elektronen eine positive Ladung an. Außerdem befinden sich wenige positive Ladungen in der Nähe des unteren Wolkenbereichs.

Im Erdboden gibt es in der Regel reichlich frei bewegliche Elektronen. Befindet sich über ihm aber eine geladene Wolke, werden diese Bodenelektronen von den negativen Ladungen im unteren Wolkenbereich abgestoßen. Der Boden unter der Wolke trägt daher eine positive Ladung. Diese Ladung erzeugt zusammen mit der Ladungsverteilung in der Wolke ein starkes elektrisches Feld zwischen Boden und Wolke. Übersteigt das Feld einen kritischen Wert, findet eine Entladung statt, die vom unteren Bereich der Wolke ausgeht. Dann springen plötzlich einige Elektronen zu der im Boden vorhandenen geringen Menge positiver Ladung über.

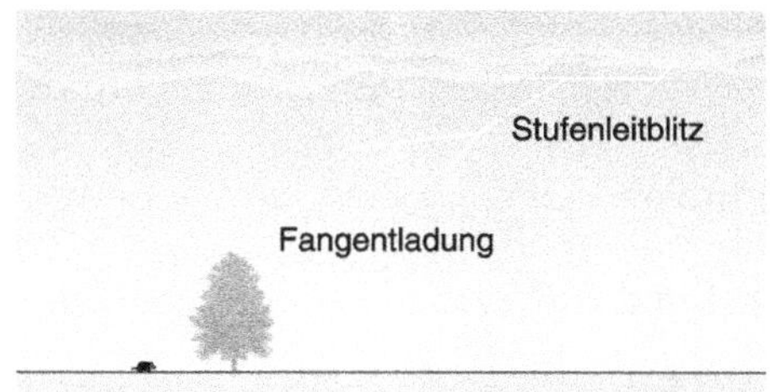

Abb. 5.1

Ein *Stufenleitblitz* schlängelt sich in Richtung Boden, *ionisiert* dabei Atome (durch das Herauslösen der Außenelektronen) und bringt einen Teil der negativen Ladung aus der Wolke nach unten. Dieses kaum wahrnehmbare Schlängeln vollzieht sich in 50 Meter langen Stufen (daher der Name „Stufenleitblitz") mit vielen abwärtslaufenden Verzweigungen. Obwohl ein Blitz dem Beobachter am Boden gewöhnlich vertikal erscheint, verläuft er hauptsächlich horizontal. Erst wenn er sich dem Boden nähert, scheint der Blitz Gegenstände, wie beispielsweise einen hohem Baum, am Boden zu „bemerken".

https://doi.org/10.1515/9783110760637-005

Von diesen Gegenständen gehen aufsteigende Ströme ionisierter Atome aus. Trifft eine solche *Fangentladung* auf den absteigenden Stufenleitblitz und stellt dabei einen *Blitzkanal* zwischen Boden und Wolke her, werden Elektronen in Bodennähe durch das elektrische Feld entlang des Kanals abwärts in Richtung Boden beschleunigt. Dieses Zu-Boden-Schleudern der Elektronen, die sogenannte *Hauptentladung*, breitet sich schnell über den Blitzkanal nach oben aus, bis der untere Bereich der Wolke erreicht ist. Da die Elektronen beschleunigt werden, stoßen sie mit den Luftmolekülen entlang des Kanals heftig zusammen, schlagen dabei Elektronen heraus und erhöhen die Temperatur der Moleküle beträchtlich. Aufgrund der Aufheizung dehnt sich die Luft so schnell aus, dass sie eine Druckwelle erzeugt. Diese Druckwelle können Sie als das „Krachen" des Donners hören. Wenn sich freigesetzte Elektronen mit Luftmolekülen verbinden, entsteht das grelle Licht des Blitzes. Obwohl ein Blitz hell und energiereich sein kann, hat der Blitzkanal, in dem diese Vorgänge ablaufen, vermutlich einen Durchmesser von weniger als einem Zentimeter.

Hat sich ein Blitzkanal erst einmal aufgebaut, kann eine Wolke mehrere Elektronenpulse nach unten schicken, da sich immer mehr Elektronen aus der übrigen Wolke zum oberen Ende des Kanals bewegen. Man kann diese Mehrfachpulse als flackernden Blitz wahrnehmen. Werden die aufeinanderfolgenden Pulse entlang des Kanals durch starken Wind seitwärts geblasen, kann man anstelle eines einzelnen Blitzes eher ein helles „Band" aus Blitzen sehen.

Die meisten Blitze bilden sich als abwärts bewegender Stufenleitblitz, bei der Elektronen von der Wolke zum Boden übertragen werden. Doch kann ein sich abwärts bewegender Stufenleitblitz auch vom höher gelegenen, positiv geladenen Bereich einer Wolke ausgehen. Dann werden Elektronen vom Boden zur Wolke übertragen. Stufenleitblitze können auch am Boden oder, noch wahrscheinlicher, von hohen Gebäuden, ausgehen und sich aufwärts ausbreiten. Ein Stufenleitblitz, der sich auf den unteren Bereich der Wolke zubewegt, überträgt Elektronen zum Boden, während ein Stufenleitblitz, der zum oberen Teil der Wolke aufsteigt, Elektronen zur Wolke transportiert. Aufwärts gerichtete Stufenleitblitze erkennt man daran, dass sie sich *nach oben* verästeln. Das *Netzleuchten*, eine wunderschöne, sich langsam bewegende, großflächige Erscheinung des Blitzes, welche die Unterseite von Gewitterwolken ziert, geht meist auf die Entladung von Wolke zu Wolke in den letzten Phasen des Gewitters zurück.

5.2 Blitzschlag: Menschen, Kühe und Schafe

Warum ist ein direkter Blitzeinschlag für gewöhnlich tödlich? Warum werden manchmal Schuhe und Kleidung vom Opfer eines Blitzschlages abgerissen? Was kann ein Mensch, der im Freien von einem Gewitter überrascht wird, tun, um die Gefahr zu verringern, vom Blitz getroffen zu werden? Sollte er zum Beispiel unter einem Baum Schutz suchen oder besser auf freiem Feld? Sollte er bewegungslos stehenbleiben, sich hinhocken oder rennen? Weshalb können einem Menschen die Haare zu Berge stehen, und ist das ein Zeichen für Gefahr?

Wie kommt es, dass Menschengruppen, beispielsweise die Spieler auf dem Feld während eines Baseballspiels, kollektiv der Gefahr eines Blitzschlags ausgesetzt sind? Schließlich kann der Blitz nur einen der Spieler treffen, aber trotzdem werden manchmal alle zu Boden gerissen.

Warum befinden sich bei einem Gewitter Kühe, Pferde und Schafe in der Regel in größerer Gefahr als Menschen?

Vielen Berichten zufolge ließ Benjamin Franklin, der berühmte amerikanische Wissenschaftler und Staatsmann, beim Herannahen eines Gewitters einen Drachen steigen, um die elektrischen Eigenschaften dieses Wetterphänomens zu demonstrieren. Weshalb wurde er nicht vom Blitz getötet?

Antwort

Ein Mensch kann auf fünf grundlegende Arten vom Blitz verletzt oder getötet werden.

(1) Die naheliegendste Variante ist ein direkter Blitzschlag, der eine große Menge Strom (bewegliche Elektronen) durch den Brustkorb leiten und dabei das Herz zum Stillstand bringen, die für das Atmen erforderlichen Muskeln lähmen und innere Verbrennungen verursachen kann. Ist das Opfer vom Regen durchnässt, kann es sein, dass ein Großteil des Stroms an der Außenseite des Körpers entlangfließt und der Blitzschlag dann nicht tödlich ist.

(2) Verletzungen können auch auftreten, wenn ein Mensch einen Gegenstand berührt, der vom Blitz getroffen wird. Dies kann beispielsweise ein Auto sein. Der Strom wird dann teilweise durch den Körper des Menschen abgeleitet.

(3) Ein Mensch kann auch dann verletzt werden, wenn er in der Nähe eines vom Blitz getroffenen Gegenstandes steht, zum Beispiel in der Nähe eines Baums. Ein Teil des Stroms kann durch einen sogenannten *Seitenblitz* durch die Luft auf das Opfer überspringen. Mit etwas Glück ist der Strom zu gering, um tödlich zu sein.

(4) Eine subtilere Verletzungs- oder Lebensgefahr geht von *Erdströmen* aus. Dabei handelt es sich um einen Blitzstrom, der durch den Boden fließt. Steht das Opfer mit einem Fuß näher am Einschlagsort als mit dem anderen, kann der Erdstrom den Umweg über ein Bein nach oben, quer durch den Rumpf und über das andere Bein wieder nach unten nehmen (siehe Abbildung 5.2a). Wenn die Stromstärke nicht zu groß ist, kann der Erdstrom das Opfer vorübergehend lähmen. Erdströme können eine ganze Gruppe von Menschen, wie zum Beispiel die Spieler eines Baseballspiels, zu Boden werfen.

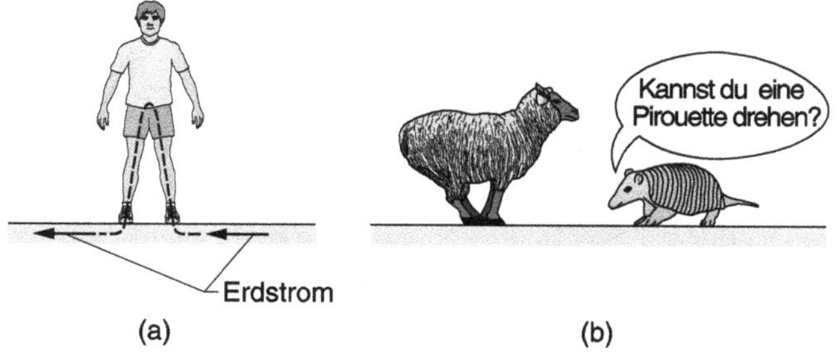

Abb. 5.2: (a) Ein von einem Blitz hervorgerufener Erdstrom kann, wenn die Füße etwas auseinanderstehen, durch den Körper umgeleitet werden. (b) Ein Schaf, das sich vor einem Erdstrom schützt.

(5) Die fünfte Variante ist noch subtiler. Wie bereits erklärt, wird bei einem gewöhnlichen Blitz ein Stufenleitblitz, der sich von den Wolken nach unten schlängelt, von einer Fangentladung getroffen, in der die Luft ionisiert wird. Sobald der Kontakt hergestellt wird,

kommt es zur vollen Entladung, bei der ein gewaltiger Strom fließt. Andere Fangentladungen treten auf, ohne einen Kontakt zu einem Stufenleitblitz herzustellen. Obwohl in diesen sackgassenartigen Fangentladungen nicht der volle Blitzstrom fließt, handelt es sich doch um Kanäle, in denen Elektronen aus Luftmolekülen herausgerissen werden. Wird ein solcher Kanal durch einen Menschen aufgebaut, kann ihn der Elektronenfluss töten.

Verbrennungen auf der Haut eines Menschen sind manchmal *dendritisch*, d. h. sie sind farnartig verästelt und bilden eine sogenannte *Lichtenberg-Figur*, da sich der Strom von einem Ausgangspunkt über die Oberfläche der Haut nach außen ausbreitet. Menschen mit lebhafter Vorstellungskraft könnten in diesem Muster das Abbild einer Blume, einer Landschaft oder ihres Lieblings-Religionsführers erkennen, aber ein Blitz zeichnet weder Fotos noch religiöse Bilder. Trägt der Mensch Metall am Körper, und sei es nur einen drahtversteiften BH, kann die Temperatur des Metalls so ansteigen, dass das Opfer Verbrennungen erleidet. Wenn Schuhe und Kleidung des Menschen sehr nass sind, werden sie unter Umständen abgerissen und weggeblasen, weil der Strom Wasser so aufheizt, dass es unter explosiver Volumenausdehnung blitzartig verdampft.

Wenn Sie im Freien von einem Gewitter überrascht werden, sollten Sie sich am besten von hohen Bäumen oder anderen hohen leitenden Gebilden fernhalten, die vom Blitz getroffen werden könnten. Versuchen Sie, eine Erdvertiefung oder einen anderen niedrig gelegenen Platz zu finden und beugen Sie den Kopf, damit der Blitz nicht auf Ihrem Kopf einschlägt. Hocken Sie sich hin und stellen Sie Ihre Füße zusammen, um die Wahrscheinlichkeit eines Erdstroms durch den Körper zu verringern. Rennen wäre eine gute Alternative, auch wenn der Kopf dabei hochgehalten wird, denn dabei berührt immer nur ein Fuß den Boden. Bei Kühen, Pferden und Schafen ist das Erdstromrisiko größer als beim Menschen, weil die Vorder- und Hinterbeine der Tiere einen relativ großen Abstand haben, so dass die durch den Körper geleitete Erdstrommenge größer ist. Menschen können mit geschlossenen Beinen stehen, Schafe können dies aber nicht (siehe Abbildung 5.2b).

Wenn jemand von einem Blitz getroffen wurde, beginnt das Herz oft von selbst wieder zu schlagen, die Lungen aber bleiben inaktiv. Darum ist es außerordentlich wichtig, das Opfer durch Mund-zu-Mund-Beatmung mit Sauerstoff zu versorgen. Ein Defibrillator wird benötigt, wenn das Herz nicht wieder zu schlagen beginnt oder sich im Zustand des Kammerflimmerns befindet.

Wenn der Blitz über eine im Freien oder auf dem Dach stehende und nicht geerdete Fernsehantenne, eine aus Kupferdraht bestehende Telefonleitung, über Rohrleitungen oder die Haushaltverkabelung einschlägt, kann ein Blitz auch jemanden im Inneren eines Hauses treffen.

Generell sollten Sie während eines Gewitters also nicht fernsehen, sondern lieber in aller Ruhe Karten spielen, vorzugsweise mit dem Handy telefonieren und mit dem Baden oder Duschen lieber warten, bis das Gewitter vorüber ist.

Die meisten Blitze treten auf, wenn das Gewitter heraufzuziehen beginnt, aber sie sind auch möglich, wenn das Gewitter abzieht. Gelegentlich kommen unvorsichtige Menschen zu zeitig aus ihrem Versteck und werden doch noch vom Blitz getötet.

Wenn die Haare eines Menschen zu Berge stehen, ist das elektrische Feld zwischen Boden und Wolke sehr stark und der Blitz könnte jeden Moment einschlagen. Daher sollte der Betreffende sofort Schutz suchen. Dies ist absolut nicht der geeignete Zeitpunkt, um für ein albernes Frisurenfoto zu posieren. Laufen Sie weg und suchen Sie Schutz! Bei der normalen Ladungsanordnung mit negativ geladenem Wolkenboden und positiv geladenem Erdboden nehmen alle Haarsträhnen eine starke positive Ladung an. Daher stoßen sie einander ab und versuchen sich so weit wie möglich voneinander wegzubewegen, selbst wenn sie sich gegen die auf sie wirkende Schwerkraft aufwärts bewegen müssen.

Nach nicht belegten Berichten von Anglern können Gewitterwolken eine Angel nach dem Auswerfen dicht über dem Wasser schweben lassen. Falls die Berichte wahr sein sind, müssen Angel und Wasseroberfläche das gleiche Ladungsvorzeichen besitzen. Das Wasser wäre wegen der darüber befindlichen Wolken aufgeladen und auch Angel und Schnur könnten es aus demselben Grund sein. Eine andere Möglichkeit wäre, dass die Schnur während des Auswerfens Ladungen aufgenommen hat.

Benjamin Franklin wurde beim Drachensteigen nicht getötet, weil er nie ein solches Experiment durchgeführt hat. Nur ein Mensch mit mangelndem Urteilsvermögen würde beim Herannahen eines Gewitters einen Drachen steigen lassen. Franklin war ein sehr kluger Mann. Allerdings hat er selbst zu der verbreiteten Legende beigetragen, das Drachenexperiment durchgeführt zu haben.

5.3 Blitze: Sicherheit in Fahrzeugen

Warum ist ein Mensch in einem Auto meist vor Blitzen sicher? Warum ist ein Flugzeug wahrscheinlich nicht vor Blitzen sicher?

Antwort

Ein Auto ist ein guter Ort, um vor Blitzen Schutz zu suchen, da die Karosserie den Strom leitet. Wird ein Auto vom Blitz getroffen, fließt der Strom sehr wahrscheinlich außen herum ab. Ein Cabrio (mit nichtleitendem Dach) bietet jedoch nur wenig Schutz und ein Auto mit Kunststoffkarosserie dürfte überhaupt nicht sicher sein. Wer sich während eines Gewitters im Auto befindet, sollte jede Berührung der Außenseite vermeiden. Ebenso sollte er auch Gegenstände nicht berühren, die an einer Außenantenne befestigt sind. Es ist ratsam, die Fenster geschlossen zu halten, so dass sie von (leitfähigem) Regenwasser bedeckt sind. Normalerweise verfügt ein Auto über vier sehr schlecht leitende Reifen, diese schützen aber nicht vor dem Einschlag eines Blitzes, der durch mehrere Kilometer schlecht leitende Luft gesprungen ist.

Da ein Flugzeug für gewöhnlich aus Metall besteht, bietet es seinen Passagieren ebenfalls Schutz. Flugzeuge hingegen, die aus nichtleitendem Material bestehen, sind in gewisser Weise den Cabrios vergleichbar und bieten weniger Schutz.

Ein in der Luft befindliches Flugzeug ist natürlich stärker gefährdet als ein Auto, da die für einen Flug erforderlichen empfindlichen elektronischen Instrumente durch den elektrischen Strom oder von dem durch den Blitz vorübergehend aufgebauten elektromagnetischen Feld beschädigt oder zerstört werden können. Erreicht der Strom die Treibstofftanks, entweder direkt oder durch einen von einem Triebwerk ausgestoßenen Strahl unverbrannten Benzins, können die Tanks explodieren.

Ist das Flugzeug Teil des Blitzkanals eines Blitzschlags, hängt der vom Strom genommene Weg durch das Flugzeug gewöhnlich von der Einschlagstelle ab. Liegt die Einschlagstelle vorn, läuft der Strom wahrscheinlich durch das Flugzeug und verlässt es am Heck. Schlägt der Blitz am Heck ein, wird der Strom in der Nähe wieder austreten.

Ein Flugzeug kann auch eine Blitzentladung auslösen, selbst in Wolken, in denen keine anderen Blitze auftreten. Aus all diesen Gründen und wegen der heftigen Turbulenzen in Gewittern meiden Piloten Gewitter oder jegliche Wolkenformationen, in denen Flugzeuge Blitze hervorrufen können. Trotzdem werden die meisten Flugzeuge irgendwann einmal vom Blitz getroffen.

5.4 Blitze: Bäume, Türme und Böden

Warum kann ein Blitz einen Baum auseinanderreißen oder in Brand setzen? Was kann man tun, um ein hohes Gebäude vor einem Blitzeinschlag zu schützen? Wie kann ein Blitz einen Graben aufreißen oder an Skulpturen erinnernde Sandstrukturen, sogenannte *Fulgurite* oder *Blitzröhren*, erzeugen?

Antwort

Trifft ein Blitz einen Baum, kann er auf diesem einen Kratzer hinterlassen, Rindenteile abreißen, den ganzen Baum auseinanderreißen, ihn in Brand setzen oder gar keinen Schaden anrichten. Wie groß der Schaden ist, hängt davon ab, wie nass die Rinde ist und ob der Blitz auf den Saft im Inneren des Baumes überspringt. Fließt ausreichend Strom durch diese Flüssigkeit, kann sie so schnell verdampfen, dass der Baum aufgrund ihrer raschen Ausdehnung auseinander gerissen wird. Die schnelle Ausdehnung von Regenwasser unter einer Rindenschicht kann die Rinde absprengen oder aufplatzen lassen. Nur selten werden Bäume durch Blitzeinschläge in Brand gesetzt. Meist fließt der Strom nur kurz, so dass die Rinde nicht so heiß wird, dass sie sich entzünden kann. Wenn ein Baum allerdings von mehreren Einschlägen getroffen wird, kann das Holz tatsächlich entzündet werden, weil der Strom dann bis zu einer Sekunde lang fließt, wodurch das Holz beträchtlich aufgeheizt wird.

Ein Blitz kann in ein hohes Gebäude einschlagen, wenn von ihm ein Stufenleitblitz zu einer darüber befindlichen Wolke ausgeht. Der Strom des Einschlags wird durch die Blitzableiter auf dem Gebäude oder die metallische Außenhaut des Gebäudes geleitet. Wird ein Gebäude ohne Blitzableiter, wie zum Beispiel eine Kirche mit hoch aufragendem Turm, vom Blitz getroffen, kann der Strom wie bei einem Baum nasse Gebäudeteile absprengen und das Holz in Brand setzen, wenn er ausreichend lange fließt.

Schlägt der Blitz in den feuchten Boden ein, verdampft das Wasser so schnell, dass die Erde zur Seite geworfen wird und dabei einen Graben zurücklässt. Durch einen Blitzschlag wird die Luft plötzlich aufgeheizt. Die dadurch hervorgerufene Druckwelle kann sich ebenfalls in den Boden graben.

Trifft ein Blitz auf Quarzsand, kann der Strom die Temperatur des Sandes über dessen Schmelzpunkt erhöhen. Der Sand kühlt anschließend ab und bildet dabei einen dünnen Schmelzzylinder entlang der vom Strom genommenen gewundenen Bahn. Die so entstandene Struktur aus geschmolzenem Sand ist ein sogenannter Fulgurit. Ein am Strand im Ganzen geborgener Fulgurit ist eine ziemlich wertvolle Rarität.

5.5 Perlschnurblitz und Kugelblitz

Manchmal kann man während eines Gewitters besondere Arten von Blitzen oder leuchtende Kugeln beobachten (und fotografieren). Ein Perlschnurblitz besteht aus einer Kette heller Kugeln oder länglicher Flecken, die ein Blitz in der Luft hinterlässt. Ein *Kugelblitz* ist ein noch rätselhafterer leuchtender Ball mit einem Durchmesser von etwa 20 Zentimetern, der einige Sekunden lang über dem Boden schwebt. Manche Kugelblitze verschwinden geräuschlos, andere mit einem explosiven Knall. Man sagt, dass ein Kugelblitz durch Glas hindurchgehen kann, ohne es zu beschädigen. Er kann über Stromleitungen und über Böden im Haus (von einer Wandsteckdose zur anderen) gleiten. Und man hat schon beobachtet, wie ein Kugelblitz den Gang in Flugzeugen von einem Ende zum anderen entlangglitt. Trifft ein Kugelblitz einen Menschen, kann er ihn lähmen, zu Fall bringen, verbrennen oder geistig verwirren. Wenn Sie also einen Kugelblitz sehen, sollten Sie ihm besser aus dem Weg gehen.

Antwort

Es gibt keine allgemeingültige Erklärung für Perlschnurblitze. Wahrscheinlich sind die Perlen Bereiche, die heiß bleiben und weiter leuchten, nachdem sich der Rest des Blitzkanals bereits zu stark abgekühlt hat, um noch zu leuchten. Vielleicht sind die verbleibenden Lichtpunkte Stellen, an denen der Kanal abgelenkt wurde.

Auch für Kugelblitze gibt es keine allgemein anerkannte Erklärung. Tatsächlich gibt es viele verschiedene Theorien, aber keine kann die beobachtbaren Eigenschaften des Kugelblitzes sicher vorhersagen, vor allem nicht seine Dauer. Ein ähnlicher Typ einer leuchtenden Kugel, die sogenannte *Plasmakugel*, kann in einem Labor oder Kraftwerk durch eine heftige elektrische Ladung erzeugt werden. Bei der Entladung werden Luftmoleküle ionisiert; das heißt, Elektronen werden aus den Molekülen herausgeschlagen, so dass der Bereich dann einzelne negative und positive Ladungen enthält. Dieser Zustand (*Plasma*) hält weniger als eine Sekunde an, bis die Elektronen und Moleküle wieder rekombinieren.

Diese Lebensdauer ist wesentlich kürzer als der Zeitraum von einigen Sekunden oder mehr, die man einem Kugelblitz in der Regel zuschreibt. Dennoch ist die stichhaltigste Erklärung für einen Kugelblitz die, dass dieser eine Plasmakugel ist, die entweder durch direkten Blitzschlag oder eine Fangentladung erzeugt wird. Vermutlich ionisiert die Entladung entweder die Luft oder das Material (Boden, Blitzableiter usw.) am unteren Ende der Einschlagstelle oder der Fangentladung. Wird die Plasmakugel jedoch vom Blitz erzeugt, muss sie ein besonderes Innenleben aufweisen, denn sonst könnte sie nicht mehrere Sekunden existieren, sondern müsste schnell kollabieren. Außerdem dürfte sie nicht besonders heiß sein, da die Kugel sonst wie heiße Luft aufsteigen würde. Es kann sich auch nicht einfach um ein Elmsfeuer handeln. Denn diese sichtbare Entladung, die an den Spitzen leitender Gegenstände auftritt, bewegt sich im Gegensatz zu einem Kugelblitz nicht. Bis jetzt gibt es kein überzeugendes Modell, mit dem man die Eigenschaften Kugelblitzen erklären könnte.

5.6 Kobolde

Jahrzehntelang berichteten Piloten, die nachts in Gewitternähe flogen, gelegentlich von riesigen Blitzen weit oberhalb der Gewitterwolken, kurz nachdem sie Blitze unterhalb der Wolken gesehen hatten. Diese Blitze in großer Höhe waren jedoch so kurz und verschwommen, dass sie die meisten Piloten für Täuschungen hielten. In den 90er Jahren wurden diese Blitze dann auf Video gebannt und „*Kobolde*" getauft. Angenommen, es gibt einen Zusammenhang zwischen den Kobolden und den Blitzen zwischen Wolken und Erdboden. Weshalb treten sie dann nur weit oberhalb und nicht direkt über den Wolken auf?

Antwort
Der Ursprung der Kobolde ist noch nicht restlos aufgeklärt. Man glaubt aber, dass sie durch besonders starke Blitze zwischen Gewitterwolken und Boden entstehen, insbesondere wenn der Blitz eine große Menge negativer Ladungen vom Boden zu den Wolken transportiert. Direkt nach einem solchen Transfer weist der Boden unter der Wolke eine komplizierte Verteilung positiver Ladungen auf. Die negative Ladung in den Wolken und die positive Ladung am Boden erzeugen oberhalb der Wolken und zwischen Wolken und Boden ein elektrisches Feld.

Dieses Feld hat die Tendenz, Atome und Moleküle in der Luft zu ionisieren, es zieht Elektronen ab. Ionisierung kann jedoch nur stattfinden, wenn das elektrische Feld einen kritischen Wert übersteigt, der von der Luftdichte abhängt. Direkt über der Wolke ist das elektrische Feld stark, aber die Luftdichte ist zu hoch für eine Ionisierung. Weit oberhalb der Wolke ist das Feld zwar etwas schwächer, aber die Luftdichte viel geringer, so dass es zur Ionisierung kommt. Daher setzt in diesen großen Höhen das elektrische Feld nicht nur Elektronen aus den Molekülen frei, sondern beschleunigt sie derart, dass sie mit anderen Molekülen, hauptsächlich Stickstoff, zusammenstoßen und bewirken, dass die Atome Licht emittieren. Einige Wissenschaftler sind der Ansicht, dass es sich bei einem Kobold um die kollektive Emission der Moleküle bei solchen Stößen handelt. Der tatsächliche Entstehungsmechanismus der Kobolde ist wahrscheinlich komplizierter als dieses Kollisionsmodell. Ebenso wenig erklärt es die verschiedenen Formen von Kobolden, wie beispielsweise die *Elfen*, ringähnliche Strukturen, die sich von den Kobolden ausbreiten.

5.7 Blitzableiter

Schützt ein Blitzableiter ein Gebäude wirklich vor Blitzeinschlag, und wenn ja, was genau bewirkt diesen Schutz? Erhöht ein Blitzableiter die Wahrscheinlichkeit eines Blitzeinschlags ins Gebäude? Sollte das obere Ende eines Blitzableiters spitz oder stumpf sein?

Antwort
Der Hauptzweck eines Blitzableiters besteht darin, dem Blitz einen einfachen Weg zum Boden zu ermöglichen, wenn der Stufenleitblitz in Gebäudenähe kommt. Damit ein Blitzableiter richtig funktioniert, muss er mit dem feuchten, leitenden Bereich unterhalb der Erdoberfläche verbunden sein. Der Blitzableiter hat keinen Einfluss auf den Entstehungsort des Stufenleitblitzes im unteren Wolkenbereich. Seine Wirkung setzt erst dann ein, wenn der Stufenleitblitz auf Bodennähe herunterkommt. Erst dann bewegt sich eine *Fangentladung* (entlang der

die Ionisierung auftritt) vom Blitzableiter nach oben, um den Leitblitz zu treffen. Durch das Zusammentreffen wird ein ionisierter und geladener Kanal zwischen dem Boden und dem unterem Wolkenbereich geschlossen.

Damit ein Blitzableiter funktionstüchtig ist, sollte er den höchsten Punkt des Gebäudes überragen. Nach einer Faustregel bietet er dann Schutz in einem kegelförmigen Bereich, dessen Spitze vom Ende des Blitzableiters ausgeht. Jeder Stufenleitblitz, der in diesen imaginären Kegel eintritt, wird eher den Blitzableiter als das Gebäude treffen.

Früher glaubte man, dass das obere Ende eines Blitzableiters spitz sein müsse, um Blitze anzuziehen. Diese Auffassung leitet aus der Tatsache ab, dass ein spitzes Ende ein stärkeres elektrisches Feld erzeugt als ein stumpfes. Weil ein stärkeres elektrisches Feld die Wahrscheinlichkeit der Aufwärtsbewegung einer Fangentladung erhöhen kann, die auf einen Stufenleitblitz trifft, könnte man zu der Annahme gelangen, ein spitzes Ende sei wünschenswert. Dem ist allerdings zu entgegnen, dass ein spitzes Ende die Ionisierung der Luftmoleküle um den Blitzableiter erhöht, was wiederum die Wahrscheinlichkeit einer Fangentladung verringert.

Experimente mit Blitzableitern sind nur schwer durchführbar, da Laboranordnungen die natürlichen Verhältnisse nie exakt herstellen können und die natürlichen Verhältnisse wiederum vom zufälligen Auftreten von Blitzen abhängen. Trotzdem legen Experimente nahe, dass leicht abgestumpfte Enden häufiger als spitze Enden vom Blitz getroffen werden.

Da ein Blitzableiter keinen Einfluss auf das Auftreten von Blitzen hat, kann er auch die Entladung einer elektrisierten Wolke nicht fördern. Deshalb kann er auch die Ladung einer Wolke nicht verringern und Blitze weniger wahrscheinlich machen, wie Benjamin Franklin, der Erfinder des Blitzableiters, ursprünglich vorausgesagt hatte.

5.8 Pullover, Rutschen und Chirurgie

Wenn man bei der Arbeit am Computer eine Jacke oder einen Pullover auszieht, kann der Computer unter Umständen ernsthaft beschädigt werden. Wenn ein Kind auf dem Spielplatz eine Kunststoffrutsche hinunterrutscht und dann nach jemandem greift, kann es eine unangenehme Überraschung erleben. Wenn ein Chirurg bei einem operativen Eingriff nicht die richtige Sorte Schuhe trägt, kann der Patient tödlich verletzt werden. Worin besteht die Gefahr in diesen Situationen und warum verringert sie sich bei hoher Luftfeuchtigkeit?

Antwort

Kommen bestimmte Materialien miteinander in Berührung, können Elektronen von der Oberfläche des einen auf die des anderen übergehen, wobei die erste Oberfläche eine positive, die zweite eine negative Ladung erhält. Werden die Oberflächen gegeneinander gerieben, ist die Berührungsfläche größer, so dass noch mehr Ladung übertragen werden kann. Der durch das Reiben verursachte Abrieb kann diese Übertragung zusätzlich verstärken.

Solche Übertragungen bezeichnet man als *Triboelektrizität* oder *Kontaktelektrizität*. Bei hoher Luftfeuchtigkeit werden die Oberflächen fast unmittelbar danach durch das in der Luft befindliche Wasser neutralisiert. Ist die Luft jedoch trocken, können die Oberflächen so stark aufgeladen werden, dass sogar Funken von einer geladenen Oberfläche durch die Luft zur anderen springen. Oft treten diese Funken zwischen einer geladenen Oberfläche und einem

Leiter auf, beispielsweise einem Menschen und einem metallischen Gegenstand. Wenn man an einem trockenen Tag über bestimmte Teppichböden läuft und sich dabei negativ auflädt, kann ein Funken zwischen einem ausgestreckten Finger und einem metallischen Türknauf oder einem geerdeten Gegenstand, zum Beispiel einem Wasserhahn oder einer Computertastatur, entstehen.

Zur Aufladung kommt es auch, wenn ein Schuh einen Teppich berührt und dann von seinem Träger beim Laufen vom Teppich gehoben wird. Der Kontakt führt zu einem Elektronenüberschuss auf dem Schuh. Hebt der Schuh bei einem Schritt vom Teppich ab, fließen einige Elektronen durch gegenseitige Abstoßung vom Schuh auf den Körper des Menschen. Somit erhöht jeder Schritt tendenziell die Anzahl der überschüssigen Elektronen auf dem Körper und verschafft dem Körper dabei ein elektrisches Potential von mehreren Tausend Volt.

Berührt nun dieser Mensch einen anderen leitenden Gegenstand, gehen zumindest einige der überschüssigen Elektronen auf diesen Gegenstand über. Vollzieht sich die Berührung über einen breiten Körperteil, wie den Handrücken oder die Seite eines Arms, findet der Elektronentransfer auf einem so großen Gebiet statt, dass man den Transfer vielleicht gar nicht wahrnimmt. Bringt man jedoch nur einen Finger in die Nähe des leitenden Gegenstands, kann man den Elektronenfluss sehr deutlich wahrnehmen. Da ein Finger spitz ist, können die darauf befindlichen Überschusselektronen ein starkes elektrisches Feld zwischen Finger und dem Gegenstand aufbauen. Dieses Feld kann sogar so stark sein, dass aus den umgebenden Luftmolekülen Elektronen freigesetzt werden, was einen leitenden Kanal zwischen Finger und Gegenstand erzeugt. Die überschüssigen Elektronen können sich dann leicht als Funken, den man sehen, hören und fühlen kann, vom Finger über den leitenden Kanal bewegen. Um diesen Funken zu vermeiden, sollte man den Kontakt durch eine große Körperfläche anstatt durch einen Finger herstellen oder einen Metallschlüssel benutzen, der den Funken aufnehmen kann. (Ein Funken in Richtung des Ohrläppchens eines Freundes durch einen „Überraschungsangriff“ abzuschießen ist eine sichere Methode, die Freundschaft zu beenden.)

Bei einigen Gewebearten kommt es zur Ladungsübertragung, wenn sie Haut oder andere Kleidungsstücke berühren. Ein Pullover ist für derartige Entladungen berühmt-berüchtigt, wenn man ihn bei trockenem Wetter auszieht. Ein Kind, das eine Plastikrutsche hinunterrutscht, kann sich so stark aufladen, dass es die Rutsche mit einem Potential von 10000 Volt verlässt. Greift das Kind nach einem anderen Gegenstand, besonders nach einem geerdeten Leiter, kann ein sehr schmerzhafter Funken vom Kind zum Gegenstand springen.

Funken sind eine sehr ernste Gefahr bei chirurgischen Eingriffen. Ist ein brennbares Gas vorhanden, kann ein Funken dieses Gas entzünden. Die weit verbreitete Anwendung brennbarer Narkotika wurde in den 1950er Jahren eingestellt und die Gefahr somit reduziert. Der

Funken zwischen zwei Oberflächen kann einen Menschen auch töten, wenn eine der Oberflächen sich im Körperinneren befindet. Normalerweise setzt die Haut dem Elektronenfluss einen großen Widerstand entgegen und schützt auf diese Weise das Herz. Kommt es aber direkt in den leitenden Flüssigkeiten im Körperinneren zu einem Elektronenfluss, kann dieser so stark sein, dass die normale elektrische Steuerung des Herzschlags gestört wird. Wegen der Möglichkeit eines solchen *Mikroschocks* trägt das OP-Personal besondere Kleidung, die die Wahrscheinlichkeit von Funken reduziert. Gewöhnlich tragen sie sogar teilweise leitfähige Schuhe, durch welche die Ladung so schnell an den Boden abgeführt wird, wie sie die Kleidung freisetzt. Auch der Boden ist teilweise leitfähig, damit die Ladung zur Erde hin abfließen kann.

Beschäftigte in Büros oder Wirtschaftsbereichen, in denen mit Computern oder anderen sensiblen elektronischen Geräten gearbeitet wird, tragen oft geerdete Armbänder, die einen leitenden Kanal zwischen ihrem Körper und dem Boden herstellen. Dieser Kanal ist in der Regel nicht hoch leitfähig, so dass die Ladung des Menschen eher allmählich und nicht so schnell wie durch einen Funken reduziert wird.

5.9 Autos, Benzinpumpen und Boxenstopps

Weshalb bekommt man bei manchen Autos einen elektrischen Schlag, wenn man aussteigt und dann hinter sich langt, um die Tür zu schließen? (Und weshalb bekommt man ihn nicht bei allen Autos?) Weshalb greift der Angestellte in einer Mautstelle lieber nicht gleich nach dem Geld, wenn man sich dem Schalter langsam nähert?

Benzindampf ist brennbar, jedoch ist das Betanken eines Autos mit Benzin an einer Tankstelle relativ sicher, wenn man nicht gerade aus Dummheit raucht oder Benzin auf eine sehr heiße Stelle des Autos gießt. Trotzdem hat schon mancher beim Tanken ein Feuer verursacht. In einigen auf Video aufgenommenen Fällen steckt jemand die Benzinpumpe in den Einfüllstutzen des Autos, stellt auf automatisches Betanken und steigt wieder ein, um warm zu bleiben oder etwas im Auto zu suchen. Nach einigen Minuten steigt er wieder aus, um den Tankvorgang abzuschließen. In dem Moment, in dem er nach dem Griff der Pumpe greift, entzündet sich der Dampf. Weshalb?

Antwort

Ein fahrendes Auto wird durch den Kontakt zwischen Reifen und Straßenbelag aufgeladen. Es werden Elektronen von einer Oberfläche zur anderen transportiert, weil die elektrischen Anziehungskräfte der einen Oberfläche die der anderen überwiegen. Angenommen, die Elektronen werden aus dem Straßenbelag auf den Reifen gezogen. Diese Elektronen können sich nun durch den Reifen und über die Metallverbindungen des Autos bewegen und dabei das Auto bis zu einem Potential von 10 000 Volt oder sogar noch mehr aufladen.

Hält man das Auto an und unterbricht somit auch die Ladungsübertragung an den Reifen-Straßenbelag-Kontaktstellen, wird die Ladung des Autos über die Reifen abgeleitet. Die Entladungsgeschwindigkeit hängt aber von der Leitfähigkeit der Reifen ab. Wurden sie unter Verwendung von leitfähigem Industrieruß (durch Polymere gebunden) hergestellt, fließen die Ladungen sehr schnell ab. Enthalten die Reifen aber nichtleitfähiges Siliciumdioxid (umgangssprachlich Kieselsäure, durch Polymere gebunden), kann das Abfließen lange dauern.

Angenommen, die Reifen Ihres Autos sind einigermaßen leitfähig, dann dauert es etwas mehr als eine Minute, bis die Ladungen hinreichend abgeflossen sind. Nehmen Sie außerdem an, dass Sie das Auto kurze Zeit nach dem Anhalten verlassen und dabei nur den (nichtleitenden) Plastik-Türöffner berühren. Wenn Sie dann die Metalltür anfassen, um sie ins Schloss zu werfen, springen die überzähligen Elektronen vom Auto durch die Luft auf Ihre Finger, so dass einige davon sich über Ihren Körper ausbreiten und durch Ihren Körper den Boden erreichen können. Somit springt ein Funken zwischen Ihnen und dem Auto über – eine koffeinfreie Variante, nach der morgendlichen Fahrt zur Schule oder zur Arbeit wach zu werden. Wollen Sie diesen Schock allerdings vermeiden, sollten Sie entweder noch einige Minuten warten, bis die Ladung abgeflossen ist, oder die Tür mit dem Fuß oder dem Hinterteil bzw. der Hüfte zustoßen. Ein stumpfer Gegenstand, wie Ihr verlängerter Rücken, vermindert die Wahrscheinlichkeit der Ionisierung von Luftmolekülen, durch die Funken fliegen.

Beim Autofahren berühren Sie in der Regel ausschließlich die nichtleitenden Plastikteile der Innenausstattung und bleiben daher elektrisch neutral. Sie werden jedoch trotzdem durch Induktion aufgeladen. Das bedeutet, die beweglichen Elektronen in Ihrem Körper versuchen, sich von den Elektronen zu entfernen, die sich auf den leitenden Teilen des Autos um Sie herum ansammeln. Angenommen, Sie fahren – so aufgeladen – auf eine Mautstelle zu. Wenn Sie und der (durch die Box geerdete) Mautkassierer sofort die Hände ausstrecken um Geld oder eine Mautkarte zu übergeben, kann ein Funken zwischen Ihnen und dem Mautkassierer überspringen, da sich die Elektronen auf Ihrem Körper gegenseitig abstoßen.

Ein solcher Funkenüberschlag ist bei hoher Luftfeuchtigkeit unwahrscheinlich, da diese sowohl Ihre Ladung als auch die des Autos schnell neutralisiert. Bei niedriger Luftfeuchtigkeit wird der Mautkassierer zunächst einige Sekunden warten, bevor er die Hand in Ihre Richtung ausstreckt, damit die Ladung des Autos abfließen kann und die auf Ihnen induzierte Ladung abnimmt. Falls Sie in einer Schlange warten mussten, sind die Ladungen bis zu dem Moment, in dem Sie die Kasse erreichen, wahrscheinlich bereits verschwunden.

Wegen eines Konstruktionsfehlers des Tankeinfüllstutzens wurden mehrere Brände an Tankstellen verursacht, doch dieser Fehler wurde inzwischen behoben. Das Problem bestand darin, dass sich das Benzin auflädt, wenn es durch ein Rohr oder einen Schlauch fließt. Das unmittelbar an der Wandung und damit in einer sogenannten *Grenzschicht* befindliche Benzin bewegt sich nicht. Wenn nun das restliche Benzin an der Grenzschicht entlangfließt, werden Elektronen von der Grenzschicht auf das fließende Benzin übertragen. Daraus resultiert eine positiv geladene Grenzschicht und in den Tank fließt negativ geladenes Benzin.

Bei einem nichtleitenden Kunststofftank sammeln sich diese negativen Ladungen an der Oberfläche im Tankinneren und stoßen Elektronen in allen umliegenden leitenden Teilen des

Autos ab. Diese Elektronen entfernen sich vom Tank und einige könnten in die Nähe des Benzinschlauchs geraten. Lösen sie einen Funken in Richtung Schlauch aus, kann dieser Funken den durch den Benzinfluss freigesetzten Benzindampf entzünden. Damit das nicht passiert, verbindet der Schlauch das Auto mit der Erde und die Ladung kann sich nicht in Schlauchnähe auf dem Auto sammeln.

Man kann sogar in einem stehenden Auto aufgeladen werden, weil der Kontakt zwischen der Kleidung und den Sitzbezügen zu einer großen Ladungsübertragung führen kann. Angenommen, der Fahrer beginnt damit, sein Auto zu betanken, stellt dabei die Benzinpumpe auf Automatik und steigt dann aus irgendeinem Grund wieder in sein Auto ein. Durch das Herumrutschen auf dem Autositz kann er durchaus stark aufgeladen zur Benzinpumpe zurückkehren. Springt dann ein Funke zwischen ihm und der Pumpe über, kann dadurch der Benzindampf entzündet und ein Brand ausgelöst werden. Diese Gefahr kann man vermeiden, indem man entweder nicht ins Auto zurückgeht oder aber einen metallischen Gegenpol berührt, bevor man die Benzinpumpe anfasst.

Angenommen, ein Rennwagen macht nach sehr schneller Fahrt und nachdem er durch den Kontakt zwischen Reifen und Straßenbelag viel Ladung aufgenommen hat, einen Boxenstopp. Oft muss die Boxencrew sofort mit dem Auftanken des Wagens beginnen, entweder mit einem Schlauch oder einem umgedrehten Benzinbehälter. Dieser Vorgang erzeugt sehr schnell Benzindampf an der Kraftstofföffnung des Wagens. Um eine Funkenbildung mit möglicherweise zerstörerischen Folgen in diesem Dampf zu vermeiden, wird der Wagen entweder sofort nach dem Anhalten geerdet (der metallische Rahmen des Wagens kann mit einer langen leitenden Stange berührt werden) oder der Wagen wird mit gut leitenden Reifen ausgestattet, so dass die Ladung schnell über die Reifen abfließt. Letztgenannte Lösung ist jedoch nicht immer wünschenswert, da sich leitfähige Reifen (die wie Sie wissen Industrieruß enthalten) schneller abnutzen als nichtleitende Reifen (die Siliciumdioxid enthalten).

5.10 Kurzgeschichte: Riskante Kaugummiübergabe

Dies hier ist ein Klassiker aus einer physikalischen Fachzeitschrift aus dem Jahr 1953; der beschriebene Stunt ist gefährlich – probieren Sie das bloß nicht aus. Ein Professor fuhr relativ langsam mit seinem Auto, als zwei seiner Bekannten mit ihrem Auto auf gleiche Höhe neben ihn zogen und mit seiner Geschwindigkeit weiterfuhren. Der Bekannte auf der Beifahrerseite des zweiten Autos reichte dem Professor (während der Fahrt!) eine Packung Kaugummi hinüber. Als ihre Hände nur noch wenige Zentimeter voneinander entfernt waren, trat zwischen beiden eine „grandiose Entladung“ auf, die sie sofort lähmte. Zum Glück stieß der Professor nicht in das zweite Auto, bevor er sein Bewusstsein und damit die Kontrolle über sein Auto wieder erlangte.

Zur Entladung kam es, weil die Bewegung beider Autos den Professor und den anderen Fahrer unterschiedlich stark aufgeladen hatte, vielleicht sogar mit entgegengesetzten Ladungen. Als sich ihre Hände einander näherten, sprangen Elektronen durch die Luft von einer Hand auf die andere, um die Ladungsdifferenz auszugleichen.

5.11 Gefährlicher Staub

Warum ist ein elektrostatischer Funken in aufgewirbeltem Staub in einem Kohlebergwerk oder in einer Mühle gefährlich?

Antwort
Ein Haufen Staubpartikel würde vermutlich gar nicht brennen. Wenn die Partikel aber in der Luft verteilt sind, ist jeder Einzelne von ihnen von Luft umgeben und ihm steht somit ausreichend Sauerstoff zur Verfügung, um schnell zu verbrennen. Hat der Brennvorgang erst einmal an irgendeiner Stelle im Staub begonnen, wird die Wärmeenergie so schnell durch den Staub (von einem Partikel zum nächsten) übertragen, dass der Staub explodiert. Es wird also eine große Energiemenge unkontrolliert freigesetzt, was zu einem schlagartigen Temperatur- und Druckanstieg führt. Wenn dies in einem Getreidesilo passiert, würde im schlimmsten Fall der Silo zerstört, doch in einem Kohlebergwerk kann ein solches Ereignis den Tod von Bergleuten zur Folge haben. Trotz moderner Vorsichtsmaßnahmen kommt es auch heute noch immer wieder zu solchen Explosionen.

Manchmal kann ein Funken aus einer elektrischen Entladung eine Explosion auslösen, sofern er ausreichend Energie liefert. Der Funken kann von defekten elektrischen Anlagen herrühren, aber viel wahrscheinlicher ist es, dass er von einer Entladung zwischen geladenen Gegenständen oder von der Entladung eines geladenen Gegenstandes zur Erde an einer geerdeten Stelle stammt.

In den 1970er Jahren kam es beispielsweise zur Explosion einer Staubwolke aus Schokoladenkrümeln, als diese durch ein Kunststoffrohr in ein Silo geblasen wurden. Als die Schokokrümel von den Behältern in das Rohrsystem geschüttet wurden und sie während der Bewegung durch dieses Rohrsystem einander und die Rohrwände berührten, wurden sie aufgeladen. Als sie vom letzten Rohr ins Silo schossen, sprang zwischen diesen Krümeln und einer geerdeten Stelle im Silo ein Funken über. Dieser Funken ging möglicherweise von den in der Luft befindlichen Krümeln aus, als sie auf den Haufen fielen, der sich schon im Silo gebildet hatte. Oder er könnte von der Spitze des Schüttkegels ausgegangen sein, als Krümel an den Seiten des Haufens hinunterrutschten. (Das elektrische Feld war an oder nahe der Spitze am stärksten, daher war eine Entladung, bei der ein starkes elektrisches Feld Luftmoleküle ionisiert, an dieser Stelle sehr wahrscheinlich.)

In Wirklichkeit traten in dem Silo vermutlich häufig Funken auf. Allerdings reichte ihre Energie in der Regel nicht aus, um die Krümel entzünden zu können. Zur Explosion kam es, als zufällig die Energie eines Funkens (oder mehrerer, fast gleichzeitiger Funken) über dem für eine Explosion erforderlichen Schwellwert lag. Die Ingenieure können statische Aufladungen und Entladungen in staubintensiven Industriezweigen nicht vollständig eliminieren, sondern nur versuchen, die Entladungsenergie unter dem Schwellwert zu halten.

5.12 Gefährliche Spraydosen

Beispielsweise in der Küche kann es passieren, dass Sprühnebel aus einem Trockenpulver oder einer Flüssigkeit aus einer Spraydose auf eine offene Flamme trifft. Weshalb kann dieser Sprühnebel dann zu einem „Flammenwerfer" werden? (Sprühen Sie also nie in die Nähe einer offenen Flamme, weil Sie sonst sich selbst und den Raum in Brand setzen könnten!) Warum stoßen manche Spraydosen auch dann Flammen aus, wenn sie sich nicht in der Nähe einer offenen Flamme befinden?

Antwort

Die Partikel im Spray können brennbar sein und durch die hohe Geschwindigkeit, mit der sie aus der Dose freigesetzt werden, entsteht ein wirksamer Flammenwerfer. Wenn die Dose ein trockenes Pulver versprüht, können sich die Pulverkörner und die Dose selbst aufladen. Berührt die Dose dabei nichts Leitfähiges, wie einen Menschen, kann sich die Ladung weiter erhöhen bis sie so groß ist, dass es zu einer gegenseitigen Entladung von Dose und gesprühtem Pulver kommt. Liefert diese Entladung ausreichend Energie, entzündet sich das Pulver. Wenn aber ein Mensch die Dose berührt (was sehr wahrscheinlich ist) geht viel von der Ladung der Dose auf den Menschen und eine Entladung findet nicht statt.

5.13 Gefährliches Sprühwasser

Angenommen, Sie drehen in einem normalen Badezimmer bei geschlossener Tür die Dusche auf. Weshalb kann sich in der Luft des Zimmers ein starkes elektrisches Feld aufbauen? Was erzeugt das in der Nähe großer Wasserfälle vorkommende starke elektrische Feld? Früher wurden die Frachtguttanks von Rohölschiffen gereinigt, indem man unter Druck Wasser hineinsprühte. Warum kam es manchmal dabei zur Explosion des Tanks? Um solche Explosionen zu verhindern, reduzierte man die Sauerstoffmenge im Tank, indem man ein Inertgas hineinpumpte. Warum explodierten die Tanks trotzdem?

Antwort

Trifft Wasser auf eine feste Oberfläche und erzeugt einen Sprühnebel, wie zum Beispiel auf dem Boden einer Dusche, laden sich die Tropfen auf: Die größeren Tropfen sind meist positiv (sie geben Elektronen ab) und die kleineren Tropfen laden sich meist negativ auf (sie nehmen diese abgegebenen Elektronen auf). Da die größeren Tropfen ziemlich schnell herunterfallen, bleiben nur die kleineren, negativ geladenen Tropfen in der Luft schweben. Bei unzureichender Belüftung, kann sich die Anzahl der in der Luft befindlichen geladenen Wassertropfen dramatisch erhöhen, sodass sich ein starkes elektrisches Feld aufbaut. Diese Situation stellt jedoch im Badezimmer oder in der Nähe eines Wasserfalls keine Gefahr dar.

Bei der Reinigung eines Öltankers laden sich Wassertropfen auf, wenn sie den Schlauch als Sprühwasser verlassen und auf Boden oder Wände des Tanks spritzen und dabei den Tank mit einem geladenen Wassernebel füllen. Zwischen diesen in der Luft befindlichen geladenen Teilchen und entweder einem großen Leiter, der Sprühdüse oder einer geerdeten Stelle können dann Funken fliegen. Enthält der Tank noch Dämpfe von der Rohölladung, können diese Funken die Dämpfe entzünden und zur Explosion bringen.

Diese Gefahr lässt sich vermeiden, wenn vor der Reinigung ein Inertgas in den Tank gepumpt wird, damit die verfügbare Sauerstoffmenge für eine Explosion nicht ausreicht. Bei dieser Methode machte man anfangs allerdings einen Fehler: Der Generator, der dieses Gas bereitstellen sollte, führte im Gas eine Ladungstrennung herbei (das Gas lud sich auf). Bis man auch dieses Problem erkannte und behob, explodierten bei der Reinigung weiterhin Tanker.

5.14 Glühende Skier

Manchmal beobachten Skifahrer, wie Ihre Skier nachts glühen. Welche Ursache steckt dahinter?

Antwort

Wenn ein Ski Schnee berührt, wird zwischen dem Ski und dem Schnee Ladung übertragen. Der eigentliche Übertragungsmechanismus wird als *Kontaktelektrizität* oder *Triboelektrizität* bezeichnet. Der Prozess ist recht kompliziert, doch kann man vereinfachend sagen, dass (frei bewegliche) Elektronen von einer auf eine andere Oberfläche gezogen (übertragen) werden.

Angenommen, der Ski ist nicht metallisch und enthält keine Metallösen. Mit der Ansammlung von Ladungen an der Skiunterseite aufgrund der Elektronenübertragung wird das Skimaterial dann elektrisch gepolt. Die positiven und negativen Ladungen innerhalb der Moleküle werden also leicht getrennt. Daraus resultiert ein elektrisches Feld über dem Skiquerschnitt, wobei Ober- und Unterseite des Skis entgegengesetzt geladen sind. Nimmt der Ski beispielsweise Elektronen aus dem Schnee auf, lädt sich die Unterseite des Skis negativ und die Oberseite des Skis positiv auf. (Der Ski wirkt dann als Kondensator.)

Gleitet ein Ski über Schnee, tritt dieser Effekt noch viel ausgeprägter auf und zwischen Schnee und Ober- oder Unterseite des Skis springen viele kleine Funken über. Nachts sind einige dieser Funken für einen Skifahrer mit an die Dunkelheit gewöhnten Augen zu sehen.

5.15 Die Hindenburg-Katastrophe

Deutschlands Stolz und Wunder seiner Zeit – der Zeppelin *Hindenburg* – war fast drei Fußballfelder lang und das größte Fluggerät, das jemals gebaut wurde. Obwohl er durch 16 hochgradig brennbare Wasserstoffzellen in der Luft gehalten wurde, überquerte er den Atlantik viele Male ohne Zwischenfälle. Mehr noch, bei sämtlichen deutschen Zeppelinen, die sich alle der Wasserstoffzellen bedienten, hatte es noch nie einen Unfall im Zusammenhang mit dem Wasserstoff gegeben. Am 6. Mai 1937 jedoch, als die *Hindenburg* sich zur Landung auf dem US-Marine-Luftwaffenstützpunkt in Lakehurst, New Jersey, bereit machte, ging das Luftschiff in Flammen auf. Die Mannschaft hatte gewartet, bis ein heftiger Regenguss aus dem Gebiet teilweise abgezogen war und Ankerseile waren gerade vom Luftschiff zu einer Bodencrew der Marine hinuntergeworfen worden, als an der Außenhaut des Luftschiffs, etwa ein Drittel der Gesamtlänge vom Heck entfernt, ein Flattern gesichtet wurde. Sekunden später schoss eine Flamme aus dieser Region und ein rotes Glühen erleuchtete das Innere des Luftschiffs. Innerhalb von etwa 30 Sekunden fiel das Luftschiff vom Himmel; dabei starben 36 Menschen und viele weitere erlitten Verbrennungen. Warum ging dieser Zeppelin nach so vielen sicheren Flügen in Flammen auf?

Antwort

Als die Ankerseile zur Bodenmannschaft hinuntergeworfen worden waren und die *Hindenburg* zur Landung bereit war, wurden die Seile im Regen nass (und damit leitfähig). Sie *erdeten* das Stahlgerippe des Zeppelin, an dem sie befestigt waren; und das bedeutet, sie bildeten einen Strompfad zwischen Gerippe und Erdboden und sorgten dafür, dass das elektrische Potential des Gerippes und des Bodens gleich war. Dadurch hätte auch die Außenhaut des Zeppelins geerdet werden sollen, aber die Hindenburg war der erste Zeppelin, dessen Außenhaut aus mehreren verschiedenen Schichten mit großem elektrischen Widerstand bestand. Daher behielt die Außenhaut das elektrische Potential der Atmosphäre in der Höhe des Zeppelins von etwa 43 Metern. Wegen des Regengusses war dieses Potential im Vergleich zum Boden sehr hoch.

Dies war eine gefährliche Situation: Die Außenhaut des Zeppelins hatte ein ganz anderes Potential als sein Stahlgerippe. Offenbar bewegten sich Ladungen entlang der nassen Oberfläche der Außenhaut und entluden sich dann nach innen zum Gerippe des Zeppelins. Es gibt zwei grundlegende Argumente dafür, dass es diese Entladung war, die das Feuer verursachte. Ein Argument ist, das sie die Außenschichten entzündete. Das andere Argument ist, dass eines der Ankerseile ein Leck in eine Wasserstoffzelle riss und somit Wasserstoff zwischen dieser Zelle und der Außenhaut freisetzte. (Das beobachtete Flattern der Außenhaut stützt dieses Argument.) Die Entladung entzündete dann diesen Wasserstoff. So oder so entzündete dieser Brand schnell die Wasserstoffzellen und brachte das Luftschiff zum Absturz. Wäre der Abdichtungsanstrich auf der Außenhaut der *Hindenburg* leitfähiger gewesen (wie bei früheren oder späteren Zeppelinen), wäre es wahrscheinlich nicht zur *Hindenburg*-Katastrophe gekommen.

5.16 Brand auf einer fahrbaren Krankentrage

Oft werden Verbrennungsopfer auf einer fahrbaren Krankentrage behandelt, die sich in einer geschlossenen Kammer mit sauerstoffangereicherter Luft befindet. Ist eine Behandlungsphase beendet, zieht ein Krankenpfleger die Trage mit dem Patienten aus der Kammer auf einen Wagen, damit er wegtransportiert werden kann. Mindestens zweimal geriet so eine Trage an dem Ende, das zuletzt aus der Kammer kam, in Brand. Eine brennende Trage, auf der ein Patient liegt, der ohnehin schon Verbrennungen erlitten hat, ist eine gefährliche Sache. Es ist bekannt, dass Feuer in sauerstoffreicher Luft gut brennt, aber es bleibt die Frage: Was setzte die Tragen in Brand?

Antwort

Die Ermittler fanden bald heraus, dass es zwischen Patient und Trage zu einer Ladungstrennung gekommen war. Angenommen, der Patient gibt Elektronen an die Trage ab, die dadurch negativ aufgeladen ist. Dadurch werden einige Elektronen im Metallgestell unter der Trage abgestoßen, was zu einer positiven Aufladung des oberen Teils des Metallgestells führt. Diese Anordnung aus der negativ geladenen Krankentrage und dem positiv geladenen Gestell ähnelt einem Kondensator (der zum Speichern von Ladung in einem elektrischen Stromkreis dient).

Kann eine Entladung zwischen Trage und Gestell die Trage entzünden? Offensichtlich ist das aus zwei Gründen nicht möglich: (1) Die Stärke des elektrischen Feldes reicht nicht aus, um Atome zu ionisieren, d. h. um Elektronen aus den Atomen herauszulösen, so dass eine Bahn entsteht, auf der sich Elektronen von der Trage zum Gestell bewegen können. (2) Die Energie der Ladung reicht nicht aus, um einen Brand zu verursachen.

Die Situation ändert sich aber, wenn die Trage vom Gestell heruntergezogen wird, weil sich dann die Ladung auf der Trage auf eine immer kleiner werdende Fläche verteilen muss, um in der Nähe des Metallgestells zu bleiben. Die erhöhte Ladungskonzentration erhöht auch das elektrische Feld und die damit verbundene Energie so lange, bis es zu einer Entladung zwischen Trage und Gestell kommt, die zum Entzünden der Trage ausreicht.

5.17 Leuchten beim Abziehen von Klebeband

Lassen Sie Ihre Augen sich etwa 15 Minuten lang an die Dunkelheit gewöhnen. Ziehen Sie danach gleichmäßig Klebeband von einer Rolle und beobachten Sie den Vorgang genau. An der Stelle, an der sich das Band von der Rolle löst, gibt es ein schwaches Leuchten. Wie kommt es dazu? Warum entsteht ein Geräusch im Radio, wenn Sie dieses Experiment neben einer Empfangsantenne eines Radios ausführen, das auf keine Empfangsfrequenz eingestellt ist? Warum kann hohe Luftfeuchtigkeit sowohl das Leuchten als auch das Radiogeräusch zum Verschwinden bringen?

Antwort

Während der Klebstoff auf dem Band auseinandergezogen und dann vom Band auf der Rolle gelöst wird, sammeln sich geladene Teilchen (positiv geladene Ionen und negativ geladene Elektronen) an bestimmten Stellen auf beiden Oberflächen. Diese Stellen neutralisieren einander zumeist durch Entladung, bevor sich die Oberflächen zu weit voneinander entfernen. Diese Neutralisation vollzieht sich, indem die Ladungen von einer Fläche auf die andere springen, oder sich auf ein und derselben Fläche ausgleichen. Wenn die Elektronen von einer negativ zu einer positiv geladenen Stelle springen, stoßen sie zum Teil mit den Stickstoffmolekülen der Luft zusammen und regen sie dabei an. Fast unmittelbar danach emittieren die Stickstoffmoleküle außer ultraviolettem Licht auch Licht im blauen Bereich des sichtbaren Spektrums. Das schwache Leuchten entlang der Trennstelle setzt sich daher aus dem von den Stickstoffmolekülen emittierten Licht und den Funken der Entladungen zusammen.

Die Funkenentladungen emittieren auch Strahlung im Hochfrequenzspektrum. Wenn also Klebeband in der Nähe einer Radioantenne abgezogen wird, erfasst die Antenne einige der Hochfrequenzemissionen. Die Intensität des Radiogeräusches ist in etwa proportional zur Intensität des sichtbaren Lichts.

Bei hoher Luftfeuchtigkeit dringt Feuchtigkeit zur Trennlinie zwischen Klebeband und Luft vor. Die Feuchtigkeit führt zur Neutralisierung geladener Stellen auf dem Band und verhindert somit Entladungen.

Als Fotos generell noch auf Film aufgenommen wurden, waren Funkenentladungen ein großes Ärgernis beim Entwickeln der Filme. Beim Abrollen des Films von den Rollen oder beim Laufen über Transportrollen kam es beim Trennen der Oberflächen zu Entladungen. Der Film wurde überall dort belichtet, wo Funken Licht emittierten, und bei der späteren Entwicklung des Films zeichneten sich Funkenmuster ab, die niemand auf einem Familienfoto haben wollte.

5.18 Petersilie, Salbei, Rosmarin und Thymian

Ziehen Sie Klebeband von einer Kunststoffoberfläche. Blasen Sie eine feinkörnige Mischung aus zwei Pulvern leicht über den Bereich, wo sich zuvor das Band befand. Warum trennen sich nun die beiden Pulversorten, wobei sich das eine an bestimmten Stellen ansammelt und das andere an anderen?

Das Experiment mit der leicht angeblasenen Pulvermischung hilft, die Entstehung von Funkenentladungen in bestimmten Situation zu verstehen. Dies betrifft beispielsweise Funken, die erzeugt werden, wenn man auf bestimmten Teppichen läuft und dann eine Fingerspitze an ein großes Metallobjekt oder eine Rohrleitung hält. Ein PET-Quadrat (Polyesterfilm) wird zunächst beispielsweise an einen Metallschrank geklebt. Dann läuft eine Person über den Teppich, um sich aufzuladen (das funktioniert nicht bei allen Teppichen und hohe Luftfeuchtigkeit kann das Experiment stören). Hält die aufgeladene Person eine Fingerspitze (oder einen Metallschlüssel) an den PET-Film, springen plötzlich Funken über. Warum zeigt sich die Richtung des Elektronenflusses bei dieser Entladung, wenn der PET-Film anschließend leicht mit einer Mischung aus zwei feinkörnigen Pulvern angeblasen wird?

Als Pulver können Sie fein gemahlene Kräuter oder auch Toner aus einem Kopierer verwenden. (Vorsicht, insbesondere letztere Substanzen können Ihre Kleidung oder Ihren Computer ruinieren). Bei verschiedenfarbigen Pulvern ist die Trennung besonders gut zu sehen. Die Pulver werden zusammen mit Metallschrauben in einen elastischen Behälter gebracht. Anschließend wird der Behälter kräftig geschüttelt, damit die Schrauben die Pulver mischen.

Besonders günstig ist es, wenn Sie einen Behälter mit einer Düse verwenden, denn dann können Sie das Pulvergemisch sehr leicht über die Kunststoffoberflächen sprühen. Wenn Sie keinen solchen Behälter zur Verfügung haben, dann streuen Sie das Pulver so auf die Oberfläche, dass es sich möglichst gleichmäßig verteilt. Anschließend kann man die Oberfläche leicht kippen und abklopfen, um überschüssiges Pulver zu entfernen.

Antwort

Bei der Mischung bestimmter Pulversorten kommt es durch den Kontakt zwischen den verschiedenen Körnersorten zu einer Ladungstrennung. Das bedeutet, dass eine Sorte auf Kosten der anderen Elektronen aufnimmt. Wird das Klebeband von einer nichtleitenden Kunststoffoberfläche abgezogen, hinterlässt es Stellen mit negativer und Stellen mit positiver Ladung. Die Ladung nimmt wegen der Luftfeuchtigkeit bald darauf ab. (Sie nimmt auch dann ab, wenn die „nichtleitende Oberfläche“ doch geringfügig leitet.) Wird das Pulvergemisch aber leicht über den Bereich gestäubt, so dass die Körner auf die geladenen Stellen rieseln, sammeln sich die negativen Körner auf den positiven Stellen und umgekehrt. Bei verschiedenfarbigen Pulversorten, wie zum Beispiel schwarzem Toner und braunem Zimt, zeichnen sich die Stellen ab. Manche Pulvermischungen eignen sich dazu besser als andere. Mit gemahlenem Paprika und Kopiertoner funktioniert soetwas beispielsweise ziemlich gut. Paprika und Mehl ziehen einander dagegen so stark an, dass sie die geladenen Stellen auf der bestäubten Oberfläche praktisch ignorieren und sich gleichförmig verteilen.

Springt ein Funken zwischen Fingerspitze und PET-Film über, der auf einen großen Leiter geklebt wurde (wie zum Beispiel eine Metallablage), hinterlässt der Ladungsfluss geladene Bereiche auf dem PET-Film, die so lange bestehen bleiben, bis die Luftfeuchtigkeit diese Bereiche neutralisiert. Wird eine Mischung aus Kreuzkümmel und Tonerpulver leicht über den PET-Film geblasen, lassen sich zwei Mustertypen, sogenannte *Lichtenberg-Figuren*, unterscheiden, die nach Georg Christoph Lichtenberg benannt sind, der sie 1777 entdeckte.

Wenn eine Person beim Laufen über den Teppich negativ aufgeladen wurde und daher einen Elektronenüberschuss hat, springen Elektronen von der Fingerspitze zum PET-Film und erzeugen auf diesem PET-Film einen kreisrunden Fleck negativer Ladung, der um den Funken zentriert ist (es können dünne, strahlenförmige Linien zu sehen sein). Ist die Person hingegen positiv geladen und hat demzufolge ein Elektronendefizit, lösen sich Elektronen aus den Atomen des PET-Films und bewegen sich entlang von Zickzacklinien zum Entladungspunkt, von wo sie zur Fingerspitze springen. Diese Zickzacklinien bleiben positiv geladen zurück. Zeichnet sich durch das Bestäuben des PET-Films ein runder Fleck ab, war die Person negativ geladen, sind es in einem Punkt konvergierende Zickzacklinien, war die Person positiv geladen. Bei manchen Blitzschlagopfern sind auf der Haut ähnliche Zickzacklinien zu sehen, die durch den Blitz verursacht werden.

Manche Science-Shops verkaufen Plexiglaszylinder oder -platten mit schönen Zickzackmustern. Um dieses Muster zu erzeugen, wird das Plexiglasstück durch den Strahl eines *Elektronenbeschleunigers* bewegt; die Elektronen kommen im Plexiglas zum Stillstand und sind darin gefangen. Das Plexiglas wird dann sofort auf eine geerdete Platte gelegt und ein geerdeter, spitzer Leiter wird an die gegenüberliegende Seite des Plexiglases gedrückt. Die hohe Konzentration von Elektronen innerhalb des Plexiglases erzeugt ein starkes elektrisches Feld, besonders an der Spitze des Leiters, wo ein Funke überspringt. Die durch den Funken erzeugte hohe Temperatur karbonisiert das Plexiglas entlang des Entladungswegs, wodurch ein leitender Kanal entsteht. Das elektrische Feld erstreckt sich dann von dort über den Rest des Plexiglases. Funken treten entlang dieser neuen elektrischen Feldlinien auf und erzeugen dabei weitere karbonisierte Abschnitte, bis die vom Beschleuniger hinterlassenen Elektronen zum spitzen Leiter abgeflossen sind. Die Gesamtheit der karbonisierten Abschnitte bildet die baumartig verzweigte Struktur, die man im Plexiglas sehen kann.

5.19 Moosbeer-Glühen im Schrank

Setzen Sie sich mit Ihrem Freund in einen Schrank oder hinaus in eine mondlose Nacht. Warten Sie 15 Minuten, bis sich Ihre Augen an die Dunkelheit gewöhnt haben. Lassen Sie dann Ihren Freund ein Moosbeer-Lifesafer-Kaubonbon (ein rettungsringförmiges Kaubonbon versetzt mit Moosbeergeschmack) mit weit geöffnetem Mund kauen, so dass Sie hineinsehen können. Warum kommt es zunächst bei jeder Kaubewegung zu einem schwachen Aufblitzen von blauem Licht, das später nachlässt und verschwindet? (Wenn Ihr Freund das Kaubonbon nicht essen will, können Sie es auch mit einer Pinzette zerdrücken, bis die Oberfläche bricht.)

Woher kommt die leicht bläuliche Farbe von Tonicwasser?

Antwort

Jedes Mal, wenn durch Kauen eines der Zuckerkristalle des Bonbons in Stücke zerbricht, erhalten die Stücke verschiedene Ladungen. Angenommen, ein Kristall zerbricht in die Stücke *A* und *B*, wobei *A* positiv und *B* negativ geladen ist (siehe Abbildung 5.3). Einige der auf *A* befindlichen Elektronen überspringen dann die Lücke, um zu *B* zu kommen. Da nach dem Zerbrechen des Kristalls Luft in die Lücke gelangt ist, springen diese Elektronen durch die Luft. Wenn sie mit Stickstoffmolekülen aus der Luft zusammenstoßen, übertragen sie Energie auf diese Moleküle und regen sie an. Beim Übergang in einen niederenergetischen Zustand emittieren die Moleküle ultraviolettes nicht sichtbares Licht. Die Moosbeermoleküle auf der Oberfläche der Bonbonstücke absorbieren dieses ultraviolette Licht und strahlen *sichtbares* blaues Licht ab – es offenbart sich als Leuchten aus dem Mund Ihres Freundes. Den Prozess der Absorption von Licht eines bestimmten Wellenlängenbereichs (hier von ultraviolettem Licht) und der anschließenden Emission von Licht größerer Wellenlänge (hier von sichtbarem blauen Licht) bezeichnet man als *Fluoreszenz.*

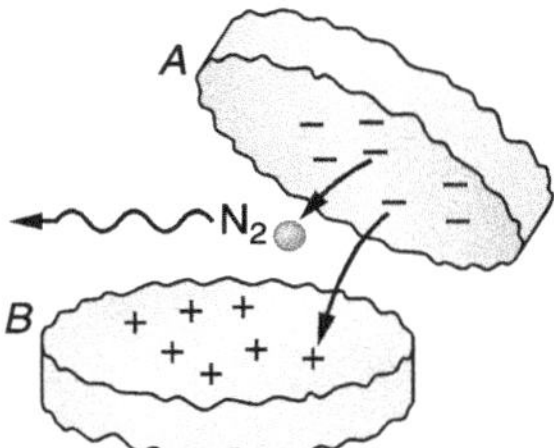

Abb. 5.3: Zwei Stück Moosbeer-Lifesaver-Kaubonbon, die gerade auseinanderfallen. Elektronen, die von der negativ geladenen Oberfläche von Stück *A* auf die positiv geladene Oberfläche von Stück *B* springen, stoßen in der Luft mit Stickstoffmolekülen (N_2) zusammen.

Das Chinin im Tonicwasser verhält sich insofern wie Moosbeersubstanz, als es ultraviolettes Licht absorbiert und anschließend blaues Licht emittiert, das dem Tonicwasser die schwache Blaufärbung gibt. Die Färbung kann man besser sehen, wenn sich das Tonicwasser in der Nähe einer Leuchtstofflampe in einem ansonsten dunklen Raum befindet. Das Chinin wandelt dann einen Teil des ultravioletten Lichts von der Lampe in blaues Licht um. Der Effekt ist schwächer, wenn sich das Tonicwasser in einer Kunststoff- oder Glasflasche befindet, weil Kunststoff und Glas ultraviolettes Licht absorbieren. Der Effekt verstärkt sich, wenn man das Tonicwasser mit einer Schwarzlichtlampe beleuchtet, die besonders viel ultraviolettes Licht emittiert. Diesen Effekt können Sie besonders deutlich in Diskotheken beobachten, in denen Schwarzlichtlampen zur Beleuchtung eingesetzt werden.

5.20 Erdbebenlichter

In manchen Regionen wurde beobachtet, dass Erdbeben einen roten Nachthimmel hinterließen oder es leuchtende Bereiche auf dem Boden oder leuchtende Gegenstände gab, die durch die Luft flogen. Welche Ursache könnten diese sogenannten *Erdbebenlichter* haben?

Antwort
Erdbebenlichter werden immer noch sehr kontrovers diskutiert, obwohl es hunderte Berichte und eine Anzahl vertrauenswürdiger Fotos davon gibt. Da die Lichter in verschiedenen Formen auftreten können, kommen für deren Entstehung mehrere Ursachen infrage. Von den vielen Erklärungen für die Lichter sollen hier zwei genannt werden: (1) Licht kann emittiert werden, wenn Gestein so stark belastet wird, dass es auseinanderbricht. Die Bruchstelle hinterlässt feinen Staub, Gas und freie Elektronen. Wahrscheinlich können die Elektronen Luftmoleküle anregen, wodurch sie Licht emittieren. (2) Es könnte sein, dass die Erdbebenaktivitäten brennbare unterirdische Gase freisetzen. Dann würde das Licht von den Gasen emittiert, wenn sie sich – vermutlich durch Funken zwischen geladenen Oberflächen oder Teilchen – entzünden.

5.21 Elmsfeuer und Alpenglühen

Manchmal beobachtet man an der Spitze eines Schiffsmasts oder anderer schlanker Gegenstände elektrische Entladungen, die als Elmsfeuer oder Korona bezeichnet werden. Welche Ursache steckt dahinter? Auf den fernen Alpengipfeln kann man nachts sehr selten ein Glühen beobachten. Wie kommt es dazu?

Antwort
Elmsfeuer werden durch elektrisches Aufbrechen der Luftmoleküle in der Nähe spitzer, leitender Gegenstände wie Schiffsmasten, Antennen oder Tragflächen verursacht. Ist das elektrische Feld in der Luft stärker als gewöhnlich, kann es an der Spitze eines leitenden Gegenstandes, wo sich seine Ladungsträger sammeln, sehr stark werden. Übersteigt die Feldstärke in der Luft nahe der Spitze einen kritischen Wert, kann das Feld Elektronen aus den Luftmolekülen herauslösen und beschleunigen. Stoßen diese Elektronen mit Luftmolekülen zusammen, regen sie diese Moleküle an und beschleunigen auch sie. Schließlich kehren die Moleküle wieder in den Grundzustand zurück, wobei sie sichtbares Licht emittieren. Die beschleunigte Bewegung der Moleküle bedeutet auch, dass sich die Lufttemperatur erhöht. Dies kann zu dem Zischen oder Fauchen führen, das manchmal mit einer Entladung verbunden ist. Elmsfeuer gelten als ungefährlich.

Die Ursache für das Glühen der Alpengipfel ist noch nicht ganz geklärt. Man beobachtet es nur sehr selten. Meiner Ansicht nach kann es kein Elmsfeuer sein, denn ein Beobachter könnte das Licht solcher mikroskopischer Entladungen über solche Entfernungen hinweg nicht wahrnehmen. Wahrscheinlicher handelt es sich hierbei um großflächige Entladungen durch geladenen Schnee, der über die Berggipfel weht.

5.22 Hochspannungsleitungen

Warum transportiert man elektrische Energie bei hohen Spannungen und niedrigen Stromstärken und nicht umgekehrt? (Die Leistung ist das Produkt aus Spannung und Stromstärke, deshalb sollte es eigentlich keinen Unterschied machen.) Warum benutzt man zur Übertragung Wechselstrom und nicht Gleichstrom?

Muss eine Hochspannungsleitung repariert werden, können die Stadtwerke sie nicht einfach abschalten, da dann vielleicht eine ganze Stadt ohne Stromversorgung wäre. Reparaturen müssen daher unter Spannung ausgeführt werden, die Leitungen sind also in Betrieb. Bei der Reparatur schwebt ein Hubschrauber neben der Hochspannungsleitung, wobei ein Monteur am Ende einer Plattform sitzt, die an der Landevorrichtung unterhalb des Hubschraubers befestigt ist. Was tut der Monteur, um einen tödlichen Stromschlag zu vermeiden, wenn er nach der Leitung greift und sie festhält?

In manchen Gegenden sind Hochspannungsleitungen eine große Bedrohung für Vogelpopulationen. Offensichtlich können Vögel getötet werden, wenn sie direkt in eine Leitung fliegen. Sind sie auch in Gefahr, wenn sie nur auf einer Leitung oder einem Freileitungsmast sitzen?

Antwort

Wird elektrische Energie durch eine Leitung geschickt, geht ein Teil der elektrischen Energie als Wärmeenergie verloren, da die Elektronen (die den Strom bilden) auf ihrem Weg durch die Leitung mit Atomen und Molekülen zusammenstoßen. Der Betrag dieses Energieverlusts ist gleich dem Produkt aus dem Widerstand der Leitung und dem Quadrat der Stromstärke. Um den Verlust gering zu halten, wird die elektrische Energie daher bei niedriger Stromstärke übertragen. Soll eine bestimmte Leistung übertragen werden, muss die Spannung also hoch sein, beispielsweise 765 000 Volt. Am Verteiler, wo die Energie zu den Haushalten geleitet wird, wandelt ein Transformator die Elektrizität in eine niedrigere Spannung (die sicherer ist) und eine höhere Stromstärke (die durch Schutzschalter und Sicherungen begrenzt werden kann) um.

Die ursprüngliche Stromversorgung in den USA basierte auf Gleichstrom und kam von der Firma von Thomas Edison. Später wurde von George Westinghouse eine Wechselstromversorgung angeboten. Der Wettbewerb zwischen den beiden war sehr hart. Jeder versuchte zu beweisen, dass seine Übertragungsmethode sicherer als die des anderen war. Edisons Beauftrage hielten mehrere öffentliche Vorführungen ab, bei denen sie skrupellos Hunde durch Stromschlag töteten, um die Gefahr von Wechselstrom zu demonstrieren. Schließlich gewann jedoch Westinghouse diesen Konkurrenzkampf, hauptsächlich aus praktischen Gründen. Er konnte elektrischen Strom bei hoher Spannung übertragen und dann Transformatoren zur Umwandlung auf niedrigere Spannungen für die Haushalte nutzen. Edison konnte hingegen Strom nicht bei hoher Spannung übertragen und hätte daher alle vier oder fünf Kilometer ein Elektrizitätswerk bauen müssen, und dies war eindeutig unrentabel.

Wenn sich ein Monteur bei einer Reparatur einer spannungsführenden Hochspannungsleitung nähert, bringt das elektrische Feld der Leitung den Körper des Monteurs etwa auf das elektrische Potenzial der Leitung. Um die beiden Potenziale auszugleichen, hält der Monteur einen leitenden Stab an die Leitung; ein Funken springt zwischen der Leitung und der Spitze des leitenden Stabs über, was den Arm für eine Weile taub machen kann. Der Monteur darf auf keinen Fall mit der Erde verbunden sein, ansonsten würde er einen tödlichen Stromschlag erleiden. Damit der Körper des Monteurs immer das gleiche Potenzial hat – nämlich das der Leitung, an der er arbeitet – trägt er einen leitenden Anzug mit Kapuze sowie Handschuhe, die allesamt durch den Stab mit der Leitung elektrisch verbunden sind.

Ein Vogel kann sicher auf einer Hochspannungsleitung sitzen, weil sein elektrischer Widerstand größer ist als der des Leitungsstücks zwischen seinen Füßen. Wenn jedoch ein großer Vogel sehr nahe am geerdeten Stück eines Freileitungsmasts landet, kann er die Leitung in einem sogenannten *Überschlag* kurzschließen – Strom fließt dabei von der Leitung durch den Vogel zur Erde und tötet den Vogel.

Diese Art des Überschlags ist prinzipiell möglich. Wahrscheinlicher jedoch ist eine andere Variante, bei der Vogelexkremente eine Rolle spielen. Sitzt ein Vogel auf einem geerdeten Leitungsmast, wie beispielsweise einem Querträger, unter dem die Leitung gespannt ist, kann jede flüssige Ausscheidung den Vogel mit der Leitung elektrisch verbinden und einen Überschlag verursachen. Ausscheidungen können auch ein Problem sein, wenn sie nicht besonders flüssig sind, da sie sich mit der Zeit anhäufen. Bei Regen, Eisregen, schmelzendem Schnee oder Eis kann dann ein Rinnsal die Ausscheidungen elektrisch mit einer Leitung verbinden. Solche Verbindungen sind bereits dort problematisch, wo es einfach nur viel Schnee und Eis gibt. Doch durch die Vogelausscheidungen wird das Problem noch verschlimmert, da sich die elektrische Leitfähigkeit des Wassers durch die Aufnahme von Ionen aus den Ausscheidungen erhöht.

5.23 Strom, Spannung und Menschen

Wodurch kann ein Mensch verletzt oder getötet werden: durch Strom oder durch Spannung (ein elektrisches Potenzial)? Wie kommt der Mensch dabei zu Schaden? Was genau macht die Arbeit mit elektrischen Geräten auf nassem Boden so gefährlich?

Antwort

Schaden wird dem menschlichen Körper durch den Stromfluss (den Elektronenfluss) durch den Körper zugefügt. Das elektrische Potenzial ermöglicht einen Stromfluss und kann entweder mit der Energie des Stroms oder der Kraft, welche die Elektronen beschleunigt, in Verbindung gebracht werden.

Wenn man in den USA ein stromführendes Kabel im Haushalt mit einer Hand berührt während die andere eine Verbindung zur Erde herstellt, beträgt die Potentialdifferenz zwischen beiden Händen 110 Volt. Zwischen den beiden Händen kann nun ein Strom fließen. Die Höhe der Stromstärke hängt jedoch auch vom elektrischen Widerstand des Körpers ab. In der Regel wird der Widerstand durch die Haut bedingt, wobei trockene Haut einen hohen Widerstand besitzt. Wenn ein Elektriker versehentlich 110 Volt zwischen seine Hände bekommt, kann der hohe Widerstand der Haut die Stromstärke unter dem tödlichen Wert halten. Ist die Haut jedoch nass, hat offene Stellen oder ist von leitfähigem Gel bedeckt, trifft der Strom nur auf einen geringen Widerstand, so dass es einen lebensgefährlichen Stromfluss im Körper geben kann. Auch wenn jemand auf nassem Boden steht und ein stromführendes Kabel (oder ein ungeerdetes elektrisches Gerät) berührt, kann es zwischen der Hand und den Füßen zu einem lebensgefährlichen Stromfluss kommen.

Wie ein Körper reagiert, wenn er von elektrischem Strom durchflossen wird, ist von Mensch zu Mensch verschieden, hängt auch vom Geschlecht und vor allem davon ab, ob es sich um Gleich- oder Wechselstrom handelt. Dennoch seien hier einige allgemeine Reaktionen in Abhängigkeit von der Stromstärke aufgelistet:

- weniger als 0,001 Ampere: keine Wahrnehmung,
- 0,001 Ampere: Kitzeln oder Wahrnehmung von Erwärmung,
- 0,001 bis 0,010 Ampere: Muskelkontraktion, Schmerz,

- 0,10 bis 0,50 Ampere: Herzkammerflimmern,
- 0,50 bis wenige Ampere: Herzschlag stoppt, setzt aber wieder ein, sobald kein Strom mehr fließt,
- mehr als wenige Ampere: Herzschlag stoppt, keine Atmung, Verbrennungen.

Verursacht der Strom nur unfreiwillige Muskelkontraktionen, kann das erste Zusammenziehen einfach nur schmerzhaft sein. Gelingt es dem Opfer nicht, die Stromquelle loszulassen, verringert sich der Widerstand des Körpers allmählich, wodurch immer mehr Strom durch den Körper fließen kann. Das erhöht sowohl den Schmerz als auch die Gefahr. Wird ein Rettungsversuch unternommen, bei dem das Opfer von der Stromquelle weggezogen werden soll, besteht die Gefahr, dass der Retter ebenfalls mit unfreiwilligen Muskelkontraktionen am Opfer „kleben" bleibt, wobei und auch bei ihm die Stromstärke zunimmt.

Befindet sich das Herz im Zustand des Kammerflimmerns, wird durch sein unkoordiniertes, zufälliges Zusammenziehen und Ausdehnen kein Blut mehr gepumpt, was zu ernsten Folgen für das Gehirn führt. Der Betroffene muss in diesem Fall sofort mit einem Defibrillator behandelt werden.

Wird das Herz durch den Strom gestoppt, was im Prinzip auch bei einem Defibrillator passiert, kann der Herzschlag von selbst wieder einsetzen. Bei der Atmung, die durch das Zusammenziehen der Brustmuskulatur angehalten wurde, ist dies jedoch nicht möglich. Das Opfer braucht in diesem Fall eine Mund-zu-Mund-Beatmung, die den Atemvorgang wieder in Gang bringt, bevor der Sauerstoffmangel das Gehirn irreversibel schädigt.

Zu Verbrennungen kommt es, wenn frei bewegliche Elektronen auf ihrem Weg durch den Körper mit Atomen und Molekülen zusammenstoßen. Sind die Verbrennungen äußerlich, können sie geheilt werden, innere Verbrennungen sind jedoch nur schwer zu behandeln.

5.24 Kurzgeschichte: Eine unüberlegte Handlung

Dr. Milton Helpern, Chef-Pathologe in New York City, erhielt spät in der Nacht einen Anruf von einer verzweifelten Familie: Ein Familienmitglied war in jener Nacht in einer New Yorker U-Bahn-Station gestorben. Dem Anschein nach hatte sich der Mann vom Bahnsteig auf die Gleise gestürzt. Bei der New Yorker U-Bahn führt das dritte Gleis Spannung und bildet die Stromquelle für den Antrieb der U-Bahn-Züge. Das Opfer starb offenbar durch Stromschlag, als er mit mindestens einem der beiden weiteren Gleise eine Brücke herstellte und somit das dritte Gleis erdete woraufhin ein starker Strom durch seinen Körper floss.

Auf Bitten der Familie führte Dr. Helpern die Autopsie des Opfers durch, konnte aber keine physischen Beweise für einen Herzinfarkt oder Schlaganfall finden, die den Schluss zugelassen hätten, dass das Opfer zufällig auf die Gleise gestürzt war. Er fand jedoch seltsame Verbrennungen sowohl am Daumen und Zeigefinger der rechten Hand als auch in der Schamgegend des Körpers.

Dr. Helpern begann nun, das Umfeld des Mannes zu erforschen, und fand dabei heraus, dass dieser in betrunkenem Zustand sehr rebellisch wurde. Um dies zur Schau zu stellen, pflegte er in der Öffentlichkeit zu urinieren. Dr. Helpern schloss daraus, dass der letzte Akt der Rebellion des Opfers darin bestanden haben muss, vom Bahnsteig auf alle drei Gleise gleichzeitig zu urinieren. Dabei war sich der Mann der guten Leitfähigkeit des Urins wohl nicht bewusst. Der Strom durch das Opfer hinterließ die an Daumen, Zeigefinger und in der Schamgegend des Körpers gefundenen Verbrennungen.

5.25 Verwendung von Strom in der Chirurgie

Die Elektrochirurgie ist ein medizinisches Verfahren, bei dem der Patient mittels einer kleinen leitenden Sonde einem Wechselstrom hoher Frequenz ausgesetzt wird. Dies gestattet dem Chirurgen einen Schnitt auszuführen und dabei gleichzeitig das Blut in den durchtrennten Gefäßen gerinnen zu lassen, um unnötige Blutungen zu vermeiden.

Die Elektrode (und damit der Bereich des Schnitts) muss dazu Teil eines geschlossenen Stromkreises sein. Bei einer Variante des Verfahrens wird der Stromkreis durch die Sonde, den Patienten und der unter dem Patienten platzierten Elektrode geschlossen. In den Anfangstagen dieses Verfahrens erlitten Patienten schwere Verbrennungen. Fällt Ihnen ein (vielleicht offensichtlicher) Grund dafür ein?

Manchmal kommt die Elektrochirurgie bei einer Beschneidung zum Einsatz. Worin besteht die Gefahr, wenn die Elektrode an ein Organ angelegt wird, das mit dem Körper nur durch ein schmales Gewebestück verbunden ist?

Antwort

Der Strom wird bewusst an die Einschnittstelle angelegt. Er soll sich nicht nur bis zur Elektrode, die unter dem Patienten befestigt ist, ausbreiten, sondern über einen viel größeren Bereich. Anderenfalls verursacht der Strom am Körper an der Kontaktstelle mit der unteren Elektrode Verbrennungen. Daher ist die untere Elektrode breit. Sie wird so angelegt, dass sie einen großflächigen Kontakt mit dem Körper herstellt, und keinen punktuellen Kontakt oder einen mit knochigen Bereichen, in denen sich der Strom konzentrieren kann. In den Anfangstagen dieser Methode wurden diese Sicherheitsvorkehrungen nicht getroffen, weshalb Patienten schlimme Verbrennungen erlitten.

Wird die Elektrode an ein Organ angelegt, das nur durch ein schmales Gewebestück mit dem Körper verbunden ist, konzentriert sich der Strom vorzugsweise an der Verbindungsstelle mit dem Körper, ein als *Stromeinschnürung* bekanntes Phänomen. Somit kann die Verbindungsstelle schnell erhitzt und zerstört werden. Tatsächlich ist dies bei mehreren tragischen Operationen passiert, bevor die Gefahr der Stromeinschnürung bekannt und verstanden wurde.

5.26 Brände und Explosionen in der Chirurgie

In Operationssälen werden umfangreiche Vorsichtsmaßnahmen getroffen, damit es in oder an einem Patienten bei einem chirurgischen Eingriff nicht zu Bränden oder Explosionen kommt. Vor den 1950er Jahren ging eine ernsthafte Gefahr von brennbaren Narkosemitteln aus. Seitdem ist die Häufigkeit von Bränden und Explosionen zwar gesunken, aber noch immer kommt es gelegentlich zu Unfällen. Hier zwei relativ aktuelle Beispiele:

Luftröhrenschnitt (*Tracheostomie*): Als sich ein stark übergewichtiger Mann wegen einer obstruktiven Schlafapnoe (mit Schnarchen verbundene Atemwegsblockierung) einem chirurgischen Eingriff unterzog, wurde eine Tracheostomie ausgeführt, um den Patienten mit Hilfe eines Luftröhrenschnitts am Hals mit Sauerstoff zu versorgen. Bei diesem Verfahren wird die

Luftröhre aufgeschnitten, um einen Schlauch (der *Endotrachealschlauch*) einzuführen, um den Patienten mit 100-prozentiigem Sauerstoff zu versorgen. Die dicke Fettschicht am Hals des Mannes erschwerte jedoch die Tracheostomie und Blut sickerte immer weiter aus. Nach einiger Zeit wurde eines der blutenden Gefäße nahe des Luftröhreneinschnitts durch *Elektrokoagulation* geschlossen, bei der ein hochfrequenter Wechselstrom zur Erwärmung des Gefäßes angelegt wurde. Der Bereich nahe des Einschnitts entzündete sich sofort und erzeugte eine Flamme, die einen halben Meter nach oben schoss. Die Flamme wurde durch Abdecken mit OP-Tüchern erstickt und die Restflamme durch das Übergießen mit einer gerade verfügbaren Kochsalzlösung gelöscht. Was verursachte die Flamme?

Polypenentfernung: Bei einer Koloskopie wird ein Endoskop durch den After eingeführt, um im Dickdarm Polypen aufzuspüren und zu entfernen. Wird ein Polyp gefunden, wird er mit einer (Metall-)Schlinge umschlossen und entfernt, indem man diese Schlinge mithilfe eines Stroms erhitzt. Die Stelle an der Dickdarmwand, an der sich der Polyp befand, wird dann mit Strom verschorft, um jede weitere Blutung zu stoppen. Während der Verschorfungsphase einer solchen Routineoperation kam es einmal zu einer lauten Explosion, eine blaue Flamme schoss fast einen Meter lang aus dem freien Ende des Endoskops und der Patient schrie und versuchte vom Tisch zu kommen. Was verursachte diese Explosion?

Antwort

Tracheostomie: Der bei der Elektrokoagulation benutzte Strom erhitzte das überschüssige Fett um die Einschnittstelle, die mit 100-prozentigem Sauerstoff getränkt war. Das Fett fing schnell Feuer. In anderen Fällen, bei denen Brände bei einer Tracheostomie oder anderen chirurgischen Eingriffen im Mund-, Nasen- und Hals-Bereich auftraten, hatten elektrische Heizgeräte oder Laser im Verfahren genutzte Kunststoffteile entzündet. (Kunststoff ist sehr leicht brennbar, wenn er von 100-prozentigem Sauerstoff umgeben ist.)

Polypenentfernung: Der menschliche Magen-Darm-Trakt produziert Gase, insbesondere Wasserstoff und Methan, die brennbar und explosiv sind. Beispielsweise können 40 % der im Dickdarm befindlichen Gase Wasserstoff und Methan sein. Wie viele junge Männer wissen, ist das aus dem Darm ausgestoßene Gas brennbar, was zu amüsanten Demonstrationen genutzt werden kann. Wird das elektrische Verschorfen in einer Atmosphäre aus Wasserstoff, Methan und Sauerstoff ausgeführt, kann es durch das Erwärmen (oder einen Funken) zur Explosion der Gase und damit zu Verbrennungen und Rissen an den Eingeweiden kommen. Daher muss vor jedem derartigen chirurgischen Eingriff sichergestellt werden, das die Eingeweide leer sind, weshalb der Patient vor dem Eingriff bis zu einem Tag lang fasten muss. Gibt es dennoch Bedenken, kann der Chirurg die Eingeweide vor dem Eingriff noch mit einem nicht brennbaren Gas spülen.

Brennbare Gase können aber auch im Magen entstehen, wenn er sich nicht richtig entleeren kann. Dies tritt dann auf, wenn die Magenpförtneröffnung zu eng ist, ein ernster, als *Pylorusstenose* bezeichneter Zustand. Um den Druck im Magen abzubauen, stößt der betroffene Patient häufig auf. In einem dokumentierten Fall zündete sich ein Mann gerade eine Zigarette an, als er plötzlich unkontrolliert aufstoßen musste: Die Zigarette schoss wie eine Rakete von seinen Lippen und seine Lippen und Finger erlitten Verbrennungen. In einem anderen Fall beugte sich ein Mann über einen Tisch, um sich seine Zigarette am Feuerzeug eines anderen anzuzünden. Der Rülpser kam durch die Nase nach oben und durch jedes Nasenloch schoss eine Flamme, wodurch er wie ein feuerspeiender Drache aussah. In einem weiteren Fall öffnete ein Chirurg einen Magen mit einem elektrischen Schneideinstrument anstatt eines Skalpells. Die Funken vom Schneideinstrument erreichten das Gas im Mageninneren, das sich entzündete und etwa 10 Sekunden lang mit hellblauer Flamme brannte.

5.27 Zitronenbatterie und prickelnde Zahnfüllungen

Man kann auf einfache Weise eine Batterie herstellen, indem man eine Zinkspitze (z. B. einen galvanisierten Nagel) und dann eine Kupfermünze in gegenüber liegende Stellen einer Zitrone steckt. Die Potentialdifferenz zwischen der Spitze und der Münze beträgt etwa 1 Volt. Werden mehrere solche Zitronenbatterien in Reihe mit einer kleinen Glühlampe geschaltet, leuchtet die Glühlampe, wenn auch schwach. Schließt man außerdem die Zitronenbatterien an einen Kondensator an, kann die von ihnen erzeugte Ladung im Kondensator gespeichert und später wieder an ein Kamerablitzlicht abgegeben werden, um den Blitz auszulösen. Wie entstehen bei einer Zitronenbatterie Strom und Potentialdifferenz? Anstelle einer Zitrone kann man auch andere Zitrusfrüchte oder eine Kartoffel verwenden.

Falls Ihre Zähne Metallfüllungen haben, dann haben Sie vielleicht schon einmal eine ähnliche Erzeugung von Strom und Potenzialdifferenz bemerkt, wenn Sie zufällig auf ein Metallstück (beispielsweise eine Alufolie) gebissen haben. Wie kommt es zu dem Prickeln in den Zähnen und im umgebenden Zahnfleisch?

Lebensmittelreste mit Alufolie abzudecken, ist in vielen Haushalten üblich. Wenn jedoch diese Lebensmittel in einem Edelstahlbehälter liegen und die Folie die Lebensmittel berührt, kann sich die Folie an den Berührungspunkten auflösen. Warum passiert das?

Antwort

Die Atome eines gegebenen Materials haben eine gewisse Tendenz, Elektronen an benachbarte Atome eines anderen Materials abzugeben oder von diesen aufzunehmen. Wird ein galvanisierter Nagel in eine Zitrone gesteckt, gibt das Zink auf dem Nagel vorzugsweise Elektronen ab, wodurch positiv geladene Zinkionen entstehen. Diese Tendenz ist mit einem bestimmten elektrischen Potential verbunden. Nahe der Kupfermünze in der Zitrone nehmen die Wasserstoffionen im Zitronensaft vorzugsweise Elektronen auf, um neutralen Wasserstoff zu bilden. Auch mit dieser Tendenz verbindet sich ein elektrisches Potential. Wird der Nagel durch einen Draht elektrisch mit der Münze verbunden, können sich die vom Zink abgegebenen Elektronen durch den Draht zur Münze bewegen, wo sie von den Wasserstoffionen aufgenommen werden. Somit liefert die Zitronenbatterie einen Strom durch den Draht, und dieser Strom wird durch die elektrische Potentialdifferenz zwischen Nagel und Münze (oder vielmehr dem Zitronensaft um die Münze) betrieben.

Ein ähnlicher Mechanismus wirkt, wenn Alufolie eine metallische Zahnfüllung berührt und sich zwischen beiden Oberflächen an verschiedenen Stellen Speichel befindet. Die Schicht aus Folie, Speichel und Füllung wirkt wie eine Batterie und erzeugt eine Spannung, die einen Stromfluss durch die direkten Berührungsstellen zwischen Folie und Füllung oder das umgebende Zahnfleisch schickt.

Ein ähnlicher Prozess läuft in der Anordnung aus Edelstahl und Folie ab. Die Schicht aus Folie, Speichel und Füllung wirkt ebenfalls als geladene Batterie und lässt dabei einen Strom durch die direkten Berührungspunkte der Folie mit der Stahlschüssel (vermutlich entlang des gesamten Schüsselrandes, den die Folie in der Regel berührt) fließen. Wenn die Folie oxydiert und Aluminiumatome in Aluminiumionen umgewandelt werden, lösen sich die Ionen im Essen auf. Das funktioniert besonders gut bei Tomatensauce. Deshalb gilt folgender Tipp zum Aufbewahren von Lebensmitteln: Benutzen Sie Kunststoff- anstelle von Alufolie oder einen Kunststoffbehälter anstelle einer Edelstahlschüssel.

5.28 Elektrische Fische und Zitteraale

Fische wie der im Nordatlantik lebende Riesen-Zitterrochen *Torpedo nobiliana* und der im Amazonas vorkommende Zitteraal *Electrophorus* können so viel Strom erzeugen, dass ihre Beute betäubt oder getötet wird. Sie können sogar einen Menschen betäuben. (Der Zitterrochen gibt beispielsweise Stromstöße von 50 Ampere bei etwa 60 Volt ab.) Früher wurden elektrische Fische mitunter für medizinische Zwecke benutzt, indem man zum Beispiel einen Zitterrochen direkt an die Stelle eines hartnäckigen Kopfschmerzes hielt (eine frühe Form der Schocktherapie). Die elektrischen Eigenschaften von Fischen waren den frühzeitlichen Jägern wohl bekannt, die schnell lernten, welche Fische besser nicht mit bloßen Händen oder einem leitfähigen Speer berührt werden sollten.

Viele andere Fische erzeugen ein elektrisches Feld, um in trüben oder dunklen Gewässern zu navigieren oder Objekte, einschließlich ihrer Artgenossen, zu lokalisieren. Diese Fische können sogar ihr elektrisches Feld so ändern, dass man sie identifizieren kann. Wie kann ein Tier einen Strom, ein elektrisches Potential und ein elektrisches Feld erzeugen?

Antwort

Die elektrischen Effekte von Fischen können auf sogenannte Elektroplaxzellen zurückgeführt werden, die Nerven- und Muskelzellen ähneln. Kaliumionen können in der Regel die Membran einer Elektroplaxzelle passieren, Natriumionen jedoch nicht. Daher variiert die Konzentration von Kalium- und Natriumionen beiderseits der Membran. Aufgrund dieser unterschiedlichen Ionenladung erzeugt dieser Konzentrationsunterschied an der Membran ein elektrisches Potential.

Wenn ein Fisch eine Entladung herbeiführen will, verändert ein Nervenimpuls die Membran so, dass sie für Natriumionen durchlässig wird. Dadurch ändert sich schlagartig die Potentialdifferenz an der Membran und geladene Teilchen fließen durch die Membran (es fließt also ein Strom). Sowohl die Veränderung der Potentialdifferenz als auch der Strom sind gering. Der Fisch nutzt jedoch mehrere tausend Elektroplaxzellen, die in Reihe geschaltet sind (siehe Abbildung 5.4a), um das Gesamtpotential und den Gesamtstrom zu erzeugen.

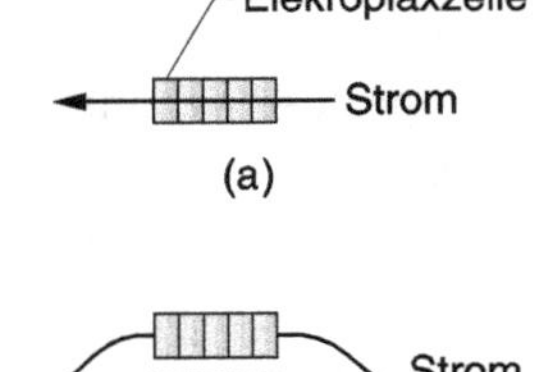

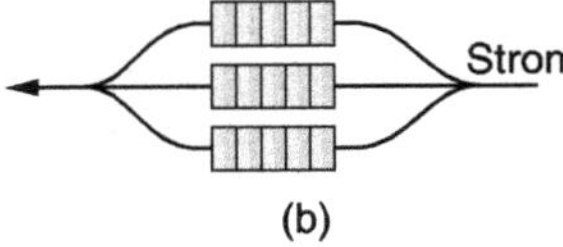

Abb. 5.4: (a) Eine Serienschaltung von Elektroplax-Zellen in einem Zitteraal. (b) Eine parallele Anordnung dreier Serienschaltungen von Elektroplax-Zellen.

Der Gesamtstrom soll den Fisch an einem Ende (Kopf oder Schwanz) verlassen, das Wasser (vermutlich die Beute oder einen Menschen) durchqueren und dann am anderen Ende wieder in den Fisch eintreten. Hätte der Fisch nur eine einzige Reihe von Elektroplaxzellen, würde ihn der durch ihn fließende Gesamtstrom selbst betäuben oder töten. Weil der Fisch jedoch über Hunderte solcher Reihen in Parallelschaltung verfügt (siehe Abbildung 5.4b), verteilt sich der Gesamtstrom gleichmäßig auf diese parallelen Stromkreise. Somit ist der durch jeden einzelnen dieser Stromkreise fließende Strom zu gering, um den Fisch verletzen zu können.

In Salzwasser lebende elektrische Fische unterscheiden sich von in Süßwasser lebenden, insofern das Salzwasser einem Strom einen wesentlich kleineren Widerstand entgegensetzt. Daher benötigt ein Salzwasserfisch in jeder Reihe weniger Elektroplaxzellen, um einen Strom durch das umgebende Wasser zu schicken, der zum Betäuben oder Töten seiner Beute ausreicht.

Schwach elektrische Fische beabsichtigen gar nicht, einen Stromstoß durch das umgebende Wasser zu schicken; vielmehr erzeugen ihre Elektroplaxzellen ein schwaches elektrisches Feld, das lediglich als Messfühler im Wasser dient. Da sie ausgesprochen empfindlich für die Stärke dieses Feldes sind, können sie wahrnehmen, wenn andere Objekte in dieses Feld eintreten und dabei die Feldstärke ändern. Außerdem können sie das elektrische Feld in besonderer Weise verändern, um mit Artgenossen zu kommunizieren.

5.29 Aufladung durch wehenden Staub, Sand oder Schnee

Ein Drahtzaun kann durch wehenden Schnee elektrisch aufgeladen werden. Manchmal sammelt sich auf einem langen Drahtzaun so viel Ladung an, dass man einen Schlag bekommt und vielleicht sogar zu Boden gerissen wird, wenn man ihn berührt. Wie ist das möglich?

Bläst ein starker Wind Staub- oder Sandkörnchen umher, wie etwa bei einem Staubsturm, einer Windhose oder einem Wirbelsturm, wird das Material stark aufgeladen. Wie kommt es dazu? Es gibt nur wenige Menschen, die den Blick ins Innere eines Tornadotrichters überlebt haben und davon berichten können. Sie beschrieben ein von schimmerndem Licht erleuchtetes Inneres, das immer wieder von langen Entladungen durchkreuzt wird. Was steckt hinter diesen zahlreichen Beispielen der elektrischen Aufladung?

Antwort

Der Prozess, durch den sich wehender Schnee auflädt, ist noch nicht vollständig geklärt. Allgemein liegen ihm aber folgende Vorgänge zugrunde: Stoßen zwei neutrale Eiskristalle verschiedener Temperatur zusammen, lädt sich der wärmere Kristall negativ und der kältere Kristall positiv auf. Haben die beiden Enden eines neutralen Eiskristalls verschiedene Temperaturen, ist das wärmere Ende positiv und das kältere Ende negativ geladen. Zerbricht der Eiskristall bei einem Zusammenstoß, besitzen beide Teile ungleichnamige Ladungen. Sind sie erst selbst geladen, können die Kristalle einen Zaun durch Berührung aufladen.

Von einem Sturm, einer Windhose oder einem Tornado durch die Luft geblasener Staub lädt sich im Allgemeinen durch den Kontakt zum Boden und mit anderen Staubkörnern auf. (Elektronen werden von einem Objekt zum anderen durch bloßen Kontakt übertragen). Ob der Staub negativ oder positiv aufgeladen wird, hängt von der Art des Staubs und des Bodens ab. In manchen Situationen gibt der Staub beim Berühren des Bodens Elektronen ab und lädt sich somit positiv auf; in anderen nimmt er Elektronen auf und lädt sich negativ auf. Befinden sich die Staubkörner erst einmal in der Luft, können sie bei Zusammenstößen Ladungen austauschen.

Auf dem Mars treten viel größere Windhosen als auf der Erde auf, wobei wesentlich stärkere Ladungen beteiligt sind. Dennoch gibt es für diese Ladung eine Obergrenze. Dafür spricht folgende Argumentation: Mit zunehmender Ladung wird auch das elektrische Feld an der Oberfläche der Windhose stärker. Schließlich ist das elektrische Feld so stark, dass von der Oberfläche Funken ausgehen. Diese entlädt sich dabei, was Elektronen von der Oberfläche abzieht. Dabei gleichen sich die durch die Windhose getrennten Ladungen mit einem Schlag wieder aus.

Ein Tornado wird nicht nur durch den von ihm aufgewirbelten Staub aufgeladen, sondern auch durch die elektrischen Ladungen des Gewitters, das ihn erzeugt. Daher gehen die Lichter, die man in Tornadotrichtern beobachtet, höchstwahrscheinlich auf Entladungen zwischen geladenem Staub und Geröll zurück. Manche Lichter, die man mit Tornados in Verbindung bringt, könnten auch gewöhnliche Blitze sein. Die früher verbreitete Annahme, wonach ein Tornado durch einen nahezu kontinuierlichen Stromfluss zwischen Wolken und Boden ausgelöst wird, ist inzwischen jedoch verworfen worden.

5.30 Blitzartige Entladungen über einem Vulkan

Die Rauchschwaden von manchen Vulkanausbrüchen, wie zum Beispiel vom Skurajiama in Japan, entwickeln elektrische Entladungen, die über den Krater zucken, den Himmel erleuchten und Schallwellen aussenden, die an Donner erinnern. Wie entstehen diese Phänomene?

Antwort

Die Entladungen stammen von geladenen Teilchen in den Rauschschwaden, die der Vulkan in die Luft schleudert. Diese Teilchen können überwiegend positive Ladung aufweisen, enthalten in der Regel aber auch Bereiche negativer Ladung. Diese Bereiche können sich aneinander oder gegenüber der Erde entladen. Der Strom einer Entladung kann die Luft so stark aufheizen, dass sie sich schneller als die Schallgeschwindigkeit ausdehnt; eine solche Ausdehnung sendet eine Schockwelle aus, die der Beobachter (der sich hoffentlich in sicherem Abstand befindet) als lauten Knall wahrnimmt.

Mehrere Effekte könnten für die geladenen Teilchen in den Rauchschwaden verantwortlich sein: (1) Trifft Wasser plötzlich auf flüssige Lava, kann es sich durch den sogenannten *Leidenfrost-Effekt* in Tröpfchenform auf einer Dampffilmschicht wiederfinden. Jeder dieser großen Tropfen teilt sich schnell in geladene kleinere Tropfen, die dann durch die aufsteigenden Rauchschwaden aus heißer Luft und Wasserdampf in die Atmosphäre getragen werden. (2) Magma lädt sich beim Auseinanderbrechen auf, wenn es entweder auf Wasser trifft oder durch das obere Ende des Vulkanschlots bricht und dann emporgeschleudert wird.

Befinden sich die geladenen Teilchen in der Luft, können Zusammenstöße Ladungen von einem Teilchen zum anderen übertragen oder sogar eine zusätzliche Aufladung herbeiführen, wie es bei vom Wind getragenem Staub der Fall ist.

5.31 Bakterielle Kontamination in der Chirurgie

In Operationssälen werden alle erdenklichen Maßnahmen getroffen, um eine bakterielle Infektion von Patienten zu vermeiden. Masken werden angelegt, Hände gründlich gereinigt, es werden Handschuhe übergezogen und Instrumente bei hohen Temperaturen und im Alkoholbad desinfiziert. Vor kurzem hat man eine subtile Bakterienquelle im OP entdeckt, die man jahrelang übersehen hatte. Hier ein Beispiel: In der Endoskopchirurgie schiebt ein Chirurg ein Lichtleiterendoskop in einen Schnitt, in den Hals oder in den Dickdarm. Das Lichtleiterendoskop liefert eine Innenansicht des Körpers an einen Monitor. Der Chirurg kann das Endoskop weiter schieben oder daran befestigte chirurgische Instrumente zum Einsatz bringen. Zum Beispiel kann ein Polyp von einer Schlinge umschlossen und abgetragen werden. Ein Vorteil des Lichtleiterendoskops ist, dass der Chefchirurg die Arbeit der Teammitglieder gut koordinieren kann, indem er Vorgehensweisen am Monitor erklärt, wo jeder den Fortgang gut verfolgen kann. Doch: An irgendeiner Stelle in diesem Verfahren lauert eine versteckte Quelle bakterieller Kontamination. Wissen Sie wo?

Antwort

Um auf dem Monitor ein Bild zu erzeugen, werden, insbesondere bei den traditionellen Bildröhren, von der Rückwand des Monitors Elektronen in Richtung des Schirms geschossen. Damit der Schirm diese Ladungen anzieht, ist er positiv geladen. Die geladene Monitoroberfläche zieht auch in der Luft des OP-Saals schwebende Teilchen an, wie zum Beispiel Fusseln, Staub und Hautzellen. Wenn das in der Luft schwebende Teilchen negativ geladen ist, wird es von der Außenoberfläche des Monitors angezogen. Ist es hingegen elektrisch neutral, können einige seiner Elektronen zur Monitoroberfläche hingezogen werden und dem Teilchen damit eine *induzierte Ladung* geben, bei der eine Seite negativ und eine Seite positiv geladen ist (siehe Abbildung 5.5a). Die negativ geladene Seite wird von dem positiv geladenen Monitor angezogen, während die positiv geladene Seite von ihm abgestoßen wird. Da sich die negativ geladene Seite näher am Monitor befindet, überwiegt die Anziehungskraft des Schirms.

Da viele der auf der Außenfläche des Moitors angesammelten Teilchen Bakterien tragen, wird der Monitor von Bakterien kontaminiert. Angenommen, ein im Handschuh steckender

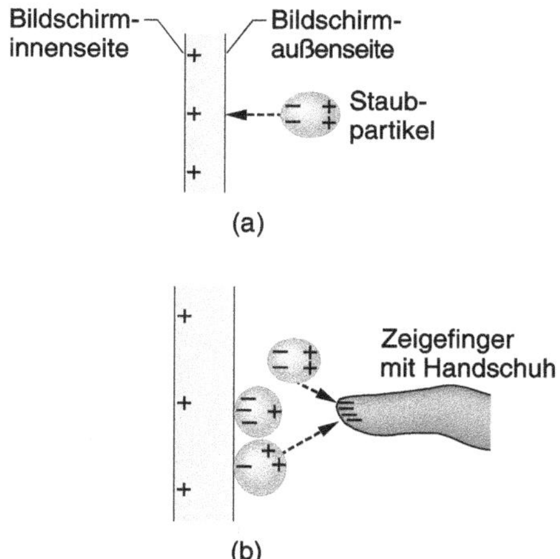

Abb. 5.5: (a) Ein Querschnitt des Monitors. Der positiv geladene Bildschirm erzeugt auf einem in der Nähe befindlichen Staubteilchen eine induzierte Ladung. (b) Ein in Bildschirmnähe gebrachter behandschuhter Finger (nicht maßstabsgerecht) besitzt eine induzierte Ladung und kann Staubteilchen vom Bildschirm und aus der Luft anziehen.

Finger eines Chirurgen kommt beim Zeigen auf einen bestimmten Bildbereich bis auf wenige Zentimeter an den Monitor heran, um zum Beispiel der OP-Mannschaft ein chirurgisches Problem zu erläutern. Die positiv geladene Oberfläche des Monitors zieht Elektronen aus den Fingern in die Fingerspitzen (siehe Abbildung 5.5b). An den negativ geladenen Fingerspitzen sammeln sich dann Teilchen (aus der Luft oder vom Monitor). Berührt der Chirurg nun den Patienten mit den kontaminierten Fingerspitzen, gelangen die Bakterien auf oder (noch schlimmer) in den Körper des Patienten. Um dieses Risiko zu vermeiden, sollten Chirurgen ihre Finger nicht in die Nähe eines Monitors bringen.

5.32 Bienen und Bestäubung

Bienen unterstützen die Bestäubung von Blüten dadurch, dass sie auf einer Blüte Pollen sammeln und sie dann zur nächsten tragen. Dabei streicht die Biene nicht rein zufällig über den Pollen. Stattdessen springen die Pollenkörner in Wirklichkeit an der ersten Blüte auf die Biene und an der nächsten Blüte von ihr herunter. Was bewirkt dieses Springen der Pollen?

Antwort

Nachdem eine Biene ihren Bienenstock verlassen hat, lädt sie sich während ihres Fluges gewöhnlich positiv auf. Schwebt die Biene über dem Staubbeutel einer Blüte (siehe Abbildung 5.6a), der elektrisch neutral ist, induziert das von der Biene ausgehende elektrische Feld in einigen der Pollenkörner der Blüte eine Ladung. Eigentlich ist ein Pollenkorn elektrisch neutral, doch das elektrische Feld der Biene ändert die Ladungsverteilung im Korn: Einige Elektronen bewegen sich in Richtung Biene, um der positiv geladenen Biene so nah wie möglich zu sein. Dadurch erhält die der Biene abgewandte Seite eine positive Ladung. Insgesamt ist das Korn weiterhin neutral, besitzt aber nun auf der einen Seite eine negative Ladung und auf der anderen eine positive.

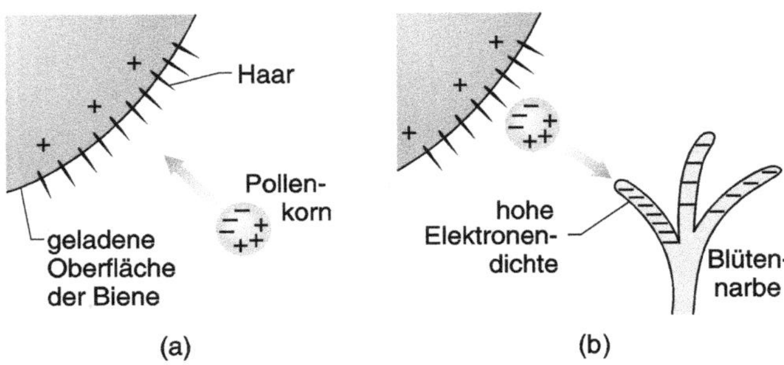

Abb. 5.6: (a) Die positiv geladene Oberfläche der Biene trennt die Ladungen im Pollenkorn. Die Pollenkörner springen auf die Biene. (b) Das Pollenkorn springt von der Biene zur Elektronenanhäufung auf der Blütennarbe.

Die negative Seite wird zur Biene hingezogen; die positive Seite wird von der Biene abgestoßen. Da sich die negative Seite näher an der Biene befindet, überwiegt die Anziehungskraft und das Pollenkorn springt durch die Luft auf die Biene. (Genauer gesagt landet es auf den Härchen, die sich an den Beinen der Biene befinden. Würde das Pollenkorn den geladenen Körper der Biene berühren, gingen seine Elektronen verloren. Dann bliebe auf dem Korn nur seine positive Ladung zurück, es würde von der Biene abgestoßen und könnte niemals auf eine andere Blüte gelangen.)

Die Abgabe des Pollens an eine andere Blüte erfolgt, wenn die Biene sich einer Blütennarbe nähert, die mit dem Boden elektrisch verbunden ist. Das von der Biene ausgehende elektrische Feld zieht Elektronen aus der Narbe zur Biene und lädt somit die Spitze der Narbe negativ auf (siehe Abbildung 5.6b). Das Pollenkorn auf der Biene wird weiterhin zur Ladung auf der Biene gezogen, aber die Anziehung der konzentrierten Ladung auf der Spitze der Narbe ist stärker. Daher springt das Pollenkorn von der Biene auf die Narbe und bestäubt die Blüte.

5.33 Kurzgeschichte: Feuerameisen und Elektrik

Als sich die eingeschleppte Feuerameise *Solenopsis invecta* aus Mittelamerika in Richtung Norden in die USA ausbreitete, kam es häufig vor, dass im Freien aufgestellte elektrische Einrichtungen (wie zum Beispiel Schaltkästen für Ampelanlagen) und an Gebäuden von Ameisenschwärmen angegriffen und zerstört wurden. Eine erste Erklärung dafür war, dass die Feuerameisen von den elektrischen oder magnetischen Feldern (oder beiden) der elektrischen Schalttechnik angezogen wurden. Dies wäre sehr interessant gewesen. Wie würde eine Ameise beide Feldtypen überhaupt aufspüren können?

Als die Wissenschaftler das Verhalten der Ameisen untersuchten, fanden sie jedoch eine viel einfachere Erklärung: Wenn Ameisen zufällig in Schaltkästen krabbeln, kann es passieren, dass eine von ihnen den Stromkreis kurzschließt, indem sie zwei blanke Drähte oder einen blanken Draht und eine geerdete Stelle im Stromkreis überbrückt. Diese Ameise wird dadurch entweder getötet oder sehr, sehr aggressiv (Feuerameisen sind an sich bereits unheimlich aggressiv). Ob tot oder lebendig, in jedem Fall sondert die Ameise Botenstoffe ab, die andere Ameisen in der Nähe aufnehmen, welche dann zu der ersten Ameise ausschwärmen und ebenfalls durch Stromschlag getötet werden. Schließlich gibt es so viele tote Ameisen, die alle die Elektrik kurzschließen, dass entweder eine Sicherung herausspringt oder die Elektrik durch einen zu hohen Strom zerstört wird.

5.34 Folie aus Kunststoff

Wenn Sie eine Folie aus Kunststoff über eine Glas- oder Plastikschüssel legen und die Folie an den Rand drücken, bleibt sie unverändert an Ort und Stelle. Man kann die Schüssel sogar umdrehen, ohne etwas zu verschütten, ein Effekt, der sich in Fernsehwerbespots ziemlich gut verwenden ließe. Warum haftet die Folie?

Antwort

Die Folie aus Kunststoff ist vermutlich stellenweise geladen, wenn Sie ein Stück Folie von der Rolle in der Schachtel abreißen. Diese Ladungen bleiben beim Herstellungsprozess zurück. Stellen mit überschüssigen Elektronen sind negativ und Stellen mit fehlenden Elektronen positiv geladen. Bereiche mit ungleichnamigen Ladungen ziehen einander an, weshalb die Kunststoff-folie an sich selbst klebt (und somit unbrauchbar wird) oder wieder an der Rolle haftet.

Wird die Kunststoff-folie an den Rand einer Schüssel gedrückt, werden zwischen beiden Oberflächen durch sogenannte *Kontaktelektrizität* Ladungen übertragen. Zum Beispiel könnte die Folie einige der am Rand der Schüssel befindlichen Elektronen auf die Folie ziehen und diesen Bereich positiv aufladen. Die negativ geladene Folie und der positiv geladene Rand ziehen dann einander an.

Zusätzlich kann zwischen Rand und Folie eine Anziehungskraft von Molekül zu Molekül wirken, die sogenannte *Van-der-Waals*-Kraft. Diese Kraft beruht auf einer elektrischen Wechselwirkung, bei der eine leichte Ladungstrennung in einem Molekül der einen Oberfläche eine ähnliche Ladungstrennung im benachbarten Molekül der anderen Oberfläche bewirkt. Jedes Molekül bildet einen *elektrischen Dipol*, und die Dipole auf zwei Oberflächen ziehen einander an. Obwohl diese Anziehung nur schwach ist, kann sie die Folie am Rand halten oder die Folie an sich selbst haften lassen.

5.35 Fliegen an der Decke, Geckos an der Wand

Eine Fliege kann sich an einer glatten Oberfläche festhalten, weil sie ein Öl absondert, das sowohl an der Decke als auch an den Beinen der Fliege haftet. Und manche Käfer können sich durch einen Saugmechanismus an einer glatten Oberfläche festhalten. Wie ist es aber bei einem Gecko? Seine Füße sind trocken und weisen auch keinen Saugmechanismus auf. Trotzdem können Geckos sogar an glatten Wänden hochlaufen und manche Decke vorwärts oder rückwärts entlangkriechen. Wie hält er sich an der Oberfläche fest, und wie löst er sich wieder, um diese Oberfläche schnell entlangzurennen?

Antwort

Der Fuß eines Geckos hat etwa eine halbe Million Haare, die man als *Setae* bezeichnet. Jedes Seta besitzt hunderte Fortsätze mit dreieckigen oder blattförmigen Enden, die wegen ihrer Form als *Spatulae* bezeichnet werden. Drückt ein Gecko ein Seta an die Wand, haften alle daran befindlichen Spatulae durch die sogenannte Van-der-Waals-Kraft an der Wand. Diese Kraft beruht auf einer elektrischen Wechselwirkung, bei der eine sehr schwache Trennung positiver und negativer Ladungen in einer Oberfläche eine ähnliche Ladungstrennung in der anderen Oberfläche bewirkt. Jede Ladungstrennung ist ein *elektrischer Dipol* und die Dipole auf zwei Oberflächen ziehen einander an. Dies passiert an Millionen von Kontaktstellen, wenn ein Gecko einen Fuß an die Wand setzt. Obwohl die Van-der-Waals-Kraft schwach ist, kann die Summe aller Kräfte an einem Fuß den Gecko halten. Auch wenn die Wand nur mikroskopisch kleine Unebenheiten aufweist, bringt ein Fuß genügend Spatulae an die Wand, um den Gecko zu halten.

Es kommt zur Adhäsion, wenn die Winkel, die die Setae mit der Wand einschließen, relativ spitz sind. Um beim Laufen seinen Fuß zu lösen, zieht der Gecko das Seta von der Wand ab, indem er den Winkel vergrößert. Die Spatulae lösen sich dann einer nach dem anderen und geben das Seta frei.

5.36 Baisermasse

Um Baisermasse herzustellen, wird Eiweiß so lange geschlagen, bis es einigermaßen steif ist. Dann wird eine kleine Menge Zucker hineingerührt, und anschließend kann man die Masse auf einen Kuchen geben und backen.

Warum ruiniert sogar die kleinste Menge Eigelb die Baisermasse? Warum werden die Eiweiße geschlagen, und warum wird das Eiweiß durch das Schlagen steif? Warum kann man die Baisermasse auch dadurch verderben, dass man sie zu lange schlägt?

Antwort

Eiweiß besteht aus mehreren Arten von Proteinen, wobei es sich um große Moleküle mit komplizierter dreidimensionaler Struktur handelt. Das Eiweißschlagen dient einerseits dazu, diese Moleküle teilweise zu entwirren, indem man einige ihrer schwächeren Bindungen trennt. Zu den schwächeren Bindungen gehören die Ionenbindung (wo entgegengesetzte Ladungen einander anziehen), die Van-der-Waals-Bindung (wo getrennte positive und negative Ladungen an einer Stelle des Moleküls getrennte positive und negative Ladungen an einer benachbarten Stelle anziehen) und Wasserstoffbrückenbindungen (wo Wasserstoff als Verbindungsstück zwischen zwei Atomen auftritt). Sind die Moleküle entwirrt, hängen sie sich aneinander und bilden ein Netz.

Andererseits wird das Eiweiß geschlagen, um Luft in diesem Netz zu fangen. Eigelb kann das Dessert verderben, weil es zu schwer und zu dickflüssig ist, um ausreichend Luft hineinzulassen. Ein Bäcker will die Baisermasse mit möglichst vielen Luftblasen in den Ofen schieben, wo die Hitze diese Blasen noch vergrößert, was das Dessert noch lockerer macht. Wurde das Eiweiß richtig geschlagen, sind die Luftblasen von dünnen Wasserfilmen umgeben, die mit dem Eiweißnetz verbunden sind. Diese Filme dehnen sich mit den größer werdenden Luftblasen und halten dabei die Luft im Baiser. Übertreibt man es mit dem Schlagen jedoch, trennt sich das Wasser von den Proteinen und das Netz ist zu fest (zu stark verbunden), um sich im Ofen richtig ausdehnen zu können. Dann platzen die Luftblasen auf und lassen das Baiser zusammenfallen – der Albtraum eines Bäckers. Um dieses Malheur zu vermeiden, hört ein erfahrener Bäcker auf, sobald das Eiweiß das Glitzern verliert und sich langsam Wassertropfen bilden.

Wird Eiweiß in einer Kupferschüssel geschlagen, werden einige Kupferatome vom Eiweiß aufgenommen und verbinden sich mit den Schwefelionen. Diese können dann keine Bindung mit mehr dem Proteinnetz eingehen, was verhindert, dass das Netz so fest wird, dass es das Wasser verdrängt.

5.37 Sauce Béarnaise

Sauce béarnaise ist bekanntermaßen schwer zuzubereiten und kann auch dann misslingen, wenn der Koch alles richtig macht. Sie ist ein warmes Gemisch und besteht hauptsächlich aus verdünntem Essig, Wein, Eigelb und Butter und wird zu gegrilltem Fleisch, Hühnchen, Fisch oder pochierten Eiern serviert. Die Sauce sollte eine glatte Mischung der Zutaten sein. Sie kann aber zerstört werden, wenn sich plötzlich Butter vom Rest der Zutaten absondert und hässliche Flecken bildet. Die Fragen, die sich hier stellen, sind: Warum sondert sich die Butter ab, wenn die Soße misslingt? Und wodurch wird das normalerweise verhindert?

Antwort

Die Sauce lässt sich chemisch und physikalisch durch zwei unterschiedliche Modelle beschreiben: Sie ist eine *kolloidale Suspension* halbfester Partikel (Butterfett) in einer Flüssigkeit, die hauptsächlich aus Wasser und Essigsäure (Essig) besteht. Man kann sie aber auch als eine *Emulsion* auffassen – also eine Dispersion zweier nicht mischbarer Flüssigkeiten (hier Butterfett und Wasser), wobei das Butterfett kleine Tropfen im Wasser bildet.

Im Kolloidmodell ziehen sich die Butterfett-tropfen durch die schwache Van-der-Waals-Kraft gegenseitig an, wobei es sich um eine Dipol-Dipolwechselwirkung handelt. Die Tropfen tragen auf ihren Oberflächen jedoch auch negative Ladungen. Wenn sie sich aufeinander zu bewegen und dabei einander fast berühren und vereinigen, hält sie die Abstoßung zwischen ihnen deshalb auf Distanz. Gefährlich wird es beim Erhitzen der Sauce, weil die Tropfen dann eine größere kinetische Energie besitzen und trotz der elektrischen Abstoßung zusammenstoßen können. Wenn sie beginnen, sich miteinander zu verbinden (man nennt das *ausflocken*), könnte das an einer zu geringen Ladung auf der Tropfenoberfläche liegen. Viele Köche empfehlen dann, sehr kräftig Zitronensaft in die Sauce zu schlagen. Das Schlagen löst die ausgeflockte Butter wieder auf, und der Zitronensaft liefert vermutlich zusätzliche Ladungen, um die resultierenden Buttertropfen getrennt zu halten.

Im Emulsionsmodell werden die Buttertropfen durch Lecithinmoleküle *stabilisiert*, die auf ihren Oberflächen verteilt sind. Das bedeutet, dass sie als Tropfen erhalten bleiben, anstatt auszuflocken. Jedes vom Eigelb stammende Lecithinmolekül besitzt ein wasserbindendes Ende (das sogenannte polare Ende), das von der Oberfläche ins Wasser gerichtet ist. Dieses Ende bindet Wassermoleküle so, dass jeder Tropfen von einer Wasserschicht umgeben ist, die sich an die polaren Enden der Lecithinmoleküle heftet. Dieses gebundene Wasser beeinflusst das Ausflocken der Tropfen. Wenn die Sauce beginnt auszuflocken, enthält sie vielleicht nicht ausreichend Lecithin. Viele Köche empfehlen, noch mehr Eigelb sehr kräftig in die Sauce zu schlagen, um die ausgeflockte Butter wieder aufzulösen und mehr Lecithin bereitzustellen.

In der Praxis hilft sowohl das kräftige Schlagen als auch die Zugabe von Zitronensaft oder Eigelb. Deshalb lässt sich nicht eindeutig sagen, welches Saucenmodell das richtige ist. Ein guter Koch weiß, dass keines der Heilmittel übertrieben angewandt werden sollte, damit der Geschmack oder das Aussehen der Sauce nicht verdorben wird, auch dann nicht, wenn die Sauce nicht ausgeflockt ist. Ein erfahrener Koch weiß auch, dass das die Sauce verdorben werden kann, wenn sie überhitzt wird, denn die thermische Bewegung der Tropfen und damit auch die Wahrscheinlichkeit ihres Zusammenstoßens nimmt mit der Temperatur zu. Außerdem gerinnt das Eigelb, wird unansehnlich und kann dem Stabilisieren der Sauce nicht länger dienlich sein.

5.38 Magnetit

Natürlich vorkommendes Magnetgestein, sogenanntes Magnetit, wurde vor langer Zeit erstmalig von den Chinesen entdeckt, die seinen Wert in der Navigation erkannten und es für Kompasse verwendeten. Was bewirkt das Magnetisieren von Gesteinen und weshalb werden nicht alle Gesteine magnetisiert?

Antwort
Magnetit ist ein Eisenerz, das seine magnetischen Eigenschaften nach dem Magnetisieren beibehält und dadurch zu einem Permanentmagneten wird. Diese Tatsache beruht auf einem kooperativen Quanteneffekt bei der Wechselwirkung der Elektronen in den Eisenatomen. In der Natur kann Eisenerz durch zwei Prozesse magnetisiert werden: entweder durch Erhitzen und Abkühlen im Magnetfeld der Erde oder durch den sehr starken Strom im Falle eines Blitzeinschlages in unmittelbarer Nähe.

Beim ersten der beiden Prozesse wird Eisenerz in einem Lavastrom erhitzt und dann abgekühlt. In großer Hitze verliert Eisenerz seine magnetischen Eigenschaften, da die thermische Energie der Atome die kooperative Wechselwirkung der Elektronen zerstört. Wenn das Erz abkühlt und die Elektronen wieder kooperativ wechselwirken, orientieren sich die magnetischen Momente an der Richtung des Erdmagnetfeldes am Ort der Erzlagerstätte. Je perfekter diese Ausrichtung im Erz ist, desto stärker ist das Magnetfeld des entstehenden Magnetits. Auf diese Weise entstandene Magnetite findet man im Eisenbergbau als im Gestein versteckte Adern oder auch ungeschützt durch Verwitterung an der Oberfläche liegend.

Beim zweiten Magnetisierungsprozess fließt ein starker durch einen Blitzeinschlag ausgelöster Strom durch das Gestein oder seine unmittelbare Nachbarschaft. Das durch die Elektronenbewegung in diesem Strom erzeugte Magnetfeld richtet die magnetische Orientierung einiger Eisenverbindungen im Gestein aus, und diese Ausrichtung bleibt auch nach dem Blitzereignis erhalten. Diese Art Magnetit kommt gewöhnlich in Oberflächennähe vor (da Blitze normalerweise nicht mehr als einige Meter tief in den Boden eindringen). Sie findet man am wahrscheinlichsten an isolierten Stellen.

5.39 Das Magnetfeld der Erde, Paläomagnetismus und Archäologie

Da sich das Magnetfeld der Erde allmählich verändert, ändert sich auch die vom Kompass angegebene Nordrichtung. Die Orientierung des Erdmagnetfeldes in verschiedenen Epochen ist für Wissenschaftler aus vielen Gründen interessant. Historische Belege über dessen Ausrichtung lassen sich allerdings nur selten finden. Eine interessante Informationsquelle sind jedoch alte Lehmöfen, die zum Brennen von Steingut genutzt wurden, und sehr alte Gemälde, wie zum Beispiel die Wandgemälde in der *Bibliotheca Apostolica Vaticana*, einem berühmten Korridor im Vatikan. Wie kann man an einem Brennofen oder einem Wandgemälde die Orientierung des Magnetfeldes ablesen?

Antwort

Der Lehm in den Wänden und Böden der alten Brennöfen enthält die Eisenoxide Magnetit und Hämatit. Im Allgemeinen enthalten solche Eisenverbindungen einzelne Körnchen, die *Domänen* enthalten, Bereiche, in denen die magnetischen Momente des Materials gleich ausgerichtet sind. Ein Körnchen Magnetit enthält eine Vielzahl mikroskopisch kleiner Domänen; ein Körnchen Hämatit enthält eine einzige Domäne, die bis zu einem Millimeter breit sein kann.

Wird der Lehm beim Betrieb des Brennofens auf mehrere hundert Grad Celsius erhitzt, verändern sich die Domänen beider Körnertypen. Im Magnetit verschieben sich die Domänenwände so, dass die stärker am Magnetfeld der Erde ausgerichteten Domänen wachsen, während die anderen schrumpfen. Im Hämatit drehen sich die Domänen, um sich stärker am Magnetfeld der Erde auszurichten. Der Lehm besitzt nach beiden Prozessen schließlich ein Magnetfeld, das am Magnetfeld der Erde ausgerichtet ist. Kühlt sich der Brennofen nach der Benutzung wieder ab, bleibt die Anordnung der Domänen und somit auch das Magnetfeld des Lehms erhalten. Dieser Effekt wird als *thermoremanenter Magnetismus* (TRM) bezeichnet.

Um herauszufinden, welche Orientierung das Magnetfeld der Erde hatte, als der Brennofen letztmalig geheizt und abgekühlt wurde, markiert der Archäologe einen kleinen Bereich auf dem Boden, kennzeichnet sorgfältig dessen Orientierung in horizontaler Richtung und bezüglich des geographischen Nordpols und entnimmt dann diesen Ausschnitt aus dem Boden des Brennofens. Wenn der Archäologe anschließend die Orientierung des Magnetfeldes relativ zu diesen Kennzeichnungen und damit zur Lage der Probe im Brennofen bestimmt, kann er auf die Orientierung des Erdmagnetfeldes zu der Zeit schließen, zu der der Ofen zuletzt benutzt wurde. Wenn gleichzeitig das Alter des Brennofens durch die Radiokarbonmethode oder ein anderes Verfahren ermittelt wird, weiß der Archäologe, wann das Magnetfeld der Erde diese Orientierung hatte.

Viele alte Wandbilder enthalten Hämatit. Die von den Künstlern verwendeten Pigmente sind Suspensionen verschiedener Feststoffe in Trägerflüssigkeiten. Wird ein Pigment beim Malen eines Wandbildes auf die Wand aufgebracht, rotiert jedes Hämatitkörnchen so lange in der Flüssigkeit, bis es sich nach dem Magnetfeld der Erde ausgerichtet hat. Trocknet die Farbe, verbleiben die Körnchen eingeschlossen vor Ort und verraten somit, welche Orientierung das Magnetfeld der Erde zum Zeitpunkt des Malens hatte.

Die Orientierung des Erdmagnetfeldes zum Zeitpunkt der Entstehung eines Wandbildes lässt sich anhand der Orientierung der Hämatitkörnchen in der Farbe bestimmen. Dazu wird ein kleines Stück Klebeband auf eine Stelle des Wandbildes aufgebracht. Dann wird die Lage des Klebebandes bezüglich der Horizontalen und der heutigen Richtung des magnetischen Nordpols gemessen. Wird das Klebeband vom Wandbild abgezogen, bleibt eine dünne Farbschicht haften. Im Labor wird dieser Abschnitt des Klebebandes in ein Gerät gespannt, das die Orientierung der Hämatitkörnchen in dieser Farbschicht bestimmt.

5.40 Komplikationen bei der Magnetresonanztomographie (MRT)

Die *Magnetresonanztomographie* ist ein bildgebendes Verfahren zur Darstellung von Strukturen im Inneren des Körpers (von Menschen, Tieren, Fossilien und vielen anderen Objekten).[1]

Bei der MRT dringen elektromagnetische Wellen eines bestimmten Frequenzbereichs (sogenannte Radiowellen) in den Körper ein und beeinflussen den Spin der Protonen in einigen Atomkernen innerhalb des Körpers. Die Spins dieser Protonen werden anfangs durch ein starkes Magnetfeld ausgerichtet. Nachdem sie durch die Radiowellen aus ihrer Position gekippt wurden, relaxieren sie relativ schnell wieder. Messgeräte zeichnen diesen Relaxationsprozess auf und ausgeklügelte Computerprogramme wandeln diese Aufzeichnungen in Bilder des Stoffes um, der diese Protonen enthält. Dieses Verfahren ist vollkommen ungefährlich, weil das Magnetfeld und die Radiowellen im Körper keinerlei Schaden anrichten.

Eigentlich ist das Verfahren sicher, in einigen wenigen Fällen jedoch erlitten Patienten dabei Verbrennungen. Wie kam es dazu? Warum nahmen manche Patienten mit Tätowierungen ein „Kribbeln" oder „Ziehen" nahe der Tätowierung wahr, und warum erlitten manche von ihnen schlimme Verbrennungen? Warum ist die Anwendung des Verfahrens für Patienten mit metallischen Implantaten (wie etwa in Zahnfüllungen, Knochenplatten oder als Teil einer künstlichen Herzklappe) entweder untersagt oder wird nicht empfohlen? Warum ist das Verfahren für jemanden, der als Schweißer oder Metallschleifer gearbeitet hat, oft ebenfalls nicht empfehlenswert?

Antwort

Bevor man diese Gefahr erkannte, erlitten einige Patienten Verbrennungen durch elektrische Kabel, die zur Überwachung des Patienten an seinem Körper an mehreren Stellen angebracht waren. Einmal wurde ein Pulsoximeter (zur Messung der Sauerstoffsättigung im Blut) am Finger eines unter Beruhigungsmitteln stehenden Patienten angebracht. Diese Verbindung zwischen dem Finger und dem Überwachungsgerät (das sich außerhalb des MRT-Gerätes befand) stellte für sich genommen keine Gefahr dar. Das vom Finger abgehende Kabel berührte jedoch zufällig den Arm des Patienten. Der Kabelabschnitt zwischen Finger und Arm sowie der zwischen diesen Punkten liegende Teil des Arms bildeten gewissermaßen einen geschlossenen Stromkreis. Als die Radiowellen eingeschaltet wurden, induzierte deren schnell veränderliches Magnetfeld eine Spannung in diesem Stromkreis. Es floss ein elektrischer Strom. Der große Widerstand an den Berührungsstellen zwischen Haut und Kabel führte dort zu einer starken Erwärmung und folglich zu Verbrennungen. Da der Patient jedoch unter dem Einfluss

1 Ursprünglich wurde dieses Verfahren als NMR (*Nuclear Magnetic Resonance*) bezeichnet. Der Name wurde in den USA Berichten zufolge jedoch in MRI (*Magnetic Resonance Imaging*) geändert, als die Cleveland Klinik (in Cleveland, Ohio) öffentlichem Druck nachgab, der nach der Ankündigung entstanden war, man würde eine *nukleare* Einrichtung planen. (Die Öffentlichkeit war sich scheinbar nicht darüber im Klaren, dass sich „nuklear" auf die zentralen Einheiten in allen Atomen, einschließlich derer in ihren Körpern, bezog.)

von Schmerzmitteln stand, wurde die Verletzung erst erkannt, als der Patient vom MRT-Gerät getrennt wurde.

Zu einer zweiten Art der Verbrennung kam es, als ein *langes* elektrisches Kabel, das zum Patienten hinführte, für die Radiowellen wie eine Empfangsantenne wirkte. Entlang des Kabels baute sich eine beträchtliche elektrisches Spannung auf, die genügte, dass am Ende des Kabels Funken flogen, die bei dem Patienten Verbrennungen verursachten.

Manche der schwarzen oder blauschwarzen Pigmente in Tätowierungen oder Permanent-Eyelinern enthalten eine *ferromagnetische* Substanz (das Eisenoxid Magnetit). Wird ein Patient mit solchen Pigmenten in ein Magnetfeld in ein MRT-Gerät hinein- oder aus diesem herausbewegt oder variiert die Stärke des Magnetfeldes, orientiert sich die ferromagnetische Substanz neu, ganz wie sich eine Kompassnadel neu orientiert, wenn sie in ein Magnetfeld hinein- oder aus diesem herausgebracht wird. Manche Patienten spüren dies als Kribbeln oder Ziehen auf der Haut. In den wenigen Fällen, wo es zu Hautverbrennungen kam, bildeten die ferromagnetischen Pigmente der Tätowierung einen geschlossenen (oder fast geschlossenen) Stromkreis. Vermutlich können die Radiowellen in diesem Stromkreis eine Spannung mit einem Stromfluss induzieren, der dazu ausreicht, die Haut zu erwärmen und Verbrennungen zu verursachen. Metallische Implantate verkomplizieren die MRT-Diagnostik, weil sie das Bild meist verzerren. Besteht das Implantat aus einem ferromagnetischen Material, kann es sich wie eine Kompassnadel verhalten, wenn der Patient in ein Magnetfeld hinein oder aus diesem herausgebracht wird. Oft wird dieses Verhalten nicht bemerkt, aber das Verdrehen einer metallischen Herzklappe oder eines Implantats könnte gefährlich werden. Die Bewegung von Augenimplantaten oder von durch Schweißen oder Metallschleifen ins Auge gelangten Fremdkörpern kann ebenfalls bedenklich sein. In der Vergangenheit erwärmten sich die ferromagnetischen Träger in bestimmten Brustimplantaten durch induzierte Ströme. Diese Gefahren sind heute bekannt und es sind entsprechende Schutzrichtlinien für das Ausführen der MRT-Diagnostik aufgestellt.

5.41 Kurzgeschichte: Magnetische Suche nach der Garfield-Kugel

1881 gab ein Attentäter in einem Bahnhof in Washington DC zwei Schüsse auf James Garfield ab, den damaligen Präsidenten der Vereinigten Staaten. Während die eine Kugel lediglich seinen Arm streifte, drang die andere unterhalb seiner Bauchspeicheldrüse ein. Der Arzt konnte die zweite Kugel jedoch nicht lokalisieren, weil es damals kein Verfahren gab, in einen Körper hineinzusehen ohne ihn aufzuschneiden. Da die Kugel nach dem Eintritt in den Körper des Präsidenten von einer Rippe abgelenkt wurde, gab nicht einmal die Eintrittswunde genügend Anhaltspunkte für den Verbleib der Kugel.

Alexander Graham Bell, der das Telefon als gebrauchsfähiges System einführte, bot sich an, mit seiner *Induktionswaage* zu helfen. Das Gerät bestand aus einem batteriebetriebenen Elektromagneten und einer kleinen Spule, die mit einem Telefonempfänger (dem zum Hören bestimmten Teil eines damaligen Telefons) verbunden war. Da die Batterie einen Gleichstrom durch den Elektromagneten schickte, erzeugte dieser ein konstantes Magnetfeld. Bell hielt den Spulenkern so in dieses Feld, dass das Feld senkrecht aus der Ebene der Spule trat. Veränderte sich dieses Feld in irgendeiner Weise, wurde ein Strom in der Spule induziert, der ein Klickgeräusch im Hörer erzeugte.

Bells Plan bestand darin, den Elektromagneten und die Spule über Garfields Körper zu bewegen. Sobald das Gerät die Kugel passierte, sollte die Kugel die Stärke und Richtung des Magnetfelds in der kleinen Spule ändern. Die Kugel wäre also durch das von ihr erzeugte Klicken auffindbar gewesen.

Leider war die Kugel aus Blei, so dass sie das Feld im Gegensatz zu einer Stahlkugel nicht besonders stark veränderte. Zudem befand sich die Kugel zu weit innerhalb des Körpers von Garfield, um eine ausreichende Veränderung des Magnetfeldes herbeizuführen. Nach vielen Versuchen gab Bell die Suche auf. Garfield starb etwa einen Monat später.

5.42 Magnete, Tätowierungen und Körperschmuck

Warum kann ein starker Magnet an Haut haften oder ziehen, wenn sich auf dieser eine Tätowierung mit schwarzen oder blauschwarzen Linien befindet? Körperschmuck ist seit langer Zeit in Mode. Heute entscheiden sich manche Menschen dafür, den Schmuck mit Magneten anstatt durch ein Piercing am Körper zu befestigen. Warum kann es gefährlich sein, magnetisch befestigte Nasenringe zu tragen?

Antwort
Die schwarzen oder blauschwarzen Linien von Tätowierungen entstehen gewöhnlich dadurch, dass der Haut ein Eisenoxidfarbstoff (Magnetit) injiziert wird, der ferromagnetisch ist und von einem starken Magneten angezogen wird. Daher kann ein starker Magnet an der Tätowierungsstelle haften. Noch kurioser ist, dass ein starker Magnet bewirken kann, dass etwas Magnetit durch die Haut wandert und sich unter dem Magneten an der Schnittstelle zwischen Haut und Oberhaut ansammelt.

Diese Migrationstendenz kann zur Entfernung von Tätowierungen genutzt werden. Ein Laser, der Lichtimpulse im nahen Infrarotbereich aussendet (knapp unterhalb des sichtbaren Spektrums) wird zunächst auf die Tätowierung gerichtet, um die Farbpigmente in der Haut zu zerstören und zu verstreuen sowie um die Oberhaut zu öffnen. Dann wird ein kleiner aber sehr starker Magnet über die Tätowierung geklebt, um einige ferromagnetische Pigmente durch die Oberhaut auf den Magneten zu ziehen, wo sie entfernt werden können. So wird die Tätowierung undeutlicher.

Eine Gefahr, die mit dem Tragen magnetischen Körperschmucks verbunden ist, bekam ein Mädchen zu spüren, das magnetische Ohrringe als Nasenringe tragen wollte. Jeder Ring sollte durch einen jeweils an der Außenseite eines Nasenlochs platzierten Magneten gehalten werden. Als sie jedoch versuchte, den zweiten Ring anzubringen, zogen die beiden Magneten einander sehr stark an und sprangen dabei an die Nasenscheidewand recht weit oben in der Nase. Dort blieben sie, nur durch die schmale Nasenscheidewand getrennt, störrisch aneinanderhaften. Das Mädchen musste in die Notaufnahme des Krankenhauses, um sie entfernen zu lassen.

5.43 Frühstück und Kuhmagnetismus

Führt man einen starken Magneten über einen Brei aus Milch und bestimmten Arten von Frühstücksflocken, sammeln sich die Flocken auf dem Magneten. Warum ist das so? Warum lässt man häufig Magneten in den Pansen von Rindern rutschen?

Antwort
Das Phänomen tritt bei Frühstücksflocken auf, die wegen ihres besonders hohen Eisengehalts beworben werden. Auch enthalten manche Banknoten Eisenverbindungen in der Druckerfarbe, so dass eine Banknote von einem starken Magneten angezogen wird.

Die Kuhmagnete dienen dazu, Eisenteile zu sammeln, die von der Kuh beim Fressen von Gras oder Heu versehentlich verschluckt werden. Anderenfalls könnte das Eisen die anderen Bereiche des Verdauungssystems der Kuh schädigen. Die Magnete sind preiswert und in einschlägigen Geschäften für Rinderzubehör erhältlich.

5.44 E-Gitarren

Kurz nach den Anfängen des Rock Mitte der 1950er Jahre stiegen die Gitarristen von akustischen auf elektrische Gitarren um. Jimmy Hendrix aber war der erste, der eine E-Gitarre auch als elektronisches Instrument auffasste. In den 1960er Jahren sprengte er die Bühne förmlich, riss sein Plektrum über die Saiten, stellte sich mit seiner Gitarre vor einen Lautsprecher, um gezielt die Rückkopplung aufzunehmen und dann noch Akkorde drüberzulegen. Er brachte die Rockmusik ein großes Stück voran, von den Buddy-Holly-Melodien zum Psychedelic Rock Ende der 1960er Jahre und zum frühen Heavy Metal von Led Zeppelin und der ungezügelten Energie von Joy Division in den 1970er Jahren. Auch heute noch beeinflussen seine Ideen die Rockmusik. Was unterscheidet eine elektrische Gitarre von einer akustischen und versetzte somit Hendrix in die Lage, dieses elektronische Instrument so viel umfassender zu nutzen?

Antwort
Während der Klang einer akustischen Gitarre von der Resonanz herrührt, die im Gitarrenkorpus durch das Schwingen der Saiten erzeugt wird, ist die elektrische Gitarre ein massives Instrument ohne Resonanzkörper. Stattdessen werden die Schwingungen der Metallsaiten von elektrischen *Tonabnehmern* aufgenommen, die Signale an einen Verstärker und eine Lautsprecheranlage senden.

Das Kabel, das einen Tonabnehmer mit dem Verstärker verbindet, ist um einen kleinen Magneten direkt unter der Saite gewickelt. Das Magnetfeld des Magneten erzeugt im direkt darüber befindlichen Saitenabschnitt einen Nord- und einen Südpol. Dieser Abschnitt besitzt dann sein eigenes Magnetfeld. Wird die Saite gezupft und dadurch in Schwingung versetzt, verändert ihre Bewegung relativ zur Wicklung die Stärke des Magnetfelds und induziert in der Wicklung einen Strom. Wenn die Saite zur Wicklung hin und von dieser weg schwingt, ändert sich dieser Strom mit der gleichen Frequenz wie die Saitenschwingung und gibt somit die Schwingungsfrequenz an Verstärker und Lautsprecher weiter.

An einer Stratocaster-E-Gitarre gibt es drei Gruppen von Tonabnehmern, die an einem Ende der Saiten befestigt sind (auf dem großen Gitarrenkorpus). Die in der Nähe dieses Endes befindliche Gruppe nimmt die Hochfrequenzschwingungen besser auf; die davon am weitesten entfernte Gruppe kann die niedrigfrequenten Schwingungen besser erfassen. Durch das Umlegen eines Kippschalters an der Gitarre kann der Musiker wählen, welche Gruppe oder welches Gruppenpaar Signale an Verstärker und Lautsprecher sendet.

Um seine Musik noch weiter zu beeinflussen, wickelte Hendrix manchmal den Draht der Tonabnehmerwicklungen seiner Gitarre neu, um die Anzahl von Windungen zu verändern.

Auf diese Weise änderte er auch die Strommenge, die in der Wicklung induziert wurde und somit die Empfindlichkeit der Wicklung gegenüber den Saitenschwingungen.

5.45 E-Gitarren-Verstärker

Festkörperphysik und Festkörperelektronik haben das moderne Leben radikal verändert. Die ersten Computer arbeiteten mit unförmigen Vakuumröhren und nahmen einen großen Raum in Anspruch. Die heutigen, weit leistungsfähigeren Computer besitzen winzige Transistoren in integrierten Schaltkreisen und finden auf Ihrem Schoß (oder einer noch kleineren Fläche) Platz. Vakuumröhren gehören scheinbar der Vergangenheit an; tatsächlich stehen sie nicht mehr auf dem Lehrplan für Studenten für Elektrotechnik im Hauptfach. Trotzdem schwören viele der heutigen Hardrockgitarristen auf traditionelle Röhrenverstärker die Transistorverstärker. Woran könnte das liegen?

Antwort
Die von einem Musiker auf der Saite einer E-Gitarre erzeugten mechanischen Schwingungen erzeugen in einer direkt unter der Saite befindlichen Tonabnehmerwicklung elektrische Schwingungen. Diese elektrischen Schwingungen müssen verstärkt werden, damit sie ein Lautsprechersystem ansteuern können, das den Klang für das Publikum liefert. Als die E-Gitarre in den frühen 1960er Jahren in der Rockmusik aufkam, wurden in den Verstärkern Röhren benutzt, da Transistorenverstärker damals noch nicht zuverlässig genug waren. Mit der Entwicklung der Rockmusik in Richtung Psychedelic und Heavy Metal drehten die Gitarristen ihre Verstärker weiter auf. Eine nach oben getriebene Verstärkung durch einen Röhrenverstärker führt zu einer erheblichen Verzerrung und dem dazu typischen Klang, und diese Verzerrung wurde schließlich der Sound, der die Rockmusik prägte.

Transistorverstärker erzeugen nicht dieselbe Art von Verzerrung, wenn sie aufgedreht werden – man sagt, sie erzeugen einen „sauberen" Klang, und nicht den „schmutzigen" Klang von Rockmusik. Daher werden sie von heutigen Rockmusikern gemieden. Jimi Hendrix, der als Erster die E-Gitarre und ihren Verstärker als kombiniertes Musikinstrument begriff, sagte einmal: „Ich mag meine alten Marshall-Röhrenverstärker wirklich sehr, denn wenn die Lautstärke ganz aufgedreht ist, gibt es nichts, was sie übertreffen kann ...".

5.46 Polarlichter

Wenn Sie sich in mittleren bis hohen Breitengraden in einer dunklen Nacht im Freien aufhalten, können Sie mit etwas Glück das Polarlicht beobachten, einen geisterhaften Lichtervorhang, der vom Himmel herunterhängt. Dieser Vorhang ist nicht nur lokal wahrnehmbar; er kann mehrere hundert Kilometer hoch und mehrere tausend Kilometer lang sein und sich in einem Bogen um die Erde erstrecken. Bei all seiner mitunter beträchtlichen Ausdehnung beträgt seine Dicke nur etwa 100 Meter. Wodurch wird diese ausgedehnte Leuchterscheinung erzeugt und warum ist sie so dünn?

Antwort

Polarlichter stehen manchmal mit Sonneneruptionen im Zusammenhang, wenn die dabei abgestrahlten Teilchen das magnetische und elektrische Feld in der Erdatmosphäre beeinflussen.

Polarlichter treten auf, wenn Elektronen in Höhen zwischen 3000 und 12000 Kilometern beschleunigt und dann wie durch einen Trichter entlang der Linien des Magnetfelds in Richtung des magnetischen Nord- bzw. Südpols in hohen geografischen Breiten in die Atmosphäre eindringen. Da die Feldlinien an den Polen zusammenlaufen, dringen die Elektronen in geringere Höhen vor, wo die Luft dichter ist. Dort stoßen sie mit Atomen und Molekülen zusammen, die dabei angeregt werden. Beim Übergang in den Grundzustand emittieren die Atome und Moleküle Licht. Dieses abgestrahlte Licht ist das Polarlicht; die in ihm enthaltenen Frequenzen liegen sowohl im sichtbaren als auch im nicht sichtbaren Bereich des Spektrums. Grünes Licht wird von Sauerstoffatomen emittiert, pinkfarbenes Licht von Stickstoffmolekülen. Das Licht kann jedoch so schwach sein, dass man nur weißes Licht wahrnimmt. Manchmal scheint sich die Erscheinung wie vom Wind getrieben über den Himmel zu bewegen, aber das ist nur eine Täuschung.

Da sich die Elektronen entlang von Feldlinien bewegen, die an den Polen zusammenlaufen, treten Polarlichter fast ausschließlich nur an hohen Breiten auf.

5.47 Sonneneruptionen und Stromausfälle

Am 13. März 1989 um 2.45 Uhr fiel das gesamte Energieversorgungsnetz der kanadischen Provinz Quebec aus, Millionen Menschen hatten in dieser kalten Nacht keinen Strom. Tatsächlich waren viele Energieversorgungsnetze auf der nördlichen Halbkugel in dieser Nacht gestört und wurden damit zum Albtraum der Ingenieure, die für ihre Instandhaltung zuständig waren. Die Ursache dafür war weder eine plötzliche Überlastung wegen erhöhten Bedarfs noch Verschleißerscheinungen an den Anlagen. Vielmehr lag es an einer Explosion – einer *Sonneneruption* – die sich drei Tage zuvor auf der Sonnenoberfläche ereignet hatte. Wie ist es möglich, dass eine Sonneneruption ein Energieversorgungsnetz lahmlegen kann?

Antwort

Bei einer Sonneneruption streckt sich ein riesiger Bogen aus Elektronen und Protonen von der Sonnenoberfläche empor. Einige Sonneneruptionen explodieren und schießen dabei diese Teilchen ins Weltall. Am 10. März 1989 explodierte eine riesige Sonneneruption in Richtung Erde. Als die Teilchen drei Tage später ankamen, übertrugen sie ihre Energie auf die *Magnetosphäre* der Erde, eine Region in großer Höhe, wo die Dynamik durch magnetische und elektrische Felder bestimmt wird. Insbesondere speisten sie ihre Energie in den dort auftretenden *polaren Elektrojet*. Da es sich dabei um einen Strom handelt, baut der Elektrojet ein Magnetfeld um sich auf, das auch den Boden und die langen Überlandleitungen des Energieversorgungsnetzes einschließt. Die Wirkung dieses Magnetfelds auf die Überlandleitungen – oder besser gesagt, die Änderungen dieses Magnetfeldes – verursachten das Problem in Quebec.

An einem Ende einer solchen Überlandleitung erhöht ein *Aufspanntransformator* das elektrische Potential, so dass die elektrische Energie bei sehr hoher Spannung durch die Leitung übertragen werden kann. Am anderen Ende senkt ein *Abspanntransformator* das elektrische Potential auf den in den Haushalten üblichen Wert. Ein Transformator besteht aus zwei Spulen (der *primären* und der *sekundären*) mit verschiedenen Windungsszahlen um einen Eisenkern. Der Wechselstrom in der Primärspule induziert in der Sekundärspule einen Wechselstrom entweder mit höherer oder niedrigerer Spannung. Das hängt davon ab, ob die Windungszahl der Sekundärspule größer oder kleiner als die der Primärspule ist.

Beide Transformatoren der Leitung sind geerdet. Wird durch einen Elektrojet ein Magnetfeld aufgebaut, verlaufen seine Feldlinien durch den leistungsfähigen Stromkreis (siehe Abbildung 5.7) aus der Überlandleitung, den Erdungsleitungen der Transformatoren und dem Boden. Ein konstantes Magnetfeld allein ist jedoch noch nicht problematisch. Das Problem tritt erst auf, wenn sich dieses Magnetfeld ändert.

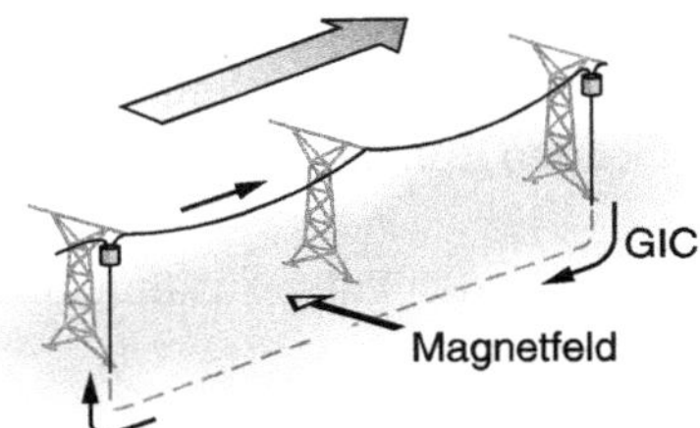

Abb. 5.7: Ein Elektrojet (Strom) erzeugt ein Magnetfeld in einem vertikalen Stromkreis, der von einer Überlandleitung, dem Boden und den Leitungen zur Erdung der Transformatoren (die sich in den Zylindern an den Enden der Übertragungsleitungen befinden) gebildet wird. Änderungen im Feld induzieren im Stromkreis einen Strom.

In der Nacht des Ausfalls änderte sich das Feld plötzlich und auf unvorhergesehene Weise, da die Energie von der Sonneneruption den Elektrojet in ähnlicher Weise beeinträchtigte. Jedes Mal, wenn sich das den Stromkreis durchdringende Magnetfeld ändert, induziert es dort einen Strom. Ist ein Elektrojet Auslöser dieses Stroms, spricht man von einem geomagnetisch induzierten Strom. Die Überlandleitungen führten in der Nacht des Ausfalls neben ihrem normalen Strom noch einen großen und sich abrupt verändernden geomagnetisch induzierten Strom.

Damit in einem Übertragungsnetz Energie übertragen wird, müssen Strom und Spannung innerhalb des Systems in bestimmter Art und Weise schwingen. Durch den geomagnetisch induzierten Strom konnten die Transformatoren in Quebec den Wechselstrom nicht mehr von der Primär- zur Sekundärwicklung übertragen. Infolgedessen waren Strom und Spannung im Sekundärkreis hochgradig verzerrt und schwangen nicht mehr in der richtigen Weise; diese Verzerrung unterbrach die Energieübertragung, es brannten einige der Transformatoren durch und das Netz wurde zum Erliegen gebracht. Wenn heute eine Sonneneruption in Richtung der Erde explodiert, werden die Ingenieure in der Energieversorgung sofort in Alarmbereitschaft versetzt und stellen sich auf Versorgungsstörungen ein.

Ein geomagnetisch induzierter Strom kann in jedem langen Leiter entstehen, zum Beispiel auch in Telekommunikationskabeln und der Transalaska-Pipeline. Tatsächlich bemerkte man dieses Phänomen zuerst vor etwa 150 Jahren an langen Telegraphenleitungen, konnte sich dies aber nicht erklären: An manchen Tagen führten diese Leitungen bereits Strom, ohne an ihre Batterien angeschlossen zu sein, wie es normalerweise erforderlich war. Geomagnetisch induzierter Strom kann auch am Boden selbst auftreten. Dies trägt zur Korrosion in langen Pipelines bei, die elektrisch mit dem Boden verbunden sind.

Wasserbewegungen infolge der Gezeiten, können einen dazu ganz ähnlichen Strom in langen Unterwasserkabeln hervorrufen. Weil das Wasser selbst leitfähig ist und sich durch das Magnetfeld der Erde bewegt, wird ein elektrischer Strom durch das Wasser (und damit entlang eines im Wasser befindlichen Kabels) geleitet. Der Stromkreis schließt sich durch den entlang des Meeresbodens zurückkehrenden Stroms.

5.48 Schwebende Frösche

Ein Frosch (oder ein anderes kleines Tier) kann durch das von einem Elektromagneten (einer stromführenden Kabelwicklung) erzeugte Magnetfeld zum Schweben gebracht werden. Der Frosch selbst ist selbstverständlich nicht magnetisch. Wenn das Magnetfeld ausreichend stark wäre, könnten auch Sie in einen Schwebezustand versetzt werden, aber auch Sie werden sicher nicht durch Magneten angezogen. Wie kann man Lebewesen schweben lassen?

Antwort

Die Frösche haben keinerlei Beschwerden; sie haben das Gefühl im Wasser zu schweben, was Frösche sehr mögen. Der Elektromagnet wurde vertikal ausgerichtet und der Frosch nahe am oberen Ende platziert, von wo aus das Magnetfeld vom Elektromagneten ausgeht. Obwohl ein Frosch normalerweise nicht magnetisch ist, besitzt er magnetische Eigenschaften, wenn er sich in einem Magnetfeld befindet. Der Frosch ist (genau wie die Stoffe, aus denen der Mensch besteht) diamagnetisch. In einem solchen Material verändert ein Magnetfeld die Elektronen in den Atomen so, dass das Material magnetisch wird. Wird also ein Frosch in das Magnetfeld in der Nähe des oberen Endes eines Elektromagneten gebracht, wird der Frosch durch das Feld nach oben getrieben. Der Frosch steigt so lange auf, bis der Aufwärtsschub gleich der abwärts ziehenden Gravitationskraft ist, und beginnt zu schweben.

Wird der Frosch durch einen kleinen Magneten ersetzt, ist dieser instabil und schwebt nicht. Der Frosch unterscheidet sich von dem kleinen Magneten dadurch, dass seine magnetischen Eigenschaften von der Stärke des Magnetfelds des Elektromagneten abhängen. Wenn sich der Frosch beispielsweise vom Elektromagneten in die Richtung wegbewegen würde, in der das Feld schwächer ist, würden auch seine magnetischen Eigenschaften abnehmen, während die des kleinen Magneten sich in diesem Falle nicht ändern würden.

Ein kleiner Magnet kann zum Schweben gebracht werden, wenn er sich wie ein Kreisel dreht und durch Präzession seine Achse verändert. Das wunderbare, unter dem Namen *Levitron* vermarktete Spielzeug basiert auf dieser Idee: Ein sich schnell drehendes magnetisches Teil schwebt einige Zentimeter über einer magnetisierten Keramikplatte. Da sich die Rotationsgeschwindigkeit des Teils aufgrund des Luftwiderstandes allmählich verringert, wird es irgendwann instabil und fällt herunter.

5.49 Ein zischender Kassettenrekorder

Schalten Sie einen Kassettenrecoder auf PLAY, ohne eine Kassette einzulegen, und drehen Sie den Lautstärkeregler auf Maximum. Nähern Sie dann einen starken Magneten an den Tonkopf. Warum erzeugt diese Bewegung ein Zischen im Rekorder?

Antwort
Der Tonkopf in einem Kassettendeck ist ferromagnetisch und besteht aus vielen magnetischen Domänen oder Bereichen, in denen die magnetischen Eigenschaften gleichförmig sind und ein Magnetfeld bestimmter Ausrichtung erzeugen. Von Domäne zu Domäne ist die Ausrichtung des Feldes jedoch verschieden. Wenn Sie nun den Magneten in die Nähe des Tonkopfes bringen, verschieben sich die Domänen abrupt, und orientieren ihre Magnetfelder unter dem Einfluss des Magneten um. Durch die Änderung dieser Domänenfelder wird in einer Wicklung des Tonkopfes ein zeitlich veränderlicher Strom erzeugt. Diese Stromänderungen werden verstärkt und dem Lautsprecher als Signal zugeleitet, der einen zischenden Ton erzeugt.

5.50 Ströme in Ihnen auf einem Bahnhof

Wir alle leben im elektrischen Feld der Erde, was zur Folge hat, dass das elektrische Potential in Nasenhöhe anders ist als das an den Füßen. Warum fühlen wir dann keinen elektrischen Strom durch unsere Körper fließen?

Wartende in Nähe der Gleise eines elektrisch betriebenen Zuges spüren manchmal ein Kribbeln, wenn sie einen geerdeten leitenden Gegenstand, wie zum Beispiel ein Rohr, berühren. Was verursacht dieses Kribbeln?

Antwort
Das elektrische Feld der Erde führt nicht dazu, dass wir von einem Strom durchflossen werden, weil die Dichte der geladenen Teilchen in der umgebenden Luft zu klein ist, um einen wahrnehmbaren Strom zu erzeugen.

Wird der Zug elektrisch durch eine Oberleitung betrieben, führt diese in vielen Oberleitungsnetzen Wechselstrom. Da ein solcher Strom ständig Richtung und Stärke ändert, verändert auch das so erzeugte Magnetfeld in der Umgebung ständig Richtung und Stärke. In Leitern erzeugt diese Veränderung des Magnetfelds Ströme, aber die Ströme sind zu gering, um für einen Menschen wahrnehmbar zu sein. Wenn der Mensch jedoch einen größeren leitenden Gegenstand wie zum Beispiel ein metallisches Schild, berührt, können die Ströme stärker und spürbar werden.

6 Optik: Facetten des Lichts

6.1 Regenbögen

Warum entstehen Regenbögen nur bei manchen Regenschauern und nicht bei allen? Warum haben sie die Form eines Halbkreises? Kann es jemals einen Vollkreis-Regenbogen geben? Wie weit ist ein Regenbogen entfernt – könnten Sie zu einem seiner Enden laufen? Warum sind Regenbögen gewöhnlich nur am frühen Morgen oder am späten Nachmittag zu sehen?

Normalerweise sehen Sie nur einen Regenbogen, gelegentlich können Sie aber auch zwei finden, von denen jeder einen Halbkreis um einen bestimmten Punkt beschreibt. Wo liegt dieser Punkt? Warum ist die Reihenfolge der Farben in den beiden Regenbögen gerade entgegengesetzt? Wieso ist der Bereich zwischen den beiden Regenbögen relativ dunkel? Warum ist der obere Regenbogen breiter und lichtschwächer als der untere?

Warum sind die „Enden" des Regenbogens gewöhnlich leuchtender und kräftiger rot als sein oberer Bereich? Wodurch entsteht das manchmal unmittelbar unterhalb des unteren Regenbogens wahrnehmbare, undeutliche und dünne Band?

Warum sind die Farben nur in diesen beiden Bögen zu sehen und nicht am gesamten regenverhangenen Himmel? Kann es einen dritten Regenbogen geben? Wenn ja, würde sich dieser in der Nähe der beiden anderen befinden?

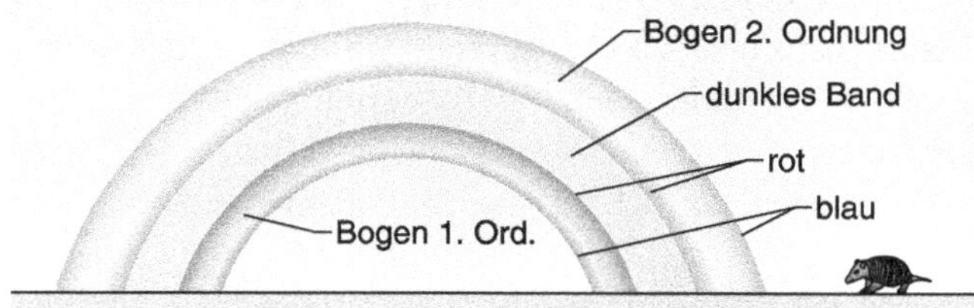

Abb. 6.1

Antwort

Regenbögen entstehen dadurch, dass herabfallende Wassertropfen weißes Sonnenlicht in seine verschiedenen Farben zerlegen, die in einem sogenannten Regenbogenband angeordnet sind. Da die Wassertropfen von hellem Sonnenlicht angestrahlt werden müssen, damit der Effekt sichtbar wird, sind bei dichter Bewölkung keine Regenbögen zu sehen. Das Licht wird beim Eintreten und Verlassen des Tropfens *gebrochen* (sein Weg ist folglich gekrümmt). Wie stark Licht gebrochen wird, hängt von der jeweiligen Farbe ab. Da beispielsweise blaues Licht stärker gebrochen wird als rotes, verlassen blaues und rotes Licht den Tropfen unter leicht verschiedenen Winkeln.

Der am häufigsten sichtbare Regenbogen entsteht durch Lichtstrahlen, die in Wassertropfen eintreten, an deren Innenseite reflektiert werden und sie in Ihre Richtung wieder verlassen. Bei diesem Regenbogen, der als *Regenbogen erster Ordnung* bezeichnet wird, weil nur eine Reflexion stattfindet, befindet sich der rote Streifen weiter oben als der blaue. Beim *Regenbogen zweiter Ordnung*, bei dem im Inneren der Tropfen zwei Reflexionen stattfinden, ist

https://doi.org/10.1515/9783110760637-006

die Reihenfolge der Farben aufgrund des veränderten Strahlengangs entgegengesetzt. Die zusätzliche Reflexion sorgt für eine weitere Aufspaltung des Farbspektrums innerhalb jedes einzelnen Tropfens, wodurch ein breiterer und undeutlicherer Bogen entsteht. Dieser Bogen ist auch deshalb schwächer, weil bei jeder Reflexion bis zum Verlassen des Tropfens ein Teil des Lichts durch Absorption verloren geht, sodass für den Regenbogen weniger Licht zur Verfügung steht.

Sämtliche herabfallenden und angestrahlten Regentropfen brechen Licht in verschiedene Farben, aber nur jene Tropfen, die sich in einem bestimmten Winkel zur Sonne befinden, senden die farbigen Lichtstrahlen zu Ihnen. Die Tropfen, die den Regenbogen erster Ordnung erzeugen, müssen sich etwa 42° vom *antisolaren Punkt* entfernt befinden, d. h. von jenem Punkt, der direkt gegenüber der Sonne liegt. Um die für den Regenbogen verantwortlichen Tropfen zu finden, zeigen Sie mit Ihrem ausgestreckten Arm in Richtung des antisolaren Punktes (zum Schatten Ihres Kopfes) und bewegen ihn dann um 42° nach oben oder in eine andere Richtung. Ihr Arm zeigt dann in die Richtung, wo sich die Tropfen befinden können, aus denen der Regenbogen erster Ordnung entsteht. Die Tropfen für den zweiten Bogen befinden sich etwa 51° vom antisolaren Punkt entfernt.

Da sich die Tropfen in einem bestimmten Winkel zum antisolaren Punkt befinden müssen, bilden die Regenbögen einen kreisrunden Bogen um diesen Punkt. Von einer erhöhten Position aus, also beispielsweise aus einem Flugzeug, können Sie den Regenbogen als Vollkreis sehen. Man kann einem Regenbogen keine echte Entfernung vom Beobachter zuordnen – alle entlang des betreffenden Winkels befindlichen Tropfen (ungeachtet ihrer Entfernung von Ihnen) können zur Farberscheinung beitragen. Folglich können Sie auch nicht zu einem Ende des Regenbogens laufen, beispielsweise um dort ein Gefäß mit Gold zu finden. Außerdem ist der von Ihnen beobachtete Regenbogen ein rein subjektiver Eindruck. Eine in Ihrer Nähe stehende Person sieht einen Regenbogen, der sich aus den Farben einer anderen Gruppe von Tropfen zusammensetzt.

Ein Regenbogen ist gewöhnlich nur am frühen Morgen oder am späten Nachmittag zu sehen, da sich der antisolare Punkt mittags zu weit hinter dem Horizont befindet. Allerdings würden Sie auch zu diesem Zeitpunkt einen Regenbogen sehen, wenn Sie von einem erhöhten Punkt aus auf die Tropfen herabsehen.

Regenbögen dritter oder vierter Ordnung (bei denen drei oder vier Reflexionen stattfinden) verlaufen in kreisrunden Bögen um die Sonne (anstatt um den antisolaren Punkt), sind aber zu schwach, um im blendenden Licht, das von diesem Teil des Himmels ausgeht, wahrgenommen werden zu können. Es gibt einige wenige Berichte über Sichtungen von Regenbögen dritter Ordnung, wobei es wahrscheinlicher ist, dass die beobachteten Farben durch Eiskristalle verursacht wurden. Ein Regenbogen fünfter Ordnung (fünf Reflexionen) liegt zwischen dem ersten und zweiten Regenbogen, ist aber ebenfalls zu schwach, um wahrgenommen werden zu können. Dies gilt auch für alle anderen möglichen Regenbögen.

Der Zwischenraum zwischen den Regenbögen erster und zweiter Ordnung ist verglichen mit den Bereichen oberhalb und unterhalb der Regenbögen relativ dunkel, weil Tropfen in diesem Bereich keine Lichtstrahlen zu Ihnen weitersenden, während dies bei den über und unter den Regenbögen befindlichen Tropfen der Fall ist.

Die „Enden" des Regenbogens sind aufgrund verschiedener Faktoren (u. a. Größe und Form der Tropfen) oft breiter und röter als der obere Bereich des Bogens. Die Farben des Regenbogens sollten bei größeren Tropfen deutlicher ausgeprägt sein, da diese das Licht wegen des längeren Weges stärker aufspalten. Durch den Luftwiderstand werden die großen Tropfen jedoch beim Herabfallen abgebremst. Entlang der Enden durchquert das Licht einen horizontalen kreisrunden Querschnitt jedes Tropfens. Ein solcher Querschnitt ist ideal für die Ausprägung heller und kräftiger Farben. Im oberen Bereich des Bogens dagegen durchquert das Licht einen nicht kreisrunden Querschnitt, was mattere und weniger deutliche Farben zur Folge hat.

Die Beine können auch deswegen kräftiger sein, weil die Tropfen in diesem Bereich vom Sonnenlicht unterhalb des Randes einer Wolkenbank besser angestrahlt werden. Sie sind röter, weil dieses Licht alle Anteile außer dem roten Ende des Spektrums verliert, wenn es einen langen Weg durch die Luft zurücklegt, um die Tropfen zu erreichen.

Die undeutlichen Bänder, die unmittelbar unter dem Regenbogen erster Ordnung und (viel seltener) unmittelbar über dem Regenbogen zweiter Ordnung wahrgenommen werden können, werden als *Interferenzregenbögen* bezeichnet. Sie machen deutlich, dass die Farben eines Regenbogens nicht durch die Tropfen entstehen, die sich wie einfache Prismen verhalten. Vielmehr handelt es sich bei einem Regenbogen um ein *Interferenzmuster*, das von Lichtwellen erzeugt wird, die sich durch jeden der Tropfen ausbreiten und überlappen. Die Farben, die Sie normalerweise sehen, sind die kräftigsten Bereiche des Interferenzmusters. Beispielsweise tritt das kräftigste Rot dort auf, wo die sich überlappenden Wellen des roten Lichts phasengleich sind und einander verstärken.

Wenn die Tropfen in etwa dieselbe Größe haben, können Sie Interferenzregenbögen beobachten. Sind die Tropfen ungleich groß, überlappen sich diese Interferenzregenbögen zu sehr, um unterscheidbar zu sein. Deshalb sehen Sie nur eine diffuse, schwach weiße Beleuchtung.

Während einfache Regenbogenmodelle für Tropfen mit einer Größe von über 0,1 Millimeter gut funktionieren, sind für kleinere Tropfen viel komplexere Modelle erforderlich, an denen noch geforscht wird.

Donner versetzt die Wassertropfen in Schwingungen, wodurch die Farben aufgrund der verzerrten Form der Tropfen verwischt oder ausgelöscht werden. Auch durch Kollision mit Luftmolekülen werden die herabfallenden Tropfen in Schwingungen versetzt, was ebenfalls zum Verwischen der Farben führen kann, besonders wenn es sich um große Tropfen handelt.

6.2 Ungewöhnliche Regenbögen

Warum sehen manche Regenbögen weiß oder rot aus? Warum sind diese so selten und warum fehlen bei Regenbögen, die im Mondlicht zu sehen sind, die Farben? Welche Formen und Farben haben Bögen, die man bei Nebel, auf Wolken oder auf einer taubedeckten Wiese sieht?

Ganz selten ist ein scheinbar vertikales Farbband zu sehen, das unmittelbar an den untersten Abschnitt des normalen Regenbogens angrenzt. Wodurch entsteht dieses zusätzliche Band?

Der normale Regenbogen entsteht durch sichtbares Licht. Gibt es auch Regenbögen, die durch infrarotes oder ultraviolettes Licht entstehen?

Antwort

Die Aufspaltung der Farben eines Regenbogens ist bei kleinen Tropfen weniger ausgeprägt. Ein Grund dafür ist, dass die Farben wegen des geringeren Tropfendurchmessers innerhalb des Tropfens weniger stark auseinanderlaufen. Bei sehr kleinen Tropfen überlappen sich die Farben und es entsteht ein weißer Regenbogen.

Ein roter Regenbogen kann bei tief stehender Sonne auftreten. Da das Sonnenlicht einen langen Weg durch die Atmosphäre zurücklegen muss, geht infolge der Streuung an den Luftmolekülen der größte Teil des blauen Endes des sichtbaren Spektrums verloren und die Tropfen werden vor allem von rotem Licht angestrahlt.

Nachts können Regenbögen im Mondschein zu sehen sein, ihnen fehlt allerdings die Farbe, da Ihre Augen in der Dunkelheit Farben nur schlecht erkennen können. Regenbögen im Mondlicht werden nur sehr selten beobachtet, weil sie so undeutlich sind, aber natürlich auch deshalb, weil nachts niemand nach Regenbögen sucht.

Regenbögen können auch im Nebel, an einer Wolkenbank oder auf einer taubedeckten Wiese beobachtet werden. Die Bögen sind aber schwer zu entdecken, weil sie oft zu klein sind, um ausgeprägte Farben zu erzeugen, und weil sie vor dem hellen Hintergrund verschwinden. Sie haben die Form von weißen Bändern, die Sie aufgrund Ihrer Perspektive als Hyperbeln oder Ellipsen sehen. Auch auf einem Gewässer können Sie einen Bogen erkennen, wenn dessen Oberfläche teilweise von schwebenden Tröpfchen bedeckt ist.

Wenn sich über einer Wasserfläche ein normaler Regenbogen bildet, können Sie auf dem Wasser einen *gespiegelten Regenbogen* sehen. Dieser Regenbogen ist jedoch nicht das Spiegelbild des Regenbogens am Himmel, da er von anderen Regentropfen gebildet wird. Damit ein Reflexionsregenbogen entstehen kann, müssen die Lichtstrahlen in die Regentropfen eintreten, in ihrem Inneren ein (oder zwei) Mal reflektiert werden, sie wieder verlassen und dann von der Wasseroberfläche zu Ihnen reflektiert werden. Die Tropfen, in denen diese Reflexionen stattfinden, befinden sich unter einem anderen Winkel in Ihrem Blickfeld als die Tropfen, die den normalen Regenbogen erzeugen. Infolgedessen überlappt sich der Reflexionsregenbogen nicht mit dem normalen Regenbogen.

Das scheinbare vertikale Band, das manchmal am Ende eines normalen Regenbogens zu sehen ist, entsteht ebenfalls durch eine Reflexion des Lichts an einer Wasseroberfläche. In diesem Falle wird das Licht jedoch zunächst an der Wasseroberfläche reflektiert, bevor es die Regentropfen anleuchtet. Das vertikale Band wird von denjenigen Tropfen erzeugt, die aufgrund ihrer Lage farbige Strahlen zu Ihnen senden (siehe Abb. 6.2). In seltenen Fällen können Sie einen vollständigen zusätzlichen Regenbogen sehen, der sich oberhalb des normalen Regenbogens wölbt. (Dieser zusätzliche Regenbogen wird mitunter als Regenbogen dritter Ordnung fehlinterpretiert.) Der normale Regenbogen entsteht um den antisolaren Punkt herum. Der zusätzliche Regenbogen hat einen Punkt als Zentrum, der aufgrund des durch die Reflexion veränderten Strahlengangs ein Stück vom antisolaren Punkt nach oben verschoben ist. Wenn nur die Enden des zusätzlichen Regenbogens zu sehen sind, sehen sie möglicherweise aus, als würden sie vertikal verlaufen, tatsächlich sind sie aber gekrümmt.

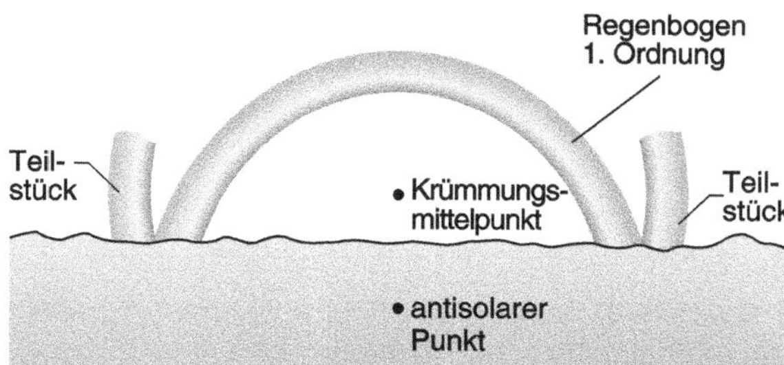

Abb. 6.2: Licht, das an einer Wasseroberfläche reflektiert wird, kann einen Regenbogen bilden, dessen Krümmungsmittelpunkt über dem des Regenbogens erster Ordnung liegt. Die Abbildung zeigt nur die Enden des zusätzlichen Regenbogens.

Regenbogenbänder können auch durch ultraviolettes oder infrarotes Licht entstehen. Sie sind für unsere Augen allerdings nicht sichtbar und besitzen keine Farben im herkömmlichen Sinne. Diese Regenbögen können nur mit einer geeigneten Ausrüstung beobachtet werden.

6.3 Künstliche Regenbögen

Warum sehen Sie zwei, sich teilweise überlappende Regenbögen, wenn in Ihrer Nähe Wasser in Richtung der Sonne gesprüht wird? Warum sehen Sie zwei helle Bänder, wenn ein Suchscheinwerfer nachts bei leichtem Regen schräg nach oben ausgerichtet wird (siehe Abb. 6.3)?

Manchmal sieht man auf der Straße regenbogenähnliche Abbildungen, selbst wenn der Untergrund trocken ist. Es gibt auch einige wenige Berichte von Regenbögen in Schlamm und an anderen ungewöhnlichen Stellen. Wodurch entstehen diese Farben?

Sie können einen Regenbogen auch an einem einzelnen Wassertropfen entdecken, der an einer Büroklammer hängt. Voraussetzung dafür ist, dass Sie in einem ansonsten dunklen Raum einen Lichtstrahl direkt auf den Tropfen richten. Bei ausreichender Sorgfalt werden die

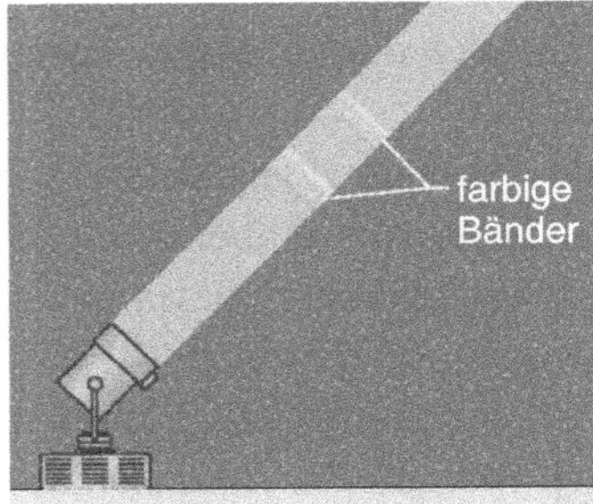

Abb. 6.3: Farbige Bänder im Strahl eines Suchscheinwerfers in einer regnerischen Nacht.

farbigen Stellen sichtbar, die dem ersten Dutzend Ordnungen von Regenbögen entsprechen (d. h. es treten bis zu zwölf Reflexionen auf).

Antwort
Wenn sich die Wassertropfen in geringer Entfernung befinden, nimmt jedes Auge die Tropfen aus einer anderen Perspektive wahr, sodass Sie zwei Regenbögen sehen, die sich nur teilweise überlappen. Sind die Tropfen weiter entfernt, haben Ihre Augen im Wesentlichen dieselbe Perspektive und die Regenbögen überlappen sich vollständig.

Von einem Suchscheinwerfer ausgesendetes Licht wird von den Regentropfen, auf die der Lichtstrahl fällt, gebeugt und in die Farben aufgespaltet. Einige Tropfen lenken das Licht direkt in Ihre Richtung, sodass Sie einen Regenbogen sehen. Das näher am Suchscheinwerfer liegende Band entspricht dem natürlichen Regenbogen erster Ordnung (dem unteren natürlichen Regenbogen), während das andere Band dem natürlichen Regenbogen zweiter Ordnung entspricht. Wenn der Suchstrahl rotiert, bewegen sich die Positionen, von denen aus die Wassertropfen Regenbogenstrahlen zu Ihnen senden, entlang des Suchstrahls auf und ab, sodass sich auch die Bänder bewegen. Die Farben der Bänder sind matt, da Ihre Augen Farben in der Nacht nur schlecht wahrnehmen.

Regenbögen auf nassen Straßen entstehen durch winzige, durchsichtige Glaskugeln, die mitunter den Begrenzungsstreifen beigemengt sind, um das Licht der Autoscheinwerfer zum Fahrer zu reflektieren, damit die Streifen nachts besser zu erkennen sind. Wenn viele dieser Kugeln herausgebrochen und frei über die Straße verteilt sind, zerlegen sie direktes Sonnenlicht in seine Farben, wie wir es von Wassertropfen kennen. Für die anderen seltsamen Regenbögen ist es schwieriger, eine Erklärung zu finden. Sie sind möglicherweise im Zusammenhang mit Wassertropfen, Glasscherben oder anderen Objekten aufgetreten, die weißes Licht in seine Farben zerlegen.

6.4 Warum der Himmel tagsüber hell ist

Warum ist der Himmel tagsüber hell? Offenbar lenkt die Atmosphäre das Licht irgendwie zu Ihnen. Da Luft aber durchsichtig ist, wieso tritt dann das Sonnenlicht nicht ohne Ablenkung durch sie hindurch?

Diese Frage wird in der Regel Hinweis auf die *Rayleigh-Streuung* beantwortet. Dieses Modell beschreibt, wie Licht von Luftmolekülen gestreut wird. Albert Einstein wies allerdings darauf hin, dass der Himmel auch tagsüber dunkel sein müsste, wenn diese Antwort die ganze Wahrheit wäre.

Um dieses Argument nachvollziehen zu können, stellen Sie sich ein über Ihnen befindliches Luftmolekül vor, das Licht zu Ihnen streut. Zur Vereinfachung nehmen Sie an, dass das Sonnenlicht nur eine einzige Wellenlänge hat. Sie empfangen auch von anderen Luftmolekülen gestreutes Licht, die auf der Geraden liegen, die Sie mit dem ersten Luftmolekül verbindet. Eines von diesen Molekülen sollte so positioniert sein, dass die von ihm zu Ihnen gesendete Lichtwelle genau um eine halbe Wellenlänge zu der Lichtwelle des ersten Moleküls verschoben ist. Die beiden Wellen heben sich also auf und es entsteht Dunkelheit (siehe Abb. 6.4). Da durchschnittlich für jedes Molekül ein Partnermolekül existiert, das das in Ihre Richtung gesendete Licht auslöscht, sollte bei Ihnen kein Licht ankommen. Folglich müsste der Himmel dunkel sein, außer in der direkten Richtung zur Sonne. Oder?

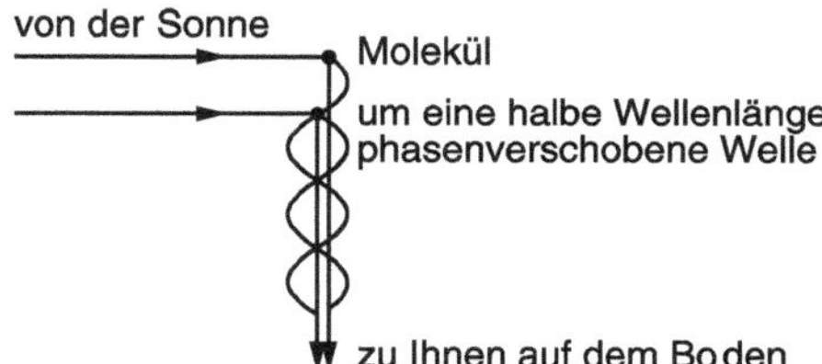

Abb. 6.4: Lichtwellen löschen einander aus, wenn sie an zwei Molekülen gestreut werden, die eine halbe Wellenlänge voneinander entfernt sind.

Antwort

Das Licht wird an den Luftmolekülen gemäß dem Rayleigh-Modell gestreut und wegen Einsteins Argument müsste der Himmel eigentlich dunkel sein. Wie Einstein jedoch bemerkte, ist der Himmel deshalb nicht dunkel, weil die Dichte der Atmosphäre nicht überall gleich ist. Außerdem bewegen sich die Moleküle ständig und häufen sich kurzzeitig an bestimmten Stellen. Dadurch wird es unmöglich, dass zu einem beliebigen Zeitpunkt das von *jedem* Molekül gestreute Licht durch ein Partnermolekül ausgelöscht wird. Der Himmel ist folglich hell, weil die Dichte der Luft ungleichmäßig ist und sich zeitlich ändert.

6.5 Die Farben des Himmels

Warum ist der Himmel tagsüber blau? Steht die blaue Färbung mit Wasser oder Aerosolen in der Luft in Zusammenhang oder ist sie eine Folge der Luftmoleküle selbst? Was würde mit dem Blau passieren, wenn die Atmosphäre viel dichter oder dünner wäre? Warum ist der Himmel nicht violett (oder dunkelblau)?

Warum ist der Himmel am Horizont weißer als über uns? Wo befindet sich der am stärksten blau gefärbte Bereich des Himmels? Warum ist die Farbe des Himmels nicht überall gleich? Ist der Himmel auch in einer hellen Vollmondnacht blau? (Der Himmel ist dann zwar zu dunkel, als dass Ihre Augen Farben erkennen könnten, doch er könnte gleichwohl gefärbt sein.)

Warum sind Sonnenuntergänge rot? Sollten nicht die letzten Farben Rot und Gelb sein und sich somit aus ihrer Mischung eine orange Färbung ergeben? Warum gibt es mitunter am rot gefärbten Himmel eine scharfe Kontrastlinie?

Antwort

Der Himmel ist tagsüber vor allem deswegen überwiegend blau, weil die Luftmoleküle das blaue Ende aus dem Spektrum des Sonnenlichts stärker streuen als das rote Ende. Wenn Sie daher am Himmel entlangblicken, dann nehmen Sie mit wachsender Entfernung von der Sonne blau dominiertes Licht mit zunehmender Intensität wahr. Es ist kein reines Blau, da Sie außerdem noch andere, schwächere Farben empfangen, die ebenso von den Luftmolekülen gestreut wurden.

Obwohl violettes Licht noch stärker gestreut wird als blaues Licht, erscheint der Himmel nicht violett gefärbt, da das Sonnenlicht im violetten Bereich dunkler ist als im blauen Bereich und außerdem Ihre Augen für Violett weniger empfindlich sind als für Blau.

Diese Art von Streuung durch Moleküle wird nach einem Modell, das Lord Rayleigh Ende des 19. Jahrhunderts entwickelte, gewöhnlich als *Rayleigh-Streuung* bezeichnet. Er war ursprünglich davon überzeugt, dass ein reines Gas (das weder Aerosole noch Staub enthält) transparent ist und deshalb die blaue Färbung des Himmels durch die Streuung des Lichtes an kleinen Teilchen und nicht an Molekülen entsteht.

Obwohl Wasser und Ozonmoleküle in der Atmosphäre das rote Ende des Spektrums absorbieren und somit das blaue Ende übrig bleibt, sind sie nicht entscheidend für die Blaufärbung des Himmels verantwortlich. In der Atmosphäre befindet sich zu wenig Wasser, als dass es von Bedeutung wäre. Ebenso legt das Sonnenlicht tagsüber einen zu kurzen Weg durch die Ozonschicht zurück, als dass die Ozonabsorption Einfluss hätte.

Der Himmel am Horizont sieht weiß aus, weil das Licht von weit entfernten Molekülen mehreren Streuungen unterworfen ist, bevor es bei Ihnen ankommt. Die näher liegenden Moleküle senden blaues Licht in Ihre Richtung, ebenso weiter entfernte Moleküle. Die große Entfernung des Lichts von weiter entfernten Molekülen bedeutet jedoch, dass das Licht zusätzlichen Streuungen unterworfen ist und seine blaue Komponente schwächer wird. Dieses Licht wird schließlich von der roten Komponente dominiert und ergibt in Verbindung mit dem blaudominierten Licht von den näher liegenden Molekülen die weiße Färbung des Himmels am Horizont.

Der Nachthimmel ist blau, aber das Licht ist zu schwach, um von Ihren Augen wahrgenommen zu werden. Auf sehr lange belichteten Fotografien kann dieses Blau jedoch sichtbar gemacht werden.

Wenn Sie einen Sonnenuntergang beobachten, empfangen Sie Licht, das einen viel längeren Weg durch die Erdatmosphäre zurückgelegt hat als jenes Sonnenlicht, das mittags auf Sie herabscheint. Entlang dieses langen Weges wird das blaue Ende des Spektrums von den Luftmolekülen nach außen gestreut, während Licht vom roten und gelben Ende des Spektrums bei Ihnen ankommt. Das Maximum seiner Intensität liegt bei einer Wellenlänge von etwa 595 Nanometer und die resultierende Farbe sollte eigentlich Orange sein. Die meisten Sonnenuntergänge erscheinen jedoch mehr in rötlichen Farbtönen, da kleine Teilchen in der Atmosphäre alle Farben außer dem roten Licht streuen.

Bei einem Sonnenuntergang kann mitunter eine scharfe Trennung der Farben am Himmel auftreten, wenn Sie ihn während einer sogenannten *Inversionswetterlage* beobachten, bei der die Lufttemperatur mit der Höhe zunimmt. Wenn das Licht nahe der untergehenden Sonne durch solche Schichten unterschiedlicher Lufttemperatur dringt, wird es gebrochen, sodass es Sie nicht erreicht. Sie nehmen nur das Licht wahr, das aus etwas höher und etwas niedriger liegenden Bereichen des Himmels bei Ihnen eintrifft. Aufgrund des fehlenden Himmelsabschnitts in Ihrem Blickfeld geht die Färbung des niedriger liegenden Bereiches nicht gleichmäßig in die Färbung des darüber liegenden Bereiches des Himmels über.

6.6 Blaue Berge, weiße Berge und rote Wolken

Angenommen, Sie betrachten die Farbe eines dunklen Gebirges, das sich von Ihnen weg erstreckt. Wieso sehen die Berge in mittlerer Entfernung blau aus, die noch etwas weiter entfernten noch kräftiger blau, die Berge am Horizont dagegen weiß? Warum erscheinen weiter entfernte, hell angestrahlte Schneefelder manchmal gelblich? Warum sehen sehr weit entfernte Wolken mitunter rot aus? Vielleicht denken Sie, dass diese Färbung nur während der Sonnenuntergänge auftritt, wenn ein Teil des Himmels rot gefärbt ist. Dies ist nicht der Fall: Die Erscheinung lässt sich auch beobachten, wenn die Sonne hoch am Himmel steht.

Antwort

Ein dunkler Berg in mittlerer Entfernung sieht blau aus, da die Luft zwischen Ihnen und dem Berg, wie in der vorhergehenden Antwort erläutert, das blaue Ende des Spektrums stärker zu Ihnen streut als das rote. Folglich sehen Sie eine bläuliche Färbung, die das dunkle Bild des Berges überlagert. Ist der Berg noch etwas weiter entfernt, liegt entsprechend noch mehr Luft zwischen Ihnen und dem Berg, sodass mehr blaudominiertes Licht zu Ihnen gestreut wird und die Blaufärbung des Berges ausgeprägter ist. Ein Berg am Horizont erscheint aus demselben Grund weiß wie der Horizont selbst (siehe die vorhergehende Antwort).

Die Farbe eines ebenso weit entfernten, hell angestrahlten Schneefeldes unterscheidet sich von der Farbe des in einiger Entfernung liegenden Berges, da das Schneefeld leuchtend weißes Licht zu Ihnen streut, der Berg dagegen nicht. Der Blauanteil des vom Schneefeld gestreuten Lichts wird auf dem Weg zu Ihnen infolge der Streuung an den Luftmolekülen schwächer, sodass das bei Ihnen eintreffende Licht vom rot-gelben Ende des Spektrums dominiert wird. Die zwischen Ihnen und dem Schneefeld liegenden, angestrahlten Luftmoleküle senden außerdem blaudominiertes Licht zu Ihnen. Die Kombination des blaudominierten Lichts von den Luftmolekülen mit dem rotdominierten Licht vom Schneefeld ergibt weißlich-gelbes Licht.

Ebenso wie ein fernes Schneefeld streut auch eine entfernte Wolke weißes Licht zu Ihnen und Sie könnten nun annehmen, dass die Wolke dieselbe gelbe Färbung hat. Eine weit entfernte Wolke hat jedoch eine deutlich wahrnehmbare rötliche Färbung. Dieser Farbunterschied hängt damit zusammen, dass Sie Wolken in größeren Entfernungen besser erkennen können als Schneefelder. Diese größere Entfernung bringt eine stärkere Streuung an den Luftmolekülen mit sich, sodass das Licht rötlich gefärbt ist.

6.7 Eine Wetterregel für Seeleute

Ist etwas an diesem Sprichwort wahr: „Abendrot – Schönwetterbot'; Morgenrot – schlecht' Wetter droht"?

Antwort

In Gegenden, wo Stürme gewöhnlich von Westen her heranziehen und sogenannte *Unwetterfronten* bilden, ist an dem Sprichwort etwas dran. Wenn der westliche Himmel bei Sonnenuntergang rot aussieht, ist das Gebiet im Westen frei von Sturmwolken, da diese kein Sonnenlicht aus dem Bereich hinter der Erdkrümmung durchlassen würden. Sie können dann für die nächsten Tage mit schönem Wetter rechnen. Wenn jedoch der östliche Himmel bei Sonnenaufgang rot aussieht, bedeutet dies, dass das Gebiet im Osten frei von Sturmwolken ist, dass aber der nächste Sturm von Westen schon bald kommen könnte.

6.8 Sonnenuntergänge und Vulkanausbrüche

Warum sorgen Vulkanausbrüche weltweit für wunderschöne Sonnenuntergänge? Der Maler Edvard Munch wurde offenbar von diesen Sonnenuntergängen zu zahlreichen Bildern inspiriert, u. a. zu seinem berühmten Gemälde *Der Schrei*. Auf diesem Bild ist jemand in existentieller Verzweiflung vor dem Hintergrund eines blutrot gestreiften Himmels dargestellt. Munch sah in seinem Heimatland Norwegen Sonnenuntergänge in wunderschönen Farben, nachdem auf der Insel Krakatoa nahe Java im Jahre 1883 ein gewaltiger Vulkanausbruch stattgefunden hatte. Durch diese Explosion wurde Asche bis in die höheren Schichten der Atmosphäre geschleudert und rund um die Welt verteilt. Als die Asche die hohen nördlichen Breiten Norwegens erreichte, muss Munch die Sonnenuntergänge teilweise als sehr bedrohlich empfunden haben.

Antwort

Die Asche und andere bei einem Vulkanausbruch nach oben geschleuderte Partikel bilden in einer Höhe von etwa 20 Kilometern eine Staubschicht. Ein Teil dieser Schicht besteht aus Schwefeldioxid, das mit dem Ozon in dieser Höhe reagiert und dabei Sulfat bildet, das dann zu Aerosolen kondensiert.

Diese aus Asche und Aerosolen bestehende Schicht treibt um die Erde. Die Farben, die Sie im Zusammenhang mit dem Sonnenuntergang wahrnehmen, entstehen durch eine Kombination von Sonnenlicht, das an dieser Schicht gestreut wurde, sowie an darüber und darunter befindlichen Luftmolekülen gestreutem Sonnenlicht. Das Licht, das Sie aus dem Bereich *unterhalb der Schicht* erreicht, ist überwiegend rötlich gefärbt, weil es auf seinem Weg durch den dichteren Bereich der Atmosphäre infolge der Streuung an den zahlreichen Luftmolekülen seine bläulichen Anteile größtenteils verloren hat. Das Licht, das Sie aus dieser Schicht erreicht, durchquert auch die tieferen Schichten der Atmosphäre, wobei es allerdings aufgrund der Streuung am Ozon einen Teil des roten Anteils verlieren kann. Das bei Ihnen aus dem Bereich unterhalb der Schicht eintreffende Licht hat dünnere Luftschichten durchquert und dabei nur wenig seines blauen Anteils eingebüßt. Wenn Sie den Himmel in der Umgebung des Sonnenuntergangs betrachten, können Sie Licht in einer Vielzahl atemberaubender Farben sehen, die sowohl entlang des Himmels als auch von Abend zu Abend variieren können.

Da die Asche und die Aerosole monatelang in der Atmosphäre bleiben können, sind auch die bemerkenswerten Sonnenuntergänge über diesen langen Zeitraum hinweg zu beobachten.

Wenn entfernte Wolken über dem westlichen Horizont einen Teil des Lichtes verdecken, das von der Unterseite der Staubschicht kommt, können Sie horizontale Farbvariationen sehen, die Sonnenuntergänge mit auffallend unterschiedlichen Farben links und rechts der Sonne zur Folge haben.

6.9 Der Bischofsring

Im August 1883 gab es auf der Insel Krakatoa (nahe Java) im Südwestpazifik einen gewaltigen Vulkanausbruch. Im September beschrieb Reverend Sereno, der Bischof von Honolulu, „eine sehr eigentümliche Korona bzw. einen Halo, der sich 20 bis 30 Grad von der Sonne weg erstreckt. Er war hier jeden Tag zu sehen, und dies den ganzen Tag lang. Ein weißlicher Schleier mit Rosafärbung und Lila- oder Purpurschatten vor dem blauen Hintergrund." Wodurch wird ein solcher heute als *Bischofsring* bezeichneter Halo verursacht, der häufig bei starken vulkanischen Eruptionen auftritt? Wodurch sind seine Größe und die Farbe seines Randes bestimmt?

Antwort

Der Bischofsring ist eine Folge der *Beugung* des Lichts an den kleinen Staubteilchen, die der Vulkan bis in die höheren Luftschichten geschleudert hat. (Die Beugung ist eine Art der Streuung: Hier ist damit gemeint, dass die kleinen Staubpartikel das weiße Licht in seine verschiedenfarbigen Bestandteile streuen.) Die größeren dieser Teilchen fallen allmählich herab, aber die kleineren verbleiben in diesen Höhen und breiten sich infolge der atmosphärischen Zirkulation in den höheren Luftschichten um die ganze Welt aus. Wenn Sie auf der Sonnenseite zum Himmel hinauf schauen, empfangen Sie zusätzlich zum normalen Licht des Himmels auch Lichtstrahlen, die von den kleinen Partikeln in der Atmosphäre in Ihre Richtung gestreut worden sind. Dieses zusätzliche Licht ist für den kreisförmigen, ungewöhnlich hellen Bereich um die Sonne verantwortlich.

Die Größe dieses Ringes hängt von der Stärke der Beugung ab, die für kleine Teilchen größer ist. Der Rand des Ringes kann rot gefärbt sein, weil rotes Licht die größte Wellenlänge im sichtbaren Spektrum besitzt und am stärksten gestreut wird. Folglich kann ein am Rand des Ringes befindliches Staubteilchen rotes Licht zu Ihnen streuen, aber kein schwach gestreutes blaues Licht. Der Rand kann jedoch purpurfarben aussehen, wenn sowohl das gestreute rote Licht als auch das normale blaue Licht des in der Nähe des Ringes befindlichen Himmels bei Ihnen ankommen. Der Ring hat einen schärferen und farbigeren Rand, wenn die Staubpartikel alle in etwa dieselbe Größe haben und folglich das Licht in ähnlicher Weise streuen. Wenn die Teilchengröße stark variiert, ist der Ring unscharf und sieht weißlich aus.

6.10 Wolkenstrukturen

Sehen Sie sich bei Ihrem nächsten Flug die Wolkenstruktur in dem der Sonne direkt gegenüberliegenden Bereich einmal an. Es könnte sein, dass Sie innerhalb eines Bereichs von 42° um den antisolaren Punkt stärker strukturierte Wolken sehen als außerhalb dieses Bereichs. Worauf könnte dies zurückzuführen sein?

Antwort
Sie können Wolkenstrukturen unterscheiden, wenn es einen guten Kontrast zwischen den Bereichen gibt, in denen das Sonnenlicht hell gestreut wird, und benachbarten Gebieten, die von den Wolken abgeschattet werden. Die hellste Streuung des Lichtes erfolgt an den Wassertropfen der Wolken innerhalb von 40 ° vom antisolaren Punkt, sodass der Kontrast innerhalb dieses Bereiches am größten ist.

6.11 Die Farben des Himmels während einer Sonnenfinsternis

Warum färbt sich der Horizont bei einer totalen Sonnenfinsternis rot, während der Himmel über Ihnen kräftiger blau wird als vor oder nach der Sonnenfinsternis?

Antwort
Normalerweise ist das aus der Richtung des Horizonts eintreffende Licht weiß. Luftmoleküle, die nicht zu weit von Ihnen entfernt sind, streuen mehr blaues Licht in Ihre Richtung als rotes Licht. Sehr viel weiter entfernte Luftmoleküle streuen dieselbe Farbverteilung in Ihre Richtung. Da das Licht aber bis zu Ihnen einen längeren Weg zurücklegt und demzufolge entlang seines Weges an vielen Luftmolekülen gestreut wird, verliert es mehr von seinem blauen Anteil. Folglich bewirken näher liegende Moleküle blaues und entferntere Moleküle rotes Licht. Da die Kombination beider Varianten weiß ergibt, erscheint auch der Horizont weiß. Wenn Sie sich jedoch während einer totalen Sonnenfinsternis im Bereich des Schattens befinden, werden die näher liegenden Moleküle nicht angestrahlt und bei Ihnen trifft nur das rote Licht von den weiter entfernten Molekülen ein. Daher sieht der Horizont in diesem Falle rot aus.

Der Himmel senkrecht über Ihnen ist während einer totalen Sonnenfinsternis stärker blau gefärbt, da der Schatten das vom flacheren Bereich des Himmels zu Ihnen gestreute Licht verschluckt. Dieses Licht ist normalerweise rötlich gefärbt, weil es, um den Himmel über Ihnen zu erreichen, die dichteren Schichten der Atmosphäre durchqueren muss. Entlang dieses Weges verliert es aufgrund der Streuung an den zahlreichen Luftmolekülen viel von seinem Blauanteil. Folglich ist es, wenn es schließlich vom Himmel zu Ihnen gestreut wird, von einer rötlichen Farbe dominiert. Das aus den höheren Bereichen des Zenithimmels zu Ihnen gestreute Licht verläuft durch die weniger dichten Schichten der Atmosphäre, trifft auf weniger Moleküle und verliert folglich nur wenig von seinem Blauanteil. Wenn es schließlich von dem senkrecht über Ihnen befindlichen Bereich des Himmels zu Ihnen gestreut wird, ist das meiste Blau noch enthalten. Die Färbung des Zenithimmels setzt sich normalerweise aus dem rötlichen Licht der niedrigeren Luftschichten und dem blauen Licht der höheren Luftschichten zusammen. Während einer Sonnenfinsternis jedoch wird das rote Licht eliminiert, sodass der über Ihnen befindliche Himmel blauer aussieht als sonst.

6.12 Wenn sich der Himmel grün färbt, ist es Zeit, in den Keller zu gehen

Als ich noch klein war und in Texas lebte, schickte uns unsere Großmutter in den Keller, wann immer ein starker Sturm den Himmel grünlich färbte. Sie (und andere) glaubten, dass die grüne Farbe einen heraufziehenden Tornado ankündigt. Warum ändert der Himmel seine Farbe in dieser Weise, anstatt gleich dunkel zu werden?

Antwort
Zwei Eigenschaften verursachen das grüne Licht: (1) Das einfallende Licht muss das blaue Ende des Spektrums infolge der Streuung an den Luftmolekülen verloren haben. Folglich muss es von der tief stehenden Sonne kommen. (2) Wenn dieses Licht eine Wolke mit ihren Wassertropfen durchquert, wird das rote Ende des Spektrums von den Wassertropfen absorbiert. Haben Teile der Wolke die passende Dicke (was bei einem heftigen Sturm der Fall ist), so ist das nach dem Durchqueren der Wolken wahrnehmbare Licht sowohl am roten als auch am blauen Ende des sichtbaren Spektrums absorbiert worden. Folglich hat das Licht die Farben grün oder grüngelb, die einzigen noch verbliebenen Farben des sichtbaren Spektrums (siehe Abb. 6.5).

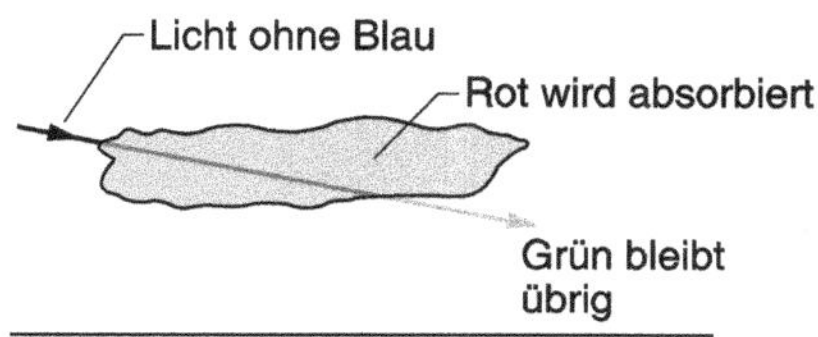

Abb. 6.5: Das Licht der tief stehenden Sonne verliert seinen Rotanteil in der Wolke; übrig bleibt nur grünes Licht.

6.13 Der Himmel beim Sonnenuntergang

Warum verstärkt sich während des Sonnenuntergangs die Blaufärbung des Himmels über Ihnen? Sollte er nicht rot aussehen, ebenso wie der Sonnenuntergang?

Antwort
Das während eines Sonnenuntergangs vom über Ihnen befindlichen Himmel zu Ihnen gestreute Licht hat auf einem langen, schräg durch die Atmosphäre verlaufenden Weg auch die Ozonschicht in der Stratosphäre durchquert (siehe Abb. 6.6). Da Ozon das rote Ende des Spektrums absorbiert und das Licht einen so weiten Weg durch die Ozonschicht zurückgelegt hat, ist dieses Licht bereits von einer Blaufärbung dominiert, bevor es zu Ihnen gestreut wird. Dieses blaue Licht ist dafür verantwortlich, dass sich während des Sonnenuntergangs die Intensität der Blaufärbung am über Ihnen befindlichen Himmel verstärkt, insbesondere 20 Minuten, nachdem die Sonne hinter dem Horizont verschwunden ist.

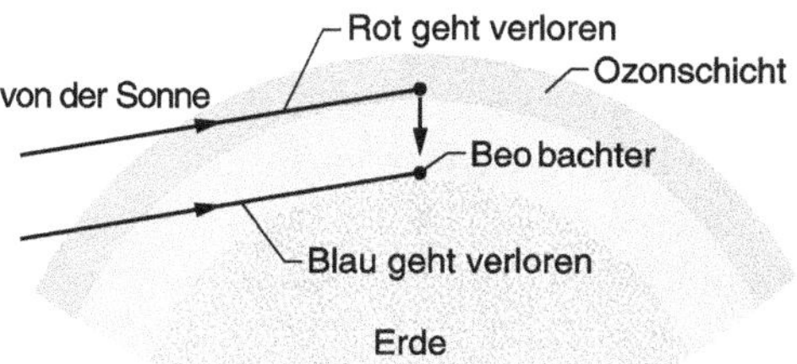

Abb. 6.6: Sonnenlicht, das durch die untere Schicht der Atmosphäre dringt, wird rot. Sonnenlicht, das durch die Ozonschicht dringt, wird blau.

6.14 Der dunkle Fleck beim Sonnenuntergang

Warum erscheint während des Sonnenuntergangs am östlichen Horizont ein dunkler Fleck (siehe Abb. 6.7a)? Wieso ist der obere Rand dieser Fläche, der sogenannte *Gürtel der Venus*, häufig rot oder orange? Warum erscheint sein Inneres mitunter in einem schwachen Blau?

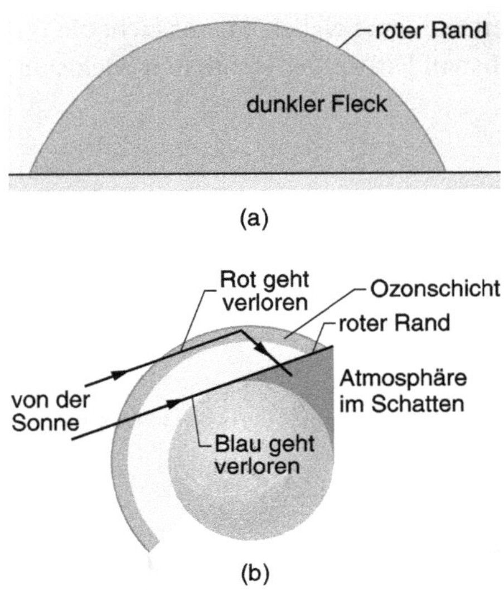

Abb. 6.7: (a) Im Osten erscheint während des Sonnenuntergangs ein dunkler Fleck. (b) Rotes Licht bildet den Rand des Erdschattens auf dem Himmel. Das Innere ist blassblau gefärbt.

Antwort

Der dunkle Fleck ist der Schatten der Erde, den sie auf die Atmosphäre wirft; der Schatten erscheint im Osten, wenn die Sonne im Westen untergeht. An seinem oberen Rand wird der Fleck von Licht angestrahlt, das aufgrund seines langen Weges durch die Atmosphäre rötlich erscheint, weil die Luftmoleküle das Blau aus dem Sonnenlicht herausstreuen (siehe Abb. 6.7b). Ein Teil des Lichts erreicht den oberen Rand dieses Flecks, wird dann zu Ihnen zurückgestreut und sorgt somit dafür, dass der obere Rand rötlich aussieht.

Es gibt mehrere Gründe, weshalb das Innere des Schattens blau sein kann. Zunächst kann das Licht innerhalb des Schattens nicht direkt von der Sonne gekommen sein, sondern muss in den höheren Luftschichten, die noch direkt angestrahlt werden, gestreut worden sein. Da die Luft in den höheren Schichten dünn ist, verliert dieses Licht nicht so viel von seinem Blauanteil wie das Licht, das die tieferen Luftschichten durchquert. Wenn es zusätzlich durch die Ozonschicht dringt, wird es noch blauer, da das Ozon das rote Ende des Spektrums absorbiert. Ein Teil dieses bläulichen Lichts wird in Richtung des Schattens gestreut und von dort zu Ihnen. Da der Hintergrund des Schattens dunkel ist, können Sie manchmal eine schwache bläuliche Färbung erkennen.

6.15 Helle und dunkle Streifen am Himmel

Manchmal sind bei tief stehender Sonne helle oder dunkle Streifen zu erkennen, die wie Fächer am Himmel aussehen und von Wolken in der Nähe der Sonne ausgehen oder Wolken in der Nähe des antisolaren Punktes zustreben. Mit viel Glück können Sie sogar Streifen sehen, die fast den ganzen Himmel bedecken. Wodurch werden diese Streifen verursacht und warum sind sie nicht parallel zueinander? Immerhin ist die Sonne so weit entfernt, dass die Sonnenstrahlen nahezu parallel verlaufen.

Antwort

Die Streifen haben viele Namen, zum Beispiel *Sonnenstrahlen*, *Strahlen des Buddha* oder *Buddhas Finger*. Sie verlaufen fast parallel, scheinen aber aus Ihrer Perspektive betrachtet auseinander oder zusammenzulaufen. (Eine ähnliche optische Täuschung liegt vor, wenn Sie an langen geraden Eisenbahnschienen entlangblicken, die sich weit von Ihnen aus erstrecken.) Die Streifen entstehen gewöhnlich, wenn in der Nähe der Sonne befindliche Wolken ihre Schatten gegen den Himmel werfen. Wenn es sich dabei nur um eine einzelne kleine Wolke handelt, verursacht ihr Schatten einen dunklen Streifen. Bei großflächigeren Wolken sehen Sie helle Streifen, weil das Licht durch Lücken zwischen den Wolken hindurchschimmert. (An manchen Orten bilden sich auch Streifen, wenn Licht hinter Bergspitzen hervorschimmert.) Ein Teil des Lichts wird dann durch Staubteilchen, Regen, Schnee, Aerosole oder Luftmoleküle zu Ihnen gestreut; Sie nehmen dann aufgrund des Kontrastes mit den umliegenden schattigen Bereichen helle Streifen wahr.

Im Zenit sind die Streifen schwer zu erkennen, da Sie aus dieser Perspektive auf deren schmale Seite blicken und dadurch nur einen geringen Teil des gestreuten Lichts empfangen. Einfacher sind sie zu beobachten, wenn Sie in Richtung der Sonne oder zum antisolaren Punkt schauen, da Sie in diesem Falle einen Teil ihrer Längsausdehnung sehen. Somit empfangen Sie mehr gestreutes Licht und der Kontrast mit den Schatten wird deutlicher.

Ähnliche Streifen können Sie sehen, wenn direktes Sonnenlicht in einem Raum, der ansonsten nur schwach beleuchtet ist, ziemlich staubige Luft durchquert. Sie können die Streifen erkennen, da die Staubteilchen Licht zu Ihnen streuen und das gestreute Licht nicht in dem normalerweise helleren Licht verschwindet, das von den dahinter befindlichen Möbeln reflektiert wird.

6.16 Blauer Dunst, roter Dunst, brauner Dunst

Einige bewachsene Gebirgsketten wie beispielsweise die Blue Ridge Mountains in Tennessee und die Blue Mountains in Australien sind für ihren bläulichen Dunst bekannt. Dieser Dunst hat nichts mit dem Rauchen zu tun, da diese Gegend relativ unbewohnt ist. Er wird auch nicht durch Staubwolken verursacht, die vom Wind aufgewirbelt werden, da die Blaufärbung bei starkem Wind verschwindet. Es handelt sich auch nicht um Nebel, da dieser Dunst am häufigsten bei warmem Wetter zu sehen ist. Wodurch also entsteht dieser blaue Dunst? Hängt die Farbe des Dunstes vom Hintergrund ab, vor dem Sie ihn sehen?

Manchmal, wenn der Erdboden oder das Meer von Dunst bedeckt sind, kann es sein, dass man von einem auf Reiseflughöhe fliegenden Flugzeug aus die Erdoberfläche nicht sieht. Warum ist dieser Dunst meistens rot?

Warum ist der Dunst über einer Stadt oft braun? Entsteht diese Farbe, weil bestimmte andere Farben von den Dunstpartikeln absorbiert werden? Oder entsteht aufgrund der Streuung des Lichts durch die Teilchen ein bräunliches Licht? Hängt die Farbe von den Farben des Hintergrunds ab, gegen den Sie den Dunst betrachten?

Wenn Sie durch dichten Dunst in die Sonne blicken, sehen Sie um die Sonne herum einen leuchtend weißen Bereich. Wodurch entsteht dieser? Warum ist der Bereich um die Sonne manchmal rot?

Antwort

Der bläuliche Dunst ist auf Aerosole zurückzuführen, die durch die Freisetzung großer Moleküle wie beispielsweise von Kohlenwasserstoffen durch die Vegetation entstehen. Außerdem können Wachspartikel von den Spitzen der Kiefernnadeln und anderer Pflanzenoberflächen freigesetzt werden, wenn beim Vorüberziehen aufgeladener Wolken starke elektrische Felder auftreten. In beiden Fällen sind die Partikel so klein, dass sie vorzugsweise blaues Licht zu Ihnen streuen, wenn sie vom Sonnenlicht angestrahlt werden. Dies ist der Grund für die bläuliche Färbung der Umgebung.

Der rote Dunst entsteht vermutlich infolge von etwas größeren Staubteilchen und Aerosolen (mit einem Durchmesser von etwa 0,1 Mikrometer). Teilchen dieser Größe streuen bevorzugt den roten Anteil des Sonnenlichts.

Der Dunst über Großstädten setzt sich aus Wassertröpfchen zusammen, in denen verschiedene Verbindungen gelöst sind. Eine dieser Komponenten ist Stickstoffdioxid, das einen großen Teil der Farben des Sonnenlichts absorbiert, sodass das Licht den Dunst bräunlich aussehen lässt. Die Farbe des Hintergrunds, beispielsweise bei Backsteinbauten, kann ebenfalls Einfluss auf die Färbung des Dunstes haben, wenn ein großer Teil des Lichts, das den Dunst durchdringt, vom Hintergrund ausgeht.

Wenn Sie nach oben zur Sonne schauen und dabei durch starken Dunst blicken müssen, streuen die im Dunst enthaltenen Teilchen zusätzliches Sonnenlicht zu Ihnen. Die Streuung findet vor allem in Ausbreitungsrichtung des Lichts statt, sodass die hellste Fläche in der Nähe der Sonne zu sehen ist. Bei hochstehender Sonne wird der Dunst von weißem Sonnenlicht angeleuchtet, sodass Sie den die Sonne umgebenden Bereich als weiß wahrnehmen. Bei flach stehender Sonne dagegen wird der Dunst von Licht angeleuchtet, das aufgrund seines langen Weges durch die Atmosphäre eine rötliche Färbung erhalten hat. Folglich sieht der Bereich um die Sonne rot aus.

6.17 Die Lichter einer fernen Stadt

Warum sehen Sie ein schwaches orangefarbenes Leuchten am Himmel, wenn Sie nachts in Richtung einer fernen Stadt fahren? Warum sieht die Beleuchtung eines Weihnachtsbaumes aus größerer Entfernung vor allem rot aus, auch wenn der Baum mit verschiedenfarbigen Lichtern geschmückt ist?

Antwort

Die Farbe des sich über einer entfernten Stadt erstreckenden Himmels wird durch verschiedene Faktoren beeinflusst. Einer davon ist die Farbe der in dieser Stadt genutzten Straßenbeleuchtung. Wenn allerdings Dunst über der Stadt liegt, werden Sie selbst dann eine orange oder rote Färbung sehen, wenn die Stadtbeleuchtung weiß ist. Wenn Licht vom Dunst gestreut wird, bevor es bei Ihnen eintrifft, wird der Blauanteil infolge der Streuung an den Luftmolekülen schwächer, sodass nur das rote Ende des Spektrums bei Ihnen ankommt. Außerdem kann es sein, dass aufgrund der Anfangsstreuung des Lichts am Dunst nur das rote Ende des Spektrums zu Ihnen durchgelassen wird, wenn die Teilchen 0,1 Mikrometer oder etwas größer sind.

In ähnlicher Weise wird der Blauanteil des Lichts auf dem Weg zu Ihnen schwächer, wenn Sie einen in einiger Entfernung stehenden Weihnachtsbaum sehen. Bei hinreichend großer Entfernung sehen Sie nur rote Lichter auf dem Baum.

6.18 Wie weit ist es bis zum Horizont?

Ist der Horizont dort, wo die Erdkrümmung verhindert, dass Sie einen noch weiter entfernten Punkt auf der Erdoberfläche sehen können? Welcher Zusammenhang besteht zwischen der Entfernung des Horizonts und der Höhe Ihres Beobachtungspunktes über der Erdoberfläche? Bleibt der Horizont eindeutig, wenn Sie hinaufsteigen?

Antwort
Da die Luftdichte mit der Höhe abnimmt, kann der sichtbare Horizont jenseits der Erdkrümmung liegen. Betrachten wir Lichtstrahlen, die ursprünglich aus einem Bereich kommen, der sich irgendwo jenseits der Erdkrümmung befindet, und in Ihre Richtung abgelenkt werden. Wenn sich die Strahlen geradlinig ausbreiten, würden sie über Ihnen die Atmosphäre durchqueren und nicht zu sehen sein. Doch die mit der Höhe abnehmende Luftdichte bewirkt, dass sie leicht in Ihre Richtung gebrochen werden (atmosphärische Refraktion). Sie können einige dieser Strahlen wahrnehmen und sehen deshalb den Horizont an einer Stelle, die sich jenseits der Erdkrümmung befindet. Im Allgemeinen ist der Horizont umso weiter entfernt, je höher Sie stehen. Für Höhen von einigen Kilometern jedoch verschwindet der ausgedehnte Horizont infolge der Unschärfe, die aus der starken Streuung des Lichts an den Teilchen in der Atmosphäre resultiert.

6.19 Die Farbe des bedeckten Himmels

Warum verändert sich die Farbe des bedeckten Himmels auf dem Land im Laufe der Jahreszeiten und erscheint im Sommer grünlicher als im Winter?

Antwort
Die grünliche Färbung im Sommer ergibt sich aus der Tatsache, dass das Licht zunächst an der Vegetation und danach von den Wassertropfen in den Wolken zu Ihnen gestreut wird.

6.20 Landkarten am Himmel

Über den Eisfeldern des hohen Nordens erscheinen mitunter große Landkarten der Umgebung am wolkenverhangenen Himmel. Solche Landkarten, sogenannte *Eisspiegel* oder *Wolkenkarten*, ermöglichen es einem Reisenden, beim Kajakfahren auf dem Wasser oder Schlittenfahren auf Schnee oder Eis den Weg zu finden. Sie können Eisfelder darstellen, die bis zu 30 Kilometern entfernt sind. Wodurch werden diese Eisspiegel verursacht? Kann man sie auch unter anderen Umständen sehen?

Antwort
Die vereisten Bereiche reflektieren mehr Sonnenlicht zur Wolkenunterseite als das offene Wasser. Diese Beleuchtungsunterschiede werden folglich an der Unterseite der Wolken sichtbar – dunklere Bereiche stellen die Wasserwege dar, während hellere Regionen den vereisten Gebieten entsprechen. Ähnliche Landkarten sind auch bei Nebelschwaden möglich.

6.21 Warum ist es heller, wenn es schneit?

Mehrere Beobachter haben berichtet, dass sich bei winterlichem Nebel die Sichtverhältnisse spürbar verbessern, wenn Schneefall einsetzt. Und wenn es keinen Nebel gibt, sondern der Himmel bedeckt ist, scheint die Helligkeit bei einsetzendem Schneefall rasch zuzunehmen. Warum werden durch den Schneefall die Sichtverhältnisse und die Helligkeit verändert?

Warum ist bei bedecktem Himmel der Schnee am Horizont heller als der benachbarte Himmel?

Antwort
Wenn Schnee durch Nebel fällt, nehmen die Schneekristalle einige der Wassertropfen mit sich. Sie entfernen außerdem einige Moleküle von denjenigen Wassertropfen, die im Nebel aufgelöst bleiben, wodurch sich die Größe dieser Wassertropfen verringert. Beide Faktoren sorgen dafür, dass die Dichte des Nebels nachlässt und sich die Sichtverhältnisse verbessern. An klaren Tagen nimmt bei einem plötzlichen Schneefall die Helligkeit zu, weil der am Boden liegende, frisch gefallene Schnee das Licht stark reflektiert.

An einem bedeckten Tag ist der Schnee am Horizont aus dreierlei Gründen heller als der benachbarte Himmel: (1) Wassertropfen in den Wolken streuen das Sonnenlicht vor allem in seiner Ausbreitungsrichtung, sodass Sie mehr Licht vom über Ihnen befindlichen Himmel empfangen als aus dem horizontnahen Bereich. Folglich erscheint der Himmel am Horizont vergleichsweise dunkel. (2) Schnee streut Licht in alle Richtungen ziemlich stark, sodass bei Ihnen viel Licht vom Schnee in der Nähe des Horizonts eintrifft. Folglich erscheint dieser Schnee hell. (3) Wenn Sie eine Grenzlinie erkennen, die Bereiche unterschiedlicher Helligkeit voneinander trennt, verstärken Ihre Augen diesen Unterschied, um die Grenzlinie deutlicher zu machen.

6.22 Strahl eines Suchscheinwerfers

Suchscheinwerfer wurden während des Zweiten Weltkrieges eingesetzt, um in dunklen Nächten feindliche Flugzeuge orten zu können. Heute werden sie vor allem verwendet, um Besucher für Filmvorführungen anzulocken. Warum endet der Strahl eines Suchscheinwerfers abrupt, anstatt allmählich schwächer zu werden oder sich einfach unendlich weit zu erstrecken?

Antwort
Der Lichtstrahl wird allmählich dunkler, weil er sich ausbreitet und weil Luftmoleküle sowie in der Luft enthaltene Teilchen das Licht streuen. (Gäbe es diese Streuung nicht, würden Sie den Strahl gar nicht sehen.) Die Abschwächung der Intensität des Lichtstrahls geschieht sehr schnell, weshalb der Strahl abrupt endet.

6.23 Kurzgeschichte: Newgrange zur Wintersonnenwende

Newgrange ist ein gewaltiges Hügelgrab im heutigen Irland, das vor über 5 000 Jahren von Steinzeitmenschen erbaut wurde. Der Eingang ist nach Süden ausgerichtet. Von dort führt ein 20 Meter langer Gang zur zentralen Grabkammer. Über der Steinplatte, die die obere Begrenzung des Eingangs bildet, befindet sich ein schmaler Schlitz. Die Bedeutung dieser Öffnung war im Laufe der Zeit in Vergessenheit geraten, bis sie im Jahre 1969 wiederentdeckt wurde: Am Tag der Wintersonnenwende fällt zum Sonnenaufgang ein schmaler Lichtstrahl durch den Schlitz in den Gang und erhellt die im Zentrum des Hügelgrabes befindliche Grabkammer. Diese Anordnung ist keineswegs das Ergebnis eines Zufalls, sondern wurde von den Steinzeitmenschen exakt bestimmt, als sie Newgrange errichteten.

Eine ähnliche Erscheinung tritt am MIT (Massachusetts Institute of Technology) auf: An bestimmten Tagen passiert es kurz vor Sonnenuntergang, dass das Sonnenlicht vom Haupteingang (77 Massachusetts Avenue) über eine Strecke von 251 Metern in den Hauptkorridor hineinscheint. Allerdings befindet sich keine offizielle Grabkammer am Ende des Flurs, stattdessen treffen dort auf dem Flur oder in dessen Nähe zahlreiche Studenten auf Ihren akademischen Tod.

6.24 Der grüne Strahl

Wenn die Sonne bei klarer Sicht am Horizont untergeht, ist manchmal in dem Moment, wo der obere Rand der Sonne verschwindet, ein grünes Aufleuchten zu sehen. Der Effekt beruht nicht auf einem Nachbild, also einer optischen Täuschung. Er wurde mehrfach auf Fotos festgehalten und kann auch beobachtet werden, wenn die Sonne aufgeht. In höheren Breiten ist die Leuchterscheinung über eine längere Zeit sichtbar, etwa 30 Minuten lang, wenn sich die Sonne am Ende einer langen Winternacht am Horizont entlangbewegt. Normalerweise ist dafür eine klare Sicht zum Horizont notwendig, wie sie beispielsweise am Meer gegeben ist.

Manchmal, allerdings noch seltener, ist auch ein rotes Leuchten zu sehen, wenn die tief stehende Sonne gerade hinter einer Wolke wieder hervorscheint. (Größte Vorsicht ist geboten, wenn Sie auf der Suche nach einem grünen oder roten Strahl direkt in die Sonne blicken. Das Licht kann schnell Ihre Netzhaut verletzen, auch wenn Sie keinen Schmerz spüren. Schauen Sie nie länger als eine Sekunde in die hochstehende Sonne und richten Sie niemals ein Fernglas oder ein Teleskop gegen die Sonne. Weniger gefährlich ist die Beobachtung der Sonne bei Sonnenuntergang, denn dann ist das Licht der Sonne schwächer, da ein Teil auf dem langen Weg durch die Atmosphäre absorbiert wird.)

Wodurch entstehen der grüne und der rote Strahl?

Antwort

Bei der Entstehung des grünen Strahls wirken mehrere Faktoren zusammen. Die Hauptursache ist die Aufspaltung des Sonnenlichts in seine Farben durch Brechung an den Molekülen der Erdatmosphäre. Die übliche Erklärung ist folgende: Wenn die Sonne tief steht, ist ihr Bild in Abhängigkeit von der Farbe leicht vergrößert. Am tiefsten steht das von rotem Licht abgeleitete Bild; es folgen die Bilder, die durch gelbes, grünes und blaues Licht entstehen. Bis die Sonne untergeht, sehen Sie nur ein einziges zusammengesetztes Bild. In dem Moment aber, da der obere Rand der Sonne hinter dem Horizont verschwindet, sind das rote und gelbe Ende des Spektrums nicht mehr vorhanden, sodass nur noch das blaue und grüne Bild übrig bleiben. Das blaue Bild ist infolge der Lichtstreuung auf dem langen Weg durch die Atmosphäre jedoch zu lichtschwach, um wahrgenommen werden zu können. Deshalb wird das Licht der Sonne unmittelbar vor ihrem Untergang von Grün dominiert – mit etwas Glück sieht man ein grünes Aufleuchten oder den „grünen Strahl".

Diese herkömmliche Erklärung hat allerdings einen Haken. Wenn Sie zusehen, wie die Sonne untergeht, funktionieren die für die Wahrnehmung des roten Endes des Spektrums verantwortlichen Fotopigmente Ihres Auges nicht mehr richtig, sie werden gewissermaßen ausgebleicht. Wenn das letzte von der Sonne eintreffende Licht hauptsächlich gelb ist, nehmen Sie es aufgrund dieser Ausbleichung als Grün wahr. Wenn Sie dagegen Ihren Blick plötzlich zur untergehenden Sonne wenden würden, wenn das letzte Licht sichtbar ist, würden Sie die letzte Farbe als das wahrnehmen, was sie tatsächlich ist und was auch auf einem Foto dokumentiert würde – nämlich Gelb. Dieser physiologisch bedingte Farbwechsel spielt keine Rolle, wenn Sie die aufgehende Sonne beobachten, da die Fotopigmente in diesem Fall nicht ausgebleicht werden.

Wenn dies die ganze Erklärung ist, warum ist dann der grüne Strahl nicht bei jedem Sonnenuntergang an einem klaren Horizont zu sehen? Und wie ist es möglich, dass ein grüner Strahl fotografiert werden kann? Für die Seltenheit dieser Leuchterscheinung ist ein weiterer Faktor verantwortlich. Der Strahl kann durch atmosphärische Schichten verstärkt werden, in denen unterschiedliche Temperaturen herrschen. Manchmal wird infolge dieser Schichtung der obere Rand der Sonne vom Rest ihres Bildes getrennt und die Sonne erscheint größer. Wenn dieser vergrößerte obere Rand grün wird, sind die Chancen am größten, einen grünen Strahl zu sehen. Unter diesen Bedingungen gibt es wirklich einen grünen Strahl, der auch fotografiert werden kann.

Der ausgesprochen seltene rote Strahl tritt auf, wenn die tief stehende Sonne hinter einer Wolke hervortritt, sodass Sie nur ihr rotes Bild sehen können. Die Bilder der anderen Farben befinden sich noch zu weit oben, um ebenfalls hinter der Wolke hervorscheinen zu können. Diese Erscheinung dürfte deswegen so selten sein, weil die Sonne ziemlich flach stehen, aber unterhalb einer entfernten Wolkenbank auch noch sichtbar sein muss.

6.25 Verzerrungen der tief stehenden Sonne

Wenn Sie bei klarem Horizont die tief stehende Sonne betrachten, kann es sein, dass diese nicht rund, sondern oval aussieht. Manchmal wird sie auch in mehrere Scheiben zerlegt oder in andere Formen verzerrt (beispielsweise ein Ω) oder sie sieht aus, als wäre sie aus verschiedenen Bildern zusammengesetzt. Weshalb verändert sich das Bild der Sonne in dieser Weise?

Antwort

Wenn die Sonne tief steht, kann ihr Bild nach oben verschoben erscheinen, da das Licht entlang seines Weges durch die Erdatmosphäre gebrochen wird. Außerdem wird der untere Rand der Sonne weiter nach oben verschoben als ihr oberer Rand, weil die Dichte der Erdatmosphäre mit der Höhe abnimmt. Aufgrund der unterschiedlichen Verschiebungen in den einzelnen Bereichen verringert sich die Höhe des Bildes. Bei unveränderter horizontaler Ausdehnung ergibt sich ein ovales Bild der Sonne, wobei die kürzere Achse vertikal verläuft. Die Veränderung ihres Bildes ist groß genug, dass sich die Sonne in Wirklichkeit bereits unterhalb der Erdkrümmung befindet, wenn ihr Bild noch am Horizont zu sehen ist.

Kompliziertere Verzerrungen der Sonne treten entweder auf, wenn das Sonnenlicht an einer ruhigen Wasseroberfläche reflektiert oder an Atmosphärenschichten unterschiedlicher Temperatur gebrochen wird. Nach dem vereinfachten Modell der unteren Atmosphäre nimmt die Lufttemperatur mit der Höhe ab. Wenn jedoch Luftschichten vorhanden sind, in denen die Temperatur ansteigt, führen die unterschiedlichen Brechungen dazu, dass das Bild der Sonne geschichtet erscheint und aus mehreren Einzelteilen besteht. Die Luftschichten können auch eine Luftspiegelung der Sonne erzeugen, die die Unterkante des normalen Bildes der Sonne berührt. Daraus ergibt sich ein Gesamtbild der Sonne, das deutlich von ihrer runden Form abweicht.

6.26 Roter Mond während einer Mondfinsternis

Warum sieht der Mond kurzzeitig rot aus, wenn er sich während einer totalen Mondfinsternis vollständig im Erdschatten befindet? Warum ist er nicht rot gefärbt, wenn es sich nur um eine partielle Mondfinsternis mit einer Überdeckung von beispielsweise 50 % handelt?

Antwort

Eigentlich sollte man meinen, dass der Mond bei einer totalen Mondfinsternis überhaupt nicht angeleuchtet wird. Dadurch jedoch, dass das Sonnenlicht in der Erdatmosphäre in den Schattenbereich hinein gebrochen wird, wird der Mond schwach beleuchtet. Auf seinem Weg durch die Atmosphäre verliert das Licht infolge der Streuung an den Luftmolekülen einen großen Teil des blauen Endes des Spektrums, sodass das Licht, das den Mond erreicht, vom roten Ende des Spektrums dominiert wird (siehe Abb. 6.8). Ein Teil dieses Lichts wird nun an der Mondoberfläche zu Ihnen reflektiert und sorgt dafür, dass Sie einen rötlich gefärbten Mond sehen.

Bei einer partiellen Mondfinsternis empfangen Sie nicht nur das rote Licht, das von dem im Erdschatten befindlichen Teil des Mondes reflektiert wird, sondern auch das viel hellere weiße Licht, das vom nicht verdeckten Teil des Mondes reflektiert wird. Bevor nicht mindestens 70 % des Mondes verdeckt sind, können Sie neben dem helleren weißen Licht kein

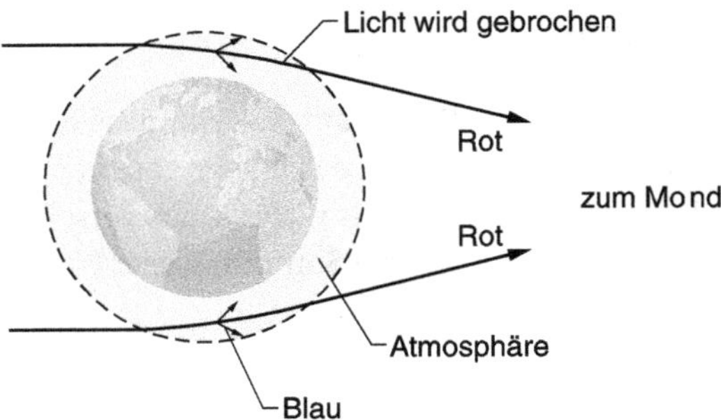

Abb. 6.8: Lichtstrahlen verlieren beim Durchgang durch die Erdatmosphäre ihren Blauanteil.

schwaches rotes Licht wahrnehmen, sodass der im Erdschatten befindliche Bereich des Mondes einfach nur dunkel aussieht. Entsprechend können Sie zu Beginn und am Ende einer totalen Mondfinsternis kein rotes Licht sehen, weil bei Ihnen zu viel weißes Licht eintrifft.

6.27 Flächenblitz

Bei Blitzen, die vom Zentrum einer Wolke ausgehen, können Sie manchmal eine Leuchterscheinung sehen, die sich nach außen zum oberen Bereich der Wolke fortpflanzt. Entsteht diese Leuchterscheinung, die man als *Flächenblitz* bezeichnet, durch eine außergewöhnliche Entladung oder eine seltsame Form der Reflexion des Blitzes?

Antwort
Bei einem Flächenblitz wird das Licht des Blitzes an Eiskristallen reflektiert, die die Form flacher hexagonaler Plättchen haben. Normalerweise fallen diese Plättchen mit der flachen Seite nach unten. Wenn sich jedoch ein Blitz entlädt, beginnen die Plättchen zu flattern und einige von ihnen nehmen kurzzeitig eine Orientierung an, in der sie das Licht der Sonne oder des Blitzes zu Ihnen reflektieren. Der Grund für das Flattern ist nicht mit Sicherheit bekannt. Als mögliche Ursache kommen die mit dem Blitz verbundenen Schallwellen (der Donner) in Frage oder aber die Änderung des elektrischen Feldes der geladenen Teilchen innerhalb der Wolke.

6.28 Luftspiegelung einer Oase

An warmen Tagen kann es vorkommen, dass Sie in der Ferne eine Wasserfläche am Boden erkennen, doch wenn Sie diese Stelle erreicht haben, ist dort alles trocken. Das Wasser sah echt aus, war blau und mit kleinen Wellen bedeckt. Diese klassische *Luftspiegelung einer Oase* kann man nicht nur sehen, sondern auch fotografieren.

Nachts können Sie oft eine Luftspiegelung sehen, wenn Sie die Scheinwerfer eines Ihnen entgegenkommenden Fahrzeugs betrachten. Direkt unter dem Scheinwerferlicht können Sie einen Lichtstreifen auf der Straße erkennen. Wenn dieser Lichtstreifen undeutlich ist, handelt es sich um eine schwache Reflexion des Scheinwerferlichts an der Straße. Ist dieser Streifen jedoch hell, haben Sie möglicherweise eine Luftspiegelung des Scheinwerferlichts gesehen. Wodurch entsteht eine derartige Luftspiegelung? Kann ein über der Straße fliegender Vogel diese Luftspiegelung wahrnehmen und die unter ihm befindliche Straße für einen Fluss halten?

Antwort

Die optische Illusion von Wasser, das ein entferntes Stück der Erdoberfläche bedeckt, ist in Wirklichkeit ein Bild eines Teils des Himmels, der in dieser Richtung direkt über dem Horizont liegt. Der Boden (oder eine andere Oberfläche) absorbiert Sonnenlicht und heizt die unmittelbar darüberliegende Luftschicht auf. Wenn die Lufttemperatur mit der Höhe merklich abnimmt, kann es zu einer Luftspiegelung kommen, die dem Betrachter aus der Ferne eine Wasserfläche vorgaukelt. Wenn das Licht auf seinem Weg zum Boden durch eine Luftschicht mit stetig abnehmender Temperatur dringt, wird es stetig nach oben abgelenkt, bis es schließlich in flachem Winkel nach oben gerichtet ist (Abb. 6.9).

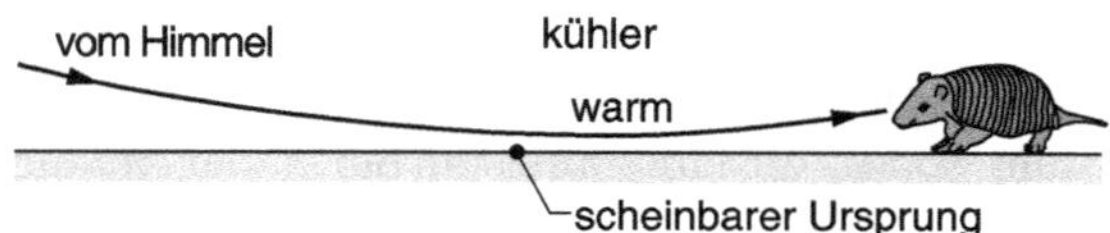

Abb. 6.9: Der Weg des Lichtes vom tiefen Himmel wird durch eine Änderung der Lufttemperatur abgelenkt. Für den Beobachter sieht es so aus, als ob das Licht vom Boden ausgeht.

Ihr Gehirn interpretiert dieses Licht so, als würde es von einem hellen Fleck auf dem Boden ausgehen, der auf der geradlinigen Verlängerung des empfangenen Lichtstrahls nach hinten liegt. Dieser helle Fleck ist natürlich eine Illusion, doch für den Betrachter erscheint er real. Wenn der tatsächliche Ursprung des Lichts in einem blauen Himmel liegt, kann der helle Fleck zudem blau aussehen, sodass es scheint, als handele es sich um Wasser. Im Falle von Turbulenzen variiert die Brechung des Lichts merklich, und der Fleck fluktuiert wie die Kräuselungen auf einer Wasseroberfläche.

Die Luftspiegelung einer Oase kann auch in einer kalten Umgebung auftreten, denn es bedarf hierzu nicht warmer Luft, sondern lediglich eines Temperaturabfalls mit zunehmender Höhe. Oft sieht man diese Variante der Luftspiegelung auf Straßen, da die meisten Fahrbahnbeläge Sonnenlicht absorbieren und infolgedessen die darüberliegende Luft erwärmen. Die Bedingungen sind besonders günstig, wenn Sie sich beim Betrachten der Szenerie dicht am Boden befinden oder durch eine Teleskoplinse auf ein weit entferntes Stück der Erdoberfläche blicken.

Auch weit entfernte Objekte können Luftspiegelungen hervorrufen, wenn das von ihnen ausgehende Licht in bodennahen Luftschichten gebrochen wird. Dieser Typ der Luftspiegelung wird, ebenso wie die Luftspiegelung einer Oase, als Luftspiegelung *nach unten* bezeichnet, da sich das Bild unter der Lichtquelle befindet.

Die Nachtversion der Luftspiegelung entsteht durch eine über der Straße befindliche, erwärmte Luftschicht. Oft ist der Straßenbelag wegen der tagsüber erfolgten Sonneneinstrahlung noch warm, er kann aber auch deshalb warm sein, weil er durch die Reifen der vorbeifahrenden Autos erhitzt wird.

Weil sich die Richtung des Lichts durch die Brechung nur geringfügig ändert, kann ein Vogel das durch die Luftspiegelung vorgegaukelte „Wasser“ nicht sehen. Er kann eventuell die Luftspiegelung eines weit entfernten Objektes sehen wie Sie, doch diese Erscheinung wandert mit dem Flug des Vogels stetig weiter, genauso wie auch eine Luftspiegelung auf einer Straße weiterwandert, während Sie ihr auf der Straße entgegenfahren.

6.29 Luftspiegelung an einer Mauer

Manchmal kann man an einer langen, von der Sonne beschienenen Mauer eine deutliche Luftspiegelung beobachten. Stellen Sie sich an eines der Mauerenden und gehen Sie mit Ihren Augen dicht an die Maueroberfläche heran, während ein Freund am anderen Ende der Mauer steht. Sie können nun in der Mauer ein Spiegelbild Ihres Freundes sehen, das ihn an manchen Punkten berührt. Es ist sogar möglich, dass Sie zwei Spiegelbilder Ihres Freundes sehen. Ich habe Bilder von solchen Luftspiegelungen mit einer Teleskoplinse fotografiert, die ich auf eine unmittelbar an die Mauer gehaltene Kamera montiert habe. Diese Technik funktioniert am besten, wenn man an einer Mauerecke steht, sodass die Linse direkt an der Mauer entlang zielt.

Antwort

Für die Luftspiegelung an einer Mauer gilt dieselbe Erklärung wie in der vorhergehenden Aufgabe, mit dem Unterschied, dass sich hier die heiße Luftschicht vertikal vor der Mauer befindet. Einige der von Ihrem Freund ausgehenden Strahlen werden infolge der erwärmten Luft leicht von der Wand weg gebrochen (siehe Abb. 6.10). Wenn sich Ihre Augen oder die Kamera dicht genug an der Maueroberfläche befinden, empfangen Sie einige dieser gebrochenen Strahlen, sodass Sie den Eindruck bekommen, dass diese ihren Ursprung in der Mauer haben.

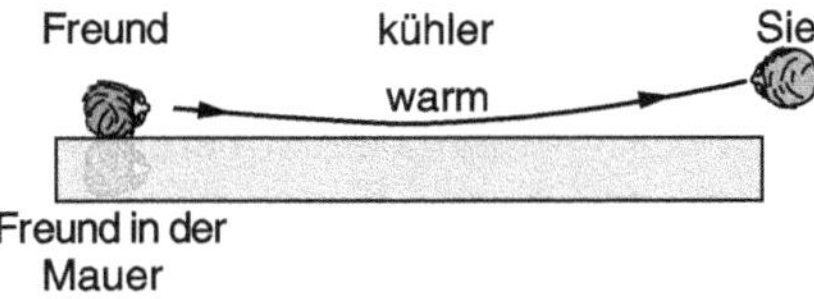

Abb. 6.10: Draufsicht auf eine von der Sonne erwärmte Mauer. Die Lichtstrahlen werden durch die Änderung der Lufttemperatur abgelenkt. Die Luftspiegelung erscheint in der Mauer.

6.30 Seeungeheuer, Wassergeister und Meerjungfrauen

In manchen Gegenden können Sie am späten Nachmittag oder am frühen Morgen infolge einer Luftspiegelung einen Berg sehen, der wegen der Erdkrümmung eigentlich nicht zu sehen sein dürfte. Die Luftspiegelung beginnt als dunstiger Fleck über dem Horizont und wird allmählich schärfer, bis der Berg zu erkennen ist.

Diese Variante der Luftspiegelung könnte die physikalische Erklärung hinter der Geschichte sein, wie Erik der Rote Grönland entdeckte. Der Legende nach steuerte er auf direktem Wege auf den nächstgelegenen Teil Grönlands zu, nachdem er von anderen Wikingern aus Island verbannt worden war – und dies, obwohl unter normalen Bedingungen von den höchsten Erhebungen Islands aus die höchsten Berge Grönlands gar nicht zu sehen sind. Vielleicht hatte er zufällig eine Luftspiegelung des nächstgelegenen Teils von Grönland gesehen und wusste, dass er dort Land finden würde.

Berichte über Seeungeheuer wie Nessie, das Ungeheuer vom Loch Ness, könnten tatsächlich auf ähnliche, allerdings lokal begrenzte Luftspiegelungen zurückzuführen sein. Unter bestimmten Bedingungen und dem richtigen Betrachtungswinkel kann ein gewöhnlicher, im Wasser schwimmender Baumstamm wie ein Ungeheuer erscheinen, dessen Hals aus dem See ragt. Es ist sogar möglich, dass der Hals zu schwingen scheint, sodass es aussieht, als würde das Ungeheuer schwimmen.

Die Wassergeister, von denen die Seefahrer des Mittelalters berichteten, waren riesige Ungeheuer, die aus dem Meer auftauchten. Sie hatten Schultern wie Männer, eine schmale Taille und besaßen keine Arme. Da aber nie jemand einen dieser Wassergeister von Nahem zu sehen bekam, konnte man nicht sagen, ob sie Haut wie ein Mensch oder Schuppen wie ein Fisch besaßen. Meerjungfrauen wurden ähnlich beschrieben, hatten aber Brüste, volles Haar, Hände mit Schwimmhäuten zwischen den Fingern und einen Schwanz. Wie kann es zu solchen Geistererscheinungen kommen? Warum sind die Berichte über Wassergeister und Meerjungfrauen sehr viel seltener geworden, seit Schiffe üblicherweise mit hohen Decks gebaut werden?

Manchmal erscheinen ferne Objekte in mehreren Bildern wie aus Papierschnipseln zusammengesetzt. Einige klassische Beispiele, die Bilder eines fernen Segelbootes darstellen, sind in Abb. 6.11a zu sehen, allerdings ohne die dabei normalerweise übliche Verzerrung.

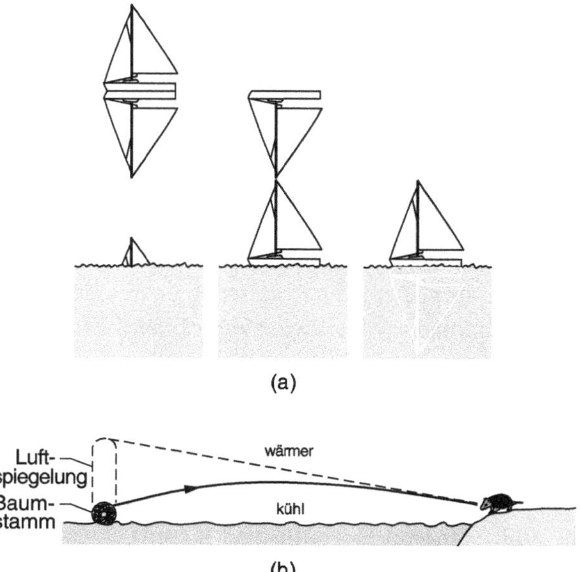

Abb. 6.11: (a) Eine Luftspiegelung gaukelt ein Segelboot vor, das aussieht, wie aus Papierschnipseln zusammengesetzt. (b) Der Weg des Lichtes von einem auf dem Wasser treibenden Baumstamm.

Die berühmteste Luftspiegelung ist die *Fata Morgana*, bei der entfernte Objekte wie Türme eines Märchenschlosses erscheinen. Der Legende nach ist das Schloss das gläserne Zuhause der Fee Morgana. Manchmal kann eine ähnliche Luftspiegelung die Illusion erzeugen, dass Menschen in der Ferne über eine Wasserfläche laufen, die sich zwischen Ihnen und diesen Menschen erstreckt.

Im Jahre 1597 beobachteten einige Seeleute aus der Mannschaft von Kapitän Willem Barents, nachdem sie auf der Suche nach der Nordostpassage auf einer arktischen Insel (dem heutigen Nowaja Semlja) gestrandet waren, die ersten Sonnenstrahlen am Ende der langen Polarnacht. Wie war dies möglich, da sich doch die Sonne zu diesem Zeitpunkt noch 4,9° unterhalb des Horizonts befand? Solche Bilder der Sonne sind oft stark verzerrt, vielleicht vergleichbar mit einem Stapel Eierkuchen. Die Bilder befinden sich gewöhnlich innerhalb eines dunklen „Fensters“, das nach allen Seiten von leuchtend hellem Himmel umgeben ist.

Das *Hillingar-Phänomen* (isländisch für Fata Morgana) ist eine Luftspiegelung, bei der der Horizont angehoben zu werden scheint (gewöhnlich über dem Meer). Bei dem verwandten *Hafgerdingar-Phänomen* (isländisch für „Meereszäune“) wird der Horizont irregulär und sieht aus, als ob er von zufällig angeordneten, vertikalen Strukturen begrenzt werden würde.

Regelmäßig berichten Reisende auf dem US-Highway 90 nahe Marfa in Texas davon, dass nachts Lichter erscheinen, die sich bewegen. Diese als *Marfa-Lichter* bekannten Erscheinungen schlängeln sich über die unmittelbar südlich des Highways gelegene Hochebene.

Wie entstehen diese verschiedenen Formen von Luftspiegelungen?

Antwort

All diese Erscheinungen sind auf die Brechung des Lichts an Luftschichten zurückzuführen, deren Temperatur mit der Höhe variiert (siehe auch Fragestellung 6.28). Bei den komplizierteren Beispielen können mehrere Faktoren zusammenspielen, von denen jeder ein Spiegelbild erzeugt (einige davon invertiert), was zusammen wie aus Papier zusammengesetzte oder merkwürdig verzerrte Bilder ergibt.

Berichte über Sichtungen von Nessie, dem Ungeheuer vom Loch Ness, oder Manipogo, seinem Verwandten aus dem Manitobasee, gehen wahrscheinlich auf verzerrte Bilder von Baumstämmen und anderen, im Wasser treibenden Objekten zurück. Ideal sind die Bedingungen für die Entstehung solcher Bilder, wenn das Wasser kalt ist und die unmittelbar über der Wasseroberfläche befindliche Luft abkühlt, während die Sonne die höheren Luftschichten erwärmt. Dann wird ein Teil des von einem Objekt – beispielsweise einem treibenden Baumstamm – ausgehenden Lichtes nach unten abgelenkt, sodass Sie es empfangen (Abb. 6.11b). Da die Ablenkung sehr gering ist, müssen Sie sich annähernd auf der Höhe des Wasserspiegels befinden, um den Effekt wahrzunehmen.

Je nachdem, wie die Temperaturabhängigkeit von der Höhe im konkreten Fall aussieht, können Sie mehrere Bilder oder auch ein einzelnes, sehr großes sehen. Niemals jedoch ähnelt das, was Sie sehen, dem Baumstamm. Wenn die Brechung aufgrund schneller Änderungen der Temperaturverteilung variiert, kann es so aussehen, als ob das schlangenähnliche Wesen im Wasser schwimmt. Wenn eine Luftspiegelung wie diese *über* der Lichtquelle erscheint, dann wird sie als *Luftspiegelung nach oben* bezeichnet.

Tatsächlich sprechen Statistiken dafür, dass es sich bei Nessie um eine Luftspiegelung handelt. Etwa 77 % aller angeblichen Sichtungen traten von Mai bis August auf. In dieser Zeit erwärmt sich das Wasser langsamer als die Luft, sodass die Lufttemperatur mit zunehmender Höhe steigt. Bei etwa 84 % aller Sichtungen war es relativ windstill – eine weitere Bedingung, die Luftspiegelungen nach oben begünstigt. Außerdem standen die meisten Menschen, die von einer Sichtung berichtet haben, etwa auf Höhe des Wasserspiegels, wo sie die gebrochenen Strahlen empfangen konnten.

Bei den Wassergeistern und Meerjungfrauen, die in den Berichten von Seefahrern auftauchten, handelte es sich vermutlich um gestreckte, verzerrte Bilder von Walrössern und Walen. Auch diese Seefahrer befanden sich dicht über der Wasseroberfläche. Die Luftspiegelung verschwindet, wenn der Beobachter zu nahe an das Tier herankommt oder wenn er sich zu weit oben befindet, um das abgelenkte Licht zu empfangen, das die Luftspiegelung erzeugt. Deshalb wurden die Berichte über mythologische Wasserwesen mit zunehmender Höhe der Schiffe immer seltener.

Eine Fata Morgana entsteht durch eine Brechung, die die vertikale Ausdehnung eines kleinen, entfernten Objekts streckt. Das Bild sieht dann wie eine Wand oder ein Turm aus. Wenn Sie über eine Wasserfläche hinweg eine Person am anderen Ufer betrachten, kann das Bild eine Luftspiegelung nach oben sein: Sie sehen den größten Teil des Körpers als leicht angehobenes Bild, während die Füße, die nicht zu sehen sind, scheinbar ins Wasser eingetaucht sind. Für Sie sieht es daher so aus, als ob die Person über das Wasser gehen würde.

Berge, die zu weit entfernt sind, um sie direkt sehen zu können, werden manchmal in Form einer Luftspiegelung sichtbar. Dazu muss ein Teil des von ihnen ausgehenden Lichtes so gebrochen werden, dass der Strahl dem Verlauf der Erdkrümmung folgt. Auch das Bild der Sonne wird manchmal auf diese Weise abgelenkt. Das beeindruckendste Beispiel für diese Luftspiegelung ist das auf Nowaja Semlja beobachtete Phänomen. Die Lichtstrahlen werden in großer Höhe nach unten abgelenkt, gehen an der Erdoberfläche vorbei, erreichen wieder eine große Höhe und werden dann wieder nach unten abgelenkt, so als ob sie in einer großen, gekrümmten Röhre gefangen wären. Während das abgelenkte Bild der Sonne trotz des langen Weges durch die Atmosphäre hell bleibt, wird der Himmel um die Sonne herum wegen der Streuung an den Luftmolekülen zunehmend dunkel und erscheint deshalb wie ein dunkles

Fenster um die Sonne. Die helleren Abschnitte über und unter dem dunklen Fenster sind Teil des Himmels.

Auch das Hillingar-Phänomen und das Hafgerdingar-Phänomen entstehen durch Brechung, wenn die Lufttemperatur von unten nach oben zunimmt, sodass das Licht nach unten abgelenkt wird. Voraussetzung für das Hafgerdingar-Phänomen ist außerdem eine irreguläre horizontale Temperaturverteilung, während das auf Nowaja Semlja beobachtete Phänomen sowie das Hillingar-Phänomen eine weiträumig stabile Verteilung der Lufttemperatur erfordern.

Die atmosphärische Refraktion des Lichts bei Nacht ist für einen Großteil seltsamer Lichtphänomene wie die Marfa-Lichter verantwortlich. Als Lichtquellen kommen Sterne oder Planeten in Frage, die sich in der Nähe des Horizonts befinden (dann entsteht eine Luftspiegelung nach unten), oder aber die Scheinwerfer eines weit entfernten Autos oder Zuges (dann entsteht eine Luftspiegelung nach oben). Die Marfa-Lichter sind ein Beispiel für Letzteres: Sie werden von den Scheinwerfern weit entfernter Autos erzeugt, die auf dem Highway über die Hochebene nach Marfa fahren. Die Teenager sollten für dieses eindrucksvolle Schauspiel der Optik dankbar sein, denn es liefert ihnen eine willkommene Begründung, warum sie im Dunkeln gern für längere Zeit an der US-Bundesstraße 90 parken.

6.31 Der Geist auf der Blumenwiese

Haben Sie eine Erklärung für die folgende Geistererscheinung? An einem warmen Nachmittag, bei schräg stehender Sonne, pflückte eine Frau auf einer feuchten, dampfenden Wiese Blumen. Plötzlich bemerkte sie vor sich eine Bewegung, und langsam wurde ihr klar, dass sie ein Bild von sich selbst sah, mit allen Details und Farben. Wie man sich vorstellen kann, war die Frau von der Erscheinung ziemlich irritiert, sodass sie sich schleunigst auf und davon machte.

Antwort

Die Geistererscheinung könnte folgendermaßen entstanden sein: Das Sonnenlicht wurde vom Körper der Frau zu den Tröpfchen eines Nebelschleiers reflektiert, der aus dem feuchten, warmen Grund aufstieg. Von dort wurde ein Teil des Lichts zu der Frau zurückreflektiert. Ich vermute, dass die Frau vom Sonnenlicht hell angestrahlt wurde, während der Nebel im Schatten lag. Dadurch wurde das gestreute Licht wahrnehmbar. Diese Konstellation würde in etwa jener entsprechen, die man von den Geisterbildern in Disneyland kennt: Leuchtende Bilder werden auf einen dünnen, porösen Vorhang projiziert, der bei schwacher Beleuchtung fast unsichtbar ist.

6.32 Flimmernde Straßen und funkelnde Sterne

Wenn Sie ein entferntes Objekt über ein Feuer oder eine erhitzte Oberfläche (zum Beispiel eine sonnenbeschienene Straße hinweg betrachten, dann werden Sie feststellen, dass das Bild des Objekts wackelt, ein Effekt, der als *optisches Flimmern* bezeichnet wird. Warum ist es sehr viel schwieriger, diesen Effekt unmittelbar über der Straße zu Ihren Füßen zu sehen, als über einer weiter entfernten Straße?

Warum funkeln Sterne? Wann funkeln sie mehr, im Sommer oder im Winter? Warum zeigen sie manchmal Farbschwankungen? Warum funkeln der Mond und die Planeten nicht? Kann auch ein Astronaut im All das Funkeln der Sterne sehen?

Antwort

Die Ursache für das Flimmern sind Luftturbulenzen, die über einer erhitzten Oberfläche entstehen. Wenn Lichtstrahlen von einem entfernten Objekt durch die turbulente Luftschicht gehen, werden sie aufgrund der unablässigen Schwankungen der Luftdichte in zufällige Richtungen gebrochen. Das Bild, das Sie sehen, ist daher verzerrt und scheint zu tanzen.

Damit wir das Flimmern wahrnehmen können, müssen die Lichtstrahlen normalerweise einen langen Weg durch die erhitzte und turbulente Luftschicht zurücklegen. Wenn Sie annähernd senkrecht auf eine heiße Oberfläche, zum Beispiel eine sonnenbeschienene Asphaltstraße, schauen, dann haben die Lichtstrahlen, die Sie empfangen, nur einen sehr kurzen Weg durch die turbulente Schicht zurückgelegt. Folglich sehen Sie kein Flimmern. Fällt Ihr Blick dagegen schräg auf die Oberfläche, dann legen die Lichtstrahlen einen viel längeren Weg durch die turbulente Schicht zurück und Sie können das Flimmern sehen. Diese Voraussetzung ist erfüllt, wenn die heiße Oberfläche sehr weit entfernt ist, also zum Beispiel, wenn Sie auf einen weit entfernten Straßenabschnitt blicken. Aber auch dann ist das Flimmern unter Umständen nicht wahrnehmbar, weil der Straßenbelag zu homogen ist. Wesentlich besser ist das Flimmern zu sehen, wenn die Straße ein Schlängelmuster aufweist.

Manchmal können Sie eine mit dem Flimmern verwandte Erscheinung sehen: Flüchtige, matte Schatten erscheinen auf einer flachen, weißen Oberfläche, weil turbulente Luft das sie durchdringende Sonnenlicht bricht. Manchmal fokussiert die Refraktion das Sonnenlicht in einem relativ hellen Fleck, und manchmal weitet sie das Sonnenlicht auf, sodass es einen relativ dunklen Fleck bildet. Eine instabile Anordnung warmer Luft, die unter einer kalten Luftschicht strömt, kann ebenfalls ein Flimmern und matte Schatten verursachen. Da warme Luft eine geringere Dichte hat als kalte, ist die Grenze zwischen den beiden Luftschichten instabil und bildet ein wellenartiges Muster, das das Licht an manchen Stellen fokussiert und an manchen Stellen aufweitet.

Ähnliche Schwankungen der Refraktion sind der Grund, warum sich die scheinbare Position eines Sterns geringfügig und schnell ändert. Die scheinbare Bewegung ist wahrnehmbar, weil der Stern aus Ihrer Perspektive ein leuchtender Punkt vor dunklem Hintergrund ist. Außerdem verändern sich durch die Schwankungen die Phasen der Sie erreichenden Lichtwellen. Wenn die Lichtwellen *phasengleich* eintreffen, interferieren sie konstruktiv und der Stern scheint besonders hell; sind sie um eine halbe Wellenlänge *phasenverschoben*, interferieren sie destruktiv und der Stern erscheint besonders dunkel.

Ihr visuelles System summiert die Bilder des Sterns über ein kurzes Zeitintervall, aber trotzdem sind die Schwankungen von Position und Intensität noch wahrnehmbar. Vom Weltraum aus würden Sie kein Funkeln der Sterne sehen, doch es würde noch immer so aussehen, als ob die Sterne kleine Punkte hätten, weil das Licht in Ihren Augen gestreut wird.

Der Mond und die Planeten sind von Ihrem Standpunkt aus betrachtet zu groß, um zu funkeln. Zwar zittert auch jeder Punkt des Mondes wie bei einem Stern hin und her, doch weil es sich in diesem Fall nicht um einen isolierten Lichtpunkt vor dunklem Hintergrund handelt, ist das Flattern nicht wahrnehmbar.

Im Sommer funkeln die Sterne mehr, weil die Atmosphäre tagsüber stärker erwärmt wird und deshalb instabiler ist.

Wenn sich ein Stern unweit eines klaren Horizonts befindet, kann auch seine Farbe schwanken. Aufgrund des langen Weges des Lichts durch die Atmosphäre werden bestimmte Farben an Luftmolekülen, Dunstteilchen und Aerosolen herausgestreut. Der Stern hat dann nicht mehr seine ursprüngliche Farbe, beispielsweise weiß. Unablässige Schwankungen der Streuung ändern die von Ihnen wahrgenommene Farbe.

6.33 Schattenbänder

Einige Minuten vor und nach einer totalen Sonnenfinsternis kann die Erdoberfläche mit schwachen, gewellten Bändern von einigen Zentimetern Breite bedeckt sein. Einige Augenzeugen haben berichtet, dass sich die Bänder bewegen. Wodurch entstehen sie?

Im Jahre 1945 berichtete Ronald Ives von einem anderen, aus dunklen Bändern gebildeten Muster, das er bei sechs Gelegenheiten entdecken konnte. Bei jeder dieser Gelegenheiten blickte er während des Sonnenuntergangs von einem erhöhten Punkt aus in die Ebene. Die Bänder waren mehrere Kilometer breit und bewegten sich mit einer Geschwindigkeit von etwa 60 Kilometer pro Stunde. Wodurch entstehen solche Bänder?

Antwort

Die bei einer Finsternis auftretenden Schattenbänder stehen höchstwahrscheinlich mit der Fokussierung (verursacht helle Bänder) und der Aufweitung (verursacht dunkle Bänder) des Sonnenlichts zusammen, wenn dieses Turbulenzen und Luftlöcher der Erdatmosphäre durchquert. Die Muster sind am deutlichsten sichtbar, wenn die Finsternis fast vollständig ist und von der Sonne nur noch eine schmale Sichel zu sehen ist. In diesem Falle nimmt das Licht nur einen sehr schmalen Bereich Ihres Blickfelds ein und seine Ablenkung durch in großen Höhen vorhandene Luftlöcher kann sichtbare Bänder erzeugen, die parallel zur Sichel verlaufen. Wenn die Finsternis unvollständig und ein größerer Teil der Sonne zu sehen ist, liegen die Luftlöcher, die die Bänder erzeugen, tiefer, und die Bänder sind weniger deutlich („verwaschener"). Auch unter günstigsten Bedingungen sind die Bänder schwer zu erkennen, weil der Kontrast zwischen benachbarten hellen und dunklen Bändern nur schwach ist. Da sich die Turbulenzen schnell verändern, variieren auch die Bänder und ihr Kontrast zueinander. Diese Variationen können den Eindruck hervorrufen, dass sich die Bänder bewegen.

Die selten zu beobachtenden und wenig untersuchten Schattenbänder, die bei einem Sonnenuntergang auftreten können, werden möglicherweise ebenfalls durch Fokussierung und Aufweitung des Sonnenlichts infolge von Turbulenzen und Luftlöchern in der Erdatmosphäre verursacht. Ives konnte die Bänder wahrnehmen, als sich beim Sonnenuntergang der sichtbare Bereich der Sonne wie bei einer Finsternis zu einer schmalen Sichel verringert hatte. Hätte er sich in der Ebene anstatt auf einem erhöhten Punkt befunden, hätte er die Bänder nicht gesehen.

6.34 Der 22 °-Halo und Nebensonnen

Manchmal ist die Sonne von einem hellen Kreis umgeben, der an seinem inneren Rand rötlich und an seinem äußeren Rand bläulich gefärbt sein kann. Der Winkel zwischen dem Ring und dem Sonnenmittelpunkt beträgt 22 °, weshalb diese Erscheinung als 22 °-*Halo* bezeichnet wird. (Sie können diesen Winkel leicht nachmessen: Strecken Sie Ihren Arm in Richtung Sonne und öffnen Sie Ihre Hand, wobei die Handfläche nach außen zeigt. Der Teil des Himmels, den Sie entlang einer geraden Linie zwischen Daumen und kleinem Finger sehen können, entspricht etwa 22 °.) Manchmal erscheint neben der Sonne an einer oder auch beiden Seiten ein hell strahlender, farbiger Fleck, eine sogenannte *Nebensonne* (wissenschaftlicher Name: *Parhelion*). Wie entstehen der 22 °-Halo und die Nebensonnen?

Antwort

Der 22 °-Halo ist auf die Refraktion (oder Brechung) von Sonnenstrahlen an Eiskristallen zurückzuführen, die sich in großen Höhen befinden. Die Eiskristalle haben die Form von hexagonalen Säulen (sogenannte *Kristallstifte*). Beim Fallen nehmen sie eine horizontale Lage ein (d. h., ihre Längsachse ist parallel zur Erdoberfläche) und führen eine Taumelbewegung aus. Wenn das Sonnenlicht einen Kristallstift durchdringt, wird es gebrochen und um 22 ° oder mehr von der ursprünglichen Richtung abgelenkt. Die abgelenkten Strahlen häufen sich bei 22 °, sodass das Licht bei diesem Winkel am hellsten ist. Wenn Sie durch diese fallenden Eiskristalle auf eine beliebige, 22 ° von der Sonne entfernte Stelle des Himmels blicken, dann sehen Sie einen Teil dieses Lichts bzw. einen Abschnitt des 22 °-Halos.

Der Halo kann farbig sein, da infolge der Lichtbrechung an den Eiskristallen das ursprünglich weiße Sonnenlicht in seine Farben aufgespalten wird. Rotes Licht wird dabei etwas weniger abgelenkt als blaues, sodass sich das leuchtendste Rot am inneren Rand des Halos befindet.

Nebensonnen entstehen ebenfalls durch Lichtbrechung an hexagonalen Kristallen, die allerdings flach statt säulenförmig sind. Diese sogenannten *Kristallplättchen* liegen beim Herabfallen horizontal in der Luft und flattern. Sie lenken nur dann Licht in Ihre Richtung, wenn sie näherungsweise auf einer horizontalen Linie zwischen Ihnen und der Sonne liegen, sodass die Nebensonnen rechts und links der Sonne erscheinen. Bei tief stehender Sonne sind die Nebensonnen etwa 22 ° von ihr entfernt. Steht die Sonne höher am Himmel, haben die Nebensonnen einen etwas größeren Abstand. Sie sehen aufgrund der Farbaufspaltung durch die Eiskristalle gewöhnlich farbig aus, wobei der rötliche Bereich der Sonne am nächsten liegt.

Der Halo und die Nebensonnen können auch im Sommer beobachtet werden, da sich in der kalten Luft der höheren Luftschichten auch zu dieser Jahreszeit Eiskristalle bilden können.

6.35 Ein Himmel voller Halos, Bögen und Flecken

Außer dem in der vorhergehenden Fragestellung behandelten 22 °-Halo und den Nebensonnen können am Himmel zahlreiche andere Halos, Bögen, Säulen und helle Flecken entstehen. In Abb. 6.12 sind einige Möglichkeiten dargestellt. Allerdings können niemals alle zur selben Zeit auftreten, da die Sonne für die verschiedenen Erscheinungen unterschiedlich hoch stehen muss. Auch ihre Formen können in Abhängigkeit vom Sonnenstand variieren. Einige dieser Erscheinungen sind so selten, dass sie bislang nur von einigen wenigen Menschen beobachtet oder fotografiert worden sind.

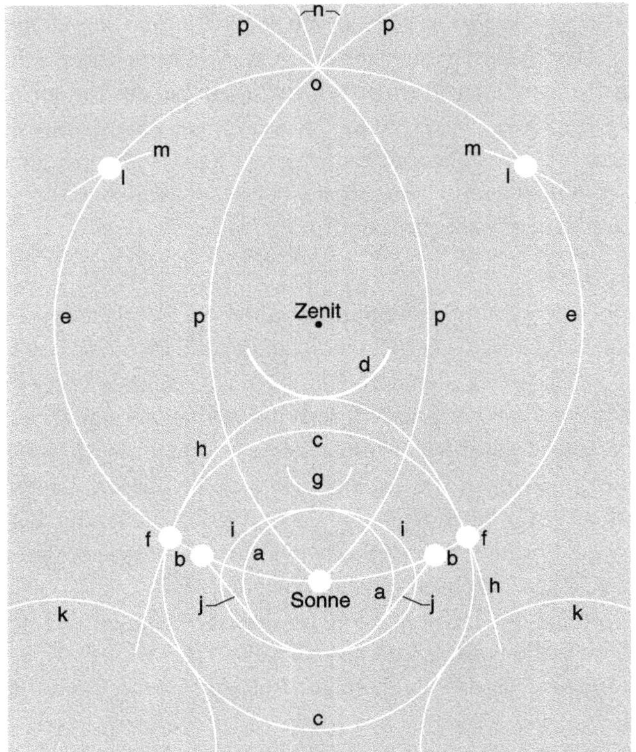

Abb. 6.12: Verschiedene Leuchterscheinungen. (a) 22 °-Halo. (b) Nebensonnen zum 22 °-Halo. (c) 46 °-Halo. (d) Zirkumzenitalbogen. (e) parhelischer Kreis. (f) Nebensonnen zum 46 °-Halo. (g) Parry-Bogen. (h) Oberer Tangentenbogen zum 46 °-Halo. (i) Tangentenbogen zum 22 °-Halo. (j) Lowitzscher Bogen. (k) Untere Tangentenbögen zum 46 °-Halo. (l) Übersonne. (m) Übersonnenbögen.

Zu den häufiger auftretenden Phänomenen gehört die *Lichtsäule*, die oberhalb oder unterhalb von Sonne oder Mond zu sehen sein kann. Unter bestimmten Voraussetzungen sind solche in den Nachthimmel ragenden Säulen auch an Straßenlaternen zu beobachten.

Vom Flugzeug aus können Sie nach einer *Untersonne* Ausschau halten, einem hellen Fleck, der sich von Ihnen aus betrachtet unterhalb der Sonne befindet und sich scheinbar mit dem Flugzeug mitbewegt.

Wodurch entstehen diese Phänomene?

Antwort

Die Ursache der beschriebenen Phänomene sind fallende Eiskristalle, die das Sonnenlicht auffangen und zu Ihnen weitersenden. Manchmal haben die Eiskristalle die Form von Stiften, manchmal handelt es sich um Kristallplättchen (siehe die vorhergehende Antwort). Bei einigen Phänomenen, beispielsweise beim *Zirkumzenitalbogen*, spielt die Lichtbrechung an den Kristallen eine Rolle, andere dagegen entstehen durch Reflexion. Einige wenige wie beispielsweise die *Lowitzschen Bögen* werden durch Kristallplättchen verursacht, die sich beim Fallen schnell um eine Achse drehen.

Ursache für die oberhalb oder unterhalb von Sonne oder Mond auftretende Lichtsäule können Kristallstifte oder Kristallplättchen sein, Letztere allerdings nur, wenn die Sonne bzw. der Mond tief steht. In diesem Falle wird das Licht von der flachen Seite der Plättchen zu Ihnen reflektiert, wenn diese nahezu liegend nach unten fallen. Leichte Veränderungen in der Ausrichtung der Kristalle verwischen den Bereich, von dem aus das Licht zu Ihnen kommt, sodass eine Lichtsäule gebildet wird. Wenn Sonne oder Mond höher am Himmel stehen, entsteht die Lichtsäule infolge des an den Seitenflächen der Kristallstifte reflektierten Lichts, wobei die Längsachsen der Stifte beim Fallen horizontal liegen. An jedem Punkt entlang einer Säule sind einige Kristalle gerade so geneigt, dass sie das Sonnenlicht zu Ihnen reflektieren. Aus der Kombination dieser Reflexionen ergibt sich die Lichtsäule.

Bei der Untersonne handelt es sich um eine Variante der Lichtsäule, mit dem Unterschied, dass die Reflexion an der Oberseite der Kristallplättchen stattfindet. Wenn diese nahezu einheitlich horizontal ausgerichtet sind, erzeugen sie eine Art Spiegelbild der Sonne.

6.36 Die Schatten der Berge

Wenn Sie bei tief stehender Sonne den Schatten eines Berges betrachten, wobei Sie in der Nähe des Berggipfels stehen, dann werden Sie feststellen, dass der Schatten dreieckig ist und die Spitze von Ihnen weg zeigt (Abb. 6.13). Warum werfen alle Berge nahezu die gleichen dreieckigen Schatten, egal wie sie tatsächlich geformt sind oder wie die Details ihrer Flanken aussehen? Warum hat die Spitze des Schattens eine deutlich ausgeprägte Zacke, die sich entweder links oder rechts vor Ihnen befindet, wenn Sie genau unterhalb des Gipfels stehen?

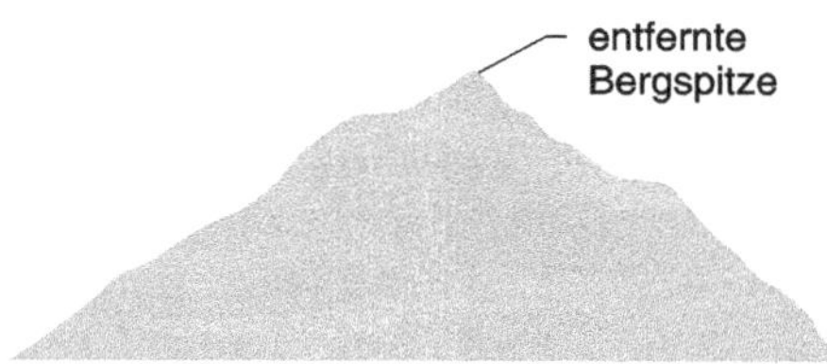

Abb. 6.13: Der Schatten eines Berges auf den darunterliegenden Aerosolen; betrachtet von einem nahegelegenen Berggipfel.

Antwort

Wenn Sie in der Nähe des Gipfels eines Berges stehen, dann bildet sich der Schatten auf dem Boden und den Aerosolen unter Ihnen. Der größte Teil des Schattens ist so weit entfernt, dass die Details der Bergflanken zu klein sind, als dass Sie sie erkennen könnten. Die dreieckige Form des Schattens entsteht durch die Perspektive. Die Seiten des Dreiecks beginnen links und rechts von Ihnen und scheinen auf einen entfernten Punkt am Boden bzw. in den Aerosolen zuzulaufen. Das Verjüngen der Seiten ähnelt den beiden Schienen eines Eisenbahngleises, die scheinbar am Horizont zusammenlaufen. Der Schatten selbst verhält sich wie Ihr eigener Schatten, wenn die Sonne tief steht: Der Schatten Ihrer Füße hat eine normale Größe, während sich der Schatten Ihres Kopfes verjüngt.

Wenn Sie genau unterhalb des Gipfels und im Schatten des Berges stehen, dann schauen Sie durch die beschatteten Aerosole hindurch (anstatt auf sie herab). Falls Sie genau in der Mitte des Bergschattens stehen, dann verjüngen sich die Seiten des Schattens noch immer, doch der scheinbare Endpunkt verschiebt sich nach oben. Wenn Sie sich nun von der Mitte beispielsweise nach links bewegen, dann verschiebt sich dadurch die relative Lage des Gipfels nach rechts und ebenso sein Schatten. Da Sie außerdem den Schatten durch die Aerosolschicht sehen, ist die Verschiebung eines bestimmten Teils des Schattens umso größer, je weiter er entfernt ist. Folglich wird der Schatten des Gipfelpunkts am weitesten verschoben, und der Schatten des Gipfels bildet eine Zacke.

6.37 Verschwindende Wolkenschatten

Angenommen, Sie fliegen über dem Ozean, während einzelne Cumuluswolken am Himmel stehen. Warum können Sie deren Schatten nur sehen, wenn Sie auf der der Sonne zugewandten Seite des Flugzeugs sitzen, aber nicht von der gegenüberliegenden Seite aus?

Antwort

Wenn Sie von der Sonnenseite eines Flugzeugs aus auf den Ozean schauen, handelt es sich bei dem bei Ihnen eintreffenden Licht, das sie als *Glitzern* wahrnehmen, überwiegend um Sonnenlicht, das an der Wasseroberfläche reflektiert oder gestreut wurde. Wenn ein Teil des Sonnenlichts durch eine Wolke verdeckt wird, bevor es die Wasseroberfläche erreicht, sehen Sie einen Schatten dieser Wolke auf dem Meer. Dem im Schatten befindlichen Bereich fehlt das Glitzern, sodass er dunkler aussieht als die umgebende Wasseroberfläche.

Auf der anderen Seite des Flugzeugs dagegen wird das Licht vor allem von Ihnen weg reflektiert und gestreut. Ein Teil des Sie erreichenden Lichts ist am Himmel reflektiert worden, doch der größere Teil hat ausgehend von der Sonne oder vom Himmel zunächst die Wasseroberfläche durchdrungen und wurde dann durch im Wasser gelöste Partikel (oder am Meeresgrund) zur Oberfläche zurückgestreut. Dieser Prozess wird nicht merklich beeinflusst, wenn eine Wolke einen Schatten auf diese Seite des Flugzeugs wirft, da der Schattenbereich vom restlichen Himmel weiterhin angeleuchtet wird. Deshalb können Sie keinen Schatten sehen. Sollte der Schatten jedoch vom Wasser auf das Land übergehen, ist er plötzlich wahrnehmbar. Nun entfällt die Streuung durch das Meer. Das einzige Licht, das Sie von der Erdoberfläche empfangen, ist Sonnenlicht (kein Himmelslicht), das am Boden gestreut wurde. Wenn sich eine Wolke vor der Sonne befindet, wird diese Streuung verhindert, und folglich können Sie den Schatten sehen.

6.38 Die Farben des Meeres

Das Wasser des Meeres hat keine einheitliche Farbe. Stattdessen kann es zwischen dem Blau des klaren Himmels und dem Grau des bedeckten Himmels variieren. Manchmal erscheint es auch weiß oder rötlich, es kann auch blaugrün oder gelblich aussehen. Unter bestimmten Bedingungen kann es sogar bräunlich erscheinen. Wodurch entstehen die unterschiedlichen Farben? Warum hängt die beobachtete Farbe oft von Ihrem Blickwinkel auf die Meeresoberfläche ab?

Halten Sie, im tiefen Wasser schwimmend, einen flachen, weißen Gegenstand horizontal vor sich. Warum hat die Oberfläche des Gegenstands eine andere Farbe als die Unterseite?

Antwort

Für das Zustandekommen der Farben des Meeres spielen unterschiedliche Faktoren eine Rolle. Nehmen wir zunächst an, das Wasser wäre völlig klar, es gäbe keine Atmosphäre und das Wasser wäre zu tief, um vom Meeresgrund Licht zu Ihnen streuen zu können. In diesem (unrealistischen) Fall würde das Wasser schwarz aussehen; eventuell gäbe es eine schwache bläuliche Färbung, die dadurch entsteht, dass die Wassermoleküle einen Teil des roten Endes des Spektrums absorbieren und dessen blaues Ende zu Ihnen streuen.

Unter weniger idealen Bedingungen beeinflussen im Wasser gelöste Stoffe die Wasserfarbe, indem sie bestimmte Farben des Lichts streuen oder absorbieren. In gleicher Weise verändert der Meeresgrund die Wasserfarbe durch selektive Absorption, vorausgesetzt, das Wasser ist flach genug, um Licht vom Meeresgrund nach außen dringen zu lassen.

Auch die Farbe des Himmels hat einen gewissen Einfluss auf die Wasserfarbe. Bei blauem Himmel erscheint das Meer etwas blauer, da zusätzlich ein Teil des an der Wasseroberfläche reflektierten Lichts vom Himmel bei Ihnen eintrifft. Entsprechend erscheint bei grauem Himmel auch das Wasser grau. Wenn Sie jedoch an einem sonnigen Tag in das helle Glitzern der Wasseroberfläche blicken, werden Sie möglicherweise feststellen, dass das Wasser weiß aussieht, da das meiste bei Ihnen eintreffende Licht an der Wasseroberfläche reflektiertes Sonnenlicht ist, also jenes Licht, das das Glitzern auf dem Meer verursacht.

Die Farbe, in der die Oberseite eines weißen, in Wasser eingetauchten Gegenstands erscheint, wird durch die Modifizierung des einfallenden Sonnenlichts infolge Absorption und Streuung auf dem Weg durch das Wasser bestimmt. Die Farbe der Unterseite dieses Gegenstands entsteht dagegen durch Licht, das einen weiteren Weg durch das Wasser zurückgelegt hat (bis zum Meeresgrund und wieder zurück). Folglich sind die Oberseite und die Unterseite des weißen Gegenstands verschiedenfarbig.

6.39 Glitzernde Reflexionen von Sonne und Mond

Wodurch wird die Form der hellen Fläche auf dem Meer bestimmt, die sich bei tief stehender Sonne oder Mond bildet? Wie verändert sich diese Form in Abhängigkeit vom Höhenwinkel von Sonne oder Mond?

Wenn der Mond knapp über dem Horizont steht, können Sie unmittelbar über dem hellen Bereich ein dunkles Dreieck beobachten. Wodurch entsteht dieses dunkle Dreieck?

Antwort

Wenn die Wasseroberfläche vollkommen ruhig wäre, würden Sie unterhalb des Horizonts auf dem Wasser das Spiegelbild von Sonne oder Mond sehen. Dieses Bild würde sich so weit unter dem Horizont befinden, wie die entsprechende Lichtquelle über dem Horizont steht. Wenn sich auf der Wasseroberfläche jedoch Wellen bewegen, wird das Licht an Myriaden geneigter Oberflächen reflektiert und Sie sehen viele ineinander fließende Bilder von Sonne oder Mond, wann immer und wo immer von einer Fläche Licht zu Ihnen reflektiert wird. Diese Bilder liegen im Wesentlichen innerhalb einer ovalen Fläche oder bilden einen Weg, der sich bis zu Ihnen erstreckt. Die rechte und linke Seite dieses Bereiches konvergieren zu jenem Punkt am Horizont, der sich unmittelbar unter Sonne oder Mond befindet. Das Spiegelbild hat eine ovale Form, wenn Sonne oder Mond hoch am Himmel stehen; steht die Sonne oder der Mond tief, hat es eher die Form eines zum Horizont führenden Weges.

Bei dem dunklen Dreieck oberhalb des glitzernden Mondweges handelt es sich wahrscheinlich um eine optische Illusion infolge des Kontrasts, da die helle glitzernde Fläche unmittelbar unter dem Horizont direkt an den dunklen Himmel angrenzt, der sich über dem Horizont erstreckt.

6.40 Ringe aus Licht

Normalerweise werden die Bilder, die durch Reflexion an einer gekräuselten Wasseroberfläche entstehen, so schnell verzerrt, dass man sie gar nicht wahrnehmen kann. Wenn man eine Kamera mit kurzen Belichtungszeiten verwendet, ist es jedoch möglich, sie „einzufrieren". Angenommen, Sie fotografieren das Spiegelbild eines Schiffsmastes. Auf dem Foto ist der Mast dann vielleicht teilweise als verschnörkelte Linie abgebildet, während andere Teile isolierte und geschlossene Ringe bilden. Das Zustandekommen eines verschnörkelten Bildes ist sicher relativ leicht zu erklären, doch wie ist es möglich, dass ein Ring entsteht? Kann es isolierte, nicht geschlossene Schleifen geben?

Antwort

Die Verzerrung, die sich entweder als verschnörkelte Linie oder in Form eines Ringes zeigt, hat natürlich mit der Kräuselung der Wellen zu tun. Wenn das Bild eines Mastes eine geschlossene Schleife ist, dann ist das Innere des Ringes das Bild des Himmelsabschnitts, der auf einer der beiden Seiten des Mastes liegt, während außerhalb des Ringes der andere Himmelsabschnitt abgebildet ist. Ringe, die durch Spiegelungen von ausgedehnten Objekten – zum Beispiel von Schiffsmasten – entstehen, sind immer geschlossen. Bei einer punktförmigen Lichtquelle kann es jedoch zu einem Spiegelbild mit „losen Enden" kommen, die dem Öffnen und Schließen des Kameraverschlusses entsprechen.

6.41 Schatten und Farben im Wasser

Warum können Sie Ihren Schatten in einem trüben Teich oder auch in einer klaren Pfütze sehen, nicht aber in einem tiefen, klaren See? Warum muss das Wasser sehr trübe sein, damit Sie die Schatten anderer Menschen sehen können?

Sehen Sie sich einmal, wenn Sie einen Schatten auf eine gekräuselte Wasseroberfläche werfen, ganz genau das Gebiet um den Schatten Ihres Kopfes an. Es scheint, als ob von dort helle Strahlen ausgehen würden, eine Erscheinung, die der Dichter Walt Whitman in „Crossing Brooklyn Ferry" aus seiner Gedichtsammlung *Grashalme* sehr schön beschrieben hat.

Betrachten Sie in klarem, etwa 1 m tiefem Wasser die Ränder der Lichtflecken, die das Sonnenlicht auf dem Grund bildet, wenn die Sonne durch die Blätter eines Baumes fällt. Wenn die Sonne in Ihrem Rücken steht, sind die Flecken weiß. Steht sie dagegen vor Ihnen, so haben die Flecken farbige Ränder, wobei Rot innen und Blau außen liegt. Wodurch entstehen diese Farben, und warum hängt ihr Auftreten von der Blickrichtung ab?

Antwort

Sie können einen Schatten nur dann sehen, wenn er deutlich dunkler als seine Umgebung ist, also zum Beispiel in der typischen Situation, dass der Schatten auf einen Gehweg fällt. Wenn Sie klares Wasser auf den Gehweg schütten, wird Ihr Schatten weniger deutlich, weil die Wasseroberfläche den Himmel und Objekte aus der Umgebung in Ihre Richtung reflektiert. Da einige der reflektierten Bilder Ihren Schatten überlagern, ist dieser Bereich nicht mehr so dunkel wie zuvor.

Noch schwächer ist der Kontrast Ihres Schattens mit der Umgebung, wenn das klare Wasser tiefer ist, da dann der Grund nicht mehr so viel Licht von der Umgebung zu Ihnen streut. Wenn das Wasser allerdings leicht trübe ist, können Sie Ihren Schatten besser sehen, denn dann wird das Licht um Ihren Schatten herum an den im Wasser enthaltenen Partikeln gestreut. Ihr Schatten ist dann dreidimensional anstatt flach wie auf einem Gehweg. Aus diesem Grund können Sie den Schatten einer anderen Person nicht sehen, denn wenn Sie in Richtung dieses Schattens schauen, verläuft Ihr Blick schräg durch angeleuchtete und beschattete Bereiche des Wassers. Wenn Sie die Trübheit des Wassers allmählich erhöhen, dann steigt dieser andere Schatten langsam an die Oberfläche. In extrem verschmutztem Wasser liegt er auf der Wasseroberfläche und ist gut sichtbar.

Wenn sich Wellen über mäßig klares Wasser bewegen, dann fokussieren die Wellen das Licht in das Wasser hinein, wo es an gelösten Stoffen wieder herausgestreut wird. Wenn Sie dieses Streulicht empfangen, dann sehen Sie dort, wo das Licht fokussiert wird, helle Linien, während es an den übrigen Stellen dunkel ist. Die Linien liegen parallel zu der Linie, die von der Sonne zu Ihren Augen verläuft. Folglich scheinen sie dem der Sonne gegenüberliegenden Punkt zuzustreben (bzw. von diesem auszugehen), d. h. sie laufen in den Schatten Ihres Kopfes hinein. (Denselben Eindruck haben Sie, wenn Sie die Schienen eines langen, geradlinig verlaufenden Eisenbahngleises betrachten.) Die scheinbare Rotation der Strahlen ist eine optische Täuschung, die dadurch entsteht, dass Ihr Gehirn versucht, Ordnung in ein zufälliges Muster hineinzuinterpretieren.

Lichtflecken in flachem, klarem Wasser sind weiß, wenn die Sonne in Ihrem Rücken steht, auch wenn das Sonnenlicht in jedem Bündel beim Eintreten ins Wasser in seine Farben aufgespalten wird. Für jedes Bündel trifft der rote Strahl in einem anderen Punkt auf dem Grund auf als der blaue Strahl, und beide werden in viele Richtungen gestreut. Allerdings müssen die Strahlen, die Ihre Augen treffen, auf ihrem ursprünglichen Weg zurückkehren, d. h. in Richtung der Sonne. Die Farben werden also wieder zusammengefügt, wenn die Strahlen das Wasser wieder verlassen, sodass Sie weißes Licht empfangen und einen weißen Fleck am Grund des Beckens sehen.

Wenn Sie gegen die Sonne schauen, empfangen Sie farbige Strahlen, die an unterschiedlichen Punkten des Beckens gestreut wurden (Abb. 6.14). Für ein dünnes Bündel ist der Fleck, den Sie am Beckengrund sehen, größtenteils weiß, denn für Punkte innerhalb des Bündels empfangen Sie Strahlen aller Farben. Den vorderen und hinteren Teil des Randes des Flecks sehen Sie jedoch farbig. Der hintere Teil des Randes wird durch blaues Licht gebildet, weil das ins Wasser eintretende Lichtbündel an der Grenzfläche gebrochen wird. Am stärksten wird dabei der blaue Strahl abgelenkt, sodass dieser in größerer Entfernung von Ihnen auf dem Grund auftrifft als die übrigen Farben. Entsprechend entsteht die rote Farbe des vorde-

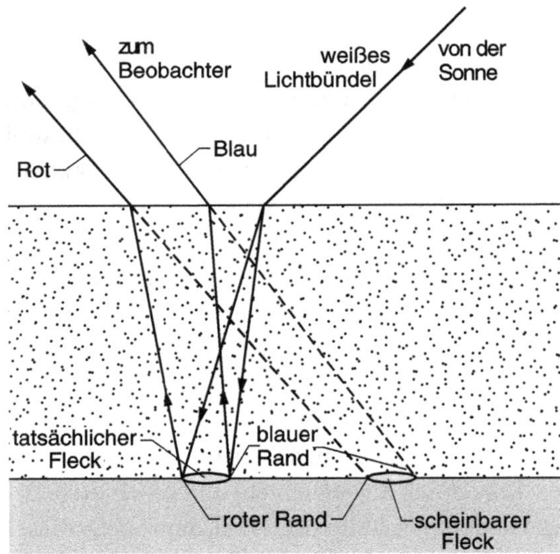

Abb. 6.14: Ein in Richtung Sonne blickender Beobachter sieht farbige Ränder am Grund eines Beckens.

ren Teils des Randes, weil der rote Strahl am wenigsten abgelenkt wird und näher bei Ihnen auf dem Grund auftrifft. Deshalb wird vom hinteren Teil des Randes blaues und vom vorderen rotes Licht zu Ihnen gestreut.

6.42 Die Farbe Ihres Schattens

Wenn Sie Ihren Schatten auf frisch gefallenem Schnee betrachten, können Sie feststellen, dass er farbig ist. Was ist die Ursache hierfür? Kann die Farbe des Schattens variieren?

Antwort

Ihr Schatten sollte eigentlich schwarz aussehen. Bei blauem Himmel kann aber das Himmelslicht den Schnee im Bereich des Schattens anleuchten, sodass dieser eine bläuliche Färbung erhält. Wenn Ihr Schatten auf eine andere Oberfläche fällt, wird die Färbung des Schattens möglicherweise durch die Farbe dieser Oberfläche bestimmt. Wenn die nähere Umgebung Ihres Schattens eine leuchtende Farbe hat, können Sie im Schatten die Komplementärfarbe sehen, eine optische Illusion, die durch Ihr visuelles System entsteht. Sehr gut ist dieses Phänomen in den Schatten zu beobachten, die Schauspieler auf die Bühne werfen, wenn sie von einem farbigen Spot hell angeleuchtet werden.

6.43 Der dunkle Bereich des Mondes

Warum können Sie, wenn 75 % der Ihnen zugewandten Seite des Mondes von der Sonne angeleuchtet werden, auch die verbleibenden 25 % sehen, obwohl sich dieser Bereich nicht im Sonnenlicht befindet?

Antwort

Der dunkle Bereich des Mondes wird vom sogenannten *Erdschein* schwach angeleuchtet, d. h. von Licht, das an der Erde gestreut wurde. Sie sehen somit einen Teil des Lichts, das vom Mond zur Erde zurückgestreut wurde. Indem sie das zurückgestreute Licht untersuchen, können Forscher feststellen, wie Licht von der Erde auf einen Beobachter aus den Tiefen des Weltalls wirken würde. Für uns ist der Himmel überwiegend blau, ebenso für einen Beobachter aus dem Weltraum. Der Erdschein zeigt außerdem, dass infrarotes Licht an der Vegetation gestreut wird. Man hofft, durch die Analyse des Lichts eines Planeten, der einen anderen Stern umkreist, Auskunft darüber zu erlangen, ob der Planet eine Atmosphäre und eine Vegetation besitzt.

6.44 Heiligenschein und Oppositionseffekt

An einem Morgen, an dem das Gras mit Tau bedeckt ist, sollten Sie einmal genau auf den Schatten Ihres Kopfes auf dem Gras achten. Es könnte sein, dass er von hellem Licht umgeben ist, eine Erscheinung, die als *Heiligenschein* bezeichnet wird (Abb. 6.15a). Ähnliche helle Bereiche können Sie auch in vielen anderen Umgebungen um Ihren Schatten herum sehen: auf trockenem Gras, mit kleinen Wellen bedeckten Wasseroberflächen oder verschiedenen trockenen Oberflächen mit grober Struktur. Manchmal sieht man sogar einen hellen Streifen, der aus dem Schatten eines sich bewegenden Fahrzeugs ragt, wenn sich der Schatten über eine Grasfläche erstreckt.

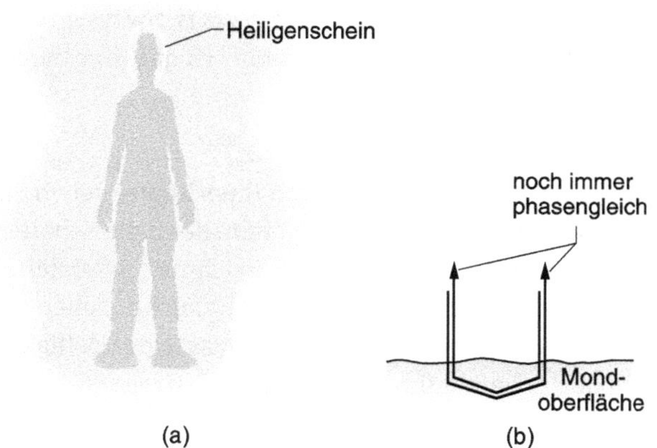

Abb. 6.15: (a) Schatten auf taubedecktem Gras bei tief stehender Sonne. (b) Wege zweier Strahlen durch die Mondoberfläche.

Wenn Sie das nächste Mal im Flugzeug sitzen, dann achten Sie einmal darauf, ob Sie vielleicht auf dem Boden um den Schattenpunkt des Flugzeugs (d. h. dem der Sonne gegenüberliegenden Punkt) herum einen Heiligenschein erkennen können. Während der Schattenpunkt über Wiesen, Bäume, Straßen und Wolken streicht, taucht der Heiligenschein immer mal wieder auf und verschwindet wieder. Wenn Sie sich dicht über dem Boden befinden, kann es sein, dass Sie hin und wieder Lichtblitze innerhalb des Heiligenscheins sehen. Aus großer Höhe sehen Sie manchmal eine vom Heiligenschein ausgehende dünne, dunkle Linie. Wodurch entstehen der Heiligenschein, die hellen Blitze und die dunkle Linie?

Wenn man bestimmte taubedeckte Pflanzen nachts anleuchtet, zum Beispiel mit einer Taschenlampe oder einem Blitzlicht, dann glänzen diese im Licht, was allerdings nur die Person sieht, die die Taschenlampe hält, und nicht jemand, der von der Seite zuschaut. Was verursacht dieses Glänzen und warum ist es nicht bei allen Pflanzen zu beobachten?

Bei Vollmond wird jeder angeleuchtete Bereich der Mondoberfläche plötzlich sehr hell, ein Phänomen, das als *Oppositionseffekt* bezeichnet wird. In der Tat können diese Bereiche bei Vollmond um 25 % heller sein als einen Tag davor oder danach. Was bewirkt diesen plötzlichen Anstieg der von der Mondoberfläche gestreuten Lichtmenge? (Vor der ersten Mondlandung gab es bei der NASA ernsthafte Bedenken, dass das vom Boden zurückgestreute Sonnenlicht die Augen der Astronauten schädigen könnte, falls diese keine ausreichenden Sichtblenden in ihren Helmen hätten.)

Eine Wiese oder ein Sportrasen kann auf ganz bestimmte Weise gemäht werden, sodass das Ergebnis an ein Schachbrett mit hellen und dunklen Quadraten erinnert. Wodurch entstehen diese Helligkeitsunterschiede? Ist an dem englischen Sprichwort *The grass is always greener on the other side of the fence* (zu deutsch: Auf der anderen Seite des Zauns ist das Gras immer grüner) aus wissenschaftlicher Sicht etwas dran?

Antwort

Betrachten wir zunächst trockenes Gras. Im Bereich um den Schatten Ihres Kopfes sehen Sie nur Grashalme, aber nicht die von den Grashalmen geworfenen Schatten, denn die Schatten liegen genau hinter den Halmen. Sie empfangen also aus diesem Bereich nur reflektiertes Sonnenlicht, und deshalb ist er besonders hell. Außerhalb des hellen Bereiches sehen Sie dagegen auch die Schatten der Grashalme, was die Ursache für das Nachlassen der Helligkeit ist. Im Kontrast hierzu ist der Bereich um den Schatten Ihres Kopfes hell.

Ein Heiligenschein auf grobem Untergrund entsteht durch winzige, näherungsweise rechtwinklige Vertiefungen. Solche Bereiche reflektieren Licht zurück zur Quelle, und einen Teil dieses zurückkehrenden Lichtes nehmen Sie wahr. Andere Oberflächenstrukturen können zusätzlich zur Rückführung des Lichts zur Quelle beitragen, besonders wenn die Oberfläche porös ist und „Tunnel“ hat. Um den Schatten Ihres Kopfes herum sehen Sie Licht, das durch die Tunnel zu Ihnen zurückgestreut wird, aber wenn Sie sich zur Seite wegdrehen, können Sie dieses Licht nicht sehen.

Wenn das Gras mit Tau bedeckt ist, tritt das Licht in die Tautropfen ein, wird an deren Rückseiten und an den Grashalmen reflektiert und verlässt die Tautropfen wieder näherungsweise in Richtung der Sonne. Wenn Sie das Gras um den Schatten Ihres Kopfes herum betrachten, dann empfangen Sie einen Teil des zurückgeworfenen Lichts, sodass das Gras hell erscheint. Wenn Sie dagegen das seitlich davon wachsende Gras betrachten, nehmen Sie nichts von dem reflektierten Licht wahr, und das Gras erscheint dunkler.

Ein kugelförmiger Tropfen fokussiert das Sonnenlicht auf einen kleinen Fleck, der dicht hinter der Rückseite des Tropfens liegt. Am hellsten ist das zurückgeworfene Licht, wenn der Grashalm genau im Brennpunkt des Tropfens liegt, doch in der Regel befindet sich der Tropfen direkt auf dem Grashalm. Bei manchen Pflanzen besitzen die Blätter allerdings dünne Härchen, die den Tropfen ein winziges Stück von der Blattoberfläche fernhalten. Solche Blätter ergeben einen besonders hellen Heiligenschein.

Wenn der Strahl einer Taschenlampe die Tropfen auf der Vegetation anleuchtet, wird ein Teil des Lichts in Richtung des Taschenlampenstrahls als Heiligenschein zurückgeworfen. Das zurückgeworfene Licht ist besonders hell, wenn die Tropfen näherungsweise kugelförmig sind. Auf den ledrigen Blättern mancher Pflanzen perlt das Wasser ab und bildet kleine Kügelchen. Im Schein einer Taschenlampe sehen solche Pflanzen im Vergleich zu anderen besonders strahlend aus.

Die hellen Blitze in einem vom Flugzeug aus sichtbaren Heiligenschein entstehen durch *Retroreflexion*, d. h. durch die Rückstrahlung des größten Teils eines Lichtstroms zur Lichtquelle. Verkehrsschilder sind beispielsweise mit retroreflektierenden Folien überzogen, damit sie das Scheinwerferlicht zurück zum Fahrer des Wagens werfen und dieser die Schilder nachts gut erkennen kann. Wenn der Schatten Ihres Flugzeugs ein solches Verkehrsschild überstreicht, dann empfangen Sie einen Teil des Lichts, der von der Folie zurück zur Sonne reflektiert wird. Die dunkle Linie, die den Heiligenschein manchmal begleitet, ist der Schatten des Kondensstreifens, den Ihr Flugzeug hinterlässt.

Wenn Ihr Flugzeug tief genug fliegt, damit Sie seinen Schatten auf dem Boden sehen können, dann werden Sie manchmal ein helles Band um den Schatten herum wahrnehmen. Dieses Band kann dadurch entstehen, dass das Licht an den Wassertropfen auf der Vegetation oder in der Luft zur Sonne zurückgestreut wird (dann handelt es sich um einen Heiligenschein). Unter Umständen sehen Sie aber auch dann ein helles Band, wenn gar keine Wassertropfen vorhanden sind, also beispielsweise über trockenem, kahlem Land. Es kann auch sein, dass Sie ein helles Band um den Schatten eines *anderen* Flugzeugs sehen, was mit Sicherheit nichts mit Wassertröpfchen zu tun hat. In diesen Fällen handelt es sich bei dem hellen Band um eine optische Täuschung. Wenn ein dunkler Bereich (wie zum Beispiel der Schatten des Flugzeugs) direkt neben einem helleren Bereich Ihres Gesichtsfeldes liegt, dann erzeugt Ihr visuelles System entlang der Grenzlinie zwischen den beiden Bereichen ein helles Band, das auch als *Mach-Band* bezeichnet wird.

Wenn das Licht der Sonne die Oberfläche des Mondes erreicht, wird es in fast alle Richtungen gestreut. Am hellsten ist das Licht jedoch dann, wenn es in Richtung der Sonne zurückgestreut wird, da sich die Lichtwellen in dieser Richtung verstärken können. Zwei geringfügig separierte Lichtstrahlen können denselben Weg durch die Mondoberfläche in entgegengesetzten Richtungen nehmen und wieder zur Sonne umkehren (Abb. 6.15b). Die Wellen dieser beiden Strahlen sind näherungsweise *phasengleich*, sodass sie einander verstärken, d. h., ihre Kombination ergibt helleres Licht. Bei Vollmond bewegen wir uns in dieses helle, zur Sonne zurückgestreute Licht hinein, sodass der Mond besonders hell erscheint. Das Licht, das wir in anderen Nächten vom Mond empfangen, besteht aus Strahlen, die die Mondoberfläche in zufälligen Richtungen verlassen und sich im Allgemeinen nicht verstärken. Der Mond erscheint daher weniger hell.

Manche Arten von Moosen können ebenfalls sehr helles Licht zur Sonne zurückstreuen, indem sich Wellen überlagern. Sie können dies sehen, wenn Ihr Schatten auf eine relativ weit entfernte Moosfläche fällt, doch am besten ist der Effekt auf Luftaufnahmen von moosbewachsenen Gebieten zu erkennen.

Das Schachbrettmuster auf gemähtem Rasen entsteht durch die Ausrichtung der Grashalme, die durch den Rasenmäher verursacht wird. In den hellen Zellen sind die Halme so geneigt, dass sie das Licht zu Ihnen reflektieren. In den dunklen Zellen reflektieren die Halme das Licht in andere Richtungen, und außerdem sehen Sie einige ihrer Schatten.

Dass das Gras auf der anderen Seite des Zaunes grüner erscheint, könnte daran liegen, dass Sie wegen Ihrer schrägen Blickrichtung den darunterliegenden braunen Erdboden nicht sehen, während Sie diesen natürlich sehr leicht erkennen können, wenn Sie direkt von oben auf das Gras schauen. (Mit Sicherheit gibt es noch andere, eher subjektive Gründe für diesen Effekt, aber dies genauer auszuarbeiten überlasse ich Ihnen.)

6.45 Wellen im Getreidefeld

Manchmal scheinen in Getreidefeldern oder hohem Gras Wellenbewegungen aufzutreten, bei denen sich helle und dunkle Bereiche über das Feld zu bewegen scheinen wie Wellen auf dem Ozean. Die wellenähnlichen Bewegungen verschwinden, wenn man zu nahe an das Feld herankommt. Was ist die Ursache dieser Bewegung?

Antwort

Die scheinbaren Wellen entstehen durch Windböen, die die Halme in Schwingungen versetzen. Wenn Sie die Pflanzen von der Seite sehen, wird Licht zu Ihnen reflektiert, sodass dieser Bereich des Feldes für Sie hell wirkt. Wenn Sie die Seiten nicht so deutlich erkennen können (die Stängel biegen sich von Ihnen weg oder auf Sie zu), wird weniger Licht zu Ihnen reflektiert und der Bereich sieht dunkler aus. Mit den Windstößen ändern sich auch die hellen und dunklen Flächen. Damit Sie den Eindruck einer wellenförmigen Bewegung bekommen, müssen Sie weit genug von dem Feld entfernt sein, sodass sie keine Einzelheiten von den Pflanzen erkennen können.

6.46 Glorien

Wenn Sie mit dem Rücken zur Sonne auf einem Berg stehen und in einen dichten Nebel schauen, der von direktem Sonnenlicht angestrahlt wird, dann kann es vorkommen, dass Sie um den Schatten Ihres Kopfes herum ein Muster aus farbigen Ringen sehen. Ein solches

Muster wird als *Glorie* oder *Antikorona* bezeichnet. Es könnte sein, dass Sie sich wie ein Heiliger vorkommen, denn sie werden ein solches Muster niemals um den Kopf eines Begleiters herum sehen.

Am ehesten können Sie Glorien sehen, wenn sie mit dem Flugzeug über ausgedehnten Wolkenfeldern fliegen. Eine Glorie bildet sich immer um einen Punkt herum, der der Sonne direkt gegenübersteht. Wenn das Flugzeug einigermaßen dicht über den Wolken fliegt, sodass Sie seinen Schatten sehen können, dann ist die Glorie um denjenigen Punkt des Schattens zentriert, der Ihrer Position im Flugzeug entspricht. Oft ist die Glorie kreisförmig, doch manchmal ist sie zu einer ausgeprägten Ellipse verzerrt. Während der der Sonne gegenüberliegende Punkt abwechselnd über Wolken und den Boden zieht, taucht die Glorie auf und verschwindet wieder, und gelegentlich wird sie durch einen Heiligenschein ersetzt, eine Leuchterscheinung, die dadurch entsteht, dass der Boden Licht zur Sonne zurückstreut.

Wodurch entsteht eine Glorie? In welcher Reihenfolge treten bei diesem Phänomen die Farben auf? Wie hängt die Größe der Glorie mit der Größe der Tröpfchen im Nebel oder in der Wolke unter Ihnen zusammen?

Antwort

Glorien entstehen durch Interferenz des Lichts, das an winzigen Wassertröpfchen zur Sonne zurückgestreut wird. Sie können die Glorie sehen, wenn Sie einen Teil dieses Streulichts empfangen. Die Streuung ist eine Form der *Beugung*, bei der sich Licht ausbreitet und interferiert. Dies bedeutet, dass sich die Wellen an manchen Stellen gegenseitig verstärken (*konstruktive Interferenz*) und an anderen auslöschen (*destruktive Interferenz*). Das Ergebnis ist ein Muster, in dem die verschiedenen Farben Ringe von unterschiedlichem Durchmesser bilden.

Das Modell der Beugung durch sehr kleine Tropfen, mit dem die Entstehung von Glorien gewöhnlich erklärt wird, ist sehr komplex. Hier ist eine vereinfachte Erklärung: Für den Prozess der Streuung betrachten wir zwei Lichtkomponenten. Eine Komponente besteht aus Lichtwellen, die in den Tropfen eintreten, an der Innenseite reflektiert werden und wieder zur Sonne zurückgehen. Die andere Komponente besteht aus Lichtwellen, die um die hintere Oberfläche des Tropfens herum und zurück zur Sonne verlaufen. Diese beiden Komponenten verstärken sich oder löschen sich aus. Die Gesamtheit der Interferenzen vieler Tropfen bildet das Muster aus leuchtenden konzentrischen Kreisen, wobei Rot außen und Blau innen liegt.

Die Größe der Glorie ist abhängig von der Tröpfchengröße: je größer die Tropfen, umso kleiner die Glorie. Gewöhnlich haben nicht alle Tröpfchen eines Nebels oder einer Wolke die gleiche Größe, sodass sich die Farben überlappen und nicht mehr klar zu trennen sind. Wenn die Tröpfchengröße jedoch nur wenig variiert, kann man die Farben gut unterscheiden und mehrere vollständige Spektren (jeweils von Blau nach Rot) sehen.

Die Glorie wird zu einer Ellipse verformt, wenn die Sonne tief steht und Sie die Glorie über eine lange Wolkenbank ausgedehnt sehen, in der sich die Tröpfchengröße mit zunehmendem Abstand von Ihnen ändert.

6.47 Höfe um Sonne und Mond

Die „Hof“ ist ein leuchtender Bereich, der die Sonne oder den Mond umgibt. Manchmal besteht dieser Bereich aus farbigen Ringen. Einmal sah ich einen Hof um den Mond mit zwei vollständigen Sätzen farbiger Ringe und Teilen eines dritten, äußeren Rings. Es war ein faszinierender Anblick! Wodurch entsteht der Hof und wie ist die Reihenfolge seiner Farben? Warum sind die Farben nur manchmal sichtbar? Wodurch ist die Größe des Hofs bestimmt?

Antwort
Die Höfe von Sonne und Mond entstehen durch die Beugung des Lichts, wenn es auf dem Weg zu uns an den Tröpfchen von Wolken vorbeikommt. Bei der Beugung werden Lichtwellen so abgelenkt, dass Interferenzmuster entstehen. An manchen Stellen verstärken sich die Wellen, wodurch sehr helles Licht entsteht; an anderen löschen sie sich gegenseitig aus und es ist dunkel. Durch Beugung wird das ursprünglich weiße Licht in seine Farben aufgespalten, wobei Rot um einen größeren Winkel abgelenkt wird als Blau. Deshalb ist der äußere Ring eines Hofs oft rot. Wie stark die Farben aufgespalten werden, hängt von der Größe der Tröpfchen ab. Bei einem Ring mit deutlich unterscheidbaren Farben haben die Tröpfchen alle näherungsweise eine einheitliche Größe von nur wenigen Mikrometern Durchmesser. Wenn die Größen stark variieren, überlappen sich die Farben und Sie sehen einen weißen Hof (eventuell mit einem blass-roten Rand).

Die Ringe um die Sonne in Vincent van Goghs Gemälde *Die roten Weinberge von Arles* haben wahrscheinlich nichts mit einem Hof zu tun. Vermutlich wollte van Gogh damit die Strahlung der Sonne darstellen. Er sah oft derartige Ringe um Lichtquellen, weil er in toxischen Dosen Digitalis (den im Fingerhut enthaltenen medizinischen Wirkstoff) einnahm und deshalb seine Wahrnehmung getrübt war.

6.48 Farbige Kränze am beschlagenen Fenster

Wenn Sie in einer kalten Nacht an einer beschlagenen Fensterscheibe vorübergehen, können Sie feststellen, dass die Lichter im Zimmer von farbigen Kränzen umgeben sind. Wodurch entstehen diese Kränze? Warum sind sie von einem dunklen äußeren Kranz umgeben?

Antwort
Die farbigen Kränze hinter einer Fensterscheibe ähneln dem atmosphärischen Hof aus der vorhergehenden Fragestellung: Beide entstehen aufgrund der Beugung des Lichts an Wassertropfen, wobei es sich in diesem Falle um Wassertropfen handelt, die an der Fensterscheibe kondensiert sind. Der äußere dunkle Kranz ist derjenige Teil des entstehenden Beugungsmusters, in dem die Lichtwellen phasenverschoben auf Ihr Auge treffen und sich deshalb gegenseitig aufheben.

Wenn sich die beschlagene Fensterscheibe bewegt, beispielsweise ein Abteilfenster im Zug, können Sie um jede Lichtquelle, an der Sie vorbeikommen, einen farbigen Kranz sehen. Wenn die Lichtquelle flackert, können Sie auch vertikal verlaufende, helle und dunkle Bänder beobachten, die den Kranz überlagern.

6.49 Irisierende Wolken

Warum besitzen einige Wolken eine schwache Färbung, vor allem in Pink und Grün?

Antwort
Wenn Wassertropfen oder Eiskristalle einige Mikrometer groß sind, beugen sie das Sonnenlicht zu einem Interferenzmuster, in dem sich Wellen gegenseitig verstärken oder aufheben. Bei bestimmten Beugungswinkeln sind die Lichtwellen phasengleich und verstärken einander, sodass helles Licht entsteht. Bei anderen Winkel sind sie phasenverschoben, sodass sie einander aufheben; diese Stellen sind nur schwach beleuchtet oder völlig dunkel. Bei verschiedenen Winkeln ergeben sich also verschiedene Farben. Die Aufspaltung der Farben hängt jedoch von der Größe der Wassertropfen oder Eiskristalle ab. Wenn sie alle etwa gleichgroß sind, entstehen klare Farben; bei unterschiedlicher Größe überlappen sich die Farben und es entstehen matte, schwache Farben oder das Licht bleibt weiß.

Da das Licht vor allem in seiner Ausbreitungsrichtung gebeugt wird, muss sich die Wolke fast in einer Linie mit Ihnen und der Sonne befinden, damit Sie etwas von der Färbung wahrnehmen können. Die Wolke sollte außerdem dünn sein, da die Aufspaltung der Farben sonst so oft stattfände, dass sich die Farben zu sehr überlappen würden, um unterscheidbar zu sein. Bei dicken Wolken zeigen nur die dünnen Ränder eine Färbung.

6.50 Blauer Mond

Meine Großmutter lebte in einer Stadt in Texas, die so klein war, dass dort nur äußerst selten etwas Aufregendes geschah – im Englischen sagt man hierfür *only once in a blue moon* (auf deutsch etwa „nur einmal während eines blauen Mondes"). Aber was ist eigentlich ein blauer Mond?

Antwort
Ein blauer Mond entsteht durch atmosphärische Aerosole, also Partikel mit Radien zwischen 0,4 und 0,9 Mikrometer. Die Partikel können beispielsweise bei einem Vulkanausbruch oder einem großen Waldbrand in die obere Atmosphäre geschleudert werden. Manchmal haben sie von Anfang an die richtige Größe, um einen blauen Mond zu erzeugen; manchmal wachsen sie bis zur richtigen Größe an, indem Wasser auf ihnen kondensiert. Wenn das Mondlicht an den Teilchen vorbeikommt, werden die roten und gelben Anteile des Spektrums seitlich weggestreut, sodass Sie hauptsächlich den blauen und grünen Anteil empfangen. Der Mond sieht dann blau oder blaugrün aus. Wenn der Mond allerdings dicht über dem Horizont steht, ist der Weg des Lichts durch die Atmosphäre so lang, dass die Luftmoleküle einen Großteil des blauen Lichts herausstreuen – dann sehen Sie einen grünen Mond. Das Gleiche gilt für die Farbe der Sonne, die blau oder grün aussehen kann, wenn man sie durch eine Aerosolschicht betrachtet.

6.51 Gelbe Nebelscheinwerfer

Können gelbe Frontscheinwerfer am Auto Nebel besser durchdringen als weißes Licht?

Antwort
Wenn die Nebeltropfen einen geringeren Radius als etwa 0,2 Mikrometer haben, wird blaues und grünes Licht stärker gestreut als rotes und gelbes. Tatsächlich dringt gelbes Licht tiefer in den Nebel ein als die anderen Farben und kann von der Straße zu Ihnen zurückgestreut

oder -reflektiert werden. Wenn die Tropfen jedoch etwas größer sind und einen Radius von beispielsweise 0,6 Mikrometern haben, kann das Gegenteil der Fall sein, dass nämlich blaues oder grünes Licht den Nebel am besten durchdringen. Sind die Tropfen noch größer, gibt es keine Unterschiede mehr zwischen den Farben, sie durchdringen den Nebel in etwa der gleichen Weise. Noch komplizierter wird die Sache dadurch, dass in den Tropfen Schmutzpartikel enthalten sein können, die bestimmte Farben absorbieren. Somit lässt sich auf diese Frage keine klare Antwort geben.

6.52 Warum feuchter Sand dunkel ist

Warum ist feuchter Sand viel dunkler als heller Sand? Warum sind Ihre Haare dunkler, wenn sie nass sind? Warum verschwinden in einer regnerischen Nacht die Fahrbahnmarkierungen auf einer unbeleuchteten Straße fast vollständig?

Antwort

Wenn der Sand trocken ist, wird der größte Teil des Lichts nur ein- oder zweimal gestreut, bevor es den Sand wieder verlässt. Nur ein kleiner Teil des Lichts wird absorbiert, sodass der Sand hell aussieht und vielleicht sogar etwas blendet. Wenn der Sand feucht ist, wird das Licht mehrmals gestreut und viel weniger Licht verlässt den Sand wieder, er erscheint also dunkler. Es gibt zwei Modelle, die die zusätzliche Streuung erklären, die auftritt, wenn die Sandkörner von Wasser bedeckt sind: (1) Licht kann in einer Wasserschicht eingefangen und allmählich absorbiert werden, wenn es wiederholt innerhalb dieser Schicht reflektiert wird. Dies erklärt, warum nasse Haare dunkler sind als trockene. (2) Wenn die Sandkörner feucht sind, wird das Licht vor allem in seiner Ausbreitungsrichtung – d. h. tiefer in den Sand hinein – gestreut. Folglich hat das Licht nur eine geringe Chance, wieder an die Oberfläche zu gelangen.

Wenn die Straße trocken ist, wird das Scheinwerferlicht Ihres Autos von der Straßenoberfläche in alle Richtungen gestreut. Der wieder zu Ihnen zurückkommende Anteil des Lichts reicht aus, damit Sie die Straßenmarkierungen und die Straßenbeschaffenheit erkennen können. Wenn die Straße mit einer Wasserschicht bedeckt ist, wird ein Teil des Scheinwerferlichts an dieser Schicht wie an einem Spiegel reflektiert, sodass die Straßenoberfläche von weniger Licht angeleuchtet wird (siehe Abb. 6.16). Da etwas Licht von der Straße reflektiert wird, muss es wieder die Grenzfläche zwischen Luft und Wasser durchqueren, um zu Ihnen zu gelangen. An der Oberkante dieser Schicht wird ein Teil des Lichts wieder zur Straße reflektiert (in Abhängigkeit vom Winkel vielleicht sogar das gesamte Licht). Zusammen können diese verschiedenen Faktoren dazu führen, dass das bei Ihnen eintreffende Licht zu schwach ist, als dass Sie die Markierungen und die Straßenbeschaffenheit erkennen können.

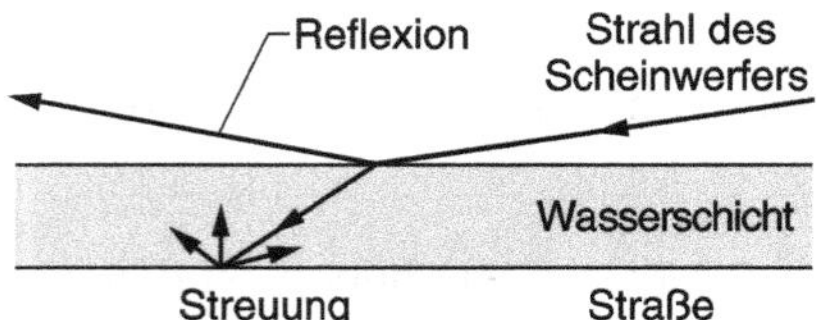

Abb. 6.16: Wegen der Wasserschicht auf der Straße erreicht weniger Licht den Straßenbelag.

6.53 Die Farben von Schnee und Eis

Warum ist Neuschnee gewöhnlich weiß und wieso sieht ein Hohlraum im Schnee mitunter bläulich aus? Welche Farbe hat Eis? Warum sehen die Eisberge der Antarktis manchmal grün aus, während dieses Phänomen bei den Eisbergen der Arktis nie auftritt?

Antwort

Wenn Sie frisch gefallenen Schnee im weißen Sonnenlicht betrachten, nehmen Sie zum einen das von der Oberfläche der Schneekristalle reflektierte Licht wahr, zum anderen das Licht, das durch einige der Kristalle hindurchgeht. Das reflektierte Licht erhält das Weiß des einfallenden Sonnenlichts. Das durch einige der Kristalle durchgehende Licht wird am roten Ende des Spektrums geringfügig absorbiert und färbt sich deshalb leicht bläulich. Diese Färbung ist aber zu schwach, um für Sie wahrnehmbar zu sein. Folglich erscheint der Schnee weiß. Wenn das Licht einen Hohlraum erreicht, nachdem es den darüberliegenden Schnee durchdrungen hat, dann hat es eine größere Anzahl von Kristallen durchquert, weshalb die bläuliche Färbung wahrnehmbar ist.

Große Eisblöcke, zum Beispiel in einem Eisberg, erscheinen blau, wenn das Licht etwa einen Meter durch das Eis zurückgelegt hat, unabhängig davon, ob es den Eisblock von einer Seite zur anderen durchquert oder ob es wieder auf der gleichen Seite aus dem Eisblock austritt, nachdem es an Irregularitäten im Inneren reflektiert wurde. Einige der Eisberge, die vom antarktischen Schelfeis abbrechen, sehen jedoch auffällig grün aus. Diese Grünfärbung ist eine Folge der Absorption von blauem Licht durch Meeresplankton, das sich am Fuße des Schelfeises anreichert, wenn das Meereswasser bis zum Grund zufriert. Diese Absorption von blauem Licht verschiebt die Farbe des durch das Eis dringenden Lichts in Richtung Grün. Wenn sich das abbrechende Eisstück beim Kalben überschlägt, ragt das grünliche Eis nach außen. In den arktischen Gewässern gibt es keine grüngefärbten Eisberge, vermutlich weil das Schelfeis in Bewegung ist und zu schnell in das Meer kalbt, als dass sich in nennenswertem Umfang Meeresplankton anreichern könnte.

6.54 Firnspiegel und Schneeglitzern

Manchmal ist die Reflexion des Sonnenlichts an einem Schneefeld glitzernd und voller Farben. Wodurch entsteht dieses Spektakel, das als *Firnspiegel* bezeichnet wird? Was ist die Ursache für das häufiger zu beobachtende, feine farbige Glitzern, das man auf frisch gefallenem Schnee sehen kann? Warum scheinen die glitzernden Sterne oft über oder unter der Schneeoberfläche zu liegen?

Antwort

Ein Firnspiegel erscheint an hellen, sonnigen Tagen, wenn die oberste Schneeschicht schmilzt und dann wieder überfriert, wodurch sich eine dünne Schicht aus Eiskristallen bildet. Die für den Schmelzprozess notwendige thermische Energie kommt aus dem Sonnenlicht, das in die Schneeschicht eindringt und mehrfach reflektiert wird, bis ein großer Teil davon absorbiert ist. Die thermische Energie wird dann an die Oberfläche weitergeleitet, wo kleine Schneeflächen schmelzen und aufgrund der kalten Luft anschließend wieder gefrieren. Das Ergebnis ist eine Schicht aus Eiskristallen, die im Sonnenlicht wie kleine Prismen wirken und daher helles Licht und separierte Farben zu Ihnen senden.

Das häufiger zu beobachtende Schneeglitzern entsteht durch die Schneekristalle selbst, die ebenfalls wie kleine Prismen wirken. Jedes Ihrer Augen sieht in dem nahe gelegenen Schnee ein etwas anderes Feld aus glitzernden Sternen. Wenn ein Sternchen, das von dem einen Auge gesehen wird, in der Nähe eines Sternchens liegt, das das andere Auge sieht, dann verbindet Ihr Gehirn diese beiden Sternchen automatisch, sodass Sie den Eindruck haben, ein einziges Sternchen zu sehen, das entweder über oder unter der Schneeoberfläche liegt. Sie sehen dieses Sternchen unter der Oberfläche, wenn das vom linken Auge gesehene Sternchen *links* von dem vom rechten Auge gesehenen liegt (Abb. 6.17a). Das Sternchen scheint dagegen über der Oberfläche zu liegen, wenn das vom linken Auge gesehene Sternchen *rechts* von dem vom rechten Auge gesehenen liegt (Abb. 6.17b).

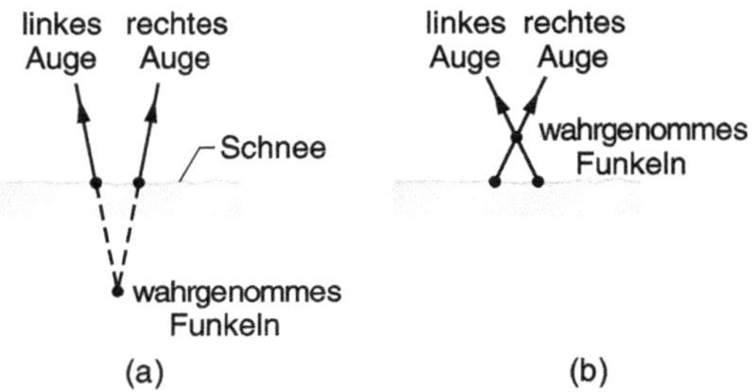

Abb. 6.17: Zwei benachbarte Sternchen im Schnee können wie ein einziges Sternchen wirken, das (a) unter oder (b) über der Schneeoberfläche liegt.

6.55 Whiteout und Schneeblindheit

Unter welchen Bedingungen kann es passieren, dass man in einem Schneefeld das Sehvermögen und die Orientierung verliert, ein Effekt, der auch als *Whiteout* bezeichnet wird? Warum gibt es keine Schatten, obwohl das Licht hell ist? Manchmal kann ein Whiteout zur Schädigung der Augen, im schlimmsten Fall sogar zur Erblindung führen (*Schneeblindheit*). Ist es an sonnigen oder an bedeckten Tagen wahrscheinlicher, dass es zu einem Whiteout kommt?

Antwort

Das Whiteout kommt in zwei Varianten vor. Wenn ein Sturm am Boden lockeren Schnee aufwirbelt und die Sicht auf wenige Meter einschränkt, kann es sein, dass Sie bereits nach einer kurzen Wegstrecke die Orientierung verlieren und sich verirren. Eine andere Variante des Whiteout tritt auf, wenn der Boden von Schnee bedeckt und der Himmel voller weißer Wolken ist. Da beide Flächen das Licht stark reflektieren, entsteht eine diffuse Beleuchtung, unter der die Schatten verschwinden. Wenn sowohl der Boden als auch der Himmel leuchtend weiß sind, ist der Horizont nicht mehr erkennbar und Himmel und Boden verschwimmen zu einer einzigen weißen Umgebung. Dann kann der Eindruck entstehen, dass man sich in einer unermesslichen weißen Leere befindet. In seinem Tagebuch und seinen Erzählungen über fünf Jahre Polarexpeditionen schrieb Vilhjalmur Stefansson, dass Whiteouts an klaren und stark bewölkten Tagen unwahrscheinlich waren. Stattdessen drohten sie an Tagen aufzutreten, an denen die Bewölkung gerade ausreichte, um die Sonne zu verdecken, aber gleichzeitig das Sonnenlicht noch durchschien. Bei diesen Lichtverhältnissen ist es nicht einmal mehr möglich, ein Eisloch zu erkennen, das halb so groß ist wie man selbst, geschweige denn ein kleineres Loch, das einen zu Fall bringen kann.

Bei ausreichender Intensität des sichtbaren und des UV-Lichts kann ein Whiteout Schmerzen in den Augen verursachen und sogar zur Erblindung führen. Bis in die heutige Zeit versuchen manche Ureinwohner Kanadas und Alaskas diese Gefahr zu reduzieren, indem sie Schutzbrillen tragen, die aus einem Stück Holz oder Knochen bestehen und einen dünnen Schlitz zum Durchsehen haben.

6.56 Gelbe Skibrillen

Manche Skiläufer behaupten, dass man an trüben Tagen kleine Unebenheiten im Schnee besser erkennen kann, wenn man eine Skibrille mit gelb getönten Gläsern trägt. Der berühmte Polarforscher Vilhjalmur Stefansson empfahl solche Brillen auch für Touren durch Schnee- und Eisfelder. Können gelb getönte Gläser die Sicht in den genannten Situationen tatsächlich verbessern?

Antwort

Ein Argument, das für gelb getönte Skibrillen spricht, ist das folgende: Durch den Dunst sind Unebenheiten im Schnee schlechter zu erkennen, weil sie das Sonnenlicht in ihren eigenen Schatten streuen. Die Folge ist, dass die Schatten kaum noch wahrnehmbar sind, da sie fast keinen Kontrast mehr mit dem umgebenden Schnee bilden. Wenn der Dunst aus sehr kleinen Teilchen besteht (mit Radien kleiner als 0,2 Mikrometer), streuen sie blaues und grünes Licht stärker als rotes und gelbes. Ein geringer Teil des gelben Lichts wird in die schattigen Bereiche gestreut. Wenn Sie eine Skibrille mit gelb getönten Gläsern tragen, sodass Sie nur das vom Schnee gestreute gelbe Licht sehen, können Sie die Schatten besser wahrnehmen und Unebenheiten auf Ihrem Weg besser erkennen.

Es gibt noch ein weiteres Argument: Gelbe Sonnenbrillen können die scheinbare Helligkeit (nicht die tatsächliche) einer Szenerie verbessern, egal, ob es schneit oder nicht. Für diesen Effekt sind die stäbchenförmigen Fotorezeptoren auf Ihrer Netzhaut verantwortlich. Wenn diese von gelbem oder rotem Licht stimuliert werden, aber nicht von blauem oder grünem Licht, interagiert ihr Signal an das Gehirn mit dem Signal der zapfenförmigen Fotorezeptoren auf Ihrer Netzhaut, woraus sich eine scheinbare Zunahme der Helligkeit ergibt.

6.57 Dunkles Eis

Warum werden Teile der Eisdecke eines zugefrorenen Sees dunkel, wenn der See im Frühling auftaut?

Antwort
Eine Erklärung ist folgende: Wenn Eis schmilzt, degeneriert ein Teil der Oberfläche zu einer fragilen Struktur aus vertikalen, bleistiftdicken Kristallen, wobei die Zwischenräume mit Wasser gefüllt sind. Vor dem Schmelzen war das Eis hell, weil es das Sonnenlicht gleichmäßig reflektiert hat, doch nun wird das Sonnenlicht viele Male zwischen den Kristallen hin und her reflektiert, wobei es mit jeder Reflexion dunkler wird. Deshalb gelangt weniger Licht zu Ihnen, und das Eis erscheint dunkler.

Hier eine andere Erklärung: Wenn das Wasser schnell gefriert, wird die enthaltene Luft in Blasen eingeschlossen, die im Eis gefangen sind. Am schnellsten gefriert das Wasser gewöhnlich nahe der Wasseroberfläche, weshalb die oberste Eisschicht besonders viele Blasen enthält. Die Blasen streuen das Sonnenlicht und verleihen dem Eis auf diese Weise ein leuchtend weißes Aussehen. Wenn im Frühling Teile der obersten Eisschicht schmelzen, werden tiefere Eisschichten frei, in denen weniger Blasen gefangen sind und die deshalb dunkler sind als das verbleibende Eis der obersten Schicht.

6.58 Helle und dunkle Wolken

Warum sind die meisten Wolken weiß oder hell? Wie kommt es, dass manche Wolken dunkel sind? Warum haben manche dunklen Wolken helle Ränder (einen „Silberstreifen")?

Antwort
Wolken sehen aus dreierlei Gründen weiß aus: (1) Die Tröpfchen in den Wolken streuen die verschiedenen Farben des Sonnenlichts etwa gleich gut. (2) Sie absorbieren nur wenig Licht, sodass es keine absorptionsbedingte Farbverschiebung gibt. (3) Die Tröpfchen streuen das Sonnenlicht mehrmals, bevor es in Ihre Richtung gelenkt wird. Eine Ansammlung von kleinen Teilchen, die diese drei Eigenschaften besitzen, sieht im Sonnenlicht weiß aus. Eine Wolke kann dunkel oder schwarz erscheinen, weil sie einen auffälligen Kontrast zu ihrer Umgebung bildet oder weil sie so dick ist, dass durch sie kaum Licht hindurchdringt. Eine Wolke, die von der Erde aus betrachtet dunkel aussieht, sieht weiß oder zumindest hell aus, wenn man sie aus einem Flugzeug von oben betrachtet. Aus dieser Perspektive sehen nur diejenigen Wolken dunkel aus, die nicht direkt vom Sonnenlicht angestrahlt werden.

Die Tröpfchen der Wolke streuen das Licht vor allem in seine Ausbreitungsrichtung; in jede andere Richtung ist die Streuung schwächer. Wenn sich also eine dunkle Wolke aus Ihrer Perspektive in der Nähe der Sonne befindet, streuen die Tröpfchen am Rand dieser Wolke das Licht relativ stark in Ihre Richtung. Folglich erscheint das Innere der Wolke aus Ihrer Perspektive dunkel, während die starke Streuung an den dünneren Rändern der Wolke dafür sorgt, dass diese Ränder relativ hell erscheinen. Wenn sich die Wolke an einem anderen Teil des Himmels befindet als die Sonne, wird das Licht von den Rändern der Wolke weniger stark zu Ihnen gestreut, sodass Sie keinen hellen Rand wahrnehmen können.

6.59 Leuchtende Nachtwolken

Um den 60. Breitengrad (also beispielsweise auf den britischen Inseln und in Skandinavien) erscheinen gelegentlich nach dem Sonnenuntergang, vor allem während der Sommermonate, schleierartige, silbrig-blaue Wolken. Wodurch entstehen diese sogenannten *leuch-*

tenden Nachtwolken? Warum sind sie erst nach dem Sonnenuntergang gut zu sehen und warum haben sie oft ein wellenartiges Aussehen? Die ersten Berichte über leuchtende Nachtwolken stammen aus den Jahren ab 1885. Ist dies allein auf den allgemeinen wissenschaftlich-technischen Fortschritt zurückzuführen oder gab es möglicherweise einen konkreten Anlass für die Beobachtungen? Seit diesen ersten Berichten haben sich sowohl die Helligkeit der einzelnen Ereignisse als auch deren Häufigkeit tendenziell erhöht (allerdings nicht stetig). Gibt es hierfür eine Erklärung?

Antwort

Die Wolken bilden sich in großen Höhen (etwa 80 Kilometer) in dem als *Mesosphäre* bezeichneten Teil der Atmosphäre. Sie werden deshalb oft auch als *mesosphärische Wolken* bezeichnet. Da sie sich in solch großen Höhen befinden, werden sie noch von Sonnenlicht angeleuchtet, wenn es bereits seit etwa einer Stunde dunkel ist. Leuchtende Nachtwolken bestehen wahrscheinlich aus dünnen Eisstückchen, die sich um Staubpartikel bilden, die ihrerseits von Kometen, Meteoriten und (mitunter) von Vulkanen stammen. Die Wolken sind zu dünn, um tagsüber oder während des Sonnenuntergangs wahrnehmbar zu sein. Ihre wellenförmige Struktur steht möglicherweise mit *Dichtewellen* (wellenartige Schwankungen von Luftdruck und Temperatur, oft als *atmosphärische Schwerewellen* bezeichnet) in Zusammenhang, die sich durch die Wolken bewegen.

Das erste Auftreten von leuchtenden Nachtwolken im Jahre 1885 lässt sich mit ziemlicher Sicherheit mit dem Vulkanausbruch des Krakatoa nahe Java in Verbindung bringen. Diese gigantische Explosion schleuderte sowohl Staub und Asche als auch Wasser bis in große Höhen. Bei etwa 80 Kilometer Höhe sammelte sich Wasser an dem vulkanischen Staub (und vielleicht auch an Kometen- und Meteoritenstaub), wodurch die winzigen Partikel (im Submikrometerbereich) entstanden, die die ersten jemals beschriebenen leuchtenden Nachtwolken bildeten. Die allgemeine Zunahme sowohl der Häufigkeit ihres Auftretens als auch ihrer Helligkeit seit 1885 ist eine Folge der wachsenden Methanproduktion durch Industrie, Reisfelder, Mülldeponien und Viehdung. Das Methan dringt in die höheren Schichten der Atmosphäre vor, unterliegt auf diesem Weg bestimmten Veränderungen und sorgt für eine Zunahme der für die Bildung von leuchtenden Nachtwolken erforderlichen Wassermoleküle und Eisstückchen.

6.60 Spieglein, Spieglein an der Wand

Eine Standardfrage zur Optik lautet: Warum ist Ihr Bild in einem ebenen Spiegel seitenverkehrt, aber nicht auf den Kopf gestellt?

Angenommen, die Oberkante eines ebenen Spiegels liegt auf einer Höhe mit Ihrem Scheitel. Wie hoch muss der Spiegel sein, damit Sie Ihre Füße darin sehen können? Hängt die Antwort auf diese Frage davon ab, wie weit Sie vom Spiegel entfernt sind? Wenn Sie sich von einem ebenen Spiegel wegbewegen, sehen Sie dann mehr oder weniger von sich selbst darin?

Antwort

Ein ebener Spiegel erzeugt ein Bild, bei dem vorn und hinten vertauscht sind, nicht links und rechts. Das erkennen Sie zum Beispiel daran, dass alles, was sich links von Ihnen befindet, auch im Spiegelbild links ist. Die Verwirrung entsteht, wenn Sie sich in Gedanken um Ihre eigene Achse drehen, bis Sie so ausgerichtet sind wie Ihr Spiegelbild. Was Sie dann Ihre rechte Hand nennen würden, ist in Wirklichkeit das Bild Ihrer linken Hand. Allerdings führt der Spiegel keine solche Drehung aus. Um dies zu sehen, drehen Sie sich etwas nach rechts, sodass Ihr linker Arm zum Spiegel zeigt. Sie werden feststellen, dass die gedankliche Drehung keinerlei Sinn mehr macht.

Wenn die Oberkante des Spiegels auf einer Höhe mit Ihrem Scheitel liegt, muss der Spiegel nur halb so groß sein wie Sie selbst, damit Sie Ihre Füße darin sehen können. Das Bild Ihres Kopfes sehen Sie dann im obersten Bereich des Spiegels und das Bild Ihrer Füße im untersten Bereich. Diese Reflexionen ändern sich nicht, wenn sich Ihre Entfernung vom Spiegel ändert.

6.61 Reflexionen an Wasseroberflächen und Bühnenspiegeln

Angenommen, Sie betrachten eine Szenerie und gleichzeitig deren Reflexion auf einer ruhigen Wasseroberfläche. Ist diese Reflexion das Spiegelbild der Originalszenerie?

Warum ist das Spiegelbild Ihres Gesichts in einer Tasse Tee in der Nähe der Tassenwand verzerrt? Wenn Sie Ihren Tee bei hoch am Himmel stehender Sonne in direktes Sonnenlicht halten, können Sie bei bestimmten Orientierungen der Tasse zwei winzige Bilder der Sonne sehen. Warum? Und warum sehen die Verzerrungen in der Nähe der Tassenwand anders aus, wenn die Tasse übervoll ist, sodass sich die Flüssigkeitsoberfläche etwas über den Tassenrand wölbt?

Wenn Sie eine halbgefüllte Tasse Milch so ankippen, dass nur ein Teil des Tassenbodens mit Milch bedeckt ist, so ist dieser Teil durch ein klares Band abgegrenzt. Warum?

Wenn ein Schauspieler (im Theater, Film oder Fernsehen) in einen Spiegel blickt und Sie sein Gesicht in der Mitte des Spiegels sehen, was sieht dann der Schauspieler im Spiegel?

Antwort

Eine direkte Ansicht und ein Bild, das durch die Reflexion an einer Wasseroberfläche entstanden ist, unterscheiden sich gewöhnlich dadurch, dass die im Vordergrund befindlichen Gegenstände den Hintergrund auf leicht verschiedene Weisen verdecken. Der Grund hierfür ist, dass die direkten Strahlen nahezu horizontal verlaufen, während die reflektierten Strahlen nach unten zur Wasserfläche geneigt sind (Abb. 6.18).

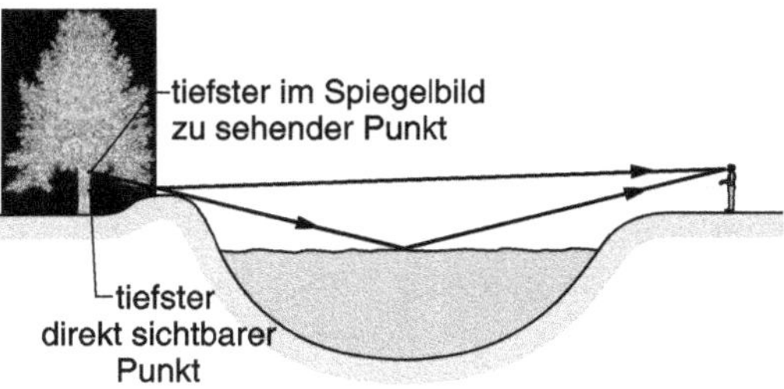

Abb. 6.18: Ein direkter Strahl und ein reflektierter Strahl erreichen auf verschiedenen Wegen den Betrachter.

In einer Tasse Tee ist die Flüssigkeitsoberfläche an der Tassenwand wegen der Kohäsion des Wassers und der Adhäsion zwischen Wasser und Wand leicht nach oben gekrümmt. (Man sagt, die Krümmung entsteht durch die *Oberflächenspannung* des Wassers.) Die Flüssigkeitsoberfläche wirkt wie ein Spiegel und erzeugt Bilder von allem, was sich gerade über ihr befindet. Während der ebene Teil der Flüssigkeitsoberfläche unverzerrte Bilder liefert, erzeugt der einwärts gekrümmte (*konkave*) Teil ein gestauchtes Bild. Wenn Sie eine Tasse Tee bei hochstehender Sonne ins Sonnenlicht halten und die Sonne in Ihrem Rücken steht, dann können Sie zwei gestauchte Bilder der Sonne sehen: Eines wird direkt von der gekrümmten Fläche am Tassenrand zu Ihren Augen gesendet, während das andere zunächst von der gekrümmten Oberfläche zur ebenen Fläche gesendet und von dort zu Ihren Augen reflektiert wird.

Wenn die Tasse übervoll ist, wölbt sich die Flüssigkeitsoberfläche am Tassenrand nach außen, d. h., sie ist *konvex*. Auch in diesem Fall werden die Bilder gestaucht, ähnlich wie bei den Spiegeln in Supermärkten, die zur Abschreckung von Ladendieben dienen.

Eine Tasse Milch ist weiß, weil das Licht zunächst in die Milch eindringt und dann an den Partikeln der Milch (zum Beispiel Fett) gestreut wird. Das Streulicht ist hell genug, um spiegelartige Reflexionen an der Milchoberfläche zu überdecken. Der Bereich des klaren Bandes um die Milch in einer angekippten Tasse enthält jedoch nur relativ wenige Partikel, sodass das von den Partikeln gestreute Licht schwach ist. Außerdem konzentriert die gekrümmte Oberfläche das an der Oberfläche reflektierte Licht. Das Ergebnis ist ein helles Band.

Schauspieler werden von der Regie angewiesen, den Spiegel so zu halten, dass ein Bild ihres Gesichts zur Kamera oder zum Publikum reflektiert wird. Der Schauspieler selbst sieht allerdings im Spiegel nicht sein Gesicht, sondern die Kamera oder das Publikum. Der gleiche optische Trick wird bei vielen Gemälden angewendet.

6.62 Peppers Geist und der körperlose Kopf

Im Jahre 1863 ersann John Henry Pepper vom Polytechnikum in London einen Trick, bei dem ein sich bewegender und sprechender Geist mitten in der Luft über eine Bühne schwebte. Ein ähnlicher Trick war lange Zeit als Jahrmarktsattraktion sehr populär: Man betrat ein düsteres Zelt und sah auf einem Tisch den Kopf einer Person liegen. Zum Entsetzen des Besuchers konnte der Kopf sprechen, obwohl der Raum unter dem Tisch leer war. Wodurch werden diese Illusionen hervorgerufen?

Antwort

Peppers Geist ist das Spiegelbild eines Schauspielers, das von einem großen Spiegel oder Glasscheiben auf der Bühne erzeugt wird (Abb. 6.19a). Der Schauspieler, der seitlich vom Zu-

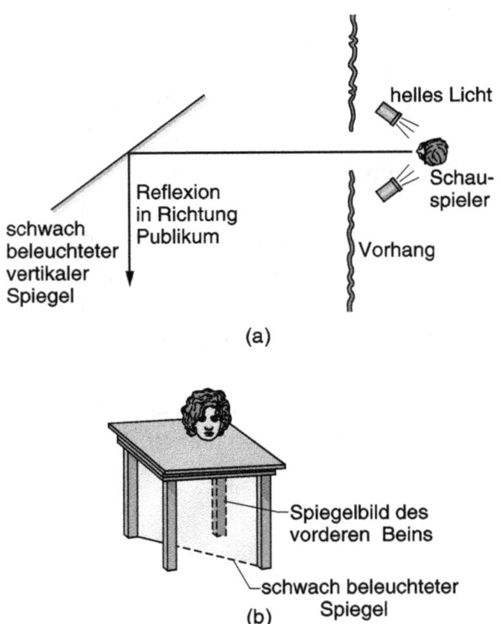

Abb. 6.19: Versuchsaufbau für (a) Peppers Geist und (b) den körperlosen Kopf.

schauerraum steht, wird stark angeleuchtet, während die Bühne dunkel ist. Die Zuschauer können zwar das reflektierte Bild sehen, doch nichts deutet auf das Vorhandensein der reflektierenden Fläche hin.

Selbstverständlich befindet sich der zum Kopf gehörige Körper unter dem Tisch, aber ein Spiegel verhindert, dass man ihn sehen kann. Unter dem Tisch sehen Sie das reflektierte Licht eines der vorderen Tischbeine, doch Sie nehmen an, dass es sich um eines der hinteren Beine handelt (Abb. 6.19b). So entsteht der Eindruck, dass der Raum unter dem Tisch leer ist.

6.63 Schräge Fenster für Fluglotsen

Warum sind die Fenster der Kontrolltürme von Flughäfen mit ihren Oberkanten nach außen geneigt? Die Windschutzscheibe eines Autos hingegen neigt sich gerade in die entgegengesetzte Richtung, damit das Fahrzeug möglichst stromlinienförmig ist. Wie beeinflusst dieses Design die Sicht des Fahrers?

Antwort

Wenn die Fenster eines Kontrollturms senkrecht gerichtet wären, würde das Flugsicherungspersonal seine eigenen Spiegelbilder und die der Konsolen in den Fenstern sehen. Da aber in einem Kontrollturm unbedingt eine klare Sicht auf den Luftverkehr notwendig ist, sind die Fenster so nach außen geneigt, dass unerwünschte Reflexionen auf die Decke fallen. Diese ist schwarz gestrichen, damit sie das Licht absorbiert.

Wegen der nach innen geneigten Windschutzscheibe sieht der Fahrer vor sich ein Spiegelbild des Armaturenbretts. Wenn das Armaturenbrett oder etwas darauf Befindliches hell ist, kann der Fahrer Schwierigkeiten haben, entgegenkommende dunkle Fahrzeuge zu sehen.

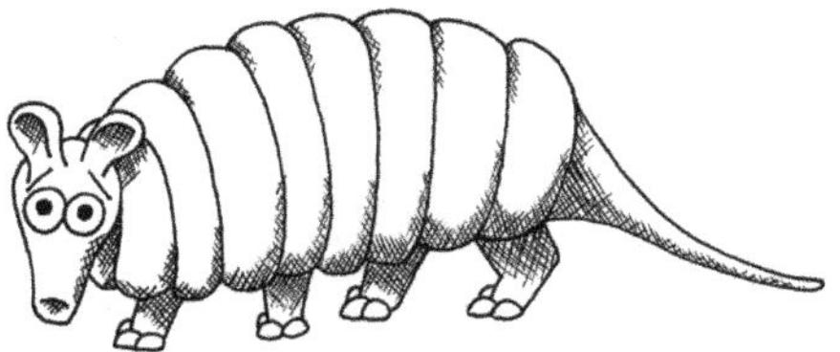

6.64 Bilder in zwei oder drei Spiegeln

Wie viele Bilder können Sie von sich selbst sehen, wenn Sie vor zwei im Winkel zueinander angeordneten, flachen Spiegeln stehen, wie Sie sie beispielsweise in Bekleidungsgeschäften vorfinden (Abb. 6.20a)? Wie hängt die Anzahl der entstehenden Bilder vom Winkel zwischen den Spiegeln und Ihrem eigenen Standpunkt vor den Spiegeln ab? Wie viele Bilder sehen Sie, wenn ein dritter Spiegel so dazugestellt wird, dass Sie sich innerhalb des von den Spiegeln gebildeten Dreiecks befinden? Was sehen Sie in einem der Spiegel, wenn Sie zwischen zwei parallelen (oder nahezu parallelen) Spiegeln stehen?

Antwort

Um die Anzahl der Bilder bei der Anordnung mit zwei Spiegeln bestimmen zu können, zeichnen wir zunächst eine Draufsicht dieser Konstellation und fügen anschließend hinter den beiden Spiegeln sowohl im Uhrzeigersinn als auch entgegen des Uhrzeigersinns weitere imaginäre Spiegel hinzu, die dieselben Winkel zueinander bilden wie die beiden realen Spiegel (siehe Abb. 6.20b). Durch jedes neue Tortenstück, das Sie hinzufügen, entsteht ein zusätzliches Bild. Am kniffligsten wird es, wenn Sie die hintersten Abschnitte der Zeichnung anfügen, da sich diese überlappen können. Diese Abschnitte können in Abhängigkeit davon, wie oft sie sich überlappen und an welcher Stelle Sie selbst zwischen den Spiegeln stehen, zwischen einem und vier Bilder beisteuern.

Nun zählen wir die Anzahl der Bilder in der Zeichnung, d. h. die Anzahl, die Sie sehen, wenn Sie in die realen Spiegel schauen (siehe Abb. 6.20c). Zusätzlich sehen Sie die Tortenstücke, die von den Bildern der Spiegel selbst begrenzt werden.

Wird ein dritter (realer) Spiegel so hinzugefügt, dass Sie in einem Dreieck von Spiegeln eingeschlossen sind, geht die Anzahl der Bilder im Prinzip gegen Unendlich, da das von Ihnen oder den Gegenständen ausgehende Licht innerhalb des Dreiecks gefangen bleibt und immer wieder reflektiert wird. In der Praxis ist die Anzahl der Reflexionen allerdings eine endliche Größe, da die Bilder aufgrund von Absorption und unvollständigen Reflexionen allmählich schwächer werden und verschwimmen, insbesondere bei billigen Spiegeln, deren reflektierende Oberflächen auf Glas aufgebracht worden sind.

Etwas Ähnliches passiert, wenn Sie zwischen zwei parallelen Spiegeln stehen und in einen davon hineinschauen. Im Prinzip sehen Sie eine unendliche Anzahl von Bildern beispielsweise Ihres parallel zu den Spiegeln ausgestreckten Armes. Mehrere Bilder Ihres Kopfes können Sie allerdings nur sehen, wenn die beiden Spiegel leicht geneigt zueinander stehen. Können Sie erklären, warum dies so ist?

Ein neuartiges Gerät verwendet einen Spiegel, der parallel hinter einem halbbeschichteten (teilweise reflektierenden) Spiegel steht. Zwischen den beiden Spiegeln befinden sich

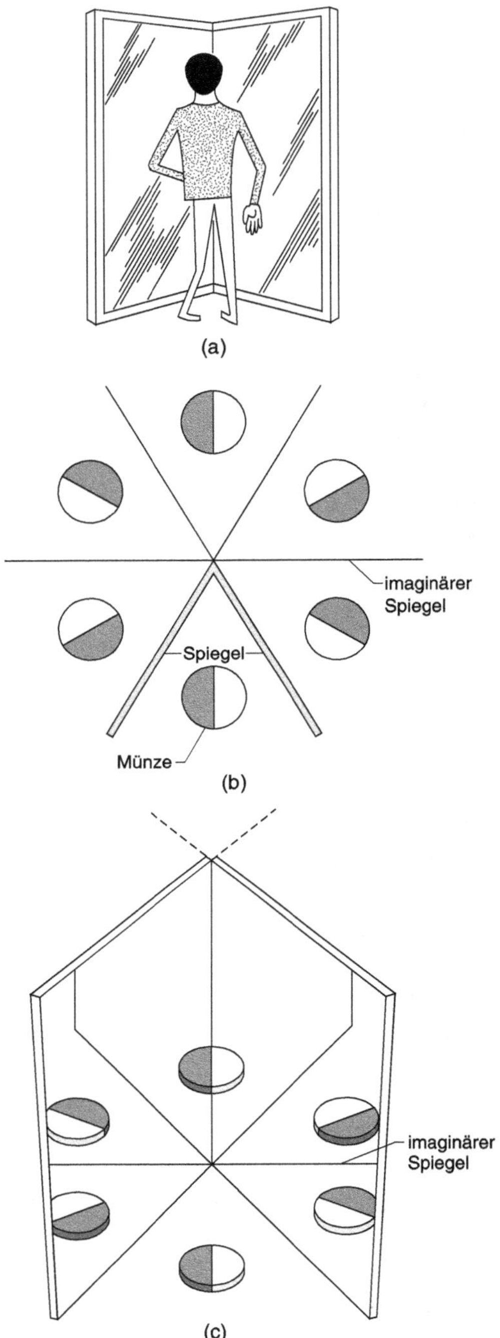

Abb. 6.20: (a) Betrachter zwischen zwei Spiegeln. (b) Schematische Darstellung der verschiedenen Bilder. (c) Die Bilder, die Sie sehen würden.

kleine Lichter. Wenn Sie durch den halbbeschichteten Spiegel in das Gerät blicken, sehen Sie zahlreiche Reflexionen der Lichter, die die Illusion hervorrufen, dass sich eine Reihe von Lichtern von Ihnen entfernt und in der Tiefe verschwindet. Manchmal hat der hintere Spiegel einen konvexen Bereich, sodass auch der zentrale Bereich mit Bildern dieser Lichter gefüllt ist.

6.65 Kaleidoskope

In einem gewöhnlichen, billigen Kaleidoskop sehen Sie ein einziges Cluster von Bildern, die symmetrisch um einen zentralen Punkt angeordnet sind. Wodurch sind teurere Kaleidoskope in der Lage, viele Cluster von Bildern zu erzeugen? Wie viele verschiedene Typen von symmetrischen Anordnungen innerhalb der Cluster sind in einem bestimmten Kaleidoskop möglich? Wie müssen die Spiegel des Kaleidoskops angeordnet sein, damit sich die Bilder nicht ändern (verschieben), wenn Sie unter einem anderen Winkel in das Kaleidoskop schauen?

Was sehen Sie im Kaleidoskop, wenn die Spiegel so geneigt sind, dass die Öffnung an einem Ende schmaler ist als am anderen? Wie ist es möglich, dass manche Kaleidoskope Farben erzeugen, obwohl sich am hinteren Ende gar nichts Farbiges (wie zum Beispiel Glassteinchen oder Plastiksplitter) befindet? Was für Bilder sehen Sie in einem runden Rohr mit glänzender Innenwand?

Antwort

Die meisten billigen Kaleidoskope besitzen zwei Spiegel, die längs im Rohr angebracht sind und miteinander einen Winkel von 60 ° bilden. Diese Anordnung erzeugt fünf Spiegelbilder, die sich um den Punkt gruppieren, in dem sich die Spiegel am hinteren Ende des Rohrs treffen (Abb. 6.21a). Zu dem Cluster gehört außerdem eine direkte Ansicht von dem, was am hinteren Ende zwischen den Spiegeln liegt. Das Muster, das Sie sehen, hat also eine *sechszählige Symmetrie*. Durch Variation des Winkels zwischen den Spiegeln lassen sich die Anzahl der Bilder und der Typ der Symmetrie ändern (siehe vorherige Fragestellung).

Bessere Kaleidoskope enthalten drei oder vier Spiegel. (Die reflektierende Beschichtung befindet sich üblicherweise auf den Vorderflächen der Spiegel, denn wenn die Rückseite beschichtet wäre, würde das Licht sowohl an der Beschichtung als auch an der Vorderseite des Glases reflektiert. Die daraus resultierenden, leicht gegeneinander verschobenen Reflexionen erzeugen dunkle Bilder.) Bei drei oder vier Spiegeln sehen Sie am hinteren Ende des Kaleidoskops ein riesiges Feld aus kleinen Bildern. Wenn drei Spiegel verwendet werden und diese ein gleichseitiges Dreieck bilden, sind die Bilder in Clustern mit sechszähliger Symmetrie angeordnet. Bilden die Spiegel kein gleichseitiges Dreieck, so treten in den Clustern zwei oder drei verschiedene Symmetrietypen auf. Abbildung 6.21b zeigt ein Beispiel.

Bis auf wenige Ausnahmen verschiebt sich das, was Sie sehen, wenn Sie unter einem anderen Winkel in das Kaleidoskop schauen. Die Ausnahmen sind folgende: (1) Wenn ein Kaleidoskop vier Spiegel besitzt, müssen sie an der Öffnung ein Rechteck bilden. Wenn es drei Spiegel hat, müssen sie (2) ein gleichseitiges Dreieck, (3) ein rechtwinkliges Dreieck mit Winkeln von 60 ° und 30 ° oder (4) ein rechtwinkliges Dreieck mit zwei 45 °-Winkeln bilden.

Wenn Sie in das dickere Ende eines Kaleidoskops mit geneigten Spiegeln blicken, bilden die Spiegelbilder eine geodätische Kuppel, die im leeren Raum zu schweben scheint. Wenn Sie durch das schmalere Ende blicken, haben Sie den Eindruck, dass Sie sich innerhalb einer geodätischen Kuppel befinden.

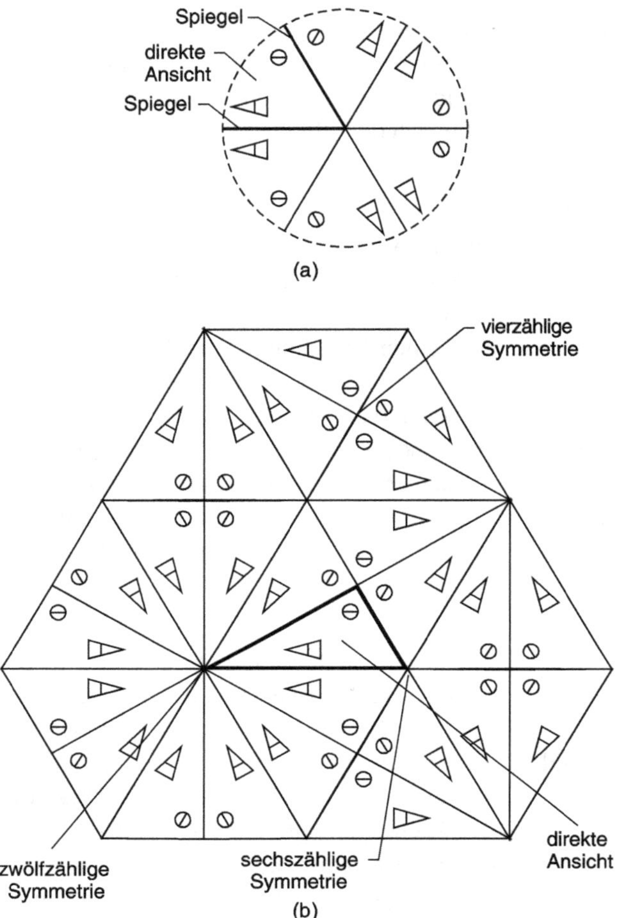

Abb. 6.21: (a) Bilder in einem mit zwei Spiegeln ausgestatteten Kaleidoskop. (b) Ein Teil des Bilderfeldes, das man in einem Kaleidoskop mit drei Spiegeln (Winkel 30 °, 60 ° und 90 °) sieht.

Die Farben, die Sie innerhalb des Kaleidoskops sehen, können durch farblose Plastikstückchen erzeugt worden sein, die sich zwischen zwei Polarisationsfiltern befinden.

Wenn Sie eine punktförmige Lichtquelle durch ein zylindrisches Rohr mit glänzender Innenfläche betrachten, dann sehen Sie mehrere kleine Ringe.

6.66 Spiegellabyrinthe

Die Spiegelhalle, die einst in Luzern stand, war ein ausgeklügeltes Labyrinth aus Spiegeln, in dem ich mich ganz schnell verlaufen habe. Der Grundriss war aus gleichseitigen Dreiecken zusammengesetzt. An einigen Seiten der Dreiecke standen mannshohe Spiegel. Wenn ich auf einem der Dreiecke stand, sah ich sechs vermeintliche, von meinem Standpunkt ausgehende Gänge und zwischen den einzelnen Gängen ein Durcheinander von Spiegelbildern. Wodurch entsteht die Illusion der Gänge? Was liegt am Ende eines solchen Ganges? Könnte sich eine

Person vor mir im Spiegellabyrinth verstecken oder ist das gesamte Innere des Labyrinths von jedem Punkt aus zu sehen?

Antwort

Die Gänge im Spiegellabyrinth werden von Lichtstrahlen erzeugt, die im Winkel von 60 ° auf den Spiegeln auftreffen und entsprechend reflektiert werden. Abbildung 6.22a zeigt eine einfache Version eines solchen Labyrinths. Sie stehen im Punkt *O*. Ein von Ihnen ausgehender Lichtstrahl wird innerhalb des Labyrinths viermal reflektiert und kehrt dann zu Ihnen zurück. Wenn Sie in Richtung des zurückkehrenden Strahls schauen, dann sehen Sie vor sich einen Gang (Abb. 6.22b), an dessen Ende sich Ihr Bild befindet, da der Lichtstrahl von Ihnen ausgegangen ist. In diesem einfachen Fall kann sich innerhalb des Labyrinths niemand vor Ihnen verstecken, denn jeder der dreieckigen Bodenabschnitte wird mindestens einmal in den Gang reflektiert. In komplizierteren Labyrinthen ist es allerdings möglich, dass sich jemand vor Ihnen versteckt. Betrachten Sie zum Beispiel Abb. 6.22c: Kann man vom Punkt *O* aus die Punkte *A*, *B* und *C* im Gang sehen?

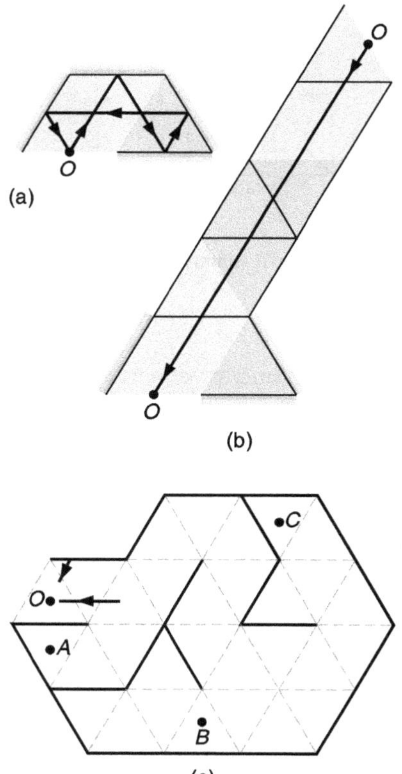

Abb. 6.22: Draufsicht auf eine einfache Spiegelhalle. Vom Betrachter im Punkt *O* geht ein Lichtstrahl aus und kehrt nach mehreren Reflexionen zurück. (b) Der vom Betrachter gesehene Gang. (c) Eine größere, aus dreieckigen Bodenelementen zusammengesetzte Spiegelhalle. Die durchgezogenen Linien repräsentieren Spiegelwände.

6.67 Zielschießen mit dem Laserstrahl

Während Sie an den kleinen Buden eines Jahrmarkts vorbeischlendern, in denen die üblichen Geschicklichkeits- und Glücksspiele locken, entdecken Sie plötzlich eine ganz neue Attraktion: „Zielschießen mit dem Laserstrahl“. Neugierig geworden treten Sie ein und finden sich in einer Ecke eines rechteckigen Raumes wieder, dessen Wände mit perfekt reflektierenden Spiegeln bedeckt sind (Abb. 6.23a). In Ihrer Ecke befindet sich eine gewaltige Laserkanone, die horizontal und im 45 °-Winkel zu den Wänden ausgerichtet ist. Aus jeder der anderen Ecken grinst Sie ein aus Ton gebranntes Gürteltier an.

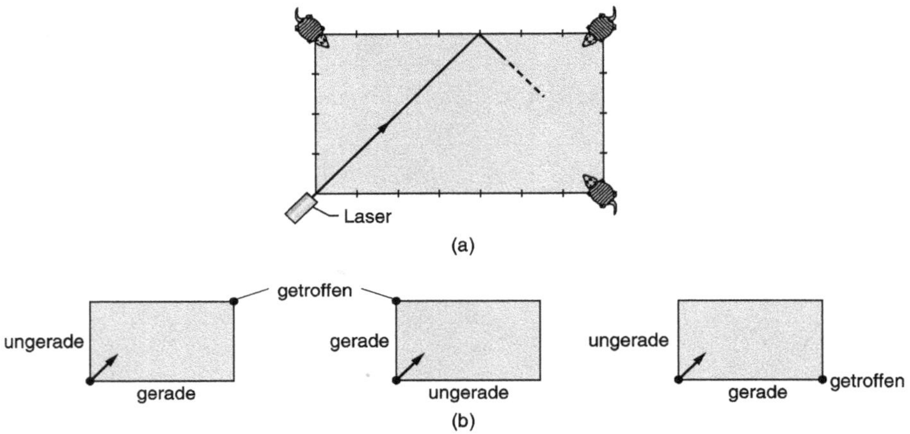

Abb. 6.23: (a) Blick von oben in einen Raum mit Spiegelwänden. (b) Schema zur Bestimmung der Ecke, in der der Schuss einschlägt.

Der Besitzer der Bude fordert Sie auf, die Laserkanone abzufeuern und zuvor einen Tipp abzugeben, ob Sie eines der Ziele treffen und wenn ja welches. Er erklärt Ihnen außerdem, dass der Raum exakt konstruiert wurde und eine Länge von 7 Einheiten sowie eine Breite von 4 Einheiten hat. Dann verschwindet er so abrupt, als wäre Ihre Ecke das eigentliche Ziel.

Werden Sie eines der Tonziele treffen oder sich selbst? Oder wird das Licht so lange an den Zimmerwänden reflektiert, bis es aufgrund der mit jeder Reflexion verbundenen Absorption eliminiert ist? Was würde passieren, wenn die Abmessungen des Raumes 7 mal 3 Einheiten oder 8 mal 3 Einheiten betragen würden? Unerschrocken drücken Sie den Abzug, während Sie sich die vielfachen Reflexionen auszumalen versuchen, die Sie dadurch auslösen.

Antwort

Falls Länge und Breite des Raums ganze Zahlen sind, müssen Sie nicht befürchten, sich selbst zu erschießen, und können sicher sein, eines der Tonziele zu treffen. Um herauszufinden welches, können Sie den Schussverlauf anhand einer Skizze des Raumes verfolgen. Oder aber Sie wenden die folgende Regel an: Kürzen Sie, falls möglich, das Verhältnis von Länge und Breite (zum Beispiel kann 8/4 zu 2/1 gekürzt werden). Ziehen Sie nun Abb. 6.23b zu Rate, die die drei möglichen Situationen zeigt.

6.68 Dunkle Dreiecke zwischen Weihnachtskugeln

Ordnen Sie verschiedene glänzende Dekorationskugeln (zum Beispiel Weihnachtskugeln) in einer einzelnen, dicht gepackten Schicht auf dunklem Tuch oder Papier an. Wenn Sie von oben auf diese Anordnung schauen, wobei sich hinter Ihnen eine helle Lichtquelle befindet, können Sie verzerrte Spiegelbilder von sich selbst sehen. Seltsamerweise scheinen die Kugeln hexagonal angeordnet zu sein, wobei zwischen jeweils drei benachbarten Kugeln ein dunkles Dreieck liegt (Abb. 6.24a). Wenn Sie auf eine der Kugeln zeigen, dann zeigen Ihre Bilder in allen anderen Kugeln ebenfalls auf die ausgewählte Kugel. Haben Sie dafür eine Erklärung? In den großen Zierkugeln, die manchmal als Gartenschmuck verwendet werden, können Sie die Spiegelbilder besser sehen.

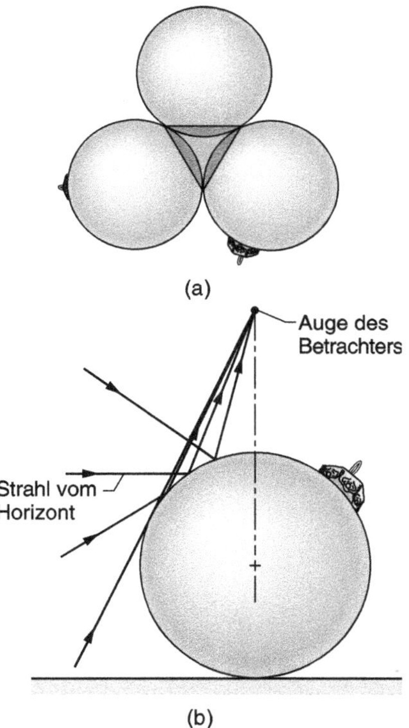

Abb. 6.24: (a) Innerhalb des Clusters aus reflektierenden Kugeln erscheint ein dunkles Dreieck. (b) Die Reflexion von einer Kugel zu einem Betrachter.

Antwort

Angenommen, Sie legen eine reflektierende Kugel auf eine große Fläche, beispielsweise auf den Fußboden. Wenn Sie von oben auf die Kugel schauen, dann sehen Sie ein verzerrtes Bild von sich und allem, was Sie umgibt. Diejenigen Punkte, die einen horizontalen Strahl zur Kugel senden, bilden den *Horizont* (Abb. 6.24b). Das Bild des Horizonts liegt über dem *Äquator* der Kugel. Sie sehen den Boden zwischen dem Horizont und dem Äquator.

Wenn Sie zwei reflektierende Kugeln dicht nebeneinander legen, dann reflektiert jede von ihnen Strahlen wie in Abb. 6.24b dargestellt, aber jetzt können die Strahlen, die von dem Bereich unterhalb des Horizonts ausgehen, mehrere Male reflektiert werden, bevor sie ein von oben schauender Beobachter wahrnimmt. Da bei jeder Reflexion ein Teil des Lichts absorbiert wird, bilden diese Strahlen dunklere Bilder.

Wenn Sie ein Cluster aus drei Kugeln bilden, wird die Anordnung der Bilder noch komplexer. Viele der Bilder sind infolge mehrfacher Reflexionen unter dem Horizont dunkel. In jeder einzelnen Kugel liegt der Horizont auf einer näherungsweise geraden Linie, und für alle drei Kugeln zusammen bilden diese Geraden ein Dreieck. Bilder, die innerhalb dieses Dreiecks liegen, sind aufgrund von Mehrfachreflexionen dunkel. Da die Kugeln einen großen Teil des Umgebungslichtes nicht zu der zwischen den Kugeln liegenden freien Bodenfläche durchlassen, sieht das Dreieck auch dann dunkel aus, wenn der Beobachter direkt von oben in das Dreieck hineinblickt.

Um zu verstehen, warum die Spiegelbilder Ihres Fingers alle in Richtung der ausgewählten Kugel zeigen, betrachten wir zunächst den Fall, dass Sie vor einem ebenen Spiegel nach rechts zeigen. Ihr Finger und dessen Bild zeigen beide auf einen Punkt zu Ihrer Rechten. Dasselbe werden Sie feststellen, wenn Sie den Spiegel durch eine reflektierende Kugel ersetzen, allerdings ist nun die reflektierende Oberfläche gekrümmt. Jede andere reflektierende Kugel, wie jene aus dem dicht gepackten Feld, ergibt ein Bild, das in Richtung Ihres Fingers zeigt.

6.69 Schwärzer als schwarz

Eine gewöhnliche zweischneidige Rasierklinge ist glänzend. Wenn Sie jedoch viele davon übereinander stapeln und dann auf den Stapel drücken, werden die Ränder mit den scharfen Seiten dunkel. Wie ist es möglich, dass glänzende Oberflächen dunkel sind?

Schwarzer Karton ist offensichtlich schwärzer als weißer Karton. Kennen Sie eine Methode, mit der man weißen Karton schwärzer aussehen lassen kann als schwarzen Karton, wenn beide von der gleichen Lampe angestrahlt werden?

Antwort

Wenn ein Lichtstrahl in den Raum zwischen den abgeschrägten Kanten zweier übereinanderliegender Klingen eindringt, wird er mehrmals reflektiert, bevor er den Raum wieder verlässt (Abb. 6.25). Bei jeder Reflexion werden etwa 45 % des einfallenden Lichts absorbiert. Deshalb ist das Licht, das den Stapel verlässt, auf wenige Prozent seiner ursprünglichen Intensität reduziert, was den Stapel dunkel aussehen lässt.

Um weißen Karton dunkler erscheinen zu lassen als schwarzen Karton, können Sie aus dem weißen Karton eine Schachtel basteln, deren *Außenseite* mit schwarzer Farbe bemalen und in eine der Seiten ein Loch schneiden, dessen Durchmesser weniger als 10 % der Kantenlänge der Schachtel beträgt. Richten Sie nun eine Lampe auf die Seite mit dem Loch. Das durch das Loch in die Schachtel eintretende Licht wird im Inneren vielfach gestreut. Bei jeder Streuung wird zwar nur ein kleiner Anteil des Lichts von dem weißen Karton im Inneren absorbiert, doch wegen der vielen Streuungen ist das Licht, das das Loch schließlich verlässt, sehr dunkel. Dagegen wird relativ viel von dem Licht absorbiert, das das schwarze Äußere

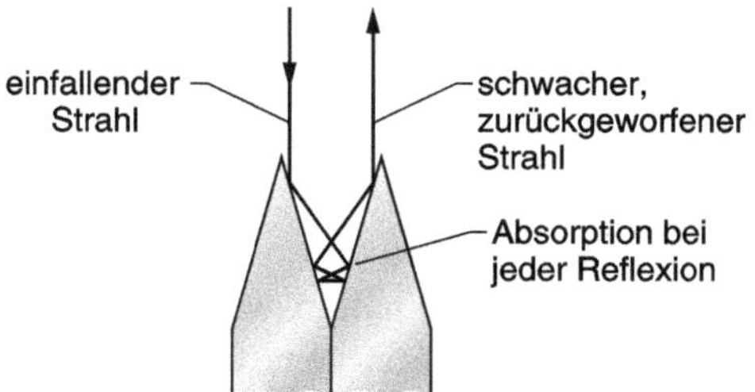

Abb. 6.25: Ein zwischen den abgeschrägten Kanten zweier Rasierklingen reflektierter Lichtstrahl.

der Schachtel beleuchtet, doch da es nur ein einziges Mal gestreut wird, nehmen Sie von der Außenwand der Schachtel helleres Licht wahr als von dem Loch. Das Loch (das das Licht der weißen Innenfläche wiedergibt) wirkt also dunkler (schwärzer) als der schwarze Karton.

6.70 Rückstrahler

Ein *Rückstrahler* ist ein Gerät, das ein Lichtbündel zu seiner Quelle zurückreflektiert, egal unter welchem Winkel es auf das Gerät fällt. Viele Jogger tragen an ihrer Kleidung Folien mit winzigen Rückstrahlern, damit sie bei Dunkelheit besser zu sehen sind. Wenn die Scheinwerfer eines Autos auf die Rückstrahler treffen, wird das Licht zum Fahrer zurückgeworfen, sodass dieser den Jogger bemerkt. Aber warum sehen Sie kein spiegelähnliches Bild (oder wenigstens ein verzerrtes Bild) von Ihrem Gesicht, wenn Sie in eine nicht weit entfernte Folie mit Rückstrahlern blicken?

Rückstrahler werden manchmal an Fahrbahnen angebracht, damit diese auch bei Dunkelheit gut zu erkennen ist. Auch viele Verkehrsschilder sind mit rückstrahlenden Folien überzogen, sodass sie bei Nacht besser zu sehen sind. Dass diese Rückstrahler vorhanden sind, können Sie zum Beispiel feststellen, wenn Sie bei Tag mit dem Flugzeug fliegen: Sehen Sie sich bei niedriger Flughöhe den Schatten des Flugzeugs an. Gelegentlich werden Sie kleine Lichtblitze bemerken, wenn das Sonnenlicht von den Rückstrahlern auf den Verkehrsschildern zurück in Richtung der Sonne reflektiert wird. (Vermutlich werden Sie noch andere Lichtblitze sehen, die nicht in der Nähe des Flugzeugschattens liegen; diese Blitze entstehen durch Reflexionen des Sonnenlichts an Metall- oder Glasoberflächen oder an Gewässern.)

Rückstrahlerfolien haben die bemerkenswerte Eigenschaft, Verzerrungen aus einem Lichtbündel zu elimineren. Beispielsweise kann ein Dia durch eine knittrige Plastikschicht (die das Bild verzerrt) und dann auf die Rückstrahlerfolien projiziert werden. Wenn das Licht zurück durch die Plastikschicht und auf den Schirm fällt, wird die durch den ersten Durchgang erzeugte Verzerrung rückgängig gemacht, und das Bild ist nahezu perfekt.

Wie funktioniert eine Rückstrahlerfolie, und wie ist es möglich, dass sie die Verzerrung eliminiert?

Antwort

Rückstrahler gibt es in zwei Ausführungen: Sphären und Winkel. Wenn ein Lichtstrahl in eine Sphäre eindringt, wird er abgelenkt und an der Rückseite der Sphäre reflektiert. Dann verlässt er die Sphäre wieder in Richtung der Lichtquelle. Wenn ein Lichtstrahl eine Fläche eines Winkelreflektors trifft, wird er zwei- oder dreimal an den Innenflächen reflektiert und verlässt den Winkelreflektor wieder in Richtung der Lichtquelle. In beiden Fällen würde, falls der Rückstrahler perfekt wäre, das Licht genau zur Quelle zurückkehren. Da die Rückstrahler auf der Bekleidung eines Joggers imperfekt sind, wird das Licht ein wenig aufgefächert, sodass ein Teil davon von einem Autofahrer wahrgenommen werden kann.

Wenn Sie sich einen Streifen einer Rückstrahlerfolie vors Gesicht halten, werden Sie kein Bild Ihres Gesichts sehen. Der Grund hierfür ist, dass die einzigen Strahlen, die Ihre Augen empfangen, diejenigen sind, die sie verlassen. Die Strahlen, die Ihre Nase verlassen, kehren zu Ihrer Nase zurück, aber mit der Nase können Sie nicht sehen.

Rückstrahler können Verzerrungen eliminieren, weil sie das Licht wieder durch den gleichen verzerrenden Bereich zurücksenden. Wenn beispielsweise ein Strahl beim ersten Durchgang nach links abgelenkt wird, kehrt der zweite Durchgang diese Ablenkung um, sodass der Strahl wieder parallel zu seiner ursprünglichen Richtung verläuft. Eine solche Umkehrung funktioniert sogar dann, wenn die Verzerrung durch die turbulente Luftströmung einer Flamme hervorgerufen wird, weil das Licht schneller zurückkehrt, als sich die turbulente Strömung ändert.

6.71 Kurzgeschichte: Landung im Dunkeln hinter den feindlichen Linien

Während des Zweiten Weltkriegs sah sich das britische Büro für strategische Dienste (OSS) vor die komplizierte Aufgabe gestellt, im Schutze der Dunkelheit hinter den feindlichen Linien kleine Flugzeuge zu landen. Um dies zu tun, ohne dass der Feind etwas davon mitbekam, räumten die Briten einen Geländestreifen, der als kurze Landebahn dienen sollte und markierten ihn mit kleinen Rückstrahlern, die aus jeweils drei Spiegeln bestanden und gemeinsam die Ecke eines Würfels bildeten. „Der Pilot trug eine Stirnlampe, und während das Licht dieser Lampe am Boden kaum zu sehen war, waren die Reflexionen von den Spiegeln stark genug, um ihm den Verlauf der Landebahn anzuzeigen. Nachdem das Flugzeug gelandet war, lokalisierte das Bodenpersonal die Spiegel mithilfe von Taschenlampen, und jeder Hinweis auf die temporäre Landebahn war verschwunden." (Aus einem Brief von H. B. Clay.)

6.72 Einwegspiegel

Wie ist es möglich, dass ein Spiegel Licht in nur einer Richtung durchlässt?

Antwort

Ein Einwegspiegel ähnelt einem gewöhnlichen Spiegel, hat jedoch im Unterschied zu diesem keine Rückenverstärkung (zum Beispiel durch Karton) und lässt einen kleinen Teil des Lichts passieren. Die Illusion, dass das Licht nur in einer Richtung durchgelassen wird, wird dadurch hervorgerufen, dass der Raum auf der einen Seite des Spiegels hell erleuchtet ist, während es auf der anderen Seite relativ dunkel ist. Auf der hellen Seite sind die Spiegelbilder so hell, dass sie das schwache Licht überdecken, das von der anderen Seite her durch den Spiegel dringt. Auf der dunklen Seite dagegen sind die Spiegelbilder zu schwach, als dass man sie gegen das helle Licht sehen könnte, das von der hellen Seite durch den Spiegel dringt.

6.73 Rückspiegel

Wieso sehen Sie im Rückspiegel eines Autos am Tag helle Bilder, in der Nacht dagegen nur dunkle (und damit nichtblendende)?

Antwort
Ein Rückspiegel ist ein Glaskeil mit einer reflektierenden Beschichtung auf der Rückseite. Am Tag ist der Spiegel so eingestellt, dass Lichtstrahlen, die ihren Ursprung hinter dem Auto haben, in den Glaskeil eintreten und von der auf der Rückseite aufgebrachten Beschichtung zu Ihnen reflektiert werden. In diesem Fall sehen Sie ein helles Bild der Szenerie hinter Ihrem Auto (Abb. 6.26a). Bei Dunkelheit wird der Spiegel so verstellt, dass die durch die reflektierende Beschichtung erzeugten Bilder an die Decke geworfen werden und Ihre Augen das an der Vorderfläche reflektierte Licht wahrnehmen (Abb. 6.26b). Die durch die Vorderseite erzeugten Bilder sind zwar dunkler, aber doch hell genug, dass Ihre dunkeladaptierten Augen sie sehen können.

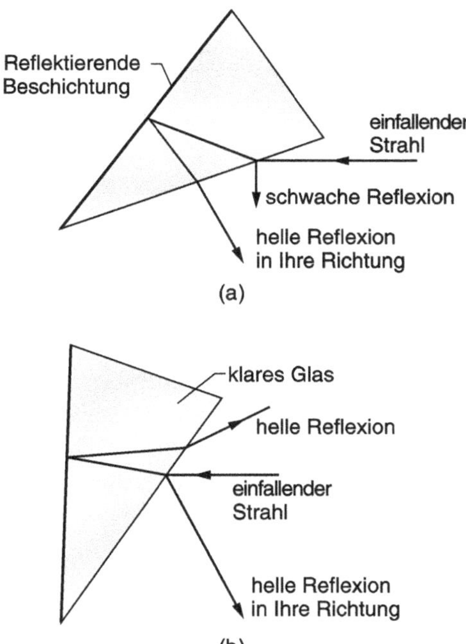

Abb. 6.26: Rückspiegel; (a) bei Tag wird die helle Reflexion an der beschichteten Rückseite genutzt, (b) nachts die schwache Reflexion an der Vorderseite.

6.74 Seitenspiegel

Der Zweck eines Seitenspiegels besteht darin, dass Sie ein hinter Ihnen fahrendes Fahrzeug auf der benachbarten Spur sehen können. Allerdings gibt es bei vielen Ausführungen von ebenen Spiegeln einen *toten Winkel*, d. h. einen Bereich, in dem das hinter Ihnen fahrende

Fahrzeug zu dicht hinter Ihrem Auto ist, um im Spiegel sichtbar zu sein (Abb. 6.27). Es besteht die Gefahr, dass Sie die Spur wechseln, ohne das herannahende Fahrzeug zu bemerken. Sollte sich der Seitenspiegel möglichst nahe bei Ihnen oder eher weit vorn an Ihrem Auto befinden, um den toten Winkel klein zu halten?

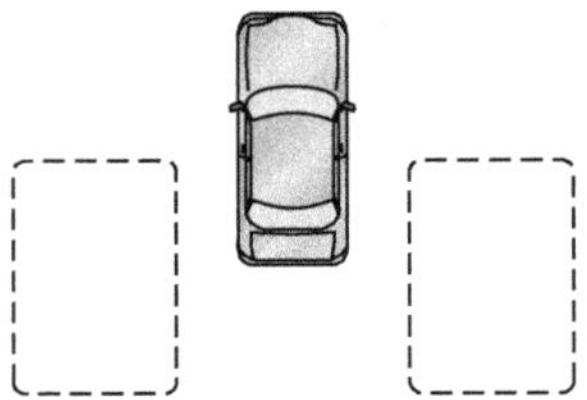

Abb. 6.27: Ungefähre Lage des toten Winkels. Im Allgemeinen sind die toten Winkel an den beiden Seiten des Autos nicht genau gleich.

Antwort
Der Spiegel sollte sich möglichst weit vorn am Auto befinden. Dann ist das Bild eines herannahenden Fahrzeugs so lange im Spiegel zu sehen, bis das Fahrzeug selbst in Ihr seitliches Blickfeld gerät. Bei der üblichen Position des Seitenspiegels auf Höhe des Fahrers kann es passieren, dass Sie ein langsam vorbeiziehendes Fahrzeug mehrere Sekunden lang nicht sehen.

6.75 Eine Bar in den Folies-Bergére

Das 1882 entstandene Gemälde *Eine Bar in den Folies-Bergére* von Edouard Manet hat seine Betrachter seit jeher verzaubert (s. Abb. 6.28). Im Vordergrund ist eine Bardame hinter dem Tresen zu sehen, deren Augen ihre Müdigkeit erkennen lassen. In einem großen Spiegel hinter ihr können wir ihr Spiegelbild sehen, einen Gast, verschiedene Flaschen, die auf dem Tresen stehen und die Menge der Besucher im Saal. Die Ausstrahlung des Gemäldes beruht zum Teil auf einer subtilen Verzerrung der Realität, die Manet in dem Bild versteckt hat – eine Verzerrung, die der Szenerie eine unheimliche Stimmung verleiht, noch bevor Sie erkannt haben, was „falsch“ ist. Können Sie den Fehler in diesem Gemälde finden?

Antwort
Die im Spiegel abgebildeten Spiegelbilder haben die richtigen Formen, befinden sich aber nicht an den richtigen Stellen. Wenn Sie dieses Gemälde zum ersten Mal sehen, werden Sie fühlen, dass etwas nicht stimmt, ohne zunächst sagen zu können, warum dies so ist. Die Flaschen auf der linken Seite des Bildes stehen in Wirklichkeit nahe der hinteren Seite des Tresens, im Spiegelbild dagegen befinden sie sich in der Nähe der vorderen Seite der Bar. Das Spiegelbild der Frau sollte hinter ihr erscheinen und nicht nach rechts versetzt. Am meisten irritiert, dass die Frau Sie direkt anblickt, im Spiegelbild aber ein Mann genau vor ihr steht – folglich müssen Sie der Mann sein. Wenn dies jedoch zutreffen würde, dürfte Ihr Bild nicht auf der rechten Seite des Bildes erscheinen; tatsächlich müsste der Körper der Frau Ihren Blick auf Ihr Spiegelbild verdecken.

Abb. 6.28: Skizze zu Edouard Manets Gemälde *Eine Bar in den Folies-Bergére.*

6.76 Renaissancekunst und optische Projektoren

Einige moderne Maler und Historiker behaupten, dass die Maler des 15. und 16. Jahrhunderts gewölbte Spiegel verwendet haben könnten, um ein Bild auf die Leinwand zu projizieren. Wenn dies zutreffen würde, könnten diese Maler einfach die Umrisse und Details des Bildes auf der Leinwand nachgezeichnet haben, um sie anschließend in ähnlicher Weise wie beim „Malen nach Zahlen" farblich zu gestalten. Wie können wir feststellen, ob ein derartiges Verfahren angewendet wurde?

Antwort

Die fotografische Genauigkeit einiger Renaissancegemälde wie beispielsweise bei Lorenzo Lottos Gemälde „Mann und Frau" erweckt den Eindruck, dass ein gewölbter Spiegel verwendet worden sein könnte, um eine bestimmte Szene auf die Leinwand zu projizieren. Ein Künstler könnte einen solchen Spiegel direkt vor der darzustellenden Szenerie platzieren und dann leicht versetzt nach einer Seite seine Staffelei so aufbauen, dass sie zum Spiegel zeigt. Dann würde er den Spiegel so ausrichten, dass das (spiegelverkehrte) Bild dieser Szene auf die Leinwand fällt. Normalerweise muss sich ein Maler große Mühe geben, um das gezeichnete Bild in eine einwandfreie Perspektive zu bringen und den Eindruck einer realen dreidimensionalen Szenerie zu erzielen, damit der Betrachter meint, die originalen Objekte und nicht nur eine flache zweidimensionale Abbildung von ihnen zu sehen. Wenn der Maler die Szene jedoch auf die Leinwand projizieren und die Umrisse der Objekte nachzeichnen würde, wäre die perspektivische Darstellung automatisch enthalten.

Analysen der Gemälde zeigen jedoch, dass sie zahlreiche perspektivische Fehler beinhalten, die deutlich gegen die Benutzung von Spiegeln (oder anderen optischen Hilfsmitteln) sprechen. Beispielsweise sollten zwei vom Maler ausgehende parallele Linien auf einen gemeinsamen Punkt, den sogenannten *Fluchtpunkt*, zulaufen. Ein Maler versucht sein Bild so realistisch wie möglich zu gestalten, indem er einen solchen Punkt festlegt und alle perspektivischen Linien beim Zeichnen sorgfältig auf diesen Punkt ausrichtet. In den analysierten Gemälden waren perspektivische Linien in verschiedenen Teilen des Bildes nach unterschiedlichen Fluchtpunkten hin ausgerichtet, sodass anzunehmen ist, dass sie freihand gezeichnet wurden, also kein projiziertes Bild nachgezogen wurde.

6.77 Anamorphose

Einige Gemälde und Zeichnungen aus dem 15. bis 18. Jahrhundert wurden vom Künstler absichtlich verzerrt, sodass die abgebildeten Objekte nicht ohne weiteres erkennbar waren, eine Technik, die als *Anamorphose* bezeichnet wird. Sie wurde beispielsweise eingesetzt, um eine politische Aussage zu verschleiern, die einem Herrscher hätte missfallen können. Manche Werke müssen Sie vom Rand aus betrachten, um die darauf dargestellten Objekte erkennen zu können. Bei anderen erkennen Sie das Dargestellte erst, wenn Sie dessen Spiegelbild betrachten. Beispielsweise sind manche Kunstwerke so verschlüsselt, dass Sie in einen glänzenden Kegel oder Zylinder schauen müssen, der in der Bildmitte platziert wird. Wie haben es die Künstler bewerkstelligt, dass die dargestellten Objekte nur unter derart ausgeklügelten Voraussetzungen erkennbar sind?

Antwort

Wenn Sie ein anamorphotisches Gemälde auf gewohnte Weise betrachten, entstehen auf Ihrer Netzhaut verzerrte Bilder der dargestellten Objekte, die Sie nicht entschlüsseln können. Sehen Sie sich das Gemälde jedoch auf eine bestimmte, vom Maler beabsichtigte Weise an, sind die auf der Netzhaut abgebildeten Objekte ihren normalen Formen sehr ähnlich, sodass Sie sie erkennen können.

Nehmen wir beispielsweise an, dass ein Künstler das Gesicht einer Katze so gezeichnet hat, wie er es als Spiegelbild in einem gläsernen Kegel sieht, den er in der Mitte der Leinwand platziert hat. Entfernt man später den Kegel, ist das Gesicht aufgrund einer verzerrten Perspektive nicht mehr zu erkennen. (Die Augen sind weit voneinander entfernt, das Kinn breit und um das Bild herum gekrümmt – alles in allem erinnert das Ganze nicht gerade an eine Katze.) Wird der Kegel zum Betrachten des Gemäldes wieder dort platziert, wo er sich beim Malen befand, und betrachtet man darin das Spiegelbild des Gemäldes, ist die Verzerrung verschwunden und man sieht ein Bild, das sich leicht als das Gesicht einer Katze interpretieren lässt.

6.78 Helligkeit und Dunkelheit unter Straßenlaternen

Wo ist der Schein zweier identischer Straßenlaternen (vom altmodischen, nicht abgeschirmten Typ) auf dem dazwischenliegenden Gehweg am hellsten bzw. am dunkelsten? Wo liegen die hellsten und dunkelsten Stellen im Falle einer in gleichmäßigen Abständen an einer geraden Straße stehenden Reihe von Straßenlaternen? Gibt es irgendeine andere Anordnung der Laternen (in einer Reihe), durch die sich die Helligkeit der dunkelsten Stellen erhöhen lässt?

Antwort
Bei nur zwei Laternen befindet sich der dunkelste Punkt in der Mitte zwischen beiden, und die hellsten Punkte befinden sich jeweils in einem Abstand vom Fuß der Laterne, der von der Höhe und dem Abstand zur zweiten Laterne abhängt. In einer langen Reihe von Straßenlaternen mit gleichmäßigen Abständen liegen die dunkelsten Punkte noch immer in der Mitte zwischen zwei Laternen, aber die hellsten Punkte liegen nun genau am Fuß der Laternen. Sei D der Abstand zwischen je zwei Laternen. Die Helligkeit in den dunkelsten Punkten kann dadurch erhöht werden, dass man die Laternen paarweise anordnet, wobei der Abstand zwischen ihnen $D/2$ und der Abstand zwischen den Mittelpunkten zweier Paare $2D$ beträgt. Vielleicht finden Sie irgendwo eine Anordnung nach diesem Schema, die eine fast gleichmäßige Beleuchtung entlang der Straße erzeugt.

6.79 Mehrfachbilder an Doppelfenstern

Wenn Sie nachts eine Lichtquelle durch ein aus zwei Glasscheiben bestehendes Fenster betrachten, kann es sein, dass Sie mehrere Bilder dieser Lichtquelle sehen. Wenn solche Fenster im Kontrollturm eines Flughafens verwendet werden, können die zusätzlichen Bilder eine Gefahr darstellen, weil man sie für ein weiteres Flugzeug halten könnte (oder schlimmer: ein reales Flugzeug für eine bloße Reflexion). Wodurch entstehen diese zusätzlichen Bilder? Wie hängt ihr Abstand vom Einfallswinkel des Lichts auf das Fenster ab? Haben die Witterungsverhältnisse Einfluss auf diesen Abstand?

Ähnliche Mehrfachbilder können Sie sehen, wenn Sie nachts durch ein Flugzeugfenster die Beleuchtung der Rollbahn betrachten. Wenn Sie während des Fluges die Lampe über Ihrem Sitz einschalten und einen glänzenden Gegenstand ins Licht halten, können Sie im Flugzeugfenster mehrere Spiegelbilder des Gegenstands sehen. Wodurch entstehen die zusätzlichen Bilder?

Antwort
Wenn Sie eine Lichtquelle durch ein Doppelfenster betrachten, entsteht das Primärbild dort, wo das Licht auf direktem Wege die beiden Glasscheiben durchdringt (Abb. 6.29). Die lichtschwächeren Sekundärbilder entstehen, weil das Licht zwischen den Scheiben oder sogar an den beiden Begrenzungsflächen ein und derselben Scheibe reflektiert wird. Das hellste dieser Sekundärbilder entsteht, indem das Licht zunächst an der inneren Scheibe und danach an der äußeren Scheibe reflektiert wird, bevor es bei Ihnen eintrifft. Bei den anderen Bildern wird das Licht noch öfter reflektiert. Die Bilder sind leichter zu erkennen, wenn sie gut separiert sind, was der Fall ist, wenn die Lichtquelle schräg zum Fenster steht.

Manchmal weicht der Luftdruck zwischen den Scheiben vom äußeren Luftdruck ab, was dazu führt, dass sich die Scheiben nach innen oder außen wölben. Die Wölbung erhöht den Abstand zwischen den einzelnen Bildern. Um in einem Kontrollturm mit diesem Problem fertig zu werden, sind die Fenster dort so konstruiert, dass der Luftdruck zwischen den Scheiben dem äußeren Luftdruck angeglichen wird. Am einfachsten lässt sich dies durch zwei kleine Löcher erreichen.

Die zusätzlichen Bilder, die im Fenster eines Flugzeugs zu sehen sein können, werden von drei Scheiben erzeugt. Wenn Sie schräg in das Fenster blicken, sehen Sie mehrere Bilder,

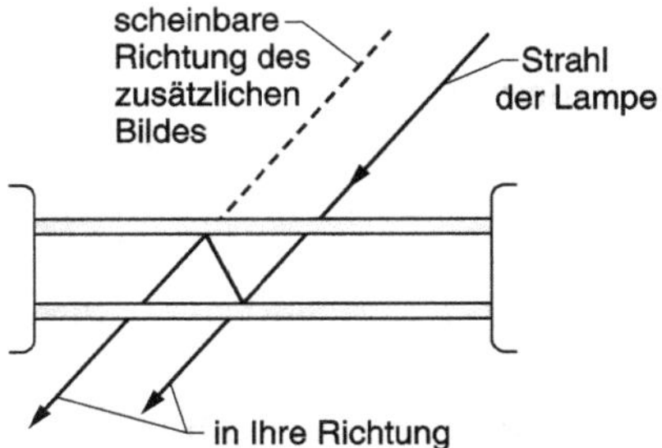

Abb. 6.29: Wege des Lichts durch ein Doppelfenster.

die durch Mehrfachreflexion entstehen. Bei großer Flughöhe wölbt sich die äußere Scheibe wegen des niedrigen äußeren Luftdrucks nach außen, wodurch sich die Reflexion auf überraschende Weise ändern kann.

6.80 Der leistungsstärkste Suchscheinwerfer der Welt

In einem Artikel aus dem Jahre 1965 berichtet R. V. Jones von zwei britischen Hafenarbeitern, die darüber spekulierten, wie sich ihrer Meinung nach die Helligkeit eines Suchscheinwerfers enorm steigern ließe. Letztlich muss ihre Idee jedoch als Beispiel dafür angesehen werden, wie mitunter Wunschdenken in die Wissenschaft Einzug hält. Das von den Arbeitern vorgeschlagene Verfahren beginnt damit, dass das von einer Kohlebogenlampe emittierte Licht auf einem elliptischen Spiegel ein fokussiertes Bild erzeugt. Aus diesem Bild sollte mithilfe eines zweiten Spiegels wiederum ein fokussiertes Bild erzeugt werden. Dieser Vorgang sollte sich so lange fortsetzen, bis ein letzter Spiegel sein Bild zur Kohlebogenlampe zurückfokussiert, wodurch diese viel heller leuchtet als am Anfang. Dieses Verfahren zur Lichtverstärkung sollte mehrmals wiederholt werden. Wenn der Suchstrahl gebraucht wird, muss einer der Spiegel beiseite gerückt werden, damit sich der mittlerweile außergewöhnlich helle Strahl ausbreiten kann. Warum kann diese Idee nicht funktionieren?

Antwort

Wie Jones berichtete, erhielten die beiden Arbeiter von den britischen Fachleuten, denen sie ihre Idee der Lichtverstärkung vorgestellt hatten, die Antwort, dass das Vorhaben nicht funktionieren könne, weil dabei das zweite Gesetz der Thermodynamik (die Aussage, dass die *Entropie* eines Systems niemals abnehmen kann) verletzt würde. Die Hafenarbeiter entschuldigten sich sofort und sagten, dass ihnen nicht bewusst gewesen sei, gegen eine offizielle Regelung verstoßen zu haben.

Natürlich kann man nicht von einer bestimmten Energiemenge ausgehen und sie anschließend vergrößern, ohne dem System zusätzliche Energie zuzuführen. Durch mehrmalige Reflexion kann das Licht zwar konzentriert werden, es ist aber nicht möglich, seine Energie zu vergrößern.

6.81 Die Brennspiegel des Archimedes

Historiker haben lange Zeit darüber diskutiert, ob Archimedes die römische Flotte während der Belagerung von Syrakus im Jahre 212 v. Chr. mithilfe von *Brennspiegeln* abgewehrt haben könnte. Der Legende nach soll Archimedes Spiegel so angeordnet haben, dass sie das Sonnenlicht auf die Flanke eines römischen Schiffes fokussiert und es auf diese Weise in Brand gesetzt haben. Nachdem eine Reihe von Schiffen abgebrannt und gesunken waren, trat der Rest den Rückzug an. Ist eine solche Heldentat technisch überhaupt möglich?

Antwort

Es ist durchaus möglich, Holz aus einiger Entfernung mithilfe mehrerer ebener Spiegel oder mit einem einzigen gekrümmten Spiegel anzuzünden, doch ist es sehr unwahrscheinlich, dass Archimedes diese Methode benutzt hat. Die eher konventionellen Waffen der damaligen Zeit hätten bessere Dienste geleistet, da der Einsatz von Spiegeln verschiedene Probleme mit sich bringt.

Eines dieser Probleme hat mit der Fokussierung zu tun: Um auf dem Holz eines Schiffes die notwendige Intensität zu erreichen, muss der Spiegel das Licht auf einen sehr kleinen Bereich fokussieren. Ein einzelner ebener Spiegel ist nicht in der Lage, eine so hohe Intensität zu erzeugen (zum Glück, denn sonst würden durch unachtsamen Umgang mit Kosmetikspiegeln in der Sonne ständig Brände ausgelöst). Um das Licht zu größerer Intensität zu fokussieren, wären ziemlich viele ebene Spiegel nötig, die in Form einer Parabel angeordnet werden müssten. Wenn man mit einer solchen Anordnung ein Schiff in Brand setzen will, muss man die Brennweite exakt mit der Entfernung des Schiffes in Einklang bringen – ein aussichtsloses Unterfangen unter den Bedingungen einer Schlacht.

Eine zweites Problem ergibt sich aus der Zeit, die es braucht, ehe das fokussierte Licht das Holz in Brand steckt. Da sich die Schiffe während des Angriffs vermutlich bewegt haben, wäre es kaum möglich, ein Bündel Sonnenlicht lange genug auf einen bestimmten Punkt des Schiffes zu fokussieren. Das Holz dürfte außerdem nass gewesen sein, sodass die praktische Durchführung der Idee für Archimedes effektiv unmöglich war. Alles in allem gehört diese oft wiedergegebene Anekdote um Archimedes in den Bereich der Legenden.

1993 brachte Russland einen Plastikspiegel von 22 Metern Durchmesser auf eine Erdumlaufbahn. Mit diesem Spiegel sollte getestet werden, ob es möglich ist, Sonnenlicht während der dunklen Stunden der langen Winter in den hohen Norden Russlands zu reflektieren. Der Spiegel erzeugte einen schwachen, mehrere Kilometer breiten Lichtfleck, der während des Test über Europa hinwegfegte. Trotz der in dieser Nacht vorhandenen Wolkendecke sahen mehrere Beobachter dieses Licht.

6.82 Kurzgeschichte: Wie man einem Schiedsrichter heimleuchtet

In Arthur C. Clarks Kurzgeschichte „A Slight Case of Sunstroke“ spielen die Fußballmannschaften zweier rivalisierender Länder vor 100 000 Zuschauern. Das Publikum bestand etwa zur Hälfte aus Militärangehörigen, die kostenlos ins Stadion gelassen worden waren. Als besondere Aufmerksamkeit hatte man diesen Zuschauern hübsche Programmhefte gegeben, die mit glänzenden Metallklammern geheftet waren.

Das Spiel wurde mit großer Spannung erwartet, umso mehr als die Heimmannschaft das Spiel im letzten Jahr verloren hatte, weil der Schiedsrichter von der Gastmannschaft bestochen worden war. Um ehrlich zu sein, hatte auch die Heimmannschaft den Schiedsrichter bestochen, aber offensichtlich nicht hoch genug.

Da nach den geltenden Regeln die Gastmannschaft das Recht hat, den Schiedsrichter für das Spiel zu bestimmen, wählte sie natürlich wieder den gleichen Mann. Die Zuschauer fragten sich nun, wie fair er wohl diesmal das Spiel pfeifen würde. Zunächst sah es so aus, als wären seine Entscheidungen einigermaßen gerecht, aber dann, unmittelbar nachdem die Gastmannschaft ein Tor erzielt hatte, erkannte er ein Gegentor der Heimmannschaft nicht an und gab zudem der Gastmannschaft einen Freistoß, den sie verwandelte. Angesichts der zwei Tore Rückstand machte sich unter den Fans der Heimmannschaft Unruhe breit.

Doch sie schöpften wieder Hoffnung, als die tapfere Heimmannschaft den Rückstand auf ein Tor verkürzte. Der Treffer war so unanfechtbar, dass selbst ein parteiischer Schiedsrichter das Tor geben musste. Und kurz darauf sprangen die Anhänger der Heimmannschaft von den Sitzen, als es einem ihrer Spieler gelang, den Ball durch die gegnerischen Abwehrketten zu bringen und ein weiteres Mal im Tor zu versenken. Doch mitten im Jubel der Fans ertönte der Pfiff des Schiedsrichters. Mit der haltlosen Begründung, der Torschütze habe den Ball mit der Hand gespielt, erkannte er das Tor nicht an.

Einige Zuschauer wurden wütend und drohten, das Spielfeld zu stürmen. Unter diesen Zuschauern war jedoch kein einziger der disziplinierten Militärangehörigen. Nachdem die Mannschaften sich an die Seitenlinien zurückgezogen hatten und der Schiedsrichter ganz allein auf dem Spielfeld zurückgeblieben war, ertönte ein schriller Signalruf. Unisono zogen die Militärangehörigen ihre Programmhefte und richteten sie auf die strahlende Sonne aus. Mit einem gleißend hellen Blitz wurde der Schiedsrichter in ein glimmendes Häufchen verwandelt, aus dem eine Rauchsäule nach oben stieg.

In manchen Ländern wird der Fußball eben sehr ernst genommen.

6.83 Spuklichter auf den Friedhof

Auf einem alten Friedhof, etwa eine Meile von der Kleinstadt Silver City in Colorado entfernt, versammeln sich nachts manchmal Besucher, um seltsame Lichter zu beobachten, die zwischen den Grabsteinen aus schwarzem Marmor umhertanzen. An diesem Ort ist es sehr dunkel, da die Stadt ein ganzes Stück vom Friedhof entfernt ist und sich in der anderen Richtung eine nahezu menschenleere Gegend befindet. Bei den Lichtern handelt es sich meist um weiße Punkte, manchmal erscheinen sie aber auch größer und bläulich gefärbt. Gibt es für diesen Spuk eine rationale Erklärung?

Antwort

Der schwarze Marmor, aus dem die Grabsteine bestehen, kann wie ein Spiegel wirken, wenn Lichtstrahlen schräg auf die Oberfläche des Grabsteins treffen. Falls sie die Oberfläche unter einem größeren Winkel erreichen, werden sie dagegen absorbiert. Wenn Sie über einen dunklen Friedhof laufen, sind einige der Grabsteine so ausgerichtet, dass sie Licht aus der Stadt oder von den Sternen zu Ihnen reflektieren. Das Licht kann an der Vorderseite oder an den geraden oder gewölbten Seiten des Grabsteins reflektiert werden. Wenn Sie sich bewegen, scheinen sich auch die Spiegelbilder zu bewegen und auf eine verwirrende Weise auf Sie zuzukommen oder sich von Ihnen zu entfernen, sodass das ganze Treiben ziemlich lebendig wirkt. Die Lichter werden auch aufgrund von Temperaturschwankungen ständig verändert. Diese Veränderungen beruhen auf dem gleichen Prinzip wie das *Flimmern*, das Sie sicherlich schon oft beobachten konnten, wenn Licht die über einem Feuer oder heißem Straßenbelag befindliche, erhitzte Luftschicht durchquert.

6.84 Wie der Angler den Fisch sieht

Angenommen, Sie wollen einen im Wasser schwimmenden Fisch mit Pfeil und Bogen erlegen. Ist es sinnvoll, direkt auf den Fisch zu zielen? Jeder erfahrene Jäger weiß, dass man grundsätzlich etwas tiefer zielen sollte. Aber warum? Ändert sich die scheinbare Position des Fisches, wenn Sie Ihren Kopf so weit zur Seite neigen, dass Ihre Augen auf einer senkrechten Linie liegen? (Okay, wenn ich Ihnen empfehle, einen Fisch mit Pfeil und Bogen zu erlegen, während Sie Ihren Kopf horizontal halten, kommt dies einer Einladung gleich, sich selbst in den Fuß zu schießen.)

Antwort

Wenn die vom Fisch ausgehenden Lichtstrahlen vom Wasser in Luft übergehen, werden sie an der Grenzfläche gebrochen (Abb. 6.30). Ihr Gehirn interpretiert die das Auge erreichenden Strahlen allerdings so, als würde sich der Fisch auf der Verlängerung der Geraden zwischen Ihren Augen und dem Durchtrittspunkt durch die Grenzfläche befinden – d. h. ohne Berücksichtigung der Brechung. Folglich nehmen Sie den Fisch etwas weiter oben wahr, als er wirklich ist, und deshalb müssen Sie tiefer zielen, also auf einen Punkt unterhalb des Fisches.

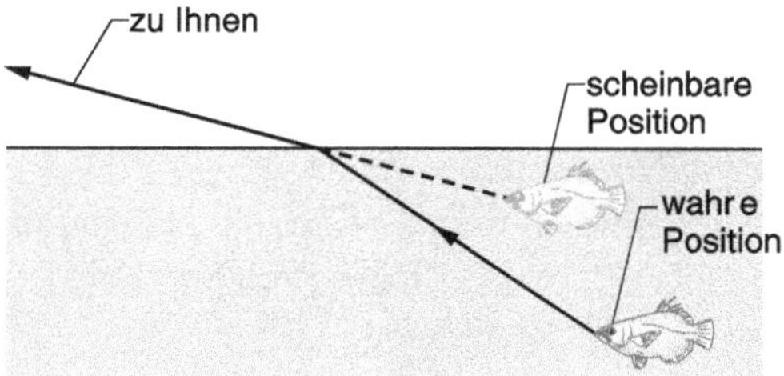

Abb. 6.30: Scheinbare und tatsächliche Position eines Fisches.

Durch die Art und Weise, wie Sie die Entfernung eines Gegenstands bestimmen, und dadurch, wie stark Ihre Augen konvergieren, wird die scheinbare Position noch komplizierter. Da der Strahl, der Ihr linkes Auge erreicht, nach links abgelenkt wird, und der Strahl, der Ihr rechtes Auge erreicht, nach rechts, müssen Ihre Augen noch stärker konvergieren, als es ohne Brechung der Fall wäre. Aufgrund der Konvergenz nehmen Sie den Fisch als weniger weit entfernt wahr, als er tatsächlich ist. Wenn Sie Ihren Kopf zur Seite neigen, sodass Ihre Augen auf einer vertikalen Linie liegen, und dabei weiterhin schräg ins Wasser schauen, dann erscheint der Fisch für Sie noch näher und weiter oben im Wasser.

6.85 Wie der Fisch den Angler sieht

Was kann ein Fisch von der Welt außerhalb seines Teiches sehen, wenn er nach oben schaut? Ist das Bild der Außenwelt infolge des Durchtritts der Lichtstrahlen durch die Wasseroberfläche verzerrt? Hängt das Bild davon ab, wie tief sich der Fisch unter der Wasseroberfläche befindet?

Müssen Sie beim Fliegenfischen die Fliege sehr genau zum Fisch werfen, oder kann der Fisch auch eine weiter entfernt schwimmende Fliege sehen?

Angenommen, Sie liegen auf dem Boden eines flachen Beckens und schauen nach oben. Ist das, was Sie von der Welt außerhalb des Beckens sehen, das Gleiche, was ein Fisch sehen würde? Würden Sie etwas anderes sehen, wenn Sie eine Taucherbrille mit einer ebenen Plastiksichtscheibe tragen würden? (Der Bereich zwischen der Sichtscheibe und Ihren Augen ist mit Luft gefüllt). Falls Sie normalsichtig sind: Warum ist Ihre Sicht unter Wasser so schlecht, wenn Sie keine luftgefüllte Taucherbrille tragen? Falls Sie kurzsichtig oder weitsichtig sind: Wird Ihr Sehvermögen unter Wasser verbessert?

Wenn ein *Schützenfisch* in der über dem Wasser hängenden Vegetation ein Insekt erblickt, steckt der Fisch sein Maul ein klein wenig aus dem Wasser und spritzt dann einen Wasserstrahl in Richtung des Insekts, wodurch dieses herunter auf das Wasser geschleudert wird. Dort kann der Schützenfisch es leicht fangen und fressen. Während der Fisch seine eigentümliche Jagdtechnik einsetzt, sind seine Augen unter Wasser. Zielt der Fisch auf den Punkt, wo er das Insekt sieht?

Antwort

Ein Fisch sieht die Außenwelt verzerrt, weil die Lichtstrahlen beim Übergang von der Luft ins Wasser gebrochen werden, bevor sie die Augen des Fisches erreichen. Bei dieser Brechung werden die Lichtstrahlen an der Wasseroberfläche in Richtung der Vertikalen abgelenkt. Die Ablenkung ist für einen senkrecht auf die Wasseroberfläche treffenden Strahl null und wird umso größer, je mehr der eintretende Strahl von der Senkrechten abweicht.

Die Brechung hat zur Folge, dass der Fisch die Außenwelt innerhalb eines direkt über ihm liegenden Kreises auf der Wasseroberfläche sieht (Abb. 6.31). Das Bild des Horizonts liegt auf dem Kreisrand und Bilder von Objekten der Außenwelt im Kreisinneren.

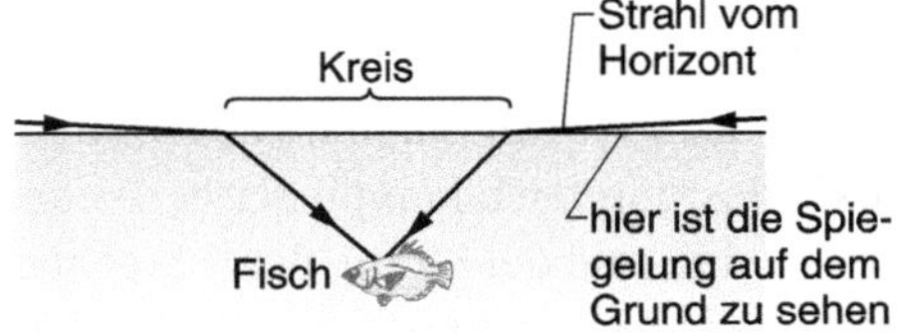

Abb. 6.31: Ein von außen auf die Wasseroberfläche fallender Lichtstrahl erreicht den Fisch nur dann, wenn der Durchtrittspunkt innerhalb eines bestimmten Kreises über dem Fisch liegt.

Außerhalb des Kreises sieht der Fisch im Wesentlichen ein Spiegelbild vom Grund des Teiches (falls der Teich flach ist) oder eine dunkle Fläche (falls der Teich tiefer oder trübe ist). Wenn Sie wollen, dass der Fisch eine von Ihnen ausgeworfene Fliege vollständig sehen kann, sollte sich die Fliege möglichst in der Nähe des Kreismittelpunkts befinden. Wenn sie sich am Rande des Kreises befindet, ist der trockene Teil der Fliege stark verzerrt und geht vermutlich im Hintergrundgewirr der Bilder von Bäumen und anderen Objekten am Horizont unter. Wenn sich die Fliege außerhalb des Kreises befindet, kann der Fisch nur den eingetauchten Teil sehen. Je tiefer der Fisch schwimmt, umso kleiner ist der Kreis.

Wenn Sie normalsichtig sind, werden Sie im Wasser tauchend kein scharfes Bild der Außenwelt in einem solchen Kreis sehen. Die Fokussierung des Lichts durch Ihre Augen resultiert zum größten Teil aus der Brechung der Strahlen beim Übergang von der Luft in die Hornhaut. Wenn sich direkt vor der Hornhaut Wasser befindet, wird diese Brechung nahezu eliminiert, sodass Sie unter Wasser vermutlich nur schlecht sehen werden.

Ihre Sicht verbessert sich, wenn Sie eine Taucherbrille tragen, denn diese bewirkt, dass sich unmittelbar vor Ihren Augen eine Luftschicht befindet, wodurch die Brechung des Lichts beim Eintritt in die Hornhaut und somit die Fokussierung wiederhergestellt wird. Allerdings wird das Licht auch beim Übergang vom Wasser in die Sichtscheibe aus Plastik sowie beim Übergang von dieser in die vor Ihren Augen befindliche Luft gebrochen. Wegen diesen zusätzlichen Brechungen wird über Ihnen kein Sichtkreis auf der Wasseroberfläche gebildet. Die Außenwelt sieht dann fast genauso aus, wie Sie sie sehen, wenn sich Ihre Augen über Wasser befinden.

Wenn Sie kurzsichtig sind, fokussieren Ihre Augen ein Bild eines weit entfernten Objektes vor der Netzhaut. Sie können die Brechung der Lichtstrahlen an der Hornhaut verringern, indem Sie Ihre Augen unter Wasser tauchen. Dann kann es sein, dass das Bild genau auf die Netzhaut fällt und Sie deshalb scharf sehen.

Manchmal spritzt ein Schützenfisch seinen Wasserstrahl auf ein Insekt, das sich direkt über ihm befindet. In diesem Fall wird die Sichtlinie des Fisches nicht gebrochen. In allen anderen Fällen jedoch spielt die Brechung eine Rolle, und der Fisch muss dies berücksichtigen, indem er entweder nach dem Prinzip von Versuch und Irrtum agiert (bis er das Insekt irgendwann trifft), oder indem er aus Erfahrung oder durch natürliche Auslese lernt.

6.86 Lesen durch einen verschlossenen Briefumschlag

Stellen Sie sich vor, ich demonstriere meine Fähigkeit zum Gedankenlesen auf folgende Weise: Ich lasse Sie ein Wort auf ein Blatt Papier schreiben und dieses in einen normalen weißen Briefumschlag stecken, in den es ohne zu falten hineinpasst. Dann kleben Sie den Briefumschlag zu. Bevor Sie mir den Briefumschlag übergeben, inspizieren Sie diesen noch einmal sorgfältig. Das Wort scheint nicht durch den Briefumschlag durch, und nirgendwo im Raum gibt es besonders helles Licht, das den Briefumschlag durchdringen und so das Wort in Form eines Schattens verraten könnte.

Während ich den Umschlag halte, sollen Sie an das Wort denken, sodass ich es in Ihren Gedanken „sehen“ kann. Ich blicke zwar gelegentlich auf den Umschlag, doch versuche ich nie, ihn gegen eine Lichtquelle zu halten. Nach einigen Minuten der Konzentration nenne ich Ihnen das Wort.

In Wahrheit besitze ich natürlich nicht die Gabe, Gedanken zu lesen. Wie also habe ich es fertiggebracht, das Wort herauszufinden? Vielleicht hilft Ihnen folgender Hinweis weiter: Die hinter meiner Hellseherei steckende Physik ähnelt der, die Kleidungsstücke, insbesondere weiße Baumwoll-T-Shirts, semitransparent werden lässt, wenn sie nass sind.

Antwort
Nachdem Sie mir den Umschlag übergeben haben, schmiere ich heimlich ein wenig Fett darauf. Normalerweise dringt Licht nicht durch das Papier des Umschlags, weil es an dessen Fasern und Füllstoffen gestreut wird. Wie stark die Streuung an einem bestimmten Material ist, lässt sich durch dessen *Brechungsindex* quantifizieren. Dies ist ein Maß dafür, wie schnell sich Licht in diesem Material ausbreitet. Papier besteht aus Lufttaschen mit einem sehr niedrigen Brechungsindex und Fasern und Füllstoffen mit einem höheren Brechungsindex. Die große Differenz der beiden Brechungsindizes führt zu einer starken Streuung an den Grenzflächen der Lufttaschen.

Ich kann jedoch das Ausmaß der Streuung reduzieren, indem ich das Papier Fett absorbieren lasse, das einen mittleren Brechungsindex hat. An den Übergängen zwischen Luft und Fett sowie zwischen Fett und Fasern ändert sich der Brechungsindex nun nicht mehr sehr stark. Da das Licht jetzt weniger gestreut wird, dringt es besser durch den Umschlag und beleuchtet das Wort und das Papier, auf dem es geschrieben ist. Die dunklen Zeichen absorbieren den größten Teil des Lichts, während das sie umgebende Papier einen Teil des Lichts durch das fettige Papier und schließlich zu mir zurückstreut. Ich kann die Zeichen (und damit das Wort) wegen ihres Kontrastes mit der Umgebung erkennen.

6.87 Kurzgeschichte: Schwertschlucker im Dienste der Medizin

Heute ist die *Endoskopie* ein Standardverfahren der medizinischen Diagnostik, bei dem ein aus optischen Fasern bestehendes Sichtgerät durch den Hals eines Patienten zum Magen geführt wird, sodass der Arzt den Weg verfolgen kann. Das Sichtgerät ist gekrümmt, damit es den Weg vom Mund in die Speiseröhre bequem passieren kann. Das Ende des Geräts trägt eine Lichtquelle, um den Durchgang durch die Speiseröhre oder den Magen auszuleuchten. Das Bild des ausgeleuchteten Inneren wird nach oben geleitet und auf einem Monitor angezeigt. Der Arzt kann das Gerät manipulieren und steuern, welcher Teil des Inneren angeleuchtet und auf Anzeichen von Krebs oder Geschwüren untersucht werden soll. Das Verfahren wird auch verwendet, um nach Drogenpäckchen zu suchen, die manche Leute verschlucken, um sie auf diese Weise durch den Zoll zu schmuggeln.

Die moderne Endoskopie ist eine gut verstandene Technik, doch ihre Anfänge waren etwas seltsam. So wurde etwa ein recht brachiales Endoskop, bestehend aus einem geraden Rohr, das von einer Kerze beleuchtet wurde, verwendet, um das untere Ende des Dickdarms zu untersuchen. Ebenso wurde in den Anfängen der Endoskopie ein gerades Rohr verwendet, doch das Rohr reichte nicht bis in den Magen. Dieser Vorreiter der Endoskopie fand jedoch noch einen Weg, wie er ein längeres Rohr verwenden konnte: Er beschäftigte einen Schwertschlucker, also eine Person, die in der Lage war, den Kopf nach hinten zu neigen und dabei bestimmte Muskeln entlang der Speiseröhre zu entspannen, was einen ziemlich geraden Weg vom Rachen bis zum Magen ergab. Der Arzt konnte nun das frei liegende Ende des eingeführten Rohrs anleuchten und so das Mageninnere untersuchen. Damit begann die moderne Endoskopie.

6.88 Optische Effekte an der Duschkabinentür

Halten Sie einen Streifen durchsichtiges Plastikband über einen gedruckten Text, und bewegen Sie dann das Band auf sich zu. Warum können Sie die Wörter anfangs sehen, aber nicht mehr, wenn das Band mehr als einen halben Zentimeter von ihnen entfernt ist? Und warum ist der Körper eines Duschenden durch eine gefrostete (d. h. mit einer Textur überzogene) Duschkabinentür nur dann gut zu sehen, wenn sich die Person unmittelbar hinter der Tür befindet (Abb. 6.32a)?

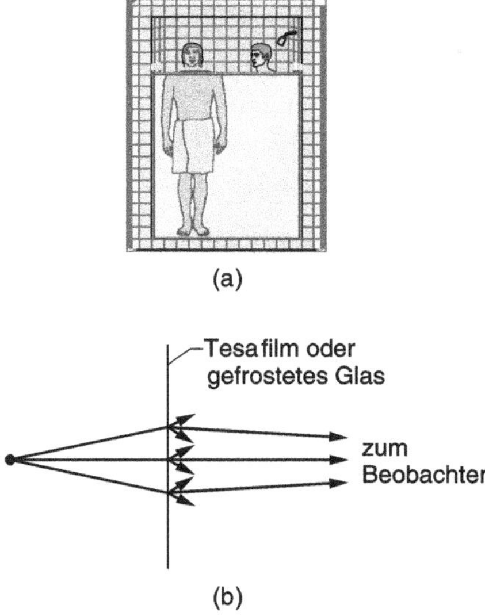

Abb. 6.32: (a) Ein Duschender ist nur dann sichtbar, wenn er nahe an der gefrosteten Tür der Duschkabine steht. (b) Lichtstreuung durch Unebenheiten.

Manche Museen nutzen bei der Art und Weise, wie sie ihrer Gemälde präsentieren, einen ähnlichen optischen Effekt aus. Die Bilder werden von einer Glas- oder Kunststoffschicht geschützt, doch wenn diese Schicht eine normale Scheibe wäre, würde sie wegen der Streureflexionen des Raumes Ihre Sicht auf das Bild stören. Um dies zu verhindern ist die Schicht leicht texturiert. Wieso eliminiert die Textur die Reflexionen des Raumes, ohne die Ansicht des Gemäldes zu stören?

Antwort

Wenn Sie durch eine normale Glasscheibe auf einen Punkt schauen, dann empfangen Ihre Augen einige der von dem Punkt ausgehenden Lichtstrahlen und Ihr Gehirn interpretiert diese, indem es sie automatisch nach hinten verlängert und daraus das wahrgenommene

Bild konstruiert. Das Bild ist klar und scharf, weil die Strahlen, die Sie empfangen, von einem winzigen Bereich auf dem Glas ausgehen, der genau auf Ihrer Sichtlinie zu dem Punkt liegt.

Wenn ein Streifen durchsichtiges Plastikband an die Stelle der Glasscheibe tritt, wird jeder Strahl, der auf das Band trifft, an den Unebenheiten des Bandes gestreut (Abb. 6.32b). Sie empfangen nun zusätzliche Strahlen des Punktes, die an Stellen durch das Band treten, die nicht auf Ihrer Sichtgeraden zum Punkt liegen. In dem Versuch, die Quelle der Lichtstrahlen wahrzunehmen, verlängert Ihr Gehirn wiederum die Strahlen nach hinten. Wenn das Band dicht vor dem Punkt liegt, sind die Strahlen noch nicht weit auseinander gelaufen und der Bereich auf dem Band, von dem aus Sie Strahlen empfangen, ist dementsprechend klein. Sie sehen daher noch immer ein recht klares und scharfes Bild des Punktes. Wenn Sie jedoch den Abstand des Bandes vom Punkt erhöhen, sind die vom Punkt ausgehenden Strahlen weiter auseinander gelaufen, wenn sie das Band erreichen, und entsprechend vergrößert ist der Bereich des Bandes, von dem aus Sie Strahlen empfangen. Sie sehen nun einen vergrößerten und undeutlichen Fleck.

Nehmen wir nun an, Sie schauen durch das Band hindurch auf eine mit Text bedruckte Seite. Ob Sie die Schrift lesen können, hängt davon ab, ob es Ihnen gelingt, die einzelnen Buchstaben aufzulösen. Wenn das Band mehr als einen halben Zentimeter von der bedruckten Seite entfernt ist, sind die Bilder der Buchstaben so weit auseinander gelaufen, dass sie sich zu sehr überlappen, als dass Sie sie unterscheiden könnten.

Die physikalischen Verhältnisse ähneln denen der oben beschriebenen Situation eines Duschenden hinter einer texturierten Tür oder der Schutzschicht über einem Gemälde. Im Falle des Gemäldes stehen Sie dicht genug vor dem Objekt, um Details erkennen zu können, während die im Ausstellungsraum befindlichen Gegenstände weit genug entfernt sind, damit ihre Spiegelbilder verschmieren und nicht zu erkennen sind. Im Falle der Duschkabinentür fragen Sie sich vielleicht, warum die Textur üblicherweise auf der Außenseite aufgebracht ist. Wenn die Textur mit Wasser überzogen wäre, würde ein Teil des Wassers die Vertiefungen der Textur füllen, was zu einer glatteren Oberfläche und somit zu einer Reduzierung des Effekts führen würde. Auf diese Weise hilft die Optik also, den Duschenden vor neugierigen Blicken zu verbergen.

6.89 Der Zauber der Lichtbrechung

Ein Zauberkünstler wickelt eine Zeitung um ein Reagenzglas und zerschlägt es mit einem Hammer. Dann schüttet er die Scherben in einen transparenten Becher. Er murmelt einen kurzen Zauberspruch, in dem er die Scherben auffordert, sich wieder zu einem Reagenzglas zu formieren, greift ins Wasser, stellt fest, dass die Scherben seiner Aufforderung gefolgt sind und holt das unversehrte Reagenzglas heraus. Wie hat der Zauberkünstler dies bewerkstelligt?

Lassen Sie eine durchsichtige Glasmurmel in ein Cognacglas fallen und stellen Sie das Ganze auf eine Buchseite oder eine Zeitung. Wenn Sie durch die Glasmurmel nach unten schauen, ist das Gedruckte nicht lesbar. Wie können Sie den Text lesbar machen, ohne das Glas zu bewegen?

Antwort

Für den Trick mit dem Reagenzglas müssen Sie zunächst ein Reagenzglas ins Wasser legen. Sie können es im Wasser sehen, weil das durchs Wasser dringende Licht am Reagenzglas reflektiert und gebrochen wird. Um das Reagenzglas zu verstecken, lösen Sie Zucker im Wasser auf. Wenn das Zuckerwasser und das Reagenzglas die gleichen optischen Eigenschaften haben (genauer gesagt den gleichen *Brechungsindex*), kann das durch das Wasser dringende Licht das Reagenzglas ohne eine verräterische Richtungsänderung passieren. Das im Wasser liegende Reagenzglas ist nun unsichtbar. Das Gleiche gilt für die Scherben des zweiten Reagenzglases, die Sie später in das Zuckerwasser werfen. Wenn Sie ins Wasser greifen, um das erste Reagenzglas herauszuziehen, müssen Sie es vorsichtig mit Ihren Fingern ertasten (und dabei natürlich Ihren Zauberspruch murmeln).

Die Glaskugel fokussiert das Licht von der bedruckten Seite so stark, dass Sie das Bild nicht auflösen können. Sie können die Fokussierung reduzieren, indem Sie Wasser in das Glas füllen. Die Brechungsindizes von Wasser und der Glaskugel unterscheiden sich nicht sehr stark, sodass die Lichtstrahlen nur leicht gebrochen werden, wenn sie von dem einen Material ins andere übergehen. Ihre Augen können nun die austretenden Lichtstrahlen ausreichend fokussieren, um den Text lesen zu können.

6.90 Der unsichtbare Mann und lichtdurchlässige Tiere

In seinem Roman *Der Unsichtbare* schrieb H. G. Wells über einen Mann, der unsichtbar wurde (Abb. 6.33). Ist dies optisch möglich? Würde ein Mann unsichtbar werden, wenn er transparent wäre wie dünnes Glas? Kann ein unsichtbarer Mann selbst etwas sehen? Warum ist Ihr Auge transparent, aber nicht Ihre Haut? Kann ein Tier weitestgehend transparent werden?

Abb. 6.33: Der unsichtbare Mann in seinem Lieblingssessel ruhend.

Antwort

Einen unsichtbaren Mann kann es natürlich nicht geben. Wäre er lediglich transparent (wie dünnes Glas), würde der gewölbte Teil seines Körpers wie eine komplizierte Linse wirken und Ihren Blick auf den Hintergrund verzerren, wenn er sich vor Ihnen bewegt. Außerdem würde an seiner Oberfläche Licht reflektiert werden, wie es beispielsweise bei einer Skulptur aus Eis der Fall ist. Um die Verzerrung und die Reflexion zu eliminieren, müsste der Mann dieselben optischen Eigenschaften besitzen wie Luft, d. h. er müsste aus Luft bestehen, was natürlich unmöglich ist.

Damit der Mann sehen kann, muss er Licht fokussieren und dann einen Teil davon absorbieren. Wenn die Augenlinse Licht fokussieren soll, müssen sich ihre optischen Eigenschaften von denen der Luft unterscheiden. Soll die Netzhaut Licht absorbieren, muss sie zumindest teilweise lichtundurchlässig sein. Beide Faktoren könnten Sie sehen, wenn Sie in seine Augen schauen würden. Doch was wäre, wenn er das Licht mithilfe von winzigen Flecken bündelt (siehe Aufgabe 6.102 über Pinspeck-Kameras) und dann nur einen Teil des Lichts absorbiert. In diesem Falle könnte er unentdeckt bleiben.

Wenn sichtbares Licht in den menschlichen Körper eindringt, wird es an Collagen, Membranen und verschiedenen anderen Hindernissen entlang seines Weges gestreut, d. h. an Punkten, wo sich die optischen Eigenschaften ändern. Diese Streuung ist erheblich, da diese Änderungen der optischen Eigenschaften auf einer Längenskala auftreten, die *größer* ist als die Wellenlänge des Lichts. Jedes beliebige, durch die Haut geschickte Bild wird durch diese Streuung erheblich durcheinandergebracht, sodass ein Mensch im Bereich des sichtbaren Lichts nicht durchsichtig ist. (Es gibt allerdings Möglichkeiten, dieses Durcheinander mithilfe computergestützter Verfahren „ungeschehen“ zu machen, sodass ein Bild tatsächlich das menschlichen Gewebe durchdringen kann.)

Hornhaut und Linse des menschlichen Auges sind trotz der Collagenfasern in der Netzhaut und der kristallinen Proteine in der Linse transparent für sichtbares Licht. Der Grund dafür ist, dass die Fasern und Proteine dicht gepackt sind und eine sogenannte *Nahordnung* besitzen. Dies bedeutet, dass die in einem eng begrenzten Gebiet (zum Beispiel einige Faserdurchmesser) befindlichen Fasern und Proteine alle die gleiche Orientierung haben. Die hohe Dichte ist dafür verantwortlich, dass die Änderungen der optischen Eigenschaften auf Längenskalen auftreten, die *kleiner* sind als die Wellenlänge des Lichts. Folglich wird das Licht vor allem in Vorwärtsrichtung gestreut, d. h. in Richtung der Netzhaut. Damit kann das Licht Bildinformationen durch das Auge hindurch zur Netzhaut transportieren, wo das Licht wahrgenommen wird und die Bilderkennung beginnt.

Einige Meerestiere minimieren ihre Sichtbarkeit, indem sie Licht so reflektieren, dass Sie mehr vom Ozean anstatt vom Tier sehen. Derartige Reflexionen können die Augen des Tieres verbergen, sodass sie von einem Feind nicht erkannt werden. Ebenso kann der Darm versteckt werden, der aufgrund der darin befindlichen Nahrung lichtundurchlässig ist. Die von einigen Meerestieren erzielte Transparenz ist noch nicht hinreichend erforscht. Klar ist aber, dass sie mit der Minimierung der Variation der optischen Eigenschaften innerhalb ihres Körpers zu tun hat, sodass die Streuung des Lichts minimiert wird. Die Variationen treten also auf Längenskalen auf, die kleiner sind als die Wellenlänge des Lichts. Daher wird das Licht immer in Ausbreitungsrichtung gestreut, so als ob diese Veränderungen gar nicht eintreten würden. Einige Tiere sind aus einem einfachen Grund transparent – sie können sich selbst so flach machen, dass die Streuung in ihrem Körper kaum mehr wahrnehmbar ist.

Der Hawaiianische Tintenfisch verbirgt sich mithilfe einzigartiger, in Stapeln von Blättchen angeordneter Proteine. Diese Blättchen wirken wie dünne Filme, die Licht reflektieren können, genauso wie eine Reihe paralleler Seifenfilme Licht reflektiert. Das Bemerkenswerte an diesem Tintenfisch ist, dass das Licht von Bakterien erzeugt wird, die sich in einem Organ an der Unterseite des Tintenfischs befinden. Wenn der Tintenfisch beispielsweise von Mondlicht angeleuchtet wird, versucht er zu vermeiden, dass er einen Schatten auf den Meeresgrund wirft, der ihn verraten würde. Indem er die Sauerstoffversorgung der Bakterien verändert, veranlasst er sie, sich zum einfallenden Licht zu bewegen. Die Blättchen reflektieren dieses Licht dorthin, wo sich der Schatten befindet, der auf diese Weise verschwindet.

6.91 Eine durch Brechung gekrümmte Straße

Wenn Sie das nächste Mal im Flugzeug auf einem Fensterplatz über der Tragfläche oder in der Nähe ihrer hinteren Kante sitzen, dann richten Sie einmal Ihren Blick auf eine gerade verlaufende Straße, die unter der Vorderkante der Tragfläche verschwindet. Oft scheint der Straßenabschnitt, der der Tragfläche am nächsten liegt, geknickt zu sein (siehe Abb. 6.34a). Da die Straße zunehmend unter der Tragfläche verschwindet, wandert dieser Knick scheinbar die Straße entlang. Wodurch wird dieses Phänomen verursacht?

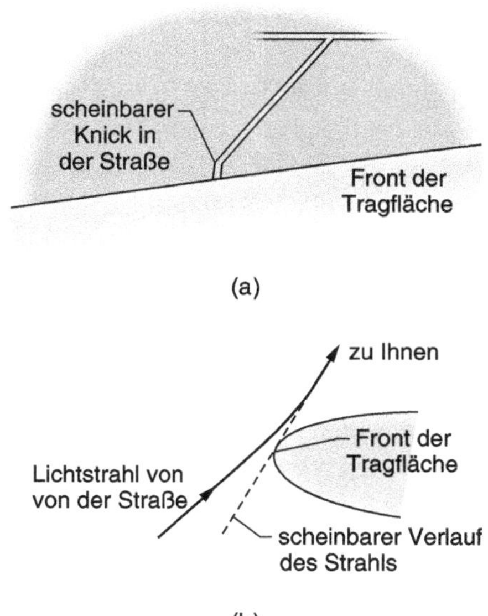

Abb. 6.34: (a) Ihre Sicht auf die Straße. (b) Ablenkung eines Lichtstrahls an der Tragfläche.

Antwort

Die ankommenden Lichtstrahlen verlaufen im größten Teil der betrachteten Straße entlang einer geraden Linie und Sie sehen die Straße in ihrer tatsächlichen Form. Das Licht aber, das aus dem Bereich nahe der Vorderkante der Tragfläche zu Ihnen dringt, muss auf seinem Weg Luftschichten durchqueren, die wegen des Eindringens der Tragfläche sehr große

Dichteschwankungen aufweisen. Diese Dichteschwankungen verursachen eine Ablenkung (Krümmung) der Lichtstrahlen nach oben (siehe Abb. 6.34b). Wenn diese Strahlen Sie erreichen, scheinen sie sich in Ihrem Blickfeld weiter unten zu befinden als dies tatsächlich der Fall ist. Der Knick kennzeichnet den Punkt, der die beeinflussten von den nicht beeinflussten Strahlen trennt.

6.92 Blumengießen bei Sonnenschein

Manche Gärtner behaupten, dass man den Rasen oder die Beete nicht bei hellem Sonnenlicht gießen soll, da die Wassertropfen auf den Blättern das Licht so stark fokussieren, dass sie deren Oberfläche verbrennen. Ist an dieser Behauptung etwas dran?

Antwort

Kein Forscher hat bisher über derartige Schäden an den Blättern berichtet. Im Gegenteil, es gibt sogar Hinweise dafür, dass Wasser die Blätter kühlen kann. Berechnungen haben ergeben, dass es nur dann zu einer signifikanten Fokussierung und folglich zu einer Erwärmung kommt, wenn die Tropfen von den Blättern abperlen. Auf den meisten Pflanzen neigt das Wasser dazu, sich auszubreiten (das Wasser *befeuchtet* sozusagen die Blätter). Einige Pflanzen wie beispielsweise die Lotusblume besitzen jedoch Blätter mit speziellen, mikroskopisch kleinen Strukturen, die dafür sorgen, dass das Wasser in fast vollkommener Kugelform abperlt. Diese Pflanzen können zwar bei direkter Sonneneinstrahlung durch Überhitzung gefährdet sein, doch die fast vollkommenen Kugeln rollen sofort von den Blättern herunter.

Obwohl also die Befürchtung, die Blätter könnten „verbrennen“, unbegründet ist, ist es in trockenen Gebieten dennoch ratsam, das Gießen in die frühen Morgen- oder die späten Abendstunden zu verlegen, denn dann hat das Wasser bessere Chancen, im Boden zu versickern, bevor es verdunstet.

6.93 Feuer aus Eis

In Jules Vernes Roman *Die Eiswüste* werden Kapitän Hatteras und ein paar loyale Männer bei einem Versuch, den Nordpol zu erreichen, von der meuternden Crew ausgesetzt. Den ausgesetzten Männern gelang es zwar, Holz für ein Lagerfeuer zu sammeln, doch sie hatten nichts bei sich, womit sie das Holz hätten anzünden können. Da die Ausgesetzten wussten, welch langen Weg über Eisfelder sie zurücklegen müssten, um ein anderes Schiff zu erreichen, war ihnen klar, dass sie bald erfrieren würden. Zum Glück jedoch kam dem Schiffsarzt eine Idee, wie sie Eis als Zündstoff verwenden konnten. Haben Sie eine Vermutung, worin diese Idee bestand? Kann die Methode wirklich funktionieren?

Antwort
Im Roman fertigt der Schiffsarzt aus einem klaren Eisblock eine konvexe Linse. (Der Eisblock war frei von Luftblasen, die normalerweise beim Prozess des Gefrierens im Eis eingefangen werden.) Mit einer kleinen Axt klopfte er den Block heraus und schlug ihn grob zurecht. Dann glättete er ihn mit seinem Messer und der Wärme seiner Hände. Er hielt die Eislinse so gegen das Licht der Sonne, dass sie die Strahlen auf den Brennholzstapel bündelte. Innerhalb von Sekunden begann das Holz zu brennen.

Die Idee für dieses Vorgehen stammt möglicherweise von William Scoresby, einem berühmten britischen Forscher, der für seine Verdienste um die Erkundung der Arktis in Erinnerung bleibt. Einmal beschrieb er, wie seine grob geformten Linsen aus transparentem Eis Holz anzünden, Blei schmelzen und eine Seemannspfeife anzünden könnten. Neulich erzählte mir jemand, wie man mit einer Kamera, die anstatt einer normalen Linse eine Linse aus Eis verwendet, Fotos aufnehmen kann.

Sie können auch mit einem normalen Brillenglas ein Feuer anzünden. Wenn das Brillenglas einer weitsichtigen Person gehört (sodass das Brillenglas konvex ist), kann sein Brennpunkt so positioniert werden, dass er auf dem Brennholz liegt. Gehört die Brille dagegen einem Kurzsichtigen, kann das Glas die Strahlen nicht fokussieren. Daher ist die Geschichte, wie die Kinder in *Herr der Fliegen* ein Feuer anzünden, nicht schlüssig: Piggy ist stark kurzsichtig und nicht weitsichtig, sodass Ralph ummöglich auf die beschriebene Weise mit der Brille ein Feuer angezündet haben kann.

6.94 Diamanten

Warum funkeln Diamanten? Wodurch entstehen ihre Farben und warum sind die Farben in einem größeren Diamanten brillanter? Warum erscheint der Diamant dunkel, wenn Sie durch seine Unterseite auf eine kleine Lichtquelle schauen? Warum verringert Schmutz auf der Unterseite das Funkeln, das man durch die Oberseite sieht?

Antwort
Damit ein Diamant farbig funkelt, muss das durch die Oberseite eintretende Licht in seine Farben zerlegt werden und durch die Oberseite wieder aus dem Diamanten austreten. Daher sollte das Licht, wenn es die Unterseite erreicht, vollständig reflektiert werden und nicht durch diese Fläche entweichen. Um diesen Verlust zu vermeiden, wird die Unterseite in steilem Winkel zur Ausbreitungsrichtung des Lichts geschliffen, was bewirkt, dass das Licht vollständig an dieser Fläche reflektiert wird. Man spricht in diesem Fall von *Totalreflexion*. Wenn Sie daher von unten durch den Diamanten blicken, sieht dieser dunkel aus. Wenn die Unterseite jedoch mit Öl oder Schmutz bedeckt ist, kann ein Teil des Lichts in diese Schicht eindringen, und der Diamant funkelt nicht mehr so stark wie zuvor. Deshalb müssen Sie, um das Funkeln Ihres Diamanten zu bewahren, Ober- und Unterseite gelegentlich reinigen.

Ein Maß dafür, wie gut ein Material Farben separieren kann, wenn es mit weißem Licht angestrahlt wird, ist der *Brechungsindex*. Diamant hat einen sehr hohen Brechungsindex und separiert die Farben deshalb wesentlich besser als Glas, das einen niedrigen Brechungsindex hat. Deshalb können Diamantimitationen aus Glas zwar funkeln, wenn sie entsprechend geschliffen sind, doch ihnen fehlt das Spiel der Farben, das einen echten Diamanten auszeichnet. Prinzipiell ist ein großer Diamant wesentlich farbenfreudiger als ein kleiner, da die Farben wegen des längeren Weges durch den Diamanten stärker separiert werden.

6.95 Opale

Wodurch entstehen die eindrucksvollen Farben von Opalen? Offensichtlich muss der für diese Farben verantwortliche Mechanismus ein anderer sein als bei Diamanten, da die Größe eines Opals keinen Einfluss auf die Separation der Farben hat. Auch die Farben sind anders. Wenn Sie einen Diamanten unter hellem, weißen Licht drehen, sehen Sie eine Farbänderung, die sich über das gesamte sichtbare Spektrum erstreckt. Wenn Sie das Gleiche mit einem Opal tun, sehen Sie nur einen kleinen Farbbereich. Was bestimmt den Unterschied zwischen dem farblosen Gemeinen Opal und dem wertvollen Schwarzen Opal?

Antwort
Ein Opal ist kein Kristall, sondern ein amorphes Mineral aus Kieselgel mit einem geringen Wasseranteil. Das Kieselgel bildet winzige Kugeln (mit Durchmessern von etwa 100 Nanometern), die ähnlich wie Orangen in einer Kiste dicht gepackt sind. Die Zwischenräume zwischen den Kugeln enthalten Luft, Wasserdampf oder flüssiges Wasser. Die optischen Eigenschaften dieser Anordnung aus Kugeln und Zwischenräumen sind ortsabhängig. Wenn weißes Licht in den Opal eindringt, wird es durch die amorphe Anordnung so gebeugt, dass unter verschiedenen Winkeln jeweils andere Farben aus dem Opal zurückgesendet werden. Der Winkel, um den eine bestimmte Farbe gebeugt wird, hängt von den Durchmessern der Kugeln ab sowie vom Einfallswinkel des Lichts. Wenn Sie den Opal hin und her bewegen, während Sie ihn betrachten, dann sehen Sie Punkte in unterschiedlichen Farben aufblitzen. Dieses Farbspiel wird als *Feuer* des Opals bezeichnet.

Damit die Farben brillant und gut unterscheidbar sind – was zum Beispiel bei Schwarzen Opalen der Fall ist – dürfen die Abstände zwischen den Kugeln nur einen kleinen Schwankungsbereich haben. Dies ist gleichbedeutend damit, dass die Kugeln alle näherungsweise den gleichen Durchmesser haben. Die schönsten Farbspiele mit Farben, die man unter beliebigen Winkeln sieht, treten jedoch bei Opalen auf, in denen die Kieselgelstapel in ihrer Orientierung und Anordnung räumlichen Schwankungen unterliegen. Die Schönheit eines Schwarzen Opals wird durch das Vorhandensein kleiner Partikel (Kohlenstoff, Eisenoxid oder Titanoxid) erhöht, die das ungebeugte Licht absorbieren und dadurch einen dunklen Hintergrund für das farbenprächtige Licht bilden, das Sie empfangen. Bei Gemeinen Opalen ist die Schwankungsbreite der Kugeldurchmesser groß und die Farben sind nicht brillant. Bei Milchopalen ist dieser Bereich kleiner, aber immer noch groß genug, um eine matt weiße *Opaleszenz* zu erzeugen.

6.96 Der Alexandrit-Effekt

Die meisten Edelsteine haben im Sonnenlicht und im Licht einer Glühlampe die gleiche Farbe. Bestimmte Edelsteine jedoch, darunter Alexandrit und Tanzanit, unterliegen einem bemerkenswerten Farbwechsel – von blaugrün im Sonnenlicht nach gelbrot im Schein einer Lampe. Da der erste Alexandrit-Edelstein 1831 in Russland gefunden worden war, nannte man diese

Farbverschiebung zu Ehren des russischen Zaren Alexander II. *Alexandrit-Effekt*. Wodurch entsteht diese Farbverschiebung?

Antwort
Ein Edelstein, der den Alexandrit-Effekt zeigt, lässt den blaugrünen und den roten Anteil des sichtbaren Spektrums gut durch, den dazwischenliegenden Spektralbereich jedoch nicht. Dabei ist die *Transmission* des blaugrünen Anteils besser als die des roten Anteils. Wenn man einen solchen Edelstein im Sonnenlicht betrachtet, das bekanntlich aus dem gesamten sichtbaren Spektrum besteht, dann dominiert die Transmission des blaugrünen Anteils, sodass Sie den Edelstein in dieser Farbe sehen. Kunstlicht dagegen wird von dem glühenden Draht einer Glühlampe erzeugt, und das blaue Ende des Spektrums ist im Allgemeinen schwach vertreten. Wenn Sie den Edelstein daher im Kunstlicht betrachten, ist die Transmission des blaugrünen Anteils wesentlich schwächer als die des roten – der Stein erscheint nun deutlich röter als im Sonnenlicht. Tatsächlich ist er sogar noch röter, als diese Erklärung vorhersagt. Anscheinend ist die Rotverstärkung ein Ergebnis Ihres visuellen Systems, d. h. der Interpretation durch Ihr Gehirn.

6.97 Sternsaphire

Wenn Sie von oben auf einen Sternsaphir blicken, der von einer kleinen Lichtquelle angestrahlt wird, dann sehen Sie über dem Stein einen sechsstrahligen Stern schweben. Was ist die Ursache für diesen Stern?

Antwort
Der Stern entsteht durch Lichtstreuung an Nadeln aus Titanoxid. Die Nadeln haben drei verschiedene Orientierungen, die jeweils um 120 ° voneinander separiert sind. Das an den Nadeln einer bestimmten Orientierung gestreute Licht sehen Sie als eine Linie. Insgesamt sehen Sie also drei Linien, die sich in ihren Mittelpunkten schneiden und auf diese Weise die sechs Strahlen eines Sterns bilden. Wenn der Edelstein so geschliffen wird, dass er eine runde oder ovale *Kalotte* hat (anstatt Facetten), dann scheint der Stern etwas über der Kalotte zu liegen, also über dem Stein zu schweben. Es handelt sich hierbei um ein *virtuelles* Bild, das das Gehirn bei dem Versuch erzeugt, das wahrgenommene Licht sinnvoll zu interpretieren. Würde man an der scheinbaren Position des Sterns ein Stück Karton platzieren, würde der Stern darauf nicht erscheinen.

6.98 Mustererzeugung durch Weingläser, Fensterscheiben und Wassertropfen

Sehen Sie sich einmal genau das Licht an, das durch ein Glas Weißwein auf einen Tisch scheint. Der Tisch wird nicht gleichmäßig durch das Weinglas beleuchtet, sondern ist mit einer oder mehreren hellen Linien bedeckt, die als *Kaustik* bezeichnet werden. Die Linien entstehen wegen der Wölbung des Glases, durch die das Licht abgelenkt wird. Fensterscheiben werfen ähnliche Reflexionen auf ihre Umgebung. Die bekannteste Kaustik dürfte allerdings jene sein, die in einer Kaffeetasse gebildet wird und aus zwei hellen, gekrümmten und sich schneidenden Linien besteht (Abb. 6.35a).

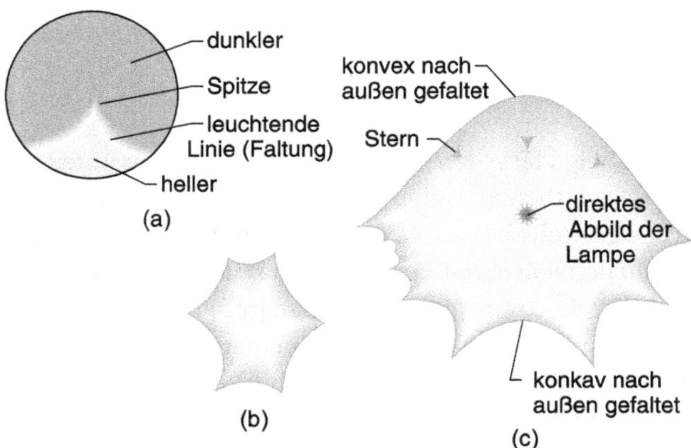

Abb. 6.35: Muster aus Licht; (a) in einer Kaffeetasse im Sonnenlicht, (b) auf einem kleinen Wassertropfen in der Nähe des Auges, (c) auf einem größeren Wassertropfen in der Nähe des Auges.

Kaustiken von größerer Variabilität können erzeugt werden, indem man einen Laserstrahl durch eine gekräuselte oder geschlängelte Plastikfolie schickt. Wenn Sie die Plastikfolie zur Musik bewegen, können Sie eine kleine Lasershow kreieren. Sie können auch eine ebene, klare Plastikfolie verwenden, auf der Sie einen Klecks Leim verschmiert haben. Dynamische Kaustiken kann man zudem auf dem Grund von Schwimmbecken sehen, wenn das Sonnenlicht durch die geschlängelten Wellen der Wasseroberfläche tritt.

Die beeindruckendsten Kaustikmuster sehen Sie, wenn Sie nachts durch einen Wassertropfen in eine Straßenlaterne schauen. Der Tropfen kann sich zum Beispiel auf Ihrer Brille oder auf einer Fensterscheibe befinden (im letzteren Fall müssen Sie allerdings ganz nah an den Wassertropfen herantreten). Wenn der Tropfen klein und irregulär ist, sehen Sie ein Muster aus konkaven, sich schneidenden Linien (Abb. 6.35b). Wenn der Tropfen größer ist und infolge der Schwerkraft tatsächlich die typische Tropfenform (oben spitz zulaufend, unten rund) hat, ist der untere Teil des Musters ähnlich wie zuvor, aber der obere Teil ist durch eine helle, konvexe Linie (Abb. 6.35c) begrenzt. Direkt darunter befinden sich Sterne, die Sie zum Tanzen bringen können, indem Sie vorsichtig an dem Tropfen rütteln. Wenn Sie es schaffen, den Tropfen um Ihre Sichtlinie zur Lampe zu drehen, dann schrumpft eine Zacke, die sich ursprünglich im unteren Teil des Musters befand, zusammen und schiebt sich ins Innere, wodurch ein Stern entsteht.

Wodurch entstehen die beschriebenen Muster? Lassen sich die Muster in elementare Bestandteile zerlegen?

Antwort

Die Kaustiken können auf zwei grundlegende Formen reduziert werden: *Falten* (die gekrümmten Linien) und *Zacken* (die Schnitte zweier Falten). Diese grundlegenden Formen sind ein Beispiel für die Anwendung einer mathematischen Theorie, die als *Katastrophentheorie* bezeichnet wird. Sie erscheinen, weil eine Oberfläche (Weinglas, gekräuselte Wasseroberfläche usw.) die Strahlen durch Brechung oder Reflexion bündeln, sodass sich das Licht in den hellen Linien konzentriert. Genau genommen wird das Licht in einem dreidimensionalen Gebiet in der Luft konzentriert. Wenn Ihre Augen oder ein Schirm das Licht empfangen, wird ein zweidimensionaler Schnitt durch diese Struktur vorgenommen.

Die dreidimensionalen Strukturen kommen in drei Varianten vor, und jede von ihnen besitzt eine *Singularität*, in der die Kaustik in einem Schnitt am kompaktesten ist. Wird an irgendeiner anderen Stelle ein Schnitt durch eine dieser drei Strukturen vorgenommen, sagt man, die Struktur wird *entfaltet*.

Sonnenlicht, das vom Fenster eines Gebäudes auf eine Mauer reflektiert wird, kann ein Bild ergeben, das im Wesentlichen dem Fenster ähnelt, wobei die Kanten jedoch gekrümmt sind, also Falten bilden. Die Falten können konkav oder konvex sein, je nachdem, ob sich die Fensterscheibe nach innen oder außen wölbt. Wenn sich die Scheibe nach außen wölbt, erzeugt die Reflexion ein ovales Muster, wölbt sie sich nach innen, entsteht ein helles Kreuz. Bei einem Doppelfenster, bei dem beide Typen von Krümmungen vorkommen, sind beide Muster möglich.

6.99 Schatten mit hellen Rändern und Bändern

Untersuchen Sie bei Ihrem nächsten Wannenbad einmal den Schatten, den ein Bleistift wirft, der von einer einzelnen Lampe von oben angestrahlt wird. (Aber stellen Sie die Lampe keinesfalls so, dass sie ins Wasser fallen und Sie durch einen Stromschlag töten kann!) Wenn Sie den Stift über dem Wasser halten oder ihn vollständig eintauchen, dann erinnert der Schatten am Boden der Wanne stark an den Stift. Wenn Sie ihn aber so halten, dass er nur zum Teil eingetaucht ist und schräg aus dem Wasser ragt, dann wirft er zwei würstchenförmige Schatten, die durch ein weißes Band separiert sind (Abb. 6.36a). Wodurch entsteht dieser Effekt?

Halten Sie den Stift nun so, dass er senkrecht aus der Wasseroberfläche ragt und variieren Sie die vertikale Position des unteren Endes. Wenn das Ende dem Wannengrund nahe kommt, wirft der Stift einen kleinen Schatten. Wenn Sie das Ende jedoch in die Nähe der Wasseroberfläche bringen, wird der Schatten durch einen hellen Fleck ersetzt. Warum?

Lassen Sie eine flache, doppelschneidige Rasierklinge (nicht die Sorte mit einer verstärkten Seite) auf der Wasseroberfläche schwimmen. Falls das Wasser nur wenige Zentimeter tief ist, sehen die Kanten des Schattens der Rasierklinge ganz normal aus. Warum aber haben die Kanten einen hellen Rand, wenn das Wasser tiefer ist (Abb. 6.36b)? Sind die Ränder immer noch hell, wenn Sie die Klinge leicht anheben, sodass sie sich ein wenig über der Wasseroberfläche befindet?

Warum erzeugen auf dem Wasser schwimmende Haare häufig eine Folge kleiner Schatten, von denen einige normale Ränder und andere helle Ränder haben?

Fahren Sie mit einem Finger oder einem Stift durch das Badewasser, das mindestens sechs Zentimeter tief sein sollte. Warum huschen dunkle Kreise mit hellen Rändern über den Boden? Ähnliche Schatten können Sie auf dem Boden eines von der Sonne beschienenen Schwimmbeckens sehen, wenn jemand darin schwimmt oder aus dem Wasser steigt.

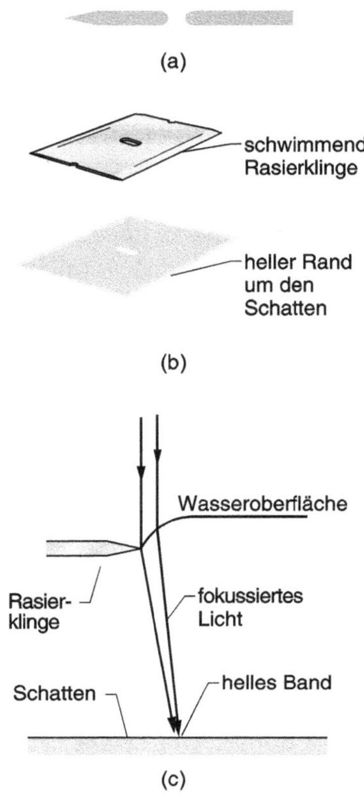

Abb. 6.36: (a) Schatten eines Bleistifts und (b) Schatten einer Rasierklinge auf flachem Wasser. (c) Die Krümmung der Wasseroberfläche in der Nähe des eingetauchten Objekts fokussiert die Lichtstrahlen so, dass sie am Rand des Schattens ein helles Band bilden.

Antwort

Die würstchenförmigen Schatten entstehen dadurch, dass aufgrund der Oberflächenspannung etwas Wasser am Stift nach oben gezogen wird (d. h. wegen der Anziehung zwischen den Wassermolekülen sowie zwischen den Wassermolekülen und dem Stift), denn dadurch wird die Wasseroberfläche konkav. Wenn Licht an dem Stift vorbei und durch die gekrümmte Wasseroberfläche tritt, breitet es sich zum Teil in den Schatten hinein aus und erzeugt eine helle Lücke zwischen den beiden Schatten, die von dem trockenen und dem eingetauchten Abschnitt des Stiftes erzeugt werden.

Das Gewicht der Rasierklinge drückt die Wasseroberfläche leicht zusammen, sodass die Oberfläche konvex ist. Das durch den gekrümmten Teil der Oberfläche tretende Licht wird fokussiert, doch wenn das Wasser flach genug ist, kommen die Strahlen auf dem Wannenboden an, bevor sie zusammenlaufen. Der Schatten hat dann normale Ränder. Wenn das Wasser tiefer ist, laufen die Strahlen am Rand des Schattens zusammen, wodurch ein heller Rand entsteht (Abb. 6.36c). Wenn Sie die Klinge anheben, wird etwas Wasser zu einer konkaven Form nach oben gezogen. Wegen dieser Form wird das Licht in den Schattenbereich gelenkt, ohne fokussiert zu werden, sodass die Ränder des Schattens normal aussehen.

Auf dem Wasser schwimmende Haare können, je nachdem, wie die Wasserfläche gerade gekrümmt ist, alle der hier diskutierten Schatteneffekte hervorbringen: würstchenförmige Schatten, normale Ränder und helle Ränder.

Wenn Sie einen Gegenstand schnell durchs Wasser ziehen, hinterlassen Sie auf der Wasseroberfläche kleine Wirbel. Der innerste Teil eines solchen Wirbels ist konkav und streut das Licht breit, wodurch auf dem Wannenboden ein dunkler Fleck entsteht, weil das Licht dort schwach ist. Etwas weiter außen in dem Wirbel ist die Oberfläche konvex. Das durch diesen Teil des Wirbels tretende Licht wird auf den Rand des Schattens fokussiert, sodass ein heller Rand entsteht. Ist das Wasser tief genug, so kann sich der Rand zu einem Lichtband mit besonders hellen Rändern ausdehnen.

6.100 Helle und dunkle Bänder über der Tragfläche

1983 berichtete A. Hewish von einem Paar Bänder, eines dunkel und das andere hell, die er während eines Fluges längs an einer Tragfläche eines Passagierdüsenflugzeugs gesehen hat (Abb. 6.37a). Das dunkle Band war ein bis zwei Zentimeter breit und kontrastierte nur wenig mit dem Rest der sonnenbeschienenen Tragfläche. Die Sonne stand etwa 25 ° über der Spitze der Tragfläche, und die Bänder waren mehr als eine Stunde lang sichtbar. Als das Flugzeug tiefer ging, verschoben sich die Bänder hin zum vorderen Rand der Tragfläche, bis sie schließlich verschwanden.

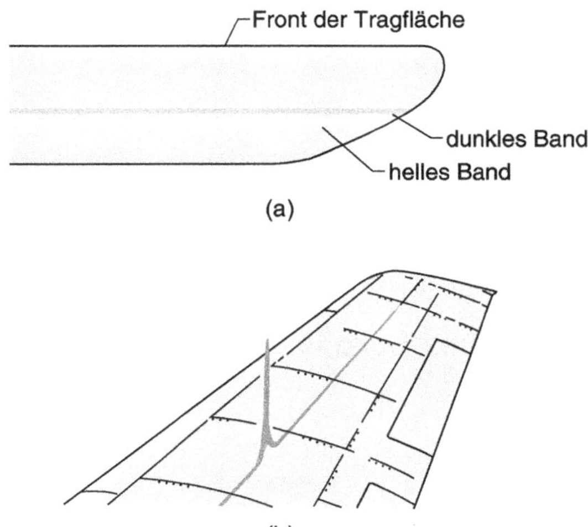

Abb. 6.37: (a) Helle und dunkle Bänder auf einer Tragfläche. (b) Ein aufrecht stehendes dunkles Band auf einer Tragfläche.

Auch ich habe ähnliche Bänder gesehen und außerdem einen verwandten Effekt, als die Sonne auf der gegenüberliegenden Seite des Flugzeugs stand: Ein dunkles Band ragte auf halber Höhe aus der Tragfläche heraus, wobei es die Details der äußeren Hälfte der Tragfläche merklich verzerrte (Abb. 6.37b). Wenn ich meinen Kopf in Richtung des Flugzeugrumpfs vor- und zurückbewegte, bewegte sich auch das Band. Manchmal sah ich sogar zwei Bänder.

Wodurch entstehen diese Bänder?

Antwort

Lassen Sie uns für die folgenden Überlegungen das Flugzeug als Bezugssystem wählen, d. h., wir nehmen an, dass die Luft über eine stationäre Tragfläche strömt. Durch diese Strömung entsteht eine *Stoßfront*, innerhalb der die Geschwindigkeit der entgegenkommenden Luft sprunghaft fällt und die Dichte der Luft entsprechend zunimmt. Die Stoßfront steht senkrecht auf der Tragfläche und erstreckt sich längs zu dieser. (Wenn die Stoßfront sichtbar wäre, würde sie wie eine poröse Barriere entlang der Tragfläche aussehen.) Wenn Lichtstrahlen durch die Stoßfront dringen, werden sie wegen der Änderung der Luftdichte stark gebrochen. Bei dem von Hewish beobachteten Phänomen wurden vermutlich Lichtstrahlen, die auf einen bestimmten Punkt auf der Tragfläche zuliefen, zu einem etwas weiter hinten auf der Tragfläche liegenden Punkt abgelenkt. Deshalb bildete sich dort ein helles Band, und dort, wo die Lichtstrahlen ohne die Stoßfront aufgetroffen wären, entstand ein dunkles Band.

Ursache für das beobachtete, zusätzliche dunkle Band waren ebenfalls durch die Stoßfront tretende Lichtstrahlen, doch in diesem Fall spielte außerdem die Struktur der sonnenbeschienenen Tragfläche eine Rolle. Wenn die Strahlen von benachbarten Details der Tragfläche durch die Stoßwelle traten, wurden sie unterschiedlich stark abgelenkt. Wegen des daraus resultierenden Auseinanderlaufens der Strahlen war der Bereich zwischen den betrachteten Details der Tragfläche relativ dunkel. Die Gesamtheit dieser dunklen Bereiche bildete das von mir beobachtete dunkle Band.

6.101 Kurzgeschichte: Schockwellen durch Überschallgeschwindigkeit

Das strahlgetriebene Auto Thrust SSC stellte 1997 in der Black-Rock-Wüste in Nevada einen Geschwindigkeitsrekord auf und durchbrach dabei als erstes Landfahrzeug der Welt die Schallmauer. Dieses Durchbrechen war nicht nur für die Zuschauer in Form eines lauten Knalls zu hören. Es wurde auch auf Fotos festgehalten, auf denen Hinweise für die mit der Überschallgeschwindigkeit verbundenen Schockwellen zu finden sind. Normalerweise wäre auf den Fotos die unverzerrte Ansicht der im Hintergrund der Rennstrecke aufragenden Berge zu erwarten gewesen, doch da die Lichtstrahlen auf ihrem Weg zur Kamera durch die Schockwelle dringen mussten, wurden sie entsprechend der Schwankungen der Luftdichte innerhalb der Schockwelle abgelenkt. Diese Ablenkung verzerrte das Bild der Berge und offenbarte auf diese Weise die Schockwellen. Auf einem der Fotos sind vier Schockwellen zu erkennen, die sich vom Auto aus nach oben erstrecken.

6.102 Lochblenden- und Pinspeckkameras

Eine Lochkamera besitzt eine kleine, runde Öffnung, durch die das Licht auf den Film fällt. Auf welche Weise entsteht bei dieser Anordnung ein Bild auf dem Film? Wie groß sollte das Loch sein? Manche winzig kleinen, reflektierenden Oberflächen, wie die von Glassplittern, können auf die gleiche Weise ein Bild erzeugen.

Sie können eine vergrößerte Version der Lochkamera konstruieren, indem Sie Licht durch eine kleine Öffnung eines Fenstervorhangs in einen ansonsten dunklen Raum fallen lassen. Auf der gegenüberliegenden Zimmerwand sehen Sie dann ein invertiertes Bild dessen, was sich vor dem Fenster befindet. Diese, auch als *Camera obscura* bezeichnete Anordnung war für die Menschen einst eine aufregende Novität.

Eine interessante Version dieses Effekts hat Patrick A. Cabe von der University of North Carolina in Pembroke veröffentlicht. Kurz zusammengefasst müssen Sie Folgendes tun: (a) Malen Sie eine Hälfte eines Tischtennisballs schwarz an. (b) Bohren Sie ein 2 Millimeter dickes Loch in die Mitte der schwarzen Seite. (c) Rollen Sie schwarzes Bastelpapier zu einem Zylinder, der etwa den Durchmesser des Balls hat. (d) Quetschen Sie dann den Ball in ein Ende des Zylinders, und zwar so, dass die schwarze Seite nach außen zeigt. (e) Fixieren Sie mit Klebeband die Naht des Zylinders sowie den Ball, ohne das Loch zu blockieren. (f) Schauen Sie nun durch das offene Ende des Zylinders, während Sie das hintere Ende auf eine hell erleuchtete Szenerie richten. Sie werden auf der Wand des Balls im Inneren des Zylinders ein auf dem Kopf stehendes, seitenverkehrtes Bild der Szenerie sehen.

Eine *Pinspeck-Kamera* besteht aus einem kleinen, lichtundurchlässigen Fleck, der vor einem Film platziert ist. (Der Fleck kann zum Beispiel auf eine ansonsten transparente Plastikfolie gemalt sein.) Eine große Öffnung vor dem Fleck wirkt als Blende, mit der die Menge des durch den Punkt einfallenden Lichtes reguliert werden kann. Welche Art von Bild erzeugt eine solche Anordnung auf dem Film?

Sie können auch eine Versuchsanordnung aufbauen, bei der ein Fleck einen Teil des Lichtes aus einem fluoreszierenden Rohr blockiert, das einen Film beleuchtet. Welche Art von Bild ist auf dem Schirm zu sehen?

Antwort

Stellen wir uns vor, dass sich vor einer Lochkamera eine kleine Lichtquelle befindet. Die von der Quelle ausgesendeten Lichtwellen werden am Loch gebeugt, d. h., sie laufen hinter dem Loch auseinander und interferieren, wobei sie sich an einigen Stellen verstärken und an anderen auslöschen. Das Ergebnis ist einfach: Das Licht bildet auf dem Film einen kleinen, hellen Fleck. Dieser Fleck ist ein Bild der Lichtquelle; andere kleine Lichtquellen erzeugen ebenfalls solche Bilder. Wenn das Loch zu groß ist, überlappen sich die Bilder – möglicherweise zu sehr, um noch unterscheidbar zu sein. Die Überlappung wird geringer, wenn man das Loch kleiner macht, doch dann sinkt auch die Intensität der individuellen Bilder. Was also ist die optimale Größe für das Loch?

Die Antwort auf diese Frage hängt davon ab, wie Lichtwellen an einem Objekt auseinander laufen, während sie sich in Richtung Film ausbreiten. Wenn die Welle die Lochebene erreicht, wird sie in Zonen aufgeteilt, die um das Loch zentriert sind. Das durch die zentrale

Zone gehende Licht trifft *in Phase* auf dem Film auf, d. h., diese Wellen verstärken sich gegenseitig (*konstruktive Interferenz*) und produzieren deshalb ein helles Bild.

Wenn das Loch die zentrale Zone exakt ausfüllt, ist das Bild am hellsten. Bei kleineren Löchern wird ein Teil des durch die zentrale Zone gehenden Lichtes blockiert, sodass das Bild dunkler ist. Ist das Loch größer, so trägt auch ein Teil des Lichtes aus der nächsten Zone zu dem Bild auf dem Film bei. Da diese Lichtstrahlen längere, indirekte Wege zum Film nehmen, kommen sie *phasenverschoben* zu den Strahlen aus der zentralen Zone an. Die Folge ist, dass sich einige der Wellen gegenseitig auslöschen (*destruktive Interferenz*), sodass das Bild dunkler wird. Optimal ist die Situation, wenn das Loch klein genug ist, um das Licht nur durch die zentrale Zone durchzulassen. Dann ist das Bild gleichzeitig hell und scharf.

Der lichtundurchlässige Fleck einer Pinspeck-Kamera wirft für jede kleine Lichtquelle auf einem Objekt vor der Kamera einen Schattenpunkt auf den Film. Die Gesamtheit der Schattenpunkte bildet ein *Schattenbild* (oder *Negativ*) des Objektes.

Wenn der Fleck zwischen ein fluoreszierendes Rohr und einen Schirm platziert wird, erscheint auf dem Schirm ein Schattenbild des Rohrs: Der Fleck wirft auf jeden Teil des Rohrs, der auf dem Schirm zu sehen ist, einen Schatten, und die Gesamtheit der Schatten ist ein dunkles Bild des Rohres. Das Bild ist nicht völlig dunkel, weil es noch immer überall vom überwiegenden Teil des Rohrs angeleuchtet wird.

6.103 Das Bild der Sonne unter einem Baum

Wodurch werden während einer Sonnenfinsternis die vielen kleinen Bilder der Sonne erzeugt, die im Schatten eines Baumes sichtbar werden? Gibt es solche Sonnenbilder im Schatten eines Baumes auch bei anderen Gelegenheiten? Warum erscheinen unter dem Blätterdach hoher Bäume Schattenbilder der Blätter, mitunter auch mit zwei Rändern, von denen sich einer innerhalb des anderen befindet? Warum treten die Schattenbilder unter kleineren Bäumen nicht auf?

Antwort

Die Bilder der Sonne entstehen durch kleine Löcher in den Blättern oder Lücken zwischen den Blättern. Jedes dieser Löcher funktioniert wie eine Lochkamera (siehe vorherige Fragestelung) und wirft ein Bild der Sonne auf den Schatten unter dem Baum. Diese Bilder entstehen auch ohne Sonnenfinsternis, sind dann aber viel schwerer zu erkennen, da das blendende Licht des Himmels und der Umgebung den Schatten teilweise anleuchtet. Während einer Sonnenfinsternis nimmt dieses Blenden infolge der allgemeinen Verfinsterung ab und die Bilder sind besser wahrnehmbar. In beiden Fällen sind die Bilder auf einer glatten Oberfläche besser zu erkennen als auf einem unebenen oder mit Gras bewachsenen Untergrund.

Die unter dem Blätterdach hoher Bäume zu beobachtenden Schatten werden von weiter unten hängenden Blättern erzeugt, wenn das Sonnenlicht durch Lücken im Blätterdach auf sie fällt. Wird eines dieser weiter unten hängenden Blätter von zwei Lücken aus angeleuchtet, können zwei sich überlappende Schattenbilder entstehen, wobei sich der Rand eines Blattes innerhalb des Bildes des anderen Blattes befindet.

6.104 Lichter hinter einem Schirm, Linien zwischen den Fingern

Wenn Sie nachts durch ein mehrere Meter von Ihnen entferntes Fliegengitter auf eine weit weg stehende, helle Lampe schauen, dann bildet das Licht der Lampe ein Muster aus hellen und dunklen Linien (Abb. 6.38a). Wodurch entsteht dieses Muster? Ein ähnliches Muster können Sie sehen, wenn Sie durch den Stoff eines gewöhnlichen Regenschirms schauen. Manchmal sehen Sie sogar Farben. Versuchen Sie Folgendes: Halten Sie in einem hell erleuchteten Raum Daumen und Zeigefinger so, dass zwischen ihnen nur noch ein winzig schmaler Spalt bleibt. Wenn Sie durch diesen Spalt durchblicken, sehen Sie mehrere dunkle Linien (Abb. 6.38b). Wodurch entstehen diese Linien?

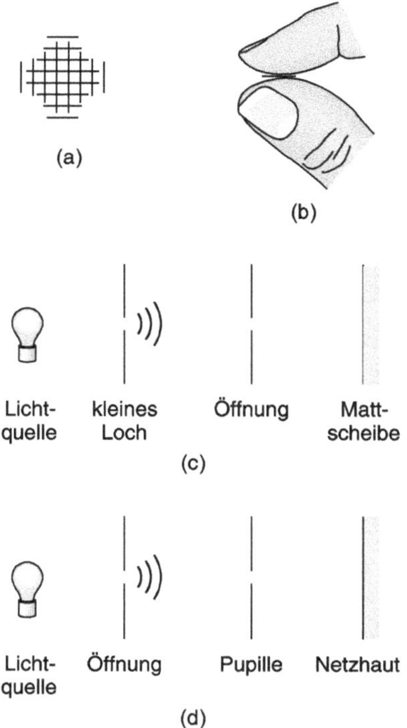

Abb. 6.38: Beugungsmuster; (a) erzeugt durch ein Gitter, (b) erzeugt mithilfe von Daumen und Zeigefinger. (c) Licht wird durch ein kleines Loch geschickt und fällt auf eine schmale Öffnung, wodurch ebenfalls ein Beugungsmuster entsteht. (d) Ist die schmale Öffnung Ihre Pupille, so entsteht das Beugungsmuster auf Ihrer Netzhaut.

Antwort

Die Muster aus hellen und dunklen Linien gehen in der Regel auf die Beugung des Lichts zurück. Durch die Beugung wird das Licht aufgespaltet, wenn es durch eine schmale Öffnung geht oder auf ein sehr kleines Objekt trifft. Bei bestimmten Winkeln sind die Wellen des aufgespalteten Lichts *in Phase* und verstärken einander (konstruktive Interferenz), wodurch eine helle Linie entsteht. Bei bestimmten anderen Winkeln sind die Wellen um eine halbe Wellenlänge phasenverschoben und löschen sich gegenseitig aus (destruktive Interferenz); es entsteht eine dunkle Linie. Wenn dieses aufgespaltete Licht auf einen Schirm fällt, bilden die hellen und dunklen Linien ein Muster.

Dieses Muster erscheint allerdings nur, wenn das durch eine schmale Öffnung tretende Licht *kohärent* ist. Dies bedeutet, dass die Wellen in Phase (oder fast in Phase) sein müssen, bevor sie gebeugt werden. Die meisten üblicherweise verwendeten Lichtquellen, beispielsweise auch Glühlampen, senden jedoch inkohärentes Licht aus, d. h., die Wellen werden ohne innere Ordnung zufällig erzeugt. Kohärentes Licht kann aus inkohärentem Licht erzeugt werden, indem man dieses durch ein kleines Loch gehen lässt (Abb. 6.38c). Wegen der geringen Ausdehnung des Loches sind alle durch das Loch tretenden Wellen untereinander nahezu identisch und in Phase. Wenn das Licht eine schmale Öffnung erreicht, beispielsweise im Stoff eines Regenschirms, wird das Licht an der Öffnung gebeugt, und es entsteht ein Beugungsmuster.

Wenn Sie das Loch entfernen, sodass das inkohärente Licht von der Lichtquelle (zum Beispiel einer Glühlampe) direkt auf die schmale Öffnung fällt, dann verschwindet das Beugungsmuster. Das Licht wird zwar auch jetzt noch an der schmalen Öffnung aufgespaltet, doch die Aufspaltung ändert sich permanent, während unkoordinierte Lichtwellen zufällig durch die Öffnung treten. Auf dem Schirm sehen Sie eine Beleuchtung ohne erkennbare Struktur.

Stellen Sie sich nun vor, dass Sie den Schirm durch Ihr Auge ersetzen, sodass Sie das durch die schmale Öffnung tretende Licht direkt sehen. Die Öffnung wirkt nun wie das Loch im traditionellen Versuchsaufbau (Abb. 6.38d). Da die Öffnung schmal ist, sind die an ihr aufgespalteten Lichtwellen annähernd in Phase (kohärent), wenn sie die Pupille Ihres Auges erreichen. Sie werden also gebeugt, wenn sie durch die Pupille treten und erzeugen ein sichtbares Beugungsmuster auf Ihrer Netzhaut. Dieses Muster nehmen Sie wahr, wenn Sie nachts durch ein Fliegengitter oder den Stoff eines Regenschirms auf eine entfernte Lampe schauen oder zwischen zwei fast aufeinanderliegenden Fingern durchgucken.

6.105 Helle Streifen und bunte Netze

Wenn Sie durch ein Flugzeugfenster zur Sonne schauen, dann können Sie auf dem Fenster manchmal in konzentrischen Kreisen angeordnete, helle Kratzer sehen (Abb. 6.39a). Wodurch entstehen diese Kratzer? Warum sieht es manchmal so aus, als ob die Kratzer Streifen aus Licht bilden, die zur Sonne zeigen? Und warum sind die Kratzer gewöhnlich unsichtbar, wenn Sie nicht zur Sonne schauen?

Wenn ein Spinnennetz etwa in Ihrer Blickrichtung zur Sonne liegt, dann kann es sein, dass es bunt aussieht. Wodurch entstehen diese Farben und warum variieren sie, wenn Sie Ihre Perspektive auf das Netz ändern? (Es kann sein, dass die Farben blass sind; Sie können sie besser sehen, wenn der Hintergrund dunkel ist, wobei jedoch das Netz selbst im direkten Sonnenlicht liegen muss.)

Antwort

Dass die Kratzer in konzentrischen Kreisen angeordnet sind, ist lediglich eine optische Illusion. In Wirklichkeit ist das Fenster wahrscheinlich mit Myriaden winziger, zufällig verteilter Kratzer bedeckt, doch nur einige von ihnen erscheinen für Sie hell, und diese erzeugen den

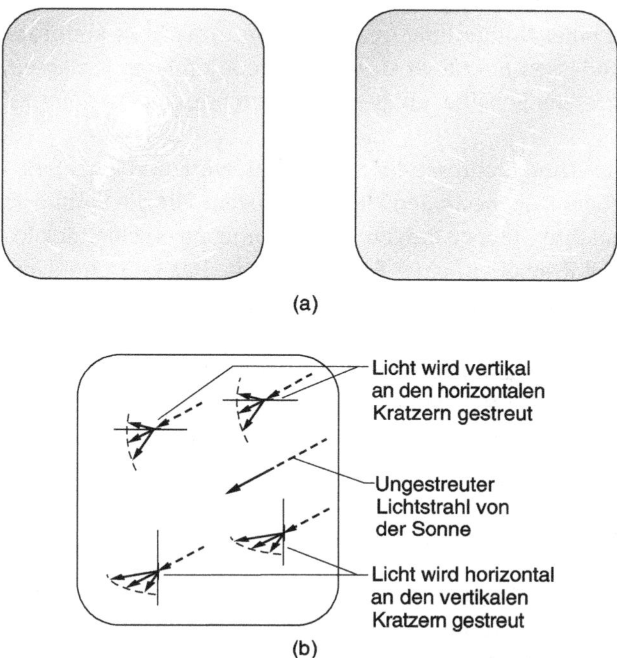

Abb. 6.39: (a) Muster aus konzentrischen hellen Kratzern auf einem zur Sonne gerichteten Fenster (links: direkter Blick zur Sonne; rechts: seitlich davon). (b) Lichtstreuung an einem Kratzer. Das Licht erreicht von außen die Scheibe und wird in den Raum hinein gestreut.

Eindruck der kreisförmigen Anordnung. Wenn das Licht an einem Kratzer gestreut wird, ist der Streubereich auf einen flachen Fächer beschränkt, der in einer Ebene senkrecht zur Tangente an den Kratzer liegt (Abb. 6.39b). Um den Kratzer zu sehen, muss sich Ihr Auge in der Fächerebene befinden.

Wenn ein Kratzer genau links oder rechts neben der Sonne liegt, befinden Sie sich nur dann in dessen Streufächer, wenn der Kratzer senkrecht verläuft. Befindet sich der Kratzer über oder unter der Sonne, sind Sie nur dann im Streufächer, wenn der Kratzer waagerecht verläuft. Verallgemeinert heißt das: Damit Sie einen Kratzer sehen können, muss er tangential zu einem Kreis um ihre Sichtlinie zur Sonne verlaufen. Wenn Sie nun viele kleine Kratzer sehen, haben Sie den Eindruck, dass diese tatsächlich kreisförmig um die Sonne liegen. Wenn sich die Kratzer irgendwo häufen, kann es so aussehen, als ob sie einen radialen, sich hin zur Sonne erstreckenden Streifen bilden.

Sie können sich nur dann im Fächer des von einem Kratzer gestreuten Lichts befinden, wenn der Kratzer in der Nähe Ihrer Sichtlinie zur Sonne liegt. Andernfalls empfangen Sie das gestreute Licht nicht, und der Kratzer bleibt dann gewöhnlich unsichtbar.

Extreme Situationen mit zerkratzten Flugzeugfenstern sind aufgetreten, wenn ein Flugzeug zufällig durch Rauchschwaden eines explodierenden Vulkans geflogen ist. Beispielsweise fielen bei einem Jumbojet, der durch die Rauchwolke des Mount Galunggung in Indonesien geflogen ist, alle vier Maschinen aus und die Fenster des Cockpits wurden von einem Sandstrahl völlig zerkratzt. Der Pilot schaffte es, drei der vier Maschinen wieder flottzubekommen, und setzte im Dunkeln zu einer Notlandung in Djakarta an. Allerdings konnte er durch die Fenster nichts sehen. Stattdessen musste er sich auf seinen Copiloten verlassen, der durch ein paar Millimeter unzerkratzter Scheibe schaute und versuchte, das Flugzeug auf die Landebahn zu dirigieren.

Wenn ein Spinnennetz in der Nähe Ihrer Sichtlinie zur Sonne liegt, wird das Licht an den Seidenfäden des Netzes gestreut (gebeugt) sowie an den klebrigen Kugeln, die die Spinne an einigen Fadenstücken hinterlässt, um ihre Opfer zu fangen. Die Streuung an einem Stück Faden ist ganz ähnlich wie die an einem Kratzer auf einer Fensterscheibe: Das gestreute Licht fächert sich auf. Bei der Streuung an einer Kugel entsteht ein Lichtkegel. In beiden Fällen hängt der Winkel des Fächers bzw. des Kegels von der Wellenlänge ab. Deshalb kann weißes Sonnenlicht durch die Streuung zu einem Muster unterscheidbarer Farben aufgespalten werden. Wenn Sie Ihre Blickrichtung auf das Netz ändern, ändern sich auch die von Ihnen wahrgenommenen Farben. Die gleiche Farbaufspaltung kann dazu führen, dass die hellen Kratzer auf einem Fenster bunt aussehen.

6.106 Helle Streifen auf der Windschutzscheibe

Wenn Sie nachts mit dem Auto durch den Regen fahren, dann können Sie auf der Windschutzscheibe Ihres Fahrzeugs von Straßenlaternen und anderen Lichtquellen produzierte Streifen sehen (Abb. 6.40a). Die Streifen können gerade oder gekrümmt sein; sie zeigen auf einen gemeinsamen Punkt und rotieren um diesen, wenn das Auto fährt. Manchmal können Sie auch am Tage einen solchen Streifen sehen, wenn Sie durch die Windschutzscheibe zur Sonne schauen.

Oft scheint der von der Sonne oder einer Lampe verursachte Streifen eine räumliche Tiefe zu besitzen, d. h., er sieht aus wie eine helle Straße, die von der Windschutzscheibe zur Sonne führt. Wenn ein Streifen gekrümmt ist, erinnert er an eine Straße, die durch ein Tal und dann einen Hügel hinaufführt. Wodurch entsteht ein solcher Streifen und was ist die Ursache für den räumlichen Eindruck?

Es gibt noch eine Vielzahl anderer, dunklerer Streifen, die nachts auf einer Windschutzscheibe zu sehen sein können. Manchmal sind die Flecken zufällig verteilt; manchmal in einer geraden oder gekrümmten Linie angeordnet. Bei einer bestimmten Variante scheinen die Streifen wie der eben beschriebene durch die Lichtquelle hindurchzuführen, doch sind sie nicht auf einen bestimmten Punkt der Windschutzscheibe gerichtet und man kann sie manchmal auch auf anderen Arten von Fenstern sehen.

Antwort

Der Scheibenwischer schleift Furchen in der Form von Kreisbögen in den Gummi der Wischerlippe. Eine Furche streut das Lampenlicht zu einem kleinen Fächer, der senkrecht auf der Furche steht (siehe vorherige Fragestellung). Die Gesamtheit des durch viele benachbarte Furchen gestreuten Lichtes bildet den sichtbaren Streifen. In Abhängigkeit von der Krümmung der Windschutzscheibe kann der Streifen gerade oder gekrümmt sein. In jedem Falle zeigt das untere Ende des Streifens zum Mittelpunkt der Kreisbögen – also zum Befestigungspunkt des Scheibenwischers.

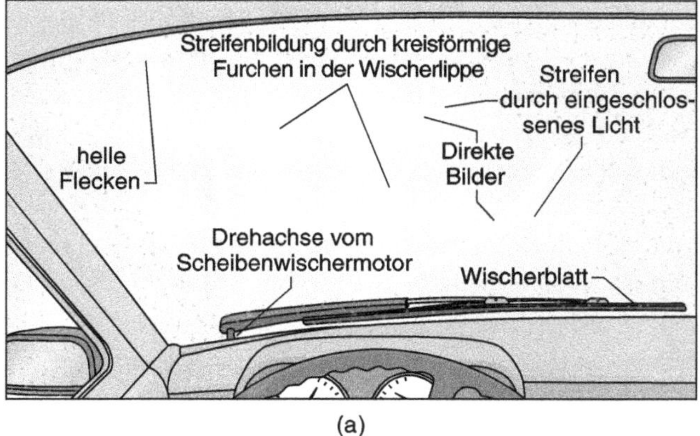

(a)

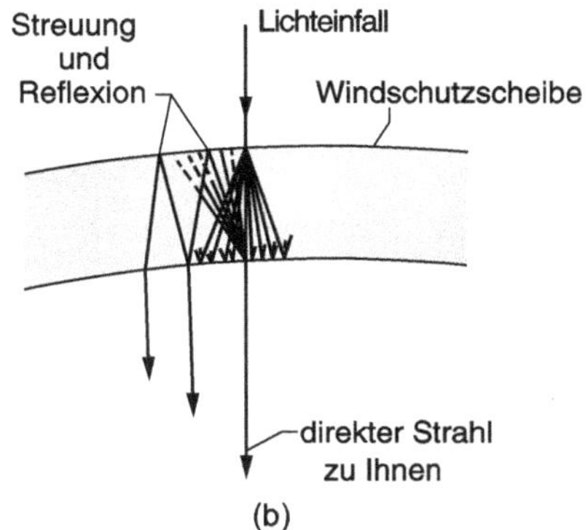

(b)

Abb. 6.40: (a) Muster auf der Windschutzscheibe eines Autos. (b) Totalreflexion des Lichts innerhalb der Scheibe.

Der räumliche Eindruck entsteht dadurch, dass jedes Ihrer Augen ein etwas anderes Bild sieht. Am kleinsten ist der Abstand zwischen den beiden Streifen nahe der Lichtquelle und am größten in der Nähe des Befestigungspunktes des Scheibenwischers. Wenn Ihr Gehirn die beiden Bilder zu einem einzigen Bild verschmilzt, interpretiert es Teile, zwischen denen die Abstände größer sind, als näher und Teile mit kleinen Abständen als ferner. Der Eindruck räumlicher Tiefe kann für eine ausgedehnte Lichtquelle seltsam wirken, da der Streifen dann in der Nähe des Bildes der Lichtquelle am breitesten ist, aber gleichzeitig scheint dieser Teil des Streifens am weitesten entfernt zu sein. Dies ist genau das Gegenteil dessen, was wir als scheinbare Entfernung und Breite bei einem echten, sich vor uns erstreckenden Weg sehen.

Ein anderer Typ von Streifen, den man auf einer Windschutzscheibe sowie vielen anderen Glas- und Kunststoffscheiben sehen kann, hat mit der Reflexion des Lichts innerhalb der Schicht zu tun (Abb. 6.40b). Das Licht stammt aus einem Bündel, das direkt von der Quelle zu Ihren Augen verläuft. Wenn das Bündel durch die Schicht geht, wird ein Teil davon total reflektiert, d. h., es unterliegt im Inneren sehr vielen Reflexionen. Bei jeder Reflexion entweicht ein Teil des Lichts. Wenn die Schicht so geformt ist, dass ihre konkave Seite zu Ihnen zeigt, können Sie einen Teil des Lichts wahrnehmen, das die Schicht an Punkten neben Ihrer Sichtlinie zur Quelle verlassen hat. Sie sehen also einen Streifen, der sich von der Sichtlinie zu Ihnen erstreckt. Wenn Sie auf irgendeine Weise verhindern, dass der einfallende Strahl auf das Glas trifft, zum Beispiel indem Sie durch das Autofenster langen und einen Finger davorhalten, dann verschwindet der Streifen. (Selbstverständlich sollten Sie dazu das Fahrzeug zum Stehen bringen, denn das Experiment ist es nicht wert, dass Sie bei einem Verkehrsunfall Ihren Arm verlieren.)

Die hellen Flecken entstehen durch Reflexion oder Streuung an gummibeschichtetem Material. Falls die Schicht gekrümmt ist, kann es sein, dass Sie einen Teil des Lichts empfangen und deshalb den Fleck sehen.

6.107 Reflexionen an einer Schallplatte

Legen Sie eine Vinylscheibe auf einen Tisch und richten Sie sie so aus, dass ihr Mittelpunkt etwa auf halber Strecke zwischen Ihnen und einer kleinen Schreibtischlampe liegt, die die Schallplatte anleuchtet. Abgesehen von dieser Lampe sollte der Raum dunkel sein. Halten Sie ein Auge geschlossen und betrachten Sie mit dem anderen die Reflexionen auf der Schallplatte. Die Oberfläche ist nicht gleichmäßig hell, doch man sieht auch nicht einen einzelnen hellen Fleck, wie ihn ein Spiegel erzeugen würde. Stattdessen gibt es ein Muster aus hellen, dünnen Linien.

Wenn Sie die Position der Schallplatte geeignet verschieben, können Sie verschiedene Muster erzeugen, zum Beispiel eins, das an ein Kreuz erinnert, oder eine oder mehrere hyperbolische Linien. In beiden Fällen geht mindestens eine Linie durch den Mittelpunkt der Schallplatte. Manchmal können Sie einen besonders hellen Punkt auf der Platte sehen, der stets auf der durch das Zentrum gehenden Linie liegt. Ähnliche Muster aus hellen Flecken kann man manchmal auf Jalousien sehen, wenn man nachts durch diese hindurch auf eine Straßenlaterne blickt. Können Sie diese Beobachtungen erklären?

Antwort

Sie empfangen nur von denjenigen Stellen auf der Schallplatte Licht, wo die Rillen den richtigen Winkel haben, um Licht zu Ihren Augen zu reflektieren. Diese Punkte bilden die hellen Linien des von Ihnen wahrgenommenen Musters. Der besonders helle Punkt ist eine spiegelähnliche Reflexion der Lampe.

Die Reflexionsmuster auf der Schallplatte ähneln den Lichtstreifen auf der Windschutzscheibe eines Autos (siehe vorherige Fragestellung). Wenn die Lichtquelle hell genug ist, können auch diese Muster räumlich wirken.

6.108 Farben in fein gerillten Materialien

Wenn weißes Licht auf eine CD oder DVD oder auf bestimmte Typen von beschichtetem Papier scheint, entstehen sehr farbenfrohe Reflexionen. Auch auf einer Schallplatte können Sie farbige Reflexionen sehen, wenn Sie sie im richtigen Winkel ins Licht halten.

Straßenlaternen emittieren typischerweise weißes oder gelbliches Licht, doch Sie können einzelne Farbkomponenten sehen und fotografieren, indem Sie ein einfaches *Beugungsgitter* (ein Stück Plastik mit vielen kleinen Spalten) an der Kameralinse anbringen. Das direkte Bild einer Lampe, das Sie durch die Kamera sehen, erscheint normal, doch seitlich davon breitet sich jeweils ein Farbspektrum aus.

Antwort

Das an den fein gerillten Strukturen gestreute (gebeugte) Licht erzeugt ein Interferenzmuster. Betrachten wir einen scheinbar roten Fleck. Wenn das weiße Licht an diesem Punkt gestreut wird, unterliegen die roten Komponenten, die zu Ihren Augen gesendet werden, konstruktiver Interferenz, d. h., die roten Wellen verstärken einander. Die anderen Farbkomponenten, die an dem Punkt in Ihre Richtung gestreut werden, unterliegen destruktiver Interferenz, d. h., die Wellen löschen einander aus. Sie sehen daher an diesem Fleck im Wesentlichen rotes Licht. Andere Flecken, die mit Ihrer Blickrichtung einen anderen Winkel bilden, senden Licht zu Ihnen, das von anderen Farben dominiert wird.

Damit es eine wahrnehmbare Farbseparation gibt, muss der Abstand der Rillen aus Ihrer Blickrichtung (und der „Blickrichtung" der Lampe) klein sein, d. h. etwa in der Größenordnung der Wellenlänge des sichtbaren Lichts liegen. Wenn also das Licht direkt von oben auf eine Vinylplatte scheint und Sie ebenfalls direkt von oben auf die Platte schauen, sind die Rillen der Platte zu weit voneinander entfernt, als dass Farben entstehen können, und Sie sehen nur das Schwarz des Kunststoffmaterials. Damit die Farbanteile des weißen Lichts separiert werden, müssen Sie und die Lichtquelle so platziert sein, dass das einfallende Licht fast in der Plattenebene liegt und Sie ebenfalls unter einem äußerst flachen Winkel auf die Platte schauen. Unter dieser Perspektive liegen die Rillen der Schallplatte dicht genug beieinander, um die Farben zu separieren.

6.109 Fälschungssicherheit durch Hologramme

Ein Sicherheitsmerkmal von Kreditkarten, Führerscheinen und vielen anderen Arten von Identifikationskarten sind *Prägehologramme*, kleine Bilder, die unterschiedlich aussehen, je nachdem unter welchem Winkel man sie betrachtet. Hologramme sind fotografische Aufnahmen, die ein dreidimensionales Bild eines Objektes wiedergeben. Die ersten Hologramme waren als Sicherheitsmerkmale auf Kreditkarten allerdings wenig erfolgreich. Erstens waren sie dunkel und bei einer typischen Ladenbeleuchtung schlecht zu sehen. Der zweite und bei Weitem schwerwiegendere Grund war, dass Fälscher sie leicht kopieren konnten. Die heute verwendeten Hologramme sind hell, scharf und unter Ladenbeleuchtung gut zu erkennen. Wichtiger noch ist ihr Vorzug, dass es extrem schwierig ist, sie zu fälschen. Wie können helle und fälschungssichere Hologramme hergestellt werden?

Antwort

Die meisten Kreditkarten tragen heute Hologramme, die durch Beugung von diffusem Licht (wie in einem Laden) an fein strukturierten Bereichen (Rastern) erzeugt werden. Die Raster senden Hunderte oder sogar Tausende von Lichtwellen aus. Jemand, der die Karte betrachtet, empfängt einige dieser Wellen, und deren Kombination erzeugt ein virtuelles Bild, das beispielsweise Teil eines Kreditkartenlogos ist. In Abb. 6.41a erzeugt ein Raster im Punkt a ein bestimmtes Bild, das ein aus Richtung A schauender Betrachter sieht, während in Abb. 6.41b der aus Richtung B schauende Betrachter ein durch das Raster im Punkt b erzeugtes Bild sieht.

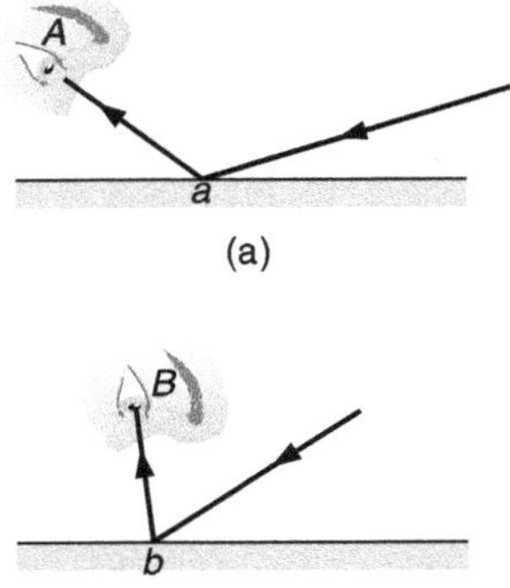

Abb. 6.41: Raster im Punkt *a* senden Licht zu einem Beobachter aus Richtung *A*; es entsteht ein bestimmtes virtuelles Bild. (b) Raster im Punkt *b* senden Licht zu einem Beobachter aus Richtung *B*, wobei ein anderes virtuelles Bild entsteht.

Diese Bilder sind hell und scharf, weil das Beugungsgitter dafür ausgelegt ist, unter diffusem Licht betrachtet zu werden.

Es ist sehr schwierig, solche Hologramme zu entwerfen, denn die Ingenieure müssen sozusagen „rückwärts", von einer Zeichnung (zum Beispiel einem Logo) ausgehend, arbeiten. Sie müssen die Eigenschaften der Raster so bestimmen, dass unter verschiedenen Blickwinkeln unterschiedliche Bilder zu sehen sind. Diese Aufgabe wird mithilfe ausgefeilter Computerprogramme gelöst. Wenn das Hologramm einmal fertig ist, ist es so kompliziert, dass es extrem schwierig ist, es zu fälschen.

6.110 Farbige Ringe in einem beschlagenen oder staubigen Spiegel

Probieren Sie, nachdem Sie eine heiße Dusche genommen haben und der Badezimmerspiegel mit Wassertröpfchen beschlagen ist, Folgendes aus: Löschen Sie das Licht, schauen Sie in den Spiegel und zünden Sie etwas seitlich von Ihrer direkten Blickrichtung zum Spiegel ein Streichholz an. Sie werden feststellen, dass das Bild der Flamme im beschlagenen Spiegel von farbigen Ringen umgeben ist. Auch wenn der Spiegel mit Staub oder Puder anstatt mit Wassertröpfchen bedeckt ist, können Sie diese Ringe sehen.

Als Nächstes stellen Sie den beschlagenen Spiegel in einem dunklen Raum so auf, dass er sich direkt vor Ihnen befindet, während in Ihrem Rücken ein hell erleuchtetes Zimmer ist. Justieren Sie Ihren Abstand vom Spiegel nun so, dass Ihr Spiegelbild von Ringen überlagert ist. Ich selbst habe bei geeignet gewähltem Abstand farbige Ringe um die Bilder meiner Augen gesehen, ein Anblick, der ein bisschen an psychedelische Kunst erinnerte. Auch bei diesem Experiment kann der Spiegel staubig anstatt beschlagen sein.

Wodurch entstehen die Ringe?

Antwort

Bei beiden Versuchen spielen verschiedene Arten der Lichtstreuung (Beugung) an Partikeln auf dem Spiegel (Wassertröpfchen oder Staubpartikel) eine Rolle. Es gibt zwei verschiedene Konstellationen:

Bei der ersten sind die Ringe um eine kleine Lichtquelle zentriert, die ein wenig seitlich von Ihrer Blickrichtung auf den Spiegel gehalten wird. Bei dieser Konstellation streut jedes Partikel Licht vom Spiegel zurück, das zu einem kreisförmigen Muster beiträgt. Das Zentrum dieses Musters ist hell und die das Zentrum umgebenden Ringe sind abwechselnd hell und dunkel. Da der Streuwinkel von der Wellenlänge des einfallenden Lichts abhängt, erscheinen die einzelnen Farben jeweils bei einem anderen Winkel, sodass sie für uns unterscheidbar sind. Insbesondere erscheint Rot am äußeren Rand eines Ringes und Blau am inneren Rand. Tatsächlich sehen Sie von jedem Partikel nur einen Teil des Musters, doch die Gesamtheit der Teilmuster von vielen Partikeln ist selbst wieder ein kreisförmiges Muster, das Sie im Zentrum des reflektierten Bildes der Lichtquelle wahrnehmen.

Bei der zweiten Konstellation sind die Ringe um Ihre Augen zentriert und die Lichtquelle befindet sich hinter Ihnen. In diesem Falle entstehen die Ringe durch die Interferenz von Licht, das auf unterschiedlichen Wegen zu Ihnen gestreut wird (Abb. 6.42). Betrachten wir ein einzelnes Partikel. (1) Dieses kann Licht (Strahl *A* in der Abbildung) zur Hinterseite des Spiegels streuen, wo es an der glänzenden Oberfläche zu Ihnen reflektiert wird. (2) Das Partikel kann auch Licht zu Ihnen streuen, das bereits an der Rückseite zu Ihnen reflektiert wurde (Strahl *B*).

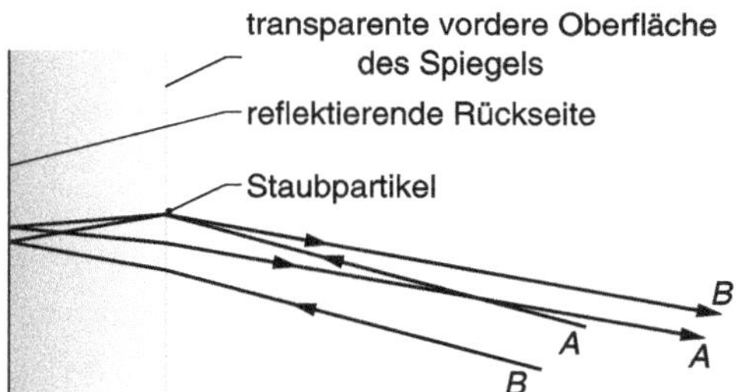

Abb. 6.42: Zwei Möglichkeiten, wie Licht durch Staubpartikel auf der Oberfläche eines Spiegels zu Ihnen gestreut werden kann.

Für manche Partikel kommen die auf diesen unterschiedlichen Wegen sich ausbreitenden Wellen um eine halbe Wellenlänge phasenverschoben bei Ihren Augen an, sodass sie destruktiv interferieren. Für andere Partikel sind die beiden Wellen phasengleich und interferieren daher konstruktiv. Das Gesamtmuster besteht aus konzentrischen hellen und dunklen Ringen, wobei die hellen Ringe wegen der durch die Streuung verursachten leichten Farbseparation farbig sind.

Welchen Typ von Interferenzmuster Sie sehen, hängt von der relativen Lage von Spiegel, Lichtquelle und Ihnen ab. Beide Typen können sich überlappen, wenn sich eine kleine Lichtquelle auf direkter Linie zwischen Ihnen und dem Spiegel befindet.

6.111 Die Farbe von Milch in Wasser

Lassen Sie ein schmales Bündel weißen Lichts durch ein kleines, mit Wasser gefülltes Aquarium (oder irgendein anderes Gefäß mit durchsichtigen, flachen Seiten) scheinen. Abgesehen von diesem Lichtbündel sollte der Raum dunkel sein. Fügen Sie dem Wasser nun tropfenweise Vollmilch (keine fettarme Milch) zu. Anfangs sehen Sie im Wasser kaum etwas von dem Lichtbündel, doch bald wird das Bündel recht gut sichtbar. Beobachten Sie, während Sie weiterhin Tropfen hinzufügen, aufmerksam die Farbe des Bündels im Wasser, und zwar sowohl von der Seite als auch unter einem Blickwinkel, der fast direkt zur Lichtquelle zeigt. Sie werden schließlich feststellen, dass das Bündel von der Seite bläulich und von vorn rötlich aussieht. Wodurch entstehen die Farben? Warum ist die Milch, die Sie trinken, weder rot noch blau, sondern weiß?

Antwort

Milch enthält kleine Fettkügelchen, die das Licht streuen. Das blaue Ende des Spektrums wird stärker zur Seite abgelenkt als das rote. Wenn daher die Konzentration der Fettkügelchen so groß ist, dass Sie die Farben gerade wahrnehmen können, ist das zur Seite abgelenkte Licht von Blau dominiert, während das in die ursprüngliche Richtung gestreute Licht von Rot dominiert ist.

Dass Sie die Farben bei dem Experiment sehen können, liegt daran, dass die Konzentration der Fettkügelchen niedrig ist. Wenn ihre Konzentration so hoch ist wie in normaler Milch, wird das Licht sehr oft gestreut, bevor es das Gefäß verlässt. Dann empfangen Sie, egal aus welcher Richtung Sie auf das Gefäß schauen, genauso viel vom roten Ende des Spektrums wie vom blauen, und die Mischung ergibt weiß.

Wenn Sie ein Glas mit einer kleinen Menge Milch so weit ankippen, dass der Rand der Milchpfütze auf dem Boden des Glases liegt, dann können Sie entlang des Randes ein helles, klares Band sehen. Das Band liegt in dem Bereich, wo die Milch eine gekrümmte Oberfläche bildet, weil sie über eine kurze Distanz an der Glasfläche nach oben gezogen wird. Das an dieser gekrümmten Fläche reflektierte Licht wird fokussiert und ist deshalb heller als das am Rest der Milchoberfläche reflektierte Licht. Dieses konzentrierte Licht überdeckt die Streuung an den Milchpartikeln, sodass Sie in diesem, über den Glasboden laufenden Band das Weiß der Milch nicht sehen können.

6.112 Rauch eines Lagerfeuers

Wenn der vom Lagerfeuer aufsteigende Rauch vor einem dunklen Hintergrund, zum Beispiel den umstehenden Bäumen betrachtet wird, scheint er bläulich zu sein. Sieht man ihn dagegen vor einem hellen Hintergrund, zum Beispiel dem Himmel, erscheint er gelblich, rötlich oder orange. Wodurch entstehen diese Unterschiede?

Antwort

Die Rauchpartikel sind klein genug, um das blaue Ende des Spektrums stärker zu streuen als das rote Ende. Daher wird der Blauanteil des sich in die ursprüngliche Richtung ausbreitenden Lichts geschwächt, sodass es gelb, rot oder orange erscheint. Wenn Sie den Rauch gegen einen dunklen Hintergrund betrachten, muss sich die Lichtquelle (dabei kann es sich um die Sonne oder einen hellen Bereich des Himmels handeln) hinter Ihnen befinden. Das blaue Licht wird in Ihre Richtung gestreut. Wenn Sie den Rauch vor dem Hintergrund eines hellen Himmels sehen, ist dieses Stück Himmel die Lichtquelle. Sie nehmen dann Licht wahr, dessen blaue Komponente verschwunden ist, nachdem es durch den Rauch hindurchgetreten ist, folglich wird das Licht durch das rote Ende des Spektrums dominiert.

6.113 Der Ouzo-Effekt

Bestimmte anishaltige alkoholische Getränke wie der griechische *Ouzo*, der französische *Pastis*, der türkische *Raki* oder der italienische *Sambuca* haben eine merkwürdige Eigenschaft: Wenn zu diesen ziemlich klaren Flüssigkeiten allmählich Wasser hinzugegeben wird, werden sie irgendwann milchig-weiß, wobei die Veränderung relativ abrupt erfolgt. Was ist die Ursache dieser Veränderung? Der Effekt kann wieder umgekehrt werden, indem man mehr Alkohol hinzufügt.

Antwort

Jedes dieser alkoholischen Getränke ist ein Gemisch aus einem bestimmten Anteil Anisöl und einem bestimmten Anteil Ethanol (Alkohol). Wenn ein Lichtbündel (beispielsweise ein Bündel Sonnenlicht) auf das Gemisch trifft, tritt es auf der gegenüberliegenden Seite auch wieder als Bündel aus. Wird Wasser (eine dritte Flüssigkeit) hinzugefügt, ändert sich die Situation, da Anisöl nicht wasserlöslich ist. Zunächst bleibt das Gemisch durchsichtig (ein Lichtbündel durchquert es noch immer als Bündel). Wenn jedoch der Wasseranteil der Flüssigkeit einen bestimmten *kritischen Wert* erreicht hat, bilden die Ölmoleküle spontan Tropfen, die in der Flüssigkeit gelöst werden. Man sagt, das Gemisch durchläuft einen *Phasenübergang* und geht von einer homogenen (gleichmäßigen) Lösung zweier Flüssigkeiten in eine inhomogene Dispersion (oder Emulsion) aus einer Flüssigkeit und Tropfen über. Die Tropfen streuen das sichtbare Licht. So wird jedes in das Gemisch eintretende Bündel in mehrere Richtungen gestreut, was ihm ein milchiges Aussehen verleiht. Wenn mehr Alkohol in das Gemisch gegeben wird, fällt der Wasseranteil in der Flüssigkeit unter den kritischen Wert, der Phasenübergang findet in entgegengesetzter Richtung statt und das Gemisch erhält wieder sein klares Aussehen.

6.114 Farben auf Ölpfützen, Seifenfilmen und Edelstahltöpfen

Woher kommen die schillernden Farben von Ölpfützen auf nassen Straßen? Warum sieht man diese Farben nicht, wenn die Straße trocken ist? Wie ist es möglich, dass man die Farben sieht, obwohl die Sonne hinter dicken Wolken versteckt ist?

Warum sind Seifenfilme und Seifenblasen oft so farbenfroh und warum verschwinden die Farben, wenn die Seifenhaut besonders dünn oder dick wird? Wie kommt es, dass Sie am Objektträger eines Mikroskops oder an einer Fensterscheibe keine ähnlichen Farbphänomene beobachten können?

Angenommen, ein dünner Seifenfilm wird vertikal aufgespannt und von vorn mit einem Bündel weißen Lichts angestrahlt. Wegen der Schwerkraft wandern die horizontalen farbigen Bänder auf dem Seifenfilm langsam nach unten, und schließlich wird der obere Teil des Films schwarz (vorausgesetzt der Hintergrund ist dunkel). Wieso ist der Film schwarz, obwohl er doch von vorn hell angestrahlt wird? Wenn Sie sich den schwarzen Bereich genauer ansehen, werden Sie Flecken finden, die ganz besonders schwarz sind. Woher kommen diese Flecken? Warum ist das erste Band unterhalb des schwarzen Bereichs weiß anstatt blau?

(Blaues Licht hat innerhalb des sichtbaren Spektrums die kleinste Wellenlänge und sollte deshalb dem dünnen Abschnitt des Seifenfilms unterhalb des schwarzen Bereichs entsprechen.)

Manchmal weisen Edelstahltöpfe farbig schimmernde Bereiche auf, obwohl sie sorgfältig geputzt wurden. Wodurch entstehen diese Farben? Ähnliche Farben erscheinen, wenn Öl an einer polierten Metalloberfläche herunterläuft. Warum erscheinen diese Farben nicht, wenn die Oberfläche nicht poliert ist?

Antwort

Eine transparente Schicht, deren Dicke im Wellenlängenbereich des sichtbaren Lichts liegt, kann durch Bestrahlung mit weißem Licht Farben hervorbringen. Angenommen, ein Strahl einer bestimmten Farbe fällt senkrecht auf einen solchen Film (Abb. 6.43). Ein Teil des Lichts wird an der Oberfläche des Films reflektiert, ein weiterer Teil an der hinteren Begrenzungsfläche. Wenn diese beiden Komponenten den Film in Ihre Richtung verlassen, interferieren sie miteinander. Falls die Wellen in Phase sind, kommt es zur konstruktiven Interferenz (Verstärkung) und Sie sehen auf dem Film eine helle Farbe. Sind sie um eine halbe Wellenlänge phasenverschoben, löschen sie sich gegenseitig aus, sodass der Film an dieser Stelle dunkel erscheint.

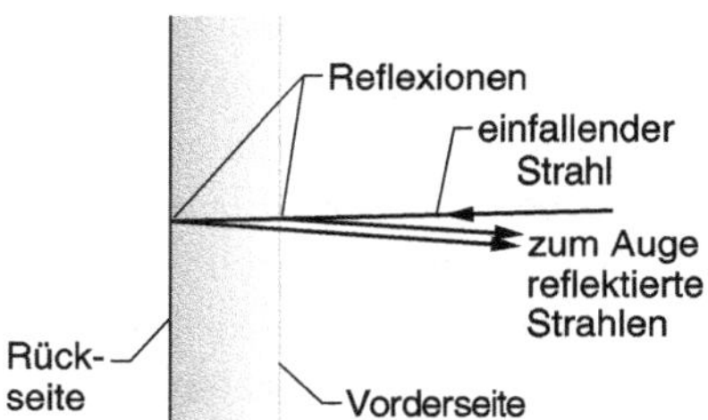

Abb. 6.43: Licht wird von Vorder- und Rückseite eines dünnen Films zu Ihren Augen reflektiert.

Die Dicke des Films ist einer der Faktoren, die dafür verantwortlich sind, ob eine bestimmte Farbe leuchtet. Da die Schwerkraft auf den Film wirkt, sodass er nach unten hin dicker wird, erscheinen in verschiedenen Höhen verschiedene leuchtende Farben. Wenn Sie aus einer anderen Perspektive auf den Film schauen, ändert sich die Weglänge, die das Sie erreichende Licht innerhalb des Filmes zurücklegt. Damit ändern sich auch die Farben, die Sie als leuchtend wahrnehmen. Das Phänomen, das ein Objekt je nach Perspektive in einer anderen Farbe erscheint, wird als *Irisieren* bezeichnet. (Ein blaues T-Shirt, das blau aussieht, weil es entsprechend eingefärbt wurde, ist dagegen nicht irisierend.)

Gut können Sie irisierende Farben auf einem Ölfleck sehen, wenn das Öl auf einer Pfütze einen dünnen Film bildet. Die Farben sind oft auch dann sichtbar, wenn die Sonne verdeckt ist. Voraussetzung ist allerdings, dass ein Teil des Himmels heller ist als der Rest (bei gleichmäßig grauem Himmel funktioniert es also nicht). Wenn das Öl auf einer trockenen Straße liegt, variiert die Dicke der Schicht aufgrund von Unebenheiten des Straßenbelags. Infolgedessen überlappen sich die Farben, die bei unterschiedlichen Dicken entstehen, und das Muster ist matt, vielleicht sogar farblos.

Wenn die Dicke des oberen Teils eines vertikal aufgespannten und somit der Schwerkraft unterliegenden Seifenfilms sehr klein gegenüber der Wellenlänge des sichtbaren Lichts ist, löschen sich alle am Film reflektierten Lichtwellen nahezu aus. Daher erscheint der obere Teil des Seifenfilms schwarz. Das Dünnerwerden des Films kann aus zwei Gründen vorübergehend in diesem Stadium verharren. (1) Die Seifenmoleküle an den gegenüberliegenden Seiten der Schicht liegen nun so nahe beieinander, dass sie einander elektrisch abstoßen. (2) Die Wassermoleküle an den gegenüberliegenden Seiten der Schicht nehmen eine geordnete Verteilung an (ähnlich wie die Ordnung in einem Eiskristall) und beginnen, sich zu überlappen. Da diese Überlappung Energie kostet, wird das durch die Schwerkraft verursachte Dünnerwerden an dieser Stelle gestoppt. Trotz dieser Gründe ist der Film instabil und wird mit großer Wahrscheinlichkeit nach kurzer Zeit zerplatzen. Wenn der Film jedoch Verunreinigungen enthält, kann er noch dünner werden, ohne zu zerplatzen. Solche Bereiche sind als besonders schwarze Flecken innerhalb des dünnen, schwarzen Teils des Films zu sehen.

Das Band unmittelbar unter dem dünnen, schwarzen Abschnitt ist blassblau, weil blaues Licht einer partiell konstruktiven Interferenz unterliegt (die Wellen sind nicht perfekt in Phase und verstärken sich daher nur leicht). Jedoch ist dieses Blau nur schwer zu sehen, und Sie werden das erste auszumachende Band unter dem schwarzen Abschnitt höchstwahrscheinlich als weiß wahrnehmen. In diesem Band hat der Film eine Dicke, bei der alle Farben des sichtbaren Spektrums einer partiell konstruktiven Interferenz unterliegen, und deren Kombination ergibt weiß. Unter dem weißen Band folgt ein orangefarbenes und danach ein violettes Band. Erst dann finden wir ein Band von annähernd reinem Blau.

Nach unten hin, wo der Film immer dicker wird, beginnen die Farben sich zu überlappen. Schließlich vermischen sich die Farben so sehr, dass der Film weiß aussieht. Es würden aber auch dann keine farbigen Bänder erscheinen, wenn wir die Lichtquelle durch reines Licht einer bestimmten Farbe ersetzen würden. Das Problem sind die zufälligen Wellenzüge, die jede Lampe permanent emittiert. Ständig werden kurze Wellenzüge von der Lampe emittiert. Wenn ein Film so dünn ist, dass die an Vorder- und Rückseite emittierten Wellen immer Teil des gleichen Wellenzuges sind, dann kann ein bestimmter Typ von Interferenz auftreten und es bildet sich ein dauerhaftes farbiges Band. Ist der Film jedoch dicker, können die beiden reflektierten Wellen von verschiedenen Wellenzügen stammen, sodass sie in einem Moment konstruktiv und im nächsten destruktiv interferieren. Folglich kommt es nicht zur Ausbildung eines dauerhaften Bandes. Aus diesem Grund sind auf dicken Filmen, Objektträgern, Fensterscheiben oder Trinkgläsern keine Interferenzmuster oder irisierenden Farben zu sehen.

Farbige Muster erscheinen auch häufig auf trockenen Edelstahltöpfen, weil diese mit dünnen Schichten aus Metalloxid überzogen sind. Auch wenn das Metall mit einer dünnen Ölschicht bedeckt und glänzend ist, können durch Interferenzen Farben entstehen. Wenn die Oberfläche dagegen rau (unpoliert) ist, wird das an der Rückseite der Ölschicht reflektierte Licht in zufällige Richtungen gestreut, sodass keine Farben zu erkennen sind.

6.115 Farberscheinungen bei Tieren

Ein gelber Kanarienvogel ist gelb, weil seine Federn ein Pigment enthalten, das sämtliche Anteile von weißem Licht außer Gelb absorbiert. Die meisten Farben in unserer Alltagswelt einschließlich die von Tieren haben ihre Ursache in derartigen Pigmentierungen. Bei einigen

Tieren entsteht die Farbigkeit jedoch nicht durch Pigmente, sondern durch außergewöhnliche Eigenschaften ihrer Oberflächenstrukturen (Flügel, Schalen, Federn, Haut usw.). Wodurch entstehen bei den folgenden Beispielen die Farben?

Einige Schmetterlinge und andere Insekten haben irisierende Flügel, d. h., Sie sehen andere Farben, wenn Sie Ihre Perspektive ändern. Ein besonders schönes Beispiel sind die Flügel des Morpho-Schmetterlings. Obwohl die Flügel braune Pigmente haben (was Sie sehen können, wenn Sie die Flügelunterseite betrachten), zeigt die Oberfläche ein brillantes, irisierendes Blau.

Der Hering erhält durch ein ähnliches (allerdings etwas komplizierteres) Prinzip sein silbrig-weißes Aussehen. Diese Färbung hat für den Hering den Vorteil, dass es für einen Räuber sehr schwierig ist, ihn im Wasser zu erkennen.

Verschiedene Käferarten zeigen starke Reflexionen von (weißem) Sonnenlicht, wenn man sie unter einem bestimmten Winkel betrachtet, während sie bei anderen Betrachtungswinkeln auffällige, irisierende Farben zeigen. Die vielleicht interessantesten Farben erzeugt der Mistkäfer (oder Skarabäus), dessen Oberfläche wie ein bestimmter Typ von Flüssigkristallen wirkt und helles Licht in den verschiedensten Farben reflektiert. Sandlaufkäfer hingegen verwenden einen optischen Trick, um sich „unsichtbar" zu machen: Sie reflektieren nur die Farben, die auch der Untergrund hat, auf dem sie sich gerade befinden.

Die Haut mancher Säugetiere trägt leuchtende Farben. Die Gesichtshaut des männlichen Mandrill beispielsweise ist blau, ebenso Gesäß und Hodensack. Diese Färbung ist sehr auffällig, aber nicht irisierend.

Ein anderer optischer Effekt ist verantwortlich für die blauen und weißen Streifen der Larven der Glucken oder Wollraupenspinner (eine Familie der Schmetterlinge) und die charakteristischen blau-weißen Flügeldeckfedern des Eichelhähers.

Die Vorderflügel des Herkuleskäfers sind entweder gelb oder schwarz, was von der Luftfeuchtigkeit abhängt. Wenn sich die Luftfeuchtigkeit plötzlich ändert, benötigt der Käfer nur wenige Minuten, um auch seine Farbe zu ändern.

Antwort

Die irisierenden Farben auf den Flügeln von Schmetterlingen und Motten entstehen häufig durch kleine, transparente Schuppen, die Interferenzen hervorrufen. Auf der Vorderseite eines Flügels des Morpho-Schmetterlings sind die Schuppen dachziegelartig angeordnet. Die Dicke der Schuppen und ihr vertikaler Abstand voneinander sind gerade so, dass, wenn weißes Licht von oben auf sie fällt, zwei übereinanderliegende Schuppen den Blauanteil des Lichtes so reflektieren, dass es zu konstruktiver Interferenz kommt. Die anderen Anteile des weißen Lichts interferieren partiell oder vollständig destruktiv, sodass sie eliminiert werden und der Flügel blau erscheint. Wenn Sie Ihre Perspektive ändern, dann ändert sich auch der Weg des Sie erreichenden Lichtes und damit die Wellenlänge des Lichtes, das konstruktiv interferiert. Sie sehen also den Flügel in einer anderen Farbe, wenn Sie ihn aus einer anderen Perspektive betrachten – der Flügel irisiert.

Auch die Färbung des Herings entsteht durch Interferenzen, und auch hier sind Schuppen das Konstruktionsprinzip, das die Interferenzen verursacht. Allerdings gibt es in diesem Fall drei Varianten von überlappenden Anordnungen der Schuppen, von denen jede für einen anderen Bereich des sichtbaren Spektrums zur konstruktiven Interferenz des reflektierten

Lichts führt. Die drei leuchtenden Farben von reflektiertem Licht nehmen Sie in ihrer Kombination als weiß wahr. Dieses Weiß unterscheidet sich allerdings von normaler weißer Farbe, denn es zeigt feine Farbnuancen, wenn Sie den Fisch aus einer anderen Perspektive anschauen. Der Hering ist im Wasser nur schwer auszumachen, weil das reflektierte Licht fast genauso aussieht wie das umgebende Wasser.

Tropische Taumelkäfer besitzen Oberflächenstrukturen mit kleinen Schuppen, die so angeordnet sind, dass sie wie ein Beugungsgitter wirken. Ein Beugungsgitter ist ein optisches Bauelement, das gewöhnlich aus sehr vielen parallelen, dünnen Rillen besteht und ein Interferenzmuster erzeugt. Wenn Sie den zentralen, hellen Teil des von dem Käfer erzeugten Beugungsgitters betrachten, dann empfangen Sie leuchtend weißes Licht. Abseits vom Zentrum können Sie Farben wahrnehmen, da das Licht dort durch die Beugung ausreichend farbsepariert ist. Durch die raschen Änderungen von Intensität und Farbe irritiert ein über dem Wasser kreisender Taumelkäfer potenzielle Räuber.

Auch die metallisch schillernden Farben von Mistkäfern entstehen durch Interferenz. Das Licht wird an Schichten winziger Schuppen reflektiert, wobei die Schichten so angeordnet sind, dass die Ausrichtung innerhalb einer Schicht gegenüber der Ausrichtung in der darunterliegenden Schicht gedreht ist. Wenn das Sonnenlicht die Schichten durchdringt, kommt es zur konstruktiven Interferenz der Wellen, die an Schichten mit passendem Abstand reflektiert werden. Diese Lichtwellen kann man als leuchtendes, farbiges, von dem Käfer ausgehendes Licht wahrnehmen.

Sandlaufkäfer können in Ihren Augen braun oder schwarz aussehen (sodass sie vom Boden kaum zu unterscheiden sind, auf dem Sie sie finden), doch in Wirklichkeit sind sie mehrfarbig. Beispielsweise haben die Flügeldecken des Sandlaufkäfers *Cicindela oregona* rot umrandete, blaugrüne runde Flecken. Beide Farben entstehen durch Interferenzen, die von hautähnlichen Schuppen auf dem Flügel verursacht werden. Wenn Sie den Käfer mit bloßem Auge anschauen, kombiniert Ihr visuelles System die Farben, sodass Sie sie zusammen als braun wahrnehmen. Das Phänomen, dass kleine Farbtupfer aus der Distanz betrachtet in der visuellen Wahrnehmung zu einem Gesamt-Farbeindruck verschmelzen, wird zum Beispiel auch bei Farbbildschirmen ausgenutzt. In der Malerei wird der entsprechende Stil als Pointillismus bezeichnet.

Die blaue Haut des Mandrill entsteht durch eine näherungsweise periodische (*quasiperiodische*) Anordnung von Collagenfasern in der Haut. In einem gegebenen mikroskopischen Bereich liegen diese Fasern parallel und ihre Breite sowie der Abstand zwischen ihnen sind so bemessen, dass von der Haut blaues Licht zurückgestreut wird. An manchen Stellen, beispielsweise im Gesicht, gibt es so viele Collagenfasern, dass das von der Haut zurückkommende Licht von Blau dominiert ist. An anderen Stellen, beispielsweise am Gesäß, gibt es zwar weniger Collagenfasern, doch die Schicht liegt über Melanin, ein Pigment, das das durch das Collagen dringende Licht absorbiert. Vor dem dunklen Hintergrund, der durch das Melanin entsteht, ist das von der Haut zurückkommende blaue Licht sichtbar. Es ist jedoch nicht irisierend, wozu eine großflächigere Ordnung der streuenden Bereiche notwendig wäre.

Die blaue Region auf einer Gluckenraupe entsteht, weil an transparenten Fasern hautähnlicher Strukturen, die die Oberfläche bedecken, vorzugsweise blaues Licht gestreut wird. Unter den Fasern befindet sich eine dunkle Fläche. Die Fasern sind so dünn, dass sie vor allem blaues Licht zu Ihnen zurückstreuen; das übrige Licht gelangt zu der dunklen Fläche, wo es absorbiert wird. Daher sehen Sie von dieser Region im Wesentlichen blaues Licht. Eine weiße Region unterscheidet sich dadurch, dass die darunterliegende Fläche Licht zu Ihnen streut und deshalb nicht dunkel erscheint. In diesem Fall geht das blaue Licht von den Fasern in dem helleren weißen Licht der darunterliegenden Fläche verloren.

Die blaue Färbung einer Flügeldeckfeder des Eichelhähers entsteht wegen der bevorzugten Streuung des blauen Endes des Spektrums an kleinen, bläschenartigen Zellen in den Federbälgen. Die Farben anderer Vögel können durch eine Kombination aus Streuung und Pigmentierung sowie durch verschiedene Interferenzmechanismen entstehen.

Der harte, ledrige Vorderflügel des Herkuleskäfers besteht aus einer dünnen, transparenten Oberfläche, die über einer gelben, schwammigen Schicht liegt. Unter dieser Schicht befindet sich ein schwarzes, hautähnliches Material. Wenn die schwammige Schicht mit Luft gefüllt ist, wird das Licht an ihr gestreut, wobei die meisten Farben außer Gelb verloren gehen. In diesem Fall erscheint der Flügel also gelb. In einer feuchten Umgebung ist die schwammige Schicht dagegen mit Wasser gefüllt und lässt in diesem Zustand mehr Licht zu dem schwarzen Material durch, wo es absorbiert wird. Dann erscheint der Flügel schwarz.

6.116 Perlen

Wodurch entstehen die schimmernden und irisierenden Farben auf Perlen und im Inneren von Perlmuscheln?

Antwort

Da die Farben irisieren, d. h. sich je nach Betrachtungswinkel ändern, kann ihre Ursache nicht allein die Absorption durch Pigmente sein, sondern es müssen offensichtlich Interferenzerscheinungen eine Rolle spielen. Perlen sind mehr oder weniger kugelförmige Gebilde aus *Perlmutt*. Perlmutt besteht aus kleinen Plättchen aus Calciumcarbonat (Aragonit), die in eine Matrix aus langen Biomolekülen eingebettet sind. Zusammen bilden diese eine kristalline Struktur ähnlich einer Ziegelmauer, wobei die Calciumcarbonatplättchen den Ziegeln und das organische Material dem Mörtel entsprechen. Das Schimmern und die Farben von Perlen entstehen durch die Interferenz von Lichtwellen, die an den Fugen anstatt an den Ziegeln gestreut werden. Eine breitere Fuge ergibt für größere Wellenlängen (rotes Licht) konstruktive Interferenz. Damit eine bestimmte Farbe oder Wellenlänge bei einer Perle *rein* (deutlich unterscheidbar) ist, sollten alle Fugen etwa die gleiche Breite haben, und der Abstand zwischen den einzelnen Fugen sollte ebenfalls etwa gleich sein, sodass die an den Fugen gestreuten Lichtwellen einander verstärken. Wenn die Breite der Fugen und die Abstände zwischen ihnen zu stark schwanken, verschwimmen die Farben. Einige schwarze Perlen zeigen diesen Farbeffekt, doch scheinen sie gleichzeitig auch Pigmente zu besitzen, die für ihren dunklen Hintergrund verantwortlich sind.

6.117 Insektenaugen und Tarnkappenflugzeuge

Ein Insektenauge besteht aus vielen, als *Ommatidien* bezeichneten Facetten. Durch diese Ommatidien fällt das Licht auf einen Rezeptor, wo die visuelle Verarbeitung beginnt. Das Insekt sieht ein Mosaik von Bildern, die durch die einzelnen Ommatidien erzeugt werden. Viele Insekten besitzen Ommatidien mit glatten Außenflächen. Einige Insekten haben jedoch auf den Außenflächen ihrer Facetten winzige, kegelförmige Protuberanzen. Wozu dienen diese? Die Physik dieser Protuberanzen ist die gleiche wie für die absorbierenden Oberflächen von Tarnkappenflugzeugen und den Beschichtungen von Fenstern mit Doppel- oder Dreifachscheiben.

Antwort

Ein Maß für die optischen Eigenschaften eines Materials ist der *Brechungsindex*, der mit der Ausbreitungsgeschwindigkeit des Lichts in diesem Material zusammenhängt. Wenn Licht auf eine Grenzfläche trifft, an der sich der Brechungsindex ändert, wird ein Teil des Lichts reflektiert, während der Rest durch die Grenzfläche hindurchtritt. Wenn beispielsweise ein Lichtbündel auf eine Glasscheibe fällt, wird ein Teil des Lichts an der Grenze zwischen Luft und Glas reflektiert.

Ähnliche Reflexionen treten an den Grenzen zwischen der Luft und den Oberflächen der Ommatidien auf, weil der Brechungsindex der Ommatidien größer ist als der von Luft. Deshalb wird normalerweise ein Teil des auf ein Insektenauge fallenden Lichts reflektiert und daher nicht visuell verarbeitet. Ommatidien mit Protuberanzen reflektieren jedoch viel weniger, sodass mehr Licht in die Ommatidien eintritt. Dieser Vorteil, den die Protuberanzen verschaffen, liegt in ihrer kegelförmigen Struktur begründet (Abb. 6.44). Wenn daher Licht in ein Ommatidium eindringt, trifft es nicht auf eine einzelne Grenzfläche, an der sich der Brechungsindex abrupt ändert, sondern der Brechungsindex wächst allmählich. Dieses graduelle Anwachsen reduziert die Menge des reflektierten Lichts, sodass mehr Licht das Auge erreicht.

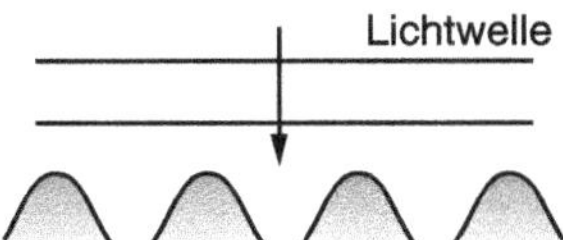

Abb. 6.44: Protuberanzen auf Insektenaugen vermindern die Menge des an den Augen reflektierten Lichts.

Durch Reflexion an Fensterscheiben mit mehreren Glasschichten können mehrere Bilder von Objekten erzeugt werden, die sich vor dem Fenster befinden. Bei Fenstern in Kontrolltürmen oder Flugzeugcockpits können diese zusätzlichen Bilder zu gefährlichen Irritationen führen. Der am Fenster reflektierte Anteil des (Sonnen-)Lichts trägt nicht mit zur Erwärmung des Inneren bei. Deshalb ist es besonders in kälteren Regionen sinnvoll, eine oder mehrere Scheiben mit einer Kunststoffschicht zu überziehen, die aus vielen kleinen Erhebungen und Vertiefungen besteht.

Ein Grund dafür, dass Tarnkappenflugzeuge so schwer auf dem Radar auszumachen sind, besteht darin, dass die Oberflächen mit einem Material beschichtet sind, dessen Erhebungen und Vertiefungen Radarstrahlung absorbieren. Wäre die Oberfläche eben, würde nur ein Teil des Radarsignals absorbiert und der Rest reflektiert. (Die Situation ist so ähnlich wie im Falle von Licht, das auf schwarzes Glas scheint: Obwohl ein großer Teil des Lichts absorbiert wird, reicht der reflektierte Anteil immer noch dafür aus, dass Sie das Glas sehen können.) Die Abstände zwischen den Protuberanzen auf der Oberfläche eines Tarnkappenflugzeugs sind kleiner als die Wellenlänge der Radarwellen, die zu den Mikrowellen gehören. Wenn sich eine Radarwelle an einer Erhebung entlangbewegt, wird sie allmählich absorbiert, und es wird daher ein geringerer Anteil zu einem Radardetektor zurückreflektiert.

6.118 Irisierende Pflanzen

Pflanzen, die in tropischen Regenwäldern im extremen Schatten wachsen, empfangen nur sehr wenig Licht. Diese Tatsache könnte für die blaugrüne, irisierende Farbe mancher der dort wachsenden Farne und Blütenpflanzen verantwortlich sein. Andere Pflanzen haben Blätter mit samtigem Glanz, der von konvexen Epidermiszellen hervorgerufen wird. Welchen Überlebensvorteil können diese Merkmale Pflanzen bieten, die unter ungünstigen Lichtbedingungen leben?

Antwort

Das irisierende Blaugrün der Farne entsteht durch Interferenz des Lichtes, das an übereinanderliegenden Schichten mit unterschiedlichen optischen Eigenschaften reflektiert wird. Insbesondere haben die einzelnen Schichten unterschiedliche Brechungsindizes, was bedeutet, dass sich das Licht unterschiedlich schnell in ihnen ausbreitet. Außerdem unterscheiden sich die Schichten hinsichtlich ihrer Dicke. Die Folge ist, dass die Schichten wie ein Stapel dünner Filme wirken. Die reflektierten Wellen des blauen Endes des Spektrums sind nahezu in Phase und verstärken einander, weshalb wir blaugrünes Licht sehen. Die durchgelassenen Wellen des roten Endes des Spektrums gehen in Phase durch die Schichten und verstärken einander, sodass rotes Licht ins Blattinnere durchgelassen wird (zu den Chloroplasten, wo die Photosynthese stattfindet). Diese Anordnung erhöht offenbar den Anteil des Lichts, den ein Blatt absorbiert. Auch die Früchte mancher Pflanzen erscheinen in einem irisierenden Blau, weil dünne Schichten Interferenzen verursachen.

Die konvexen Epidermiszellen von samtig glänzenden Blättern sind wie Linsen geformt, die das Licht auf die darunterliegenden Chloroplasten bündeln. Diese Bündelung vermag die Konzentration des Lichtes auf den Chloroplasten mindestens zu verdoppeln, sodass die Pflanzen auch mit wenig Licht auskommen. (Der Glanz ist eine Begleiterscheinung, die durch spiegelähnliche Reflexionen des Lichts an den Seiten der Zellen entsteht.) Das Blatt kann auch mit einem irisierenden Film überzogen sein, der den Anteil des am Blatt reflektierten Lichts reduziert.

Bei anderen Blatttypen wird die Reflexion durch die Form der Zellen minimiert. Diese Zellen fokussieren das Licht nicht besonders gut auf die Chloroplasten, doch wegen des erhöhten Lichtanteils, der in die Zellen eindringt, bietet auch dieser Blatttyp unter schattigen Bedingungen einen Vorteil.

6.119 Fälschungssichere Banknoten durch optisch variable Farbe

Weltweit befinden sich Regierungen im ständigen Wettlauf mit Banknotenfälschern, die stets auf dem neuesten Stand der Technik sind. Zu den Sicherheitsmerkmalen, die den Fälschern ihr Handwerk legen sollen, gehören Sicherheitsfäden und spezielle Wasserzeichen (beide Merkmale können Sie sehen, wenn Sie die Banknote gegen das Licht halten) sowie eine Mikroschrift (diese besteht aus Punkten, die zu klein sind, als dass sie ein Scanner reproduzieren könnte). Das für Fälscher am schwierigsten zu duplizierende Merkmal sind wahrscheinlich optisch variable Farben. Die „20", die sich auf der Vorderseite einer 20-US-Dollarnote befindet (oder die 50, die sich rechts unten auf der Rückseite eines 50-Euro-Scheins befindet), ist zum Beispiel mit einer solchen Farbe gedruckt. Wenn Sie senkrecht auf die Zahl schauen, sieht sie rot oder gelbrot aus. Unter einem flacheren Betrachtungswinkel verschiebt sich die Farbe in Richtung grün. Ein Kopierer kann die Farbe natürlich immer nur aus einer Perspektive reproduzieren, also die Farbverschiebung nicht wiedergeben. Aber wie funktionieren optisch variable Farben eigentlich?

Antwort
Die für Banknoten verwendeten optisch variablen Farben basieren auf Interferenzen. Hervorgerufen werden diese durch dünne, transparente Flocken, die einer normalen Tinte beigemischt sind. Licht, das die normale Tinte über der Flocke durchquert, dringt durch dünne Schichten Chrom (Chr), Magnesiumfluorid (MgF_2) und Aluminium. Die Chromschichten wirken wie schwache Spiegel, die Aluminiumschicht wie ein besserer Spiegel und die MgF_2-Schichten wie Seifenfilme. Das Ergebnis ist, dass an jeder Grenzfläche zwischen zwei Schichten Licht reflektiert wird und der Betrachter die Interferenzen zwischen Wellen wahrnimmt, die an unterschiedlichen Grenzflächen reflektiert werden.

Welche Farbe durch konstruktive Interferenz verstärkt wird, hängt von der Dicke L der MgF_2-Schichten ab. Bei den für US-Banknoten verwendeten optisch variablen Farben ist der Wert von L so gewählt, dass rotes oder rotgelbes Licht konstruktiv interferiert, wenn der Betrachter senkrecht auf den Schein blickt. Wenn der Betrachter den Schein und damit die einzelnen Flocken schräg hält, wird grünes Licht verstärkt. Der Grund für diese Verschiebung zu einer anderen Wellenlänge ist der längere Weg, den das Licht durch die nunmehr schräg liegenden Flocken zurücklegen muss. In anderen Ländern werden andere Varianten des gleichen Prinzips verwendet, um Banknoten fälschungssicher zu machen.

6.120 Farbsättigung von Blütenblättern

Die Kronblätter vieler Blüten haben scheinbar unterschiedliche Farben, solange man sie an der Blüte betrachtet. Wenn Sie die Kronblätter jedoch abreißen und flach nebeneinander legen, haben sie auf einmal alle die gleiche Farbe. Wodurch entsteht die Farbvariation in der natürlichen Anordnung an der Blüte?

Antwort
Wenn die Kronblätter flach nebeneinander liegen, dann empfangen Sie Licht, das nur einmal von einem Kronblatt reflektiert wurde. Aufgrund der Reflexion, durch die das Licht in viele Richtungen gestreut wird, werden bestimmte Farben des Lichts von den im Kronblatt

enthaltenen Molekülen absorbiert und auf diese Weise eliminiert. Beispielsweise eliminiert ein rotes Kronblatt blaues Licht, sodass Sie hauptsächlich Rot sehen. Wenn das Licht aber nur einmal reflektiert wird, wie es bei den flach ausgelegten Kronblättern der Fall ist, wird nur ein geringer Teil des blauen Lichts entfernt und Sie sehen ein *ungesättigtes* (mattes) Rot.

Ähnlich ist die Situation, wenn die Kronblätter an der Blüte nahezu eben angeordnet sind. Auch in diesem Fall empfangen Sie Licht, das nur einmal an einem Kronblatt reflektiert wird oder das nur einmal durch ein Kronblatt hindurchgegangen ist. Anders sieht es dagegen aus, wenn die Kronblätter dicht gepackt sind und mit Ihrer Blickrichtung viele unterschiedliche Winkel bilden. Dann wurde ein Teil des Sie erreichenden Lichtes mehr als einmal an den Kronblättern reflektiert – im Prinzip bilden die Kronblätter eine „undichte Lichtfalle“. Da mit jeder Reflexion von bestimmten Farben ein immer größerer Anteil entfernt wird, erscheinen die verbliebenen Farben immer *gesättigter* (reiner). Außerdem variiert der Sättigungsgrad von Blatt zu Blatt oder sogar innerhalb eines bestimmten Blattes.

6.121 Leuchtend gelbe Espen

Wenn sich im Herbst die Laubbäume gelb färben, sehen die Blätter von Espen viel leuchtender aus, wenn man sie gegen die Sonne betrachtet als in der umgekehrten Richtung. Woran liegt das?

Antwort
Wenn die Blätter der Espen gelb gefärbt sind, absorbieren sie blaues Licht, und es bleibt das rot-gelbe Ende des Spektrums übrig, egal, ob Sie die Blätter gegen die Sonne oder umgekehrt betrachten. Wenn Sie sie gegen die Sonne anschauen, absorbieren alle Blätter blaues Licht in der gleichen Weise, sodass das durch die Blätter dringende Licht leuchtend gelb aussieht. Betrachten Sie die Blätter dagegen in der entgegengesetzten Richtung, eliminieren sie das blaue Licht *nicht* gleich gut. Wenn das Licht an der Oberseite eines Blattes reflektiert wird, wird der blaue Anteil gut absorbiert und folglich nicht reflektiert. Wird das Licht dagegen an der Blattunterseite reflektiert, wird der blaue Anteil nicht so gut absorbiert und ist folglich im reflektierten Licht enthalten. Befinden sich die Blätter auf der der Sonne abgewandten Seite, sehen Sie von einigen Blättern die Oberseite und von einigen die Unterseite. Da Sie von den Unterseiten auch blaues Licht empfangen, sehen die Blätter der Espen nicht so leuchtend gelb aus, als wenn Sie sie in Richtung der Sonne betrachten würden.

6.122 Augenfarben

Wodurch entstehen die Augenfarben der Menschen: blau, grün und braun? Warum haben manche Babys nach der Geburt blaue Augen, die aber bald danach braun werden?

Antwort
Blaue Augen entstehen dadurch, dass die im flüssigen Bereich der Iris enthaltenen Proteine, Fette und anderen Bestandteile vorzugsweise blaues Licht zurückstreuen. Die blaue Farbe ist sichtbar, wenn hinter den Bestandteilen eine dunkle Schicht liegt. Ist diese Schicht heller oder befinden sich Pigmente auf der Oberfläche der Iris, wird kein Blau mehr wahrgenommen und die Augen sehen braun aus. Grüne Augen entstehen durch ein Pigment, das Weiß zu Gelb

macht, denn die Rückstreuung einer Kombination aus Blau und Gelb ergibt Grün. Das Blau der Augen kann sich im Laufe des Lebens verändern, wenn die Bestandteile der Iris groß genug werden, um alle Farben etwa gleichgut zu streuen, anstatt Blau zu bevorzugen.

6.123 Blaugefrorene Haut

Warum wird die blasse Haut eines typischen Mitteleuropäers bläulich, wenn es kalt ist? Warum erscheint die Haut nach einer Rasur manchmal bläulich? Und wieso sind Adern eigentlich blau anstatt rot? Schließlich ist Blut doch rot und nicht blau.

Antwort

Bestimmte Partikel auf der Oberfläche weißer Haut streuen mehr blaues als andersfarbiges Licht. Allerdings ist diese bläuliche Färbung so schwach, dass ein dunkler Hintergrund nötig ist, damit man sie sehen kann. Wenn man die Haut eines Mannes mit starkem Bartwuchs nach einer Rasur genau anschaut, ist die Blaufärbung sichtbar, weil die dicht unter der Hautoberfläche liegenden Bartstoppeln einen dunklen Hintergrund bilden. Wenn blasse, weiße Haut kalt wird, kann die Durchblutung der Hautkapillaren so stark sinken, dass die Haut ihre normale rosige Färbung verliert, sodass sich das blaue Streulicht abhebt. Aus dem gleichen Grund sieht die Haut einer Leiche bläulich aus.

Adern erscheinen blau, weil rotes Licht tiefer in die Haut eindringt als blaues. Um zu verstehen, weshalb dies eine Rolle spielt, betrachten wir das Licht, das von zwei benachbarten Hautregionen zurückgestreut wird: Wie in Abb. 6.45 dargestellt, liegt Region *a nicht* über einer Ader, während Region *b* unmittelbar über einer Ader liegt. Von Region *a* erreicht uns eine bestimmte Menge blaues Licht und eine bestimmte Menge rotes Licht, beides durch Streuung. Von Region *b* erreicht uns genauso viel blaues Licht, denn dieses wird von der unter der Haut liegenden Ader nicht beeinflusst, da blaues Licht nicht tief genug in die Haut eindringt, um die Ader zu erreichen. Rotes Licht dagegen dringt bis zur Ader in die Haut ein und wird vom Blut teilweise absorbiert. Deshalb wird von Region *b* weniger rotes Licht zurückgestreut als von Region *a*.

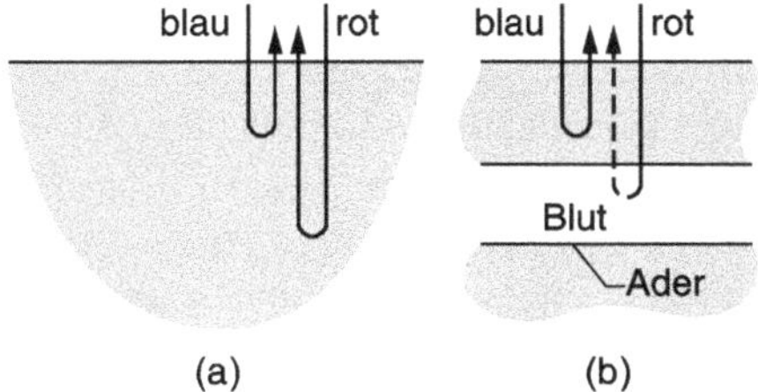

Abb. 6.45: (a) Haut streut sowohl blaues als auch rotes Licht zurück in die Luft. Rotes Licht dringt tiefer in die Haut ein. (b) Eine Ader absorbiert einen großen Teil des roten Lichts, weshalb nur wenig Rot zurückgestreut wird.

Weil die beiden Regionen benachbart sind, vergleichen wir unbewusst ihre Farben. Objektiv ist der Blauanteil in beiden Regionen gleich, während der Rotanteil in Region *b* geringer ist.

Wegen dieser Rotminderung scheint es, dass Region b mehr Blau enthält als Region a. Dies ist der Grund, weshalb Adern blau aussehen – erst das Gehirn „färbt“ sie also blau.

6.124 Fleckenmuster

Auf vielen von hellem Sonnenlicht beschienenen Oberflächen können Sie körnige Muster (Fleckenmuster) aus hellen und dunklen Punkten sehen, oft in leuchtenden Farben. Probieren Sie es zuerst an einer ebenen, schwarzen Fläche aus. Wenn Sie erst einmal geübt darin sind, das Muster zu erkennen, können Sie es auch auf anderen Flächen sehen, etwa auf glänzenden Metalloberflächen oder sogar auf einem Fingernagel. Wenn die Lichtquelle ein Laser ist, sind die Muster wesentlich ausgeprägter.

Wenn Sie ein von einem Laser produziertes Fleckenmuster inspizieren und Ihren Kopf dabei seitwärts verlagern, können Sie den Eindruck haben, dass sich das Muster in die gleiche Richtung bewegt oder dass es seine Position ohne eine Vorzugsrichtung ändert. Wovon hängt es ab, welchen Bewegungstyp Sie sehen?

In manchen Fällen sind die Fleckenmuster dynamisch, obwohl sie sich selbst nicht bewegen. Füllen Sie einen Löffel halbvoll mit Milch (keine Magermilch) und halten Sie diesen in helles Sonnenlicht. Dann sehen Sie Folgendes: Am Löffelrand, wo die Milchpfütze flach ist, tanzen leuchtende Farbpunkte. Wenn man einen roten Apfel oder eine Tomate mit rotem Licht aus einem Helium-Neon-Laser bestrahlt, dann fluktuiert der auf der Oberfläche der Frucht zu sehende Fleck. Was ist die Ursache für diese Phänomene?

Antwort

Ein Fleckenmuster entsteht durch Interferenz von Lichtwellen, die an der Oberfläche reflektiert werden. Wenn sich die Wellen der Oberfläche nähern, sind sie in etwa phasengleich, doch dies ändert sich, wenn sie tatsächlich auf der Oberfläche auftreffen, da diese mikroskopisch kleine Unebenheiten aufweist. Lichtwellen, die an tiefergelegenen Punkten reflektiert werden, müssen wegen dieser Unebenheiten einen etwas weiteren Weg bis zu Ihnen zurücklegen als Wellen, die an höhergelegenen Punkten reflektiert werden. Je nach den Gegebenheiten können also die bei Ihren Augen eintreffenden Wellen phasengleich oder phasenverschoben sein, d. h. sich verstärken oder auslöschen. Im Ergebnis sind einige Flecken des Musters hell und andere nicht.

Im Schein einer Lampe sehen Sie kein solches Muster, weil dieses Licht von den Atomen in zufälliger Weise emittiert wird. Diese Zufälligkeit führt dazu, dass die Wellen, die eine Fläche beleuchten, in einem Augenblick phasengleich sein können und im nächsten Augenblick nicht mehr. Das Fleckenmuster ändert sich folglich schneller, als dass Sie es wahrnehmen könnten, und Sie sehen einfach nur eine gleichmäßig beleuchtete Fläche ohne jegliches Muster. Um ein Fleckenmuster sehen zu können, müssen Sie kohärentes Licht verwenden (d. h. Wellen mit einer annähernd konstanten Phasenbeziehung). Praktisch bedeutet dies, dass Sie entweder Sonnenlicht (dieses ist teilweise kohärent) oder Laserlicht nehmen müssen. Die Sonne emittiert ihr Licht zwar zufällig, doch da sie sehr weit entfernt ist, kann sie näherungsweise als punktförmige Lichtquelle mit kohärenten Wellen betrachtet werden.

Falls Sie kurzsichtig sind, erscheint Ihnen das Fleckenmuster näher als die betrachtete Fläche. Der Grund ist, dass es keine Hinweise auf die tatsächliche Entfernung gibt und deshalb die natürliche Fokussierung Ihrer Augen das Muster näher erscheinen lässt. Wenn Sie Ihren Kopf in eine bestimmte Richtung bewegen, scheint sich das Fleckenmuster in die *entgegengesetzte* Richtung zu bewegen. Eine ähnliche Illusion tritt auf, wenn Sie einen Finger zwischen eines Ihrer Augen und eine Lampe halten. Bewegen Sie nun Ihren Kopf zur Seite und halten Sie den Finger dabei still. Da Sie wissen, dass sich Lampen nicht bewegen können, Finger dagegen schon, haben Sie das Gefühl, dass sich der Finger entgegengesetzt zu Ihrem Kopf bewegt. Für jemanden, der weitsichtig ist, scheint das Fleckenmuster weiter entfernt zu sein als die betrachtete Fläche, weil dessen Augen von Natur aus auf weit entfernte Objekte eingestellt sind. Wenn ein Weitsichtiger den Kopf in eine bestimmte Richtung bewegt, scheint sich das entfernte Muster in die *gleiche* Richtung zu bewegen.

Wenn Sie normalsichtig sind, hängt die scheinbare Bewegung des Musters von der Farbe des Lichtes ab, da unterschiedliche Farben beim Eintreten in das Auge unterschiedlich stark gebrochen werden und deshalb von unterschiedlichen Entfernungen zu stammen scheinen. Einige Forscher haben vorgeschlagen, bei Augenuntersuchungen Laserflecken zu verwenden, wenn der Patient, beispielsweise ein kleines Kind, nicht in der Lage ist, die Buchstaben auf den üblicherweise verwendeten Sehtafeln zu benennen.

Das dynamische Phänomen auf der Milch hängt wahrscheinlich mit zwei Arten von Bewegungen zusammen: (1) Am Rand, wo die Milchschicht sehr dünn ist, kommt es, angetrieben durch die Verdunstung, zu einer Zirkulation der Flüssigkeit. (2) Die Moleküle vollführen eine *Brownsche Bewegung*, bei der sie zufällig miteinander und mit den Proteinen und Fettkügelchen der Milch kollidieren. Beide Bewegungen führen dazu, dass sich die Art und Weise, wie das Licht an der Milch gestreut wird, permanent ändert. Die Milchschicht muss allerdings dünn sein, damit man den Effekt sehen kann, denn sonst wird das Licht mehrfach gestreut, bevor es die Milch wieder verlässt, und die Phasen der Lichtwellen durchmischen sich. In diesem Fall sieht die Milch einfach weiß aus.

Der *bewegliche Fleck* auf einem Apfel oder einer Tomate entsteht vermutlich durch geringfügige Bewegungen der Pigmentkörperchen (Plastiden) in der Schale der Früchte. Aufgrund dieser Bewegung ändert sich der Abstand zu Ihnen und damit auch die Interferenz der zu Ihnen gestreuten Lichtwellen.

6.125 Farben in fluoreszierendem Licht

Wenn Sie einen Gegenstand wie eine Münze rotieren lassen, bemerken Sie eventuell auf dem Gegenstand schwache Farben (zum Beispiel Blau und Gelb). Am besten funktioniert das Ganze, wenn sich der Gegenstand vor einem dunklen Hintergrund befindet und nur von einer

Leuchtstoffröhre angestrahlt wird. Ähnliche Farben kann man sehen, wenn man eine Saite in fluoreszierendem Licht zum Schwingen bringt: Teile des durch die Bewegung der Saite verursachten Schleiers sind schwach gefärbt. Auch in der dünnen Schicht fließenden Wassers um den Auftreffpunkt eines Wasserstrahls im Waschbecken kann man Farben sehen. Wodurch entstehen diese Farben?

Antwort

Eine Leuchtstoffröhre basiert auf dem Prinzip der Glimmentladung. Die bei den Entladungen frei werdenden Elektronen durchlaufen den in der Röhre enthaltenen Quecksilberdampf. Die dadurch angeregten Atome emittieren blaues, grünes und ultraviolettes Licht. Das UV-Licht wird von einer Phosphorbeschichtung im Inneren der Röhre absorbiert, die dann für kurze Zeit *fluoresziert* (d. h., der Phosphor glüht). Damit das Licht insgesamt weiß erscheint, ist die Phosphorschicht so ausgelegt, dass sie rotes und gelbes Licht emittiert, um das von den Quecksilberatomen emittierte Licht so zu ergänzen, dass Sie weißes Licht empfangen.

Für unsere Augen scheint die Röhre ständig weißes Licht zu emittieren. Tatsächlich jedoch fluktuiert die Emission von blauem und grünem Licht durch das Quecksilber, da durch die Röhre ein Wechselstrom fließt, dessen Stärke und Richtung sich mehrmals pro Sekunde ändern. Zwischen den einzelnen Entladungen emittiert die Röhre nur das rote und gelbe Licht des Phosphors. Wenn daher ein rotierender Gegenstand von fluoreszierendem Licht angeleuchtet wird, fluktuieren dessen Reflexionen in die verschiedenen Richtungen zwischen weißlich und gelb bzw. rot – Sie sehen also abwechselnd verschiedene Farben. Ähnlich verhält es sich mit den Reflexionen an einer schwingenden Saite und an den kleinen Wellen, die sich neben dem Auftreffpunkt des Wasserstrahls über die Wasseroberfläche bewegen.

6.126 Polarisationsbrillen

Warum blockieren Polarisationsbrillen das blendende Licht einer Straße besser als normale Sonnenbrillen? Und warum können solche Brillen Ihre Sicht auf den Bereich unterhalb einer Wasseroberfläche verbessern, sodass Sie zum Beispiel beim Angeln die Fische besser sehen können?

Falls Sie eine Polarisationsbrille zur Verfügung haben, dann halten Sie einmal einen der Filter vor eines Ihrer Augen, schließen Sie das andere Auge und schauen Sie entlang einer schrägen Linie auf eine Wasserpfütze. Drehen Sie dann den Filter um die durch Ihre Sichtlinie gebildete Achse. Warum verschwindet die Pfütze bei bestimmten Orientierungen des Filters?

Antwort

Licht ist eine Welle oszillierender elektrischer und magnetischer Felder. Diese Felder stehen immer senkrecht zur Ausbreitungsrichtung des Lichts; sie werden üblicherweise durch kleine Pfeile dargestellt. Die *Polarisation* (bzw. ihr Nichtvorhandensein) bezieht sich auf die Orientierung des elektrischen Feldes. Bei *nicht polarisiertem* Licht zeigen die Pfeile der Felder in beliebige Richtungen senkrecht zur Ausbreitungsrichtung. Bei *polarisiertem* Licht zeigen sie dagegen alle entlang einer bestimmten Linie entweder in die eine oder in die andere Richtung. Polarisiertes Licht ist insofern etwas Besonderes, als das Licht von den allermeisten Quellen einschließlich der Sonne unpolarisiert ist.

Polarisiertes Licht kann aus unpolarisiertem entstehen, wenn es an bestimmten Oberflächen reflektiert wird. Wenn beispielsweise unpolarisiertes Licht am Straßenpflaster oder an einer Wasseroberfläche reflektiert wird, wird es *horizontal polarisiert*. Dies bedeutet, dass das elektrische Feld der Lichtwelle horizontal gerichtet ist (d. h., die kleinen Pfeile für das elektrische Feld verlaufen alle horizontal). Wenn Ihre Augen dieses Licht empfangen, sehen Sie dort, wo die Reflexion erfolgt, einen hellen Punkt auf dem Straßenpflaster oder der Wasseroberfläche, und das Licht erscheint *blendend*. Solches Licht ermüdet das Auge und beeinträchtigt das Sehvermögen bei vielen Aktivitäten, so zum Beispiel beim Autofahren.

Sie können das Blenden reduzieren, indem Sie eine Sonnenbrille mit getönten Kunststoffgläsern aufsetzen, doch diese reduzieren auch die Helligkeit der übrigen Szenerie, was unerwünscht sein kann, wenn Sie auf den entgegenkommenden Verkehr achten müssen. Polarisationsgläser funktionieren anders: Sie bestehen aus Polarisationsfiltern, die horizontal polarisiertes Licht abblocken (absorbieren) und dadurch das Blenden des Straßenpflasters oder des Wassers eliminieren. Da sie leicht getönt sind, verdunkeln auch sie etwas Ihre Sicht, jedoch nicht so stark wie die Gläser einer normalen Sonnenbrille. Insgesamt bietet Ihnen die Polarisationsbrille eine klare, relativ helle und zudem blendfreie Sicht. Mit der Brille könnten Sie auch im Wasser schwimmende Fische sehen, die zuvor durch das helle Blenden des Wassers verdeckt waren.

Wenn Sie eines der Brillengläser um die Achse drehen, die durch die Verbindungslinie zwischen Ihren Augen und der betrachteten Pfütze definiert ist, dann verschwindet die Pfütze für diejenigen Winkel, für die der Filter das horizontal polarisierte, von der Pfütze reflektierte Licht abblockt. Manche aquatischen Insekten können, während sie umherfliegen, Wasser aufspüren, indem sie das von der Wasseroberfläche reflektierte, horizontal polarisierte Licht erkennen. Solches Licht ist am hellsten, wenn die Sonne etwa 40 ° über dem Horizont steht. Dies könnte eine Erklärung dafür sein, weshalb aquatische Insekten eher am frühen Morgen und am späten Nachmittag nach Wasser suchen als am Mittag.

6.127 Polarisation des Himmelslichtes

Warum ist das vom klaren Himmel ausgehende Licht polarisiert? Warum ist das Licht von bestimmten Abschnitten nicht polarisiert?

Warum ist das von einer Wolke ausgehende Licht in der Regel nicht polarisiert? (Diese Tatsache ist für das Fotografieren von Wolken von Vorteil: Setzen Sie einen Polarisationsfilter vor die Linse und drehen sie ihn, bis sich die Wolken gegen den Hintergrundhimmel abheben.) Warum ist das Licht der Wolken jedoch polarisiert, wenn die Wolken kurz nach Sonnenaufgang im Osten oder kurz vor Sonnenuntergang im Westen stehen? Wenn Sie solche Wolken vom Flugzeug aus mit einer Polarisationsbrille von oben betrachten, dann können Sie vielleicht einen leuchtenden Pfad entdecken, der über die Wolken hinweg zu dem der Sonne gegenüberliegenden Teil des Horizonts verläuft. Wenn Sie die Brille um die durch Ihre Sichtlinie definierte Achse drehen, verschwindet der Pfad. Wodurch entsteht dieser Pfad?

Antwort

Während direktes Sonnenlicht nicht polarisiert ist, ist das meiste vom Himmel ausgehende Licht polarisiert, weil es an den Luftmolekülen gestreut wird. Stellen Sie sich beispielsweise vor, dass die Sonne tief im Westen steht und dass ein über Ihnen befindliches Molekül Licht zu Ihnen streut. Das elektrische Feld der von Ihnen empfangenen Lichtwelle ist von Nord nach Süd gerichtet (polarisiert). Das meiste Licht vom Rest des Himmels ist in der gleichen Richtung polarisiert, wenn die Sonne tief steht. Teile des Himmels in der Nähe des nördlichen und südlichen Horizonts bleiben jedoch wegen der Streuung an den Luftmolekülen vertikal polarisiert.

Das Licht aus dem der Sonne gegenüberliegenden Bereich (wenn die Sonne tief im Westen steht also der östliche Horizont) sollte in Nord-Süd-Richtung polarisiert sein (Abb. 6.46a). In Wirklichkeit ist dieser Bereich jedoch vertikal polarisiert, weil er vor allem durch das vertikal polarisierte Licht vom übrigen Teil des Horizonts beleuchtet wird und weniger durch direktes Sonnenlicht. Es gibt einen Fleck etwas oberhalb des der Sonne gegenüberliegenden Bereichs, wo es keine Polarisation gibt. Dieser markiert den Übergang zwischen dem unteren, vertikal polarisierten Bereich und dem oberen, in Nord-Süd-Richtung polarisierten Bereich.

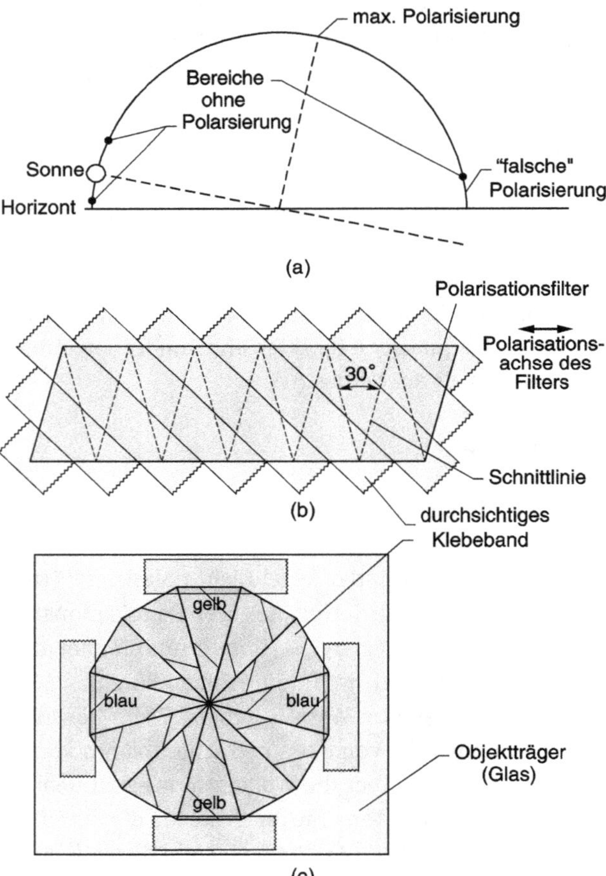

Abb. 6.46: (a) Polarisation des Himmelslichts. Ein einfaches Gerät zur Sichtbarmachen der Polarisation kann man sich basteln, indem man (b) durchsichtiges Klebeband auf eine Polarisationsfolie klebt und (c) die Dreiecke kreisförmig anordnet.

Ein einfaches Gerät, das auf farbenfrohe Weise die Polarisation des Himmelslichtes offenbart, können Sie leicht selbst anfertigen. Bekleben Sie eine Polarisationsfolie so mit parallelen Streifen aus durchsichtigem Klebeband, dass die Streifen mit der Polarisationsrichtung der Folie einen 45 °-Winkel bilden. (Wenn Sie die Polarisationsrichtung nicht wissen, dann schauen Sie einfach durch die Folie auf eine Pfütze. Drehen Sie die Folie so lange, bis die Pfütze verschwindet. Die Polarisationsrichtung ist senkrecht zu der Richtung, in der Sie die Folie jetzt halten.) Fügen Sie eine weitere Schicht Streifen hinzu. Zerschneiden Sie dann die Folie in zwölf gleichschenklige Dreiecke mit Scheitelwinkeln von 30 °, wobei die Basisseiten der Dreiecke parallel zur Polarisationsrichtung der Folie verlaufen (siehe Abb. 6.46b). Ordnen Sie die Dreiecke nun kreisförmig auf einem Stück klaren Glas an, wobei sich die spitzen Winkel in der Mitte treffen und die Seite mit den Klebestreifen zu Ihnen zeigt (siehe Abb. 6.46c). Kleben Sie nun die Basisseiten der Dreiecke jeweils mit einem möglichst kleinen Stück Klebeband an der Glasplatte fest und ziehen Sie ein sehr schmales Stück Klebeband über die aneinandergrenzenden spitzen Ecken. Wenn Sie den Himmel durch dieses Gerät betrachten, wobei die Dreiecke aus Ihrer Perspektive hinter dem Glas kleben, dann färbt die Polarisation des Himmelslichtes die Dreiecke blau oder gelb.

Warum gerade diese Farben zu sehen sind, ist nicht ganz so einfach zu erklären, doch was durch die Versuchsanordnung grundsätzlich passiert, ist relativ simpel. Wenn das polarisierte Himmelslicht in das Gerät eintritt, muss es zuerst durch eine Schicht Klebeband. Dieses bewirkt, dass die Richtung des elektrischen Feldes um die Ausbreitungsrichtung des Lichts gedreht wird. Verschiedene Farben werden unterschiedlich weit gedreht. Wenn das Licht aus dem Klebeband austritt, haben manche Farben genau die richtige Polarisation, um die Polarisationsfilter zu passieren, und deshalb sehen Sie diese Farben. Die anderen Farben, die nicht die richtige Polarisation haben, werden durch die Filter absorbiert, sodass Sie sie nicht sehen können.

Das durch die Wolken gestreute Sonnenlicht ist normalerweise nicht polarisiert, denn bei den vielfachen Streuungen geht jede Polarisation, die vielleicht einmal vorhanden war, verloren. Wenn Sie Wolken gegen den Himmel durch einen Polarisationsfilter betrachten (oder fotografieren), können Sie den Filter so lange drehen, bis der Himmel dunkel ist. Da die Helligkeit der Wolken durch das Drehen nicht verändert wird, erhöht sich dadurch ihr Kontrast mit dem Himmel.

Wenn die Sonne allerdings tief steht, ist das Licht von Wolken, die 30 ° bis 40 ° über dem der Sonne gegenüberliegenden Punkt stehen, horizontal polarisiert. Ein Teil des Sonnenlichts, das diese Wolken direkt beleuchtet, dringt in die Wassertröpfchen der Wolken ein, wird an der Rückseite reflektiert und verlässt die Tropfen wieder. Dieses Licht bildet den *Wolkenbogen*, der einem Regenbogen ähnelt. Seine Wassertröpfchen sind zu klein, um die Farben zu separieren, doch wie bei einem Regenbogen wird das Licht polarisiert.

Wenn die Sonne dicht über dem Horizont steht, werden die Wolken in dem der Sonne gegenüberliegenden Abschnitt des Horizonts vor allem von Licht angeleuchtet, das am Horizont gestreut wurde, und nicht von direktem Sonnenlicht. Dieses Streulicht und folglich auch das Licht, das von den Wolken zu Ihnen gesendet wird, ist vertikal polarisiert. Wenn Sie mit einer Polarisationsbrille vom Flugzeug aus auf diese Wolken schauen, lassen die Gläser solches vertikal polarisiertes Licht durch, sodass diese Wolken relativ hell sind. Die Wolken seitlich davon senden unpolarisiertes Licht zu Ihnen und sind daher dunkler. Sie sehen also leuchtende Wolken, die einen Pfad zu bilden scheinen, der sich zu dem der Sonne gegenüberliegenden Teil des Horizonts erstreckt.

Der Legende nach haben die Wikinger die Sonne, wenn diese nicht direkt sichtbar war, mithilfe eines magischen Steins – des Sonnensteins – lokalisiert. Heute glaubt man, dass es sich bei diesem Stein um Cordierit gehandelt hat. Wenn Licht durch einen solchen Stein dringt, so ändert sich seine Farbe je nach der Polarisationsrichtung des Lichts. Zur Navigation blickten die Wikinger durch den Stein hindurch zum Himmel, wobei sie den Stein um die durch die Sichtlinie definierte Achse drehten. Während dieser Drehung variierte die Farbe des Steins zwischen blassgelb und dunkelblau. Mit viel Erfahrung und nachdem sie verschiedene Teile des Himmels durch den Stein betrachtet hatten, konnten die Wikinger die Sonne selbst dann lokalisieren, wenn diese unter dem Horizont stand, was in den hohen Breiten, in denen die Wikinger lebten, häufig der Fall ist.

6.128 Der Orientierungssinn von Ameisen

Die Wüstenameise *Cataglyphis fortis* lebt in den Ebenen der Sahara. Wenn eine dieser Ameisen auf Nahrungssuche geht, bewegt sie sich entlang eines scheinbar zufälligen Weges bis zu 500 Meter von ihrem heimischen Nest weg, wobei sie Hunderte von abrupten Richtungsänderungen vollführt. Darüber hinaus kann sich ihr Suchpfad im flachen Sand befinden, wo es keinerlei Wegmarkierungen als Orientierungshilfe gibt. Wenn sich die Ameise entscheidet umzukehren, orientiert sie sich dennoch in Richtung ihres Nestes und läuft auf direktem Wege geradeaus nach Hause. Wie kann die Ameise ihren Weg zurück finden, obwohl es für sie in den weiten Ebenen der Wüste keinerlei Anhaltspunkte zur Orientierung gibt?

Antwort

Wenn sich eine Wüstenameise von ihrem Nest entfernt, merkt sie sich die zurückgelegte Strecke (sie funktioniert wie ein Kilometerzähler) und in welche Richtungen sie sich dreht. Sie kann die Richtung bestimmen, weil ihre Augen empfindlich genug sind, um Licht zu polarisieren. Folglich kann sie die Polarisation des Lichts am Himmel aufzeichnen und ihre eigene Richtung relativ zur Richtung des polarisierten Sonnenlichts bestimmen.

Die wirklich bemerkenswerte Fähigkeit des Ameisenhirns besteht darin, dass es die Informationen über Strecke und Richtung kontinuierlich aktualisiert und die Ameise auf diese Weise die Richtung zurück zu ihrem Nest ziemlich exakt kennt. Sie betrachtet jeden Abschnitt ihres Weges als Vektor (mit einer bestimmten Länge und Richtung) und führt gewissermaßen eine Vektorsummation aus. Falls es in der Umgebung Orientierungspunkte gibt, kann sie auch diese nutzen. Bei Experimenten, bei denen die Orientierungspunkte vor dem Rückweg verändert wurden, hat jedoch etwa die Hälfte der Ameisen die Methode der Vektorsummation gewählt, anstatt sich von den Orientierungspunkten fehlleiten zu lassen. Die Vektorsummation ist für viele Schüler und manche Studenten eine Herausforderung – die Wüstenameise mit einer Gehirnmasse von nur 0,1 Milligramm dagegen beherrscht sie instinktiv.

6.129 Polarisationsbedingte Farben und Flecken

Schauen Sie einmal an einem Morgen nach einer sehr kalten Nacht, ob Sie an Ihren zur Sonne gerichteten Fenstern dünne Schichten aus Eis, sogenannte *Eisblumen*, entdecken können. Warten Sie, bis ein Teil des Eises schmilzt, sodass sich eine kleine Pfütze auf dem Fenstersims bildet, oder schütten Sie selbst etwas Wasser hin (Abb. 6.47). Blicken Sie dann in die Wasserpfütze, sodass Sie das Spiegelbild der Eisblumen sehen. Warum sieht das Eis im Spiegelbild bunt aus?

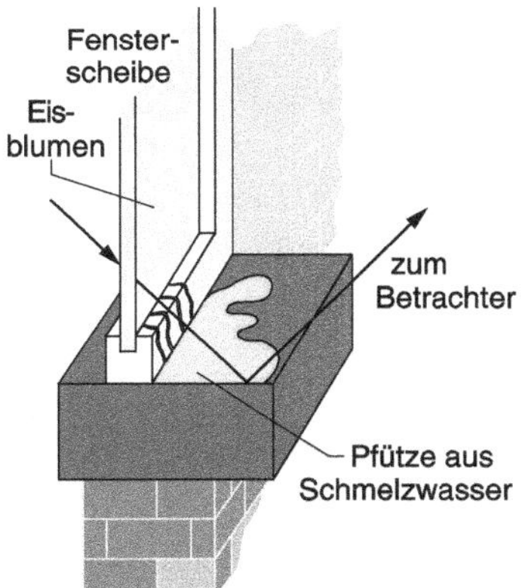

Abb. 6.47: Wenn sich Eiskristalle im Wasser spiegeln, entstehen Farben.

Plastikfolie zum Frischhalten von Lebensmitteln ist farblos, doch wenn Sie ein Stück einer solchen Folie zwischen zwei Polarisationsfilter spannen, bekommt sie zahlreiche farbige Flecken. Wenn Sie einen der Filter um seinen Mittelpunkt drehen, dann ändern sich die Farben. Statt der Frischhaltefolie können Sie auch mehrere Schichten Klebeband verwenden. Wodurch entstehen diese Farben?

Einige Werke der modernen Kunst basieren auf den Farben, die durch Kunststoff in polarisiertem Licht hervorgerufen werden. Bei manchen wird mithilfe von unterschiedlich dicken und unterschiedlich orientierten gespannten Schichten aus Plastikfolien ein Mosaik aus Farben konstruiert. Das Mosaik wird von Licht angestrahlt, das von einem Projektor ausgeht, auf dessen Vorderseite ein Polarisationsfilter angebracht ist. Der Betrachter sieht das Mosaik durch einen weiteren Polarisationsfilter.

Manche Künstler haben mithilfe von Kunststoff und Polarisationsfiltern auch dreidimensionale Werke konstruiert. Das durch den Kunststoff gehende Licht wird entweder durch einen auf die Kunststoffschicht geklebten Filter oder durch die Streuung des Lichts an den Luftmolekülen polarisiert. Manchmal können Sie ein ähnliches Farbenspiel sehen, wenn Sie während eines Fluges mit einer Polarisationsbrille durch ein Flugzeugfenster schauen.

Wenn Sie beim Autofahren eine Polarisationsbrille tragen, dann können Sie manchmal auf der Heckscheibe des vor Ihnen fahrenden Autos größere, in Mustern angeordnete Flecken sehen. Wodurch entstehen diese Flecken?

Antwort

Eis, gespannte Plastikfolie, durchsichtiges Klebeband und auch das Material der Heckscheibe werden als *doppelbrechende Materialien* bezeichnet. Wenn polarisiertes Licht durch solche Materialien dringt, dann wird die Polarisationsrichtung um die durch die Ausbreitungsrichtung definierte Achse gedreht. Wie weit die Polarisationsrichtung gedreht wird, hängt von der Farbe ab. Ein im Weg des entstehenden Lichts liegender Polarisationsfilter lässt die Farben mit der „richtigen" Polarisation durch und blockiert die Farben mit „falscher" Polarisation. Obwohl das Licht ursprünglich weiß ist, entsteht letztlich farbiges Licht.

Im Falle der Eisblumen ist das ursprüngliche Licht polarisiertes Himmelslicht und das Eis ist das doppelbrechende Material. Allerdings geht das vom Eis ausgehende Licht nicht durch einen Polarisationsfilter, sondern es wird an der Wasserpfütze reflektiert. Diese Reflexion wählt nur horizontal polarisiertes Licht aus, sodass vom Eis nur Farben mit dieser Polarisationsrichtung zu Ihnen dringen.

Im Falle der Heckscheibe wird Sonnenlicht horizontal polarisiert, wenn es an der Innen- oder Außenfläche der schrägen Scheibe reflektiert wird. Die Polarisationsbrille eines nachfolgenden Autofahrers blockiert Licht dieser Polarisationsrichtung, sodass das Fenster des vor ihm fahrenden Autos relativ dunkel aussehen sollte. Ein Teil des an der Innenfläche reflektierten Lichtes geht jedoch durch die doppelbrechenden Bereiche des Glases und die Polarisationsrichtung ändert sich. Dieser Bereich befindet sich da, wo während der Herstellung aus Sicherheitsgründen Sollbruchstellen eingebaut wurden. Das Glas wird im geschmolzenen Zustand mithilfe eines Luftstrahls sehr schnell abgekühlt, sodass es stark beansprucht wird. Wenn das Glas später kaputtgeht, sorgen die Sollbruchstellen dafür, dass es in relativ harmlose, kleine Teile zerschellt, anstatt in gefährliche Scherben. Die Bereiche, die von dem kühlenden Luftstrahl getroffen werden, befinden sich dort, wo sich die Polarisation des an der Innenfläche reflektierten Lichtes ändert. Die Polarisationsbrille des Autofahrers lässt einen Teil dieses Lichtes durch, weshalb diese Stellen etwas heller sind als der Rest der Heckscheibe.

Das Muster der Sollbruchstellen kann auch ohne Polarisationsbrille zumindest schwach sichtbar sein, wenn das die Heckscheibe beleuchtende Licht hauptsächlich polarisiertes Himmelslicht und kein unpolarisiertes, direktes Sonnenlicht ist. Wenn das unpolarisierte Licht durch das Fenster tritt und an der Innenfläche reflektiert wird, dann geht ein Teil davon durch die Sollbruchstellen, wobei die Polarisation geändert wird. Die Reflexion dieses Lichtes und das unveränderte Licht vom Rest der Innenfläche unterscheiden sich in ihrer Intensität, sodass der Fahrer ein Muster auf der Heckscheibe des vor ihm fahrenden Autos sehen kann. Ähnliche Muster kann man auch auf Flugzeugfenstern sehen.

6.130 Farbloser Schaum und zu Puder zermahlene Materialien

Warum ist Bierschaum weiß anstatt bernsteinfarben oder dunkel wie die Flüssigkeit im Glas? Warum verlieren die meisten Materialien ihre Farbe, wenn sie zu Puder zerrieben werden?

Warum ist klares Glas transparent, Glassplitter dagegen nicht? Warum ist ein einzelnes Salzkorn transparent, nicht aber eine Salzschicht, die mehr als nur ein paar Salzkörner dick ist?

Antwort
Durch gelbliches Bier dringendes Licht verliert einen Teil der nichtgelben Farben, weil diese von den Molekülen des Biers absorbiert werden. Je dunkler das Bier, umso mehr wird absorbiert. Unabhängig von der Farbe des Biers ist Bierschaum weiß, weil ein großer Teil des Lichts an den Oberflächen der vielen Bläschen reflektiert wird, sodass die Absorption innerhalb der eigentlichen Flüssigkeit vermieden wird. (Zwar können die dünnen Filme, die diese Oberflächen bilden, von Nahem betrachtet schwache Interferenzfarben zeigen, doch normalerweise überlappen sich die Farben und es entsteht weißes Licht, das man sieht, wenn man ein Glas Bier aus einer normalen Entfernung betrachtet.)

Die Farben der meisten Festkörper entstehen durch selektive Absorption bestimmter anderer Farben. Wenn der Stoff fein zermahlen wurde, wird das einfallende Licht an den zahlreichen dadurch entstandenen Oberflächen gestreut, und nur ein geringer Teil des Lichtes, das Sie empfangen, ist in die Körner des Puders eingedrungen und dort selektiv absorbiert worden. Wenn die Körner mit weißem Licht angeleuchtet werden, wird weißes Licht zu Ihnen zurückgestreut.

Der Grund für die Transparenz einer Scheibe aus klarem Glas ist die Anordnung der Glasmoleküle. An beiden Außenflächen des Glases wird ein Teil des Lichtes reflektiert, doch der größte Teil dringt in das Innere der Scheibe ein. Im Inneren streut jedes Molekül das Licht in sämtliche Richtungen, wobei nur das nach vorn gestreute Licht konstruktiv interferiert (verstärkt wird). Das übrige Licht interferiert destruktiv, d. h., die Wellen löschen sich gegenseitig aus.

Wenn das Glas in viele kleine Glassplitter zerbrochen ist und diese Splitter zu einem Berg angehäuft werden, wird das Licht viele Male an den zahlreichen Oberflächen reflektiert, mit dem Ergebnis, dass ein großer Teil des Lichtes den Berg wieder auf der Seite verlässt, wo es eingetreten ist. Das Licht, dass den Berg tatsächlich durchdringt, wurde viele Male in zufällige Richtungen reflektiert und gebrochen. Wenn Ihr Auge dieses Licht empfängt, ist es daher nicht in der Lage, ein Bild der ursprünglichen Lichtquelle zu erzeugen.

Aus dem gleichen Grund ist ein einzelnes Salzkorn transparent, ein Häufchen Salz dagegen nicht.

6.131 Glänzender schwarzer Samt und glänzender Lack

Warum sieht schwarzer Samt auf einer Seite glänzend und auf der anderen matt aus? Wie ist es überhaupt möglich, dass schwarzer Samt glänzt, obwohl doch bekanntlich schwarze Stoffe sämtliche Farben absorbieren? Warum glänzt Lack? Warum werden Spiegel mit Metallbeschichtungen überzogen, anstatt beispielsweise eine Schicht Papier aufzubringen?

Antwort
Die glänzende Seite von Samt besitzt ein reguläres Muster aus parallelen Furchen. Wenn Sie das Kleidungsstück senkrecht zum Verlauf der Furchen betrachten, wird das Licht an deren Seiten zu Ihnen reflektiert. Am hellsten ist das Kleidungsstück, wenn Sie es in dieser Richtung

betrachten und dabei zur Lichtquelle blicken. Obwohl die in den Fäden des Stoffes enthaltenen Pigmente einen Teil des Lichts absorbieren, wird wegen der gleichmäßigen Anordnung der Furchen immer noch genug Licht reflektiert, damit das Kleidungsstück glänzend wirkt. Auf der matten Seite gibt es eine solche Anordnung von Furchen nicht. Das auf diese Seite fallende Licht wird an den Fäden in viele Richtungen gestreut, sodass keine helle Reflexion in eine bestimmte Richtung möglich ist.

Das Glänzen von Lacken und Farben entsteht ähnlich wie bei einem Spiegel durch helle Reflexionen an der Oberfläche. Bei einer mäßig glänzenden Farbe dringt ein Teil des Lichts in die Farbschicht ein, wo es an den in der Farbe enthaltenen Pigmenten in viele Richtungen gestreut wird. Durch die Vermischung dieses Streulichts mit dem an der Außenfläche reflektierten Licht wird der Glanz der Farbe reduziert.

Sowohl Papier als auch eine Metallbeschichtung besitzen gewisse Unebenheiten, aber im Falle der Metallbeschichtung sind diese klein im Vergleich zur Wellenlänge des Lichts. Daraus folgt, dass Ihr Auge aus dem an der Metallbeschichtung gestreuten Licht ein Bild erzeugen kann. Die Unebenheiten auf einer Papieroberfläche sind dagegen groß und streuen das Licht in so viele Richtungen, dass sich für Ihr Auge kein Bild ergibt.

6.132 Grünes Glas und grüner Samt

Wenn Sie durch eine grüne Glasscherbe auf den Glühfaden einer glühenden Glühlampe schauen, dann sehen Sie natürlich grünes Licht. Aber was sehen Sie, wenn Sie den gleichen Glühfaden durch drei oder noch mehr grüne Scherben betrachten?

Wenn Sie grünen Samt im Sonnenlicht ausbreiten, dann sehen Sie, dass der Samt grün aussieht. Aber was sehen Sie, wenn Sie den Stoff in Falten raffen? Warum schimmert der obere Knick einer Falte hell und ohne erkennbare Farbe?

Wenn eine Person ein Kleidungsstück aus Samt trägt, dann erscheinen einige Falten grün (also in der normalen Farbe), andere dagegen weiß. Woran liegt das?

Antwort

Bei vielen (vielleicht sogar allen) Typen von grünem Glas hängt es von der Dicke des Glasstücks ab, welche Farbe Sie sehen, wenn Sie durch das Glas hindurchschauen. Durch eine einzelne Schicht sehen Sie vor allem grünes Licht, doch auch ein gewisser Teil rotes Licht dringt durch das Glas. Wenn Sie die Dicke des Glases erhöhen, indem Sie mehrere Schichten übereinander halten, dann sinkt sowohl die Intensität des durchgelassenen grünen als auch die des roten Lichts, doch die des grünen sinkt wesentlich schneller. Bei drei Schichten werden Sie vielleicht weißliches Licht sehen, weil die Intensitäten von grünem und rotem Licht dann etwa gleich sind und Sie die Kombination von beidem als weiß wahrnehmen. Wenn Sie noch mehr Schichten hinzufügen, wird das rote Licht zunehmend dominant und Sie nehmen schließlich eine rötliche Färbung wahr.

Ähnlich verhält es sich mit grünem Samt, der hauptsächlich grünes Licht, aber auch etwas rotes Licht reflektiert. Wenn der Stoff flach ausgebreitet ist, wird das Licht, das Sie erreicht, nur einmal reflektiert und Sie sehen deshalb Grün. Wenn der Samt jedoch in Falten gelegt ist, wird das Licht in den Falten zweimal oder öfter reflektiert. Mit jeder Reflexion nimmt sowohl die Intensität des grünen als auch die des roten Lichts ab, die des grünen jedoch schneller. Wenn das Licht oft genug innerhalb der Falten reflektiert wurde, nimmt es eine rötliche Farbe an.

Wenn Sie ein Kleidungsstück aus Samt betrachten, das von weißem Licht angeleuchtet wird, dann nehmen Sie viel von dem Licht wahr, das an den außen liegenden Spitzen der Samtfasern gestreut wurde. Dieses Licht verliert nur wenig Intensität durch Absorption, weil es nur einmal gestreut wird; es bleibt daher hell und weiß. Das Licht, das tiefer in den Samt eindringt und erst dann reflektiert wird, wird grün und dunkler. Auf Gemälden, die in Samt gekleidete Personen zeigen, sind die Falten als helle weiße Linien gezeichnet, die das vom Künstler gesehene Schimmern darstellen. Sie kontrastieren mit der dunkleren Farbe, die der übrige Samt hat.

6.133 Pfirsichhaut

Sie können aufgrund eines visuellen Signals schließen, ob die Haut einer Person, beispielsweise die eines Babys, weich ist. Besonders gut ist dies möglich, wenn sich ein Stück hinter der Person eine Lichtquelle befindet. Eine Computersimulation einer Person könnte dieses Signal nicht geben; die Haut würde dann hart aussehen und sofort verraten, dass es sich nur um eine Simulation handelt. Das gleiche Signal für „Weichheit" können Sie wahrnehmen, wenn Sie einen reifen Pfirsich gegen eine Hintergrundbeleuchtung betrachten. Die Haut des Pfirsichs sieht deutlich anders aus als beispielsweise die einer Nektarine, und deshalb schätzen Sie den Pfirsich als weicher ein. Worauf beruht das visuelle Signal für „Weichheit"?

Antwort

Dass die Haut einer Person weich ist, wird durch eine kleine Menge Licht signalisiert, die an den obersten Hautschichten oder (besser noch) an den auf der Haut befindlichen Härchen gestreut wird. Selbst wenn die Haut auf den ersten Blick unbehaart erscheint, ist sie wahrscheinlich mit kurzen, flaumigen Härchen bedeckt, die man fast nicht wahrnimmt, wenn man die Haut senkrecht von oben betrachtet. Wenn sich jedoch hinter der Person eine Lichtquelle befindet, wird von den Härchen etwas Licht zu Ihnen gestreut, und Sie nehmen einen milden Schein wahr. In der Interpretation Ihres Gehirns bedeutet dieser Schein „weich". Eine Kontur ohne diesen Schein ist schärfer und genauer definiert, was als „härter" interpretiert wird.

Die kurzen Härchen auf der Pfirsichhaut erzeugen bei geeigneter Beleuchtung um den Pfirsich herum einen milden Schein, was den Pfirsich weich aussehen lässt. Da Nektarinen keine solchen Härchen besitzen, erscheinen sie härter. Die Streuung durch die flaumigen Härchen auf der Haut mancher junger Frauen erzeugt den gleichen Eindruck von Weichheit, weshalb man manchmal sagt, die Frauen haben eine „Pfirsichhaut".

Ein ähnlicher Effekt ist zu beobachten, wenn jemand vor einer Lichtquelle, zum Beispiel der Sonne, steht. In diesem Fall können Sie in der obersten Haarschicht der Person ein deutliches Leuchten sehen.

6.134 Vaseline-Partys

Am MIT soll es Studentenpartys geben, die in dem von UV-Lampen erzeugten schwarzen Licht (UV-Licht) gefeiert werden. Die Teilnehmer reiben ihre Körper mit Vaseline ein, oder mit der Cremefüllung von *Twinkies* (in den USA weitverbreitete Kekse). Außerdem trinken sie oft Tonicwasser, das im UV-Licht schaurig blau leuchtet. Warum leuchten diese Stoffe im UV-Licht?

Antwort
Bestimmte Bestandteile der Vaseline und der Cremefüllung fluoreszieren, weil sie das UV-Licht absorbieren und sichtbares (blaues) Licht emittieren. Ich vermute, dass diese Komponente ein aromatischer Kohlenwasserstoff ist. Vaseline wird als Bindemittel verwendet, das bestimmte andere aromatische Kohlenwasserstoffe an Gegenständen festhält, die die Polizei gern verfolgen möchte, während sie durch die Hände von Kriminellen gehen. Der Weg wird durch gelegentliche Vaselineflecken markiert, und die aromatischen Kohlenwasserstoffe können später identifiziert werden, indem man die Flecken mit UV-Licht anstrahlt.

Tonicwasser leuchtet in schwarzem Licht blau, weil es Chinin enthält. Chinin absorbiert UV-Licht und emittiert daraufhin blaues Licht.

6.135 Die Farben von Fleisch

Warum sieht die Außenfläche eines frischen Stücks Rindfleisch hellrot aus, das Innere dagegen violett-rot? Warum wird das Innere eines Rindersteaks hellrot, wenn es „englisch" gegart wird, aber braun, wenn es „well done" (also gut durchgebraten) ist? Warum werden zum Verkauf bestimmte Packungen mit Speck, Schinken und Corned Beef im Laden oft abgedeckt, sodass das Fleisch nicht angeleuchtet wird? Warum entwickelt Pökelfleisch manchmal fluoreszierende gelbe oder grüne Beläge? Was ist der Grund für das Irisieren, das man manchmal auf der Oberfläche eines Fleischstücks sehen kann?

Antwort
Die Farbe von Fleisch entsteht im Wesentlichen durch das Pigment Myoglobin. Im lebenden Tier ist Myoglobin für den intrazellulären Sauerstofftransport verantwortlich. Durch das Schlachten wird die Sauerstoffzufuhr beendet, und das Myoglobin färbt sich violett-rot. Wenn das Fleisch dann geschnitten und der Luft ausgesetzt wird, verbindet sich der Luftsauerstoff an der der Luft ausgesetzten Schnittfläche mit dem Myoglobin zu Oxymyoglobin, das hellrot aussieht. Etwas unterhalb der Oberfläche, wo Sauerstoff vorhanden, aber weniger reichlich ist, dissoziiert das Oxymyoglobin, und das darin enthaltene Eisen oxidiert. Der entstehende Komplex, der als Metmyoglobin bezeichnet wird, hat eine bräunlich-rote Farbe. Noch tiefer

im Fleisch, wo es sehr wenig Sauerstoff gibt, bleibt das Myoglobin violett-rot. Metzger verpacken Fleisch oft luftdurchlässig, sodass die Oberfläche des Fleischstücks hellrot bleibt, was dem Verbraucher Frische suggeriert.

Beim Erhitzen des Fleisches beginnt das Myoglobin im Inneren des Bratens, sich mit dem dort vorhandenen Sauerstoff zu verbinden, wobei hellrotes Oxymyoglobin entsteht. (Wenn Sie einen „englisch" gegarten Braten anschneiden, werden Sie wegen dieser Umwandlung feststellen, dass das Fleisch hellrot aussieht.) Indessen beginnt das Myoglobin im äußeren Bereich des Fleischstücks zu denaturieren und die Eisenbestandteile beginnen zu oxidieren, sodass das Äußere braun wird. Bei weiterer Erhitzung setzt sich diese Farbänderung immer weiter ins Innere des Bratens fort.

Bei gepökeltem oder geräuchertem Fleisch wie Speck, Schinken und Corned Beef verbindet sich Stickstoffmonoxid mit dem Myoglobin zu einem rosafarbenen Pigment. Wenn das Fleisch angestrahlt wird und gleichzeitig Sauerstoff ausgesetzt ist, dissoziiert das Licht das Stickstoffmonoxid vom Myoglobin. Anschließend oxidiert die Eisenkomponente und bildet das bräunlich-rote Metmyoglobin. Manchmal oxidiert auch ein anderer Teil des Komplexes und bildet gelbe oder grüne fluoreszierende Pigmente. Um diese unerwünschte Farbänderung zu vermeiden, werden Packungen mit gepökeltem Fleisch abgedeckt, um sie vor dem Licht im Laden zu schützen. Eine andere Möglichkeit besteht darin, das Fleisch vakuumdicht zu verpacken und so den Sauerstoff zu eliminieren.

Das Irisieren von frischem oder gegartem Fleisch entsteht durch Interferenz des Lichts, das an den Muskelfasern an oder unmittelbar unter der Fleischoberfläche gestreut wird. Wenn das Licht senkrecht auf die Muskelfasern einfällt, kann das an einer bestimmten Stelle gestreute Licht mit dem an einer anderen Stelle gestreuten Licht interferieren, wobei konstruktive Interferenz typischerweise für grünes Licht auftritt. Das Irisieren, vor allem im grünen Bereich des sichtbaren Spektrums, tritt auf, wenn die Oberfläche austrocknet. Dieser Vorgang ist nicht zwangsläufig mit einem Bakterienbefall verbunden, und er muss auch nicht unbedingt bedeuten, dass das Fleisch für den Verzehr zu alt ist.

6.136 Ein kleines Bier

Weshalb haben Bierkrüge oft dicke, kegelstumpfartige Wände und einen dicken Boden? Das Design ist sicherlich bewusst so gewählt, damit man das Gefühl hat, ein ordentliches Gewicht in der Hand zu haben, doch außerdem vermittelt es die Illusion, dass der Bierkrug mehr Bier enthält, als tatsächlich drin ist. Wie ist das möglich?

Antwort

Die Illusion entsteht durch die Brechung, die das Licht erfährt, wenn es vom Bier in das Glas und dann in die Luft übergeht. Beispielsweise wird ein Strahl, der von dem am weitesten links liegenden Punkt des Bieres ausgeht, zur Mitte hin abgelenkt (Abb. 6.48). Wenn Sie diesen Strahl empfangen, verlängern Sie ihn gedanklich geradlinig nach hinten ins Glas hinein und schließen, dass er von weiter links ausgeht, als es tatsächlich der Fall ist – es scheint also mehr Bier im Glas zu sein, als tatsächlich ist. Die Dicke und die Krümmung des Glases kann sich auch auf die scheinbare Tiefe des Bieres auswirken. Im Extremfall kann der tatsächliche Inhalt des Glases nur halb so groß sein wie der scheinbare.

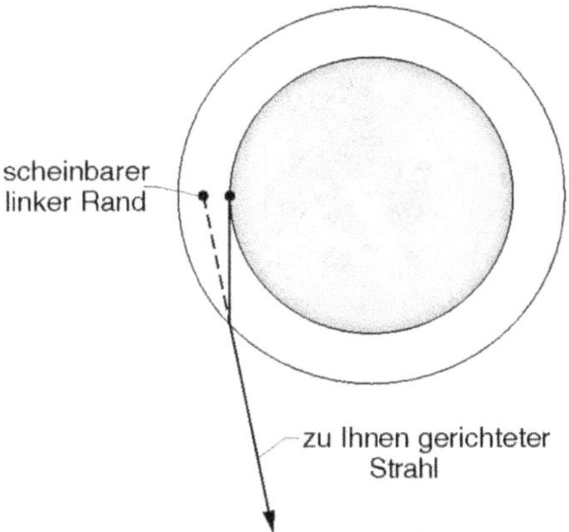

Abb. 6.48: Ein Blick von oben in ein gefülltes Bierglas erzeugt die Illusion, es sei mehr Bier im Glas als tatsächlich der Fall ist.

6.137 Weißer als weiß

Ein in den USA einst populärer Werbespruch für ein Waschmittel behauptete, dass das Waschmittel weiße Wäsche „whiter than white" (deutsch: „weißer als weiß") mache. Was bedeutet der Spruch?

Antwort
Das Waschmittel hinterlässt einen fluoreszierenden Aufheller in der Wäsche, der einen Teil des UV-Anteils des Sonnenlichts in blaues Licht umwandelt, sodass sich die Menge des von der Wäsche ausgehenden sichtbaren Lichts erhöht. Die Wäsche ist insofern „weißer als weiß", als sie mehr sichtbares Licht abgibt.

Der Aufheller ist nötig, weil das Produkt außerdem einen gelben Farbstoff in der Wäsche hinterlässt. Der Farbstoff absorbiert blaues Licht. Ohne den Aufheller würde weiße Wäsche nach dem Waschen leicht gelblich aussehen. Vor dem Aufkommen von Aufhellern enthielten Waschmittel zusätzlich zu dem gelben einen blauen Farbstoff. Durch die Kombination der beiden Farbstoffe konnten Farben auf weißer Wäsche zwar fast vollständig eliminiert werden, doch leider hinterließen sie einen unerwünschten Grauschleier.

6.138 Die verschwindende Münze

Lassen Sie eine Münze in ein mit Wasser gefülltes Glas fallen und wählen Sie Ihre Perspektive so, dass Sie durch die Wasseroberfläche hindurch ein Bild der Münze sehen (siehe Abb. 6.49). Wenn Sie Ihre Hand auf die Rückseite des Glases legen, bleibt das Bild unverändert. Es sei denn, Ihre Hand ist nass – dann verschwindet das Bild. Haben Sie hierfür eine Erklärung?

Antwort
In der Ausgangskonstellation ist die Münze sichtbar, weil Sie einen Teil des von ihr ausgehenden Lichtes per Reflexion an der Rückseite des Glases sehen. Wenn Sie Ihre trockene Hand auf den Bereich legen, in dem die Reflexion stattfindet, beeinflusst dies die Reflexion aus

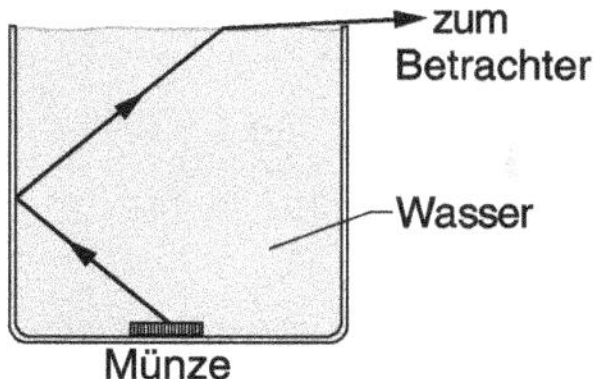

Abb. 6.49: Eine Münze in einem mit Wasser gefüllten Glas.

zwei Gründen kaum: (1) Ihre Hand hat nur an wenigen Stellen wirklich Kontakt mit dem Glas; (2) nur wenig Licht dringt aus dem Glas in Ihre Haut ein. Wenn Ihre Hand jedoch nass ist, ist der Kontakt zwischen dem Wasser und dem Glas großflächig. Außerdem kann dort, wo ein Kontakt besteht, viel Licht aus dem Glas in das Wasser eindringen, weil sich die optischen Eigenschaften der beiden Stoffe nur wenig unterscheiden. Deshalb geht der größte Teil des Lichtes, das zuvor an der Rückseite des Glases reflektiert wurde, nun in dem Wasser auf Ihrer Hand verloren, und das Bild der Münze verschwindet.

6.139 Sonnenbrillen und Dunst

Wenn Sie mit einer Polarisationsbrille einen von Dunst umhüllten Berg betrachten, der sich gegen einen klaren Himmel abhebt, dann können Sie den Berg verschwinden und wieder auftauchen lassen, indem Sie Ihren Kopf mitsamt der Sonnenbrille zur Seite kippen. Auch viele einzelne Details des Berges können Sie auf diese Weise verschwinden und wieder auftauchen lassen. Wie lässt sich dieses Phänomen physikalisch erklären?

Antwort

Wenn Sie einen von Dunst umhüllten Berg betrachten und der Himmel einen klaren Hintergrund bildet, dann empfangen Sie Licht aus drei Quellen: (1) das Licht, das an den Luftmolekülen des Himmels gestreut wird (dieses Licht ist polarisiert); (2) Licht, das an den Dunstteilchen zwischen Ihnen und dem Berg gestreut wird (wenn die Teilchendurchmesser 0,5 bis 5 Mikrometer betragen, ist das Licht teilweise in der gleichen Orientierung polarisiert wie das Hintergrundlicht des Himmels); (3) Licht, das an Oberflächendetails des Berges gestreut wird (dieses Licht ist schwach und mit einer Vielzahl von Orientierungen polarisiert). Wie viel Licht aus den einzelnen Quellen Sie empfangen, hängt von der Ausrichtung Ihrer Polarisationsbrille ab.

Angenommen, die Durchmesser der Dunstteilchen liegen tatsächlich in dem genannten Bereich. Wenn Sie Ihren Kopf mitsamt der Sonnenbrille nach links oder rechts neigen, bis das Hintergrundlicht des Himmels am hellsten ist, lassen die Brillengläser Licht aus allen drei Quellen durch. Das an den Dunstteilchen gestreute, teilweise polarisierte Licht wird allerdings nur partiell durchgelassen. Was Sie sehen, ist ein schwacher Umriss des Berges vor einem hellen Himmel. Der Kontrast ist stark genug, um den Berg erkennen zu können, doch das matte, an den Dunstteilchen gestreute Licht ist noch ausreichend hell, um die Oberflächendetails des Berges zu überdecken.

Wenn Sie nun Ihren Kopf mitsamt der Sonnenbrille um volle 90 ° nach links oder rechts kippen, blockieren die Brillengläser alles Licht vom Hintergrundhimmel sowie den größten

Teil des an den Dunstteilchen gestreuten Lichtes. Unter diesen Umständen können Sie Oberflächendetails unterscheiden, wenn sie so orientiert sind, dass sie Licht mit einer Polarisationsrichtung reflektieren, die von den Brillengläsern durchgelassen wird.

6.140 Die Helligkeit des Ozeans

Angenommen, der Himmel ist klar und Sie fahren mit einem Boot über das Meer, das nur von leichten Wellen bedeckt ist. Wo ist das Wasser am hellsten: direkt unter Ihnen, wenn Sie von oben auf die Wasseroberfläche schauen, oder in Richtung des Horizonts? Wo sehen Sie hauptsächlich Reflexionen des direkten Sonnenlichts oder des Himmels? Wo können Sie unter der Wasseroberfläche befindliche Objekte sehen?

Antwort
Bei dieser Situation sind drei Lichtquellen zu unterscheiden: das Glitzern des vom Wasser reflektierten Sonnenlichts, das vom Wasser reflektierte Himmelslicht und das unterhalb der Wasseroberfläche reflektierte Licht. Am hellsten ist das Meer immer vorm Horizont, da der Reflexionswinkel dann so flach ist, dass nur ein kleiner Teil des Lichts an das Wasser verloren geht. Weiter vorn dringt infolge des steileren Winkels ein immer größerer Teil des reflektierten Himmelslichts in das Wasser ein.

Der nächsthellere Bereich ist der, wo die Wasseroberfläche glitzert. Wo dieser Bereich liegt, hängt davon ab, wie hoch die Sonne am Himmel steht. Bei Sonnenaufgang liegt er am östlichen Horizont, von dort bewegt er sich mit zunehmender Höhe der Sonne auf Sie zu, und bei Sonnenuntergang verschwindet er am westlichen Horizont.

Zwischen Ihnen und dem glitzernden Bereich wird das Licht, das Sie von dort erreicht, vom Auftrieb bestimmt. In diesen Bereichen können Sie auch Objekte erkennen, die sich unter Wasser befinden.

6.141 Ein blaues Band am Meereshorizont

Das Meer erscheint zum Horizont hin häufig in einem dunkleren Blau oder dunkleren Grau als der Rest des Ozeans oder der Himmel unmittelbar über dem Horizont. An einem klaren Tag ähnelt dieser Teil des Meeres einem strahlend blauen Band. Wenn Sie flach am Strand liegen oder höher hinaufklettern, verschwindet es wieder. Wodurch entsteht dieses blaue Band?

Antwort
Wenn Sie die Wasseroberfläche betrachten, die sich direkt unterhalb des Horizonts befindet, sehen Sie gewöhnlich die Reflexion von dem Bereich des Himmels, der sich etwa 30 ° über dem Horizont befindet (siehe auch die vorhergehende Antwort). Bei klarem Wetter ist der Himmel in diesem Bereich blauer als am Horizont, wo er meistens weiß aussieht. Der Kontrast zwischen dem weißen Horizont und der blauen Reflexion macht das blaue Band sichtbar. Wenn der reflektierte Bereich des Himmels grau ist, entsteht ein graues Band, das sich ebenfalls gegen den angrenzenden weißen Horizont abhebt. Das blaue oder graue Band verschwindet, wenn Sie am Strand liegen, da die ankommenden Wellen Ihren Blick auf das Meer unterhalb des Horizonts verdecken. Auch wenn Sie vom Strand aus zu weit nach oben steigen, verschwindet es, doch in diesem Falle bin ich mir nicht sicher, warum.

6.142 Schlagartiges Einsetzen der Dunkelheit

Warum geht die Sonne in den Tropen viel schneller unter als in höheren Breiten?

Antwort
Die Dämmerung dauert vom Beginn eines Sonnenuntergangs bis zu dem Zeitpunkt, da sich die Sonnenmitte in einem bestimmten Winkel unterhalb des Horizonts befindet. (Bei der *bürgerlichen Dämmerung* beträgt dieser Winkel 6 °, bei der *nautischen Dämmerung* 12 ° und bei der *astronomischen Dämmerung* 18 °.) Wie schnell die Sonne den Weg zwischen diesen beiden Punkten zurücklegt, hängt davon ab, unter welchem Winkel ihre scheinbare Bahn am Himmel den Horizont schneidet. In Äquatornähe verläuft diese Bahn nahezu senkrecht, folglich bewegt sich die Sonne schnell zwischen den beiden Punkten und die Dämmerungsphase ist relativ kurz. In hohen Breiten schneidet die Bahn der Sonne den Horizont unter einem kleinen Winkel. Daher bewegt sich die Sonne schräg zwischen den beiden Punkten und die Dämmerung dauert lange.

6.143 Farbige Kondensstreifen

Die Kondensstreifen, die sich hinter Flugzeugen aufgrund der Kondensation von Wasser bilden, sind gewöhnlich weiß. Warum sind sie manchmal auch farbig? Wie kommt es, dass sich der farbige Teil des Kondensstreifens unmittelbar hinter dem Flugzeug entlangbewegt? Die Tropfen, die den Kondensstreifen bilden, bewegen sich jedenfalls nicht so schnell.

Antwort
Wenn die Tropfen gebildet werden und wachsen, indem sie in der Luft enthaltenes Wasser absorbieren, dann können sie einen Größenbereich durchlaufen, in dem sie das Sonnenlicht durch Beugung (eine Form der Streuung) in seine Farben aufspalten. Wenn die Tropfen zu groß geworden sind, verschwinden die Farben. Folglich gibt es hinter dem Flugzeug einen bestimmten Bereich, in dem sich ein farbiger Kondensstreifen bildet. Die näher am Flugzeug befindlichen Tropfen sind zu klein und die weiter entfernten Tropfen zu groß dafür.

6.144 Perlmuttwolken

Perlmuttwolken haben wunderschöne zarte Farben. Sie sind äußerst selten, und man sieht sie normalerweise nur in höheren Breiten kurz nach Sonnenuntergang oder kurz vor Sonnenaufgang. Aus dem Zeitpunkt ihres Auftretens können wir schlussfolgern, dass sie sich in großen Höhen befinden müssen, wo das Licht der unterhalb des Horizonts stehenden Sonne sie noch erreicht, während es auf der Erde bereits dunkel ist. Normale, tiefer hängende Wolken sind nur an ihren Rändern farbig, oder wenn sie sich direkt vor Sonne oder Mond befinden. Die Farben der Perlmuttwolken erscheinen jedoch auch dann, wenn diese mehr als 40 ° von der Sonne entfernt sind.

Wodurch entstehen die Farben der Perlmuttwolken? Falls dafür Wassertröpfchen verantwortlich sein sollten, wie kann in den großen Höhen, in denen sich diese Wolken befinden, trotz der sehr niedrigen Umgebungstemperatur von –80 °C flüssiges Wasser vorhanden sein?

Antwort
Die Farben der Perlmuttwolken entstehen durch die Streuung des Sonnenlichts und die Aufspaltung der Farben an winzigen Wassertröpfchen und Schwefeltrioxid innerhalb der Wolken. Winzige Wassertröpfchen können bis zu Temperaturen von −40 °C im flüssigen Aggregatzustand bleiben. Wenn jedoch zusätzlich Schwefeltrioxid vorhanden ist, bleiben die Tröpfchen auch noch bei den viel tieferen Temperaturen flüssig, die in Höhen von 18 bis 22 Kilometern herrschen, also dort, wo sich die Perlmuttwolken bilden. Wenn ein Tropfen in einer Perlmuttwolke wächst, wird er irgendwann gefrieren und trägt nicht mehr zur Aufspaltung der Farben durch die Wolke bei. Man nimmt an, dass solche gefrorenen Tropfen den weißen Schweif verursachen, der von einer Perlmuttwolke ausgeht.

6.145 Purpurfarbenes Dämmerungslicht

Wodurch entsteht das *purpurfarbene Dämmerungslicht*, das am westlichen Himmel etwa 15 bis 40 Minuten nach dem Sonnenuntergang kurz auftaucht, während die anderen Farben des Sonnenuntergangs verblassen? Ist derselbe Mechanismus für das ungewöhnliche zweite purpurfarbene Licht verantwortlich, das bis zu zwei Stunden später erscheinen kann? Wie kommt es, dass die Sonne noch so lange nach ihrem Verschwinden Licht zum westlichen Himmel sendet?

Antwort
Das purpurfarbene Dämmerungslicht setzt sich aus rotem Licht, das in niedrigen Luftschichten gestreut wurde, und in hohen Luftschichten gestreutem blauen Licht zusammen. Der rote Anteil besteht aus Sonnenlicht, das der Erdkrümmung folgt und dabei die dichten, niedrigen Luftschichten durchquert. Entlang dieses Weges verliert dieses Licht seinen blauen Anteil, der durch die Luftmoleküle gestreut wird. Wenn das Licht schließlich zu Ihnen gestreut wird, ist seine Farbe durch den roten Anteil dominiert. Bei dem blauen Anteil des Dämmerungslichts handelt es sich um Licht, das einen langen Weg durch die hochgelegene Ozonschicht zurückgelegt hat. Auf diesem Weg hat das Licht aufgrund der Absorption durch die Ozonmoleküle seinen roten Anteil weitgehend verloren. Wenn das Licht schließlich zu Ihnen gestreut wird, wird seine Farbe durch den blauen Anteil dominiert. Wenn Sie sich also den Himmel über der untergehenden Sonne anschauen, sehen Sie eine Kombination aus rotem und blauem Licht, die Sie als purpurfarben wahrnehmen. In manchen Gegenden kann dieses purpurfarbene Licht nach dem Sonnenuntergang umliegende Berggipfel anleuchten, was als *Alpenglühen* bekannt ist.

Das seltene zweite purpurfarbene Dämmerungslicht ist noch wenig erforscht. Es könnte sein, dass es mit dem Licht in Zusammenhang steht, das an den Luftpartikeln der höheren Luftschichten gestreut wird, die auch nach dem Sonnenuntergang noch vom Sonnenlicht beschienen werden. Eine solche dünne Partikelschicht befindet sich in einer Höhe von etwa 85 Kilometern und besteht aus Resten von Kometen oder Asteroiden, die in der Erdatmosphäre abgefangen wurden.

6.146 Kräuselungen am Himmel

Mehrere Augenzeugen haben von dunklen und hellen Kräuselungen berichtet, die sich über die Wolken bewegen. In manchen Fällen schienen die Kräuselungen zufällig angeordnet, in anderen Fällen dagegen wellenartig.

Während des Zweiten Weltkrieges bemerkten amerikanische Soldaten bei den Kämpfen in der Nähe des Westwalls dunkle Schatten, die sich über die weißen Zirruswolken bewegten. Diese Schatten hatten die Form von Bögen, deren Mittelpunkte sich auf der deutschen Seite befanden.

Was könnte die Ursache dieser Erscheinungen gewesen sein?

Antwort
Eine allgemein akzeptierte Erklärung für die beschriebenen Phänomene gibt es bisher nicht. Man glaubt aber, dass sie mit Schallwellen im Zusammenhang stehen, die sich durch die in den Wolken enthaltenen Eiskristalle bewegen. Da die amerikanischen Soldaten keine Geräusche wahrgenommen haben, müssen die Geräuschquellen, möglicherweise schwere Artillerie oder große Explosionen hinter den feindlichen Linien, weit entfernt gewesen sein. Eine Schallwelle würde die Ausrichtung der Eiskristalle kurzzeitig verändern, was sich auf die Helligkeit des von ihnen reflektierten Lichts auswirken würde. (Nach einer älteren Theorie modifizieren die Schallwellen den Umfang der Kondensation innerhalb einer Wolke, was sich in Form eines über die Wolke fortschreitenden hellen Bandes bemerkbar macht.)

6.147 Linie durch entfernten Regen

Wenn Sie in der Ferne im direkten Sonnenlicht Regen fallen sehen, können Sie eine horizontale Linie erkennen, die helleren Niederschlag in größerer Höhe von dunklerem Niederschlag in geringerer Höhe trennt. Wodurch entsteht diese Linie?

Antwort
Im Allgemeinen sinkt die Lufttemperatur mit zunehmender Höhe. Die von Ihnen wahrgenommene Linie markiert die Höhe, in der die fallenden Eiskristalle auftauen und zu Wassertropfen werden. Da Eiskristalle mehr Sonnenlicht reflektieren als Regentropfen, ist der Bereich oberhalb der Linie heller als der Bereich unterhalb der Linie.

6.148 Helle Nächte

Wenn Sie in einer Gegend wohnen, die frei von Streulichtern ist, können Sie feststellen, dass manche Nächte ungewöhnlich hell sind, obwohl der Mond nicht scheint. Solche Nächte scheinen mit dem Auftreten von Meteoritenschauern in Verbindung zu stehen, so als würden die Meteoriten ein Leuchten zum Himmel lenken. Der Schweif eines Meteoriten ist dafür allerdings zu lichtschwach. Woran liegt es also dann?

Antwort
Wenn sich ein Meteorit in einer Höhe von etwa 90 Kilometern durch die Erdatmosphäre bewegt, erhitzt er die Luft entlang seines Weges. In dem erhitzten Bereich entsteht Stickstoffoxid, das sich unter Emission von grünem, gelbem und rotem Licht mit Sauerstoff zu Stick-

stoffdioxid verbindet. Bei diesem Prozess werden der grüne, gelbe und rote Bereich emittiert. Ein dunkeladaptiertes Auge ist empfindlich für solches Licht. Ein Meteoritenschauer kann also ein zusätzliches Leuchten am Nachthimmel verursachen.

6.149 Zodiakallicht, Gegenschein und andere nächtliche Leuchterscheinungen

Wenn Sie sich weit genug von den Lichtern der Stadt entfernt befinden, können Sie am dunklen mondlosen Himmel zwei sonderbare Lichtflecken ausmachen. Das *Zodiakallicht* ist ein milchig scheinendes Dreieck, das einige Stunden nach Sonnenuntergang im Westen oder im Osten vor Sonnenaufgang zu sehen ist. Für die Beobachtungen am Abend ist der Zeitraum um die Tagundnachtgleiche im Frühjahr am besten geeignet, für die Beobachtungen am Morgen ist die Zeit um die Tagundnachtgleiche im Herbst am günstigsten. Das Dreieck ist fast so hell wie die Milchstraße und liegt in der Ebene der Ekliptik, also in der Ebene, in der die Erde die Sonne umkreist.

Der *Gegenschein* ist ein schwaches Licht, das manche Menschen am *antisolaren Punkt* (der der Sonne direkt gegenüberliegende Punkt am Himmel) sehen können. Dieses Licht ist so schwach, dass ideale Beobachtungsbedingungen und dunkeladaptierte Augen notwendig sind. Selbst dann können Sie das Licht nur sehen, wenn Sie den Himmel mit Ihren Augen absuchen, anstatt starr auf die Stelle zu blicken, wo Sie den Gegenschein vermuten. Auf der nördlichen Hemisphäre sind die Beobachtungsbedingungen wahrscheinlich im Oktober am günstigsten, da zu dieser Zeit der Hintergrund der Sterne relativ dunkel ist.

Gelegentlich wurden auch sich bewegende und leuchtende Bereiche mit großer Ausdehnung beobachtet, die nichts mit dem Polarlicht zu tun haben.

Wie entstehen diese Leuchterscheinungen am nächtlichen Himmel?

Antwort

Sowohl das Zodiakallicht als auch der Gegenschein entstehen durch Streuung des Sonnenlichts an interplanetarem Staub, der wahrscheinlich von Kometen stammt. Die Streuung ist in der Ausbreitungsrichtung des Lichts am stärksten, in der Gegenrichtung schwächer und unter allen anderen Winkeln noch schwächer. Der Staub, der das Zodiakallicht hervorruft, befindet sich innerhalb der Erdumlaufbahn. Sie können das an diesem Staub gestreute Licht nur kurz nach Sonnenuntergang oder kurz vor Sonnenaufgang sehen. In beiden Fällen nehmen Sie das Licht wahr, das annähernd in seiner Ausbreitungsrichtung gestreut wurde.

Um Mitternacht ist es möglich, Sonnenlicht zu sehen, das von Staubteilchen zurückgestreut wird, die sich außerhalb der Erdumlaufbahn befinden. Dies ist der sogenannte Gegenschein. Die farbigen, sich bewegenden Leuchterscheinungen (*Airglow* oder auch *Nachthimmelsleuchten*) entstehen wahrscheinlich durch Hydroxidmoleküle (OH) aus großen Höhen, die sich angeregt durch *Dichtewellen* (wellenartige Druck- und Temperaturveränderungen, oft auch als Schwerewellen bezeichnet) durch das Gebiet bewegen.

6.150 Reflexionen vom Meereshorizont

Wenn Sie das nächste Mal an einer Meeresküste stehen und das Meer voller Wellen ist, dann betrachten Sie einmal ganz genau die Spiegelungen des Meeres dicht unter dem Horizont.

Wenn die Meeresoberfläche völlig eben wäre, würde sie den Himmel wie ein riesiger ebener Spiegel reflektieren. Da die Oberfläche jedoch wegen der Wellen vielfach gekrümmt ist, reflektieren diese jeweils verschiedene Teile des Himmels. Der an einer bestimmten Wellenflanke reflektierte Teil des Himmels weicht von der Horizontalen um das Doppelte des Neigungswinkels der Welle ab.

Seltsamerweise ist die Refelxion, die Sie unmittelbar unter dem Horizont sehen, in der Regel derjenige Teil des Himmels, der etwa 30 ° über dem Horizont liegt. Dieser Winkel legt die Annahme nahe, dass die mittlere Neigung der Wellenflanken 15 ° beträgt. Messungen haben jedoch ergeben, dass Wellen nur selten so stark geneigte Flanken haben. Wieso liegt die Reflexion trotzdem gewöhnlich bei 30 °?

Antwort

Betrachten wir die Wellen auf dem Meer dicht unter dem Horizont. Kleine Wellen mit flachen Flanken reflektieren den Bereich des Himmels nahe dem Horizont. Obwohl diese Wellen zahlreich sind, ist ihr Beitrag zu der von Ihnen wahrgenommenen Reflexion gering, weil jede der Wellen nur eine kleine Oberfläche hat (sie wirken alle wie kleine Spiegel). Etwas größere Wellen mit mittleren Neigungswinkeln reflektieren größere Bereiche des Himmels. Obwohl diese etwas größeren Wellen weniger zahlreich sind als die kleinen Wellen, ist ihr Beitrag zu der von Ihnen wahrgenommenen Reflexion größer, weil jede einzelne Welle eine größere Fläche hat. Sehr viel größere Wellen sind so selten, dass nicht einmal ihre riesige Reflexionsfläche eine Rolle spielt. Insgesamt ist die von Ihnen wahrgenommene Reflexion im Wesentlichen das, was Sie sehen würden, wenn die Wasseroberfläche mit lauter Wellen von 15 ° Neigungswinkel bedeckt wäre, d. h., es wird jener Teil des Himmels reflektiert, der 30 ° über dem Horizont liegt.

6.151 Fokussierung von Licht mithilfe einer Metallkugel

Im Jahre 1818 reichte Augustin Jean Fresnel für einen von der französischen Akademie ausgeschriebenen Wettbewerb eine Arbeit über ein Wellenmodell des Lichts ein. Simeon D. Poisson, der zu den Mitgliedern der Jury gehörte, äußerte starke Einwände gegen das Modell und versuchte, es durch folgendes Argument ad absurdum zu führen: Wenn ein lichtundurchlässiger Gegenstand mit kreisförmigem Querschnitt (also beispielsweise eine Münze oder ein Ball) von einem Lichtbündel angestrahlt wird, sagt Fresnels Modell voraus, dass in der Mitte des Schattens, der von dem Gegenstand auf einem weit entfernten Schirm geworfen wird, ein heller Fleck erscheint.

Dominique F. Arago, ein weiteres Jurymitglied, setzte es durch, die Vorhersage trotz der scheinbar absurden Schlussfolgerung durch ein Experiment zu überprüfen. Und tatsächlich: Er fand den vorhergesagten hellen, zentralen Fleck. Wie das Leben so spielt, wird dieser Fleck heute üblicherweise als *Poissonscher Fleck* (oder seltener als *Aragoscher Fleck*) bezeichnet, obwohl anfangs keiner der beiden Gelehrten an seine Existenz geglaubt hatte.

Seit der Entdeckung dieses Flecks haben sich mehrere Forscher damit beschäftigt, wie sich lichtundurchlässige Objekte, beispielsweise kleine Metallkugeln aus Kugellagern, als Linsen zur Erzeugung von Bildern verwenden lassen. Wenn sich das Bild auf einem Film manifestiert, könnte man mit einer Kamera ein Foto davon anfertigen. Was ist die Ursache für die Ausbildung des Poissonschen Flecks, und wieso kann ein fester Körper wie eine Kugel das Licht dazu bringen, ein Bild zu erzeugen?

Antwort

Angenommen, die Lichtquelle ist ein entfernter heller Punkt und das Bild wird von einer festen Kugel erzeugt. Wenn die Lichtwellen die Kugel erreichen, werden sie um deren Seiten herum gebeugt, breiten sich radial nach außen aus und auch in den Schattenbereich der Kugel hinein. Wird an geeigneter Stelle hinter der Kugel ein Schirm platziert, bildet das Licht ein kleines Beugungsmuster aus hellen und dunklen konzentrischen Kreisen. Die Mitte des Musters bildet ein heller Fleck, weil die Wellen, die die Kugel auf gegenüberliegenden Seiten passieren, die gleiche Distanz zurücklegen, sodass die Wellen konstruktiv interferieren.

Der erste dunkle Kreis entsteht durch destruktive Interferenz. Betrachten wir den oberen Teil des Kreises. Wellen, die den unteren Teil der Kugel passieren, müssen einen längeren Weg zurücklegen, um diesen Punkt zu erreichen, als die Wellen, die an der Oberseite der Kugel entlanglaufen. Der zusätzlich zurückgelegte Weg entspricht einer halben Wellenlänge, sodass die beiden Wellen sich gegenseitig auslöschen, wenn sie den Punkt auf dem Schirm erreichen.

Der Rest des Musters entsteht durch abwechselnde konstruktive und destruktive Interferenz. An manchen Stellen differieren die an gegenüberliegenden Seiten der Kugel entlanggelaufenen Wellen um ein ganzzahliges Vielfaches der Wellenlänge. An diesen Stellen kommt es zu konstruktiver Interferenz. An anderen Stellen differieren die Wellen um ungeradzahlige Vielfache der halben Wellenlänge, und es kommt dort zu destruktiver Interferenz.

Wenn eine Kugel ein Bild eines Objektes erzeugt, wirkt jeder helle Teil des Objektes wie eine punktförmige Lichtquelle und erzeugt einen leicht verschobenen, hellen Punkt nahe dem Zentrum des Beugungsmusters. Die Gesamtheit all dieser Punkte reproduziert in etwa die Form des Objektes und liefert daher ein Bild von diesem.

6.152 Eine schnelle Drehung in einem gekrümmten Spiegel

Krümmen Sie ein Stück glänzende Mylarfolie zu einem Zylinder. Halten Sie diesen gekrümmten „Spiegel" so, dass die Zylinderachse horizontal liegt, und schauen Sie dann in das gekrümmte Innere. Wählen Sie die Krümmung des Spiegels und Ihren Abstand vom Spiegel so, dass Ihr Bild invertiert wird. (Sie befinden sich dann hinter dem Brennpunkt des Spiegels.) Wenn Sie den Zylinder um 90 ° drehen, sodass seine Achse nun vertikal verläuft, steht Ihr Bild nicht mehr auf dem Kopf, es hat sich also um 180 ° gedreht. Warum hat sich das Bild, verglichen mit dem Zylinder, um den doppelten Winkel gedreht?

Antwort
Der Zylinder kann als eine Kombination aus zwei Spiegeln aufgefasst werden: Einer ist gerade und parallel zur Zylinderachse, und der andere krümmt sich um den Spiegel herum und bildet einen senkrecht verlaufenden Schnitt mit dem ersten. Ein vom ersten Spiegel erzeugtes Bild ist nicht invertiert, während alle von dem gekrümmten Spiegel erzeugten Bilder invertiert sind.

Unabhängig von der Orientierung des Zylinders sehen Sie tatsächlich zwei Typen von Bildern: ein reelles, invertiertes Bild vor dem Spiegel (erzeugt durch den gekrümmten Spiegel) und ein schwächeres, nicht invertiertes, virtuelles Bild hinter dem Spiegel (erzeugt durch den geraden Spiegel). Je nach Orientierung des Zylinders dominiert einer der beiden Bildtypen. Wenn Sie daher den Spiegel zwischen zwei Orientierungen hin- und herdrehen, wechselt das von Ihnen wahrgenommene Bild von einem Typ zum anderen, was die Illusion hervorruft, dass es sich um ein Bild handelt, das sich um 180 ° dreht.

6.153 Die Farbe von Zigarettenrauch

Warum ist der vom glimmenden Ende der Zigarette aufsteigende Rauch bläulich gefärbt, während der vom Raucher ausgeatmete Rauch weiß aussieht?

Antwort
Die vom glimmenden Ende aufsteigenden Rauchpartikel sind so klein, dass sie von dem ins Zimmer einfallenden Licht vorzugsweise blaues Licht zu Ihnen streuen. Beim Inhalieren des Rauches kondensiert Wasser an den Partikeln, wodurch diese zunehmend größer werden und beim Ausatmen schließlich groß genug sind, um die verschiedenen Farben des einfallenden Lichts etwa gleich gut zu streuen. Folglich sieht der Rauch weiß aus.

6.154 Die Welt im UV-Licht

Die Beschränkung Ihres Sehvermögens am dunkelblauen Ende des Spektrums hängt zum Teil mit der zunehmenden Absorption des Lichts durch Hornhaut und Linse Ihrer Augen zusammen. Wenn Sie sich einer Staroperation unterziehen und Ihnen eine künstliche Augenlinse implantiert wird, kann es sein, dass Sie danach Licht wahrnehmen, dessen Wellenlänge außerhalb dieses normalen Bereichs, nämlich im ultravioletten Bereich, liegt. Wie würde die Welt für Sie aussehen, wenn Sie außer diesem Licht nichts anderes mehr sehen könnten?

Antwort
Städte wären für Sie auch bei eingeschalteter Beleuchtung dunkel, da die Glasbirnen der Lampen sowie auch die Fenster an den Gebäuden ultraviolettes Licht absorbieren. Folglich würden Sie von diesen vertrauten Lichtquellen kein Licht mehr wahrnehmen. Aus demselben Grund würden Korrekturbrillen wie dunkle Sonnenbrillen wirken. Schatten wären nur schwach ausgeprägt und undeutlich, und Sie könnten selbst an einem klaren Tag nicht weit sehen, da die Luftmoleküle das UV-Licht stärker streuen als das sichtbare Licht. Weit entfernte Objekte wären daher für Sie dunkel und jeder Schatten wäre teilweise mit Licht gefüllt, das in der Luft gestreut wurde.

6.155 Das gebeugte Alphabet

Stellen Sie sich vor, es wird ein Laserstrahl durch eine kleine Öffnung in Form eines Buchstabens geschickt. Können Sie vorhersagen, wie das Beugungsmuster für einen bestimmten Buchstaben aussieht? Wenn man Ihnen umgekehrt ein Beugungsmuster vorlegt, könnten Sie dann schlussfolgern, welcher Buchstabe zu dessen Erzeugung verwendet wurde? Wenn Sie einen Laser zur Verfügung haben, könnten Sie eine Art Geheimschrift kreieren, bei der jedem Buchstaben ein bestimmtes Beugungsmuster zugeordnet ist.

Antwort

Oftmals können Sie den richtigen Buchstaben herausfinden, wenn Sie die Richtung betrachten, in der das Licht gebeugt wird. Wenn es an einer Kante gebeugt wird, breitet sich das Licht rechtwinklig zu dieser Kante aus. Beispielsweise beugt der Buchstabe O das Licht aufgrund seiner nahezu runden Form in alle Richtungen, während der Buchstabe Z das Licht nach oben und unten beugt, sowie entlang einer Linie, die senkrecht auf dem mittleren Liniensegment des Buchstabens steht.

6.156 Ein Spiel mit Reflexionen

Kleben Sie zwei kleine rechteckige Spiegel an ihren Rückseiten so mit Klebeband zusammen, dass sie sich um eine gemeinsame Achse drehen lassen, und platzieren Sie die Konstruktion über einer Bleistiftzeichnung. Die Komposition aus Originalzeichnung und ihren Spiegelungen kann ein wildes Durcheinander ergeben.

Angenommen, die Zeichnung besteht nur aus ein oder zwei geraden Linien, die von einem Spiegel bis zum anderen verlaufen, sodass die Linien und ihre Spiegelbilder miteinander verbunden sind. Indem Sie die Lage der Spiegel und den von ihnen eingeschlossenen Winkel variieren, können Sie reguläre geometrische Figuren erzeugen.

Wie groß ist, wenn der von den Spiegeln eingeschlossene Winkel unter 180 ° bleibt, die minimale Anzahl von geraden Linienelementen, die Sie benötigen, um ein Quadrat, ein Oktagon bzw. einen sechszackigen Stern zu erzeugen? Wie verhält es sich bei einem Stern innerhalb eines Sterns, wobei jeder Zacken des einen Sterns gerade in der Mitte zwischen zwei Zacken des anderen Sterns liegt? Wie groß ist die minimale Anzahl von Linien, die man braucht, um ein Quadrat zu erzeugen, in dessen Ecken jeweils ein kleines Quadrat liegt?

7 Optische Täuschungen: Warum man seinen Augen nicht immer trauen kann

7.1 Die scheinbare Vergrößerung des Mondes

Ein beeindruckendes Naturschauspiel bietet der Mond, wenn er dicht über dem Horizont steht – er scheint dann riesengroß zu sein. Was ist die Ursache für diese scheinbare Vergrößerung: die Brechung der Lichtstrahlen an der Atmosphäre, eine Veränderung der Entfernung des Mondes von der Erde oder eine Fehlinterpretation durch Ihr Gehirn?

Abb. 7.1

Antwort

Wenn der Mond dicht über dem Horizont steht, erscheint er aufgrund einer Fehlinterpretation um etwa 50 % größer, als wenn er über Ihnen steht. In Wirklichkeit nimmt der Mond immer einen Bereich von 0,5 ° ein, egal, ob er hoch am Himmel oder tief steht. Die Brechung des Lichts an der Atmosphäre kommt als Ursache nicht in Frage, denn falls sie überhaupt einen nennenswerten Effekt hat, dann verkleinert sie die vertikale Ausdehnung des Mondes anstatt sie zu vergrößern. Auch die Entfernung zwischen Erde und Mond scheidet aus, da sie sich innerhalb der wenigen Stunden nicht merklich ändert.

Für die Fehlinterpretation, die zu der scheinbaren Vergrößerung des Mondes führt, sind vermutlich mehrere gleichzeitig wirkende Ursachen verantwortlich. Die Hauptursache scheint zu sein, dass Sie den tief stehenden Mond mit einem vor Ihnen liegenden Ausschnitt der Landschaft assoziieren – daran gemessen erscheint der Mond natürlich größer. Sie können diesem Effekt ein Schnippchen schlagen: Drehen Sie sich um, beugen Sie sich nach unten und schauen Sie durch Ihre geöffneten Beine zum Mond – er erscheint nun in seiner normalen Größe, höchstwahrscheinlich weil die in der oberen Hälfte Ihres Blickfeldes befindliche Landschaft nun nicht mehr als Maßstab benutzt wird. Andere mögliche Ursachen sind die Neigung der Augen, wenn sie zum Mond blicken, sowie die nicht vorhandene Konvergenz beim Betrachten eines weit entfernten Objekts.

7.2 Die Form des Himmels

Erscheint Ihnen der Himmel als eine Halbkugel? Die meisten Menschen sehen den Himmel als eine Art umgedrehte Suppenterrine, wobei der direkt über dem Betrachter liegende Ab-

https://doi.org/10.1515/9783110760637-007

schnitt näher erscheint als die Abschnitte in der Nähe des Horizonts. Versuchen Sie, folgende Beobachtungen nachzuvollziehen. Wenn am Tageshimmel ein Halbmond zu sehen ist, dann teilen Sie ihn in Ihrer Vorstellung in zwei symmetrische Hälften. Da der Halbmond von der Sonne angeleuchtet wird, sollte die gedachte Linie eigentlich in Richtung der Sonne zeigen. Dies ist jedoch nicht der Fall, weil die Verlängerung der Linie zur Sonne aufgrund Ihrer Wahrnehmung der Himmelsform verzerrt wird. Die Strahlen von Suchscheinwerfern sind eigentlich gerade, doch wenn sie von der Seite betrachtet werden, erscheinen auch sie wegen der scheinbaren Form des Himmels gekrümmt. Warum ist die scheinbare Form des Himmels keine Halbkugel?

Antwort

Die scheinbare Form des Himmels wird wahrscheinlich durch mehrere Faktoren bestimmt. Zu diesen Faktoren gehören die folgenden: Da Sie einen breiten Horizont sehen, schreiben Sie wahrscheinlich dem Bereich des Himmels dicht über dem Horizont einen großen Abstand zu. Über Ihnen ist dagegen nichts zu sehen; da Ihre Augen relaxieren, schreiben Sie diesem Bereich einen geringeren Abstand zu.

Die Illusion der Himmelsform kann so stark sein, dass sich der Strahl eines Suchscheinwerfers entsprechend der scheinbaren Krümmung des Himmelsgewölbes biegt und die gedachte Verlängerung der Linie durch den Mond an der Sonne vorbeigeht. In beiden Fällen handelt es sich um eine Illusion.

7.3 Der blinde Fleck

In jedem Auge gibt es einen sogenannten *blinden Fleck*, in dem nichts wahrgenommen wird. Der Fleck liegt in Ihrem Gesichtsfeld um 15° von Ihrer Blickrichtung entfernt und in Richtung der Schläfe verschoben. Sie können den blinden Fleck identifizieren, wenn Sie ein Auge zuhalten und ein kleines Objekt (zum Beispiel einen Radiergummi, den Sie mit ausgestrecktem Arm vor sich halten) über das Gesichtsfeld des anderen Auges führen. Richten Sie Ihren Blick starr geradeaus. Wenn das Objekt über den blinden Fleck streicht, werden Sie es nicht mehr sehen.

Wie groß ist der Bereich des blinden Flecks und warum gibt es dort keine Wahrnehmung? Warum bemerkt man die Existenz des blinden Flecks normalerweise nicht?

Antwort

Die Netzhaut ist überall mit zwei Sorten von Fotorezeptoren, den *Zapfen* und den *Stäbchen*, bedeckt, außer in dem Bereich, in dem der Sehnerv die Netzhaut in Richtung Gehirn verlässt. Wegen des Fehlens der Rezeptoren ist dieser Bereich blind. Aus verschiedenen Gründen bleibt das Vorhandensein des blinden Flecks normalerweise unbemerkt: Gewöhnlich sind beide Augen geöffnet, so dass Objekte, die hinter dem blinden Fleck des einen Auges liegen, von dem anderen Auge gesehen werden. Außerdem konzentrieren Sie sich in der Regel auf das, was sich im Zentrum Ihres Gesichtsfeldes befindet, und dies wird in der Sehgrube, der *Fovea centralis*, abgebildet und nicht im blinden Fleck. Dazu kommt, dass bestimmte Details durch winzige, ruckartige Bewegungen (Saccaden) des Auges in den blinden Fleck gelenkt werden und dass das Auge einer langsamen Driftbewegung und permanenten Zitterbewegungen unterliegt. Deshalb wird ein Bild, das zunächst auf den blinden Fleck gefallen ist, sehr schnell auf einen anderen Bereich der Netzhaut fallen. Auch ohne diese Bewegungen wird der blinde Fleck oft mit Bildern gefüllt, weil das Gehirn die Szenen zu beiden Seiten des blinden Flecks miteinander in Beziehung setzt und sie im blinden Fleck zu einem Bild verbindet.

7.4 Graue Netze am Morgen, flimmernde Flecken bei Tageslicht

Wenn Sie am Morgen, unmittelbar nachdem Sie Ihre Augen geöffnet haben, in ein sonnendurchflutetes Zimmer blicken, kann es sein, dass Ihr Gesichtsfeld mit einem grauen Netz bedeckt ist, welches schnell wieder verblasst. Mit einer Taschenlampe ist es möglich, ein solches Netz willkürlich zu erzeugen. (Passen Sie aber auf, dass Sie Ihre Augen nicht durch grelles Licht schädigen.) Bewegen Sie die Taschenlampe in einem ansonsten dunklen Zimmer langsam in Ihrem Gesichtsfeld umher. Sie werden feststellen, dass Teile des Netzes verschwinden. Welcher Natur ist dieses Netzwerk und warum verblasst es so schnell?

Eine ähnliche Beobachtung kann man an einem sonnigen Tag machen. Während ich in den klaren, blauen Himmel starre, stelle ich fest, dass sich mein Gesichtsfeld mit vielen kleinen, treibenden Punkten und sich bewegenden Flecken füllt. Die Flecken sind hell und haben dunkle Schwänze. Ich stelle fest, dass sie mit meinem Puls korrelieren: Während der systolischen Phase des Pulses (der Kontraktionsphase) bewegen sie sich schnell und während der diastolischen Phase (der Entspannungsphase) langsam. Blaues Licht verstärkt ihre Sichtbarkeit. Was hat es mit diesen Flecken auf sich? Warum sind sie in blauem Licht besser zu sehen?

Antwort
Das Netz wird durch die Schatten der Blutgefäße gebildet, die die Netzhaut durchziehen. Die Flecken sind die weißen Blutkörperchen, die sich durch die Blutgefäße bewegen. Blaues Licht liefert den besten Kontrast, weil die roten Blutkörperchen Licht mit einer Wellenlänge von etwa 415 Nanometer (Blau) absorbieren, die weißen Blutkörperchen dagegen nicht. Aus diesem Grund ist die Bewegung der weißen Blutkörperchen vor einem blauen Hintergrund besser zu sehen. Weder das Netz noch die Flecken gehen durch die Fovea, weil dieser Bereich keine Blutkörperchen enthält.

Weil jedes Muster, das sich auf der Netzhaut manifestiert, seinen wahrnehmbaren Kontrast innerhalb von Sekunden verliert, verblasst das Netz sehr schnell wieder. Wenn ein schwaches Licht durch Ihr Gesichtsfeld bewegt wird, variieren die von den Blutgefäßen geworfenen Schatten stark genug, dass das Netz sichtbar bleibt.

Das Sichtbarmachen des Netzes der Netzhaut mithilfe eines angeleuchteten Loches könnte für Beobachtungen der Venus durch den Astronomen Percival Lowell verantwortlich sein, die auf andere Weise kaum zu erklären sind. Lowell behauptete, von der Oberfläche der Venus ausgehende „Speichen“ beobachtet zu haben. (Dies war lange bevor man wusste, dass die Oberfläche der Venus gar nicht beobachtbar ist, da sie ständig von einer Wolkendecke umhüllt ist.) Die Speichen befanden sich laut Lowell immer an derselben Stelle, was bedeuten würde, dass die Venus der Erde immer die gleiche Seite zuwendet. Sehr wahrscheinlich handelte es sich bei den von Lowell gesehenen Speichen um das Netz seiner eigenen Netzhaut. Er betrachtete die Venus allein mithilfe eines kleinen Abschnitts der großen Linse (mit hoher Brechkraft) seines Fernrohrs. Diese Situation ist die gleiche, wie beim Blicken durch ein winziges Loch – Lowell konnte die Venus sehen, doch sie war überlagert von dem Netz seiner Netzhaut.

7.5 Fliegende Mücken und andere Lichtpunkte im Auge

Wenn ich mir einen hellen, strukturlosen Hintergrund ansehe, wie beispielsweise den blauen Himmel, dann ist mein Blickfeld von kleinen schwimmenden Pünktchen und sich bewegenden Flecken übersät. Die sich bewegenden Flecken wurden bereits in der letzten Fragestellung beschrieben. Die kleinen schwimmenden Pünktchen bestehen jeweils aus konzentrischen Kreisen, aber ich sehe auch größere, lang gestreckte Gebilde. Oft beeinträchtigt dann ein großes Gebilde in meinem rechten Auge meine Fähigkeit, mit diesem Auge zu lesen.

Fliegende Mücken, wie man sie umgangssprachlich bezeichnet, kann man deutlicher beobachten, wenn in das Auge Licht aus einer kleinen Lichtquelle fällt. Ich benutze dafür in der Regel ein kleines Loch in undurchsichtiger Pappe. Es funktioniert aber auch mit jeder anderen winzigen Lichtquelle, wie etwa einer hell reflektierenden Büroklammer. (Ich bin immer sehr vorsichtig, wenn es darum geht, einen Gegenstand in die Nähe meines Auges zu bringen.)

Durch das winzige Loch im Pappkarton sehe ich etliche weitere kuriose Gebilde. Es gibt helle Flecken, denen die konzentrischen Kreise der häufiger vorkommenden Fliegenden Mücken fehlen. Manchmal sehe ich dunkle Flecken und ein stationäres Muster aus dunklen Linien, die sich vom Mittelpunkt meines Blickfeldes aus erstrecken. Unmittelbar nach dem Lidschlag nehme ich helle Lichtpunkte und ein Muster aus horizontalen hellen und dunklen Linien wahr. Mitunter sehe ich auch stationäre, helle Gebiete oder schwimmende, faltige Gebiete. Wenn ich morgens meine Augen öffne, kann es passieren, dass ich einen oder mehrere Lichtpunkte sehe, die wesentlich dunkler oder (seltener) wesentlich heller als der übrige Teil meines Blickfeldes sind.

Was verursacht diese verschiedenartigen Erscheinungen?

Antwort

Die verbreiteten Fliegenden Mücken sind vermutlich auf Unregelmäßigkeiten im *Glaskörper* (der durchsichtigen Substanz, die den überwiegenden Teil des Augapfels füllt) zurückzuführen. Sie können weder die Unregelmäßigkeiten selbst noch deren Schatten auf der Netzhaut wahrnehmen. Stattdessen sehen Sie das Beugungsmuster, das die Unregelmäßigkeit auf die Netzhaut abbildet. Beugung ist eine Form der Interferenz, der Lichtwellen unterliegen, wenn sie eine schmale Öffnung passieren oder an einem kleinen Hindernis vorbeilaufen. Wenn in unserem Fall Licht aus dem winzigen Loch im Pappkarton eine Unregelmäßigkeit im Glaskörper passiert, wird das Licht zu einem Interferenzmuster auf der Netzhaut gebeugt. Das Muster besteht aus konzentrischen, hellen Streifen (wo sich Lichtwellen gegenseitig verstärken) und dunklen Streifen (wo sich die Lichtwellen gegenseitig auslöschen).

Falls die Unregelmäßigkeit im Wesentlichen kreisförmig ist, gilt das auch für das Muster, das dann einen hellen, zentralen Lichtpunkt aufweist. Eine langgestreckte Unregelmäßigkeit produziert ein langgestrecktes Muster. Bei den Fliegenden Mücken, die Sie üblicherweise sehen, handelt es sich um verschwommene Beugungsmuster. Wenn Sie durch ein winziges Loch im Pappkarton schauen, sehen Sie das Muster schärfer und können einzelne helle und dunkle

Streifen unterscheiden. Fliegende Mücken driften durch Ihre Sichtlinie, weil der Glaskörper nicht starr ist und sich verschieben kann.

Einige der Fliegenden Mücken können auf kleine Stückchen des Glaskörpers zurückzuführen sein, die abgerissen wurden und nun in der flüssigen Schicht vor der Fovea, der Einsenkung, durch die Ihre Sichtlinie fällt, schwimmen. Sie können auch durch Blutzellen hervorgerufen worden sein, die in die flüssige Schicht sickern. Doch dann ist das Blickfeld wahrscheinlich rot getüncht.

Jeder Mensch hat Fliegende Mücken, und ihr Vorhandensein deutet nicht unbedingt auf ein medizinisches Problem hin. Mit zunehmendem Alter werden Sie wahrscheinlich mehr Fliegende Mücken sehen.

Die hellen Flecken und die Muster aus hellen und dunklen Linien, die auf einen Lidschlag folgen, sind auf den Flüssigkeitsfilm (aus Tränenflüssigkeit) auf der Hornhaut zurückzuführen. Unregelmäßigkeiten in dieser Schicht können leicht Lichtstrahlen bündeln, so dass hellere Gebiete entstehen. Die Linien, die vom Mittelpunkt des Sichtfeldes ausgehen, können auf die radiale Struktur der Linse im Auge zurückzuführen sein. Dunkle Flecken können durch winzige lichtundurchlässige Gebiete in der Linse entstehen. Die Ursache der dunklen und hellen Lichtpunkte, die manche Leute wahrnehmen, wenn sie morgens das erste Mal ihre Augen öffnen, ist noch nicht geklärt.

7.6 Halos um Straßenlaternen, Kerzenschein und Bilder von Sternen

Viele Menschen nehmen nachts Ringe (Halos) um helle Lichtquellen wahr, wenn sie in diese direkt hineinblicken. (Blickt man dagegen durch ein mit Wassertropfen bedecktes Fenster, entstehen andere Ringe.) Der Durchmesser der ersten vier Ringe (in Einheiten des Bogenmaßes angegeben, die sie in Ihrem Blickfeld einnehmen) sind etwa 2,5, 4,5, 5,5, 6,0 und 9,0. Die Ringe sind bei rotem Licht größer als bei blauem Licht. Falls also die Quelle weißes Licht liefert, können die Ringe außen rot und innen blau erscheinen. Wie entstehen die Ringe?

Manche Gemälde von Vincent van Gogh zeigen Ringe um Lichtquellen, wie beispielsweise die Sonne in *Der Rote Weingarten in Arles* und die Sterne in *Sternennacht*. Er malte die Ringe zum Teil aus stilistischen Gründen, weil sie auf dem Gemälde den Eindruck von Strahlung vermitteln. Angeblich beobachtete er aber auch tatsächlich solche Ringe um Lichtquellen, weil seine Wahrnehmung durch die Einnahme des Medikaments Digitalis verändert war, das er in schädlichen Dosen zu sich nahm.

Die Flamme einer Kerze ist von einem schwachen Schein umgeben, wenn man sie in einem sonst dunklen Raum betrachtet. Warum ist das so? Sterne flimmern aufgrund von atmosphärischen Veränderungen. Doch wie kommt das typische Bild eines Sterns mit seinen strahlenförmigen Ausläufern zustande?

Antwort

Die Ringe um helle Lichter, sogenannte *entoptische Halos*, entstehen, weil das Licht gebeugt wird, wenn es im Auge auf dem Weg zur Netzhaut kleine Strukturen (ungleichmäßige Gebiete) passiert. Beugung ist eine Form der Streuung, bei der sich Lichtwellen um ein Hindernis ausbreiten, so dass ein konzentrisches Muster aus hellen und dunklen Streifen entsteht, in dessen Mitte sich ein heller Lichtfleck befindet. Helle Gebiete entstehen dort, wo sich Lichtwellen gegenseitig verstärken; dunkle Gebiete findet man dort, wo sie sich gegenseitig auslöschen. Den zentralen hellen Lichtpunkt nimmt man nicht unmittelbar wahr, weil er mit dem (wesentlich helleren) direkten Bild der Lichtquelle zusammenfällt. Den ersten der hellen Ringe kann man dagegen wahrnehmen. Sein Sehwinkel hängt von der Größe der Struktur ab, an der das Licht gestreut wird, sowie vom Abstand zwischen der Struktur und der Netzhaut: Eine kleinere Struktur erzeugt einen größeren Ring; auch bei größerer Entfernung entsteht ein größerer Ring.

Nimmt man mehrere Ringe wahr, stammt das Beugungsmuster von verschiedenen Strukturen, die verschieden groß und unterschiedlich weit von der Netzhaut entfernt sind. Niemand weiß genau, welche Struktur letztlich für die Beugung verantwortlich ist. Zu den Kandidaten zählen die Zellen der Epithelschicht der Hornhaut (mit einer Größe von 10 bis 40 Mikrometern), Zellen aus der Endothelzellschicht, Hornhautstreifen und Linsenfasern.

Die Beugung des Lichts innerhalb des Auges ist auch für den schwachen Schein verantwortlich, den man um die Flamme einer Kerze wahrnimmt. Gleiches gilt für die Punkte, die Sie in einem typischen strahlenförmigen Bild eines Sterns oder einer anderen hellen Lichtquelle wahrnehmen, die sich weit von Ihnen entfernt befindet. Die Sternstrahlen entstehen wahrscheinlich durch Unregelmäßigkeiten der Nahtlinien (den Anschlussstellen der Fasern) auf der Vorderfläche der Augenlinse.

7.7 Phosphene – psychedelische Lichterscheinungen

Gefangene, die in dunkle Zellen eingesperrt sind, sehen mitunter strahlende Lichterscheinungen, sogenannte *Phosphene*, die farbig oder von farbigen Pünktchen durchsetzt sein können. Auch LKW-Fahrer nehmen solche Lichterscheinungen wahr, wenn sie lange Zeit auf eine schneebedeckte Straße gestarrt haben. Tatsächlich kommen diese Lichterscheinungen immer dann zustande, wenn visuelle Stimuli fehlen.

Migräne und einige halluzinogene Drogen (wie etwa LSD) können beeindruckende Phosphene erzeugen. Gleiches gilt für hohe Beschleunigungen des Kopfes, die Piloten und Astronauten erfahren. Psychedelische Lichterscheinungen können auch herbeigeführt werden, indem man leicht auf das geschlossene Augenlid drückt. Wenn sich der Finger über das Augenlid bewegt, kommt es zu unterschiedlichen Erscheinungen. Ein stärkerer Druck erzeugt komplexere Muster. (Drücken Sie nicht so stark, dass Sie Ihre Augen verletzen, und sehen Sie von diesem Experiment ab, wenn Sie Kontaktlinsen tragen). Geometrische Gebilde entstehen, wenn man auf beide Augen gleichzeitig drückt.

Zu Lichterscheinungen kommt es auch, wenn jemand in ein blitzendes Licht, etwa ein *Stroboskoplicht* bei einem Rockkonzert oder in der Disco, schaut. Wenn ich in ein Stroboskoplicht schaue, das zwischen 10 und 30 Mal in der Sekunde blitzt, sehe ich plastisch gefärbte geometrische Felder. (Sicherheitshalber schließe ich meine Augen, während ich mein Gesicht dem Stroboskoplicht zuwende.) Manchmal nehme ich ein Schachbrettmuster war, dann sind es wieder Hexagone oder Dreiecke. Bei langsamen Blitzen sind die Phosphene Wirbel. Sie verschwinden bei schnellen Blitzen. Damit ich die komplexen geometrischen Muster wahrnehmen kann, müssen beide Augen beleuchtet sein. Wird nur ein Auge beleuchtet, sehe ich nur einfache Muster aus Linien und Wirbeln.

Phosphene können auch durch direkte Stimulation mit einem schwachen elektrischen Strom erzeugt werden, der den Kopf des Beobachters durchfließt. (Ich würde mich einer solchen Gefahr niemals aussetzen, und Sie sollten das auch nicht.) Phosphene-Partys waren im 18. Jahrhundert hoch in Mode (auch Benjamin Franklin nahm einmal daran teil). Die Leute, die sich, an den Händen gefasst, in einem Kreis aufstellten, wurden durch einen Generatorstrom mit hoher Spannung und niedriger Stromstärke geschockt. Jedes Mal, wenn sie der Strom durchfloss, konnten sie Phosphene wahrnehmen.

Noch bizarrer (und gefährlich leichtsinnig) waren die im Jahre 1819 von dem Psychologen Johannes Purkinje ausgeführten Experimente. Er klemmte eine Elektrode an seine Stirn und eine andere in seinen Mund. Anschließend kappte er wiederholt einen der Kontakte, so dass Strompulse durch seinen Kopf schossen. Die Pulse erzeugten stabile Phosphene-Bilder.

Was verursacht Phosphene?

Antwort

Wenn Sie gegen Ihr geschlossenes Auge drücken, übt der das Auge ausfüllende Glaskörper einen Druck auf die Netzhaut aus, was die Fotorezeptoren oder die Nervenbahnen dazu anregt, solche Signale an das Gehirn zu senden, als würden sie beleuchtet. Dadurch entsteht eine Lichtwahrnehmung, ohne dass tatsächlich Licht in das Auge gelangt wäre.

Phosphene entstehen auch, wenn ich in ein blitzendes Licht schaue. Die komplexeren geometrischen Muster erfordern die Stimulation beider Augen. Demnach sind die Muster vermutlich Interpretationsversuche des Gehirns der von beiden Augen ankommenden Signale. Die geometrischen Formen entstehen, wenn die Nervensignale die Linien- und Formdetektoren im Gehirn aktivieren. Farben entstehen, wenn die Farbdetektoren aktiviert werden. (Folglich ist diese Farbwahrnehmung nicht direkt auf die Farberkennung durch die zapfenförmigen Fotorezeptoren auf der Netzhaut zurückzuführen.) Vielleicht sprechen die blitzenden Lichter zufällig den Farbcode des Gehirns an. Falls dem so ist, kann ein blitzendes weißes Licht zur Wahrnehmung von brillanten Farbfeldern führen. Wahrscheinlicher entstehen die Farben aber durch eine gegenseitige Beeinflussung von Nervenbahnen in der Netzhaut und Nervenbahnen im Gehirn.

Zu elektrisch erzeugten Phosphenen kann es kommen, wenn das Gehirn direkt stimuliert wird. Mit ihrer Hilfe kann man einigen blinden Menschen ein gewisses Sehvermögen verschaffen. Eine Videokamera in Miniaturausführung, die auf einem Gestell (wie etwa einem Brillengestell) montiert ist, sendet Signale an einen Mikroprozessor, der dann Phosphene erzeugt, indem er einen schwachen Strom direkt ans Gehirn sendet. Wenn die Videokamera etwa einen Gegenstand im linken Blickfeld eines Menschen aufnimmt, dann wird das Gehirn so stimuliert, dass der Mensch ein Phosphen im linken Blickfeld wahrnimmt. Folglich wird die Umgebung des Menschen durch Phosphene abgebildet und der Mensch kann in gewissem Sinne „sehen".

Auch bei den Fels- und Höhlengemälden der Altsteinzeitlichen Kunst könnte es sich um Darstellungen von durch Drogen hervorgerufenen Phosphenen handeln. Die Phosphene könnten aus dem visuellen Erfahrungsschatz von jemandem (vielleicht einem Schamanen) stammen, der in Trance gefallen ist. Und sie könnten Symbole der tiefen, der Welt zugrunde liegenden Magie sein, an die die Menschen damals glaubten.

7.8 Stroboskop durch Summen erzeugen

Wenn Sie mit der richtigen Frequenz summen, können Sie die Rotation eines Flugzeugpropellers oder eines Ventilatorflügels stroboskopisch einfrieren. Wenn Sie mit einer geringfügig niedrigeren Frequenz summen, dreht sich das Stroboskopmuster langsam in die Richtung, in die sich auch der Gegenstand selbst dreht. Bei einer geringfügig höheren Frequenz dreht sich das Muster in die entgegengesetzte Richtung.

Zu einem ähnlichen stroboskopischen Einfrieren kommt es, wenn Sie beim Fernsehen summen. Dabei müssen Sie aber ausreichend weit vom Apparat entfernt sitzen. Das Summen erzeugt auf dem Bildschirm Linien, die bei einer bestimmten Frequenz stationär sind, bei anderen Frequenzen dagegen nach oben oder nach unten wandern.

Um zu untersuchen, wie das Summen meine Wahrnehmung beeinflusst, fertigte ich einmal ein Papiermuster an, das auf einer Drehscheibe montiert werden konnte. Das Muster bestand aus schwarzen und weißen Sektoren, die jeweils einen Winkel von einem Grad einnahmen und sich vom Mittelpunkt nach außen erstreckten. Sonnenlicht konnte auf das Muster fallen, während es sich mit $33\frac{1}{2}$ Umdrehungen pro Minute drehte. (Eine Taschenlampe liefert flackerndes Licht.) Da ich keinen Ton halten kann, drückte ich mein Kinn gegen einen kleinen Lautsprecher, der 100 Schwingungen pro Sekunde lieferte (er war an einen Audioverstärker angeschlossen). Das auf der Drehscheibe rotierende Muster gefror stroboskopisch zu einem dunklen, fleckigen Muster. Warum führt die Schwingung (durch den Lautsprecher oder das Summen) bei diesen und anderen Beispielen zum Einfrieren der Rotation?

Antwort

Das Summen, Schnurren oder Anlegen meines Kopfes an einen kleinen Lautsprecher führt zu vertikalen Schwingungen meiner Augen. Wenn die Schwingung die richtige Frequenz aufweist, wird das Muster, das sich durch mein Blickfeld bewegt, während des überwiegenden Teils einer Schwingungsperiode eines Auges auf der Netzhaut an derselben Stelle abgebildet.

Angenommen, ich starre auf einen Ausschnitt des Musters auf der Drehscheibe, während dieser Ausschnitt durch mein Blickfeld nach unten läuft. Wenn sich meine Augen während einer Schwingung genauso schnell nach unten bewegen, wird das Muster ununterbrochen auf demselben Teil der Netzhaut abgebildet und erscheint stationär. Wenn sich meine Augen wieder nach oben bewegen, verschiebt sich das Abbild des Musters, was aber nur einen Moment dauert. Schnell fällt das ursprüngliche Schwarz-Weiß-Muster auf dieselbe Stelle der Netzhaut wie zuvor. Mein visuelles System mittelt die Helligkeit während einer Schwingungsperiode. Die Stellen, auf welche die überwiegende Zeit der Schwingung ein helles Licht fällt, erscheinen hell. Die Stellen, auf welche die überwiegende Zeit weniger Licht fällt, erscheinen im Vergleich dazu dunkel. Daher scheint das Schwarz-Weiß-Muster stationär zu sein.

Ein Fernsehbild baut sich Zeile für Zeile von oben nach unten durch horizontale Schwenks eins Elektronenstrahls auf dem Bildschirm auf. Das Verblassen jeder Zeile bleibt mir aufgrund der Geschwindigkeit des Bildaufbaus und der Trägheit meiner Wahrnehmung verborgen. Wenn ich mit einer geeigneten Frequenz summe, friert die Schwingung meines Auges das Schwenken stroboskopisch ein. Die überwiegende Zeit einer Schwingungsperiode gibt es dann eine horizontale Linie auf meiner Netzhaut, die das Abbild der Linie auf dem Bildschirm ist, auf der das alte Bild bereits verblasst ist und gerade ein neues Bild erzeugt werden soll. Folglich nehme ich diese Linie ununterbrochen als dunkle Linie auf dem Bildschirm wahr.

7.9 Einen Baseball mit den Augen verfolgen

Der Baseball-Profi Ted Wiliams behauptete, dass er sehen könne, wie ein geworfener Ball auf seinem Schläger auftrifft. Etliche Spieler behaupteten, dass sie die Nähte und den Drall des Balls erkennen könnten, wenn er an ihnen vorbeifliegt. Kann ein Spieler wirklich derartige Beobachtungen machen? Verfolgt ein Spieler den Ball tatsächlich visuell vom Moment des Abwurfs durch den *Pitcher* bis er hinter der *Home Plate* landet oder mit dem Schläger getroffen wird?

Muss ein Spieler zwei voll sehtüchtige Augen haben, um Baseball spielen zu können? Das scheint nicht so zu sein. Wie bestimmen Spieler mit nur einem voll sehtüchtigen Auge die Entfernung und die Trajektorie des Balls? Es fragt sich ebenso, wie ein Mensch mit nur einem Auge räumlich sehen kann, wenn er etwa Auto fährt oder ein Flugzeug steuert. Das Landen eines Flugzeugs erfordert mit Sicherheit eine räumliche Wahrnehmung, dennoch konnte der berühmte Pilot Wiley Post nur mit einem Auge sehen.

Antwort

Angenommen, ein Baseball-Profi schlägt auf der *Home Plate* einen Ball rechtshändig. Wenn der Spieler einen Ball verfolgen soll, der über die Plate geworfen wurde, muss der Spieler die Sichtlinie vom Werfer nach rechts schwenken. Die meisten guten Spieler können das so lange, bis der Ball 5,5 Fuß (ca. 1,7 Meter) von der *Home Plate* entfernt ist. Doch darüber hinaus wäre die erforderliche Drehung einfach zu schnell. Ein Spieler kann aber sehr wohl sehen, wie der Ball den Schläger trifft, wenn er richtig vorhersagt, wo Ball und Schläger zusammenstoßen werden, und er mit seinem Fokus zu dieser Stelle springt. Ted Williams benutzte wahrscheinlich einen solchen Fokussprung, einen sogenannten *Saccade*, um den Ball auf seinem Schläger aufkommen zu sehen.

Auch ein weiterer Faktor könnte sich darauf auswirken, ob es gelingt, einen Ball visuell zu verfolgen. Scheinbar kann das visuelle System die Bewegung eines Gegenstandes auch dann noch räumlich wahrnehmen, wenn es den Ort des Gegenstands nicht mehr wahrnehmen kann. Diese Fähigkeit hat einen offensichtlichen Überlebenswert: Sie können auch dann noch entscheiden, ob sich ein Gegenstand auf Sie zu bewegt, wenn Sie nicht genau sagen können, wo er sich zu jedem Zeitpunkt befindet. Die räumliche Wahrnehmung der Bewegung eines Gegenstands funktioniert mit nur einem Auge. Folglich können Menschen, die nur ein sehtüchtiges Auge haben, Ballsportarten betreiben oder Flugzeuge fliegen. Wenn beide Augen sehtüchtig sind, kann das Gehirn die von jedem Auge wahrgenommene Relativbewegung vergleichen. Nimmt zum Beispiel Ihr rechtes Auge einen Gegenstand wahr, der sich nach links bewegt und Ihr linkes Auge sieht ihn sich nach rechts bewegen, dann bewegt sich der Gegenstand direkt auf Sie zu.

7.10 Impressionismus

Als Impressionismus bezeichnet man eine Stilrichtung der Malerei, bei der die einzelnen Gegenstände ebenso wie der Hintergrund nur in ihren groben Umrissen anstatt im genauen Detail gemalt werden. Claude Monet beispielsweise ist berühmt für seine impressionistischen Landschaftsbilder. Auch in seinem Alterswerk behielt er seine impressionistische Malweise bei, wobei allerdings seine Arbeiten „wärmere" Farben, also vornehmlich Rot und Gelb, zeigen und das andere Ende des sichtbaren Spektrums kaum noch auftaucht. Die künstlerische Bedeutung des Impressionismus steht heute außer Frage, aber könnte es eventuell sein, dass er ursprünglich aufgrund physiologischer Phänomene fentstanden ist? Was ist der Grund für die Veränderung der Farben in Monets Werk?

Antwort
Viele Vertreter des Impressionismus litten unter Wahrnehmumgsproblemen. Manche waren kurzsichtig und sahen deshalb die Objekte, die sie malten, nur vage und verschwommen – offensichtlich eine Sichtweise, die sehr genau der impressionistischen Darstellungsweise entspricht. Mindestens ein Künstler bemalte seine Leinwand mit ausgestrecktem Arm, so dass er diese nicht mehr richtig fokussieren konnte. Andere, wie beispielsweise Monet, litten unter einer Linsentrübung (Katarakt oder Grauer Star) und konnten deshalb nur ein paar Meter weit sehen. Monet selbst hatte vermutlich eine *Cataracta nuclearis*, d. h. eine Verhärtung des Linsenkerns, bei der das blaue Ende des Spektrums absorbiert und das gelb-rote Ende durchgelassen wird. Dies könnte eine Erklärung für das Vorherrschen der Farben Gelb und Rot in seinem Spätwerk sein. Nachdem er sich in seinen späten Jahren einer Augenoperation unterzogen hatte, richtete sich seine Wut gegen seine in dieser Schaffensphase gemalten gelb-roten Bilder und in einigen Fällen versuchte er sie zu zerstören oder zu übermalen.

7.11 Pointillismus

Pointillistische Gemälde wie zum Beispiel *Ein Sonntag auf La Grande Jatte* von Georges Seurat werden nicht mit den üblichen Pinselstrichen gemalt, sondern bestehen aus Myriaden kleiner Farbpunkte. Sie können diese Farbpunkte nur erkennen, wenn Sie sehr nahe vor dem

Gemälde stehen. Wenn Sie weiter weg treten, verschwimmen die einzelnen Punkte miteinander und sind schließlich nicht mehr voneinander unterscheidbar. Außerdem kann es sein, dass die von Ihnen wahrgenommene Farbe sich mit der Entfernung vom Bild ändert. Was ist der Grund für diese Farbvariation?

Antwort
Wenn Licht durch die Iris eines Auges geht, wird es gebeugt, d. h., die einzelnen Farbkomponenten laufen auseinander und bilden ein Interferenzmuster. Betrachten wir eine punktförmige Lichtquelle. Infolge der Beugung entsteht auf Ihrer Netzhaut ein kreisförmiges Bild dieser Lichtquelle. Wenn Sie zwei benachbarte Lichtquellen betrachten, sehen Sie bei hinreichend großer Entfernung zwei separate kreisförmige Bilder, doch wenn Sie nahe genug herantreten, nehmen Sie nur ein einziges Bild, d. h. die Verschmelzung der zuvor separaten Bilder wahr. Die Stelle, an der die Überlappung solcher Bilder einsetzt, definiert also die Grenze, bis zu der die beiden Lichtquellen noch als separate Punkte aufgelöst werden können.

Zwei benachbarte Farbpunkte in einem pointillistischen Gemälde dienen als zwei Lichtquellen. Angenommen, die beiden Punkte haben unterschiedliche Farben. Wenn Sie unmittelbar vor dem Bild stehen, sind die beiden Punkte weit genug entfernt, um auf Ihrer Netzhaut separate Bilder zu erzeugen. Sie sehen also die tatsächlichen Farben der beiden Punkte. Wenn Sie sich weiter von dem Bild entfernen, erzeugen die Punkte schließlich überlappende Bilder, die Sie nicht mehr auflösen können. Die Farbe, die Ihr Gehirn an Ihr Bewusstsein weiterleitet, ist unter Umständen weder eine der beiden tatsächlichen Farben noch eine einfache Mischung beider – es kann sich um eine Farbe handeln, die von Ihrem Gehirn erzeugt wird. Betrachten wir beispielsweise einen magentafarbenen Punkt (gemischt aus Rot und Blau), der sich neben einem gelben Punkt befindet. Die Kombination der beiden Farben wird als Pink wahrgenommen. Bei einem pointillistischen Gemälde wird also das visuelle System des Betrachters ausgenutzt, um die Farben zu erzeugen.

Ein auf traditionelle Weise gemaltes Ölbild ist gewöhnlich dunkler als ein pointillistisches Gemälde, weil seine Farben durch eine Mischung der Pinselstriche innerhalb einer Ölschicht entstehen. Das Licht muss durch die Schicht dringen, reflektiert werden und dann nochmals durch die Schicht gehen, um sie zu erreichen. Je mehr Pigmente in der Schicht enthalten sind, umso dunkler ist das von dem Gemälde ausgehende Licht. Bei einem pointillistischen Gemälde dagegen wird das Licht nicht so stark abgeschwächt, weil die Mischung der Farben in Ihrem Gehirn und nicht auf der Leinwand stattfindet.

Viele farbige Oberflächen, beispielsweise Mosaiken, gewebte Stoffe, Farbdrucke und Farbbildschirme sind im Prinzip aus vielen Farbpunkten zusammengesetzte Felder. Nach der traditionellen Farbenlehre sind drei Grundfarben (Rot, Grün und Blau) erforderlich, um jede beliebige andere Farbe zu mischen. Deshalb enthält beispielsweise ein Farbmonitor Felder aus Punkten in diesen drei Farben. Indem die Helligkeit für jede Farbe gesteuert wird, lässt sich die gewünschte Farbe einstellen.

7.12 Der Moiré-Effekt

Wenn ein feines Netz aus Gitterlinien von einem Muster mit ähnlichem Design überlagert wird, können Sie ein grobkörnigeres Muster wahrnehmen. Dies ist der sogenannte Moiré-

Effekt. Er zeigt sich zum Beispiel, wenn Seide über Seide liegt oder ein Lattenzaun hinter einem zweiten, zum ersten parallelen Lattenzaun. Auch wenn man zwei Schablonen mit kreisförmigen Löchern in einigen Zentimetern Abstand hintereinander hält, kann man den Moiré-Effekt sehen. Was ist die Ursache für den Moiré-Effekt?

Antwort
Die Ursache für den Moiré-Effekt ist die Periodizität der überlagerten Muster. Betrachten wir beispielsweise zwei parallele Lattenzäune, die in einiger Entfernung voneinander stehen und von hinten angeleuchtet werden. An bestimmten Stellen liegen die Zwischenräume zwischen den Latten in Ihrer Blickrichtung genau hintereinander. Diese Stellen nehmen Sie als helle Streifen wahr. An anderen Stellen liegen zwei Latten genau hintereinander, weshalb Sie dort dunkle Streifen sehen. Wo sich Latten unvollständig überlappen, sehen Sie schmale, angeleuchtete Streifen. Die Gesamtheit dieser hellen und dunklen Streifen nehmen Sie als Moiré-Muster wahr. Wenn man einen der beiden Zäune um weniger als den Abstand zwischen zwei Latten verschieben würde, würde sich das Moiré-Muster merklich verschieben, so dass der Eindruck entstehen würde, man hätte die Zäune weiter voneinander entfernt, als es tatsächlich der Fall ist.

Dass Moiré-Muster so eindrucksvoll sind, lässt sich wohl vor allem dadurch erklären, dass das menschliche visuelle System besonders sensitiv auf Anordnungen aus Linien reagiert und ständig nach solchen Anordnungen Ausschau hält.

7.13 Op-Art

Op-Art (für englisch *optical art*) ist eine Stilrichtung der Malerei, bei der eine statische Anordnung aus einfachen geometrischen Formen wie Linien, Rechtecken und Kreisen die Illusion von Bewegung vermittelt. Beispielsweise scheinen Teile des Bildes zu flimmern oder zu rotieren. Auch Illusionen von Farben sind möglich, die aus einem Bereich des Bildes in einen anderen hineinzulaufen scheinen. Wodurch entstehen diese Illusionen?

Antwort
Bis heute gibt es keine Erklärung, wie die Bewegungsillusion bei Op-Art entsteht. Noch immer werden neue Phänomene entdeckt, katalogisiert und miteinander verglichen. Aus Sicht des Künstlers bedeuten neue derartige Entdeckungen die Möglichkeit, völlig neuartige Kunstwerke zu kreieren. Physiologen wiederum können dank dieser Entdeckungen zu neuen Erkenntnissen gelangen, wie das visuelle System und das Gehirn arbeiten.

Das visuelle System kann ein Bild kurzzeitig als sogenanntes *Nachbild* aufbewahren. Das Auge unterliegt ständig geringfügigen Augenbewegungen, die als *Sakkaden* bezeichnet werden und durch die sich das Gesichtsfeld permanent leicht ändert. Wenn Sie ein Op-Art-Kunstwerk betrachten, überlagert das Gehirn die verschiedenen Nachbilder, die durch die Abfolge der Sakkaden entstehen. Da aber diese Nachbilder alle geringfügig anders aussehen, entsteht der Eindruck, dass sich jedes einzelne Nachbild in Bezug auf das vorherige leicht bewegt hat. Diese Illusion ist sehr subtil und Sie sind sich ihrer vielleicht nicht einmal bewusst. Trotzdem wissen Sie intuitiv, dass sich Op-Art von anderen statischen Anordnungen von Linien unterscheidet.

Bestimmte geometrische Anordnungen erzeugen die Illusion von hellen oder dunklen Flecken, wo in Wirklichkeit gar keine vorhanden sind. Beispielsweise kann das in Abbildung 7.2 gezeigte Muster die Illusion erzeugen, dass an den Schnittpunkten der weißen Gassen zwischen den schwarzen Quadraten flüchtige dunkle Flecken auftreten. Man bezeichnet diese dunklen Flecken als *induziert*. Diese Illusion ist noch nicht hinlänglich verstanden. Wahrscheinlich entsteht sie dadurch, dass die Fotorezeptoren in einem Bereich des Auges mit den Fotorezeptoren eines anderen Bereiches wechselwirken, was weiter hinten in der Fragestellung über Machsche Streifen erläutert wird. Bei manchen farbigen geometrischen Anordnungen können (aufgrund des so genannten *neon spreading*) farbige induzierte Linien oder Flecken auftreten, was zeigt, dass bei der Wechselwirkung auch die vom Auge zum Gehirn gesendete Farbinformation beteiligt ist.

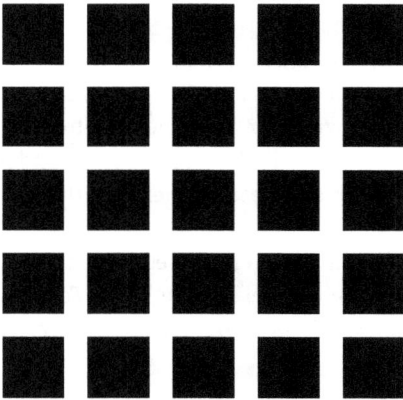

Abb. 7.2: Ein Gitter, an dessen Kreuzungspunkten schwebende schwarze Flecken erscheinen.

7.14 Tiefeneindruck bei Ölgemälden

Typisch für die flämische Malerei des 15. Jahrhunderts ist der ausgeprägte Tiefeneindruck auf Ölgemälden. Erreicht wird dieser Effekt durch dünne Schichten durchsichtiger Farbe (Lasur), die über einen weißen Hintergrund gelegt werden. Woran liegt es, dass auf einem solchen Gemälde bestimmte Bereiche vor anderen zu liegen scheinen? Warum scheinen die Farben aus der Tiefe der Ölschicht zu kommen und nicht von der Oberfläche?

Antwort

Ein Teil des Lichtes, das von einem solchen Gemälde aufgefangen wird, wird an der Oberfläche der Lasur reflektiert, während der Rest durch die Schicht dringt (siehe Abbildung 7.3). Die in der Lasur enthaltenen Pigmente streuen das Licht nach außen, aber auch zur Rückwand. Sämtliches Licht, das die Rückwand erreicht (egal, ob direkt oder gestreut), wird an der weißen (undurchlässigen) Schicht auf der Rückwand reflektiert. Während das Licht wieder durch die Lasur dringt, wird es wie auf dem Hinweg an den Pigmenten gestreut. Das Licht, das Sie von dem Gemälde empfangen, ist derjenige Teil des einfallenden Lichts, der an der

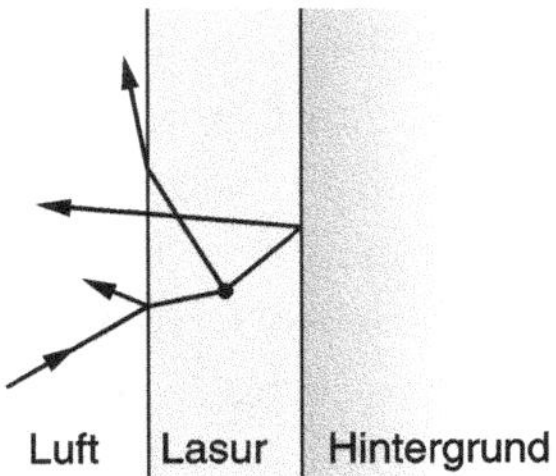

Abb. 7.3: Ölgemälde mit Lasur; das Licht wird vorn und hinten sowie von einem Pigment in der Lasur gestreut.

äußeren Oberfläche der Lasur reflektiert wurde. Die Farbpunkte scheinen jedoch hinter dieser Oberfläche zu liegen, vor allem dann, wenn man das Bild mit beiden Augen betrachtet. Die Konvergenz der beiden Augen auf einen Farbfleck erlaubt es, diesem Fleck eine Tiefe zuzuordnen.

Der Maler kann die Sättigung (oder Brillanz) einer Farbe erhöhen, indem er mehr als eine einzige Schicht Lasur mit den gleichen Pigmenten aufträgt. Jede zusätzliche Schicht schärft die Farbe, die Sie von den Pigmenten wahrnehmen, weil sie zu einer zusätzlichen Streuung führt. Wenn ein Pigment beispielsweise eine bestimmte blaue Wellenlänge stärker als andere Wellenlängen streut, dann bringen zusätzliche Schichten, die diese Pigmente enthalten, mehr Blau in das Bild.

Oft wird zum Schluss eine Schicht Firnis auf das Bild aufgetragen, um es zu schützen. Eine solche Schicht trägt nicht zum Tiefeneindruck eines Bildes bei. Da sie einen Teil des Lichtes absorbiert, macht sie das Bild oft weniger eindrucksvoll, da sie die Farben abstumpft und bestimmte Farben möglicherweise sogar verdeckt.

7.15 Im Dunkeln lesen

Das verblüffendste Nachbild, das ich kenne, lässt sich mit einem Blitzlicht in einem dunklen Raum erzeugen. Dazu platziere ich vor mir eine aufgeschlagene Illustrierte und schalte dann die Zimmerbeleuchtung aus. Nachdem sich meine Augen an die Dunkelheit gewöhnt haben (also nach ca. 10 bis 15 Minuten) halte ich das Blitzlicht meiner Kamera neben meinen Kopf und leuchte mein Blickfeld mit einem einzelnen Lichtblitz aus. Der Blitz ist zu hell, als dass ich die Illustrierte erkennen könnte.

Wenn ich meinen Blick starr halte, während das Blenden verblasst, dann erscheint ein detailliertes Bild der Illustrierten, so als ob sie stetig von hellem Licht angestrahlt würde. Das, was ich sehe, wird als *positives Nachbild* bezeichnet, weil die hellen Flächen der Seiten weiß und die dunklen schwarz erscheinen. Bilder und Absatzformatierungen sind gut erkennbar, obwohl nichts davon während des Lichtblitzes zu sehen war. Ich kann sogar Wörter lesen. Nach etwa 15 Sekunden verblasst das positive Nachbild zu einem *negativen Nachbild*, bei dem schwarze und weiße Flächen vertauscht sind.

Wenn ich das Blitzlicht zwei Mal betätige, kann ich zwei überlagerte positive Nachbilder sehen. Wenn ich während der Blitze eine Münze fallen lasse, sehe ich, solange die Münze fällt, zwei Bilder von ihr, ähnlich wie auf einer Stroboskopaufnahme. Manchmal sieht das positive Nachbild recht seltsam aus. Wenn ich den Lichtblitz aussende, während sich meine

Hand vor meinem Körper befindet, und anschließend die Hand hinter meinen Rücken führe, dann sehe ich ein Bild meiner Hand an ihrer vorherigen Position, obwohl ich sie doch hinter meinem Rücken spüren kann. Wenn ich den Blitz aussende, während ich stillstehe und auf den Boden schaue, und mich anschließend hinhocke, dann nehme ich den Boden in einer Entfernung wahr, als würde ich noch stehen, obwohl ich genau weiß, dass er entsprechend meiner neuen Körperhaltung viel näher sein muss.

Auch bei Ballettaufführungen habe ich schon positive Nachbilder gesehen. Während der Pause hatte ich meine Augen geschlossen. Nach der Pause öffnete ich sie kurz wieder und sah das grelle Licht auf der Bühne. Sobald ich die Augen wieder geschlossen hatte, konnte ich ein Nachbild der Tänzer auf der Bühne sehen.

Ähnliche Nachbilder kann ich sehen, wenn ich in einem hell erleuchteten Zimmer aufwache. Solange ich mit geschlossenen Augen daliege, sehe ich nur rötliches Licht, das durch meine Augenlider dringt. Nun halte ich meine Hand vors Gesicht und öffne kurz die Augen. Wenn meine Augen wieder geschlossen sind, nehme ich ein deutliches Nachbild wahr, das zuerst negativ und dann positiv ist. Wenn ich meine Augen einige Minuten lang öffne, so dass sie sich an das Licht im Raum gewöhnen können, kann ich die Erscheinung nicht mehr hervorrufen.

All diese verschiedenen positiven Nachbilder treten nur auf, wenn ich meinen Blick starr geradeaus richte; sie verschwinden sofort, wenn ich meine Augen relativ zum Kopf bewege. Wie entstehen diese Bilder? Wodurch entstehen negative Nachbilder?

Antwort

Die Entstehung positiver Nachbilder ist noch nicht hinlänglich verstanden. Durch den kurzen Lichtblitz werden die Stäbchen (einer der beiden Typen von Fotorezeptoren) vorübergehend gesättigt, so dass keine Details der Illustrierten zu erkennen sind. Das Bild der Illustrierten produziert jedoch eine Substanz oder einen Effekt, der länger anhält als die Sättigung. Wenn die Sättigung abklingt, wird das Bild erkennbar. Das nachfolgende negative Nachbild ist vermutlich auf eine Ermüdung des visuellen Systems zurückzuführen. Diejenigen Bereiche, die durch die hellen Flächen des Bildes stark stimuliert werden, ermüden und hinterlassen deshalb dunklere Bilder als die von den dunklen Flächen nur schwach stimulierten Flächen.

7.16 Wandernde Geisterbilder

Ein Nachbild, das möglicherweise mit dem in der vorherigen Fragestellung diskutierten positiven Nachbild zu tun hat, ist im Zusammenhang mit der Bewegung eines kleinen Lichtpunktes in einem dunklen Raum zu beobachten. Bewegen Sie, nachdem Sie Ihre Augen einige Minuten lang an die Dunkelheit gewöhnt haben, eine Lichtquelle vor Ihren geöffneten Augen hin und her. Sie werden feststellen, dass sich mit einiger Verzögerung hinter dem eigentlichen Licht ein Geisterlicht bewegt. Dem Geisterlicht folgt eine immer matter werdende Lichtspur.

Wenn die Lichtquelle tiefrot ist, ist weder das Geisterlicht noch die ihm folgende Lichtspur zu sehen. Bei einer gelben oder rötlich-gelben Lichtquelle kann das Geisterlicht (und gegebenenfalls die ihm folgende Lichtspur) blassblau sein. Wenn Ihre Augen allerdings vollständig dunkeladaptiert sind (dies dauert 10 bis 15 Minuten), sind das Geisterlicht und die

Lichtspur in jedem Falle grau. Wie entstehen diese Geisterlichter und welcher Mechanismus ist für die Farben verantwortlich? Warum erscheinen sie nicht, wenn die Lichtquelle tiefrot ist?

Antwort

Das Geisterlicht und die ihm folgende Spur sind vermutlich Nachbilder, die von den Stäbchen erzeugt werden, nachdem diese von dem vorbeiziehenden Lichtpunkt angeregt wurden. Es dauert eine gewisse Zeit, bevor die Stäbchen bzw. das Gehirn eine zweite Lichtwahrnehmung erzeugen. Deshalb nehmen Sie das Geisterlicht verzögert wahr. (Wenn das Geisterlicht auf die Persistenz der Wahrnehmung zurückzuführen wäre, gäbe es keine Verzögerung.) Die Lichtspur ist die Kombination der langsam blasser werdenden Nachbilder. Tiefrotes Licht vermag keine solchen Nachbilder auszulösen, weil es die Stäbchen nicht aktiviert.

Über die Herkunft der Farben der Geisterlichter ist in der Literatur nur wenig zu finden. Ich vermute, dass sie durch das Zusammenspiel der Stäbchen mit der Farbinformation durch die Zapfen entstehen, die entlang des Lichtweges auf der Netzhaut liegen. Nach allgemeiner Ansicht sind die Stäbchen zwar nicht in der Lage, eine Farbinformation ans Gehirn zu senden, doch sie können die Farbinformation von den Zapfen hemmen. Wenn eine gelbe oder rötlichgelbe Lichtquelle die Netzhaut stimuliert, dann verstärkt die Hemmung durch die Stäbchen die Wahrnehmung von Blau, der Komplementärfarbe von Gelb. Diese Hemmung verschwindet bei vollständig dunkeladaptierten Augen. Dann ist das Geisterlicht grau.

7.17 Reflektierende Augen

Ihre Taschenlampe wirft ein schmales Bündel Licht in die tiefste Finsternis. Plötzlich erscheint ein Paar gefährlich glühender Augen im Licht, doch Ihre aufkeimende Angst verschwindet schnell wieder, als Sie die Kreatur sanft miauen hören.

Warum scheinen die Augen der Katze zu glühen, wenn sie direkt in den Lichtstrahl schaut, aber nicht, wenn ihre Blickrichtung ein wenig davon abweicht? Warum haben Personen auf Fotos manchmal rote Augen?

Die Augen der Jakobsmuschel bestehen aus jeweils einer Linse, einer dicken Netzhaut und (hinter der Netzhaut) einem konkaven Spiegel. Die Linse ist sehr schwach, d. h., sie bricht die Lichtstrahlen kaum, so dass sie nicht als der entscheidende Mechanismus für die Bilderzeugung infrage kommt. Außerdem liegen die Augenlinsen der Jakobsmuschel anders als beim menschlichen Auge direkt an der Netzhaut, so dass die gebrochenen Strahlen gar nicht genug Platz haben, sich zu kreuzen und ein Bild zu erzeugen. Auf welche Weise entsteht dann im Auge der Jakobsmuschel ein Bild? Der Spiegel hat hervorragende Reflexionseigenschaften, die mit denen von modernen metallbeschichteten Spiegeln mithalten können oder diese sogar übertreffen.

Antwort

Im Auge einer Katze liegt hinter den Fotorezeptoren eine Schicht, die einen Teil des Lichts wieder durch die Fotorezeptoren zurückreflektiert, so dass diese nochmals die Chance haben, das Licht zu absorbieren. Für ein nachtaktives Tier kann diese gesteigerte Effizienz von Vorteil sein. Wenn Sie eine Katze mit der Taschenlampe anleuchten, während die Katze zu Ihnen blickt, sehen Sie etwas von dem Licht, das an der Rückseite der Netzhaut der Katze reflektiert wurde.

Beim menschlichen Auge ist die Schicht hinter den Fotorezeptoren nicht so stark reflektierend, weshalb keine auffallend leuchtenden Augen zu sehen sind, wenn man eine Person nachts mit der Taschenlampe anleuchtet. Immerhin kann man auf einem Foto etwas reflektiertes Licht sehen, falls die Person direkt in eine mit Blitzlicht ausgestattete Kamera schaut.

Dass in Ihrem Auge ein Bild erzeugt wird, liegt an der Brechung des Lichts durch die Hornhaut und die Linse. In einem Auge der Jakobsmuschel dagegen entsteht das Bild durch Reflexion an dem konkaven Spiegel hinter der Netzhaut. Die Lichtstrahlen treten in das Auge der Jakobsmuschel ein, durchdringen Linse und Netzhaut, werden am Spiegel reflektiert und laufen dann innerhalb der Netzhaut zusammen, wo sie ein Bild erzeugen.

Der Spiegel besteht im Unterschied zu Ihrem Badezimmerspiegel nicht aus einer einzigen Schicht eines reflektierenden Materials. Vielmehr ist er aus sich abwechselnden Schichten Cytoplasma (niedriger Brechungsindex) und Guaninkristallen (hoher Brechungsindex) zusammengesetzt. (Der Brechungsindex eines Materials ist ein Maß für die Geschwindigkeit, mit der sich Licht in diesem Medium ausbreitet. Je höher der Brechungsindex eines Materials, umso langsamer breitet sich Licht in diesem aus.) Die Dicke der einzelnen Schichten beträgt etwa ein Viertel der Wellenlänge von Licht. Wegen dieser Dicke und den alternierenden Werten des Brechungsindex sind die reflektierenden Lichtwellen in Phase, was eine sehr viel hellere Reflexion erzeugt, als es mit einer einzelnen reflektierenden Schicht möglich wäre.

7.18 Wie Menschen, Pinguine und Krokodile unter Wasser sehen

Warum sind unsere Augen unter Wasser kaum in der Lage, Lichtstrahlen zu fokussieren? Warum sehen kurzsichtige Menschen unter Wasser besser als andere? Warum wird das Sehvermögen durch eine Taucherbrille wiederhergestellt? Und warum können einige Menschen, so zum Beispiel die *Moken* in Burma und an der Westküste Thailands, auch ohne Taucherbrille unter Wasser gut sehen?

Pinguine leben auf dem Land, jagen aber unter Wasser. Wie schaffen sie es, sowohl in Luft als auch in Wasser gut zu sehen?

Antwort

In Luft findet die Fokussierung von Lichtstrahlen durch das menschliche Auge größtenteils an der Hornhaut statt; den Rest der Fokussierung erledigt die Linse, die durch Muskeln kontrolliert werden kann. Wenn Sie sich jedoch unter Wasser befinden, findet an der Hornhaut überhaupt keine Fokussierung mehr statt, weil die optischen Eigenschaften des Augengewebes nahezu identisch mit denen von Wasser sind. Daher werden die Lichtstrahlen so gut wie nicht abgelenkt, wenn sie in das Auge eintreten. Es bleibt also nur die Linse, um die Lichtstrahlen zu fokussieren, damit ein scharfes Bild auf der Netzhaut entstehen kann. Die Moken hingegen sind durch Training in der Lage, unter Wasser zu sehen. Sie verengen die Pupille, damit die in das Auge eintretenden Strahlen nicht so stark auseinanderlaufen. Außerdem krümmen sie die Augenlinse so stark wie nur möglich. Durch diese beiden Maßnahmen entstehen auf der Netzhaut Bilder von akzeptabler Schärfe. (Angeblich ist jeder in der Lage, diese Technik zu erlernen.)

Bei einem kurzsichtigen Menschen fokussieren die Hornhaut und die Linse zu stark, so dass die Bilder vor der Netzhaut entstehen. Wenn Lichtstrahlen von einem entfernten Objekt die Netzhaut erreichen, produzieren sie aufgrund des Auseinanderlaufens unscharfe Bilder. Wenn sich eine kurzsichtige Person unter Wasser befindet, dann entfällt die Brechung an der Hornhaut und die Stelle, an der ein fokussiertes Bild erzeugt wird, verschiebt sich nach hinten in Richtung Netzhaut; möglicherweise liegt es nun sogar auf der Netzhaut. Aus diesem Grund kann ein kurzsichtiger Mensch unter Wasser besser sehen als ein normal- oder weitsichtiger.

Wenn man unter Wasser eine Taucherbrille trägt, liegt unmittelbar vor der Hornhaut Luft, so dass die Lichtstrahlen an der Hornhaut wie gewohnt gebrochen werden.

Die Hornhaut von Pinguinen ist kaum gekrümmt. Deshalb ändert sich die Fokussierung durch die Hornhaut beim Übergang zwischen Wasser und Luft kaum. Die visuelle Wahrnehmung des Pinguins ist an Wasser angepasst, weil er dort sein Futter findet. Seine Linse ist also stark gekrümmt, damit die Lichtstrahlen auf der Netzhaut fokussiert werden. Wenn sich der Pinguin an Land aufhält, kann er die Linse etwas entspannen, so dass sie weniger stark gekrümmt ist, doch die Linse fokussiert vermutlich immer noch zu stark, um ein scharfes Bild auf der Netzhaut zu erzeugen. Es ist also anzunehmen, dass Pinguine an Land stark kurzsichtig sind. Sie können jedoch die Verschwommenheit der Bilder etwas mildern, indem sie ihre Pupillen verengen. Durch diese Maßnahme laufen die Lichtstrahlen nicht mehr so weit auseinander und das Bild auf der Netzhaut wird schärfer.

Krokodile können durch Luft gut sehen, nicht aber unter Wasser. Wie wir Menschen können sie die Form der Linse nicht ausreichend anpassen, um den Verlust der Fokussierung durch die Hornhaut zu kompensieren. Trotzdem können sie ihrer Beute unter Wasser hervorragend nachstellen, da sie über andere Mittel verfügen, um diese zu lokalisieren.

7.19 Der Vieraugenfisch

Der Vieraugenfisch (*Anableps anableps*) schwimmt so, dass seine Augen teilweise über der Wasseroberfläche liegen. Auf diese Weise kann er gleichzeitig über und unter Wasser sehen. Wie aber ist es möglich, dass seine Augen gleichzeitig in Luft und in Wasser fokussieren?

Antwort

Die Augenlinse des Fisches ist eiförmig, um die vergleichsweise geringe Brechung zu kompensieren, der das Licht unterliegt, wenn es von einem unter Wasser liegenden Objekt kommt. Das von oberhalb des Wassers kommende Licht wird ausreichend gebrochen, wenn es in das Auge eintritt; dann wird es nochmals durch die Linse gebrochen, so dass es fokussiert auf der Netzhaut in der unteren Hälfte des Auges ankommt.

Das von unten, d. h. aus dem Wasser kommende Licht wird beim Eintritt in das Auge kaum gebrochen. Die extreme Krümmung der Linse erzeugt jedoch eine hinreichend starke Brechung, um ein Bild der Unterwasserszene auf einer separaten Netzhaut in der oberen Hälfte des Auges zu fokussieren. Die Fokussierung wird durch den relativ großen Abstand zwischen Linse und oberer Netzhaut unterstützt.

7.20 Die Grinsekatze

Stellen Sie einen Spiegel so auf, dass er eine Szenerie zu einem Ihrer beiden Augen reflektiert, während Ihr anderes Auge eine zweite Szenerie direkt sieht. Es kann sein, dass Sie die beiden Bilder zu einem zusammenfügen, sie abwechselnd sehen (ein Phänomen, dass als *binokulare Rivalität* bezeichnet wird) oder die meiste Zeit über nur eines der Bilder sehen. Wenn Sie jedoch Ihre Hand vor einer Szenerie entlangführen ohne dieser Bewegung mit den Augen zu folgen, dann verschwindet das andere Bild teilweise oder vollständig. Im Falle des unvollständigen Verschwindens korrespondiert der ausgelöschte Abschnitt des zweiten Bildes mit dem Bereich, durch den sich Ihre Hand bewegt. Wenn es sich bei dem zweiten Bild um das Gesicht einer Person handelt, können Sie einen Teil des Gesichtes zum Verschwinden bringen, so dass möglicherweise nur ein frei schwebender Mund übrig bleibt, was an die Grinsekatze aus Lewis Carrolls Roman *Alice im Wunderland* erinnert. Wodurch entsteht der Effekt?

Antwort
Es ist vermutlich eine wichtige Überlebensstrategie, dass sich das visuelle System auf Bewegungen konzentriert, d. h., bewusst wahrgenommen werden vor allem jene Ausschnitte der Umwelt, in denen Bewegungen ablaufen. Gewöhnlich nehmen beide Augen Bewegungen wahr und das zusammengefügte Bild erscheint normal. Wenn jedoch ein Spiegel einem der Augen eine völlig andere Szenerie zeigt als diejenige, die das zweite Auge direkt sieht (eine normalerweise nicht vorkommende Situation), dann erlaubt die Konzentration auf die Bewegung nicht, dass die andere Szenerie vollständig zum Bewusstsein gelangt. Wenn sich Ihre Augen seitlich am Kopf befinden würden (wie bei vielen Fischen), wäre die hier beschriebene Illusion etwas ganz Gewöhnliches.

7.21 Der Naseneffekt

Schließen Sie Ihr linkes Auge, starren Sie mit Ihrem rechten Auge geradeaus, strecken Sie Ihren linken Arm aus, wobei Sie einen Finger an der Hand nach oben heben, und bewegen Sie diesen Arm so weit nach links, dass sich der Finger am äußersten Rand Ihres Blickfeldes befindet. Anschließend versuchen Sie den Finger mit Ihrem rechten Auge direkt zu fokussieren. Vermutlich wird der Finger dabei verschwinden. Er ist sichtbar, wenn Sie geradeaus blicken, sobald Sie ihm aber den Blick direkt zuwenden, verschwindet er. Was lässt den Finger verschwinden?

Antwort
Damit Sie ein Objekt wahrnehmen können, muss von dort ankommenden Licht Ihre Pupille passieren. Wenn Sie geradeaus starren und Ihren Finger wie beschrieben an den Rand Ihres Sichtfeldes bringen, streift das Licht vom Finger gerade Ihre Nase, bevor es durch die Pupille tritt. Wenn Sie Ihr Auge auf den Finger richten, bewegen Sie die Pupille in den „Schatten“ Ihrer Nase. Folglich wird das vom Finger ausgehende Licht durch die Nase behindert und kann nicht durch die Pupille ins Auge fallen. Allerdings tritt dieser Effekt nicht auf, wenn Sie eine flache Nase haben.

Die Nase, die Stirn und die Wangenknochen behindern stets das Blickfeld eines Auges. Doch Ihr Gehirn konzentriert sich auf die Informationen, die aus dem Bereich um Ihre direkte

Sichtlinie verfügbar sind, und unterdrückt die fehlenden Bereiche, die sich weit am äußeren Rand des Sichtfeldes befinden.

7.22 Schwebende Wolken und der Blue Meanie

Thorne Shipley von der Miami-Universität für Medizin berichtete einmal von einer neuartigen optischen Täuschung. Als er mit einem Flugzeug in großer Höhe flog, sah er auf zwei Wolkenschichten herab. Eine Schicht, die weiter entfernt zu sein schien als die andere, bewegte sich schnell in Richtung des Flugzeughecks. Die andere schien fest mit dem Flugzeug verbunden zu sein, sie bewegte sich mit ihm in eine Richtung. Im weiteren Verlauf des Fluges konnte Shipley weit unter dem Flugzeug die Meeresoberfläche erkennen. Im selben Augenblick tauschten die Wolkenschichten die Entfernungen und er erkannte, dass in Wirklichkeit die entferntere Schicht stationär war. Welche Interpretation hinsichtlich der Entfernung und der Relativbewegung der Wolkenschichten gegenüber dem Flugzeug war korrekt?

Im Film *The Yellow Submarine* (der auf einen Song der Beatles zurückgeht), macht ein *Blue Meanie* (ein „trauriger Fiesling“) stets eine seltsame Wandlung durch. Von Weitem wirkt er groß und gefährlich. Wenn er sich nähert, wird er kleiner und weniger furchteinflößend. Warum ist eine solche Wandlung seltsam?

Antwort

Eine Wolkenschicht war so weit entfernt, dass sie sich aus Shipleys Sicht nicht zu bewegen schien. Die weniger entfernte Schicht bewegte sich durch sein Blickfeld, weil die Bewegung des Flugzeugs sie hinter sich ließ. Da die Szenerie nahezu keine weiteren Anhaltspunkte über die Entfernung und die Bewegung lieferte, wurde die fehlende Bewegung der ersten Schicht als Beweis dafür interpretiert, dass ihre Bewegung an die des Flugzeugs gekoppelt sei und daher nahe sein müsse. (Eine solche Wahrnehmung wird als *visuelle Erfassung* bezeichnet.) Der Interpretation zufolge fehlte der anderen Schicht jede Verbindung zum Flugzeug, so dass sie weiter entfernt sein musste. Erst als Shipley die Meeresoberfläche sehen konnte, gab es ausreichend Anhaltspunkte für die Bestimmung der Tiefe und der Bewegung, um die Täuschung zu korrigieren.

Der Blue Meanie scheint seltsam, weil er im Blickfeld einen kleinen Winkel einnehmen sollte, wenn er weit entfernt ist. Beim Herankommen, sollte sich der Winkel vergrößern. Shipley argumentierte auch, dass nahe Personen und Objekte eher als gefährlich eingestuft werden als entfernte. In der Beschreibung eines Blue Meanie verhält es sich genau umgekehrt.

7.23 Pulfrich-Effekt

Stellen Sie ein Pendel so auf, dass Sie beobachten können, wie es durch Ihr Blickfeld schwingt, während ein Auge mit einem dunklen (jedoch nicht blickdichten) Filter bedeckt ist. Dazu eignet sich eine Linse aus einer Sonnenbrille. Obwohl das Pendel nur in einer vertikalen Ebene schwingt, werden Sie es in einer Ellipse schwingen sehen. Die scheinbare Tiefe seiner Bewegung nimmt zu, wenn Sie gleichzeitig eine vertikale Referenz betrachten (wie beispielsweise ein Rad oder einen hängenden Faden) oder Sie einen dunkleren Filter benutzen. Bedecken Sie das linke Auge mit dem Filter, scheint sich das Pendel (von oben gesehen) im Uhrzeigersinn zu bewegen. Befindet sich der Filter vor dem rechten Auge, verhält es sich umgekehrt.

Die Bewegung ist unheimlich verwirrend, wenn Sie zwei Pendel aufstellen und nebeneinander schwingen lassen. Jedes scheint um das andere zu kreisen, wonach sich die Fäden umeinanderschlingen müssten. Gerade dies passiert aber nicht, was Verwirrung auslöst.

Wenn Sie beim Autofahren ein Auge mit einem Dunkelfilter bedecken, wird die Geschwindigkeit, mit der ein Objekt in der Landschaft am Auto vorüberzuziehen scheint, beeinflusst. Objekte auf der einen Seite des Autos ziehen zu langsam vorüber; Objekte auf der anderen Seite sind dagegen zu schnell. Der Filter beeinflusst auch die scheinbaren Entfernungen zu den Objekten.

Wie beeinflusst der Dunkelfilter die normale Wahrnehmung von Tiefe und Geschwindigkeit?

Antwort

Die Tatsache, dass weniger Licht in dem mit einem dunklen Filter bedeckten Auge ankommt, verzögert das Signal, das vom Auge an das Gehirn geschickt wird. (Die Verzögerung wird als *visuelle Wartezeit* bezeichnet.) Folglich wird von dem unbedeckten Auge der tatsächliche Ort des Pendels wahrgenommen, während das andere Auge einen früheren Ort wahrnimmt. Ihr Gehirn verschmilzt beide Wahrnehmungen, so dass Ihnen dass Pendel weiter oder weniger entfernt erscheint, als es in Wirklichkeit ist. Obwohl das Pendel tatsächlich in einer vertikalen Ebene schwingt, bringt Ihr Gehirn Tiefe in die Bewegung, wodurch die scheinbare elliptische Bewegung zustande kommt.

Nehmen Sie zum Beispiel an, dass das linke Auge mit dem Filter bedeckt ist und sich das Pendel nach rechts bewegt (siehe Abbildung 7.4a). Die verzögerte Ansicht des Pendels liegt links von seinem tatsächlichen Ort. Nachdem das Gehirn die beiden Ansichten verschmolzen hat, nehmen Sie das Pendel weiter entfernt wahr, als es tatsächlich ist. Wenn sich das Pendel später nach links bewegt, liegt die verzögerte Ansicht rechts vom tatsächlichen Ort (siehe Abbildung 7.4b). Diesmal scheint Ihnen das Pendel näher zu sein, als es tatsächlich ist.

Die verwirrenden Aussichten aus dem fahrenden Auto haben ebenfalls mit der visuellen Wartezeit zu tun. Angenommen, der Filter bedeckt das linke Auge, während Sie ein Objekt auf der rechten Seite des Autos betrachten. Die Diskrepanz zwischen dem tatsächlichen Ort des Objekts (vom rechten Auge wahrgenommen) und dem Ort, an dem es sich kurze Zeit zuvor befand (vom linken Auge wahrgenommen), lässt Ihnen das Objekt weiter entfernt erscheinen, als es tatsächlich ist. Die Zeit, die das Objekt braucht, um Ihr Blickfeld zu passieren, bleibt unverändert. Daraus schließen Sie, dass das scheinbar weiter entfernte Objekt schneller vorüberziehen muss als üblich. Auf der anderen Seite des Autos lässt Ihnen die visuelle Wartezeit ein Objekt näher erscheinen, als es tatsächlich ist. Dieses Objekt scheint dann zu langsam zu sein.

Jerry Lerner erzählte mir von einer neuen Variante des Pulfrich-Effekts. Ersetzen Sie das Pendel durch ein Objekt, das sich horizontal dreht. Sie können den Filter und die Drehung so einstellen, dass die scheinbare Drehung der tatsächlichen Drehung entgegengesetzt ist und die doppelte Geschwindigkeit hat. Das Objekt scheint auf mysteriöse Weise zu schrumpfen und zu wachsen.

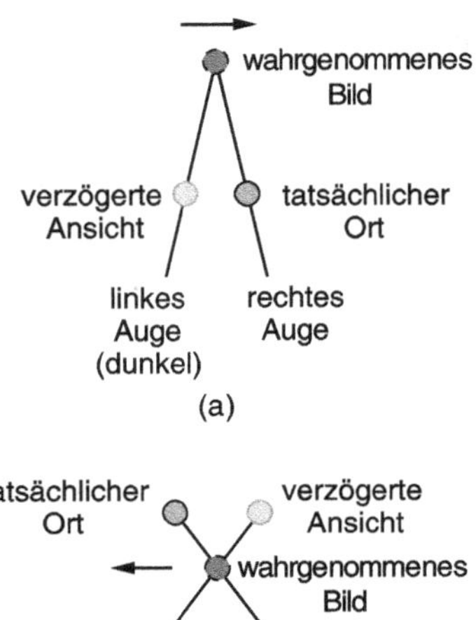

Abb. 7.4: Pulfrich-Effekt bei einem Pendel, das (a) nach rechts und (b) nach links schwingt.

Die Verzögerung des visuellen Signals, zu der es durch das Tragen einer dunklen Sonnenbrille (oder eine stark verschmutzte und beschmierte Frontscheibe) kommt, kann den Bremsweg erhöhen. Angenommen, die Sonnenbrille ist so dunkel, dass das visuelle Signal um etwa 0,1 Sekunden (im Extremfall) verzögert ist. Bei einer Geschwindigkeit von etwa 90 Kilometern pro Stunde wird dadurch der Bremsweg 2,5 Meter länger.

7.24 Die Verzögerung beim Einschalten der Straßenlaternen

Wenn sich in der Dämmerung die Straßenlaternen gleichzeitig einschalten, scheinen die nahen zuerst aufzuleuchten, was die Illusion erzeugt, das Einschalten der Straßenlaternen würde sich die Straße hinunter ausbreiten. Gruppen von Straßenlaternen an Kreuzungen scheinen etwas eher aufzuleuchten als weiter auseinander stehende Straßenlaternen. Wie kommt es zu diesen Illusionen? An der Fließgeschwindigkeit des Stroms von einer Straßenlaterne zur anderen kann es nicht liegen, weil diese Geschwindigkeit einfach zu hoch ist. Außerdem bewegt sich die Einschaltwelle unabhängig von Ihrem Aufenthaltsort stets von Ihnen weg.

Antwort

Die scheinbare Einschaltwelle könnte auf die visuelle Wartezeit zurückzuführen sein, die bereits in der letzten Fragestellung diskutiert wurde. Die näher gelegenen Laternen sind heller als die weiter entfernten, und folglich reagiert das visuelle System schneller auf sie. Die zunehmend verzögerte Reaktion auf das schwächer werdende Licht, das von den entfernteren Straßenlaternen ankommt, erzeugt die Illusion, dass die Laternen nacheinander aufleuchten. Vielleicht reicht diese Erklärung noch nicht aus. Die Reaktionszeit könnte außerdem davon abhängen, wo das Bild der Straßenlaterne auf die Netzhaut fällt.

7.25 Machsche Streifen

Angenommen, ein Objekt wird von nur einer starken Lichtquelle (wie etwa der Sonne) beleuchtet, so dass es einen Schatten wirft. Ich würde erwarten, dass der Schatten eine Grenze aufweist, über der die Helligkeit allmählich bis zur Dunkelheit abnimmt. In vielen Fällen zeigen sich aber zwei mysteriöse Streifen, die parallel zu dieser Grenze verlaufen. Ein dunkler Streifen liegt mitten im Schatten, und ein heller Streifen liegt ganz außerhalb des Schattens (siehe Abbildung 7.5). Wenn ich diesen Schatten fotografiere und die Schattengrenze auf dem Foto untersuche, sind die Streifen immer noch vorhanden. Sie werden nach dem österreichischen Physiker und Psychologen Ernst Mach, der sie als Erster untersuchte, als *Machsche Streifen* bezeichnet.

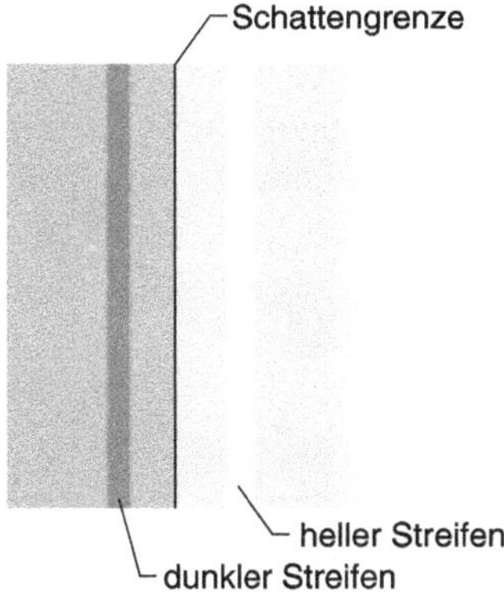

Abb. 7.5: Machsche Streifen entlang einer Schattengrenze.

Machsche Streifen sind an der Schattengrenze nahezu immer vorhanden, werden aber gewöhnlich ignoriert. Doch Paul Signac, ein Maler des Neoimpressionismus, der im 19. Jahrhundert geboren wurde, arbeite sie sorgsam in die Schatten in seinem Gemälde *Le Petit Dejeuner* ein. Sie selbst können die Streifen in der Sonne an den Seiten Ihres eigenen Schattens sehen. Wenn der Schatten sehr nah ist (vielleicht an eine Wand geworfen wird), ist er vermutlich zu scharf, als dass sich Machsche Streifen ausbilden könnten. Die Streifen sind auffälliger, wenn der Schatten auf einen Gehweg geworfen wird, insbesondere dann, wenn Sie sich bewegen.

Wie entstehen die Streifen? Sind sie auf irgendwelche merkwürdigen optischen Effekte an der Grenze des Objektes zurückzuführen, das den Schatten wirft, oder werden sie erst im visuellen System des Beobachters erzeugt?

Antwort

Machsche Streifen entstehen erst im visuellen System und können nicht von Instrumenten aufgenommen werden, die einfach die Lichtintensität an der Schattengrenze messen. Das visuelle System erzeugt die Streifen bei einem Foto genauso selbstverständlich wie bei dem Schatten selbst. Gegenwärtig ist niemand in der Lage, eine vollständige Erklärung für die Streifen zu liefern. Auch meine Erklärung wird nur unvollständig sein.

Die Streifen entstehen durch eine gegenseitige Überlagerung (die sogenannte *laterale Hemmung*) der Signale von Fotorezeptorgruppen im Auge, ihren Nervenbahnen und Gerhirnarealen. Eine Gruppe, die durch Beleuchtung aktiviert wurde, hemmt die Signale, die von benachbarten Gruppen zum Gehirn gesandt werden.

Betrachten wir Gruppen, deren Fotorezeptoren einigermaßen nah an der Schattengrenze auf der Netzhaut liegen. Die außerhalb der Schattengrenze liegenden Gruppen von Fotorezeptoren hemmen sich gegenseitig und senden folglich nur ein mittleres Signal, so dass im Gehirn der Sinneseindruck eines durchschnittlich beleuchteten Bereichs entsteht. Die Gruppen, die sich tief im Schatten befinden, sind nur schwach aktiviert, hemmen sich gegenseitig nur schwach und senden ein schwaches Signal, so dass der Sinneseindruck eines schwach beleuchteten Bereichs entsteht.

Die merkwürdigen Streifen stammen von den dazwischen liegenden Rezeptorgruppen, welche die Schattengrenze überspannen. Betrachten Sie eine Gruppe, die zwischen einer stark beleuchteten und einer schwach beleuchteten Gruppe liegt. Die stark beleuchtete Gruppe hemmt die dazwischenliegende Gruppe, während das die schwach beleuchtete Gruppe nur in geringem Maße tut. Da diese dazwischenliegende Gruppe nur einer moderaten Hemmung ausgesetzt ist, sendet sie ein stärkeres Signal an das Gehirn als eine Gruppe, die sich weit vom Schatten entfernt befindet. Solche, die Schattengrenze überspannenden Gruppen produzieren die hellen Machschen Streifen.

Nun betrachten wir eine Gruppe, deren Nachbarn auf der einen Seite im Schatten liegen, während die Nachbarn auf der anderen Seite an der Schattengrenze schwach beleuchtet werden. Diese Gruppe führt zu einer dunklen Sinneswahrnehmung, weil sie eine stärkere Hemmung erfährt als eine Gruppe, die weit im Schatten liegt. Solche Gruppen erzeugen den dunklen Machschen Streifen.

Machsche Streifen sind markant, wenn die Schattengrenze (der Übergangsbereich zwischen gut beleuchteten und schwach beleuchteten Gruppen) in Ihrem Blickfeld einen Winkel von etwa 0,2° einnimmt. Wenn die Grenze schärfer ist, tauchen sie nicht auf.

7.26 Eine verkehrte Welt

Das Auge wirkt wie eine konvexe Linse. Es wirft ein umgekehrtes, reales Bild der Welt auf Ihre Netzhaut. (Der Boden wird auf dem oberen Bereich der Netzhaut abgebildet, während der Himmel im unteren Bereich der Netzhaut erscheint.) Warum steht Ihre Welt nicht Kopf? Würden Sie die Welt verkehrt herum sehen, wenn Sie spezielle Gläser (Prismen) tragen, die das Bild umkehren?

Antwort

Im Alltag bringt das Gehirn das Bild der Welt aufgrund seiner Erfahrung in die richtige Orientierung. Wenn Sie zum Beispiel vor Ihrem Gesicht nach oben greifen, streckt sich das Bild Ihrer Hand in Wirklichkeit auf Ihrer Netzhaut nach unten. Das Gehirn macht aus diesem Bild einen sinnvollen Vorgang, weil es das Strecken als Aufwärtsbewegung interpretiert. Wenn spezielle Brillengläser das Bild der Welt umkehren, braucht das Gehirn etliche Stunden, vielleicht auch Tage, um seine Interpretation anzupassen. So lange steht die Welt Kopf. Doch nach dieser Anpassung nimmt das Gehirn die Welt wieder in der „richtigen“ Orientierung wahr. Werden die Gläser entfernt, braucht das Gehirn eine weitere Anpassungszeit, bis die Welt wieder in Ordnung ist.

7.27 Verkehrte Schatten, der Bläschen-Effekt

Bohren Sie ein Guckloch in ein undurchsichtiges Blatt Papier, halten Sie das Papier ein paar Zentimeter von einem Augen entfernt, schließen Sie das andere Auge und halten Sie anschließend einen dünnen Nagel zwischen Guckloch und Auge. Bewegen Sie den Nagel so lange, bis ein schattiges Bild des Nagels im Lichtkegel des Gucklochs erscheint. Warum steht das Bild im Vergleich zur tatsächlich Orientierung des Nagels auf dem Kopf? Warum scheint sich das Bild hinter dem Papier zu befinden?

Blicken Sie mit einem Auge durch die Lücke zwischen Daumen und Zeigefinger auf eine Lichtquelle, wobei der Zeigefinger etwas weiter von Ihnen entfernt ist als der Daumen. Auf Ihrem Finger scheint sich im Bereich der Lücke ein „Bläschen" zu bilden. Je schmaler die Lücke wird, umso markanter wird das Bläschen, bis es schließlich die ganze Lücke ausfüllt. Wie kommt dieser *Bläschen-Effekt* zustande?

Der Bläschen-Effekt wurde von James Cook im Jahr 1769 während des Venus-Transits vor der Sonne beobachtet. Als sich die Venus über Cooks Bild der Sonne bewegte, bildete sie einen schwarzen Punkt. Doch als sie sich dem Rand der Sonne näherte, tauchte zwischen dem Punkt und dem Rand der Sonne ein schwarzer Balken auf, so als hätte der Punkt ein Bläschen entwickelt.

Antwort
Das Auge arbeitet wie eine konvexe Linse, die auf der Netzhaut ein umgekehrtes Bild produziert. Der Kopf des Nagels soll sich etwa in der Mitte Ihres Blickfeldes befinden und seine Spitze nach unten zeigen. Das Bild des Nagels ist umgekehrt und liegt in der oberen Hälfte Ihrer Netzhaut. Aus der Erfahrung heraus dreht Ihr Gehirn das Bild herum, so dass sie den Nagel richtig herum wahrnehmen.

Der Nagel wirft auf Ihrer Netzhaut auch einen Schatten, weil er das Licht aus dem Guckloch teilweise behindert. Da sich der Nagel in der unteren Hälfte Ihres Blickfeldes befindet, fällt auch der Schatten auf die untere Hälfte Ihrer Netzhaut. Dennoch nehmen Sie den Schatten in der oberen Hälfte Ihres Blickfeldes wahr, weil das Gehirn alle auf die Netzhaut geworfenen Bilder umkehrt. Daher sehen Sie den Nagel in seiner korrekten Orientierung, doch sein Schatten steht auf dem Kopf.

Wenn Sie zur Demonstration des Bläschen-Effekts die Lücke zwischen Daumen und Zeigefinger immer schmaler machen, behindert der Daumen allmählich einen Teil des Lichts, das Ihren Finger passiert. Durch diesen Beleuchtungsabfall gibt es auf der Netzhaut unmittelbar neben dem Bild des Fingers einen verdunkelten Bereich. Es entsteht der Sinneseindruck, als hätte der Finger ein Bläschen entwickelt. Je schmaler die Lücke ist, umso mehr Licht wird blockiert und umso größer scheint das Bläschen zu sein.

7.28 Eigentümliche Reflexion an einer Christbaumkugel

Eine glänzende Christbaumkugel kann nahezu den gesamten Raum in Ihre Richtung reflektieren. Stellen Sie eine kleine Lichtquelle (wie beispielsweise ein beleuchtetes Guckloch) vor die Christbaumkugel und betrachten Sie anschließend die Reflexionen in der Kugel aus einer Entfernung von etwa 10 Zentimetern. Bei angeschalteter Zimmerbeleuchtung wird die Lichtquelle einfach als Lichtpunkt reflektiert. Wird die Zimmerbeleuchtung anschließend ausgeschaltet, dehnt sich die Reflexion allmählich zu einer Linie aus. Sie schrumpft schnell wieder auf einen Punkt zusammen, wenn man die Zimmerbeleuchtung wieder einschaltet. Wie kommt es zu der Verzerrung bei ausgeschalteter Zimmerbeleuchtung?

Antwort
Das Licht der punktförmigen Lichtquelle wird von der sphärischen Kugeloberfläche in viele Richtungen reflektiert. Befinden Sie sich mit Ihrem Auge hinreichend nah an der Lichtquelle, fängt die Pupille viele dieser divergierenden Lichtstrahlen ein und fokussiert sie auf der Netzhaut. Was Sie dann wahrnehmen, ist das Bild der Lichtquelle, das hinter der nahen Kugeloberfläche zu liegen scheint. Ist das Zimmer gut beleuchtet, ist die Pupille Ihres Auges so klein, dass nur ein paar der reflektierten Strahlen ins Auge treffen. Dann ist das Bild der Lichtquelle ein kleiner Punkt. In einem dunklen Zimmer ist die Pupille größer, so dass ein größerer Teil der reflektierten Lichtstrahlen ins Auge gelangt, und Sie nehmen ein gestrecktes Bild der Lichtquelle wahr.

7.29 Glass-Muster

Sprenkeln Sie Tinte oder Farbe auf ein Blatt Papier und fertigen Sie anschließend eine Kopie des Blattes auf transparenter Folie an. Legen Sie die Folie deckungsgleich auf das Original. Fixieren Sie mit einen Finger eine Stelle auf der Folie, während Sie die Folie um diese Stelle drehen. Bei starker Drehung bleiben die Punkte zufällig. Wenn Sie die Folie aber nur leicht drehen, scheinen die Punkte auf unsichtbaren Kreisen zu liegen.

Mit zunehmender Drehung rückt der Bereich geordneter Punkte immer näher an Ihren Finger heran, bis er schließlich ganz verschwindet. Weitere Muster können durch Verzerrungen und andere Bewegungen der Folie entstehen. Wenn das Original beim Kopieren etwas verkleinert wird, erscheinen Spiralen und andere Formen, wenn man die Folie auf das Original legt. Was ist für die bei diesen Anordnungen wahrgenommene Ordnung verantwortlich? Solche Muster werden nach Leon Glass von der McGill Universität, der sie im Jahre 1969 entdeckte, unter dem Begriff *Glass-Muster* zusammengefasst. Die Ordnung verschwindet, wenn das zweite Muster ein Negativ des ersten Musters ist und einen halbgrauen Hintergrund hat. Folgt aus dieser Tatsache, dass die Wahrnehmung der Drehung im Muster vom Kontrast zwischen den Punkten und dem Hintergrund in jedem dieser Muster abhängt?

Antwort
Die Wahrnehmung der Drehung in Sprenkelbildern ist noch nicht im Detail geklärt. Das visuelle System scheint das gesamte Muster in bestimmter Weise zu scannen, um Punktepaare zu verbinden, die ursprünglich übereinander lagen. Wenn Sie nur einen kleinen Bereich betrachten, können keine Verbindungen hergestellt werden und Sie nehmen kein Muster wahr. Die Verbindungen im Gesamtbild könnten auf die Unterteilung des visuellen Systems in Gruppen zurückzuführen sein, die Linien und Kanten finden sollen.

Angenommen, viele dieser Gruppen werden jeweils von einem Punktepaar angeregt, das ursprünglich übereinander lag. Beim Abgleich der Gruppensignale stellt das Gehirn fest, dass es in jeder Gruppe ein Punktepaar gibt, das durch einen unsichtbaren Kreis miteinander verbunden ist. Es entsteht der Sinneseindruck einer Drehung. Wenn ein Muster gegenüber dem anderen zu stark gedreht wurde, regen die Punkte, die ursprünglich übereinander lagen, unterschiedliche Gruppen an, und Sie können keine Drehung mehr wahrnehmen.

Neben der Bedingung kleiner Verdrehungungen ist das Gehirn möglicherweise auch darauf angewiesen, dass zusammengehörige Punkte denselben Kontrast gegenüber dem Hintergrund haben. Folglich sieht man auch bei kleiner Verdrehung kein Drehmuster mehr, wenn das eine Punktmuster das Negativ des anderen ist und einen halbgrauen Hintergrund hat.

7.30 Muster im Fernsehrauschen

Stellen Sie Ihren Fernseher auf einen Kanal ohne Signal, so dass der Bildschirm ein zufälliges Rauschen zeigt, das auch als Schnee bezeichnet wird. Wenn Sie einen Kreis über den Bildschirm legen, scheint der Schnee um den Rand des Kreises zu fließen. Wenn Sie ein Gitter aus radialen Linien über den Schirm legen, scheinen sich die Punkte rechtwinklig zu den Linien und folglich in einem Wirbel zu bewegen. Ein Gitter aus konzentrischen Kreisen zwingt die Punkte dazu, vom Mittelpunkt des Gitters radial nach außen zu strömen. Warum gibt es eine so offensichtliche Ordnung im Schnee?

Wenn Sie den Schnee auf dem Bildschirm mit beiden Augen betrachten, wobei ein Auge von einem dunklen (aber nicht undurchsichtigen) Filter bedeckt ist, nimmt der Schnee eine verblüffende Ordnung an. (Für dieses Experiment eignet sich ein Glas aus einer Sonnenbrille.) Die weißen Punkte scheinen auf zwei Ebenen verteilt zu sein, von denen eine vor dem Schirm und die andere hinter dem Schirm liegt. Die Punkte in einer Ebene bewegen sich gleichmäßig nach links, während sich die in der anderen Ebene gleichmäßig nach rechts bewegen. Was ist für diese scheinbare Ordnung, die Bewegungsrichtung und die veränderte Tiefenwahrnehmung verantwortlich?

Antwort

Die durch ein Muster oder Gitter induzierte scheinbare Bewegung der Punkte auf dem Schirm ist gewiss eine optische Täuschung, weil die Punkte zufällig auftauchen und verschwinden. Dennoch hält das visuelle System daran fest, eine Folge von Punkten in einer Richtung als die Bewegung eines einzelnen Punktes wahrzunehmen. Niemand weiß mit Bestimmtheit, weshalb es eine bevorzugte Richtung für die wahrgenommene Bewegung gibt. Jedoch scheint die bevorzugte Richtung von der Orientierung der Kanten im Gitter oder Muster induziert zu sein.

Wenn ein Auge mit einem dunklen (aber nicht undurchsichtigen) Filter bedeckt ist, ist das von diesem Auge ausgehende visuelle Signal verzögert. Während also das freie Auge einen Punkt wahrnimmt, der sich gegenwärtig auf dem Schirm befindet, nimmt das bedeckte Auge einen Punkt wahr, der sich vorher auf dem Schirm befand. Wie beim Pulfrich-Effekt (der in Fragestellung 7.23 diskutiert wurde) versucht das Gehirn, diese beiden Bilder zu einer Wahrnehmung zu verschmelzen. Dazu erhält der Punkt eine zusätzliche räumliche Tiefe, so als würde er sich vor oder hinter dem Schirm befinden (siehe Abbildung 7.4). Folglich ergibt sich die Tiefenwahrnehmung aus der Verzögerung des vom bedeckten Auge ausgehenden visuellen Signals.

Im nächsten Moment wird ein anderes Punktepaar wahrgenommen, das sich unmittelbar rechts neben dem ersten Paar befindet. Abermals verschmilzt das Gehirn die beiden Bilder zur

Wahrnehmung eines einzigen Punkts. Es kann diesen neuen Punkt auch als den alten Punkt interpretieren, der inzwischen nach rechts gewandert ist. Durch weiteres Übereinanderlegen und Interpretieren entsteht die optische Täuschung, dass der Punkt nach rechts über den Bildschirm wandert. Andere Punkte scheinen nach links zu wandern.

Ich kann mich auch irren. Vielleicht sucht das Gehirn zuerst nach einer scheinbaren Bewegung und weist ihr erst anschließend eine Tiefe zu. Das Ergebnis ist gleich: Im Gehirn entsteht die Illusion, dass sich die Punkte in entgegengesetzten Richtungen auf Ebenen mit unterschiedlicher Tiefe bewegen.

7.31 Das Lächeln der Mona Lisa

Das Lächeln der Mona Lisa auf dem Gemälde von Leonardo da Vinci ist eines der bezauberndsten der Welt. Was ist an diesem Lächeln so fesselnd?

Antwort

Ihre Wahrnehmung kann beachtlich konsistent erscheinen, auch wenn sie ununterbrochen durch ein unterschwelliges *zufälliges Rauschen* beeinflusst wird – d. h. durch Fluktuationen im Signal und bei der Verarbeitung des Signals auf dem Weg von der Netzhaut bis zur Bewusstseinsebene des Gehirns. Fotorezeptoren und Neuronen feuern spontan oder feuern trotz Anregung nicht, die Lichtabsorption in den Fotorezeptoren fluktuiert und Linien und Formen werden fehlinterpretiert oder wechseln zwischen alternativen Interpretationen. Solche und andere Variationen verändern auf subtile Weise die Mundwinkel des Lächelns der Mona Lisa, was die Mundwinkel zufällig nach oben oder unten gleiten lässt und die scheinbare Stimmung der Mona Lisa verändert. Sie bemerken die Veränderungen nicht, sind aber von dem vieldeutigen Lächeln gefangen.

7.32 Schwebende, geisterhafte Bilder aus einem Fernsehbildschirm

Wenn Sie in einem dunklen Zimmer fernsehen, dann versuchen Sie einmal, Ihren Blick schnell von einem Punkt, der etwa einen Meter links vom Bildschirm liegt, zu einem Punkt, der etwa einen Meter rechts vom Bildschirm liegt, zu wenden. Währenddessen werden Sie rechts vom Bildschirm eine oder mehrere helle, detaillierte, geisterhafte Reproduktionen des Bildes sehen, das sich dann auf dem Bildschirm befindet. Jede Reproduktion ist nach rechts geneigt.

Wie kommen diese Reproduktionen zustande? In welche Richtung neigen sich die Reproduktionen, wenn Sie Ihren Blick in die entgegengesetzte Richtung schwenken? Warum nimmt mit dem Abstand vom Bildschirm auch die Schieflage und der Abstand zwischen den Reproduktionen zu? Führt ein vertikales Schwenken ebenfalls zu geisterhaften Bildern? Können die Bilder auch entstehen, wenn Sie Ihren Blick über einen Film schwenken, der auf eine Leinwand projiziert wird?

Antwort

Das Bild auf einem Bildschirm wird durch schnelle, horizontale Schwenks eines Strahls aufgebaut, der oben startet und sich Zeile für Zeile nach unten arbeitet. Angenommen, Ihr Blick schwenkt gerade rechts am Bildschirm vorbei, wenn der Strahl die erste Zeile erzeugt. Die Zeile bleibt aufgrund der Trägheit der Wahrnehmung eine Weile sichtbar. Da sich Ihr Blick nach rechts bewegt, wird das andauernde Bild der obersten Linie nach rechts verschoben, wenn die zweite Linie auf dem Bildschirm erzeugt wird. Während also eine neue Linie gezogen wird, kann die vorherige Linie tatsächlich noch wahrgenommen werden; sie ist allerdings aufgrund der Bewegung des Blicks nach rechts verschoben. Die Verschiebung ist bei der obersten Linie am stärksten und bei der untersten Linie am geringsten. Das aus diesen Linien zusammengesetzte Bild ist eine abgeschrägte Reproduktion des auf dem Bildschirm erzeugten Bildes.

Das Abwärtsschwenken Ihres Blicks führt zu einer gestauchten Reproduktion. Das Aufwärtsschwenken führt analog zu einer vertikal gestreckten Reproduktion. Da bei einem Film ganze Bildfelder nacheinander projiziert werden, kommt es beim Schwenken des Blicks zu keinen geisterhaften Reproduktionen.

7.33 Durch ein Guckloch lesen

Werden Ihre Augen weniger beansprucht, wenn Sie durch ein Guckloch vor Ihren Augen lesen? Lesebrillen, die aus einer Art Guckloch bestehen, werden mit dem Versprechen verkauft, dass sie die Muskelbänder im Auge entlasten, weil sie die sonst erforderliche Anpassung (Fokussierung), die von den Muskeln ausgeführt werden muss, reduzieren oder überflüssig machen. Das Argument dafür lautet, dass Sie Ihre *Tiefenschärfe* (der Bereich, in dem sich Objekte im Fokus befinden) erhöhen, wenn Sie durch ein Guckloch schauen, und sich die Augen folglich nicht mehr anpassen müssen. Ist dieses Argument richtig?

In Wüstenregionen lebende Geckos lesen zwar nicht durch Gucklöcher, aber sie benutzen sie, um in hellem Licht zu sehen. Nachts öffnen sich zwei Membranen über der Augenöffnung, so dass sie einen vertikalen Schlitz bilden, durch den die Eidechse sieht. Tagsüber verschließen die Membranen den Schlitz. Es bleiben aber vier kleine Öffnungen an den Stellen, an denen sich Vertiefungen an den Membranrändern befinden. Wie nimmt der Gecko mithilfe dieser vier Öffnungen Beute wahr? Wäre eine einzige Öffnung nicht zweckmäßiger?

Antwort

Das Argument für die Lesebrillen aus Gucklöchern ist falsch. Die Anpassung ist an die Konvergenz der Augen gekoppelt, wobei es sich um die Auslenkung der Augen aus der Parallelstellung handelt, um die Sichtlinien auf dasselbe Objekt zu bringen. Wenn Sie diese Seite aus einer Entfernung von etwa 25 Zentimetern lesen, müssen Ihre Augen in einem bestimmten Winkel konvergieren, so dass Sie die von den Augen stammenden Bilder im Gehirn zu einer einzigen Wahrnehmung vereinen können. Die Konvergenz zwingt jedes Auge automatisch, sich anzupassen, auch wenn die Augen durch Gucklöcher schauen. Folglich entlasten Gucklöcher die Augen nicht.

Die verschiedenen Öffnungen im geschlossenen Auge eines Geckos reduzieren die Tiefenschärfe. Dann kann der Gecko das Auge so einstellen, dass die vier Öffnungen ein einzelnes scharfes Bild einer Beute erstellen, während sie von irgendeinem anderen Objekt vier leicht überlappende Bilder liefern. Die Aufmerksamkeit des Geckos widmet sich dem scharfen Bild und nicht den anderen, verschwommenen Bildern.

7.34 Fingerfarben

Strecken Sie Ihren Arm in einem abgedunkelten Zimmer aus und halten Sie einen Finger vor ein entferntes helles Fenster. Schauen Sie mit nur einem Auge und fokussieren Sie das Fenster (oder noch weiter in die Ferne), aber keinesfalls Ihren eigenen Finger. Der Finger ist nun von einem schwach gefärbten Licht umgeben: Auf einer Seite ist das Licht rot, auf der anderen ist es blau. Wie kommen die Farben zustande?

Antwort
Betrachten Sie zunächst einen einzelnen weißen Lichtstrahl, der links am Finger vorbeiläuft. Das Licht wird als weiß bezeichnet, weil es etwa zu gleichen Teilen aus allen Farben des sichtbaren Spektrums besteht. Nachdem das Licht durch die Pupille getreten ist und sich durch das Auge ausgebreitet hat, landet es in Farben zerlegt auf einem schmalen Bereich der Netzhaut. Der eine Rand dieses Bereichs ist blau, der andere rot, dazwischen liegen die übrigen Spektralfarben. In der Regel können Sie die einzelnen Farben aufgrund der Überlagerung der Farben auf der Netzhaut nicht wahrnehmen. Wenn Sie aber den Finger vor ein helles, geschlossenes Fenster halten, wirft der Finger einen dunklen Schatten auf die Netzhaut, der das Überlappen der Farben neben dem Schatten verhindert. Daher können Sie entlang des Schattens Farben sehen. In Abhängigkeit vom Winkel, in dem das Licht ins Auge fällt, erscheint Rot auf der einen Seite des Schattens und Blau auf der anderen.

7.35 Sterne tagsüber durch einen Schacht beobachten

Seit Aristoteles die Vorstellung ins Leben gerufen hat, glaubten Menschen daran, dass sie Sterne tagsüber beobachten könnten, indem sie sie durch einen langen Schacht, wie beispielsweise durch einen hohen Schornstein, betrachten. Der Schacht hält einen großen Teil des grellen Himmelslichts ab, wobei er nur ein kleines Himmelsstück am oberen Teil des Schachts abbildet. Der verringerte Lichteinfall erlaubt eine teilweise Dunkelanpassung der Augen des Beobachters. Doch reichen diese Maßnahmen aus, um im Himmelsausschnitt einen Stern erkennen zu können?

Antwort
Ein Stern kann durch einen langen Schacht nicht in beschriebener Weise beobachtet werden, weil der den Stern umgebende Himmelsausschnitt seine Helligkeit beibehält. Obwohl die Beobachtung durch einen Schacht die Gesamthelligkeit im Auge reduziert, ändert dies nichts am fehlenden Kontrast zwischen einem Stern und seiner Umgebung. Der Schacht kann sich sogar negativ auf die Sichtbarkeit des Sterns auswirken: Wenn Sie einen kleinen leuchtenden Bereich betrachten, der von Dunkelheit umgeben ist, muss der leuchtende Bereich eine gewisse Helligkeitsgrenze überschreiten, wenn er wahrgenommen werden soll. Die Grenze sinkt, wenn die Umgebung etwas heller wird.

7.36 Der Blick eines Sternguckers

Warum gelingt es Ihnen leichter, einen lichtschwachen Stern, der sich am Himmel neben einem hellen Stern befindet, wahrzunehmen, wenn Sie Ihre Augen auf eine Stelle fokussieren, die etwas neben den beiden Sternen liegt? Wenn Sie sich im Halbdunkel aufhalten, können Sie eine schwache Lichtquelle besser erkennen, wenn Sie nicht direkt hineinschauen. Warum ist das so? Aristoteles benutzte diese Technik, um zu belegen, dass Kometen nicht einfach Planeten mit langen Umlaufzeiten sind: Wenn man die Augen auf eine Seite des Kometen gleiten lässt, kann man seinen Schweif erkennen.

Antwort
Bei schwacher Beleuchtung, wie etwa beim Betrachten eines Sterns in einer dunklen Nacht, sind die zapfenförmigen Fotorezeptoren inaktiv und nur die stäbchenförmigen Fotorezeptoren können Licht wahrnehmen. Wenn Sie direkt auf den Stern schauen, fällt sein Bild auf die Sehgrube, die nur Zapfen enthält, und so können Sie den Stern nicht sehen. Wenn Sie Ihren Fokus über den Stern schweifen lassen, fällt das Bild auf andere Teile der Netzhaut, in denen sich Stäbchen befinden. Dann können Sie den Stern vielleicht sehen.

7.37 Das Erkennen irdischer Objekte aus dem Weltraum

Wie groß sind die kleinsten Objekte, die Astronauten von der Erdumlaufbahn aus auf der Erdoberfläche gerade noch erkennen können, ohne zu Instrumenten zu greifen? Können sie große Städte oder solche Bauwerke wie die Pyramiden erkennen? Die ersten Marsexpeditionen waren für manche Leute enttäuschend, weil die im Vorbeiflug aufgenommenen Fotos keine Zeichen intelligenten Lebens offenbarten. Welche Zeichen intelligenten Lebens würde man auf derartigen Aufnahmen von der Erde erkennen, wenn die maximale Auflösung etwa einen Kilometer betrüge?

Antwort
Ein Astronaut auf der Erdumlaufbahn kann nahezu keine Zeichen intelligenten Lebens auf der Erde erkennen, wenn er die Erde tagsüber mit bloßem Auge betrachtet. Die Grenze für das Auflösungsvermögen des menschlichen Auges wird durch die Streuung (Aufweitung) des Lichts bestimmt, wenn es durch die Pupille tritt. Im Orbit (also in etwa 800 Kilometer Entfernung von der Erdoberfläche) ist die Streuung so groß, dass nahezu alle Details menschlicher Strukturen verwischt sind. Strukturen, die sich über etwa einen Kilometer erstrecken, liegen gerade an der Auflösungsgrenze. Nachts verhält es sich dagegen ganz anders. Der Astronaut kann dann tiefgreifende Beweise für die Existenz intelligenten Lebens sehen, nämlich die Milliarden Lichter der großen Städte.

7.38 Honigbienen, Wüstenameisen und polarisiertes Licht

Ein Lichtstrahl, der Sie direkt von der Sonne erreicht, wird als *unpolarisiert* bezeichnet, weil sein elektrisches Feld in alle möglichen Richtungen, senkrecht zu seiner Ausbreitungsrichtung oszilliert. Dagegen ist ein Lichtstrahl, der Sie erreicht, nachdem er an einem Luftmolekül gestreut wurde, *polarisiert*: Das elektrische Feld oszilliert entlang einer einzigen Achse, senkrecht zur Ausbreitungsrichtung des Strahls. Sie können den Unterschied nicht feststellen, doch bestimmte Tiere, wie beispielsweise Honigbienen und Wüstenameisen, navigieren, indem sie die Muster polarisierten Lichts aufzeichnen, die sie am Himmel wahrnehmen. Wenn sich zum Beispiel eine Wüstenameise auf Nahrungssuche begibt, hält sie den Winkel zwischen der Orientierung ihres Körpers und der Polarisationsrichtung des Lichts am Himmel fest. Wenn sie später zu ihrem Nest zurückkehren will, bestimmt sie die Richtung des Nestes, indem sie die gespeicherten Informationen über die Winkel abruft und kombiniert. Dies ist sehr bemerkenswert, weil dabei unter Umständen Hunderte von Winkeln bestimmt und gespeichert werden müssen.

Wie bestimmen diese Insekten die Polarisation des Lichts?

Antwort

Das Auge der Honigbiene und der Wüstenameise wird als Facettenauge bezeichnet, weil es aus tausend oder mehr Lichtrezeptoren, den sogenannten *Ommatidien*, besteht. In jedem Rezeptor fällt Licht zuerst durch eine Frontlinse und einen Zapfen aus einem kristallinen Material und schließlich auf eine langgestreckte Struktur, das so genannte *Rhabdom*. Diese Struktur ist in neun Abschnitte unterteilt, die um die zentrale Längsachse angeordnet sind. Die Abschnitte sind dadurch miteinander verbunden, dass sich Bereiche, die ein lichtempfindliches Pigment (*Rhadopsin*) enthalten, überlappen. Ein Ommatidium arbeitet, indem es Licht entlang der Mittellinie leitet, so dass es das Pigment absorbieren und ein Signal an das Gehirn des Insekts schicken kann.

Einer der Abschnitte in einem Ommatidium kann die Polarisierung des Lichts bestimmen. Bei einigen Ommatidien windet sich dieser Abschnitt im Uhrzeigersinn um die zentrale Achse, während er sich bei anderen genau andersherum windet. Das Insekt misst die Orientierung und die Stärke der Polarisation des Lichts mithilfe von drei Signalen. Zwei der Signale stammen aus den für die Polarisation empfindlichen Abschnitten, wobei jeweils eines für eine der beiden Windungsrichtungen steht. Das dritte Signal stammt von den Detektoren für ultraviolettes Licht, die sich in den Ommatidien befinden und die Helligkeit des ultravioletten Lichts angeben. Anhand dieser drei Signale aus einer Gruppe von Ommatidien in einem Teil des Auges kann das Insekt die Polarisierung des Himmels aufzeichnen.

Gegenwärtig ist unbekannt, wie das Insektengehirn diese Information verarbeitet. Bekannt ist aber, dass Bienen die Information einander mitteilen, indem sie einen *Schwänzeltanz* aufführen, bei dem die Bienen einen speziell gewundenen Weg zurücklegen, der die Information symbolisiert.

Die Fähigkeit, die Polarisation von Licht bestimmen zu können, kann nicht nur zur Navigation genutzt werden. Einige Wasserinsekten spüren Wasserflächen anhand der Polarisation des Lichts auf, das vom Wasser reflektiert wird. Dieses Licht ist nämlich stark horizontal polarisiert. Menschen tragen Sonnenbrillen mit Polarisationsfiltern, die horizontal polarisiertes Licht absorbieren, so dass sie das vom Wasser reflektierte blendende Licht fernhalten. Noch wesentlicher ist das für einen Kraftfahrer: Das vom Asphalt reflektierte Licht ist ebenfalls horizontal polarisiert und kann folglich auch durch polarisierte Sonnenbrillen ferngehalten werden. Eintagsfliegen fehlinterpretieren mitunter das vom Asphalt ausgehende polarisierte Licht als Hinweis auf eine Wasserfläche. Sie schwärmen dann über dem Asphalt und legen dort ihre Eier, die danach bald zugrunde gehen.

7.39 Haidinger-Büschel

Die meisten Menschen können die Polarisation des Lichts mit ihren Augen bestimmen. Betrachten Sie einen hellen, strukturlosen Hintergrund durch einen Polarisationsfilter. (Sie können dazu ein Glas aus einer polarisierten Sonnenbrille benutzen.) Auf Ihrer Sichtlinie sollten Sie einige Sekunden lang ein kleines, lichtschwaches, gelbes Bild sehen, das die Form einer Sanduhr hat, die von blauen Bereichen umgeben ist (siehe Abbildung 7.6). Das Bild wird nach Wilhelm Karl Haidinger, der es im Jahr 1844 entdeckte, als *Haidinger-Büschel* bezeichnet.

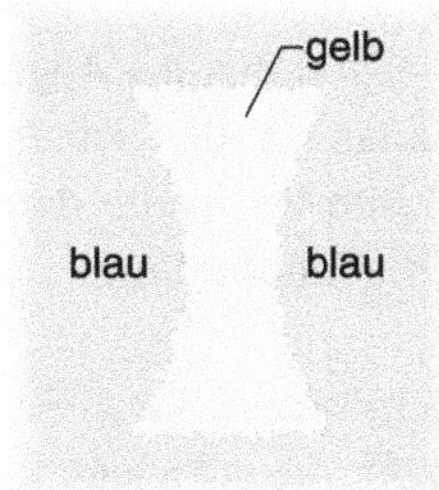

Abb. 7.6: Das Muster, das man im polarisierten Licht wahrnimmt.

Um die Sichtbarkeit des Haidinger-Büschels zu erhalten, drehen Sie den Filter um Ihre Sichtlinie, so dass sich die Polarisationsrichtung des Lichts, das Ihre Augen erreicht, ständig ändert. Das Sanduhrbild dreht sich dann ebenfalls (so dass die kurze Achse des gelben Bereichs im Haidinger-Büschel parallel zur Polarisationsrichtung des Lichts verläuft). Das Bild zeichnet sich besser ab, wenn das Licht mehr blaue Anteile besitzt; ein blauer Himmel eignet sich als Hintergrund recht gut.

Nicht jeder kann das Haidinger-Büschel sehen, und die Wahrnehmung scheint mit dem Alter des Beobachters schwächer zu werden. Als ich jünger war, konnte ich das Bild ohne Filter sehen, indem ich einfach in das polarisierte Himmelslicht schaute. Welche Teile des Auges sind für die Entstehung des Bildes und die Empfindlichkeit des Auges gegenüber der Polarisation des Lichts verantwortlich?

Antwort

Als Grundlage für die Entstehung des Haidinger-Büschels wird traditionell der *Gelbe Fleck* angesehen, bei dem es sich um einen Bereich handelt, der mit der Sehgrube überlappt. Die Empfindlichkeit gegenüber der Polarisationsrichtung des Lichts wurde ursprünglich auf die Anordnung der Pigmentmoleküle zurückgeführt, die diesem Bereich eine gelbe Farbe verleihen. Diese Moleküle absorbieren blaues Licht mit einer bestimmten Polarisation. Man glaubte, dass sie um einen gemeinsamen Mittelpunkts radial orientiert wären. Ein aktuelleres Modell geht davon aus, dass die Moleküle selbst nicht orientiert sein müssen. Stattdessen könnten sie in Bereiche zusammengefasst sein, deren gegenseitige Orientierung eine selektive Absorption einer Polarisationsrichtung von blauem Licht liefert.

Um diese beiden Modelle zu verstehen, gehe ich davon aus, dass die Pigmente, die den gelben Fleck bedecken, entlang zweier sich schneidender Geraden angeordnet sind, von denen eine horizontal und die andere vertikal verläuft. Wenn vertikal polarisiertes blaues Licht ins Auge fällt, gelangt es ungehindert an den vertikal orientierten Pigmenten vorbei zu den darunterliegenden Zapfen, doch die Pigmente mit horizontaler Orientierung absorbieren das Licht, so dass es die darunterliegenden Zapfen nicht erreicht. Wenn stattdessen horizontal polarisiertes Licht ins Auge fällt, dann lassen die horizontal orientierten Pigmente das Licht passieren, die vertikal orientierten Pigmente dagegen nicht.

Nehmen Sie an, dass vertikal polarisiertes Licht ins Auge trifft und das Licht nahezu weiß ist, jedoch mehr blaue Anteile enthält als andersfarbige. Dann werden die hinter den vertikal orientierten Pigmenten liegenden Zapfen angeregt und Sie nehmen entlang der Vertikalen blaues Licht wahr. Dagegen absorbieren die horizontal orientierten Pigmente das blaue Licht, so dass zu den dahinterliegenden Zapfen nur die übrigen Farben des ins Auge tretenden Lichts gelangen. Das von den blauen Anteilen befreite, anfangs nahezu weiße Licht erscheint nun gelb. Folglich nehmen Sie eine horizontale gelbe Linie wahr, die den Sanduhrteil des Büschels bildet. Aus der blauen vertikalen Linie werden die blauen Bereiche an den Seiten der Sanduhr.

Wäre diese Erklärung vollständig, würden Sie die blauen Bereiche nicht sehen, wenn Sie in den blauen Himmel oder in eine andere ausgedehnte Lichtquelle blicken, die vorwiegend blaues Licht ausstrahlt, weil sich die blauen Bereiche nicht vom Hintergrund abheben würden. Um die Erklärung zu vervollständigen, müssen wir scheinbar annehmen, dass das Gehirn in den entsprechenden Bereichen *extra* blaues Licht wahrnimmt. Vermutlich wird diese *subjektive Färbung* durch die angrenzenden gelben Bereiche der Sanduhr hervorgerufen.

7.40 Die Farben von Schatten

Im Jahre 1810 beschrieb Johann Wolfgang von Goethe, einer der Pioniere in der Erforschung der Farbwahrnehmung, folgendes Experiment: „Stellen Sie eine kurze, brennende Kerze in der Dämmerung auf ein weißes Blatt Papier. Zwischen diese und das abnehmende Tageslicht stellen Sie einen Stift senkrecht auf, so dass sein von der Kerze erzeugter Schatten von dem schwachen Tageslicht erhellt, aber nicht ausgelöscht werden kann: Der Schatten wird im wundervollsten Blau erscheinen."

Sie können ähnlich experimentieren. Beleuchten Sie einen Schirm in einem dunklen Zimmer mit zwei Projektoren. In einen Strahl stellen Sie einen Farbfilter, wie beispielsweise ein rotes Zellophanstück. Halten Sie Ihre Hand so davor, dass Sie damit auf dem Schirm einen kleinen Schatten werfen. Außerhalb des Schattens ist der Schirm pink, weil vom ersten Projektor rotes Licht und vom zweiten weißes Licht auf ihn fällt. Im Schattenbereich sollte der Schirm weiß erscheinen, weil das rote Licht vom ersten Projektor durch Ihre Hand abgehalten wird und der Schirm nur vom zweiten Projektor beleuchtet wird. Doch tatsächlich erscheint das Innere des Schattens blaugrün. Warum ist der Schattenbereich farbig?

Antwort

Das Projektorexperiment werde ich erklären, die Aufklärung von Goethes Experiment dagegen Ihnen überlassen. Die Bilder auf dem Schirm und der Schatten Ihrer Hand regen auf der Netzhaut drei Arten von zapfenförmigen Fotorezeptoren an. Das Bild des pink gefärbten Schirms regt die roten Zapfen am stärksten und die grünen und blauen Zapfen am schwächsten an.

Das Bild des Schattens sollte weiß sein, weil der Schattenbereich nur vom zweiten, ungefilterten Projektor beleuchtet wird. Folglich sollte das Bild alle Zapfen anregen. Jedoch hemmen die vom pink gefärbten Schirm angeregten Zapfen das Signal der roten Zapfen, die im Bild des Schattens angeregt werden. Diese Hemmung wird vom visuellen System als blau-grünes Signal interpretiert, weil die Komplementärfarbe von Rot Blau-grün ist. Wie es zur Hemmung kommt und warum die Komplementärfarbe wahrgenommen wird, ist noch ungeklärt.

7.41 Die Sicherheit von Sonnenbrillen

Sonnenbrillen reduzieren die Intensität des ins Auge gelangenden sichtbaren und ultravioletten Lichts, doch die Verdunklung führt auch zu einer Erweiterung der Pupillen. Kann es sein, dass aufgrund dieser Erweiterung schließlich *mehr* ultraviolettes Licht ins Auge gelangt und Sonnenbrillen deshalb nicht getragen werden sollten?

Warum bedeckten die Ureinwohner der Regionen, die heute zu Kanada und Alaska gehören, ihre Augen üblicherweise mit Knochen- oder Holzstücken, in die sie zum Sehen enge Schlitze geschnitten hatten? Warum streichen Athleten (insbesondere American-Football-Spieler) schwarze Farbe oder Schmierfett auf ihre Wangenknochen, wenn sie in hellem Sonnenlicht spielen?

Antwort

Sonnenbrillen reduzieren das ins Auge gelangende ultraviolette Licht, auch wenn sich die Pupillen erweitern. Diese Aussage stützt sich auf eine Untersuchung von über 400 Arten von Sonnenbrillen – selbst die preisgünstigste Sonnebrille reduziert die Netto-UV-Strahlung.

Die Ureinwohner von Kanada und Alaska beabsichtigten, das grelle Licht, dem sie von den Schnee- und Eisfeldern ausgesetzt waren, zu reduzieren. Die Schlitze, durch die sie sahen, reduzierten nicht nur stark das sichtbare und ultraviolette Licht, das in ihre Augen gelangte, sondern auch das infrarote Licht, das Augenbeschwerden verursacht. Die schwarze Farbe oder das Fett auf den Wangen der American-Football-Spieler verringert die Reflexion des Lichts von den Wangenknochen in die Augen, was die Sicht eines Spielers behindern kann. Das Blenden durch die Wangenknochen ist insbesondere dann störend, wenn die Wange mit Schweiß bedeckt ist und das Spiel tagsüber in der heißen Sonne oder nachts im grellen Scheinwerferlicht stattfindet.

7.42 Die Linsen von Fischaugen

Wir können sehen, weil das Auge die Lichtstrahlen so beugt (bricht), dass auf der Netzhaut ein scharfes Bild entsteht. Etwa zwei Drittel dieser Beugung finden an der gekrümmten Oberfläche der Hornhaut statt; die übrige Beugung und Brechung findet in der Augenlinse statt, die sich ein Stück hinter der Hornhaut befindet. Bei einem Fisch verhält es sich anders, weil sein Auge im Wasser schwimmt, das etwa die gleichen optischen Eigenschaften wie das Auge hat. So kann nur die Linse die Lichtstrahlen ablenken. Weil die Linse die Strahlen so stark ablenken muss, dass sie unmittelbar hinter der Linse fokussieren, ist die Linse vorzugsweise sphärisch. Doch leidet eine sphärische Linse unter der *sphärische Aberration*, da Strahlen, die durch den Rand der Linse laufen, in einem so großen Winkel in die Linsenoberfläche eintreten, dass sie signifikant abgelenkt werden. Die Strahlen, die durch die zentrale Achse der Linse laufen, treten in kleineren Winkeln ein und werden folglich schwächer abgelenkt. Infolgedessen fokussieren die Strahlen in einem weiten Bereich hinter der Linse und erzeugen kein scharfes Bild (siehe Abb. 7.7a). Eigentlich sollte die sphärische Linse einen Fisch effektiv blind machen. Wie kann der Fisch trotzdem etwas sehen?

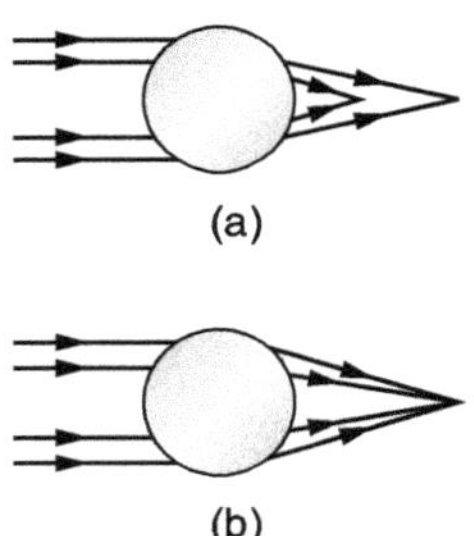

Abb. 7.7: Fokussierung der Lichtstrahlen durch eine sphärische Linse mit (a) gleichmäßigem Brechungsindex und (b) einen Gradienten im Brechungsindex.

Antwort

Wie stark das Licht beim Durchgang durch eine Linse abgelenkt wird, hängt von der Änderung des Brechungsindex der Materialien ab. Wenn ein Strahl aus einer Wasser-Protein-Mischung im Hauptteil des Auges in eine Linse mit größerem Brechungsindex tritt, werden die Strahlen tendenziell stark abgelenkt. Bei einer Linse mit einem kleineren Brechungsindex werden sie schwächer abgelenkt. Die Linse in einem Fischauge hat keinen einheitlichen Brechungsindex. Stattdessen ist der Brechungsindex entlang der Hauptachse groß und am Rand dagegen kleiner. Dadurch entsteht bei der Fokussierung entlang der Hauptachse und der Fokussierung am Rand ein Bild, das an derselben Stelle hinter der Linse liegt (siehe Abbildung 7.7b).

Dadurch kann der Fisch sehen. Die Variation im Brechungsindex, der sogenannte *Gradient des Brechungsindex*, ist auf die Veränderung der Zusammensetzung der Protein-Wasser-Mischung im Auge zurückzuführen. Sie können die Veränderung im Mischungsverhältnis feststellen, indem Sie ein frisches oder gekochtes Fischauge untersuchen: Das Gewebe ist in der Nähe der Hauptachse fester.

Auch die Augenlinse eines Menschen weist einen Gradienten im Brechungsindex auf (er nimmt von innen nach außen ab). Da wir aber an Land und nicht im Wasser leben, korrigiert das menschliche Auge die sphärische Abberation vornehmlich an der Oberfläche der Hornhaut: Die Hornhaut ist nicht sphärisch, sondern so geformt, dass sie die sphärische Abberation kompensiert.

Der Pfeilschwanzkrebs *Limulus* bedient sich ebenfalls eines Gradienten im Brechungsindex, wenn auch in komplizierterer Weise. Er hat Facettenaugen, die aus vielen transparenten Facetten mit jeweils einer glatten, flachen Oberfläche bestehen. Licht dringt durch eine Facette bis zum visuellen System am Ende eines Kanals. Die fehlende Krümmung sollte eigentlich die Entstehung irgendeines Bildes ausschließen, und doch entsteht hinter jeder Facette ein Bild. Entlang der Hauptachse des Kanals (die von vorn nach hinten verläuft) ist der Brechungsindex hoch. In Richtung der Seitenwände des Kanals nimmt der Index ab. Folglich werden Lichtstrahlen, welche die Facette entlang der Hauptachse passieren, stärker abgelenkt als Strahlen, welche die Facette in ihrem Außenbereich passieren. Die ungleichmäßige Ablenkung bewirkt, dass sich die Strahlen kreuzen und dadurch ein Bild hinter dem Kanal erzeugen.

7.43 Tiefenwahrnehmung bei roten und blauen Schildern

Bei heller Beleuchtung scheinen die roten Bereiche eines roten und blauen Schildes vor den benachbarten blauen Bereichen zu liegen. Im Dämmerlicht verhält es sich genau umgekehrt. Was ist für die Tiefenillusion an sich und ihre Umkehrung im Dämmerlicht verantwortlich?

Antwort

Zunächst wollen wir drei Objekte betrachten, die in unterschiedlichen Entfernungen vor Ihnen liegen. Wenn Sie das Objekt mit mittlerer Entfernung fokussieren, bildet jedes Auge ein scharfes Abbild am Schnittpunkt der Sichtlinie mit der Netzhaut ab. Vom weiter entfernten Objekt entsteht ein verschwommenes Abbild auf der Netzhaut, das etwas näher an der Nase liegt als das scharfe Abbild des mittleren Objekts. Das Objekt mit geringerer Entfernung wirft ein verschwommenes Abbild auf die Netzhaut, das näher an den Schläfen liegt als das scharfe Abbild des Objekts in mittlerer Entfernung. Das Gehirn vergleicht die Positionen dieser Abbilder und weist den zu diesen Abbildern gehörenden Objekten die richtigen Entfernungen zu.

Ein ähnlicher Vergleich von Abbildern ist für die Tiefenillusion bei roten und blauen Schildern verantwortlich. Angenommen, Sie betrachten bei heller Beleuchtung zwei benachbarte Punkte, von denen einer rot und der andere blau ist. Von beiden Punkten gelangen Lichtstrahlen ins Auge und werden so abgelenkt (gebeugt), dass auf der Netzhaut ein Abbild entsteht. Jedoch werden die blauen Strahlen stärker abgelenkt als die roten Strahlen, so dass nicht beide Punkte gleichzeitig scharf fokussiert werden können. Nehmen Sie an, dass sie direkt auf den roten Punkt blicken und ihn fokussieren. In beiden Augen entsteht sein Abbild am Schnittpunkt der Sichtlinie mit der Netzhaut. Der blaue Punkt wirft ein verschwommenes, größeres Bild auf die Netzhaut (siehe Abbildung 7.8).

Die Tiefe, die diesen beiden Bildern zugewiesen wird, hängt davon ab, wo sie sich auf der Netzhaut relativ zur Sichtlinie bilden. In der Regel verläuft die Sichtlinie nicht durch den

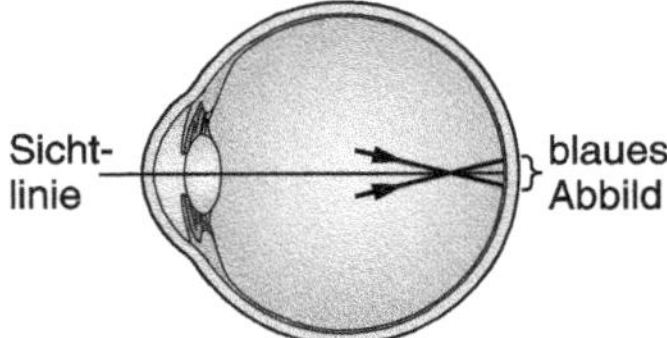

Abb. 7.8: Wenn das Auge rotes Licht scharf fokussiert, fokussiert es blaues Licht vor der Netzhaut.

Mittelpunkt der Pupille. Bei heller Beleuchtung befindet sich die Linie in Bezug auf den Mittelpunkt der Pupille auf der Nasenseite. Angesichts dieser Geometrie ist das verschwommene Abbild des blauen Punktes relativ zur Sichtlinie leicht in Richtung Nase verschoben. Aus seiner Erfahrung bei der Tiefenwahrnehmung heraus interpretiert das Gehirn dieses Abbild als das Bild eines Objekts (blau), das sich in einer größeren Entfernung befindet als das Objekt (rot), welches das scharfe Abbild auf der Sichtlinie erzeugt. Folglich erscheint Ihnen der blaue Punkt weiter entfernt als der rote.

Im Dämmerlicht erweitert sich die Pupille und die Sichtlinie verschiebt sich in Bezug auf den Mittelpunkt der Pupille in Richtung Schläfe. Diese Anordnung bewegt das verschwommene Abbild des blauen Punktes so lange über die Netzhaut, bis sein Mittelpunkt in Bezug auf die Sichtlinie leicht in Richtung Schläfe liegt. Ihr Gehirn interpretiert diese neue Position so, als würde sich der blaue Punkt nun in einer geringeren Entfernung befinden als der rote.

Tiefen kann man auf mit rot und blau farbcodierten Landkarten wahrnehmen, wenn man sie mit einer großen konvexen Linse betrachtet, wie beispielsweise mit einer Lupe. Hier kommt die Farbtrennung innerhalb der konvexen Linse zustande, weil blaues Licht stärker abgelenkt wird als rotes.

7.44 Purkinjes Blue Arc Phenomenon

Eines Nachts bemerkte der im 19. Jahrhundert lebende Physiologe Johannes Purkinje, dass von einer Glut in seinem Blickfeld zwei blaue Bögen ausgingen. Obwohl sie schnell verschwanden, konnte er sie durch Schwenken der Glut wieder heraufbeschwören.

Wenn Sie das Phänomen selbst beobachten wollen, können Sie folgendermaßen vorgehen: Warten Sie etwa zwei Minuten, nachdem Sie die Zimmerbeleuchtung ausgeschaltet haben. Halten Sie ein Auge geschlossen. Schalten Sie nun ein kleines rotes Lämpchen an. Als Lichtquelle eignet sich am besten ein schmales Rechteck, das in Ihrem Blickfeld höchstens einen Winkel von 0,25° einnimmt. Mit dem geöffneten Auge sollten Sie etwa eine Sekunde lang einen lichtschwachen blauen Bogen oder Blitz wahrnehmen können. Die Form des Bogens hängt davon ab, an welcher Stelle Ihres Sichtfeldes sich das rote Licht befindet. Um einen neuen Bogen zu erzeugen, schalten Sie die Zimmerbeleuchtung etwa zwei Minuten lang ein und wiederholen den Vorgang.

Schummrige Bögen kann man auch unmittelbar nach dem Ausschalten des stimulierenden Lichts sehen. Wenn sich das Auge hinreichend lange an die Dunkelheit gewöhnen konnte, sind die Bögen in beiden Fällen grau (farblos).

Wodurch entsteht der Bogen oder Blitz, und warum hängt die Form des blauen Bereichs von der Position des stimulierenden Lichts ab? Wie kann ein kleines, stimulierendes Licht einen Bogen erzeugen, der sich über einen ziemlich weiten Bereich Ihres Sichtfeldes erstreckt? Warum sind die Bögen blau, falls das Auge nur teilweise an die Dunkelheit gewöhnt ist, bei voller Gewöhnung an die Dunkelheit aber grau?

Antwort
Dort, wo das Abbild des roten Lichts auf die Netzhaut fällt, aktiviert das Licht die Zapfen, die für die Wahrnehmung von rotem Licht verantwortlich sind. Die Nervenbahnen, die von diesen Zapfen ausgehen, liegen neben den Nervenbahnen, die mit den Stäbchen verbunden sind, die überall auf der Netzhaut verteilt sind. Scheinbar stimuliert die Anregung der Nervenbahnen der Zapfen die Nervenbahnen der Stäbchen und das Gehirn wird zu dem Irrglauben geleitet, dass auch die Stäbchen beleuchtet würden. Da diese Stäbchen bogenförmig auf der Netzhaut verteilt sind, entsteht der Sinneseindruck eines erleuchteten Bogens.

Die Bögen sind blau, falls einige Zapfen durch die vorherige gelbliche Zimmerbeleuchtung immer noch ein Signal aussenden. Die blaue Farbwahrnehmung kommt wie folgt zustande: Das rote stimulierende Licht aktiviert die Zapfen dort, wo das Abbild der Lichtquelle auf die Netzhaut fällt. Die Nervenbahnen dieser Zapfen aktivieren die Nervenbahnen, die mit den Stäbchen im wahrgenommenen Bogen zusammenhängen. Diese aktivierten Nervenbahnen der Stäbchen hemmen für gelb das Signal der entlang des Bogens liegenden Zapfen.

Gelb und blau sind *Komplementärfarben*, weil das Gehirn bei Hemmung des Signals für Gelb die Farbe blau wahrnimmt. Folglich entsteht im Gehirn der Sinneseindruck eines bläulichen Bogens, wenn die Nervenbahnen der aktivierten Stäbchen die Gelb-Signale der Zapfen im Bogen hemmen. Wenn diese Zapfen später inaktiv werden (sie passen sich an die Dunkelheit an), findet keine Hemmung mehr statt und der wahrgenommene Bogen ist grau.

7.45 Maxwellscher Fleck

Betrachten Sie ein weißes Blatt Papier durch einen gelben Filter. Ersetzen Sie den Filter anschließend schnell durch einen blauen. Sie können kurzzeitig den Maxwellschen Fleck wahrnehmen. Das ist ein kleiner dunkler oder gelber Fleck, der auf Ihrer Sichtlinie liegt. Sie können auch andere Paare von Farbfiltern verwenden, solange der zweite Filter des Paares mehr blaues Licht durchlässt als der erste Filter. Wie entsteht der Maxwellsche Fleck?

Antwort
Eine mögliche Erklärung für den Maxwellschen Fleck ist, dass die stäbchenförmigen Fotorezeptoren mit den Farbinformationen interferieren, die von den zapfenförmigen Fotorezeptoren ans Gehirn geschickt werden. Wenn Sie das weiße Papier zunächst durch einen gelben Filter betrachten, aktiviert das in das Auge gelangende gelbe Licht die Zapfen und den übrigen Teil des visuellen Systems, der für die Wahrnehmung von gelbem Licht verantwortlich ist.

Unmittelbar nachdem Sie den gelben Filter durch einen blauen ersetzt haben, sind diese Zapfen nicht aktiv. Während nun blaues Licht ins Auge gelangt, fangen andere Zapfen an, Signale für Blau an das Gehirn zu senden. Doch die Stäbchen reagieren auch auf blaues Licht (mehr noch als es bei gelbem Licht der Fall war). Obwohl sie keine Farbinformationen an das Gehirn schicken können (sie informieren nur über die Helligkeit), kann ihre Aktivität das von den Zapfen aufgrund der vorherigen gelben Beleuchtung immer noch ausgehende Signal für Gelb hemmen.

Gelb und Blau sind *Komplementärfarben*, weil das Gehirn bei Hemmung des Signals für Gelb die Farbe Blau wahrnimmt. Das heißt, wenn die Stäbchen das von den Zapfen ausgehende Signal für Gelb hemmen, nimmt das Gehirn Blau wahr. Weil es auch von den Zapfen, die durch das nun einfallende blaue Licht aktiviert wurden, ein Signal für Blau erhält, scheint das blaue Licht nun strahlender, als es tatsächlich ist.

Das es in der Sehgrube (dort, wo die Sichtlinie die Netzhaut schneidet) keine Stäbchen gibt, wird das „zusätzliche" blaue Licht dort nicht wahrgenommen. Im Gegensatz zum übrigen Teil der Netzhaut wirkt die Sehgrube aufgrund der Komplementarität von Blau und Gelb in der Farbwahrnehmung nun gelb. Diese wahrgenommene Färbung der Sehgrube bezeichnet man als Maxwellschen Fleck.

7.46 Lichterscheinungen durch Strahlung

Astronauten, deren Augen sich in den Tiefen des Weltalls an die Dunkelheit gewöhnt haben, berichteten davon, Lichtblitze gesehen zu haben, die Punkte, Sterne oder Doppelsterne bildeten oder einen Großteil des Blickfeldes ausfüllten. Die Erscheinungen sind auf die kosmische Strahlung zurückzuführen, welche in die Augen der Astronauten trifft. (Bei kosmischer Strahlung handelt es sich in der Regel um schnelle Teilchen, aus dem Weltall.)

Ähnliche Erscheinungen wurden beobachtet, wenn in Forschungslabors bei medizinischen Behandlungen schnelle Teilchen auf das Auge eines Patienten gerichtet wurden. Wie erzeugen die Teilchen die Erscheinungen? Kollidieren Sie direkt mit den Fotorezeptoren der Netzhaut, was diese veranlasst, Signale ans Gehirn zu senden, oder erzeugen sie Licht im Inneren des Auges, das dann von den Fotorezeptoren wahrgenommen wird? Können die Erscheinungen auch in großen Höhen von Bergsteigern oder den Insassen eines Flugzeugs beobachtet werden?

Antwort

Die von Astronauten beobachteten Erscheinungen entstehen durch Licht, das von den extrem schnellen Teilchen produziert wird, wenn sie den Glaskörper (das transparente Material, das den Augapfel ausfüllt) und die Netzhaut durchlaufen. Die Teilchengeschwindigkeiten übersteigen die Ausbreitungsgeschwindigkeit des Lichts im Auge. (Die Ausbreitungsgeschwindigkeit des Lichts verringert sich effektiv durch die Wechselwirkung mit den Molekülen im Glaskörper.) Im Glaskörper kann dadurch eine *Schockwelle* aus Licht (die sogenannte *Tscherenkow-Strahlung*) erzeugt und von den Fotorezeptoren in der Netzhaut wahrgenommen werden.

Solche Lichterscheinungen wurden bei Experimenten beobachtet, in denen schnelle *Myonen* (den Elektronen ähnelnde Teilchen) durch das Auge eines Probanden geleitet wurden. Teilchen (auch langsame) können visuelle Erscheinungen auslösen, wenn sie direkt mit den Fotorezeptoren in der Netzhaut kollidieren. Eine andere Sorte von Lichterscheinungen entsteht durch Röntgenstrahlung: Durch sie nimmt ein Beobachter anstelle der von den Astronauten beschriebenen Lichter eher ein gleichmäßig flutendes Licht wahr. Noch niemand hat davon berichtet, während eines Fluges solche Lichterscheinungen beobachtet zu haben, nicht einmal auf den Polarrouten, auf denen man ausreichend Strahlung ausgesetzt ist, so dass Strahlungsdetektoren erforderlich sind.

7.47 Rotes Licht für Steuerelemente

Warum verwendet man als Nachtbeleuchtung für die Steuerelemente auf einer Schiffsbrücke in der Regel dunkelrotes Licht vom äußeren roten Rand des sichtbaren Spektrums?

Antwort
Während die zapfenförmigen Fotorezeptoren bei dämmrigem Licht schlecht ansprechen, reagieren stäbchenförmige Fotorezeptoren auf solches Licht gut. Damit Sie aber auch in der Dunkelheit sehen können, müssen die Stäbchen die Gelegenheit haben, sich an die Dunkelheit anzupassen. Das heißt, Sie müssen das Licht mindestens zehn Minuten ganz ausschalten. Danach sind die Stäbchen gegenüber einer schwachen Lichtquelle am empfindlichsten. Da Stäbchen nicht auf Licht vom roten Ende des sichtbaren Spektrums reagieren, benutzt man nachts in der Regel genau dieses Licht, um Steuerelemente zu beleuchten. Beim Betrachten der Steuerelemente werden dann nur die Zapfen aktiviert, während die Stäbchen inaktiv bleiben und folglich empfindlich sind, um Ihnen das Sehen in der Dunkelheit der Nacht zu ermöglichen.

7.48 Supermans Röntgenaugen

Wie die Story besagt, kann Superman durch eine feste Wand hindurchsehen, indem er mit seinen Augen Röntgenstrahlen emittiert. Lassen Sie uns die offensichtlich komplexe Frage ignorieren, wie man mit Augen Röntgenstrahlen emittiert, und konzentrieren wir uns stattdessen auf eine einfachere Frage: Kann man etwas, das sich hinter der Wand befindet, mithilfe von Röntgenstrahlen wahrnehmen?

Antwort
Wenn Superman mithilfe seiner Röntgenstrahlen einen Kriminellen hinter der Wand aufspüren soll, muss der Kriminelle die Strahlen reflektieren. Dann muss aber auch die Wand die Strahlen reflektieren. Sie könnten weiter argumentieren, dass jeder Stoff die Strahlen teilweise durchlassen und teilweise reflektieren könnte. So würde ein Teil der Strahlung die Wand durchdringen; wiederum ein Teil dieser Strahlen würde von dem Kriminellen reflektiert; und schließlich würden Superman nur noch ein paar Reststrahlen erreichen, nachdem sie die Wand erneut passiert hätten. Das Problem besteht darin, dass die Reststrahlung so gering wäre, dass sie vom Geflimmer der von der Wand und allen hinter dem Kriminellen liegenden Objekten reflektierten Strahlung überdeckt würde. Selbst wenn es Superman mental irgendwie gelingen würde, alle Strahlen zu verarbeiten und ein Bild des Kriminellen zu extrahieren, hätten wir immer noch folgendes Problem: Wie können Supermans Augen die Strahlen absorbieren, wenn sie so leicht reflektiert und durchgelassen werden? (Ich weiß, man sollte Comics lesen und nicht darüber nachdenken.)

7.49 Feuerwerksillusion

Wenn man eine Leuchtrakete in einer windstillen, dunklen Nacht direkt nach oben schießt, sollten sich die Leuchtkörper horizontal und überall gleichmäßig ausbreiten. Warum scheinen aber stattdessen alle Leuchtkörper in Ihre Richtung zu fliegen?

Antwort
Die Illusion ist noch nicht im Detail geklärt. Es leuchtet Ihnen aber vielleicht ein, dass ein Lebensalter von visuellen Erfahrungen die Voraussetzung für diese Illusion schafft: Bei der Betrachtung nahezu jeden (dreidimensionalen) Objekts, nehmen Sie Details auf der Ihnen zugewandten Seite wahr, selten Details auf der Ihnen abgewandten Seite. In einer dunklen Nacht fehlen jegliche Anhaltspunkte für die räumliche Tiefe (wie etwa durch Wolken), so dass die auseinander fliegenden Leuchtkörper als Details auf der Ihnen zugewandten Seite eines sich ausdehnenden, unsichtbaren Objekts interpretiert werden.

7.50 An die Decke starren

Legen Sie sich entspannt auf den Rücken in die Mitte eines Zimmers mit Deckenverzierungen und Türrahmen. Wenn Sie in Richtung Ihrer Füße an die Deck schauen, sehen die Deckenverzierungen und die Türrahmen aus wie gewöhnlich. Neigen Sie jedoch Ihren Kopf so weit nach hinten, dass sie die gegenüberliegende Seite der Decke sehen können, werden Sie den schauerlichen Eindruck gewinnen, auf die Decke herabzuschauen, so als würden Sie auf ihr gehen. Eine in Ihrem Blickfeld hängende Deckenlampe wird Ihnen entgegensprießen, und der Türrahmen wird wie ein Hindernis erscheinen, über das Sie steigen müssen. Wie entsteht diese Illusion? Kommt sie auch zustande, wenn Sie im Kopfstand an die Decke schauen?

Antwort
Die wissenschaftlichen Veröffentlichungen über diese Illusion legen die Vermutung nahe, dass Sie auf dem Rücken liegend oben und unten vertauschen, weil Ihnen in dieser Lage die üblichen Anhaltspunkte für oben und unten, die Ihnen die Schwerkraft liefert, fehlen. Gewöhnlich wird das „Unten" in der unteren Hälfte Ihres Blickfeldes abgebildet, während das „Oben" in der oberen Hälfte Ihres Blickfeldes erscheint. Wenn Sie, auf dem Rücken liegend, im Geiste oben und unten vertauschen, befindet sich die Decke in Richtung Ihrer Füße in der unteren Hälfte Ihres Blickfeldes und erscheint „oben", und der gegenüberliegende Bereich der Decke befindet sich in der oberen Hälfte Ihres Blickfeldes und erscheint „unten". Die Illusion kommt nicht zustande, wenn Sie einen Kopfstand machen, weil Ihnen dann durch die Schwerkraft starke Anhaltspunkte für oben und unten zur Verfügung stehen.

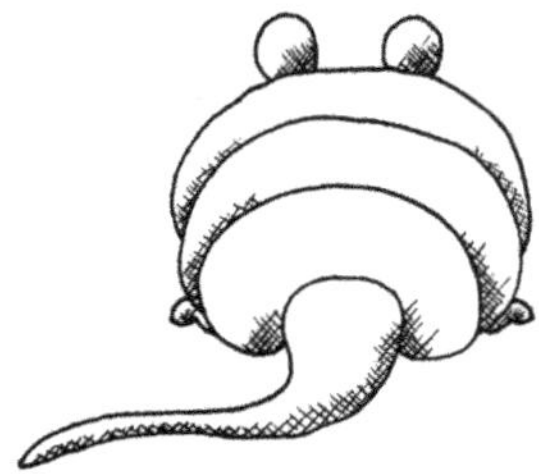

Index

www.ingramcontent.com/pod-product-compliance
Lightning Source LLC
Chambersburg PA
CBHW080340220326
41598CB00030B/4562

* 9 7 8 3 1 1 0 7 6 0 5 5 2 *